에너지관리
기능장 필기

PREFACE
머리말

한 권의 책을 세상에 소개한다는 것은 그리 쉬운 일이 아닌 것 같습니다. 책을 집필하는데는 그에 맞는 목적의식과 용기가 필요하기 때문입니다. 제가 이 책을 집필하게 된 동기는 지난 50여 년 동안 맺어온 보일러와의 깊은 인연에 있습니다.

필자는 사단법인 한국원동기(보일러)기술협회에서의 근무를 시작으로 열관리학원, 보일러기술훈련소, 한국에너지기술인협회, 한국열관리시공협회 등에서 '에너지관리기사', '에너지관리기능장', '고압가스기능사' 및 '공조냉동' 분야의 자격증 관련 수업을 진행하면서 항상 보일러와 밀접한 관계를 유지하였습니다. 또한 '열관리', '보일러', '고압가스', '공조냉동' 분야의 후배 양성을 위하여 100여 권의 필기·실기 교재를 저술하였지만 매 한 권마다 독자들의 평가에 귀 기울이고, 예상문제에서 혹시 오류가 없는지 몇 번이고 확인하는 습관은 처음 책을 집필할 때와 같습니다. 그리고 부족한 연구에 대한 마음은 교재가 출간될 때마다 아쉬움으로 남습니다.

현재 여러 출판사에서 에너지관리기능장 관련 수험서가 출간되고 있습니다. 에너지관리기능장 필기시험은 출제기준이 방대한 관계로 분야별 핵심만 간추려도 페이지 수가 많아 최대한 간결하게 표현하여 쉽게 이해할 수 있도록 하는 데 많은 어려움이 있었지만, 본서는 누구든지 스스로 공부하여 쉽게 자격증을 취득할 수 있도록 좀 더 깊은 내용과 해설을 수록하여 다른 교재들과 차이를 두었습니다. 특히 최근 동향에 맞추어 LPG와 LNG 그리고 가스연소장치 등의 내용을 풍부하게 다루었습니다.

필자는 그간의 집필경험을 바탕으로 열과 성을 다하였기에 기술학원, 직업훈련소 등의 교재로도 손색이 없다고 자부하고 있지만, 미흡한 점이나 혹시 발견될 오류에 대해서는 계속 수정·보완해 나갈 예정이니 독자 여러분께서는 이 점을 깊이 선처하여 주시기 바랍니다.

마지막으로 이 교재가 발행되기까지 후원하여 주신 도서출판 예문사 정용수 사장님과 이제껏 수고하여 주신 편집부 직원 여러분께 심심한 사의를 드립니다.

저자 일동

FOREWORD
추천사

스무살 초반, 아파트에서 출동경비업체 직원으로 일할 때, 보이지 않는 음지에서 묵묵히 일하는 기관실 직원들의 모습은 제게 동경의 대상이었습니다. 아무도 알아주지 않고, 심지어는 그 존재조차 모르지만 저는 늘 그들을 바라보며 미래의 제 모습으로 그려왔습니다. 이것이 바로, 제가 에너지 관련 자격증을 취득하고 기관실에 입문하게 된 계기입니다.

그저 그 모습이 저에겐 선망의 대상이었기에, 저도 그들처럼 되고 싶어서 에너지관리기능사(당시 보일러기능사)와 가스기능사를 취득하였습니다. 이론서부터 차근차근 이해하고 공부하며, 겨우내 실기연습에 임하여 자격증을 취득했지만 그 어느 곳도 여자인 저를 채용해 주는 곳은 없었습니다.

그러나 포기하지 않고 꾸준히 도전한 끝에 드디어 꿈에 그리던 기관실에서 일할 수 있는 기회가 주어졌고 지금까지 수많은 고비와 어려움이 있었지만, 한 번도 전직을 하지 않고 꾸준히 자기계발을 하며 한길만을 걸어왔습니다. 동시에 다양한 현장경험을 쌓으며 다수의 국가기술자격증도 취득하였습니다.

제가 국가기술자격증에 도전할 때마다 늘 도움이 되었던 것은 바로 권오수 선생님의 수험서였습니다. 현장경험을 바탕으로 한 핵심이론과 과년도 문제마다의 정확한 해설 및 요약은 자격증을 준비하는 모든 수험생들에게도 큰 도움이 되리라 여겨집니다. 또한 권오수 선생님께서는 자격증 관련 기술카페를 운영하여 다양한 정보와 기술을 공유하며 후배들을 위해 아낌없이 도움을 주고 계십니다.

2009년 에너지관리기능사 취득 때부터 지금까지 언제나 저에 대한 격려와 응원을 아낌없이 해주시는 권오수 선생님의 《에너지관리기능장 필기》의 출간을 축하하며 자격증을 준비하는 모든 분들에게 적극 추천하는 바입니다.

여성기능장 **신지희**
자격증취득 : 에너지관리기능장, 배관기능장, 에너지관리산업기사,
에너지관리기능사, 가스기능사, 공조냉동기계기능사,
공조냉동기계산업기사, 용접기능사

INFORMATION
출제기준

직무분야	환경·에너지	중직무분야	에너지·기상	자격종목	에너지관리기능장	적용기간	2023. 1. 1.~2025. 12. 31.
직무내용 : 건물용 및 산업용 보일러의 시공, 취급 및 에너지관리에 관한 숙련기술을 가지고 현장에서 작업관리, 기능인력의 지도, 감독, 현장훈련, 안전·환경관리, 경영층과 생산계층을 유기적으로 연계시켜 주는 현장관리 등을 수행하는 직무이다.							
필기검정방법	객관식	문제수	60	시험시간	1시간		

필기 과목명	문제수	주요항목	세부항목	세세항목
보일러구조학, 보일러 시공, 보일러 취급 및 안전관리, 유체역학 및 열역학, 배관공학, 보일러 재료, 에너지이용 합리화 관계법규, 공업 경영에 관한 사항	60	1. 보일러 구조	1. 보일러 종류	1. 사용재질에 따른 종류 2. 구조에 따른 종류 3. 사용매체에 따른 종류 4. 사용연료에 따른 종류 5. 순환방식에 따른 종류
			2. 보일러 특성	1. 보일러의 구조 2. 보일러의 특성
			3. 보일러 용량	1. 보일러 정격용량 2. 보일러 출력
			4. 보일러 급수장치	1. 급수펌프의 구비조건 2. 급수펌프의 종류, 구조 및 특성 3. 급수펌프의 동력계산
			5. 보일러 안전장치	1. 안전밸브 및 방출밸브 2. 가용전 및 방폭문 3. 고·저수위경보장치 4. 화염검출기 5. 압력제한기 및 압력조절기 6. 증기 및 배기가스 상한온도 스위치 7. 가스누설 긴급 차단밸브
			6. 보일러 계측장치	1. 수면계 2. 압력계 3. 수위계 4. 온도계 5. 급수량계, 급유량계, 가스미터기 등 6. 가스분석기
			7. 보일러 송기장치	1. 증기밸브, 증기관 및 감압밸브 2. 비수방지관 및 기수분리기 3. 증기 축열기
			8. 보일러 연소장치	1. 고체연료 연소장치 2. 액체연료 연소장치 3. 기체연료 연소장치
			9. 보일러 연료	1. 고체 연료의 종류 및 특성 2. 액체 연료의 종류 및 특성 3. 기체 연료의 종류 및 특성
			10. 연소계산	1. 연소의 성상 2. 연료의 발열량 계산 3. 이론 산소량, 공기량, 공기비 등의 계산 4. 연소가스량 계산

필기 과목명	문제수	주요항목	세부항목	세세항목
			11. 송풍장치	1. 통풍방식 2. 송풍기의 종류 및 특성 3 송풍기 소요동력 4. 댐퍼, 연도 및 연돌, 소음기
			12. 집진장치 및 유해 가스 저감 대책	1. 집진장치의 종류 및 특징 2. NOx, SOx, CO, 분진 저감방법
			13. 열효율 증대장치	1. 공기예열기 2. 급수예열기(절탄기)
			14. 기타 부속장치	1. 그을음 제거기(Soot Blower) 2. 분출장치 3. 증기 과열기 및 재열기
			15. 보일러 자동제어	1. 자동제어의 종류와 제어방식 2. 자동제어 기기 3. 보일러 자동제어 요소와 특성 4. 각종 인터록 장치 5. O_2 트리밍 시스템(공연비제어장치) 6. 원격제어 및 에너지관리
			16. 보일러 열효율 열정산	1. 보일러 열효율 등의 계산 2. 보일러 열정산 3. 에너지 진단
		2. 보일러 시공	1. 부하의 계산	1. 난방 및 급탕부하의 종류 2. 난방 및 급탕부하의 계산 3. 보일러의 용량 결정
			2. 난방설비	1. 증기난방　　　2. 온수난방 3. 복사난방　　　4. 지역난방 5. 열매체난방　　6. 전기난방
			3. 배관시공	1. 증기난방　　　2. 온수난방 3. 복사난방　　　4. 열매체난방 5. 전기난방　　　6. 연도설비
			4. 난방기기	1. 방열기　　　　2. 팬코일유닛 3. 콘벡터 등
			5. 보일러 설치, 시공 및 검사기준	1. 보일러 설치·시공기준 2. 보일러 설치검사기준 3. 보일러 계속사용·개조검사기준 4. 보일러 운전성능검사기준 5. 설치장소 변경검사기준
		3. 보일러 취급 및 안전관리	1. 보일러 운전 및 조작	1. 보일러 운전조작　2. 보일러 운전 중의 장애 3. 사용정지 시 취급　4. 부속장치 취급 5. 콘덴싱보일러의 중화처리장치

INFORMATION
출제기준

필기 과목명	문제수	주요항목	세부항목	세세항목
			2. 보일러 세관 및 보존	1. 보일러 세관의 종류, 방법 및 특징 2. 보일러 보존방법 및 특징
			3. 보일러 급수처리	1. 보일러 급수 수질 및 특성 2. 보일러 급수의 외처리
			4. 보일러 관수처리	1. 보일러수 내처리 특성, 청관제 종류 및 사용방법 2. 보일러 세관
			5. 보일러 연소관리	1. 연소장치 정비 2. 이상연소 조정
			6. 보일러 손상과 방지대책	1. 보일러 손상의 종류와 특징 2. 보일러 손상 방지대책
			7. 보일러 사고와 방지대책	1. 보일러 사고의 종류와 특징 2. 보일러 사고 방지대책
			8. 안전관리 일반	1. 안전일반 2. 작업 및 공구 취급 시의 안전 3. 화재방호
			9. 환경관리 일반	1. 배기가스 관리 2. 배출수 관리
		4. 유체역학 및 열역학 기초	1. 유체의 기본성질	1. 밀도, 비중량, 비체적, 비중 2. 유체의 점성
			2. 유체정역학	1. 압력의 정의 및 측정 2. 정지유체 속에서의 압력 3. 유체 속에 잠긴 면에 작용하는 힘
			3. 관로 속의 유체흐름	1. 연속 방정식 2. 베르누이 방정식 3. 유량 계산
			4. 열의 기본성질	1. 온도와 열량, 비열 2. 일, 동력, 에너지
			5. 열전달	1. 열전달의 종류와 특징 2. 전도, 대류 및 복사 계산 3. 열관류 등 계산
			6. 열역학 법칙	1. 열역학 법칙의 정의 2. 엔탈피, 엔트로피
			7. 증기의 성질	1. 증기의 일반적 성질 2. 증기표 및 증기선도, 상태 변화 3. 증기사용량 계산
		5. 배관공작	1. 관재료	1. 관의 종류 및 특징 2. 관이음쇠의 종류 및 특징
			2. 밸브 및 기타 배관부속	1. 밸브의 종류 및 특징 2. 기타 배관부속 종류 및 특징 3. 감압밸브 및 온도조절밸브 4. 증기 트랩 5. 신축이음

필기 과목명	문제수	주요항목	세부항목	세세항목
			3. 배관작업기계 및 공구	1. 강관작업용 기계 및 공구 2. 동관 등 기타 관 작업용 공구
			4. 배관작업	1. 강관 이음 작업 2. 동관 등 기타 관 이음 작업
			5. 배관의 지지	1. 배관지지의 종류 및 특징 2. 배관의 신축
			6. 배관시공법	1. 온수배관 시공 2. 증기배관 시공 3. 기타 배관 시공
			7. 절단	1. 각종 관의 절단 방법 및 특징
			8. 용접	1. 아크 용접 2. 가스 용접 3. 아르곤 용접
			9. 배관제도	1. 도면 해독법
		6. 보일러 재료	1. 보일러용 금속재료	1. 강재 및 주철의 종류 및 특성 2. 비철금속 종류 및 특성
			2. 내화재, 보온재, 단열재	1. 내화재의 종류와 특성 2. 보온재의 종류와 특성 3. 단열재의 종류와 특성
			3. 방청도료 및 패킹 재료	1. 방청도료의 종류와 특성 2. 패킹재의 종류와 특성
		7. 관련 법규	1. 에너지법	1. 법, 시행령, 시행규칙
			2. 에너지이용 합리화법	1. 법, 시행령, 시행규칙
			3. 열사용기자재의 검사 및 검사면제에 관한 기준	1. 특정열사용기자재 2. 검사대상기기의 검사 등
			4. 건설산업기본법	1. 열사용기자재 시공업 등록 등
			5. 신에너지 및 재생 에너지 개발·이용·보급 촉진법	1. 법, 시행령, 시행규칙
			6. 기계설비법	1. 에너지관리 관련 기계설비 기술기준
		8. 공업경영	1. 품질관리	1. 통계적 방법의 기초 2. 샘플링 검사 3. 관리도
			2. 생산관리	1. 생산계획 2. 생산통제
			3. 작업관리	1. 작업방법연구 2. 작업시간연구
			4. 기타 공업경영에 관한 사항	1. 기타 공업경영에 관한 사항

CBT 전면시행에 따른
CBT PREVIEW

한국산업인력공단(www.q-net.or.kr)에서는 실제 컴퓨터 필기시험 환경과 동일하게 구성된 자격검정 CBT 웹 체험을 제공하고 있습니다. 또한, 예문사 홈페이지(http://yeamoonsa.com)에서도 CBT 형태의 모의고사를 풀어볼 수 있으니 참고하여 활용하시기 바랍니다.

수험자 정보 확인

시험장 감독위원이 컴퓨터에 나온 수험자 정보와 신분증이 일치하는지를 확인하는 단계입니다.
수험번호, 성명, 주민등록번호, 응시종목, 좌석번호를 확인합니다.

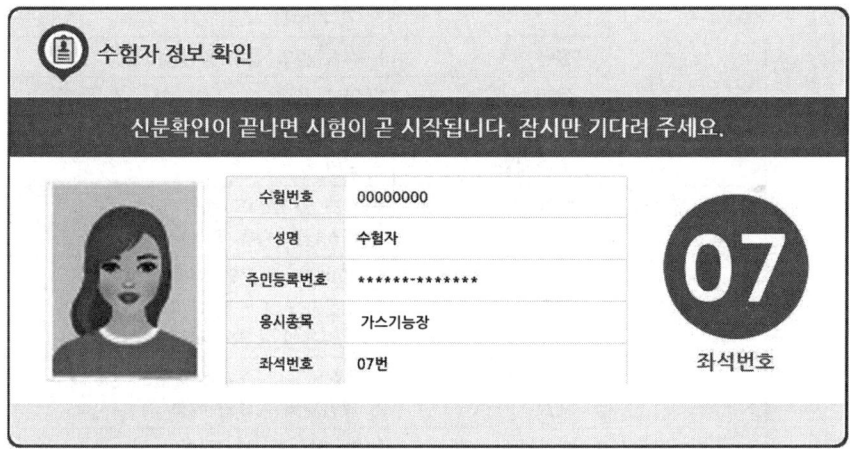

안내사항

시험에 관련된 안내사항이므로 꼼꼼히 읽어보시기 바랍니다.

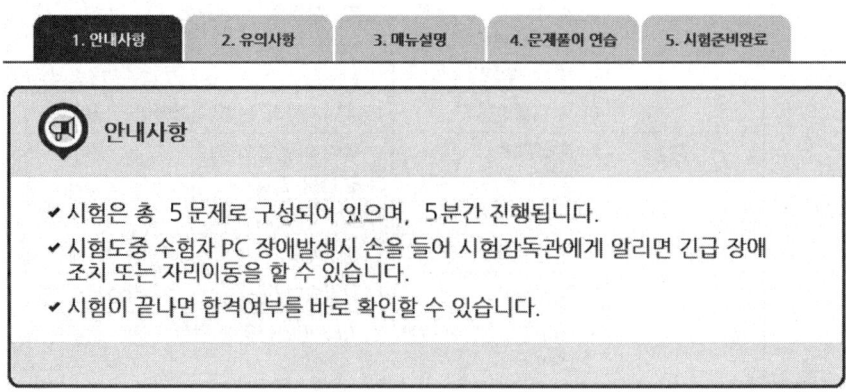

유의사항

부정행위는 절대 안 된다는 점, 잊지 마세요!

> **유의사항 - [1/3]**
>
> - 다음과 같은 부정행위가 발각될 경우 감독관의 지시에 따라 퇴실 조치되고, 시험은 무효로 처리되며, 3년간 국가기술자격검정에 응시할 자격이 정지됩니다.
>   - ✔ 시험 중 다른 수험자와 시험에 관련한 대화를 하는 행위
>   - ✔ 시험 중에 다른 수험자의 문제 및 답안을 엿보고 답안지를 작성하는 행위
>   - ✔ 다른 수험자를 위하여 답안을 알려주거나, 엿보게 하는 행위
>   - ✔ 시험 중 시험문제 내용과 관련된 물건을 휴대하여 사용하거나 이를 주고받는 행위
>
> [다음 유의사항 보기 ▶]

문제풀이 메뉴 설명

문제풀이 메뉴에 대한 주요 설명입니다. CBT에 익숙하지 않다면 꼼꼼한 확인이 필요합니다. (글자크기/화면배치, 전체/안 푼 문제 수 조회, 남은 시간 표시, 답안 표기 영역, 계산기 도구, 페이지 이동, 안 푼 문제 번호 보기/답안 제출)

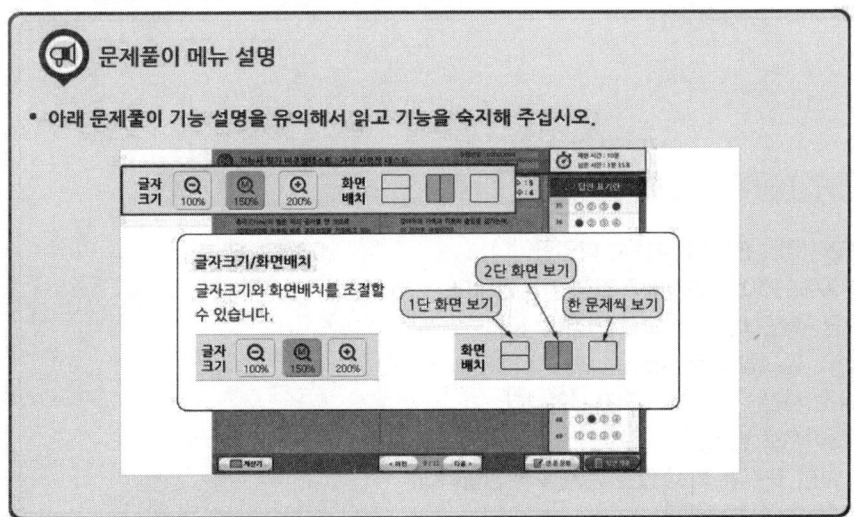

CBT 전면시행에 따른
CBT PREVIEW

🖥 시험준비 완료!

이제 시험에 응시할 준비를 완료합니다.

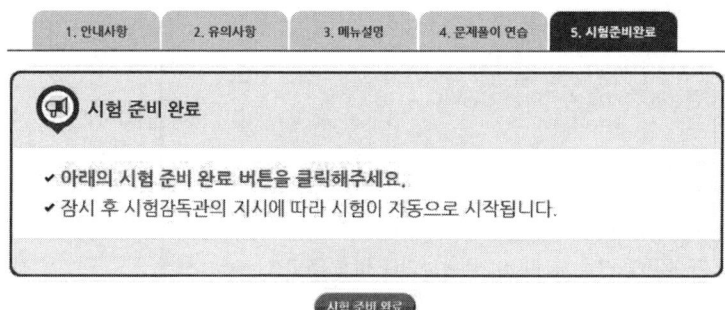

🖥 시험화면

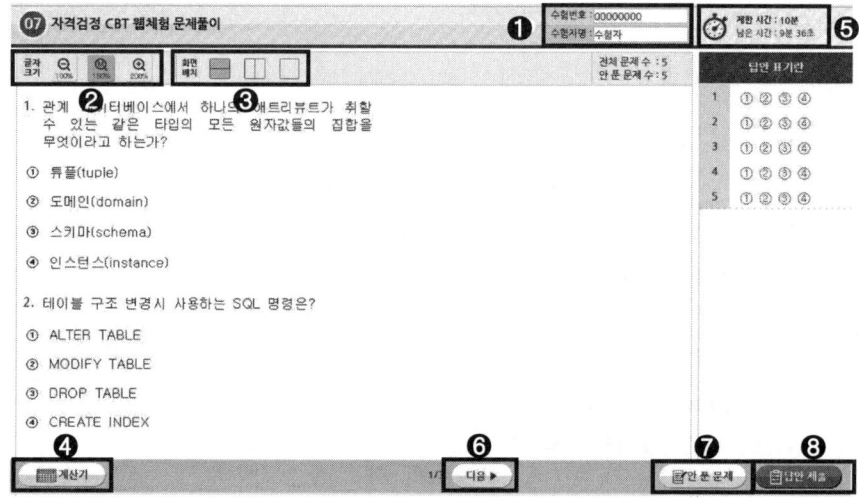

❶ 수험번호, 수험자명 : 본인이 맞는지 확인합니다.
❷ 글자크기 : 100%, 150%, 200%로 조정 가능합니다.
❸ 화면배치 : 2단 구성, 1단 구성으로 변경합니다.
❹ 계산기 : 계산이 필요할 경우 사용합니다.
❺ 제한 시간, 남은 시간 : 시험시간을 표시합니다.
❻ 다음 : 다음 페이지로 넘어갑니다.
❼ 안 푼 문제 : 답안 표기가 되지 않은 문제를 확인합니다.
❽ 답안 제출 : 최종답안을 제출합니다.

답안 제출

문제를 다 푼 후 답안 제출을 클릭하면 다음과 같은 메시지가 출력됩니다.
여기서 '예'를 누르면 답안 제출이 완료되며 시험을 마칩니다.

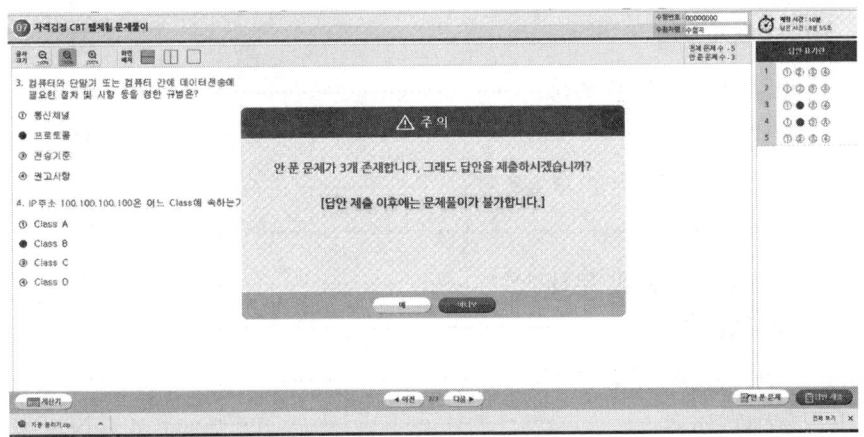

알고 가면 쉬운 CBT 4가지 팁

1. 시험에 집중하자.
  기존 시험과 달리 CBT 시험에서는 같은 고사장이라도 각기 다른 시험에 응시할 수 있습니다. 옆 사람은 다른 시험을 응시하고 있으니, 자신의 시험에 집중하면 됩니다.

2. 필요하면 연습지를 요청하자.
  응시자의 요청에 한해 시험장에서는 연습지를 제공하고 있습니다. 연습지는 시험이 종료되면 회수되므로 필요에 따라 요청하시기 바랍니다.

3. 이상이 있으면 주저하지 말고 손을 들자.
  갑작스럽게 프로그램 문제가 발생할 수 있습니다. 이때는 주저하며 시간을 허비하지 말고, 즉시 손을 들어 감독관에게 문제점을 알려주시기 바랍니다.

4. 제출 전에 한 번 더 확인하자.
  시험 종료 이전에는 언제든지 제출할 수 있지만, 한 번 제출하고 나면 수정할 수 없습니다. 맞게 표기하였는지 다시 확인해보시기 바랍니다.

CONTENTS 이책의 차례

제1편 보일러 설비 및 구조

제1장 열 및 증기 ··· 2
　　　　출제예상문제 ··· 31
제2장 보일러의 종류 및 특성 ··· 39
　　　　출제예상문제 ··· 94
제3장 보일러 부속장치 및 부속품 ··· 104
　　　　출제예상문제 ··· 155
제4장 보일러 열효율 및 부하계산 ··· 177
　　　　출제예상문제 ··· 185
제5장 육용보일러의 열정산방식 ··· 196
　　　　출제예상문제 ··· 210
제6장 연료 및 연료의 특성 ··· 220
제7장 연소장치 ··· 248
제8장 연소계산 ··· 296
제9장 통풍과 집진장치 ··· 312
　　　　출제예상문제 ··· 340
제10장 LNG와 LPG ··· 356
제11장 자동제어 ··· 374
　　　　출제예상문제 ··· 408

제2편 보일러 시공, 취급 및 안전관리

제1장 난방부하 및 난방설비 ··· 418
　　　　출제예상문제 ··· 454
제2장 보일러 취급 및 안전관리 ··· 463

제3장	급수처리, 세관 및 보존	492
	출제예상문제	536
제4장	보일러 설치검사기준 등	582
	출제예상문제	607

제3편 계측기기

제1장	계측 및 단위	624
제2장	온도계	635
제3장	압력계	658
제4장	액면계	670
제5장	유량계	675
제6장	가스분석계	689
	출제예상문제	701

제4편 배관일반

제1장	배관재료 및 배관부속품	712
	출제예상문제	740
제2장	배관공작	763
	출제예상문제	783
제3장	배관도시법	807
	출제예상문제	824
제4장	단열재, 보온재 및 내화물	835
	출제예상문제	852

CONTENTS 이책의 차례

제5편 에너지법과 에너지이용 합리화법

제1장 에너지법과 에너지이용 합리화법 ········· 862
출제예상문제 ········· 910

제6편 공업경영

제1장 생산관리 ········· 926
제2장 품질관리 개론 ········· 935
제3장 작업관리 ········· 944
제4장 기타 공업경영 ········· 953
출제예상문제 ········· 958

부록1 과년도 기출문제

- 2015년 4월 4일 시행 ········· 980
- 2015년 7월 19일 시행 ········· 990
- 2016년 4월 2일 시행 ········· 1000
- 2016년 7월 10일 시행 ········· 1011
- 2017년 3월 5일 시행 ········· 1022
- 2017년 7월 8일 시행 ········· 1032
- 2018년 3월 31일 시행 ········· 1042

부록2 CBT 실전모의고사

- 제1회 CBT 실전모의고사 ··· 1054
  - 정답 및 해설 ··· 1059
- 제2회 CBT 실전모의고사 ··· 1062
  - 정답 및 해설 ··· 1067
- 제3회 CBT 실전모의고사 ··· 1071
  - 정답 및 해설 ··· 1077
- 제4회 CBT 실전모의고사 ··· 1081
  - 정답 및 해설 ··· 1087
- 제5회 CBT 실전모의고사 ··· 1091
  - 정답 및 해설 ··· 1097
- 제6회 CBT 실전모의고사 ··· 1100
  - 정답 및 해설 ··· 1106
- 제7회 CBT 실전모의고사 ··· 1109
  - 정답 및 해설 ··· 1115
- 제8회 CBT 실전모의고사 ··· 1118
  - 정답 및 해설 ··· 1124
- 제9회 CBT 실전모의고사 ··· 1128
  - 정답 및 해설 ··· 1134
- 제10회 CBT 실전모의고사 ··· 1137
  - 정답 및 해설 ··· 1143

2018년 이후부터는 한국산업인력공단에서 시험문제를 제공하지 않으니 참고하시기 바랍니다.

PART 01

보일러 설비 및 구조

- **제1장** 열 및 증기
- **제2장** 보일러의 종류 및 특성
- **제3장** 보일러 부속장치 및 부속품
- **제4장** 보일러 열효율 및 부하계산
- **제5장** 육용보일러의 열정산방식
- **제6장** 연료 및 연료의 특성
- **제7장** 연소장치
- **제8장** 연소계산
- **제9장** 통풍과 집진장치
- **제10장** LNG와 LPG
- **제11장** 자동제어

CHAPTER 01 열 및 증기

1. 온도(Temperature)

온도의 개념은 사람의 감각작용을 근거로 하고 있다. 그러나 신뢰도를 위하여 온도를 측정할 때는 물질의 팽창, 전기저항, 기전력 등 물리적 성질을 이용한다. 예를 들어 수은온도계는 수은의 열팽창을 이용하는 것이다.

1 온도 및 표시

온도란 우리들이 느끼는 차고 더운 정도를 나타내는 척도를 말하는데, 열은 눈에 보이지 않으므로 구체화할 수 없는 추상적인 물리량으로 생각하게 된다. 즉, 온도가 높은 쪽에서 낮은 쪽으로 이동하는 그 무엇이 있다는 것을 알게 되는데, 이것을 열(Heat)이라 한다. 그러므로 열은 온도에 변화를 주게 된다. 보통 차고 더운 정도는 알 수 있지만 온도의 절댓값은 구할 수 없기 때문에 표준이 되는 계기를 접촉시켜 물리적 변화량을 알 수 있도록 만든 것이 온도계이다. 그리고 열은 물질이 아니고 에너지의 형태라는 것이 후에 미국의 톰슨(1753~1814)에 의해 밝혀졌다.

(1) **섭씨온도(Centigrade Temperature)**
 섭씨온도란 표준대기압 상태에서 물의 빙점을 0℃로 하고 물의 비등점을 100℃로 하여 그 사이를 100등분한 것을 1℃로 정한 것이다.

(2) **화씨온도(Fahrenheit Temperature)**
 화씨온도란 표준대기압 상태에서 물의 빙점을 32°F로 하고 물의 비등점을 212°F로 정하고 그 사이를 180등분하여 그 한 눈금을 1°F로 정한 것이다.

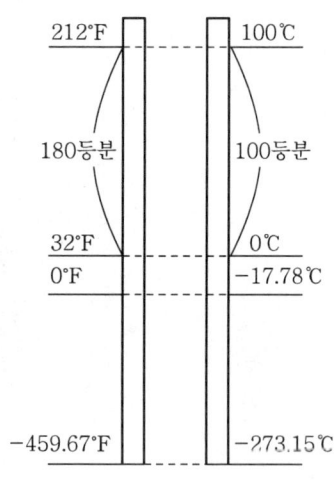

[섭씨 · 화씨의 비교]

(3) **섭씨온도와 화씨온도의 상관관계식**
 0℃ = 32°F
 100℃ = 212°F

 $t℃ = \dfrac{5}{9}(t°F - 32)$, $t°F = \dfrac{9}{5}t℃ + 32$

 $\dfrac{t℃}{100} = \dfrac{t°F - 32}{180}$

(4) 절대온도(Absolute Temperature)

기체는 일정한 압력에서 온도가 1℃ 상승할 때마다 0℃일 때 체적의 $\frac{1}{273.15}$씩 증가한다. 또한 완전가스는 일정한 체적에서 온도가 1℃ 내릴 때마다 0℃일 때 압력의 $\frac{1}{273.15}$씩 떨어져, 결국 −273.15℃에서는 기체의 압력이 영(零)이 되어 기체의 분자운동은 정지되는데, 이를 절대온도라 한다(단, 화씨는 −459.59°F이다).

① 켈빈(Kelvin)의 절대온도 $T\text{K} = t℃ + 273.15(273)$
② 랭킨(Rankine)의 절대온도 $T°\text{R} = t°\text{F} + 459.69(460)$

REFERENCE

기체의 압력을 일정하게 유지하면서 온도를 1℃ 높이면 그 부피는 0℃일 때 부피의 $\frac{1}{273.15}$만큼 증가한다는 것이 샤를(Charles)의 법칙이다. 이 법칙을 모든 온도에 적용시키면 온도가 영하 273.15℃일 때 기체의 부피는 0이 된다. 그 이하의 온도에서는 (−)가 되므로 이 온도가 최저온도가 되며, 이 이하의 온도를 생각하는 것은 합리적이지 못하다. 따라서, −273.15℃를 기점으로 하여 나타내는 열역학적 온도눈금을 절대온도라 하며 K(Kelvin)의 기호로 표시한다.

---

2. 열량

1 열량의 단위

(1) 1kcal

표준대기압하에서 순수한 물 1kg을 0℃에서 100℃까지 올리는 데 필요한 열량의 $\frac{1}{100}$이다.

(2) 1BTU

순수한 물 1파운드(lb)를 표준상태하에서 1°F만큼 올리는 데 필요한 열량이다(물 1 lb를 32°F로부터 212°F까지 상승시키는 데 필요한 열량의 $\frac{1}{180}$이다).

(3) 1CHU

1파운드(1 lb)의 순수한 물을 온도 14.5℃에서 15.5℃까지 높이는 데 필요한 열량이다.

(4) 15℃(kcal)

순수한 물 1kg을 표준대기압하에서 14.5℃에서 15.5℃까지 올리는 데 필요한 열량이다.

〈열량의 비교단위〉

kcal	BTU	CHU	kJ
1	3.968	2.205	4.18673
0.252	1	0.5556	1.05504
0.4536	1.8	1	1.89908
0.23885	0.94787	0.52657	1

※ 100,000BTU는 1썸(Therm)이다.

- 1줄(J) = 1와트(W)
- $1J = \dfrac{1}{4.186} = 0.24 \text{kcal} = 9.477 \times 10^{-4} \text{BTU}$
- $1J = 2.389 \times 10^{-4} \text{kcal} = 2.778 \times 10^{-7} \text{kWh}$

(5) 열량의 환산

$1\text{파운드(lb)} ≒ 453.6g = 0.4536kg$

$1kg = \dfrac{1}{0.4536} ≒ 2.205 \text{ lb}$

$1°R = \dfrac{9}{5}K, \ 1K = \dfrac{5}{9}°R$

① $1\text{kcal} = 1\text{kg} \cdot \text{kcal/kg℃} \times 1℃ = 2.205 \text{ lb} \cdot \text{BTU/lb°F} \times \dfrac{9}{5}°F ≒ 3.968\text{BTU}$
   $= 2.205 \text{ lb} \cdot \text{CHU/lb℃} \times 1℃ = 2.205\text{CHU}$

② $1\text{BTU} = 1 \text{ lb} \times \text{BTU/lb°F} \times 1°F = 0.4536\text{kg} \times \text{kcal} \times \text{kg℃} \times \dfrac{9}{5}℃ ≒ 0.252\text{kcal}$

③ $1\text{CHU} = 1 \text{ lb} \times \text{CHU/lb℃} \times 1℃ = 0.4536\text{kg} \times \text{CHU/lb℃} \times 1℃ ≒ 0.4536\text{kcal}$

3. 비열과 열용량

1 비열

(1) 일반적으로 중량 G인 물체에 dQ인 열량이 가해져서 온도가 dt만큼 상승되었다면 dt는 dQ에 비례하고 G에 반비례한다. 따라서 이 관계를 식으로 표시하면 다음과 같다.

$$dQ = CGdt$$

이 식에서 비례상수 C는 물체의 재료에 관계하는 상수이며, 이것을 그 물체의 비열(Specific Heat)이라 한다. 즉, 비열이란 어떤 물체의 단위중량 1kg을 온도 1℃만큼 높이는 데 필요한 열량이다. 비열의 단위는 kcal/kg℃(W/m℃)이다. 그리고 다음과 같이 나타낼 수 있다.

$$1\text{kcal/kg℃} = 3.968\text{BTU/lb°F} = 2.205\text{CHU/lb℃}$$

비열의 단위 1kcal/kg℃ = 1BTU/lbf°F = 4.18673kJ/kgK와 관계된다.

〈각 물질의 평균 비열값〉

종류	비열(kcal/kg℃)	종류	비열(kcal/kg℃)	종류	비열(kcal/kg℃)
석탄	0.25	코크스	0.25	얼음	0.5
물	1	중류	0.45	공기	0.31
공기	0.24	배기가스	0.33	증기	0.46

(2) 비열은 그 물체에 열이 가해지는 가열조건과 그때의 상태 여하에 따라 그 값이 달라진다. 특히 기체는 압력을 일정하게 하고 팽창시킬 때와, 체적을 일정하게 하고 압력의 상승을 허용하여 가열할 때와는 다르다.

① 일정한 체적에서의 비열을 정적비열이라 한다.
② 일정한 압력에서의 비열을 정압비열이라 한다.
③ 정적비열(C_v) : 열을 가할 때 체적을 일정하게 하면 압력이 높아지고 분자 간의 충돌에 의해 열이 발생하므로 많은 열이 필요하지 않다.
④ 정압비열(C_p) : 압력을 일정하게 하고 열을 가하면 체적이 늘어나서 분자 간의 충돌에 의한 열이 발생되지 않으므로 많은 열을 필요로 한다. 그래서 언제나 같은 기체라도 정압비열이 정적비열보다 많은 열을 필요로 하기 때문에 정압비열이 정적비열보다 크다.
⑤ 기체의 비열비(K) : 정압비열/정적비열
　기체의 비열비의 값은 항상 1보다 크고 비열비가 클수록 기체는 압축 후 토출가스 온도가 상승한다.

2 열용량

(1) 어떤 물질의 온도를 1℃ 상승시키는 데 필요한 열량이며 그 단위는 kcal/℃이다.
(2) 일반적으로 질량이 동일할 때 열용량이 크면 비열도 크다.

- 열용량 = 비열 × 질량
- 비열 = 열용량 ÷ 질량

4. 현열과 잠열

1 현열(감열)

어떤 물체에 열을 가하면 그 물체의 온도가 상승한다. 이때 온도를 상승시킨 열량을 현열이라 부르며, 계속 상승하다가 상(상태)이 변하는 온도가 되면 온도상승은 멈추고 상이 변한다. 즉, 액체가 기체로, 고체가 액체로 변하는 현상이다.

$$현열(Q) = C \cdot G \cdot dt (\text{kcal})$$

즉, 가해진 열량 Q는 물체의 온도상승 dt와 물체의 중량 G에 비례하며, 여기서 상수 C는 물질의 비열이다.

2 잠열

물질에 열을 가하여 상태의 변화를 일으킬 때에는 온도가 상이 변하는 온도에서 일정한 상태로 고정되며 열만을 흡수한다. 이때 흡수한 열을 잠열이라고 한다.

(1) 고체가 액체로 변화할 때 소요되는 열량을 융해잠열이라 한다(얼음 : 80kcal/kg).
(2) 액체가 기체로 변화할 때 소요되는 열량을 기화잠열이라 한다.
(3) 100℃의 포화수 1kg이 100℃의 증기로 상이 변화할 때 증발잠열은 539kcal/kg가 필요하다.
(4) 보일러에서 압력이 상승하면 포화온도가 높아지면서 잠열이 감소한다.

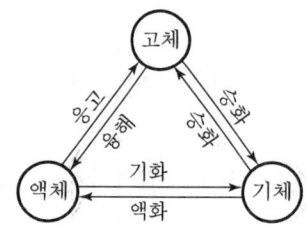

① 융해, 기화, 승화 : 가열
② 액화, 응고, 승화 : 냉각
③ 액화방법 : 저온식(예 LNG)과 가압식(예 LPG)
④ 승화성 물질 : 나프탈렌, 드라이아이스, 안식향산 등

[물질의 3상태]

(5) 보일러에서 임계압력에 도달하면 증발잠열이 0(kcal/kg)이 되며, 액체와 기체의 구별이 없어진다(임계압력은 225.65kg/cm², 임계온도 : 374.15℃).

> REFERENCE
>
> 물체에 열을 가하면 열은 에너지의 형태로 물체의 내부에 저장된다. 단 물체의 주위 상태에 따라 에너지의 일부는 곧 일로 소비된다. 물체가 열을 받으면 물체의 분자운동에너지가 증가하며 온도가 상승하는데, 이것이 현열(감열)이다. 또 고체나 액체는 어떤 온도에 도달하면 분자의 집합상태를 바꾸기 위한 에너지로서 열에너지를 소비하게 된다. 이것은 분자의 위치에너지로 저장되는데, 이 때문에 액체는 기체로 분자의 집합상태를 바꾼다. 이와 같이 분자의 위치에너지로 저장된 열은 온도의 상승으로 나타나지 않기 때문에, 이에 필요한 열이 잠열이다. 잠열에는 융해열, 기화열, 승화열이 있다. 또 현열과 잠열은 물체의 내부에 저장되는 에너지이므로 내부에너지라 하며 표준상태에서의 물체의 내부에너지를 0으로 하고 이것을 기준으로 임의의 내부에너지 크기를 나타낸다.

5. 엔탈피와 엔트로피

1 엔탈피(Enthalpy)

물체에 일정한 압력을 유지하고 기준온도 t_o에서 다른 온도 t 까지의 상태로 변화시킬 때, 외부에서 주어져야 하는 열량(Q)을 엔탈피라 한다. 즉, 대기압상태에서 물 1kg을 0℃에서 100℃의 증기로 만들려면 639kcal/kg의 열량이 필요하다. 다시 말해, 1기압을 유지한 가운데 물 0℃에서 100℃까지 높이는 데 필요한 열(현열)은 100kcal/kg이고, 여기에서 100℃의 증기로 상을 변화시키는 데 필요한 잠열 539kcal/kg(2,257kJ/kg)을 합한 값 639kcal/kg가 엔탈피가 된다.

(1) 습포화증기 엔탈피(i_x)

$$i_x = i' + rx = i'' - (1-x)r$$

(2) 건포화증기 엔탈피(i'')

$$i'' = i' + r$$

(3) 과열증기 엔탈피(i_a)

$$i_a = i' + r + c(t_1 - t_2) = i'' + c(t_1 - t_2)$$

여기서, i' : 포화수 엔탈피 r : 증발잠열
x : 건도(일반적으로 0.98로 함) c : 증기평균비열(0.46kcal/kg℃)
t_1 : 과열증기온도 t_2 : 포화증기온도

※ 엔탈피란 열역학상의 상태량을 나타내는 중요한 양이다.

비엔탈피(h) = $u + APV$(kcal/kgf)

$$엔탈피(H) = u + APV \text{(kcal)}$$

여기서, u : 내부에너지(kcal/kg)
A : 일의 열당량($\frac{1}{427}$kcal/kg)
V : 비체적(m³/kg)

2 엔트로피(Entropy)

열역학 제2법칙에 의한 상태량이다. 엔탈피의 증가량을 그 상태의 절대온도로 나눈 값으로, 단위는 kcal/kg · K이다(즉, 표준대기압상태에서 포화수는 539kcal/kg의 증발잠열을 (273+100℃)로 나눈 값이다).

$$\Delta S = \frac{\Delta Q}{T}$$

여기서, ΔS : 엔트로피 변화량(kcal/kg℃)
ΔQ : 열량 변화(kcal/kg)
T : 절대온도(K)

※ 엔트로피는 출입하는 열량의 이용가치를 나타내는 양으로 에너지도 아니며, 온도와 같이 감각으로도 알거나 측정할 수 없는 물리학상의 상태량이다. 어느 물체에 열을 가하면 엔트로피는 증가하고 냉각시키면 감소하는 상상적인 양이다. 엔트로피는 종량 성질이며, 단위중량당의 엔트로피가 비엔트로피이다. 완전가스의 엔트로피는 상태량의 함수이다.

6. 압력

압력은 단위면적에 작용하는 수직방향의 힘으로서 물리학에서는 0℃의 수은주 760mm의 무게가 1cm²의 면적에 작용하는 표준압력에 해당하는 것이 1기압이며 atm(Atmosphere)의 약호를 기호로 쓴다.

1 압력 표시

kg/cm², psi, lb/m², MPa, mAq, mmAq, mmHg, inHg

2 예시

(1) $1\text{kg/m}^2 = 10^{-4}\text{kg/cm}^2 = 1.0\text{mmAq}$
(2) $1\text{bar} = 10^6\text{dyne/cm}^2 = 10\text{N/cm}^2 = 10^5\text{N/m}^2 = 1.0197\text{kg/cm}^2$

(3) $1kg/cm^2 = 10m$ 수주 $= 32.81ft$ 수주 $= 10,000kg/m^2$
(4) $1Pa(Pascal) = 1N/m^2$
(5) $1Torr = 1mmHg$

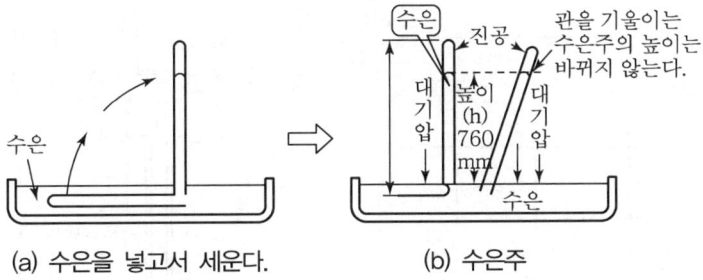

(a) 수은을 넣고서 세운다.   (b) 수은주

3 압력의 명칭

(1) 표준대기압(atm)

$$1atm = 760mmHg = 10.332mH_2O = 14.7\ lb/m^2 = 14.7psi = 1,013mbar$$
$$= 1.013bar = 30inHg = 101,325N/m^2 = 101,325Pa = 1,013.25hPa$$
$$= 1.0332kg/cm^2$$

※ $1bar = 10^5 Pa$, $1hPa = 100Pa$

(2) 게이지압(abg)

대기압을 0으로 본 상태의 압력, 즉 게이지(Gauge)에서 측정된 압력으로 (절대압력 - 대기압)이 게이지 압력이 된다.

(3) 절대압력(abs)

절대압은 완전 진공상태에서 측정한 압력이며 대기압보다 낮은 압이 진공압이다.

절대압 = 대기압 + 게이지압, 대기압 - 진공압

즉, 700mm의 진공에서 표준기압 760mmHg과 700mmHg의 차(760 - 700)인 60mmHg이 절대압이다. 그러므로 진공도는 (700/760) × 100 = 92.1%의 진공이 된다.

(4) 공학기압(at)

$$1at = 1kg/cm^2 = 10mH_2O = 10mAq = 735.56mmHg$$
$$= 14.2\ lb/in^2 = 14.2psi = 980.4mbar$$

※ Aq는 Aqua의 약자이다.

즉, 공학기압이란 단위면적 $1cm^2$당 1kg의 힘이 작용하는 압력으로 kg/cm^2로 사용된다.

(5) 수두압

물 $10mH_2O$가 $1kg/cm^2$의 압력이 된다.

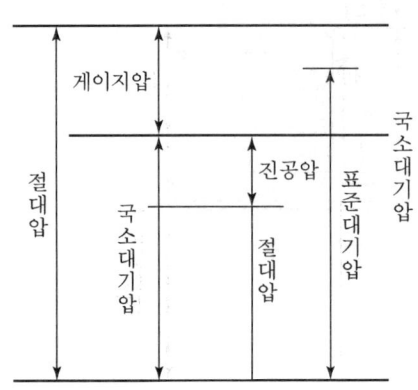
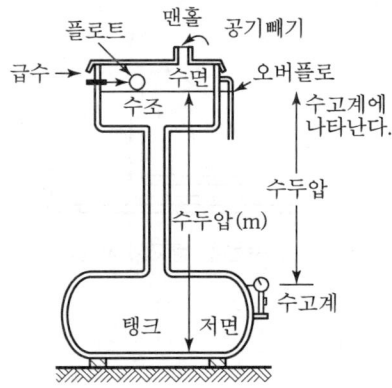

[수두압]

국소대기압이란 대기압의 습도, 온도, 고도에 따라 달리 측정될 때의 대기의 압력이다.

〈압력단위 환산〉

bar	kg/cm^2 (at)	lb/in^2	mHg	inHg	수주(m)	표준기압 (atm)
1	1.0197	14.50	0.7501	29.53	10.197	0.9869
0.9807	1	14.22	0.7356	28.96	10.000	0.9678
0.06895	0.07031	1	0.05171	2.036	0.7031	0.06805
1.3332	1.3595	19.34	1	39.37	13.60	1.3158
0.03386	0.03453	0.4912	0.02540	1	0.3453	0.03342
0.09806	0.10000	1.422	0.07355	2.896	1	0.09678
1.0133	1.0332	14.70	0.760	29.92	10.33	1

$1Pa = 1N/m^2$

$1bar = 10^6 dyne/cm^2 = 1,000mbar = 10^5 N/m^2$

$1kg/cm^2 = 98,066.5 N/m^2 = 0.9807 bar = 1,000 kg/m^2$

$1kg/m^2 = 1mmH_2O = 10^{-3} mH_2O$

7. 비체적, 비중량, 밀도

1 비체적(Specific Volume)

단위중량의 물체가 차지하는 체적이 비체적이다. 그 단위는 m³/kg(ft³/kg) 등으로 사용된다. 일명 비용적이다.

2 비중량(Specific Weight)

비체적의 역수이므로 단위는 kg/m³(kgf/ft³) 등이다. 즉, 단위체적의 중량이다.

3 밀도(Density)

단위체적의 질량을 밀도라 하며 kg/m³(kg/ft³) 등의 단위가 사용된다.

※ 물의 밀도 $= 1{,}000\text{kg/m}^3 = \dfrac{9{,}800\text{N/m}^3}{9.8\text{m/s}^2} = 1{,}000\text{N}\cdot\text{s}^2/\text{m}^4(\text{SI 단위})$

$= \dfrac{1{,}000\text{kg/m}^3}{9.8\text{m/s}^2} \fallingdotseq 102\text{kgf}\cdot\text{s}^2/\text{m}^4(\text{중력단위})$

8. 열의 이동[傳熱]

열은 고온체에서 저온체로 이동하고 열의 이동에는 전도, 복사, 대류가 있다. 즉, 열이동은 열전달(Heat Transfer)이다.

1 열전도(Conduction)

물체 내부에 온도구배가 있을 때 온도는 높은 곳에서 낮은 곳으로 이동한다. 이와 같은 현상을 열전도라 하는데, 즉 물질의 이동에 의하지 않고 열이 그 물체 또는 물질의 내부를 전달하는 현상을 말한다. 이때 열의 열전달률은 전열면에 수직방향의 온도구배에 비례한다.

[열의 전도]

(1) 열전도율(kcal/mh℃)

너비가 $1m^2$인 물체의 길이가 1m일 때 양쪽 온도 차이가 1℃를 유지할 때 1시간 동안에 통과한 열량이다.

(2) 열전도전열량(kcal/h)

① 단층인 경우

$$Q(\text{kcal/h}) = \frac{\lambda(t_1 - t_2)A}{l} = \frac{(t_1 - t_2)A}{R_c}$$

여기서, λ : 열전도율(kcal/mh℃, W/m℃)
t_1 : 고온면 온도(℃)
t_2 : 저온면 온도(℃)
A : 전열면(방열면 : m^2)
l : 고체 두께(m)
R_c : 열저항(mh℃/kcal)

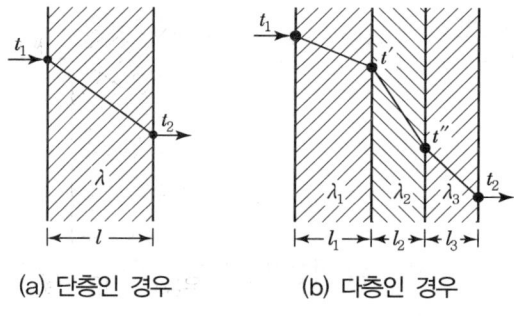

(a) 단층인 경우   (b) 다층인 경우

[평판의 열전도율]

② 다층인 경우

$$Q(\text{kcal/h}) = \frac{A(t_1 - t_2)}{\dfrac{l_1}{\lambda_1} + \dfrac{l_2}{\lambda_2} + \dfrac{l_3}{\lambda_3}}$$

③ 원통관의 열전도량

$$Q = \frac{2\pi\lambda(\theta_1 - \theta_2)}{\ln\left(\dfrac{\gamma_2}{\gamma_1}\right)}$$

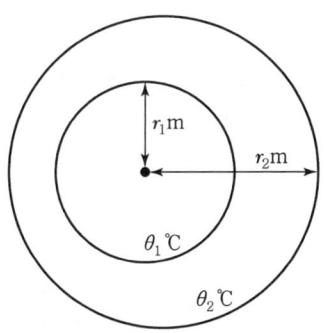

[원통관의 열전도량]

2 대류(Convection Heat Transfer)

고체벽이 온도가 다른 유체와 접촉하고 있을 때 유체에 유동이 생기면서 열 이동을 하는 현상을 대류열전달(對流熱傳達)이라 한다.

(1) 자연대류(Natural Convection)

유체는 열을 받으면 밀도가 작아져서 부력이 생기기 때문에 상승현상이 생겨 유체 스스로 대류현상이 생긴다. 이런 현상을 자연대류(自然對流)라 한다.

(2) 강제대류(Forced Convection)

송풍기나 그 밖의 장치로 대류를 촉진시키는 것을 강제대류라고 한다.

※ 대류열전달량(kcal/h)

$$Q_c(\text{kcal/h}) = a(t_w - t_a)A$$

여기서, a : 열전달률(kcal/m²h℃, kJ/mh℃, W/m²℃)
  A : 고체 표면적(m²)
  t_w : 고체 표면온도(℃)
  t_a : 유체온도(℃)

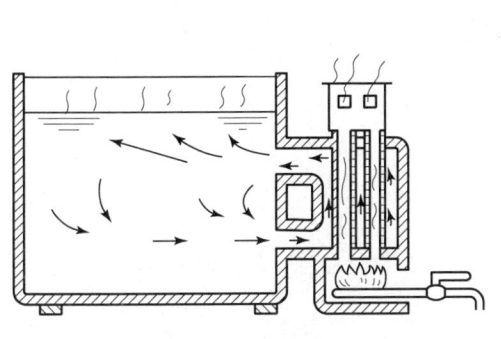

[욕조 내 물의 대류]

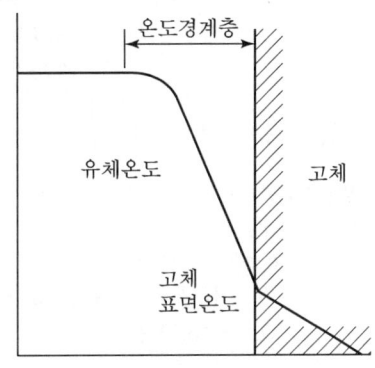

[대류열전달]

3 복사(Radiation Heat Transfer)

열에너지는 전도나 대류와 같이 물질을 매체로 하여 전달될 뿐만 아니라, 서로 떨어져 있는 2개의 물체 사이가 진공(Vacuum)일 경우라도 빛과 같이 열에너지가 전자파 형태의 물체로부터 복사된다. 이것이 다른 물체에 도달하여 흡수되면 열로 변하는데, 이러한 현상을 복사열전달(輻射熱傳達) 또는 열복사라 한다.

(1) **열복사(熱輻射)**

열복사에너지가 물체에 도달하면 그 일부는 표면에서 반사되며 일부는 흡수되고 나머지는 투과된다.

(2) **복사력(Emissive Power)**

복사력이란 완전 흑체 표면에서 단위면적, 단위시간당 방출하는 열에너지이다.

(3) **복사율(Emissivity)**

임의의 온도하에 회색체(灰色體)로부터의 복사력($kcal/m^2h$)과 완전흑체(完全黑體)로부터의 복사력($kcal/m^2h$)과의 비를 복사율이라 한다.

$$복사율(\epsilon) = \frac{회색체의\ 복사력(E)}{완전흑체의\ 복사력(E_b)}$$

(4) **스테판-볼츠만(Stefan-Boltzmann)의 법칙**

흑체복사력(E_b)은 흑체 표면의 온도에 의해서만 구해진다는 것으로, 스테판(Stefan)은 1878년 실험에 의하여, 볼츠만(Boltzmann)은 1884년 이론에 의해서 다음과 같은 관계식을 유도하였다.

① $E_b = \delta T^4 = C_b \left(\dfrac{T}{100}\right)^4 kcal/m^2h$

여기서, $\delta = 4.88 \times 10^{-8} kcal/m^2hK^4$(스테판-볼츠만의 정수)
$C_b = 4.88 kcal/m^2hK$(흑체복사정수)
T = 흑체표면의 절대온도(K)

② $Q_c(kcal/h) = C_b \cdot \varepsilon \left[\left(\dfrac{T_1}{100}\right)^4 - \left(\dfrac{T_2}{100}\right)^4\right] A$

여기서, T_1 : 고온체의 절대온도(K)
A : 면적(m^2)
ε : 복사율(흑도)
T_2 : 저온체의 절대온도(K)
Q_c : 복사전열량(kcal/h)

③ 표면복사열전달률(a_r) 계산

$$a_r(\text{kcal/m}^2\text{hK}) = \frac{\varepsilon \cdot C_b}{t_1 - t_2}\left[\left(\frac{T_1}{100}\right)^4 - \left(\frac{T_2}{100}\right)^4\right]$$

여기서, $t_1(T_1)$: 고온체의 온도
$t_2(T_2)$: 저온체의 온도

※ 모든 물체는 그 온도가 절대 0도(-273℃)가 아니면 에너지를 방사한다. 방사선은 물리적으로는 전자파라 생각되나 이것이 다른 물체에 닿아서 흡수되면 열로 된다. 흡수율이 1이면 물체표면을 흑체라고 한다.

어느 물체의 표면에 특정 온도, 특정 파장에서의 단위면적, 단위시간마다의 방사에너지를 e^λ라고 하고, 같은 조건에서의 흡수율을 a^λ라 하면, '$e^\lambda/a^\lambda = E\ \text{kcal/m}^2\text{h}$'는 물체에 따르지 않고 일정하며 같은 온도, 같은 파장의 흑체 방사에너지와 같다는 것이 키르히호프의 법칙이다.

REFERENCE

(1) 물체의 인접한 두 부분 사이의 온도차에 의해서 생기는 에너지의 이동현상을 열전도라고 한다. 열량이 단면을 통하여 이동할 때의 시간에 대한 이동률이라 하며 온도차의 물체의 두께는(dT/dx) 온도기울기로 정의된다. 여기서 K는 열전도율이라는 비례상수이다. 열전도 현상은 열과 온도의 개념이 분명히 다르다는 것을 알려준다. 어떤 막대의 양단 온도차가 같다 하여도 막대의 종류가 다르면 같은 시간대에 막대를 흐르는 열량도 다르다.

(2) 대류현상은 서로 다른 온도를 유지하고 있는 2개의 물체가 어떤 유체와 접촉하고 있을 때 일어난다. 따뜻한 물체와 접하여 있는 유체는 에너지를 흡수하여 대부분의 경우 팽창하고, 이 유체는 주위의 차가운 유체 때문에 밀도가 작아지고 부력을 받아 상승한다. 공허한 부분은 차가운 유체에 의해 채워지며 이것 역시 따뜻한 물체로부터 에너지를 얻고 같은 방법으로 상승한다. 이와 동시에 차가운 물체에 접하여 있는 유체는 에너지를 잃고 밀도가 커져서 가라앉게 된다. 이런 현상을 가리켜 대류현상이라 한다.

복사현상은 모든 물질들이 전자기적인 복사로 일어나는데, 그 양과 복사의 성질은 그 구성물질과 물체의 표면적 그리고 온도에 의해서 결정된다. 일반적으로 에너지 방출률은 물체의 온도 T의 4제곱에 비례하여 증가한다. 따라서 뜨거운 물체는 에너지를 방출하면 그 중 일부는 근접하여 있는 다른 물체에 흡수된다. 차가운 물체도 역시 복사를 하지만 그 자신이 흡수하는 양보다는 적다. 그 이유는 주위보다 저온이기 때문이다. 그 결과 따뜻한 물체에서 차가운 물체로 에너지가 전달된다. 전자기복사는 진공 중을 전파하기 때문에 에너지 전달을 위한 물질적인 접촉은 필요 없다. 따라서 태양으로부터 지구로 그 사이에 사실상 아무런 물질이 없어도 복사현상에 의해서 에너지는 전달된다.

(5) 흑체의 방사에너지(E_s, kcal/m²h)

흑체의 방사에너지 비율을 그 표면의 방사율이라 한다. 흑체의 방사에너지를 전파장에 걸쳐서 적분하면 흑체의 전방사에너지(E_s)를 구할 수 있다.

$$E_s = \frac{2\pi^4 K^4}{15c^2 h^3} T^4 \frac{\text{erg}}{\text{cm}^2 \cdot \text{s}} = 4.88 \left(\frac{T}{100}\right)^4 \text{kcal/m}^2\text{h}$$

$$= C_b \left(\frac{T}{100}\right)^4 \text{kcal/m}^2\text{h}$$

이 식을 스테판-볼츠만의 법칙이라 한다.

그리고 $C_b = 4.88\text{kcal/m}^2\text{h}(100\text{K})^4$는 흑체의 방사계수이다.

4 열관류(Overall Heat Transfer, 熱灌流)

열이 한 유체에서 벽을 통하여 다른 유체로 전달되는 현상을 일반적으로 열관류 또는 열통과율이라고 한다.

(1) 열관류율(K)

$$K = \frac{1}{R} = \frac{1}{\frac{1}{\alpha_1} + \frac{l}{\lambda} + \frac{1}{\alpha_2}} (\text{kcal/m}^2\text{h}℃)$$

(2) 전열저항계수(R)

$$R = \frac{\frac{1}{\alpha_1} + \frac{l}{\lambda} + \frac{1}{\alpha_2}}{1} (\text{m}^2\text{h}℃/\text{kcal})$$

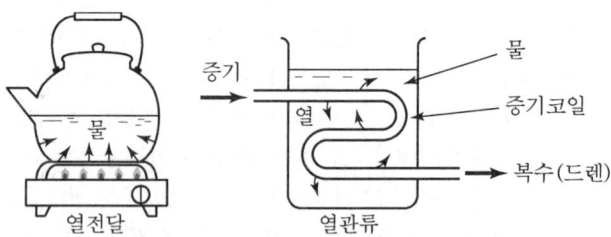

[열전달과 열관류율의 차이]

(3) 열관류 전열량(Q_0)

$$Q_0 = \frac{A(t_0 - t_\lambda)}{\dfrac{1}{\alpha_1} + \dfrac{l}{\lambda} + \dfrac{1}{\alpha_2}} = KA(t_0 - t_\lambda) \text{kcal/h}$$

여기서, Q_0 : 열관류량(kcal/h)
A : 방열면적(m²)
t_0 : 고체의 유체온도(℃)
t_λ : 저온의 유체온도(℃)
l : 고체의 두께(m)
λ : 고체 열전도율(kcal/mh℃)
α_1 : 고온의 유체 열전달률(kcal/m²h℃)
α_2 : 저온의 유체 열전달률(kcal/m²h℃)
K : 열관류율(kcal/m²h℃)
R : 열저항(m²h℃/kcal)

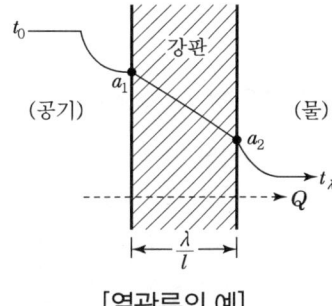

[열관류의 예]

9. 열역학 기초

1 에너지

(1) 에너지는 일을 할 수 있는 능력을 말한다.
(2) 에너지의 양은 외부에 한 일로 표시한다.
(3) 에너지의 단위는 일의 단위와 같다.
(4) 높은 곳에 있는 물체는 낮은 곳에 있는 것보다 더 많은 일을 할 수 있는 능력을 가졌고 이것을 위치에너지라 한다.
(5) 운동하고 있는 물체가 속도가 빠를수록 더 많은 일을 할 수 있는 능력이 있으며 이것을 운동에너지라 한다.
(6) 위치에너지와 운동에너지의 합을 역학적 에너지 또는 기계적 에너지라고 부른다.
  ① 내부에너지 : 물질에 열을 가하거나 혹은 외부로부터 물질에 일을 할 경우 그 물질이 열을 밖으로 내보내거나 외부에 대하여 일을 하지 않는다면 물질이 받은 열이나 일은 내부에 저장된다고 생각할 수 있다. 이것이 내부에너지이다.
  ② 외부에너지 : 기계적 에너지(External Energy)
  ③ 전에너지 = 내부에너지 + 외부에너지

2 열역학 제0법칙(The Zeroth Law of Thermodynamics)

(1) 온도가 서로 상이(相異)한 2개의 물체를 접촉시키면 높은 온도를 지닌 물체의 온도는 내려가고 낮은 온도인 물체의 온도는 올라가서 결국 두 물체의 온도는 같게 된다. 이때 두 물체는 열평형을 이루었다고 말한다.

(2) 열역학 제0법칙은 2개의 물체가 또 다른 물체와 서로 열평형을 이루고 있으면 그 두 물체는 '서로 열평형 상태에 있다'고 표현된다.

3 열역학 제1법칙(The First Law of Thermodynamic)

(1) 열의 본질이 일과 동등한 에너지의 한 형태임은 마이어(Mayer)와 줄(Joule)에 의하여 밝혀졌다. 이와 같은 본질을 밝힌 것이 열역학 제1법칙이다. 즉 열은 본질상 일과 같이 에너지의 일종으로서 일은 열로 전환할 수 있고 또한 역전환도 거의 가능하다. 이때 열과 일 사이의 비는 항상 일정하다.

(2) 열역학의 제1법칙은 에너지보존의 법칙을 열과 일 사이에 적용한 것으로서 이 법칙에 의하여 비로소 열역학의 기초가 확립되었다(열에너지 법칙).

(3) 열은 본질상 하등의 다른 것이 없으므로 열량의 단위인 kcal와 일의 단위인 kg · m 사이에는 일정한 수치적 관계가 존재해야 한다.

① 열의 일당량(J)

$$J = 426.79 \text{kg} \cdot \text{m/kcal} \fallingdotseq 427 \text{kg} \cdot \text{m/kcal} = 778 \text{ft} \cdot \text{lb/BTU}$$

② 일의 열당량(A)

$$A = \frac{1}{J} = \frac{1}{426.79} \text{kcal/kg} \cdot \text{m} \fallingdotseq \frac{1}{427} \text{kcal/kg} \cdot \text{m} = \frac{1}{778} \text{BTU/ft} \cdot \text{lb}$$

③ $1\text{kW} - \text{h} = 102 \text{kg} \cdot \text{m/sec} \times 1\text{h} \times 3,600 \text{sec/h} \times \frac{1}{427} \text{kcal/kg} \cdot \text{m} = 860 \text{kcal} = 3,600 \text{kJ}$

④ $1\text{PS} - \text{h} = 75 \text{kg} \cdot \text{m/sec} \times 1\text{h} \times 3,600 \text{sec/h} \times \frac{1}{427} \text{kcal/kg} \cdot \text{m} = 632 \text{kcal}$

(4) 동력(Power)

- 1PS = 75kg · m/sec
- 1HP = 76kg · m/sec
- 1kW = 102kg · m/sec

(※ 1J = 0.24kcal, 1cal = 4.186J)

동력(Power)은 단위시간당 행하는 일의 율(率)로서, 공률(工率)이라고도 한다. 동력의 단위에는 위에서 보듯이 HP(Horse Power), PS(Pferde Starke), kW(Kilo Watt), kg · m/sec, ft · lb/sec 등이 사용된다.

(5) 일(Work)

① 일(W) = 힘(F) × 변위(S)

② 일의 단위는 kg·m 또는 lb·ft가 사용된다. 이들의 관계는 1kg·m = 7.233lb·ft이다.

③ 일과 열의 수량적 관계

$$1\text{kg} \cdot \text{m} = \frac{1}{427}\text{kcal} = 9.8\text{J}$$

$$1\text{kcal} = 427\text{kg} \cdot \text{m}$$

◉ 주요 국제 SI 단위 ◉

(1) 힘(Force) : Newton(N, 뉴턴)

$1\text{N} = 1\text{kg} \times 1\text{m/s}^2 = 1\text{kg} \cdot \text{m/s}^2$

$1\text{dyne} = 1\text{g} \times 1\text{cm/s}^2 = 1\text{g} \cdot \text{cm/s}^2$

$1\text{N} = 1\text{kg} \cdot \text{m/s}^2 = 1,000\text{g} \times 100\text{cm/s}^2 = 10^5 \text{g} \cdot \text{cm/s}^2 = 10^5 \text{dyne}$

(2) 일(Work) : Joule(줄)

$1\text{J} = 1\text{N} \times 1\text{m} = 1\text{N} \cdot \text{m}$

$1\text{erg} = 1\text{dyne} \times 1\text{cm} = 1\text{dyne} \cdot \text{cm}$

$1\text{N} \cdot \text{m} = 10^5 \text{dyne} \times 100\text{cm} = 10^7 \text{dyne} \cdot \text{cm} = 10^7 \text{erg}$

(3) 동력(Power) : Watt(W, 와트) 단위시간당 행하는 일의 율(공률)

$1\text{W} = 1\text{J/s} = 1\text{N} \cdot \text{m/s} = 10^7 \text{erg/s}$

$1\text{kW} = 1,000\text{W} = 1,000\text{J/s}$

(4) 동력의 중력단위계와 SI 단위계의 비교

$F = ma \rightarrow \text{kgf} = \text{kg} \cdot \text{m/s}^2$

$1\text{kgf} = 1\text{kg중} = 1\text{kg} \times 9.8\text{m/s}^2 = 9.8\text{kg} \cdot \text{m/s}^2 = 9.8\text{N}$

$1\text{N} = 1\text{kg} \cdot \text{m/s}^2$

$1\text{kg} \cdot \text{m/s} = 9.8\text{N} \cdot \text{m/s} = 9.8\text{J/s} = 9.8\text{W}$

$1\text{PS} = 75\text{kg} \cdot \text{m/sec} = 735.5\text{W(SI)} = 0.7355\text{kW} = 632.3\text{kcal/h}$

$1\text{kW} = 860\text{kcal/h} = 102\text{kg} \cdot \text{m/sec} = 1\text{kJ/sec(SI)} = 1.36\text{PS} = 3,600\text{kJ/h}$

> REFERENCE
>
> (1) 열역학적 제1법칙은 에너지 보존의 법칙으로, 일과의 관계에서 열은 에너지의 일종이며 기계적 일은 열로 변환될 수 있고 또 열은 그 일부가 기계적 일로 변환될 수 있다. 즉 다음과 같은 경우가 성립된다.
>   ① 기계적 일이 열로 변환되면 열은 그 일에 비례해서 발생된다.
>   ② 열기관에서는 열의 소비에 의해서 일이 이루어진다.
>   ③ 열량과 일 사이에는 일정한 관계가 있다.
>   ④ 열과 일은 서로 전환이 가능하다.
>   이와 같이 열과 기계적 에너지가 서로 변환될 수 있다는 이론이 열역학 제1법칙이다.
>   기계가 일을 하기 위해서는 반드시 다른 형태의 에너지를 소비해야 한다. 에너지의 소비 없이 계속적으로 일을 발생시키는 기계란 있을 수 없다. 그러므로 열기관이 연속적으로 동력을 발생하기 위해서는 열이 계속 공급되어야 한다.
> (2) 1kg의 힘은 무게 1kgf의 물체를 들어올릴 수 있다. 이와 같이 힘이 물체에 작용하여 물체를 움직이게 할 때 힘은 물체에 대해서 일(Work)을 했다고 한다. 일의 크기는 물체에 작용하는 힘과 힘의 방향으로 움직인 거리(변위)와의 곱으로 표시된다. 그러나 실제 기계에서는 마찰 등의 여러 가지 손실이 있으므로 외부로부터 준 일보다 적은 일을 하게 된다. 따라서 일을 하는 능력을 생각할 때에는 일정한 시간에 얼마나 일을 할 수 있는가가 문제가 된다. 시간에 대한 비율, 즉 단위시간에 하는 일을 동력(Power)이라 한다.

4 열역학 제2법칙(열이동방향의 법칙)

(1) 열은 그 자신으로는 다른 물체에 아무 변화도 주지 않고 저온도의 물체로부터 고온도의 물체로 이동하지 않는다.
(2) 제2종의 영구운동기관은 존재하지 않는다.
(3) 열기관에서 동작 유체에 일을 시키려면 이것보다 더 저온인 물체가 필요하다.
(4) 자연계에 아무런 변화를 남기지 않고 어떤 열원의 열을 계속적으로 일로 바꿀 수는 없다.
(5) 마찰에 의하여 열을 발생하는 변화를 완전한 가역변화로 할 수 있는 방법은 없다.
(6) 열로부터 일을 만들기 위해서는 반드시 온도를 떨어뜨려야 하며, 저온도로 열의 방출이 필요하다. 다시 말해 외부로부터의 에너지 공급 없이 영구히 일을 얻는다는 것은 절대로 불가능하다.
(7) 열을 연속적으로 기계적 일로 바꾸는 데는 반드시 온도차가 필요하다. 온도차가 없으면 아무리 높은 열이라도 이것을 일과 바꿀 수 없다(단, 여기에는 동작 유체가 필요하며 온도차가 있다고 반드시 일을 할 수 있는 것은 아니다).
(8) 일은 열로서 전환이 가능하나 열은 일로 전환하기 쉽지 않다.
(9) 열역학 제2법칙은 열과 기계적 일 사이의 방향적 관계를 명시한 것이며, 이 법칙의 근본을 구축한 사람은 사디카르노(Sadi Carrot)이다.

⑩ 열은 밖으로부터 어떤 에너지의 도움을 받지 않는 한 결코 자연적으로는 저온도의 물체로부터 고온도의 물체로 이동하지 않는다.
⑪ 열역학 제1법칙은 열은 일로 바꿀 수 있고, 그 역도 가능하지만 제2법칙은 그 변화가 일어나는 데 제한이 있다. 즉, 비가역현상인 것을 표시한다.
※ 가역변화 : 예를 들어, 1에서 2의 상태변화를 할 경우 그것과 반대되는 방향의 경로를 거쳐 가는데 아무런 변화를 남기지 않고 2로부터 1로 변화시킬 수 있다. 이와 같은 변화를 가역변화(Reversible Change)라 하고, 이와는 반대로 위의 조건이 만족되지 않는 변화를 비가역변화(Irreversible Change)라 한다.

> **REFERENCE**
>
> 열역학의 제2법칙은 "기계적 일은 완전히 열로 변화되나 열이 일로 변환될 때에는 반드시 제한을 받는다."는 열과 일의 관계를 나타내는 법칙이다.
> 물체가 가진 열로부터 일을 얻으려면 이것보다 낮은 온도의 물체와 에너지의 운반 역할을 하는 작동유체가 필요하다. 즉, 열의 이동에 대하여 열은 고온물체로부터 저온물체로 이동하며 그 자신은 저온물체로부터 고온물체로 이동하지 못한다. 이것이 열역학 제2법칙이다. 다시 말하면 제2종 영구기관은 불가능하다. 고열원으로부터 열을 흡수하여 외부에 어떠한 영향도 미치지 않고 열을 기계적인 에너지 또는 일로 변환시킬 수 없다.
> 다시 말하면 일이 전부 열로 바뀔 수 없고 열이 전부 일로 바뀐다는 것은 불가능하기 때문에 100%의 효율을 가진 기관의 제작 역시 불가능하다.

5 열역학 제3법칙(The 3rd Law of Thermodynamics)

독일의 네른스트를 비롯한 여러 학자들의 관찰 결과를 기초로 하여 독일의 막스 플랑크(M. Planck)는 1921년 다음과 같은 법칙을 밝혔다(열역학 제2법칙에 위배되는 법칙).

(1) 모든 물질이 열역학적 평형상태에 있을 때에 절대온도가 0에 가까워지면 엔트로피도 0에 가까워진다.
(2) 네른스트는 어떠한 방법에 의해서도 물질의 온도를 절대영도(0K), 즉 -273℃까지 내려가게 할 수 없다.

10. 완전가스의 상태식

1 기체

(1) 가스

보통 온도에서 고압을 가하여도 액화시킬 수 없는 기체가 가스이다.

(2) 증기

물이나 암모니아 등과 같이 쉽게 액화하는 기체가 증기이다.

(3) 완전가스

가스의 분자가 체적을 갖지 않으며 또한 분자 사이에 인력이 작용하지 않는 가스로서 He, H_2, O_2, N_2, CO 등은 완전가스에 가깝다.

(4) 실제가스

분자의 체적을 가지며 분자 사이에 인력을 갖는 가스이다.

2 보일의 법칙

1662년 보일(Boyle)은 가스의 상태변화는 온도가 일정한 경우 압력과 체적과의 사이에서 각각 다음과 같은 관계가 있음을 밝혔다(온도가 일정한 경우 일정한 양에 따른 가스의 체적은 그 압력에 역(반)비례한다).

$$P_1 V_1 = P_2 V_2 = 정수 \ 또는 \ \frac{P_1}{P_2} = \frac{V_2}{V_1}$$

$$P_1 V_1 = P_2 V_2 = PV = C, \quad V_2 = V_1 \times \frac{P_1}{P_2}$$

3 샤를의 법칙(게이-뤼삭의 법칙, 1802년)

1782년 샤를(Charle)은 압력이 일정한 경우 가스의 온도와 체적의 관계를 다음과 같이 밝혔다 (완전가스의 압력이 일정한 경우 가스의 체적은 온도에 비례한다). 즉, 압력이 일정할 때 0℃의 체적이 온도를 1℃ 올리면 약 $\frac{1}{273}$ 씩 체적이 팽창한다.

$$\frac{V_2}{V_1} = \frac{T_2}{T_1}, \quad \frac{V_1}{T_1} = \frac{V_2}{T_2}, \quad V_2 = V_1 \times \frac{T_2}{T_1}$$

① 압력이 일정하면 이상기체의 체적은 절대온도에 비례한다.
② 체적이 일정하면 이상기체의 압력은 절대온도에 비례한다.

4 보일-샤를의 법칙

$$\frac{P_1 V_1}{T_1} = \frac{P_2 V_2}{T_2}$$

$$V_2 = V_1 \times \frac{T_2}{T_1} \times \frac{P_1}{P_2}, \quad T_2 = T_1 \times \frac{V_2}{V_1} \times \frac{P_2}{P_1}, \quad P_2 = P_1 \times \frac{T_2}{T_1} \times \frac{V_1}{V_2}$$

5 이상기체 상태방정식

(1) $PV = GRT = mRT = n\overline{R}T$

　　여기서, R : 기체상수
　　　　　n : 몰수(질량/분자량)
　　　　　$\overline{R}$: 일반기체 상수

$R = \text{kgf} \cdot \text{m/kg} \cdot \text{K} = \text{kg} \cdot \text{m/kg} \cdot \text{K}$

$\overline{R} = \text{kgf} \cdot \text{m/kmol} \cdot \text{K}$

(2) 표준상태(S.T.P)에서 공기의 R

$$R = \frac{P_0 V_0}{T_0} = \frac{1.0332 \times 10^4 \times \frac{1}{273}}{273} = 29.27 \text{kg} \cdot \text{m/kg} \cdot \text{K}$$

(3) 표준상태의 일반기체상수($\overline{R}$)

$PMV = MRT$

$$\therefore MR = \frac{PMV}{T} = \frac{1.0332 \times 10^4 \times 22.41}{273}$$

$\qquad = 848 \text{kg} \cdot \text{m/kmol} \cdot \text{K} = \overline{R}$

$\therefore \overline{R} = 848 \text{kgf} \cdot \text{m/kmol} \cdot \text{K}$

$\qquad = 8,314.4 \text{N} \cdot \text{m/kmol} \cdot \text{K}$

$\qquad = 8,314.4 \text{J/kmol} \cdot \text{K}$

(4) $R = \dfrac{\overline{R}}{M} = \dfrac{848}{분자량} \text{kg} \cdot \text{m/kg} \cdot \text{K}$

　　여기서, R : 가스의 기체상수

11. 증기

1 용어해설

(1) **포화온도**

액체의 온도가 어느 정도까지 상승하면 증발하기 시작한다. 이 증발온도는 물의 성질과 물에 가해지는 압력에 따라 정해지며 이 온도를 포화온도라 하는데, 포화온도(Saturated Temperature)에서의 액체를 포화액(Saturated Liquid)이라 한다. 예를 들면, 물의 온도는 1기압(1.0332kg/cm²)에서는 100℃이나 5kg/cm²에서는 151.11℃가 된다.

(2) **포화증기**

포화온도에서 더욱 계속적으로 가열하면 액체의 증발이 활발해지고 수증기가 증가한다. 이때 가한 물은 모두 증발 때문에 소비되어 버리고, 보일러 등에 액체가 한 방울이라도 존재하면 액체와 증기의 온도는 일정해서 포화온도를 유지한다. 이 포화온도에서 생성된 증기를 포화증기(Saturated Vapour)라고 한다.

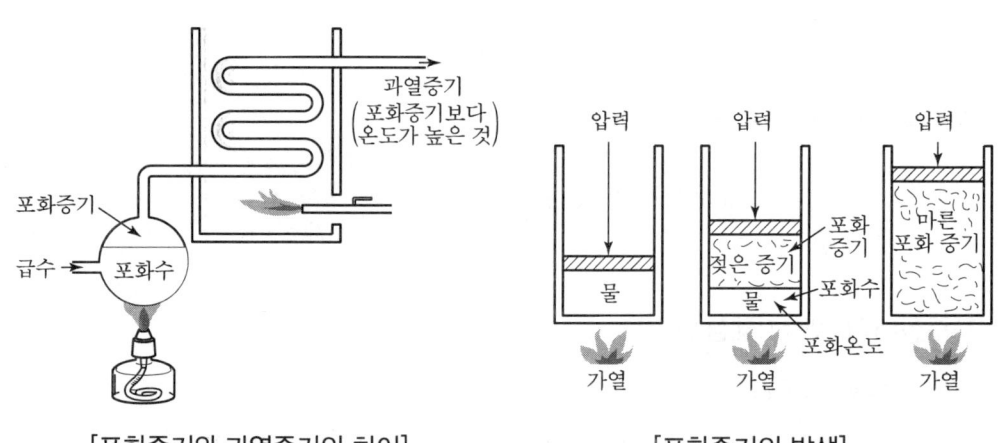

[포화증기와 과열증기의 차이]   [포화증기의 발생]

(3) **습포화증기**

보일러 속에 액체와 증기가 공존하는 상태는 포화액과 포화증기가 공존하는데, 그 혼합체 증기를 습포화증기(Wet Vapour) 또는 습증기라 한다.

(4) **건조도**

1kg의 습증기 속에 Xkg이 증기이고, 나머지 $(1-X)$kg이 액체일 때, 이 X를 건도(Dryness)라고 하며 $(1-X)$값을 습도(Wetness)라고 한다.

(5) **건포화증기**

습포화증기를 더욱 가열하면 액체는 증발을 끝내고 모두 증기로 변할 때가 있는데, 이 순간까지 증기의 온도로서 일정하고 증기도 포화증기이다. 그러나 건도 X가 1이면 100% 포화증기이므로 이것을 건포화증기(Dry Saturated) 또는 건증기라 한다.

(6) 과열증기
건포화증기에 가열을 계속하면 증기의 온도는 다시 올라가기 시작하여 포화온도 이상의 온도가 되는데, 이 상태의 증기를 과열증기(Vapour of Superheat)라고 한다.

(7) 과열도
과열도란 (과열증기 온도 – 그 압력 밑에서의 포화증기 온도)의 값이다. 이 값이 커짐에 따라서 증기는 완전가스의 성질에 가까워진다. 이와 같은 상태를 소위 가스라고 부른다.

(8) 비등점
물이 어떤 일정한 압력에 대응하는 온도에 달하면 물 내부에서도 증발현상이 일어나면서 물이 끓기 시작하는데, 이 점을 비등점(Boiling Point)이라고 한다.

(9) 포화수
포화온도 상태에 달한 물을 포화수(Saturated Water)라고 한다.

(10) 증발
수면으로부터 증기가 발생되는 현상을 증발(Evaporation)이라 한다.

2 증기 속의 수분장해와 과열증기의 특징

(1) 증기 속에 수분이 많을 때의 현상
① 건조도가 저하된다.
② 증기의 엔탈피가 감소된다.
③ 응축수가 증가한다.
④ 증기배관 내에 수격작용(Water Hammer)이 발생된다.
⑤ 장치에 부식이 발생된다.
⑥ 증기기관의 열효율이 떨어진다.

(2) 과열증기의 특징
① 이론상의 열효율이 증가한다.
② 같은 압력의 포화증기에 비해 보유열량이 많다.
③ 증기의 마찰손실이 적다.
④ 증기원동소 터빈의 날개나 증기기관 등의 부식이 적다.
⑤ 증기소비량이 적어도 된다.
⑥ 가열표면의 온도가 균일하지 못하다.
⑦ 가열장치에 큰 열응력이 발생한다.
⑧ 직접가열의 경우 열손실이 많다.

3 증기의 건조도 측정

(1) 증기원동소의 습증기 속의 증기건조도는 교축열량계(Throttling Calorimeter)를 사용하여 측정한다.

$$건조도(x) = \frac{h_2 - h_1'}{r_1}$$

여기서, r_1 : 증발열
h_2 : 교축 후의 엔탈피
h_1' : 교축 전 포화액의 엔탈피

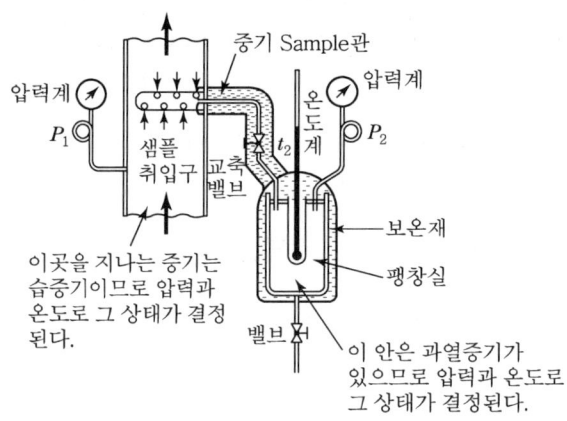

[교축열량계]

(2) 교축

습증기가 오리피스나 밸브 등을 통과할 경우 외부로는 일하지 않고 압력이 떨어지는 현상이다.

① 교축 시에는 열전달이 없고 일을 하지 않음으로써 교축과정 전후에는 엔탈피의 변화가 없다.
② 교축과정은 비가역 단열과정이므로 엔트로피는 항상 증가한다.
③ 습증기를 계속 교축하면 건조도가 점점 커져서 과열증기가 된다.
④ 전체 물질 1kgf 중 $x$kgf가 증기이고 $(1-x)$kgf가 액체이면 x를 습증기의 건조도라 한다. 일명 질(Quality)이라 하며 $(1-x)$를 습도라 한다.

4 임계점(Critical Point)

임계점이란 포화수가 증발현상이 없고 액체와 기체의 구별이 없어지는 지점이며 증발잠열이 0(kcal/kg)이 된다. 즉, 습증기로서 체적팽창의 범위가 0이 된다.

(1) 임계상태의 특징

① 포화수와 포화증기 간의 비체적(m^3/kg)이 같다.

② 증발현상이 없어진다.
③ 증발잠열이 0kcal/kg이다.

(2) 임계압과 임계온도(물의 임계온도와 임계압력)
① 임계압력 : 225.65kg/cm²abs이다.
② 임계온도 : 374.15℃이다.
③ 증발을 시작하는 지점과 그것을 끝내는 점이 같게 되는 곳이 임계점이 된다.
④ 기체를 액체로 만들려면 임계온도 이하로 냉각시킨 후 임계압력 이상의 압력을 가한다(임계온도란 기체를 액체로 만들 수 있는 최고의 온도이다).
⑤ 임계압력이란 가스를 액화시킬 수 있는 최저의 압력이다.

12. 증기원동기 사이클

1 랭킨 사이클

1854년 랭킨(Rankine)에 의해 연구된 증기 사이클이다. 카르노 사이클은 동작 유체가 무엇이건 최고의 효율을 주지만 실체의 증기에서 카르노(Carrot) 사이클을 하게 하는 것은 불가능하다. 카르노 사이클에서 실현이 곤란한 과정은 단열압축과 등온팽창으로서 랭킨은 이것들을 각각 단열압축에 의한 급수의 공급과 일정압력 하에서의 과열로 바꾸어 랭킨 사이클을 창안하였다.

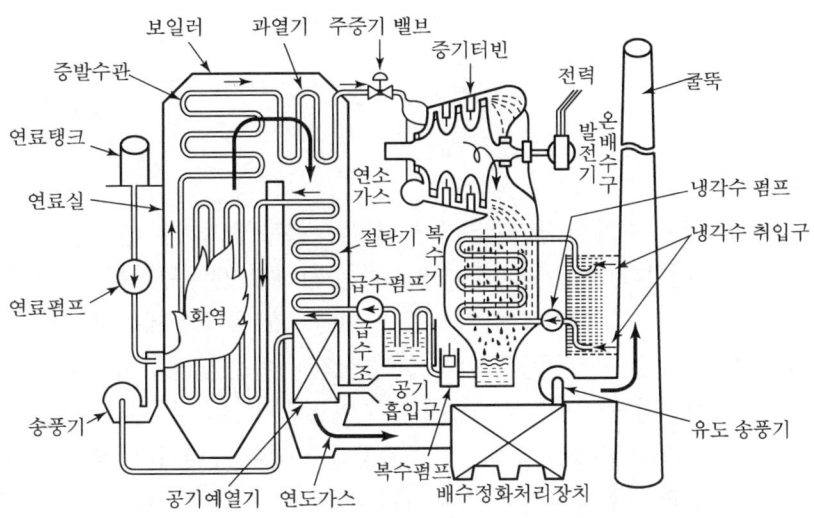

[증기원동소의 구조도]

랭킨 사이클은 다음과 같이 두 개의 단열변화와 두 개의 정압변화로 이루어져 있다.
아래 그림을 보면서 예를 들면

(1) 우선 포화수 1이 급수펌프에 의해 증기 보일러에 보내어지는데, 이 변화는 단열압축이며 변화 1 → 2로 표시되며 압축수의 상태이다.
(2) 보일러 내에서 물 2는 정압 가열되어 포화수 2′를 거쳐 증발하여 건포화증기 3′가 된다.
(3) 이어 과열기 속에서 과열되어 과열증기 3이 된다. 이 변화는 (2 → 2′ → 3′ → 3)은 정압하에서 이루어진다.
(4) 이 과열증기 3을 증기원동기에 유도하여 원동기 속에서 처음 압력 P_2로부터 배압 P_1까지 단열팽창 3 → 4까지 시켜서 일을 시킨다. 이때 압력강하에 의해 온도 역시 떨어지며 포화증기 4가 된다. 포화증기 4는 원동기로부터 배출되어 복수기로 들어가며 정압하에서 냉각수에 의하여 냉각되어 원래의 포화수 1로 되돌아간다.

※ 랭킨 사이클에서는 초압(初壓), 초온(初溫)이 높을수록 또한 배압(背壓)이 낮을수록 이론 열효율은 커진다.

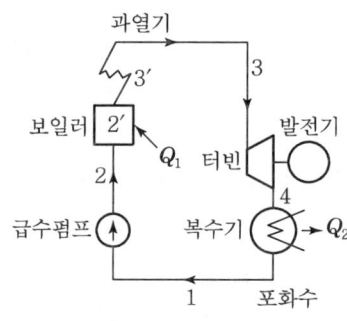

[랭킨 사이클]

2 재열 사이클

증기원동기 터빈 속에서 증기가 단열팽창을 하면 터빈 출구에 가까워질수록 습도가 증가하여 터빈 작동에 장해를 초래한다. 이를 방지하기 위하여 팽창하고 있는 증기를 도중에 전부 뽑아 재열기(Reheater)에서 가열시켜 다시 터빈의 다음 단계에 유입시키고 계속 팽창시킴으로써 습분에 의한 손실을 방지하기 위한 사이클로, 이와 같이 랭킨 사이클을 개선한 것이 재열 사이클이다. 위의 그림을 예로 들어 설명하면 건포화증기 3′가 가열증기 3이 된 후 터빈에 보내진다. 과열증기 3은 처음에 고압영역에서 상태 a까지 단열팽창하고 이어 재열기(R)에 유도되어 상태 b까지 과열된 후, 다시 터빈의 단열팽창한 후 상태 4가 된다. 이 증기가 복수기 속에서 포화수 1이 된다. 이어 펌프에 의하여 고압의 보일러에 보내지고 포화수 2를 거쳐 건포화증기 3′가 된 후 과열기 속에서 상태 3까지 과열된다.

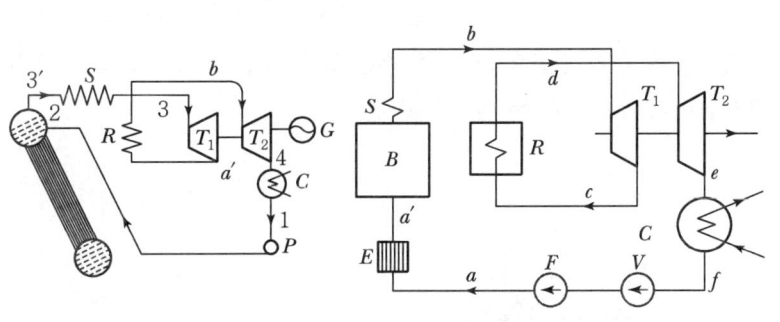

[재열 사이클]   [재열 사이클을 행하는 증기원동소]

B : 증기보일러
T_1 : 고압터빈
T_2 : 저압터빈
V : 복수펌프
S : 과열기
R : 재열기
C : 복수기
F : 급수펌프
E : 절탄기

③ 재생 사이클

랭킨 또는 재열 사이클은 복수기에 배출하는 열량이 많기 때문에 열손실이 크다. 이 열손실을 감소시키기 위하여 단열팽창의 도중에서 동작 물질의 일부를 추출하여 이 증기의 잠열로서 보일러에 공급되는 물을 예열하고 복수기에서 방출되는 폐기의 일부 열량을 급수에 재생한다. 이렇게 하여 열효율을 개선시킨 사이클이 재생사이클이다. 추기(抽氣)하는 단위 수는 보통 1~4이며 최고 8단위까지 채용된다.

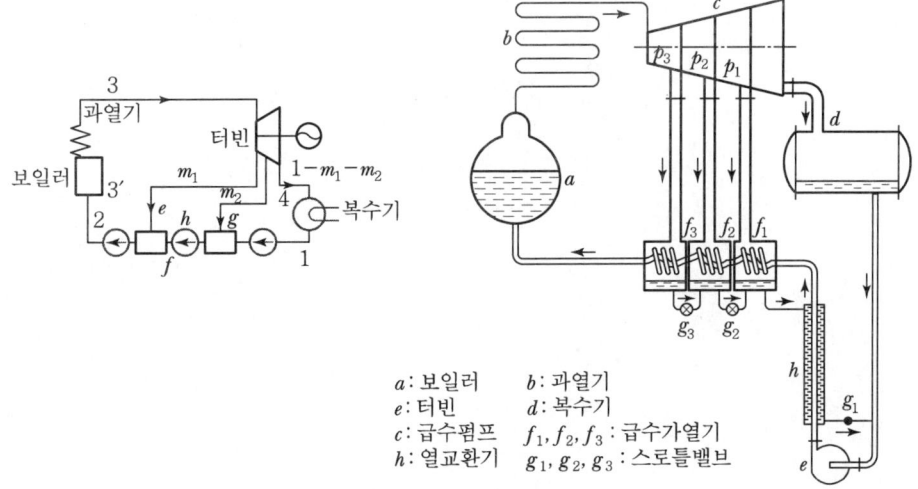

a : 보일러 b : 과열기
e : 터빈 d : 복수기
c : 급수펌프 f_1, f_2, f_3 : 급수가열기
h : 열교환기 g_1, g_2, g_3 : 스로틀밸브

[재생 사이클]

시초의 온도 0℃의 물 1kgf를 압력 P_1 하에서 가열할 때 점 A는 시초의 상태이고 점 B는 포화액 성분, BCD는 습기의 범위, 점 D는 건포화증기, 점 E는 압력, P_1, 온도 t_F는 과열증기 상태를 표시한다. 점 K는 임계점이다. $(D-E)$는 과열도이다.

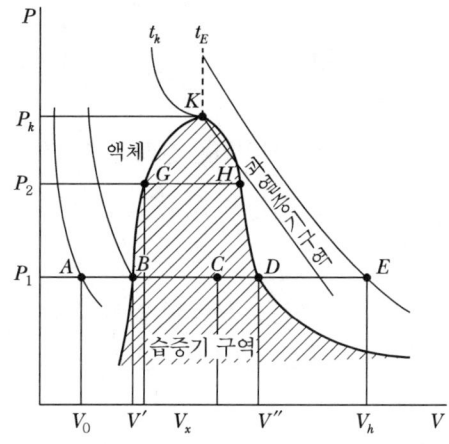

[동압하에서 증발의 $P-V$ 선도]

제1장 열 및 증기 출제예상문제

01 수면에서 200m 밑의 수압은 몇 kg/cm²인가?
① 5kg/cm²   ② 10kg/cm²
③ 15kg/cm²   ④ 20kg/cm²

해설 수두압 $10mH_2O = 1kg/cm^2$의 압력이다.
∴ $200 \div 10 = 20kg/cm^2(2MPa)$

02 액상인 물질의 비등점과 대기압의 관계 중 옳은 것은?
① 대기압이 증기압보다 낮은 경우에만 끓는다.
② 증기압이 대기압보다 낮은 경우에만 끓는다.
③ 대기압이 상승할수록 비등점은 높아진다.
④ 대기압이 상승할수록 비등점은 낮아진다.

해설 ㉠ 대기압이 상승할수록 비등점은 높아진다.
㉡ ①, ②, ④는 잘못된 내용이다.

03 다음 122°F를 ℃로 환산하면 몇 도인가?
① 35.8℃   ② 50℃
③ 86℃   ④ 162℃

해설 ㉠ $℃ = \frac{5}{9}(°F - 32) = \frac{5}{9}(122 - 32) = 50℃$
㉡ 화씨온도 = 1.8 × 섭씨온도 + 32

04 과열증기에 대하여 설명한 것이다. 맞는 것은?
① 포화증기에서 압력을 높여 만든 증기이다.
② 포화증기에서 압력을 바꾸지 않고 온도만 상승시킨 증기이다.
③ 포화증기에서 압력과 온도를 동시에 높여서 만든 증기이다.
④ 포화증기의 압력을 낮추고 온도만을 높여서 만든 증기이다.

해설 과열증기란 포화증기에서 압력은 바꾸지 않고 온도만 상승시킨 증기이다. 과열증기의 최고 사용온도는 600℃이나 일반적으로는 200~400℃이다.

05 150kg의 물을 18℃로부터 100℃까지 가열하는 데 필요한 열량은 얼마인가?
① 11,200kcal   ② 11,300kcal
③ 12,300kcal   ④ 124,000kcal

해설 현열공식
물의 중량 × 비열(상승온도 – 현재온도)
∴ $150 × 1(100 - 18) = 12,300kcal(51,488kJ)$
※ 물의 비열은 1kcal/kg℃이다.

06 과열증기를 사용할 때의 장점 중 틀린 것은?
① 열효율이 증가한다.
② 증기 소비량을 감소시킨다.
③ 보일러관 내의 급수량이 적어진다.
④ 습증기로 인한 부식을 방지한다.

해설 과열증기의 이점
㉠ 열효율이 증가한다.
㉡ 증기 소비량을 감소시킨다.
㉢ 습증기로 인한 부식을 방지한다.
㉣ 수격작용이 일어나지 않는다.

07 외부와 열의 출입이 없는 열역학적 변화는?
① 등온변화   ② 정압변화
③ 단열변화   ④ 정적변화

해설 단열변화는 외부와의 열의 출입이 없는 열역학적 변화이다.

정답 01 ④ 02 ③ 03 ② 04 ② 05 ③ 06 ③ 07 ③

08 증기보일러(Steam Boiler)의 압력계가 15.2kg/cm²를 표시하고 있을 때 대기압이 750mm/Hg라면 보일러 속 증기의 절대압력은 얼마인가?

① 14.2kg/cm²abs ② 16.2kg/cm²abs
③ 18.2kg/cm²abs ④ 20.2kg/cm²abs

해설 절대압력 = 게이지 압력 + 대기압

대기압 = $1.033 \times \frac{750}{760} = 1.0194078$ kg/cm²

∴ $1.0194078 + 15.2 = 16.2194078$ kg/cm²

09 단위의 조합에서 틀린 것은?

① 비중량 → l/m^3
② 압력 → kg/cm^2(MPa)
③ 비체적 → m^3/kg
④ 비열 → $kcal/kg℃$

해설 ① 비중량 단위 : kg/m^3
② 압력 단위 : kg/cm^2
③ 비체적 단위 : m^3/kg
④ 비열 단위 : $kcal/kg℃$

10 물체의 온도를 올리는 데 필요한 열량은?

① 잠열   ② 기화열
③ 숨은 열   ④ 현열

해설 ㉠ 현열 : 물체의 온도를 상승시키는 데 필요한 열을 말한다.
㉡ 잠열 : 물체가 상태 변화 시에 이용되는 열량이다.
㉢ 기화열, 잠열, 증발열, 숨은 열은 모두 같은 의미의 말이다.
• 100℃의 물을 100℃의 증기로 하려면 539kcal/kg의 잠열이 필요하다.
• 0℃의 얼음을 0℃의 물로 만들려면 잠열이 80kcal/kg 필요하다.

11 1kg·m의 일량을 Joule 단위로 환산하면?

① 4.9Joule   ② 9.8Joule
③ 18.6Joule   ④ 23.5Joule

해설 ㉠ kg·m의 일량을 열량으로 고치면,
$1 \times \frac{1}{427} = 0.00234192$ kcal
㉡ 0.00234192 kcal = 2.34192 cal
(1kcal = 1,000cal)
㉢ 1줄(Joule) = 0.24cal
∴ $2.34192 \div 0.24 = 9.758$ Joule

12 내부에너지 15kcal를 보유하고 있는 기체가 8kcal의 열량이 주어져서 외부 에너지가 1,600kg·m일 경우 내부 에너지는 몇 kcal가 되는가?

① 15.16kcal   ② 19.25kcal
③ 24.51kcal   ④ 45.23kcal

해설 잔류내부에너지 = (내부에너지 + 외부에너지) − 외부에 일한 에너지
(15 + 8) = 23kcal(전체 에너지)
외부에 일한 에너지는 1,600 × 일의 열당량 $\left(\frac{1}{427}\right)$
$1,600 \times \frac{1}{427} = 3.7470725$ kcal
∴ $23 - 3.7470725 = 19.25$ kcal
또는 $(15 + 8) - \left(1,600 \times \frac{1}{427}\right) = 19.25$ kcal

13 50℃를 절대온도와 화씨온도로 환산하면?

① 323°K, 122°F   ② 232°K, 122°F
③ 120°K, 320°F   ④ 333°F, 136°F

해설 ㉠ 절대온도 = 273℃ + ℃ = 273 + 50 = 323°K
㉡ 화씨온도 = 1.8 × ℃ + 32 = 1.8 × 50 + 32 = 122°F

14 비체적을 바르게 설명한 것은?

① 단위용적에 대한 체적을 말한다.
② 절대압력 하에서의 체적을 말한다.
③ 단위중량당의 체적을 말한다.
④ 단위면적에 대한 체적을 말한다.

해설 비체적(m^3/kg)이란 단위중량당의 체적을 말한다.

정답 08 ② 09 ① 10 ④ 11 ② 12 ② 13 ① 14 ③

15 다음 중 습증기 엔탈피 h_x를 구하는 식으로 옳은 것은?(단, h' : 포화수의 엔탈피, x : 건조도, r : 증발잠열(숨은 열), v' : 포화수의 비체적)

① $h_x = h' + x$
② $h_x = h' + r$
③ $h_x = h' + xr$
④ $h_x = v' + h' + xr$

해설 ㉠ 습증기 엔탈피(h_x) = $h' + xr$(kcal/kg)
h_x = 포화수 엔탈피 + 건조도 × 증발잠열
㉡ 건조증기 엔탈피(h) = $h' + r$

16 30℃의 화씨온도로 몇 °F인가?

① 22°F ② 76°F
③ 86°F ④ 59°F

해설 ㉠ °F = $\frac{9}{5}$ × ℃ + 32
= $\frac{9}{5}$ × 30 + 32 = 86°F
㉡ 화씨온도 = 1.8 × 섭씨온도 + 32
= 1.8 × 30 + 32 = 86°F

17 물 1,000kg의 온도를 30℃에서 100℃까지 올리는 데 필요한 열량은?(단, 물의 비열은 1kcal/kg℃이다.)

① 36,000kcal ② 45,000kcal
③ 70,000kcal ④ 84,000kcal

해설 Q(현열) = 질량 × 비열$(t_2 - t_1)$kcal
= 1,000 × 1(100 - 30) = 70,000kcal

18 어떤 물질 1g의 온도를 1℃ 높이는 데 소요되는 열량을 무엇이라고 하는가?

① 열용량 ② 비열
③ 현열 ④ 엔탈피

해설 비열이란 어떤 물질 1g을 온도 1℃ 높이는 데 필요한 열량이다. 단위는 cal/g℃ 또는 kcal/kg℃이다.

19 다음 중 열량의 단위가 아닌 것은?

① erg ② kcal
③ BTU ④ CHU

해설 ㉠ 열량의 단위 : kcal, BTU, CHU
㉡ 일의 단위
1erg(에르그), 1J, 1W
1erg = 1dyne(다인) × 1cm
1dyne = 1g × 1cm/s²

20 비열이 0.8kcal/kg℃인 물질 15kg을 20℃에서 130℃로 가열할 때 필요한 열량은 몇 kcal인가?

① 240kcal ② 860kcal
③ 1,150kcal ④ 1,320kcal

해설 필요한 열량(Q)
Q = 물질량 × 비열$(t_2 - t_1)$
= 15 × 0.8(130 - 20) = 1,320kcal(5,526kJ)

21 순수한 물 1파운드의 온도를 1℃ 변화시키는 데 필요한 열량은?

① 1CHU ② 1BTU
③ 1kcal ④ 1cal

해설 열량
㉠ 1CHU : 순수한 물 1파운드를 1℃ 변화시킨다.
㉡ 1BTU : 순수한 물 1파운드를 1°F 변화시킨다.
㉢ 1kcal : 순수한 물 1kg을 1℃ 변화시킨다.
㉣ 1cal : 순수한 물 1g을 1℃ 변화시킨다.

22 X를 습포화증기의 건조도라 할 때 가장 좋은 증기는?

① $X = 1$ ② $X = 0$
③ $X = 0.1$ ④ $X = 0.01$

해설 습포화증기의 건조도 X는 1이 가장 좋고 1 이하는 나쁘다. X값이 1이면 100% 건포화증기가 되며 X값이 0이면 포화수가 된다.

정답 15 ③ 16 ③ 17 ③ 18 ② 19 ① 20 ④ 21 ① 22 ①

23 절대압력 1.033kg/cm²인 포화증기 1kg의 열량은?

① 439kcal ② 539kcal
③ 579kcal ④ 639kcal

해설 절대압력 1기압 상태에서 포화증기 1kg의 엔탈피는 639kcal/kg이다.
㉠ 포화수 엔탈피 : 100kcal/kg
㉡ 물의 증발잠열 : 539kcal/kg
∴ 엔탈피=100+539=639kcal/kg이다.

24 기체의 비열비 K의 값은?

① 항상 1보다 작다.
② 항상 1보다 크다.
③ 항상 0이다.
④ 1보다 클 수도 작을 수도 있다.

해설 비열비$(K)=\dfrac{정압비열}{정적비열}>1$
비열이란 물체 1kg을 온도 1℃ 올리는 데 필요한 열량이며, 그 단위는 kcal/kg℃이다. 같은 물질이라도 정압비열(C_p)이 정적비열(C_v)보다 그 값이 크므로 비열비 K의 값은 항상 1보다 크다(기체에서).

25 물 1,200kg을 30℃에서 100℃까지 온도를 올리는 데 필요한 열량은?(단, 물의 비열은 1이다.)

① 36,000kcal ② 45,000kcal
③ 70,000kcal ④ 84,000kcal

해설 열량(Q)=질량×비열×(온도차)
=1,200×1(100−30)
=84,000kcal
※ 물의 비열은 1kcal/kg℃(4.186kJ/kg℃)이다.

26 대기압력이 1.033kg/cm²인 증기의 잠열 값은?

① 439kcal ② 639kcal
③ 539kcal ④ 472kcal

해설 대기압력이 1.033kg/cm²에서는 수은주 높이 760mmHg, 표준기압상태에서 포화수의 온도는 100℃, 증발잠열이 539kcal/kg(2,257kJ/kg)이므로 (100+539)=639kcal/kg의 엔탈피가 된다.

27 2kcal는 몇 BTU인가?

① 0.504BTU ② 0.917BTU
③ 3.968BTU ④ 7.936BTU

해설 ㉠ 1kcal=3.968BTU
∴ 3.968×2=7.936BTU
㉡ 1BTU=0.252kcal
㉢ 열량의 단위 : kcal, BTU, CHU가 있다.

28 어느 보일러에서 발생증기량이 3,000kg/hr이고, 증기건도 85%인 것을 260℃의 과열증기로 만들었다. 이때 이 과열증기 발생에 사용된 열량은 몇 kcal/hr인가?(단, 과열기의 전열효율은 100%, 과열증기 비열 0.5kcal/kg℃, 물의 비열 1.0kcal/kg℃, 포화수의 엔탈피 142kcal/kg, 건포화증기의 엔탈피 628kcal/kg이다.)

① 395,700kcal/hr ② 435,300kcal/hr
③ 456,100kcal/hr ④ 475,500kcal/hr

해설 ㉠ 과열증기에 발생된 열량=발생증기량×(과열증기 엔탈피−발생증기 엔탈피)
㉡ 과열증기 엔탈피=건포화증기 엔탈피+증기의 비열(과열증기온도−포화증기온도)
㉢ 발생증기 엔탈피=포화수 엔탈피+(건포화증기 엔탈피−포화수 엔탈피)×증기건도
∴ 과열증기 소비량=3,000×[{628+0.5(260−142)}−{142+(628−142)×0.85}]
=395,700kcal/h

29 증기의 성질에 관한 설명 중 잘못된 것은?

① 증기의 압력이 커지면 그것에 비례하여 전열량도 증가한다.
② 증기의 압력이 커지면 포화온도도 증가한다.
③ 포화습증기를 가열하면 건조한 증기가 된다.
④ 증기압력이 커지면 잠열도 감소하다 증가한다.

해설 ㉠ 증기의 압력이 커지면 증기의 잠열은 증가하는 것이 아니라 감소하게 된다.
㉡ ①, ②, ③은 옳은 내용이다.
㉢ 증기의 압력이 임계압력(225기압)이 되면 증발잠열은 0kcal/kg으로 감소된다.

정답 23 ④ 24 ② 25 ④ 26 ③ 27 ④ 28 ① 29 ④

30 다음 중 게이지 압력에 대한 설명으로 맞는 것은?

① 절대압력 + 대기압
② 절대압력 × 대기압
③ 절대압력 − 대기압력
④ 대기압력 − 절대압력

해설 ㉠ 게이지 압력 = 절대압력 − 대기압력
㉡ 절대압력 = 게이지 압력 + 대기압력

31 60℃는 화씨온도로 몇 °F인가?

① 22°F   ② 76°F
③ 140°F   ④ 200°F

해설 °F = 1.8 × ℃ + 32 = 1.8 × 60 + 32 = 140°F

32 1.5kWh는 몇 kcal인가?

① 840kcal   ② 948kcal
③ 1,290kcal   ④ 640kcal

해설 1kWh = 102 × 3,600 × $\frac{1}{427}$ = 860kcal

∴ 1.5 × 860 = 1,290kcal(5,399.9kJ)
㉠ 1kWh가 일을 한 열량으로 고치면 860kcal가 된다.
㉡ 1마력시(HPh)의 열량은 632kcal가 된다.

33 보일러의 물이 증발하여 임계압력에 가까워짐에 따라 다음 중 어떤 현상이 일어나는가?

① 포화수와 포화증기의 비중량의 크기가 커진다.
② 포화증기의 증가량은 커지고, 포화수는 변화가 없다.
③ 포화수의 비중량이 커지고 포화증기는 변화가 없다.
④ 포화수의 포화증기의 비중량의 차가 적어진다.

해설 ㉠ 보일러가 임계압력(225kg/cm²)에 가까우면 포화수와 포화증기의 비중량의 차가 적어진다. 임계압력이 되면 증발잠열이 0이 된다.
㉡ 임계온도는 374℃이다.

34 증기의 단열압축을 물의 단열압축으로 바꾸고, 등온팽창을 등압팽창으로 실현시킨 사이클은?

① 랭킨 사이클   ② 재열 사이클
③ 재생 사이클   ④ 추기 사이클

해설 ㉠ 랭킨 사이클이란, 증기의 단열압축을 물의 단열압축으로 바꾸고, 등온팽창을 등압팽창으로 실현시킨 사이클이다(증기원동소의 표준사이클).
㉡ 랭킨 : 영국의 물리학자

35 다음은 증기에 대한 설명이다. 옳지 않은 것은?

① 증기의 압력이 높아지면 현열은 증대한다.
② 증기의 압력이 높아지면 증발잠열은 증대한다.
③ 증기의 압력이 높아지면 전열량은 증대한다.
④ 증기의 압력이 높아지면 포화온도는 높아진다.

해설 ②에서 증기의 압력이 높아져서 고압이 되면 증발잠열(증기의 발생열)은 증대하는 것이 아니고 감소한다. 즉 100℃의 물(액체)이 100℃의 증기(기체)로 변하려면 물 1kg당 증발잠열이 539kcal가 필요하나 225kg/cm²(임계압력)의 고압 보일러가 되면 0 kcal가 된다. 즉, 증발잠열이 하나도 필요하지 않게 된다.

36 다음은 단위를 나타낸 것이다. 틀린 것은?

① 밀도(kg · m/sec²)
② 압력(kg/cm²)
③ 비체적(m³/kg)
④ 기체상수(kg · m/kg · ℃)

해설 ㉠ 밀도의 단위는 비중량 단위와 같다.
㉡ 밀도 = $\frac{질량}{체적}$ = kg/m³이다.
  g/L로도 표시된다.

37 절대압력 5kg/cm²에서 포화온도는 151℃이며 이때 과열증기의 온도가 202℃라면 그 과열도는 얼마인가?

① 5℃   ② 28℃
③ 51℃   ④ 202℃

해설 과열증기의 과열도 = 과열증기의 온도 − 포화증기 온도
= 202 − 151 = 51℃

정답 30 ③ 31 ③ 32 ③ 33 ④ 34 ① 35 ② 36 ① 37 ③

38 습포화증기를 교축하면 결국 어떤 증기가 되는가?
① 습포화증기　② 과열증기
③ 건포화증기　④ 포화증기

해설) 습포화증기를 교축하면 엔탈피의 차이는 없으나 결국 건조증기 후 과열증기가 된다.

39 비열이 0.5kcal/kg℃인 어떤 연료 10kg을 50℃에서 80℃까지 예열하려고 한다. 이때 필요한 열량은?
① 300kcal　② 250kcal
③ 220kcal　④ 150kcal

해설) Q = 질량 × 비열 × 온도차
= 10 × 0.5(80 − 50) = 150kcal(628kJ)

40 압력 중 1공학기압(1at)에 해당되는 것은?
① 760mmHg　② 1kg/cm²
③ 10.33mH₂O　④ 10mmHg

해설) ㉠ 공학기압(1at) = 735mmHg = 1kg/cm²
　　　= 10mH₂O = 14.2psi
㉡ 표준대기압(1atm) = 760mmHg = 10.33mH₂O
　　　= 14.7psi = 1.033kg/cm²

41 물을 가열하여 압력과 온도를 높이면 어느 지점에서 기체·액체 상태의 구별이 없어지고 증발잠열이 0kcal/kg이 된다. 이 점을 무엇이라 하는가?
① 임계점　② 삼중점
③ 비등점　④ 빙점

해설) 물의 임계점 : 증발잠열 0kcal/kg

42 물의 임계압력은 몇 kg/cm²인가?
① 100kg/cm²　② 175kg/cm²
③ 225kg/cm²　④ 374kg/cm²

해설) 물의 임계점
㉠ 임계압력 : 225기압
㉡ 임계온도 : 374℃
㉢ 임계압력에서는 액체, 기체의 구별이 없다.
㉣ 임계압력에서는 증발잠열이 0kcal/kg이다.

43 다음 중 비열이 가장 큰 것은?
① 동　② 수은
③ 아연　④ 물

해설) 물의 비열은 1kcal/kg℃이므로 비열이 높아서 데우기가 어려우나 잘 식지는 않는다. 금속의 비열은 언제나 물보다 작다.

44 물의 임계압력에서의 잠열은 몇 kcal/kg인가?
① 539kcal/kg　② 100kcal/kg
③ 0kcal/kg　④ 639kcal/kg

해설) ㉠ 임계압력은 225kg/cm², 임계온도는 374℃이다.
㉡ 보일러 1기압에서 잠열은 539kcal/kg
㉢ 물의 임계압력에서 잠열은 0kcal/kg
㉣ 임계압력에서는 액체와 기체의 구별이 없다.

45 다음 중 압력의 관계가 옳게 된 것은?
① 게이지 압력 = 절대압력 − 대기압
② 절대압력 = 게이지 압력 − 대기압
③ 공학기압(at) > 표준대기압(atm)
④ 절대압력 = 대기압 − 게이지 압력

해설) ① 게이지 압력 = 절대압력 − 대기압
② 절대압력 = 게이지 압력 + 대기압
③ 공학기압 < 표준대기압
④ 절대압력 = 대기압 − 진공압

46 게이지 압력이 10.3kg/cm²이고, 대기압이 1.03kg/cm²일 때 절대압력은 얼마인가?
① 9.27kg/cm²　② 10kg/cm²
③ 10.609kg/cm²　④ 11.33kg/cm²

해설) 절대압력(abs) = 게이지 압력 + 대기압
= 10.3 + 1.03
= 11.33kg/cm²abs
= 1.133MPa

정답　38 ②　39 ④　40 ②　41 ①　42 ③　43 ④　44 ③　45 ①　46 ④

47 1atm하에서 100℃ 포화증기 엔탈피(kcal/kg)는?

① 373kcal/kg   ② 460kcal/kg
③ 539kcal/kg   ④ 639kcal/kg

해설 1atm(표준대기압)에서 포화증기 엔탈피(h_2)
 = 포화수 엔탈피 + 물의 증발잠열
∴ 100 + 539 = 639kcal/kg

48 습포화증기 엔탈피를 구하는 식으로 옳은 것은?

① 포화수 엔탈피 − 증발열 × 건조도
② 포화수 엔탈피 × 증발열 + 건조도
③ 포화수 엔탈피 + 증발열 × 건조도
④ 포화수 엔탈피 × 건조도 − 증발열

해설 습포화증기 엔탈피(h_2) 계산
포화수 엔탈피 + 증발열 × 건조도

49 열의 이동방법에 속하지 않는 것은?

① 복사   ② 전도
③ 대류   ④ 증발

해설 ㉠ 열의 이동방법 : 복사, 전도, 대류
㉡ 복사 : 스테판−볼츠만의 법칙
  전도 : 푸리에 법칙
  대류 : 뉴턴의 냉각법칙

50 다음 중 비열의 단위로 옳은 것은?

① kcal · ℃/kg   ② kcal/h · ℃
③ kcal/kg · ℃   ④ kcal/m² · h · ℃

해설 ㉠ 비열의 단위 : kcal/kg℃, kJ/kg℃
㉡ 열용량의 단위 : kcal/℃
㉢ 열관류율, 열전달률 단위 : kcal/m²h℃

51 물의 임계점에 대한 설명으로 옳은 것은?

① 포화온도에 달하여 포화증기가 왕성하게 발생할 때의 온도이다.
② 습포화증기에서 과열증기로 바뀔 때의 온도이다.
③ 증발현상을 일으키지 않고 바로 물이 증기로 변화할 때의 최고 포화온도이다.
④ 건포화증기에서 과열증기로 변화할 때의 온도이다.

해설 임계점(Critical Point)
임계점이란 포화수가 증발의 현상이 없고 액체와 기체의 구별이 없어지는 지점이며 증발잠열이 0kcal/kg이 된다. 즉, 습증기로서 체적팽창의 범위가 0이 된다.
㉠ 임계상태의 특징
  • 포화수와 포화증기 간의 비체적이 같다.
  • 증발현상이 없어진다.
  • 증발잠열이 0kg/cm²abs이다.
㉡ 임계압과 임계온도
  • 임계압력 : 225.65kg/cm²abs이다.
  • 임계온도 : 374.15℃이다.
  • 증발을 시작하는 지점과 그것을 끝내는 지점이 같게 되면 임계점이 된다.

52 이상기체에서 압력을 일정하게 유지하고 온도를 상승시켰을 경우 부피는 어떻게 되는가?

① 감소한다.   ② 증가한다.
③ 일정하다.   ④ 관계없다.

해설 이상기체의 압력을 일정하게 하고 온도를 상승시키면 부피가 증가한다.
$$V_2 = V_1 \times \frac{T_2}{T_2} \times \frac{P_1}{P_2}$$
$$T_2 = T_1 \times \frac{V_2}{V_1} \times \frac{P_2}{P_1}$$

53 중간의 매질을 통하지 않고 한 물체에서 다른 물체로 열 에너지가 이동하는 현상은?

① 복사   ② 전도
③ 대류   ④ 관류

해설 열의 이동에서 복사열은 중간의 매질을 이동하지 않고 한 물체에서 다른 물체로 열에너지가 이동하며 복사열은 그 물체의 절대온도 4승에 비례한다.

54 등압하에서 1kg의 액체를 0℃에서 포화온도까지 가열하는 데 필요한 열량은?

① 증발열   ② 액체열
③ 감열(현열)   ④ 과열

정답 47 ④ 48 ③ 49 ④ 50 ③ 51 ③ 52 ② 53 ① 54 ③

해설) 등압하에서 1kg의 액체를 0℃에서 포화온도까지 가열하는 데 필요한 열량은 감열이라 한다.

55 다음 중 열량이 가장 큰 것은?

① 1kcal ② 1BTU
③ 1CHU ④ 1Joule

해설) 1kcal=3.968BTU=2.205CHU=4,185.5J
1BTU=0.252kcal=0.556CHU
1CHU=1.8BTU=0.454kcal
1cal=0.24J

56 금속의 한쪽 끝을 가열하면 반대쪽 끝도 점차 온도가 상승한다. 이러한 열전달방식은?

① 전도 ② 대류
③ 복사 ④ 방사

해설) 전도
금속의 한 쪽 끝을 가열하면 반대쪽 끝도 점차 온도가 상승한다. 이러한 열전달 방식을 열전도라 하며 그 열전도율의 단위는 kcal/mh℃이다(열전달률, 열관류율의 단위는 kcal/m²h℃이다).

57 수주 2m는 어떤 것과 같은가?

① 50kg/cm²
② 20kg/cm²
③ 500kg/cm²
④ 2,000kg/m²

해설) $2mH_2O = 2,000mmH_2O$
$1mmH_2O = 1kg/m^2$
$2,000mmH_2O = 2,000kg/m^2$
$2,000kg/m^2 = 0.2kg/cm^2$

58 진공계의 지시가 700mmHg이면 절대압력은 몇인가?

① 0.931kg/cm²
② 0.831kg/cm²
③ 0.082kg/cm²
④ 0.079kg/m²

해설) 절대압력=대기압−진공계 지시압
∴ 760−700=60mmHg
$1.033 \times \dfrac{60}{760} = 0.08155kg/cm^2$

정답 55 ① 56 ① 57 ④ 58 ③

CHAPTER 02 보일러의 종류 및 특성

1. 보일러(Boiler)

1 보일러의 개요

보일러란 강철제나 주철제로 만든 밀폐된 용기 속에 물을 급수하고 열을 가하여 온수나 증기를 발생시켜 산업용이나 난방용으로 사용하는 기관이며 현재 가정이나 산업현장 또는 빌딩 등에서 다목적으로 활용된다.

2 보일러의 분류

(1) 사용 장소에 의한 분류
① 육용(육지용) 보일러　　② 박용(선박용) 보일러　　③ 기관차용 보일러

(2) 보일러 동의 축의 위치에 의한 분류
① 입형 수직 보일러　　② 횡형 수평 보일러

(3) 노의 위치에 의한 분류
① 내분식 연소 보일러　　② 외분식 연소 보일러

(4) 본체 이동 여하에 따른 분류
① 정치 보일러(고정식 보일러)　　② 운반 이동 보일러(기관차, 선박용)

(5) 보일러의 본체 구조에 의한 분류
① 노통보일러　　② 연관 보일러　　③ 수관보일러　　④ 주철보일러

(6) 용도에 의한 분류
① 동력용(증기원동용)　　② 산업용(공장용)
③ 난방용(빌딩, 아파트용)　　④ 열처리용(가열용)
⑤ 가정온수용

(7) 열가스에 의한 분류
① 폐열 보일러　　② 배기가스 보일러

(8) 구성하는 재료에 의한 분류
① 강철제 보일러　　② 주철제 보일러　　③ 합금제 보일러

(9) 열의 이용에 의한 분류
① 증기열 이용 보일러　② 온수열 이용 보일러　③ 열매체열 이용 보일러
④ 전기열 이용 보일러　⑤ 폐열 이용 보일러

(10) 본체 드럼에 의한 분류
① 단동식 보일러　② 복동식 보일러(2동, 3동, 4동)　③ 무동식 보일러

(11) 관의 사용방법에 의한 분류
① 연관식 보일러　② 수관식 보일러

(12) 사용연료에 따른 분류
① 유류용　② 가스용　③ 석탄용　④ 목재용
⑤ 기타용　⑥ 연료겸용　⑦ 혼소용　⑧ 폐열용

3 보일러의 구성

보일러는 크게 나누어 3대 요소로 구성한다.

- 기관 본체(보일러 본체)
- 부속설비(부대장치)
- 연소장치(연소열 발생장치)

(1) 기관 본체(Boiler Proper)

보일러를 형성하는 가장 중요한 몸체로서 노통보일러나 연관식 보일러는 원통형으로 만들어져 있으며 내부에는 본체의 $\frac{2}{3} \sim \frac{4}{5}$ 정도의 물을 넣고 (수면계는 $\frac{1}{2}$ 중심선까지) 연소열을 흡수하여 증기나 온수를 발생시키는 곳이다. 또한 본체에는 노통보일러나 연관식 보일러 및 수관식에는 다수의 수관이 설치되어 전열면적을 증가시킨다.

① 본체 내부의 분류

[본체 제작]

㉮ 증기부(증발부)
　㉠ 증기부가 크면
　　ⓐ 건조증기의 취출이 용이하다.
　　ⓑ 기수공발이 방지되어 습증기 발생을 방지한다.
　　ⓒ 건조증기의 취출에 의한 응축수량의 감소로 수격작용 방지, 관의 부식방지, 증기저항이 감소된다.
㉯ 수부(수위부)
　㉠ 수부가 크면
　　ⓐ 부하변동에 응하기가 쉽다.
　　ⓑ 보일러 중량이 많이 나간다.
　　ⓒ 증기발생의 소요시간이 길어진다.
　　ⓓ 부하변동 시 압력변화가 적다.
　　ⓔ 열효율이 낮아진다.
　　ⓕ 본체 파열 시 재해가 크게 일어난다.
　　ⓖ 비수(플라이밍)의 발생이 심하다.

② 맨홀 설치
　㉮ 타원형
　　㉠ 긴 지름 375mm 이상　　㉡ 짧은 지름 275mm 이상
　㉯ 원형 : 지름 375mm 이상

③ 청소구멍 설치
　㉮ 타원형
　　㉠ 긴 지름 90mm 이상　　㉡ 짧은 지름 70mm 이상
　㉯ 원형 : 90mm 이상

④ 검사구멍 설치 및 손구멍의 크기
　30mm 이상의 원형, 손구멍(장경 90mm 이상, 단경 70mm 이상의 타원형이나 지름 90mm 이상의 원형으로 제작)

⑤ 기관 본체의 동체와 경판의 이음
　㉮ 리벳이음 : 소형 저압보일러
　㉯ 용접이음 : 중대형 고압보일러
　※ 보일러는 용접이 끝난 후 열응력을 제거하기 위하여 소둔(풀림)으로 열처리하여야 한다.

⑥ 기타 본체에 부착되는 부품
　㉮ 경판(Tube Plate)
　　㉠ 평형 경판　　　　　㉡ 접시형 경판
　　㉢ 반타원형 경판　　　㉣ 반구형 경판

나 스테이(Stay)
  ㉠ 바 스테이(Bar Stay)   ㉡ 튜브 스테이(Tube Stay)
  ㉢ 스테이 볼트(Stay Bolt)   ㉣ 거싯 스테이(Gusset Stay)
  ㉤ 도리 스테이 또는 거더 스테이(Girder Stay)

(2) 부속설비

보일러 부속설비란 보일러 운전을 용이하게 하기 위하여 설치한다. 부속설비의 설치 시에는 다음과 같은 효과가 있다.

- 보일러 안전운전이 된다.
- 보일러 가동이 경제적이다.
- 보일러 수명이 길어진다.
- 연료소비가 감소된다.
- 보일러 효율이 높아진다.
- 노력이 절감된다.
- 폐열을 재활용할 수 있다.

① 안전장치(보일러 파열방지 기구)
  ㉮ 안전밸브   ㉯ 방출밸브
  ㉰ 방폭문   ㉱ 가용마개
  ㉲ 저수위경보기 ㉳ 화염검출기
  ㉴ 전자밸브   ㉵ 증기압력 제한기

② 지시장치(측정장치)
  ㉮ 압력계   ㉯ 수고계
  ㉰ 수면계   ㉱ 유면계
  ㉲ 온도계   ㉳ 통풍계
  ㉴ 급수량계   ㉵ 급유량계
  ㉶ 가스분석기

③ 급유장치(기름공급장치)
  ㉮ 기름저장탱크 ㉯ 서비스 탱크
  ㉰ 기름여과기   ㉱ 기름가열기
  ㉲ 급유량계   ㉳ 급유관

④ 송기장치(증기이송장치)
  ㉮ 기수분리기   ㉯ 비수방지관
  ㉰ 주증기관   ㉱ 주증기밸브
  ㉲ 증기헤드   ㉳ 증기 트랩
  ㉴ 신축이음   ㉵ 감압밸브

⑤ 급수장치(물공급장치)
   ㉮ 급수탱크　　　　　㉯ 급수정지밸브
   ㉰ 역정지밸브　　　　㉱ 급수내관
   ㉲ 급수관　　　　　　㉳ 급수펌프
   ㉴ 응결수탱크　　　　㉵ 청관제주입장치
⑥ 분출장치(농축수배출장치)
   ㉮ 분출관　　　　　　㉯ 분출밸브
   ㉰ 분출콕　　　　　　㉱ 수저분출기
   ㉲ 수면분출기
⑦ 여열장치(폐가스이용장치)
   ㉮ 과열기　　　　　　㉯ 재열기
   ㉰ 절탄기　　　　　　㉱ 공기예열기
⑧ 통풍장치(연소용 공기 공급장치)
   ㉮ 통풍기　　　　　　㉯ 덕트
   ㉰ 댐퍼　　　　　　　㉱ 연도
   ㉲ 연돌　　　　　　　㉳ 통풍계

[연소실 노통제작]

⑨ 처리장치(불순물 배출장치)
   ㉮ 집진장치　　　　　㉯ 그을음 제거기
   ㉰ 여과기　　　　　　㉱ 급수처리장치
⑩ 자동제어장치(자동보일러 제어장치)
   ㉮ 압력제한기　　　　㉯ 급수조절장치
   ㉰ 자동연소제어장치　㉱ 온도제어장치

(3) 연소장치
① 버너
② 화격자
③ 보염장치

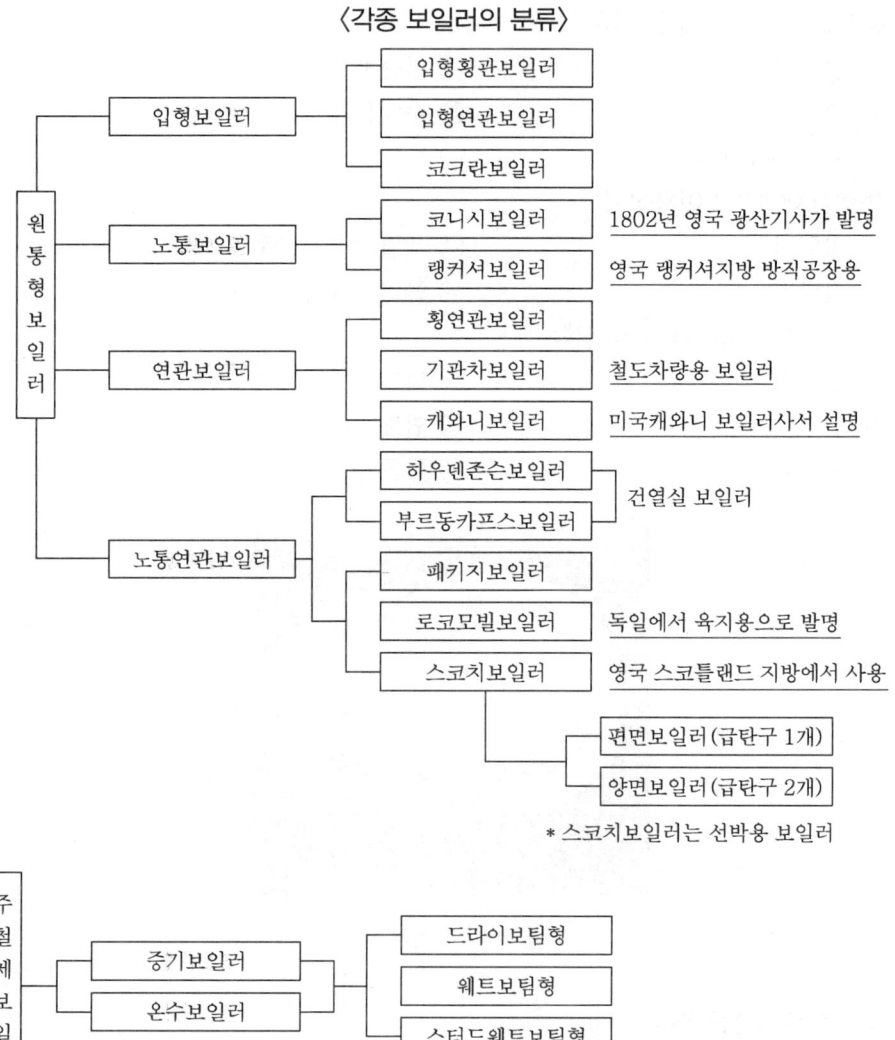

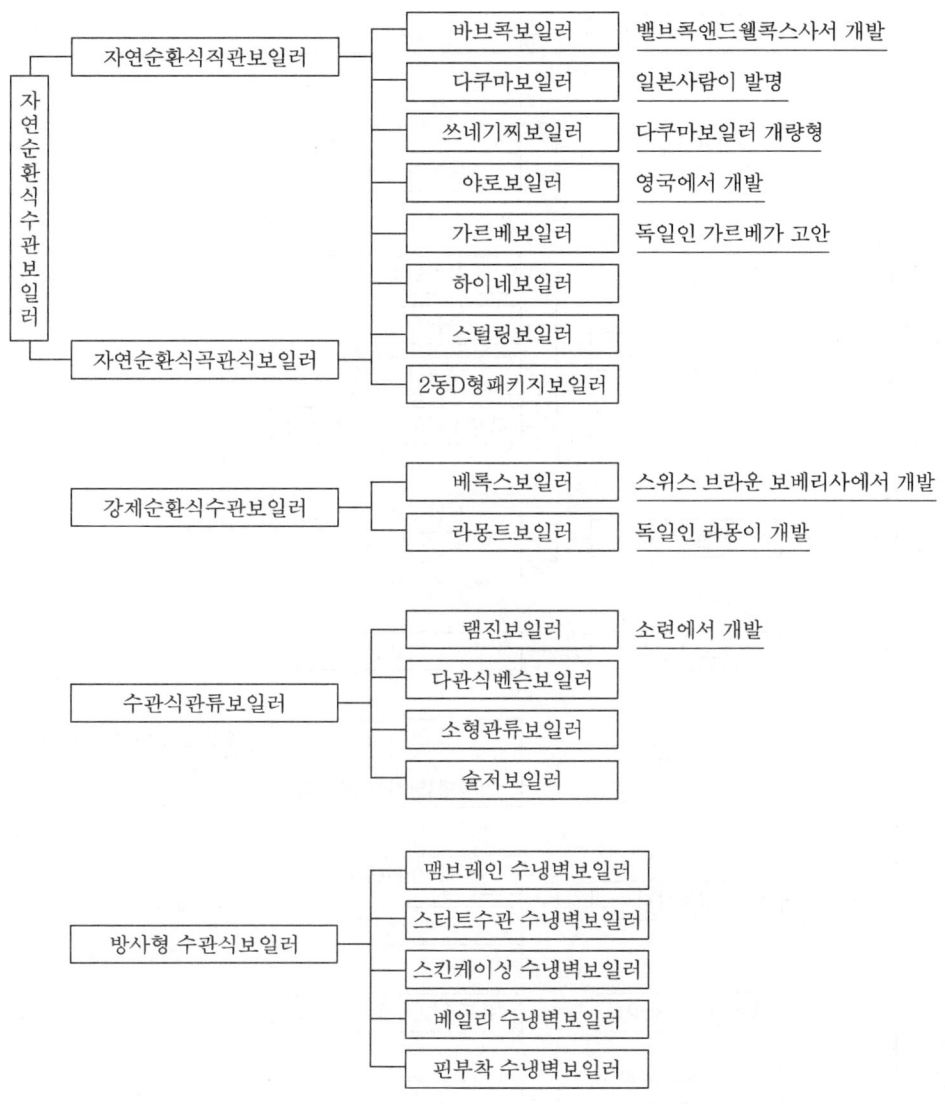

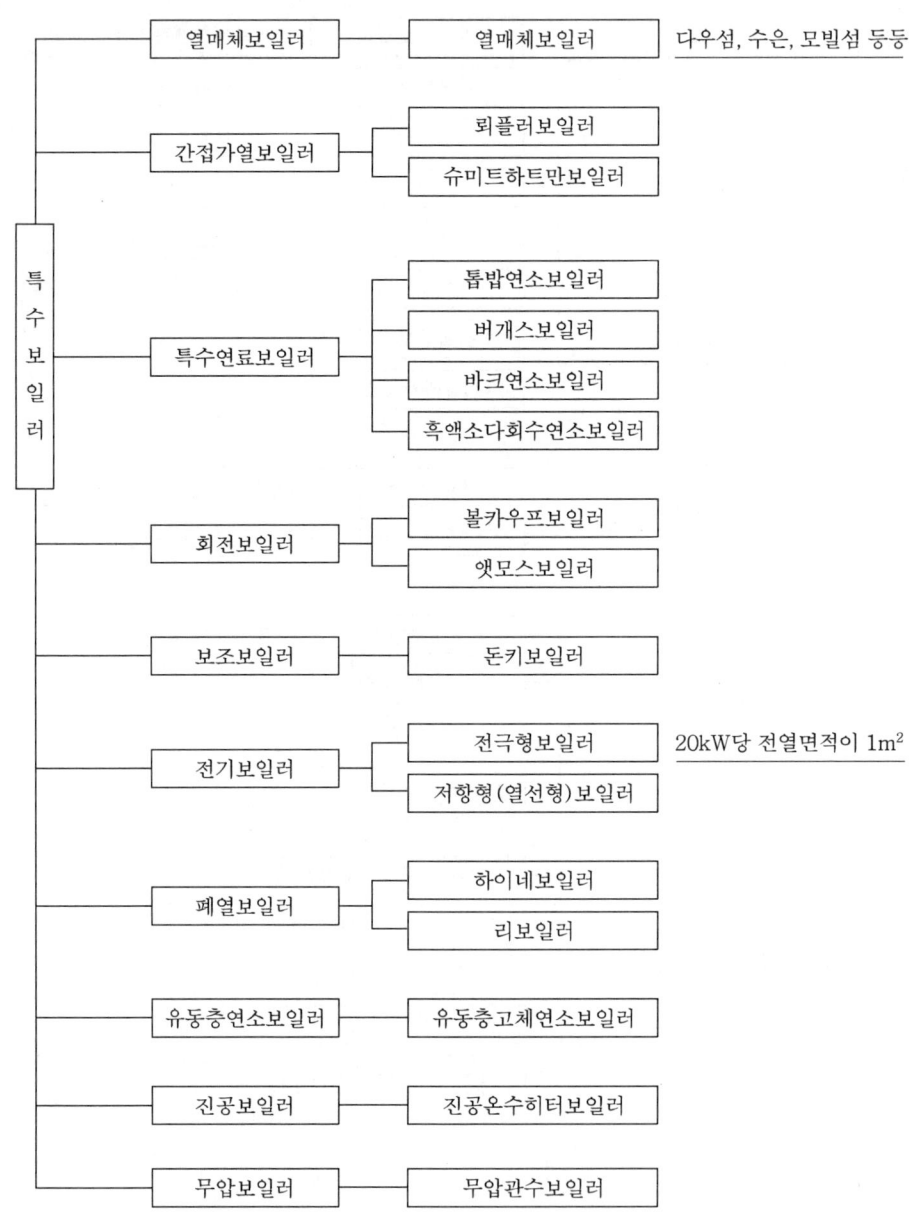

2. 보일러의 일반적인 종류와 구조

1 보일러의 종류

(1) 원통형 보일러(Cylindrical Boiler)
　① 보일러의 종류
　　㉮ 입형 보일러
　　　㉠ 입형횡관보일러
　　　㉡ 입형연관보일러
　　　㉢ 코크란 보일러
　　㉯ 횡형보일러
　　　㉠ 노통식 : 코니시, 랭커셔
　　　㉡ 연관식 : 기관차, 캐와니, 횡연관식
　　　㉢ 노통연관식
　　　　ⓐ 육용 : 노통연관식
　　　　ⓑ 박용 : 스코치, 하우덴존슨, 부르동카프스

(2) 수관식 보일러
　① 자연순환식 보일러
　　㉮ 완경사 보일러 : 밥콕 보일러
　　㉯ 경사수관 보일러 : 쓰네기찌 보일러, 다쿠마 보일러, 야로 보일러
　　㉰ 급경사 보일러 : 스터링 보일러, 가르베 보일러
　　㉱ 곡관식 보일러 : 2동 D형 보일러
　② 강제순환식 보일러
　　㉮ 단동보일러 : 라몽트 보일러, 베록스 보일러
　　㉯ 무동 보일러
　　　㉠ 관류 보일러
　　　　ⓐ 벤슨 보일러　　ⓑ 슐저 보일러　　ⓒ 소형 관류보일러
　　　　ⓓ 앳모스 보일러　ⓔ 램진 보일러

(3) 주철제 보일러
　① 증기보일러　　　　　　　　② 온수보일러

(4) 특수 보일러
　① 열매체 보일러 : 다우삼, 카네크롤, 모빌섬, 서큐리티, 수은
　② 간접가열 보일러 : 뢰플러, 슈미트하트만

③ 특수연료 보일러 : 버개스, 바크
④ 폐열 보일러 : 하이네, 리 보일러
⑤ 기타 보일러 : 전기 보일러, 원자로

2 원통형 보일러의 종류와 특징

기관 본체를 둥글게 제작하여 이를 입형이나 횡형으로 설치 사용하는 보일러로서 일명 원통형 보일러라고도 한다. 최고 사용압력은 일반적으로 $10kg/cm^2$ 이하가 많고 최대 증기 발생량은 10ton/h 미만인 경우가 많다.

▶ 원통형 보일러의 특징
  ① 장점
    ㉮ 비교적 구조가 간단하고 취급이 용이하다.
    ㉯ 제작이 쉽고 설비가격이 싸다.
    ㉰ 내부 청소 및 수리, 검사가 용이하다.
    ㉱ 보유수가 많아서 부하변동에 의한 압력변화가 적다.
    ㉲ 수부가 커서 부하변동에 응하기가 용이하다.
    ㉳ 가격이 저렴하다.
  ② 단점
    ㉮ 고압 보일러나 대용량에 부적당하다.
    ㉯ 보일러 가동 후 점화 시 증기발생의 소요시간이 수관식에 비해 길다.
    ㉰ 보유수가 많아서 파열 시 피해가 크다.
    ㉱ 보일러 효율이 낮다.

(1) 입형 보일러(수직 보일러 : Vertical Boiler)
  ① 종류 : 입형횡관 보일러, 입형연관 보일러, 입형코크란 보일러

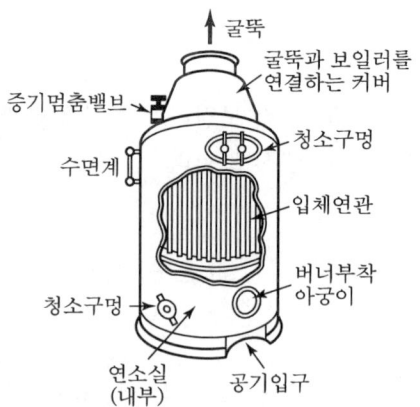

[최근의 혼식 보일러]

② 입형 보일러의 장단점
　㉮ 장점
　　㉠ 형체가 작고 소형이다.
　　㉡ 설치장소가 작아도 시공이 편리하다.
　　㉢ 구조가 간단하고 튼튼하다.
　　㉣ 운반이 용이하다.
　　㉤ 취급이 용이하다.
　　㉥ 연소실이 화실이라서 내화벽돌 쌓음이 필요 없다.
　　㉦ 제작이 쉽고 가격이 싸다.
　　㉧ 보일러 중량이 가볍다.
　㉯ 단점
　　㉠ 전열면적이 작고 소용량이다.
　　㉡ 보일러 효율이 매우 낮다.
　　㉢ 수면이 좁아서 습증기 발생이 심하다.
　　㉣ 소형이라서 내부 청소나 수리 및 검사가 불편하다.

③ 입형 또는 노통 보일러 횡관의 설치목적(노 내에 3~4개 설치)
　㉮ 전열면적을 증가시킨다.
　㉯ 화실의 벽을 보강시킨다.
　㉰ 보일러수의 순환을 촉진시킨다.
※ 횡관(나팔관 모양의 갤로웨이관)

[갤로웨이관]

④ 입형 보일러의 안전저수위
　㉮ 입형횡관 보일러 : 화실 천장판에서 상부 75mm 지점
　㉯ 입형 보일러 : 연관 전길이의 $\frac{1}{3}$ 높이
　㉰ 코크란 보일러 : 상부연관에서 75mm 상부지점
※ 입형 보일러의 효율이 높은 순서 : 코크란 보일러 > 입형연관 보일러 > 입형횡관 보일러의 순이다.

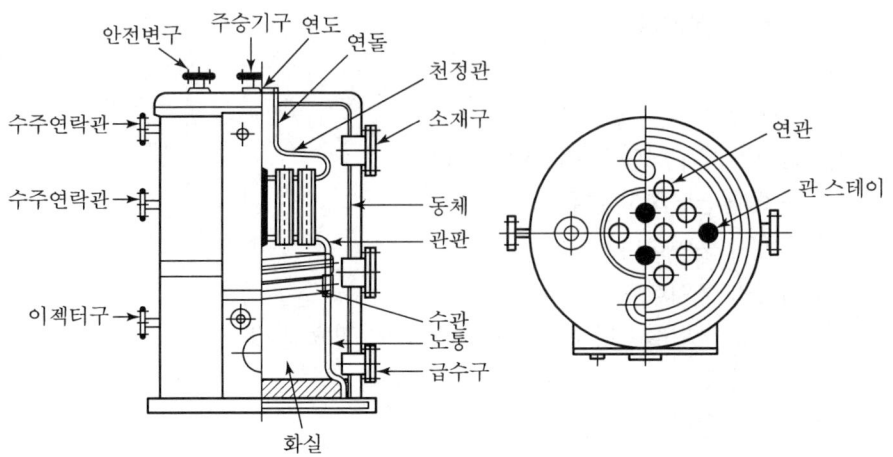

[최근의 입형 혼식 보일러]

⑤ 입형 보일러의 특징
  ㉮ 횡관 보일러의 특징(입형 횡관 보일러)
    ㉠ 보일러 동체 속에 상부를 약간 줄인 화실을 마련하고 이 화실 내부에 2~4개 정도의 수평으로 갤로웨이관(횡관)을 가로질러 여러 개 엇갈리게 설치한 보일러이다.
    ㉡ 화실은 원통형으로 하여 내압에 대해 강도를 지니게 하고 측면은 $\frac{1}{15} \sim \frac{1}{25}$의 경사진 원추형으로 되어 있다.
    ㉢ 동체 및 화실의 하부는 찌꺼기 및 스케일 부착이 쉬우므로 과열의 방지를 위해 버너 부착 위치는 이 부위보다 약간 뒤쪽으로 하고 노 속의 내벽과 벽돌은 내화재로 과열되지 않게 보호한다.
    ㉣ 동체 경판 및 화실의 경판은 약간 접시형이며 연돌관이 수부로 쓰이며, 대부분은 증기부에 노출되어 있다. 이 때문에 이 부분은 내부를 지나는 열가스에 의해 과열되거나 부식되기 쉬우며, 보일러 효율은 나쁘지만 구조는 매우 간단하다.
  ㉯ 입형연관(다관식) 보일러의 특징
    ㉠ 입형횡관 보일러의 전열면적을 보강하기 위하여 개량한 여러 개의 연관을 설치한 보일러이다.
    ㉡ 관판과 동체 사이에 수십 개의 연관을 설치하며 화실 보강 및 관의 스테이를 만든 보일러이다.
    ㉢ 횡관 보일러에 비해 구조가 복잡하고, 연관이 열가스에 의해 과열되어 부식이 초래되므로 급수가 좋아야 하며, 대부분의 연관은 증기부에 노출되어 있다.
    ㉣ 연돌에 의해 빗물이나 기타 증기누설로서 인한 부식을 억제하여야 한다.
    ㉤ 연관의 수는 20~30개이며 증발량은 60kg/h 정도이다.

▶ 장점
- 설치장소에 제한을 받지 않는다.
- 횡관 보일러보다 전열면적이 커서 증발속도가 빠르다.
- 사용부하에 빨리 응할 수 있다.
- 연소효율이 좋다.

▶ 단점
- 연관에 의한 전열면적이 크므로 양질의 급수가 요망된다.
- 연관 상부는 고열에 접촉하므로 화실 관판에 무리가 온다.
- 내부구조가 복잡하여 청소점검이 불편하다.
- 과열에 의한 이상 감수에 주의가 요망된다.

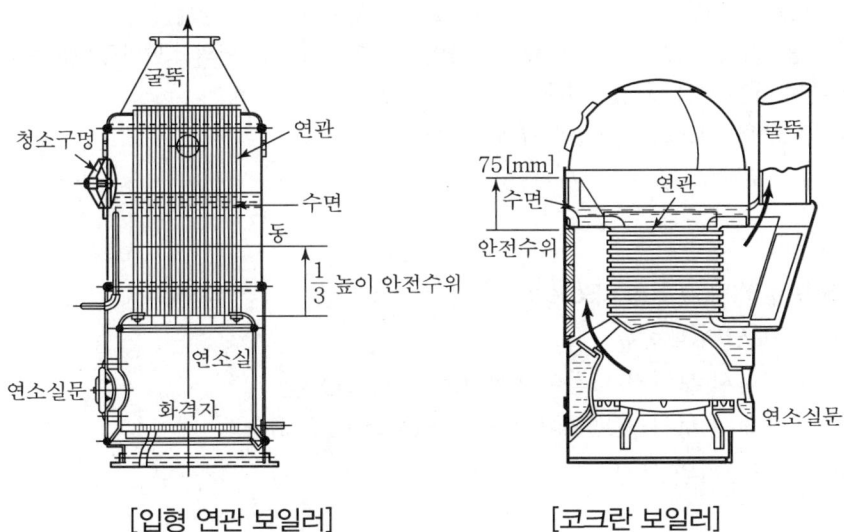

[입형 연관 보일러]   [코크란 보일러]

▶ 화실 관판이 손상되는 이유
- 파이프 끝이 항상 고열에 접촉되어 있다.
- 연돌에서 빗물이 침입하기 쉽다.
- 연관을 관판에 끼운 곳에서 증기가 누설되기 쉽다.
- 보일러수에 전혀 접촉되지 않는다.

㉰ 코크란 보일러(Cochran Boiler) : 높이가 낮은 반구형 모양의 화실을 가지며 연관을 물속에 가로로 배치하고 연돌은 보일러통의 옆구리에 설치한 보일러이다. 특히 연소가스가 2통로식이어서 입형 보일러 중 가장 우수하다.

▶ 특징
- 입형연관 보일러의 결점을 보완하여 만든 보일러이다.
- 연관을 횡형(가로)으로 설치하였다.

- 연관은 증기부에 의한 과열현상이 없다.
- 코크란 보일러 제작사에서 제작하였으며 최고사용압력이 11~12kg/cm² 정도인 것이 많이 생산된다.
- 화실 및 경판이 반구형상을 하며 내압강도가 크다.
- 수평의 연관에 그을음이 있으므로 청소작업을 용이하게 하여야 하며, 청소를 위하여 아궁이 상부에 문이 달려 있다(맨홀 설치).

> **REFERENCE** 입형 보일러의 전열면적과 증기발생량
>
> ① 입형횡관 보일러 : 전열면적 2~20m² 정도이며 증기발생량이 0.4t/h 정도이다.
> ② 입형연관 보일러의 화실직경은 700~800mm 정도이며 연관은 65~75mm가 사용된다.
> ③ 노-튜브 입형보일러
>   ㉮ 구조 : 보일러 본체는 둥근 환상인 수실만으로 되어 있으며 수실 중앙에 있는 원통 연소실의 위에서 아래로 연소시켜 연소가스는 수실 내면을 가열시킨 후, 수실 외측면의 스파이럴 상으로 흘러서 전열이 충분히 이루어지는 보일러이다.
>   ㉯ 증발량 : 300~500kg/h, 효율은 약 80%이다.

(2) 횡형 보일러
① 노통보일러(Flue Tube Boiler)
   ㉮ 노통보일러의 종류
      ㉠ 코니시 보일러(노통이 1개, Cornish Boiler)
      ㉡ 랭커셔 보일러(노통이 2개, Lancashire Boiler)
   ㉯ 노통보일러의 특징
      ㉠ 장점
         ⓐ 구조가 간단하고 제작이 쉽다.(수명이 길다.)
         ⓑ 청소나 검사, 수리가 용이하다.
         ⓒ 급수처리가 그다지 까다롭지 않다.
         ⓓ 부하변동 시 압력변화가 적다.
         ⓔ 수부가 커서 부하변동에 응하기 쉽다.
      ㉡ 단점
         ⓐ 가동 후 증기 발생시간이 길다.
         ⓑ 내분식이라서 연소실 크기에 제한을 받는다.
         ⓒ 양질의 연료로 연소시켜야 한다.
         ⓓ 보유수가 많아서 파열 시 피해가 크다.
         ⓔ 전열면적이 적어서 효율이 낮다.
         ⓕ 고압 대용량에는 부적당하다.

㉰ 노통의 종류
  ㉠ 평형 노통
    ⓐ 장점
      • 구조가 간단하고 제작이 용이하다.
      • 청소가 쉽고 가격이 싸다.
    ⓑ 단점
      • 고압의 사용에는 부적당하다.
      • 열에 의한 신축성이 나쁘다.
      • 고온의 열에 의한 신축을 좋게 하기 위하여 애덤슨 조인트를 설치하여야만 한다.

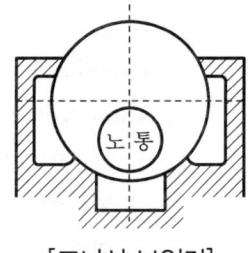
[코니시 보일러]

  ㉡ 파형 노통
    ⓐ 장점
      • 외압에 대한 강도가 크다.
      • 노통은 열에 의한 신축이 원활하다.
      • 전열면적이 크다.
    ⓑ 단점
      • 스케일의 부착으로 내부청소가 곤란하다.
      • 제작이 까다로워서 가격이 비싸다.
      • 그을음에 의한 부식이 심하다(청소곤란으로 인해).

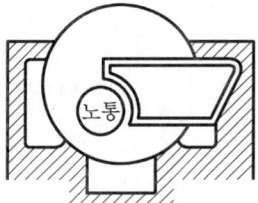
[코니시 편심 보일러]

노통의 종류	피치(mm)	골의 깊이(mm)
리즈포지형	200 이하	57 이상
모리슨형	200 이하	38 이상
디톤형	200 이하	38 이상
폭스형	150 이하	39 이상
파브스형	230 이하	35 이상
브라운형	230 이하	41 이상

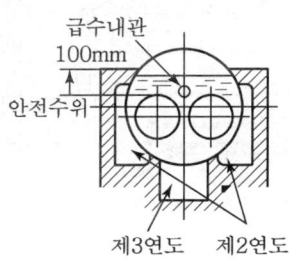 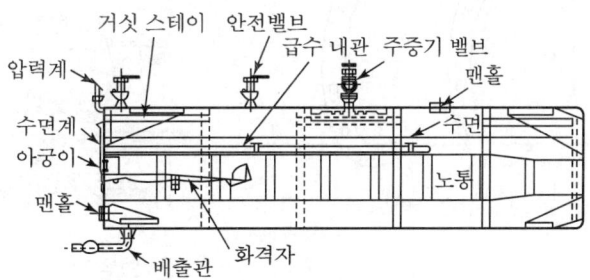

[랭커셔 보일러의 구조]

▶ **연소실 및 노통의 제작** : 거의가 원통형으로 둥글게 제작하며 공작상의 분류는 3가지로 구분한다.
- 이음부가 용접으로 된 것
- 이음부 없이 화조에 의해 형성된 것
- 이음부가 리벳 조인트로 형성된 것

※ 노통에 갤로웨이관의 설치목적 : 전열면적의 증가, 물의 순환을 양호하게 함. 노통의 강도보강

▶ **파형 노통의 강도 계산** : 파형 노통에서 그 끝의 평형부의 길이가 230mm 미만의 것은 최소두께 및 최고사용압력을 다음 식에 따른다.

$$t = \frac{PD}{C}, \quad P = \frac{Ct}{D}$$

여기서, t : 노통의 최소두께(mm)
P : 최고사용압력(kg/cm²)
D : 노통의 평균지름으로 모리슨형에서는 최소 반지름에 50mm를 가한 것으로 한다.
C : 계수(모리슨형 − 1,100, 디톤형 − 985, 폭스형 − 985, 파브스형 − 985, 리즈포지형 − 1,220, 브라운형 − 985)

▶ **애덤슨 조인트** : 평형 노통의 약한 단점을 보완하기 위하여 약 1m 정도의 노통길이마다 접합한다.
- 이상신축 방지
- 사용압력에 견디는 힘이 강하다.
- 리벳을 보호한다.

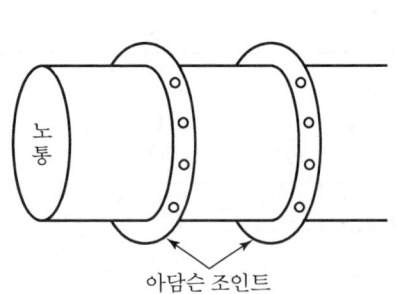

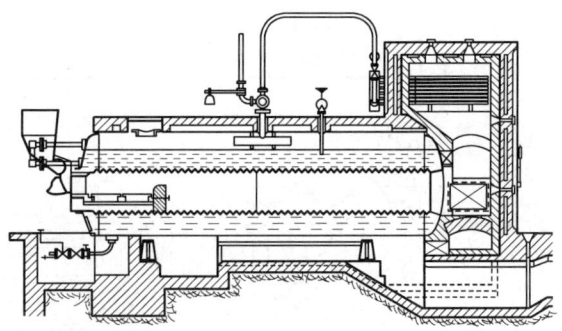

[노통 보일러]

> REFERENCE
>
> (1) 평형 노통은 외압에 대한 강도가 약하여 제작 시에는 애덤슨 조인트(Adamson Joint)를 사용하여야 한다. 열에 의한 팽창신축을 흡수하여 주기 때문에 약 9~16mm의 관을 사용하여 짧은 원통을 몇 개 붙여서 노통을 만들면 강도상 매우 유리하다.
> (2) 노통의 편심 : 노통을 중앙선으로부터 치우쳐서 편심시키려는 이유는 보일러수의 순환을 좋게 하려는 데 목적이 있다. 부착은 우하방이나 좌하방으로 붙이는 경우도 있다.

　　㉔ 브리딩 스페이스(Breathing Space) : 브리딩 스페이스란, 노통이 고온의 열에 의한 신축을 좋게 하기 위해서 신축작용을 할 때 노통과 평경판의 이음부분에서 평경판의 일부가 탄성작용을 하게 되는데, 이 호흡할 수 있는 신축거리를 브리딩 스페이스(Breathing Space)라고 하며 노통 상부와 거싯 스테이 하단부와의 최소 거리는 230mm 이상이어야 한다.
　　㉕ 경판(마구리판)
　　　㉠ 경판의 종류(전경판과 후경판)
　　　　ⓐ 반구형 경판(아주 강하다)
　　　　ⓑ 반타원형 경판(강하다)
　　　　ⓒ 접시형 경판(양호하다)
　　　　ⓓ 평경판(약하다)
　　　㉡ 경판의 강도순서 : 반구형 경판 > 반타원형 경판 > 접시형 경판 > 평경판
※ 경판의 강도결정에 있어서는 보일러 동판에는 내압에 따라서는 인장응력이 생긴다. 이 인장응력은 동체의 축방향, 즉 길이 방향의 표면에서 생기는 응력이 축의 직각방향, 다시 말하면 원주 단면상에 생기는 응력의 2배가 된다. 따라서 길이 방향의 세기는 둘레 방향의 2배 정도의 힘이 있게 만들어야 한다.
　　㉖ 스테이(보강재)
　　　㉠ 설치목적 : 보일러와 구조불량에 의한 재료의 강도부족으로 오는 변형을 방지한다.
　　　㉡ 종류
　　　　ⓐ 튜브 스테이(Tube Stay)
　　　　ⓑ 바 스테이(Bar Stay)
　　　　ⓒ 스테이 볼트(Stay Bolt)
　　　　ⓓ 거싯 스테이(Gusset Stay)
　　　　ⓔ 도리 스테이 : 거더 스테이(Girder Stay)
　　　㉢ 스테이의 적용 : 버팀의 설치목적은 보일러 재료의 강도가 부족한 부분 또는 변형이 용이한 부분에 설치하여 강도증가를 꾀한다.
　　　　ⓐ 도그 스테이 : 맨홀 뚜껑의 보강재 버팀

ⓑ 경사버팀 : 경판과 동판이나 관판과 동판을 지지하는 보강재이다.
ⓒ 거싯버팀 : 평경판에 사용하여 경판과 동판 또는 관판이나 동판의 지지보강재로서 관에 접속되는 부분이 크다.
ⓓ 관버팀(튜브 스테이) : 연관의 팽창에 따른 관판이나 경판의 팽출에 대한 보강재
ⓔ 막대버팀(바 스테이) : 진동, 충격 등에 따른 동체의 눌림 방지 목적이며, 화실 천장의 입체 방지를 위한 가로버팀이나 경판 양측을 보강하는 행거 스테이(매달림)라 한다.
ⓕ 나사버팀(볼트 스테이) : 기관차 보일러의 화실 측면과 경판의 압궤를 방지하기 위한 버팀
ⓖ 나막신 버팀(거더 스테이) : 화실 천장의 과열 부분의 압궤현상을 방지하는 버팀

REFERENCE

거싯스테이의 부착식 브리딩 스페이스를 충분히 두어야 한다. 이것이 불충분하면 구루빙(구식)의 부식이 초래된다. 브리딩 스페이스는 최소 230mm 이상 떨어져야 한다.
※ 브리딩 스페이스 : 거싯 스테이 부착 시 노통의 열팽창에 의한 호흡거리이다. 일명 완충폭이라 한다.

경판 두께	13mm 이하	15mm 이하	17mm 이하	19mm 이하	19mm 초과
브리딩 스페이스의 거리	230mm	260mm	280mm	300mm	300mm 초과

② 연관식 보일러(Smake Tube Boiler)

동체 내부에 노통 대신에 바둑판 모양의 많은 횡연관을 설치하여 전열면적을 증가시켜 노통보일러보다 증기 발생시간의 단축 및 증기생성량의 증대를 위하고 보일러효율을 높인 보일러이다. 특히 연관의 양끝은 튜브 익스팬더(확관기)로 관의 끝을 넓혀서 경판에 고정시키고 스테이 튜브(보강관)를 경관에 나사로 붙인다. 연관의 크기는 60~100mm 정도가 많이 사용된다.

REFERENCE 연관식 보일러

(1) 장점
① 전열면적이 커서 증기발생이 빠르다.
② 증기발생량이 노통보일러보다 많다.
③ 보일러 효율이 다소 높다.
④ 동일 용량인 노통보일러에 비하여 설치면적이 적다.
⑤ 보유수량이 적어서 증발이 빠르다.
⑥ 외분식은 연료의 선택범위가 넓다.

(2) 단점
① 구조가 복잡하여 청소가 곤란하다.
② 연관의 부착부분에서 누설이 생기기 쉽다.
③ 양질의 급수가 요망된다.
④ 연관 내부의 청소가 필요하다.
⑤ 고압이나 대용량은 부족하다.
⑥ 외분식은 분출관이 연소실로 통과됨으로써 보호벽이 필요하다.
⑦ 분출관이 연소실 내로 이어져서 고온에 견디는 내화물에 의한 피복보호가 필요하다.

㉮ 횡연관 외분식 보일러
  ㉠ 특징
    ⓐ 동체 안에 노통 대신 전열면적을 넓히기 위하여 다수 연관의 수를 많이 설치하여 만든 보일러이다.(노통보일러는 전열면적이 보통 동체의 $\frac{1}{2}$ 정도밖에 되지 않는다.) 무수히 많은 연관을 설치하여 이 연관 속으로 열가스를 통과시켜 증기의 발생시간을 짧게 만든 보일러이다.
    ⓑ 연관을 앞 뒤의 관판에 부착시킨다.
    ⓒ 수위(물)는 동의 약 $\frac{2}{3}$ 까지 급수한다.
    ⓓ 소형의 횡연관 보일러는 증기 돔을 설치하면 좋다.
    ⓔ 연소가스는 보일러 바닥이 연소실이 되고 양 옆의 연도를 마련하며, 연소가스의 흐름은 보일러 바닥에서 후부로 가서 연관을 통하여 전진 후 측면의 연도로 다시 나가 연돌로 배기된다.
    ⓕ 최고 사용압력은 7~12kg/cm^2(0.7~1.2MPa)의 것이 많이 제작된다.
  ㉡ 연관의 부착
    ⓐ 가로, 세로, 바둑판 모양으로 배열하여 경판에 고정시킨다.
    ⓑ 연관을 관판에 부착시켜 관판 밖으로 30mm 정도 더 빼내어서 그 끝을 확관기(익스팬더)로 넓혀 평형 경판을 보강겸 밀착시켜 붙이고 연관 배치의 요소마다 관 스테이를 설치하여 관판의 보강을 증가시킨다.
    ⓒ 연관을 바둑판처럼 설치하는 것은 물의 순환을 촉진시키기 위함이다.
  ㉢ 동의 구조 : 연관 보일러의 동의 직경은 보통 0.9~2.3m 정도이며, 동의 전 길이는 1.8~5.6m, 전열면적은 10~15m^{2}의 것이 많으며 시간당 최고 증기발생량은 4,000kg/h(4ton/h) 정도가 된다.

> REFERENCE
>
> 수평연관은 동체가 가열되기 때문에 심하게 팽창과 수축이 일어나게 됨으로써 보일러 본체가 자유롭게 팽창할 수 있도록 붙인다. 또한 분출관은 동체 바닥 후반에 있으므로 연소가스에 가열되어 과열한다. 수면계 연락관이나 급수관도 연도에 있어 과열되므로 내화재료로 완전히 피복하여야 한다.

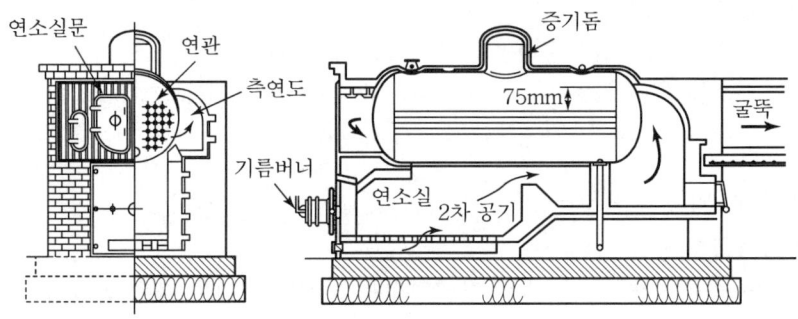

[연관 보일러]

ⓔ 보일러의 내역
  ⓐ 동의 지름 : 0.9~2.3m
  ⓑ 동의 길이 : 1.8~5.6m
  ⓒ 연관의 외경 : 65~102mm
  ⓓ 전열면적 : 10~160m^2
  ⓔ 증기발생량 : 4t/h 정도
  ⓕ 연관의 설치 : 바둑판 모양(보일러수의 순환을 촉진시키기 위하여)
ⓜ 횡연관 보일러의 특징
  ⓐ 장점
    • 연관을 바둑판처럼 연결시켜 보일러수의 순환을 빠르게 한다.
    • 노통보일러보다 효율이 좋고 전열면적이 크다.
    • 연료의 선택에 그다지 구애받지 않는다.
    • 보유수량이 적어서 증기발생이 빠르다.
    • 동일 용량에 비해 설치 시 다른 보일러보다 면적을 적게 차지한다.
    • 외분식이라 연소실의 자유로운 증감이 가능하다.
  ⓑ 단점
    • 연관의 부착으로 구조가 복잡하다.
    • 동의 이음부가 열에 의해 균열이 생긴다.
    • 내부의 청소가 불편하다.
    • 급수처리를 까다롭게 해야 한다.

- 외분식이라 복사 손실열량이 많다.
- 연관의 청소가 필요하다.

ⓑ 연관 보일러의 안전저수위 : 최고 상부연관에서 75mm 상부지점

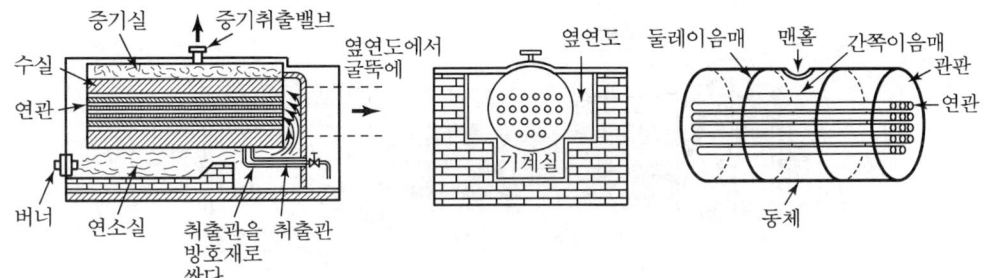

[횡연관 보일러]

〈내분식 연소실과 외분식 연소실의 비교〉

항목	내분식(노통식)	외분식(연관식, 수관식 등)
노의 모양	본체 내에 장치되며 크기가 제한된다.	노의 모양이나 크기가 자유롭다.
연소상태	완전연소가 불가하며 연료의 선택이 어렵다.	완전연소가 가능하며 연료의 선택이 자유롭다.
노 내의 온도	노의 주위가 물이라서 연소실의 온도가 높지 않다.	노의 연소온도를 높일 수 있다.
연료의 선택	저질연료나 석탄연소는 부적당하다.	일반적으로 연료의 선택범위가 넓다.
열손실	노의 열손실은 별로 없다.	내화벽으로부터 열손실이 많다.
보일러 높이	보일러의 높이가 낮게 제작된다.	보일러 높이가 높고 설비비나 수리비가 많이 든다.

※ 연관 보일러의 증기돔(Steam Dome) 설치목적 : 노통보일러인 코니시 보일러나 연관식 보일러에서 증기취출 시 습증기를 방지하고 건조증기를 얻기 위하여 동 상부에 증기취출구를 설치한 것이 증기돔이다. 즉, 증기배출을 한 곳으로 취출한다.

㉯ 기관차 보일러(철도차량용 보일러) : Locomotive
  ㉠ 최고 사용압력 : 16~18kg/cm²
  ㉡ 보일러의 중량이 가볍다(1.6~1.8MPa).
  ㉢ 우톤형과 크램프톤형이 있다.

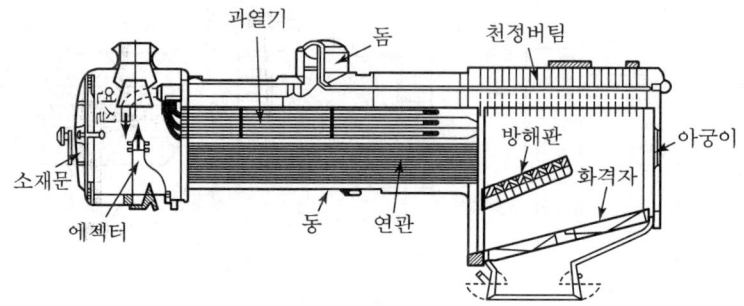

[기관차 보일러]

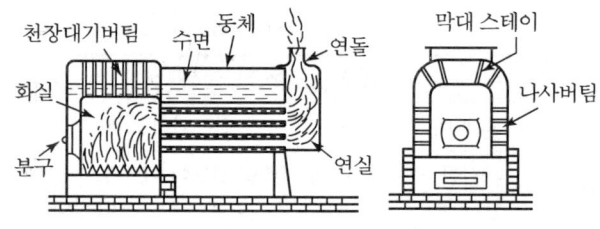

[기관차형 보일러]

ⓐ 크램프톤형 보일러 : 화실의 모양이 상부보다 하부가 좁다.
ⓑ 우톤형 보일러 : 로스터(화격자) 면적을 넓히기가 용이하기 때문에 저질탄의 연소에 유리하고 증기발생량도 많게 할 수 있다.
  • 석탄의 수송 등 과거 기차에서 많이 쓰던 보일러로 높이의 제한을 받아 배기가스의 통풍이 불량하여 증기를 이용해서 배기시키며, 화상의 연소효율 및 증기 발생이 빨라서 증기의 생성량이 보일러에 비해 많다.
  • 연관식의 일종이며 화실에서 연소한 가스는 연관을 통해서 후부의 연실로 들어가고 연실의 배기가스는 노즐에 의해 외부로 배출된다.
  • 연관이 많이 설치되며 내분식이다.
  • 연관의 직경은 60~65mm 정도가 많다. 안전저수위는 화실 천장판에서 75mm 상부가 되도록 한다.
  • 건조증기를 얻기 위하여 동의 정부에 증기돔을 설치한다.

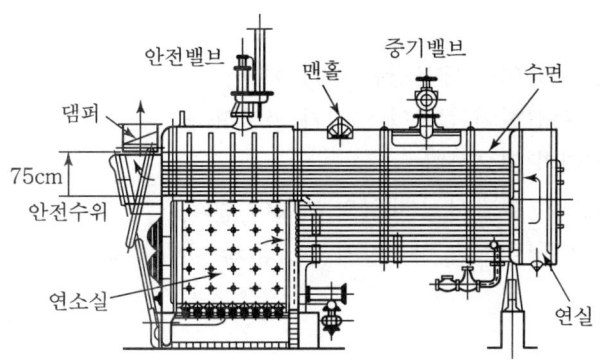

[기관차 연관 보일러]

  ㉰ 기관차형 보일러(Kewancee Boiler) : 기관차 보일러를 개조(케와니 보일러)
   ㉠ 최고 사용압력 : 10kg/cm²(1MPa)
   ㉡ 증발량 : 4t/h
   ㉢ 난방용, 취사용에 사용
   ㉣ 특징
    ⓐ 기관차 보일러를 육지용으로 개량한 미국의 케와니사가 제작한 보일러이며 기관차 보일러와 비슷하다.
    ⓑ 화실, 동체, 연실의 3부분으로 나누고 있으며 화실은 상자형이고 동체는 원통형이다.
    ⓒ 화실은 평판이나 천장에 고열을 방지하기 위하여 막대 스테이로 지지하고 있다.
    ⓓ 내분식이며 지금 현재는 제작이 거의 없다.

③ **노통연관 보일러**

노통보일러와 연관보일러의 장점만을 모은 원통형 보일러로서 전열면적이 크고 증기 발생시간이 단축되며 증기 발생속도가 빨라서 비수방지관이 설치된다. 노통은 파형이 쓰이고 보일러 동체의 $\frac{2}{3}$가 노통 $\frac{1}{3}$이 연관을 사용한다.

연관군은 열가스가 반복해서 흐르는 그 횟수에 따라서 1통로식, 2통로식, 3통로식, 4통로식이 있으나 3통로식이 가장 많이 사용된다.

 ㉮ 장점
  ㉠ 열효율이 일반적으로 85~90%로 매우 높다(원통형 보일러 중 가장 높다).
  ㉡ 패키지형으로 제작된다.
  ㉢ 수관식에 비하여 가격이 싸다.
  ㉣ 연소실이 내분식이라서 열손실이 적다.
  ㉤ 설치면적을 적게 차지한다.

㉯ 단점
  ㉠ 구조상 고압이나 대용량은 불가능하다.
  ㉡ 구조가 복잡하여 검사나 수리가 곤란하다.
  ㉢ 급수처리가 필요하다.
  ㉣ 증발속도가 빨라서 스케일의 부착이 쉽다.
  ㉤ 비수방지를 위하여 비수방지관이 본체 내부에 필요하다.

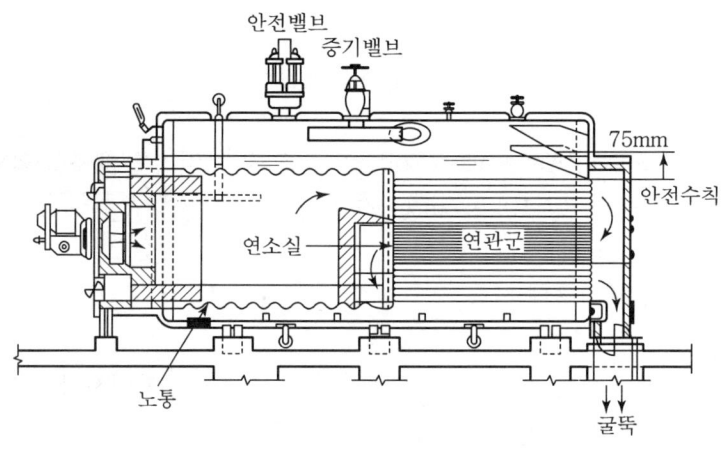

[노통연관식 보일러]

㉰ 보일러의 내역
  ㉠ 보일러 용량 : 10t/h 이하
  ㉡ 최고 사용압력 : 15kg/cm^2(1.5MPa)까지
  ㉢ 열의 흡수 : 노통에서 60% 흡수
㉱ 연소가스의 흐름 : 연소가스는 노통 속으로 들어가서 후부연소실로 가서 연관의 전방을 향해 지나 폐열장치 등을 통해 연돌로 배기된다.
㉲ 종류 : 아궁이가 편면뿐인 편면단류형 보일러와 뒤 경판을 제거하고 이것을 등 맞춤으로 하여 양면에 아궁이를 마련한 양면복류형 보일러가 있다.
㉳ 특징
  ㉠ 최고 사용압력 : 8~18kg/cm^2(0.8~1.8MPa)
  ㉡ 노통개수
    ⓐ 동체 지름이 2m 이하(1개)
    ⓑ 동체 지름이 3.5m 이하(2개)
    ⓒ 동체 지름이 4.5m 이하(3개)
    ⓓ 동체 지름이 4.5m 이상(4개)

㉑ 노통연관 보일러의 종류
  ㉠ 노통연관 박용보일러(선박용 보일러)
    ⓐ 습연실 보일러(Wet Back Type)
      • 스코치 보일러(Scotch Boiler) : 연소실이 (노통) 동체 속에 있어서 복사열 손실이 적으며 선박용으로서 수관식에 비하여 취급이 용이하고 구조가 간단하며 제작이 간편하고 효율도 높다. 그러나 동의 직경이 크고 보유수가 많아서 시동 시에는 시간이 걸리며 파열 시 피해가 크다. 길이는 짧은 북같이 생겨서 노통이 1~4개 정도 설치되고 연소실 벽과 앞의 관판과의 사이에 다수의 연관을 삽입시켜 놓았다. 연소실은 스테이 볼트와 관 스테이에 의해 지지되어 다수의 연관이 삽입된다.
    ⓑ 건연실 보일러
      • 부르동카프스 보일러(Prudhom Capus Boiler) : 스코치 습연실 보일러를 후부연실을 개조하여 만든 보일러로서 구조가 비교적 간단하다.
        ▶ 특징
          - 물의 순환이 좋다.
          - 최고 사용압력이 20kg/cm^2(2MPa)까지 제작된다.
          - 과열증기의 온도는 425℃ 정도이다.
      • 하우덴-존슨 보일러(Howden Johnson Boiler) : 스코치 보일러의 연소실을 개량하여 드라이 백 타입(Dry Back Type)으로 만든 보일러이다. 연소실이 건연실이어서 청소하기 쉬우나 전열면적이 감소하고 열손실이 있다(20kg/cm^2, 425℃ 정도 과열증기 발생).

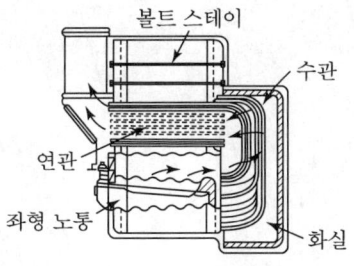

[하우덴-존슨 보일러]

> REFERENCE
> 노통연관 보일러의 안전저수위는 상부 연관에서 75mm 상방이나 박용 보일러에서는 노통이 연관보다 위에 있는 경우는 노통 상부에서 100mm 지점이 안전저수위가 된다.

ⓛ 노통연관 패키지 보일러 : 노통연관 육용 보일러로서 현재 원통형 보일러 중 가장 효율이 높은 보일러이다.(현재 유지용으로 가장 많이 사용된다.)
ⓒ 로코모빌형 보일러
  ⓐ 구조 : 보일러 앞에서는 노통코니시처럼 보일러 뒤에서는 횡연관 보일러처럼 보인다. 동체는 횡형이며 동 내부 선단에 동 직경의 약 $\frac{3}{5}$ 정도 되는 노통이 동의 길이 방향으로 약 전길이의 $\frac{1}{3}$ 정도 장착되어 있으며, 그 후부에는 연관의 다수 가경판이 장착되어 있는 상태의 내분식 원통형 보일러이다.
  ⓑ 특징
    • 최고 사용압력은 $7kg/cm^2$(0.7MPa) 이하
    • 급수내관의 위치는 연관 최상부에서 650mm에 설치
    • 내분식 연소실이며 비교적 효율이 좋다.
    • 전열면적에 비해 증기발생량이 많다.
    • 동의 직경에 제한을 받으므로 고압에는 부적당하고 상당증발량에는 제한이 따른다.
    • 수면이 좁고 증기부도 적어서 습증기 발생이 우려된다.
    • 증기부가 적어 증기통을 별도로 설치하는 경우가 있다.
  ⓒ 연소가스의 흐름 : 화격자(Roster)로부터 연소가스는 부넘기(화교)를 넘어서 연관으로 들어간 후 보일러수를 가열하고 뒤로 물러나서 보일러 후부에 있는 연실로 배기된 후 굴뚝으로 배출된다.

[노통연관 보일러]

[노통연관 중온수보일러]　　[노통연관 대용량 온수보일러]

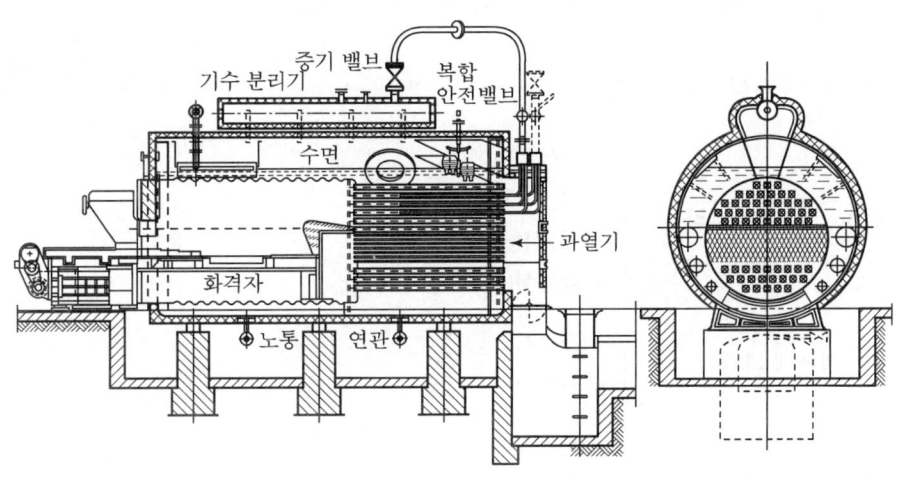

[혼식 보일러(홀란드 보일러)]

3 수관식 보일러의 종류

(1) 개요

수관식 보일러란 비교적 큰 드럼이 아니고 동체의 직경이 작은 드럼과 지름이 작은 수관으로 이어 만들고 수관에서 증발하도록 한 고압 대용량 보일러이다.

수관 보일러는 작은 수관이 가열되어 증기를 냄으로써 관의 과열을 일으켜 소손을 입지 않도록 충분한 재료로 설계되어야 하며 물의 순환상태에 따라서 자연순환식, 강제순환식, 관류식이 있다(원통형 보일러보다 대용량 보일러이다).

① 수관 보일러의 장점

　㉮ 드럼의 직경이 적으므로 고압에 충분히 견딘다.
　㉯ 전열면적은 크나 보유수량이 적어서 증기 발생시간이 단축된다.
　㉰ 보일러 용적이 같은 증발량이면 원통형 보일러에 비하여 크기가 작아도 된다.
　㉱ 보일러수의 순환이 빠르고 효율이 높다.

⒨ 전열면적이 커서 증발량이 극심하여 대용량에 적합하다.
⒱ 보일러 본체에 무리한 응력이 생기지 않는다.
⒳ 연소실의 크기가 자유롭고 수관의 설계가 용이하다.
② 수관 보일러의 단점
⑦ 구조가 복잡하고 제작이 까다로워서 가격이 비싸다.
⑭ 보유수가 적어서 부하변동 시 압력변화가 크다.
⑮ 스케일의 생성이 빨라서 양질의 급수가 필요하다.
㉔ 증발이 극심하여 습증기 발생이 심하다.
⒨ 구조가 복잡하여 청소가 곤란하다.
⒱ 기술적인 문제가 까다로워서 취급에 문제가 따른다.

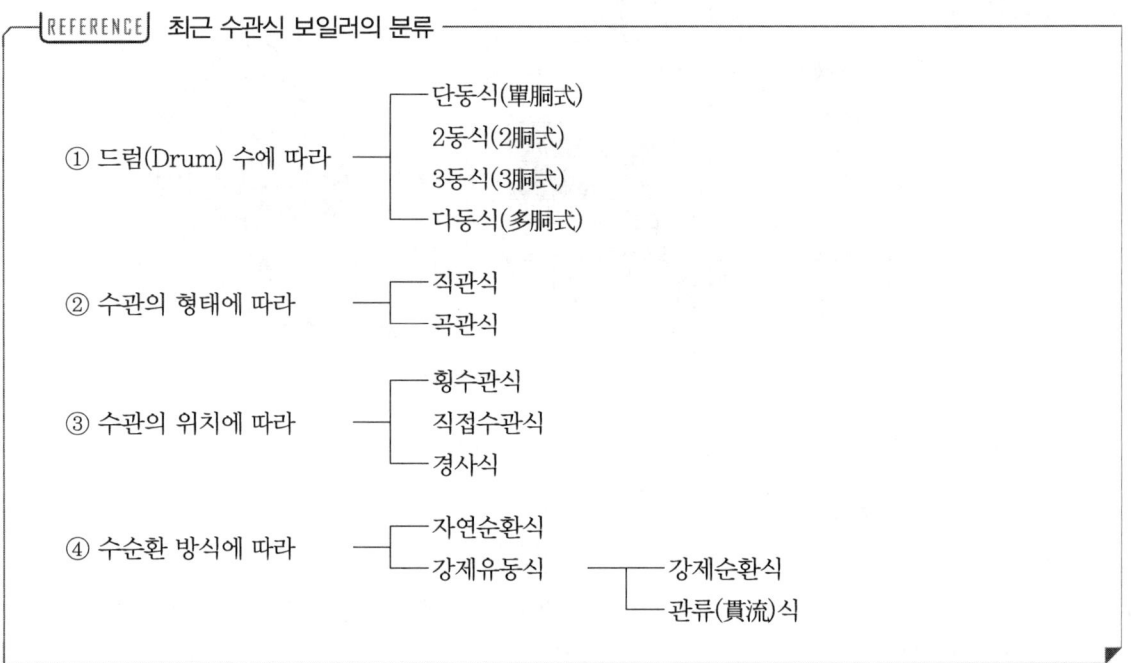

(2) 자연순환식 보일러

자연순환식 보일러는 자연대류에 물을 가열하여 증기를 발생시키는 보일러로서 그 한계압력은 180kg/cm²까지이다.

① 완경사 보일러(배브콕 보일러)
⑦ WIF형 : 수관이 수평에 대해 약 15°의 경사를 가진 수관군으로 구성되며 양 끝은 관모음(헤더)에 결합되고 상부의 기수드럼에 연결된다. 드럼과 앞뒤의 강수관으로 연결하고 물은 후부 관모음 상자로부터 내려가 수관을 상승하여 앞의 관모음 상자로부터

드럼에 들어가는 형식이다(분할 헤더형 보일러).

※ 안전저수위는 기수드럼 밑바닥에서 상부 170mm 지점이다.

④ CTM형 : 대용량의 것으로 채용되고 있는 보일러에다 물의 순환은 드럼에서 강수관을 통해 후부 관모음에 모인 보일러수가 섹션 튜브(Tube)에서 가열되어 증발하여 전부 관모음에 모여서 기수 혼합이 되어 다시 드럼에 들어가는 것이며 여기에 기수 분리되어 증발된다.

② 경사수관 보일러(수실헤더형 보일러)

이들 보일러는 완경사 보일러(15~20°)와 급경사 보일러(45° 이상)와의 절충형 보일러로서 이 보일러의 특징은 중앙의 수관군의 1열은 강수관으로서 직경이 큰 관을 배치한 것이며 강수관은 내열 주물로 단열된 후 송수관과 구별된다. 그러나 다쿠마 보일러의 강수관은 2중관이며 이 내관이 강수관이 되며 외관 속의 사방은 물로 되어 있어서 같은 경사수관 보일러라도 쓰네기찌 보일러와는 강수관이 구별된다.

REFERENCE 종류

① 쓰네기찌 보일러 : 경사도 30°(CD, N, NH형이 있다)
② 다쿠마 보일러 : 경사도 45°
③ 야로 보일러 : 경사도 60~100°
④ 3동 A형 보일러 : 경사도 45°

㉮ 쓰네기찌 보일러
  ㉠ 수관의 경사도가 30°이다.
  ㉡ 수관의 증기드럼과 물드럼의 관판에 부착된다.
  ㉢ 관판의 크기에 따라 수관의 수가 증감된다.
  ㉣ 저압 소용량 보일러이다.
㉯ 다쿠마 보일러(Takumas Boiler)
  ㉠ 수관의 경사도가 45°이다.
  ㉡ 강수관과 승수관으로 수관이 연결되었다.
  ㉢ 강수관은 이중 수관으로 되어 있다.
  ㉣ 물드럼의 신축조절을 위하여 물 드럼에는 미끄럼대가 설치되어 있다.
  ㉤ 대형이고 비교적 효율이 좋다.
  ㉥ 설치 시에 장소가 많이 필요하다.
  ㉦ 천장이 낮은 장소에는 설치하기가 곤란하다.

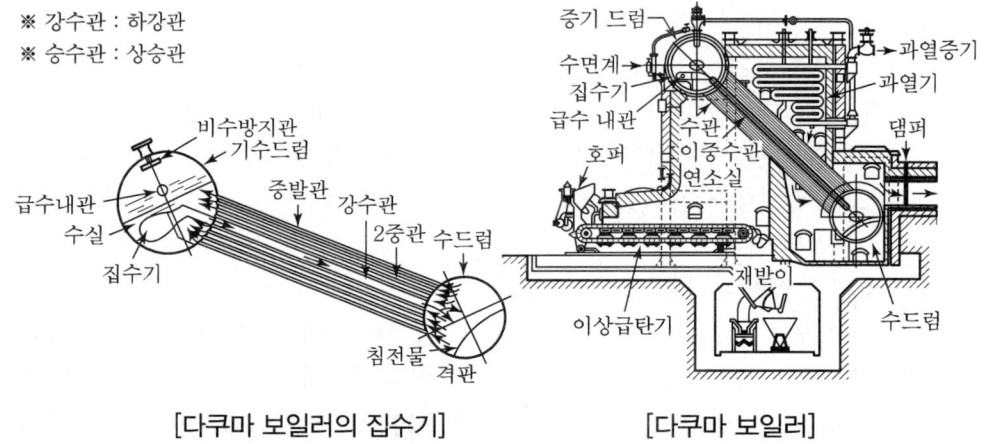

[다쿠마 보일러의 집수기]   [다쿠마 보일러]

> **REFERENCE**
>
> 강수관은 급수가 하부의 물드럼으로 내려오는 관이며 승수관은 하부의 물드럼에서 데워진 물이 상부의 기수드럼으로 올라가는 관이다. 다쿠마 보일러에서는 상부의 급수내관에서 내려오는 물이 집수기, 강수관을 통하여 내려간다. 강수관의 내경은 65~130mm 정도가 사용된다. 그리고 쓰네기찌 보일러는 수관이 경판과 경판 사이에 부착되는 것이 특징이다.

ⓓ 3동 A형 보일러(경사수관 보일러) : 이 보일러는 높이에 제한을 받는 선박용 보일러로 고안된 것으로서 위에 있는 1개의 기수드럼과 아래의 2~3개의 물 드럼을 직관 또는 약간 구부러진 관으로 연결한 구조로 되어 있다. 수관열 중의 2열은 구부러진 관을 사용하여 열팽창의 여유를 준다.
수관은 지름 51mm 이하의 작은 것이므로 고압에 잘 견딘다.
㉠ 보일러의 앞 벽은 석면을 사이에 낀 이중 철판으로 되어 있다.
㉡ 연소실이 넓어서 연소율이 높고 완전연소가 가능하다.
㉢ 증기발생량은 많으나 발생속도가 느리다.
㉣ 구조가 간단하여 제작, 청소, 검사가 편리하다.
㉤ 중량이 가벼워서 운반이 간편하다.
㉥ 군함, 기선, 발전용에 적합하다.
㉦ 45°의 경사를 가진 수관군을 주제로 하는 보일러이다.
㉧ 파손된 수관의 수리나 교환이 어렵다.

ⓔ 야로 보일러(자연순환식 Yarrow Boiler) : 증기드럼 1개와 물 드럼 2개의 수관을 직관으로 연결시킨 보일러이다. 화격자의 면적이 크고 증기발생이 많으며 수관수리 시 교체가 불편하나 제작이 간편하다. 청소나 검사가 용이한 반면 물의 순환이 양호하지 못하고 증기의 발생속도는 느린 편으로, 효율이 낮은 보일러이다.

㉠ A자형 열림각도는 60~100°이다.
㉡ 군함, 기선, 발전용에 쓰인다.
㉢ 연소가스가 한쪽에서만 나오는 편연로식과 양쪽에서 흘러나오는 양연로식이 있다.
㉣ 파손 시 수리가 곤란하다.

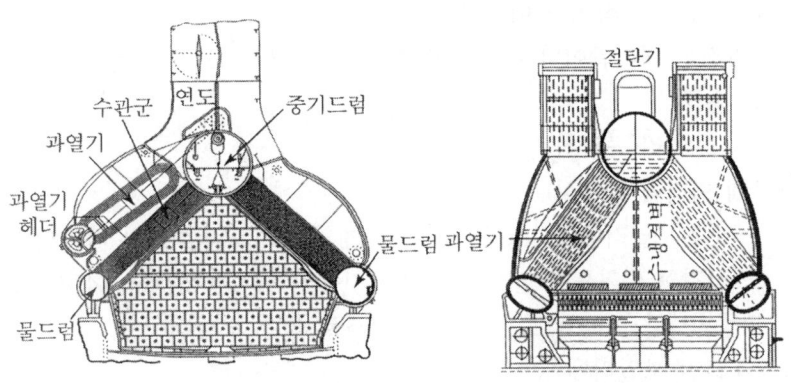

[야로 보일러]   [3동 A형 보일러]

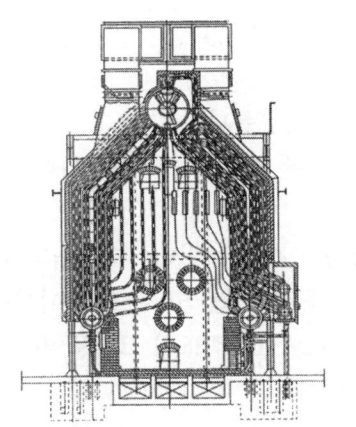   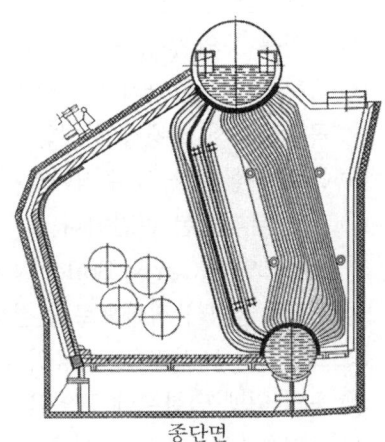

[3동형 곡관식 보일러]   [이동형 수관식 곡관 보일러]

(3) 급경사 보일러(입수관 보일러)

이들 보일러는 수관의 각도가 45° 이상이 되는 보일러로서 상부의 기수드럼과 하부의 물드럼을 수직 또는 수직에 가까운 각도로서 수관을 배치한 보일러이다. 최고 사용압력이 25kg/cm² (2.5MPa) 미만에서는 직관식을 쓰나 그 이상의 압력에서는 수관의 자유를 얻을 수 없으므로 곡관식을 사용하는 것이 바람직하다.

① 특징
  ㉮ 수직으로 하면 보일러수의 순환속도가 커서 증발이 빠르며 수관 속의 스케일이 적게 쌓인다.
  ㉯ 수직 보일러는 보일러의 높이가 높아진다.
  ㉰ 캐리오버나 프라이밍의 발생이 심하다.
  ㉱ 대형, 소형의 제작이 용이하다.
  ㉲ 연소가스는 격리판이나 수관군에 의해 거의 평형으로 인도된다.
② 보일러의 종류
  ㉮ 스터링 보일러(곡관식)
  ㉯ 가르베 보일러(직관식)
    ㉠ 스터링 보일러(Stirling Boiler) : 2개의 증기드럼 하부에 하나의 물드럼을 배치하고 삼각형 순환도를 형성하며 최고 사용압력은 $46kg/cm^2$(4.6MPa) 정도이고, 상당증발량은 75t/h, 효율이 90~95%로 좋은 보일러이다.
      ⓐ 고압 보일러에 용이하다.
      ⓑ 곡관식이라 열신축에 탄력성이 있다.
      ⓒ 제작이 용이하다.
      ⓓ 동의 단면은 진원이다.
      ⓔ 수관을 동의 원통면에 직각으로 붙일 수 있다.
      ⓕ 곡관식 3동 수관식 보일러이다.
      ⓖ 곡관이라서 열팽창에 대한 신축이 자유롭다.
      ⓗ 물의 순환은 거의 수직이라서 횡수관 보일러보다 강력하다.
      ⓘ 관 내부청소는 곤란하다.
    ㉡ 가르베 보일러(Garbe Boiler) : 급경사 직관 보일러이며 2개의 증기드럼과 2개의 물드럼을 급경사 직관으로 연결하여 동 사이를 연락관으로 이어서 사각형의 순환으로 형성한 보일러로, 사용압력 $30kg/cm^2$ 정도의 고압용이다.
      ⓐ 동의 리벳 접합부에 균열을 일으킨다.
      ⓑ 물의 순환이 좋고 청소가 용이하다.
      ⓒ 수랭벽이 설치되어서 방사열을 이용한다.
      ⓓ 노벽의 손상방지가 된다.
      ⓔ 가동 중 장애가 일어나기 쉽다.
      ⓕ 고압 대용량이다.
      ⓖ 효율이 비교적 좋다.
      ⓗ 운전상 큰 장애를 일으킨다.

(4) 자연순환식 곡관보일러(Beet Pipe System Water Tube Boiler)

관이 휘어 곡관으로 된 보일러이며 연소실의 방사 전열면인 수관군의 배치를 맴브레인 휠의 구조로 된 보일러이다. 또한 노 내의 기밀이 유지되어 가압연소가 가능하다.

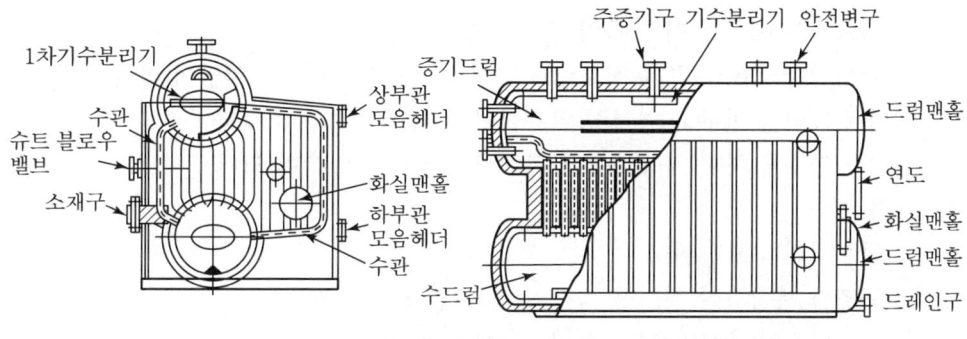

[수관식 보일러의 일례]

① 장점
  ㉮ 관의 배치모양에 따라 연소실 구조를 마음대로 제작할 수 있다.
  ㉯ 전열면이 커서 급수의 증발속도가 빠르다.
  ㉰ 방산열의 손실을 줄일 수 있다.
  ㉱ 고압이나 대용량에 적당하다.
  ㉲ 관수의 순환상태가 양호하다.
  ㉳ 고부하의 연소가 가능하다.
  ㉴ 보일러 효율이 85~95% 정도로 높다.

② 단점
  ㉮ 곡관이라 내부청소가 불편하다.
  ㉯ 관의 과열이 우려된다.
  ㉰ 관 외면에 클링커의 생성이 일어나기 쉽다.
  ㉱ 직관식 보일러에 비해 제작이 까다롭다.
  ㉲ 연소실의 구조가 복잡하여 통풍의 저항이 뒤따를 수 있다.

(5) 2동 D형-수관식 패키지 보일러

콤팩트한 패키지 보일러이며 상부 증기드럼과 하부의 물드럼에 수관군을 수직선에서 15° 경사지게 관을 휘어서 곡관으로 만들어 열에 의한 신축이 자유롭도록 만든다. 보일러 효율은 85~90% 정도이다. 또한 최고 사용압력은 10~16kg/cm^2(1~1.6MPa) 정도로서, 시간당 증기의 증발량은 4~30톤 정도인 산업용 또는 아파트 등의 대형건물의 난방용 보일러이다.

① 장점
　㉮ 연소실의 용적을 자유롭게 설계할 수 있다.
　㉯ 곡관이라 고온의 열에 의한 신축이 용이하다.
　㉰ 증발속도가 빠르며 관수의 순환이 일정하다(보유수량이 적다).
　㉱ 열효율이 매우 좋아 대용량에 적합하다.
　㉲ 발생열량의 60~70% 정도로서 복사 전열면의 흡수 시 열량이 많다.
　㉳ 수랭노벽을 이루고 있어 방열손실이 적고 노재손상이 적다.
　㉴ 가압연소를 하며 자동통풍에 비해 2배 정도 열발생이 크다.

② 단점
　㉮ 급수처리가 요망된다.
　㉯ 구조가 복잡하여 청소나 검사 수리가 곤란하다.
　㉰ 부하변동에 대한 압력과 수위변동이 심하다.
　※ 수관의 연결 시는 확관을 사용하며 가스의 흐름은 2~3패스의 연소가스 흐름 형태이다. 지름은 60~65mm 직경으로 대용량 보일러이다(수관식으로는 최근에 가장 많이 이용되고 있는 보일러이다).

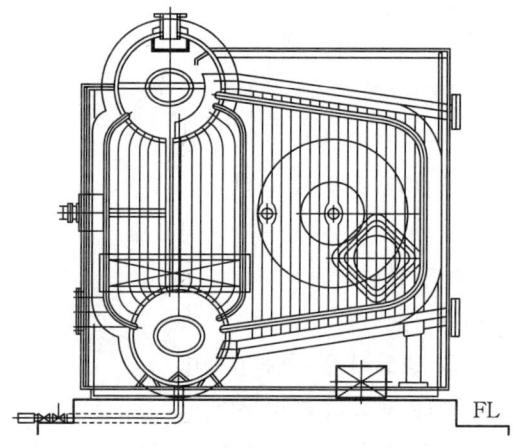

[수관식 3PASS 보일러]

REFERENCE

비중량의 차에 의해(증기와 포화수) 보일러수의 순환을 얻을 수 있는 범위는 증기압력 $180kg/cm^2$(18MPa)의 이하에서만 가능하다. 임계압이나 초임계압을 넘는 경우는 관류 보일러나 강제수관식 보일러로서 사용해야 한다.

〈직관식 보일러와 곡관식 보일러의 비교〉

종류	장단점	내역
직관식	장점	① 스케일 제거 시 클리너를 사용하기가 용이하다. ② 검사 시 수관 내부의 상태를 검사하기가 용이하다. ③ 수관의 손상 시에 관을 교체하기가 용이하다. ④ 제작이나 가격이 싸다.
직관식	단점	① 열에 의한 관의 신축조절이 어렵다. ② 고압 보일러에는 부적당하다. ③ 헤더가 필요하다.
곡관식	장점	① 열에 의한 관의 신축이 자유롭다. ② 고압에 적당하다. ③ 확관기에 의한 관군의 부착이 용이하다. ④ 제작 시 관의 배치가 자유롭다. ⑤ 헤더가 필요 없다.
곡관식	단점	① 스케일의 제거가 곤란하여 급수처리가 심각하다. ② 수관의 내부 상태를 검사할 수 없다.

(6) 방사보일러(복사형 보일러)

① 수랭노벽 보일러(방사튜브 보일러, Radiation Type Boiler) : 주로 발전소용 보일러이며 용량이 시간당 50~350톤의 증기발생량이 생성되며 증기압력은 약 $105kg/cm^2$의 대용량 보일러이다. 노벽의 전면이 수랭노벽으로 형성되며 주로 복사전열면으로 구성된다. 수랭로 수관을 연소실 후위에 울타리 모양으로 배치하여 전열면적으로 구성된다. 수랭로 수관을 연소실 후위에 울타리 모양으로 배치하며 전열면적으로 증가시키고 이 관으로 냉각수가 복사 전열을 흡수하여 열손실을 적게 하는 특이한 보일러이다. 또한 관과 관 사이의 부착을 휨 브레인으로 제작하여 강도상의 지지대 역할을 한다.

② 특징
   ㉮ 수랭로 벽관이 방사에 의하여 전 복사열의 65%가 흡수된다.
   ㉯ 화로의 출구 배기가스 온도가 1,000℃ 정도나 된다.
   ㉰ 공기예열기는 재생적인 회전식 융스트룀이 쓰인다.
   ㉱ 노벽의 전체면적이 수랭노벽으로 되어서 접촉 전열면이 전무하다.
   ㉲ 사용연료는 중유나 미분탄 등이 좋다.
   ㉳ 대형 보일러로 40m 이상 높이의 큰 것도 있다.
   ㉴ 증기원동소의 발전용으로서 500~550℃의 고온의 증기가 발생된다.

③ 수랭노벽의 설치 시 이점
   ㉮ 노벽의 지주 역할을 한다.
   ㉯ 노벽을 보호한다.

㉰ 전열효율을 증가시킨다.
㉱ 노 내 기밀을 유지시킨다.
㉲ 보일러 무게가 경감된다.
㉳ 미분탄 연소가 용이하다.
㉴ 자연순환을 돕기 위하여 강수관에 펌프를 설치할 수 있다.
㉵ 전열면적이 크고 고압 대용량 보일러로 사용 가능하다.

④ 벽의 종류
㉮ 공랭노벽 : 벽돌을 2중 구조로 하여 벽과 벽 사이를 공간층으로 한 벽이다.
㉯ 벽돌벽 : 벽을 내화물이나 단열재 등으로 만든 벽이다.
㉰ 수랭노벽 : 수관식 보일러에서 연소실 주위에 울타리 모양으로 배치하여 연소실 벽을 형성하고 있는 관이며 수관과 같은 역할이다.

⑤ 수랭노벽의 배열
㉮ 탄젠셜 배열 : 대용량에 사용
㉯ 스페이스드 배열 : 소용량 보일러에 사용
㉰ 스킨 케이싱 배열 : 가압연소의 보일러에서 사용
㉱ 휜 패널식 배열 : 내부 보일러 케이싱이 생략된 보일러에 사용한다(멤브레인 구조).

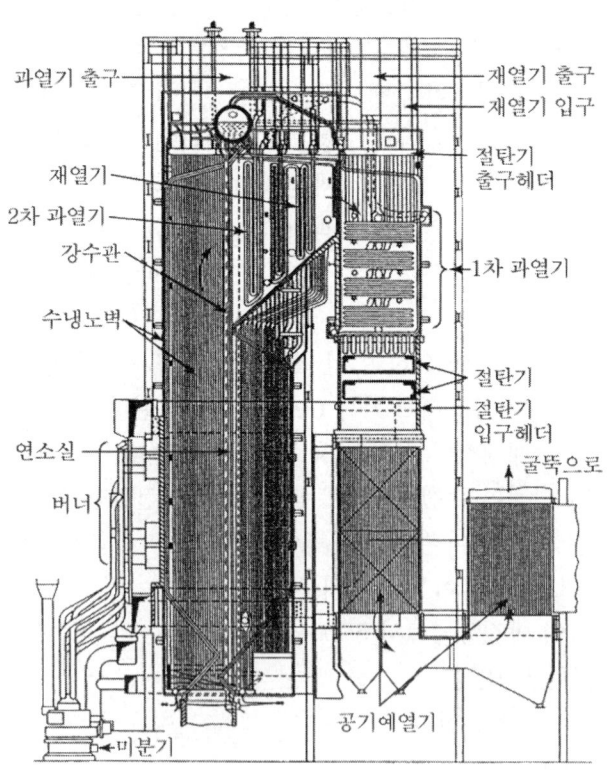

[복사 보일러]

4 강제순환식 보일러(Forced Circulation Boiler)

보일러가 임계압력에 가까이 되면 포화수의 온도가 높아서 포화수와 증기의 비중량차가 적어지고 강수와 승수의 비중차가 적어서 관수의 순환이 불량하여 수관군의 과열이 보일러 사고의 원인으로 확대된다. 이것을 방지하기 위하여 물의 순환상태를 노즐이나 순환펌프를 이용해 강제순환시킴으로써 수관군의 과열방지 및 열의 전도효과를 높이며 보일러 효율이 증진되는 이점을 살리는 보일러가 강제순환 보일러이다.

또한 자연순환은 보일러 기수드럼을 높여야만 순환이 촉진되는 결점이 있어서, 보일러가 크고 자연순환을 촉진시키기 위한 대구경의 수관을 사용해야 한다. 따라서 가격면에서 비싸지기 때문에 이러한 결점을 없애기 위해서라도 강제순환은 필요하다.

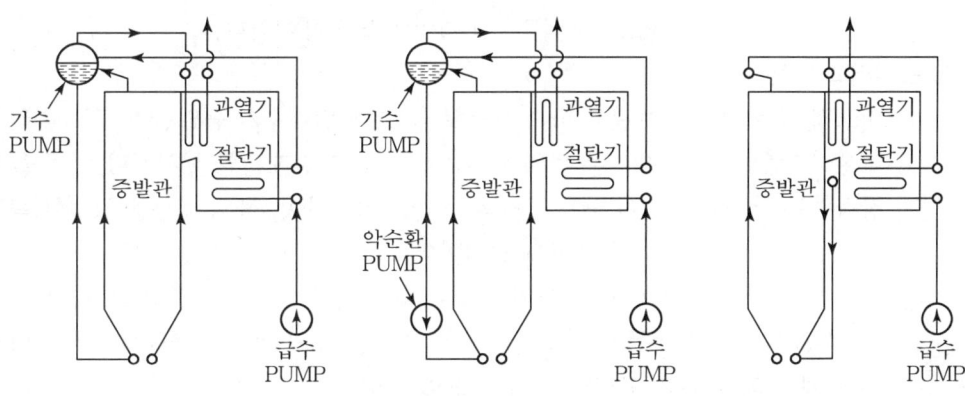

[보일러 순환방식 보기]

▶ 장점
① 관경을 작게 하여도 사용이 편리하다.
② 관수의 순환이 좋다.
③ 수관의 배치가 자유로워서 보일러 설계가 용이하다.
④ 관의 두께가 얇아서 전열효과가 높다.
⑤ 단위 시간당 전열면의 열부하가 매우 높다.
⑥ 증기의 생성속도가 빠르다.

▶ 단점
① 수관 모두 관을 흐르는 관수의 속도가 일정하게 유지되어야 한다.
② 관수의 농축속도가 빨라서 급수처리가 까다롭다.
③ 관수의 흐름이 일정치 못하면 관의 파열이 온다.
④ 노즐이나 순환펌프가 있어야 한다.

(1) 라몽트 보일러(La Mont Boiler)
  ① 특징
    ㉮ 압력의 고저, 순서, 경사 등에 제한이 없다.
    ㉯ 보일러 높이를 낮게 할 수 있다.
    ㉰ 수관 내 유속이 빠르고 관석 부착이 적다.
    ㉱ 관경이 작고 두께를 얇게 할 수 있다.
    ㉲ 용량에 비해 소형으로 제작할 수 있다.
    ㉳ 시동시간이 단축된다.
    ㉴ 보일러 각부의 열 신축이 균등하다.
    ㉵ 라몽트 노즐을 설치하여 송수량을 조절한다.
    ㉶ 기름 펌프압 2.5~3kg/cm^{2}의 노 내 가압연소가 용이하다.
  ② 보일러의 내용
    ㉮ 비교적 가는 직경인 수관을 다수 병렬로 놓아, 보일러수가 동일한 속도로 흘러서 관이 고온의 과열에 의해 생기는 파열을 방지하기 위해 강제순환을 시킨다. 수관을 헤드에 장착하는 입구에 직경이 작은 구멍의 노즐을 설치하며, 물의 흐름을 일정한 속도와 양으로 흐르게 하는 강제순환식 보일러이다.
    ㉯ 보일러 물이 수관 내에 흐를 때의 저항과 노즐 속에 흐를 때의 저항의 차가 상당히 크다. 수관의 저항을 동등하게 조절하여 두면 노즐 속의 저항에 불균형이 생기더라도 모든 관에 물의 흐름을 균일하게 하는 보일러이다.
    ㉰ 최고 사용압력은 100kg/cm^2(10MPa), 증발량 70t/h이고 송수량은 증발량의 4~10배 정도의 보일러이다(증기온도 515℃, 수관의 외경 26~32mm, 소요동력은 보일러 출력의 1% 이하).
    ㉱ 펌프로 물을 15m/s로 순환시킨다.

$$순환비 = \frac{송수량}{증발량}$$

> **REFERENCE**
>
> 보일러 시동 시에는 급수펌프가 사용되지 않고 순환펌프의 배출 측을 절탄기 입구에 연락하는 구성으로 펌프의 운전과 더불어 자동적으로 변화되도록 되어 있는 보일러이다.

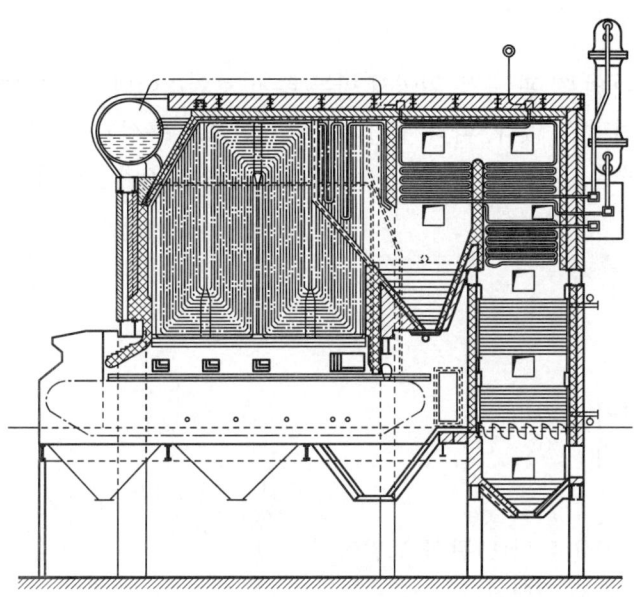

[라몽트 보일러]

(2) 베록스 보일러

베록스 보일러는 공기의 압축기, 가스의 터빈, 순환펌프 등이 설비되어 있는 강제순환식 보일러이다. 또한 고압 연소를 하여 짧은 시간(6시간 이내) 내에 증발되게 하는 보일러로서 중량과 부피가 적은 강제순환식이며, 순환비는 10~13 정도의 보일러이다.

▶ 특징

① 부하변동 시 적응성이 크다.
② 증발량이 매우 크다.
③ 배기가스의 유속은 200~300m/sec이다.
④ 송수량은 증발량의 10~15배이다.
⑤ 열전달이 일반 보일러보다 10~20배이다.
⑥ 효율이 90% 이상이다.
⑦ 공기를 $2.5~3kg/cm^2$(0.25~0.3MPa) 압력으로 가압 연소시킨다.
⑧ 설치용적이 매우 적다.
⑨ 절탄기의 출구 급수온도가 150℃ 정도이다(과열증기 온도 500℃ 전후).
⑩ 보일러 중량은 일반 보일러의 $\frac{1}{4}$ 정도이다.

(3) 컨트롤드 서큘레이션 보일러

강제순환식 보일러의 일종이다.

5 관류 보일러

관류 보일러는 하나의 긴 관 등을 휘어서 만든 수관 보일러이다. 보일러의 압력이 고압이 되면 동드럼은 고압에 견딜 수 없다. 따라서 편리한 수관만으로 구성된 보일러를 제작하며 관에 급수를 행하여 가열, 증발, 과열 등의 순서로 증기를 생산하는 강제순환식 보일러의 일종이다.

▶ 종류
① 벤슨 보일러
② 슐저 보일러
③ 램진 보일러
④ 소형 가와사키 보일러
⑤ 앳모스 보일러

▶ 장점
① 증기드럼이 필요 없다(단관식 보일러의 경우).
② 고압 보일러로서 적당하다.
③ 콤팩트하게 관을 자유로이 배치할 수 있다.
④ 증발속도가 매우 빠르다.
⑤ 임계압력 이상의 고압에 적당하다.
⑥ 증기의 가동발생 시간이 매우 짧다.
⑦ 보일러효율이 95% 정도로 매우 높다.
⑧ 연소실의 구조를 임의대로 할 수 있어 연소효율을 높일 수 있다.

▶ 단점
① 철저한 급수처리가 요망된다.
② 스케일로 인한 관의 폐색이 쉽다.
③ 부하변동에 적응이 빠르므로 자동제어가 필요하다.
④ 농축된 열 등을 분리하기 위하여 열분리기(기수분리기)가 필요하다.

▶ 특징
① 수면계가 필요 없다.
② 드럼이 없다(단관식의 경우는 순환비가 1이다).
③ 급수와 압력이 매우 높다.
④ 1개의 수관의 증발량은 15~20ton/h이다.
⑤ 순환비가 10~15 정도이다.

(1) 벤슨 보일러(Benson Boiler)

벤슨 보일러는 다수의 수관을 병렬로 배치한 관류 보일러의 가장 대표적인 고압용 보일러이며 증발한 배열은 상승관군 하강관형, 미엔더형, 스파이럴형이 있다.

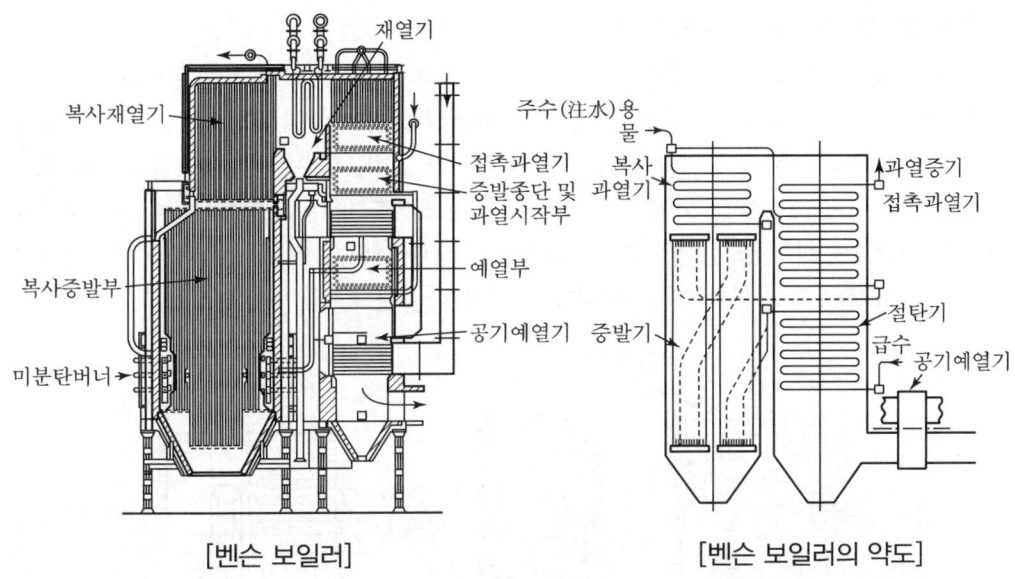

[벤슨 보일러]   [벤슨 보일러의 약도]

① 보일러의 내용
   ㉮ 최고 사용압력 : 124kg/cm^2(12.4MPa)
   ㉯ 증발량 : 110t/h 정도
   ㉰ 관경은 20~30A 정도
   ㉱ 수관 전달을 위한 헤더 설치가 필요하다.
   ㉲ 증발부 끝 부분에 기수분리기(염분리기)를 설치하면 증발부에서 85%가 증발한다(과열증기 온도 500℃ 정도).
   ※ 염분리기 : 급수 중의 염분과 수분을 배제한다.

② 특징
   ㉮ 수관이 병렬로 이루어져 있다.
   ㉯ 슬래그 탭 연소가 이루어진다(석탄 연소 시).
   ㉰ 수관 내에서 관수가 균일하게 흐른다.
   ㉱ 복사 증발부에서 85% 정도가 증발된다.
   ㉲ 헤더가 필요하다.
   ㉳ 관경은 소형으로 20~30mm이다.

③ 단점
   ㉮ 충분한 급수처리를 해야 한다.
   ㉯ 자동제어장치가 필요하다.
   ㉰ 부하변동에 견디기 힘들다.
   ㉱ 스케일 생성이 빨라서 쉽게 관리 폐색된다.

(2) 슐저 보일러(모노튜브 보일러)

벤슨 보일러와 비슷하나 1개의 긴 관을 병렬로 하여 관 내 물의 흐름을 일정하게 하기 위하여 라몽트 노즐을 설치하고, 헤더는 없으며 증발부의 끝머리에 염분분리기를 설치했다. 저부하 시는 작동이 곤란하고 부하가 65% 이상인 범위가 되며, 순수한 관류 보일러 내로 작동이 되게끔 변환된 강제순환식 보일러이다. 과열증기의 온도가 너무 높을 시 주수로 조절시킨다. 또한 증발관의 한 본당 길이가 증발량을 내는 데 10~15t/h 정도이며, 증발부에서 95% 정도 가 증발하고 농축된 나머지는 기수분리기에서 배출된다.

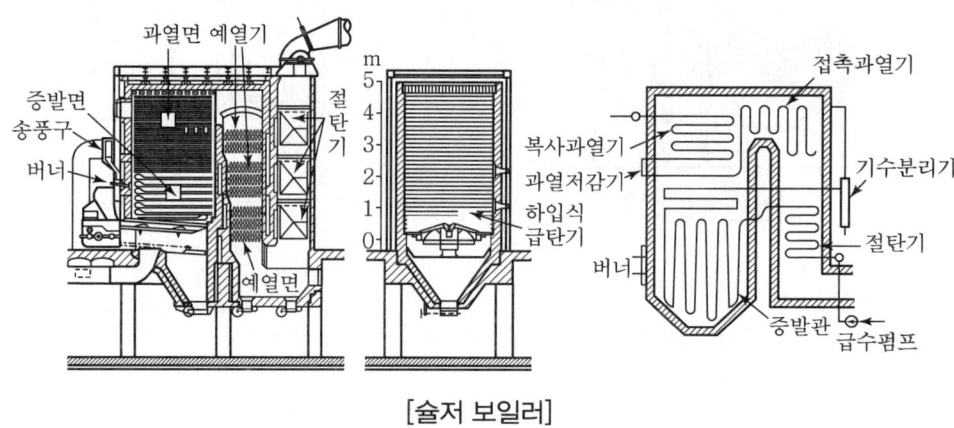

[슐저 보일러]

① 특징
   ㉮ 하나의 관이 100~1,500m까지 긴 연속관이다.
   ㉯ 증발부에서 95% 정도 증발된다.
   ㉰ 헤더가 필요하다.
   ㉱ 증발부 끝에 기수분리기가 설치된다(일명 염분리기).
   ㉲ 나머지는 벤슨 보일러와 균일하다.
   ㉳ 순환비가 2 정도인 관류 보일러가 많이 제작된다.

(3) 소형 관류 보일러(가와사키 형)

하나의 강관을 코일 모양의 형으로 말아서 절탄기와 증발부로 구성되며 이것을 연소실 주변에 배치시키는 보일러이다. 보일러 효율이 80~90% 정도이고 급수가 코일 끝으로 들어가서 점차 내부로 진행되면서 증기가 생성된다. 증기의 건도는 80~90%로 나머지는 기수분리기에서 분리되어 건증기만 사용처에 보내는 전자동 보일러이다. 그 외에도 다쿠마 크레인톤형 소형 관류 보일러가 있다.

① 특징
   ㉮ 효율이 80~90%이다.
   ㉯ 급수량이나 연료의 양이 자동조절된다.

㉰ 증발량이 300~3,000kg/h 정도이다.
㉱ 용도는 증기 난방용에 적합하다.
㉲ 기수분리기가 필요하다(염분리기).

(4) 앳모스 보일러(Atmos Boiler)
관류 보일러의 일종이다.

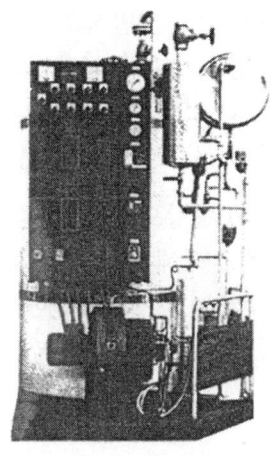
[단관식 관류 보일러]

[다관식 관류 보일러]

3. 주철제 보일러

1 주철제 보일러의 적용범위

법규상 주철제 보일러는 소용량 보일러 및 수두압 35m(최고 사용압력 0.35MPa) 이하로서 전열면적이 $14m^2$ 이하인 온수보일러는 제외한다.

2 주철제 보일러의 특징

(1) 장점
① 조립 및 분해나 운반이 편리하다.
② 형체가 작아서 설치장소가 좁아도 된다.
③ 섹션수의 증감에 따라 용량조절이 편리하다.
④ 내열성 및 내식성이 좋다.
⑤ 전열면적에 비하여 설치면적이 적다.
⑥ 파열 시 재해가 적다.

(2) 단점
① 저압 소용량 보일러이다.
② 내부청소와 검사가 곤란하다.
③ 열에 의한 부동팽창으로 균열이 발생되기 쉽다.
④ 압축강도는 크나 인장에는 약하다.
※ 섹션(쪽수)의 두께는 8~12mm이며 일반적으로 8mm를 사용한다. 섹션을 5개 연결하면 전열면적은 $8.2m^2$, 섹션을 13개 조립하면 $22.6m^2$이며, 일반적으로 주철제 보일러의 전열면적은 $2~35m^2$ 정도이고, 섹션수는 5~14개 정도이다. 증기 보일러의 압력은 일반적으로 $0.35~0.7kg/cm^2 g$이며 온수보일러는 수두압 30mAq 정도이다.

※ 섹션의 배열방법
① 전후 조합식 : 연소구의 방향으로부터 안길이의 방향으로 조합한다.
② 좌우 조합식 : 아궁이를 향해서 좌우 방향으로 늘어세워서 조합한다.
③ 맞세움 전후조합 : 대칭형의 두 개의 섹션을 맞세워 배열하고 다시 이 한 쌍을 안으로 들어가는 방향으로 늘어 세워 조립한 것으로 주로 대형에 사용된다.

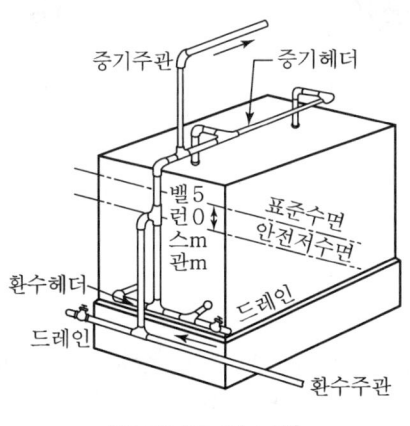

[하트퍼드 접속관]

3 보일러의 내역

(1) 압력 및 온도의 제한

증기 보일러는 최고 사용압력 $1kg/cm^2$ 이하이어야 하고, 온수보일러는 최고 사용수두압 50m 이하이면서 온수의 온도가 120℃ 이하여야 한다.

(2) 보일러의 정격용량(출력) 및 압력 구분
① 증기 보일러의 정격용량은 사용압력 상태에서 발생하는 최대 연속 증발량으로 표시하며, 다음 표와 같다.

⟨증기 보일러의 용량 구분⟩

등급	용량(T/h)
1	0.1, 0.2, 0.3, 0.4, 0.5
2	0.6, 0.7, 0.8, 0.9, 1
3	1.2, 1.5, 2, 2.5, 3, 4

② 온수보일러의 출력구분은 다음 표와 같다.

⟨온수보일러의 출력 구분⟩

등급	출력($\times 10^3$kcal/h)
1	20, 30, 50, 70, 100, 120, 150, 200
2	250, 300, 350, 400, 450, 500, 550
3	600, 650, 700, 800, 900, 1,000, 1,100, 1,200, 1,300, 1,400, 1,500
4	1,700, 1,800, 2,000, 2,200, 2,500

③ 상기 (1) 및 (2)의 용량 (출력) 초과분은 신청자의 신청에 따른다.

(3) **압력구분**

보일러의 최고 사용압력의 구분은 다음 표와 같다.

⟨최고 사용압력 구분⟩

증기 보일러(kg/cm^2)	0.35, 0.7, 1
온수보일러(수두압)(m)	7, 10, 20, 35, 50

비고 : 수두압 10m를 1kg/cm^{2}로 표시할 수 있다.

4 보일러 형식에 의한 분류

(1) **발생열매에 따른 분류**

① 증기 보일러

② 온수보일러

(2) **사용연료에 따른 분류**

① 유류용

② 가스용

③ 석탄용

④ 겸용

⑤ 혼소용

⑥ 기타(목재, 폐열, 폐가스, 폐유, 타르, 폐타이어 등)

5 압력 및 온도의 제한

증기 보일러는 최고 사용압력이 $1kg/cm^2$(100kPa) 이하이어야 한다. 온수보일러는 최고 사용압력이 $5kg/cm^2$(500kPa) 이하, 온수의 온도가 120℃ 이하이어야 한다.

〈온수보일러와 증기 보일러의 비교표〉

보일러명	부속장치
주철제 증기 보일러	① 수면계와 시험 콕 ② 압력계 ③ 안전밸브 ④ 환수관 ⑤ 증기관 ⑥ 급수관
주철제 온수보일러	① 팽창탱크 ② 오버플로관 및 밸브 ③ 온도 연소제어 장치 ④ 온도계 ⑤ 수고계 ⑥ 스톱 밸브 및 급탕용 스톱 밸브 ⑦ 급수관

〈온수난방과 증기난방의 차이점〉

구분	온수난방	증기난방
열용량	장치 전체의 열용량이 커서 시동 시 예열시간이 길다. 반면, 냉각이 늦으므로 잔열을 이용하여 일과 후 난방이 가능하다.	장치 전체의 열용량이 작아서 시동 시 예열시간이 짧다. 따라서 냉각도 바로 일과 후 난방 시 보일러를 계속 가동해야 한다.
난방효과	실내 난방 시 실온은 대개 바닥이 낮고 천장이 높은데 이 경향은 방열기 표면온도가 높은 만큼 차가 크다. 열용량이 크고 방열기나 배관의 표면 온도가 낮아 쾌적하다.	방열기의 표면온도가 온수난방에 비해 높고, 실내 상하부 온도차가 커서 쾌적감이 적다. 또 방열기에 부착된 먼지 등이 타서 불쾌감이 생길 수 있다.
운전조작	열용량이 커서 기온 변동이 다른 각부 온도 조절이 방열기에 부착된 밸브로 쉽게 된다. 보일러 운전도 용이하다.	정치 전체의 제어를 목적으로 조작하게 되어 기온의 변동에 따라 각부 온도 조절이 비교적 어렵다. 보일러 운전도 어렵다.
사용압력 제한	최고 사용압력, 수두압 50m까지 사용 가능하다.	최고 사용압력 $1kg/cm^2$까지 사용 가능하다.

4. 특수보일러

1 산업폐기물 보일러

(1) 버개스 보일러(Bagasse Boiler)
사탕수수 찌꺼기를 건조하여 연료로 사용한다.

(2) 바크 보일러(Bark Boiler)
원목의 피지나 나뭇가지 등을 연료로 사용한다.

※ 기타 소다 회수 펄프폐액(흑액) 등을 사용하는 산업폐기물도 있다. 버개스 보일러나 바크 보일러는 고체연료이기 때문에 산포식 스토커나 계단식 스토커 등의 기계식이나 덤핑 그레이트(요동수평화격자) 등의 수분식 연소장치가 사용된다.

(3) 폐열 보일러
용광로나 제강로 유리 용융로 등에서 연소가스로 배기되는 폐열을 이용하여 사용하는 보일러로서 연소장치는 없으나 연소실은 구비하여 폐가스를 받아들여 온수보일러나 소형 증기난방에 사용된다.

▶ 특징
① 연소장치가 필요 없다.
② 연료가 사용되지 않는다.
③ 경제적이다.
④ 산업폐기물을 이용함으로써 생산성에서 원가절감된다.
⑤ 폐가스의 부식촉진에 의해 보일러 수명이 단축된다.
⑥ 대용량 보일러에는 사용이 적절하지 못하다.

[목재 보일러 및 소각 보일러]

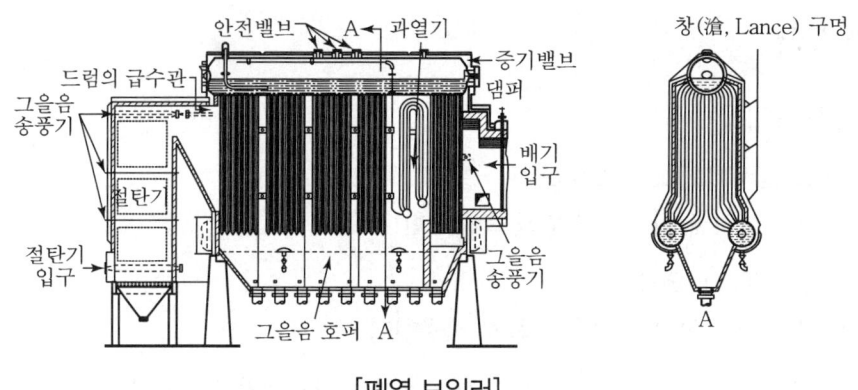

[폐열 보일러]

▶ 보일러의 종류

① 하이네 보일러(경사 보일러) : 이 보일러의 수관은 관모음 헤더를 일체식으로 만들고 직관이며 드럼이 15° 정도로 1~2개 정도가 경사진 폐열 보일러의 일종이다. 연소장치가 필요 없어 용광로, 제강로, 유리용융로 등의 산업폐열을 이용하여 그 폐가스를 연소실로 연결시켜서 연료는 필요 없이 연소실만 필요한 보일러나 폐가스에 의해 연소실의 부식이 극심해지는 결점이 있다.

② 리 보일러 : 하이네 보일러와 마찬가지로 폐열을 이용하는 보일러이다.

2 열매체 보일러

물을 사용하여 높은 온도의 증기를 증발시키려면 고압력을 내야 하며 고압의 증기를 사용하면 보일러에 무리가 오게 된다. 즉, 포화증기의 온도를 300℃ 정도로 내리면 압력을 90kg/cm^{2}까지 올려야 한다. 그러나 열매체 보일러는 300℃까지 증기온도를 내리면 다우삼의 열매체를 이용하여 2~3kg/cm^{2}의 압력만 올리면 된다. 이렇게 열매체를 사용하면 증기압을 올리지 않고서도 높은 고온의 증기를 낼 수 있고 보일러에는 고압에 의한 장해를 주지 않는다. 그러나 인화성이 68~109℃ 정도로 매우 낮기 때문에 특별한 주의가 필요하다(인화점이 낮은 제품은 화재에 위험이 따른다). 또한 강한 자극성 냄새가 나기 때문에 위험이 뒤따르고 건강상 해롭다는 것이 결점이다. 따라서 안전밸브 등은 꼭 밀폐시켜 사용해야 한다. 그 외 수은, 서큐리티, 모빌섬 등을 사용하는 보일러가 있다.

▶ 특징

① 보일러의 부식이 없다.
② 동결의 위험이 없다.
③ 보일러에 무리가 가지 않는다.
④ 약품을 사용할 때에는 강한 자극성 냄새가 있다.
⑤ 안전밸브가 밀폐되어야 한다.

구분	열매체 보일러	증기 보일러
용도	다목적	제한
배관경	액상이므로 배관경이 작음	기상이므로 배관경이 큼
열교환크기	열원이 고온이므로 열교환기가 작음	열원이 저온이므로 열교환기가 큼
설계제작	압력이 낮으므로 간단한 기술로 해결	압력이 높으므로 강도상 제한을 받음
계장화	간단	복잡
응축손실	없음	있음

(1) 열매체의 종류
　① 다우삼 A, E
　② 수은
　③ 카네크롤
　④ 모빌섬
　⑤ 서큐리티
　⑥ 서모에스 300, 600
　⑦ 에스섬
　⑧ 바렐섬
　⑨ KSK-Oil

(2) 열매체 System의 응용 이점

종전에 사용된 증기 또는 고온수에 의한 가열법과 달리 열매체 가열 System의 이점은 다음에 기술되는 것과 같이 저압력으로 높은 온도의 간접열을 손쉽고 저렴하게 얻을 수 있으며, 즉 경제효과가 대단히 크다.

　① 저압력이므로 설비의 강도상 이점이 있다.
　② 저압력이기 때문에 설계제작이 간단하다.
　③ 열원이 고온이므로 2차 측 열교환기와의 온도차가 커서 열교환기를 작게 설계할 수 있다.
　④ 액상이므로 배관경을 작게 할 수 있다.
　⑤ 부식이 없고 내용연수가 길다.
　⑥ 부식이 없고 압력이 낮기 때문에 보수 유지가 간단하다.
　⑦ 정밀한 온도제어가 가능하므로 제품을 고급화할 수 있다.
　⑧ 완전자동화로 운전관리를 간소화할 수 있다.
　⑨ 자동화 계장화가 간단하므로 안전성, 제어성이 우수하다.
　⑩ 온도의 상승이 빠르므로 부하에 대한 적응성이 크다.
　⑪ 밀폐계로 간접열을 사용하므로 열손실이 적다.
　⑫ 동일 열매체(Heater) 급탕, 증기발생 등 다목적으로 사용 가능하다.
　⑬ 보일러 용수가 필요 없으며 보존비용이 저렴하다.
　⑭ 동파 우려가 없다.
　⑮ 설치면적을 적게 차지한다.
　⑯ 고압 보일러에 비해 전 System의 시설비가 저렴하다.

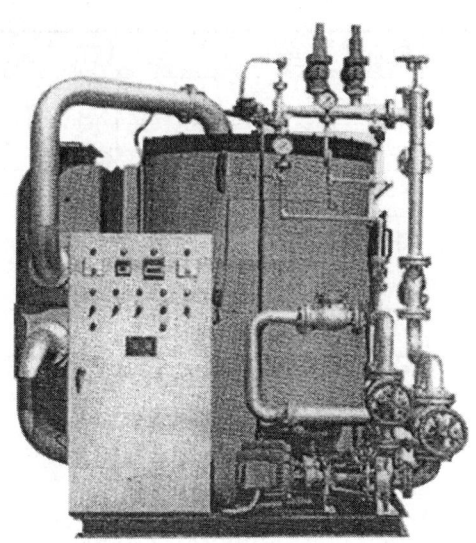

[열매체 보일러]

〈열매체 보일러 및 증기 보일러의 비교〉

구분	열매체 보일러	증기 보일러
보일러 수명	약 12년	약 10년
용수	불필요	필요
동파	무	유
안전성	압력이 낮으므로 안전함	고압으로 위험성이 비교적 큼
수처리	불필요	필요
부식	무	유
효율저하	소(외부 스케일 형성)	대(내, 외부 스케일 형성)
보존비용	저렴	고가
부하적응성	빠르다(온도상승이 빠르므로).	느리다(온도상승이 느리므로).
온도조절	정확	부정확
관리비	저렴	고가
연료비	저렴	고가
설치면적	소	대

3 간접가열 보일러

급수 중의 불순물 때문에 스케일의 생성이 심하며, 특히 고압이 되면 급수처리가 심각해진다. 이것을 해결하기 위하여 연소가스에 접촉하는 수관에는 순수한 물을 보내서 이때 받은 열로 증기를 발생통 안에 넣어 증기 발생통 안의 물을 간접가열시켜 증발시키는 방식의 보일러이다.

(1) 뢰플러 보일러(Loeffler Boiler)

증기 발생통 안에서는 과열증기를 물속에 넣어서 포화증기를 만들고 순환펌프로서 복사과열기 대류과열기를 지나서 약 $\frac{1}{3}$은 터빈으로 보내고 $\frac{2}{3}$는 증기동으로 보내서 급수를 가열한다.

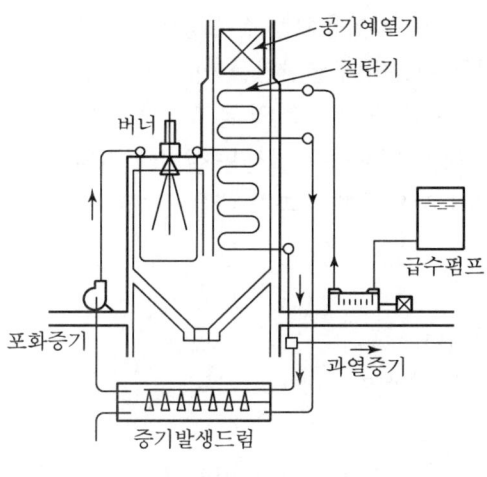

[뢰플러 보일러]

(2) 슈미트 하트만 보일러

'슈미트'라는 사람이 발명하여 '하트만'이라는 사람이 완성시킨 보일러이다.

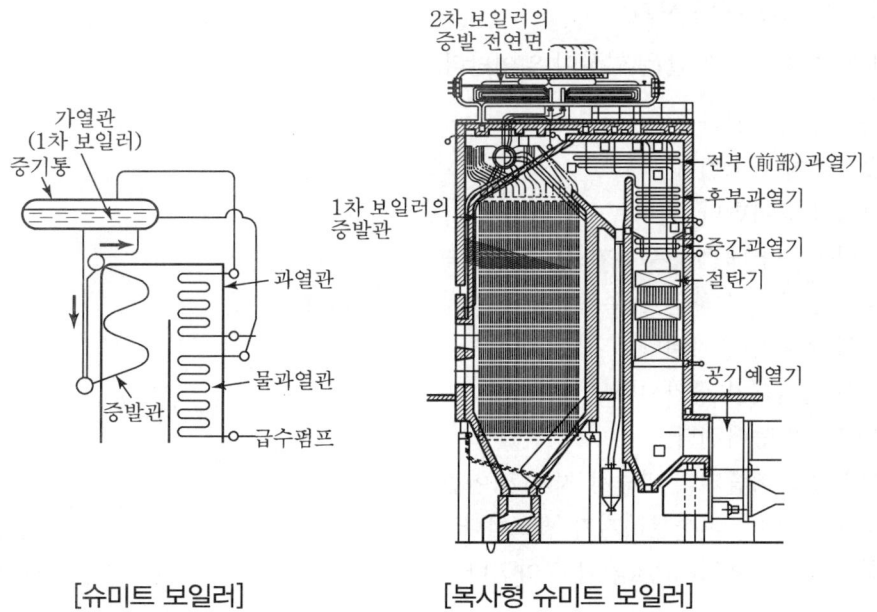

[슈미트 보일러]   [복사형 슈미트 보일러]

5. 보일러의 적정 증기압력

1 보일러의 적정 증기압력

증기의 보유열량을 많게 하려면 증기의 압력을 높이면 엔탈피가 커지므로 보유열이 많아진다. 그러나 일반적으로 증기 사용에서 이용되는 것은 증발잠열이다. 증발잠열은 오히려 압력이 높아짐으로써 적어진다. 증기를 이용하여 열량만을 이용하는 경우라면 압력이 낮을수록 좋다. 그러나 증기의 압력을 이용하든지 꼭 높은 증기의 온도가 필요한 경우는 높은 압력의 증기가 필요하다. 열을 효율적으로 이용하기 위해서는 열사용 설비에 최저 적정압력의 증기 공급이 바람직하다(설비 가까이에 감압시켜 사용하면 효과가 매우 좋다).

2 고압 증기의 단점

(1) 배기가스의 손실이 커진다.
(2) 보일러 동체의 표면 방열 손실이 커진다.
(3) 안전 관리상의 위험이 따른다.
(4) 배관 부속품의 누설개소에 열손실이 초래된다.
(5) 응축수량이 많아지고 재증발 손실률이 증가한다.
(6) 증기배관의 압력손실 증가가 있다.
(7) 각종 관 내 및 이음부에 수격현상을 초래하여 배관의 수명이 짧다.

3 증기압력이 높을 때의 사항

압력이 높으면 다음과 같은 현상이 일어난다.

① 포화수가 증대된다.
② 증발잠열이 감소된다.
③ 엔탈피가 증가한다.
④ 보일러통이나 배관에 무리가 온다.
⑤ 습증기 발생이 심해진다(수격작용의 방지를 대비해야 한다).
⑥ 연료의 소비가 증가된다.
⑦ 포화수 엔탈피가 증가된다.
⑧ 포화온도가 높아진다.
⑨ 포화수와 포화증기의 비중량 차가 적어진다.
⑩ 비수방지관이나 기수분리기가 필요하다.
⑪ 포화증기의 비체적(m^3/kg)이 작아진다.

6. 기름 버너와 연료배관

1 연소방식과 사용 버너

① 압력분무식 연소방식 : 버너의 종류 : 건타입 버너, 저압 공기분무식 버너
② 증발식 연소방식 : 포트식
③ 회전무화식 연소방식 : 로터리 버너, 윌프레임 버너
④ 기화식 연소방식 : 기화식 버너
⑤ 낙차식 연소방식 : 고정한 심지에 연료를 보내 연소시킨다(심지고정 낙차식 버너).

2 버너 특징

(1) 건타입 버너
  ① 특징
    ㉮ 가정용 버너이다.
    ㉯ 유량은 유압의 평방근에 비례한다.
    ㉰ 유압은 7kg/cm^2(0.7MPa) 이상이다.
    ㉱ 자동제어가 용이하다.
    ㉲ 노 내압이 너무 높으면 연소상태가 불량하다.
    ㉳ 종류가 매우 많다.
    ㉴ 기름 펌프와 송풍기의 모터가 동일 축선이다.
    ㉵ 대용량 버너인 경유, 중유 사용도 가능하다.

(2) 저압 공기분무식 버너
  ① 특징
    ㉮ 분무매체는 400~2,000mmH$_2$O 정도의 저압의 공기를 사용한다.
    ㉯ 연료유압은 0.3~0.5kg/cm^{2}이다.
    ㉰ 분무광 각도는 30~60°이다.
    ㉱ 유량 조절범위는 대략 1 : 5~1 : 6 정도이다.
    ㉲ 주로 사용연료는 경질유이다.
    ㉳ 중·소형 보일러용으로 편리하다.
  ② 구조상의 분류
    ㉮ 연동형(비례조절 버너)
    ㉯ 비연동형(연료와 공기를 분리하여 조절한다.)

(3) 포트식 버너
    ① 특징
        ㉮ 완전자동화가 다소 곤란하다.
        ㉯ 점화나 소화 시에 다소 시간이 많이 걸린다.
        ㉰ 유면을 일정하게 유지해야 한다.
        ㉱ 연소열로 유면이 가열된 후 가연증기가 연소된다.
        ㉲ 휘발성이 높은 등유나 경유 등의 연료를 사용한다.
        ㉳ 소형이라 취급이 간편하다.
        ㉴ 연소 시 소음이 낮다.
        ㉵ 연료가 액상이라 점화 시 점화가 어려운 편이다.
        ㉶ 배기의 온도가 높다.
    ② 포트식 버너는 로저부에 설치한 접시모양의 용기에 연료를 보내어 노 내의 열로 증발시켜 연소한다.

(4) 로터리 버너
    ① 특징
        ㉮ 원심력과 1차 공기에 의해 연료가 미립화한다.
        ㉯ 기름의 유압은 $0.3kg/cm^2$ 이상이다.
        ㉰ 유량 조절범위가 1 : 5로 높다.
        ㉱ 분무광 각도가 30~80°이다.
        ㉲ 고점도의 연료는 예열 후 무화가 필요하다.
        ㉳ 자동제어에 용이하다.
        ㉴ 중 · 소형 보일러에 이상적이다.
    ② 구조
        ㉮ 벨트식
        ㉯ 직결식

(5) 월프레임 버너(회전분무식의 일종)
    ① 특징
        ㉮ 노벽의 방사열을 이용한다.
        ㉯ 넓은 면적으로 열량을 분산시킨다.
        ㉰ 불꽃이 수직 방향이다.
        ㉱ 기름 소비량이 3~10L/h이다.
        ㉲ 연통으로부터 역풍에 약하다.
        ㉳ 노벽면을 따라 퍼지는 불꽃 특성이 있다.

② 회전하는 연료 노즐에서 기름을 수평으로 방사하여 히터코일이나 노열로 가열되어 접촉 증발시키는 방식의 버너이다.

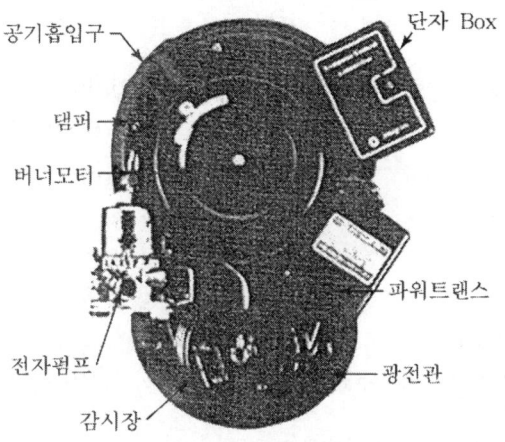

[온수보일러 버너 모형도]

(6) 기화식 버너
   ① 연료로 가열관을 가열하여 연료유를 공급 기화시켜 세공 등으로 분사시킨다.
   ② 사용연료는 등유나 경유이다.
   ③ 특징
      ㉮ 완전연소가 용이하다.
      ㉯ 소형에 적당하고 공업용으로는 사용하지 못한다.
      ㉰ 가압연소인 경우 압축용 펌프의 설치가 필요하다.

(7) 낙차식 버너
   ① 연료가 낙차에 따라 고정시킨 장치에 보내어 연소가 된다.
   ② 화력의 조절은 연료유가 흐르는 부피를 변화시켜 조절한다.

제2장 보일러의 종류 및 특성 — 출제예상문제

01 보일러에 전열량을 많게 하는 방법으로 맞지 않는 것은?

① 열가스의 유통을 느리게 한다.
② 보일러수의 순환을 잘 시킨다.
③ 연료를 완전연소시킨다.
④ 연소율을 높인다.

[해설] ㉠ ① 열가스의 유통을 느리게 하면 전열량이 오히려 적어지며 열가스의 유동을 빠르게 하여야 전열량이 많아진다.
㉡ 전열량을 증가시키려면 ②, ③, ④의 내용에 따른다.

02 다음 중 수관식 보일러에 속하는 것은?

① 야로 보일러
② 랭커셔 보일러
③ 코니시 보일러
④ 기관차 보일러

[해설] ㉠ 야로 보일러 : 수관식 보일러
㉡ 랭커셔 보일러 : 노통식 보일러
㉢ 코니시 보일러 : 노통식 보일러
㉣ 기관차 보일러 : 연관식 보일러, 원통형 보일러(원통형)

03 수관보일러의 수랭식 구조형식 중 다음 그림은 어느 형식인가?

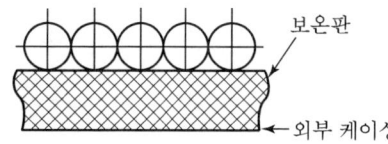

① 탄젠트 형식
② 스킨 케이싱 형식
③ 스페이드 튜브 배열 형식
④ 휜 패널식 케이싱 형식

[해설] 그림은 스킨 케이싱 형식(수랭로 벽구조)이다.

04 보일러에서 수부(Water Space)를 넓게 하면 어떤 이점이 있는가?

① 보일러 가동 중 부하의 변동에 응하기 쉽다.
② 건조한 증기를 얻기 쉽다.
③ 증기에 수분을 포함하기 쉽다.
④ 효율이 낮아진다.

[해설] 보일러에서 수부를 넓게 하면 부하변동에 응하기 쉽고 증기부를 넓게 하면 건조증기를 얻게 된다.

05 다음 중 원통 보일러에 해당하는 보일러는?

① 케와니 보일러   ② 뢰플러 보일러
③ 가르베 보일러   ④ 야로 보일러

[해설] ㉠ 케와니 보일러 : 원통연관식 보일러(기관차 보일러 개량형)
㉡ 뢰플러 보일러 : 간접가열식 보일러
㉢ 가르베 보일러 : 수관식 보일러
㉣ 야로 보일러 : 수관식 보일러

06 수관식 보일러의 각 수관들은 어떤 모양으로 배치하는가?

① 직사각형   ② 원형
③ 마름모꼴   ④ 정사각형

[해설] 수관식 보일러의 각 수관의 배치는 마름모꼴이다. 마름모꼴이 수관을 설치하면 전열에 유리하고 연소상태가 양호해진다.

07 다음 스코치 보일러에서 열응력을 가장 많이 받는 부분은?

① 볼트 스테이   ② 연관
③ 연소실   ④ 노통

정답 01 ① 02 ① 03 ② 04 ① 05 ① 06 ③ 07 ④

해설 ㉠ 스코치 보일러 : 선박용 보일러(박용 보일러)에서 열응력을 가장 많이 받는 부분은 노통부위이다.
㉡ 스코치 보일러는 노통연관식 선박용 보일러이며 원통형 보일러이다.

08 외부에서 전해준 열을 물과 증기에 전하는 부분은?

① 전열면 ② 동체
③ 노 ④ 연도

해설 ㉠ 전열면 : 외부에서 전해준 열을 물과 증기에 전하는 부분이며 전열면적이 클수록 좋은 보일러이다.
㉡ 전열면적은 복사 전열면적과 대류(접촉) 전열면의 합이다.

09 다음 중 드럼이 필요 없는 보일러는?

① 기관차형 보일러
② 랭커셔 보일러
③ 코니시 보일러
④ 벤슨 보일러

해설 ㉠ 드럼이 없는 보일러는 관류 보일러이며, 관류 보일러에는 벤슨 보일러와 슐저 보일러가 있다.
㉡ 관류 보일러는 임계압($225kg/cm^2$) 이상의 고압용이나 보일러 효율을 높이기 위하여 사용된다.

10 보일러 물의 순환력을 크게 하기 위한 설명으로 가장 적합한 것은?

① 재열기를 부착한다.
② 수관을 평행으로 한다.
③ 관경을 가능한 한 작게 한다.
④ 강수관이 연소가스로 가열되지 않게 한다.

해설 ㉠ 보일러 물의 순환력을 크게 하기 위하여 급수가 하강하는 강수관이 연소가스로 가열되지 않게 한다. (2중관)
㉡ 뜨거운 물이 상승하는 관은 승수관이다.
㉢ 강수관이란, 수관식 보일러에 설치된다.

11 다음 설명 중 옳은 것은?

① 노통보일러는 내부 청소가 힘들고 고장이 자주 생겨 수명이 짧다.
② 원통형 보일러는 보유 수량이 많아 파열 시 피해가 크며 구조상 고압 대용량에 부적합하다.
③ 수관 보일러는 고온, 고압 증기용으로 중용량 이상의 보일러에 적합하며 전부 내분식이다.
④ 코니시, 랭커셔 보일러의 노통은 가급적 제한 없이 많이 만드는 것이 좋다.

해설 ㉠ 둥근 원통형 보일러는 보유 수량이 많아서 파열 시 피해가 크며 구조상 고압 대용량에 부적합하다.
㉡ 본체가 둥근 보일러는 내부 청소가 수월하다.(특히 노통 보일러)
㉢ 노통의 크기는 보일러통의 크기에 제한이 따른다.

12 보일러 구성의 3요소가 아닌 것은?

① 절탄기 ② 연소장치
③ 보일러 본체 ④ 부속설비

해설 ㉠ 보일러 구성의 3요소 : 본체, 부속설비, 연소실 및 연소장치
㉡ 절탄기는 폐열 회수장치로서 부속설비에 속한다.

13 보일러 본체의 설명 중 틀린 것은 어느 것인가?

① 보일러를 형성하는 몸체이다.
② 원통형 보일러에서는 드럼이라 부르고 수관식에서는 수관으로만 본체가 구성된다.
③ 대개는 원통형이나 주철제에는 상자형의 섹션을 조립한 것도 있다.
④ 내부에는 물을 담고 외부의 연소열을 이용하여 증기나 온수를 만드는 용기다.

해설 ㉠ 보일러 본체는 드럼 또는 동이라고 부르며 수관식 보일러는 드럼과 수관이 연결되어 있다. 수관식은 수관이 본체가 아니고 기수드럼이 본체가 된다.
㉡ 주철제의 본체는 상자형의 섹션을 조립한다.
㉢ ①, ③, ④의 설명은 보일러 본체의 설명이다.
㉣ 수관으로만 본체가 구성되는 보일러는 관류 보일러이다.

14 수관식 보일러의 장점을 설명하였다. 맞지 않는 것은?

① 전열면적이 크고 증발률이 크므로 고온, 고압의 대용량 증기발생에 적합하다.
② 보일러의 효율이 원통 보일러에 비해 우수하다.
③ 드럼의 직경이 극히 작고, 수관의 직경이 작으므로 고압에 잘 견딘다.
④ 급수처리가 불필요하다.

해설 수관식 보일러의 특징
㉠ 전열면적이 크고 고온, 고압 대용량 보일러이다.
㉡ 보일러 효율이 원통 보일러에 비해 우수하고 증발률이 크다.
㉢ 드럼의 직경이 극히 작고, 수관의 직경이 작아서 고압에 잘 견딘다.
㉣ 순도가 높은 급수가 반드시 필요하다(부식 방지, 스케일 생성 방지).

15 유류용 온수보일러가 직립형인 경우 연관을 통한 열손실을 방지하기 위하여 연관 내부에 설치하는 것은?

① 안티 프라이밍관
② 배플 플레이트
③ 스테이
④ 겔로웨이 튜브

해설 ㉠ 배플 플레이트 : 온수보일러에서 직립식인 경우 연관을 통한 열손실을 방지하기 위하여 연관 내부에 설치하며 설치목적은 전열량의 증가, 연소효율 향상, 그을음 부착량 감소를 위해서이다.
㉡ 안티 프라이밍관(비수방지관)
㉢ 겔로웨이 튜브(횡관)
㉣ 스테이 : 보강재

16 보일러 본체를 통하는 노통이 2개인 보일러는?

① 코니시 보일러
② 케와니 보일러
③ 스코치 보일러
④ 랭커셔 보일러

해설 ㉠ 랭커셔 보일러 : 노통(연소실)이 2개인 보일러(노통 보일러)
㉡ 코니시 보일러 : 노통이 1개인 보일러(노통 보일러)
㉢ 스코치 보일러 : 선박용 보일러(노통연관식 보일러)
㉣ 케와니 보일러 : 연관식 보일러(기관차형 보일러)
※ 코니시 보일러와 랭커셔 보일러는 노통 보일러이다 (노통이란 연소실이다).

17 주로 보일러 경판의 강도를 보강하기 위하여 3각형 모양의 평판을 경판에서 동판에 비스듬히 부착시킨 버팀은?

① 거싯 버팀
② 나사 버팀
③ 경사 버팀
④ 시렁 버팀

해설 원통형 보일러 등에 보일러 경판의 강도를 보강하기 위하여 3각형 모양의 거싯 버팀을 부착시킨다.

18 케와니 보일러, 스코치 보일러는 어떤 형식의 보일러인가?

① 원통형 보일러
② 노통연관 보일러
③ 수관식 보일러
④ 관류 보일러

해설 ㉠ 원통형 보일러(원통형 보일러)
 • 입형 보일러
 • 노통 보일러
 • 연관식 보일러(케와니 보일러)
 • 노통연관식 보일러(스코치 보일러)
㉡ 관류 보일러는 수관식 보일러이다.

19 다음 중 외분식 보일러는?

① 입형 보일러
② 노통 보일러
③ 노통연관 보일러
④ 수관 보일러

해설 ㉠ 외분식 보일러 : 연소실이 보일러 본체에 있는 보일러는 내분식 보일러이며, 외분식은 본체 외부에 있는 보일러로서 수관식 보일러와 횡연관식 보일러가 있다.
㉡ 입형 보일러, 노통 보일러, 노통연관식 보일러, 기관차 보일러 등은 내분식 보일러이다.

정답 14 ④ 15 ② 16 ④ 17 ① 18 ① 19 ④

20 다쿠마 수관식 보일러에서 기수드럼과 물드럼을 연결하는 수관의 경사 각도는?

① 15°   ② 45°
③ 60°   ④ 90°

해설 ㉠ 다쿠마 보일러는 자연순환식 수관식 보일러이다.
㉡ 다쿠마 수관식 보일러의 기수드럼과 물드럼을 연결하는 수관의 경사도는 45°이다.

21 연관 보일러에서 연관의 배치를 바둑판 모양으로 하는 주된 이유는?

① 연소가스의 흐름을 원활하게 하기 위하여
② 강도상 유리하기 때문에
③ 보일러수의 흐름을 원활하게 하기 위하여
④ 연관의 부식 및 스케일 생성을 막기 위하여

해설 ㉠ 연관식 보일러는 둥근 원통형 보일러이다.
㉡ 연관의 배치를 바둑판으로 배치하는 이유는 보일러수의 흐름을 원활하게 하기 위함이다.

22 다음은 보일러를 분류할 때 기준이 되는 것을 나열한 것이다. 틀린 것은?

① 보일러 본체의 구조
② 물의 순환방식
③ 가열방식
④ 통풍방식

해설 ㉠ ①, ②, ③은 보일러의 분류 중 기준사항이 되며 ④의 통풍방식은 보일러 기준 사항이 아니다.
㉡ 통풍방식은 부대장치의 분류이다.

23 코니시 보일러의 노통을 한쪽으로 편심시켜 부착하는 이유는?

① 통풍을 좋게 한다.
② 전열면적을 크게 한다.
③ 노통의 강도를 증대시킨다.
④ 보일러의 순환을 좋게 한다.

해설 코니시 보일러의 노통을 편심시키는 이유는 보일러의 순환을 좋게 하기 위해서이다.

24 원통 보일러에서 거싯 스테이(Gusset Stay)를 비교적 많이 사용하는 이유는?

① 청소와 검사가 용이하기 때문에
② 설치가 용이하기 때문에
③ 보일러수의 순환을 방해하지 않기 때문에
④ 스테이로서 특히 경판을 유효하게 지지하기 때문에

해설 원통 보일러에서 거싯 스테이는 보일러의 경판을 유효하게 지지한다.

25 봉 스테이(Bar Stay)는 어느 곳의 강도 보강에 사용하는가?

① 관판   ② 동판
③ 경판   ④ 맨홀

해설 봉 스테이는 화실 또는 경판의 강도 보강에 사용된다.

26 다음 중 관류 보일러가 아닌 것은 어느 것인가?

① 앳모스 보일러
② 뢰플러 보일러
③ 슐저 보일러
④ 벤슨 보일러

해설 ㉠ 관류 보일러 : 앳모스 보일러, 슐저 보일러, 벤슨 보일러
㉡ 간접가열 보일러 : 뢰플러 보일러, 슈미트 하트만 보일러

27 다음 중 보일러 동체의 수심에 연소가스의 통로가 되는 많은 연관을 설치한 보일러는?

① 복합 보일러
② 연관 보일러
③ 노통 보일러
④ 직립 보일러

해설 연관식 보일러는 동체의 수심에 연소가스의 통로가 되는 많은 연관을 설치한 보일러이다.
※ 종류 : 횡연관 보일러, 기관차 보일러, 케와니 보일러

정답 20 ② 21 ③ 22 ④ 23 ④ 24 ④ 25 ③ 26 ② 27 ②

28 노통 보일러의 장점으로 틀린 것은?

① 고압, 대용량에 적당하다.
② 구조가 간단하고 취급이 쉽다.
③ 보유수량이 많아 부하변동에 비하여 압력 변화가 적다.
④ 급수처리가 까다롭지 않고 수명이 길다.

해설) 노통 보일러의 장점
㉠ 구조가 간단하고 취급이 쉽다.
㉡ 보유수량이 많아 부하변동에 비하여 압력 변화가 적다.
㉢ 급수처리가 까다롭지 않고 수명이 길다.
㉣ 청소나 검사 수리가 용이하다.
㉤ 가격이 싸다.(저압, 소용량 보일러)
※ ①은 수관식 보일러의 장점이다.

29 노통 안에 갤로웨이관(Galloway Tube)을 2~3개 설치하는 이유는?

① 물의 용량을 증가시키기 위하여
② 스케일의 부착을 방지하기 위하여
③ 노통의 수명을 길게 하기 위하여
④ 노통의 보강과 전열면적, 물의 순환촉진

해설) 갤로웨이관(횡관, 수평관)의 설치목적
㉠ 노통이나 화실벽의 보강
㉡ 전열면적의 증가
㉢ 물의 순환을 촉진

30 애덤슨 조인트를 사용하는 목적은?

① 노통의 압력에 대한 강도를 크게 하기 위하여
② 노통이 길어 공작하기 곤란하므로
③ 노통 연결을 편리하게 하기 위하여
④ 노통의 열에 대한 팽창을 조절하려고

해설) 애덤슨 조인트는 평형 노통의 열에 대한 팽창을 조절하려고 사용한다.

31 강제순환식 보일러의 종류에 속하는 것은?

① 배브콕 보일러
② 베록스 보일러
③ 하이네 보일러
④ 다쿠마 보일러

해설) ㉠ 강제순환식 보일러 : 베록스 보일러, 라몽트 보일러
㉡ 자연순환식 보일러 : 밥콕, 하이네, 다쿠마 보일러 등

32 다음 중 강제순환 보일러의 순환비를 구하는 식으로 옳은 것은?

① $\dfrac{발생증기량}{공급급수량}$ ② $\dfrac{공급급수량}{발생증기량}$
③ $\dfrac{증기발생량}{연료사용량}$ ④ $\dfrac{연료사용량}{증기발생량}$

해설) 순환비 = $\dfrac{공급급수량}{발생증기량}$

33 노통의 보강과 전열면적을 증가시키고 물의 순환을 도우며 노통을 튼튼히 하는 역할을 하기 위하여 설치하는 것은?

① 애덤슨 조인트(Adamson's Joint)
② 마구리판(End Plate)
③ 맨홀(Manhole)
④ 갤로웨이관(Galloway Tube)

해설) ㉠ 갤로웨이관(횡관)의 설치목적
• 노통이나 화실벽의 보강
• 전열면적의 증가
• 물의 순환 촉진
㉡ 입형횡관 보일러나 노통 보일러에 설치한다.

34 드럼 없이 초임계압하에서 증기를 발생시키는 강제순환 보일러는 다음 중 어느 것인가?

① 특수열매체 보일러
② 2중 증발 보일러
③ 연관 보일러
④ 관류 보일러

정답 28 ① 29 ④ 30 ④ 31 ② 32 ② 33 ④ 34 ④

해설 관류 보일러의 특징
㉠ 순환비가 1인 경우 드럼이 필요 없다.
㉡ 강제순환 보일러이다.
㉢ 부하변동에 의한 압력변화가 크다.
㉣ 수관의 직경이 작아도 된다.
㉤ 수관의 두께가 얇아서 전열에 유리하다.
㉥ 자동제어장치가 필요하다.
㉦ 관류 보일러는 벤슨 보일러와 슐저 보일러가 있다.

35 보일러통에 타원형의 맨홀을 만드는 경우 다음 어느 것이 가장 적당한가?

① 장축을 보일러의 길이 방향으로 한다.
② 단축을 보일러의 길이 방향으로 한다.
③ 장축은 보일러의 길이 방향, 원둘레 방향에 관계없다.
④ 장축은 단축에 비해 될 수 있는 대로 길게 하여 장축을 길이 방향으로 한다.

해설 타원형의 맨홀은 단축을 보일러의 길이 방향, 장축을 보일러의 둘레 방향으로 만든다.

36 보일러의 부하가 클 경우 보일러에 미치는 영향과 관계없는 것은?

① 증발계수가 적어진다.
② 캐리오버를 발생시키기 쉽다.
③ 보일러 효율이 낮아진다.
④ 전열면의 증발률이 커진다.

해설 ②, ③, ④의 설명은 보일러 부하가 클 때 나타나는 현상이다.

37 보일러의 증발능력이란?

① 단위면적당 증발할 수 있는 증기의 체적
② 단위시간당 증발할 수 있는 증기의 체적
③ 단위면적당 단위시간당 증발할 수 있는 물의 양
④ 단위시간당 증발할 수 있는 물의 양

해설 보일러 전열면의 증발능력(kg/m^2h)
단위면적당 단위시간당 증발할 수 있는 물의 양

38 노통연관식 보일러의 특징으로 옳은 것은?

① 내분식 보일러의 일종이다.
② 배브콕 보일러가 이에 속한다.
③ 연소실이 보일러 드럼 밖에 있다.
④ 연소실을 내화벽돌로 쌓는다.

해설 ㉠ 노통연관식 보일러는 내분식 보일러이다.
㉡ 수관식 보일러는 외분식 연소실이다.

39 보일러 마력을 열량으로 환산하면 약 몇 kcal/h 인가?

① 15.65kcal/h   ② 539kcal/h
③ 8,433kcal/h   ④ 10,780kcal/h

해설 보일러 1마력(상당증발량 15.65kg/h)
∴ 15.65×538.8kcal/kg=8,433kal/h이다.

40 수관에서 직접 증기를 발생하여 기수드럼이 필요 없는 보일러는?

① 열매체 보일러   ② 수관식 보일러
③ 관류 보일러   ④ 연관 보일러

해설 ㉠ 관류 보일러는 드럼이 없는 보일러로서 기수드럼이 필요 없다.
㉡ 관류 보일러의 종류
• 벤슨 보일러   • 슐저 보일러
• 앳모스 보일러 • 램진 보일러
• 소형 관류 보일러
㉢ 관류 보일러는 초임계압하에서 사용이 가능한 보일러이다.

41 보일러 물의 순환력을 크게 하기 위한 설명으로 가장 적합한 것은?

① 재열기를 부착한다.
② 수관을 평행으로 한다.
③ 관경을 가능한 한 크게 한다.
④ 승수관을 연소가스로 가열되지 않게 한다.

해설 보일러 물의 순환력을 크게 하는 방법
㉠ 관경을 크게 한다.
㉡ 강수관이 연소가스로 가열되지 않게 한다.
㉢ 스케일 등을 제거하여 열전도 및 열전달률을 높인다.

정답 35 ② 36 ① 37 ③ 38 ① 39 ③ 40 ③ 41 ③

42 주철제 섹셔널 보일러의 특징이 아닌 것은?

① 강판제 보일러에 비하여 부식성이 적다.
② 조립식이므로 보일러 용량을 쉽게 증감할 수 있다.
③ 재질이 주철이므로 사고 재해가 많다.
④ 고압 및 대용량에 부적당하다.

해설 ①, ②, ④는 주철제 섹셔널 보일러의 특징이고, 이 외에도 난방용(저압 보일러용)으로만 사용하기 때문에 사고의 재해가 적다. 그러므로 ③의 설명은 틀린 내용이다.

43 드럼 없이 초임계 압력에서 증기를 발생시키는 강제순환 보일러는?

① 복사 보일러 ② 관류 보일러
③ 수관 보일러 ④ 노통연관 보일러

해설 ㉠ 증기 드럼이 없는 무동 보일러 : 관류 보일러(벤슨 보일러, 슐저 보일러)
㉡ 초임계압 : 225kg/cm² 이상
㉢ 강제순환 보일러
  • 단동 보일러
  • 무동 보일러(관류 보일러)
㉣ 관류 보일러의 종류와 특징
관류 보일러는 하나의 긴 관 등을 휘어서 만든 수관만의 보일러이며 보일러의 압력이 고압이 되면 동드럼이 고압에 견딜 수 없어서 이러한 편리한 관만으로 구성된 보일러를 제작하여 관에다 급수를 가하여 가열, 증발, 과열 등의 순서로서 증기를 생산하는 강제순환식 보일러의 일종이다.
  • 장점
    - 증기드럼이 필요 없다.
    - 고압 보일러로 적당하다.
    - 콤팩트하게 관을 자유로이 배치할 수 있다.
    - 증발의 속도가 매우 빠르다.
    - 임계압력 이상의 고압에 적당하다.
    - 증기의 가동 발생시간이 매우 짧다.
    - 보일러 효율이 95% 정도로 매우 높다.
    - 연소실의 구조를 임의대로 할 수 있어 연소효율을 높일 수 있다.
  • 단점
    - 철저한 급수처리가 요망된다.
    - 부하변동에 적응이 빠르므로 자동제어가 필요하다.
    - 농축된 염 등을 분리하기 위하여 염분리기(기수분리기)가 필요하다.
  • 특징
    - 수면계가 필요 없다.
    - 드럼이 없다(순환비가 1인 경우에).
    - 급수의 압력이 매우 높다.
    - 1개의 수관의 증발량은 15~20ton/h이다.
    - 순환비가 10~15 정도로 제작된다.

44 다음 중 수관식 보일러의 특징이 아닌 것은?

① 부하변동에 대한 압력변동이 심하지 않다.
② 전열면의 단위면적당 증발량을 높일 수 있다.
③ 구조가 복잡하여 보수, 청소, 검사가 곤란하다.
④ 양질의 물을 급수하여야 하고, 급수조절이 곤란하다.

해설 ㉠ ②, ③, ④의 내용은 수관식 보일러의 특징이다.
㉡ 수관식 보일러는 부하변동에 대한 압력변동이 심하다.

45 수관 보일러에 있어서 강제순환식으로 하는 이유는?

① 관경이 작고 보유수량이 많기 때문이다.
② 보일러 드럼이 1개뿐이기 때문이다.
③ 고압에서 포화수와 포화증기의 비중차가 작기 때문이다.
④ 보일러 드럼이 상부에 위치하기 때문이다.

해설 ㉠ 수관식 보일러에 있어서 강제순환식을 하는 이유는 보일러가 고압이 되면 포화수와 포화증기의 비중차가 작아져서 자연순환이 되지 않기 때문이다. 자연순환의 한계압력은 180kg/cm²까지이다.
㉡ 강제순환식 보일러
  • 단동식 : 베록스 보일러, 라몬트 보일러
  • 무동식 : 벤슨 보일러, 슐저 보일러, 앳모스 보일러, 램진 보일러, 소형 관류 보일러

정답 42 ③ 43 ② 44 ① 45 ③

46 다음 중 효율이 가장 큰 보일러는?

① 랭커셔 보일러
② 기관차 보일러
③ 수직(입형) 보일러
④ 관류 보일러

해설 ㉠ 보일러 효율
• 수관식 : 90~95%(관류 보일러 등)
• 횡형 보일러(랭커셔, 기관차) : 80%
• 입형 보일러(수직) : 50~60%
㉡ 수관 보일러의 장점
• 드럼의 직경이 작으므로 고압에 충분히 견딘다.
• 전열면적은 크나 보유수량이 적어서 증기발생 시간이 단축된다.
• 보일러 용적이 같은 증발량이면 원통형 보일러에 비하여 본체가 적어도 된다.
• 보일러수의 순환이 빠르고 효율이 높다.
• 전열면적이 커서 증발량이 극심하여 대용량에 적합하다.
• 보일러 본체에 무리한 응력이 생기지 않는다.
• 연소실의 크기가 자유롭고 수관의 설계가 용이하다.
㉢ 수관 보일러의 단점
• 구조가 복잡하고 제작이 까다로워 가격이 비싸다.
• 보유수가 적어서 부하변동 시 압력 변화가 크다.
• 스케일의 생성이 빨라서 양질의 급수가 필요하다.
• 증발이 극심하여 습증기 발생이 심하다.
• 구조가 복잡하여 청소가 곤란하다.
• 기술적인 문제가 까다로워 취급에 문제가 따른다.

47 보일러의 열효율 향상과 관계가 없는 것은?

① 공기예열기를 설치하여 연소용 공기를 예열한다.
② 절탄기를 설치하여 급수를 예열한다.
③ 과잉공기를 원활한 연소가 유지되는 범위에서 줄인다.
④ 급수펌프에 원심펌프를 사용한다.

48 50kWh 열량의 전기 온수보일러가 있다. 이는 몇 kcal/h로 나타낼 수 있는가?

① 43,000kcal/h   ② 125,000kcal/h
③ 500,000kcal/h   ④ 51,000kcal/h

해설 $1kWh = 102kg \cdot m/s \times 1h \times 3,600s/h$
$\times \frac{1}{427} 1kcal/kg \cdot m = 860kcal$
$\therefore 50 \times 860 = 43,000 kcal/h(180,000kJ/h)$

49 어떤 보일러의 용량이 50HP(마력)로 표기되었다. 이것을 열량으로 환산하면 몇 kcal/h인가?

① 8,435kcal/h   ② 8,440kcal/h
③ 421,767kcal/h   ④ 481,785kcal/h

해설 ㉠ 보일러 1마력 : 상당증발량 15.65kg/h이다.
㉡ 보일러 1마력의 정격출력
$15.65 \times 539 = 8,435 kcal/h$
$\therefore 8,435 \times 50 = 421,767 kcal$

50 스테이에 관한 설명 중 잘못된 것은?

① 거싯 스테이는 평강판을 사용하여 전후 경판과 동판을 연결한 것이다.
② 봉 스테이는 강봉을 전후 관판에 연결한 것이다.
③ 관 스테이는 연관군 내에 배치되어 전후 관판에 연결한 것이며, 연관의 역할을 한다.
④ 스테이 볼트는 좁은 간격으로 서로 평행을 이룬 관까지 서로 연결 보강하는 볼트이다.

해설 ㉠ 봉 스테이는 강봉을 전후 경판에 연결한다.
㉡ 스테이 볼트는 좁은 간격으로 동판과 화실벽의 강도를 보강하는 평행판의 강도 보강용이다.

51 수관 보일러의 장점으로 잘못 설명된 것은?

① 급수의 수질에 관계없이 사용할 수 있다.
② 보일러 내 수량이 적기 때문에 파열 시에 피해가 적다.
③ 고온 고압 대용량으로 적당하다.
④ 고효율 보일러를 제작할 수 있다.

해설 ㉠ ②, ③, ④의 내용은 수관식 보일러의 장점이다.
㉡ 수관식 보일러는 급수처리가 심각하기 때문에 수질이 매우 좋아야 한다.

52 긴 관의 한 끝에서 펌프로 압송된 급수가 긴 관을 지나면서 가열, 증발, 과열되어 다른 끝으로 과열증기가 나타나는 형식의 보일러는 어느 것인가?

① 벤슨 보일러
② 라몬트 보일러
③ 코니시 보일러
④ 랭커셔 보일러

해설 벤슨 보일러는 관류 보일러로서 긴 관의 한 끝에서 펌프로 압송된 급수가 긴 관을 지나면서 가열, 증발, 과열되어 다른 끝으로 과열증기가 나가는 형식의 보일러이다.

53 랭커셔 보일러에 브리딩 스페이스를 너무 작게 하면 다음 중 어떤 현상이 일어나는가?

① 발생증기가 습하기 쉽다.
② 수격작용이 일어나기 쉽다.
③ 그루빙을 일으키기 쉽다.
④ 불량연소가 되기 쉽다.

해설 ㉠ 랭커셔(노통 보일러) 보일러에 브리딩 스페이스(노통의 신축 호흡거리)를 너무 작게 하면 그루빙(구식)을 일으키기 쉽다.
㉡ 브리딩 스페이스의 거리는 최소한 230mm 이상의 간격을 유지하여야 한다.

54 보일러의 부하가 너무 클 때의 영향에 대한 다음 설명 중 잘못된 것은?

① 국부 과열이 일어날 우려가 없다.
② 보일러 효율이 저하된다.
③ 프라이밍을 일으키기 쉽다.
④ 매연이 생기기 쉽다.

해설 보일러 부하가 너무 크면
㉠ 국부 과열이 일어날 우려가 있다.
㉡ 보일러 효율이 저하된다.
㉢ 비수가 발생한다.
㉣ 매연이 생기기 쉽다.

55 다음 중 일반적으로 효율이 가장 좋은 것은?

① 노통 보일러
② 연관 보일러
③ 직립 보일러
④ 수관 보일러

해설 효율이 좋은 순서
수관 보일러 > 연관 보일러 > 노통 보일러 > 직립 보일러

56 다음 중 열매체 보일러의 열매체로서 사용하지 않는 것은?

① 프레온　　② 수은
③ 다우섬　　④ 카네크롤

해설 ㉠ 열매체 보일러의 열매체
• 수은
• 다우섬
• 카네크롤
• 서큐리티
• 서모에스
• 모빌섬 등이 있다.
㉡ 프레온은 냉동 계통에서 냉매로 사용된다.

57 입형 횡관식 보일러에서 횡관을 설치하는 목적으로 틀린 것은?

① 횡관을 설치함으로써 연소상태가 양호하고 연소를 촉진시킨다.
② 횡관을 설치하면 전열면적이 증가되고 증발량도 많아진다.
③ 횡관에 의해 내압력이 약한 화실벽을 보강시킨다.
④ 횡관에 설치함으로써 내부의 물순환이 좋아진다.

해설 ②, ③, ④는 입형횡관식 보일러의 설치 목적이다(횡관설치는 연소상태가 불량해진다).

정답　52 ①　53 ③　54 ①　55 ④　56 ①　57 ①

58 보일러 내부의 검사나 청소를 위하여 사람이 들어갈 수 있도록 구멍을 보일러 동체 위쪽에 만드는 것을 무엇이라고 하는가?

① 맨홀(Manhole)
② 앤드 플레이트(End Plate)
③ 갤로웨이관(Galloway Tube)
④ 수평관(Cross Tube)

해설 ㉠ 맨홀 : 보일러 상부에 사람이 들어갈 수 있도록 구멍을 뚫어 놓은 곳이다. 세관이나 대청소 또는 보일러의 내부 수리를 위하여 설치된다(긴 지름 375mm 이상 짧은 지름 275mm 이상의 타원형).
㉡ 앤드 플레이트 : 경판(전경판, 후경판)
㉢ 수평관 : 횡관(나팔관 모양의 수관)

59 수관식 보일러의 장점을 설명하였다. 맞지 않는 것은?

① 전열면적이 크고 증발열이 크므로 고온고압의 대용량 증기발생에 적합하다.
② 보일러의 효율이 원통 보일러에 비해 우수하다.
③ 드럼의 직경이 극히 작고, 수관의 직경이 작으므로 고압에 잘 견딘다.
④ 순도가 높은 급수를 필요로 하지 않는다.

해설 ㉠ 수관식 보일러의 장점은 ①, ②, ③이며 ④에서 순도가 높은 급수는 필요로 하지 않는다고 하는 항목은 잘못된 내용이다. 수관식은 증발률이 높아서 순도가 높은 급수처리가 요망된다.
㉡ 수관식 보일러는 급수가 불량하면 수관 내에 관석(스케일)이 생기고 보일러의 열 전도율이 낮아져서 보일러의 효율이 떨어진다.

60 주철제 보일러는 어느 곳에 많이 사용되는가?

① 발전용
② 소형 난방용
③ 제조 가공용
④ 일반 동력용

해설 ㉠ 주철제 보일러는 주물 제작으로 제작하며 난방면적에 따라서 섹션의 숫자를 가감하여 소형 온수 및 증기난방용으로 사용되는 소형 저압용 보일러이다.
㉡ 주철제 증기 보일러의 증기압력은 $1kg/cm^2$ 이하이고, 온수보일러는 수두압이 $50mH_2O$이다.

61 수관식 보일러가 비교적 피해가 적은 이유는?

① 수관이 많기 때문에
② 관의 직경이 작으므로
③ 고압에 견디므로
④ 전열면적이 크므로

해설 수관식 보일러가 원통형 보일러에 비하여 비교적 피해가 적은 이유는 관의 직경이 작으므로 고압에 용이하게 이용되기 때문이다.

CHAPTER 03 보일러 부속장치 및 부속품

1. 안전장치

1 안전밸브(Safety Value)

보일러의 증기압력이 설정압력 또는 최고 사용압력 이상이 되면 자동적으로 밸브가 열려서 고압의 증기를 밖으로 분출시켜 압력을 저하시키므로 보일러의 파열이나 피해를 사전에 방지하는 장치가 안전밸브이다. 일반적으로 보일러 설치검사 기준에 의해 스프링식 안전밸브를 부착하게 된다.

(1) 안전밸브의 부착방법

안전밸브는 검사를 쉽게 할 수 있는 장소에 설치하며 보일러 증기부 몸체에 밸브 축을 수직으로 부착한다.

(2) 안전밸브의 크기

① 안전밸브는 전열면적에 정비례하고, 압력에 반비례하도록 크기를 결정한다.
② 증기 보일러의 안전밸브는 보일러의 최대 증발량을 분출할 수 있도록 크기와 개수를 정하여야 한다.
③ 안전밸브나 압력 방출장치의 크기는 호칭지름 25mm 이상이어야 한다. 단, 다음의 조건에서는 호칭 지름을 20mm 이상으로 할 수 있다.
　㉮ 최고 사용압력 0.1MPa 이하 보일러
　㉯ 최고 사용압력 0.5MPa 이하의 보일러로서 동체의 안지름이 500mm 이하, 동체의 길이가 1,000mm 이하의 보일러
　㉰ 최고 사용압력이 0.5MPa 이하로서 전열면적이 $2m^2$ 이하인 것
　㉱ 최대 증발량이 5ton/h 이하의 관류 보일러
　㉲ 소용량 보일러

(3) 안전밸브의 개수

① 증기 보일러에서는 2개 이상의 안전밸브를 설치하여야 한다. 단, 전열면적이 $50m^2$ 이하에서는 1개 이상이면 된다.
② 과열기에서는 그 출구에 1개 이상이 안전밸브를 설치한다. 이 경우에 분출량은 과열기의 온도를 설계온도 이하로 유지하는 데 필요한 양 이상이어야 한다.
③ 과열기의 안전밸브는 보일러 본체 안전밸브보다 분출압력을 낮게 조정하여야 한다.
④ 독립 과열기에는 안전밸브를 입구와 출구에 각각 1개 이상 설치한다.

(4) 안전밸브의 작동시험

안전밸브의 취출압력을 행하는 경우에는 취출압력의 75% 이상의 압력에서 레버를 작동시켜 시험한다.

〈안전밸브 분출압력의 허용차〉

분출압력(kg/cm^2)	허용오차
7 이하	±0.2kg/cm^2
7~23 이하	±3%×분출압력
23~70 미만	±0.7kg/cm^2
70 이상	±0.1kg×분출압력

(5) 안전밸브의 누출방지

① 전누출방지

안전밸브는 스프링과 증기압력계 압력 간에 균형을 상실하면 분출하기 쉽다. 사전누출 없이 갑자기 누출하기 때문에 밸브시트 연마면의 잔유압하중을 크게, 밸브시트의 폭을 작게 연마면 외부에 홈 또는 조정환을 설치, 밸브 몸체와 밸브시트 크기의 상호관계 스프링 안정도를 높이는 등 구조상 대책을 마련한다. 고온도에서는 내식성이나 강도 및 경도가 높은 재료를 선택하여 제작한다. 소량의 전누출은 피하기 힘들지만 감소시키면 급분출로 이행시키며 소리내는 것을 방지하기 위하여 분출증기의 반동력 및 스프링 정수가 작은 스프링을 이용한다.

② 후누출방지

밸브를 열 때 시트 연마면의 기밀이 불충분하여 증기 누출이 생기면 밸브 시트는 부분적으로 냉각을 일으켜 누출이 심해진다. 직접원인은 스프링 하중에 의한 밸브 시트면에 잔유하는 압착력이 작은 점과 스프링측 하중의 부하상태 및 밸브 시트의 중심이 틀린 점 등이다.

(6) 안전밸브의 종류

① 스프링식 안전밸브

㉮ 종류

㉠ 저양정식 : 밸브의 양정이 밸브 시트 구경의 $\frac{1}{40} \sim \frac{1}{15}$ 미만인 것

㉡ 고양정식 : 밸브의 양정이 밸브 시트 구경의 $\frac{1}{15} \sim \frac{1}{7}$ 미만인 것

㉢ 전양정식 : 밸브의 양정이 밸브 시트 구경의 $\frac{1}{7}$ 이상인 것

㉣ 전양식 : 밸브 시트 증기통로 면적은 목부분 면적의 1.05배 이상

㉯ 스프링식 안전밸브의 분출용량 계산

저양정식 안전밸브	고양정식 안전밸브
$W(\text{kg/h}) = \dfrac{(1.03p+1)SC}{22}$	$W(\text{kg/h}) = \dfrac{(1.03p+1)SC}{10}$
전양정식 안전밸브	전양식 안전밸브
$W(\text{kg/h}) = \dfrac{(1.03p+1)SC}{5}$	$W(\text{kg/h}) = \dfrac{(1.03p+1)AC}{2.5}$

※ 전양식 안전밸브의 크기 : 밸브지름이 목지름의 1.15배 이상인 것이고, 밸브가 열렸을 때 밸브지름의 증기통로 면적이 목면적의 1.05배 이상이고, 밸브의 입구 및 관 내의 증기통로 면적은 1.7배 이상이어야 한다(C : 밸브시트면적(mm^2), 단 밸브시트가 45°일 때는 그 면적에 0.707배를 한다. C : 계수로서 증기압력 12MPa 이하, 증기온도가 280℃ 이하일 때는 1로 한다. A : 안전밸브 최소 증기통로면적(mm^2)).

[스프링식 안전밸브]

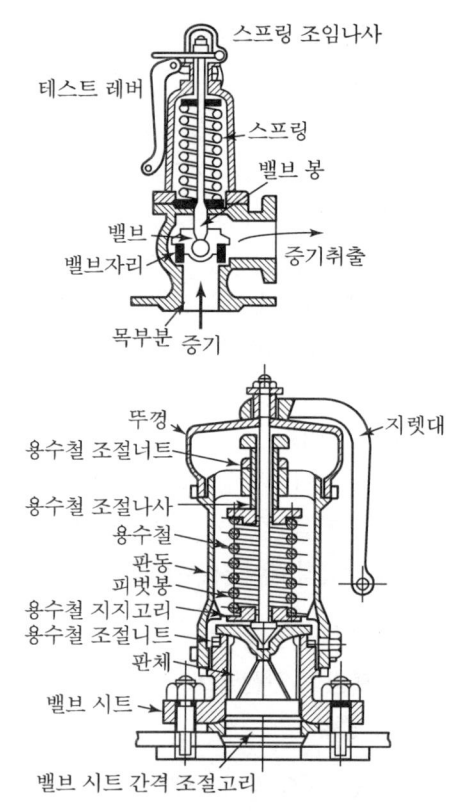

[고양정(高揚程) 용수철 안전밸브]

② 지렛대식 안전밸브

레버(Lever)에 추를 매달아 추의 좌우이동으로 분출압력을 조정하는 형식이다. 그러나 지렛대식 안전밸브에서는 받는 전압이 600kg을 초과하면 사용이 불가능하다.

- 지렛대식 안전밸브의 추(W)의 중량계산

$$W(\text{kg}) = \frac{\text{안전밸브의 단면적} \times \text{분출압력} \times \text{레버의 짧은 길이}}{\text{레버의 전길이}} = \frac{P \times A \times L_1}{L}$$

여기서, L : 레버의 전길이(cm)
L_1 : 레버의 짧은 길이(cm)
P : 분출압력(kg/cm^2)
A : 안전밸브의 단면적(mm^2)

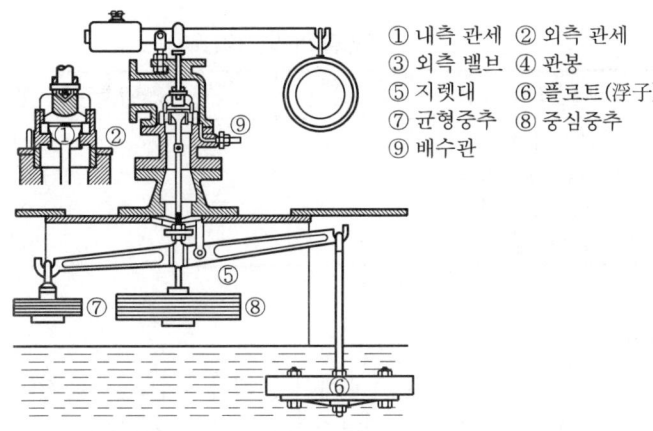

[복합 안전밸브]

① 내측 관세 ② 외측 관세
③ 외측 밸브 ④ 판봉
⑤ 지렛대   ⑥ 플로트(浮子)
⑦ 균형중추 ⑧ 중심중추
⑨ 배수관

③ 중추식 안전밸브

추의 하중에 의한 분출압력을 조절하는 형식의 안전밸브로서 보일러에 사용하기에는 부적당하다.

- 중추 하중(W)의 계산

$$W(\text{kg}) = \text{밸브 단면적(mm}^2) \times \text{분출압력(kg/cm}^2)$$

④ 복합식 안전밸브

지렛대식과 스프링식을 조합한 안전밸브로서 먼저 지렛대식, 다음은 스프링식의 순서로 압력이 조정된다.

(6) 안전밸브의 누설원인

① 공작불량으로 밸브와 시트가 잘 맞지 않을 경우
② 스프링이 불량하여 밸브가 잘 닫히지 않을 경우
③ 밸브와 밸브 시트 사이에 불순물이 끼어 있을 경우
④ 스프링의 중심이 기울어져서 밸브가 밸브 시트에 잘 맞지 않을 경우

2 방출밸브 및 방출관의 크기

(1) **방출밸브(릴리프 밸브)**

온수보일러의 안전장치 역할을 한다. 다만, 온수의 온도가 120℃ 이상일 때는 방출밸브보다는 안전밸브를 설치해야 한다. 이때 방출밸브의 크기는 20mm 이상으로 한다.

(2) **방출관(안전관)**

방출관에서는 정치밸브 및 체크밸브 등을 설치하지 않으며, 방출관의 크기는 보일러의 전열면적에 비례한다.

〈방출관의 크기〉

전열면적(m^2)	방출관의 안지름(mm)
10 미만	25 이상
10 이상~15 미만	30 이상
15 이상~20 미만	40 이상
20 이상	50 이상

3 가용마개(용해 Plug)

보일러에서 소정의 온도 이상 과열되면 고온에서 용해하기 쉬운 가용전(합금)을 노통이나 화실 천장부에 끼워 놓고서 보일러의 수위가 안전수위 이하로 감소하는 경우 보일러 노가 가열되어 가용마개 합금이 녹아 구멍이 뚫리고 그 부분으로 기수가 분출하여 노 내의 연소를 차단하여 수위감소 등으로부터 과열을 사전에 방지하는 장치로서 그 용해온도는 주석과 납의 합금비율에 따라 각각 다르다.

그 외에도 재료는 황동, 청동 등에 아연이나 주석 등의 합금이 주입된다.

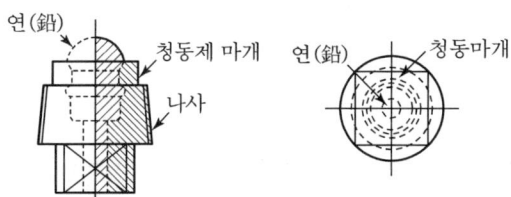

주석 : 납	용융온도(℃)
3 : 10	250
3 : 3	200
10 : 3	150

[가용 플러그]

4 방폭문(폭발구)

연소실 내에 불완전연소나 석탄연료의 경우 매화작업 등에 의해 미연가스가 충만한 경우 점화에 의한 가스폭발이나 역화 등으로 노 내의 가스압력이 상승하여 노통이나 내화벽돌 등에 악역향을 미칠 수 있기 때문에 폭발된 가스를 외부 안전한 장소로 배기시켜 사고에 의한 피해를 방지하는 안전기구이다.

(1) 부착위치

연소실 후부나 좌우측에 설치한다.

(2) 종류

① 개방식(스윙식) : 자연 통풍방식에서 사용된다.
② 밀폐식(스프링식) : 고압 보일러나 압입 통풍방식에 사용된다.

(3) 연소가스의 폭발원인

① 연소실이나 연도에 미연가스가 충만할 경우
② 매화 등에 의해 미연가스가 충만할 경우
③ 점화 전에 노 내 환기(프리퍼지)가 부족한 경우
④ 점화가 실패한 경우
⑤ 착화시간이 5초 이상 걸리는 경우
⑥ 보일러 운전 중 실화하여 연료가 노 내에 누설된 경우

5 기타 안전장치

기타 안전장치인 ① 화염검출기, ② 고저수위 경보장치, ③ 증기압력 제한기 등은 연소장치나 보일러 자동제어 장치에서 설명한다.

2. 송기장치(증기이송장치) 및 온도조절기

1 비수방지관(Antipriming Pipe)

보일러의 수면에서 증발되는 증기를 한 곳으로만 취출하면 그 부근은 압력이 저하하면서 수면이 동요되는 동시에 비수가 발생된다. 이를 방지하기 위하여 설치하는 것이 비수방지관(프라이밍 방지관) 또는 증기내관이라고 한다.

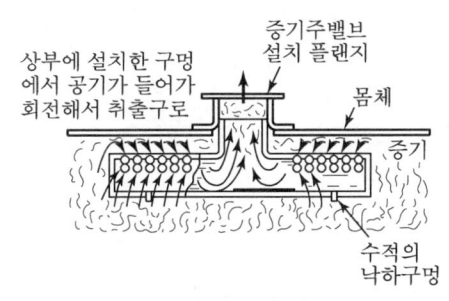

[비수방지관]

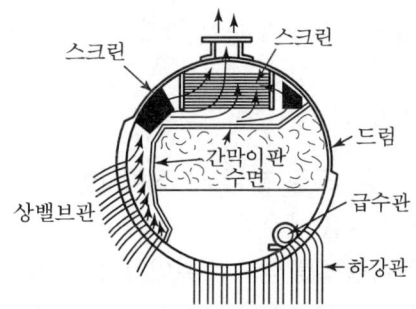

[수관 보일러 증기드럼 내의 증기분리기]

(1) 설치위치

원통형 보일러 동 내부 증기 취출구에 설치한다.

(2) 비수방지관의 면적

비수방지관에 뚫린 전체 구멍의 면적은 주증기 밸브의 단면적보다 1.5배 이상이 되어야 증기의 배출에 지장이 없다.

(3) 용어해설
① 프라이밍(비수) : 보일러 동 수면에서 작은 입자의 물방울이 증기와 함께 튀어오르는 현상이며 프라이밍(Priming), 포밍(Forming)이 발생되면 캐리오버(Carry Over)가 필연적으로 발생된다.
② 포밍(물거품) : 보일러 동 저부로부터 기포들이 수없이 수면 위로 오르면서 수면부가 물거품 솟음으로 덮이는 현상을 말한다.
③ 캐리오버(기수공발) : 증기 속에 혼입된 물방울이나 기타 불순물이 증기관 외부로 이송 운반되어서 수격작용(Water Hammer)의 발생원인을 제공하는 현상이다.

(4) 프라이밍, 포밍 등의 발생원인
① 주증기 밸브의 급개
② 부하의 급변
③ 고수위의 보일러 운전
④ 증기발생의 과대
⑤ 증기발생부가 적을 때
⑥ 관수의 농축
⑦ 급수처리 등의 부적당
⑧ 청관제 등의 약품처리의 부적합

(5) 프라이밍, 포밍의 장해
① 수면의 동요가 심하여 수위의 판단이 곤란하다.
② 압력계나 수면계의 연락관이 막히기 쉽다.
③ 습증기 발생의 과다
④ 증기엔탈피(kcal/kg)의 감소
⑤ 배관 내 응축수로 인한 수격작용(워터해머) 발생
⑥ 열설비 계통의 부식 초래
⑦ 보일러의 효율 저하
⑧ 증기의 저항 증가

(6) 프라이밍, 포밍 발생 시 조치사항
① 연소량을 낮춘다.
② 증기밸브를 닫고 수위의 안정을 꾀한다.
③ 농축된 관수를 분출시킨 후 새로운 급수로서 신진대사를 꾀한다.
④ 수면계 등의 연락관을 조사한다(안전밸브나 압력계도 함께).

2 기수분리기(Steam Separater)

수관식 보일러 등에서 증기의 압력이 고압으로 되면 포화수와 포화온도가 높아져 증기와 포화수 간의 비중량의 차가 적어지면서 발생되는 증기는 많은 물방울을 함유하게 된다. 이 증기 속에 포함된 물방울을 제거한 후 건조증기를 만들기 위하여 증기드럼 내나 주증기배관에 설치하여 증기와 물방울을 분리시키는 장치를 기수분리기라 한다.

(1) 기수분리기 설치 시의 이점
　① 건조도가 높은 포화증기를 얻는다.
　② 증기의 손실을 막아준다.
　③ 증기의 엔탈피가 증가한다.
　④ 기관의 열효율이 높아진다.
　⑤ 배관 내에 수격작용이 방지된다.
　⑥ 부식이 방지된다.
　⑦ 증기의 저항이 감소된다.

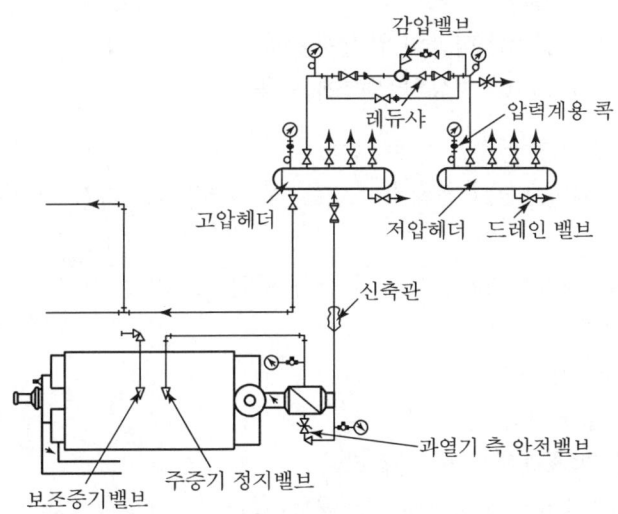

[증기계통도]

(2) 기수분리기의 종류
　① 사이클론식(원심분리기 사용)
　② 스크러버식(파형의 다수강판 사용)
　③ 건조 스크린식(금속망판 조합)
　④ 배플식(방향전환 이용)
　⑤ 다공판식(다수의 구멍 사용)

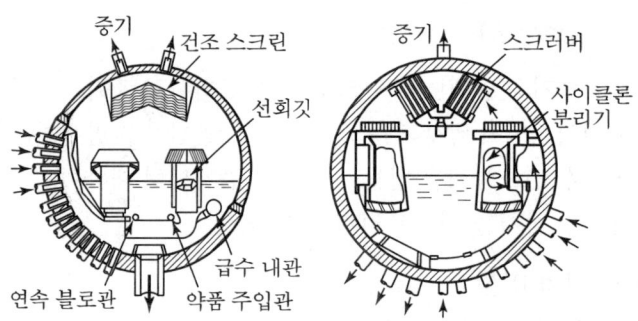

[드럼 내 기수분리기]

3 증기밸브 및 밸브

(1) 주증기 밸브

증기를 개폐시킬 때 사용되는 밸브로서 앵글밸브가 사용된다.

① 부착위치 : 보일러 상부에 부착한다.
② 주증기 밸브의 재질
    ㉮ 주철제 : $16kg/cm^2$ 미만의 압력에 사용
    ㉯ 주강제 : $16kg/cm^2$ 이상의 압력에 사용

(2) 밸브의 종류

① 앵글밸브(Angle Value) : 유체의 흐름을 직각방향으로 바꿀 때 사용되는 밸브이다(주증기 밸브용).
② 글로브 밸브(Glove Value) : 형체가 둥근 구형으로 생겼다.
    ㉮ 유체의 저항이 크다.
    ㉯ 가볍고 가격이 싸다.
    ㉰ 유량조절이 용이하다.
    ㉱ 고압이나 기체 배관 등에 사용된다.
③ 슬루스 밸브(Sluice Value) : 게이트 밸브이다.
    ㉮ 유체의 저항이 적다.
    ㉯ 리프트(양정)가 커서 개폐에 시간이 걸린다.
    ㉰ 절반만 개폐하면 밸브가 마모되기 쉽다.
    ㉱ 유량조절이 불가능하다.
④ 체크밸브(Check Value) : 역정지밸브로서 유체의 역류를 방지하며 유체가 한쪽 방향으로만 흐르게 하는 밸브로서 그 종류로는 스윙식과 리프트식이 있다.

㉮ 스윙식의 특징
  ㉠ 밸브 자체가 좌우로 회전된다.
  ㉡ 마찰저항이 적다.
  ㉢ 수직, 수평관 등에 모두 사용된다.

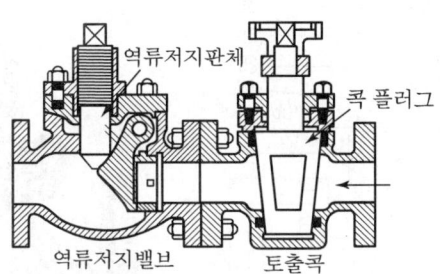

[토출 콕과 역류 저지밸브]

㉯ 리프트식 특징
  ㉠ 밸브가 상하수직으로만 운동된다.
  ㉡ 수평관에만 사용된다.
⑤ 풋밸브(Foot Value)
  ㉮ 펌프의 흡입관에 설치한다.
  ㉯ 흡입관에 흡상된 물의 역류에 의한 유출방지용이다.
  ㉰ 일종의 체크밸브의 역할을 한다.
⑥ 콕(Cock) : 구멍이 뚫린 원추를 90° 또는 180°로 회전시켜 유체의 흐름을 차단 또는 조절하는 것으로서 일명 플러그 밸브라고도 한다.
  ㉮ 콕의 유체통로 면적과 관의 통로면적이 같고 일직선이다.
  ㉯ 유체의 저항이 적다.
  ㉰ 유체의 통로 개폐가 신속히 이루어진다.
  ㉱ 접촉면이 커서 누설이 다소 생긴다.

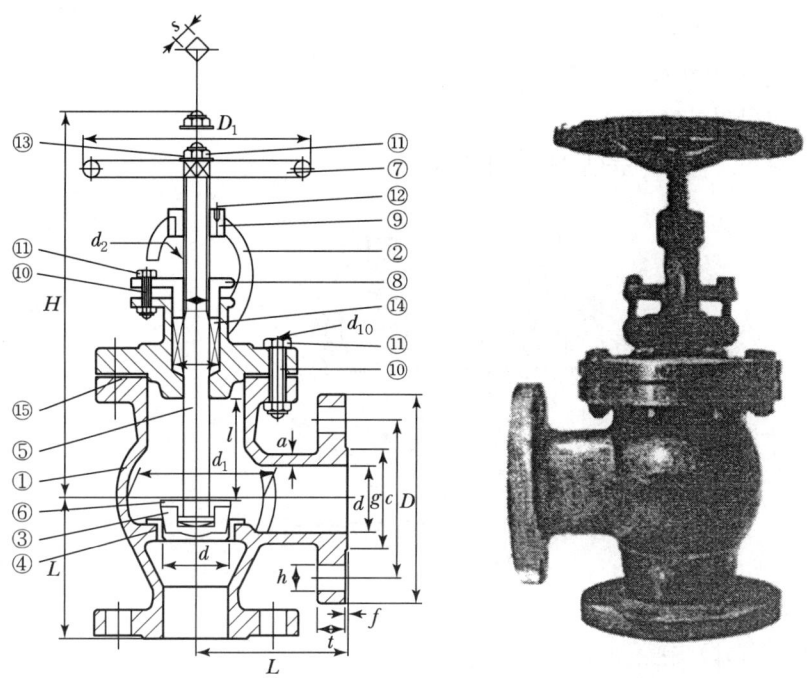

[주증기 앵글밸브]

No	품명	재질	No	품명	재질
①	몸체	SCPH2	⑨	나사끼움링	HBSC$_2$
②	덮개	SCPH2	⑩	볼트	SCMI, SF 45
③	디스크	STS 420J$_2$	⑪	너트	SM45C, SS 41
④	디스크시트	STS 420J$_2$	⑫	고정나사	SS 41
⑤	밸브대	STS 403	⑬	와셔	SS 41
⑥	디스크 누르개	STS 420J$_2$	⑭	패킹	ASBESTOS
⑦	핸드휠	BMC 28	⑮	개스킷	ASBESTOS
⑧	패킹 누르개	SF 45			

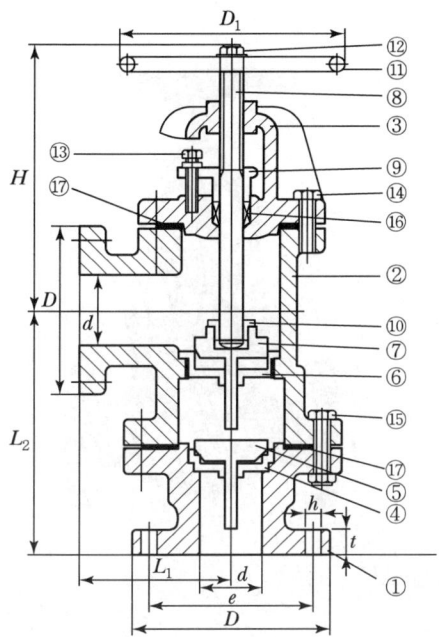

[급수정지밸브]

No	품명	재질	No	품명	재질
①	몸체 하	FC, SC	⑩	디스크 누르개	BC, SC
②	몸체 상	FC, SC	⑪	핸들	FC
③	덮개	FC, SC	⑫	핸들고정너트	SS
④	디스크시트 하	BC, SUS	⑬	패킹눌림볼트	SS
⑤	디스크 하	BC, SUS	⑭	덮개고정볼트	SS
⑥	디스크시트 상	BC, SUS	⑮	몸체고정볼트	SS
⑦	디스크 상	BC, SUS	⑯	패킹	ASBESTOS
⑧	밸브대	FBsBD2, SUS	⑰	개스킷	ASBESTOS
⑨	패킹 누르기	BC, SC			

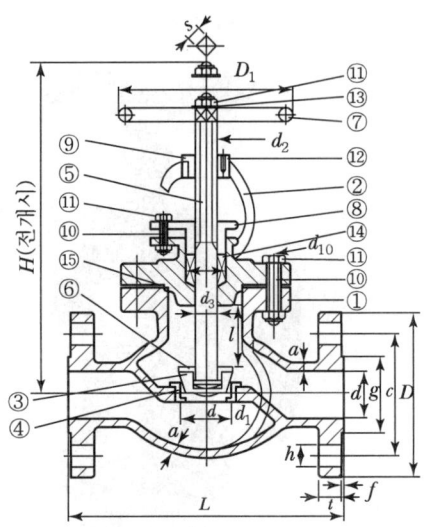

[글로브 밸브]

No	품명	재질	No	품명	재질
①	몸체	SCPH2	⑨	나사끼움링	HBSC$_2$
②	덮개	SCPH2	⑩	볼트	SCMI, SF 45
③	디스크	STS 420J$_2$	⑪	너트	SM45C, SS 41
④	디스크시트	STS 420J$_2$	⑫	고정나사	SS 41
⑤	밸브대	STS 403	⑬	와셔	SS 41
⑥	디스크 누르개	STS 420J$_2$	⑭	패킹	ASBESTOS
⑦	핸드휠	BMC 28	⑮	개스킷	ASBESTOS
⑧	패킹 누르개	SF 45			

4 증기헤더(Steam Header)

(1) 설치목적

　보일러의 증기를 한 곳에 모아서 사용처로 배분시킨다.

(2) 특징

　① 증기의 공급량을 조절한다.
　② 불필요한 열손실을 방지한다.
　③ 헤더 하부에는 트랩을 이용한 응결수 빼기가 되어 있다.
　④ 제2종 압력용기에 속한다.

5 **신축이음(Expansion Joint)**

증기관 내로 고온의 증기나 온수가 통과하면 배관이 팽창을 하게 되는데, 이를 조절하여 열설비 계통의 무리가 오는 것을 방지하기 위한 목적으로 설치된다.

(1) 강관의 신축량

온도 1℃ 상승에 따라 관 1m 길이에서 0.012mm씩 신축하며 동관은 0.07mm씩 신축한다.

(2) 증기관의 길이에 따른 신축이음
① 저압의 경우에는 관길이 30m 정도마다 1개씩 설치한다.
② 고압의 경우에는 관길이 10m 정도마다 1개씩 설치한다.

(3) 신축이음의 종류
① 루프형(Loop Type) 신축이음 : 강관을 둥글게 휨 가공(굴곡가공)한 것으로 만곡관형이라고 한다.
㉮ 고압의 옥외 증기배관용이다.
㉯ 응력을 수반하는 결점이 있다.
㉰ 굽힘반경은 관경의 6배 정도이다.
㉱ 만곡관(루프형)의 필요길이 계산

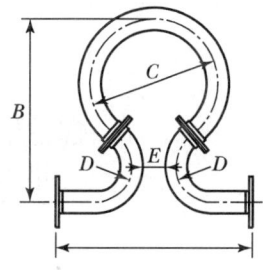
[루프형 신축이음]

㉠ $L(\mathrm{m}) = 0.073 \sqrt{만곡관의\ 외경(\mathrm{mm}) \times 흡수해야\ 할\ 배관의\ 신축량(\mathrm{mm})}$
㉡ ΔL(흡수해야 할 배관의 신축량(mm))
배관의 길이(m)×0.12(보일러 사용 후 온도 – 보일러 가동 전 온도)

② 벨로스형(Bellows Type) 신축이음 : 벨로스의 변형에 의해 관의 신축을 조절하는 주름통 신축이음이다.
㉮ 냉난방용으로 사용이 가능하다.
㉯ 누설의 염려가 없다.
㉰ 신축으로 인한 응력을 받지 않는다.
㉱ 트랩과 같이 사용된다.

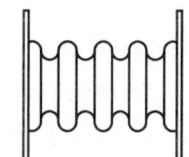
[벨로스형 신축이음]

③ 슬리브형(Sleeve Type) 신축이음 : 본체 안에 미끄러질 수 있는 슬리브파이프를 넣고 패킹재를 끼워 신축을 조절한다.
㉮ 미끄럼형 신축이음이다.
㉯ 저압증기 및 온수배관에 사용된다.
㉰ 과열증기에 부적합하다.

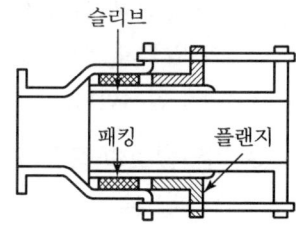
[슬리브형 신축이음]

④ 스위블형(Swivel Type) : 두 개 이상의 엘보를 사용하여 나사회전에 의한 배관의 신축을 조절한다.
  ㉮ 온수난방이나 저압의 증기배관에 사용된다.
  ㉯ 유체 누설의 염려가 있다.
  ※ 신축흡수의 크기 : 루프형 > 슬리브형 > 벨로스형 > 스위블형의 순서

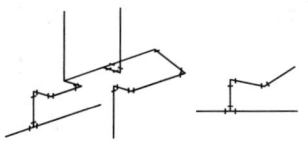
[스위블형 신축이음]

6 감압밸브(Reducing Value)

보일러에서 발생된 증기가 감압밸브의 상하운동에 의한 증기통로의 면적을 증감시켜 증기의 유속변화를 주면서 증기의 압력을 감소시키는 밸브이다.

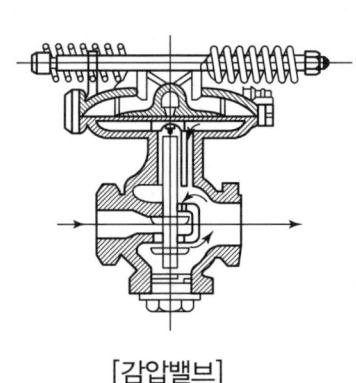
[감압밸브]   [다이어프램식 감압밸브]

(1) 설치목적
  ① 고압의 증기를 저압으로 변화시킨다.
  ② 부하 측 증기의 압력을 일정하게 유지시킨다.
  ③ 고압의 증기와 저압의 증기를 동시에 사용한다.

(2) 설치 시 주의사항
  감압밸브의 설치 시에는 고압 측은 정지밸브, 여과기, 압력계를 달고 저압 측에서는 정지밸브, 압력계, 안전밸브를 설치해야 된다. 그리고 감압밸브는 증기배관 또는 유체배관 주증기관에 설치한다.

(3) 감압밸브의 종류(작동방법에 따른 분류)
  ① 피스톤식
  ② 다이어프램식
  ③ 벨로스식

> REFERENCE
>
> 구조에 따른 분류 : ① 스프링식, ② 추식

(4) 감압밸브 설치 시 감압밸브의 보호를 위하여
① 감압밸브의 주변배관 구경 선정 시 적정한 구경으로 한다.
② 감압밸브는 가능한 증기사용처에 가깝게 설치한다.
③ 감압밸브는 반드시 이물질 손상으로 인하여 손상방지를 위하여 여과기로 보호한다.
④ 감압밸브 앞에는 여과기 및 기수분리기를 설치한다.
⑤ 향후 증설을 대비하여 배관하는 경우 설비에 대한 고려가 필요하다.

1 자동온도 조정밸브

열교환기나 가열기 등의 유체온도를 자동적으로 조정하고자 할 때 사용되는 밸브이다.

(1) 감온부의 방식에 따른 종류
① 바이메탈식
② 증기압력식
③ 전기저항식

2 실내온도 조절기(Room Thermostat)

난방을 할 때 온도를 일정하게 유지하기 위하여 사용되는 조절스위치로서 주 안전제어기들과 결속된 후 버너의 작동 및 정지를 함으로써 실내 온도를 유지하게 된다. 주로 온수난방 등에 사용됨으로써 송기장치로는 볼 수 없지만 난방에 많이 이용된다.

(1) 구조에 따른 종류
① 바이메탈 스위치식
② 바이메탈 머큐리 스위치식
③ 다이어프램 팽창식

(2) 설치 시 주의사항
① 직사광선을 피할 것
② 방열기(라디에이터) 상단이나 현관 등을 피할 것
③ 실내온도를 표준으로 유지할 수 있는 곳에서 설치할 것
④ 방바닥에서 1.5m 위치에 설치할 것
⑤ 수직으로 설치할 것
⑥ 머큐리 스위치식은 수직설치가 아니면 온도의 편차가 크게 난다.

7 증기 트랩(Steam Trap)

증기배관에서 응축수(Drain)가 고이기 쉬운 곳에 설치하여 증기는 내보내지 않고 응축수만 배출하는 덫이며 워터해머(수격작용, Water Hammer)를 방지한다.

(1) 워터해머 발생원인
① 증기관 내에 응축수가 고여 있을 때
② 증기밸브의 급개
③ 프라이밍, 포밍, 캐리오버의 발생
④ 증기 트랩의 고장
⑤ 증기관의 보온이 원활하지 못하였을 때

REFERENCE

- 트랩이 차가운 원인 : 밸브 고장, 여과기 막힘, 기계식의 경우 압력이 높다, 플루트식은 플루트에 구멍 발생
- 트랩이 뜨거운 원인 : 트랩의 용량부족, 배압이 높다, 밸브에 이물질 흡입, 밸브의 마모, 벨로스 손상, 바이메탈 변형

---

(2) 워터해머의 작용
증기배관의 응축수가 주증기 밸브의 급개 시에 증기의 유속에 날려 평소압력 14배의 압력으로 밸브나 배관에 무리를 주는 작용을 함으로써 다음과 같은 나쁜 작용이 생긴다.

① 증기관 및 배관장치 등에 손상을 입힌다.
② 증기관 주위에 시공한 보온재가 파손된다.
③ 증기 및 응축수가 누설된다(열손실 초래).

(3) 증기 트랩의 구비조건
① 유량 또는 유압이 소정(배관) 내에서 변화해도 작동이 확실할 것
② 구조가 간단하고 내마모성이 클 것
③ 마찰저항이 적을 것
④ 공기빼기가 양호할 것
⑤ 봉수가 확실할 것
⑥ 사용정지 후에도 작동이 확실할 것(응축수를 배출할 수 있을 것)
⑦ 내식성 및 내구성이 있을 것

(4) 증기 트랩의 종류
　① 응축수와 증기의 비중차를 이용한 것(기계식 트랩)
　　㉮ 버킷식 트랩 : 상향 버킷 트랩, 하향 버킷 트랩
　　㉯ 플로트식 트랩 : 레버플로트식 트랩, 프리플로트식 트랩
　② 응축수와 증기의 온도차를 이용한 것(온도조절식 트랩)
　　㉮ 벨로스식 트랩(압력 평형식 트랩)
　　㉯ 바이메탈식 트랩
　　㉰ 임펄스식 트랩
　③ 응축수와 증기의 열역학적 특성을 이용한 것(열역학적 트랩)
　　㉮ 오리피스식 트랩(충격식)
　　㉯ 디스크식 트랩(서모다이내믹 트랩)

REFERENCE

(1) 트랩 부착 시 이점
　① 수격작용의 방지　　　　　　　　② 관 내 유체의 흐름에 대한 저항 감소
　③ 응축수로 인한 열설비 효율저하 방지　④ 응축수에 의한 관 내부의 부식초래 방지
(2) 스팀트랩 선정조건
　① 증기압력의 고저　　　　　　　　② 증기온도의 고저
　③ 응축수량　　　　　　　　　　　　④ 제반 설치조건 사항
(3) 트랩의 고장 탐지
　① 점검용 청진기 오티폰 사용　　　② 작동음의 판단
　③ 냉각 또는 가열 상태로 파악　　　④ 사이트글라스 확인

REFERENCE 트랩 설치 시 주의사항

① 드레인 배출구에서 트랩 입구에의 배관은 굵고 짧게 한다.
② 트랩 입구의 배관은 트랩 입구를 향해서 내림구배가 좋다.
③ 트랩 입구의 배관은 입상관으로는 하지 않는다.
④ 트랩 입구의 배관은 보온하지 않는다.

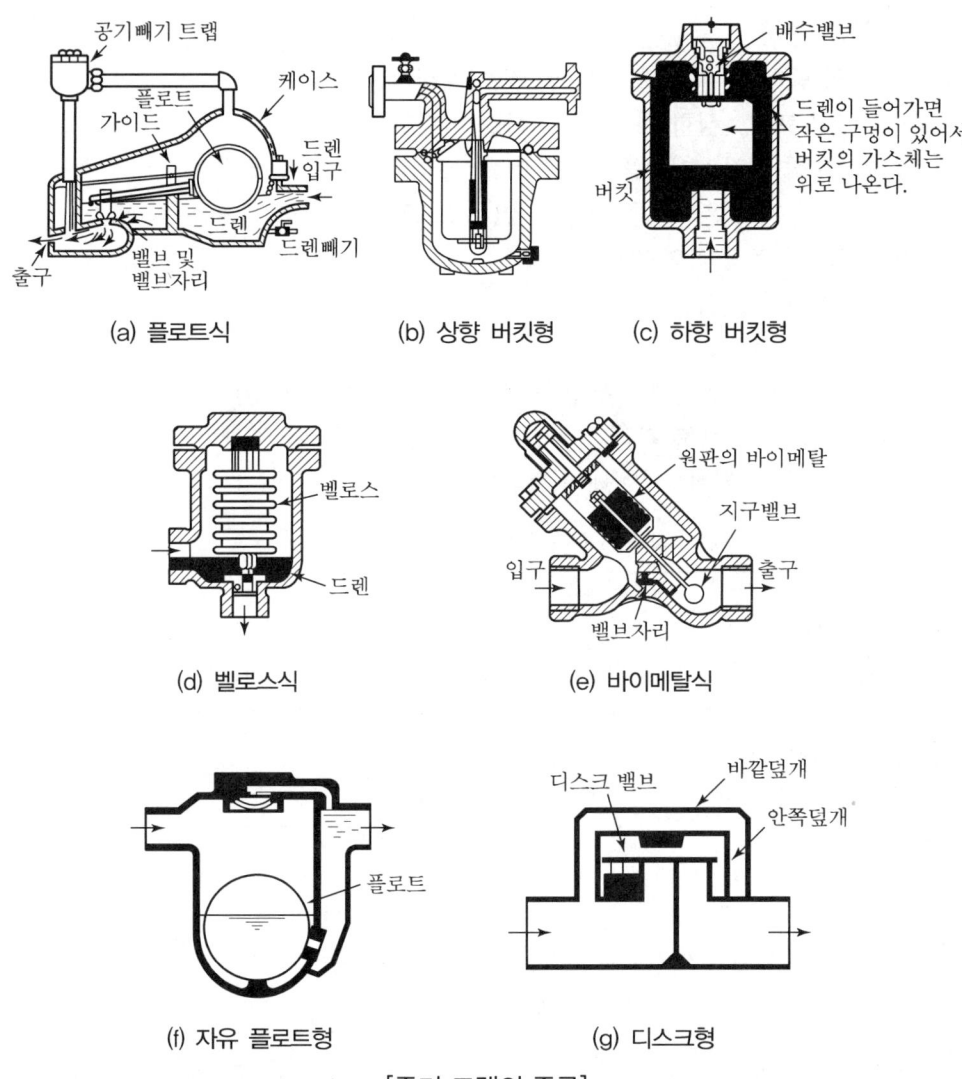

[증기 트랩의 종류]

(5) 스팀트랩의 차압

증기 트랩의 용량은 공급압력과 분출압력의 차이가 기초가 된다. 이 때문에 차압을 안다는 것은 증기 트랩을 선정하는 데 반드시 필요하다.

배관상의 문제로 인하여 배압(Back Pressurz)이 발생하게 되는데, 이것은 매우 중대하게 다루어져야 한다. 특히 입상라인에 있어 라인상 차압을 가질 때 트랩 이후에 체크밸브의 설치가 필요하다. 응축수를 내뿜어 올릴 수 있는 높이는 사용압력과 되돌아오는 배압의 양에 따라 다르지만 이론적으로 압력을 10mAq 올릴 수 있다. 하지만 트랩 자체의 마찰손실과 열설비의 압력손실, 관의 깊이, 배압 등의 문제가 있다.

$P_1 = P_0 \times 0.6 = 7\text{mAq}$

$P_2 = P_0 \times 0.3 = 4\text{mAq}$

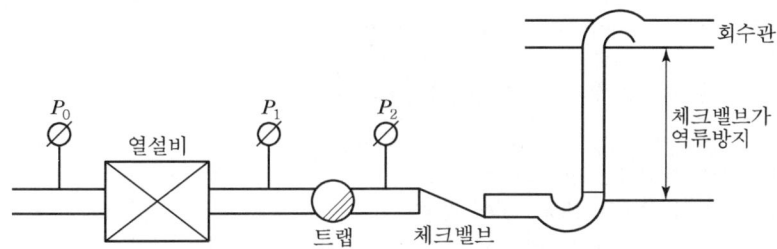

[입상라인이 연결된 트랩의 설치도]

REFERENCE 증기 트랩의 작동불량

(1) 증기배출의 불량
  ① 증기가 뻗쳐 나올 때 : 트랩 내부의 손실, 마모, 파손에 의한 개폐기능의 고장
  ② 증기누수 : 밸브기능의 약화와 Lapping(래핑) 불량
(2) 응축수를 분출하지 못하는 불량
  ① Disc(디스크) & Seat(시트)의 끼임(트랩 폐쇄)
  ② 트랩의 분출능력 부족
(3) 압력부족 : 트랩의 규정된 압력의 사용저하, 용량부족 및 트랩 수명의 단축
(4) 분출불량 : 배관 내의 잔류공기 및 불응축성 가스의 배제 불량

〈각종 증기 트랩의 특징(장단점)〉

종류	장점	단점
상향버킷식 트랩	① 응축수의 배출능력이 높다. ② 차압이 80%라도 배출이 가능하다. ③ 작동이 확실하다. ④ 수실이 되어 증기손실이 없다. ⑤ 최고 16kg/cm^2, 220℃까지 사용 가능하다.	① 형체가 비교적 대형이다. ② 반드시 수평으로 설치해야 한다. ③ 동결의 우려가 있다. ④ 배기능력이 빈약하다.
하향버킷식 트랩	① 배기능력이 좋다. ② 응축수의 배출능력이 높다 ③ 가장 많이 사용되고 있다. ④ 최고 16kg/cm^2, 220℃까지 사용 가능하다.	① 증기손실이 많다. ② 동결의 우려가 있다. ③ 부착이 불편하다. ④ 수평으로 설치해야 한다.
레버플로트식 트랩	① 작은 부하에 적합하다. ② 대량 응결수 배출이 가능하다. ③ 20kg/cm^2까지 사용 가능하다.	① 워터해머에 약하다. ② 레버 연결부의 마모로 고장이 많다. ③ 수평으로 설치해야 한다.

종류	장점	단점
프리플로트식 트랩	① 소형으로 구조가 간단하다. ② 연속배출이 가능하다. ③ 증기의 누출이 거의 없다. ④ 기동 시에 공기빼기를 할 필요가 없다. ⑤ 최고 100kg/cm²까지 사용 가능하다. ⑥ 응결수 배출은 소용량에서 대용량까지 된다.	① 워터해머를 위한 필요조치를 해야 한다. ② 옥외설치 동결의 우려가 있다.
벨로스식 트랩 (열동식 트랩)	① 난방용 방열기 출구에서 사용된다. ② 형체가 소형이다. ③ 응축수의 온도조절이 가능하다. ④ 배기능력이 뛰어나다.	① 워터해머에 약하다. ② 1kg/cm² 이하의 저압용에 사용된다. ③ 과열증기에 부적당하다.
바이메탈식 트랩	① 구조상 고압력에 적합하다. ② 증기의 누설이 전혀 없다. ③ 배압력이 높아도 사용 가능하다. ④ 응결수 배출이 연속적이다. ⑤ 수평, 수직 설치가 가능하다. ⑥ 동결의 우려가 없다. ⑦ 최고 16kg/cm², 220℃까지 사용 가능하다.	① 과열증기에 부적당하다. ② 개폐온도의 차가 크다. ③ 사용기간 동안 바이메탈의 특성이 변한다.
임펄스식 트랩	① 구조가 간단하다. ② 응축수의 온도변화에 따라 연속배출이 가능하다. ③ 공기를 배출할 수 있다. ④ 고압, 중압, 저압에 모두 사용 가능하다.	① 취급하는 응축수량에 비하여 소형이다. ② 다소 증기가 누설된다.
충격식 트랩	① 소형이며 정밀하다. ② 과열증기 사용에 적합하다. ③ 작동효율이 높다. ④ 기동 시에 공기빼기가 불필요하다. ⑤ 설치가 자유롭다. ⑥ 사용압력은 제한이 없다.	① 정밀하므로 마모시 손질이 어렵다. ② 증기누설이 많다. ③ 배압의 허용도가 30% 미만이다. ④ 응축수 배출용량은 중소량이다.
디스크식 트랩	① 소형이며 구조가 간단하다. ② 고장이 적고 보수가 편하다. ③ 과열증기 사용에 적합하다. ④ 작동효율이 높다. ⑤ 워터해머에 강하다. ⑥ 기동 시 공기빼기가 불필요하다. ⑦ 증기온도와 같은 온도의 응축수를 배출할 수 있다. ⑧ 최고 200kg/cm², 550℃까지 사용 가능하다.	① 배압의 허용도가 50% 이하이다. ② 최저 작동압력차 0.3kg/cm²이다. ③ 배기능력이 미약하다. ④ 증기누출이 많다. ⑤ 작동 시 소음이 크다. ⑥ 응축수 배출용량은 중소량이다.

(6) 트랩의 용량

증기 트랩의 용량은 응축수의 시간당 배출량(kg/h)으로 표시한다.

(7) 트랩의 배압허용도

$$배압허용도(\%) = \frac{최고허용배압\,(\mathrm{kg/cm^2})}{입구압력\,(\mathrm{kg/cm^2})} \times 100$$

(8) 스팀트랩의 구경산정

스팀트랩도 일종의 자동밸브이며 각각 고유의 응축수 배출용량을 갖고 있다. 따라서 임의로 배관구멍을 기준으로 트랩의 구경을 선정하다 보면 부족한 용량의 트랩을 선정하여 응축수의 배출이 원활하지 못한 경우가 있다. 특히, 부하변동이 심한 설비의 경우에는 예열부하 등을 고려한 구경선정이 이루어져야 하며 동일구경과 비슷한 작동압력을 가진 트랩이라 하더라도 메이커별로 용량이 다르므로 주의하여야 한다.

(9) 최근 스팀트랩의 점검방법

① 대기방출에 의한 방법　　② 사이트글라스에 의한 방법
③ 초음파 누출탐지기에 의한 방법　　④ 전기전도도에 의한 방법

〈증기사용설비별 최근의 적정 스팀트랩의 선정〉

사용설비명	제1선택	제2선택	사용설비명	제1선택	제2선택
증기주관	TD	FT, IB	가공용 자켓솥	FT	BPT
기수분리기	FT	TD, IB	양조용 구리솥	FT	IB
증기관말	TD	FT, IB	증류기	FT	IB
열교환기	FT	IB	열풍건조기	FT	IB
난방용 방열기	BPT	TD, IB	다단파이프 건조기	IB	FT
컨벡터	BPT	TD, IB	실린더 건조기	FT	FT
유닛히터	FT	IB	다단식 실린더	FT	FT
공조기 히팅코일	FT	IB	프레스	TD	FT, BPT
방열패널, 파이프	BPT	FT, IB	텀블러	FT	BPT
고정식 냄비, 주방	FT	BPT	다단 프레스	TD	FT, IB
경사식 냄비, 주방	FT	BPT	레토르트	FT	FT
스팀오븐	BPT	FT	가류장치	FT	IB, TD
열관	BPT	FT	탱크 히팅코일	IB	FT, TD
병원살균기	BPT	FT	아웃플로히터	FT	IB
오토클레이브	BPT	FT	자켓 파이프	BPT	SM, TD
대형 저장탱크	IB	FT, TD	트레이서	BPT	SM, TD

주) • TD : 디스크식 트랩　　• FD : 플로트식 트랩　　• BPT : 다이어프램식 트랩
　　• IB : 버킷식 트랩　　• SM : 바이메탈식 트랩

8 증기축열기(Steam Accumulator)

보일러 가동 중 저부하 시에 남은 잉여증기를 저장하였다가 과부하 시에 긴급히 사용하는 잉여증기의 저장고로서 과잉의 증기를 포화수와 같은 모양으로 저장 후 정압식(온수)과 변압식(증기) 방식으로 이용하는 장치이다.

(1) 정압식
잉여증기를 보일러 급수 중에 넣어 그 열을 저장하고 정압의 상태에서 필요에 따라 축열을 이용하여 급수라인에 설치한다. 즉, 보일러 입구 쪽 급수계통에 설치된다.

(2) 변압식
잉여증기는 물이 저장된 탱크로 보낸 후 필요할 때 그 내부의 내린 압력을 변동시켜 자체에서 증기를 발생시켜 사용한다. 즉, 보일러 출구 증기계통에 설치된다.

REFERENCE

(1) 변압식 어큐뮬레이터의 종류
  ① 가로형 : 가열증기는 역지밸브를 통하여 증기축열기 축방향으로 다수배치된 흡입관에 의하여 순환통 내 상향으로 흡입된다. 동내의 물은 순환통 하부에서 흡입되어 순환해서 축열되고 동내의 상하 열수 온도차는 2~4℃이다. 소요증기를 빼낼 때는 역지밸브가 열리고, 용기 내 압력이 저하되면 비등점 저하에 의하여 즉시 증발한다.
  ② 세로형 : 흡입관이 하나에 집중하고 순환통도 하나로 대형이 된다. 세로형이기 때문에 증발면적이 작아 특수한 내부장치에 의해 단위면적당 증발량을 확보한다. 열수에서 발생할 수 있는 증기량은 처음 압력과 끝의 압력강하차가 많을수록 많다.
  ③ 증기축열기의 배치
    ㉮ 병렬 배관 : 고압 쪽 증기는 보일러에서 저압 쪽 증기는 보일러 및 어큐뮬레이터에서 공급을 받는다. 고압 쪽 압력이 과잉되면 증기는 어큐뮬레이터(증기축열기)에 설치된다. 저압 쪽에 증기량이 부족하면 자동적으로 증기축열기에서 보급받는다.
    ㉯ 직렬 배관 : 저압 쪽으로부터 보급받는 방법이다.

(2) 정압식 어큐뮬레이터의 종류
  ① 잉여보일러수를 축적하는 방법 : 부하가 낮을 때 저온급수를 많이 하여 잉여보일러수를 증기축열기에 저장했다가 부하가 높아지면(증기소비량이 많이 필요할 때) 열수(축열기 내부의 저장온수)를 보일러에 보급하면 연소비율은 일정하나 증기의 발생량은 크게 증대한다. 과열기가 있는 경우에는 부하저하 시 과열기 전열면의 온도상승이 생기므로 주의한다.
  ② 증기에 의한 급수예열방법 : 부하가 낮을 시 보일러에서 과잉증기나 증기기관의 폐증기를 급수가열에 이용하여 증기축열기를 축적하는 방법이다. 부하 저하 시(증기소비가 많이 필요하지 않을 때) 과열기 통과증기량은 확보되지만 과열기의 온도상승은 없다.

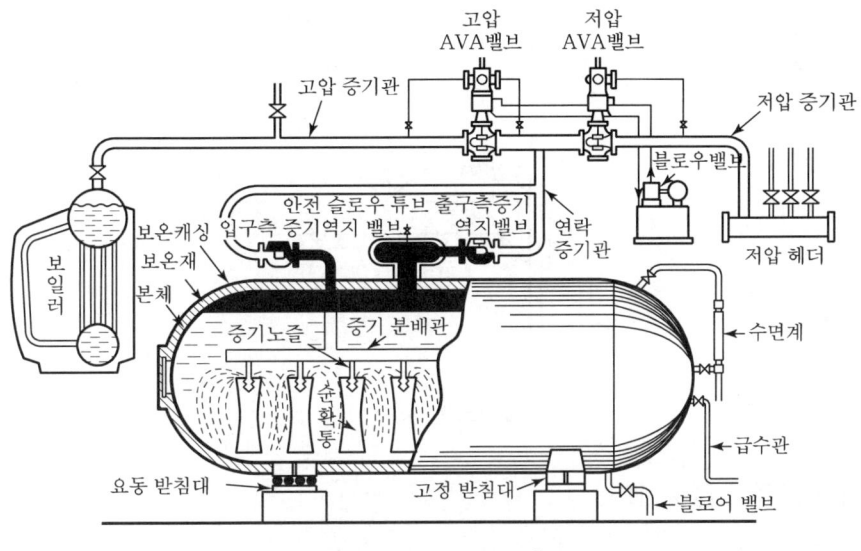

[증기축열기의 구조]

3. 급수장치

급수장치란, 보일러 운전 중 부하변동 시에 일정수위를 유지하기 위하여 거의 연속적으로 보일러 동 내부로 급수를 보충해 줄 수 있는 모든 장치를 말한다.

1 급수장치의 종류

(1) **급수탱크(Feed Water Tank)**
보일러에서 사용되는 응축수(복수)가 부족할 때 이를 보충하기 위하여 지하수나 상수도수를 급수처리하여 저장하였다가 유사시 사용하는 탱크이다.

(2) **응축수 탱크(Drin Tank)**
열사용처에서 사용된 증기가 물로 응축할 때(50~70℃ 정도) 그 응축수가 회수된 후 보일러로 공급되는 탱크이다.

(3) **급수밸브**
전열면적이 $10m^2$ 이하에서는 15A 이상이며 $10m^2$ 이상에서는 20A 이상의 밸브가 필요하다. 급수밸브에는 정지밸브와 체크밸브가 사용된다.

(4) **급수펌프**
보일러에서는 항상 단독으로 최대 증발량을 발생시키는 데 필요한 급수를 할 수 있는 2세트 이상의 급수펌프(인젝터 펌프 포함)를 갖추어야 한다.

(5) 기타 급수장치
① 급수관
② 급수처리 약품주입 탱크
③ 수압계
④ 급수량계
⑤ 급수내관

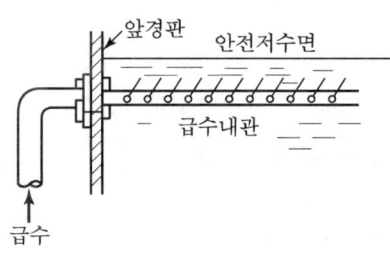

[급수내관]

2 급수장치의 조건과 급수펌프

(1) 급수장치
① 급수장치는 보일러에서는 항상 주펌프세트가 설치되어야 한다(인젝터 포함).
② 다만 다음의 조건하에서는 보조펌프가 생략되어도 된다.
㉮ 전열면적이 12m² 이하의 보일러, 전열면적 14m² 이하의 가스용 온수보일러
㉯ 전열면적이 100m² 이하의 관류 보일러
③ 주펌프세트 및 보조펌프세트는 보일러 상용압력에서 정상가동상태에 필요한 물을 각각 단독으로 공급할 수 있어야 한다.
④ 보조펌프세트의 용량은 최대증발량의 25% 이상의 능력을 갖추어야 한다.

(2) 급수펌프의 구비조건
① 고온, 고압에도 충분히 견디어야 한다.
② 급격한 부하변동에도 대응할 수 있어야 한다.
③ 작동이 확실하고 조작이 간편하여야 한다.
④ 저부하 시나 고부하 시에도 효율이 좋아야 한다.
⑤ 병렬운전에도 지장이 없어야 한다.
⑥ 회전식은 고속회전에 지장이 없어야 한다.

(3) 펌프의 양정계산

전양정 = [흡입양정 + 토출양정 + 수두양정 + 마찰손실 × 수두양정] × 1.2배

① 급수펌프의 양정은 최대 양정의 20%의 여유가 있어야 한다.
② 흡입양정은 보통 6~8m 정도로 한다.
③ 펌프의 성능이 좋으면 실양정이 증가되지만, 흡입양정에는 어느 한계가 있어 토출양정 (배출양정)만 크게 된다.

(4) 급수펌프의 동력 계산
   ① 펌프의 수동력
   물을 실제로 공급하는 데 필요한 펌프의 동력을 수동력 또는 수마력이라고 한다.

   $$W(\text{kW}) = \frac{Q\gamma H}{102}, \quad W(\text{HP}) = \frac{Q\gamma H}{75}$$

   여기서, Q : 급수량(m³/min)
   γ : 급수의 비중량(kg/m³)
   H : 전양정(m)

   ② 펌프의 축동력
   펌프에서 실제 일어나는 마찰손실 등을 더한 동력이다. 축동력의 단위에는 kW와 HP(PS)가 있다.

   $$S(\text{kW}) = \frac{Q\gamma H}{102 \times 60\eta}, \quad S(\text{PS}) = \frac{Q\gamma H}{75 \times 60\eta}$$

   여기서, S : 펌프의 축동력(kW, PS)
   η : 효율(%)

   ③ 급수펌프의 구경
   급수펌프의 크기는 토출구의 지름으로 표시되며, 펌프의 구경(지름)은 아래와 같다.

   $$d = \sqrt{\frac{4Q}{\pi V}}$$

   여기서, d : 펌프의 구경(m)
   Q : 급수량(m³/s)
   V : 급수의 유속(m/s)

(5) 급수펌프의 종류
   ① 동력 펌프
      ㉮ 회전식 펌프 : 볼류트 펌프, 터빈 펌프, 프로펠러 펌프
      ㉯ 왕복식 펌프 : 플런저 펌프(단작동 펌프)
   ② 비동력 펌프
      ㉮ 왕복식 펌프 : 워싱턴 펌프, 웨어 펌프(증기 사용)
      ㉯ 인젝터 : 메트로폴리탄형, 그레샴형
      ㉰ 환원기 : 응축수 회수탱크(수압과 증기압 사용)
      ㉱ 급수탱크(수원 이용)

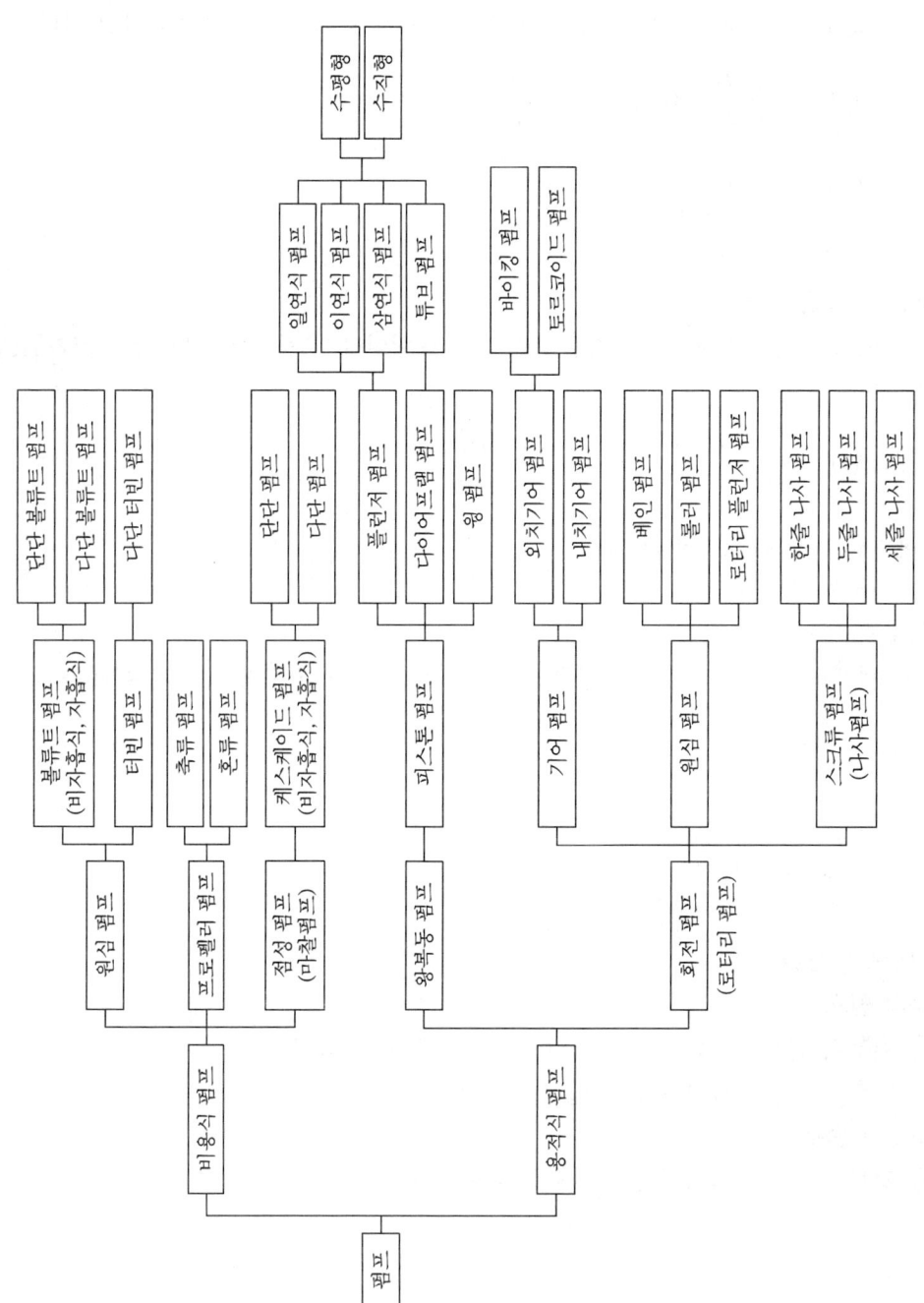

[최근 원리구조상의 펌프의 분류]

[편흡입 볼류트 펌프]

[플런저 펌프]

[다단 볼류트 펌프]

[다단 터빈 펌프]

(6) 급수펌프의 특징과 원리
　① **다단 터빈 펌프**(Turbine Pump) : 고압다단식 펌프로서 임펠러와 안내날개가 있고 양정이 20m 이상인 큰 급수펌프에 해당하는 펌프이다.
　　㉮ 단수는 2~8단 정도이다.
　　㉯ 1단의 수압은 2.5~3.5kg/cm² 정도이다.
　　㉰ 고속회전에 적합하고 효율이 높다.
　　㉱ 토출흐름이 고르고 조용하다.

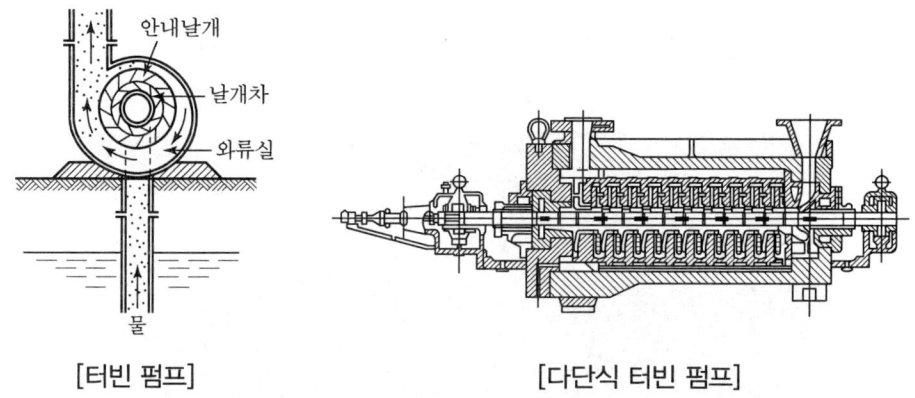

[터빈 펌프]　　　　　　　　　[다단식 터빈 펌프]

　② **볼류트 펌프**(Volute Pump : 소용돌이 펌프) : 터빈 펌프와 형태는 같으나 안내날개가 없고 양정 20m 미만에 사용된다.
　③ **플런저 펌프**(Plunger Pump) : 전동기를 사용하여 플런저가 크랭크 축의 회전에 의해서 급수하는 펌프이다.
　　㉮ 유압펌프로 많이 이용된다.　　　㉯ 고압용에 사용된다.
　　㉰ 형체가 작은 편이다.　　　　　　㉱ 단작동식이다.
　　㉲ 구조가 복잡하다.
　　㉳ 토출흐름이 고르지 않아서 배관에 무리가 온다(공기실을 설치하여 운전).

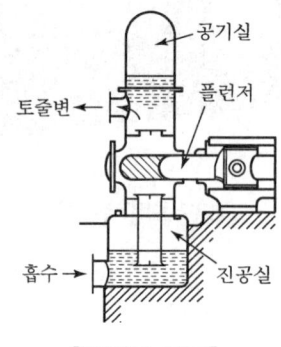

[플런저 펌프]

④ 워싱턴 펌프(Worthington Pump)
  ㉮ 증기의 압력에너지를 이용하여 피스톤을 작동시켜 급수를 행하는 비동력 펌프이다.
    ㉠ 고압용 소량에는 사용이 편리하다.
    ㉡ 증기의 실린더 단면적이 물실린더 단면적보다 2배 정도 크다.
    ㉢ 복동식, 복작동 펌프이다(토출압의 조절이 용이하다).
    ㉣ 증기를 이용하여야 급수가 흡입된다(유체의 흐름에 맥동이 발생).

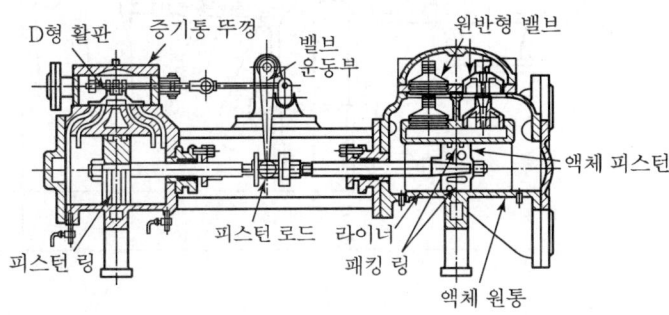

[단동식 듀프렉스 펌프(워싱턴 펌프)]

  ㉯ 워싱턴 펌프의 토출압력 계산

$$토출압력 = \frac{증가실린더 단면적(cm^2)}{물실린더 단면적(cm^2)} \times 증기압력(kg/cm^2)$$

⑤ 웨어펌프(Weir Pump) : 워싱턴 펌프와 동일한 구조이나 피스톤이 1쌍밖에 없는 펌프이다.
  ㉮ 동력이 불필요하다.
  ㉯ 급수량이 적다.
  ㉰ 예비용 급수펌프로 이상적이다.
  ㉱ 무동력 펌프라서 증기가 필요하다.

⑥ 인젝터(Injector) : 비동력 급수펌프로서 중·소형 보일러에 예비 급수용으로 많이 사용된다(보일러에서 발생된 증기를 사용한다).
  ㉮ 급수의 원리
    증기의 열에너지 → 운동에너지로 변환 → 압력에너지로 변화 → 급수
  ㉯ 종류
    ㉠ 메트로폴리탄형(Metropolitan) : 급수온도 65℃ 이하 사용
    ㉡ 그래샴형(Gresham) : 급수온도 50℃ 이하 사용
  ㉰ 내부의 구조(노즐이용)
    ㉠ 증기노즐   ㉡ 혼합노즐
    ㉢ 토출노즐(분출노즐)

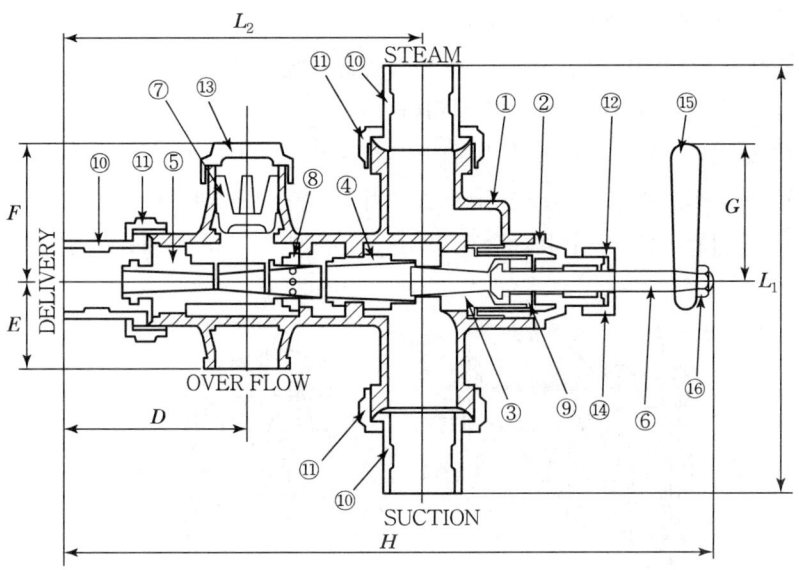

No	품명	재질	수량	No	품명	재질	수량
①	몸체	Bronze	1	⑨	노즐고정너트	Bronze	1
②	보닛	Bronze	1	⑩	닛불	Bronze	3
③	증기노즐	Bronze	1	⑪	닛불고정너트	Bronze	3
④	혼합노즐	Bronze	1	⑫	패킹너트	Bronze	1
⑤	방출노즐	Bronze	1	⑬	오버너트	Bronze	1
⑥	스템	Bronze	1	⑭	패킹	ASBESTOS	1
⑦	과압밸브	Bronze	1	⑮	핸들	FC	1
⑧	상압밸브	Bronze	1	⑯	너트	SS	1

[인젝터]

㉠ 인젝터의 작동순서(시동순서)

　㉠ 출구정지밸브를 연다.

　㉡ 흡수밸브를 연다(급수밸브).

　㉢ 증기밸브를 닫는다.

　㉣ 핸들을 연다.

㉡ 인젝터의 정지순서

　㉠ 핸들을 닫는다.

　㉡ 증기밸브를 닫는다.

　㉢ 급수밸브를 닫는다.

　㉣ 출구정지밸브를 닫는다.

⑭ 인젝터 사용상의 장단점
　㉠ 장점
　　ⓐ 구조가 간단하고 다른 펌프에 비해 모양이 작다.
　　ⓑ 설치장소를 적게 차지한다.
　　ⓒ 증기와 물이 혼합하여 급수가 예열된다.
　　ⓓ 시동과 정지가 용이하다.
　　ⓔ 가격이 싸다.
　㉡ 단점
　　ⓐ 급수용량이 부족하여 장기간 사용에는 부적당하다.
　　ⓑ 대용량 보일러에는 사용이 부적당하다.
　　ⓒ 급수량의 조절이 곤란하다.
　　ⓓ 급수의 효율이 낮다.
　　ⓔ 급수에 시간이 많이 걸린다.
　　ⓕ 흡입양정이 낮다.
⑮ 인젝터 급수불능의 원인
　㉠ 급수의 온도가 50~55℃ 이상이면 사용이 불가능하다(급수불능).
　㉡ 증기압력이 2kg/cm² 이하일 때
　㉢ 흡입관에 공기가 새어들 때
　㉣ 노즐의 마모나 폐쇄
　㉤ 체크밸브의 고장
　㉥ 인젝터 자체의 과열
　㉦ 증기가 매우 습할 때 : 인젝터는 급수탱크보다 낮은 위치에 설치하여야 한다. 그 이유는 흡입양정이 매우 낮기 때문이다.
　　ⓐ 캐비테이션(공동현상) : 펌프 운전 중 흡입압력이 부족하면 펌프실 내의 진동, 소음, 급수불능, 부식 등이 발생하여 펌프의 성능이 저하된다.
　　ⓑ 서징현상(맥동현상) : 공동현상에 의해 발생된 흐름이 정상적으로 되돌아오면서 기포가 깨져 맥동을 일으키는 현상
⑦ 환원기(Return Tank) : 응축수를 회수하여 보일러의 급수로 공급하는 급수펌프의 대용으로 소용량 보일러에서 사용되며 환원기 내의 급수량의 수두압과 보일러에서 발생되는 증기압을 동시에 이용하여 급수한다.
　㉮ 보일러 상부보다 1m 이상 높은 곳에 설치한다.
　㉯ 보일러의 열효율이 향상된다.
　㉰ 응축수를 사용하여 유지비가 적게 든다.
　㉱ 불순물의 장해가 적다.
　㉲ 동력이 불필요하다.

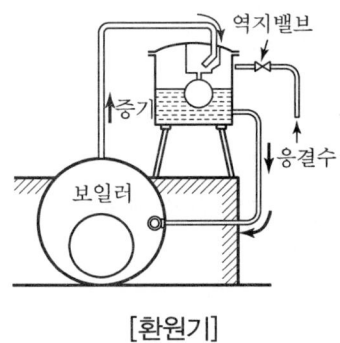

[환원기]

> **REFERENCE** 응축수량 계산
>
> ① 방열기 표준상태 응축수량 : 방열기 $1m^2$당 표준방열량은 증기의 경우 $650kcal/m^2h$이므로
> $\frac{650}{539} = 1.21 kg/m^2h$가 된다.
> 그러나 표준난방이 아닐 때에는 (방열기 $1m^2$당 방열량/r)이 된다.
> ② 보일러의 전응축수량(전장치 내의 응축수량)
> $$kg/h = \frac{방열기 1m^2 방열량}{r} \times 1.3 \times EDR$$
> 여기서, r : 물의 증발잠열(kcal/kg), EDR : 상당방열면적(m^2)
> ※ 일반적으로 증기배관 내의 응축수량은 방열기에서 생성되는 응축수량의 30%로 보기 때문에 1.3이 곱하여진다.
> ③ 응축수 펌프의 용량(kg/min) : 응축수 펌프의 용량은 1분당 발생되는 응축수량의 3배로 본다.
> $$kg/min = \frac{시간당 전\ 장치\ 내의\ 응축수량(kg/h)}{60} \times 3$$
> ④ 응축수 탱크용량(kg) : 응축수 탱크용량은 응축수 펌프용량의 2배 크기로 만든다.
> 탱크용량=응축수 펌프용량(kg/min)×2배

⑧ **급수내관(Feed Water Injection Pipe)** : 보일러 동길이 방향으로 긴 관을 설치하여 양 선단은 폐쇄된 상태이고 관의 하부는 적당한 간격으로 작은 구멍을 뚫고 구멍으로 급수를 분포시키는 관을 급수내관이라 한다. 그리고 그 구멍의 지름은 38~75mm 정도의 크기로 한다.

  ㉮ 급수내관의 설치목적
    ㉠ 보일러 동판의 국부적 냉각으로 생기는 부동팽창 방지
    ㉡ 동내부의 프라이밍(비수) 방지
  ㉯ 급수내관의 설치위치 : 급수내관의 부착위치는 보일러 안전저수위보다 50mm 조금 낮은 위치가 이상적이다.
    ㉠ 부착위치가 너무 높으면 습증기의 발생, 급수내관의 수면노출로 과열된다.

ⓒ 부착위치가 너무 낮으면 체크밸브 고장 시 관수의 역류발생이나 동저부의 전열면의 냉각장애가 일어난다.
⑨ **급수량계** : 보일러에 공급되는 급수량을 측정한다.
㉮ 용적식 유량계
㉯ 임펠러식 유량계(유속식)
⑩ **급수밸브**
㉮ 정지밸브
ⓐ 보일러 가까운 곳에 설치한다.
ⓑ 슬루스 밸브나 앵글밸브가 사용된다.
㉯ 역정지밸브(Check Value)
ⓐ 보일러수의 역류방지
ⓑ 스윙식과 리프트식이 있다.
ⓒ 보일러 압력이 1kg/cm² 이하에서는 생략되어도 된다.
㉰ 역정지밸브의 설치상 주의할 점
ⓐ 스윙식 : 수직이나 수평배관에 설치가 가능하다.
ⓑ 리프트식 : 수평배관 이외에는 사용이 불가능하다.

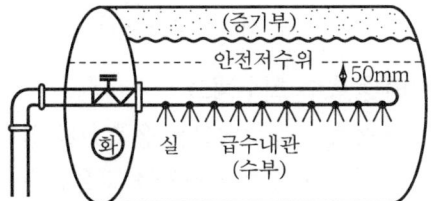

(7) 기타 펌프

① **원심식 우에스코 펌프**
㉮ 와류 펌프이며 임펠러에 많은 홈이 있어서 그 회전에 의해 가압이 반복되는 펌프이다.
㉯ 소형이며 가정에서 우물물용이나 지하수용으로 사용된다.

② **심정 펌프(우물물 펌프)**
㉮ 보아홀 펌프
ⓐ 동력비가 많이 든다.
ⓑ 모터와 펌프를 일직선 또는 수직으로 설치해야 한다.
ⓒ 운전 중 소음진동이 많다.
ⓓ 펌프실 설치가 필요하다.
ⓔ 고장이 많다.
㉯ 수중모터 펌프
ⓐ 고장이 적다.
ⓑ 동력비가 적게 든다.
ⓒ 양 수관의 수리가 간단하다.
ⓓ 운전 중 소음진동이 적다.
ⓔ 펌프 설치가 불필요하다.

㉰ 제트 펌프
　㉠ 수중에 제트부를 설치하여 그 내부의 벤투리관의 원리로 가압수를 통하여 흡인작용을 일으켜 양수한다.
　㉡ 구조는 센트리퓨걸 펌프(원심식) 부분과 제트부분으로 구분된다.
　㉢ 25m 정도의 우물용 펌프로 사용된다.
　㉣ 제트는 4m 이내의 깊이에 설치하고 토출양정이 18m 이상이면 체크밸브가 필요하다.

(8) 응축수 회수탱크

응축수 회수탱크는 응축수를 회수하여 보일러에 공급하는 급수저장탱크 기능을 갖고 있다. 여기서 응축수 전량을 고온응축수 회수펌프를 사용하여 보일러에 직송하는 시스템에서, 재증발증기를 회수하기 위해서도 응축수 탱크가 필요하다.

응축수 회수탱크 내부와 물은 온도가 높기 때문에 재증발증기가 발생하며 이것은 잠열을 보유하고 있기 때문에 열손실이 크다. 따라서 재증발증기의 발생을 억제하는 것이 매우 중요하며 재증발증기의 보유열을 회수하기 위하여 배출구에 바로 매트릭 콘덴서를 설치하고 냉수를 스프레이하는 방법이 많이 이용된다. 또한 탱크 내에 플라스틱 플로트(float)볼을 띄워 표면이 공기와 접촉되는 것을 차단시키는 방법도 매우 효과적이며, 응축수 회수관은 물속에 잠기도록 하여 가능한 볼이 물에 젖는 것을 억제하는 것이 중요하다. 또한 증기를 사용하지 않을 때에는 응축수 회수관으로 역류하는 경우가 발생할 수 있으므로 이에 대비한다.

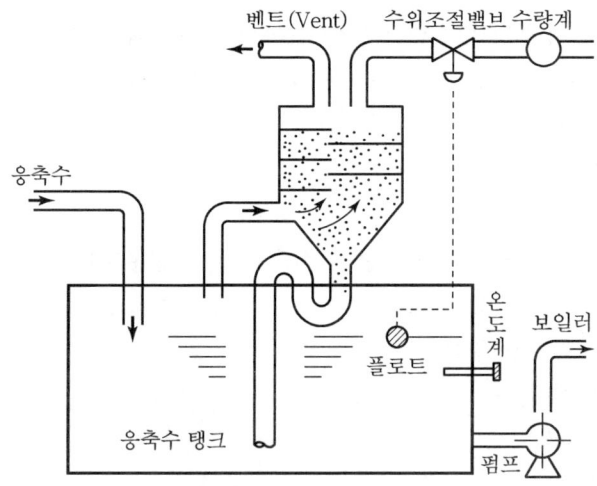

[응축수 회수탱크 설치도]

4. 분출장치

(1) 분출장치(Blow Off Attachment)의 종류

보일러 가동 중 동 내부에 농축된 관수를 분출관을 통하여 분출(Blow)하기 위하여 설치하는 장치가 분출장치이다.

① **연속분출장치(수면분출장치)** : 동수면이나 저수위 부근에 떠 있는 유기물이나 불순물 등의 부유성 물질을 제거한다.
② **단속분출장치(수저분출장치)** : 동저부에 있는 슬러지나 침전물이 농축된 관수를 밖으로 분출하여 관석의 부착을 방지하기 위하여 동저부에 설치한다(1일 1회 정도 실시).

(2) 분출장치의 설치목적

① 보일러수의 농축을 방지한다.
② 전열면에 스케일 생성을 방지한다.
③ 관수의 순환을 좋게 한다.
④ 가성취화를 방지한다(pH 조절도 겸한다).
⑤ 프라이밍이나 포밍의 생성을 방지한다.
⑥ 보일러 고수위 운전을 방지한다.

(3) 분출시기

① 보일러 점화 전에 실시한다.
② 연속운전인 보일러에는 부하가 가장 가벼울 때 실시한다.
③ 프라이밍, 포밍의 발생시에 실시한다.
④ 고수위로 가동할 때 행한다.
⑤ 관수의 농축이 지나치다고 생각될 때 실시한다.

(4) 분출할 때의 주의사항

① 분출작업은 반드시 2명 이상이 한다(분출 시 타 작업은 금물).
② 동시에 여러 대의 보일러 분출을 하여서는 안 된다.
③ 분출이 끝나면 분출밸브나 콕이 확실하게 닫혔나 확인한다.
④ 분출관의 끝이 보이게 설치하면 누설방지를 할 수 있어 더욱 좋다.

(5) 분출방법(취출방법)

① 분출 시에는 콕이나 밸브를 신속하게 열어준다.
② 보일러 가까이에는 콕이 설치되고 밸브가 멀리 장착되므로 분출 시에는 콕을 먼저 열고 밸브는 나중에 연다(밸브는 여는 개념, 콕은 닫는 개념이다).
③ 작업이 끝나면 닫을 때에는 밸브를 먼저 닫고 콕을 나중에 닫는다.
④ 저압 보일러에서는 밸브가 먼저 설치되는 경우가 많으므로 작업순서에서 밸브를 먼저 연다.

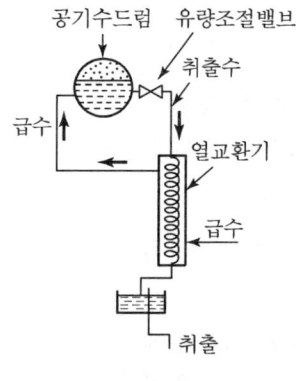

[연속취출장치]

(6) 분출의 종류
① 간간이 블로(간헐 블로) : 보일러 점화 전에 실시한다. 횟수는 1일 1회 정도이다.
② 연속 블로 : 대용량 보일러에서 불순물이 생기는 즉시 연속적으로 양을 조금씩 계속 분출한다.

(7) 분출밸브와 콕은 보일러 설치검사기준에서 설명

(8) 분출량과 분출률 계산

$$분출량(y) = \frac{W(1-R)d}{b-d}$$

$$분출률(k) = \frac{d}{b-d} \times 100$$

여기서, y : 분출량(kg/day)
k : 분출률(%)
W : 1일 관수사용량(kg/day)
d : 급수 중의 불순물 허용농도(ppm)
b : 보일러수의 불순물 허용농도(ppm)
R : 응축수 회수율(%)

5. 여열장치(폐열회수장치)

보일러에서 배기되는 연소가스의 여열을 이용하기 위하여 각종 부속기구를 연도에 설치한 후 보일러 열효율을 높이기 위하여 설치한다. 연소가스의 폐열을 이용한 종류로는 과열기, 재열기, 절탄기, 공기예열기 등을 총칭하여 여열장치라 한다.

1 과열기(Super Heater)

연소가스의 열을 이용하여 보일러의 포화증기를 압력변화 없이 온도만 상승시키기 위한 장치가 과열기이다. 과열증기의 온도는 높은 것이 좋으나 과열기 재료의 내열성 때문에 600℃ 이하로 유지하는 것이 좋고 통상 200~450℃까지가 일반적으로 사용된다.

(1) 과열기의 특징
   ① 장점
      ㉮ 증기기관의 이론적인 열효율이 높아진다.
      ㉯ 증기관 내의 마찰저항을 감소시킨다.
      ㉰ 적은 증기량으로 많은 일을 할 수 있다.
      ㉱ 배관 및 장치의 부식이 방지된다.
      ㉲ 증기의 엔탈피(kcal/kg)가 증가한다.
      ㉳ 연료가 절약되고 증기 사용이 경제적이다.
   ② 단점
      ㉮ 설비비가 많이 든다.
      ㉯ 고온부식이 발생된다.
      ㉰ 연소가스의 저항으로 압력손실이 많다.
      ㉱ 증기의 열에너지가 많아 열손실이 많아진다.
      ㉲ 고온의 증기에 의해 배관 및 열설비 계통에 무리가 온다.

(2) 전열방식에 의한 과열기의 분류
   ① 복사과열기 : 과열기를 연소실 내에 설치하여 복사열을 이용한 것
   ② 대류과열기 : 연도에 설치하여 연소가스의 대류열을 이용한 것
   ③ 복사대류과열기 : 연소실 출구와 연도 경계선에 설치하여 복사열과 대류열을 이용한 것

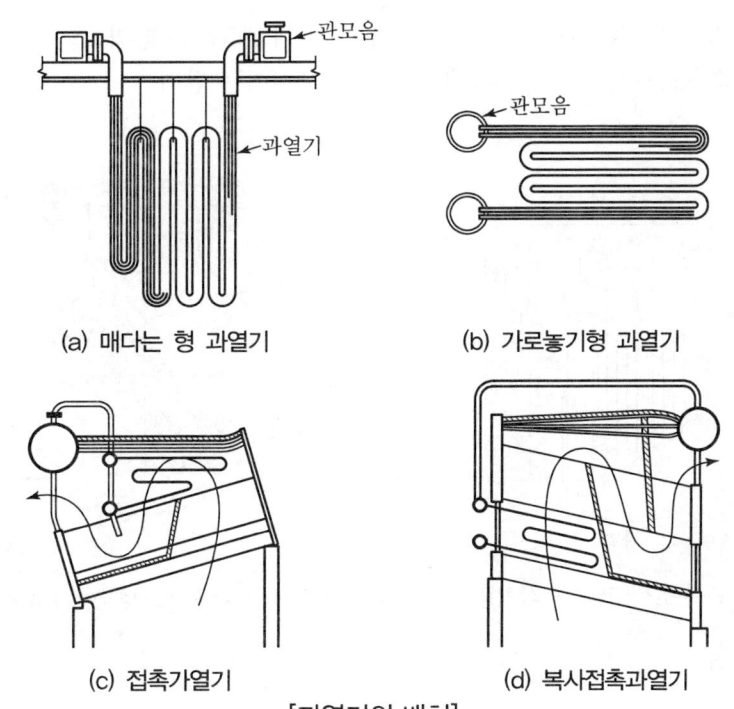

[과열기의 배치]

(3) 열가스 흐름상태에 의한 분류
   ① 병류형 : 연소가스와 증기가 같이 지나면서 열교환
   ② 향류형 : 연소가스와 증기의 흐름이 정반대 방향으로 지나면서 열교환(효율이 크다)
   ③ 혼류형 : 향류와 병류형의 혼합형

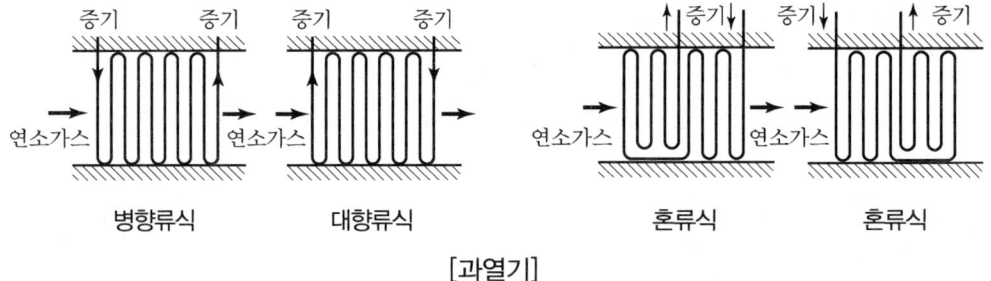

[과열기]

(4) 과열증기의 온도조절방법
   ① 열가스량을 댐퍼로 조절한다.
   ② 연소실 내의 화염의 위치를 변환시키는 방법
   ③ 폐가스를 연소실 내로 재순환시키는 방법
   ④ 습증기 일부를 혼합한다.
   ⑤ 과열저감기의 사용
      ㉮ 과열저감기의 종류
         ㉠ 표면냉각식 : 과열증기 일부를 급수와 열교환하는 방법
         ㉡ 순수분무식 : 과열기 속에 급수를 분무시키는 방법

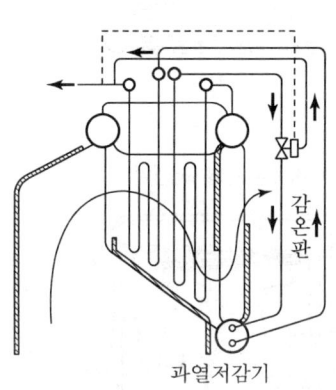 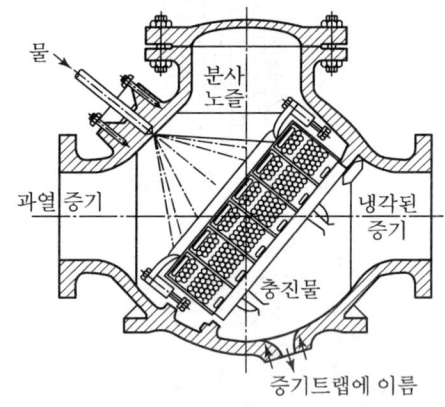

[과열온도의 조적(과열 저감기)] [과열증기에 물을 분사시키는 과열온도 조절법]

(5) 과열기 취급 시의 주의사항
① 과열기 내에 캐리오버에 의한 불순물 유입이 투입되지 않게 할 것
② 과열증기의 온도를 급격히 저하시키지 말 것
③ 과열증기의 온도에 주의할 것
④ 과열기가 더러우면 별도로 화학세정을 한다.
⑤ 과열기의 과열 소손을 방지할 것

2 재열기(Reheater)

과열증기가 증기원동소 등에서 터빈을 돌리고 난 다음 급격히 팽창한 후 포화온도에 가까워진 증기를 빼내서 다시 적당한 온도의 과열증기로 만든 후 저압부의 증기로 터빈을 돌리게 하는 여열장치로 제차 증기에 온도를 높이는 여열장치이다(고온부식 발생 우려).

(1) 재열기의 종류
① 열가스를 이용한 재열기
  ㉮ 전열방식 이용 : 복사재열기, 접촉재열기
  ㉯ 연소방식 이용 : 직접연소식, 간접연소식
② 증기를 이용한 재열기

(2) 여열장치의 설치순서
보일러 증발관 → (과열기 → 재열기 → 절탄기 → 공기예열기)의 순서이다.

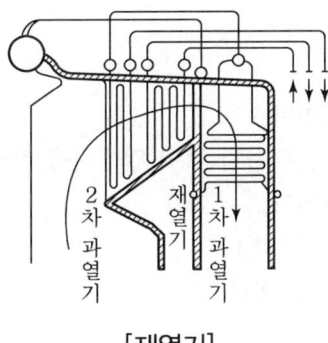

[재열기]

3 절탄기(Economizer)

보일러 배기가스의 여열을 이용하여 보일러 급수를(연도 등에서 설치하여) 가열하며 석탄이나 기타 연료를 절약하여 보일러 효율을 높이는 폐열회수이용 기구이다. 일명 이코노마이저라고도 한다(급수가열기).

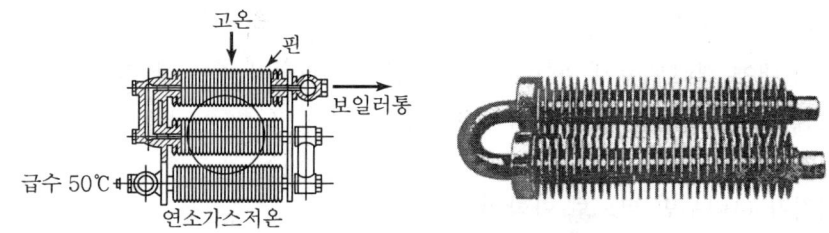

[절탄기]

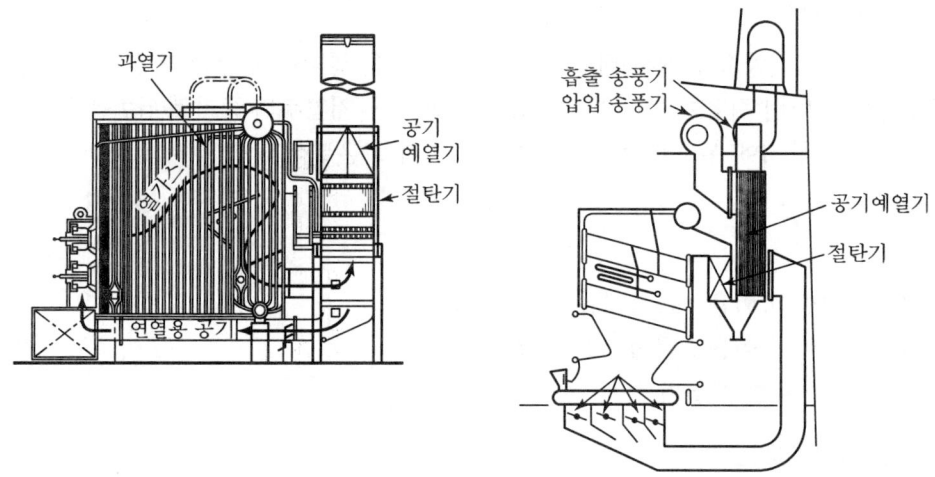

[수관 보일러의 과열기 절탄기(切炭機) · 공기예열기의 배열도(미쓰비시-EC)]

(1) 사용상의 특징
　① 장점
　　㉮ 보일러의 열효율을 높인다.
　　㉯ 급수의 보일러수와의 온도차가 적어 열응력을 감소시킨다.
　　㉰ 일부의 불순물이 제거된다.
　　㉱ 보일러의 증발능력이 상승된다.
　　㉲ 연료의 사용량을 줄일 수 있다.
　② 단점
　　㉮ 설비비가 많이 든다.
　　㉯ 배기가스의 압력손실이 떨어진다.
　　㉰ 배기가스의 저항이 증가된다.
　　㉱ 배기가스의 온도가 낮으면 황산(H_2SO_4)에 의한 저온부식이 발생된다.

(2) 절탄기 급수의 적정온도
　① 강관형 절탄기 : 절탄기 입구에서 급수온도 70℃ 이상
　② 주철관형 절탄기 : 절탄기 입구에서 급수온도는 50℃ 이상

③ 절탄기의 급수 가열온도는 보일러의 포화온도보다 10~20℃ 이하가 되어야 한다.
※ 절탄기에서 급수온도를 10℃ 높일 때마다 보일러 효율은 약 1.5%가 증가된다. 그리고 절탄기의 배기가스 출구온도는 170℃ 이상이어야 저온부식이 방지된다.

(3) 절탄기의 구조에 의한 분류
① 주철관형 : 저압 보일러에 사용되며 내식성이 좋다.
㉮ 평활관형 절탄기 : 20kg/cm² 까지 사용(일명 그린 절탄기)
㉯ 핀형 절탄기 : 35kg/cm² 까지 사용
② 강관형 : 고압 보일러에 사용
㉮ 회전식 절탄기

(황의 성분에 의한 저온부식 발생)
$S + O_2 \rightarrow SO_2$, $SO_2 + \frac{1}{2} O_2 \rightarrow SO_3$
$SO_3 + H_2O \rightarrow H_2SO_4$(진한 황산 발생, 부식 초래)

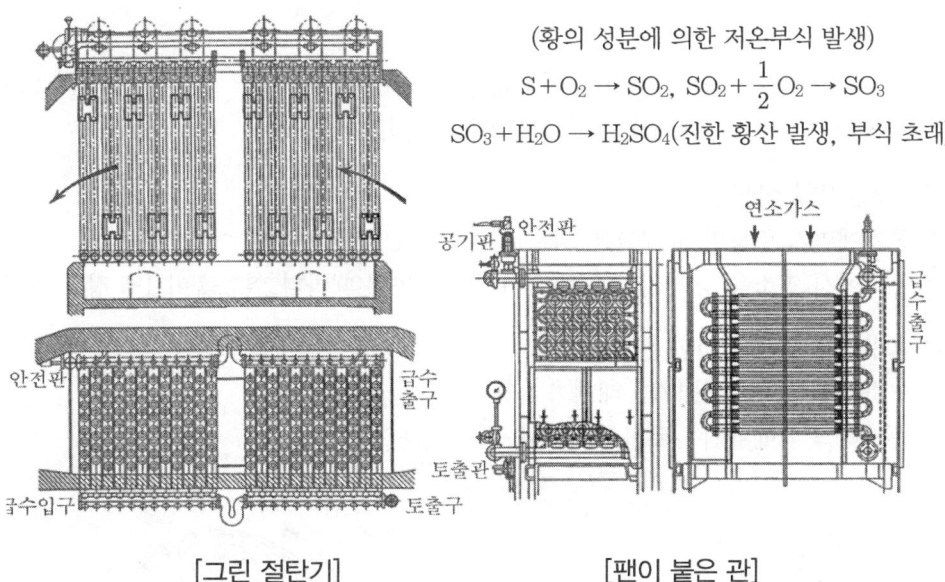

[그린 절탄기]　　　　[핀이 붙은 관]

(4) 절탄기의 사용상 주의사항
① 보일러 가동 시에는 절탄기 내의 물이 움직이는가 확인하여야 한다.
② 저온부식 방지를 위해 점화 후에는 처음에는 바이패스 연도로 배기가스를 보내고 그 다음 절탄기로 급수한 후 연도댐퍼를 교체하여 절탄기로 배기가스를 보낸다.
③ 절탄기 내의 급수온도는 연도가스 노점온도 이상이 될 수 있도록 조절하여야 한다.
④ 절탄기 내에 보내는 급수는 공기 등 불응축가스를 제거시킨 후 사용한다.(가스의 부식방지를 위하여)

4 공기예열기(Air Preheater)

배기가스의 여열을 이용하여 연소용 공기를 예열시키는 장치가 공기예열기이다.

(1) 공기예열기의 특징
   ① 장점
      ㉮ 보일러 효율이 5~10% 정도 높아진다.
      ㉯ 연료의 착화와 연소상태를 양호하게 한다.
      ㉰ 노 내의 온도가 높아져서 열전도가 좋아진다.
      ㉱ 적은 공기비로 완전연소시킨다.
      ㉲ 열등탄 등의 저질연료도 연소가 가능하다.
      ㉳ 과잉공기가 적어도 된다.
      ㉴ 전열량이 증가한다.
   ② 단점
      ㉮ 설비비가 많이 든다.
      ㉯ 배기가스의 저항이 증가하여 강제통풍이 요구된다.
      ㉰ 배기가스 중의 황산화물에 의한 저온부식이 발생된다.

(2) 공기예열기의 적정온도
   ① 공기예열기의 공기의 예열온도는 180~350℃ 정도가 알맞다.
   ② 공기에서 연소용 공기의 온도를 25℃ 정도 높일 때마다 열효율이 1% 정도 높아진다.

(3) 공기예열의 열원에 의한 분류
   ① 연소가스식 공기예열기 : 배기가스의 열을 이용한다.
   ② 증기식 공기예열기 : 독립식과 부속식이 있다.

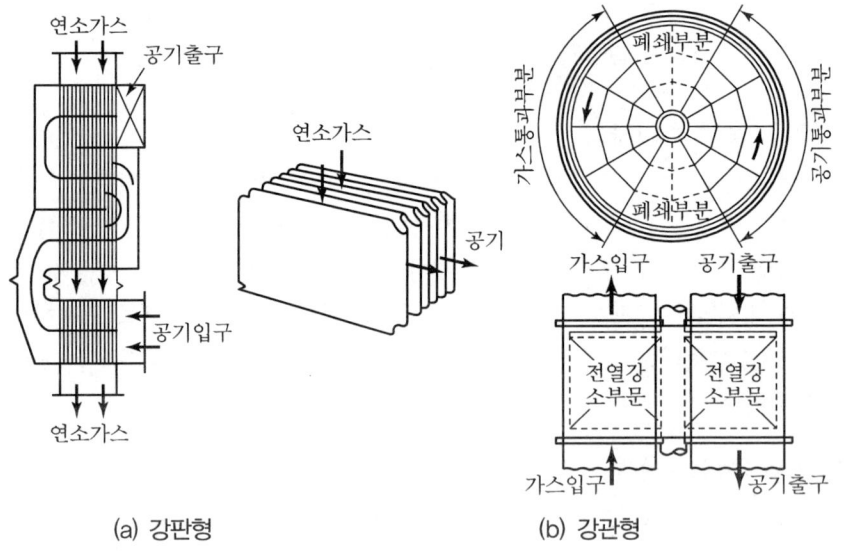

[공기예열기의 종류]

(4) 구조에 의한 공기예열기의 분류
   ① 전열식 공기예열기(전도식)
      ㉮ 관형의 공기예열기 : 열가스는 예열기관 내로 연소용 공기는 용기 내를 통과하면서 공기가 예열된다.
      ㉯ 판형의 공기예열기 : 좁은 간격에서 중첩된 강판의 양측면 사이로 연소가스와 공기가 교차되면서 열교환이 이루어진다.
   ② 축열식(재생식) 공기예열기
      재생식 공기예열기(융스트룀식) : 전열면적이 크고 소형으로 제작된다. 중대형 보일러에 사용되며 축의 회전속도는 분당 3~5회전하며 그 종류는 회전식, 이동식, 고정식이 있다(독일인 융스트룀 형제가 제작).

(5) 공기예열기 사용상의 주의사항
   ① 저온 부식을 조심하여야 한다.
   ② 급작스럽게 연소가스를 보내면 공기예열기의 열팽창을 발생시킨다.
   ③ 전열을 좋게 하기 위해선 수시로 그을음 등의 불순물을 시간나는 대로 청소하여야 한다.
   ④ 파열을 방지하여야 한다(국부과열 방지).
   ⑤ 회전식 공기예열기는 보일러 가동 전에 운전시켜야 한다.
   ⑥ 관형의 공기예열기에는 에어클리너형 그을음 제거기를 사용한다.

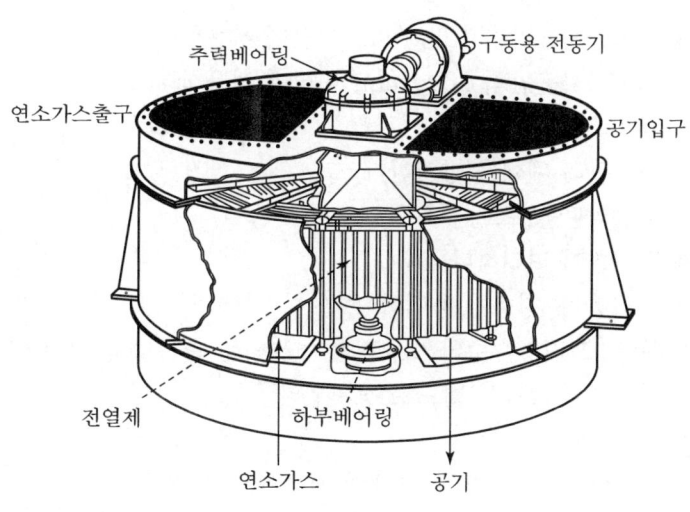

[융스트룀식 공기예열기]

6. 수면 측정장치

1 수면계(Water Gauge)

증기 보일러에 부착하여 보일러 동 내부의 고저를 외부로 지시하여 수면의 높이가 측정되는 지시장치이다.

(1) 수면계의 부착위치

수면계의 하단부는 보일러의 안전저수위와 일치시킨다.

① 부착위치가 높을 때 장해
  ㉮ 증기부의 용적이 좁아져서 습증기 발생이 일어난다.
  ㉯ 프라이밍(비수)이 유발된다.
② 부착위치가 낮을 때 장해
  ㉮ 수위감소의 원인이 된다.
  ㉯ 전열면 과열의 원인이 된다.

(2) 수면계의 부착방법

강철제 보일러나 주철제 보일러는 수면계를 보호하기 위하여 수주관을 설치한 후 거기에 수면계를 부착하는 것이 좋다.

① 수주관의 재질상의 사용압력
  ㉮ 주철제 : 최고 사용압력 $16kg/cm^2$ 미만에 사용한다.
  ㉯ 주강제 : 최고 사용압력 $16kg/cm^2$ 이상에 사용한다.
② 수주관의 설치목적
  ㉮ 수면계 연락관의 폐쇄를 방지한다.
  ㉯ 수면계의 유리판을 보호한다.
  ㉰ 수면계의 교환이 편리하다.
  ㉱ 수면계의 점검 및 청소가 용이하다.
③ 수주계 연락관의 크기 : 수주와 보일러를 연결하는 관은 호칭 20A 이상이 필요하며 수주에는 20A 이상의 분출관이 별도로 장치된다.
④ 연락관의 설치위치
  ㉮ 물 쪽의 연락관은 수주 및 수면계의 경우 안전저수위보다 낮은 위치에 설치한다.
  ㉯ 증기관 쪽의 연락관의 설치는 수주 및 수면계와 같이 수면계가 보이는 최고 수위보다 높은 위치에 설치한다.

2 수면계의 종류

(1) 원형 유리제 수면계(구형 수면계)
   ① 보일러의 압력 10kg/cm² 이하에만 사용된다.
   ② 유리관의 크기는 모세관현상 방지를 위하여 내경 10mm 이상이면 좋다.

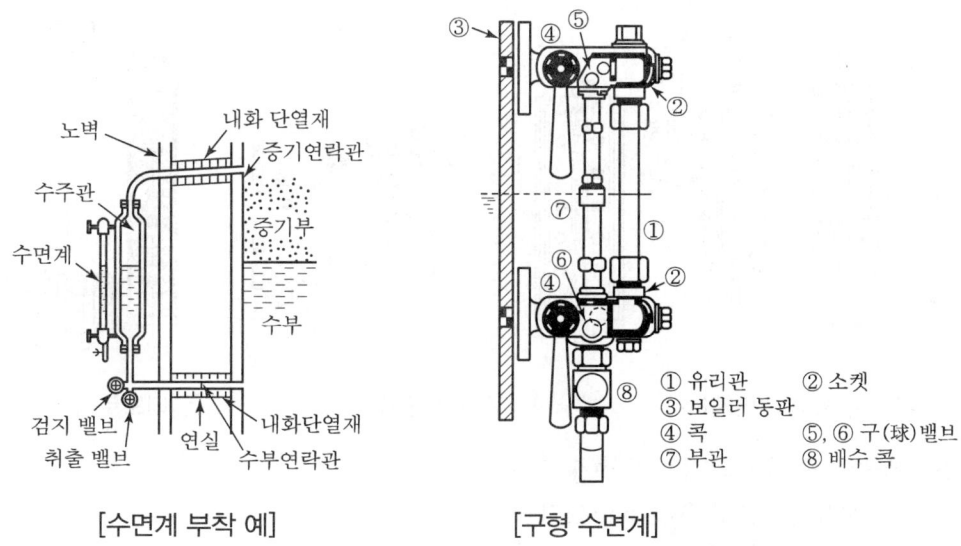

[수면계 부착 예]   [구형 수면계]

(2) 평형 반사식 수면계
   ① 빛의 반사를 이용하여 수면이 측정된다.
   ② 사용압력이 16~25kg/cm²용으로 2가지가 있다.
   ③ 전면만이 수위가 나타난다.
   ④ 일반적으로 가장 많이 사용된다.

(3) 평형 투시식 수면계
   ① 사용압력이 45kg/cm²까지와 75kg/cm²까지가 있다.
   ② 수위는 투시에 의해 전면 후면에서 각기 측정된다.
   ③ 고압용으로 사용된다.
   ④ 수면의 측정이 용이하다.

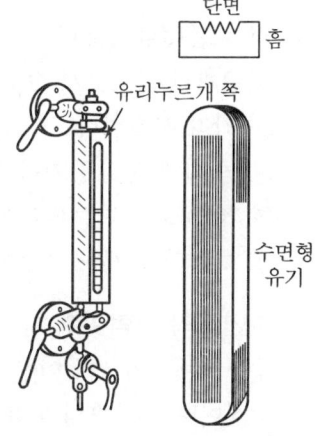

[평형 반사식 수면계]

(4) 2색 수면계
   ① 증기부는 적색, 수부는 녹색으로 2색 수위가 나타난다.
   ② 수위 식별이 용이하다(투시식의 개량형).
   ③ 적색, 녹색 두 장의 색유리와 2매의 경질형 유리가 사용된다.
   ④ 고압 대용량이나 발전소용으로 사용 가능하다.

(5) 원방 수면계
  ① 기계식 및 전기식으로 수면을 지시하는 원격측정용이다.
  ② 대형 보일러용이다.
  ③ 거울을 반사시켜 광선을 반사 굴절시켜 수위를 유도한다.

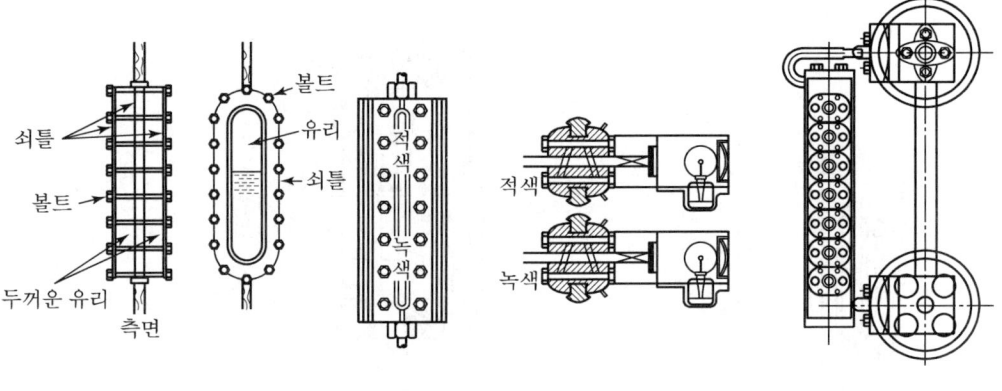

[평형 투시식 수면계]   [2색 수면계]   [멀티포트식 수면계]

(6) 멀티포트식 수면계(고압용 수면계)
  ① 최고 사용압력은 210kg/cm²까지 초고압용이다.
  ② 특수 유리판을 사용하며 강판을 부착하여 세로 방향으로 여러 개의 둥근 구멍을 두고 수위가 지시된다.

(7) 검수콕(Test Cock)
  ① 3개의 콕으로서 고수위, 중수위, 저수위 위치에 각각 부착한다.
  ② 콕의 개폐로 증기나 물의 취출상태가 나타난다.
  ③ 저압 소용량 보일러에 사용된다.
  ④ 보일러 본체나 수주에 검수콕을 설치한다.

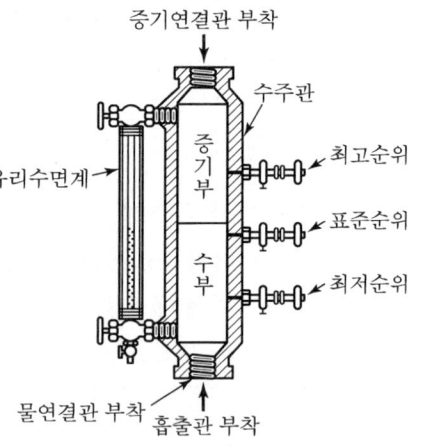

[검수콕의 부착]

(8) 수면계의 시험횟수
  수면계는 1일 1회 이상 반드시 수면계를 시험하여 고장이나 연락관의 폐쇄를 방지하여야 한다.

(9) 수면계의 점검시기
  ① 보일러 점화 전
  ② 증기의 압력이 올라갈 때
  ③ 두 개의 수면계의 수위가 다르게 나타날 때
  ④ 수위의 지시치가 의심이 날 때
  ⑤ 프라이밍(비수), 포밍(물거품 솟음)의 발생 시

⑥ 수면계를 교체한 후

(10) 수면계의 시험순서
① 증기연락관과 물연락관을 닫는다(증기연락관이 우선).
② 수면계 내의 물측 드레인 콕을 열고 내부의 물을 배출한다.
③ 물연락관을 열고 물을 분출한 후 다시 닫는다.
④ 증기연락관을 열고 증기분출 여부를 확인한 후 다시 닫는다.
⑤ 수면계의 드레인 밸브를 닫는다.
⑥ 물밸브를 연다(증기밸브를 먼저 열면 고압에 의해 수위가 정상수위 불능).
⑦ 마지막으로 증기밸브를 연다.

(11) 수면계 유리관의 파손원인
수면계가 파손되면 제일 먼저 물의 누설을 방지하기 위하여 물연락관을 닫은 후 증기연락관을 닫는다.

[파손원인]
① 외부에서 충격을 받았을 때
② 수면계의 너트를 너무 무리하게 조였을 때
③ 유리관이 너무 노화하여 열화가 되었을 때
④ 유리관의 재질이 불량할 경우
⑤ 보일러수의 강알칼리에 의해 유리관이 침식되었을 때(가성취화가 자주 발생하였을 때)

7. 매연 취출장치(Soot Blower)

보일러 전열면의 외측에 부착하여 매연이나 재를 불어내는 장치로서 전열면 등에 널리 채택되며, 증기분사식과 공기분사식이 많다. 물분사식도 있으나 극히 드물다.
증기분사식은 가장 일반적으로 쓰이지만 보급수의 증기를 특히 문제로 할 경우에는 공기식이 편리하다. 증기식은 공기식에 비하여 설비비, 운전비 모두 일반적으로 유리할 때가 많다. 매연 취출장치는 그 용도, 구조 등에 따라 롱리트렉터블형, 숏리트랙터블형, 건타입형, 로터리형, 에어히터 클리너 등으로 분류되며, 특수한 것으로는 해머링장치가 있다. 매연 취출장치는 일명 수트 블로어이다.

1 롱리트랙터블형

보일러의 고온가스부분, 과열기부분 등 열가스 통로부분에 사용할 때에는 매연취출기를 통로 안에 넣고, 사용하지 않을 때에는 빼두는 형식이 이용된다.

긴 분사관에는 보통 그 선단부 가까이 2개의 노즐을 대향 방향으로 설치하고, 이 분사관을 사용할 때에 가스통로 내에 진입시킴과 동시에 회전을 주어, 증기 또는 공기를 동시에 분사시켜 청소작업을 시킨다. 출입운동과 회전운동에 대해 1개의 모터에 의하는 것과 이것을 2개로 나누어 별도로 공기모터에 의하는 것이 있는데, 자동식이며 원거리 조작에 의해 작동하도록 되어 있다. 분사관은 특수합금강제이며, 회전은 보통 5회/min 전후, 전후진 속도는 1.5m/min 전후이다. 공기모터 구동의 경우에는 6~7kg/cm^{2}의 압축공기를 사용한다. 출입 행정(行程)도 최대 10.5m인 것까지 제작되고 있다. 증기분사인 경우의 분사압력은 3.5~30kg/cm^{2}이며, 포화증기 또는 과열증기(최고 약 450℃)를 사용하고, 공기분사는 건조한 재에 대해서는 7~8kg/cm^2 정도가 적당하다. 청소가 곤란한 찌꺼기는 20kg/cm^2 전후의 증기나 공기의 고압이 사용된다.

2 숏리트랙터블 및 건타입(Gun Type)

숏리트랙터블형은 보일러의 연소노벽 등에 부착하는 남은 찌꺼기를 제거하는 데 적합하며, 특히 미분탄 연소 보일러 및 폐열 보일러와 같은 남은 연사(연소 후 찌꺼기)가 많이 부착되는 보일러에서 가장 효과가 있다.

자동식과 수동식이 있으며 자동식은 전동기 구동인 것과 공기모터 구동이 있다. 수동식은 체인식과 크랭크 핸들식이 있다. 이것도 노 내 고열로부터 보호하기 위해 정지 중에는 노벽 외로 빼내고, 사용할 때에만 노 내에 들어가도록 되어 있다. 짧은 분사관을 사용하며 이 선단 가까이에 1개의 노즐을 설치하여 증기 또는 공기를 강하게 분사해서 타고 남은 연사를 취출하는 작용을 좋게 한다.

분사관의 전후진과 회전에 대해서 모터를 설치하는 것은 롱리트랙터블형과 같다.

건타입은 전후진형으로, 회전하지 않는 형이다. 전열면에 부착하는 재나 매연 취출용으로 사용한다. 연료가스의 고온을 피하기 위하여 전후진동작을 신속히 하며 분사 중의 회전동작을 느리게 할 수 있도록 설계되어 1행정에 요하는 시간은 50~80초, 표준행정은 300~600mm 정도까지 있다. 관의 재질은 스테인리스강, 고(高)크롬강, 그리고 노즐헤드(Nozzle Head)에는 특수 내열강이 사용된다.

3 로터리형(Rotary Type)

고정회전식이며, 보일러 전열면, 절탄기 등에 사용된다. 자동식과 수동식이 있으며, 전자에는 공기작동과 전동기 작동이 있다. 후자는 체인조작이 많다. 분사관은 정위치에 고정되어 있으며 전후진은 하지 않는다.

관에는 많은 노즐을 설치하고 관을 회전시키는 치차(기어)장치 및 밸브를 구비하고 있다. 분사각도는 360° 이내에 적당히 결정할 수 있다.

분사관은 고온부분에는 특수합금 강판을, 온도가 낮은 부분에는 탄소강관을 사용한다. 회전속도는 2회전/min 정도이다.

4 에어히터 클리너(Air Heater Cleaner)

관형의 공기예열기용에 사용되는 특수형이며, 자동식과 수동식이 있고, 자동식에는 전동기 작동과 공기모터 작동이 있으며, 모두가 원격조작식이다. 수동식에는 체인조작이 많으며, 자동식은 긴 연통관 끝에 직각으로 분사관이 장치되어 있어 그것을 출입시켜 예열관 내에 직각으로 증기를 뿜어서 유효한 제진(除塵)이 될 수 있도록 설계되어 있다.

또 수동식의 노즐 헤드는 공기 모터 또는 전동기로 구동되는 롤러체인(Roller Chain)에 의해 이동하고 그 사이에 증기 또는 공기를 분사하여 완전한 제진을 한다.

5 헤머링(Hammering)

이 장치는 특히 타고 남은 연사부착이 보일러(예 : 폐열보일러)의 노벽에 설치되며 전동식 및 수동식이 있다.

해머링은 관벽에 용접된 판을 해머로 충격 진동을 주어 부착된 타고 남은 연사를 제거하는 것이다. 숏리트랙터블형 매연취출기와 병행으로 설치되는 경우와 해머링만 설치되는 경우가 있다.

6 컨트롤 패널(Control Pannel)

보일러 각부에 설치되는 매연취출기를 전부 자동식으로 하거나, 원격조작으로 할 경우와 연속 자동식으로 할 경우 등 조작실에 설치하는 컨트롤 패널에 의해 자유롭게 선택할 수 있도록 되어 있다. 위급신호나 작동 중에 블로 엘리멘트(Blow Element)의 위치를 가리키는 지시용 램프 등도 장치하여 취급의 편리를 도모한 것도 있다.

> **REFERENCE**
>
> (1) 종류
>   ① 고온 전열면 블로 : 롱리트랙터블형
>   ② 연소 노벽 블로 : 숏리트랙터블형
>   ③ 전열면 블로 : 건타입형
>   ④ 저온 전열면 블로 : 로터리형
>   ⑤ 공기예열기 클리너 : 롱리트랙터블형, 트래벌링프레임형
>
> (2) 수트 블로어 사용 시 주의사항
>   ① 부하가 50% 이하일 때는 수트 블로어 금지
>   ② 소화 후 수트 블로어 금지(폭발 위험)
>   ③ 분출횟수와 시기는 연료종류, 분출위치, 증기온도 등에 따라 결정한다.
>   ④ 분출 시에는 유인통풍을 증가시킨다.
>   ⑤ 분출 전에 분출기 내부에 드레인을 제거한다.

8. 급유장치

제7장 연소장치에서 설명할 것이다.

9. 통풍장치

제9장 통풍과 집진장치에서 설명할 것이다.

10. 응축수 회수장치

(1) 중력에 의한 자연회수방법
(2) 고가배관에 의한 응축수 회수방법
(3) 대기개방탱크와 원심펌프를 이용한 응축수 회수방법
(4) 증기작동식 펌프를 이용한 응축수 회수방법
(5) Pressure Powered 펌프에 의한 방법
(6) 펌핑트랩에 의한 방법

11. 증기유량 측정시스템

증기유량계의 종류는 다음과 같다.

(1) 오리피스 유량계
(2) V-cone 유량계(차압식 미터기)
(3) 가변면적식 유량계(로터 미터기)
(4) 스프링작동 가변면적 유량계
(5) 바이패스식 유량계(오벌 미터기)
(6) 와류식 유량계

제3장 보일러 부속장치 및 부속품 — 출제예상문제

01 다음 중 보일러의 안전장치로 볼 수 없는 것은?

① 저수위 경보기 ② 기수분리기
③ 안전밸브 ④ 가용전

해설 보일러 안전장치
㉠ 저수위(경보기) ㉡ 안전밸브
㉢ 가용전(가용마개) ㉣ 방폭문
㉤ 방출밸브 ㉥ 전자밸브
㉦ 화염검출기
※ 기수분리기는 증기를 보낼 때 습증기의 방지를 위하여 수관식에 설치하는 송기장치이다.

02 보일러의 효율을 올리기 위한 장치가 아닌 것은?

① 절탄기 ② 과열기
③ 공기예열기 ④ 유인배풍기

해설 ㉠ 보일러의 열효율 상승장치
 • 절탄기
 • 과열기
 • 공기예열기
㉡ 배풍기는 실내의 탁한 공기를 외부로 배출시킨다.

03 보일러 증기 통로에 스팀 트랩(Stream Trap)을 설치하는 가장 주된 이유는?

① 증기관의 신축작용을 방지하기 위하여
② 증기관 속의 과다한 증기를 방출하기 위하여
③ 응결수를 배출하여 수격작용을 방지하기 위하여
④ 증기 속의 불순물을 제거하기 위하여

해설 증기 트랩의 설치 목적
증기관 내의 응결수를 배출하여 수격작용(워터해머)을 방지한다.

04 다음 급수설비 중 작동 시 전력을 필요로 하는 것은?

① 터빈 펌프 ② 인젝터
③ 환원기 ④ 워싱턴 펌프

해설 ㉠ 인젝터, 환원기(리턴 탱크), 워싱턴 펌프 등의 급수장치는 전력이 필요 없는 무동력 펌프이다.
㉡ 터빈 펌프 : 전력이 필요한 원심식 펌프이다.

05 공기예열기에 대한 설명이다. 옳지 못한 것은?

① 보일러의 열효율을 향상시킨다.
② 적은 공기비로 연소시킬 수 있다.
③ 연소실의 온도가 높아진다.
④ 통풍저항이 작아진다.

해설 ㉠ 연도에 공기예열기를 설치하면 연소가스의 배기가 불량하여 통풍저항이 증가된다.
㉡ ①, ②, ③은 공기예열기 설치 시 장점이다.

06 다음 중 보일러 안전장치와 가장 거리가 먼 것은?

① 수저 분출장치
② 가용전
③ 수위 고저 경보기
④ 플레임 아이

해설 ㉠ 보일러의 안전장치
 • 가용전
 • 수위 고저 경보기
 • 화염 검출기(플레임 아이, 플레임 로드, 스택스위치)
 • 안전밸브
 • 방폭문
㉡ 수저 분출장치 : 콕, 밸브, 분출 라인 등은 분출장치이다.

정답 01 ② 02 ④ 03 ③ 04 ① 05 ④ 06 ①

07 다음 사항 중 인젝터의 기능저하를 가져올 수 있는 것은?

① 수면계가 고장이 나서 보일러의 물이 저하될 때
② 급수온도가 높을 때
③ 급수처리를 안했을 때
④ 증기가 너무 건조할 때

해설 인젝터(소형 보조펌프)의 기능 저하는 급수의 온도가 높아서 50℃ 이상이 되면 보일러에 급수불능이 온다.

08 보일러 동 내부에서 급수내관의 적당한 설치위치는?

① 보일러 안전저수위보다 약간 낮은 곳
② 수부와 증기부가 만나는 곳
③ 보일러 동 최하부
④ 보일러 안전저수위보다 약간 높은 곳

해설 급수내관은 보일러에 급수되는 물을 골고루 살포하는 기구로서 보일러 안전저수위보다 약 50mm 낮은 곳에 설치한다.

09 발생증기량이 소비량에 비해 남아돌 때, 그 증기 에너지를 일시 저장했다가 재사용하는 장치는?

① 증기축열기   ② 재열기
③ 절탄기   ④ 과열기

해설 ㉠ 증기축열기(어큐뮬레이터) : 증기 소비량에 비해 증기가 남아돌 때 그 증기 에너지를 일시 저장했다가 재사용한다.
㉡ ②, ③, ④의 장치는 폐열회수장치이다.

10 비수방지관에 뚫는 구멍의 전체 면적은 주증기관의 단면적과 비교하여 몇 배 이상이 되어야 하는가?

① 0.5배   ② 1배
③ 1.25배 ④ 1.5배

해설 비수방지관
원통형 보일러의 증기 취출구에 설치하여 수면 위에서 솟아오르는 물방울을 제거하여 건조 증기를 취출하고자 설치하며 비수 방지관에 뚫는 구멍의 전체 면적은 주증기관의 단면적과 비교하여 1.5배 이상이 되어야 한다. 일명 프라이밍 방지관이라 한다.

11 다음 중 신축이음의 종류가 아닌 것은?

① 스위블형(Swivel Type)
② 루프형(Loop Type)
③ 벨로스형(Bellows Type)
④ 스프링형(Spring Type)

해설 신축이음 중 스위블형은 온수보일러용이며 ②, ③은 증기 보일러용 신축이음이다.

12 다음 중 탄성 압력계에 속하지 않는 것은?

① 부르동관식   ② 벨로스식
③ 다이어프램식 ④ 피스톤식

해설 ㉠ 탄성식 압력계 : 부르동관식, 벨로스식, 다이어프램식
㉡ 침종식 압력계 : 단종식, 복종식
㉢ 액주식 압력계 : 경사관식, 유자관식, 환상천평식, 단관식
㉣ 피스톤식 : 표준식(기준 분동식)

13 보일러 급수펌프가 갖추어야 할 구비조건으로 옳지 않은 것은?

① 작동이 확실하며 조작이 간편할 것
② 부하변동에 신속히 대응할 수 있을 것
③ 저부하에도 효율이 좋을 것
④ 병렬운전을 할 수 없는 구조일 것

해설 급수펌프의 구비조건
㉠ 작동이 확실하며 조작이 간편할 것
㉡ 부하변동에서 신속히 대응할 수 있을 것
㉢ 저부하에서나 고부하에서 효율이 좋을 것
㉣ 병렬운전에 지장이 없는 구조일 것
㉤ 회전식은 고속회전에 지장이 없을 것

정답 07 ② 08 ① 09 ① 10 ④ 11 ④ 12 ④ 13 ④

14 다음 중 보일러 전열면에 부착된 그을음이나 재를 분출시켜 전열효과를 증가시키는 장치는?

① 수트 블로어
② 수저 분출장치
③ 스팀 트랩
④ 기수분리기

해설 ㉠ 수트 블로어(Soot Blower) : 보일러 전열면에 부착하는 그을음이나 재를 불어 날려 버리는 장치이다. 그 이점은 전열면의 청결도 유지와 전열효과 증대이며 종류는 삽입형, 건형, 로터리형, 에어클리너형 등이 있다.
㉡ 수저 분출이란 보일러 하부에 쌓인 슬러지(불순물)를 배출하는 것이다.

15 다음은 안전밸브에 대한 설명이다. 틀린 것은?

① 스프링식은 고압 대용량 보일러에 적합하다.
② 스프링식은 스프링의 신축으로 증기의 취출압력을 조절한다.
③ 지렛대식은 추의 이동으로 증기의 취출압력을 조절한다.
④ 추식은 주철제 원판을 겹친 다음 이 원판의 회전운동으로 증기압력을 조절한다.

해설 ㉠ 지렛대식은 추의 이동으로 증기의 취출압력을 조절한다.
㉡ 지렛대식은 전압력이 600kg을 넘으면 사용이 불가
㉢ 안전밸브는 스프링식, 추식, 지렛대식이 있다.
㉣ 추식은 주철제 원판의 중량으로 증기압력 조절

16 다음은 취출(분출)장치를 설치하기 위한 이유를 나열한 것이다. 가장 알맞은 것은?

① 보일러 내의 수위를 조절하기 위하여
② 보일러수의 농축을 방지하기 위하여
③ 증기의 압력을 조절하기 위하여
④ 보일러 내의 청소를 쉽게 하기 위하여

해설 ㉠ 취출(분출)의 목적 : 보일러수의 농축을 방지하기 위하여 장치를 설치한다.
㉡ 취출은 보일러가 가동하기 전이나 부하가 가장 낮을 때 실시한다.
㉢ 취출 시에는 꼭 2인이 한 조가 되어야 한다.

17 보일러에 사용하는 부르동관 압력계의 사이펀관 속에 넣는 물질은?

① 물   ② 증기
③ 공기   ④ 진공

해설 증기 보일러에 사용되는 압력계를 보호하기 위하여 물을 사이폰관에 넣어서 사용한다. 사이폰관의 안지름은 6.5mm 이상이다.

18 보일러 본체에서 발생한 포화증기, 즉 습증기를 가열하여 수분을 증발시키고 다시 과열증기로 하는 장치가 과열기이다. 다음 중 과열기의 종류가 아닌 것은?

① 접촉과열기
② 복사과열기
③ 복사접촉 과열기
④ 포화증기 과열기

해설 과열기의 종류
㉠ 접촉과열기(대류과열기) : 제1연도, 제2연도 사이에 설치
㉡ 복사접촉 과열기(복사대류 과열기) : 화실과 제1연도 사이에 설치
㉢ 복사과열기(방사과열기) : 연소실 상부 노벽에 설치

19 보일러 작동 중의 안전상 증기압력, 급수량의 조절을 위하여 설치되는 부품 중 관계가 없는 것은?

① 안전밸브   ② 압력계
③ 수면계   ④ 온도계

해설 ㉠ 온도계는 안전장치가 아니다.
㉡ 온도계는 급수온도계, 기름온도계, 배기가스온도계, 온수의 온도계가 있다.
㉢ 보일러의 작동상 또는 급수량 조절을 위하여 안전밸브, 증기압력계, 수면계를 설치한다.

정답 14 ① 15 ④ 16 ② 17 ① 18 ④ 19 ④

20 유체의 흐름 방향을 90°로 바꾸어 주는 밸브는?
① 압력조정밸브 ② 체크밸브
③ 글로브 밸브 ④ 앵글밸브

해설 ㉠ 앵글밸브의 흐름 방향 각도는 90°이다.
㉡ 글로브 밸브(유량조절밸브)
㉢ 체크밸브(역정지밸브)

21 일반적으로 대형 보일러에 사용하는 안전밸브는?
① 레버 안전밸브 ② 스프링 안전밸브
③ 추 안전밸브 ④ 중추식 안전밸브

해설 ㉠ 보일러 설치검사 기준에 의하여 보일러에는 스프링식 안전밸브가 설치되어야 한다.
㉡ 안전밸브의 종류 : 스프링식, 추식, 레버식
㉢ 스프링식의 종류 : 저양정식, 고양정식, 전양정식, 전양식

22 온도변화에 따라 일어나는 관의 신축을 파형관의 변형에 의해 흡수하는 신축이음은?
① 슬리브형 ② 벨로스형
③ 스위블형 ④ 곡관형

해설 벨로스 신축이음
㉠ 벨로스는 관의 신축에 따라 슬리브와 함께 신축한다.
㉡ 온도변화에 따라 파형관(슬리브관)의 변형에 의해 흡수한다.
㉢ 벨로스 신축이음은 슬리브형에 비하여 짧다.

23 증기의 열에너지를 운동에너지로 전환시키고 다시 압력에너지로 바꾸어 급수하는 장치는?
① 터빈 펌프 ② 벌류트 펌프
③ 인젝터 ④ 진공 펌프

해설 인젝터
증기의 열에너지를 운동에너지로 전환시키고 다시 압력에너지로 바꾸어 급수하는 펌프이다.
㉠ 인젝터는 보일러 증기를 이용하여 급수하는 무동력 펌프이다.
㉡ 워싱턴 펌프(왕복식)도 증기의 분사를 이용한 무동력 펌프이다.

24 다음 중 증기 보일러에서 일반적으로 사용하는 압력계는?
① 침종식 압력계
② 다이어프램식 압력계
③ 액주식 압력계
④ 부르동관식 압력계

해설 ㉠ 보일러에 사용하는 압력계는 부르동관식 압력계이다.
㉡ 탄성식 압력계 : 부르동관 압력계, 다이어프램식 압력계, 벨로스식 압력계

25 다음 중 증기 트랩을 바르게 설명한 것은?
① 응축수는 통과시키지 않고 증기만을 통과시킨다.
② 벨로스형 열동식 트랩은 다량의 응축수를 처리하는 데 사용한다.
③ 상향버킷 트랩을 사용하면 환수관을 트랩보다 높은 위치로 할 수 있다.
④ 플로트 트랩은 증기의 증발로 인한 부피의 증가를 한 디스크 트랩이라고도 한다.

해설 증기 트랩
㉠ 응축수만 통과시키고 증기는 통과시키지 않는다.
㉡ 다량의 응축수를 처리하는 데는 플로트 트랩이 좋다.
㉢ 상향버킷 트랩을 사용하면 환수관을 트랩보다 높은 위치로 할 수 있다.
㉣ 증기의 증발로 인한 부피의 증가를 이용한 것은 디스크 트랩이다.

26 다음 중 폐열회수장치가 아닌 것은?
① 절탄기 ② 공기예열기
③ 재열기 ④ 집진기

해설 보일러의 부대장치
㉠ 폐열회수장치 : 절탄기, 공기예열기, 재열기, 과열기
㉡ 집진장치
㉢ 안전장치
㉣ 급수장치
㉤ 급유장치
㉥ 송기장치

정답 20 ④ 21 ② 22 ② 23 ③ 24 ④ 25 ③ 26 ④

27 과열기의 열가스 흐름에 의한 종류가 아닌 것은?

① 병류형　　② 향류형
③ 혼류형　　④ 대류형

해설 ㉠ 과열기의 열가스 흐름에 의한 종류
- 병류형
- 향류형
- 혼류형

㉡ 과열기의 종류(전열방식에 의한 종류)
- 복사과열기
- 대류과열기
- 복사대류과열기

28 보일러 부속장치의 설명 중 잘못된 것은?

① 기수분리기 : 증기 중에 혼합된 수분을 분리하는 장치
② 수트 블로어 : 보일러 동 저면의 스케일, 침전물 등을 밖으로 배출하는 장치
③ 인젝터 : 증기를 이용한 급수장치
④ 스팀 트랩 : 응결수를 자동으로 배출하는 장치

해설 ㉠ 수트 블로어는 전열면적의 그을음을 제거하는 기구이며 스케일이나 침전물을 배출하는 것은 분출장치이다.
㉡ ②는 분출장치의 설명이다.

29 유체 펌프 날개에 공동현상(캐비테이션)이 발생하는 경우는?

① 날개면에 압력이 과대하게 작용하는 경우
② 날개면에 작용하는 압력이 대기압보다 낮은 경우
③ 회전속도가 극히 낮은 경우
④ 수두가 높은 경우

해설 ㉠ 펌프 날개에 공동현상이 발생되는 경우는 날개면에 작용하는 압력이 대기압보다 낮은 경우이다.
㉡ 공동현상이란 펌프에서 물이 수증기로 변하여 부식, 급수불능, 진동 등이 일어나는 부작용이다.

30 보일러에 연소가스의 폭발시를 대비하여 만드는 안전기구는?

① 폭발구(방폭문)
② 안전밸브
③ 파괴판
④ 연돌

해설 보일러에서 연소가스의 폭발 시 이것을 방지하기 위하여 만든 안전장치는 폭발구(방폭문)이다.

31 다음 급수펌프 중 증기왕복식 기관형식인 것은?

① 터빈 펌프　　② 벌류트 펌프
③ 웨어 펌프　　④ 플런저 펌프

해설 ㉠ 급수펌프에서 증기왕복식 펌프는 워싱턴 펌프, 웨어 펌프이다.
㉡ 터빈이나 벌류트 펌프는 원심식 펌프이다.
㉢ 플런저 펌프는 플런저 왕복운동의 펌프이다.
㉣ 워싱턴 플런저 펌프, 위어 펌프는 왕복식 펌프이다.

32 다음 보일러 부속장치 중 안전사고 방지와 가장 관계가 없는 것은?

① 압력계　　② 수면계
③ 화염검출기　　④ 유량계

해설 ㉠ 안전사고 방지장치 : 압력계, 수면계, 안전밸브, 방출밸브, 화염검출기, 가용전, 방폭문, 고저수위 경보장치
㉡ 유량계 : 급유량계, 급수량계, 가스미터기

33 보일러의 안전작업을 수행하기 위하여 부착된 부속장치와 관계가 없는 것은?

① 가용마개
② 고저수위 경보장치
③ 수면계
④ 재열기

해설 ㉠ 안전장치 : 가용마개, 고저수위 경보기, 수면계, 안전밸브, 압력제한기, 전자밸브
㉡ 재열기 : 팽창된 과열증기를 재가열시킨다.

정답 27 ④　28 ②　29 ②　30 ①　31 ③　32 ④　33 ④

34 원통 보일러에 설치하는 급수내관의 위치로 가장 적합한 것은?

① 안전저수위와 동일 높이
② 안전저수위 위쪽 5cm
③ 안전저수위 아래쪽 5cm
④ 상용 수위와 동일 높이

해설 급수내관의 위치
안전저수위 아래쪽 5cm(50mm)

35 보일러 안전장치가 아닌 것은?

① 급수내관　　② 수위 경보기
③ 방폭문　　　④ 가용전

해설 ㉠ 보일러의 안전장치 : 수위 경보기, 방폭문, 가용전 등
㉡ 급수내관은 급수장치로서 보일러 안전저수위 하방 50mm에 설치한다.

36 다음 보기에 열거한 사항은 어떤 밸브에 관한 설명인가?

- 구조에 따라 스프링식과 추식으로 분류된다.
- 고압증기를 저압증기로 전환하는 데 이용된다.
- 밸브출구에는 일반적으로 압력계와 안전밸브를 설치한다.

① 글로브 밸브
② 니들밸브(Needle Value)
③ 감압밸브
④ 전자밸브

37 절탄기의 설명 중 틀린 것은?

① 절탄기의 외부에 고온부식이 발생할 수 있다.
② 절탄기는 주철제와 강철제가 있다.
③ 연료소비량을 감소시킬 수 있다.
④ 연소가스의 마찰에 의한 통풍력 손실을 가져온다.

해설 절탄기
㉠ 절탄기(급수가열기)의 외부에 저온 부식 발생(황산에 의해)
㉡ 주철제와 강철제가 있다.
㉢ 연료소비량을 감소시킬 수 있다.
㉣ 연소가스의 마찰에 의한 통풍력 손실을 가져온다.

38 다음 중 안전밸브의 밸브 및 밸브 시트에 포금을 사용하는 이유로 가장 적당한 것은?

① 열전도가 양호하다.
② 과열되어도 변형이 없다.
③ 부식에 강하고 주조하기 쉽다.
④ 가열되어도 조직의 변화가 없다.

해설 포금(청동, Gum Metal)의 특징
㉠ 주조성이 좋고 내식성이 좋다(부식에 강하다).
㉡ 강도가 크고 내마멸성이 좋으며 주석이 많을수록 강도가 커진다.
㉢ 청동은 (구리+주석)의 합금이다.

39 다음 중 공기예열기의 사용 시 보일러에 대한 설명으로 틀린 것은?

① 연소실의 온도가 높아진다.
② 보일러의 열효율을 향상시킨다.
③ 연소상태가 좋아지고 연소효율이 증대된다.
④ 연료 중의 유황(S)분에 의한 고온 부식발생이 증가된다.

해설 공기예열기의 사용
㉠ 연소실의 온도가 높아진다.
㉡ 보일러의 열효율을 향상(5% 이상)
㉢ 연소상태가 좋아지고 연소효율이 증대되나 황산에 의한 저온부식 발생

40 보일러 급수펌프가 갖추어야 할 구비조건으로 옳지 않은 것은?

① 작동이 확실하며 조작이 간편할 것
② 부하변동에 신속히 대응할 수 있을 것
③ 저부하에도 효율이 좋을 것
④ 고부하 시 병렬운전이 불가능할 것

정답 34 ③ 35 ① 36 ③ 37 ① 38 ③ 39 ④ 40 ④

해설
㉠ 작동이 확실하며 조작이 간편할 것
㉡ 부하변동에 신속히 대응할 수 있을 것
㉢ 저부하에도 효율이 좋을 것
㉣ 병렬운전을 할 수 있는 구조일 것

41 다음 급수 펌프 중 가이드 베인(Guide Vane)이 있는 것은?

① 터빈 펌프   ② 기어 펌프
③ 진공 펌프   ④ 로터리 펌프

해설 급수 펌프 중 임펠러 외에 가이드 베인이 있는 펌프는 터빈 펌프이다.

42 다음 그림과 같은 지렛식 안전밸브의 중추(W)는 약 몇 kg의 것을 사용하면 좋은가?(단, 보일러의 규정압력 = 10kg/cm², 밸브 면적 40cm², 지레의 무게는 무시)

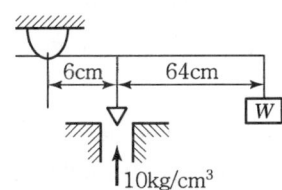

① 34.29kg   ② 42.86kg
③ 64.86kg   ④ 79.43kg

해설 $W = \dfrac{10 \times 40 \times 6}{6+64} = 34.29\text{kg}$

43 다음 보일러 폐열회수장치 중 굴뚝에서 가장 가까이 설치되는 것은 어느 것인가?

① 절탄기
② 공기예열기
③ 과열기
④ 재열기

해설 폐열회수장치의 설치순서
㉠ 공기예열기   ㉡ 절탄기
㉢ 재열기   ㉣ 과열기

44 보일러 내부의 검사나 청소를 위하여 사람이 들어갈 수 있도록 구멍을 보일러 동체 위쪽에 만든 것을 무엇이라고 하는가?

① 맨홀(Manhole)
② 엔드 플레이트(End Plate)
③ 갤로웨이관(Galloway tube)
④ 수평관(Cross Tube)

해설 맨홀 : 보일러 내부의 검사나 청소를 위하여 사람이 들어갈 수 있도록 구멍을 동체 위쪽에 만든 것

45 길이가 긴 증기 배관 계통에 기수분리기를 설치하여 얻을 수 있는 효과가 아닌 것은?

① 수격작용의 위험을 막을 수 있다.
② 장치의 부식을 억제할 수 있다.
③ 건조공기를 장치에 공급할 수 있다.
④ 열효율이 높아진다.

해설 기수분리기의 설치
㉠ 수격작용의 위험 방지
㉡ 장치의 부식 억제
㉢ 열효율이 높아진다.

46 파이프 축에 대해서 직각방향으로 개폐되는 밸브로 유체의 흐름에 따른 마찰저항 손실이 적으며 난방배관 등에 주로 사용되나 유량조절용으로는 부적합한 밸브는?

① 앵글밸브   ② 슬루스 밸브
③ 글루브 밸브 ④ 다이어프램 밸브

해설
㉠ 슬루스 밸브(게이트 밸브)는 파이프 축에 대해서 직각방향으로 개폐되며 마찰 저항손실이 적으나 유량조절이 부적합하다.
㉡ 유량조절이 용이한 밸브는 글로브 밸브이다.

47 증기 트랩이 갖추어야 할 조건 중 틀린 것은?

① 마찰저항이 클 것
② 유압, 유량이 변해도 작동이 확실할 것
③ 응축수만을 배출할 것
④ 내구력이 클 것

정답 41 ① 42 ① 43 ② 44 ① 45 ③ 46 ② 47 ①

해설 증기 트랩의 구비조건
㉠ 마찰저항이 적을 것
㉡ 유압, 유량이 변해도 작동이 확실할 것
㉢ 응축수만을 배출할 것
㉣ 내구력이나 내식성이 클 것

48 다음은 급수장치를 설명한 것이다. 옳은 것은?
① 워싱턴 펌프는 모터의 동력을 요한다.
② 인젝터는 소형의 보일러에만 사용한다.
③ 인젝터는 급수온도가 낮을 때는 사용하지 못한다.
④ 급수밸브는 급수 역지밸브와 보일러 사이에 설치한다.

해설 ㉠ 워싱턴 펌프는 증기의 분사를 이용한다.
㉡ 인젝터는 중·소형 보일러용이다.
㉢ 인젝터는 급수의 온도가 낮을 때(55℃ 이하) 사용한다.
㉣ 급수밸브는 급수 역지밸브(체크밸브)와 보일러 사이에 설치한다.

49 감압밸브의 고장이 빈번히 발생하는 것은?
① 바이패스
② 슬루스 밸브
③ 감압밸브 노즐
④ 밸브 핸들

해설 감압밸브의 고장이 자주 발생되는 부분은 감압밸브의 노즐부분이다.

50 신축이음의 종류 중 신축이음 자체에 응력이 많이 작용하며, 고압 증기의 압력 배관에 사용하는 것은?
① 슬리브형
② 벨로스형
③ 스위블형
④ 루프형

해설 신축이음(신축조인트)의 자체에 응력이 많이 작용하며 고압 증기의 압력 배관에 사용하는 것은 루프형(곡관형)이다.

51 보일러 부속설비에 해당되지 않는 것은?
① 연소장치
② 급수장치
③ 안전장치
④ 통풍장치

해설 ㉠ 보일러의 3대 구성요소
• 연소장치
• 부속장치(안전장치, 급수장치, 통풍장치 등)
• 보일러 본체
㉡ 부속장치 : 안전장치, 송기장치, 급수장치, 급유장치, 통풍장치, 폐열회수장치, 분출장치, 처리장치, 자동제어장치

52 다음은 절탄기를 사용할 때의 장점을 나열한 것이다. 옳지 않은 것은?
① 보일러의 증발능력이 향상된다.
② 급수 중 불순물의 일부가 제거된다.
③ 증기의 건도가 향상된다.
④ 급수와 보일러수와의 온도 차이가 작아져서 보일러 본체에 무리한 응력이 생기지 않는다.

해설 절탄기(급수가열기)의 장점
㉠ 보일러의 증발능력이 향상된다.
㉡ 급수 중 불순물의 일부가 제거된다.
㉢ 급수와 보일러수와의 온도차가 작아져서 보일러 본체에 무리한 응력이 생기지 않는다.

53 급수내관에 관한 설명 중 맞지 않는 것은?
① 안전수위 약간 위에 설치한다.
② 내관을 통과하면서 급수가 예열된다.
③ 보일러 동 내부에 설치한다.
④ 보일러에 집중 급수를 방지한다.

해설 급수내관
㉠ 내관을 통과하면서 급수가 예열된다.
㉡ 안전저수위 약간 아래(5cm)에 설치한다.
㉢ 보일러동 내부에 설치한다.
㉣ 보일러에 집중 급수를 방지한다.

정답 48 ④ 49 ③ 50 ④ 51 ① 52 ③ 53 ①

54 공기예열기가 보일러에 주는 효과로 옳지 않은 것은?

① 폐열을 이용하므로 열손실을 감소시킨다.
② 열손실을 감소시키므로 열효율을 높인다.
③ 공기의 온도를 높이므로 연소효율을 높일 수 있다.
④ 공기의 습도가 높아져서 보내는 공기량을 그만큼 감소시킬 수 있다.

해설 ㉠ 공기예열기를 설치하면 공기의 습도가 낮아지고 예열된 건조공기가 되며 연소실로 투입하는 공기량을 연소과정에서 그만큼 감소시킬 수 있다.
㉡ 예열공기를 사용하면 연소실의 과잉공기를 줄일 수 있으며 연소실의 연소효율이 증가한다.

55 다음 그림과 같은 지렛대식 안전밸브의 중추(W)는 몇 kg의 것을 사용하면 좋은가?(단, 보일러의 압력 5kg/cm², 밸브의 면적 50cm²이다.)

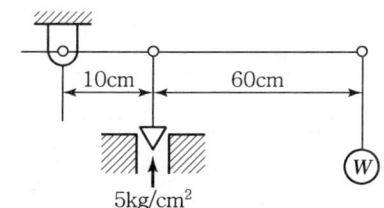

① 35.72kg   ② 357.2kg
③ 21.43kg   ④ 214.3kg

해설 중추(W)

$$W = \frac{압력 \times 밸브의\ 면적 \times 지렛대의\ 짧은\ 길이}{지렛대의\ 전길이}$$

$$= \frac{5 \times 50 \times 10}{10 + 60} = 35.72\text{kg}$$

56 온수보일러에서 안전장치 역할을 하는 것은 어느 것인가?

① 수도계   ② 팽창탱크
③ 온도계   ④ 라디에이터

해설 온수보일러의 팽창탱크는 안전장치 역할을 한다.

57 다음 중 공기예열기의 형식이 아닌 것은?

① 전열식   ② 증기식
③ 재생식   ④ 방사식

해설 ㉠ 공기예열기의 형식
• 전열식
• 증기식
• 재생식(독일사람 융스트룀 형제가 발명)
㉡ 공기예열기란 연소실에 공급하는 공기를 예열하여 보일러 등의 열효율을 높이기 위한 폐열을 회수하는 부대장치이다.

58 보일러 부속장치 중 화실에서 가장 가까운 위치에 설치하는 장치는?

① 과열기   ② 재열기
③ 절탄기   ④ 공기예열기

해설 보일러 부속장치 중에서 화실에서 가장 가까운 위치에 설치하는 장치는 과열기이다.
※ 공기예열기는 연기가 지나가는 연도에서 연소 가스로 아궁이에 들어가는 공기를 예열시킨다.

59 기수분리기를 장치하는 목적은 무엇인가?

① 폐증기를 회수, 재사용하기 위해서
② 발생된 증기 속에 남는 물방울을 제거하기 위해서
③ 보일러에 녹아 있는 불순물을 제거하기 위해서
④ 과열증기의 순환을 되도록 빨리 하기 위하여

해설 ㉠ 기수분리기는 수관식 보일러에서 발생된 증기 속에 남아 있는 물방울을 제거하는 기구이다.
㉡ 기수분리기는 건조증기를 취출하여 열설비에서 응축수에 의한 수격작용을 방지하여 보일러에 부담을 덜어준다.

60 다음 중 트랩의 구비조건에 해당되지 않는 것은?

① 구조가 간단할 것
② 봉수가 유실되지 않는 구조일 것
③ 세정작용을 할 수 있을 것
④ 재료의 부식성이 풍부할 것

정답 54 ④ 55 ① 56 ② 57 ④ 58 ① 59 ② 60 ④

해설 ㉠ 증기 트랩에서의 구비조건 중 재료의 부식성이 풍부해서는 안 된다. 부식이 없어야 한다.
㉡ 증기 트랩이란, 증기난방시 증기가 냉각되어 생긴 응축수를 배출하는 송기장치이다.
㉢ 온도차에 의한 증기 트랩은 벨로스식과 바이메탈식이 있다.

61 인젝터의 작동이 불량하게 되는 이유는?

① 수원의 수압이 높다.
② 증기압이 높다.
③ 급수의 온도가 50℃ 이상 높다.
④ 보일러관 내압이 너무 낮다.

해설 인젝터란 급수펌프 고장 시 보일러의 증기를 받아들여서 급수를 행하는 펌프이다.
㉠ 증기의 압력이 너무 높거나 너무 낮으면 작동불능이 된다.
㉡ 인젝터(소형 보조펌프)에서 급수의 온도가 50℃ 이상이 되면 급수 불능이 된다.
㉢ 증기에 수분이 너무 많으면 작동 불능이 된다.
㉣ 역정지밸브가 고장이면 작동 불능이 된다.
㉤ 내부의 노즐에 이물질이 부착되면 작동불능이 된다.

62 다음 중 보일러의 효율을 올리기 위한 3가지 부속장치는?

① 수면계, 압력계, 안전밸브
② 절탄기, 공기예열기, 과열기
③ 버너, 댐퍼, 송풍기
④ 인젝터, 저수위 경보장치, 유인배풍기

해설 보일러의 효율을 높이기 위하여는 폐열회수 장치인 과열기, 절탄기, 공기예열기 등의 설비가 필요하다.

63 연도 내의 연소가스로 보일러 급수를 예열하고 연료소비량 감소와 증발량의 증가를 꾀하는 장치는?

① 재열기   ② 과열기
③ 절탄기   ④ 예열기

해설 ㉠ 연도 내의 연소가스로 보일러의 급수를 예열하는 여열장치(폐열회수장치)는 절탄기(이코노마이저)이다.
㉡ 급수가 8℃ 상승할 때마다 보일러 효율이 1% 상승한다. 또 절탄기의 재료는 주철관이나 강관이 있다.

64 수량이 많고 낙차가 작은 것에 설치하기 좋은 수차는?

① 프러펠러 수차   ② 펠론 수차
③ 프란시스 수차   ④ 반동 수차

해설 프로펠러 수차는 축류 수차이며 수차는 80m 이하 보통 20~40m의 저낙차로 비교적 유량이 많은 곳에 사용한다. 날개수는 3~10매가 보통이며 날개의 각도를 조정할 수 있는 고정익형이다.

65 그림은 최고 사용압력 10kg/cm²의 지렛대식 안전밸브를 나타낸 것인데, 안전밸브의 면적은 몇 cm²인가?(단, 지렛대 및 변동의 중량은 무시한다.)

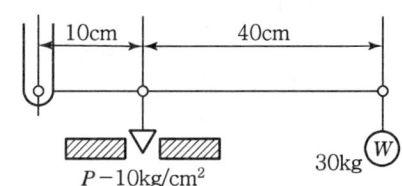

① 15cm²   ② 10cm²
③ 7cm²   ④ 5cm²

해설 지렛대식 안전밸브의 면적(A)
$$A = \frac{추의 중량 \times 지렛대의\ 길이}{최고사용압력 \times 지렛대의\ 짧은\ 길이}$$
$$= \frac{30 \times 50}{10 \times 10} = 15cm^2$$
※ W(추의 중량)

66 왕복식 펌프에 해당되지 않는 것은?

① 플런저 펌프   ② 피스톤 펌프
③ 워싱턴 펌프   ④ 터빈 펌프

해설 ㉠ 왕복식 펌프
- 피스톤 펌프
- 워싱턴 펌프
- 플런저 펌프
㉡ 원심식 펌프 : 터빈 펌프, 벌류트 펌프
㉢ 회전식 펌프 : 기어 펌프(기름 펌프)

67 증기 어큐뮬레이터란 어느 것인가?

① 증기 속에 포함된 공기를 제거하여 보일러의 손실을 방지하기 위한 장치
② 부하에 따라 보일러로부터 잉여증기를 저장 또는 공급하는 장치
③ 증기의 압력을 일정하게 유지하기 위한 자동제어장치
④ 보일러의 효율을 증대하기 위한 증기 재가열장치

해설 ㉠ 어큐뮬레이터 : 송기장치
㉡ 증기 어큐뮬레이터(증기 축열기)는 저부하 시에 보일러로부터 잉여증기를 저장하였다가 과부하 시에 다시 재사용하는 증기의 저장고로서 변압식과 정압식이 있다.

68 신축곡관이라고 부르는 신축이음은 다음 중 어느 것인가?

① 루프형   ② 스위블형
③ 슬리브형   ④ 벨로스형

해설 ㉠ 신축곡관은 만곡형이라 하며 외래어의 용어로는 루프형이라 한다.
㉡ 신축곡관(신축이음)의 설치목적은 고온의 유체가 관의 내부를 흐르는 순간 배관이 팽창하여 관에 무리를 주는 것을 완화 흡수시킨다.

69 절탄기 용도를 설명한 것으로 가장 알맞은 것은?

① 연도에서 급수를 가열
② 연도에서 증기를 가열
③ 증기를 사용하여 급수를 가열
④ 석탄을 연소시켜 급수를 가열

해설 ㉠ 절탄기 : 연도에서 배기가스를 이용하여 급수를 가열하는 장치이며 이코노마이저라 한다.
㉡ 폐열회수장치(여열장치)로서 보일러의 열효율을 높인다.
㉢ 급수 속의 불순물을 일부 제거시킨다.
㉣ 증기발생 시간이 단축되어 연료의 소비량이 감소된다.
㉤ H_2SO_4(황산)에 의한 저온부식이 발생된다.

70 보일러의 안전장치와 거리가 먼 것은?

① 유량계
② 스프링식 안전밸브
③ 저수위 경보기
④ 용융마개

해설 ㉠ 보일러 안전장치
- 가용마개   • 안전밸브
- 저수위 경보기   • 방폭문
- 전자밸브   • 압력차단기
㉡ 유량계
- 급유량계   • 급수량계
- 가스미터기

71 고압 배관과 저압 배관 사이에 설치하고 고압 측의 압력 변동이나 저압 측의 사용량에 관계없이 밸브의 리프트를 자동적으로 제어하여 유량을 조정해서 저압 측의 압력을 항상 일정하게 유지시키는 밸브는?

① 로터리 밸브
② 버터플라이 밸브
③ 안전밸브
④ 감압밸브

해설 감압밸브의 설치목적
㉠ 고압의 증기를 저압으로 유지시킨다.
㉡ 고압의 증기와 저압의 증기를 동시에 사용한다.
㉢ 증기압의 압력을 항상 일정하게 유지시킨다.
㉣ 압력을 감압시킨다.
㉤ 종류는 추식, 스프링식, 다이어프램식이 있다.

정답 67 ② 68 ① 69 ① 70 ① 71 ④

72 전열방식에 따른 과열기의 종류가 아닌 것은?
① 복사형 ② 대류형
③ 복사대류형 ④ 혼류형

해설 ㉠ 과열기 전열방식의 종류
• 복사형 • 대류형
• 복사대류형
㉡ 과열기 열가스의 흐름방향에 의한 종류
• 향류형 • 혼류형
• 병류형

73 보일러의 수저 분출장치의 주된 기능은?
① 보일러 동내 압력을 조절한다.
② 보일러 동내 부유물을 분출한다.
③ 침전물이나 농축수를 배출한다.
④ 수격작용을 방지하기 위하여 증기만 분출한다.

해설 보일러의 수저 분출장치는 보일러 하부의 침전물이나 농축수를 배출하여 스케일 생성을 방지한다.

74 보일러 급수밸브에서 역류를 방지하기 위하여 반드시 설치하여야 하는 밸브는?
① 체크밸브 ② 슬루스 밸브
③ 글루브 밸브 ④ 앵글밸브

해설 ㉠ 체크밸브 : 유체역류방지밸브이며, 스윙식과 리프트식이 있다. 즉, 역정지용이다.
㉡ 체크 역정지밸브는 급수 라인 등에 많이 사용된다.
㉢ 최고 사용압력이 0.1MPa 이하인 보일러에서는 제외된다.
㉣ 체크밸브의 배관도시 기호는 -N- 이다.

75 보일러의 부대설비에 해당되지 않는 것은?
① 방열장치 ② 송기장치
③ 안전장치 ④ 분출장치

해설 ㉠ 방열장치는 부대설비가 아니고 난방기기이다.
㉡ 보일러 부대설비 : 급수장치, 안전장치, 통풍장치, 급유장치, 송기장치, 분출장치, 자동제어장치, 집진장치, 계측장치
㉢ 보일러 3대 요소 : 본체, 연소장치, 부대장치

76 이동용 보일러에 가장 적합한 안전밸브는?
① 중추식 ② 지렛대식
③ 스프링식 ④ 겹판식

해설 ㉠ 움직이는 이동용 보일러의 안전밸브는 스프링식 안전밸브가 가장 좋다.
㉡ 이동용 보일러는 기관차 보일러, 선박용 보일러가 있다.
㉢ 중추식이나 지렛대식은 소용량 보일러에 사용된다.
㉣ 안전밸브는 증기 보일러 드럼 증기부에 직접 수직으로 설치하며 전열면적이 $50m^2$ 이하는 1개 이상, $50m^2$ 초과에서는 2개 이상 설치한다.

77 고압 보일러의 기수분리기 형식이 아닌 것은?
① 장애판을 조립할 것
② 재가열판을 이용한 것
③ 원심분리기를 이용한 것
④ 파도형의 다수 강판을 합쳐 조립할 것

해설 ㉠ 기수분리기는 ①, ③, ④형 등이 있다.
㉡ 기수분리기는 수관식 보일러에서 증기 속에 물방울을 제거하여 건조증기를 취출, 수격작용(워터해머)을 방지한다.

78 연도 내의 연소가스로 보일러 급수를 예열하고 연료소비량 감소와 증발량의 증가를 꾀하는 장치는?
① 재열기 ② 응축기
③ 이코노마이저 ④ 증기 트랩

해설 절탄기(이코노마이저)는 연도 내의 연소가스로 보일러 급수를 예열하여 연료소비량 감소와 증발량의 증기를 꾀하는 장치이다. 일명 연도의 급수가열기이다.

79 다음 중 온수보일러에 필요 없는 것은?
① 팽창탱크 ② 과열기
③ 온수탱크 ④ 방출관

해설 과열기는 증기 보일러용이며, ①, ③, ④는 온수보일러용이다.

정답 72 ④ 73 ③ 74 ① 75 ① 76 ③ 77 ② 78 ③ 79 ②

80 다음 중 온수보일러에만 부착되는 것은?

① 방출밸브　　② 안전밸브
③ 전자밸브　　④ 분출밸브

해설 ㉠ 온수보일러 안전장치에는 방출밸브가 있다.
㉡ 전자밸브는 온수보일러, 증기 보일러에 설치한다.
㉢ 증기안전밸브는 증기 보일러용이다.

81 서로 관계없는 것끼리 연결된 것은?

① 스팀 트랩 – 응축수
② 방열관 – 안전밸브
③ 인젝터 – 급수장치
④ 부르동관 – 압력계

해설 ㉠ 스팀 트랩 → 응축수
㉡ 인젝터 → 급수장치
㉢ 부르동관 → 압력계
㉣ 방열관 → 온수관
㉤ 안전밸브 → 방출밸브

82 증기 트랩에 속하지 않는 것은 어느 것인가?

① 드럼 트랩
② 열동식 트랩
③ 버킷 트랩
④ 충동식 트랩

해설 ㉠ 증기 트랩 : 열동식 트랩, 버킷 트랩, 충동식 트랩(오리피스 트랩), 벨로스 트랩, 디스크 트랩, 바이메탈 트랩
㉡ 증기 트랩은 응축수를 제거하여 수격작용이나 부식을 방지한다.
㉢ 증기 트랩의 구비조건
　• 내구력이 있을 것
　• 마찰저항이 작을 것
　• 공기빼기가 가능할 것
　• 내식성, 내마모성이 클 것
　• 압력 유량이 변화해도 작동이 확실할 것
　• 보일러 정지 후에도 응축수 빼기가 가능할 것
※ 드럼 트랩은 식당 등에서 나가는 찌꺼기를 제거하는 배수 트랩이다.

83 다음 급수펌프 중에서 왕복식이며 증기를 동력으로 사용한 것 중 옳은 것은?

① 인젝터(Injector)
② 워싱턴 펌프(Washington Pump)
③ 터빈 펌프(Turbine Pump)
④ 기어 펌프(Gear Pump)

해설 ㉠ 워싱턴 펌프는 왕복식 펌프이며 증기를 동력으로 사용한다.
㉡ 회전식 펌프 : 기어 펌프, 베인 펌프
㉢ 왕복식 펌프 : 워싱턴 펌프, 피스톤 펌프, 위어 펌프, 플런저 펌프
㉣ 원심식 펌프 : 터빈 펌프, 소용돌이 펌프(볼류트 펌프) – 전력 사용
㉤ 증기를 사용하는 무동력 펌프 : 워싱턴 펌프, 위어 펌프, 인젝터

84 다음 중 보일러에 사용하는 안전밸브의 종류가 아닌 것은?

① 레버 안전밸브
② 추 안전밸브
③ 스프링 안전밸브
④ 급수 안전밸브

해설 보일러 안전밸브의 종류
㉠ 레버식(막대식)
㉡ 추식
㉢ 스프링식
　• 저양정식　　• 고양정식
　• 전양정식　　• 전양식
※ 급수밸브 : 정지밸브, 체크밸브가 있다.

85 굴뚝으로 나가는 배기가스의 폐열을 회수하여 급수를 예열하는 장치는?

① 과열기　　② 증기가열기
③ 절탄기　　④ 공기예열기

해설 절탄기(이코노마이저)
연도의 배기가스의 폐열로 급수를 가열시킨다. 종류는 강철제와 주철제가 있다.

정답 80 ① 81 ② 82 ① 83 ② 84 ④ 85 ③

86 절탄기의 역할을 설명한 것으로 알맞은 것은?

① 연도에서 증기를 가열하는 것
② 연도 등에서 급수를 예열하는 것
③ 연도에서 공기를 예열하는 것
④ 증기를 사용해서 공기를 예열하는 것

해설 ㉠ 절탄기(이코노마이저)는 연도에서 배기가스의 여열을 받아서 보일러용 급수를 예열하는 폐열회수장치이다.
㉡ 절탄기의 종류
• 강관식 절탄기
• 그린 절탄기

87 워싱턴 또는 플런저 펌프의 특징이 아닌 것은?

① 보일러에서 발생된 증기압을 이용한 것으로 고압용에 적당하다.
② 비교적 고점도의 액체 수송용으로 적합하다.
③ 유체의 흐름에 맥동을 가져온다.
④ 토출량과 토출압력의 조절이 어렵다.

해설 플런저 펌프의 특징(왕복식 펌프)
㉠ 고압과 중압용으로 사용된다.
㉡ 모터에 의해 플런저가 좌우 수평으로 왕복 운동을 한다.
㉢ 한 개의 플런저 사용 시에는 맥동을 가져온다.
㉣ 플런저의 속도가 항상 변화한다.
㉤ 송출관에는 항상 일정량의 유속을 얻는다(공기실의 설치로 인하여).

88 보일러의 안전작업을 수행하기 위하여 부착된 부속장치이다. 해당되지 않는 것은?

① 증기 안전밸브
② 수면계
③ 저수위 경보기
④ 절탄기

해설 절탄기는 안정장치가 아니고 보일러의 연소가스로 급수를 예열하는 보일러의 효율 증가를 꾀하는 장치이다. 즉, 폐열회수장치이다.

89 애덤슨 조인트를 사용하는 목적은?

① 노통의 압력에 대한 강도를 크게 하기 위하여
② 노통이 길어 공작하기 곤란하므로
③ 노통 연결을 편리하게 하기 위하여
④ 평형 노통의 열에 대한 팽창을 조절하려고

해설 ㉠ 애덤슨 조인트는 노통의 열에 대한 팽창과 신축을 흡수완화하여 노통의 강도가 보강되며 수명이 길어진다.
㉡ 노통이란, 원통형 보일러에서 연료를 연소시키는 화실 통이다.

90 연소가스와의 접촉으로 가열되는 형식이며 제1연도에서 제2연도로 넘어가는 위치에 설치된 과열기는?

① 복사과열기
② 연소과열기
③ 복사접촉과열기
④ 접촉과열기

해설 ㉠ 연소가스가 제1연도에서 제2연도로 넘어가는 위치에서 과열기는 전열면에서 대류열을 받는다. 그러므로 과열기는 접촉과열기가 설치된다.
㉡ 대류식(접촉식) 제1 및 제2연도 사이에 설치된다.
㉢ 복사과열기는 연소실 안에 설치된다.

91 수관식 보일러 연소실에서부터 연돌까지를 나열한 것 중 맞는 것은?

① 과열기−증발관−공기예열기−절탄기
② 과열기−증발관−절탄기−공기예열기
③ 증발관−공기예열기−과열기−절탄기
④ 증발관−과열기−절탄기−공기예열기

해설 ㉠ 수관식 보일러의 연소실에서부터 연돌까지의 예열장치 순서
증발관 → 과열기 → 절탄기 → 공기예열기
㉡ 증발관이란, 수관식 보일러의 증기가 발생되는 드럼 또는 수관이다.

92 다음 펠턴 수차(Pelton Whee)에 대한 설명 중 틀린 것은?

① 펠턴 수차를 충동수차라고도 한다.
② 적은 유량으로 200~1,800m의 고낙차에 적당하다.
③ 낙차가 낮은 것은 70~80m, 높은 것은 600~1,800m까지 되는 것도 있다.
④ 보통 최저 20m에서 최고 300m의 낙차에 사용하고 있으나 400m 이상의 것도 있다.

해설 펠턴 수차의 특징
㉠ 고낙차용이라서 200~1,800m까지 쓰인다.
㉡ 충격 수차(충동 수차)라 한다.
㉢ 낙차가 낮은 것은 70~80m, 높은 것은 600~1,800m까지 된다.

93 다음 중 신축이음의 종류에 해당하지 않는 것은?

① 루프형 ② 슬리브형
③ 벨로스형 ④ 리드형

해설 배관의 신축이음의 종류는 ①, ②, ③ 외에도 온수 배관용인 스위블 이음이 있다.

94 증기 트랩의 종류에 해당되지 않는 것은?

① 버킷 트랩
② 열동식 트랩
③ 충동 증기 트랩
④ 그리스 트랩

해설 ㉠ 버킷 트랩은 기계식 트랩
㉡ 열동식 트랩은 열의 온도차에 의한 트랩
㉢ 충동 증기 트랩은 열역학을 이용한 트랩
㉣ 그리스 트랩은 배수 트랩이며 증기 트랩에는 해당되지 않는다.
※ 증기 트랩의 설치 목적 : 증기 사용 설비 배관 내의 응축수를 자동적으로 배출하여 수격작용 등을 방지한다.
※ 그리스 트랩은 배수 트랩이며 호텔, 여관, 식당, 주택 등의 요리장에서 배수 중에 흘러들어간 지방질을 제거하여 배수관의 막힘을 방지한다.

95 두께 2mm 정도인 강관을 여러 개 보일러에 세워서 그 속에 열가스를 통과시키고 외부에 공기를 굴곡시키면서 통과시켜 열교환을 세워서 한 공기예열기는?

① 강판형 공기예열기
② 회전식 공기예열기
③ 강관형 공기예열기
④ 증기식 공기예열기

해설 ㉠ 강관을 이용하여 만든 공기예열기 : 강관형 공기예열기
㉡ 강판을 이용하여 만든 공기예열기 : 강판형 공기예열기

96 보일러 안전밸브의 면적은 고압일수록 저압과 비교하여 어떠하여야 하는가?

① 좁아야 한다.
② 넓어야 한다.
③ 무관하다.
④ 똑같이 한다.

해설 보일러 안전밸브의 면적은 고압일수록 밀도가 크고 비체적이 작아서 저압일 때보다 좁아야 한다.

97 펠턴 수차에서 캐비테이션이 발생하기 쉬운 부분은?

① 날개차 ② 버킷의 뒷면
③ 안내 날개 ④ 흡출관

해설 캐비테이션(공동현상)은 펠턴 수차에서 흡출관 내의 선회 흐름에 의해 그 중심부에 압력저하가 생기면서 일어나는 현상이다. 방지법은 거꾸로 공기를 송입하여 진공도를 낮추면 된다.

98 연도 내의 연소가스로 보일러 급수를 예열하고 연료 소비량 감소와 증발량의 증가를 꾀하는 장치는?

① 재열기 ② 과열기
③ Economizer ④ 예열기

정답 92 ④ 93 ④ 94 ④ 95 ③ 96 ① 97 ④ 98 ③

해설 ㉠ 연도 내의 연소가스로 보일러 급수를 예열하고 연료 소비량을 감소시키는 폐열 회수장치는 이코노마이저이다.
㉡ 이코노마이저는 주철제 절탄기(그린 절탄기), 강철제 절탄기(핀 절탄기)가 있다.

99 다음 중 루프형 신축이음을 바르게 설명한 것은?

① 굽힘 반경은 관지름의 2배 이상으로 한다.
② 응력이 생기는 결점이 있다.
③ 주로 저압에 사용한다.
④ 강관의 경우 10m마다 1개씩 설치한다.

해설 루프형 신축이음의 특징(만곡관형 신축이음)
㉠ 굽힘 반경은 관지름의 6배 이상이다.
㉡ 응력이 생긴다.
㉢ 고온이나 고압 배관의 옥외용이다.
㉣ 30m의 강관에 1개씩 설치된다.

100 보일러의 부속장치 중 열효율을 높이기 위한 장치는?

① 분출관 ② 공기예열기
③ 수면계 ④ 압력계

해설 열효율을 높이기 위한 부속장치
㉠ 절탄기
㉡ 공기예열기 등의 폐열 회수장치

101 급수펌프의 구비조건 중에서 옳지 않은 것은?

① 급격한 부하변동에 대응할 수 있어야 한다.
② 저부하에서는 관계없으나 고부하에서는 효율이 좋아야 한다.
③ 고온 및 고압에 충분히 견디어야 한다.
④ 병렬운전에 지장이 없어야 한다.

해설 급수펌프의 구비조건
㉠ 급격한 부하변동에 대응할 수 있어야 한다.
㉡ 저부하에서나 고부하에서나 효율이 좋아야 한다.
㉢ 고온 및 고압에 충분히 견디어야 한다.
㉣ 병렬운전에 지장이 없어야 한다.
㉤ 회전식은 고속 회전에 지장이 없어야 한다.

102 수트 블로어(Soot Blower)의 설명이다. 옳지 않은 것은?

① 댐퍼를 완전히 열고 통풍력을 강하게 한다.
② 보일러 전열면 외측의 그을음이나 재를 제거하는 장치
③ 압축공기를 사용해서는 안 된다.
④ 응결수를 제거하고 건조증기를 사용한다.

해설 ㉠ 수트 블로어(그을음 청소기구)를 사용할 때의 주의사항은 ①, ②, ④이다. 사용할 때의 압축공기나 건조공기가 이용된다.
㉡ 전열면적에 그을음이 있으면 열전도가 방해된다.

103 보일러수의 취출장치를 하여 얻을 수 있는 이점은 어느 것인가?

① 보일러의 압력을 조절할 수 있다.
② 스케일의 부착을 방지할 수 있다.
③ 보일러수를 깨끗이 할 수 있다.
④ 안전저수면의 유지와 조정이 가능하다.

해설 ㉠ 보일러수를 취출(분출)하게 되면 스케일의 부착을 방지할 수 있다.
㉡ 취출이란, 보일러 가동 중 하부에 침전된 불순물(슬러지)을 제거하는 작용이다. 보일러 가동 전에 하는 것이 좋으나 연속 가동 중인 보일러는 부하가 가장 가벼울 때 실시한다.
㉢ 취출(분출)에는 수저분출, 수면분출이 있다.

104 절탄기의 설치위치로 다음 중 가장 적당한 것은?

① 연소실 내에 설치한다.
② 연도에서 공기예열기 설치보다 먼저 설치한다.
③ 연도 바로 하부에 설치한다.
④ 연도에서 공기예열기 바로 뒤에 설치한다.

해설 폐열 회수장치인 절탄기는 연도에서 연소가스로 급수를 가열하는 기기로서 공기예열기 바로 앞에 설치한다(과열기 → 절탄기 → 공기예열기의 순서로 설치).

정답 99 ② 100 ② 101 ② 102 ③ 103 ② 104 ②

105 터빈 펌프의 특징이 아닌 것은?

① 효율이 높고 안정된 성능을 얻을 수 있다.
② 구조가 간단하고 취급이 용이하므로 보수 관계가 편리하다.
③ 토출흐름이 고르고 운전상태가 조용하다.
④ 저속 회전에 적합하며 소형 경량이다.

해설 터빈 펌프의 특징
㉠ 효율이 높고 안정된 성능을 얻을 수 있다.
㉡ 구조가 간단하고 취급이 용이하므로 보수 관계가 편리하다.
㉢ 토출 흐름이 고르고 운전상태가 조용하다.
㉣ 고압 보일러 사용에 편리하다.
㉤ 원심식 펌프로서 양성이 20m 이상에 사용한다.
㉥ 고속 회전에 적합하며 소형 경량이다.

106 주증기 밸브로 주로 사용하는 밸브는?

① 앵글밸브　② 슬루스 밸브
③ 체크밸브　④ 글로브 밸브

해설 주증기 밸브로는 앵글글로브 밸브가 사용된다.

107 안전장치의 종류가 아닌 것은?

① 수면 고저경보기　② 안전밸브
③ 가용마개　　　　 ④ 드레인 콕

해설 ㉠ ④의 드레인 콕은 배수용 콕이며 안전장치가 아니다. 드레인 콕은 배수장치이다(응축수나 물을 빼내는 장치).
㉡ 안전장치는 수면고저경보기, 안전밸브, 가용마개, 압력제한기, 방폭문, 방출밸브, 화염검출기 등이 있다.

108 보일러의 분출작업 시 주의사항으로 옳지 않은 것은?

① 연속 운전 시에는 부하가 가벼울 때 한다.
② 1일 1회는 반드시 한다.
③ 밸브 및 콕의 개폐를 급격히 하여서는 안 된다.
④ 영향을 적게 하기 위하여 증발량이 가장 많을 때 한다.

해설 분출작업 시 주의사항
㉠ 연속 보일러 운전 시에는 부하가 가벼울 때 실시한다.
㉡ 1일 1회 정도는 반드시 한다.
㉢ 밸브 및 콕의 개폐를 급격히 하여서는 안 된다.
㉣ 아침에 출근하여 보일러 가동 직전에 실시한다.
㉤ 저수위 사고의 영향을 적게 하기 위하여 증발량이 가장 적을 때 한다.

109 보일러 안전장치가 아닌 것은?

① 유량계 가스미터기
② 압력 제한 스위치
③ 저수위 경보장치
④ 가용전

해설 가스미터기는 측정장치이며 유량계이다.

110 수관식 보일러에서 건조증기를 얻기 위하여 설치하는 것은?

① 급수내관
② 기수분리기
③ 수위경보기
④ 과열저감기

해설 수관식 보일러에서 건조증기를 얻기 위하여 기수분리기를 설치한다.

111 과열기를 설치하는 이유로 가장 적당한 것은?

① 보일러의 열효율을 높이기 위하여
② 공장의 가열작업에 과열증기를 사용하기 위하여
③ 노통연관식 보일러에서 고압증기를 얻기 위하여
④ 보일러의 강도를 증대하기 위하여

해설 과열기 설치 시 이점
㉠ 보일러의 이론적인 열효율을 높인다.
㉡ 적은 증기로 많은 열을 얻는다.
㉢ 관 내 부식이나 수격작용(워터해머)을 방지한다.
㉣ 관 내 마찰저항이 감소한다.
㉤ 응축수로 되기 어렵다.

정답 105 ④　106 ①　107 ④　108 ④　109 ①　110 ②　111 ①

과열증기의 온도조절방법
㉠ 열가스량을 댐퍼로 조절한다.
㉡ 연소실 내의 화염의 위치를 변환시키는 방법
㉢ 폐가스를 연소실 내로 재순환시키는 방법
㉣ 습증기 일부를 혼합한다.
㉤ 과열저감기를 사용한다.
㉥ 과열저감기의 종류
 • 표면 냉각식 : 과열증기 일부를 급수와 열교환하는 방법
 • 순수 분무식 : 과열기 속에 급수를 분무시키는 방법

과열기 취급 시의 주의사항
㉠ 과열기 내에 캐리오버에 의한 불순물이 유입되지 않게 할 것
㉡ 과열증기의 온도를 급격히 저하시키지 말 것
㉢ 과열증기의 온도에 주의할 것
㉣ 과열기가 더러우면 별도로 화학 세정을 할 것
㉤ 과열기의 과열 소손을 방지할 것

112 인젝터의 장점이 아닌 것은?

① 설치장소를 크게 차지하지 않는다.
② 가격이 저렴하다.
③ 동력이 필요 없다.
④ 인젝터 자체의 흡입양정이 낮다.

해설 ㉠ ①, ②, ③의 내용은 인젝터 급수장치의 장점이다.
㉡ ④의 내용은 인젝터 자체의 단점이다.

113 증기 트랩을 사용하는 목적은?

① 기포의 제거
② 압력 급상승 완충
③ 송기관의 침전물 분리
④ 응축수 제거에 의한 워터해머 방지

해설 ㉠ 증기 트랩의 사용목적은 응축수 제거에 의한 수격작용 방지
㉡ 증기 트랩의 종류
 • 기계식 : 버킷형, 플로트형
 • 온도식 : 벨로스형, 바이메탈형
 • 역학식 : 오리피스형, 디스크형

114 공기예열기의 분류에 속하지 않는 것은?

① 전열식　　② 재생식
③ 증기식　　④ 열팽창식

해설 공기예열기
전열식(판형, 관형), 재생식, 증기식

115 공기예열기에 대한 다음 설명으로 틀린 것은?

① 열효율을 높인다.
② 연소상태가 좋아진다.
③ 연료 중의 황분에 의한 부식이 방지된다.
④ 적은 과잉공기로 완전연소시킬 수 있다.

해설 ㉠ 공기예열기의 사용상 이점
 • 열효율을 높인다(전열효율, 연소효율을 높인다).
 • 연소상태가 좋아진다(연소실의 온도 상승).
 • 적은 과잉공기로 완전연소가 된다.
 • 수분이 많은 저질탄의 연소에 유리하다.
㉡ 공기예열기나 절탄기 사용 시에는 황분에 의한 저온 부식이 증가한다.

$S + O_2 \rightarrow SO_2,\ H_2 + \dfrac{1}{2}O_2 \rightarrow H_2O$

$SO_2 + \dfrac{1}{2}O_2 \rightarrow SO_3,\ H_2O + SO_3 \rightarrow H_2SO_4$

(진한 황산에 의해 저온부식 발생)

116 보일러의 부속장치 중 수트 블로어(Soot Blower)는 무엇인가?

① 연도를 청소하는 곳이다.
② 송풍기와 버너 사이에 있는 덕트(Duct)를 청소하는 것이다.
③ 보일러의 전열면을 청소하는 것이다.
④ 연돌을 청소하는 것이다.

해설 ㉠ Soot Blower의 설치목적은 보일러의 전열면을 청소하는 것이다.
㉡ 수트 블로어는 증기분사식과 공기분사식이 있다.

Soot Blower의 종류
㉠ 종류
 • 고온 전열면 블로어 롱리트랙터블형
 • 연소노벽 블로어 : 쇼트리트랙터블형
 • 전열면 블로어 : 건타입형

- 저온 전열면 블로어 : 로터리형
- 공기예열기 크리너 : 롱리트랙터블형, 트래블링 프레임형
ⓒ 수트 블로어 사용 시 주의사항
- 부하가 50% 이하인 때는 수트 블로어 금지
- 소화 후 수트 블로어 금지(폭발 위험)
- 분출횟수와 시기는 연료종류, 분출위치, 증기온도 등에 따라 결정한다.
- 분출 시에는 유인 통풍을 증가시킨다.
- 분출 전에 분출기 내부에 드레인을 제거시킨다.

117 다음 보일러 폐열회수장치 중 연돌에 가장 가까이 설치하는 것은 어느 것인가?

① 절탄기 ② 공기예열기
③ 과열기 ④ 재열기

해설 폐열회수장치 중 연돌(굴뚝)에서 가장 가까운 것은 공기예열기이다(전열식, 재생식).

118 보일러 동 수면 위에 있는 농축수를 분출시키는 장치는?

① 간헐 분출장치
② 배수 분출장치
③ 단속 분출장치
④ 연속 분출장치(수면 분출)

해설 연속 취출(수면 취출)
동내에 설치된 취출 내관으로부터 보일러수를 유도하여 취출하고 조정밸브, 플래시탱크(Flash Tank), 열교환기, 보일러수 농도 시험기 등을 연결하여 자동적으로 농도를 조정한다. 이 방법에 의하면 필요한 최소량의 취출이 연속적으로 행하여지고 더욱이 취출한 보일러수의 열량은 대부분 회수되므로 보일러의 운전이 원활히 되어 급격한 취출에 의하여 보일러에 미치는 영향이나 열손실을 적게 하는 이점이 있다(동 수면 위의 농축수 제거).

119 화염검출기 중 화염의 이온화를 이용한 것으로 가스 점화 버너에 주로 사용하는 것은?

① 플레임 아이 ② 스택 스위치
③ 광도전 셀   ④ 플레임 로드

해설 ㉠ 플레임 아이(Flame Eye)
- 원리 : 연소 중에 발생하는 화염 빛을 감지부에서 전기적 신호로 바꾸어 화염 유무를 검출한다.
- 종류
  - 황화 카드뮴 광전도 셀(경유 버너에 사용 가능)
  - 황화 납 광전도(기름이나 가스 연료에 사용)
  - 적외선 광전관(사용이 용이하다.)
  - 자외선 광전관(기름이나 가스 버너 사용)
- 광전관의 재질 : 은세늄 옥사이드가 많이 사용된다.
- 안전 사용온도 : 50℃ 이하
- 수명 : 2,000시간마다 교체가 필요하다.
- 광전관의 원리 : 빛을 받으면 -극(음전자)이 흐른다.
- 광전관의 전류측정은 6개월마다 실시한다.

ⓒ 플레임 로드(Flame Lod)
- 원리 : 화염 중에서 양성 전자와 중성 전자가 전리되어 있음을 알고 버너에 글랜드 로드를 부착하여 화염 중에 삽입하여 전기적 신호를 전자밸브로 보내어 화염을 검출한다.
- 용도 : 연소시간이 짧은 가스버너에 일반적으로 사용된다.
- 점검시간 : 1일 1회 점검 및 손질한다.
- 단점 : 전극봉(글랜드 포드)이 불꽃에 의해 오손이나 손상되기 쉽다.

ⓒ 스택 스위치(Stack Switch)
- 원리 : 연소 중 발생되는 연소가스의 열에 의해 바이메탈의 신축 작용으로 전기적 신호를 만들어 전자밸브로 그 신호를 만들어 전자밸브로 그 신호를 보내면서 화염을 검출한다.
- 용도 : 버너 기름 사용량이 10l/h 이하에 사용된다.
- 특징
  - 구조가 간단하다.
  - 설치가 용이하다.
  - 화염 검출의 응답이 느려서 소용량 설비에만 사용이 가능하다.

120 급수내관의 부착위치에 대한 설명 중 옳은 것은?

① 보일러의 상용 수위와 일치되게 부착한다.
② 보일러의 기준 수위와 일치되게 부착한다.
③ 보일러의 안전수위와 조금 높게 부착한다.
④ 보일러의 안전수위보다 5cm 정도 조금 낮게 부착한다.

정답 117 ② 118 ④ 119 ④ 120 ④

해설 ㉠ 급수내관은 보일러 안전저수위보다 조금 아래(5cm 하방)에 부착한다.
㉡ 급수내관(Feed Water Injection Pipe) 보일러 동 길이 방향으로 긴 관을 설치하여 양선단은 폐쇄된 상태이고 관의 하부는 적당한 간격으로 작은 구멍을 뚫고 그 뚫은 구멍으로 급수를 분포시키는 관을 급수내관이라고 한다. 그리고 그 구멍의 지름은 38~75mm 정도의 크기로 한다.
• 부착위치가 너무 높으면
 - 습증기의 발생
 - 급수내관이 수면 토출로 과열된다.
• 부착위치가 너무 낮으면
 - 체크밸브 고장 시 관수의 역류 발생
 - 동저부 전열면이 냉각 초래

121 증기축열기(Stream Accumulator)는 무엇인가?

① 증기를 응축시키는 장치이다.
② 폭발장치 안전장치이다.
③ 보일러 부하증가 시를 대비하기 위한 장치이다.
④ 증기를 한 번 더 가열시키는 장치이다.

해설 증기 축열기(Steam Accumulator)는 보일러 부하증가 시를 대비하기 위하여 설치한다. 저부하 시 잉여 증기를 급수탱크에 보내 온수로 저장한 다음 과부하 시 이 온수를 급수로 사용

122 다음 중 온수보일러에 필요하지 않은 것은?

① 수위계 ② 수면계
③ 온도계 ④ 릴리프 밸브

해설 ㉠ 수면계는 증기용 육용강제 보일러나 주철제 보일러에 필요하다.
㉡ 수위계, 온도계, 릴리프 밸브(방출밸브)는 온수보일러용이다.

123 다음은 보일러에 과열기를 설치하는 장점을 설명한 것이다. 맞지 않는 것은?

① 배관부의 마찰저항, 부식을 감소시킬 수 있다.
② 같은 압력의 포화증기보다 보유열량이 많다.
③ 포화증기의 온도와 압력을 높일 수 있다.
④ 열효율을 증가시킬 수 있다.

해설 ㉠ ①, ②, ④는 과열증기의 설치 시 장점이다.
㉡ 과열증기 온도는 600℃까지 높이지만 압력은 높이지 않는다.

124 증기 트랩으로서 필요한 조건이 아닌 것은?

① 동작이 확실할 것
② 온도변화 시 팽창수축이 클 것
③ 내구성이 있을 것
④ 공기를 뺄 수 있을 것

해설 트랩조건
㉠ 동작이 확실할 것
㉡ 마찰저항이 적을 것
㉢ 내구성이 있을 것
㉣ 공기빼기가 잘 될 것

125 급수 시 프라이밍(Priming)을 반드시 해주고 가동을 해야 하는 펌프는?

① 터빈 펌프
② 플런저 펌프
③ 워싱턴 펌프
④ 웨어 펌프

해설 급수 시 프라이밍(Priming), 즉 시동 전에 펌프 내부에 물을 가득히 붓고 가동하는 펌프는 에어배출을 하는 회전식(원심식 터빈) 펌프이다.

126 보일러 부속설비 중 증기 트랩의 고장탐지 방법이 아닌 것은?

① 점검용 청진기 사용
② 작동음의 판단
③ 냉각 가열 상태로 파악
④ 보일러 부하변동 상태로 파악

해설 증기 트랩의 고장탐지 방법
㉠ 점검용 청진기 사용
㉡ 작동음의 판단
㉢ 냉각 가열 상태로 파악

정답 121 ③ 122 ② 123 ③ 124 ② 125 ① 126 ④

127 수트 블로어(Soot Blower)의 설명이다. 옳지 않은 것은?

① 보일러 전열면 외측의 그을음이나 재를 제거하는 장치이다.
② 댐퍼를 완전히 열고 작동시킨다.
③ 건조증기나 압축공기를 사용해서는 안 된다.
④ 응결수를 제거한 건조공기를 사용한다.

해설 ㉠ 수트 블로어는 보일러 전열면 외측의 그을음이나 재를 제거하는 장치이다. 건조증기나 압축공기를 이용하며 ①, ②, ④의 설명은 맞는 설명이다.
㉡ Soot Blower의 종류
  • 증기분사식
  • 공기분사식(압축공기식)
㉢ 사용상 주의사항
  • 부하가 50% 이하일 때는 사용 금지
  • 소화 후 수트 블로어 금지
  • 사용 시에는 유인 통풍의 증가와 분출기 내의 드레인 제거

128 다음 중 틀린 것은?

① 배기가스로 급수를 예열하는 장치를 절탄기라 한다.
② 배기가스의 열로 연소용 공기를 예열하는 것을 공기예열기라 한다.
③ 고압 증기터빈에서 팽창되어 압력이 저하된 증기를 가열하는 것을 과열기라 한다.
④ 노의 폐열을 이용하는 보일러를 폐열보일러라 한다.

해설 ③은 과열기가 아니고 재열기가 맞다.

129 기수분리기란?

① 보일러에서 발생한 증기 중에 남아 있는 물방울을 제거하는 장치
② 증기 사용처에서 증기 사용 후 물과 증기를 분리하는 장치
③ 보일러에 투입되는 연소용 공기 중에서 수분을 제거하는 장치
④ 보일러 급수 중에 포함되어 있는 공기를 제거하는 장치

해설 ㉠ 기수분리기란, 보일러에서 발생한 증기 중에 남아 있는 수분을 제거하는 장치이다(수관식 보일러용).
㉡ 기수분리기의 종류
  • 방향 전환을 이용한 것
  • 장애판을 이용한 것
  • 사이클론식
  • 다수의 파형강판을 이용한 것
  • 여러 겹의 그물을 이용한 것

130 소요전력이 40kW이고 효율이 80%, 흡입양정 6m, 토출양정이 20m인 보일러 급수펌프의 송출량(m^3/min)은?

① 0.126m^3/min
② 7.5m^3/min
③ 8.50m^3/min
④ 11.77m^3/min

해설 펌프동력(kW)

$$kW = \frac{1,000 \times Q \times H}{102 \times 60 \times \eta}$$

$$40 = \frac{1,000 \times Q \times (20+6)}{102 \times 60 \times 0.8}$$

$$Q = \frac{40 \times 102 \times 60 \times 0.8}{1,000 \times 26} = 7.53 m^3/min$$

131 부력을 이용한 트랩은?

① 바이메탈식
② 벨로스식
③ 오리피스식
④ 플로트식

해설 ㉠ 부력을 이용한 트랩의 종류(기계식)
  • 레버 플로트식
  • 프리 플로트식
㉡ 바이메탈식, 벨로스식 트랩은 온도차에 의한 트랩이다.
㉢ 오리피스식은 열역학을 이용한 트랩이다.
㉣ 부력을 이용한 트랩은 증기와 응축수의 비중차에 의한 기계적인 다량용 트랩이다.

정답 127 ③ 128 ③ 129 ① 130 ② 131 ④

132 다음 신축이음 중 신축량 흡수가 가장 큰 것은?

① 만곡관형 ② 벨로스형
③ 슬리브형 ④ 미끄럼형

해설 만곡관형인 루프형 신축이음은 신축량 흡수가 가장 크다.

133 버킷 트랩은 트랩이 간접적으로 수직관 속의 응축수가 트랩에 역류하는 것을 방지하기 위하여 트랩 출구 측에 어떤 밸브를 사용하는가?

① 체크밸브 ② 앵글밸브
③ 게이트 밸브 ④ 스톱밸브

해설 버킷 트랩 설치 시 수직관 속의 응축수가 트랩에 역류하는 것을 방지하기 위하여 트랩 출구 측에 체크밸브를 설치한다.

정답 132 ① 133 ①

CHAPTER 04 보일러 열효율 및 부하계산

PART 01 | 보일러 설비 및 구조

1. 보일러 용어와 성능계산

1 보일러의 용어해설

(1) 최고 사용압력

보일러 구조상 사용이 가능한 최고의 게이지 압력

(2) 안전저수위

보일러 운전 중 유지해야 할 최저 수위로서 그 이하로 수위가 내려가면 과열, 소손, 파열 등의 사고가 발생하고 수면계 설치 시 유리관 최하단부는 보일러의 안전저수위와 일치시켜 부착한다.

〈원통형 보일러의 안전저수위〉

보일러의 종별	수면계의 부착위치(안전저수위)
직립형 보일러	연소실 천장판 최고부위(플런지부를 제외) 75mm 지점
직립형 연관 보일러	연소실 천장판 최고부위, 연관길이의 $\frac{1}{3}$ 지점
수평연관 보일러	연관의 최고부위 75mm 지점
노통연관 보일러	연관의 최고 부위 75mm(단, 연관 최고부보다 노통 윗면이 높은 것은 노통 최고부위(플런지부를 제외) 100mm 지점
노통보일러	노통 최고부위(플런지를 제외) 100mm 지점

(3) 안전수위(상용수위)

보일러 운전 중 가장 양호한 상태의 수면의 높이로서 수면계의 중심부($\frac{1}{2}$) 높이가 된다.

(4) 전열면적

전열면적이란, 한쪽에는 물이 닿고 다른 한쪽에는 열가스가 닿는 면으로서 열가스가 닿는 측 면에서 측정한 면적이 전열면적이며 복사 전열면적과 대류 전열면적이 있다.

단, 전열면적 측정 시 수관은 외경을 기준으로 하고 연관은 내경을 기준으로 한다.

보일러의 전열면적 계산은 다음과 같다.

① 랭커셔 보일러 $HA(\text{m}^2) = 4Dl$

② 코니시 보일러 $HA(\text{m}^2) = \pi Dl$

③ 입형관 보일러 $HA(\text{m}^2) = \pi D_1(H + d \cdot n)$

④ 횡연관 보일러 $HA(\text{m}^2) = \pi l\left(\dfrac{D}{2} + d \cdot n\right) + D^2$

⑤ 전기 보일러 $HA = 0.05 \times$ 최대 전력 설비용량(kWh)

⑥ 수관 보일러 $HA(\text{m}^2) = \pi \cdot d \cdot l \cdot n$

㉮ 스페이스드 튜브형

$$HA = \pi D l_1 n$$

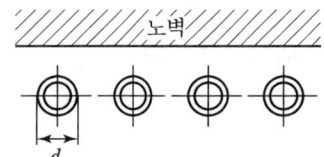

㉯ 매입 스페이스드 튜브형

$$HA(\text{m}^2) = \dfrac{\pi d}{2} l_1 n$$

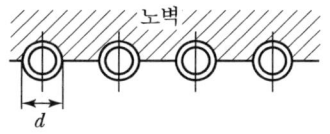

㉰ 탄젠셜형

$$HA = \dfrac{\pi d}{2} l_1 n$$

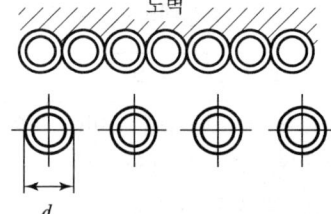

㉱ 매입사각 튜브형

$$HA = b l_1$$

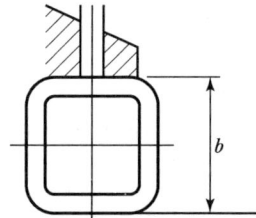

㉲ 휜 패널형

$$HA = (\pi d + W_\alpha) l_1 n$$

$W : (b - \alpha)$

㉳ 매입 휜 패널형

$$HA = \left(\dfrac{\pi d}{2} + W_\alpha\right) l_1 n$$

d : 열전달에 따른 계수

열전달의 종류	계수
양면에서 방사열을 받는 경우	1.0
한쪽 면에 방사열, 다른 면에는 접촉열을 받는 경우	0.7
양면에 접촉열을 받는 경우	0.4

α : 열전달에 따른 계수

열전달의 종류	계수
방사열을 받는 경우	0.5
접촉열을 받는 경우	0.2

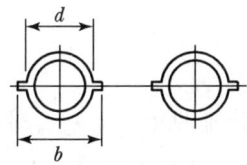 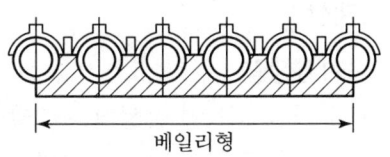

㈒ 스파이럴형   ㈓ 내화물 피복형

$$HA = \left\{\pi d l_1 + \frac{\pi}{4}(d_1{}^2 - d^2)n_1\beta\right\}n \qquad HA = dl_1 n$$

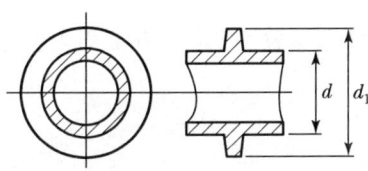 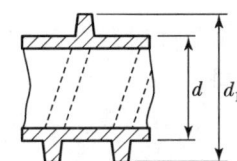 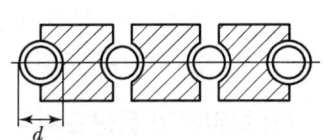

㈔ 베일리형   ㈕ 스터드 튜브로서 내화물로 피복된 것

$$HA = bl_1 \qquad\qquad HA = \pi d l_1 n$$

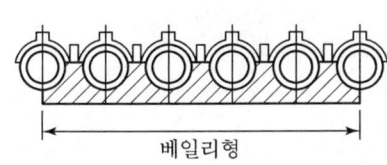 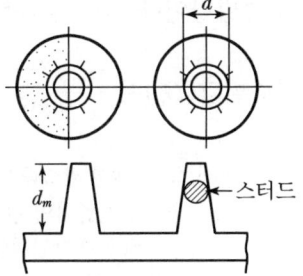

㈖ 스터드 튜브로서 연소가스 등에 접촉되는 것

$$HA = (\pi d l + 0.15\pi d_m l_2 n_2)n$$

여기서, H : 연소실의 높이(m) D_1 : 노통의 내경(m)
l_1 : 수관 또는 헤더의 길이 d_1 : 연관의 내경(m)
n_1 : 팬의 개수 β : 정수로서 0.2로 한다.
l_2 : 스터드의 길이(mm) HA : 전열면적(m²)
D : 동의 외경(m) l : 동의 길이(m)
d : 수관의 외경(m) n : 수관의 개수
d_2 : 팬의 바깥지름(m) d_m : 스터드의 평균지름(m)
n_2 : 스터드의 수

2 보일러의 성능계산

(1) 보일러의 증기발생량
보일러에서 한 시간 동안에 발생되는 증발량으로서 한 시간에 보일러로 공급되는 급수량과 동일하게 계산된다. 또한 스팀 보일러의 증발량 단위는 kg/h나 ton/h 등 어느 것으로 표시하여도 무방하다.

온도에 따른 급수의 보정식(kg) : $\dfrac{측정량(l)}{비체적(l/kg)} = 급수량(kg)$

(2) 보일러 용량
정격용량이란 보일러가 소정의 양호한 조건하에서 발생할 수 있는 최대 연속증발량 또는 최대 설계증발량을 의미한다.

(3) 보일러의 용량표시
보일러의 용량표시방법은 ① 상당증발량(환산증발량), ② 보일러의 마력, ③ 정격출력, ④ 전열면적, ⑤ 상당방열면적(EDR) 등 5가지로 그 크기가 표시된다.

① **상당증발량(환산증발량)** : 보일러의 실제 증발열량을 기준 증발열량인 539kcal/kg으로 환산한 증발량이다(일명 정격용량이다).

$$상당증발량(G_e) = \dfrac{G_a(i'' - i')}{539} \text{(kg/h)}$$

여기서, G_a : 매시 발생증기량(kg/h)
i'' : 발생증기의 엔탈피(kcal/kg)
i' : 급수의 엔탈피(kcal/kg)
539kcal/kg = 2,257kJ/kg

② **보일러의 마력(HP)** : 급수의 온도가 37.8℃(100°F)이고 압력이 4.9atg인 증기를 13.6kg 발생하는 능력을 보일러의 1마력이라 한다. 즉, 1마력이란 한 시간에 15.65kg의 상당증발량을 나타낼 수 있는 증력이다.

$$보일러의 마력 = \dfrac{상당증발량}{15.65}$$

㉮ 1보일러 마력 = 상당증발량이 15.65kg/h
㉯ 1보일러 마력의 출력 = 15.65 × 539 = 8,435kcal/h(35,322.05kJ/h)
㉰ 1보일러 마력
　㉠ 노통연관·수관 보일러 : 전열면적은 0.929m^2
　㉡ 노통보일러 : 전열면적은 0.465m^2

③ **정격출력** : 매시간 보일러에서 증기나 온수가 발생할 때의 보유열량을 말한다.

$$정격출력(kcal/h) = 정격용량(kg/h) \times 539(kcal/kg)$$

④ **전열면적(m^2)** : 보일러의 복사 전열면적 또는 대류 전열면적 등 전체의 전열면적을 총칭하여 그 크기가 결정된다.

⑤ **상당방열면적(EDR)** : 보일러 난방 시에 매시간 방열량을 방열기의 방열면적으로 환산한 값이다. 상당방열량은 표준상태에서 증기난방 시에는 650kcal/m^2h(0.76kW), 온수난방 시에는 450kcal/m^2h(0.53kW)가 되나 소요방열면적을 계산할 때는 실제 방열기에서 나오는 방열량으로 방열면적을 구하게 된다.

㉮ 온수난방의 EDR = $\dfrac{시간당\ 난방부하}{450}$

㉯ 증기난방의 EDR = $\dfrac{시간당\ 난방부하}{650}$

(4) 전열면의 증발률과 전열면의 환산증발률

① 전열면 증발률(kg/m^2h) = $\dfrac{매시\ 실제증발량(kg/h)}{전열면적(m^2)}$

② 전열면 환산증발량(kg/m^2h) = $\dfrac{매시\ 환산증발량(kg/h)}{전열면적(m^2)}$

(5) 전열면의 열부하

$$전열면\ 열부하율(kcal/m^2h) = \dfrac{매시\ 실제증발량(kg/h)(발생증기\ 엔탈피 - 급수\ 엔탈피)(kcal/kg)}{전열면적(m^2)}$$

(6) 상당증발배수(환산증발배수)와 증발계수

상당증발배수란 연료 1kg의 연소에 대한 상당증발량과의 비이다.

① 실제증발배수(kg/kg 연료) = $\dfrac{매시\ 실제증발량(kg/h)}{매시\ 연료소모량(kg/h)}$

② 환산증발배수(kg/kg 연료) = $\dfrac{매시\ 환산증발량(kg/h)}{매시\ 연료소모량(kg/h)}$

③ 증발력(증발계수) = $\dfrac{발생증기\ 엔탈피(kcal/kg) - 급수\ 엔탈피(kcal/kg)}{539(kcal/kg)}$

(7) 보일러의 부하율

최대 연속증발량에 대한 실제증발량과의 비율이다.

$$부하율 = \dfrac{실제증발량(kg/h)}{최대연속증발량(kg/h)} \times 100(\%)$$

(8) 고체연료 화격자 연소율

① 화격자의 단위면적에서 한 시간에 연료가 연소하는 양이다.

② 화격자 연소율(kg/m^2h) = $\dfrac{\text{연료소모량}(kg/h)}{\text{화격자 면적}(m^2)}$

(9) 보일러의 효율(증기 보일러 효율)

입열(공급열)에 대한 실제 증기발생 열량과의 비에 대한 비율을 보일러 효율이라 한다.

① 효율 = $\dfrac{\text{시간당 증기발생량}(\text{발생증기 엔탈피} - \text{급수 엔탈피})}{\text{시간당 연료소비량} \times \text{연료의 저위발열량}} \times 100(\%)$

② 효율 = $\dfrac{\text{정격용량} \times 539}{\text{시간당 연료소비량} \times \text{연료의 저위발열량}} \times 100(\%)$

③ 효율 = $\dfrac{\text{유효열}}{\text{공급열}} \times 100(\%)$ = 연소효율 × 전열면의 효율(%)

(10) 온수보일러의 효율

효율 = $\dfrac{\text{온수발생량} \times \text{온수의 비열} \times (\text{온수의 온도} - \text{급수의 온도})}{\text{연료소비량} \times \text{연료의 저위발열량}} \times 100\%$

(11) 연소실의 열부하

연소실의 단위용적$(1m^3)$에서 한 시간에 발생되는 연소열을 연소실의 열부하율이라 한다.

① 연소실의 열부하율$(kcal/m^3h)$

= $\dfrac{\text{매시 연료소모량}(kg/h)(\text{저위발열량} + \text{공기현열} + \text{연료현열})(kcal/kg)}{\text{연소실 용적}(m^3)}$

(12) 폐열회수장치의 열부하

① 과열기의 열부하 : $H_h(kcal/m^2h)$

$H_h = \dfrac{\text{과열기에 흡수되는 열량}}{\text{과열기의 전열면적}} = \dfrac{G_{a1}(i_a - i'')}{A}$

여기서, G_{a1} : 과열증기량(kg/h)
i_a : 과열증기 엔탈피(kcal/kg, kJ/kg)
i'' : 포화증기 엔탈피(kcal/kg, kJ/kg)

② 절탄기의 열부하 : E_h(kcal/m²h)

$$E_h = \frac{G_a(i_e - i_c)}{A}$$

여기서, i_e : 절탄기 출구 급수엔탈피(kcal/kg)
 G_a : 절탄기 급수 사용량
 i_c : 절탄기 입구 급수엔탈피(kcal/kg)

③ 공기예열기의 열부하 : K_h(kcal/m²h)

$$K_h = \frac{A_0 \times m \times G_f \times C \times (t_2 - t_1)}{A}$$

여기서, A_0 : 이론공기량(Nm³/kg)　　m : 공기비
 G_f : 연료소모량(kg/h)　　C : 공기비열(kcal/Nm³℃)
 A : 전열면적　　t_2 : 공기예열기 출구 공기온도
 t_1 : 공기예열기 입구 공기온도　1kcal=4.186kJ

(13) 열효율 계산

열효율이란, 열설비 장치 내로 공급된 열량과 그 열을 유용하게 이용한 열량과의 비율이다. 열효율 향상대책은 다음과 같다.

① 열손실을 최대한 억제한다.
② 장치의 설계조건을 완벽하게 한다.
③ 운전조건을 양호하게 한다.
④ 연소장치에 맞는 연료를 사용한다.
⑤ 피열물을 예열한 후 연소시킨다.
⑥ 연소실 내의 온도를 높인다.
⑦ 단속적인 조업보다는 되도록 연속조업을 해야 열손실을 줄일 수 있다.

$$열효율 = \frac{유효율}{공급열} \times 100(\%)$$

(14) 연소효율

단위연료가 완전연소하였을 때의 열량과 실제로 연소하였을 때의 열량과의 비이다.

$$연소효율 = \frac{실제연소열}{공급열} \times 100(\%)$$

(15) **전열효율**
연료의 실제연소열에 대한 증기의 보유열량과의 비율을 전열효율이라 한다.

$$전열효율 = \frac{유효열}{실제연소열} \times 100(\%)$$

> **REFERENCE**
>
> (1) 실제연소열
>   공급열-(불완전 열손실+미연탄소분에 의한 열손실)
> (2) 열효율
>   공급열-(불완전 열손실+미연탄소분에 의한 열손실+배기가스 손실열+방사열 손실+기타 손실)
> (3) 공급열
>   연료의 발열량+공기의 현열+연료의 현열

제4장 보일러 열효율 및 부하계산 출제예상문제

01 다음 중 보일러의 용량을 표시하는 방법이 아닌 것은?

① 화상면적(m^2)
② 전열면적(m^2)
③ 상당방열면적(EDR)
④ 증발량(kg/h)

해설 보일러의 용량표시
㉠ 전열면적
㉡ 정격용량(증발량)
㉢ 상당방열면적
㉣ 정격출력
㉤ 보일러의 마력

02 다음 식 중 잘못된 것은?

① 증발계수=(발생증기의 엔탈피－급수의 엔탈피)÷539
② 보일러 마력＝실제증발량÷539
③ 보일러 효율＝연소효율×전열효율
④ 화격자 연소율＝매시간 석탄소비량÷화격자 면적

해설 ㉠ 보일러 마력＝$\dfrac{\text{상당증발량(kg/h)}}{15.65}$ (HP)
㉡ 보일러 1마력이란, 시간당 상당증발량 15.65kg (8.435kcal/h)을 낼 수 있는 보일러의 능력이다 (15.65×539＝8,435kcal가 된다).

03 보일러에서 실제증발량(kg/h)을 연료소모량(kg/h)으로 나눈 값은?

① 증발배수   ② 전열면 증발량
③ 연소실 열부하   ④ 상당증발량

해설 증발배수(kg/kg)＝$\dfrac{\text{실제증발량}}{\text{연료소모량}}$

04 500kg의 물 20℃에서 80℃로 가열하는 데 40,000kcal의 열을 공급했을 경우 이 설비의 효율은?

① 70%   ② 75%
③ 80%   ④ 85%

해설 흡수열＝500×1×(80－20)
＝30,000kcal
∴ $\dfrac{\text{흡수열}}{\text{공급열}}×100 = \dfrac{30,000}{40,000}×100 = 75\%$

05 상당증발량(G_e)과 보일러 효율의 관계가 옳은 것은?(단, 연료소비량은 G_f이고 저위발열량은 H_l이다.)

① $539 × H_l = G_0 × G_f$
② $539 × G_e = G_f × H_l$
③ $539 = G_f × G_e × H_l$
④ $539 × G_f = G_e × H_l$

해설 효율(η)＝$\dfrac{539 \cdot G_e}{G_f × H_l} × 100(\%)$
＝$\dfrac{539 × \text{상당증발량}}{\text{연료소비량} × \text{저위발열량}} × 100$
※ 539kcal/kg＝2,257kJ/kg

06 물 12,000kg을 30℃에서 100℃까지 온도를 올리는 데 필요한 열량은?(단, 물의 비열은 1kcal/kg · ℃이다.)

① 36,000kcal
② 45,000kcal
③ 70,000kcal
④ 840,000kcal

해설 현열＝12,000×1×(100－30)＝840,000kcal
※ 1kcal＝4.186kJ

정답 01 ① 02 ② 03 ① 04 ② 05 ② 06 ④

07 열정산 시 입열항목에 해당되는 것은?

① 증기의 보유열량
② 배기가스의 보유열량
③ 노 내 분입증기의 보유열량
④ 재의 현열

해설 ㉠ ③의 노 내 분입증기의 보유열량은 입열이고 ①, ②, ④는 출열이다.
㉡ 입열
  • 노 내 분입증기의 보유열
  • 연료의 연소열
  • 연료 및 공기의 현열
㉢ 출열
  • 배기가스 보유열
  • 방산 열손실
  • 불완전 열손실
  • 미연탄소분에 의한 손실
  • 발생증기 보유열

08 보일러의 연소효율이 85%, 전열효율이 80%이면 보일러 효율은?

① 94% ② 85%
③ 80% ④ 68%

해설 ㉠ 보일러 효율 = 연소효율 × 전열효율
    = (0.85 × 0.8) × 100 = 68%
㉡ 전열효율 = $\frac{유효열}{실제연소열}$ × 100
㉢ 연소효율 = $\frac{실제연소열}{공급열}$ × 100
㉣ 열효율 = $\frac{유효열}{공급열}$ × 100

09 전열면적이 25m²의 버티컬 연관 보일러를 8시간 가동시킨 결과 6,000kg의 증기가 발생하였다. 이 보일러의 증발률은 몇 kg/m²h인가?

① 20kg/m²h ② 30kg/m²h
③ 40kg/m²h ④ 50kg/m²h

해설 ㉠ 보일러 전열면의 증발률
= $\frac{증기발생량}{전열면적 \times 가동시간}$ = $\frac{6,000}{25 \times 8}$
= 30kg/m²h

㉡ 전열면적은 복사 전열면적과 대류 전열면적의 합이다.

10 매시간 1,500kg의 석탄을 연소시켜서 12,000 kg/h이 증기를 발생시키는 보일러의 효율은? (단, 석탄의 발열량은 6,000kcal/kg, 발생증기의 엔탈피는 742kcal/kg, 급수의 엔탈피는 20kcal/kg이다.)

① 약 86.37% ② 약 96.27%
③ 약 78.37% ④ 약 66.77%

해설 효율
= $\frac{시간당 증기발생량 \times (발생증기 엔탈피 - 급수 엔탈피)}{시간당 연료소비량 \times 연료의 발열량}$ × 100
= $\frac{12,000 \times (742-20)}{1,500 \times 6,000}$ × 100 = 96.27%

11 급수의 온도 25℃에서 압력 15kg/cm², 온도 300℃의 증기를 1시간당 20,000kg이 발생하는 경우의 상당증발량은?(단, 급수엔탈피 i_1 = 25kcal/kg, 발생증기엔탈피 i_2 = 725kcal/kg)

① 25.974kg/h ② 12.987kcal/kg
③ 6.493kg/h   ④ 3.246kg/h

해설 상당증발량
= $\frac{시간당 증기발생량 \times (발생증기 엔탈피 - 급수온도)}{539}$
= $\frac{20,000 \times (725-25)}{539}$ = 25.974kg/h

12 보일러에 충분히 열이 전달되지 않는 원인과 관계가 없는 것은?

① 통풍불량   ② 연료공급 부족
③ 스케일 부착 ④ 증기부하의 과중

해설 ㉠ 보일러에 열이 충분히 전달되지 않는 원인
  • 통풍불량
  • 연료공급이 부족
  • 스케일 부착
  • 불완전연소
㉡ 증기부하의 과중은 열이 충분히 전달된 원인이다.

정답 07 ③ 08 ④ 09 ② 10 ② 11 ① 12 ④

13 어떤 중유원소 보일러에서 배기가스량은 14 Nm³/kg – 연료이다. 배기가스의 평균비열이 0.33kcal/Nm³·℃일 때 연도배기가스에 의한 열손실은 몇 (kcal/kg – 연료)인가?(단, 배기가스 온도 : 280℃, 외기온도 : 20℃이다.)

① 1,000kcal/kg ② 1,200kcal/kg
③ 1,400kcal/kg ④ 1,600kcal/kg

해설 배기가스 열손실(Q)
= 배기가스량 × 배기가스 비열 × (배기가스 온도 − 외기온도)
= 14 × 0.33 × (280 − 20) = 1,201.2kcal/kg

14 매시간 380kg의 기름을 소비시켜 4,800kg/h의 증기를 발생시키는 보일러의 효율은?(단, 발열량 9,750kcal/kg, 증기 엔탈피 676kcal/kg, 급수온도 20℃)

① 85% ② 81%
③ 90% ④ 76%

해설 보일러 효율

$$= \frac{\text{시간당 증기발생량} \times (\text{발생증기 엔탈피} - \text{급수온도})}{\text{시간당 연료소비량} \times \text{연료의 저위발열량}} \times 100$$

$$= \frac{4,800 \times (676 - 20)}{380 \times 9,750} \times 100$$

$$= 84.98785$$

15 급수의 온도 25℃에서 압력 15kg/cm², 온도 300℃의 증기를 1시간당 2,000kg 발생하는 경우 상당증발량은 얼마인가?(단, 급수의 엔탈피 h_1 = 25kcal/kg, 발생증기의 엔탈피 h_2 = 656kcal/kg)

① 1,504kg/h ② 1,404kg/h
③ 144kcal/kg ④ 2,341kcal/kg

해설 상당증발량 = $\frac{2,000 \times (656 - 25)}{539}$
= 2,341.4kg/h

16 어떤 보일러에서 20℃의 급수를 엔탈피 630 kcal/kg의 증기로 바꿀 때 증발계수는?

① 1.13 ② 610
③ 1.21 ④ 630

해설 증발계수 = $\frac{\text{발생증기 엔탈피} - \text{급수 엔탈피}}{539}$

= $\frac{630 - 20}{539}$ = 1.13

17 온수보일러의 용량표시방법은?

① 1m²에서 1시간에 가열시키는 물의 양
② 1m²에서 발생하는 열량
③ 1m²에서 물에 전달하는 열량
④ 1시간에 물에 전달하는 열량

해설 온수보일러의 용량표시(kcal/h)
1시간에 물에 전달하는 열량

18 다음 중에서 열손실이 가장 많은 것은?

① 방열 및 기타 열손실
② 불완전연소에 의한 열손실
③ 미연소분에 의한 열손실
④ 배기가스에 의한 열손실

해설 ㉠ 열손실이 가장 많은 것은 배기가스의 열손실이며 14~20% 정도의 가장 큰 열손실이 있다.
㉡ 열손실
  • 배기가스 열손실
  • 방사 열손실
  • 불완전 열손실 및 미연탄소분의 열손실
  • 기타 열손실

19 보일러의 전열량을 많게 하는 방법이 아닌 것은?

① 연소가스의 유통을 빠르게 하고, 물의 순환을 느리게 한다.
② 전열면에 부착하는 스케일 등을 제거한다.
③ 연소율을 증가시키기 위해 양질의 연료를 사용한다.
④ 적당한 양의 공기로 연료를 완전연소시킨다.

정답 13 ② 14 ① 15 ④ 16 ① 17 ④ 18 ④ 19 ①

해설 ㉠ 보일러에서 전열량을 많게 하는 방법은 수(水)순환을 느리게 하지 말고 빠르게 하여야 한다. 또한 연소가스의 유통을 빠르게 한다.
㉡ ②, ③, ④의 내용은 전열량을 짧게 하는 방법이다.

20 보일러의 열정산의 목적이 아닌 것은?

① 보일러의 성능을 증진시키기 위한 자료를 얻을 수 있다.
② 열이용 상태를 밝힐 수 있다.
③ 연소실의 구조를 알 수 있다.
④ 열효율 향상의 방책을 알 수 있다.

해설 보일러 열정산의 목적
㉠ 보일러의 성능증진을 위한 자료를 얻는다.
㉡ 열의 이용상태가 파악된다.
㉢ 열 효율 향상 방책을 알 수 있다.
㉣ 입열(공급열)과 출열을 정확히 계산할 수 있다.

21 어떤 보일러의 증발량이 15t/h이고, 보일러 본체의 전열면적이 400m²일 때 이 보일러의 증발률은 얼마인가?

① 26.5kg/m²h   ② 37.5kg/m²h
③ 47.5kg/m²h   ④ 57.5kg/m²h

해설 ㉠ 증발률(kg/m²) = $\frac{증발량(kg/h)}{전열면적(m^2)}$
= $\frac{15 \times 1,000}{400}$ = $\frac{15,000}{400}$
= 37.5kg/m²h
㉡ 1톤(ton)은 1,000kg이다.
㉢ 전열면의 증발률이 큰 보일러가 좋은 보일러이다.

22 보일러 1마력을 열량으로 환산하면 얼마인가?

① 8,435kcal   ② 9,435kcal
③ 7,435kcal   ④ 6,435kcal

해설 ㉠ 보일러의 1마력은 상당증발량 15.65kg이다.
∴ 15.65×539=8,435kcal/h이다.
㉡ 539kcal/kg이란 100℃의 물 1kg을 100℃의 증기로 만드는 데 필요한 증발잠열이다.

23 다음 중 전열효율(%)을 구하는 옳은 식은?

① $\frac{유효열}{연소열} \times 100$ ② $\frac{유효열}{공급열} \times 100$
③ $\frac{연소열}{저위발열량} \times 100$ ④ $\frac{공급열}{유효열} \times 100$

해설 ㉠ 전열효율 = $\frac{유효열}{연소열} \times 100$
㉡ 연소효율 = $\frac{실제연소열}{공급열} \times 100$
㉢ 열효율 = 전열효율×연소효율
= $\frac{유효율}{공급열} \times 100$

24 어떤 보일러에서 급수의 온도가 60℃, 증발량이 1시간당 3,000kg, 발생증기의 엔탈피는 660kcal/kg, 급수의 엔탈피는 60kcal/kg이다. 보일러의 상당증발량은 약 몇 kg/h인가?

① 2,783kg/h   ② 3,340kg/h
③ 3,625kg/h   ④ 4,020kg/h

해설 상당증발량
= $\frac{증기발생량(발생증기\ 엔탈피-급수온도)}{539}$
= $\frac{3,000 \times (660-60)}{539}$ = 3,339.517kg/h

25 매시간당 1,600kg의 석탄을 연소시켜서 10,200 kg/h의 증기를 발생시키는 보일러의 효율은 몇 %인가?(단, 석탄의 발열량 6,000kcal/kg, 발생증기의 엔탈피는 740kcal/kg, 급수의 엔탈피는 20kcal/kg이다.)

① 82.1%   ② 76.5%
③ 79.7%   ④ 72.3%

해설 보일러 효율
= $\frac{시간당\ 증기발생량 \times (발생증기\ 엔탈피-급수온도)}{시간당\ 연료소비량 \times 연료의\ 저위발열량} \times 100$
= $\frac{10,200 \times (740-20)}{1,600 \times 6,000} \times 100$ = 76.5%

정답 20 ③ 21 ② 22 ① 23 ① 24 ② 25 ②

26 내부 단면적 1.2m²인 파이프 속을 유속 4m/sec로 물이 흐르고 있다. 이 파이프의 단면적이 0.8m²로 줄어들었다면 유속은 몇 m/sec인가?

① 2m/sec ② 4m/sec
③ 6m/sec ④ 8m/sec

해설> $X = \dfrac{1.2 \times 4}{0.8} = 6\text{m/sec}$

27 다음 중 수관식 보일러에서 반나관의 전열면적을 구하는 식으로 옳은 것은?(단, 수관의 외경: d, 길이: L, 개수: n이다.)

① $\dfrac{\pi}{4}dLn$ ② $\dfrac{\pi}{2}dLn$
③ πdLn ④ $2dLn$

해설> ㉠ 나관의 전열면적: $\pi dLn(\text{m}^2)$
㉡ 반나관의 전열면적: $\dfrac{\pi}{2}dLn(\text{m}^2)$
㉢ 나관은 보온하지 않은 배관

28 한 시간 동안 연통에서 배기되는 가스량이 2,500kg/hr이며 배기가스 온도가 230℃, 가스의 평균비열이 0.31kcal/kg℃, 외기온도가 18℃이면 배기가스에 의한 손실열량은 얼마인가?

① 164,300kcal/hr   ② 174,300kcal/hr
③ 184,300kcal/hr   ④ 194,300kcal/hr

해설> 배기가스 현열
= 가스량 × 가스의 비열 (배기가스온도 − 외기온도)
= 2,500 × 0.31 × (230 − 18) = 164,300kcal/hr

29 다음 중 보일러 마력은 어느 것인가?

① 상당증발량 × 15.65
② 상당증발량/15.65
③ 15.65/상당증발량
④ 실제증발량/15.65

해설> ㉠ 보일러 1마력이란, 상당증발량에 15.65kg/h를 나눈 값이다.
㉡ 보일러 마력 = $\dfrac{\text{상당증발량}}{15.65}$
㉢ 보일러 1마력이란, 시간당 상당증발량 15.65kg을 발생시키는 능력이다.

30 어떤 방의 온수난방에서 실내 온도를 18℃로 유지하려고 하는데 열량이 시간당 27,500kcal가 소요된다고 한다. 이때 송온수의 온도가 85℃이고, 환온수의 온도가 20℃라면 온수의 순환량은 약 얼마인가?(단, 온수의 비열은 0.997 kcal/kg·℃라 한다.)

① 324kg/hr   ② 347kg/hr
③ 398kg/hr   ④ 424kg/hr

해설> 온수순환량 계산
$= \dfrac{\text{시간당 난방부하}}{\text{온수의 비열(송수온도 − 환수온도)}}(\text{kg/h})$
$= \dfrac{27,500}{0.997 \times (85 - 20)} = 424\text{kg/h}$

31 난방부하가 24,000kcal/h인 주택에 효율 80%인 기름 보일러로 난방하는 경우 시간당 소요되는 기름의 양은?(단, 기름의 저위발열량은 10,000kcal/kg이다.)

① 3.0kg   ② 2.4kg
③ 2.0kg   ④ 1.5kg

해설> 기름소비량 = $\dfrac{24,000}{10,000 \times 0.8} = 3.0\text{kg/h}$

32 전열면적이 25m²의 버티컬(수직)연관 보일러를 4시간 연소시킨 결과 4,000kg의 증기가 발생했다. 이 보일러의 증발률은 몇 kg/m²h인가?

① 20kg/m²h   ② 30kg/m²h
③ 40kg/m²h   ④ 50kg/m²h

해설> 전열면의 증발률
$= \dfrac{\text{증기발생량}}{\text{가동시간} \times \text{전열면적}}(\text{kg/m}^2\text{h})$
$= \dfrac{4,000}{25 \times 4} = 40\text{kg/m}^2\text{h}$

정답 26 ③ 27 ② 28 ① 29 ② 30 ④ 31 ① 32 ③

33 온수보일러가 출력이 15,000kcal, 보일러 효율이 90%, 연료의 발열량이 10,000kcal/kg 일 때 연료소모량은 몇 L/h인가?(단, 연료비중은 0.9kg/L이다.)

① 1.26L/h ② 1.57L/h
③ 1.85L/h ④ 2.21L/h

해설 연료소모량(L/h)
$$= \frac{\text{온수보일러 출력}}{\text{연료의 발열량} \times \text{비중} \times \text{효율}}$$
$$= \frac{15,000}{10,000 \times 0.9 \times 0.9} = 1.85 \text{L/h}$$
90%=0.9kg의 연료가 연소된 셈이다.

34 상당증발량이 6.0t/h인 보일러의 효율은 몇 %인가?(단, 연료의 저위발열량은 9,750kcal/kg, 연료소비량은 0.4t/h이다.)

① 81% ② 83%
③ 85% ④ 79%

해설 상당증발량에 의한 보일러 효율
$$= \frac{\text{상당증발량} \times 539}{\text{연료소비량} \times \text{저위발열량}} \times 100$$
$$= \frac{6,000 \times 539}{400 \times 9,750} \times 100 = 82.93\%$$

35 보일러의 효율이 60%인 경우 발열량 5,000 kcal/kg의 석탄 150kg을 연소시켰을 때 손실 열량은 몇 kcal인가?

① 200,000kcal
② 300,000kcal
③ 400,000kcal
④ 500,000kcal

해설 150kg×5,000kcal/kg×(1-0.6)=300,000kcal

36 다음 중에서 열손실이 가장 많은 것은?

① 방열 및 기타 열손실
② 불완전연소에 의한 열손실
③ 미연소분에 의한 열손실
④ 연소가스에 의한 배기가스 열손실

해설 ㉠ 열손실이 가장 많은 것은 배기가스의 열손실이다.
㉡ 열손실은 배기가스 손실 외에도 불완전열손실, 미연탄소분의 열손실, 방사손실이 있다.

37 효율이 60%인 보일러로 발열량 8,000kcal/kg의 석탄을 200kg 연소시키는 경우의 열손실은?

① 320,000kcal
② 32,000kcal
③ 640,000kcal
④ 64,000kcal

해설 ㉠ $200\text{kg} \times 8,000\text{kcal} \times \left(\frac{100-60}{100}\right)$
$= 640,000\text{kcal}(745\text{kW})$
㉡ 또는 200×8,000×0.4=640,000kcal
※ 효율이 60%이면 열손실은 40%이다.
∴ 200kg×8,000kcal×0.4=640,000kcal
(40%는 자연수로 고치면 0.4가 된다)

38 보일러 용량을 나타내는 방법으로 적합지 못한 것은?

① 상당증발량 ② 전열면적
③ 보일러 마력 ④ 수부의 크기

해설 보일러 용량의 크기 표시
상당증발량, 전열면적, 보일러 마력, 정격출력, 상당방열면적(EDR)

39 화격자 면적이 5m²인 보일러에서 1시간당 360kg의 석탄을 연소시킬 때 화격자의 연소율은 몇 kg/m²h인가?

① 1,800kg/m²h
② 102kg/m²h
③ 72kg/m²h
④ 1.2kg/m²h

해설 화격자 연소율 $= \frac{\text{시간당 석탄소비량}}{\text{화격자 면적}}$
$= \frac{360}{5} = 72\text{kg/m}^2\text{h}$

40 보일러 열정산 시 원칙적인 시험부하는 어느 정도의 부하에서 실시하는가?

① $\frac{1}{2}$ 부하   ② 정격부하
③ $\frac{1}{3}$ 부하   ④ 2배 부하

해설 보일러의 열정산 시 원칙적인 부하는 정격부하에서 실시한다.

41 보일러의 매시 증발량이 7t/h, 발생증기의 엔탈피 640kcal/kg, 급수의 엔탈피 40kcal/kg일 때의 상당증발량 G_e(kg/h)는?

① 6,088kg/h   ② 7,088kg/h
③ 7,792kg/h   ④ 8,092kg/h

해설 $G_e = \dfrac{\text{매시증발량}(\text{발생증기 엔탈피} - \text{급수 엔탈피})}{539}$
$= \dfrac{7,000 \times (640-40)}{539} = 7,792\text{kg/h}$

42 보일러를 실험한 결과 다음과 같았다. 이때 다음 계산값 중 틀린 것은?

- 증발량 : 3,230kg/hr
- 급유량 : 250.5kg/hr
- 급수온도 : 15℃
- 연료의 발열량 : 9,750kcal/hr
- 증기의 엔탈피 : 660.8kcal/kg
- 전열면적 : 58m²

① 증발계수 = 1.198
② 보일러 효율 = 85.4%
③ 전열면 상당증발량 = 88.27kg/m² · hr
④ 전열면 열부하 = 35,964kcal/m² · hr

해설 ㉠ 증발계수 = $\dfrac{660.8-15}{539} = 1.198$
㉡ 효율 = $\dfrac{3,230(660.8-15)}{250.5 \times 9,750} \times 100 = 85.4\%$
㉢ 전열면의 상당증발량
$= \dfrac{3,230(660.8-15)}{58 \times 539} = 66.74\text{kg/cm}^2\text{h}$
㉣ 전열면의 열부하
$= \dfrac{3,230(660.8-15)}{58} = 35,964\text{kcal/m}^2\text{h}$

43 보일러의 열손실에 해당되지 않는 것은?

① 공기의 현열손실   ② 미연손실
③ 방열손실   ④ 연료손실

해설 ㉠ 보일러의 열손실 : 연료손실, 방열손실, 미연손실, 배기가스 손실, 기타 손실
㉡ 공기의 현열, 연료의 현열은 입열에 포함된다.

44 화격자의 단위면적에서 단위시간에 연소하는 연료의 양을 무엇이라 하는가?

① 증발량   ② 연소율
③ 증발률   ④ 보일러의 효율

해설 ㉠ 화격자의 연소율
$= \dfrac{\text{시간당 연료소비량(kg)}}{\text{화격자 단위면적(m}^2)} = \text{kg/m}^2\text{h}$
㉡ 화격자란 석탄을 연소시키는 화상이다.
㉢ 화격자는 고정 수평화격자, 요동 수평화격자, 중공 화격자, 계단 화격자 등 기계식 화격자는 4가지가 있다.

45 다음은 보일러의 열손실을 나열한 것이다. 가장 큰 열손실은?

① 연료의 불완전연소에 의한 손실
② 과잉공기에 의한 손실
③ 연소하지 않은 연료에 의한 손실
④ 굴뚝으로 배출되는 배기의 손실

해설 보일러의 열손실
㉠ 불완전 열손실(CO가스)
㉡ 미연탄소분에 의한 열손실
㉢ 배기가스 열손실(16~20%로 가장 크다.)
㉣ 방사 손실(복사열손실)
㉤ 과잉공기에 의한 배기가스 손실
㉥ 기타 노벽 등의 열손실

정답 40 ② 41 ③ 42 ③ 43 ① 44 ② 45 ④

46 급수의 온도 25℃(104.65kJ/kg)에서 압력 15kg/cm², 온도 300℃의 증기가 1시간당 10,780kg 발생하는 경우의 상당증발량(W_e)은 얼마인가?(단, 발생증기의 엔탈피 h_2 = 3,034.85kJ/kg이다.)

① 14,375kg/h
② 9,236.6kg/h
③ 645.7kg/h
④ 16,141kg/h

해설 $W_e = \dfrac{10,780(3,034.85-25)}{2,257} = 14,375\text{kg/h}$

47 급수의 온도 25℃에서 압력 15kg/cm², 온도 300℃이 증기를 1시간당 12,000kg 발생하는 경우의 상당증발량(W_e)은 얼마인가?(단, 급수 엔탈피 i_1 =25kcal/kg, 발생증기의 엔탈피 i_2 =725kcal/kg이다.)

① 15,585kg/h ② 9,236.6kg/h
③ 645.7kg/h   ④ 33.7kg/h

해설 $W_e = \dfrac{\text{시간당 증기발생량(발생증기 엔탈피 - 급수 엔탈피)}}{539}$

$= \dfrac{12,000 \times (725-25)}{539} = 15,584.41\text{kg/h}$

48 어떤 보일러에서 급수의 온도가 60℃, 증발량이 1시간당 3,000kg, 발생증기의 엔탈피는 2,762.76kJ/kg, 급수의 엔탈피는 251.16 kJ/kg이다. 이 보일러의 상당증발량은 약 몇 kg/h인가?

① 2,783kg/h
② 3,593kg/h
③ 3,825kg/h
④ 4,020kg/h

해설 상당증발량 $= \dfrac{3,000 \times (2,762.76-60)}{2,257}$
$= 3,593\text{kg/h}$

49 보일러 열정산을 하는 목적과 관계없는 것은?

① 연료의 열량계산
② 열의 손실파악
③ 열설비 성능파악
④ 조업방법 개선

해설 열정산의 목적
㉠ 열의 손실파악
㉡ 열설비 성능파악
㉢ 조업방법 개선

50 다음은 열정산을 설명한 것이다. 옳은 것은?

① 입열과 출열은 반드시 같아야 한다.
② 연소효율에 따라 입열과 출열이 다르다.
③ 방열손실로 인한 입열이 항상 크다.
④ 열효율 측정에 따라 입열과 출열이 다르다.

해설 ㉠ 열정산 시 입열과 출열은 반드시 같아야 하다.
㉡ 입열
• 연료의 현열
• 공기의 현열
• 연료의 연소열
• 노 내 분입증기에 의한 열
㉢ 출열
• 배기가스 손실열
• 방사 열손실
• 미연탄소분에 의한 열손실
• 불완전 열손실
• 기타 열손실

51 연료의 발열량 9,800kcal/kg, 급수사용량 1,000kg/h, 연료사용량 80kg/h, 급수온도 65℃, 증기 엔탈피 652kcal/kg일 때 보일러 효율은?

① 75.3% ② 74.9%
③ 73.2% ④ 83.1%

해설 보일러 효율

$= \dfrac{\text{시간당 급수사용량} \times (\text{증기엔탈피} - \text{급수온도})}{\text{시간당 연료소비량} \times \text{연료의 발열량}} \times 100$

$= \dfrac{1,000 \times (652-65)}{80 \times 9,800} \times 100 = 74.87\%$

정답 46 ① 47 ① 48 ② 49 ① 50 ① 51 ②

52 온수발생 능력이 시간당 300×10^3 kcal인 온수보일러가 있다. 이 보일러에 필요한 연료공급량은 매분당 얼마인가?(단, 보일러의 효율은 80%이고, 연료의 저위발열량은 10,000kcal/kg이다.)

① 0.625kg/min   ② 0.025kg/min
③ 10kg/min   ④ 1.0kg/min

해설 $300 \times 10^3 = 300,000$ kcal/h
$300,000 \div 60분 = 5,000$ kcal/min
$\therefore \dfrac{5,000}{10,000 \times 0.8} = 0.625$ kg/min

53 보일러의 용량을 표시하는 것 중 일반적으로 제일 많이 사용되는 것은?

① 발열량
② 매시간당 증발량(정격용량)
③ 마력
④ 보일러의 크기

해설 보일러의 용량(매시간당 증발량 kg/h)

54 어느 보일러의 1시간 동안의 증발량이 5,100kg이고 그때의 발생증기의 엔탈피는 680kcal/kg이며 급수의 온도가 75℃이다. 이 보일러의 상당증발량은 얼마인가?

① 1,425.6kg/h   ② 1,820.3kg/h
③ 1,908.2kg/h   ④ 5,274.5kg/h

해설 상당증발량
$= \dfrac{시간당\ 증기발생량(발생증기\ 엔탈피 - 급수온도)}{539}$
$= \dfrac{5,100 \times (680-75)}{539} = 5,274.5$ kg/h

55 다음 중 보일러의 증발량을 표시하는 단위는 어느 것인가?

① kg/hour   ② kg/min
③ ton/day   ④ kg/sec

해설 ㉠ 보일러의 증기발생량 표시는 kg/hr 또는 kg/hour
㉡ ②는 분당, ③은 24시간, ④는 초당

56 보일러의 열손실에 해당되지 않는 것은?

① 연료의 불완전연소
② 방산열
③ 연료의 현열, 공기현열
④ 배기가스 보유열

해설 ㉠ 연료 및 공기의 현열은 입열에 속하고 ①, ②, ④의 열은 열손실에 속한다.
㉡ 보일러 열손실
 • 배기가스의 보유열
 • 연료의 불완전연소
 • 방산열
 • 미연탄소분의 열손실

57 다음 중 보일러의 증발률을 나타내는 단위는 어느 것인가?

① kg/m^2h
② $kcal/m^2h$
③ kg/h
④ kcal/kg

해설 ㉠ 전열면의 증발률 단위(kg/m^2h)
㉡ 전열면의 $1m^2$당 시간당 증기발생량 : 전열면의 증발률

58 전열면의 성능은 전열면 몇 m^2당 1시간에 흡수하는 열량으로 표시하는가?

① $1m^2$ ② $2m^2$
③ $5m^2$ ④ $6m^2$

해설 ㉠ 전열면의 성능은 $1m^2$당 1시간에 흡수하는 열량으로 표시한다.
㉡ 전열면의 열부하율($kcal/m^2h$)
$= \dfrac{시간당\ 증기발생량(증기엔탈피 - 급수엔탈피)}{전열면적}$

정답 52 ① 53 ② 54 ④ 55 ① 56 ③ 57 ① 58 ①

59 다음 중 보일러 효율을 옳게 설명한 것은?

① 증기발생에 이용된 열량과 보일러에 공급한 연료가 완전연소할 때 열량과의 비
② 증기발생에 이용된 열량과 연소실에서 발생한 열량과의 비
③ 연소실에서 발생한 열량과 보일러에 공급한 연료가 완전연소할 때 열량과의 비
④ 보일러에 공급된 열량과 연료연소 열량과의 비

해설 보일러 효율이란, 증기발생에 이용된 열량과 보일러에 공급한 연료가 완전연소할 때 열량과의 비

60 다음 중 증발배수를 구하는 공식으로 옳은 것은? (단, i'' : 발생증기 엔탈피, i' : 급수 엔탈피)

① $\dfrac{\text{매시 실제증발량}}{\text{매시 연료소모량}}$
② $\dfrac{\text{매시 실제증발량}}{\text{전열면적}}$
③ $\dfrac{\text{매시 실제증발량}}{\text{매시 최대 연속증발량}} \times 100\%$
④ $\dfrac{\text{매시 실제증발량}(i'')}{\text{증발전열면적}}$

해설 ①은 증발배수(kg/kg)의 계산공식이다.

61 매시간 10,000kg의 증기를 발생시키는 데 800kg의 기름이 소비될 경우 보일러 효율은? (단, 기름의 발열량 9,750kcal/kg, 발생증기의 엔탈피 667kcal/kg, 급수온도 25℃)

① 82% ② 85%
③ 89% ④ 76%

해설 보일러 효율 = $\dfrac{10,000 \times (667-25)}{800 \times 9,750} \times 100 = 82\%$

62 열효율을 계산하는 식으로 옳은 것은?

① $\dfrac{\text{공급열량} - \text{손실열량}}{\text{공급열량}} \times 100\%$
② $\dfrac{\text{공급열량}}{\text{유효열량}} \times 100\%$
③ $\dfrac{\text{유효열량} - \text{손실열량}}{\text{유효열량}} \times 100\%$
④ $\dfrac{\text{유효열량} - \text{손실열량}}{\text{공급열량}} \times 100\%$

해설 열효율 = $\dfrac{\text{공급열량} - \text{손실열량}}{\text{공급열량}} \times 100\%$

63 어떤 보일러의 실제증발량이 3,000kg/h, 증기의 엔탈피가 670kcal/kg, 급수의 엔탈피가 20kcal/kg, 연료사용량이 200kg/h이었다. 증발배수는 몇 kg/kg인가?

① 1.2kg/kg ② 3.25kg/kg
③ 15kg/kg   ④ 3,617kg/kg

해설 증발배수 = $\dfrac{\text{실제 시간당 증기발생량}}{\text{시간당 연료소비량}}$
환산증발배수 = $\dfrac{\text{환산증발량(kg/h)}}{\text{연료소비량(kg/h)}}$
$= \dfrac{3,000}{200} = 15\text{kg/kg}$

64 보일러 용량을 표시하는 값으로 일반적으로 가장 많이 사용하는 것은?

① 최고사용압력 ② 정격용량
③ 전열면적   ④ 보일러 마력

해설 정격용량(kg/h)
증기 보일러에서는 일반적으로 보일러 용량을 나타낼 때 가장 많이 표시한다.

65 전열면적 80m²인 증기 보일러의 연료(중유)사용량은 380kg/h이다. 이 보일러의 실제증발량이 5ton/h라면 전열면 증발률(kg/m²h)은?

① 13.2kg/m²h
② 26.5kg/m²h
③ 62.5kg/m²h
④ 85.6kg/m²h

해설 전열면의 증발률 = $\dfrac{\text{실제증발량(kg/h)}}{\text{전열면적(m}^2)}$
$= \dfrac{5,000}{80} = 62.5\text{kg/m}^2\text{h}$

정답 59 ① 60 ① 61 ① 62 ① 63 ③ 64 ② 65 ③

66 노통이 1개인 코니시 보일러의 노통 길이가 4,500mm이고, 외경이 3,000mm, 두께가 10mm일 때 전열면적(m^2)은?

① $54m^2$ ② $53.6m^2$
③ $42.4m^2$ ④ $42.1m^2$

해설 코니시 보일러 전열면적(sb)
$sb = \pi \times 외경(m) \times 길이(m)$
3,000mm = 3m, 4,500mm = 4.5m
$\therefore 3.14 \times 3 \times 4.5 = 42.39m^2$

67 보일러의 증발능력이란?

① 단위면적당 증발할 수 있는 증기의 체적
② 단위시간당 증발할 수 있는 증기의 체적
③ 단위면적당, 단위시간당 증발할 수 있는 물의 양
④ 단위시간당 증발할 수 있는 물의 양

해설 ㉠ 보일러의 증발능력이란, 단위면적당, 단위시간당 증발할 수 있는 물의 양
㉡ 단위 = kg/m^2h

68 온수보일러의 용량은 주로 무엇으로 나타내는가?

① 보일러 마력
② 보일러 열출력(정격출력)
③ 전열면적
④ 매시간당 출탕량

해설 온수보일러에서 용량은 보일러의 열출력(kcal/h)으로 나타낸다.

69 보일러의 열효율 향상과 관계가 없는 것은?

① 공기예열기를 설치하여 연소용 공기를 예열한다.
② 절탄기를 설치하여 급수를 예열한다.
③ 과잉공기를 원활한 연소가 유지되는 범위에서 줄인다.
④ 급수펌프에 인젝터를 사용한다.

해설 ㉠ ①, ②, ③의 내용은 보일러의 열효율 향상책이다.
㉡ 보일러 열효율을 높일 수 있는 장치
• 과열기
• 절탄기
• 공기예열기

70 증기보일러의 용량을 표시하는 것 중 일반적으로 가장 많이 사용되는 것은?

① 발열량 ② 상당증발량
③ 마력   ④ 보일러의 크기

해설 보일러 용량표시
㉠ 매시간당 증발량(정격용량 kg/h)
㉡ 매시간당 정격출력(kcal/h)
㉢ 전열면적(m^2)
㉣ 상당방열면적(EDR)
㉤ 상당증발량(kg/h)
㉥ 보일러의 마력(HP)

71 보일러의 상당증발량이 1,000kg/h, 급수온도가 20℃, 발생증기의 엔탈피가 559kcal/kg일 때 실제증발량은 얼마인가?

① 1,000kg/hr ② 1,200kg/hr
③ 539kg/hr   ④ 980kg/h

해설 $1,000 = \dfrac{x(559-20)}{539}$
$x = \dfrac{1,000 \times 539}{559 - 20} = 1,000 kg/h$

72 다음 중 스팀보일러의 상당증발량의 단위는?

① kg   ② kg/kcal
③ kg/hr   ④ kcal/hr

해설 ㉠ 상당증발량의 단위 : kg/hour = kg/hr
㉡ 정격출력 : kcal/h
㉢ 정격용량 : ton/h 또는 kg/h

정답 66 ③ 67 ③ 68 ② 69 ④ 70 ② 71 ① 72 ③

CHAPTER 05 육용보일러의 열정산방식

1. 열정산의 조건

(1) 보일러의 열정산은 원칙적으로 정격부하 이상에서 정상상태(Steady State)로 적어도 2시간 이상의 운전결과에 따라 한다. 다만, 액체 또는 기체연료를 사용하는 소형보일러에서는 인수·인도 당사자 간의 협정에 따라 시험시간을 1시간 이상으로 할 수 있다. 시험부하는 원칙적으로 정격부하 이상으로 하고, 필요에 따라 3/4, 2/4, 1/4 등의 부하로 한다. 최대출열량을 시험할 경우에는 반드시 정격부하에서 시험을 한다. 측정결과의 정밀도를 유지하기 위하여 급수량과 증기배출량을 조절하여 증발량과 연료의 공급량이 일정한 상태에서 시험을 하도록 최대한 노력하고, 급수량과 연료공급량의 변동이 불가피한 경우에는 가능한 한 그 변동량이 작은 상태에서 시험을 한다.

(2) 보일러의 열정산시험은 미리 보일러 각부를 점검하여, 연료, 증기 또는 물의 누설이 없는가를 확인하고, 시험 중 실제 사용상 지장이 없는 경우 블로다운(Blow Down), 그을음 불어내기(Soot Blowing) 등은 하지 않는다. 또한 안전밸브를 열지 않은 운전상태에서 하며 안전밸브가 열린 때는 시험을 다시 한다.

(3) 시험은 시험보일러를 다른 보일러와 무관한 상태로 하여 실시한다.

(4) 열정산 시험 시의 연료 단위량, 즉 고체 및 액체 연료의 경우는 1kg, 기체 연료의 경우는 표준상태(온도 0℃, 압력 101.3kPa)로 환산한 1Nm³에 대하여 열정산을 하는 것으로 하고, 단위시간당 총 입열량(총 출열량, 총 손실 열량)에 대하여 열정산을 하는 경우에는 그 단위를 명확히 표시한다. 혼소(混燒)보일러 및 폐열보일러의 경우에는 단위시간당 총 입열량에 대하여 실시한다.

(5) 발열량은 원칙적으로 사용 시 연료의 고발열량(총발열량)으로 한다. 저발열량(진발열량)을 사용하는 경우에는 기준발열량을 분명하게 명기해야 한다.

(6) 열정산의 기준온도는 시험 시의 외기온도를 기준으로 하나, 필요에 따라 주위 온도 또는 압입송풍기출구 등의 공기온도로 할 수 있다.

(7) 열정산을 하는 보일러의 표준적인 범위를 그림에 나타낸다. 과열기, 재열기, 절탄기 및 공기예열기를 갖는 보일러는 이들을 그 보일러에 포함시킨다. 다만, 인수·인도당사자간의 협정에 의해 이 범위를 변경할 수 있다.

(8) 이 표준에서 공기란 수증기를 포함하는 습공기로 하며, 연소가스란 수증기를 포함하지 않은 건조가스로 하는 경우와 연소에 의하여 발생한 수증기를 포함한 습가스로 하는 경우가 있다. 이들의 단위량은 어느 것이나 연료 1kg(또는 Nm³)당으로 한다.

(9) 증기의 건도는 98% 이상인 경우에 시험함을 원칙으로 한다(건도가 98% 이하인 경우에는 수위 및 부하를 조절하여 건도를 98% 이상으로 유지한다).

(10) 보일러효율의 산정방식은 다음 ① 및 ②의 방법에 따른다.

① **입출열법**

$$\eta_1 = \frac{Q_s}{H_h + Q} \times 100$$

여기서, η_1 : 입출열법에 따른 보일러 효율
Q_s : 유효 출열
$H_h + Q$: 입열 합계

② **열손실법**

$$\eta_2 = \left(1 - \frac{L_h}{H_h + Q}\right) \times 100$$

여기서, η_2 : 열손실법에 따른 보일러 효율
L_h : 열손실 합계

③ 보일러의 효율 산정방식은 입출열법과 열손실법으로 실시하고, 이 두 방법에 의한 효율의 차가 과대한 경우에는 시험을 다시 실시한다. 다만, 입출열법과 열손실법 중 어느 하나의 방법에 의하여 효율을 측정할 수밖에 없는 경우에는 그 이유를 분명하게 명기한다.

(11) 온수보일러 및 열매체보일러의 열정산은 증기보일러의 경우에 준하여 실시하되, 불필요한 항목(예를 들면, 증기의 건도 등)은 고려하지 않는다.

(12) 폐열보일러의 열정산은 증기보일러의 경우에 준하여 실시하되, 입열량을 보일러에 들어오는 폐열과 보조연료의 화학에너지로 하고, 단위시간당 총 입열량(총 출열량, 총 손실열량)에 대하여 실시한다.

(13) 전기에너지는 1kW당 860kcal/h로 환산한다.

⑭ 증기보일러 열출력 평가의 경우, 시험 압력은 보일러 설계 압력의 80% 이상에서 실시한다. 온수 보일러 및 열매체 보일러의 열출력 평가 시에는 보일러 입구 온도와 출구 온도의 차에 민감하기 때문에 설계온도와의 차를 ±1℃ 이하로 조절하고 시험을 실시한다. 이 조건을 만족하지 못하는 경우에는 그 이유를 명기한다.

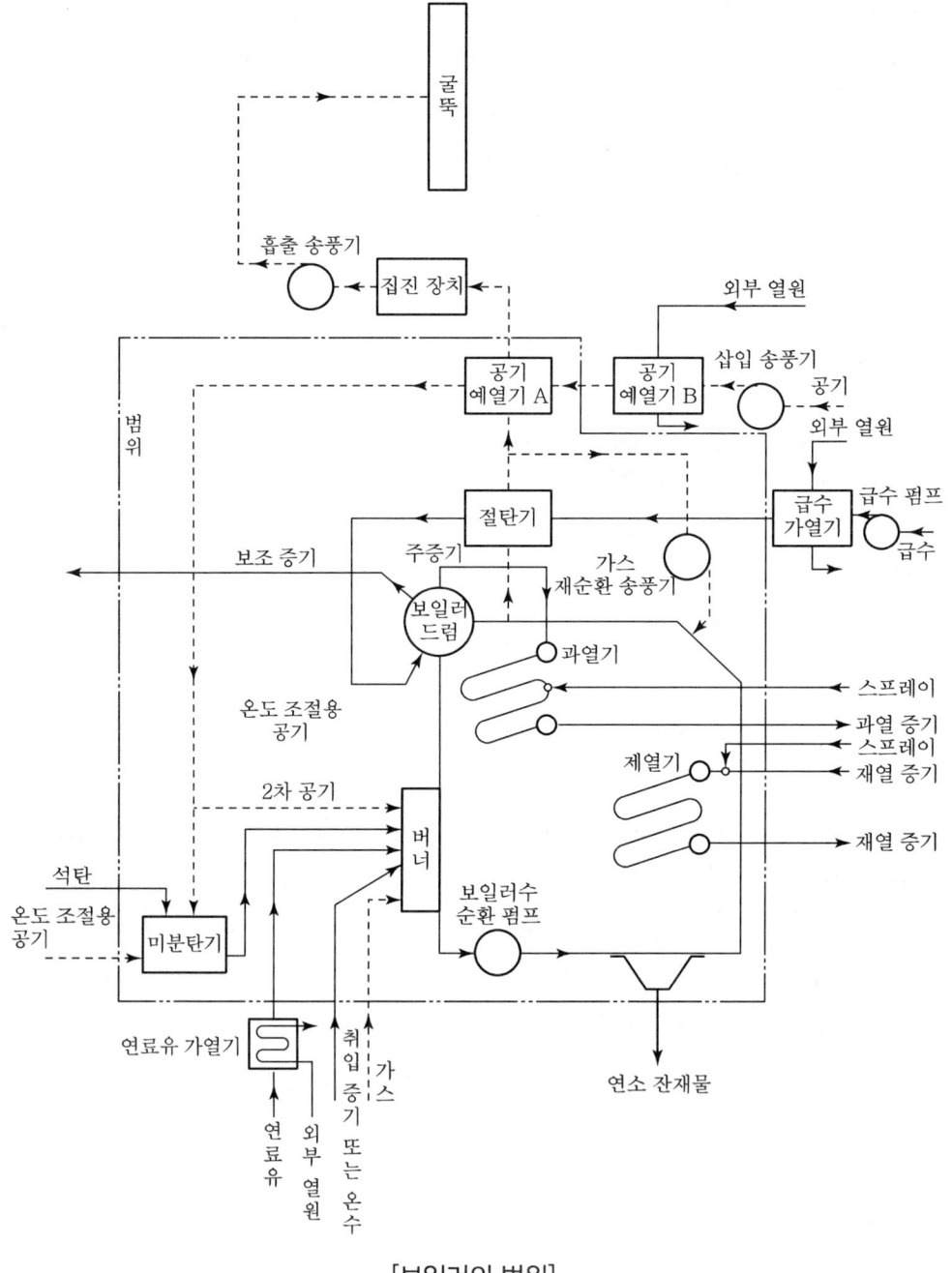

[보일러의 범위]

2. 측정방법

보일러의 열정산에서 측정항목은 다음과 같다. 입출열법에 따른 보일러 효율을 구하는 경우는 연료의 사용량과 발열량 등의 입열 및 발생 증기의 흡수열을, 또한 열 손실법에 따른 보일러 효율을 구하는 경우는 연료 사용량과 발열량 등에 의한 입열 및 각부의 열손실을 구할 필요가 있다.

1 기준온도

기준온도는 햇빛이나 기기의 복사열을 받지 않는 상태에서 측정한다.

2 연료

(1) 연료사용량의 측정

① 고체 연료

고체 연료는 측정 후 수분의 증발을 피하기 위해 가능한 한 연소 직전에 측정하고, 그때마다 동시에 시료를 채취한다. 측정은 보통 저울을 사용하나, 콜미터나 그 밖의 계측기를 사용할 때에는 지시량을 정확하게 보정한다. 측정의 허용오차는 보통 ±1.5%로 한다.

② 액체 연료

㉮ 액체 연료는 중량 탱크식 또는 용량 탱크식 혹은 용적식 유량계로 측정한다. 측정의 허용 오차는 원칙적으로 ±1.0%로 한다.

㉯ 용량 탱크식 또는 용적식 유량계로 측정한 용적 유량은 유량계 가까이에서 측정한 유온을 보정하기 위해 다음 방법으로 중량유량으로 환산한다. 중유의 경우에는 다음과 같은 온도보정계수를 사용하고, 중유 이외 연료의 온도보정계수는 1로 한다.

$$F = d \times k \times V_t$$

여기서, F : 연료 사용량(kg/h)
d : 연료의 비중
k : 온도보정계수(다음 표에 따른다)
V_t : 연료사용량(L/h)

〈연료(중유)의 온도(t)에 따른 체적보정계수〉

중유 비중(15℃)	온도 범위	k값
1.000~0.966	15~50℃ 50~100℃	$1.000 - 0.00063 \times (t-15)$ $0.9779 - 0.0006 \times (t-50)$
0.965~0.851	15~50℃ 50~100℃	$1.000 - 0.00071 \times (t-15)$ $0.9754 - 0.00067 \times (t-50)$

③ 기체 연료
⑦ 기체 연료는 용적식, 오리피스식 유량계 등으로 측정하고, 유량계 입구나 출구에서 압력, 온도를 측정하여 표준 상태의 용적 Nm^3로 환산한다. 측정의 허용 오차는 원칙적으로 ±1.6%로 한다.
④ 표준 상태로의 용적 유량 환산은 다음에 따른다. 측정값을 압력·온도에 따라 표준상태(0℃, 101.3kPa)로 환산한다.

$$V_0 = V \times \frac{P}{P_0} \times \frac{T_0}{T}$$

여기서, V_0 : 표준 상태에서 연료 사용량(Nm^3)
V : 유량계에서 측정한 연료 사용량(m^3)
P : 연료 가스의 압력(Pa, mmHg, mbar 등)
P_0 : 표준 상태의 압력(Pa, mmHg, mbar 등)
T : 연료 가스의 절대온도(K)
T_0 : 표준 상태의 절대온도(K)

(2) 시료의 측정방법
① 사용 연료의 시료 채취, 시험, 분석 및 발열량 측정은 일반적으로 다음 표준에 따른다.
KS E 3707, KS E 3709, KS M 2001, KS M 2002, KS M 2017, KS M 2027, KS E ISO 589, KS M ISO 6245, KS M 2057, KS M ISO 3733
② 연소 계산을 위하여 액체 연료와 고체 연료는 원소 분석과 발열량 측정을 하고, 기체 연료는 성분분석과 발열량 측정을 한다.

3 급수

(1) 급수량 측정
① 급수량 측정은 중량탱크식 또는 용량 탱크식 혹은 용적식 유량계, 오리피스 등으로 한다. 측정의 허용 오차는 일반적으로 ±1.0%로 한다.
② 측정한 급수의 일부를 보일러에 넣지 않은 경우에는 그 양을 보정하여야 한다. 과열기 및 재열기에 증기 온도 조절을 위하여 스프레이 물을 넣는 경우에는 그 양을 측정한다.
③ 용적 유량을 측정한 경우에는 유량계 부근에서 측정한 온도에 따른 비체적을 증기표에서 찾아 다음 방법으로 급수량을 중량으로 환산한다.

$$W = \frac{W_0}{V_1}$$

여기서, W : 환산한 급수량(kg/h)
W_0 : 실측한 급수량(L/h)
V_1 : 측정 시 급수 온도에서 급수의 비체적(L/kg)

(2) 급수 온도의 측정

급수 온도는 절탄기 입구에서(필요한 경우에는 출구에서도) 측정한다. 절탄기가 없는 경우에는 보일러 몸체의 입구에서 측정한다. 또한 인젝터를 사용하는 경우에는 그 앞에서 측정한다.

4 연소용 공기

(1) 공기량의 측정

① 연료의 조성(액체 연료와 고체 연료는 원소 분석값, 기체 연료는 성분 분석값)에서 이론 공기량(A_0)을 계산하고, 배기가스 분석 결과에 의해 공기비를 계산하여 실제공기량(A)을 계산한다.

$$A = mA_0$$

여기서, A : 실제 공기량(Nm³/h)
m : 공기비
A_0 : 이론 공기량(연소 프로그램에서 계산)(Nm³/h)

② 필요한 경우에는 압입 송풍기의 출구에서 오리피스, 피토관 등을 사용하여 측정한다. 공기 예열기가 있는 경우에는 그 출구에서 측정한다(KS B 6311 참조).

(2) 예열 공기 온도의 측정

공기 온도는 공기 예열기의 입구 및 출구에서 측정한다. 터빈 추기 등의 외부 열원에 의한 공기 예열기를 병용하는 경우는 필요에 따라 그 전후의 공기 온도도 측정한다.

(3) 공기의 습도 측정

① 송풍기 입구 부근에서 건습구 온도계를 이용하여 건구온도와 습구온도를 측정하거나 습도계를 사용하여 상대습도 또는 절대습도를 측정한다.

② 건습구 온도계의 건구온도 t℃와 습구온도 t'℃에서 습공기 중의 절대습도 z를 다음과 같이 구한다.

$$z = 0.622 \times \frac{P_w}{P - P_w}$$

여기서, z : 공기의 절대습도(kg-H₂O/kg-air)
P : 대기압(즉, 전압)(kPa)
P_w : 수증기의 분압(kPa)

$$P_w = P_s' - \frac{P}{30} \cdot \frac{t-t'}{50}$$

P_s' : 습구온도 t'℃에서 수증기의 포화압력(kPa)
t : 건구온도(℃)
t' : 습구온도(℃)

③ 습도계로 상대습도를 측정한 경우, 절대습도는 다음과 같이 구한다.

$$z = 0.622 \times \frac{\phi P_s}{P - \phi P_s}$$

여기서, ϕ : 상대습도(%)
P_s : 공기 온도 t℃에서 수증기의 포화압력(kPa)

④ 습도가 보일러의 효율에 미치는 영향이 미미한 경우(습도가 낮은 경우)에는 습도 측정을 생략할 수 있다.

5 연료 가열용 또는 노 내 취입 증기

(1) 연료 가열용 증기량 측정은 유량계로 측정하거나 증기 트랩이 있는 연료 가열기의 경우에는 트랩의 응축수량을 측정할 수도 있다.

(2) 노 내 취입 증기량은 증기 유량계로 측정한다.

6 발생 증기

(1) 발생 증기량의 측정

① 발생 주증기량은 일반적으로 급수량으로부터 수위 보정(시험 개시 시 및 종료시에 있어 보일러 수면의 위치변화를 고려한 급수량의 보정)을 통해 산정한다. 증기 유량계가 설비되어 있는 경우는 그 측정값을 참고값으로 한다.

② 발생증기의 일부를 연료 가열, 노 내 취입 또는 공기 예열에 사용하는 경우 등에는 그 양을 측정하여 급수량에서 **뺀다**.

③ 재열기 입구 증기량은 주증기량에서 증기 터빈의 그랜드 증기량 및 추기 증기량을 **빼서** 구한다.

④ 과열기와 재열기 출구 증기량은 그 입구 증기량에 과열 저감기에서 분사한 스프레이양을 더하여 구한다.

(2) 과열 증기 및 재열 증기 온도의 측정

① 과열기 출구 온도는 과열기 출구에 근접한 위치에서 측정하지만, 출구에 온도 조절 장치가 있는 경우에는 그 뒤에서 측정한다.

② 재열기 출구 온도는 재열기 출구에 근접한 위치에서 측정하지만, 출구에 온도 조절 장치가 있는 경우에는 그 뒤에서 측정한다. 재열기의 경우는 그 입구에서도 측정한다.

(3) 증기 압력의 측정

① 포화증기의 압력은 보일러 몸체 또는 그에 상당하는 부분(노통 연관식 보일러의 경우, 동체의 증기부)에서 측정한다.

② 과열 증기 및 재열 증기의 압력은 그 온도를 측정하는 위치에서 측정한다.

③ 압력 취출구와 압력계 사이에 높이의 차가 있는 경우는 연결관 내의 수주에 따라 압력을 보정한다.

(4) 포화증기의 건도 측정
① 포화증기의 건도는 원칙적으로 보일러 몸체 출구에 근접한 위치 또는 그에 상당하는 부분에서 복수 열량계, 스로틀 열량계 등을 사용하여 측정한다.
② 건도계의 온도 측정에는 정밀급 열전대 또는 정밀급 저항 온도계, 정밀급 수은 봉상 온도계를 사용하여 측정하고, 교축 열량계의 경우에는 다음에 의해 건도를 환산한다.

$$x = \frac{0.46 \times (t_1 - 99.09) + 638.81 - h'}{r} \times 100$$

여기서, x : 증기 건도(%)
t_1 : 건도계 출구 증기 온도(℃)
h' : 측정압에서의 포화 엔탈피(kcal/kg)
r : 측정압력에 대한 증발잠열(kcal/kg)

③ 증기의 건도 측정이 불가능한 경우 강제 보일러의 건도는 0.98, 주철제 보일러는 0.97로 한다. 이 경우에는 측정이 불가능한 사유를 명기한다.

7 배기가스(연소가스)

(1) 배기가스 온도의 측정
① 배기가스 온도는 보일러의 최종 가열기 출구에서 측정한다. 가스 온도는 각 통로 단면의 평균 온도를 구하도록 한다.
② 배기가스 중의 수증기 일부가 응축되는 절탄기나 공기 예열기의 경우에는 그 전후에서 온도를 측정한다. 또한 응축이 일어나지 않는 경우에도 필요에 따라 보일러 본체 출구 및 과열기, 재열기, 절탄기 및 공기 예열기의 입구 및 출구에서 온도를 측정한다.

(2) 배기가스 성분 분석
① 배기가스의 시료 채취 위치는 절탄기 출구(절탄기가 없는 경우에는 보일러 본체 또는 과열기 출구)로 한다. 또한 공기 예열기가 있는 경우에는 그 출구에서도 측정한다. 시료 채취 방법은 일반적으로 KS I 2202에 따른다. 배기 댐퍼의 조절이 가능한 경우에는 조절하여 배기가스 성분 분석을 위한 시료 채취 위치에 음압이 걸리지 않도록 한다.
② 배기가스의 성분 분석은 일반적으로 오르자트 가스 분석기, 전기식 또는 기계식 가스 분석기를 사용한다. 가스 분석기는 센서나 시약의 수명관리를 위해 표준가스(Standard Gas)로 교정하여 사용하여야 한다. 교정을 위한 표준 가스는 분석하고자 하는 배기가스의 성분과 유사한 것을 사용하도록 한다.

(3) 공기비 측정

① 유류를 연료로 사용하는 보일러에서는 공기비 측정 시 보일러의 공기비 측정을 위하여 바카라치 Smoke Scale을 기준으로 사용하여 다음 조건 시의 배기가스 분석값 중 O_2 농도나 CO_2 농도를 이용하여 공기비를 계산한다(다만, 다음 조건을 만족하지 못하는 경우에는 그 이유를 명기한다).
- 중유 연소 보일러 : 바카라치스모크 No.4 이하
- 경유 연소 보일러 : 바카라치스모크 No.3 이하

② 유류 연료의 경우, ①의 바카라치 Smoke Scale을 만족하는 경우에도 배기가스 중 CO 농도가 300ppm 이상인 경우에는 CO 농도 300ppm 이하로 공기비를 조정하여 배기가스 분석값 중 O_2 농도나 CO_2 농도를 이용하여 공기비를 계산한다(다만, 이 조건을 만족하지 못하는 경우에는 그 이유를 명기한다).

③ 가스 보일러의 경우에는 배기가스 중의 CO 농도가 300ppm 이하인 경우의 배기가스 분석값 중 O_2 농도나 CO_2 농도를 이용하여 공기비를 계산한다.

④ 공기비 계산은 배기가스 분석값 중 O_2 농도나 CO_2 농도를 이용하여 다음과 같이 계산한다.

㉮ 배기가스 중의 산소(O_2) 농도에서 계산하는 경우

$$m = \frac{21}{21 - O_2}$$

여기서, m : 공기비
O_2 : 건배기가스 중의 산소분(체적 %)

㉯ 배기가스 중의 탄산가스(CO_2) 농도에서 계산하는 경우

$$m = \frac{CO_{2\max}}{CO_2}$$

여기서, m : 공기비
$CO_{2\max}$: 건배기가스 중의 이산화탄소분 최댓값(체적%)
CO_2 : 건배기가스 중의 이산화탄소분(체적 %)

REFERENCE | 주요 연료의 $CO_{2\max}$

- 등유 : 15.13%
- 경유 : 15.16%
- B-A유 : 15.6%
- B-C유 : 15.7%
- LNG : 12.0%
- LPG : 14.5%

(4) 배기가스 중의 응축수량 측정

① 배기가스 중의 수증기가 응축하여 다량의 응축수가 배출되는 경우에는 그 응축수의 배출량을 측정한다. 응축수의 측정을 위해 배기가스가 응축되는 부분에 응축수를 모을 수 있는 배관을 설치하여 응축수를 한 곳으로 유도하여 그 양을 측정한다.
② 응축수의 온도를 측정한다.
③ 응축수의 페하(pH)를 측정한다.

(5) 응축형 보일러의 배기가스 습도 측정

① 배기가스 중의 수증기가 응축하여 다량의 응축수가 배출되는 경우에는 습도계를 이용하여 최종열교환기(공기 예열기 또는 절탄기) 출구에서 배기가스 중의 습도(상대습도 또는 절대습도)를 측정한다.
② 습도계로 배기가스의 상대습도를 측정한 경우, 절대습도는 다음과 같이 구한다.

$$z_g = 0.622 \times \frac{\phi P_s}{P - \phi P_s}$$

여기서, z_g : 배기가스의 절대습도(kg-H_2O/kg-gas)
ϕ : 상대습도(%)
P_s : 배기 온도 t_g ℃에서 수증기의 포화압력(kPa)

8 송풍압

필요에 따라 송풍압(정압)을 측정한다. 정압 측정방법은 KS B 6311에 따른다.

(1) 송풍압(정압)의 측정

송풍압은 수주 압력계 등을 사용하여 압입 송풍기 토출구에서 측정한다. 필요에 따라 공기 예열기의 입구 및 출구 또는 버너 윈드박스 등에서도 측정한다.

(2) 배기가스의 압력 측정

배기가스의 압력은 수주 압력계 등을 사용하여 최종 가열기를 나온 위치에서 측정한다. 필요에 따라 노 내, 보일러 본체 출구, 절탄기, 공기 예열기, 흡출 송풍기의 입·출구에서도 측정한다.

9 연소 잔재물

액체 연료나 기체 연료의 경우에는 연소 잔재물이 미량이기 때문에 무시할 수 있고, 고체 연료의 경우에는 다음에 따른다.

(1) 연소 잔재물의 양 측정

연소 잔재물의 양은 연료의 사용량, 연료 중의 회분 및 연소 잔재물 중 미연소분의 비율로부터 산정한다. 연소 잔재량을 실측할 수 있는 경우는 그에 따른다.

(2) 연소 잔재물의 시료 채취 및 미연소분의 측정
연소 잔재물의 시료 채취는 KS E ISO 589에 따른다. 미연소분의 측정은 KS E 3705 : 2001의 6.(회분정량 방법)에 따른다.

(3) 연소 잔재물의 온도 측정
연소 잔재물이 다량인 고체 연료의 경우에는 잔재물에 의한 열 손실을 고려할 수 있도록 잔재물의 배출 온도를 측정한다.

10 소요전력
(1) 소요전력 측정시 보일러 시스템의 모든 전원이 동일 제어 패널에서 공급된 경우에는 그 제어 패널에 공급되는 전원에 전력계를 설치하여 측정한다.
(2) 보일러 시스템 작동기기의 전원이 별개의 제어 패널에서 공급되는 경우 송풍기, 펌프 등의 모터나 전기히터의 전력을 측정하는 경우에는 전압, 전류, 소요전력을 측정하여 합산한다.

11 소음 측정
보일러의 소음은 보일러 주위에서 1.5m 떨어진 여러 위치에서 측정하여 최곳값을 기록한다.

12 폐열 보일러의 측정
(1) 폐열 보일러의 경우에는 보일러의 입열량 계산을 위해 유입되는 가스의 유량, 온도, 압력 및 그 조성을 측정한다.
(2) 폐열 보일러에 유입되는 가스를 발생하는 장치에서 가연성 물질을 소각하여 폐가스가 발생하는 경우 그 가연성 물질의 원소 분석 또는 성분 분석을 실시하고, 그 분석값을 이용하여 연소 반응식에 의해 가스량과 가스 조성을 계산할 수 있다.
   ① 가스 유량 측정
      ㉮ 가스 유량 측정 방법은 KS B 6311의 유량 측정법에 따른다.
      ㉯ 표준 상태로의 용적 유량 환산은 다음에 따른다. 측정값을 압력 · 온도에 따라 표준상태(0℃, 101.3kPa)로 환산한다.

$$V_0 = V \times \frac{P}{P_0} \times \frac{T_0}{T}$$

여기서, V_0 : 표준 상태에서 가스량(Nm^3)
V : 측정 조건에서 가스량(m^3)
P : 가스의 압력(kPa, mmHg, mbar 등)
P_0 : 표준 상태의 압력(101.3kPa, 760mmHg, 1,013mbar 등)
T : 가스의 절대온도(K)
T_0 : 표준 상태의 절대온도(273K)

② 가스 온도 측정

가스 온도 측정은 보일러 입구와 출구로부터 가까운 위치에서 측정한다. 온도 측정 위치의 단면에서 온도 구배가 있는 경우에는 온도 측정값이 단면 평균 온도가 되도록 여러 점에서 측정하여 평균한다.

③ 가스 조성의 측정

가스 조성은 가스 크로마토그래프와 같은 가스 분석기를 사용하여 가스의 조성을 측정한다. 다만, 폐열 발생원에서 계산(예를 들면, 연소 계산)에 의해 유입 가스의 조성을 명확하게 알 수 있는 경우에는 그 계산 결과를 가스조성으로 사용할 수 있다.

13 측정 시간 간격

연료 시료의 채취, 증기, 공기, 배기가스의 압력 및 온도 등의 측정은 기록식 계기를 사용하는 경우 이외에는 각각 일정 시간 간격마다 한다. 그 중요한 보기를 표시하면 다음과 같다.

- 석탄의 시료 채취 : 시험 시간 중 가능한 한 횟수를 많이 한다(KS E ISO 589 참조).
- 액체, 기체 연료의 시료 채취 및 증기의 건도 측정 : 시험 시간 중 2회 이상
- 증기 압력 및 온도와 급수 온도 : 10~30분마다
- 급수 유량 및 연료 사용량 : 5~10분마다
- 공기, 배기가스 등의 압력 및 온도 : 15~30분마다
- 배기가스의 시료 채취 : 30분마다(수동식 급탄 연소의 경우에는 되도록 횟수를 많이 한다)

3. 시험 준비 및 운전상 주의

1 보일러의 상태 검사 및 보수

보일러는 미리 각 부분을 검사하여 증기 및 물의 누설(특히, 블로 밸브에서의 누설)이 없도록 정비하고, 내화재, 보온재, 그 밖의 파손이 있으면 보수하여 둔다. 내부 및 외부의 오염 상황 또는 관리 상황(시험 전의 청소 기일, 청소 방법, 청소 후의 운전 상황 및 운전 시간, 보수 상황 등)을 기록한다.

2 보조 기기류의 정비

운전 장치, 연료 공급 장치, 회 처리 장치, 통풍 장치, 급수 장치, 수면계, 자동제어장치, 그 밖의 보조 기기, 계기류의 기능을 미리 점검 조정하여 시험 중에 고장이 생기지 않도록 정비한다.

3 측정 기구의 정비

필요한 계기류는 미리 검사하고, 정확히 교정하여 소정의 위치에 배치한다. 급수 및 연료의 측정 기구에 바이패스가 있는 경우는 그곳에 누설이 없는가를 확인한다.

4 보일러 운전 상황의 조정

보일러를 미리 소기의 운전상태로 조정하고, 보일러의 종류에 따라 적당한 시간 중(일반적으로는 1시간 이상) 그 상태를 지속하여 양호한 운전 상황이 지속될 수 있는지 확인한 다음에 본시험을 하도록 한다.

5 측정원의 배치

측정원은 미리 부서를 정하여 배치하고, 가능한 한 본 시험 전의 준비 운전에서 훈련하고, 시험 개시와 동시에 즉시 정확한 측정을 할 수 있도록 하여야 한다.

6 블로다운, 그을음 불어내기, 급수 시료 채취 등

블로다운, 그을음 불어내기 및 급수 · 보일러수, 발생 증기의 시료 채취 등은 시험 개시 전에 하고, 본 시험 중에는 하지 않도록 한다.

7 측정값의 변동

발생 증기량, 압력 및 온도의 변동은 다음 범위를 넘지 않도록 한다. 다음 범위를 초과한 경우는 그 상황을 측정 결과의 비고란에 기입한다.

(1) 발생 증기량의 변동 : 평균값의 ±10%
(2) 증기 압력 및 온도의 변동 : 평균값의 ±6%

8 시험 조건이 계속 변화하는 보일러의 시험

(1) 측정 결과의 정밀도를 유지하기 위하여 급수량과 증기 배출량을 조절하여 증발량과 연료의 공급량이 일정한 상태에서 시험을 실시하도록 최대한 노력하고, 급수량과 연료 공급량의 변동이 불가피한 경우에는 가능한 한 그 변동량이 작은 상태에서 시험을 한다.
(2) 급수량과 연소량은 비교적 일정한 경우에도 증기의 응축수를 회수하는 난방용 증기 보일러 시스템과 같이 운전이 간헐적이고 운전 시간이 짧으면서도 응축수 회수에 의해 급수 온도가 계속적으로 변화하는 보일러의 시험 시에는 Data Logging System이나 기록식 계기를 사용하여 각부 온도의 시간 평균값을 구하여 사용한다. 이 경우, 평균값을 계산할 때는 운전 초기의 측정값과 운전 종료 직전의 측정값은 버리도록 한다.

(3) 회분식 소각로와 함께 설치되는 폐열 보일러와 같이 입열량이 주기적으로 크게 변화하는 경우에는 1회분 전 기간에 걸쳐 누적값을 사용하여 성능 평가를 실시한다.

9 간접 가열식 보일러의 시험

진공식 온수 보일러, 대기 개방형 온수 보일러, 중탕형 온수 보일러 등과 같이 연소 가스에 의해 열매를 가열하고, 그 열매와 급수와의 열교환에 의해 온수를 발생하는 간접 가열식 보일러의 경우에는 열매가 보유하고 있는 열량이 비교적 크기 때문에 온수 발생량, 연소량, 순환 수량을 조절하여 버너와 순환 펌프가 단속적으로 운전되지 않는 상태, 즉 연속 운전상태에서 시험을 실시한다.

제5장 육용보일러의 열정산방식 — 출제예상문제

01 1BHP(보일러마력)를 옳게 설명한 것은?

① 0[℃]의 물 539[kg]을 1시간에 100[℃]의 증기로 바꿀 수 있는 능력이다.
② 100[℃]의 물 539[kg]을 1시간에 같은 온도의 증기로 바꿀 수 있는 능력이다.
③ 100[℃]의 물 15.65[kg]을 1시간에 같은 온도의 증기로 바꿀 수 있는 능력이다.
④ 0[℃]의 물 15.65[kg]을 1시간에 100[℃]의 증기로 바꿀 수 있는 능력이다.

해설 보일러마력 1마력이란 100[℃]의 물 15.65[kg]을 1시간에 같은 온도의 증기로 바꿀 수 있는 능력이다.

02 보일러 증발배수를 구하는 공식으로 옳은 것은?

① $\dfrac{\text{매시 실제증발량}}{\text{매시 연료소모량}}$
② $\dfrac{\text{매시 실제증발량}}{\text{전열면적}}$
③ $\dfrac{\text{매시 실제증발량}}{\text{매시 환산증발량}}$
④ $\dfrac{\text{매시 환산증발량}}{\text{전열면적}}$

해설 보일러 증발배수 $= \dfrac{\text{매시 실제증발량}}{\text{매시 연료소모량}}$ [kg/kg]

03 보일러의 열손실에 해당되지 않는 것은?

① 배기가스 손실
② 방산열에 의한 손실
③ 연료의 현열에 의한 손실
④ 불완전연소가스에 의한 손실

해설 연료의 현열은 입열에 해당된다.
※ ①, ②, ④는 열손실이다.

04 보일러의 전열효율(%)을 구하는 옳은 식은?

① $\dfrac{\text{증기발생에 이용된 열}}{\text{보일러실에 공급된 열}} \times 100$
② $\dfrac{\text{증기발생에 이용된 열}}{\text{연료 연소 열량}} \times 100$
③ $\dfrac{\text{연료 연소 열량}}{\text{연료의 저위발열량}} \times 100$
④ $\dfrac{\text{연료 연소 열량}}{\text{증기발생에 이용된 열}} \times 100$

해설 $\eta = \dfrac{\text{증기발생에 이용된 열}}{\text{보일러실에 공급된 열}} \times 100 [\%]$

05 보일러 관련 용어의 단위가 잘못된 것은?

① 급수엔탈피 – [kJ/kg]
② 전열면적 – [m^2]
③ 저위발열량 – [kcal/kg]
④ 보일러 용량 – [kcal/m^2]

해설 보일러 용량 : kg/h, ton/h, kcal/h

06 보일러의 연소배기가스를 분석하는 궁극적인 목적은?

① 노 내압 조정
② 연소열량 계산
③ 매연농도 산출
④ 연소의 합리화 도모

해설 연소배기가스를 분석하는 궁극적인 목적은 연소의 합리화 도모이다.

07 증기보일러의 용량을 표시하는 값으로 일반적으로 가장 많이 사용하는 것은?

① 최고사용압력
② 상당증발량
③ 시간당 발열량
④ 시간당 연료사용량

해설 증기보일러의 용량을 표시하는 값으로 일반적으로 가장 많이 사용하는 것은 상당증발량이다.

정답 01 ③ 02 ① 03 ③ 04 ① 05 ④ 06 ④ 07 ②

08 1보일러마력을 열량으로 환산하면 몇 [kcal/h]인가?

① 15.65[kcal/h] ② 539[kcal/h]
③ 10,780[kcal/h] ④ 8,435[kcal/h]

해설 1마력=상당증발량 15.65[kg/h]
물의 증발잠열=539[kcal/kg]
∴ 15.65×539=8,435[kcal/h]

09 보일러 열정산 시 입열항목에 해당되는 것은?

① 연료의 현열 ② 발생증기 흡수열
③ 배기가스 보유열 ④ 미연가스 보유열

해설 입열
㉠ 연료의 현열 ㉡ 공기의 현열
㉢ 연료의 연소열

10 보일러 열정산 시의 기준온도는?

① 상온 ② 실내온도
③ 외기온도 ④ 측정온도

해설 보일러 열정산 시 기준온도는 외기온도이다.

11 어떤 보일러의 증발량이 2,000[kgf/h], 발생증기 엔탈피가 660[kcal/kg], 급수온도가 60[℃]일 때 이 보일러의 상당증발량은?

① 2,226[kg/h] ② 3,125[kg/h]
③ 4,105[kg/h] ④ 5,216[kg/h]

해설 $G_e = \dfrac{G(h_2-h_1)}{539} = \dfrac{2,000(660-60)}{539}$
$= 2,226[kg/h]$

12 1보일러마력을 열량으로 환산하면 몇 [kcal/h]인가?

① 1,566 ② 8,435
③ 9,290 ④ 7,500

해설 보일러 1마력은 상당증발량 15.65[kgf/h](8,435kcal/h)의 용량이다.

13 전열면적 25[m²]인 입형 연관보일러를 2시간 가동한 결과 2,000[kg]의 증기가 발생하였다면 이 보일러의 증발률은?

① 1,000[kg/m²h] ② 160[kg/m²h]
③ 100[kg/m²h] ④ 40[kg/m²h]

해설 $\dfrac{2,000}{2\times25} = 40[kg/m^2h]$

14 증기순환열을 구하는 식으로 옳은 것은?

① 연료 1[kg]의 발생증기량×(증기엔탈피×증발배수)
② 연료 1[kg]의 발생증기량×(증기엔탈피−급수엔탈피)
③ 연료 1[kg]의 발생증기량×(증기엔탈피+증발배수)
④ 연료 1[kg]의 발생증기량×(증기엔탈피+급수엔탈피)

해설 증기순환열=연료 1kg의 발생증기량×(증기엔탈피−급수엔탈피)

15 보일러의 열정산에 관한 설명으로 옳은 것은?

① 열정산과 열수지와는 서로 다른 의미를 지니고 있다.
② 열정산 시 연료의 기준발열량은 저위발열량이다.
③ 열정산은 다른 열설비와 무관한 상태에서 행한다.
④ 열정산 시 압력 변동값은 ±15[%] 이내로 한다.

해설 열정산은 다른 열설비와 무관한 상태에서 행한다.
㉠ 입열
• 연료의 연소열 • 공기의 현열
• 연료의 현열
• 노 내 분입증기에 의한 입열
㉡ 출열
• 배기가스 손실열 • 불완전 열손실
• 미연탄소분에 의한 열손실
• 방사 열손실
• 노 내 분입증기에 의한 손실열

정답 08 ④ 09 ① 10 ③ 11 ① 12 ② 13 ④ 14 ② 15 ③

16 어떤 보일러의 증발량이 3,000[kgf/h], 증기의 엔탈피가 670[kcal/kg], 급수의 엔탈피가 20[kcal/kg], 연료사용량이 200[kgf/h]이였다. 증발배수[kg/kg]는 얼마인가?

① 1.2 ② 3.25
③ 15 ④ 3,617

해설 증발배수 = $\dfrac{증기발생량(kg_f/h)}{연료소비량(kg_f/h)}$
　　　　　　= $\dfrac{3,000}{200}$ = 15[kg/kg]

17 보일러 본체 전열면적 1[m²]에서의 상당증발량은?

① 전열면 상당증발률
② 전열면 출력
③ 상당면 효율
④ 상당증발 효율

해설 전열면의 상당증발률 : [kg/m²h]

18 급수온도 26[℃]의 물을 공급받아 엔탈피 665[kcal/kg]인 증기를 5,000[kg/h] 발생시키는 보일러의 상당증발량은?

① 5,928[kg/h] ② 6,169[kg/h]
③ 7,100[kg/h] ④ 4,915[kg/h]

해설 $G_e = \dfrac{G(h_2 - h_1)}{539}$
　　　 = $\dfrac{5,000(665 - 26)}{539}$
　　　 = 5,928[kg/h]

19 50[kW]의 전기 온수보일러 용량을 kcal/h로 나타내면?

① 43,000[kcal/h] ② 48,000[kcal/h]
③ 50,000[kcal/h] ④ 81,000[kcal/h]

해설 1[kWh] = 860[kcal]
　　　50 × 860 = 43,000[kcal/h]

20 온도 25[℃]의 급수를 받아 압력 15(kg/cm²), 온도 300[℃]의 증기를 1당 10,780[kg] 발생하는 경우의 상당증발량은?(단, 발생증기의 엔탈피는 725[kcal/kg]이다.)

① 14,000[kg/h] ② 9,236.6[kg/h]
③ 645.7[kg/h] ④ 16,141[kg/h]

해설 $G_e = \dfrac{G(h_2 - h_1)}{539} = \dfrac{10,780(725 - 25)}{539}$
　　　 = 14,000[kg/h]

21 매 시간 1,500[kg]의 연료를 연소시켜서 시간당 10,000[kg]의 증기를 발생시키는 보일러의 효율은 약 몇(%)인가?(단, 연료의 발열량은 6,000[kcal/kg], 발생증기의 엔탈피는 742[kcal/kg], 급수의 엔탈피는 20[kcal/kg]이다.)

① 86[%] ② 80[%]
③ 78[%] ④ 66[%]

해설 $\dfrac{10,000(742 - 20)}{1,500 \times 6,000} \times 100 = 80[\%]$

22 보일러 열손실 종류 중 일반적으로 손실량이 가장 큰 것은?

① 배기가스에 의한 열손실
② 미연소 연료분에 의한 열손실
③ 복사 및 전도에 의한 열손실
④ 불완전연소에 의한 열손실

해설 보일러 열손실 중에서 배기가스에 의한 열손실이 16~20[%]로 가장 크다.

23 보일러의 상당증발량을 구하는 옳은 식은?(단, h_1 : 급수엔탈피, h_2 : 발생증기 엔탈피)

① 상당증발량 = 실제증발량 × $(h_2 - h_1)$/539
② 상당증발량 = 실제증발량 × $(h_1 - h_2)$/539
③ 상당증발량 = 실제증발량 × $(h_2 - h_1)$/639
④ 상당증발량 = 실제증발량/539

해설 상당증발량 = 실제증발량 × $\dfrac{(h_2 - h_1)}{539}$

정답　16 ③　17 ①　18 ①　19 ①　20 ①　21 ②　22 ①　23 ①

24 보일러의 효율을 옳게 설명한 것은?

① 증기발생에 이용된 열량과 보일러에 공급한 연료가 완전연소할 때의 열량과의 비
② 증기발생에 이용된 열량과 연소실에서 발생한 열량과의 비
③ 연소실에서 발생한 열량과 보일러에 공급한 연료가 완전연소할 때의 열량과의 비
④ 연료의 연소 열량과 배기가스 열량과의 비

해설 효율 = $\dfrac{\text{증기발생에 이용된 열량}}{\text{공급 연료의 완전연소 열량}} \times 100[\%]$

25 증기보일러 용량표시방법으로 일반적으로 가장 많이 사용되는 것은?

① 전열면적[m^2]
② 상당증발량[ton/h]
③ 보일러 마력
④ 매시 발열량[kcal/h]

해설 증기보일러 용량표시
상당증발량(ton/h)

26 어떤 보일러의 실제증발량이 3,500[kg/h], 증기의 엔탈피가 670[kcal/kg], 급수의 엔탈피가 20[kcal/kg], 연료사용량이 200[kg/h]이었다. 증발배수[kg/kg]는 얼마인가?

① 1.2   ② 3.25
③ 17.5   ④ 3,617

해설 ㉠ 상당증발배수
$= \dfrac{\text{상당증발량}}{\text{연료소비량}} = \dfrac{3,500(670-20)}{539}$
$= \dfrac{4,220}{200} = 21[\text{kg/kg}]$

㉡ 증발배수
$= \dfrac{\text{실제 증기발생량}}{\text{연료소비량}} = \dfrac{3,500}{200}$
$= 17.5[\text{kg/kg}]$

27 보일러 열정산 시 입열항목에 해당되는 것은?

① 발생증기의 보유열
② 배기가스의 보유열량
③ 노 내 분입증기의 보유열량
④ 재의 현열

해설 입열항목
㉠ 연료의 연소열
㉡ 연료의 현열
㉢ 공기의 현열
㉣ 노 내 분입증기의 보유열량

28 1보일러마력이란, 1시간에 100[℃]의 물 몇 [kg]을 전부 증기로 만들 수 있는 능력을 말하는가?

① 13.65[kg]   ② 14.65[kg]
③ 15.65[kg]   ④ 17.65[kg]

해설 보일러 1마력이란 1시간에 100[℃]의 물 15.65[kg]을 100[℃]의 증기로 만드는 능력이다.

29 보일러 상당증발량을 옳게 설명한 것은?

① 일정온도의 보일러수가 최종의 증발상태에서 증기가 되었을 때의 중량
② 시간당 증발된 보일러수의 중량
③ 보일러에서 단위시간에 발생하는 증기 또는 온수의 보유열량
④ 시간당 실제증발량이 흡수한 전열량을 온도 100[℃]의 포화수를 100[℃]의 증기로 바꿀 때의 열량으로 나눈 값

해설 상당증발량은 시간당 실제증발량이 흡수한 열량을 온도 100[℃]의 포화수를 100[℃]의 증기로 바꿀 때의 열량(539[kcal/kg])으로 나눈 값

30 어떤 보일러의 연소효율이 92[%], 전열면 효율이 85[%]이면 보일러 효율은?

① 73.2[%]   ② 74.8[%]
③ 78.2[%]   ④ 82.8[%]

해설 $0.92 \times 0.85 = 0.782$
∴ 78.2[%]

정답 24 ① 25 ② 26 ③ 27 ③ 28 ③ 29 ④ 30 ③

31 수소 13[%], 수분 0.5[%]가 포함되어 있는 어떤 중유의 고위발열량이 9,700[kcal/kg]이다. 이 중유의 저위발열량은?

① 8,995[kcal/kg] ② 9,000[kcal/kg]
③ 9,325[kcal/kg] ④ 9,650[kcal/kg]

해설
$H_l = H_h - 600 \times (9 \times H + W)$
$= 9,700 - 600 \times (9 \times 0.13 + 0.005)$
$= 8,995 [\text{kcal/kg}]$
※ 13/100=0.13 0.5/100=0.005

32 500[kg]의 물을 20[℃]에서 84[℃]로 가열하는 데 40,000[kcal]의 열을 공급했을 경우 이 설비의 열효율은?

① 70[%] ② 75[%]
③ 80[%] ④ 85[%]

해설
$Q = G \times C_p \times \Delta t = 500 \times 1 \times (84-20)$
$= 32,000 [\text{kcal}]$
$\therefore \frac{32,000}{40,000} \times 100 = 80[\%]$

33 보온하기 전에 손실되는 열량이 600[kcal/h]인 증기관을 보온한 후 손실열량을 측정하였더니 열손실이 100[kcal/h]이었다. 이 보온재의 보온효율은?

① 80.3[%] ② 83.3[%]
③ 86.3[%] ④ 89.3[%]

해설
$\eta = \frac{Q_o - Q}{Q_o} = \frac{600 - 100}{600} \times 100 = 83.3[\%]$

34 매시간당 1,000[kg]의 연료를 연소시켜 10,200[kgf/h]의 증기를 발생시키는 보일러의 효율은 몇 [%]인가?(단, 연료의 저위발열량 9,750(kcal/kg), 발생증기 엔탈피 740(kcal/kg), 급수 엔탈피 20(kcal/kg))

① 82.1 ② 75.3
③ 79.7 ④ 72.3

해설 효율 $= \frac{\text{유효율}}{\text{공급열}} \times 100$
$= \frac{10,200(740-20)}{1,000 \times 9,750} \times 100 = 75.3[\%]$

35 어떤 보일러의 연료사용량이 20[kgf/h]이고, 보일러실에 공급된 열량이 170,000[kcal/h]이라면, 연소효율은?(단, 연료발열량은 9,750[kcal/kg]이다.)

① 86.4[%] ② 87.2[%]
③ 90.8[%] ④ 92.5[%]

해설 연소효율 $= \frac{\text{공급받은 열}}{\text{연소실 내 공급열}} \times 100[\%]$
$= \frac{170,000}{20 \times 9,750} \times 100 = 87.2[\%]$

36 보일러 열정산 시 원칙적인 시험부하는?

① 1/2 부하 ② 정격부하
③ 1/3 부하 ④ 2배 부하

해설 보일러 열정산 시 시험부하는 정격부하에서 시험한다.

37 보일러 열정산 시 입열항목에 해당되는 것은?

① 발생증기의 보유열량
② 배기가스의 보유열량
③ 공기의 현열
④ 재의 현열

해설 열정산 시 입열항목
㉠ 연료의 연소열
㉡ 공기의 현열
㉢ 연료의 현열
㉣ 노 내 분입증기의 보유열량

38 전열면적이 25[m²]인 연관보일러를 4시간 가동시킨 결과 8,000[kg]의 증기가 발생하였다면 이 보일러의 증발률은?

① 30[kg/m² · h] ② 40[kg/m² · h]
③ 60[kg/m² · h] ④ 80[kg/m² · h]

정답 31 ① 32 ③ 33 ② 34 ② 35 ② 36 ② 37 ③ 38 ④

해설 전열면의 증발률 = $\dfrac{\text{시간당 증기발생량}}{\text{전열면적}}$ [kg/m²h]

시간당 증기발생량 = $\dfrac{8{,}000[\text{kg}]}{4\text{시간}} = 2{,}000[\text{kg/h}]$

∴ $\dfrac{2{,}000}{25} = 80[\text{kg/m}^2\text{h}]$

39 보일러의 연소배기가스를 분석하는 궁극적인 목적은?

① 노 내압 조정　　② 연소열량 계산
③ 매연농도 산출　　④ 공기비 산출

해설 연소배기가스의 분석 목적 : 연소의 합리화 도모 및 공기비 산출

40 어떤 보일러의 증발량이 40t/h이고 보일러 본체의 전열면적이 580[m²]일 때 이 보일러의 증발률은?

① 69[kg/m² · h]　　② 57[kg/m² · h]
③ 44[kg/m² · h]　　④ 14.5[kg/m² · h]

해설 40[t/h] = 40,000[kg/h]

증발률 = $\dfrac{We}{sb} = \dfrac{40000}{580} = 69[\text{kg/m}^2\text{h}]$

41 1보일러 마력을 열량으로 환산하면 약 몇 [kcal/h]인가?

① 15.65[kcal/h]　　② 539[kcal/h]
③ 10,780[kcal/h]　　④ 8,435[kcal/h]

해설 보일러 1마력 = 상당증발량 15.65[kg/h]
∴ 15.65 × 539 = 8,435[kcal/h]

42 1보일러 마력을 시간당 상당증발량으로 환산하면?

① 15.65[kcal/h]　　② 15.65[kg$_f$/h]
③ 9290[kcal/h]　　④ 7500[kcal/h]

해설 보일러 1마력 = 상당증발량 15.65[kg$_f$/h]
∴ 15.65[kg$_f$/h] × 539[kcal/kg] = 8,435[kcal/h]

43 보일러 열정산의 조건과 관련된 설명으로 틀린 것은?

① 기준온도는 시험 시의 외기온도를 기준으로 한다.
② 보일러의 정상 조업상태에서 적어도 2시간 이상의 운전 결과에 따른다.
③ 시험부하는 원칙적으로 최대부하로 한다.
④ 시험은 시험 보일러를 다른 보일러와 무관한 상태로 한다.

해설 보일러 열정산 시 시험부하는 2시간 이상의 운전결과에 따라 정격부하로 시험한다. 기준온도는 외기온도가 기준이며 시험은 다른 보일러와 무관한 상태로 한다.

44 어떤 보일러의 전열면 증발률이 100[kg$_f$/m² · h]이고, 증발량이 5,000[kg/h]일 때 전열면적은?

① 25[m²]　　② 50[m²]
③ 100[m²]　　④ 125[m²]

해설 $100 = \dfrac{5{,}000}{x} \rightarrow x = \dfrac{5{,}000}{100} = 50[\text{m}^2]$

45 보일러의 열손실에 해당되지 않는 것은?

① 배기가스 손실
② 방산열에 의한 손실
③ 연료의 현열에 의한 손실
④ 불완전연소가스에 의한 손실

해설 연료의 현열은 열손실이 아니고 입열에 속한다.

46 효율이 85[%]인 보일러를 발열량 9,800[kcal/kg]의 연료를 200[kg] 연소시키는 경우의 손실열량은?

① 320,000[kcal]　　② 32,000[kcal]
③ 294,000[kcal]　　④ 14,700[kcal]

해설 효율이 85[%]이면 손실은 15[%]
∴ 200 × 9,800(1 − 0.85) = 294,000[kcal]

정답 39 ④　40 ①　41 ④　42 ②　43 ③　44 ②　45 ③　46 ③

47 보일러 증발계수를 옳게 설명한 것은?

① 실제증발량은 539로 나눈 값이다.
② 상당증발량을 실제증발량으로 나눈 값이다.
③ 상당증발량을 539로 나눈 값이다.
④ 실제증발량을 상당증발량으로 나눈 값이다.

해설 증발계수(증발력) = $\dfrac{상당증발량}{실제증발량}$

48 보일러의 열손실에 해당되지 않는 것은?

① 불완전연소에 의한 손실
② 미연소 연료에 의한 손실
③ 배기가스에 의한 손실
④ 연료의 연소열

해설 보일러의 열손실은 ①, ②, ③이며 연료의 연소열은 입열이다.

49 효율 80[%]인 장치로 400[kg]의 물을 30[℃]에서 100[℃]로 가열할 때 필요한 열량은?

① 12,000[kcal] ② 22,400[kcal]
③ 28,000[kcal] ④ 35,000[kcal]

해설 $Q = 400 \times 1 \times (100-30) = 28,000 [kcal]$
∴ $\dfrac{28,000}{0.8} = 35,000 [kcal]$

50 코니시 보일러의 노통 길이가 4,500[mm]이고, 외경이 3,000[mm], 두께가 10[mm]일 때 전열면적은?

① 54.0[m²] ② 42.7[m²]
③ 42.4[m²] ④ 42.4[m²]

해설 ㉠ 연관 : $sb = \pi DLN$
㉡ 코니시 보일러 :
$sb = \pi DL = 3.14 \times 3 \times 4.5 = 42.4 \text{m}^2$

51 1보일러마력을 상당증발량으로 환산하면?

① 15.65[kg_f/h] ② 27.56[kg_f/h]
③ 52.25[kg_f/h] ④ 539.0[kg_f/h]

해설 보일러 1마력 : 상당증발량 15.65[kg_f/h]

52 보일러의 용량을 나타내는 것으로 부적합한 것은?

① 상당증발량 ② 보일러마력
③ 전열면적   ④ 연료사용량

해설 보일러 용량 표시
㉠ 상당증발량
㉡ 보일러마력
㉢ 전열면적

53 발열량 6,000[kcal/kg]인 연료 80[kg]을 연소시켰을 때 실제로 보일러에 흡수된 유효열량이 408,000[kcal]이면, 이 보일러의 효율은?

① 70[%] ② 75[%]
③ 80[%] ④ 85[%]

해설 $\eta = \dfrac{408,000}{80 \times 6,000} \times 100 = 85[\%]$

54 어떤 보일러의 급수온도가 60[℃], 증발량이 1시간당 2,500[kg], 증기압력 7[kg_f/cm²]일 때 상당증발량은 몇 [kg/h]인가?(단, 발생증기 엔탈피는 660[kcal/kg]이다.)

① 2,782 ② 2,960
③ 3,265 ④ 3,415

해설 상당증발량
$= \dfrac{시간당\ 증기발생량(발생증기엔탈피 - 급수엔탈피)}{539}$
$= \dfrac{2,500 \times (660-60)}{539} = 2,782.93 [kg/h]$

55 보일러의 열손실에 해당하는 것은?

① 연료의 완전연소에 의한 손실열량
② 과잉공기에 의한 손실열량
③ 보일러 전열면에 전달된 열량
④ 연료의 현열에 의한 손실열량

해설 보일러 열손실
㉠ 과잉공기에 의한 손실열
㉡ 배기가스에 의한 손실열
㉢ 방사열에 의한 열손실
㉣ 미연탄소분에 의한 손실열

정답 47 ② 48 ④ 49 ④ 50 ④ 51 ① 52 ④ 53 ④ 54 ① 55 ②

56 보일러 본체 전열면적이 200[m²]이고 증발률이 40[kg/m²h]인 보일러의 증발량은 몇 [ton/h] 인가?

① 20 ② 8
③ 40 ④ 240

해설) 증기량 = 전열면적 × 증발률
= 200 × 40 = 8,000[kg/h]
= 8[ton/h]

57 어떤 보일러의 3시간 동안 증발량이 4,500[kg] 이고, 그때의 증기압력이 9[kg$_f$/cm²]이며, 급수온도가 25[℃], 증기엔탈피가 680[kcal/kg] 이라면 상당증발량은?

① 551[kg/h] ② 1,684[kg/h]
③ 1,823[kg/h] ④ 5,051[kg/h]

해설) $\dfrac{\dfrac{4,500}{3} \times (680-25)}{539} = 1,823[kg/h]$

58 어떤 연관보일러에서 안지름이 140[mm]이고, 길이가 8[m]인 연관이 40개 설치된 경우 연관의 총 전열면적은?

① 65[m²] ② 83[m²]
③ 151[m²] ④ 141[m²]

해설) $Sb = \pi DLN = 3.14 \times 0.14 \times 8 \times 40 = 141[m^2]$

59 급수의 엔탈피 20[kcal/kg], 증기의 엔탈피 650[kcal/kg], 증발량이 1,000[kg/h], 연료 소모량이 75[kg/h]인 보일러의 효율은?(단, 연료의 저발열량은 10,000[kcal/kg]이다.)

① 76.4[%] ② 84.0[%]
③ 81.5[%] ④ 88.1[%]

해설) $\eta = \dfrac{G(h_2 - h_1)}{G_f \times H_l} \times 100$
$= \dfrac{1,000 \times (650 - 20)}{75 \times 10,000} \times 100$
$= 84.0[\%]$

60 보일러의 열손실에 해당되지 않는 것은?

① 불완전연소에 의한 손실
② 미연소 연료에 의한 손실
③ 배기가스에 의한 손실
④ 연료의 현열에 의한 손실

해설) 연료의 현열, 공기의 현열, 연료의 연소열 등은 열정산 시 입열에 속한다.

61 보일러 연소실 열부하 단위는?

① kcal/m³ · h ② kcal/m² · h
③ kcal/h ④ kcal/kg

해설) 연소실 열부하율 단위 : kcal/m³h

62 보일러 관련 계산식 중 잘못된 것은?

① 증발계수 = (발생증기의 엔탈피 – 급수의 엔탈피)/539
② 보일러 마력 = 실제증발량/539
③ 보일러 효율 = 연소효율 × 전열효율
④ 화격자 연소율 = 매 시간 석탄 소비량/화격자 면적

해설) 보일러마력 = $\dfrac{\text{상당증발량}}{15.65}$

63 어떤 보일러의 증발량이 50[t/h]이고 보일러 본체의 전열면적이 250[m²]일 때 이 보일러의 증발률은?

① 20[kg/m² · h]
② 50[kg/m² · h]
③ 500[kg/m² · h]
④ 200[kg/m² · h]

해설) $\dfrac{50 \times 1,000}{250} = 200[kg/m^2 \cdot h]$

정답 56 ② 57 ③ 58 ④ 59 ② 60 ④ 61 ① 62 ② 63 ④

64 보일러 열효율을 계산하는 식으로 옳은 것은?

① $\dfrac{\text{공급열량} - \text{손실열량}}{\text{공급열량}} \times 100[\%]$

② $\dfrac{\text{공급열량}}{\text{유효열량}} \times 100[\%]$

③ $\dfrac{\text{유효열량} - \text{손실열량}}{\text{유효열량}} \times 100[\%]$

④ $\dfrac{\text{유효열량} - \text{손실열량}}{\text{공급열량}} \times 100[\%]$

해설 열효율 = $\dfrac{\text{공급열량} - \text{손실열량}}{\text{공급열량}} \times 100[\%]$

65 증기보일러의 상당증발량 계산식으로 옳은 것은? (단, G : 실제증발량(kg/h), i_1 : 급수의 엔탈피(kcal/kg), i_2 : 발생증기의 엔탈피(kcal/kg))

① $G(i_2 - i_1)$　　② $539 \times G(i_2 - i_1)$

③ $\dfrac{G(i_2 - i_1)}{539}$　　④ $\dfrac{639 \times G}{(i_2 - i_1)}$

해설 상당증발량[kg/h]
= $\dfrac{\text{실제증발량}(\text{발생증기 엔탈피} - \text{급수의 엔탈피})}{539}$

66 보일러의 열손실에 해당되지 않는 것은?

① 불완전연소에 의한 손실
② 미연소 연료에 의한 손실
③ 과잉공기에 의한 손실
④ 연료의 현열에 의한 손실

해설 연료나 공기의 현열은 열정산 시 입열에 해당된다.

67 어떤 보일러의 증발률이 100[kg/m²h]이고, 증발량이 6,000[kg/h]일 때 전열면적은?

① 25[m²]　　② 60[m²]
③ 100[m²]　④ 125[m²]

해설 전열면적 = $\dfrac{\text{증기발생량}(\text{kg/h})}{\text{전열면의 증발률}(\text{kg/m}^2\text{h})}$
= $\dfrac{6,000}{100}$ = 60m²

68 일반적으로 증기보일러의 출력(능력)을 나타내는 단위는?

① 상당증발량[kg$_f$/h]
② 연소율[kcal/m²h]
③ 엔탈피[kcal/kg]
④ 연료의 소비량[kg$_f$/h]

해설 보일러의 능력 : 상당증발량[kg$_f$/h]

69 온수보일러의 일반적인 용량 표시방법은?

① 전열면 1[m²]에서 1시간에 가열시키는 물의 양
② 연소실 용적 1[m³]에서 발생하는 열량
③ 전열면 1[m²]에서 물에 전달하는 열량
④ 1시간에 물에 전달하는 열량

해설 온수보일러 용량 : 정격출력[kcal/h]

70 발열량 6,000[kcal/kg]인 연료 80[kg]을 연소시켰을 때 실제로 보일러에 흡수된 열량이 384,000[kcal]이면, 이 보일러의 효율은?

① 65[%]　　② 70[%]
③ 75[%]　　④ 80[%]

해설 $\dfrac{384,000}{80 \times 6,000} \times 100 = 80[\%]$

71 보일러마력을 열량으로 환산하면 몇 [kcal/h]인가?

① 15.65[kcal/h]
② 8,435[kcal/h]
③ 9,290[kcal/h]
④ 7,500[kcal/h]

해설 1마력 = 상당증발량 15.65[kg/h]
증발잠열 539[kcal/kg]
∴ 15.65 × 539 = 8,435[kcal/h]

정답 64 ① 65 ③ 66 ④ 67 ② 68 ① 69 ④ 70 ④ 71 ②

72 온수보일러의 출력 15,000[kcal/h], 보일러 효율 90[%], 연료의 발열량이 10,000[kcal/kg]일 때 연료소모량은?(단, 연료의 비중량은 0.9[kg/L]이다.)

① 1.26[L/h] ② 1.67[L/h]
③ 1.85[L/h] ④ 2.21[L/h]

해설 연료소모량 = $\dfrac{15,000}{10,000 \times 0.9 \times 0.9}$ = 1.85[L/h]

73 전열면적에 대한 설명 중 옳은 것은?

① 한쪽에 물이 닿고 다른 한쪽은 배기가스가 닿는 면적
② 한쪽에 물이 닿고 다른 한쪽은 공기가 닿는 면적
③ 한쪽에 공기가 닿고 다른 한쪽은 연소가스가 닿는 면적
④ 한쪽에 연소가스가 닿고 다른 한쪽은 물이 닿는 면적

해설 보일러 전열면적이란 한쪽에 연소가스가 닿고 다른 한쪽은 물이 닿는 면적이다.

74 보일러의 열정산 시 입열사항은?

① 불완전연소에 의한 손실
② 미연소 연료에 의한 손실
③ 배기가스에 의한 손실
④ 연료의 현열

해설 입열사항
㉠ 연료의 현열
㉡ 공기의 현열
㉢ 연료의 연소열

75 보일러 열정산은 정상 조업상태에서 몇 시간 이상의 운전 결과에 따르는가?

① 10분 ② 20분
③ 30분 ④ 1시간

해설 보일러 열정산 시 정상 조업상태에서 1시간 이상의 운전결과에 따라 효율을 측정하고 입열, 출열을 계산한다.

76 보일러 효율을 구하는 옳은 식은?

① 연소효율/전열효율
② 전열효율/연소효율
③ 증발량/연소효율
④ 연소효율×전열효율

해설 보일러 열효율 = 연소효율×전열면의 효율

77 보일러 열정산을 하는 목적과 관계없는 것은?

① 연료의 열량 계산
② 열의 손실 파악
③ 열설비 성능 파악
④ 조업방법 개선

해설 열정산의 목적
㉠ 열의 손실 파악
㉡ 열설비 성능 파악
㉢ 조업방법 개선

정답 72 ③ 73 ④ 74 ④ 75 ④ 76 ④ 77 ①

CHAPTER 06 연료 및 연료의 특성

1. 연료(Fuel)

1 연료의 정의

연료란 공기 중의 산소와 반응하여 연소할 때 발생하는 연소열을 경제적으로 이용할 수 있는 물질을 말한다.

(1) **연료의 구비조건**
   ① 가격이 싸고 양이 풍부할 것
   ② 단위연료당 발열량이 클 것
   ③ 저장이나 운반, 취급이 용이할 것
   ④ 연소 시 유독성이 적고 매연 발생이 적을 것
   ⑤ 연소 시 회분 등 배출물이 적을 것
   ⑥ 점화나 소화가 용이할 것

(2) **연료의 조성**
   ① 주성분 : 탄소, 수소, 산소(C, H, O)
   ② 가연성 성분 : 탄소, 수소, 황(C, H, S)

(3) **연료의 성상과 사용용도**
   ① 연료의 생긴 모양과 그 성질에 따라 기체연료, 액체연료, 고체연료로 구분한다.
   ② 연료의 가공법에 따라 천연연료와 인공연료로 구분한다.

2 연료의 형상에 따른 분류

(1) **기체연료(Gaseous Fuel)**
   ① 천연연료(1차 연료) : 유전가스, 탄전가스
   ② 인공연료(2차 연료) : 석탄가스, 고로가스, 발생로가스, 오일가스, 액화석유가스, 액화천연가스 등

(2) **액체연료**
   ① 천연연료(1차 연료) : 원유
   ② 인공연료(2차 연료) : 휘발유, 등유, 경유, 중유 등

(3) 고체연료
① 천연연료(1차 연료) : 장작, 석탄 등
② 인공연료(2차 연료) : 구멍탄, 코크스, 숯 등

3 도시가스 및 대체 천연가스

(1) 도시가스
① 고체연료 : 석탄, 코크스
② 액체연료 : 나프타, LNG, LPG 등
③ 기체원료 : 천연가스(NG), 오프가스(정유가스) 등

(2) 대체 천연가스(SNG)
① 대체 천연가스(Subtitute Natural Gas)는 천연가스를 대체할 수 있는 제조가스를 말한다. SNG의 연료는 석탄, 석유, 나프타, LPG 등이며 가스화 제조로서 H_2, O_2, H_2O 등을 사용한다.
② SNG는 천연가스의 주성분인 메탄(CH_4)을 합성한다. 일명 합성 천연가스이다.
③ SNG는 주성분이 메탄이며, 발열량이 9,000kcal/m^3 이상이다.
④ SNG는 C/H(탄화수소비)가 3 정도이며 C/H를 3 정도로 만들려면 수소를 첨가하고 CO_2, 탄소, 타르 등의 탄소성분을 제거한다.

2. 고체연료의 종류와 특성

1 고체연료(Natural Solid Fuel)

(1) 고체연료의 특징
① 장점
㉮ 가격이 싸며 연료의 양이 풍부하다.
㉯ 연소장치가 간단하고 기계식 화격자의 경우 인건비가 싸다.
㉰ 노천야적이 가능하다(지상 저장).
㉱ 연소속도가 완만하여 특수용도에 사용된다(코크스 등).
㉲ 인화의 위험성이 적고 연소장치가 간단하다.
② 단점
㉮ 운반 저장이 불편하다.
㉯ 품질이 균일하지 못하다.
㉰ 연소효율이 낮고 완전연소가 어렵다.
㉱ 온도조절이 곤란하고 고온을 얻기가 어렵다.

⑩ 매연발생이 심하여 대기오염을 유발시킨다.
⑪ 회분 등 연소 후 잔재물의 발생이 많다.
⑫ 부하변동에 응하기가 곤란하다.
⑬ 사용 전 건조 및 분쇄가 필요하며 연소용 공기가 많이 필요하다.

2 고체연료의 종류

(1) 목재
① 양이 풍부하다.
② 발열량 : 4,100~4,900kcal/kg 정도
③ 착화온도 : 240~270℃
④ 연료의 비열 : 0.33kcal/kg℃ 전후

(2) 목탄(숯)
① 목탄의 종류
   ㉮ 백탄(표면이 회색)
   ㉯ 흑탄(표면이 흑색)
② 제조원리
   ㉮ 백탄 : 참나무 등을 300℃로 탄화한 후 다시 1,000~1,100℃로 정련한 후 탄분, 흙, 재 등의 혼합물로 급격히 소화시켜 만든다.
   ㉯ 목탄 : 느름나무 등 연한 나무를 500℃에서 탄화하고 800℃로 정련하여 가마에서 자연 소화시켜 만든다.

(3) 석탄(Coal)
① 석탄의 종류
   ㉮ 무연탄   ㉯ 유연탄
   ㉰ 갈탄   ㉱ 토탄
② 석탄의 분류방법 : 석탄의 분류는 발열량, 연료비, 입도, 점결성으로 한다.
   ㉮ 발열량 : 1kg의 연료가 완전연소할 때의 발생열이다.
      ㉠ 고위발열량(H_h) : kcal/kg
      ㉡ 저위발열량(H_l) : kcal/kg
   ㉯ 연료비 : 고정탄소성분과 휘발분성분과의 비

$$연료비 = \frac{고정탄소(F)}{휘발분(V)}$$

연료비가 크면 일어나는 현상은 다음과 같다.
   ㉠ 고정탄소량이 증가한다.

ⓒ 불꽃이 짧은 단염이 된다.
　　ⓒ 매연의 발생이 적다.
　　ⓔ 연소속도가 완만해지며 착화온도가 높아진다.
　ⓓ 석탄의 입도
　　㉠ 괴탄 : 50mm 이상의 것
　　ⓒ 중괴탄 : 25mm 이상의 것
　　ⓒ 분탄 : 25mm 미만인 것
　　ⓔ 미분탄 : 3mm 이하인 것
　　ⓜ 절입탄 : 괴탄과 분탄의 혼합
　ⓔ 석탄의 점결성 : 석탄을 건류시킬 때 350℃ 부근에서 석탄표면이 용융되고, 450℃ 부근에서 석탄이 굳어지면서 600℃에서 완전히 고화하는 성질을 말하며 일명 코크스화성이라 한다.
　　㉠ 강점결성 : 고도역청탄
　　ⓒ 약점결성 : 저도역청탄, 반역청탄
　　ⓒ 비점결성 : 갈탄, 반무연탄, 무연탄

〈석탄의 조성과 성질〉

석탄류	연료비	고정탄소(%)	휘발분(%)	코크스	수분(%)	연소의 상태
무연탄	12 이상	92.3 이상	3~7	비점결	–	청색의 짧은 불꽃
반무연탄	7~12	92.7~87.5	9~13	비점결	–	빛나고 매연이 작은 짧은 불꽃
반역청탄	4~7	87.5~75	14~19	점결 또는 약점결	–	약간 짧고 빛나는 불꽃, 또는 황색의 긴 불꽃
고도역청탄	1.8~4	75~65.7	27~35	점결	–	
저도역청탄	1.0~1.8	65.7~50	35~52	점결 또는 약점결	–	
흑갈탄	1 이하	50 이하	50 이상	비점결	6 이하	황색의 긴 불꽃
갈탄	1 이하	50 이하	50 이상	비점결	6 이하	황색의 긴 불꽃

〈고체연료의 성분(원소분석값)(중량 %)〉

종류	탄소(C)	수소(H)	황(S)	산소(O)	질소(N)	회분(A)	전수분(W)
무연탄	80~90	2~4	0.5~1	1~4	약 1	2~10	1~4
역청탄	65~80	4~5	약 1	5~10	1~2	4~12	2~10
갈탄	45~65	4~6.5	0.5~2	12~20	1~2	5~15	10~25
코크스로 코크스	80~85	~0.5	0.5~1	~1	-	10~18	~3
가스코크스	약 75	~0.5	약 1	0.5~1	-	15~20	2~5
장작(공기건조)	40	8.8	-	33.6	0.8	0.8~5	12.5~1.4
이탄(泥炭)(공기건조)	30~45	4~6	0~0.5	18~25	1~1.5	10~20	20~30

〈고체연료〉

고체연료		주성분	고발열량(kcal/kg)	주요 용도
천연연료	석탄	C, H, O(S, N)	4,000~8,000	보일러, 요로, 코크스, 화학원료, 가정용
	역청탄(유연탄)	C, H, O(S, N)	5,000~7,000	가정용
	갈탄(아탄)		3,000~5,000	보일러, 가정용
	토탄		2,000~3,000	가정용
	목재	C, H, O	3,000~4,000	가정용, 보일러
가공연료	목탄	C, (H)	6,700~7,500	가정용
	코크스	C, (H, O, S)	6,000~7,500	제철용, 가스제조, 용선로
	반성코크스		5,000~7,000	가스제조, 가정용
	아탄코크스		3,000~5,000	가정용
	연탄	C, (H, O, S)	3,500~5,000	가정용
	피치연탄	C, H, (O, S)	5,000~7,000	철도용

③ **석탄의 탄화도** : 목재가 땅속에서 무연탄으로 변화하는 과정이다. 즉, 목재 → 이탄 → 아탄 → 역청탄 → 무연탄으로 진행되는 과정이다.

㉮ 탄화도가 클 때 현상
  ㉠ 고정탄소가 증가한다.
  ㉡ 발열량이 많아진다.
  ㉢ 수분이나 휘발분이 감소된다.

ⓔ 연소속도가 늦어진다.
ⓜ 착화온도가 높아진다.
ⓑ 매연의 발생이 적어진다.

④ 석탄의 특징
㉮ 토탄
ⓞ 흡수성이 크다.
ⓛ 발열량이 낮다.
ⓒ 알칼리분이 많다.
ⓔ 재외 용융점이 많아서 클링거 발생이 쉽다.

㉯ 아탄(갈탄)
ⓞ 연료비가 1 이하이다.
ⓛ 건조 시 분쇄와 풍화되기 쉽다.
ⓒ 휘발분이 많아서 점화가 용이하다.
ⓔ 불꽃이 장염이고, 매연발생이 심하다.
ⓜ 착화온도가 250~300℃이다.

㉰ 역청탄(유연탄, Bituminous Coal)
㉠ 저도역청탄
ⓐ 연료비가 1~1.8이다.
ⓑ 점결성이 약하다.
ⓒ 착화온도가 300~400℃이다.
㉡ 고도역청탄
ⓐ 연료비가 1.8~4이다.
ⓑ 강점결성이다.
ⓒ 착화온도가 300~400℃이다.
㉢ 반역청탄
ⓐ 연료비가 4~7이다.
ⓑ 약점결성이다.
ⓒ 착화온도가 300~400℃이다.
㉣ 반무연탄
ⓐ 연료비가 7~12이다.
ⓑ 화염이 단염이다.
ⓒ 비점결성이다.
ⓓ 발열량이 크다.
ⓔ 휘발분이 8~15% 이하
ⓕ 착화온도가 400~420℃이다.

㊏ 무연탄(Anthracite)
  ㉠ 연료비가 12 이상이다.
  ㉡ 비점결성이다.
  ㉢ 연소속도가 느리다.
  ㉣ 착화온도가 400~450℃로 높다.
  ㉤ 발열량이 크다.
  ㉥ 매연발생이 적다.
  ㉦ 휘발분이 8% 이하이다.

〈석탄의 분류〉

명칭	연료비	고정탄소 (중량 %)	휘발분 (중량 %)	연소의 상태	점결성
무연탄	12 이상	92.3 이상	7.7 이하	청색단염(短焰)	비점결
반무연탄	7~12	87.5~92.3	7.7~12.5	매연이 적은 단염	비점결
반역청탄	4~7	75~87.5	12.5~25	광(光)이 있는 단염	점결~비점결
고도 역청탄	1.8~4	65.7~75	25~34.3	매연 있는 장염(長焰)	대개는 점결
저도 역청탄	1.0~1.8	50~65.7	34.3~50	매연 있는 장염	점결~비점결
흑색 갈탄(3)	1 이하	50 이하	50 이상	-	비점결
갈색 갈탄(4)	1 이하	50 이하	50 이상	-	비점결

⑤ 석탄의 물리적인 성질
  ㉮ 석탄의 비중과 기공률 계산
    ㉠ 참비중(진비중) : 석탄질 자체의 비중

    $$\text{참비중} = \frac{\text{겉보기비중}}{1 - \dfrac{\text{기공률}(\%)}{100}}$$

    ㉡ 겉보기 비중 : 기공을 포함한 비중

    $$\text{겉보기 비중} = \left(1 - \frac{\text{기공률}S(\%)}{\text{참비중}}\right) \times \text{참비중}$$

    ㉢ 기공률

    $$\text{기공률} = \left(1 - \frac{\text{겉보기비중}}{\text{참비중}}\right) \times 100(\%)$$

㉯ 석탄의 비열(kcal/kg℃)
   ㉠ 휘발분이 많으면 커진다.
   ㉡ C/H의 감소와 더불어 높아진다(C/H : 탄화수소비).
   ㉢ 회분이 많고, 수분이 적으면 감소한다.
㉰ 열전도율
   ㉠ 탄화도가 크면 증가한다.
   ㉡ 열전도율은 0.12~0.29kcal/mh℃이다.
㉱ 착화온도
   ㉠ 수분의 함유량에 따라 그 영향이 다르다.
   ㉡ 탄화도가 크면 높다.
㉲ 석탄의 분쇄성(하드 그로브 지수 H.G.I)
   ㉠ H.G.I가 클수록 분쇄가 용이하다.
   ㉡ 탄화도가 클수록 분쇄성이 나쁘다.
   ㉢ 수분이나 회분이 많으면 분쇄성이 나쁘다.
㉳ 석탄의 팽창성
   ㉠ 팽창률이란, 석탄의 건류 전과 건류 후의 겉보기 비이다.
   ㉡ 석탄의 팽창률은 점결성과 평형적인 관계가 있다.
㉴ 석탄의 연소성
   ㉠ 수분이 적고 휘발분이 많은 석탄은 착화가 용이하다.
   ㉡ 고정탄소가 많으면 착화가 어렵다
   ㉢ 탄화도가 낮으면 연소속도가 빠르다.
㉵ 석탄의 열분해성
   ㉠ 110℃ 정도 : 수분증발과 흡착가스 발생
   ㉡ 200℃ 정도 : 결합수분과 CO_2 발생
   ㉢ 300℃ 정도 : 석탄의 열분해 시작
   ㉣ 400℃ 정도 : 가스와 타르 발생
   ㉤ 450℃ 정도 : 타르가 왕성하게 발생
   ㉥ 500℃ 정도 : 타르 발생 종료
   ㉦ 500℃ 이상 : 가스 발생이 왕성하다.
   ㉧ 800℃ 정도 : 가스 발생 감소
   ㉨ 900℃ 정도 : 코크스 생성
㉶ 회의 용융 : 석탄재(Ash)의 용융점은 1,000~1,500℃ 정도

㊂ 석탄 회분의 용융점이 낮을 때 현상
　㉠ 클링커(Clinker)를 발생시킨다.
　㉡ 노재가 상하기 쉽다.
　㉢ 연소효율을 저하시키고 연소율이 저하된다.

(4) 코크스(Cokes)
코크스란 역청탄을 건류시킨 후 압출기로 밀어내어 얻는 2차 연료이다.

① 제사코크스(야금용)
　㉮ 제철용 주물용이다.
　㉯ 품질이 좋고, 강도가 크고 치밀하다.
　㉰ 고온건류에서 얻는다.

② 가스코크스
　㉮ 도시가스 제조 후에 생기는 부산물이다.
　㉯ 회분이나 휘발분이 많다.
　㉰ 강도가 낮다.
　㉱ 고온건류에서 얻는다.

③ 반성코크스
　㉮ 착화온도가 낮다.
　㉯ 연소가 용이하다.
　㉰ 연기가 나지 않는다.
　㉱ 가정용이나 가스화용으로 적당하다.
　㉲ 저온건류에서 얻는다.

④ 코크스 건류온도
　㉮ 고온건류 : 1,000~1,200℃
　㉯ 저온건류 : 500~600℃

⑤ 코크스 강도시험
　㉮ 낙하시험법 : 보통 강도 80 이상
　㉯ 회전드럼 시험법 : 적어도 강도 90 이상

3 석탄의 저장

(1) 석탄의 설치장소
① 옥내 설치
② 옥외 설치

(2) 저장 시의 주의사항
　① 바닥은 1/100∼1/150의 경사를 주어서 배수가 잘 되도록 한다.
　② 저탄장 주위에도 배수로를 설치한다.
　③ 저탄 시 눈, 비, 기온의 급강하에 대비한다.
　④ 바닥은 콘크리트가 좋다.
　⑤ 너비가 넓은 둑처럼 쌓는다.
　⑥ 탄층의 높이는 4m 이하로 쌓는다(자연발화의 발생 방지를 위하여).
　⑦ 석탄의 인수별 채탄시기로 쌓는다.

(3) 석탄의 풍화작용
　석탄을 대기 중에 오래 방치하면 공기 중의 산소와 산화작용으로 다음과 같은 장해가 있어서 저장기간이 30일을 넘지 않게 한다.

　① 풍화의 장해
　　㉮ 발열량이 저하된다.
　　㉯ 질이 물러져서 분탄이 된다.
　　㉰ 석탄 고유의 광택을 잃고 붉게 녹이 쓴다.
　　㉱ 휘발분이나 점결성이 감소된다.
　② 풍화의 원인
　　㉮ 수분이 많을수록
　　㉯ 휘발분이 많을수록
　　㉰ 석탄의 입자가 작을수록
　　㉱ 외기온도가 높을수록
　　㉲ 새로 캐낸 새로운 석탄일수록

(4) 석탄의 자연발화
　① 원인 : 석탄은 열전도율이 낮아서 저탄방법이 옳지 않으면 석탄 내부에서 열이 축적되어 가연성분이 스스로 타게 된다. 이때는 60℃ 이상이 되지 못하게 하여야 한다.
　② 방지법
　　㉮ 탄층 내부의 온도를 60℃ 이하로 유지한다.
　　㉯ 저탄장소의 통풍을 원활하게 한다.
　　㉰ 탄층은 높이 쌓지 않는다(너비가 넓은 둑처럼 쌓는다).
　　㉱ 탄의 인수시기 또는 입도별로 구분하여 쌓는다.
　　㉲ 깊이 1m 되는 곳의 온도를 수시로 측정한다.

3. 미분탄 연료

미분탄이란, 석탄을 분쇄기에서 분쇄하여 입자가 200메시 이하의 크기로 만든 연료를 말한다.

1 미분탄의 과정

석탄 → (파쇄) → (철분 분리) → (건조) → (분쇄) → (미분탄) → (송분) → (버너)

2 분쇄기의 종류

    (1) 원심식 분쇄기 : 롤밀
    (2) 중력 분쇄기 : 볼밀
    (3) 충격식 분쇄기 : 해머밀

3 미분탄의 특징

    (1) 장점
        ① 적은 공기로 완전연소가 가능하다.
        ② 연소의 조절이 자유롭다.
        ③ 부하변동에 응할 수 있다.
        ④ 연소율이 커서 노 내 온도가 고온으로 유지된다.
        ⑤ 열등탄의 연소에도 연소가 용이하다.
        ⑥ 대용량 보일러에 이상적이다.

    (2) 단점
        ① 플라이 애시(Fly Ash)가 많이 난다.
        ② 집진장치를 설치해야 된다.
        ③ 설비비 및 동력소비 등에 의한 유지비가 많이 든다.
        ④ 역화의 위험성이 크다.
        ⑤ 공간연소를 하기 때문에 연소실 용적이 커야 한다.
        ⑥ 소규모 보일러에는 사용이 부적당하다.
        ⑦ 연소실이 고온이라 노재가 상하기 쉽다.

4. 액체연료(Liquid Fuel)

1 액체연료

    (1) 석유계
    (2) 석탄계

2 액체연료의 특징

(1) 장점
① 연료마다 품질이 균일하고 발열량이 높다.
② 연소효율이 높고 완전연소가 용이하다.
③ 저장이나 운반취급이 간편하다.
④ 연소실 연소율이 높아 노 내가 고온으로 유지된다.
⑤ 점화 및 소화가 용이하여 연소조절이 수월하다.
⑥ 저장 중 변질이 적다.
⑦ 계량이나 기록이 용이하다.
⑧ 연소 후 회분이나 분진이 적다.

(2) 단점
① 연소온도가 높아서 국부과열이 일어나기 쉽다.
② 버너 종류에 따라 소음이 발생된다.
③ 화재나 역화의 위험이 크다.
④ 중질유에는 황분이 많아 대기오염의 원인이 된다.
⑤ 국내생산이 되지 않고 수입에 의존한다.

〈액체연료〉

액체연료		주성분	비점범위(℃)	고발열량(kcal/kg)	주요 용도
천연연료	원유	C, H(S)	30~350	11,000~11,500	발전용 보일러, 화학용 가스
가공연료	가솔린	C, H	30~200	11,000~11,300	가솔린 엔진
	등유	C, H	150~280	10,800~11,200	석유발동기, 제트엔진, 난방용
	경유	C, H	200~350	10,500~11,000	디젤엔진, 가열로
	중유	C, H(O, S, N)	240~	10,000~10,800	디젤용, 보일러, 공업용

3 액체연료의 종류

(1) **석유계** : 원유, 휘발유, 등유, 경유, 중유 등
(2) **석탄계** : 타르, 클레오소트유, 피치, 톨루엔, 벤졸 등

4 액체연료의 종류와 특성

(1) 원유(Crude Oil)
담황색, 황갈색 등의 흑갈색인 불투명한 탄화수소의 혼합물로서 지하에서 생산된다.

① 원유의 종류
- ㉮ 파라핀기
- ㉯ 나프탄기
- ㉰ 혼합기
- ㉱ 특수유(특수원기)

〈액체연료의 성분(중량%)〉

종류	탄소	수소	황	산소	질소	회분	수분
원유	84~87	11~13	~2.5	~3	~0.5	−	~0.2
중유	85~87	10~12	1~3.5	1~2	0.3~1	~0.1	~0.5
경유	85~86	12~14	~1	~2	~0.5	−	−
등유	85~86	14	−	~1	−	−	−

〈원유의 종류와 성질〉

명칭	성질	대표적인 원인
파라핀기 원유	파라핀계 탄화수소를 대량으로 함유하고 있으며, 고형 파라핀이나 양질 윤활유의 제조에 가장 알맞다.	펜실베니아, 수마트라 원유, 중동 원유
나프텐기 원유	나프텐계 원유를 대량 함유한 것으로서, 증류에 의하여 다량의 아스팔트 또는 피치를 남기므로 아스팔트기라고도 한다.	캘리포니아, 텍사스, 멕시코, 베네수엘라 원유
혼합기 원유	위 2종류의 혼합 성분을 갖는 것으로 중간기라고도 부르며, 윤활유나 연료 중유의 제조에 적합하다.	미드콘티넨트 원유
특수 원유	파라핀계, 나프텐계 이외의 탄화수소, 즉 방향족, 기타 탄화수소를 다량 함유한 것으로서 종류는 적다.	대만, 보르네오 원유

② 원유의 주성분
- ㉮ 탄소 : 83~87%
- ㉯ 수소 : 12~15%
- ㉰ 유황 : 0.1~4.0%
- ㉱ 기타 : 1~3% 사이

(2) 나프타(Naphtha)
① 경질 나프타 : 열분해시킨 석유화학의 원료
② 중질 나프타 : 개질하여 옥탄가를 높인다.

(3) 가솔린(Gasoline : 휘발유)
① 인화점 : −20~43℃
② 비점 : 30~200℃ 정도
③ 용도 : 자동차용, 항공기용, 공업용
④ 옥탄가 조정제로 연료에 4에틸납을 사용
⑤ 발화점 : 300℃

(4) 등유(Kerosene)
　① 종류
　　㉮ 백등유(가정용)
　　㉯ 다등유(발동기용)
　② 인화점 : 50~70℃ 정도
　③ 비점 : 160~250℃ 정도

(5) 경유(Light Oil)
　① 인화점 : 50~70℃
　② 비점 : 200~350℃ 정도
　③ 사용용도 : 고속 디젤엔진, 중유배합용, 분해 가솔린, 가정용, 요로
　④ 발화점 : 257℃

(6) 중유(Heavy Oil)
　① 갈색 또는 흑갈색이다.
　② 인화점 : 60~150℃
　③ 비점 : 300~350℃ 정도
　④ 착화점 : 530~580℃
　⑤ 중유의 조성 ─ C(84~87%)
　　　　　　　　├ H(10~12%)
　　　　　　　　├ S(1~4%)
　　　　　　　　├ O(1~2%)
　　　　　　　　└ N(0.3~1%)

〈중유의 성질〉

분류		반응	인화점(℃)	동점도(50℃)(cSt)	유동점(℃)	잔류탄소(중량%)	수분(체적%)	회분(중량%)	황분(중량%)
1종	1호	중성	> 60	< 20	< 5	~4	~0.3	~0.05	~0.5
	2호	중성	> 60	< 20	< 5	~4	~0.3	~0.05	~2.0
2종		중성	> 60	< 50	< 10	~5	~0.4	~0.05	~3.0
2종	1호	중성	> 70	50~150	—	—	~0.5	~0.1	~1.5
	2호	중성	> 70	50~150	—	—	~0.5	~0.1	~3.5
	3호	중성	> 70	150~400	—	—	~0.6	~0.1	~1.5
	4호	중성	> 70	< 400	—	—	~2.0	—	—

⑥ 중유의 성상

㉮ 비중
  ㉠ 비중이 크면 화염의 휘도가 크다.
  ㉡ 비중이 크면 방사율이 크다.
  ㉢ 비중이 크면 점도가 증가한다.

㉯ 인화점
  ㉠ 인화점이 높으면 점화가 곤란하다.
  ㉡ 인화점이 낮으면 역화의 위험이 크다.

㉰ 점도
  ㉠ 점도가 낮으면 A중유이다.
  ㉡ 점도가 크면 C중유이다.
  ㉢ 점도가 A와 C 사이이면 B중유이다.

㉱ 비열 : 중유의 평균비열은 0.4kcal/kg℃이다(50~200℃).

⑦ 점성에 의한 중유의 특징

㉮ A중유 특징
  ㉠ 연소 시 예열이 필요 없다.
  ㉡ 발열량(H_h)이 11,000kcal/kg 정도
  ㉢ 비중이 적은 편이다(0.85~0.95).
  ㉣ 사용처는 소형 디젤기관이다.
  ㉤ 인화점이 60~150℃이다.
  ㉥ 착화점이 254~405℃이다.

㉯ B중유 특징
  ㉠ 연소 시 예열이 필요하다.
  ㉡ 발열량(H_h)이 10,500kcal/kg 정도

㉰ C중유 특징(보일러유)
  ㉠ 발열량(H_h)이 10,000kcal/kg
  ㉡ 비중이 0.95~0.99
  ㉢ 인화점이 70~150℃
  ㉣ 발화점이 380℃
  ㉤ 연소 시 반드시 예열이 필요하다.

5 타르계 중유

(1) 타르(Tar)의 특징(타르계 중유의 특징)

① 휘도가 높아서 화염의 방사율이 크다(C/H가 14 정도로 높다).
② 유황의 함량이 0.5% 이하로 적다.

⟨타르계 중유의 성질⟩

종류		크레오소트유	저온 타르유
비중(at 35℃)		1.005	0.96
점도(30℃ CS)		약 40	약 120
인화점(℃)		83~92	87
중유의 성질	200℃ 이하	3~17%	4%
	200~270℃	42~57	29
	270℃ 이상	26~55	67
발열량(kcal/kg)		9,400	9,500

③ 석유계의 연료와 혼합하면 슬러지(Sludge)가 발생된다.
④ 인화점이 높아서 고온가열이 필요하다.
⑤ 슬러지 발생이 심한 경우 버너 노즐(Nozzle) 폐쇄가 온다.
⑥ 탄화수소비가 14 정도로 높다(C/H 14).
  ㉮ 타르
    ㉠ 고온 타르(석탄 타르) : 고온 건류에서 얻어진다.
    ㉡ 저온 타르 : 저온 건류에서 얻어진다.
  ㉯ 피치
    ㉠ 타르계 연료이다.
    ㉡ 융점 100~120℃로 경피치로 사용한다.
    ㉢ 분쇄기로 미분화시켜 버너로 연소시킨다.
  ㉰ 크레오소트유
    ㉠ 코크스의 부산물로서 다량 생산된다.
    ㉡ 가격이 비싸다.
    ㉢ 타르보다는 사용이 간편하나, 가격문제로 활용이 되지 못한다.
    ㉣ 비중 : 1.005, 인화점 : 83~92℃, 발열량 : 9,400kcal/kg

(2) 탄화수소(C/H)가 큰 순서
  ① 탈계 > 중유 > 경유 > 등유 > 휘발유
  ② 고체연료 > 액체연료 > 기체연료

6 중유의 첨가제

(1) 연소촉진제
  ① 기름의 분무(무화)를 용이하게 한다.
  ② 연소상태가 좋아진다.

(2) 슬러지 분산제 : 슬러지의 생성 방지제

(3) **회분개질제** : 회분의 융점을 높여 고온부식을 억제
(4) **탈수제** : 연료 속의 수분분리 제거
(5) 기타 여러 가지 첨가제가 많이 있다.

〈연료유의 첨가제 종류 및 효능〉

종류	효능	약제
안티녹제 (옥탄가향상제)	불꽃점화식 내연기관 실린더 내에서 가솔린 증기와 공기의 혼합물이 이상하게 빨리 연소되는 것을 완화하여 피스톤에의 충격(노킹)을 방지한다.	4에틸납, 4에틸납 및 그 혼합물(맹독물)
산화방지제	탄화수소에 불포화 탄화수소가 많이 함유되면 산화되어 검질로 변하여 제품의 착색, 냄새의 원인이 되는 산화방지제를 연료유 제조 직후에 첨가하면 효과적이다.	페놀류 방향족 아민화합물 등
청정제	내연기관의 블로 바이 가스에 의한 기화기의 더러움, 밸브의 막힘을 방지하고 연소실 흡입계통을 깨끗하게 유지한다. 불완전연소 생성물을 흡착, 분산, 가용화, 중화한다.	아민류, 아미드류, 인화합물 등
방청제	연료유 속에 함유되어 있는 미량 수분의 연료와 맞닿는 금속면을 녹슬게 하는 것을 방지한다.	지방산-아민화합물, 술폰산염, 인화합물
빙결방지제	내연기관 기화기나 필터의 동결을 막는다.	계면활성제, 에틸렌글리콜, 글리세린, 이소프로필알코올 등
세탄가향상제	디젤 엔진에서 분사 초기의 열분해 생성물의 산화를 빠르게 하여 착화의 늦어짐을 적게 한다.	질산아밀 등
대전방지제	연료유의 급유·수송·교반 시에 정전기가 축적되지 않게 전기도성을 부여한다.	염기성 지방산염의 혼합물, 요오드화합물 등
유동점강하제	연료유에 함유되어 있는 파라핀 왁스나 아스팔텐과 공정 또는 흡착하여 입자가 거대화하는 것을 막음으로써 저온 유동성을 유지한다.	염소화파라핀-나프탈렌축합물, 포화지방산의 알루미늄염, 폴리메타아크릴레이트 등
매연방지제	디젤기관, 제트엔진 등의 연료의 불완전연소로 생기는 매연을 적게 하기 위해 산화촉진제를 가한다.	망간, 바륨 등의 유기화합물
조연제	버너 중유의 불완전연소로 생기는 카본질을 적게 하기 위한 산화촉진제로서 유용성의 금속화합물과 계면활성제를 가한다.	크롬, 코발트, 구리 등의 나프텐산염, 술폰산염, 고급 알코올의 질산에스테르 등
슬러지분산제 유화방지제	중유 속의 슬러지 생인물질을 잘고 균일하게 분산시켜 유동성과 분무성을 좋게 하여 완전연소를 꾀한다.	여러 가지 계면활성제
회분개질제	중유의 연소에서 회분 속에 바나듐, 나트륨이 많이 함유되어 있으면 재의 융점이 내려가 금속면에 융착하여 부식시킨다. 이 방지법으로서 재의 융점을 높이는 물질을 가해둔다.	마그네슘화합물 알루미나 등

7 원유

(1) **색과 냄새**

원유는 흑갈색이 많고 담황색 또는 황갈색을 띠며 대개 불투명하고 특유한 냄새를 가지며 불포화 화합물·산화물 등은 불쾌한 냄새를 풍긴다.

(2) **조성**

① 파라핀계 탄화수소(C_nH_{2n+2})

  ㉮ 원유 중 가장 많이 함유하고 비점이 낮은 유분 중에 노르말($n-$)파라핀이 많고 중질 유분에 함유된 파라핀 왁스도 $n-$파라핀이 주체이다.
  ㉯ 탄소원자가 서로 결합하는 방법에 따라 $n-$파라핀 이외에 이소(iso$-$)파라핀, 네오(neo$-$)파라핀이 존재한다.
  ㉰ 같은 탄소수를 가지는 파라핀 이성체에서는 보통 $n-$이 비점과 응고점이 가장 높고, 다음이 iso$-$, neo$-$의 순서이다.

② 나프탄계 탄화수소(C_nH_{2n})

  ㉮ 시클로 파라핀이라 하며 포화환상 탄화수소이다.
  ㉯ 포화고리모양의 탄화수소이다.
  ㉰ 파라핀계 탄화수소보다 안정하며 비등점이 높아짐에 따라 다환식이 많아진다.

③ 방향족 탄화수소(C_nH_{2n-6})

  ㉮ 저비점 유분에서는 벤젠핵이 하나 있는 것이 많으나 고비점 유분에서는 둘 이상의 것이 많다.
  ㉯ 다른 탄화수소보다 비중이 크고 열적으로 안정하며 불포화환상 탄화수소이므로 산소, 수소, 할로겐 등과 비교적 반응하기 쉬우며 벤젠, 톨루엔, 크실렌 등은 석유 화학공업 원료이다.

④ 올레핀계 탄화수소

  ㉮ 사슬모양의 불포화 탄화수소이다.
  ㉯ 이중결합을 한 개까지는 모노$-$올레핀, 두 개까지는 디$-$올레핀, 디엔이라 한다.
  ㉰ 동족체도 탄소수가 증가함에 따라 비점, 융점이 증가하면 원유 중에는 비교적 소량 함유한다.
  ㉱ 원유를 열분해하면 약간 생성하며 가장 중요한 석유화학 원료이다.

8 액체연료의 옥탄가와 세탄가

(1) **옥탄가** : 주로 스파크 점화식(자동차나 비행기)에 쓰이며 고옥탄가가 요구된다.

$$옥탄가(\%) = \frac{이소옥탄}{이소옥탄 + 노르말-헵탄} \times 100$$

옥탄가는 가솔린의 안티노킹성(연료가 노킹을 일으키기 어려운 성질)을 나타내는 하나의 척도이다.

(2) **세탄가** : 착화성의 양, 부를 나타내는 수치이다.

$$세탄가(\%) = \frac{노르말 세탄}{노르말 세탄 + 알파-메틸나프탈렌} \times 100$$

〈포화탄화수소(C_nH_{2n+2})〉

성분	분자식	분자량	비중량 (kg/Sm³)	발열량 (kcal/Sm³)		발열량 (kcal/kg)	
				H_h	H_l	H_h	H_l
메탄	CH_4	16	0.7168	9,520	8,556	13,280	11,930
에탄	C_2H_6	30	1.3560	16,850	15,388	12,410	11,330
프로판	C_3H_8	44	1.9670	24,160	22,180	11,940	10,970
부탄	C_4H_{10}	58	2.5857	30,675	28,264	11,820	10,930
펜탄	C_5H_{12}	72	3.2171	37,450	34,670	11,706	10,806
디메틸부탄	C_6H_{14}	86				11,524	10,645
헥산	C_6H_{14}	86				11,541	10,662
헵탄	C_7H_{16}	100				11,485	10,621
옥탄	C_8H_{18}	114				11,443	10,590
노난	C_9H_{20}	128				11,405	10,516
데칸	$C_{10}H_{22}$	142				11,380	10,543

⟨불포화탄화수소(에틸렌계 : C_nH_{2n}, 아세틸렌계 : C_nH_{2n-2}, 방향족탄화수소 : C_nH_n)⟩

성분	분자식	분자량	비중량 (kg/Sm³)	발열량 (kcal/Sm³)		발열량 (kcal/kg)	
				H_h	H_l	H_h	H_l
에틸렌	C_2H_4	28	1.2604	15,150	14,186	12,130	11,360
프로필렌	C_3H_6	42	1.876	22,350	20,904	12,100	11,100
사이클로프로판	C_3H_6	42					
부틸렌	C_4H_8	56	2.501	29,100	27,300	11,630	10,910
사이클로부탄	C_4H_8	56				11,606	10,835
부텐	C_4H_{10}	56		29,810	27,826		
펜틸렌	C_5H_{10}	70	3.127	35,930	33,630	11,170	10,770
사이클로펜탄	C_5H_{10}	70				11,208	10,437
사이클로헥산	C_6H_{12}	84				11,126	10,335
헥산	C_6H_{12}	84		42,914	40,021		
사이클로헵탄	C_7H_{14}	98				11,188	10,417
아세틸렌	C_2H_2	26	1.174	13,860	13,378	13,650	11,460
부타디엔	C_4H_6	54		27,093	25,647		
벤젠	C_6H_6	78	3.483	34,960	33,520	10,030	9,620
톨루엔	C_7H_8	92	4.108	41,840	39,920	10,138	19,668
나프탈렌	$C_{10}H_8$	128					
안트라센	$C_{14}H_{10}$	178					

5. 기체연료(Gas Fuel)

1 기체연료의 종류

(1) **석유계** : 천연가스, 액화천연가스, 오일가스

(2) **석탄계** : 탄전가스, 석탄가스, 발생로가스, 고로가스, 수성가스, 증열수성가스

2 기체연료의 특징

(1) 장점
① 적은 과잉공기로 완전연소가 가능하다.
② 연소효율이 높다.
③ 연소용 공기나 연료 자체의 예열이 용이하다.
④ 저품의 연료도 고온이 유지된다.
⑤ 연소조절이 편리하다.
⑥ 회분이나 매연발생이 없어서 연소 후 청결하다.
⑦ 점화나 소화가 용이하다.
⑧ 연소의 제어가 간편하다.
⑨ 공해 등 대기오염에 그다지 염려하지 않아도 된다.

(2) 단점
① 저장이나 취급이 불편하다.
② 시설비가 많이 든다.
③ 연료비가 고가이다.
④ 수송이나 저장이 불편하다.
⑤ 가스누설 시에 사고가 발생한다(폭발에 주의한다).
⑥ 수입에 의존한다.

3 기체연료의 성분

메탄(CH_4), 프로판(C_3H_8), 일산화탄소(CO), 수소(H), 중탄화수소(C_3H_6, C_2H_4), 탄산가스(CO_2), 질소(N), 수분(W)

〈탄화수소의 발열량〉

탄산수소	총발열량(기체, 25℃)			총발열량(액체, 25℃) (포화압하 kcal/kg)
	kcal/몰	kcal/kg	kcal/m³	
메탄	212.8	13,265	9,500	–
에탄	372.8	12,399	16,600	–
에틸렌	337.2	12,022	15,100	–
프로판	530.6	12,034	23,700	11,947
프로필렌	492.0	11,692	22,000	–
n-부탄	687.7	11,832	30,700	11,743
i-부탄	685.7	11,797	30,600	11,716
부탄-1	649.5	11,577	29,000	–
Cis-부텐2	647.8	11,547	28,900	–
Trans-부텐2	646.8	11,529	28,900	–
i-부텐	645.4	11,505	28,900	–
n-펜탄	845.3	11,715	37,700	11,626
i-펜탄	843.2	11,688	37,600	11,606
네오펜탄	840.5	11,650	37,500	11,576

4 기체연료(석유계 기체연료)

(1) 천연가스(Natural Gas)

① 습성가스 : 메탄이 80%, 에탄이 10~15%, 기타 프로판, 부탄이고 발열량이 10,400~12,200kcal/Nm³이다.

② 건성가스 : 메탄이 주성분이고, 발열량이 9,000~9,300kcal/Nm³이고, 가압하여도 상온에서 액화하지 않는다.

(2) 액화천연가스(LNG ; Liquid Natural Gas)

연료의 조성은 천연가스와 비슷하다. 천연가스를 -162℃로 액화하여 액체로 만든 가스이며 냉각 시 제진, 탈황, 탈탄산, 탈수 등을 거쳐 불순물을 제거하여 양질의 무색, 무해, 무취의 청결된 연료이다.

① 비중 : 0.2~0.3 ② 기화점열 : 90kcal/kg
③ 임계온도 : -80℃ ④ 저장온도 : -162℃
⑤ 주성분 : CH_4

(3) 액화석유가스(LPG ; Liquefied Petroleum Gas)

프로판 등의 가스를 상온에서 낮은 압력으로 가압하면 액화되는 가스로서 탄화수소의 혼합물이다. 액화압력은 6~7kg/cm²이고, 부탄의 경우는 약 2kg/cm² 가압이다.

① 조성 : 프로판의 60% 이상이고, 부탄, 에탄, 프로필렌 등이다.
② 장점
    ㉮ 저장 및 수송이 편리하다.
    ㉯ 발열량이 높다.
    ㉰ 유황분이 도시가스의 1/10 정도인 0.02% 이하라서 유해성이 적다.
    ㉱ 유독성이 적다.
③ 단점
    ㉮ 비중이 공기보다 무거워서 누설하면 하부로 저장되어 폭발의 위험이 있다.
    ㉯ 기화잠열이 커서 사용 중 동상을 입을 우려가 있다.
    ㉰ 저장 시 증기압이 $7kg/cm^2$ 이상 압력에 견딜 수 있어야 한다.
    ㉱ 완전연소 시 연소속도가 완만하여 연소용 공기가 많이 사용된다.
    ㉲ 연소범위가 좁아서 특별한 연소기구가 필요하다.

〈가스의 성질〉

성분	분자식	분자량	15℃	빙점℃	액체의 비중 (15℃)	가연성	〃
메탄	CH_4	16	가스	−161.4	0.3	〃	
에탄	C_2H_6	30	가스	−89.0	0.37	〃	
에틸렌	C_2H_4	28	가스	−103.7		〃	
프로판	C_3H_8	44	가스	−42.1	0.508	〃	
프로필렌	C_3H_6	42	가스	−47.7	0.522	〃	
부탄	C_4H_{10}	58	가스	−0.5	0.584	〃	
이소부탄	C_4H_{10}	58	가스	−11.7	0.562	〃	
부틸렌	C_4H_8	56	가스	−6.3	0.600	〃	
이소부틸렌	C_4H_8	56	가스	−6.9	0.600	〃	
부타디엔(1.3)	C_4H_6	54	가스	−5.0	0.6	〃	
부타디엔(1.2)	C_4H_6	54	액체	18.0		〃	
펜탄	C_5H_{12}	72	액체	36.1	0.631	〃	

※ 주성분은 프로판 가스이다.

성분	구성
C_2H_6(에탄)	2.38(%)
C_3H_8(프로판)	94.3(%) 이상
1−C_4H_{10}(부탄)	0.27(%)
n−C_4H_{10}(부탄)	0.19(%)

※ 발열량 23,400kcal/Nm^3

④ 물리적인 성질과 성상
　㉮ 비중이 1.5~2.0이다(도시가스의 3배).
　㉯ 가스의 기화잠열 : 90~100kcal/kg
　㉰ 이론공기량 : 가스량의 25~30배가 필요하다.
　㉱ 연소속도 : 석탄가스의 1/2 정도라서 매우 느리다.
　㉲ 착화온도 : 440~480℃
　㉳ 폭발범위 : 2.2~9.5%
　㉴ 소화제 : 탄산가스, 드라이케미컬(분말소화기) 등을 사용

⑤ 액화석유가스의 저장
　㉮ 가압식 저장 : 가스를 상온에서 가압액화하여 저장한다.
　　• 저장용기 : 가동식 봄베, 고압탱크
　㉯ 저온식 저장 : 가스를 냉각, 저온으로 액화시켜 상압에서 저장하는 방식으로 지하 저장, 지상저장이 있다.
　　• 저장용기 : 일반용기, 대형용기, 횡형탱크, 구형탱크

⑥ 액화석유가스의 저장 시 취급상의 주의사항
　㉮ 용기의 전락이나 충격을 피한다.
　㉯ 직사광선을 피하고 용기의 온도가 40℃ 이상 되지 않게 한다.
　㉰ 찬 곳에 저장하고 공기의 유통을 좋게 한다.
　㉱ 주위 2m 이내에는 인화성 및 발화성 물질을 두지 않도록 한다.
　㉲ LPG는 유지 등을 잘 용해하기 때문에 이음부의 패킹 등에서 가스누설에 주의한다.
　㉳ 밸브의 개폐는 서서히 해야 한다.

(4) 오일가스(Oil Gas)

석유류의 분해 시에 얻어지는 가스로서, 상압증류, 가압증류에서 부산물로 얻어지는 가스이다.

① 가스의 조성
　㉮ 수소 : 53.5%
　㉯ 포화탄화수소 : 17.3%
　㉰ 중탄화수소 : 9.6%
　㉱ 일산화탄소 : 13.7%
　㉲ 탄산가스 : 9.6%
　㉳ 기타

② 발열량 : 3,000~10,000kcal/Nm³ 정도

③ 제조원리 : 석유류의 분해 시 얻어지는 C_mH_n을 가열하여 탄소, 수소를 촉매로 사용하여 열분해시켜 수소를 첨가하여 제조한 가스이다.

5 석탄계 기체연료

(1) 석탄가스(코크스 가스, COG)
공기를 차단시킨 노 속에서 석탄을 고온으로 건류할 때 얻어지는 부산물 가스이다.

① 주성분
- ㉮ 수소 : 51%
- ㉯ 메탄 : 32%
- ㉰ 일산화탄소 : 8%
- ㉱ 기타

② 발열량 : 5,000kcal/Nm³ 정도
③ 용도 : 공장, 도시가스, 화학원료
④ 건류장치
- ㉮ 레토르트 가스식 : 소규모 방식이며 10~15시간 건류
- ㉯ 코크스로 가스식 : 제철용 코크스를 만들 때 사용하는 건류장치로서 부산물 석탄가스가 발생된다.

(2) 발생로 가스
적열상태의 석탄이나 코크스 등에 공기나 산소를 불어넣어 불완전연소시켜 만든 가스이다.

① 주성분
CO : 25.4%, N_2 : 55.8%, H : 13%, 기타
② 발열량 : 1,100~1,600kcal/Nm³
③ 용도 : 공장, 도시가스, 특수공업용
④ 작업방법
- ㉮ 인력작업
- ㉯ 기계작업
  - ㉠ 발생로가스의 반응
    $C + O_2 \rightarrow CO_2 + 97,000\text{cal}$
    $C + CO_2 \rightarrow 2CO_2 + 38,800\text{cal}$
    $2C + O_2 \rightarrow 2CO + 58,800\text{cal}$

(3) 수성가스
고온의 적열된 코크스에 수증기를 불어넣어 제조하는 가스로서 코크스의 적열온도는 1,000℃ 전후이다.

① 주성분
H_2 : 52%, CO : 38%, N_2 : 5.3%, 기타
② 발열량 : 2,700kcal/Nm³ 정도
③ 가스발생량 : 코크스 1톤당 1,100~1,400Nm³ 발생

⟨연료의 저발열량과 이론공기량⟩

종류	저발열량(kcal/kg)	이론공기량(Nm³/kg)
원유	10,000~10,500	11.5~12.0
중유	9,800~10,200	10.5~11.0
경유	10,300	12.1
등유	10,400	12.2
타르유	9,100	9.8
무연탄	6,800~7,600	7.5~8.5
역청탄	5,200~7,300	6.0~8.0
갈탄	3,500~5,500	4.5~6.0
코크스	6,00~7,200	7.0~8.0
	(kcal/Nm³)	(Nm³/Nm³)
석탄가스	4,000~5,000	4.0~5.5
수성가스	2,500~3,200	2.2~3.0
발생로가스	1,100~1,500	1.0~1.4
고로가스	700~800	0.7
오일가스(열분해)	8,500~10,000	10.0~11.5
오일가스	4,000~5,000	4.0~5.5
천연가스 건성	8,000~8,500	8.8~10.0
천연가스 습성	9,800~11,500	11.0~12.0
액화석유가스	22,000~28,000	24~30

- 수성가스의 반응

$$C + H_2O \rightarrow CO + H_2 + 29,400 \text{kcal/Nm}^3$$

$$C + 2H_2O \rightarrow CO_2 + 2H_2 + 19,400 \text{kcal/Nm}^3$$

$$C + O_2 \rightarrow CO_2 + 99,630 \text{kcal}$$

$$C + \frac{1}{2}O_2 \rightarrow CO + 67,410 \text{kcal}$$

(4) 증열수성가스

수성가스의 발열량이 낮아서 활용가치가 떨어져 수성가스에 중유나 석유 등의 열분해에 의해 생긴 탄화수소를 혼합한 가스이다.

① 증열방법
  ㉮ 상온증열법
  ㉯ 고온증열법
② 발열량 : 5,100kcal/Nm³

(5) 용광로가스(고로가스, BFG)
용광로에 코크스를 넣고 연소시킨 후 선철을 제조할 때 발생하는 부산물 가스이다.

① 조성
  $CO : 27\%, H_2 : 2\%, N_2 : 60\%, CO_2 : 11\%$
② 용도 : 가열용, 자가소비용
③ 발열량 : $900 kcal/Nm^3$

(6) 합성 도시가스(SNG ; Substitute Natural Gas)
LNG, LPG, 오일가스, 증열수성가스, 석탄가스 등 여러 가스를 희석시켜 도시가스 열량에 맞게끔 열량을 조정하여 도시에서 가정용이나 공업용으로 사용하는 가스이다.
- 발열량 : $4,500 kcal/Nm^3$

6 기체연료의 관리와 저장

(1) 기체연료의 수입
① 검량
  ㉮ 가스연료 : Nm^3로 검량한다.
  ㉯ 액화가스 : 통상 kg으로 감량한다.
② 검질
  ㉮ 발열량 측정
  ㉯ 일반성분이나 특수성분 분석

(2) 저장
① 품질 균일과 압력의 균일을 위하여 가스 홀더(Gas Holder)에 저장한다.
② 가스 홀더 : 유수식 홀더, 무수식 홀더, 고압 홀더

(3) 홀더의 구조와 저장압력
① 유수식 홀더 : 수조 속에 바닥이 있는 원통을 엎어 놓은 것이며 단식과 여러 층으로 신축할 수 있는 복식이 있다. 가스용량에 용적이 변화되며 보통 가스의 압력이 $300mmH_2O$ 이하로 저장되며 가스저장량이 보통 $3,000m^3$ 이하이면 단식에 저장시킨다.
② 무수식 홀더 : 원통형 또는 다각형의 외통과 그 내력을 상하로 미끄러져서 움직이는 편반 상의 피스톤 및 바닥판, 지붕판으로 이루어진다. 가스는 피스톤 하방에 저장하고 그 양의 중앙에 따라 피스톤이 올라가며, 가스의 저장시 저장압력은 $600mmH_2O$ 정도로 한다.
③ 고압 홀더 : 가스는 통상 수기압의 압력으로 저장된다. 저장량은 가스의 압력변화에 따라 증감하여 저장가스는 수분을 포함하지 않는 이점이 있다. 저압식에 비하여 소형으로 저장 관리된다. 가스공급 시에는 압송설비를 별도로 필요하지 않고 소요자재나 가스저장 부지 면적이 적어도 된다.

(4) 가스 저장 시 보안거리
① 가스 저장 시에는 가스 홀더에서 건축물까지는 10m 이상 거리가 떨어져야 한다.
② 기온이나 기타 변화로 인하여 가스의 팽창이나 수축을 고려하여 최대 및 최소의 가스량을 규정하고 관리하여야 한다.
③ 유수식 홀더는 기초의 침하수봉의 깊이 등을 정기적으로 검사하여야 한다.

7 LPG 저장

(1) 저장방식
① **가압식** : 가스를 상온가압이나 액화시킨다.
② **저온식** : 저온으로 액화시켜 상압 저장한다.
  ㉮ 가압식 저장용기
    ㉠ 가반식 용기(봄베)
    ㉡ 고압탱크
  ㉯ 저온식 저장용기
    ㉠ 지상저장
    ㉡ 지하저장

〈가연성 가스의 공기 중 연소범위(상온, 1기압)〉

가스명	폭발범위 하한(%)	폭발범위 상한(%)
일산화탄소(CO)	12.5	74
수소(H_2)	4	75
메탄(CH_4)	5	15
아세틸렌(C_2H_2)	2.5	81
에틸렌(C_2H_4)	3.2	34
에탄(C_2H_6)	2.2	14
프로필렌(C_3H_8)	2.2	9.7
프로판(C_3H_8)	2.1	9.5
부틸렌(C_4H_8)	1.7	9.9
부탄(C_4H_{10})	1.8	8.4

※ 기체연료는 폭발범위 하한값과 상한값 내에서만 연소된다. 그 이하나 초과 시에는 연소가 중지된다.

CHAPTER 07 연소장치

1. 연소(Combustion)

1 연소의 개요

연소란 연료 중의 가연성 성분이 공기 속의 산소와 급격한 산화반응으로 인하여 빛과 열을 동시에 수반하는 현상으로 연료가 연소할 때의 반응은 단순한 반응이 아니고 산화반응과 더불어 열분해가 생기는 매우 복잡한 반응을 나타낸다.

(1) 연소의 3대 반응
① 산화반응(발열반응과 흡열반응)
② 환원반응
③ 열분해

(2) 산화반응
① 발열반응 : 산화반응을 할 때 열이 외부로 발산하는 반응이며 연소는 발열반응을 원칙으로 한다.
② 흡열반응 : 산화반응 시에 열을 흡수하는 반응으로서 주로 질소에 의해 반응된다.

(3) 연소의 속도(반응속도)
연료의 가연성 성분과 반응하여 생성가스를 수반할 때의 반응속도이며 연소생성물의 양과 관계된다.

① 연소속도에 미치는 인자
㉮ 반응물질의 온도
㉯ 산소의 농도
㉰ 촉매물질
㉱ 연소압력
㉲ 연료입자

② 연소의 범위
㉮ 하한치 : 공기는 풍부하나 가연물은 부족
㉯ 상한치 : 연료는 풍족하나 연소용 공기는 부족

〈가스의 연소한계〉

성분	분자식	혼합가스의 용적(%) 0~100	하한	상한
일산화탄소	CO		12.5	74.0
수소	H_2		4.0	75.0
메탄	CH_4		5.0	14.0
아세틸렌	C_2H_2		2.5	100.0
에틸렌	C_2H_4		2.7	36.0
에탄	C_2H_6		3.0	12.5
프로필렌	C_3H_6		2.4	11.3
프로판	C_3H_8		2.1	9.5
부틸렌	C_4H_8		1.8	9.7
부탄	C_4H_{10}		1.8	8.5
공급가스			5.0	36.0

주) ① 공급 가스는 조성에 따라서 다소 변화한다.
② 혼합가스의 가스용적에 대한 나머지는 공기의 용적

(4) 연소의 조건

① 산화는 발열반응이어야 한다.
② 연소열에 의해 연소물과 연소생성물의 온도는 높아져야 한다.
③ 복사열의 파장과 강도가 가시범위에 달하면 빛을 발생할 수 있어야 한다.

(5) 연소의 3대 요건

① 가연물(연소 시 빛과 열의 수반)
② 산소공급원(공기공급)
③ 점화원(인화와 발화)

연소상태에서 위의 3가지 중 어느 하나라도 빠지면 연소가 일어나지 않는다. 소화작업 시 가장 신속한 소화방법은 가연물을 제거하는 것이다.

(6) 연소온도

연소온도란 연료가 연소 시에 발생되는 화염의 온도로서 이론 연소온도와 연료가 실제로 노 내에서 연소한 화염의 온도를 실제 연소온도라 한다.

▶ 연소실의 온도 계산

① 이론 연소온도 $(t\,℃) = \dfrac{\eta \cdot H_l}{G_0 \cdot C} + t_0$

② 실제 연소온도 $(t\,℃) = \dfrac{\eta \times H_l + A_h + G_h - Q}{G \cdot C} + t_0$

여기서, η : 연소효율
H_l : 저위발열량(kcal/kg)
A_h : 공기현열(kcal/kg)
G_h : 연료현열(kcal/kg)
Q : 방산열량
G : 실제 배기가스량(Nm^3/kg)
G_0 : 이론 배기가스량(Nm^3/kg)
t_0 : 기준온도(℃)

〈탄화수소 – 공기의 화염온도〉

탄화수소	이론화염온도(℃)	실측값(℃)
메탄	2,012	1,885
에탄	2,065	1,900
프로판	2,356	1,930
부탄	2,084	1,905
부틸렌	2,158	1,935
프로필렌	2,180	1,940
수소	2,342	–

(7) 연소온도에 영향을 미치는 인자
① 연료의 발열량
② 연소상태
③ 공기비
④ 산소농도
⑤ 연료 및 공기의 현열
⑥ 방산 열손실

(8) 연소의 완전연소 구비조건
① 연료는 인화점 가까이 예열하여 연소시킨다(인화점보다는 5℃ 이하).
② 공기의 양을 조절하여 연료와 완전혼합을 시킨다.
③ 공급공기는 될 수 있는 한 예열시킨 후 공급할 것
④ 연소실의 노 내 온도는 될수록 높게 유지할 것
⑤ 연소실의 용적은 연료의 연소에 필요한 충분한 용적으로 할 것
⑥ 연소실을 개선시킬 것

(9) 가연성 성분 연소의 발생열량

① $C + O_2 \rightarrow CO_2 + 97,200 kcal/kmol$

② $H_2 + \dfrac{1}{2} O_2 \rightarrow H_2O$ $\begin{cases} 물 + 68,000 kcal/kmol \\ 수증기 + 57,200 kcal/kmol \end{cases}$

③ $S + O_2 \rightarrow SO_2 + 80,000 kcal/kmol$

㉮ $C + O_2 \rightarrow CO_2 + 8,100 kcal/kg$

㉯ $H_2 + \dfrac{1}{2} O_2 \rightarrow H_2O$ $\begin{cases} 물 + 34,000 kcal/kg \\ 수증기 + 28,600 kcal/kg \end{cases}$

㉰ $S + O_2 \rightarrow SO_2 + 2,500 kcal/kg$

(10) 연소의 종류

① **분해연소** : 연소 초기에 극심한 화염을 내면서 연소한다. 석탄이나 목재, 중유 등의 연소가 이에 해당된다.

② **증발연소** : 액체연료가 소정의 온도에서 증발하면서 연소된다.
등유, 경유, 가솔린 등 경질유의 연소가 이에 속한다.

③ **확산연소** : 공기와 기체연료가 순간적으로 확산 혼합하면서 연소한다.
㉮ 일반적인 기체연료가 이에 속한다.
㉯ 액화 기체 가스는 증발 기화 연소한다.

REFERENCE 연소의 형태

(1) 표면연소 : 코크스나 숯 등과 같이 휘발성이 없는 연료가 고온으로 되면 그 표면에 공기가 접촉해서 연소하는 현상이다. 표면연소에서는 공기 중의 산소분자는 연료 표면에 모이는 성질이 있으며 이를 흡착이라 한다.
　그 반응식은 $C + O_2 \rightarrow CO_2$, $C + CO_2 \rightarrow 2CO$

(2) 혼합기연소 : 기체상태의 연료와 공기를 적당하게 혼합하여 점화하면 불꽃이 혼합기체에 전파되는 모양으로 연소되는 현상이다.

(3) 완전교반연소 : 확산연소나 혼합기연소에 흐름이 난류일 때에는 연소가 촉진되며 그 이유는 증기가 빨리 혼합되기 때문이다. 그의 최고 상태가 완전교반연소이다.

(4) 확산연소 : 기체연료

(5) 증발연소 : 액체연료

(6) 분해연소 : 고체연료

(11) 가연물이 되기 쉬운 조건
① 산소와 친화력이 클 것
② 열전도율이 적을 것
③ 활성화 에너지가 적을 것
④ 발열량이 클 것
⑤ 수분이 적게 포함되어 있을 것

(12) 인화점과 착화점
① **인화점** : 가연성 액체 또는 고체가 증기 또는 분해가스를 발생할 경우 공기 중에 농도가 연소범위 이내에 있으면 그 표면에 불꽃을 접근시켜 인화시키는데, 이 인화에 필요한 최저 온도를 말한다.
② **착화점** : 발화점이라 하며 공기 중에서 가연물을 가열하였을 때 이것이 불씨나 불꽃을 가까이 하지 않아도 발화하고 연소가 이루어지는 최저 온도를 말한다.

▶ 발화점의 조건
① 발열량이 높을수록 착화온도가 낮아진다.
② 반응 활성도가 클수록 착화온도가 낮아진다.
③ 분자구조가 복잡할수록 착화온도가 낮아진다.
④ 산소농도가 클수록 착화온도가 낮아진다.
⑤ 압력이 클수록 착화온도가 낮아진다.
⑥ 가스 압력이나 습도가 낮아지면 착화온도가 낮아진다.

〈단체가스의 착화온도〉

성분	분자식	착화온도(℃)	
		공기 중	산소 중
일산화탄소	CO	610	590
수소	H_2	530	450
메탄	CH_4	645	645
아세틸렌	C_2H_2	335	−
에틸렌	C_2H_4	540	485
에탄	C_2H_6	530	500
프로필렌	C_3H_6	455	420
프로판	C_3H_8	510	490
부틸렌	C_4H_8	445	400
노말부탄	$n-C_4H_{10}$	490	460
이소부탄	$iso-C_4H_{10}$	490	460

〈각종 연료의 착화온도〉

연료	착화온도(℃)	연료	착화온도(℃)
장작(경목)	250~300	중유	530~580
목탄(흑탄)	320~370	역청탄타르유	580~650
목탄(백탄)	350~400	수소	580~600
이탄(공기건조)	225~280	일산화탄소	580~650
갈탄(공기건조)	250~450	메탄	650~750
역청탄	325~400	에틸	525~540
무연탄	440~450	아세틸렌	400~440
반성코크스	400~450	아세틸렌타르증기	250~400
가스코크스	500~600	발생로가스	700~800
탄소	약 800	코크스로가스	650~750
유황	630	용광로가스	700~800

〈액체연료 화염상태에 따른 점검사항 및 대책〉

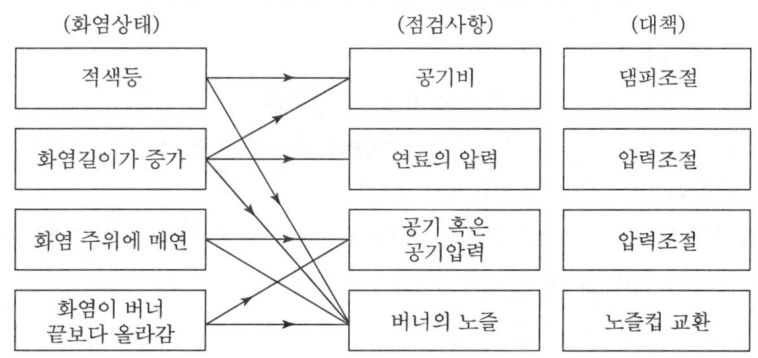

2. 연소장치(Combustion Device)

1 연소장치

화격자, 버너, 연소실(노), 전연실, 후부연실, 연도, 연돌(굴뚝) 등이 이에 속한다.

(1) **화격자(화상)**

고체연료 등을 연소할 때 금속재의 받침대이다.

(2) **버너**

미분탄, 액체연료, 기체연료 등을 노 내로 분사시킨다.

(3) **연소실(노)**

연료를 연소시키는 장소로서 보일러에 따라 내분식 연소실과 외분실 연소실이 있다.

① 내분식 연소실 : 연소실이 기관 본체 내에 원통형으로 제작한 노통이 주가 된다.

㉮ 사용상의 장점
  ㉠ 설치면적을 적게 차지한다.
  ㉡ 복사열의 흡수가 크다.
  ㉢ 방산열손실이 적다(노벽 등에서).
  ㉣ 설치가 용이하다.

㉯ 사용상의 단점
  ㉠ 연소실 크기는 기관 본체에 의해 결정된다.
  ㉡ 완전연소가 불가능하다(공기 투입이 원활하지 못하기 때문에).
  ㉢ 역화나 가스폭발의 위험성이 크다.

② 외분식 연소실 : 보일러 본체 외부에 내화벽돌을 쌓아 각형으로 만든 연소실이며 횡연관식, 수관식 보일러 등의 연소실이 여기에 속한다.

㉮ 사용상의 장점
  ㉠ 연소실의 크기를 자유롭게 할 수 있다.
  ㉡ 공기 소통이 원활하여 완전연소가 가능하다.
  ㉢ 노 내의 온도가 내분식보다 높다.
  ㉣ 연료의 선택이 자유로워서 열등탄의 연소에도 유리하다.
  ㉤ 연소효율이 높고 연소실 열발생률($kcal/m^3h$)이 크다.

㉯ 사용상의 단점
  ㉠ 설비비가 비싸다.
  ㉡ 설치 시 장소를 많이 차지한다.
  ㉢ 복사열의 흡수가 적다.
  ㉣ 방산열의 손실이 많다.

〈액체연료 연소불량의 원인과 개선책〉

불안구분	불량원인	개선책
1. 불완전연소	① 연료의 수분 및 불순물 ② 연료의 점도 과대 ③ 버너타입의 과대 ④ 연료 및 공기압의 불안정 ⑤ 펌프 흡입력의 과소 ⑥ 1차 공기의 압력 및 풍량 과대 ⑦ 연료 배관에 공기의 혼입 ⑧ 연료유 가열온도의 과대	① 여과기의 청소 및 배수 ② 온도 및 압력증가 ③ 적당한 버너 타일 설치 ④ 감압밸브, 릴리프밸브 설치로 일정압력 유지 ⑤ 펌프용량 증대 ⑥ 1차 공기의 조절 ⑦ 공기배출장치의 설치 ⑧ 온도조절
2. 진동연소	① 버너 조립 불량 ② 연소실의 저온 ③ 타일불량 ④ 통풍력 부족 ⑤ 공기압 과대 ⑥ 노 내압 과대 ⑦ 유·공기압의 불안정 ⑧ 공기공급의 부족 ⑨ 가스의 공명진동 ⑩ 연도입구의 구조 불량 ⑪ 유펌프의 맥동	① 노즐위치 점검 ② 온도유지 ③ 타일수정 ④ 댐퍼개도조절 ⑤ 압력조절 ⑥ 노 내 가스의 균일 혼합 ⑦ 조정 및 개량 ⑧ 공기덕트의 개조 ⑨ 연소실 개량 ⑩ 입구개량 ⑪ 맥동방지
3. 운전 도중의 소화	① 점화불량 ② 유압과소 ③ 안전장치의 작동	① 점검상태 개선 ② 공급량 조절 ③ 수위계, 압력스위치의 점검
4. 역화	① 인화점의 과저 ② 유입과대 ③ 1차 공기의 압력부족 ④ 배기댐퍼의 폐쇄 ⑤ 연료유 배관 중 공기혼입	① 버너종류, 분사방향 재검사 ② 분무입자, 분사속도 점검 ③ 압력 조절 ④ 댐퍼 및 연도 점검 ⑤ 공기배출
5. 불똥이 튐	① 유온의 낮음 ② 버너 속의 카본 ③ 분무압 낮음 ④ 연료유의 찌꺼기 ⑤ 연소량 과다 ⑥ 타일의 부적합 ⑦ 노즐의 분무특성 불량	① 예열온도 상승 ② 분해청소 ③ 공기압을 높임 ④ 여과기 점검 ⑤ 연소량 조절 ⑥ 타일 개조 ⑦ 노즐 교환
6. 매연 발생	① 연료유에 탄분 과다 ② 불완전연소 ③ 연료유에 중질분 ④ 공기량 부족 ⑤ 연소량 과다 ⑥ 배출불량 ⑦ 연소실 온도가 낮음	① 고온연소 ② 분무, 공기혼합, 온도의 점검 ③ 고온연소 ④ 공기량 증가 ⑤ 연소실 용적 검사 ⑥ 연도 점검 ⑦ 온도 유지

③ 연소실의 종류
  ㉮ 내화벽 연소실 : 내화벽돌로써 연소실을 구축하였다.
  ㉯ 공랭 노벽 연소실 : 벽돌을 이중으로 쌓아 그 사이에 공기를 유통시켜서 열손실을 막아준다(연소용 공기예열).
  ㉰ 수랭 노벽 : 내화벽돌로 쌓은 연소실 주위로 수랭로관이 울타리 모양과 같이 되어 있는 벽이며 방사열손실이 완전 차단된다.
    ㉠ 내화벽의 보호로 연소실의 수명 연장
    ㉡ 전열면적이 증가
    ㉢ 복사열의 흡수 이용
    ㉣ 노의 구조가 기밀도 향상
    ㉤ 가압 연소가 용이하다.

(4) 연도(Gas Duct)
연소실에서 발생된 열가스가 연돌까지 흐르는 통로이다(연도와 연돌은 연소보조를 하며 통풍장치이기이도 하다).

(5) 연돌(Smokestack)
연돌이란 굴뚝을 말하며, 연돌이 높으면 통풍력이 증가한다.

2 고체연료의 연소장치

(1) 고체연료의 연소방식
  ① 화격자 연소방식 : 수분식과 기계식이 있다(고체연료 사용).
  ② 미분탄 연소방식 : 미분탄연료 연소 시에 사용한다.
  ③ 유동층 연소방식 : 화격자와 미분탄의 절충식(상압유동층, 가압유동층)

(2) 고체연료의 연소장치
  ① **수분식 연소장치** : 화격자 위에 연료를 넣어서 연소하며 손이나 삽으로 석탄이나 장작 등을 수시로 투입한다.
    • 고정수평식 화격자(화격자가 고정되어 있다.)
    • 요동수평식 화격자(가동식 화격자) : 덤핑 그레이트 사용
    • 중공화격자(화격자의 통기구멍 이용)
    • 계단식 화격자(쓰레기 소각)
    ㉮ 고체연료의 투탄방식에 의한 분류(수분식 기계식 겸용)
      ㉠ 상입식 : 연료가 화상 위로 투입된다.
      ㉡ 하입식 : 연료가 하부에서 위로 투입된다.
      ㉢ 횡입식 : 연료가 옆에서 투입된다.

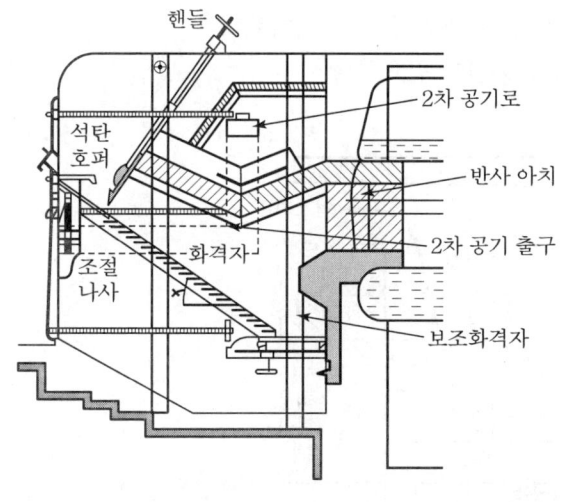

[계단화격자]

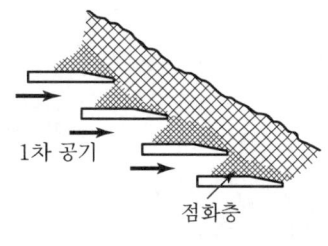

[계단화격자의 장점]

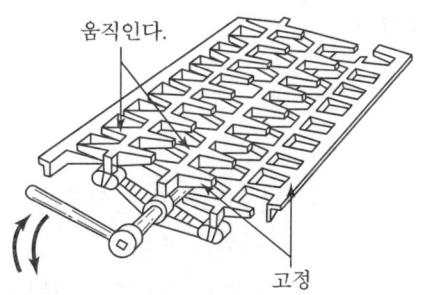

[수평요동화격자]

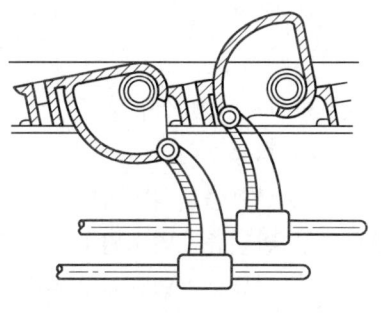

[덤핑그레이트]

 ㉴ 화격자의 특성(고정화격자)
  ㉠ 장점
   ⓐ 장치가 간단하다.
   ⓑ 유지비가 적게 든다.
   ⓒ 착화가 용이하다.
   ⓓ 노의 구조가 간단하여 취급이 용이하다.
   ⓔ 고체연료의 연소에 사용된다.
  ㉡ 단점
   ⓐ 연소효율이 낮다.
   ⓑ 탄층의 높이가 균일하지 못하다.
   ⓒ 노 내의 고온을 얻기가 어렵다.
   ⓓ 탄의 공급 및 재의 처리가 어렵다.

ⓔ 과잉공기의 침입이 많아서 노 내의 온도가 저하된다.
ⓕ 인건비가 많이 들고 노력 동원이 필요하다.

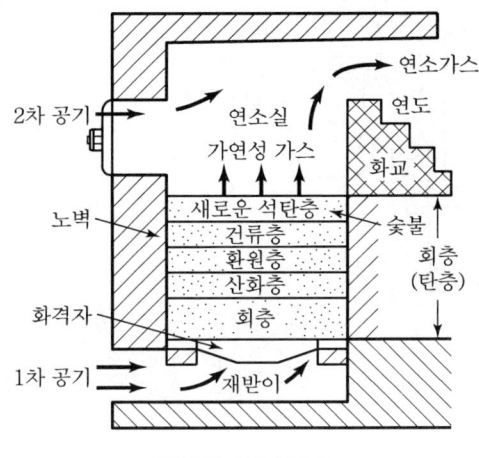

[화격자의 특징]

㉰ 화격자의 연소구성
  ㉠ 회층 : 석탄의 연소가 끝난 잔재물층
  ㉡ 산화층 : 석탄 연소가 산화되는 층이며 1,200~1,500℃가 발생된다.
  ㉢ 환원층 : 연소된 CO_2가 열이 흡수된 후 CO로 환원되는 층
  ㉣ 건류층 : 연소실로 투입된 석탄이 주위 열에 의해 수분 증발로 건류된 층
  ㉤ 새로운 석탄층 : 연소실로 투입된 새로운 석탄층
㉱ 공기의 공급방식
  ㉠ 1차 공기 : 노 입구에서 공급하거나 화격자의 경우는 하부에서 투입
  ㉡ 2차 공기 : 노 안으로 공급하거나 화격자는 노상부 등에서 공급(송풍기 공급)
㉲ 화격자 연소율

$$화격자 연소율(kg/m^2h) = \frac{석탄소비량(kg)}{보일러 가동시간 \times 화격자 면적(m^2)}$$

  ㉠ 무연탄의 연소율 : 80~120kg/m²h
  ㉡ 코크스 연소율 : 70~90kg/m²h
  ㉢ 장작 연소율 : 140~230kg/m²h
  ㉣ 요동수평 화격자(덤핑그레이트) 연소율 : 150~200kg/m²h

② 기계식 화격자 연소장치(스토커 연소장치 : Stoker)
  ㉮ 장점
    ㉠ 연소가 자동으로 이루어진다.
    ㉡ 연소상태가 양호하다.
    ㉢ 탄층의 높이를 균일하게 제어하여 연소효율이 높다.
    ㉣ 저질탄 등 열등탄의 연소에 유리하다.
    ㉤ 취급자의 노력이 절감된다.
  ㉯ 단점
    ㉠ 설비비 및 유지비가 많이 든다.
    ㉡ 동력소비가 많다.
    ㉢ 취급에 기술적인 문제가 따른다.
  ㉰ 기계식 연소장치별 화격자 연소율
    ㉠ 산포식 스토커 : 무연탄 연소에 유리하며 투탄방식은 공기분사식, 증기분사식, 회전날개식이 있다. 그리고 연소율은 100~200kg/m^2h이다.
    ㉡ 하입식 스토커 : 착화온도가 높은 석탄은 연소하기가 매우 어렵고, 연료가 스크루에 의해 하부에서 상부로 공급된다. 화격자 연소율은 300~700kg/m^2h이다.
    ㉢ 쇄상 스토커 : 용융점이 낮은 연료의 사용은 부적당하며 연료가 옆에서 투입되어 체인그레이트가 이동하여 연소된다. 이동속도는 2~20m/h가 되고 화격자 연소율은 100~250kg/m^2h가 된다.
    ㉣ 계단식 스토커 : 상단에 설치된 호퍼에서 연료가 화상으로 굴러 떨어지면 연소하는 스토커로서 저질탄 등의 연소에 유리하다. 화격자 연소율은 150~270kg/m^2h이나 계단식 화격자의 경사도가 30~45° 정도에서 그 영향을 받게 된다. 쓰레기 소각로에 가장 이상적이다.

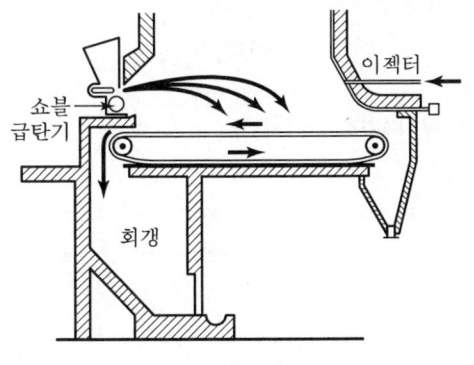

[산포식 스토커]

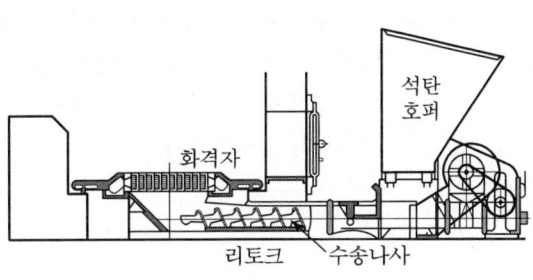

[나선식 하입 스토커]

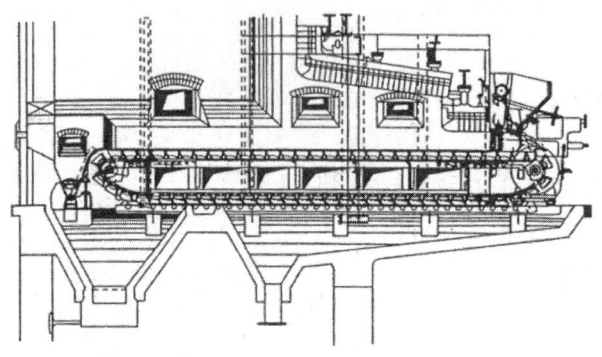
[쇄상 화격자 급탄기]

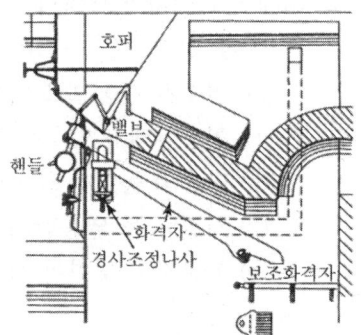
[경사 화격자로]

> REFERENCE
>
> (1) 수분식 화격자의 특징
>   ① 장점 : ⓐ 부하변동에 용이하게 응할 수 있다.
>   ⓑ 구조가 간단하고 시설비와 유지비가 적게 든다.
>   ⓒ 탄의 종류에 관계없이 용이하게 연소시킬 수 있다.
>   ② 단점 : ⓐ 탄층의 두께와 연료의 공급을 균일하게 할 수 없어 불완전연소가 되기 쉽다.
>   ⓑ 연속급탄에 따른 인력을 필요로 한다.
>   ⓒ 석탄의 보유열을 유효하게 이용할 수 없다.
>   ⓓ 대용량의 열설비에는 부적당하다.
> (2) 기계식(스토커) 화격자의 특징
>   ① 장점 : ⓐ 연속급탄이므로 맥동이 없는 양호한 연소가 된다.
>   ⓑ 화층이 균일하므로 완전연소가 용이하며 연소상태가 양호하다.
>   ⓒ 저질의 연료라도 양호한 연소를 이룰 수 있다.
>   ⓓ 급탄과 재처리가 동력에 의한 것이므로 인건비가 절약된다.
>   ⓔ 대용량 설비에 적당하다.
>   ② 단점 : ⓐ 규모가 크므로 설비비와 유지비가 많이 든다.
>   ⓑ 부하의 변동과 연료의 품질에 대한 적응성이 좋지 않다.
>   ⓒ 취급의 숙련 및 기술이 필요하다.
>   ⓓ 동력을 필요로 한다.

3 미분탄 연소장치

(1) 연소방식

① **유자형(U) 연소방식** : 편평식 버너를 사용하며 연소가스가 U자형 방향으로 배출된다. 일명 수직형 연소라고 하며 특히 연소실은 연소실 높이의 2배로 취할 수 있다. 연소하기 어려운 연료의 연소에 유리하다.

② **엘자형(L) 연소방식** : 선회식 버너를 사용하며 화염이 짧고 공기와 미분탄의 혼합이 양호하다. 배기가스가 L자형 상태로 배출된다.

③ **우각 연소방식(어미소의 소뿔장식 연소)** : 노의 모퉁이에서 중심부로 연소시키는 방식이며 노의 중심부에서 공기와의 혼합이 양호하며 연소상태가 양호하다. 대표적인 버너로 틸팅버너(Tilting Burner)가 많이 사용된다.

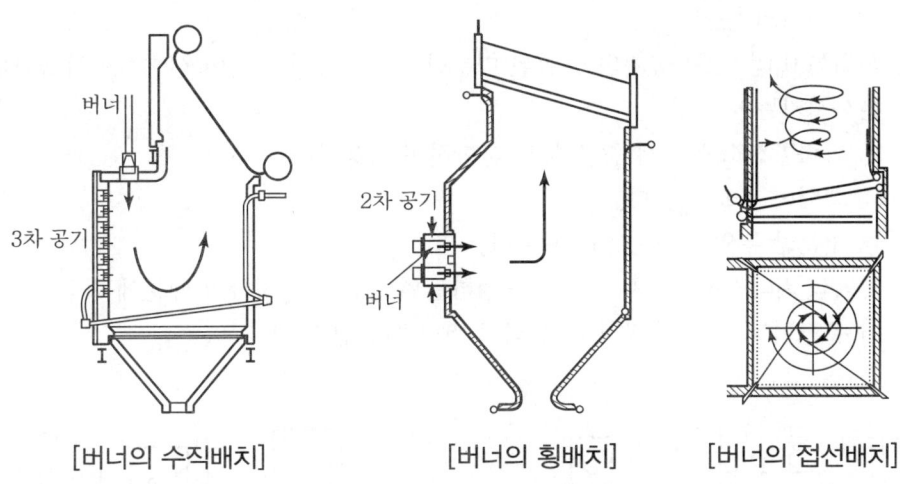

[버너의 수직배치]   [버너의 횡배치]   [버너의 접선배치]

REFERENCE 미분탄 연소의 특징

① 장점 : ⓐ 사용연료의 범위가 넓다.
ⓑ 부하변동에 응하기 쉽고 점화의 연소시간을 요하지 않는다.
ⓒ 연소속도가 빠르고 노 내를 고온으로 할 수 있다.
ⓓ 연소효율이 좋으며 연소제어가 용이하고 점화의 연소 시 연료의 손실이 적다.
ⓔ 공기비가 적어도 완전연소가 가능하며 고온의 공기예열기를 사용할 수 있다.
ⓕ 대용량 열설비에 적합하며 액체나 기체연료의 병용 사용이 가능하다.

② 단점 : ⓐ 플라이 애시(재가 날림)의 발생으로 집진장치가 반드시 필요하다.
ⓑ 공간연소가 이루어지기 때문에 연소실이 커야 한다.
ⓒ 많은 소요동력을 필요로 한다.
ⓓ 설비비나 유지비가 많이 든다.

④ 슬래그 탭 연소방식(Slag Tap) : 노를 1차로와 2차로로 장치하여 1차로에서 미분탄 연소 후 재가 나온 것의 80%는 융해시키고 나머지 20%는 2차로에서 용융시켜 연소가스 속에 분진을 발생시키지 않게 만든 연소법이다.
  ㉮ 노 내 온도가 재의 용융온도보다 200℃ 정도 높게 설계된다.
  ㉯ 고부하로 연소한다.
  ㉰ 작은 공기비로 연소가 되므로 배기가스 손실이 적다.
  ㉱ 연소가스 속의 분진에 의한 비산이 적다.
  ㉲ 노 내 온도가 높아서 특수내화제를 사용하여야 한다.
  ㉳ 연료의 선택이 까다롭다.
  ㉴ 용융된 재 성분의 알칼리가 분화하여 전열면을 오손시킬 우려가 있다.

(2) **미분탄 버너의 종류**
  ① **선회식 버너** : 1차 공기와 혼합된 미분탄과 2차 공기가 같이 선회하면서 노 내로 연료를 분사시키는 버너이다.
    ㉮ 화력발전소 등에서 중유 등과 혼합하여 사용한다.
    ㉯ 화염이 비교적 짧다.
    ㉰ 미분탄 투입 노즐은 이중관이다.
  ② **편평식 버너** : 버너설치는 노를 구성하는 수관군에 설치하기 때문에 화염이 편평한 모양이 유지된다. 화염의 길이는 선회식 버너보다 긴 편이다.

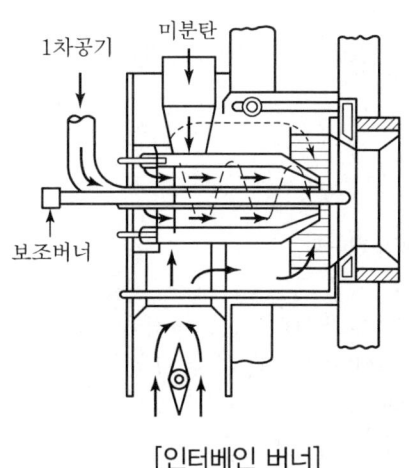

[인터베인 버너]

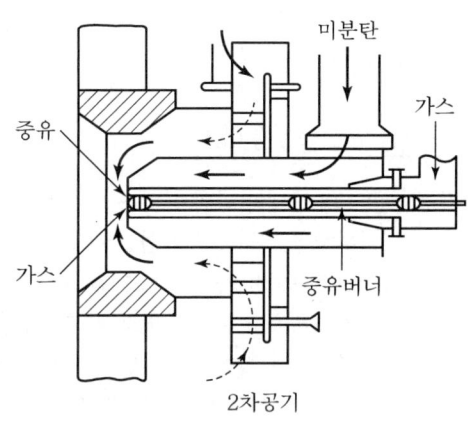

[선회식 혼소버너]

(3) **특수미분탄 연소장치**
  ① **크레머(Cramer) 연소장치** : 노에 직결된 해머밀을 분쇄 및 송풍을 겸하면서 석탄을 배기가스로 건조한 후 미분쇄시킨다.

② **사이클론(Cyclone) 연소장치** : 1차 공기와 미분탄을 강한 선회운동을 주어서 연소시키는 방식이며 버너 선단에서 1차 공기가 15% 정도 분사되고, 2차 공기 80%는 버너 벽에서 100m/sec 이상의 고속으로 분출시켜 연료의 선회운동을 촉진시킨다.

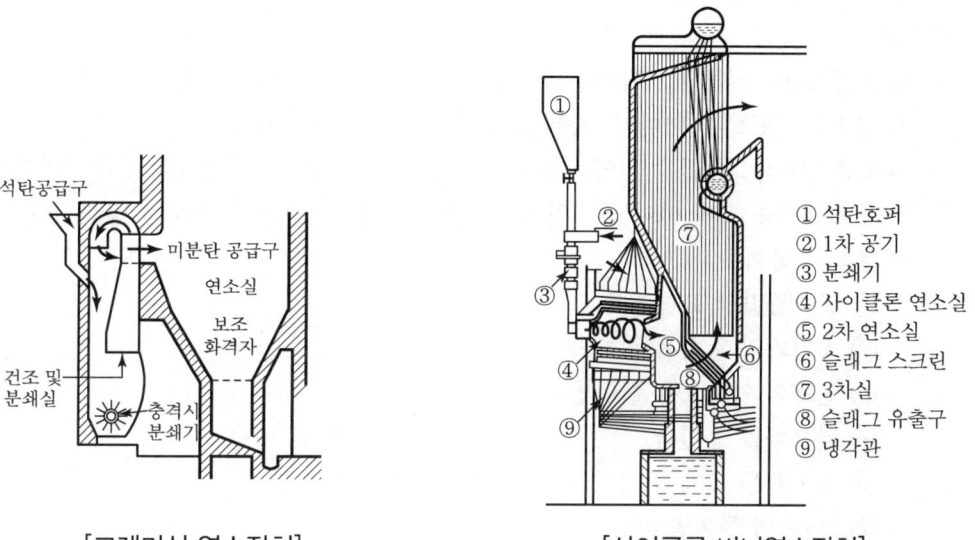

[크레머식 연소장치]   [사이클론 버너연소장치]

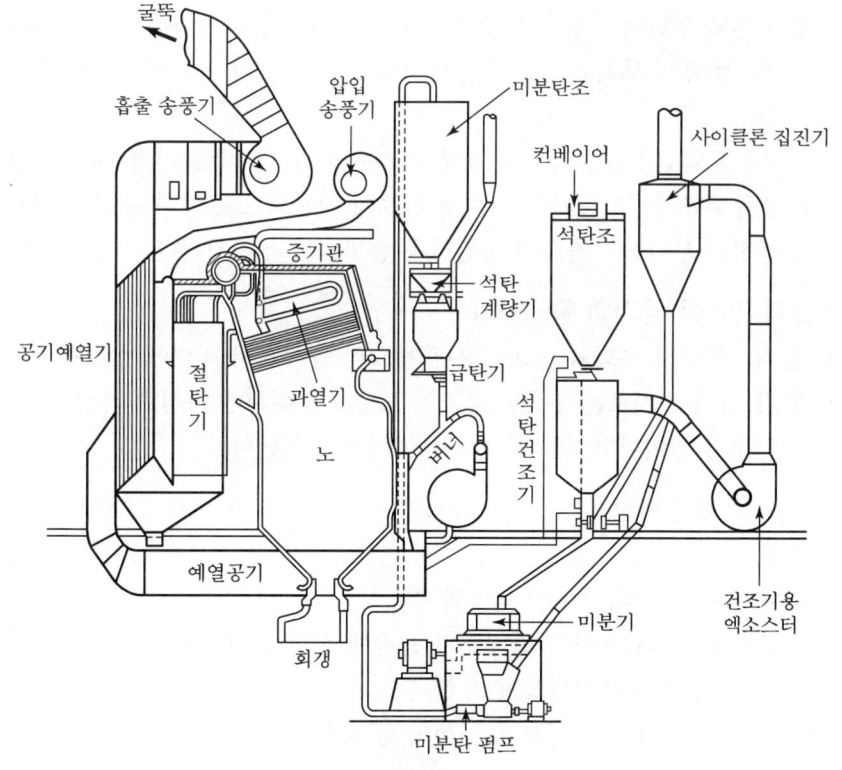

[미분탄 연소]

4 액체연료의 연소장치

액체연료인 경질유(휘발유, 등유, 경유)와 중질유인 중유(B-A, B-B, B-C)의 연소에 필요한 연소장치가 액체연료의 연소장치이다.

(1) **연소방식**
   ① 기화 연소방식 : 쉽게 기화하는 경질유 등의 연소에 필요한 연소방식이 기화 연소방식이며 심지식, 포트식, 버너식, 증발식의 연소방식이 사용된다.
   ② 무화 연소방식 : 중질유의 연료를 $10 \sim 50 \mu m$의 범위로 안개방울같이 무화하여 단위 중량당 표면적을 크게 하여 공기와의 혼합을 양호하게 한 후 연소하는 방식이다.
      ㉮ 무화의 목적
         ㉠ 단위중량당 표면적을 크게 한다.
         ㉡ 공기와의 혼합을 좋게 한다.
         ㉢ 연료의 연소효율을 높인다.
         ㉣ 열부하를 높인다.
         ㉤ 연소율을 크게 증가시킨다.
      ㉯ 중유연료의 무화방식
         ㉠ 유압무화식 : 연료펌프로서 연료 자체에 고압력을 주어서 무화시킨다.
         ㉡ 이류체 무화식 : 증기나 공기 등의 무화매체를 사용하여 무화시킨다.
         ㉢ 회전이류체 무화식 : 회전 분무컵에 의해 연료와 공기에 원심력을 주어서 무화시킨다.
         ㉣ 충돌무화식 : 고온의 금속판에 연료를 고속으로 충돌시켜 무화시킨다.
         ㉤ 진동무화식 : 초음파에 의하여 연료에 진동으로 주어서 무화시킨다.
         ㉥ 정전기 무화식 : 연료에 정전기를 통과시켜 무화시킨다.

(2) **액체연료의 연소용 공기의 공급방식**
   ① 1차 공기 : 연료의 무화와 산화반응에 필요한 공기로서 버너에서 직접 공급된다.
   ② 2차 공기 : 1차 공기로는 부족한 공기를 보충하기 위하여 화실로 직접 공급되는 공기로서 불완전연소가 일어나면 2차 공기가 부족하여 일어난다.

(3) **버너의 선택과 용량계산**
   ① 선택기준
      ㉮ 노 내 압력과 노의 구조에 적합할 것
      ㉯ 버너 용량이 가열용량과 보일러의 용량에 적합할 것
      ㉰ 유량 조절범위가 부하변동에 응할 수 있을 것
      ㉱ 보일러가 자동제어인 경우 자동제어 연결에 편리할 것

② 오일버너의 용량 산출

$$오일버너\ 용량(l/h) = \frac{보일러의\ 정격용량(kg/h) \times 2{,}257}{연료의\ 발열량(kJ/kg) \times 연료의\ 비중(kg/l)}$$

(4) 버너의 종류

① 유압분무식 버너 : 유압펌프로 기름에 고압력을 주어서 버너팁에서 노 내로 분출하여 무화시키는 버너이다. 그리고 유량의 조절은 기름의 유압을 가감하며 유량은 유압의 평방근에 비례한다. 즉, 유량을 1/2로 줄이려면 유압은 1/4로 줄여야 한다.

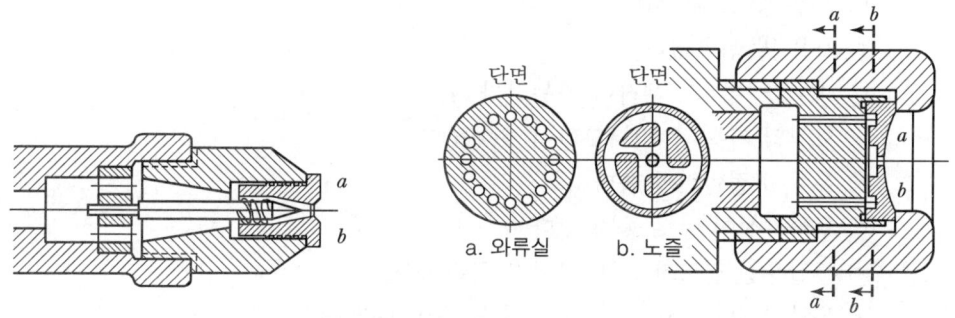

[압력유의 분무구조 양식]

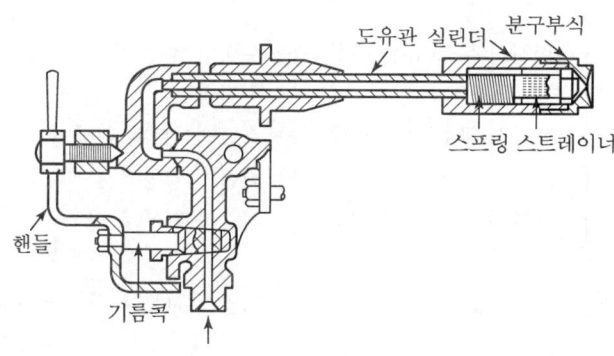

[압력분사식 버너]

㉮ 버너의 종류
  ㉠ 환류식 : 직접분사형, 플런저형
  ㉡ 비환류식 : 내측 반환류형, 외측 반환류형
㉯ 유압분무식 버너의 유압은 일반적으로 5~20kg/cm^2(0.5~2MPa)이다.
㉰ 유량조절범위
  ㉠ 환류식은 1 : 3, 연료의 분사각은 60~85°
  ㉡ 비환류식은 1 : 2, 연료의 분사각은 40~90°
㉱ 버너의 연소용량은 15l/h~2,000l/h 정도이다.

㉣ 유량조절방법
  ㉠ 버너수를 가감한다.
  ㉡ 환류식은 버너팁을 교환한다.
  ㉢ 리턴식을 사용한다.
  ㉣ 플런저식 버너를 사용한다.
㉤ 버너의 특징
  ㉠ 구조가 비교적 간단하다.
  ㉡ 무화매체인 증기나 공기가 필요하지 않다.
  ㉢ 분무 광각도는 40~90°이다.
  ㉣ 소음 발생이 없다.
  ㉤ 대용량 버너의 제작이 가능하다.
  ㉥ 보일러 가동 중 버너교환이 용이하다.
  ㉦ 유량 조절범위가 좁다.
  ㉧ 무화특성이 별로 좋지 않다.
  ㉨ 중질유인 점도가 크면 무화가 곤란하다.
  ㉩ 유압이 $5kg/cm^2$ 이하가 되면 무화가 곤란하다.
  ㉪ 연소의 제어범위가 비교적 좁다.

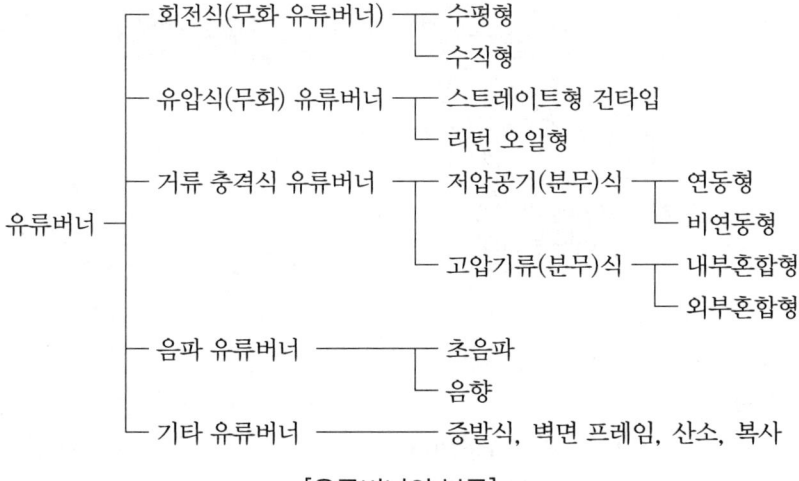

[유류버너의 분류]

⟨각종 버너의 적응 보일러⟩

명칭	무화 매체 또는 방법	화염특성	사용에 적합한 보일러
회전식 오일버너	오토마이징컵의 회전에 의한 원심력	단염	입형보일러, 노통연관식 보일러, 주철제 보일러, 중형 및 소형 수관 보일러
Non-Return 오일형 유압식 오일버너	유압	단염	각종 수관 보일러, 관류 보일러, 노통연관식 보일러
Return 오일형 유압식 오일버너	유압	단염	각종 수관 보일러, 관류 보일러, 노통연관식 보일러
건 타입 오일버너	유압	단염	주철제 보일러, 입형 보일러, 노통연관식 보일러
고압 기류충격식 오일버너(외부혼합형)	고압 증기 또는 증기	약간 장염	노통연관 보일러, 관류보일러, 입형 보일러, 중형 및 소형 수관 보일러, 주철제 보일러
고압 기류충격식 오일버너(내부혼합형)	고압 증기 또는 증기	단염-장염	각종 수관 보일러, 노통연관 보일러, 관류 보일러
저압 공기식 오일버너(비연동형)	저압공기	약간 단염	입형 보일러, 노통연관식 보일러, 주철제 보일러
저압 공기식 오일버너(연동형)	저압공기	단염	노통연관식 보일러, 입형 보일러, 주철제 보일러, 소형 수관 보일러

② **고압기류식 버너** : 비교적 고압인 2~7kg/cm²인 공기나 증기를 사용하여 기름이 무화되는 방식의 버너로서 기류식 버너이다.

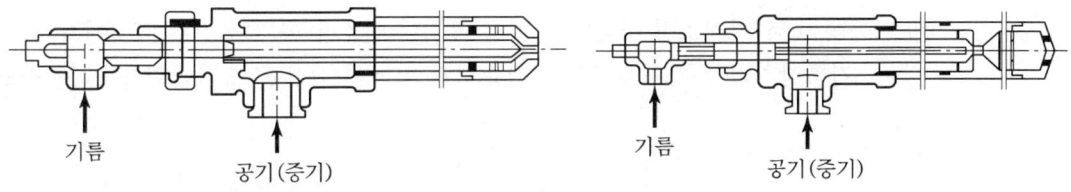

[고압기류식 버너]

㉮ 버너 종류
  ㉠ 외부 혼합식 버너(공기나 증기 이용)
  ㉡ 내부 혼합식 버너(공기나 증기 이용)
㉯ 버너의 특징
  ㉠ 연료의 점도가 커도 무화가 잘 된다.
  ㉡ 소량의 무화매체로서 무화가 가능하다.
  ㉢ 유압이 낮아도 된다.

ⓔ 유량 조절범위가 크다.
ⓜ 무화용 공기나 증기가 필요하다.
ⓑ 분무의 광각도가 30°로 좁다.
ⓢ 연소 시 소음이 발생된다.
㉰ 버너의 용량
ⓐ 외부 혼합식 : 3~500l/h 　　　ⓑ 내부 혼합식 : 10~1,200l/h
㉱ 연료의 유압력
ⓐ 외부 혼합식 : 0.3kg/cm² 이하, 무화에 필요한 공기량은 이론공기량의 2~7% 증기의 경우에는 20~60%이다.
ⓑ 내부 혼합식 : 6kg/cm² 이하, 무화에 필요한 증기소비량은 유량의 약 10%이다.
㉲ 유량 조절범위 : 1 : 10으로 매우 크다.
③ **저압기류식 버너** : 비교적 저압인 0.05~0.25kg/cm² 정도인 공기를 사용하여 분무연소시키는 버너이며 유압이 0.3~0.5kg/cm²의 압력으로 공급된다.
㉮ 특징
ⓐ 비교적 고점도의 유체도 연소가 가능하다.
ⓑ 공기의 압력이 높을수록 무화용 공기가 줄어든다.
ⓒ 유량 조절범위가 넓다.
ⓓ 분무 광각도가 30~60°로 비교적 넓다.
ⓔ 무화용으로 사용되는 공기가 많이 필요하다.
ⓕ 대용량 보일러에는 사용이 부적당하다.
ⓖ 소형의 보일러에 사용된다.
㉯ 버너의 종류
ⓐ 연동형 버너(비례조절 버너) : 분무용 공기나 연소용 공기가 전부 버너에서 공급되는, 기름장치와 공기조절장치를 연동시킨 버너이다(유량 조절범위가 1 : 8 정도).

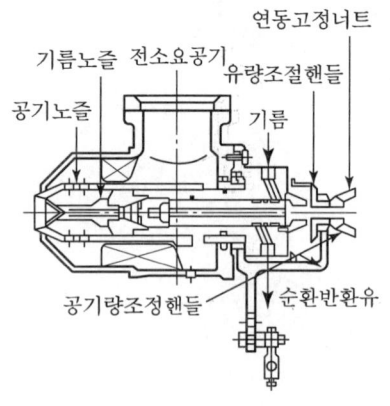

[연동형 저장공기]

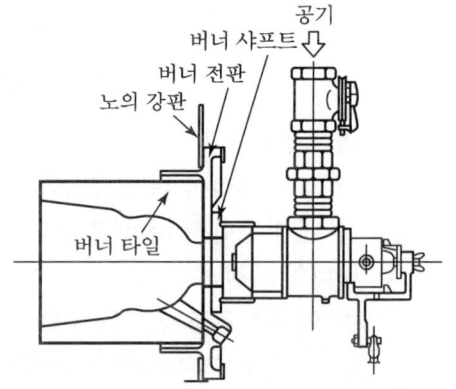

[연동형 저압공기식 버너의 부착]

ⓛ 비연동형 버너 : 기름양이나 공기량이 각각 따로 조정된 후 버너로 공급하는 형식의 버너이다.
㉰ 유량조절버너
ⓘ 연동형 : 1 : 6 정도
ⓛ 비연동형 : 1 : 5 정도
㉱ 버너용량
ⓘ 연동형 : 0.6~150l/h
ⓛ 비연동형 : 8~260l/h

④ **건타입 버너(Gun Type)** : 유압분무식과 송풍기를 이용하는 버너이다. 용도는 보일러나 열교환기에 사용되고, 사용연료는 등유, 경유, 중유 A급에 사용된다.
㉮ 특징
ⓘ 소형이며 전자동 연소가 이루어진다.
ⓛ 연소가 양호하다.
ⓔ 비교적 제작이 손쉽다.
㉣ 버너에 송풍기가 장치되어 있다.
㉯ 건타입 버너의 유압 : 7kg/cm² 이상
㉰ 사용 송풍기 : 다익팬(시로코형), 축류팬 사용
㉱ 건타입 버너의 소음(Phon)
ⓘ 대형 : 80폰 이하
ⓛ 소형 : 70폰 이하

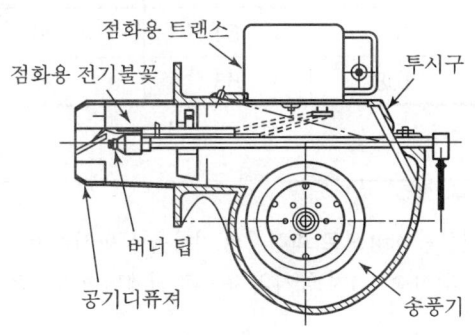

[건타입 버너]

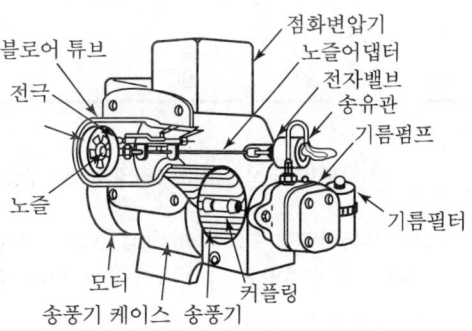

[건타입 버너의 구조도]

〈점도별, 버너별 중유의 적정 가열온도〉

122°F/50°C 중유의 점도		중유의 적정 가열온도(°C)				
세이볼트 플로우 (SFS)	세이볼트 유니버설 (SSU)	스팀 제트버너 200 SSU	기계식 무화 I 150 SSU	기계식 무화 II 100 SSU	로터리 버너 750 SSU	저압기류식 버너 150 SSU
30	275	57	63	74	32	63
50	460	66	72	83	42	72
70	680	72	80	90	49	80
90	880	77	84	95	52	84
100	980	78	85	97	55	85
110	1,070	79	87	99	56	87
120	1,190	81	88	100	57	88
130	1,260	82	89	101	58	89
140	1,360	84	91	102	59	91
150	1,450	85	91	103	60	91
160	1,580	86	92	104	61	92
170	1,670	88	93	104	63	93
180	1,750	88	95	106	63	95
190	1,880	88	95	107	63	95
200	1,950	89	96	108	64	96
210	2,160	90	97	108	65	97

> **REFERENCE** 회전분무식 로터리 버너(Rotary Burner)
>
> 분무컵인 오토마이징 컵(Atomizing Cup)의 회전체를 원심력 작용으로 회전시켜 기름을 무화시켜 비산하는 분무형식의 버너이다. 이 버너의 무화작용은 분무컵의 회전수와 1차 공기의 유속과 관계되며 유압은 일반적으로 0.5~3kg/cm^2 정도가 사용된다.
> (1) 특징
>   ① 구조가 간단하고 교환이 용이하다.
>   ② 버너형식에 따라서 대용량을 얻을 수 있다.
>   ③ 설비가 간단하고 자동화에 편리하다.
>   ④ 분무 광각도가 40~80°이다.
>   ⑤ 버너의 사용범위가 넓다.

⑥ 유량 조절범위가 1 : 5로 넓다.
⑦ 유량이 적으면 무화가 나빠진다.
⑧ 기름의 점도가 크면 무화가 곤란하다.
⑨ 점도가 높은 기름을 사용할 때에는 반드시 적정온도의 예열이 필요하다.
(2) 분무컵의 회전수
　① 직결식 : 3,500rpm 이하
　② 벨트식 : 7,000~10,000rpm 정도
(3) 버너 용량
　① 직결식 : 1,000l/h 이하
　② 벨트식 : 2,700l/h 이하
(4) 소음(Phon)
　① 대형 : 90폰 이하
　② 소형 : 80폰 이하

⑤ 초음파 버너 : 음파에너지로 오일을 무화시키는 버너이다. 고속기류를 음파발진체에 충돌시켜 음파를 발생하게 하는 음향버너이며 고압기류식의 일종이다.
⑥ 월프레임 버너 : 종래의 버너는 축선 방향으로 직진하는데, 이 버너는 축선에 대하여 직각방향으로 화염이 형성되어 노 내 벽면을 따라 뻗어나가는 버너이다.
⑦ 오일-산소버너 : 고온연소가 필요한 연소장치에 사용하는 버너이며 약 2,800℃ 정도의 이론 연소온도와 대단히 높은 연소부하율을 얻을 수 있는 버너이다.

3. 급유장치(연료의 공급장치)

급유장치란 액체연료를 버너까지 공급하는 일련의 모든 장치로서 10여 가지가 있다.

1 기름 저장탱크(Oil Storage Tank)

보일러실 등에서 장시간 사용에 충분한 양을 저장하는 기름 탱크로서 지하저장이나 안전지대에 설치하는 저유조의 대형 기름 저장탱크이다.

(1) 특징
　① 탱크의 용량 : 7~30일 사용량을 저장
　② 기름의 가열온도 : 40~50℃ 정도
　③ 기름의 가열방법 : 국부가열, 복합가열, 전면가열
　④ 가열열원 : 증기 또는 온수
　⑤ 급유에 따른 점도 : 500~1,000cSt(센티스토크스)

⑥ 부대설비 장치
  ㉮ 기름주입관　　　㉯ 기름급유관
  ㉰ 기름가열기　　　㉱ 기름온도계
  ㉲ 액면계　　　　　㉳ 드레인 빼기장치
  ㉴ 맨홀　　　　　　㉵ 사다리
  ㉶ 통기관　　　　　㉷ 피뢰설비
  ㉸ 오버플로관(일유관)

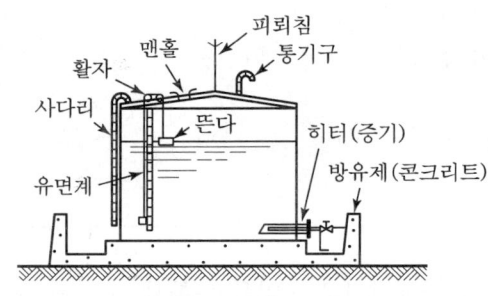

(a) 지상 저장탱크

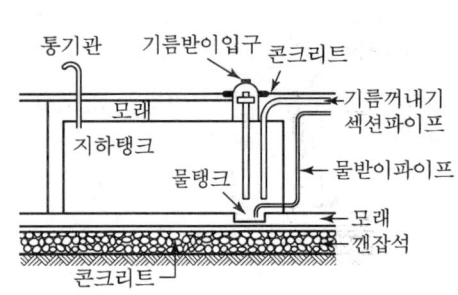 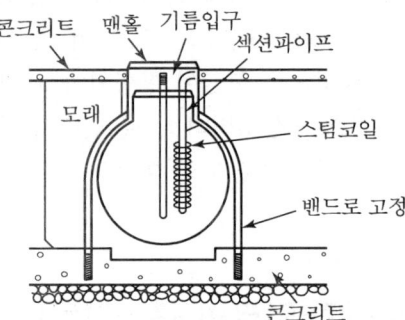

(b) 지하 저장탱크

[기름 저장탱크의 예]

2 급유배관(Feed Pyipe)

기름을 공급하기 위한 급유배관은 내식성이 좋아야 하며 기름온도의 하강을 막기 위하여 보온이나 이중관으로 설비한다. 그리고 기름의 적정유속은 관 내에서 0.25~0.5m/s가 되는 데 지장이 없어야 한다.

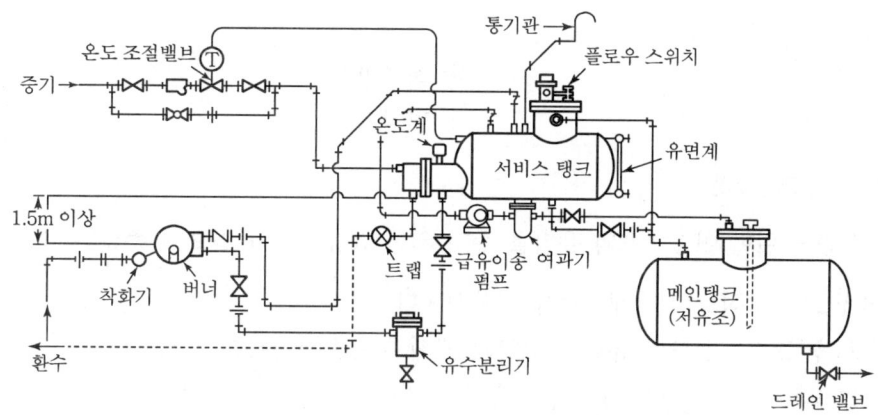

[연료장치의 배관 라인도]

3 기름여과기(Oil Strainer, 오일 스트레이너)

기름 속의 이물질을 제거하기 위하여 설치하며 장시간 사용하면 여과기가 막히기 때문에 그것을 알기 위하여 여과기의 입구와 출구에 압력계를 설치하여 압력을 감시하여야 한다. 그리고 그 압력차가 $0.2kg/cm^2$ 이상이 되면 여과기의 청소를 반드시 하여야 하며 여과기는 반드시 병렬로 설치한다.

(1) 사용상의 이점
　① 교체가 가능하다.
　② 노즐폐쇄를 막아준다.
　③ 펌프나 유량계의 이물질을 제거하여 수명을 연장시킨다.

(2) 여과기의 설치장소
　① 기름 펌프 흡입 측
　② 기름 가열기의 전후 측
　③ 급유량계 입구 측

(3) 여과기의 종류
　① Y자형 여과기
　② U자형 여과기(기름에서 가장 많이 사용하는 여과기)
　③ V자형 여과기

(4) 여과망의 크기
　① 유량계전 : 20~30mesh
　② 버너입구 : 60~120mesh

(5) 여과망의 종류
① 금망
② 적층판형
③ 소결금속여지
④ 펀치드 포드

4 기름펌프(Oil Pump)

연료의 수송을 위한 이송펌프와 유압을 주기 위한 압송펌프가 있으며 종류는 다음과 같다.

(1) **기어 펌프** : 고점도의 액체수송에 이상적이다.

(2) **플런저 펌프** : 저점도의 유류나 고압의 액체수송에 적합하다.

(3) **스크루 펌프** : 고점도나 95℃의 고온까지 유체의 수송이 가능하다.

※ 압송펌프를 일명 분연펌프(미터링 펌프)라 한다.

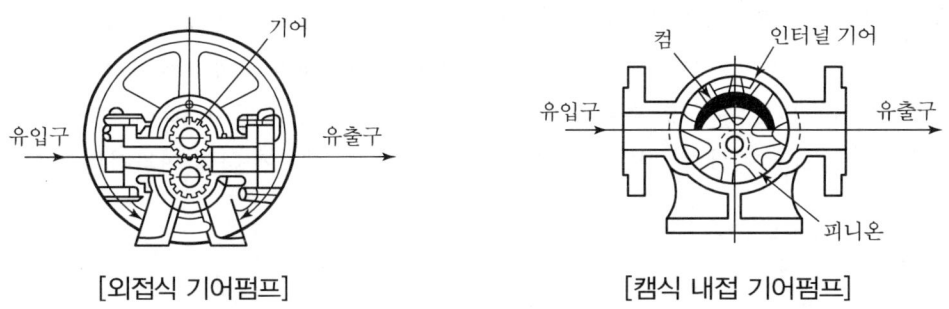

[외접식 기어펌프]　　　　　　　　[캠식 내접 기어펌프]

5 서비스 탱크(Service Tank)

저장탱크로부터 적당량의 기름을 받아 버너로 급유하는 탱크이며 이 탱크의 용량은 24시간 내지 48시간 정도의 공급분이 비축되는 기름탱크로서 사용이 편리하다.

(1) **설치위치**
① 보일러 외측으로부터 2m 이상 떨어지게 설치한다.
② 버너 선단에서 1.5m 이상의 높이에 설치한다.

(2) **기름의 가열 적정온도** : 60~70℃

(3) **기름의 가열원** : 증기 및 온수

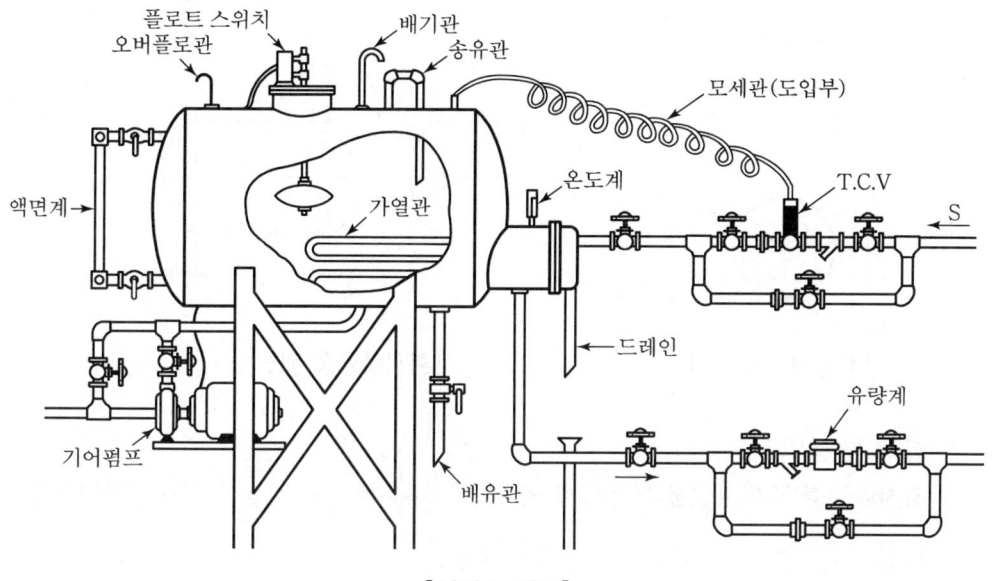

[서비스 탱크]

(4) 서비스 탱크의 내용적 계산

  서비스 탱크의 용적은 기름의 온도상승에 의한 체적 팽창을 우려하여 소요용적에 필요한 내용적에 10% 정도의 여유를 갖게 제작한다.

(5) 탱크용량 계산

① 횡치원통형의 내용적(V)

  횡치원통형의 내용적은 ①, ②, ③의 합이므로

$$V = \frac{\pi r^2}{3}l_1 + \pi r^2 l + \frac{\pi r^2}{3}l_2$$

$$= \pi r^2 \left(l + \frac{l_1 + l_2}{3}\right) \mathrm{m}^3$$

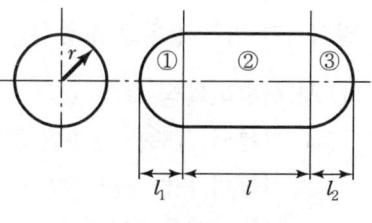

[횡치원형 탱크]

② 직립원통형의 내용적(V)

  직립원통형의 탱크는 그 지붕에 의한 용적은 탱크의 유효용적에서 제외되므로 탱크의 내용적 $V = \pi r^2 l (\mathrm{m}^3)$

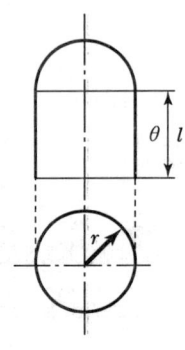
[직립원통형 탱크]

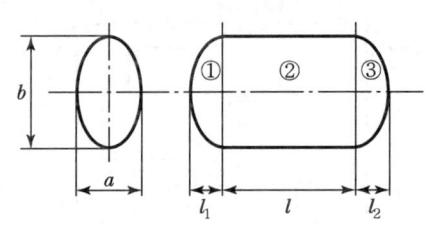
[횡치타원형 탱크]

③ 횡치타원형의 내용적(V)

횡치타원형도 횡치원통과 동일한 방법으로 내용적 V는 ①, ②, ③의 합이므로

$$V = \frac{1}{4} \cdot \frac{\pi ab}{3} l_1 + \frac{1}{4} \pi ab \times l + \frac{1}{4} \cdot \frac{\pi ab}{3} l_2$$

$$= \frac{\pi ab}{4}\left(l + \frac{l_1 + l_2}{3}\right) \text{m}^3$$

6 기름가열기(Oil Preheater, 오일프리히터)

버너에서 점도가 높은 액체연료의 연소 시 분무상태를 좋게 하기 위하여 적정온도로 기름을 가열시키기 위한 장치로서 종류는 대략 3가지로 나뉜다.

(1) 사용상의 특징

① 기름의 점도를 낮추어 준다.
② 기름의 유동성을 도와준다.
③ 분무상태를 양호하게 한다.
④ 완전연소에도 도움을 준다.
⑤ 전기나 증기 등의 매체가 소요된다.
⑥ 설치장소를 적게 차지하게 된다.
⑦ 전기식은 동력비가 추가된다.

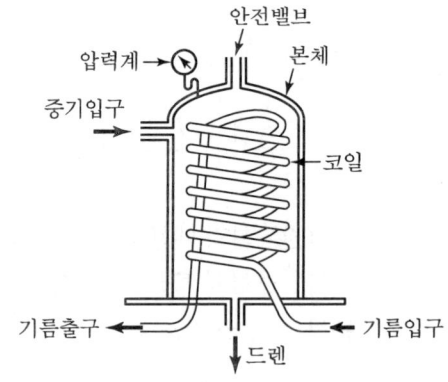
[입체형 증기식]

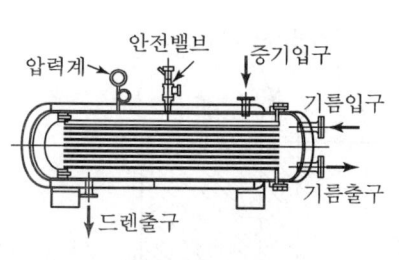

(a) 가로형 증기식   (b) 전기식

[기름가열기]

(2) **기름의 가열온도** : 80~90℃

(3) **가열온도가 너무 높을 때의 현상**
① 관 내에서 기름이 분해를 일으킨다.
② 분무상태가 고르지 못하다.
③ 탄화물 생성의 원인이 된다.
④ 분사각도가 흐트러진다.
⑤ 역화의 발생을 유발한다(기름 속의 물 때문에).

(4) **가열온도가 너무 낮을 때 현상**
① 무화의 불량을 일으킨다.
② 불길이 한편으로 흐른다.
③ 그을음의 생성 및 분진이 일어난다.

(5) **기름의 예열방식** : 부분예열식, 전면예열식, 복합식

(6) **기름가열기의 종류**
① 증기식 가열기
② 온수식 가열기
③ 전기식 가열기

▶ 기름가열기 전기식의 용량 계산

$$\text{용량}(\text{kWh}) = \frac{G_f \times C \times (t_2 - t_1)}{860 \times \eta}$$

여기서, G_f : 최대연료사용량(kg/h) C : 연료 평균비열(kcal/kg℃)
t_2 : 예열기 출구온도(℃) t_1 : 예열기 입구온도(℃)
η : 예열기 효율(%)

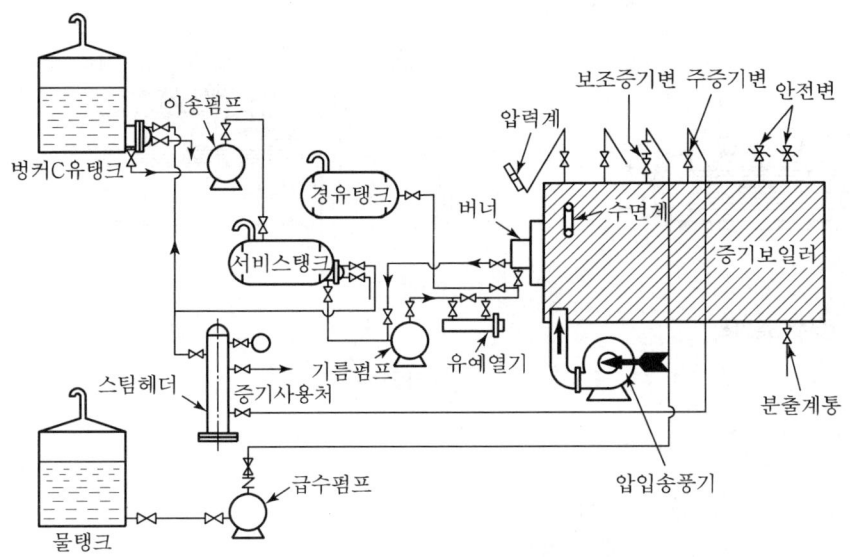

[급유장치 배관라인도]

7 기름온도계

기름의 온도가 적정온도에 달하였는지를 확인하기 위하여 사용된다.

(1) **온도계의 종류**
　① 유리제 온도계
　② 바이메탈 온도계

(2) **기름온도계의 설치위치**
　① 기름 저장탱크
　② 서비스 탱크
　③ 기름가열기(오일히터)
　④ 급유량계 입구전

8 급유량계(Flow Meter)

급유량계는 기름의 사용량을 측정하기 위하여 설치한다.

(1) **유량계의 사용종류** : 용적식 유량계(오벌기어식 등)
(2) **유량계의 설치위치** : 기름가열기와 버너 사이에 설치
(3) **바이패스관 설치** : 유량계의 고장을 대비하여 보조 급유배관을 설치한다.

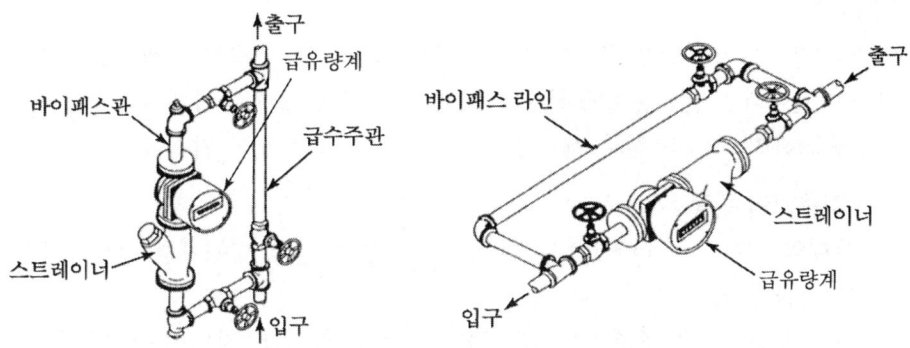

[오벌기어식 유량계]

9 오일 압력계(Oil Pressure Gauge)

기름 공급의 적정압력을 측정하기 위하여 버너 전에 부르동관 압력계 등을 설치하여 기름의 압력을 측정한다.

10 연소안전장치

(1) 솔레노이드 밸브(Solenoid Valve, 전자밸브)

보일러 가동 중 연소의 소화, 압력초과 저수위 사고 등 이상상태가 일어났을 때 긴급히 연료를 차단하여 보일러의 위해를 사전에 방지하는 일종의 안전장치이다. 연료가 차단되므로 버너 가동이 중지되고, 정전 시에도 예방되므로 연료계통에 필수적인 부대장치이다.

① 전자밸브에 연결되는 기기
   ㉮ 화염검출기   ㉯ 증기압력 제한기   ㉰ 저수위 제한기
② 설치위치 : 버너에서 가장 가까운 입구 측에 설치한다.

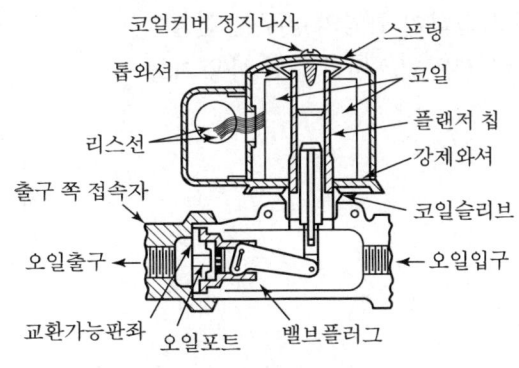

[솔레노이드 밸브]

(2) 화염검출기

화염검출기란, 보일러 운전 중 연소실 내의 화염의 유무를 검출하는 계기로서 갑자기 연소실에 실화가 일어나면 전자밸브에 신호를 보내서 연료공급을 차단하게 하는 목적이 있다. 부착위치가 중요하며 보일러 전부 윈드박스 상단에 설치하는 것이 원칙이다.

① 화염검출기의 종류

㉮ 플레임 아이(Frame Eye) : 연소 중에 발생하는 빛의 발광체를 이용하여 화염의 유무를 검출한다.
  ㉠ 불꽃감지부의 종류 : 황화카드뮴, 광전관, 황화납, 자외선 광전관 등
  ㉡ 플레임 아이의 안전사용온도 : 50℃ 이하
  ㉢ 사용기간 : 2,000시간 정도 사용한 후 교환한다.

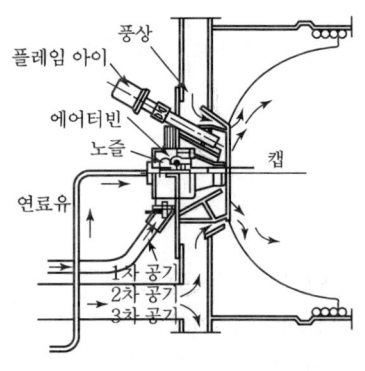
[플레임 아이 부착 예]

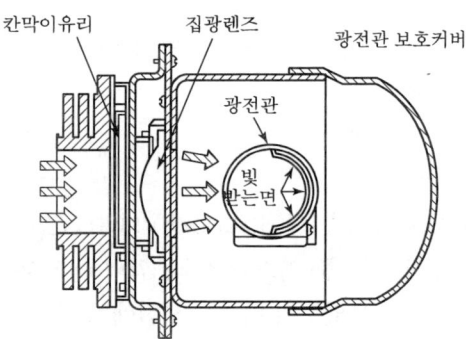
[플레임 아이 구조도]

㉯ 플레임 로드(Flame Rod) : 화염 속의 이온화(양성전자, 중성전자)로 전리되어 있음을 알고 버너에 글랜드 로드(Gland Rod)를 부착하여 화염 중에 삽입하여 화염의 유무를 검출한다. 연소시간이 짧은 가스버너 등에 사용 가능하다.

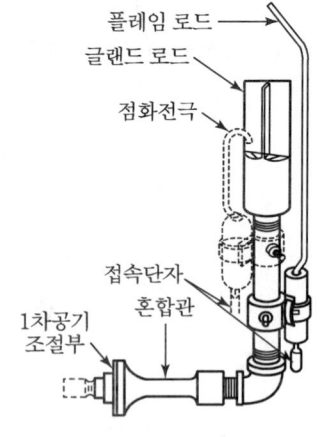
[플레임 로드]

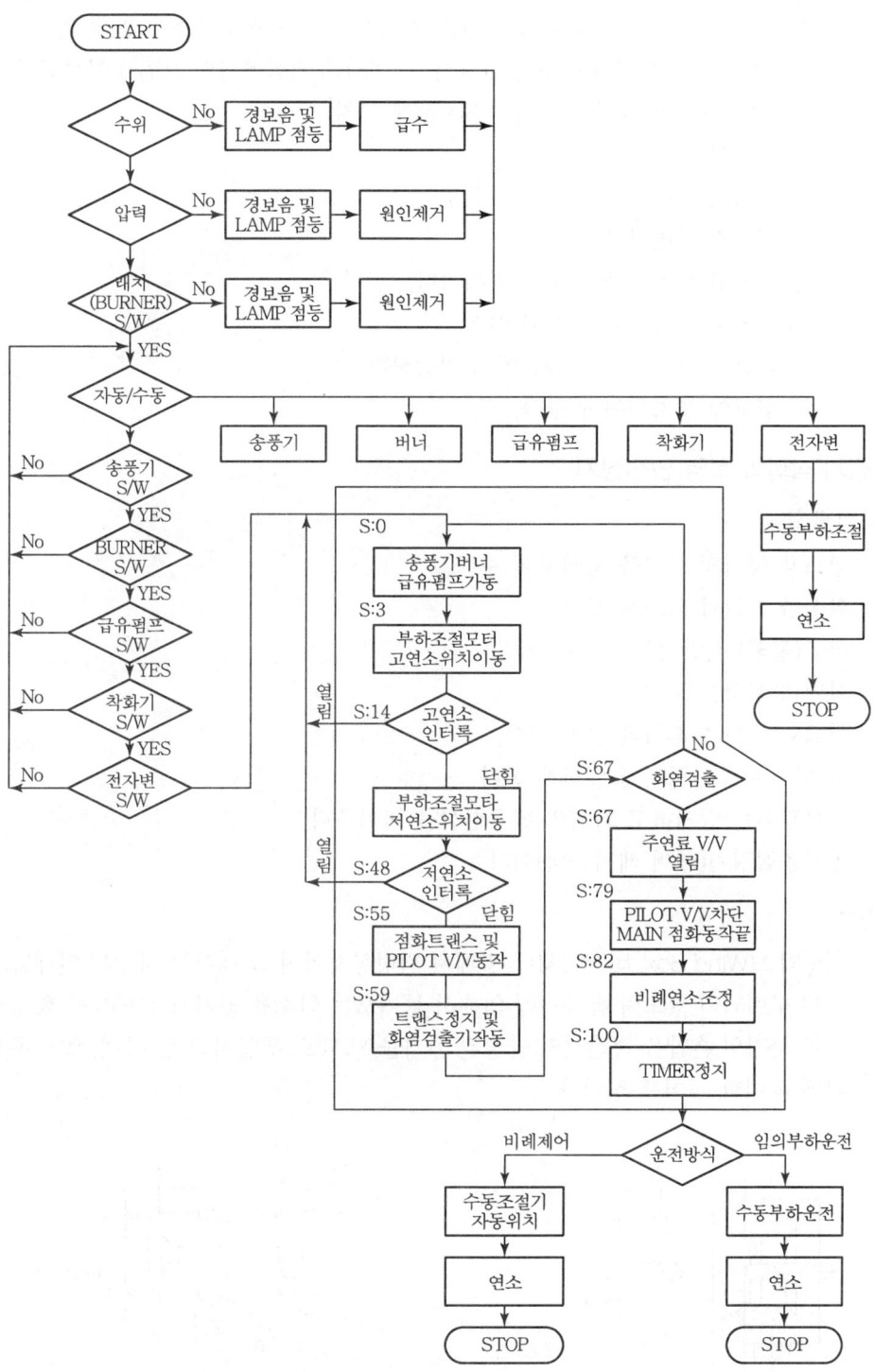

[비례제어방식 운용에 대한 Flow Chart]

ⓐ 스택 스위치(Stack Switch) : 연소 중에 발생되는 연소가스의 열에 의해 바이메탈의 신축작용으로 화염의 유무를 검출하고, 버너의 기름용량이 10l/h 이하인 소용량 보일러 등에 사용된다(연도 상단부 30cm에 설치).
㉠ 구조가 간단하다.
㉡ 가격이 싸다.
㉢ 설치가 간편하다.
㉣ 소용량 보일러에 사용이 편리하다.
㉤ 화염의 검출응답이 늦어진다.
㉥ 대용량 보일러에는 사용이 부적당하다.
㉦ 연도에 설치하여야 한다.

11 보염장치(착화와 화염 안전장치)

(1) 설치목적
① 연소용 공기의 흐름을 조절하여 준다.
② 확실한 착화가 되도록 한다.
③ 화염(불꽃)이 안정을 도모한다.
④ 화염의 형상을 조정한다.
⑤ 연료와 공기의 혼합을 좋게 한다.
⑥ 노 내의 온도분포를 균일하게 한다.
⑦ 국부과열을 방지하고 화염의 편류현상을 막아준다.
⑧ 공기조절장치(에어 레지스터)이다.

(2) 종류
① 윈드박스(Wind Box, 바람상자) : 밀폐된 원형상자이며 그 내부는 다수의 안내날개가 경사지게 구비되어 있으며 송풍기에 의해서 들어오는 연소용 공기가 선회류를 형성하면서 연료와 공기의 혼합을 촉진시켜 안정된 공기를 노 내로 투입시킨다. 특히, 압입통풍 가압방식에 유리한 것이 특징이다.

[윈드박스의 구조도]

② **스테빌라이저(보염기)** : 점화에 의해 착화된 화염이 버너 선단에서 공급 공기에 의해 꺼지지 않고 안정된 화염을 갖도록 하는 장치이다.
　㉮ 종류
　　㉠ 선회기 방식 : 축류식, 반경류식, 혼류식
　　㉡ 보염관 방식 : 보염관 사용
③ **버너타일** : 버너에서 연료와 공기를 분사하는 노벽에 설치하여 분무 각도를 변화시키고 안정된 화염을 형성시켜 준다. 특히, 버너 타일의 각도에 의해 화염의 영향을 받게 된다.
④ **컴버스터(급속연소통)** : 둥근 원통의 금속재료로서 노 내에서 불꽃의 꺼짐을 막아주고 급속연소를 시키는 역할을 한다. 설치목적은 다음과 같다.
　㉮ 연료의 착화를 손쉽게 한다(불꽃 꺼짐의 방지).
　㉯ 저온의 노에서 연소를 안정시킨다.
　㉰ 완전연소를 촉진시킨다.

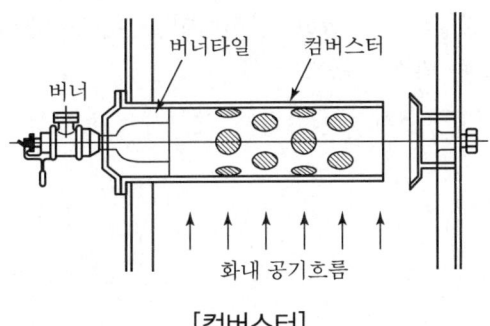

[컴버스터]

12 연소점화장치

(1) **수동점화 토지**

길이 1m 정도의 점화봉에 (10mm 직경) 석면이나 천을 끝부분에 감아서 만들어 경유에 적신 후 화구에 밀어 넣어서 5초 이내에 주버너에 착화시킨다.

① 점화 실패가 많다.
② 사용이 불편하다.
③ 연소용 공기의 압력이 높아서 점화봉의 불꽃이 꺼지지 않게 하여야 한다.

(2) 전기 스파크식(자동점화식)
버너에 플러그를 두고 변압기에서 고전압을 플러그로 보내면 강한 스파크(불꽃)가 발생하여 가스연료나 경유에 순간적으로 점화가 일어난다.

① 사용상의 장점
   ㉮ 착화가 수동식에 비해 손쉽다.
   ㉯ 불꽃의 안정을 형성하는 노즐이 있다.
   ㉰ 불이 잘 꺼지지 않는다.
   ㉱ 자동식 점화다.

② 착화에 필요한 전압
   ㉮ 가스연료 착화버너 : 5,000~7,000V(상용 8kV)
   ㉯ 경유연료 착화버너 : 10,000~15,000V(상용 13kV)

③ 가스착화 버너의 분류(파일럿 가스버너)
   ㉮ 내부 혼합식 : 불꽃이 날카롭고, 안전성이 크며, 노 내 압력에 관계없이 쓸 수 있다.
   ㉯ 외부 혼합식(노즐 믹스형 가스버너)
   ㉰ 반혼합식(애트머스 패릭타입 버너)

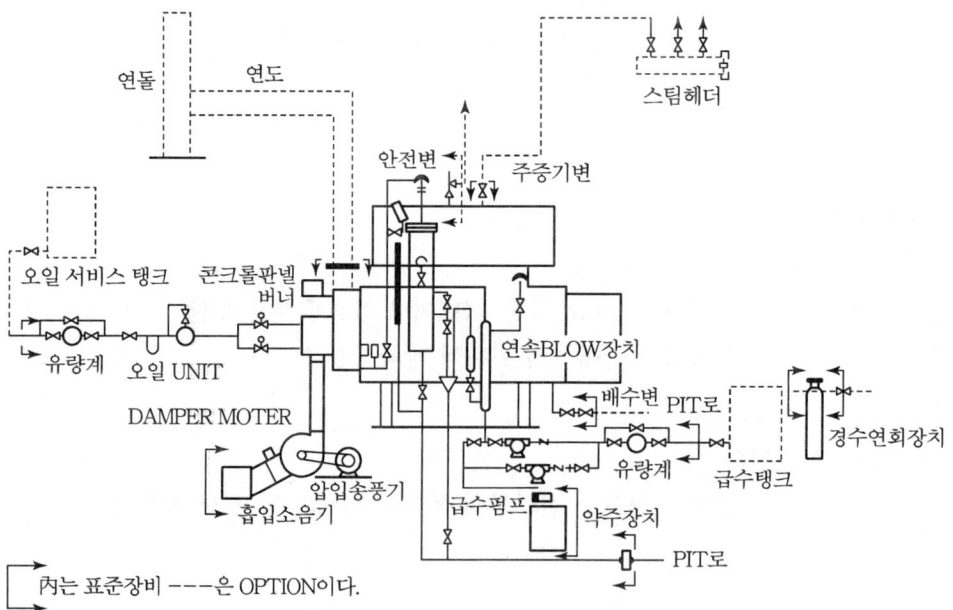

[Oil 연소용]

13 오일버너 고장대책

고장	원인	대책
버너가 작동되지 않는다.	주 전원 차단	주전원 및 퓨즈 점검, 전선의 단락 확인
	예열탱크의 저온 리밋 스위치 차단	예열탱크의 저온 리밋 스위치 조정
	수동복귀 스위치 및 저수위 스위치 차단	수동복귀 스위치 및 저수위 스위치 점검
	스위치 작동불량 컨트롤	컨트롤 박스의 퓨즈 점검, 컨트롤 스위치 점검, 프로텍트릴레이 리셋 버튼을 눌러서 복귀를 확인
버너 모터는 회전하는데, 오일이 분사되지 않는다.	오일탱크가 비었다.	연료를 보급한다.
	오일탱크가 막혔다.	배관 내의 공기를 오일펌프, 오일필터의 공기면을 열고 공기를 완전히 제거한다. 이물질 확인
	배관의 메인밸브가 잠겼다.	메인밸브를 열고 버너에 연료를 공급한다.
	오일필터, 오일펌프 필터, 연료탱크 필터가 막혔다.	분해하여 이물질을 깨끗이 세척하고 드레인 콕을 열어 이물질 및 물 등을 배출한다.
	배관 내에 공기 증기가 들어 있다.	배관의 접속부를 잘 조인다. 펌프 및 기수분리기의 공기밸브로 공기 증기를 제거한다.
	노즐이 막혔다.	노즐 청소
	오일펌프의 압력이 낮다.	압력조절을 하여 유압을 높이고 ($20 \sim 24 kg/cm^2$) 기어의 마모상태를 점검한다.
	커플링 불량	커플링 마모 손실 점검
오일은 분사되는데, 점화가 되지 않는다.	오일의 점도가 너무 크다.	점도가 낮은 오일로 바꾸든가 예열온도를 높인다.
	오일의 온도가 너무 낮다.	예열탱크의 온도를 적당히 조절한다.
	펌프의 유압이 낮다.	펌프의 유압 조절 및 펌프 교환
	전극봉의 위치 불량 및 전극 간격 불량	적당한 위치로 수정 전극봉 간격 조정(7mm), 전극봉 청소
	전극봉 파손	교환
	전극이 단자에 접촉되지 않음	점화 리드선을 점화 트랜스 단자 타 접촉 확인
	점화트랜스 파손	교환
	1차 공기압력 및 공기량 과대	적정량이 되도록 조정

고장	원인	대책
버너 모터는 도는데, 오일이 분사되지 않는다.	연료탱크의 연료 부족	연료 보충
	오일배관 또는 오일펌프에 공기, 증기 등으로 오일이 막혔다.	기수분리기 및 오일펌프의 공기면으로 공기 및 증기를 제거한다.
	오일펌프의 압력이 낮다.	압력조정밸브 점검, 컷오프밸브 점검
	노즐이 막혔다.	노출 분해 청소
	오일펌프 및 예열탱크의 필터가 막혔다.	분해 청소
	모터가 역으로 회전한다. 전자밸브 작동 불량	전원으로부터 회전방향 점검 1, 2차 전자밸브 점검
	커플링 불량	커플링 점검 및 공회전 상태 점검
1차 점화는 되는데, 2차 점화가 되지 않는다.	2차 노즐이 막혔다.	노즐 점검
	2차 전자밸브 불량	2차 전자밸브의 작동 여부 확인
	오일의 예열온도 부적당	고온 리밋 스위치에 의하여 예열온도 증가 및 감소
	연료공급 부족	예열탱크, 오일펌프 필터 점검
운전 도중의 소화	점화불량일 때의 항목 참조	
	안전장치 작동	리밋 컨트롤 수동복귀 저수위 장치 점검
	광전관의 불량	집광렌즈 청소 광전관 삽입 위치 불량
	노즐이 막혔다.	노즐 점검
불꽃은 방전되는데, 모터가 회전하지 않는다.	버너모터, 마그넷 스위치 리셋 버튼 작동	리셋 버튼을 눌러서 복귀 확인 기어펌프 과부하 상태 점검 마그넷 스위치의 접점 불량, 버너 모터가 타지 않았나 점검
불완전연소	연료공급 부족	서비스 탱크, 오일배관, 스트레이너, 연료펌프, 예열탱크 필터를 수시로 점검, 슬러지 및 회분 제거
	배관 속에 공기 증기가 차 있다.	기수분리기 및 오일펌프 공기밸브로 공기 증기를 제거
	분사압력이 불규칙하다.	오일펌프의 분사압력 조정(20~24kg/cm^2)
	확산기가 철매로 막혔다.	확산기를 분해, 깨끗이 청소
	예열온도가 너무 높거나, 낮거나 한다.	예열탱크의 고·저온 리밋 스위치 조정
	불꽃이 적어질 때	예열탱크의 필터를 분해 청소

고장	원인	대책
불완전연소	오일배관의 불합리	서비스 탱크와 버너의 배관 사이에 가압 오일펌프를 설치(1~2kg/cm²)
	보일러 연관이 막혔다.	보일러 청소구를 분해, 연관의 철매를 청소
	연료 소모량이 과대하다. 굴뚝에서 검은 연기가 난다. 굴뚝에서 흰 연기가 난다.	보일러 사양에 맞게 연료 소모량 조정, 1, 2차 댐퍼 조정, 과잉공기가 과대하므로 1, 2차 댐퍼 조정
	연료의 공급 부족	불완전연소의 대책 참조
	노 내압이 너무 높다.	보일러 연관 속의 철매 제거 보일러 연관 속의 러브레터 개수 조정 보일러 연도의 댐퍼 조정
	공기량이 적다.	1, 2차 댐퍼로 완전연소되도록 조정
	오일의 인화점이 낮다.	예열탱크의 저·고온 스위치로 조정
	연료 연소량이 과대하다.	보일러 사양에 맞게 연료 소모량 조정
오일펌프의 흡입 불량	오일펌프 과대	예열하여 점도 낮춤
	배관파이프 및 오일펌프에 공기가 들어갔다.	오일배관 점검 및 오일펌프의 공기 제거
	오일펌프 필터 및 스트레너가 막혔다.	분해하여 슬러지 및 회분 청소
	밸브가 열리지 않았다.	흡입 및 토출밸브 점검
	오일펌프의 마모	오일펌프 교체
	커플링 불량	커플링 교체
	서비스 탱크 유온이 낮다.	히팅코일 가열 유온 증가

4. 기체연료의 연소장치

1 기체연료의 연소방식

기체연료의 연료방식은 연소용 공기의 공급방식에 따라 두 가지가 있다.

(1) 확산 연소방식

화구로부터 가스와 연소용 공기를 각각 연소실에 분사하고, 이것이 난류와 자연확산에 의한 가스와 공기의 혼합에 의해 연소하는 방식이다.

① 외부혼합식이다.
② 가스와 공기를 예열할 수 있다.
③ 고로가스나 발생로가스 등 탄화수소가 적은 가스연소에 유리하다.

④ 역화의 위험성이 적다.
⑤ 불꽃의 길이가 긴 편이다.
⑥ 부하에 따른 조작범위가 넓다.

(2) 예혼합 연소방식
기체연료와 연소용 공기를 사전에 버너 내에서 혼합하여 연소실 내로 분사시켜 연소를 일으키는 연소방식이며 완전 혼합형, 부분 혼합형의 2가지가 있다.

① 내부혼합식이다.
② 불꽃의 길이가 짧다.
③ 고온의 화염을 얻을 수 있다.
④ 연소실 부하가 높다.
⑤ 액화의 위험성이 크다.

(3) 기체연료의 연소성 특징
① 연소속도가 빠르다.
② 연소성이 좋고, 연소가 안정된다.
③ 완전연소가 가능하다.
④ 연소실 용적이 작아도 된다.
⑤ 대기오염의 발생이 적다.
⑥ 회분이 거의 없다.
⑦ 과잉공기가 적어도 된다.

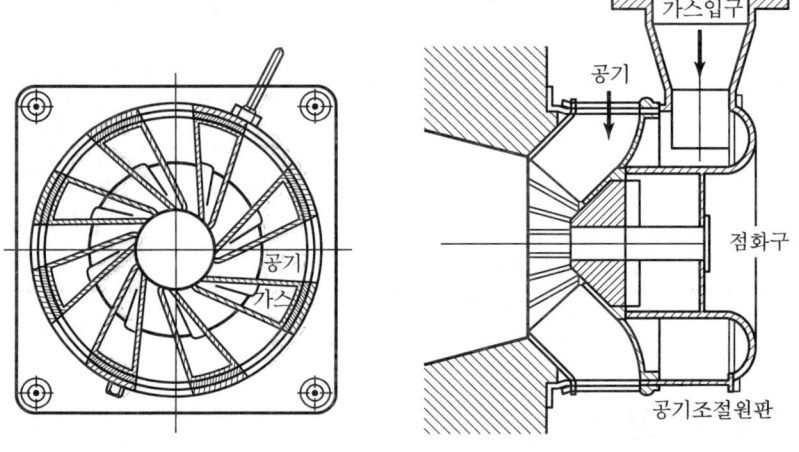

[가스버너]

(4) 버너의 종류
① 확산 연소방식의 버너
㉮ 포트형(Port Type) : 넓은 단면의 화구로부터 가스를 고속으로 노 내를 확산하면서 공기와 혼합 연소하는 형식의 버너이다.
㉠ 발생로가스나 고로가스 등의 탄화수소가 적은 연료를 사용한다.
㉡ 가스와 공기를 고온으로 예열할 수 있다.
㉢ 가스와 공기의 속도를 크게 잡을 수 있다.

㉯ 선회형 버너(Guid Vane) : 가이드 베인이 있어 이것에 의해 가스와 공기를 혼합하여 그 혼합가스를 연소실로 확산시켜서 연소하는 버너이다. 특히, 사용연료는 고로가스(용광로가스 등) 저품위의 연료가 사용된다.

㉰ 방사형 버너 : 천연가스와 같은 고발열량의 가스를 연소시키는 버너이며 연소방식은 선회형 버너와 비슷하다.

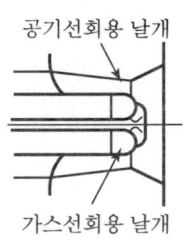
[포트형 가스버너]

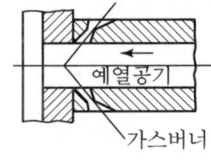
[선회형 가스버너]

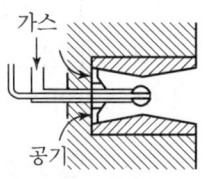
[방사형 가스버너]

② 예혼합 연소방식의 버너

㉮ 저압버너(공기흡인버너) : 송풍기를 사용하지 않으며 연소실 내를 부압으로 유지시켜 공기와 가스가 혼합유입되어 연소하는 버너이다.

㉠ 사용가스의 압력이 70~160mmH$_2$O 정도의 저압으로 가스가 공급된다.

㉡ 사용가스는 도시가스이다.

㉢ 가정용이나 공업용에 사용된다.

㉣ 노 내가 부압이므로 자연흡입이 가능하다.

㉤ 고위발열량의 가스를 사용할 때는 노즐 구경을 작게 하고 공기의 흡입을 크게 한다.

㉥ 역화방지로 1차 공기량을 이론공기량의 약 30~60%를 흡인하도록 한다. 그리고 2차 공기로 불꽃이 확산되도록 한다.

㉯ 고압버너 : 노 내의 압력을 정압으로 하여 가스와 공기를 혼합 연소시키는 버너이다.

㉠ 가스의 압력이 2kg/cm^2 이상의 고압이다.

㉡ 소형의 고온로 등에 사용된다.

㉢ 사용연료는 도시가스, LPG, 부탄가스 등이다.

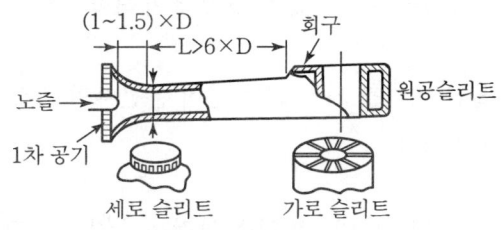
[저압 가스버너]

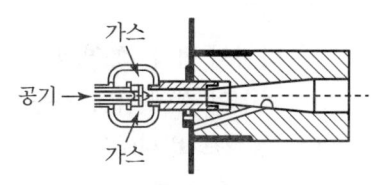
[고압 가스버너]

㉰ 송풍버너 : 공기를 압축시켜 가압연소로서 고압버너와 마찬가지로 노 내 압력을 정압으로 유지시키는 버너이다. 반드시 역화방지장치가 필요하다.

(5) 가스버너의 장점
① 연소장치가 간단하고 보수가 양호하다.
② 고부하 연소가 가능하다.
③ 저질가스의 사용에도 유효하다.
④ 가스와 공기의 조절비 제어가 간단하다.
⑤ 온도 제어가 쉽다.
⑥ 연소의 조절범위가 넓다.

2 최근의 기체연료 연료방식과 버너

(1) 기체연료 시 가스의 화염
① 예혼합화염(예혼합연소 방식)
㉮ 연소반응이 빨리 이루어지는 특징이 있다.
㉯ 연소부하율을 높게 할 수 있어 연소실의 크기를 작게 할 수 있다.
㉰ 가스의 분출속도가 빠르면 가스분출구에서 화염이 이탈되는 리프트(Lift)현상이 발생하고, 버너의 가스분출구에서 가스분출속도가 더욱 빨라지면 화염이 소멸된다.
㉱ 버너의 가스분출구에서 가스분출속도가 너무 느리면 화염이 버너 내부로의 역화(Back Fire)가 일어난다.

② 확산화염(확산연소방식)
㉮ 버너에서 연료와 공기를 별도로 분출시키거나 공기 중에 연료를 분출시켜서 연료와 공기의 확산에 의해 서서히 혼합되면서 연소가 형성된다.
㉯ 예혼합방식에 비해 연소부하율은 작지만 화염의 안정범위가 넓고 역화발생이 없다.
㉰ 조작이 간편하여 산업용 연소장치에 많이 이용된다.

(2) 가스버너의 종류
① 운전방식에 따른 분류
㉮ 자동 가스버너
㉠ 자동으로 작동되는 점화장치, 화염감시장치 및 연소 안전제어장치가 장착된 버너이다.
㉡ 화염의 점화, 화염의 감시는 물론 버너를 켜고 끄는 일이 운전자의 조작 없이 설정변수의 값에 따라 자동으로 제어된다.
㉯ 반자동 가스버너
㉠ 자동으로 작동되는 점화방지, 화염감시장치 및 연소 안전제어 장치가 장착된 것으로, 버너를 켜는 것은 수동으로 버너를 끄는 것은 수동 또는 자동으로 이루어진다.

ⓒ 운전 중 화염감시장치에 의해 화염이 감시되고 재점화 기능은 없지만 운전 중 버너의 가스소비량은 수동이나 자동으로 제어되는 버너이다. 즉, 운전자의 조작에 의해 버너를 켜는 동작을 말한다.

② 연소용 공기의 공급방식에 따른 분류

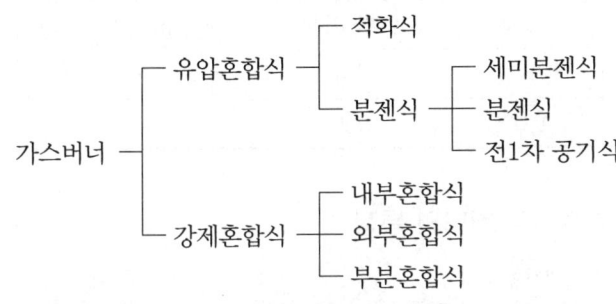

〈가스버너의 종류〉

버너형식			1차 공기량(%)	예	
유압 혼합식	적화(赤火)식		0	① Pipe 버너 ③ 충염버너	② 어미식(魚尾式) 버너
	분젠식	세미분젠식	40		
		분젠식	50~60	① Ring 버너	② Slit 버너
		전일차 공기식	100% 이상	① 적외선버너	② 중압분젠버너
강제 혼합식	내부 혼합식		90~120	① 고압버너 ③ Ribbon 버너	② 표면연소버너
	외부 혼합식		0	① 고속버너 ③ 액중연소버너 ⑤ 혼소버너	② Radient Tube 버너 ④ 휘염버너 ⑥ 보일러용 버너
	부분 혼합식				

③ 사용연료에 따른 분류
　㉮ 가스전소버너 : 가스연료만 사용하여 연소시키는 버너이다.
　㉯ 혼소버너 : 가스연료와 유류연료도 함께 사용할 수 있는 버너이다.

〈각종 연소방법의 성질〉

구분		분젠식	세미분젠식	적화식	전1차 공기식
필요 공기	1차 공기	40~70%	30~40%	0	100%
	2차 공기	60~30%	70~60%	100%	0
불꽃의 색		청녹색	청색	약간 적색	세라믹이나 금속망의 표면에서 연소한다.
불꽃의 길이		짧다.	약간 길다.	길다.	
불꽃의 온도		1,300	1,000	900	950

(3) 보일러용 혼소버너 및 외부 혼합식 버너의 특징

① Center-Fire형 가스버너(Gun형)

㉮ 센터-파이어 가스버너는 가스연료를 버너 중심에 설치한 노즐(Nozzle)에서 분출한다. 이 버너는 노즐의 중심부에 유류버너를 내장할 수 있도록 2중관 구조로 하여 유류버너에서 분사되는 유류연료분무 외측에 연료가스가 분출되기 때문에 액체연료의 분무가 가스분류에 영향을 받게 된다. 따라서 액체연료와 가스연료를 교체하여 사용하는 혼소버너에 이상적인 버너이다.

㉯ 버너의 구조가 간단하고 다양한 가스에 적용이 가능하기 때문에 많이 사용된다.

㉰ 노즐의 면적이 작기 때문에 비교적 가스의 공급압력이 높아야 사용이 용이하다.

② 저압 Center-Fire의 가스버너

㉮ 저압 센터-파이어 가스버너는 가스의 공급압력이 낮은 경우에 적용되는 버너이다.

㉯ 노즐의 면적을 크게 하여 낮은 압력하에서도 사용이 가능하다.

㉰ 가스와 공기의 혼합을 촉진하기 위해 노즐(Nozzle)에서 분할 분출하게 되었으며 센터-프리형과 유사한 이중관 구조로 하여 중심부에 유류버너를 설치할 수 있다.

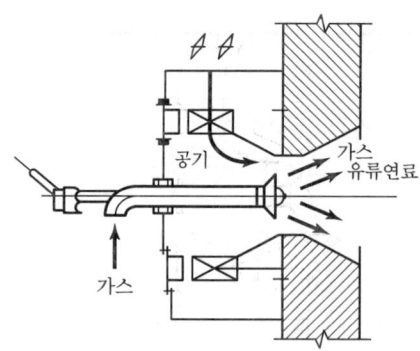

[Center-Fire형 가스버너]

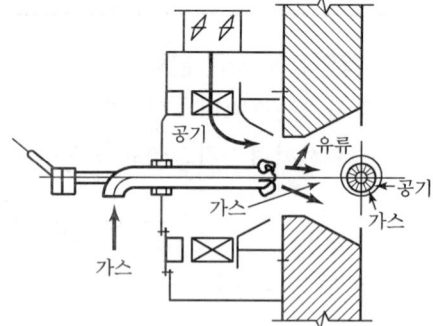

[저압 Center-Fire형 가스버너]

③ Ring형 가스버너
   ㉮ 링형 가스버너란, 버너 타일(Tile)과 거의 동일한 직경의 링(Ring)에 다수의 노즐을 설치한 버너이다.
   ㉯ 노즐수가 많기 때문에 보염효과가 크고, 버너 타일 전부분에 걸쳐 연료가 균일하게 분사되기 때문에 매우 안정된 화염을 형성한다.
   ㉰ 버너 중심부에 유류버너를 설치할 수 있는 공간이 충분하여 유류 및 가스연료가 상호간의 간섭 없이 혼합이 잘 될 수 있기 때문에 동시 혼소에 이상적인 구조이다.
④ Multi-Spot형 가스버너 : 멀티-스포트형 가스버너는 링형 가스버너와 비슷하나 링(Ring)형은 노즐부분에 수열면적이 커서 LPG와 같이 고탄화수소 가스연료에는 적합지 못하다. 멀티 스폿형 가스버너는 노즐(Nozzle)부의 수열면적을 작게 하여 열분해에 의한 연료의 탄화를 방지하며 동시에 노즐부의 청소가 용이하여 LPG용 버너로 이상적이다.

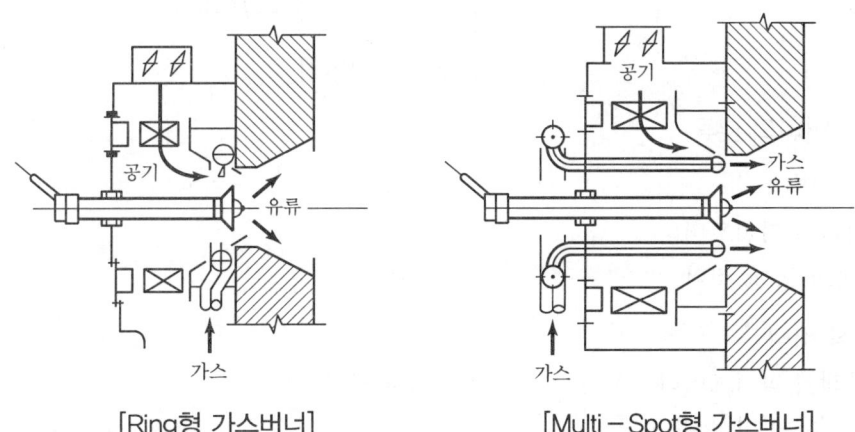

[Ring형 가스버너]   [Multi-Spot형 가스버너]

⑤ Scroll형 가스버너(소용돌이형)
   ㉮ 스크롤형 가스버너는 노즐의 면적을 대단히 크게 할 수 있기 때문에 가스 공급압력이 낮은 경우나 저칼로리 대용량의 가스버너에 사용된다.
   ㉯ 이 버너는 가스와 공기의 혼합을 위하여 연료가스를 Scroll(소용돌이) 내에서 선회시켜 분사함과 동시에 확산혼합이 행해지도록 되어 있는 버너이다.
   ㉰ Scroll 버너는 유류와 혼소 시에 가스분사가 유류분무에 영향을 주지 않기 때문에 유류와 가스의 동시 혼소에도 지장이 없다.

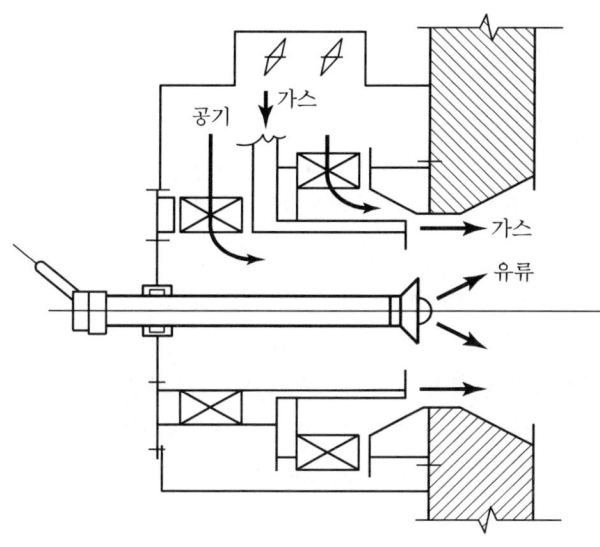

[Scroll형 가스버너]

3 최근 가스버너의 분류

(1) 적화식 버너
① 적화식 파이프버너　　② 충염버너
③ High Pact 버너

(2) 분젠식 버너
① 분젠식 파이프버너　　② 분젠버너
③ 전 1차 공기식 버너

(3) Blast식 버너
① 원혼합 버너　　② Flame Retention 버너
③ 라인 버너　　④ 표면연소식 버너
⑤ Radiant Cup 버너　　⑥ 슈퍼 히터 버너

(4) 준원혼합 버너
① E, C 버너

(5) 선혼합 버너
① High 스피드 버너　　② 노즐 믹싱 버너
③ Flat Flame 버너　　④ 라인세트 Radiant Tubs 버너
⑤ 플레임 홀더 버너　　⑥ 싱글히트 Radiant 튜브 버너
⑦ 에어히터 버너

(6) 패키지 버너

4 공기비에 따른 가스의 연소

(1) 적화식 연소
가스의 공급압력을 거의 대기압으로 분출시켜 확산 연소시키는 것으로 가스와 공기와의 혼합은 화염 주위의 대기 중에서 확산혼합에 의해 수행되는 것으로 확산화염이라고 말한다. 연소반응은 지극히 늦고, 화염은 길게 퍼지며 적황색으로 되고, 화염의 온도도 비교적 저온이다. 도시가스의 경우 그 최고온도가 약 900℃ 정도이다.

(2) 분젠식(Bunsen) 연소
가스를 노즐에서 분출시켜 그 에너지는 공기 중에서 연소에 필요한 공기의 일부분, 즉 1차 공기를 흡입 혼합한다. 혼합관 중에 그 양자가 충분히 혼합하여 염공에서 연소하며 그 직전에 연소에 필요한 공기는 주위의, 대기 중에서 확산에 의해 얻어서 투입된다. 이러한 연소방식이 Bunsen식이다. 1차 공기가 적기도 하고 2차 공기가 적게 들어와 충분하지 않으면 탄화수소의 열분해에 의해 유지된 탄소가 백열상태로 되어 내염의 선단에 적황색의 부분이 나타나는 옐로 팁(Yellow Tip)이 된다.

(3) 전 1차식 연소
연소에 필요한 공기를 100% 정도 또는 그 이상을 1차 공기로 하여 포함한 가스 공기혼합기로서 연소한다. Bunsen 연소보다 1차 공기를 많이 함유한 연소방식이며 적외선이라고도 말해지는 열선을 발생하는 연소기구(Schback 적외선 버너) 등이 전 1차 공기식 연소에 포함된다.

CHAPTER 08 연소계산

1. 연소공학 개론

가연성 물질인 연료를 공기 중 O_2와의 화학반응으로 연소생성물의 상태나 양, 그에 필요한 연소 시의 공기량 등을 정확하게 파악하고, 연소상태의 양부를 계산하는 과정을 정확히 산출하는 데 연소계산의 목적이 있다.

※ 공기 중의 산소와 질소와의 비율
- 중량비 : 산소 23.2%, 질소 76.8%
- 체적비 : 산소 21%, 질소 79%

연소계산이나 열정산을 하는 경우에 산소반응의 중간에서의 변화에 대해서는 고려하지 않고 최후의 연소생성물에 대해서만 생각한다.

1 고체 및 액체 연료의 연소계산

(1) 탄소(C)의 연소

① 탄소가 연소되어 이산화탄소가 될 때(중량당 계산)

C	+	O_2	$(+N_2)$	→	CO_2	$(+N_2)$
1kmol		1kmol			1kmol	
12kg		32kg	106kg		44kg	106kg
1kg		2.67kg	8.83kg		3.76kg	8.83kg

공기량 11.5kg/kg   연소가스량 12.5kg/kg

② 탄소가 불완전연소되어 일산화탄소가 될 때

C	+	$\frac{1}{2}O_2$	$(+N_2)$	→	CO_2	$(+N_2)$
1kmol		$\frac{1}{2}$1kmol			1kmol	
12kg		16kg	53kg		28kg	53kg
1kg		1.33kg	4.41kg		2.33kg	4.41kg

공기량 5.74kg/kg   연소가스량 6.74kg/kg

③ 산소나 이산화탄소는 기체이므로 용적으로 나타내면

C	+	O_2	$(+N_2)$	→	CO_2	$(+N_2)$
1kmol		1kmol			1kmol	
12kg		$22.4Nm^3$	$84.27Nm^3$		$22.4Nm^3$	$84.27Nm^3$
1kg		$1.87Nm^3$	$7.02Nm^3$		$1.87Nm^3$	$7.02Nm^3$

공기량 $8.89Nm^3/kg$ 생성가스량 $8.89Nm^3/kg$

(2) 수소(H_2)의 연소

① 수소가 연소되어 물이 될 때(중량당 계산)

H_2	+	$\frac{1}{2}O_2$	$(+N_2)$	→	H_2O	$(+N_2)$
		1kmol	$\frac{1}{2}$		1kmol	1kmol
2kg		16kg	53kg		18kg	53kg
1kg		8kg	26.5kg		9kg	26.5kg

공기량 $34.5kg/kg$ 생성가스량 $35.5kg/kg$

② 발생되는 수증기도 기체이므로 체적으로 나타내면

H_2	+	$\frac{1}{2}O_2$	$(+N_2)$	→	H_2O	$(+N_2)$
1kmol		$\frac{1}{2}$kmol			1kmol	
2kg		$11.2Nm^3$	$42.13Nm^3$		$22.4Nm^3$	$42.13Nm^3$
1kg		$5.6Nm^3$	$21.07Nm^3$		$11.2Nm^3$	$21.07Nm^3$

공기량 $26.67Nm^3/kg$ 연소가스량 $32.27Nm^3/kg$

(3) 황(S)의 연소

① 황이 연소되어 아황산가스가 될 때(중량당 계산)

S	+	O_2	$(+N_2)$	→	SO_2	$(+N_2)$
1kmol		1kmol			1kmol	
32kg		32kg	106kg		64kg	106kg
1kg		1kg	3.31kg		2kg	3.31kg

공기량 $4.31kg/kg$ 연소가스량 $5.31kg/kg$

② 발생되는 아황산가스도 기체이므로 체적으로 나타내면

S	+	O_2	$(+N_2)$	→	SO_2	$(+N_2)$
1kmol		1kmol			1kmol	
32kg		22.4Nm³	84.27Nm³		22.4Nm³	84.27Nm³
1kg		0.7Nm³	2.63Nm³		0.7Nm³	2.63Nm³

공기량 3.33Nm³/kg   연소가스량 3.33Nm³/kg

③ 위의 반응식을 보고 이론산소량(O_0)을 구한다면

㉮ 체적으로 구할 때

$$O_0 = \frac{22.4}{12}C + \frac{11.2}{2}\left(H - \frac{O}{8}\right) + \frac{22.4}{32}S$$

$$= 1.87C + 5.6\left(H - \frac{O}{8}\right) + 0.7S = 1.87C + 5.6H - 0.7(O-S)\,Nm^3/kg$$

㉯ 중량으로 구할 때

$$O_0 = \frac{32}{12}C + 16\left(H - \frac{O}{8}\right) + \frac{32}{32}S = 2.67C + 8\left(H - \frac{O}{8}\right) + 1S$$

$$= 2.67C + 8H - (O-S)\,kg/kg$$

REFERENCE

위 식에서 $\left(H - \dfrac{O}{8}\right)$는 유효수소를 나타내는 것으로서, 연료 속의 수소는 그 연료 속의 산소와 혼합하여 화합수의 상태로 존재한다. 실제로 공기 중의 산소와 결합하여 연소할 수 있는 수소(유효수소)가 있다. 그러므로 유효수소는 연료 속의 총 수소(H)에서 화합수로 되는 수소$\left(\dfrac{O}{8}\right)$를 빼주면 그 값이 나온다.

---

2 연소용 공기량

(1) 이론공기량(A_0)

어떤 연료를 이론적으로 완전연소시키는 데 필요한 공기량을 그 연료의 이론공기량이라 하며, 그 물체의 가연성분에만 필요한 것이므로 각 가연성분이 연소할 때 필요로 하는 공기량의 합이 된다.

① 체적으로 구하면

$$A_0 = 8.89\text{C} + 26.67\left(\text{H} - \frac{\text{O}}{8}\right) + 3.33\text{S}$$

$$= 8.89\text{C} + 26.67\text{H} - 3.33(\text{O} - \text{S})\,\text{Nm}^3/\text{kg}$$

② 중량으로 구하면

$$A_0 = 11.5\text{C} + 34.49\left(\text{H} - \frac{\text{O}}{8}\right) + 4.31\text{S}$$

$$= 11.5\text{C} + 34.49\text{H} - 4.31(\text{O} - \text{S})\,\text{kg/kg}$$

> **REFERENCE** 정미 이론공기량[항습 이론공기량(A_{ow})]
>
> 연소용 공기 중에서 반드시 대기 중의 수분 $W_a(\text{m}^3/\text{m}^3)$이 포함되므로 정미 이론공기량은
>
> $A_{ow} = A_0 \times \dfrac{1}{1 - W_a}\,\text{Nm}^3/\text{kg}$
>
> 이와 같이 이론공기량은 연료의 가연성분으로부터 계산할 수 있고, 연료의 발열량으로부터 간단히 그 이론공기량의 양을 구할 수 있다.
>
> ① 액체연료인 경우
>
> $A_0 = 12.38 \times \dfrac{H_l - 1{,}100}{10{,}000} = 2.96 \times \dfrac{H_h - 4{,}600}{1{,}000}\,(\text{Nm}^3/\text{kg})$
>
> ② 고체연료인 경우
>
> $A_0 = 1.01 \times \dfrac{H_l + 550}{1{,}000} = 0.242 \times \dfrac{H_h + 2{,}300}{1{,}000}\,(\text{Nm}^3/\text{kg})$
>
> ※ H_l : 저위발열량, H_h : 고위발열량

(2) 실제공기량(A)

실제로 연료를 연소하는 경우에는 그 연료의 이론공기량만으로는 완전연소가 거의 불가능하므로 불완전연소가 되기 쉽다. 따라서 부족한 공기를 더 공급하여 연료를 완전연소시킬 때 공기를 실제공기량이라 한다. 실제로 사용한 공기량이 그 이론공기량의 몇 배에 상당하는가를 나타내는 수치를 공기비(과잉공기계수)라 하고 그 기호는 m으로 나타낸다.

※ 실제 공기량(A)은 그 이론 공기량에 공기비를 곱한($A = A_0 \times m$) 것이 실제공기량(A)이 된다.

① 과잉공기량은 $A - A_0 = (m-1)A_0$
② 과잉공기율은 $(m-1) \times 100\%$

3 공기비(m)

$$m = \frac{\text{실제연소공기량}}{\text{이론연소공기량}} = \frac{\text{실제공기량}}{\text{실제공기량} - \text{과잉공기량}}$$

$$= \frac{A}{A_0} = 1 + \frac{A - A_0}{A_0} = \frac{\dfrac{N_2}{0.79}}{\dfrac{N_2}{0.79} - \dfrac{O_2}{0.21}}$$

$$= \frac{21N_2}{21N_2 - 79O_2} = \frac{21}{21 - O_2} \text{(완전연소 시)}$$

불완전연소로 CO가 혼합되어 있을 때

$$m = \frac{\dfrac{N_2}{0.79}}{N_2 - 0.79\left(\dfrac{O_2}{0.21} - \dfrac{0.5CO}{0.21}\right)} \text{(불완전연소 시)}$$

$$= \frac{21N_2}{21N_2 - 79(O_2 - 0.5CO)} = \frac{21}{21 - O_2 + 0.5CO}$$

$$= \frac{N_2}{N_2 - 3.76(O_2 - 0.5CO)}$$

또는 $\dfrac{CO_{2max}}{CO_2}$ 로도 구할 수 있다[CO_{2max} : 탄산가스 최대발생량(%)].

※ 배기가스 중 질소(N_2), 산소(O_2), 일산화탄소(O), 탄산가스(CO_2) 검출로 공기비 계산

(1) 공기비가 클 경우의 장해
① 연소실 내의 연소온도가 저하된다.
② 통풍력이 강하여 배기가스에 의한 열손실이 많아진다.
③ 연소가스 중에 무수황산(SO_3)의 함유량이 많아져 저온 부식이 촉진된다.
④ 연소가스 중의 이산화질소(NO_2)의 발생이 심하여 대기오염을 유발한다.

(2) 공기비가 적을 경우의 장해
① 불완전연소가 되어 매연발생이 심하다.
② 미연소에 의한 열손실이 증가
③ 미연소가스로 인한 폭발사고가 일어나기 쉽다.

4 이론 연소가스량(G_0)

이론 연소가스란, 이론공기량으로 연소시켰을 때 발생되는 것으로 연료의 성분에 따라 일산화탄소(CO), 이산화탄소(CO_2), 수증기(H_2O), 아황산가스(SO_2), 질소(N_2) 등이 포함된다. 이와 같이 전체의 생성 배기가스를 이론 습연소가스(G_{ow}), 생성 수증기(H_2O)를 제한 것을 이론 건연소가스(G_{od})라고 한다.

(1) 이론습연소가스량(G_{ow})

① 체적으로 구할 때

$$G_{ow} = 8.89C + 32.27H - 2.63O + 3.33S + 0.8N + 1.25W (Nm^3/kg)$$

$$= 8.89C + 32.27(H - \frac{O}{8}) + 3.33S + 0.8N + 1.25W (Nm^3/kg)$$

② 중량으로 구할 때

$$G_{ow} = 12.5C + 35.49H - 3.31O + 5.31S + N + W (kg/kg)$$

③ 실제로는 공기 중에 습분(W_a)을 함유하므로 그것을 고려하여 연료 중의 수분(W)에 A_0, W_a를 가산할 필요가 있다. A_0는 이론공기량(Nm^3/kg)이고, W_a는 공기 속의 습분(건조공기에 대한 것, Nm^3/kg)이다. 연소가스는 생성물과 질소의 합이므로 공기와 함께 투입되는 질소의 전량에 각 생성물의 양을 합하여도 전체의 연소가스량을 구할 수 있다.

$$G_{ow} = (1-0.21)A_0 + 1.87C + 11.2H + 0.7S + 0.8 + 1.25W (Nm^3/kg)$$

$$G_{ow} = (1-0.23)A_0 + 3.67C + 9H + 2S + W (kg/kg)$$

※ $H_2O = \frac{22.4 Nm^3}{18 kg} = 1.25 Nm^3/kg$, $N_2 = \frac{22.4 Nm^3}{28 kg} = 0.8 Nm^3/kg$

REFERENCE

이론 습연소가스량도 발열량과 마찬가지로 연료의 원소분석치로 구하므로 다음과 같이 발열량에 의한 간단한 방법의 계산공식은,

① 액체연료인 경우 $G_{ow} = 15.75 \times \frac{H_l - 1,100}{10,000} - 2.18 Nm^3/kg$

② 고체연료인 경우 $G_{ow} = 0.905 \times \frac{H_l + 550}{10,000} + 1.17 Nm^3/kg$

(2) 이론 건연소가스량(G_{od})
   ① 체적으로 구할 때

$$G_{od} = 8.89C + 21.07H - 2.63O + 3.33S + 0.8N (\text{Nm}^3/\text{kg})$$

$$= 8.89C + 21.07(H - \frac{O}{8}) + 3.33S + 0.8N (\text{Nm}^3/\text{kg})$$

$$G_{od} = (1 - 0.21)A_0 + 1.87C + 0.7S + 0.8N (\text{Nm}^3/\text{kg})$$

   ② 중량으로 구할 때

$$G_{od} = 12.5C + 26.49H - 3.31O + 5.31S + N (\text{kg/kg})$$

$$G_{od} = (1 - 0.232)A_0 + 3.67C + 2S + N (\text{kg/kg})$$

※ 수소(H_2)의 연소 시 습연소가스량 32.27에서 건연소기준에서의 수소 1kg의 연소 시 수증기량 11.2를 제하면 수소의 연소 시 질소값은 32.27 - 11.2 = 21.07Nm³/kg만 계산한다.

5 실제 연소가스량(G)

실제 연소가스량이란 연료가 실제로 연소하여 생성하는 가스의 실제공기량 중 이론공기량이 가연성분과 화합하여 이론 연소가스량이 되는 것과 나머지 과잉공기량과의 합이므로 다음과 같다.

(1) 실제 습연소가스량(G_w)

습연소가스 속에는 사용 공기 중의 수분(W_a)도 생성 수증기에 포함되므로 정확하게 표시하면

$$G_w = (m-1)A_0 + G_{ow}(+(m-1)A_0) \cdot W_a (\text{Nm}^3/\text{kg})$$

또한 연소가스량은 연소에 사용된 실제공기량(mA_0)와 연료의 연소변화에 의하여 증가한 가스량과의 합으로 나타내면

$$G_w = mA_0 + 5.6H + 0.7O + 0.8N + 1.25W(+ mA_0 \cdot W_a)(\text{Nm}^3/\text{kg})$$

다른 면으로 생각하면 연소가스량은 이론 가스량으로 연소한 생성가스량과 그 이외 공기량 이론공기 중의 질소량과 과잉공기량의 합으로 구성된다고 생각되므로,

① 체적으로 구할 때

- $G_w = (m-0.21)A_0 + 1.87C + 11.2H + 0.7S + 0.8N + 1.25W(+mA_0 \cdot W_a)$ (Nm³/kg)

- $G_w = G_{ow} + (m-1)A_0$ (Nm³/kg)

- $G_w = G_d + W_g$ (Nm³/kg)

② 중량으로 구할 때

$G_w = (m-0.232)A_0 + 3.67C + 9H + 2S + N + W(+mA_0 \cdot W_a)$ (kg/kg)

(2) 실제 건연소가스량(G_d)

이론 연소가스량과 마찬가지로 실제 건연소가스량도 습연소가스량에서 연소 생성수증기의 양(W_a)을 빼주면 된다.

$$G_d = G_w - W_g = mA_0 + 5.6H + 0.7S + 0.8N \text{(Nm}^3\text{/kg)}$$
$$= G_{od} + (m-1)A_0 \text{(Nm}^3\text{/kg)}$$

실제 습연소가스량과 마찬가지로 실제 건연소가스량에서도 다음과 같다.

① 체적을 구할 때

$G_d = (m-0.21)A_0 + 1.87C + 0.7S + 0.8N$ (Nm³/kg)

② 중량으로 구할 때

$G_d = (m-0.232)A_0 + 3.67C + 2S + N$ (kg/kg)

이와 같이 이론과 실제 습연소가스의 건연소가스와는 다음과 같은 관계식이 성립된다. 이론 연소가스량(G_0)과 실제 연소가스량(G)의 관계

$G = G_0 + (m-1)A_0$ (Nm³/kg)

$G_0 = G - (m-1)A_0$ (Nm³/kg)

(3) 실제 습연소가스량(G_w)과 실제 건연소가스량(G_d)의 관계

$G_w = G_d + 1.25(9H + W)(+mA_0 \cdot W_a)$ (Nm³/kg)

$G_d = G_w - 1.25(9H + W)(+mA_0 \cdot W_a)$ (Nm³/kg)

6 연소 생성 수증기량(W_g)

수소(H_2)의 연소 시 생성된 수증기와 부착수분 및 공기 중에 포함되어 들어오는 수분(W)이 증발된 수증기의 합을 말하며, 건연소가스라 하여도 완전히 건조한 가스의 뜻이 아니고 습연소가스에서 연소 생성 수증기를 뺀 것이다.

(1) 체적

$$W_g = 11.2H + 1.244W = 1.244(9H + W)(Nm^3/kg)$$

(2) 중량

$$W_g = 9H + W(kg/kg)$$

REFERENCE

$(1-0.21)A_0$: 이론 공기량 중의 질소량(Nm^3/kg)
$(1-0.79)A_0$: 이론 공기량 중의 산소량(Nm^3/kg)
$(m-0.21)A_0$: 이론 공기량 중의 질소량과 과잉공기량과의 합(Nm^3/kg)
$(m-1)A_0$: 과잉공기량(Nm^3/kg)
$(m-1)100$: 과잉공기율(%)

---

7 최대 이산화탄소율(CO_{2max})

연료의 주성분은 탄소 및 그 화합물이지만, 이것이 연소하면 이산화탄소가 된다. 공기를 충분히 보내어 연소가 좋아지면 CO_2(%)는 상승하나, 주어진 공기가 이론양을 넘으면 연소가스 중에 과잉공기가 들어가기 때문에 CO_2는 감소한다. 따라서 연료에 공급되는 공기량이 부족, 최적량, 과잉이 되는 것에 따라서 CO_2(%)를 표시하면 상승, 최대하강과 같이 산형 모양의 커브를 그린다. 따라서 CO_2(%)를 그 높이 정상에 있도록 연소를 조절하는 게 가장 좋다. 이 정상의 CO_2(%)를 최대 이산화탄소율(CO_{2max})이라 부른다.

$$CO_{2max} = \frac{CO_2}{실제\ 건연소\ 가스체적 - 과잉공기\ 체적} \times 100$$

(1) 완전연소 시 CO_{2max}

$$CO_{2max} = \frac{21CO_2}{21-O_2}(\%)$$

(2) 불완전연소 시 CO_{2max}

$$CO_{2max} = \frac{21(CO_2+CO)}{21-O_2+0.395CO}(\%)$$

(3) 고체 및 액체연료의 원소분석에 따라

① $CO_{2max} = \dfrac{1.867C}{8.89C+21.07\left(H-\dfrac{O}{8}\right)+3.33S+0.8N} \times 100(\%)$

② $CO_{2max} = \dfrac{1.867C}{G_0} \times 100\% = \dfrac{1.867C}{이론배기가스량} \times 100(\%)$

8 연소계산법에 의한 연소가스의 성분계산

연료 가연분의 조성이 판명되면, 연소 시 필요한 공기량 및 연소가스량을 계산할 수 있음과 동시에 배기가스 성분도 산출할 수 있다.

(1) 실제습배기가스(G_w) 중의 성분을 용적(Nm³/kg) 단위로 나타내면

- $CO_2 = \dfrac{1.87C}{G_w} \times 100\%$
- $O_2 = \dfrac{0.21(m-1)A_0}{G_w} \times 100\%$
- $N_2 = \dfrac{0.8N+0.79mA_0}{G_w} \times 100\%$
- $SO_2 = \dfrac{0.7S}{G_w} \times 100\%$

질소(N_2)는 $100-(CO_2+O_2+SO_2)$의 식으로도 구할 수 있다.

아황산가스(SO_2)는 오르자트 가스분석 시험을 할 때 수산화칼륨(KOH)에 이산화탄소와 함께 흡수되고, 그 성분이 극소량이므로 편의상 이산화탄소와 합산하여 계산하는 것이 원칙이다.

$$CO_2 = \frac{1.87C+0.7S}{G_w} \times 100\%$$

(2) 이와 같이 습연소가스에 의하여 배기가스 분석을 하였지만 일반적으로 배기가스 분석은 실제 건연소가스(G_d)로 구하므로 공식은 다음과 같다.

- $O_2 = \dfrac{0.21(m-1)A_0}{G_d} \times 100\%$

- $CO_2 = \dfrac{1.87C+0.7S}{G_d} \times 100\%$

- $N_2 = 100-(O_2+CO_2)(\%)$

9 연료의 발열량 계산

연료의 발열량은 열량계로 측정되나, 연소 생성 수증기는 물로 응축되면서 증발잠열을 방출하게 된다. 그러므로 열량계로 측정한 발열량은 연료의 진정한 연소열과 증발잠열의 합을 의미하게 된다. 이때의 합을 고발열량이라 하고, H_h로 나타낸다. 그러나 실제로 보일러 속에서 연소된 뒤의 배기가스는 연돌을 지나 대기 중에 방산되며, 그 때의 온도는 적어도 100℃ 이상은 되고 배기가스 중의 수증기는 기체인 상태로 배출되므로 보일러에서 이용되는 열은 연소에 의한 열일 뿐 수증기의 증발잠열은 포함되지 않는다. 이처럼 실제로 사용할 수 있는 발열량을 저발열량(진발열량)이라 하며, H_l로 표시한다.

(1) 가연성분의 연소열(발열량)

- $C + O_2 \rightarrow CO_2 + 97,200 \text{kcal/kmol}$
- $H_2 + \dfrac{1}{2}O_2 \rightarrow H_2O + 68,000 \text{kcal/kmol}$ ·············· (액체)
- $H_2 + \dfrac{1}{2}O_2 \rightarrow H_2O + 57,200 \text{kcal/kmol}$ ·············· (기체)
- $S + O_2 \rightarrow SO_2 + 80,000 \text{kcal/kmol}$

여기서, 열량의 단위는 kcal/kmol로서, 가연성분 1kg 분자량이 연소할 때의 발열량이므로 kcal/kg 단위로 환산하여야 한다.

- 탄소(C) : $97,200 \times \dfrac{1}{12} = 8,100 \text{kcal/kg}$
- 수소(H) : $68,000 \times \dfrac{1}{2} = 34,000 \text{kcal/kg}$ ·············· (액체)
- $57,200 \times \dfrac{1}{2} = 28,600 \text{kcal/kg}$ ·············· (기체)
- 황(S) : $80,000 \times \dfrac{1}{32} = 2,500 \text{kcal/kg}$

(2) 고체, 액체 연료의 발열량 계산식(원소분석)

① 고발열량(H_h)

$$H_h = 8,100C + 34,000\left(H - \dfrac{O}{8}\right) + 2,500S \text{(kcal/kg)}$$

② 저발열량(H_l)

$$H_l = 8,100C + 28,600\left(H - \dfrac{O}{8}\right) + 2,500S - 600\left(\dfrac{9}{8}O + W\right) \text{(kcal/kg)}$$
$$= 8,100C + 28,600H - 4,250O + 2,500S - 600W \text{(kcal/kg)}$$

따라서, 고발열량(H_h)과 저발열량(H_l)과의 관계는

$$H_l = H_h - 600\left\{9\left(H - \frac{O}{8}\right) + \frac{9}{8}O + W\right\} = H_h - 600(9H + W)$$

$$H_h = H_l + 600(9H + W) \text{kcal/kg}$$

여기서, 600 : 온도 표준상태(℃ 1atm)를 기준한 물의 증발잠열(kcal/kg)

$9\left(H - \dfrac{O}{8}\right)$: 유효수소가 타서 발생한 물

$\dfrac{9}{8}O$: 연료 속의 수소와 산소가 화합하여 발생한 물

W : 연료의 부착 수분

(3) 공업분석에 의한 연료의 발열량 계산
  ① 석탄인 경우

  $$H_h = 97\{81F + (96 - aw)(V + W)\}\text{kcal/kg}$$

  ② 코크스인 경우

  $$H_h = 8,100(V + F) = 8,100(1 - A - W)\text{kcal/kg}$$

  여기서, F : 고정탄소, V : 휘발분, W : 수분, A : 회분
   a : 수분에 관계있는 계수로서 다음과 같다.
     W < 5.0% → a = 650, W ≥ 5.0% → a = 500이다.

(4) 중유의 비중에 의한 발열량 산출법

  고위발열량(H_h) = $12,400 - 2,100d^2$ kcal/kg

  저위발열량(H_l) = $H_h - 50.45 \times H$ kcal/kg

  여기서, H : 수소의 함유율로서 $(26 - 15d)$로 구함
   d : 15℃ 중유의 비중

10 기체연료의 화학반응식

기체연료는 탄화수소의 연소방정식이며, 즉 기체연료는 공기 중 산소와 반응하여 CO_2(이산화탄소)와 H_2O(수증기)를 발생하는 과정에서 열이 생성된다.

$$\underline{C_mH_n} + \underline{(m + \frac{n}{4})O_2} \rightarrow \underline{mCO_2} + \underline{\frac{n}{2}H_2O} + \underline{Q}$$

  기체연료 + 공기 중 산소 → 이산화탄소+ 수증기 + 열

> **REFERENCE** 메탄(CH_4)가스의 연소반응식 구하기
>
> $aCH_4 + bO_2 \rightarrow cCO_2 + dH_2O$
> 탄소(C) = $1a = c$ ·················· ①
> 수소(H) = $4a = 2d$ ················ ②
> 산소(O) = $2b = 2c + d$ ············ ③
>
> $a=1$이라 가정하면 ①식에 의하여 $1 \times 1 = c$이므로 $c=1$
> ②식에서 $4 \times 1 = 2d$이므로 $d=2$
> ③식에서 $2b = 2 \times 1 + 2$이므로 $b=2$
> 따라서, $CH_4 + 2O_2 \rightarrow CO_2 + 2H_2O$로 나타낼 수 있다.

2. 기체연료 연소공학

1 기체연료의 연소반응식

① 수소 : $H_2 + 0.5O_2 \rightarrow H_2O$
② 일산화탄소 : $CO + 0.5O_2 \rightarrow CO_2$
③ 메탄 : $CH_4 + 2O_2 \rightarrow CO_2 + 2H_2O$
④ 에틸렌 : $C_2H_4 + 3O_2 \rightarrow 2CO_2 + 2H_2O$
⑤ 에탄 : $C_2H_6 + 3.5O_2 \rightarrow 2CO_2 + 3H_2O$
⑥ 프로필렌 : $C_3H_6 + 4.5O_2 \rightarrow 3CO_2 + 3H_2O$
⑦ 프로판 : $C_3H_8 + 5O_2 \rightarrow 3CO_2 + 4H_2O$
⑧ 부틸렌 : $C_4H_8 + 6O_2 \rightarrow 4CO_2 + 4H_2O$
⑨ 부타디엔 : $C_4H_6 + 5.5O_2 \rightarrow 4CO_2 + 3H_2O$
⑩ 부탄 : $C_4H_{10} + 6.5O_2 \rightarrow 4CO_2 + 5H_2O$

2 기체연료의 발열량(고위발열량, 저위발열량)

가스명 \ 발열량	고위발열량(H_h)	저위발열량(H_l)	고위발열량(H_h)	저위발열량(H_l)
CO	2,420kcal/kg	2,420kcal/kg	3,020kcal/Nm³	3,020kcal/Nm³
H_2	33,910kcal/kg	28,570kcal/kg	3,050kcal/Nm³	2,570kcal/Nm³
CH_4	13,280kcal/kg	11,930kcal/kg	9,520kcal/Nm³	8,550kcal/Nm³
C_2H_6	12,410kcal/kg	11,330kcal/kg	16,820kcal/Nm³	15,370kcal/Nm³
C_2H_4	12,130kcal/kg	11,360kcal/kg	15,290kcal/Nm³	14,320kcal/Nm³
C_6H_6	10,030kcal/kg	9,620kcal/kg	34,960kcal/Nm³	33,520kcal/Nm³

⟨탄화수소의 고위 · 저위발열량(kcal/Sm³)⟩

화학반응식			열관리편람		기계공학편람		화학공학편람	
$C_mH_n + \left(m + \dfrac{n}{4}\right)O_2$	$\rightarrow$	$mCO_2 + \dfrac{n}{2}H_2O$	H_h	H_l	H_h	H_l	H_h	H_l
CH_4(메탄) $+ 2O_2$	$\rightarrow$	$CO_2 + 2H_2O$	9,530	8,570	9,520	8,550	9,530	8,566
C_2H_6(메탄) $+ 3.5O_2$	$\rightarrow$	$2CO_2 + 3H_2O$	16,820	15,380	16,820	15,370	16,610	15,164
C_3H_8(프로판) $+ 5O_2$	$\rightarrow$	$3CO_2 + 4H_2O$	24,370	22,350			22,450	20,521
C_4H_{10}(부탄) $+ 6.5O_2$	$\rightarrow$	$4CO_2 + 5H_2O$	32,010	29,610			29,083	26,672
C_2H_2(아세틸렌) $+ 2.5O_2$	$\rightarrow$	$2CO_2 + H_2O$	14,080	13,600			13,900	13,418
C_3H_4(프로렌) $+ 3O_2$	$\rightarrow$	$2CO_2 + 2H_2O$	15,280	14,320	15,290	14,320	14,900	13,936
C_3H_6(프로필렌) $+ 4.5O_2$	$\rightarrow$	$3CO_2 + 3H_2O$	22,540	21,100			22,000	20,553
C_4H_8(부틸렌) $+ 6O_2$	$\rightarrow$	$4CO_2 + 4H_2O$	29,110	27,190				
C_6H_6(벤젠) $+ 7.5O_2$	$\rightarrow$	$6CO_2 + 3H_2O$	34,960	33,520	34,960	33,520	34,420	32,973

⟨가연 3원소의 발열량⟩

단위	화학반응식			열관리편람		기계공학편람		화학공학편람	
				H_h	H_l	H_h	H_l	H_h	H_l
kcal/kg	$C + O_2$	$\rightarrow$	CO_2	8,100	8,100	8,100	8,100	8,130	8,130
	$H_2 + 0.5O_2$	$\rightarrow$	H_2O	34,000	28,600	33,910	28,570	34,200	28,800
	$S + O_2$	$\rightarrow$	SO_2	25,000	2,500	2,210	2,210	2,200	2,220
kcal/Sm³	$CO + 0.5O_2$	$\rightarrow$	CO_2	3,035	3,035	3,020	3,020	3,045	3,045
	$H_2 + 0.5O_2$	$\rightarrow$	H_2O	3,050	2,570	3,050	2,570	3,049	2,571

3 기체연료의 이론산소량(O_0)

$$O_0 = 0.5H_2 + 0.5CO + 2CH_4 + 2.5C_2H_2 + 3C_2H_4 + 3.5C_2H_6 + 5C_3H_8 + 1.5H_2S - O_2$$

$$(Nm^3/Nm^3)$$

※ 주어진 가연성 성분의 산소량만 계산한다. O_2는 연료 중의 산소량은 빼준다.

4 기체연료의 이론공기량(A_0)

- $A_0 = 2.38H_2 + 2.38CO + 9.52CH_4 + 11.91C_2H_2 + 14.29C_2H_4 + 16.67C_2H_6$
  $+ 23.81C_3H_8 + 7.14H_2S - 4.762O_2 (Nm^3/Nm^3)$

- $A_0 = 이론산소량(O_0) \times \dfrac{1}{0.21} (Nm^3/Nm^3)$

- A_0'(정미이론공기량 = 항습이론공기량) $= A_0 \times \dfrac{1}{1 - 공기 중 수분(W_a)} (Nm^3/Nm^3)$

5 기체연료의 실제공기량(A)

- $A = 이론공기량 \times 공기비(m)(Nm^3/Nm^3)$

- 기체연료의 공기비(m)

$$m = \dfrac{CO_{2\max}}{CO_2} \text{ 또는 } m = \dfrac{21}{21 - 79\left(\dfrac{O_2 - 0.5CO}{N_2}\right)} = \dfrac{21}{21 - O_2 - 0.5CO}$$

6 기체연료의 이론습연소가스량(G_{ow})

- $G_{ow} = CO_2 + N_2 + 2.88(H_2 + CO) + 10.52CH_4 + 12.41C_2H_2 + 15.29C_2H_4 + 18.17C_2H_6$
  $+ 25.81C_3H_8 + 33.45C_4H_{10} + 7.64H_2S - 3.76O_2 + (W + A_0 W_a) Nm^3/Nm^3$

- $G_{ow} = (1 - 0.21)A_0 + CO_2 + N_2 + 3CH_4 + 3C_2H_2 + 4C_2H_4 + 5C_2H_6 + 7C_3H_8 + 9C_4H_{10}$
  $+ 2H_2S - 3.76O_2 + (W + A_0 W_a)(Nm^3/Nm^3)$

여기서, W : 연료 중 수분, $A_0 W_a$: 공기 중 수분

- $G_{ow} = G_{od} + W_g$(연소 중 연소생성수증기량)(Nm^3/Nm^3)

7 기체연료의 이론건연소가스량(G_{ow}) : 습연소가스에서 발생된 H_2O값 제외

- $G_{od} = CO_2 + N_2 + 1.88H_2 + 2.88CO + 8.52CH_4 + 11.41C_2H_2 + 13.29C_2H_4 + 15.17C_2H_6$
  $+ 21.81C_3H_8 + 28.45C_4H_{10} + 6.64H_2S - 3.76O_2(Nm^3/Nm^3)$

- $G_{od} = (1 - 0.21)A_0 + CO_2 + N_2 + CO + CH_4 + 2C_2H_2 + 2C_2H_4 + 2C_2H_6 + 3C_3H_8$
  $+ 4C_4H_{10} + 6.64H_2S - 3.76O_2(Nm^3/Nm^3)$

- $G_{od} = G_{ow} - W_g$

8 기체연료 실제습연소가스량(G_w)

- $G_w = G_{ow} + (m-1)A_0 (\text{Nm}^3/\text{Nm}^3)$
- $G_w = (m-0.21)A_0 + CO_2 + N_2 + 3CH_4 + 3C_2H_2 + 4C_2H_4 + 5C_2H_6 + 7C_3H_8$
  $+ 9C_4H_{10} + 2H_2S - 3.76O_2 (\text{Nm}^3/\text{Nm}^3)$

9 실제건연소가스량(G_d)

- $G_d = G_{od} + (m-1)A_0 (\text{Nm}^3/\text{Nm}^3)$
- $G_d = (m-0.21)A_0 + CO_2 + N_2 + CO + CH_4 + 2C_2H_2 + 2C_2H_4 + 2C_2H_6 + 3C_3H_8$
  $+ 4C_4H_{10} + H_2S - 3.76O_2 (\text{Nm}^3/\text{Nm}^3)$
- $G_d = G_w - W_g (\text{Nm}^3/\text{Nm}^3)$

10 기체연료 실제습연소가스량(G_w)

$W_g = H_2O + 2CH_4 + C_2H_2 + 2C_2H_4 + 3C_2H_6 + 4C_3H_8 + 5C_4H_{10} + H_2S$
$(+ W + A_0 W_a)\text{Nm}^3/\text{Nm}^3$

11 기체연료의 발열량 계산

① 고위발열량(H_h) = $3,035CO + 3,050H_2 + 9,530CH_4 + 14,080C_2H_2 + 15,280C_2H_4$
$+ 16,810C_2H_6 + 24,370C_3H_8 + 32,010C_4H_{10}(\text{kcal/Nm}^3)$

② 저위발열량(H_l) = $3,035CO + 2,570H_2 + 8,570CH_4 + 13,600C_2H_2 + 14,320C_2H_4$
$+ 15,370C_2H_6 + 22,450C_3H_8 + 29,610C_4H_{10}(\text{kcal/Nm}^3)$

※ 수증기(H_2O)의 응축잠열값 ⎡ 600kcal/kg
⎣ 480kcal/Nm³

12 기체연료의 발열량에 의한 이론공기량, 이론습배기가스량

① 이론공기량(A_0) = $11.05 \times \dfrac{H_l}{10,000} + 0.2 (\text{Nm}^3/\text{Nm}^3)$

② 이론습배기가스량(G_{ow}) = $11.9 \times \dfrac{H_l}{10,000} + 0.5 (\text{Nm}^3/\text{Nm}^3)$

CHAPTER 09 통풍과 집진장치

1. 통풍

1 통풍의 개요
통풍이란 아궁이를 중심으로 공기 또는 열가스가 연속적으로 유동하는 상태를 말하며 그 유동할 때의 힘을 통풍력(mmH_2O)이라 한다.

(1) 통풍방식
① 자연통풍방식 : 굴뚝(연돌)높이에 의존하는 통풍방식이다.
② 강제통풍방식 : 연돌과 송풍기를 이용하는 통풍방식이며 3가지가 있다.
　㉮ 압입통풍
　㉯ 흡인통풍(흡입통풍)
　㉰ 평형통풍

2 통풍의 특징

(1) 자연 통풍(Natural Draft)
굴뚝의 높이에 의존하는 통풍이며 특징은 아래와 같다.

① 장점
　㉮ 송풍기가 불필요하다(동력소비가 불필요하다).
　㉯ 배기의 부력만 이용하면 통풍이 된다.
　㉰ 설비가 간단하여 설비비가 싸다.

② 단점
　㉮ 통풍력이 약하다.
　㉯ 대용량 열설비에는 사용이 부적당하다.
　㉰ 노 내가 부압이 되어 외기의 침입이 허용된다.
　㉱ 통풍력은 연돌높이 배기가스 온도, 외기온도, 습기 등에 영향을 받는다.
　㉲ 외기의 침입이 많으면 연소실의 온도가 저하된다.

③ 배기가스 유속 : 3~4m/s 정도

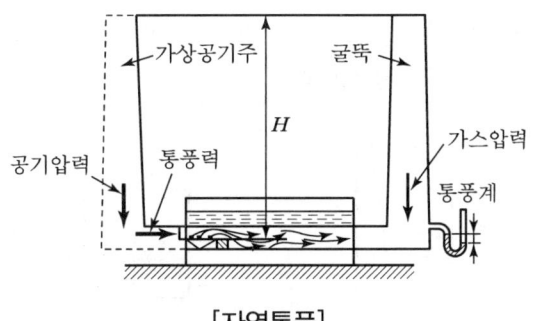

[자연통풍]

> REFERENCE 자연통풍을 증가시키는 요인
>
> ① 연돌(굴뚝)이 높을수록 통풍력이 증가한다.
> ② 배기가스의 온도가 높을수록 통풍력이 증가한다.
> ③ 연돌의 단면적이 클수록 통풍력은 증가한다.
> ④ 외기의 온도가 낮을수록 통풍력이 증가한다.
> ⑤ 공기의 습도가 낮을수록 통풍력이 증가한다.
> ⑥ 연도의 길이가 짧을수록 증가한다.

(2) 강제통풍(인공통풍)
  ① **압입통풍**(Forced Draft) : 연소용 공기를 송풍기에 의해 연소실 앞에서 연소실로 밀어 넣는 통풍방식이다.
   ㉮ 장점
    ㉠ 노 내가 정압이 유지되어 연소가 용이하다.
    ㉡ 가압연소가 되므로 연소율이 높다.
    ㉢ 고부하 연소가 가능하다.
    ㉣ 300℃ 이상의 연소용 예열공기 사용이 가능하다.
    ㉤ 통풍저항이 큰 보일러에 사용이 가능하다.
    ㉥ 송풍기의 고장이 적고 점검이나 보수가 용이하다.
    ㉦ 연소용 공기의 조절이 용이하다.
   ㉯ 단점
    ㉠ 노 내압이 높아 연소가스가 누설되기 쉽다.
    ㉡ 연소실 및 연도의 기밀유지가 필요하다.
    ㉢ 통풍력이 높아 노재의 손상이 일어난다.
    ㉣ 송풍기 가동으로 동력소비가 많다.
    ㉤ 자연 통풍에 비하여 설비비가 많이 든다.
   ㉰ 배기가스의 유속 : 8m/s 정도가 된다.

② **흡인통풍(Indused Draft)** : 연도에 배풍기를 설치하고 배기가스를 유인하여 연돌로 배기시켜 연소가스를 빨아내는 방식이다.

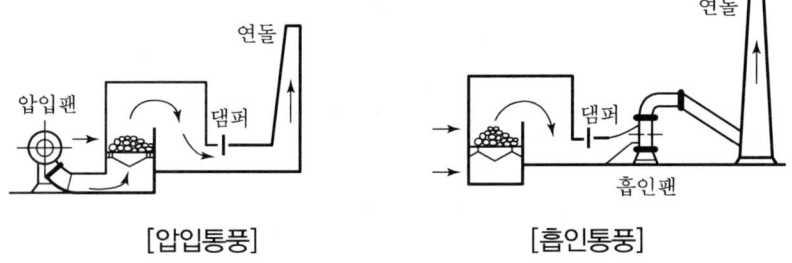

[압입통풍]　　　　　[흡인통풍]

㉮ 장점
　㉠ 강한 통풍력이 형성된다.
　㉡ 노 내가 항상 부압이 유지되어 노 내의 손상이 적다.
　㉢ 연돌높이에 관계없이 연소가스가 배출된다.
㉯ 단점
　㉠ 배풍기의 소요동력으로 동력소비가 많다.
　㉡ 노 내가 부압이라 외기침입에 의해 열손실이 많다.
　㉢ 연소가스의 접촉으로 배풍기의 손상이 초래된다.
　㉣ 연소용 공기가 예열되지 않는다.
　㉤ 배풍기 고장 시 점검, 보수, 교환이 불편하다.
　㉥ 배풍기의 수명이 짧다.
　㉦ 배기가스의 침식을 방지하기 위하여 내열성이나 내식성 있는 재료가 필요하다.
㉰ 흡인통풍의 용도 : 통풍 저항이 큰 곳
㉱ 흡인통풍방식
　㉠ 직접식 : 배풍기 사용
　㉡ 간접식 : 인젝터노즐을 사용
㉲ 배기가스 유속 : 8~10m/s 정도

③ **평형통풍(Balanced Draft)** : 노 내 압력을 임의대로 조절하기 위한 압입통풍과 흡인통풍을 겸용한 통풍방식이다. 즉, 송풍기와 배풍기가 함께 사용된다.
㉮ 장점
　㉠ 통풍조절과 노 내 압력이 용이하다.
　㉡ 대풍량이 요구되는 곳에 사용 가능하다(중·대형 보일러용).
　㉢ 강한 통풍력을 얻을 수 있다.
　㉣ 연소실 구조가 복잡하여도 통풍이 양호하다.
　㉤ 가스의 누설이나 외기의 침입이 없다.

㉯ 단점
　　㉠ 통풍기에 의한 소요동력 소비가 많다.
　　㉡ 설비비나 유지비가 많이 든다.
　　㉢ 통풍기로부터 소음발생이 심하다.
　　㉣ 소규모 열설비에는 사용이 부적당하다.
㉰ 배기가스 유속 : 10m/s 이상이다.

3 통풍의 조절

연소실에 투입된 연료량에 대하여 연소용 공기량이 부족하거나 너무 많아서도 안 되기 때문에 송입공기량이 일정한 통풍력의 조절이 요구된다.

(1) 통풍의 조절방법(송풍기 사용)
　① 댐퍼 조절에 의한 방법
　　㉮ 연도댐퍼에 의한 방법
　　㉯ 1차, 2차 공기댐퍼에 의한 조절
　② 전동기의 회전수에 의한 방법
　　㉮ 제작비가 많이 든다.
　　㉯ 저부하 제어에 적당하다.
　　㉰ 장치의 면적이 많이 소요된다.
　③ 섹션베인의 개도에 의한 방법
　　㉮ 소요동력이 절약된다.
　　㉯ 제작비가 적게 들며 조작이나 취급이 용이하다.
　　㉰ 설치면적을 작게 차지한다.
　　㉱ 운전효율이 좋다.
　　㉲ 풍량제어가 용이하다.

(2) 노 내의 압력 조절
　연도에 설치된 댐퍼로 조절된다.

(3) 연소용 공기량의 조절
　공기의 댐퍼로 조절한다.

(4) 통풍력의 측정위치
　굴곡이 없는 연도에서 측정한다.

(5) 통풍력 계측기(Draft Gauge)
　① U자관식 압력계(마노미터)　② 침종식 압력계
　③ 링밸런스식 압력계

4 통풍력이 클 때와 작을 때의 현상

(1) 통풍력이 클 때의 현상
   ① 연소율이 증가한다.
   ② 연소실 열부하가 커진다.
   ③ 연료의 소비가 증가한다.
   ④ 배기가스의 온도가 높아진다.
   ⑤ 보일러의 증기생성이 빨라진다.
   ⑥ 보일러의 열효율이 낮아진다.

(2) 통풍력이 작을 때 현상
   ① 통풍불량이 온다.
   ② 연소율이 작아진다.
   ③ 연소실 열부하가 작아진다.
   ④ 역화의 위험이 생긴다.
   ⑤ 완전연소가 어렵다.
   ⑥ 배기가스의 온도가 저하되어 저온부식을 초래한다.
   ⑦ 보일러 열효율이 낮아진다.
   ※ 통풍력은 너무 크지도 작지도 않은 설비에 알맞은 적정수준이 가장 좋다.

2. 통풍력 계산

1 이론통풍력

자연 통풍방식에 의해 이론통풍력은 통풍력의 손실이 전혀 없는 상태에서 계산되는 통풍력이다. 통풍력은 (밀도×굴뚝 높이) 단위가 mmAq가 된다.

(1) 공기와 가스와의 밀도차와 연통의 높이에 의한 통풍력 계산(연소가스의 정지상태)
   ① 공기 및 가스의 비중만 알 때

   $$Z = (\gamma_a - \gamma_h) \times H$$

   여기서, Z : 이론통풍력(mmH$_2$O 또는 mmAq)
   γ_a : 외기 비중량(kg/m^3)
   γ_h : 배기가스 비중량(kg/m^3)
   H : 굴뚝 높이(m)

(2) 0℃, 1기압(760mmHg)에서 공기와 배기가스의 밀도가 주어진 상태에서 통풍력 계산(배기가스의 유동 시)

① 굴뚝 높이와 외기 및 배기가스 비중량 및 온도가 같이 주어졌을 때

$$Z = 273H\left(\frac{\gamma_a}{273+t_a} - \frac{\gamma_g}{273+t_g}\right)$$

여기서, t_a : 외기온도(℃), γ_a : 외기 비중량(kg/Nm³)   ※ γ_a : 1.293kg/Nm³
        t_g : 배기가스 온도(℃), γ_g : 배기가스 비중량(kg/Nm³)   ※ γ_g : 1.354kg/Nm³

(3) 공기와 배기가스의 비중량을 1.3kg/Nm³로 본 상태에서 통풍력 계산

① 외기 비중이 주어지지 않을 때

$$Z = 355H\left(\frac{1}{273+t_a} - \frac{1}{273+t_g}\right)$$

여기서, t_a : 외기온도(℃)
       t_g : 굴뚝 내 평균 가스온도(℃)

② $Z = H\left(\dfrac{353}{273+t_a} - \dfrac{367}{273+t_g}\right)$

여기서, 353 = 273 × 1.293
       367 = 273 × 1.354

2 실제통풍력

실제통풍력은 이론통풍력의 80%로 보며 이론 통풍력에서 손실되는 통풍력을 뺀 값의 통풍력이다. 즉, 손실통풍력은 (이론통풍력 × 0.2)이다.

(1) 통풍력 손실의 원인

     ① 폐열회수장치 등에서의 손실
     ② 배가스의 방향전환 시에 나타나는 손실
     ③ 연도의 확대나 축소 시에 나타나는 손실
     ④ 굴뚝의 상하 압력차, 온도차 등에 따른 손실
     ⑤ 배기가스의 유속에 의한 연도 내의 마찰손실

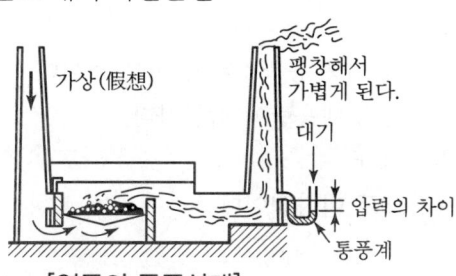

[연돌의 통풍상태]

(2) 실제통풍력 계산

$$Z = 이론통풍력 \times 0.8(\text{mmH}_2\text{O})$$

여기서, Z : 실제통풍력(mmH_2O) : 이론통풍력(mmH_2O)의 약 80%

3. 통풍장치(Draft Equipment)

1 통풍력을 유지하기 위한 통풍장치

(1) 종류
① 통풍기(송풍기와 배풍기) ② 덕트(Duct)
③ 댐퍼   ④ 연도
⑤ 연돌(스택)   ⑥ 통풍압력계

2 통풍기

(1) 통풍기의 종류
① 원심식 통풍기
  ㉮ 다익형(흡인형)
  ㉯ 플레이트형(흡인형)
  ㉰ 터보형(압입형)
② 축류식 통풍기
  ㉮ 프로펠러형(배기, 환기용)
  ㉯ 디스크형(배기, 환기용)

3 원심식 통풍기의 특징

(1) 터보형(Turbo Fan)
임펠러의 주판과 축판 사이에 8~24개의 후향 임펠러(Impeller)를 설치한 송풍기이다.

① 장점
  ㉮ 효율이 높다.
  ㉯ 다른 통풍기에 비해 동력소비가 적은 편이다.
  ㉰ 고온이나 고압의 대용량에 적합하다.
  ㉱ 구조가 견고하다.
  ㉲ 압입 통풍용으로 이상적이다.

② 단점
    ㉮ 형상이 커서 설치장소를 많이 차지한다.
    ㉯ 가격이 다소 비싸다.
③ 효율 : 55~75%로 높은 편이다.
④ 풍압 : 15~500mmH$_2$O 정도이다.

(2) 시로코형(Sirocco Fan)
구조가 얇고 폭이 긴 전향의 임펠러를 다수 설비한 형식의 다익형 통풍기이다.

① 장점
    ㉮ 소형이며 가벼운 경량이다.
    ㉯ 풍량이 많다.
    ㉰ 흡인용으로 용이하다.
② 단점
    ㉮ 효율이 40~50%로 낮다.
    ㉯ 많은 동력이 필요하다.
    ㉰ 구조상 고온, 고압, 고속에는 부적당하다.
③ 풍압 : 15~200mmH$_2$O 정도이다.
④ 풍량 : 5,000m^3/min

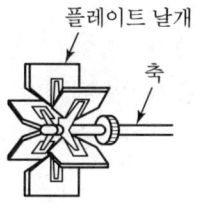
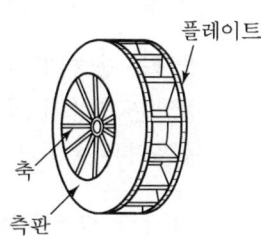

[다익형 통풍기]

(3) 플레이트형(Plate Fan)
방사형 날개를 6~12개 정도 부착한 연도 및 연도 근거리의 흡인용 통풍기이다.

① 장점
    ㉮ 구조가 견고하고 마모부식에 강하다.
    ㉯ 효율이 50~60% 정도로 비교적 높다.
    ㉰ 플레이트의 교체가 용이하다.
    ㉱ 풍량이 많은 편이다(대용량에 적합).
② 단점
    ㉮ 대형이며 중량이 많이 나간다.
    ㉯ 설비비가 비싸다.
③ 풍압 : 400mmH$_2$O 이하

4 축류식 송풍기의 특징

일종의 프로펠러형의 송풍기이며 판을 여러 개 설치하고 주로 배기나 환기용으로 사용된다.

(1) 장점
    ① 고속운전에 적합하다.

② 대풍량이 요구되는 곳에 사용이 가능하다.
③ 흡인용으로 이상적이다.
④ 효율이 50~70%로 높다.
⑤ 고압력을 필요로 하는 데 사용한다.

(2) 단점

소음이 심하다.

5 송풍기의 성능

원심력을 이용한 송풍기의 풍량, 풍압, 동력 간에는 다음과 같은 법칙이 적용된다.

(1) 풍량은 송풍기 회전수 증가 1승에 비례한다.
(2) 풍압은 송풍기 회전수 증가 2승에 비례한다.
(3) 풍동력은 송풍기 회전수 증가 3승에 비례한다.

① 풍량 $Q = Q_1 \times \left(\dfrac{N_2}{N_1}\right)^1 [\text{m}^3/\text{min}]$

② 풍압 $H = H_1 \times \left(\dfrac{N_2}{N_1}\right)^2 [\text{mmH}_2\text{O}]$

③ 동력 $HP = HP_1 \times \left(\dfrac{N_2}{N_1}\right)^3 [\text{kW}]$

여기서, Q_1, H_1, HP_1은 회전수가 변화하기 전의 풍량, 풍압, 동력이다.

(4) 송풍기의 소요동력(N) 계산

① PS를 구할 때

$$N = \dfrac{Z \cdot Q}{60 \times 75 \times \eta} (\text{PS}) \text{ 또는 } N = \dfrac{Z \cdot Q}{4,500 \times \eta} (\text{PS})$$

② kW를 구할 때

$$N = \dfrac{Z \cdot Q}{60 \times 102 \times \eta} (\text{kW}) \text{ 또는 } N = \dfrac{Z \cdot Q}{6,120 \times \eta} (\text{kW})$$

③ 간이식 $N = \dfrac{0.0098 \times V \times H}{\eta} (\text{kW})$

여기서, N : 송풍기 마력(PS) 또는 동력(kW)　　Z : 출구의 압력(mmH$_2$O)
　　　　Q : 송풍량(m^3/min)　　　　　　　　　η : 송풍기 효율
　　　　V : 송풍량(m^3/s)　　　　　　　　　　H : 송풍기의 전압력(mmH$_2$O)

6 공기덕트(Air Duct)

덕트란 연소용 공기를 보일러 전부에 있는 윈드박스(바람상자)까지 보내는 통로로서 모양에 따라 각형과 원형이 있다.

(1) 공기유속에 따른 분류
① 저속덕트 : 덕트 내의 풍속이 15m/s 이하
② 고속덕트 : 덕트 내의 풍속이 20m/s 이상

(2) 덕트의 송풍량 계산

$$Q(\text{m}^3/\text{min}) = 단면적(\text{m}^2) \times 공기의\ 유속(\text{m/s}) \times 60\text{sec/min}$$

(3) 송풍을 위한 덕트는 필요한 송풍량보다 10% 더한 값의 용적으로 크기가 결정된다.

7 연도

연도란 배기가스를 연소실에서 굴뚝까지 수평으로 연결시켜 주는 장치이며 연도가 짧을수록 통풍력이 증가한다.

REFERENCE 배기가스 온도가 높은 원인과 대책

원인	대책
1. 전열면이 부족하다.	① 전열면을 확대한다.
2. 가스의 흐름이 부적합하다.	① 흐름의 정체부를 없앤다. ② 복사 전열부의 가스층을 두껍게 한다. ③ 대류 전열부 가스유속을 크게 한다. ④ 가스 흐름이 한쪽에 치우치지 않도록 한다.
3. 화염의 연도에 단락이 있다.	① 단락부, 축열실, 배플 등을 수리한다. ② 가스 순환력을 충분히 유지한다.
4. 전열면이 오염되어 있다.	① Soot Blowing을 자주 실시한다. ② 매연제거 첨가제를 사용한다. ③ 급수 수처리를 철저히 하여 스케일을 방지한다.
5. 화염의 흑도가 부족하다.	① 불포화, 고위탄화수소가 많은 연료를 사용한다. ② 증기버너 대신 고압공기 분무버너를 사용한다. ③ 공기량을 가능한 한 줄인다.
6. 냉가스층이 있다.	① 가스의 유동을 왕성하게 한다.
7. 과부하	① 부하를 낮춘다. ② 용량을 크게 한다.
8. 연소의 지연	① 연료와 공기의 혼합을 촉진한다.

8 댐퍼(Damper)

연소용 공기나 배기가스량의 조절을 위하여 또는 일정한 통풍력을 얻기 위하여 설치한다.

(1) 댐퍼의 설치목적
   ① 통풍력의 조절
   ② 공기나 배기가스량의 조절
   ③ 주연도와 부연도가 있을 경우 가스흐름을 교체한다.
   ④ 가스흐름의 차단

(2) 댐퍼의 분류
   ① 공기댐퍼
      ㉮ 1차 공기댐퍼
      ㉯ 2차 공기댐퍼
         ㉠ 2차 공기댐퍼의 종류 : 회전식 댐퍼
   ② 연도댐퍼
      ㉮ 승강식 댐퍼 : 중·대형 보일러용
      ㉯ 회전식 댐퍼 : 소형 보일러용

(3) 형상에 의한 댐퍼의 분류
   ① 버터플라이 댐퍼 : 소형 덕트 및 흡수구에 사용
   ② 다익 댐퍼 : 덕트가 대형일 때 편리하다.
   ③ 스플리트 댐퍼 : 덕트의 분지에 사용하며 풍량조절용이다.

〈각종 용량 제어방식의 비교〉

종류	취급가스가 미치는 영향	설비비	제어효율	제어 시 성능의 안전성	보수	제어의 원리	풍량의 변화
토출 댐퍼	직접가스에 접촉되므로 영향이 많음. 단 구조가 간단해서 그다지 문제가 되지 않는다.	저렴하다.	불량하다.	제어할수록 불량	극히 용이 하다.	토출 측 저항을 증대하고 저항곡선을 바꿔준다.	베인의 각도와 풍량은 비례되지 않는다. 전개부근에서 민감하고 반개까지 거의 풍량변화가 없다.
흡입 댐퍼	상동	저렴하다.	토출댐퍼보다 약간 좋다.	제어할수록 양호해진다.	극히 용이 하다.	흡입 측 저항을 증대하고 토출 측 압력곡선을 바꿔준다.	상동

종류	취급가스가 미치는 영향	설비비	제어효율	제어 시 성능의 안전성	보수	제어의 원리	풍량의 변화
흡입 베인 댐퍼	직접가스에 접촉하며 또한 구조가 복잡해서 깨끗한 상온가스 이외는 부적당하다.	토출·흡입 댐퍼보다는 비싸고 변속보다는 싸다.	예선회라는 특수한 유체역학적 성질을 이용하여 효율이 좋다. 풍량 70~100%의 범위에서 최고로 양호하다.	제어할수록 양호해진다.	약간 복잡	상동	임펠러에 대한 가스 유입각도를 바꾸고 압력 곡선을 바꾼다.
연속적 동기	취급가스에 무관하다.	비싸다.	풍량 70~100%에서는 흡인베인보다 못하고, 80% 이하에서는 최고로 양호하다.	제어해도 제어 전과 같이 안전하다.	복잡	회전속도와 풍량은 비례	임펠러의 회전속도를 바꾸고 압력 곡선을 바꾼다.

9 연돌(Smokestack, 굴뚝)

(1) 연돌의 설치목적
  ① 배기가스의 배출을 신속히 한다.
  ② 역풍을 일부 막아준다.
  ③ 유효통풍력을 얻는다.
  ④ 매연 등을 멀리 확산시켜 대기오염을 줄인다.

(2) 굴뚝의 재료와 구성
  ① 철판 굴뚝
  ② 벽돌 굴뚝
  ③ 철근콘크리트 굴뚝
  ④ 철관 굴뚝

(3) 연돌의 높이
  ① 중유나 무연탄 연소일 때 : 15m 이상
  ② 유연탄 연소일 때 : 23m 이상
  ③ 코크스 연소일 때 : 9m 이상
  연돌의 높이는 주위건물의 2.5배 이상이면 이상적이다.

(4) 연돌 상단부 면적(F) 계산

$$F = \frac{G \times (1 + 0.0037t)}{3,600w}$$

여기서, F : 연돌의 상단부 최소 단면적(m^3) t : 출구가스 온도(℃)
    G : 시간당 연소가스량(Nm^3/h) w : 출구가스 속도(m/s)

(5) 굴뚝 정상부 구경(D)의 결정

$$D = \sqrt{\frac{4 \times F}{3.14}} \text{ (m)}, \quad F = \frac{Q \times T}{273 \times 3,600 \times V'} \text{ (m}^2\text{)}$$

여기서, D : 굴뚝 정상부 구경(m)　　　　F : 굴뚝 정상부 단면적(m²)
　　　 T : 굴뚝 출구 가스온도(273+℃)　V' : 굴뚝 내 실제 가스속도(m/sec)

(6) 배기가스의 평균온도(℃) 계산

$$t_m = \frac{t_1 - t_2}{2.3 \log \frac{t_1}{t_2}} = \frac{t_1 - t_2}{\ln \frac{t_1}{t_2}}$$

여기서, t_m : 평균 가스온도(℃)
　　　 t_1 : 연돌 입구온도(℃)
　　　 t_2 : 연돌 출구온도(℃)

(7) 배기가스 압력과 온도가 주어질 때의 굴뚝의 상단부 면적(A) 계산

$$A = \frac{G_f \times Q \times \frac{760 \times T_g}{273 \times P_g}}{3,600\,W} = \frac{G_0 \times \frac{T_g \times 760}{273 \times P_g}}{3,600\,W} \text{ (m}^2\text{)}$$

여기서, A : 연돌 상부 단면적(m²)　　　 G_0 : 0℃, 1기압에서 배기가스량(Nm³/h)
　　　 G_f : 연료소모량(kg/h)　　　　　Q : 연료 1kg당 연소가스량(Nm³/kg)
　　　 P_a : 대기의 압력(760mmHg)　　P_g : 배기가스의 압력(mmHg)
　　　 T_a : 대기의 절대온도(273K)　　 T_g : 배기가스의 절대온도(K)
　　　 W : 배기가스 속도(m/sec)

① 연돌의 높이와 직경의 비율

　　$d \geq 2.5 \rightarrow H \leq (25 \sim 30)d$ 　　　　 $d > 2.5 \rightarrow H \leq 20d$

여기서, d : 연돌의 직경(m²)　　　　　H : 연돌의 높이(m)

② 석탄의 사용량 계산

$$B = (147A - 27\sqrt{A})\sqrt{H} = (116d^2 - 24d)\sqrt{H}$$

여기서, B : 석탄연소량(kg/h)　　　　A : 연돌 단면적(m²)
　　　 H : 연돌의 높이(m)　　　　　d : 연돌의 지름(m)

연소량을 증가시키려면 연돌을 높게 하는 것보다 연돌지름을 크게 하는 것이 효과적이다.

4. 매연

1 매연의 개요

매연이란, 연료 내의 탄화수소물질이 분해 연소하는 과정에서 미연의 탄소입자가 모여 응집한 무리이다. 매진이란 연료 속의 회분, 생성물질 등으로, 이것이 합쳐져 배기가스와 함께 연돌로 배출되는 대기오염의 인자를 총칭하여 매연이라 한다.

(1) 매연발생의 영향
① 불완전연소의 과·소
② 연소 시 노 내 압력의 고·저
③ 화염온도의 고·저
④ C/H(탄화수소) 과·소

(2) 매연의 종류
① 황화물 : SO_2, SO_3 등의 황산화물(SO_x)
② 질화물 : NO, NO_2 등의 질소산화물(NO_x)
③ 일산화탄소(CO)
④ 그을음과 분진 등

(3) 매연발생의 원인
① 통풍력이 부족한 경우
② 통풍력이 너무 지나친 경우
③ 무리하게 연소한 경우
④ 연소실의 용적이 작은 경우
⑤ 연료의 질이 좋지 않을 때
⑥ 연소실의 온도가 낮을 때
⑦ 연료와 연소장치가 맞지 않을 때
⑧ 취급자의 기술이 미숙할 경우
⑨ 기름의 압력과 기름의 예열온도가 부적당한 경우

(4) 매연발생의 방지대책
① 통풍력을 알맞게 조절한다.
② 무리한 연소를 하지 않는다.
③ 연료가 연소하는 데 충분한 시간을 준다.
④ 질이 좋은 연료를 연소시킨다.
⑤ 연소실과 연소장치를 개선한다.
⑥ 연소기술을 향상시킨다.
⑦ 연료 속의 유황분을 전처리한 후 연소시킨다.
⑧ 연소실의 온도를 알맞게 유지한다.
⑨ 집진장치를 설치한다.

2 매연농도계

매연농도계 측정기기는 링겔만 농도계, 광학적 농도계, 로버트 농도표, 매연포집중량계, 돈농도계 등이 있다.

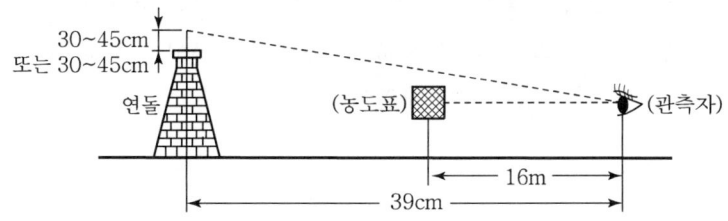

(1) 링겔만 농도표(링겔만 비탁표)
링겔만 농도표는 가로 세로 10mm의 흑선으로 되어 있다.

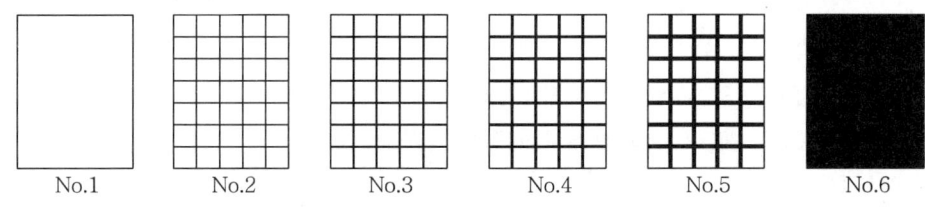

[링겔만 스모크 차트]

① 매연농도표 : No.0에서 No.5까지의 6단계로 분류하며 농도 1도가 매연농도율 20%이다.
② 매연농도 측정방법
  ㉮ 관측자와 연돌과의 거리 : 30~39m 떨어진 거리
  ㉯ 관측자와 링겔만 농도표와의 거리 : 전방 16m
  ㉰ 연기의 농도 측정거리 : 연돌상부에서 30~45cm 사이
③ 관측요령
  ㉮ 매연농도 측정 시 태양을 정면으로 받지 않는다.
  ㉯ 주위배경은 밝은 위치에서 관측한다.
  ㉰ 개인차가 있으므로 여러 사람이 여러 번 측정한다.
④ 매연의 농도 계산

$$\text{매연농도율}(\%) = \frac{\text{연기의 농도치}}{\text{측정시간(분)}} \times 20$$

⑤ 보일러 운전 중 연기색
  ㉮ 엷은 회색 : 공기의 공급량이 알맞다(화염은 오렌지색이며 온도는 1,000℃ 정도).
  ㉯ 흑색 또는 암흑색 : 공기의 공급이 부족하다(화염은 암적색으로 온도는 600~700℃).
  ㉰ 백색 또는 무색 : 공기가 과잉공급되었다(화염은 회백색이며 온도는 1,500℃).

⑥ 보일러 운전 중의 매연농도 한계치 : 링겔만 농도표는 보일러 운전 중 매연농도가 2도 이하(매연율 40% 이하)로 항상 유지되어야 한다.

(2) 광학적 농도계(빛의 투과율 측정에 의한 매연농도계)
연도나 매연 속에 복사광선을 통과시켜 광도변화에 따른(빛의 투과율 이용) 매연농도가 지시 기록된다.

(3) 매연포집 중량계(매진량 자동연속 측정장치)
연소가스를 가스 채취관으로부터 뽑아내어 석면이나 암면의 광물질 섬유에 가스를 여과시켜 채집된 양을 측정하여 통과가스량에 대한 매연농도율을 측정하는 방식이다.

〈매연농도표에 따른 연기와 색〉

농도번호	격자백선폭(mm)	격자흑선폭(mm)	매연농도(%)	연기색
No. 0	전백	–	0	무색(백색)
1	9.0	1.0	20	엷은 회색
2	7.7	2.3	40	회색
3	6.3	3.7	60	엷은 흑색
4	4.5	5.5	80	흑색
5	–	전흑	100	암흑색

〈자동측정기에 의한 아황산가스 연속측정법〉

측정방법	개요	측정범위	방해물질
용액전도율법	시료를 황산산성의 과산화수소에 흡수시켜 용액의 전기전도율(Electro Conductivity)의 변화를 용액전도율 분석계로 측정하는 방법이다.	5~2,000 ppmSO_2	염화수소 암모니아 이산화질소
적외선흡수법	시료가스를 셀에 취하여 7,300nm 부근에서 적외선 가스 분석계를 사용하여 아황산가스의 광흡수를 측정하는 방법이다.	10~2,000 ppmSO_2	수분 이산화탄소
자외선흡수법	자외선 흡수분석계를 사용하여 280~320nm에서 시료 중 아황산가스의 광흡수를 측정하는 방법이다.	10~2,000 ppmSO_2	이산화질소
불꽃광도법	불꽃광도 검출분석계를 사용하여 시료를 공기 또는 질소로 묽힌 후 수소불꽃 중에 도입할 때 394nm 부근에서 관측되는 발광광도를 측정하는 방법이다.	5~1,000 ppmSO_2	황화수소
정전위전해법	정전위전해분석계를 사용하여 시료를 가스투과성격막을 통하여 전해조에 도입시켜 전해액 중에 확산 흡수되는 아황산가스를 규정된 산화전위로 정전위 전해하여 전해류를 측정하는 방법이다.	5~2,000 ppmSO_2	황화수소 이산화질소

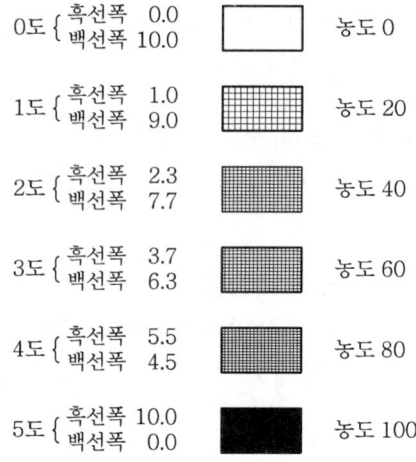

[링겔만 매연농도표]

5. 집진장치(Dust Collector)

1 집진의 개요

배기가스 중의 분진 및 매연 등의 유해물질을 제거하여 대기오염을 방지하기 위해 연도 등에 설치하는 기구가 집진장치이며, 매연을 분리하는 방식에 따라 건식, 습식, 전기식으로 구분된다.

2 집진장치의 종류

(1) 건식 집진장치
 ① 중력 집진장치(중력침강식, 다단침강식)
 ② 관성력 집진장치(충돌식, 반전식)
 ③ 원심력 집진장치(사이클론형, 멀티사이클론형, 블로다운형)

(2) 습식 집진장치
 ① 유수식 집진장치
  ㉮ 전류형 스크러버식
  ㉯ 로터리 스크러버식
  ㉰ 피보디 스크러버식
 ② 가압수식 집진장치
  ㉮ 벤투리 스크러버식 ㉯ 충진탑
  ㉰ 사이클론 스크러버식 ㉱ 제트 스크러버식
  ㉲ 분무탑 ㉳ 포종탑

③ 회전식 집진장치
㉮ 임펄스 스크러버식　　　　　　㉯ 타이젠 와셔식

(3) 전기식 집진장치
① 코트렐 집진장치
㉮ 건식 집진기　　　　　　㉯ 습식 집진기

(4) 기타 집진장치
① 여과식 집진장치 : 표면여과법, 내면여과법
② 음파 집진장치

3 집진장치의 선정 시 고려할 사항

(1) 처리해야 할 물질의 크기 및 성분조성
(2) 사용연료의 종류
(3) 연료의 연소방법
(4) 배기가스의 배기가스량, 온도, 습도 등
(5) 배기가스 중의 SO_3의 농도
(6) 전기저항과 친수성 및 흡수성
(7) 집진입자의 비중

4 집진장치의 특징과 포집입자

(1) 건식
① **중력식 집진기** : 매연을 함유한 가스를 집진기 내로 유도하여 분진 자체의 중력에 의해 자연침강시켜 청정가스와 분리시켜 매연을 포집한다.
㉮ 구조가 간단하여 설비비가 싸다.
㉯ 배기가스의 압력손실이 10mmH$_2$O로 적다.
㉰ 다단식은 20μm 정도까지 집진시킨다.
㉱ 1차 집진기로 많이 사용된다.
㉲ 일반적으로 50μm 이상의 미립자 분진을 제거한다.

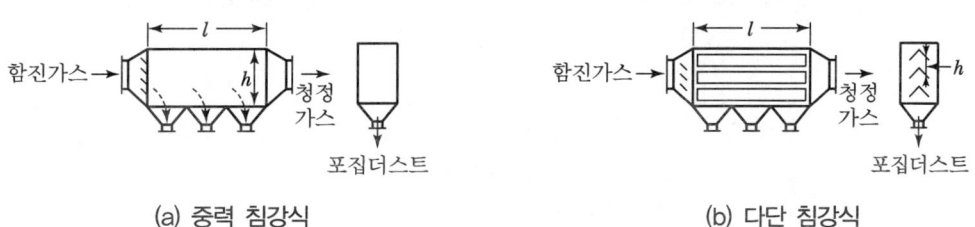

(a) 중력 침강식　　　　　　(b) 다단 침강식

[다단 침강식]

② **원심력 집진기** : 매연을 함유한 함진가스를 선회운동시켜 입자의 원심력을 이용해서 분리하는 방법이다.
  ㉮ 사이클론식(Cyclone) 집진기
    ㉠ 고급재료가 필요하다.
    ㉡ 함진가스의 충돌로 집진기가 마모된다.
    ㉢ 압력손실이 100~200mmH$_2$O 정도이다.
    ㉣ 집진입자의 범위는 10~20μm 정도이다.
    ㉤ 집진기 입구의 배기가스 유속은 15~20m/s 정도이다.
    ㉥ 분진처리 능력에 한계가 있다.
  ㉯ 멀티클론식(Multiclone) 집진기
    ㉠ 성능이 우수하다.
    ㉡ 사이클론의 병렬식이다(2개 이상 설치).
    ㉢ 수(數)미크론까지 집진된다(5μm까지).
    ㉣ 집진효율이 70~95%로 높다.
    ㉤ 매연의 처리량이 많다.
    ㉥ 가스도입방법 : 유압식, 축류식
  ㉰ 블로 다운형 : 사이클론식의 성능을 향상시킨 것

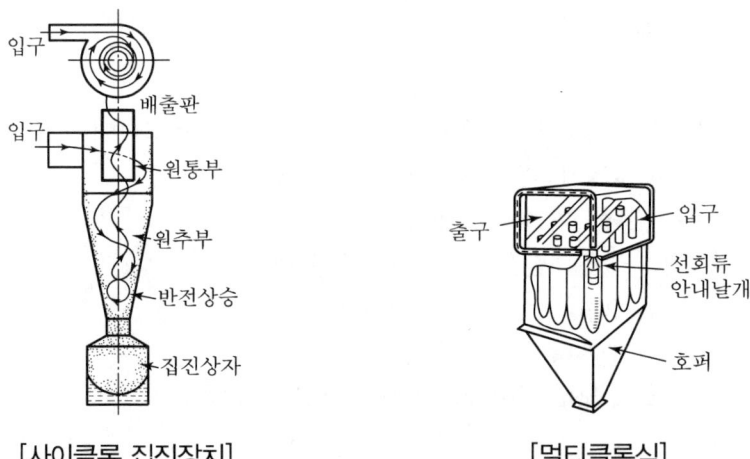

[사이클론 집진장치] [멀티클론식]

> **REFERENCE** 사이클론 집진장치

(1) 접선유입식
   ① 사이클론 입구 배기속도 7~15m/sec로 한다.
   ② 접선유입식 사이클론 압력손실은 100mmH₂O 전후이다.
   ③ 제진율의 변화는 비교적 작다.

(2) 축류식(반전형과 직진형)
   ① 반전형 : 입구속도는 10m/sec 전후 접선유입식에 비하여 동일 압력손실로서 배기가스량은 3배의 처리가 가능하다. 배기가 빨리 고르게 된다는 이점이 있으며 멀티사이클론에 적용하며 비교적 용량이 큰 배기가스에 사용된다. 압력손실은 80~100mmH₂O이다.
   ② 직진형 : 압력손실은 40~50mmH₂O 정도이며 설치면적이 작다. 사이클론 내압의 균형이 맞지 않아서 집진효율이 낮아지면 관 내에 불순물이 쌓인다는 단점이 있다.

(3) 블로 다운형(Blow Down)
   사이클론이 집진효율을 높이는 방법의 하나로서 더스트박스 또는 Hopper부에서 처리가스의 5~10%를 흡입해 선회류의 교란을 방지하고 분리된 먼지가 다시 비산되어 빠져나가지 않게 하는 방법이다.

〈여과집진시설에 사용되는 여재와 종류 및 특성〉

섬유	처리온도(℃) 연속 사용 시	처리온도(℃) 간헐 사용 시	내산성	내알칼리성	부식마멸성	공기투과성 (m/min)*	흡수성 (%)	상대 비율
면	82	107	약함	좋음	대단히 우수	3~6	8	2.0
폴리프로필렌	88	93	양호~우수	대단히 좋음	우수함	2.1~9	0	1.5
양모	93~102	121	대단히 우수	약함	보통	6~18	1.6	3.0
나일론	90~107	121	양호	양호~우수	우수함	4.5~12	4	2.5
오론	116	127	양호~우수	보통	양호	6~13.5	0.4	2.75
아크릴	127	137	양호	보통	양호	–	–	3.0
다크론	135	163	양호	양호	대단히 양호	3~18	–	2.8
노막스	204	218	약함, 양호	양호~우수	우수함	7.5~16.2	–	8.0
테프론	204~232	260	불소 이외에는 대단히 우수	우수(단, 불소연소 및 알칼리용융물질에는 약함)	보통	4.5~19.5	–	25.0
초자섬유	206	288	양호	양호	보통	3~21	0	6.1

* 13mmH₂O이 압력차에서 측정

③ 관성력 집진기 : 매연이 함유된 함진 배기가스의 방향을 전환시켜 급격한 기류의 관성력을 이용하여 분진을 처리한다.

㉮ 충돌식
　　㉠ 1단식　　㉡ 다단식
　　㉢ 미로식　　㉣ 곡관식
㉯ 반전식
　　㉠ 곡관식　　㉡ 루버식
　　㉢ 포켓식

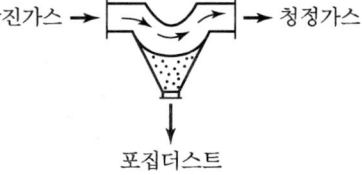

ⓐ 집진효율이 낮다.
ⓑ 배가스의 유속이 2~30m/s이다.
ⓒ 압력손실은 50mmH$_2$O 이하이다.
ⓓ 20μm 이상의 분진을 포집한다.
ⓔ 구조가 간단하다.

④ **여과집진기(백필터식, Bag Filter)** : 여포로 원통이나 평판상의 필터(Filter)를 만들어 필터와 필터 주위에 분진(Duct Cake)을 집진하며 배가스를 연속 백(Bag) 내부로 송입시킨다. 또한 집진기 바깥쪽에 공기를 분사시키거나 진동을 주어서 집진층을 떨어낸다.

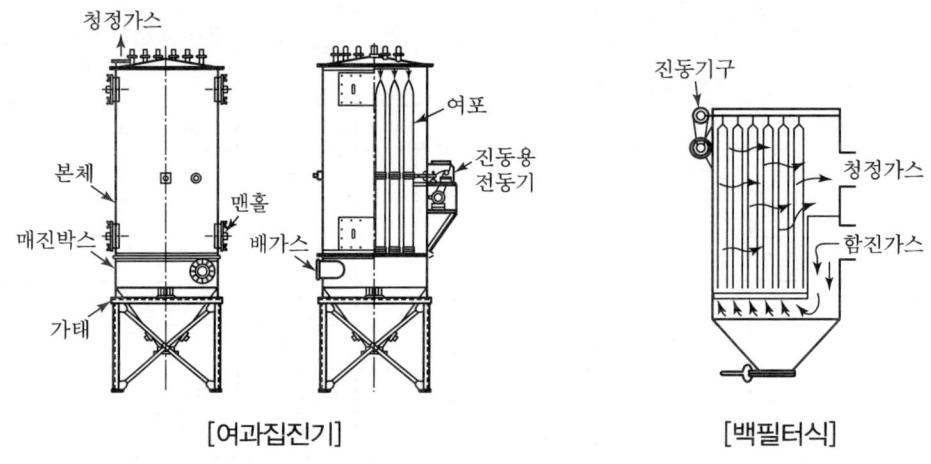

[여과집진기]　　　　　　　　[백필터식]

〈여과재의 성능 비교〉

종류	사용온도(℃)	내산성	내알칼리성	강도비	가격비	흡수비(%)
목면	< 80	불가	약간 좋다.	1	1	8
양모	< 80	약간 좋다.	불가	0.4	6	16
사란	< 80	약간 좋다.	불가	0.6	4	0
테빌론	95	좋다.	좋다.	1.0	2.2	0.04
비닐론	100	좋다.	좋다.	1.5	1.5	5
카네칼론	100	좋다.	좋다.	1.1	5.0	0.5

종류	사용온도(℃)	내산성	내알칼리성	강도비	가격비	흡수비(%)
나일론	110	약간 좋다.	좋다.	2.5	4.2	4
테릴렌	150	좋다.	불량	1.6	6.5	0.4
오올론	150	좋다.	불량	1.6	-	0.4
테트론	150	좋다.	불량	1.6	5	0.4
글라스	250	좋다.	불량	1.0	7	0

㉮ 특징
　㉠ 집진효율이 99% 이상 매우 높다.
　㉡ 설비비가 많이 든다.
　㉢ 함진농도가 높아도 처리가 가능하다.
　㉣ 가동 중 고장이 적다.
　㉤ 장기간 사용하면 여과재가 막히기 쉽다.
　㉥ 일정시간 사용 후 여과재의 교환이 필요하다.
　㉦ 200℃ 이상 고온의 가스 사용 시에는 백에 영향을 미치기 때문에 사용이 불가능하다.
　㉧ 배기가스의 유속이 5m/s 이하에서 집진된다.
　㉨ 배기가스이 압력손실은 30~50mmH$_2$O이다.
　㉩ 집진입자의 크기는 1~4μm 정도이다.
㉯ 여과방법
　㉠ 표면여과법(많이 이용된다. 백필터 사용)
　㉡ 내면여과법
⑤ 음파집진기 : 매연분진에 음파의 진동을 주어서 그 속에서 부유하는 매연을 공진시키고 입자의 진동에 의해 서로 충돌시켜 입자를 포집하여 크게 한 다음 사이클론 등으로 포집하는 방식의 집진기이다.

(2) 습식
① 유수식(貯流水式) : 물이나 그 밖의 액체를 항시 일정량을 보존하고 있는 장치 내에 보유하고 있는 함진가스를 액즙으로 통과시킬 때 분진이 처리된다.
② 가압수식 : 함진가스에 물이나 세정액을 가압 분사시켜 분진을 처리하는 방식으로 다음과 같은 종류가 있다.
　㉮ 벤투리 스크러버식 : 입자가 0.1~1μm까지 처리된다.
　㉯ 충진탑 : 0.5~3μm 정도까지 입자가 처리된다.
　㉰ 사이클론 스크러버식 : 입자가 1~5μm 정도까지 처리된다.

> REFERENCE

(1) 스크러버형 집진장치

스크러버는 액적 또는 액막을 형성시켜 함진가스와의 접촉에 의해 오염물질을 제거시키는 장치이다.

① 저수식 : 저류시킨 물 또는 세정액 내로 배출가스를 통과시켜 형성되는 액적이나 액막에 의해 배출가스를 세정하는 방식이다. 압력손실은 100~200mmH$_2$O 범위이다.

저수식에는 S임펠러형, 가이드 베인형, 분출형 단답형, 십자탑 및 포층탑 등이 있다.

(2) 벤투리 스크러버형(Venturi Scrubber)

벤투리관을 설치하여 함진가스 중에서 세정액을 가압분사시켜 형성되는 관성력, 확산력, 부착력, 중력 등에 의해 함진가스 등의 먼지를 세정분리하는 장치이다. 배기가스의 기본유속은 60~90m/sec, 압력손실은 300~800mmH$_2$O, 액가스비 0.3~1.5l/m^{3}로 운전된다.

(3) 제트 스크러버

제트 스크러버는 증기 또는 액분사장치와 동일하며 세정수를 회전날개를 가진 분무 노즐에 의해 고속으로 분사시켜 주위의 함진가스를 흡입 후 Throat 부분에서 가속 확대관을 통과하는 사이에 기액이 혼합 액적과 분진의 충돌 확산 등에 의해 분진을 분리하는 장치이다. 액가스비는 10~50l/m^{3}으로서 가압수식 충전탑 및 회전식 10~20배이며, 압력은 승압되어 송풍기는 필요 없다.

(4) 분무탑(Spray Tower)

분무탑은 공탑 내에 3~4단의 스프레이단을 설치하고 상승하는 함진가스와 상부에서 분무된 세정액의 액적 사이에 충분한 접촉시간으로 분진을 세정시키는 방식이다. 구조가 간단하고 운전관리 및 보수가 쉽고 압력손실이 적다. 통상 스프레이탑이 액가스비는 2~3l/m^{3}이며 압력손실은 대체로 30mmH$_2$O 전후이다.

(5) 사이클론 스크러버

사이클론 스크러버는 탑 하부 중심에 다수의 스프레이 노즐을 가진 분무관을 설치하여 함진가스를 직접 유인시키면 가스는 탑내를 선회하면서 상승하는 동안 스프레이 노즐로부터 분무된 세정액의 액적에 의해 세정되고 액적에 충돌부착된 분진 또는 미스트는 원심력에 의해 탑벽에 포집된다. 액가스비는 일반적으로 1~2l/m^3 정도이며 압력손실은 원심력을 이용하기 때문에 120mmH$_2$O이다.

(6) 충전탑식

충전탑은 함진가스를 탑 하부에서 상부로 통과시키고 세정액은 탑 하부로 하여 충진재 표면에서 액막을 형성시켜 세정시키는 방식으로 충전부에서 함진가스의 유속은 약 1~2m/sec이다. 압력손실은 100~200mmH$_2$O 범위로서 액가스비는 2~3l/m^{3}이다.

(7) 회전식

팬의 회전을 이용하여 공급수와 함진가스를 교반시켜 공급수에 의해 형성된 다수의 액적 액막 또는 기포에 의해 분진을 분리포집하는 방식이다.

① 종류 : 타이젠워셔, 임펄스 스크러버, 제트 콜렉터

② 액가스비 : 0.3~2l/m^3

③ 압력손실 : 50~150mmH$_2$O 정도

③ 회전식 : 세정액을 임펠러의 기계적 회전에 의해 분사시키고 함진가스는 송풍기에 의해 분산된 세정액 속으로 불어 넣어서 분진을 제거한다.

(3) 전기식 집진기

관상이나 관상의 집진극인 양극 내에 침상방전극인 음극을 달아매고 양극 사이에 고전압을 걸면 양극 사이에 코로나(Corona) 방전이 일어난다. 그 사이에 분진이나 미스트를 함유한 가스를 1~3m/s 속도로 통과시키면, 분진이 이온화하고 음이온화한 가스입자는 강한 전장의 작용으로 양극을 향하여 운동한다. 고체분진은 음(−)으로 대전하여 양극변에 모여서 분진이 제거되고 청정가스는 배기된다.

① 특징
 ㉮ 설비비가 많이 든다.
 ㉯ 배기가스의 압력손실이 10mm 이하이다.
 ㉰ 집진효율이 90~99.5%로 가장 높다.
 ㉱ 대용량 설비에 사용된다.
 ㉲ 소형이라 간편하다.
 ㉳ 신뢰도가 높다.
 ㉴ 고전압 및 정류설비가 필요하다.
 ㉵ 500℃ 이상의 배기가스나 습도가 높아도 처리가 가능하다.

② 집진입자의 크기 : $0.5\mu m$ 이하의 미립자도 처리된다.
③ 사용전압 : 30,000~100,000V 정도이다.
④ 집진기의 분류 : 습식, 건식
⑤ 전기식의 대표적인 집진기 종류는 코트렐 집진기이다.

〈각종 집진장치의 실용성능〉

원리	명칭	처리입경 (μ)	압력손실 (mmH$_2$O)	집진율 (%)	설비비	운전비
중력	침강실	1,000~50	10~15	40~60	소	소
관성력		100~10	30~70	50~70	소	소
원심력	Cyclone	100~3	50~150	85~95	중	중
세정	Venturi Scrubber	100~0.1	300~380	80~95	중	대
음파		100~0.1	60~100	80~95	중 이상	중
여과	Bag Filter	20~0.1	100~200	90~99	중 이상	중 이상
전기집진	Electric Precipitator	20~0.05	10~20	80~99.9	대	소~중

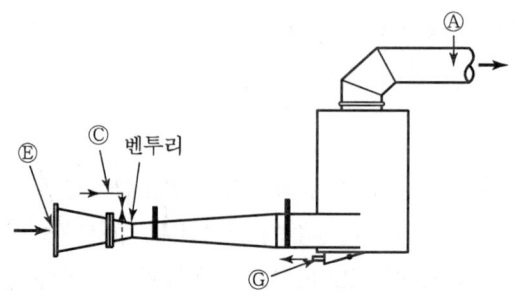

[벤투리 스크러버]

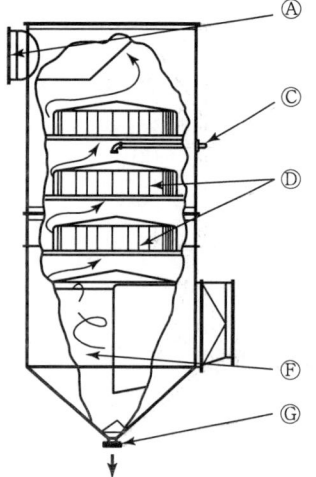

기호	구분
A	청정가스출구
G	물 주입구
D	충돌판
E	함진가스 입구
F	습식 사이클론(입경이 큰 물질 제거)
G	물, 슬러지, 배출구

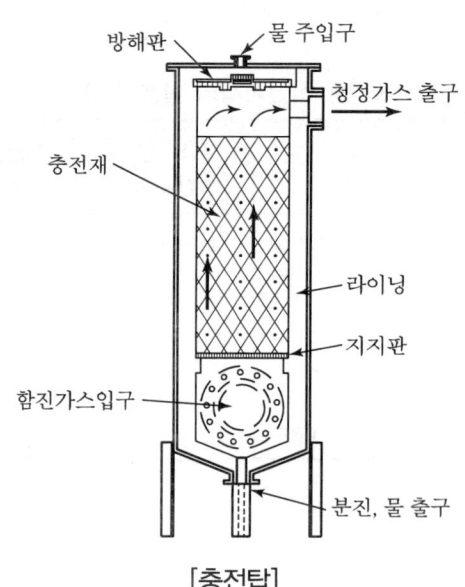

[충전탑]

〈각종 가스처리장치의 개요(1)〉

명칭	개요	장치	장점	단점
충전탑	표면적이 큰 충전물의 표면에 물을 흘려서 가스를 저속으로 향류접촉시킨다.	• 가스속도 : 0.3~1m초 • 급수량 : 15~20t/m³h • 충진탑 : 2~5m • 압력손실 : 50mmAq/탑고 m	• 급수량이 적당하면 효과가 거의 확실하다. • 가스량의 변동에도 적합한 적응성이 있다. • 압력손실이 그렇게 크지 않다. • 내식성 재료로 제작이 간단하다.	• 가스유속이 클 때는 Flooding 상태가 되어 조작 불능 • 흡수액에 고형분을 함유할 때 흡수에 의한 침전물이 생겨 충진제 간격을 메운다.
Spray탑	공탑 내에 물을 분무하여 가스를 저속도로 접촉시킨다.	• 가스속도 : 0.2~1.0m/초 탑고 5m 이상이 적당 • 액가스비 : 0.1~1l/m³ • 압력손실 : 2~20mmAq	• 구조가 간단하다. • 충진탑보다 가격이 싸다. • 압력손실이 적다. • 흡수와 동시에 가스 중의 분진을 제거하고 침전물이 생기는 흡수공정에 적당하다.	• Spray 동력이 크다. • Spray 눈금이 막히기 쉽다. • 편류가 일어나기 쉽고 분무액과 가스를 균일하게 접촉시키기가 어렵다. • 효과가 불확실하다.
Cyclone Scrubber	흡수탑에 가스를 Tangential로 도입시키고 탑 내에 분무하는 액과 접촉시킨다.	• 입구가스속도 : 15~35m/초 • 가스속도 : 1~3m/초 • 액가스비 : 0.5~5l/m³ • 압력손실 : 50~300mmAq	• 대용량 가스처리가 가능하다. • 비매동반량이 적다. • 비교적 구조가 간단하다. • 쉽게 용해하는 가스에 효과가 있다.	• Cyclone경을 크게 하면 효율이 저하한다. • 분무노즐이 막히기 쉽다. • 높은 수압이 필요하다.
Ventri Scrubber	가스를 슬로트부에 고속으로 통과시켜 소량의 물과 병류혼합시킨다.	• 슬로트부 가스속도 : 30~100m/초 • 액가스비 : 0.3~1.2l/m³ • 압력손실 : 300~900mmAq	• 소형으로서 대용량의 가스를 처리할 수 있다. • 흡수효율이 아주 좋아 거의 평형상태에 달한다.	• 가스의 압력손실이 크므로 동력비가 많이 든다. • 비매동반이 심하다.
Zet Scrubber	가스를 슬로트부에 약간 고속으로 통과시켜 대량의 물과 병류 혼합시킨다.	• 입구가스속도 : 10~20m/초 • 슬로트부 가스속도 : 20~50m/초 • 액가스비 : 10~100l/m³ • 압력손실 : 0~200mmAq	• 가스저항이 적다. • 수압가스를 자기흡인 할 수 있으므로 송풍 후 사용이 불가능한 공정에 제일 적합하다. • 흡수율이 크다.	• 수량이 많으므로 동력비가 많이 든다. • 가스량이 많을 때는 불리하다.

〈각종 가스처리장치의 개요(2)〉

명칭	개요	장치	장점	단점
Hydrofilter	탑 내에 충진한 플라스틱구가 가스의 흐름에 의해 유동층을 만들어 액과 향류접촉한다.	• 가스속도 : 1~5m/초 • 액가스비 : 1~10l/m³ • 압력손실 : 60~80mmAq/단	• 탑이 소형화되어 경량이 된다. • 탑 내에서 막히지 않는다. • 압력손실이 적다.	• 가스속도가 변동할 때에 부적당하다. • 대량의 가스처리에는 충진탑보다 고가이다.
개스킷탑	• 봉단상에 물을 축침유하시켜 가스를 저속으로 향류접촉시킨다. • 젖은 벽탑도 이의 일종이다.	• 가스 겉보기 속도 : 10m/초 이하	• 흡수효율은 충진탑과 스프레이탑의 중간이다.	• 충진탑보다 효과는 약간 불확실하다.
유수식 난류형	장치저부에 넣어둔 물과 가스가 난류상태에 접촉하면서 혼합한다.	• 가스 수면속도 : 30m/초 내외	• 흡수효율은 Venturi Scrubber와 거의 같다. • 소형으로 압력손실이 적다.(100mmAq 내외)	• Venturi 및 Zet Scrubber와 같이 병류이기 때문에 고농도의 가스를 수세할 때는 여러 단이 필요하다. • 가스저항 : 50~100mmAq
단탑 (포종탑)	증유장치에 널리 사용된다. 미세한 그릿을 통해 나온 가스가 수중에 분포된다.	• 가스속도 : 0.3~1.0m/초 (단간격 40cm) • 액가스비 : 0.3~5l/m³ • 압력손실 : 100~200mmAq 단	• 비교적 소형의 액량에서도 조작된다. • 흡수속도가 비교적 느린 가스에 적당하다.	• 가스량의 변동이 심할 때 불가하다. • 구조가 복잡하므로 대형에서는 고가이다. • 흡수효율이 낮다.
단탑 (젖은봉)	다공판 또는 격자상판의 선반에 가스속도를 높게 하여 파동상태로서 액과 향류접촉시킨다.	• 공탑속도 : 3~6m/초 • 액가스비 : 1.0~4.5l/m³ • 압력손실 : 150~300mmAq	• 대용량의 가스에 적당하다. • 스케일이 부착되기 어렵다. • 높은 효율이 얻어진다. • 구조가 간단하다.	• 가스속도 변동이 있을 때 하향될 수 있다. • 고성능 먼지 비산방지 조치가 필요하다. • 내마모 재질을 요한다.
원판 회전식	원심력을 이용하여 수적을 고속으로 운동시킴과 동시에 기류를 회전시켜 흡수시킨다.	• 공탑속도 : 2~3m/초 • 액가스비 : 0.5~5l/m³ • 압력손실 : 50~130mmAq	• 압력손실이 적다. • 소형화할 수 있다. • 기액접촉면적이 크다.	• 고속가동부분이 있으므로 동력비가 많이 든다. • 탑경을 크게 할 수 없다. • 비교적 고가이다.

〈각종 가스처리장치의 개요(3)〉

명칭	개요	장치	장점	단점

기포탑	액조의 저부에 가스 분사 노즐을 설치하여 가스를 미립자로 분산시킨다.	• 공탑가스속도
		  : 30~100m/h
		  (0.01~0.3m/초)
		• 가스압력손실
		  : 200~1,500mmAq
			• 액상저항이 지배적인 계의 흡수에 적당하다.
			• 구조가 간단하여 내식재료에 의한 제작이 용이하다.
			• 가열 또는 냉각기를 탑 내에 쉽게 설치할 수 있다.
				• 압력손실이 크다.
				• 대량의 가스처리가 불가하다.

기포교반조	기포탑을 교반장치를 설치한 조	• 가스속도 : 100m/h 이하 • 가스속도가 커지면 교반추에 따라 가스가 달아난다.	• 액측 저항이 큰 계의 흡수에 적당하다. • 고열분자의 현탁액을 흡수액으로 사용할 때 좋다. • 흡수효율이 높다.	• 압력손실이 크다. • 가스속도를 크게 할 수 없다.

액막식 흡수탑 (십자류 접촉장치)	망의 표면에 액막을 형성시키고 가스를 십자류로 통과시킨다.	• 공탑속도 : 10~15m/초
		• 액가스비 : 3~7l/m^3
		• 압력손실
		  : 100~150mmAq
		  (액막 12매일 때)
			• 압력손실이 적다.
			• 공탑속도를 크게 하면 장치가 소형화된다.
				• 모표면에 액막을 균일하게 형성시킬 필요가 있다.
				• 흡수에 의해 생긴 슬러지 처리대책을 충분히 고려하여야 한다.

제9장 통풍과 집진장치 — 출제예상문제

01 중유를 석탄에 비교한 장점으로서 맞지 않는 것은?

① 수송과 저장이 편리하다.
② 석탄보다는 그을음이 적다.
③ 단위무게에 대한 발열량이 석탄의 1.3배이다.
④ 연소를 중단하면 보일러가 바로 식는다.

해설 중유가 석탄보다 좋은 점
㉠ 수송과 저장이 편리하다.
㉡ 연소가 잘 되어 그을음이 적다.
㉢ 단위무게에 대한 발열량이 석탄의 1.3배이다.
㉣ 계량이나 기록이 용이하다.

02 석탄의 저장방법 중 지켜야 할 사항이 아닌 것은?

① 석탄의 높이는 4m 이하로 하고, 너비는 넓은 둑처럼 쌓는다.
② 온도가 낮고 그늘지고 통풍이 되지 않는 곳을 택해야 한다.
③ 석탄은 크기를 구분하여 쌓는다.
④ 표면에서 깊이 1m 되는 곳의 온도를 수시로 측정한다.

해설 ②에서 통풍이 되지 않는 곳을 택해야 한다고 하였으나 통풍이 되지 않고 실내온도가 60℃ 이상 되면 자연발화가 발생하므로 통풍이 원활하여야 한다. 그렇게 하여야 자연발화가 방지되고 석탄의 저장방법이 해결된다.

03 노에서 발생한 고온, 고압의 연소가스를 굴뚝에 유입시킬 때까지의 유로를 무엇이라 하는가?

① 과열기   ② 절탄기
③ 연도   ④ 노

해설 연도
연소실 노에서 발생한 고온 고압의 연소가스를 굴뚝에 유입시키는 유로이다. 연도가 짧을수록 연돌의 통풍력이 증가한다.

04 다음 링겔만 그을음 농도 중 연소상태가 가장 나쁜 것은?

① 0도   ② 2도
③ 3도   ④ 5도

해설 링겔만 농도 중 연소상태가 5도이면 5×20%=100%의 매연이 나온다. 그러므로 가장 연소상태가 나쁘다.
※ 링겔만 매연농도 1도당 매연이 20%이다.

05 다음 중 설명이 옳지 않은 것은?

① 자연통풍 : 굴뚝의 압력차를 이용한 것
② 강제통풍 : 송풍기를 이용한 것
③ 압입통풍 : 굴뚝 밑에 흡출 송풍기를 사용한 것
④ 평형통풍 : 압입 및 흡출 송풍기를 겸용한 것

해설 ㉠ 강제통풍
• 압입통풍 : 보일러 앞에서 연소실로 밀어 넣는 방식
• 흡입통풍 : 굴뚝 밑에 흡출 송풍기를 사용한 것
• 평형통풍 : 압입과 흡출 송풍기를 겸용한 것(대풍량 이용)
㉡ 자연통풍 : 굴뚝의 압력차를 이용한 것

06 중유 연소장치에서 사용하는 버너의 종류에 해당하지 않는 것은?

① 압력분사식   ② 증기분무식
③ 살포식   ④ 회전분무식

해설 중유(액체연료) 연소 시의 버너 종류
㉠ 증기분무식 버너(기류식 버너)
㉡ 공기분무식 버너(기류식 버너)
㉢ 회전식 버너
㉣ 압력분사식 버너(유압식 버너)
㉤ 회전분무식 버너(로터리 버너)
※ 살포식은 석탄 연소에 사용되는 스토커이다.

정답 01 ④ 02 ② 03 ③ 04 ④ 05 ③ 06 ③

07 원통 보일러, 난방 보일러의 굴뚝의 단면적은 보통 화상면적의 어느 정도로 하는가?

① $\frac{1}{2} \sim \frac{1}{3}$ ② $\frac{1}{4} \sim \frac{1}{5}$
③ $\frac{1}{5} \sim \frac{1}{6}$ ④ $\frac{1}{6} \sim \frac{1}{10}$

해설 원통 보일러 및 난방 보일러의 굴뚝의 단면적은 화상면적의 $\frac{1}{6} \sim \frac{1}{10}$ 정도이다.
이때 배기가스의 유속은 3~4m/sec이다.

08 다음 중 가장 작은 분진을 포집할 수 있는 집진장치는 어느 것인가?

① 사이클론
② 여과 집진장치
③ 벤투리 스크러버
④ 코트렐 집진기

해설 ㉠ 코트렐 전기식 집진장치는 분진 포집률이 가장 높고 가장 작은 분진을 포집할 수 있다.
㉡ 집진장치의 종류
  • 건식 : 사이클론식, 여과식, 관성식, 초음파식, 중력식
  • 습식 : 세정식(유수식, 가압수식, 회전식)
  • 전기식 : 코트렐식

09 다음 중 매연 발생원인과 가장 거리가 먼 것은?

① 공기비가 1.0 이하일 때
② 공기가 부족한 상태로 연소할 때
③ 연소실의 온도가 현저하게 낮을 때
④ 화염이 노벽 또는 관군에 부딪쳤을 때

해설 매연의 발생원인
㉠ 공기비가 1.0 이하로 공기량의 부족
㉡ 공기가 부족한 상태로 연소
㉢ 연소실의 온도가 현저하게 낮을 때
㉣ 무리한 분소를 하였을 때
㉤ 연료나 연소장치가 맞지 않을 때

10 석탄의 성분이 C = 60%, H = 8%, O = 8%, S = 2%, 재 = 22%라 할 때 이 석탄 1kg을 연소시키는 데 필요한 산소량은 얼마인가?

① 1.84kg ② 2.18kg
③ 4.0kg   ④ 8.0kg

해설 이론산소량(O_0)의 계산공식
$$O_0 = 2.67C + 8\left(H - \frac{O}{8}\right) + 1S$$
$$= 2.67 \times 0.6\left(0.08 - \frac{0.08}{8}\right) + 1 \times 0.02$$
$$= 2.18 \text{kg/kg}$$
여기서, C : 탄소, H : 수소, O : 산소, S : 유황,
  a : 재(회분)

11 보일러에서 중유를 연료로 할 때 석탄에 비해 좋은 점이 아닌 것은?

① 연소효율이 좋고 발열량이 크다.
② 연소장치가 필요없고 인화의 위험성이 적다.
③ 그을음이 적고 재의 처리가 간단하다.
④ 운반과 저장이 편리하다.

해설 ㉠ 중유가 석탄보다 좋은 점
  • 연소효율이 좋고 발열량이 크다.
  • 그을음이 적고 재의 처리가 간단하다.
  • 운반과 저장이 편리하다.
㉡ 중유는 연소장치와 예열이 필요하다.

12 보일러 강제통풍방식 중 노 내 압력이 부압이 되며 연소실의 온도가 낮아져 연소효율이 떨어지는 방식은?

① 흡입통풍 ② 압입통풍
③ 평형통풍 ④ 자연통풍

해설 ㉠ 흡입통풍
  • 노 내 압력이 부압이 된다.
  • 연소실의 온도가 낮아져 연소효율이 떨어지는 통풍
  • 강제 통풍방식이다.
㉡ 부압이란 배기가스 압력이 공기압보다 낮은 압력이다.
㉢ 통풍의 종류
  • 자연통풍
  • 강제통풍 : 압입통풍, 흡입통풍, 평형통풍

정답 07 ④ 08 ④ 09 ④ 10 ② 11 ② 12 ①

13 탄소가 완전히 타서 탄산가스(CO_2)가 되면 몇 kcal/kmol의 열을 발생하는가?

① 97,000kcal/kmol
② 68,300kcal/kmol
③ 80,000kcal/kmol
④ 78,000kcal/kmol

해설 탄소 1kg의 연소 시 발열량 8,100kcal가 생성된다. 즉, 탄소 1킬로몰(kmol)의 양은 12kg이다. 그러므로 12kg 연소 시의 발열량은 12×8,100=97,200kcal, 약 97,200kcal가 생성된다.
※ 1kmol은 22.4Nm³이다.

14 저위발열량과 관계가 있는 연료의 성분은 어느 것인가?

① 산소   ② 수소
③ 유황   ④ 탄소

해설 연료의 저위발열량과 고위발열량의 차이는 물(수분)의 기화잠열의 차이이므로 수소가 연소하면 ($H_2 + \frac{1}{2} O_2 \rightarrow H_2O$) 600kcal/kg의 기화열이 생기면서 저위와 고위의 발열량의 차이가 성립된다.

15 분화구에서 연기가 나오는 원인으로 맞지 않는 것은?

① 통풍력이 강할 경우
② 연도의 단면적이 적을 경우
③ 연도로부터 냉공기가 침입할 경우
④ 연소실의 연소가스 출구가 막혀 있을 경우

해설 분화구에서 연기가 나오는 원인
㉠ 연도의 단면적이 적을 경우
㉡ 연도로부터 냉공기가 침입할 경우
㉢ 연소실의 연소가스 출구가 막혀 있을 경우
㉣ 흡입 통풍이 약할 경우

16 과잉공기율이란?

① $\frac{이론공기량}{실제공기량}$ ② $\frac{실제연소량}{이론연소량}$
③ $\frac{실제산소량}{이론산소량}$ ④ $\frac{실제공기량}{이론공기량}$

해설 ㉠ 공기비 = $\frac{실제공기량(A)}{이론공기량(A_0)}$
㉡ 과잉공기율=(공기비−1)×100%

17 화격자의 단위면적에서 단위시간에 연소하는 연료의 양을 무엇이라고 하는가?

① 증발률   ② 화격자 연소율
③ 증발계수   ④ 보일러의 효율

해설 ㉠ 화격자 연소율 = $\frac{단위시간\ 연소량}{단위면적(m)}$
   = kg/m²h
㉡ 화격자란 석탄을 연소시키는 화상이다.

18 석탄의 성분이 C=65%, H=7%, O=12%, S=0.8%, W(H_2O)=6%일 때 저위발열량을 구하면?

① 6,822kcal/kg   ② 6,747kcal/kg
③ 7,995kcal/kg   ④ 8,500kcal/kg

해설 H_t(저위발열량)
$= 8,100C + 28,600\left(H - \frac{O}{8}\right) + 2,500S - 600W$
$= 8,100 \times 0.65 + 28,600\left(0.07 - \frac{0.12}{8}\right)$
$\quad + 2,500 \times 0.008 - 600 \times 0.06$
$= 6,822$ kcal/kg
※ 계산문제는 정확한 답이 없으면 가장 가까운 답에 표시한다.

19 보일러 연소장치를 중유연소 장치로 사용하면 석탄에 비해 좋은 점은 어떤 것인가?

① 인화의 위험성이 있다.
② 연소중단 시 보일러가 바로 식는다.
③ 연료비가 많이 든다.
④ 석탄에 비하여 그을음이 적다.

해설 ㉠ 중유는 석탄에 비하여 완전연소가 잘 되어 그을음이 매우 적은 편이다.
㉡ 등유나 경유는 중유보다 완전연소가 용이하다.
㉢ 중유는 연료비가 싼 편이다.
㉣ 중유는 석탄보다는 연소효율이 좋으나 반드시 예열을 하여서 사용하여야 한다.

정답 13 ① 14 ② 15 ① 16 ④ 17 ② 18 ① 19 ④

20 다음 중 축류형 송풍기에 대한 설명과 관계없는 것은?

① 동력은 댐퍼를 전폐했을 때 가장 크다.
② 일반적으로 대풍량이 요구되는 배기, 환기에 사용된다.
③ 제작비는 적으나 소음이 크다.
④ 풍압은 풍량의 증가와 더불어 높아진다.

해설 ⊙ 송풍기의 풍압의 상대는 풍량의 증가보다는 회전수의 증기와 더불어 높아진다. 즉, 풍압은 회전수 증가의 제곱에 비례하여 높아진다.
ⓒ ①, ②, ③은 축류형 송풍기(배기나 환기용)에 해당하는 사항이다.

21 C급 중유는 보일러유로 주로 사용된다. 갖추어야 할 성질이 아닌 것은?

① 발열량이 클 것
② 점도가 낮고 유동성이 클 것
③ 적당한 유황분을 포함할 것
④ 저장이 간편하고 연소 후 재처리가 좋을 것

해설 ⊙ B-C급 중유는 유황분이 많아서 대기오염의 원인이 된다. 그러므로 유황분이 없을수록 좋은 연료가 된다.
ⓒ $S + O_2 \rightarrow SO_2$(아황산가스 → 대기오염의 원인)
ⓒ B-C유(벙커C유 기름)

22 과잉공기계수(공기비)로 옳은 것은?

① 연소가스량과 이론공기량과의 비
② 실제 사용공기량과 이론공기량의 비
③ 배기가스량과 사용공기량과의 비
④ 이론공기량과 실제 배기가스량의 비

해설 ⊙ 공기비 = $\dfrac{실제공기량(A)}{이론공기량(A_0)}$
ⓒ 실제공기량(A) = 이론공기량 × 공기비
ⓒ 과잉공기계수(공기비)의 답은 항상 1보다 크다.

23 다음 중 배기가스의 성분을 연속적으로 기록하여 연소상황을 알 수 있는 것은?

① 링겔만 비탁표
② 전기식 CO_2계
③ 오르자트 분석법
④ 헴펠 분석법

해설 ⊙ 전기식 CO_2계 : 배기가스의 성분을 연속으로 기록하여 연소상황을 알 수 있다. 열전도율이 낮은 석탄가스의 성질을 이용한 것으로 전열선이 이산화탄소에 접촉하면 방열도가 나빠져서 전기저항이 증가한다. 이 변화를 전류계에 나타나게 한 것이 전기식 CO_2계이다.
ⓒ 오르자트 분석법은 배기가스 속의 CO_2, O_2, CO를 측정한다.
ⓒ 링겔만 비탁표 : 매연농도계
ⓔ ③, ④의 가스분석기는 수동식

24 다음은 연소 시 매연을 방지하는 사항을 나열한 것이다. 옳지 않은 것은?

① 연소실 내의 온도를 높인다.
② 공기를 예열한다.
③ 연료를 예열한다.
④ 굴뚝을 높게 하여 연소상태를 돕는다.

해설 ⊙ ④에서 굴뚝을 높게 하면 연소상태가 높아지는 것이 아니라 통풍력이 증가한다.
ⓒ 매연을 방지하려면
• 연료의 공기를 예열하면 연소시킨다.
• 연소실의 온도를 높인다.
• 연소장치에 맞는 연료를 선택한다.
• 집진장치를 설치한다.

25 송풍기를 굴뚝 밑에 설치하는 통풍방법은?

① 흡입통풍 ② 압입통풍
③ 평형통풍 ④ 원심통풍

해설 ⊙ 송풍기를 굴뚝 밑에 설치하는 통풍방식은 흡입통풍방식이며 연소실 내의 부압이 유지되며 냉공기의 침입이 염려된다. 송풍기는 플레이트형 송풍기가 사용되나 부식에 유의하여야 한다.
ⓒ 부압이란 연소가스의 압력이 공기의 압력보다 낮은 압이다.

정답 20 ④ 21 ③ 22 ② 23 ② 24 ④ 25 ①

26 탄소(C) 12kg이 완전연소될 때 필요한 산소량은 몇 kg인가?

① 6kg
② 8kg
③ 32kg
④ 44kg

해설 탄소(C) 12kg(1kmol) 연소 시 산소(O_2)는 $22.4Nm^3$(32kg)의 양이 필요하다.
 ※ 석탄이나 중유의 연료 속에는 탄소의 성분이 대단히 많으면 탄소가 타며 탄산가스(CO_2)가 생성된다.

27 다음은 과잉공기량일 때의 연소가스 함량을 설명한 것이다. 틀린 것은?

① CO_2 함량이 낮아진다.
② SO_2 함량이 낮아진다.
③ O_2 함량이 낮아진다.
④ CO의 함량이 낮아진다.

해설 ㉠ ③에서 연소 중 과잉공기량이 많으면 산소(O_2)의 함량이 감소하지 않고 오히려 증가한다.
㉡ 과잉공기량이 많아지면 배기가스의 손실이 많아진다.
㉢ 과잉공기량이 많아지면 연소실의 온도가 낮아진다.

28 링겔만 농도표(Ringelman's Smoke Scale)는 주로 어디에 이용되는가?

① 보일러수(물) pH 농도 측정
② 연돌에서 나오는 매연농도 측정
③ 중유의 유황농도 측정
④ 중유의 인화점 측정

해설 ㉠ 링겔만 농도표는 연돌에서 나오는 매연농도 측정용이다.
㉡ 링겔만 매연농도표는 0도에서 5도까지 6단계로 구성되며, 1도당 매연은 20%이고 5도는 100%의 매연이다.
㉢ 링겔만 농도 측정시는 연돌에서 30~39m에 떨어져서 측정한다.
㉣ 농도표는 관측자로부터 전방 16m에 세운다.

29 압입 통풍방식이란 다음 중 어떤 통풍방식을 말하는가?

① 연돌로서 배기가스와 외기의 비중량차를 이용한 통풍방식이다.
② 배기가스를 송풍기로 빨아내어 통풍을 행하는 방식이다.
③ 밀어 넣는 방식과 빨아내는 방식을 병용한 방식이다.
④ 연소용 공기를 송풍기로 연소실 내에 밀어 넣는 통풍방식이다.

해설 압입통풍
연소용 공기를 송풍기로 연소실 내에 밀어 넣는 통풍방식이다.
 ※ ①은 자연통풍, ②는 흡인통풍, ③은 평형통풍

30 석탄 1kg을 연소시키는 데 1.84kg의 산소가 필요하다면 공기량은 얼마인가?

① 6kg
② 7kg
③ 8kg
④ 11.5kg

해설 공기 1kg 속에는 질소가 77%, 산소가 23%
∴ 공기량은 산소량 $\times \dfrac{1}{0.23} = 1.84 \times \dfrac{1}{0.23} = 8kg$

31 유압식 버너의 유량과 유압의 관계는?

① 유량은 유압의 2승에 비례한다.
② 유량은 유압에 정비례한다.
③ 유량은 유압의 평방근에 비례한다.
④ 유량은 유압의 4승에 비례한다.

해설 ㉠ 유압식 버너의 유량은 유압의 평방근에 비례한다.
㉡ 유압분사식 버너는 기름 펌프로 $5 \sim 20kg/cm^2$ 가압 연소한다.
㉢ 유압분사식 버너는 유량 조절범위가 1 : 3이다.
㉣ 유압분사식 버너는 환류식, 비환류식이 있다.

32 송풍기의 마력을 구하는 공식은 다음 중 어느 것인가?(단, 출구의 압력을 Z mmAq, 송풍량을 Q m³/min라 한다.)

① $N = \dfrac{ZQ}{60 \times 75}$ PS

② $N = \dfrac{Q}{(60 \times 75)Z}$ PS

③ $N = \dfrac{Z}{(60 \times 75)Q}$ PS

④ $N = \dfrac{(60 \times 75)Q}{Z}$ PS

해설 송풍기의 마력(PS) 계산
$N = \dfrac{Z \times Q}{60 \times 75}$ PS
※ min(1분, 60초라는 뜻이다)

33 탄소 12kg이 완전연소될 때 필요한 산소량은?

① 8kg ② 11.2m³
③ 22.4m³ ④ 44kg

해설 ㉠ 탄소(C) 12kg(1킬로몰)이 연소하려면 산소(O_2)도 1킬로몰인 32kg/kmol(22.4m³) 공급하여야 완전연소가 된 후 97,200kcal가 발생된다(32kg의 산소는 22.4m³이다).
㉡ C + O_2 → CO_2
  ↓   ↓   ↓
 12kg 22.4m³ 22.4m³

34 다음 중 연소가스의 배기가 잘 되는 경우는?

① 연도의 단면적이 좁을 때
② 배기가스 온도가 높을 때
③ 연도가 급한 굴곡이 있을 때
④ 공기가 많이 누입될 때

해설 연소가스의 배기가 잘 되는 경우
㉠ 배기가스 온도가 높을 때
㉡ 연도의 단면적이 클 때
㉢ 굴뚝이 높을 때
㉣ 연도가 급한 굴곡이 없을 때

35 석탄에 비해 중유의 장점이 아닌 것은?

① 인화의 위험성이 있다.
② 단위무게에 대한 발열량이 석탄의 약 1.3배이다.
③ 완전연소가 잘 되어 그을음이 적다.
④ 수송과 저장이 편리하다.

해설 석탄에 비해 중유의 장점
㉠ 단위무게에 대한 발열량이 석탄의 약 1.3배이다.
㉡ 완전연소가 잘 되어 그을음이 적다.
㉢ 수송과 저장이 편리하다.

36 연료의 연소속도란?

① 환원속도 ② 산화속도
③ 열의 발생속도 ④ 착화속도

해설 ㉠ 연료의 연소속도란 산화속도이다.
㉡ 연료의 가연성성분
  • 탄소(C)
  • 수소(H)
  • 유황(S)
㉢ 연료의 주성분
  • 탄소
  • 수소
  • 산소

37 보통 석탄을 저장할 때 높이는 몇 m로 제한하는가?

① 1m ② 2m
③ 3m ④ 4m

해설 석탄의 저장 높이는 실내는 2m 이하이고, 실외는 4m 이하이다. 더 높이 쌓으면 내부 열의 축적 때문에 자연발화(60℃ 이상)가 일어난다.

38 고체연료의 저장법 중 적당하지 않은 것은?

① 인수시기, 탄종별로 구분하여 쌓는다.
② 온도와는 관계없이 배수만을 철저히 한다.
③ 입도에 따라 퇴적한다.
④ 소량씩 편편하게 적당한 높이로 저탄한다.

정답 32 ① 33 ③ 34 ② 35 ① 36 ② 37 ④ 38 ②

해설 ㉠ 석탄의 저장 시 자연발화(60℃ 이상)에 주의하여야 하기 때문에 ②의 온도와는 관계없다는 내용은 잘못된 내용이다.
㉡ ①, ③, ④는 석탄 연료 저장 시의 주의사항이다.
㉢ 석탄은 공기의 소통이 원활하지 못하고 내부의 온도가 60℃ 이상이 되면 스스로 흰 연기를 내면서 연소되는 자연발화가 일어나므로 내부 온도 상승에 주의하여야 한다.

39 다음과 같은 성분을 가진 경유의 이론공기량(Nm^3)은 얼마인가?(단, C = 85%, H = 13%, O = 2%)

① 약 $7.5Nm^3/kg$ ② 약 $8Nm^3/kg$
③ 약 $9.5Nm^3/kg$ ④ 약 $11Nm^3/kg$

해설 이론공기량(A_0)

$A_0 = 8.89C + 26.67\left(H - \dfrac{O}{8}\right) + 3.33S$

∴ $A_0 = 8.89 \times 0.85 + 26.67\left(0.13 - \dfrac{0.02}{8}\right)$
       $= 10.956925 ≒ 11Nm^3/kg$

※ 85%=0.85, 13%=0.13, 2%=0.02

40 연소장치에서 중유를 완전히 연소시키기 위해서는 다음 조건이 필요하다. 옳지 않은 것은?

① 중유를 완전히 무화시킬 것
② 연소실 온도를 되도록 낮게 할 것
③ 연소실 양의 공기를 공급할 것
④ 공기와 중유의 혼합을 잘 시킬 것

해설 ㉠ 중유를 완전연소시키기 위하여는 연소실의 온도를 되도록 높게 유지하여야 한다.(통풍력의 증가)
㉡ 구멍탄 온수보일러는 굴뚝을 너무 높여서는 안 된다. 지붕에서 90cm 정도만 높여야 한다.

41 연소장치에서 과잉공기율은 여러 가지 조건에 따라 다르나 중유의 버너 연소장치에서는 어느 정도인가?

① 1.2~1.4 ② 1.4~1.6
③ 1.6~1.8 ④ 1.8~2.0

해설 ㉠ 중유의 버너 연소장치에서 과잉공기율은 1.2~1.4 정도의 과잉공기계수(m)가 필요하다.
㉡ 연료가 연소하는 데 필요한 이론공기량보다 더 많은 공기가 과잉공기이며 %로 나타낸 것이 과잉공기율이다.

42 배기가스의 온도가 높은 원인이 아닌 것은?

① 연소율이 높다.
② 전열면에 그을음이 붙어 있다.
③ 연소실의 구조가 양호하다.
④ 연도에 재가 많이 쌓였다.

해설 배기가스의 온도가 높은 원인
㉠ 연소효율이 높을 때
㉡ 전열면에 그을음이 있어 열전도가 느릴 때
㉢ 연도에 재가 많이 쌓였을 때
㉣ 배기가스 유속이 너무 빨라서 보일러수가 미처 열을 흡수하지 못할 때

43 연료비란?

① 고정탄소/휘발분 ② 탄소/산소
③ 휘발분/고정탄소 ④ 고정탄소/산소

해설 연료비 = $\dfrac{고정탄소}{휘발분} = \dfrac{F}{V}$

※ 연료의 비가 클수록 좋은 석탄이고 연료의 비가 12 이상 나오면 가장 좋은 무연탄이다. 연료비가 낮은 것은 저질석탄에 해당된다.

44 연소관리에 있어 연소배기가스를 분석하는 직접적인 목적은?

① 노 내압 조정   ② 연소열량 계산
③ 매연농도 산출   ④ 공기비 계산

해설 ㉠ 연소 시 연소관리를 위하여 연소 배기가스 CO_2, O_2, CO, N_2 등의 성분을 조사하여 공기비(과잉공기계수) m을 측정한다.
㉡ CO_2(탄산가스), O_2(산소), CO(일산화탄소), N_2(질소)
㉢ 공기비 = $\dfrac{실제공기량}{이론공기량}$

45 여과기에 포함되어 있는 여과망의 역할은?

① 연소를 잘 시키게 한다.
② 기름의 양을 적게 한다.
③ 기름의 송유를 원활하게 한다.
④ 기름을 양호하게 한다.

해설 ㉠ 기름 배관 내에 여과기(스트레이너)의 설치목적은 기름 속의 불순물을 제거하여 기름을 양호하게 하며 유량계통을 보호하는 것이다.
㉡ 여과기의 형상 : Y자형, U자형, V자형

46 액체연료에 있어서 1차 공기란?

① 연료의 무화에 필요한 공기
② 자연통풍으로 공급되는 공기
③ 강제통풍으로 공급되는 공기
④ 평형통풍으로 공급되는 공기

해설 ㉠ 1차 공기 : 연료의 무화용 공기, 점화용 공기
㉡ 2차 공기(송풍기에 의한 강제 통풍) : 완전연소용 공기
㉢ 2차 공기가 부족하여 불완전하면 CO 등의 가스가 생겨서 연소 등에서 가스 폭발이 있다.
㉣ 화격자에서 1차 공기는 화상 밑으로 투입되며 2차 공기는 화상 위로 송풍기에 의해 투입된다.

47 대용량의 미분탄 연소장치로 가장 많이 사용되는 방식은?

① 수세식   ② 기계식
③ 전기식   ④ 여과식

해설 ㉠ 버너에 의해 연소되는 것은 기계식에 해당된다.
㉡ 미분탄 버너는 편평식과 선회식이 있다.
㉢ 대용량 보일러(화력발전소 보일러)에서 미분탄 버너는 선회식을 많이 사용한다.

48 포집하고자 하는 먼지의 입경이 비교적 클 경우, 경제성과 집진성능을 고려할 때 유리한 집진장치는?

① 백필터   ② 사이클론
③ 전기 집진장치 ④ 벤투리 스크러버

해설 ㉠ 사이클론 집진장치 : 포집하고자 하는 먼지의 입경이 비교적 큰 경우 경제성과 집진성능을 고려할 때 유리한 집진장치이다.
㉡ 집진효율이 가장 좋은 집진장치는 전기식이다.
㉢ 벤투리 스크러버식은 세정식이다.
㉣ 백필터는 여과식이다.

49 다음은 고체연료 저장 시의 유의사항을 나열한 것이다. 틀린 것은?

① 풍화의 발생을 방지한다.
② 탄의 종류, 입도는 구별하여 저장한다.
③ 자연발화를 예방하기 위해서 공기와의 접촉을 꾀한다.
④ 탄층의 높이는 4m 이하로 한다.

해설 ㉠ 석탄의 자연발화를 방지하기 위하여 공기의 유통을 원활하게 하여 실내온도가 60℃ 이상이 되지 않도록 한다.
㉡ 자연발화 : 석탄을 저장한 곳에서 내부온도가 60℃ 이상이 되면 스스로 흰 연기를 내면서 연소하는 현상

50 연소과정에 대한 설명으로 잘못된 것은?

① 분해연소하는 물체는 연소 초기의 화염을 발생한다.
② 휘발분이 없는 연료는 표면연소한다.
③ 탄화도가 높은 고체연료는 증발연소한다.
④ 연소속도는 산화반응 속도라고 할 수 있다.

해설 ㉠ 탄화도가 높은 고체연료(무연탄)는 연소 초기에 화염을 발생하는 분해 연소를 한다.
㉡ 증발연소는 기름류가 해당된다.(등유, 경유)
㉢ 코크스나 숯, 목탄은 휘발분이 없어서 표면연소를 한다.

51 가스버너 사용 시의 유의사항 중 틀린 것은?

① 버너와 호스 연결이 잘 되어 있는가를 점검한다.
② 가스통의 밸브가 잠겨 있는가를 확인한다.
③ 비눗물로 연료 배관 계통의 누설 여부를 수시로 확인한다.
④ 가스통은 흔들어 가스가 들어 있는가를 점검한다.

정답 45 ④ 46 ① 47 ② 48 ② 49 ③ 50 ③ 51 ④

해설 ㉠ ④의 설명은 가스버너 사용 시의 유의사항 중 틀린 것이다.(가스통은 고정)
㉡ ①, ②, ③의 설명은 가스버너 사용 시 유의사항이다.

52 원통 보일러, 난방 보일러 굴뚝의 단면적은?
① πDL
② $2\pi R$
③ V^3
④ $0.785 \times d^2$

해설 원통 보일러나 난방 보일러 굴뚝의 단면적
$A = \dfrac{\pi d^2}{4} = 0.785 \times d^2 (\text{m}^2)$

53 다음 중 기체연료의 연소 성상에 대한 설명으로 틀린 것은?
① 매연발생이 적고, 대기의 오염도가 적다.
② 저부하 연소만 가능하다.
③ 이론공기량에 가까운 공기로도 완전연소가 가능하다.
④ 연소의 자동제어에 적합하다.

해설 기체연료의 성상
㉠ 매연발생이 적고, 대기의 오염도가 적다.
㉡ 고부하 연소도 가능하다.
㉢ 이론공기량에 가까운 공기로도 완전연소가 가능하다.
㉣ 연소의 자동제어에 적합하다.
㉤ 누설하기 쉽고 가스 폭발의 위험이 크다.
㉥ 수송과 저장이 불편하다.

54 기름관의 끝에서 1~30kg/cm²의 공기의 분사로 기름을 흡인하여 분무하는 버너의 방식은?
① 회전분무식
② 압력분사식
③ 증기분무식
④ 원심력 분무식

해설 고압증기 분무식
기름관의 끝에서 1~30kg/cm²의 증기 또는 공기의 분사로 기름을 흡인하여 분무하는 버너이다. 이 버너는 유량 조절범위가 1 : 10이다.

55 압력분사식 버너는 중유를 펌프로 몇 kg/cm²로 가압하여 가열기를 거쳐 버너로 보내는가?
① 3~4kg/cm²
② 5~20kg/kg/cm²
③ 30~45kg/cm²
④ 50~65kg/cm²

해설 ㉠ 압력분사식 버너의 유압력 : 5~20kg/cm² 또는 5~15kg/cm
㉡ 압력분사식 버너는 환류식과 비환류식이 있다.
㉢ 압력분사식 버너는 유량 조절범위가 1 : 2이다.
㉣ 압력분사식은 부하변동이 심한 보일러에는 부적당하다.
㉤ 압력분사식 버너의 유량은 유압의 평방근에 비례한다.

56 석탄을 가열하면 350℃ 부근에서 용융되었다가 450℃ 정도에서 다시 굳어지는데 이 성질을 무엇이라 하는가?
① 응고성
② 탄화도
③ 점결성
④ 휘발성

해설 ㉠ 점결성 : 유연탄을 가열하면 350℃ 부근에서 용융되었다가 450℃ 정도에서 다시 굳어지는 현상이다. 석탄 중 유연탄을 일명 역청탄이라 한다.
㉡ 역청탄은 고도 역청탄, 저도 역청탄, 반역청탄이 있다.

57 다음은 중유가 석탄에 비해서 좋은 점을 열거하였다. 잘못된 것은?
① 수송과 저장이 편리하다.
② 완전연소가 잘 되어 그을음이 적다.
③ 보일러 가동 중 보일러를 바로 식힐 수 있다.
④ 단위중량당 발열량이 크다.

해설 ㉠ 중유가 석탄보다 좋은 점은 ①, ②, ④이다.
㉡ 연소 중단 시 보일러를 바로 식힐 수 있는 것은 연료와는 큰 상관이 없다.

정답 52 ④ 53 ② 54 ③ 55 ② 56 ③ 57 ③

58 석탄의 성분이 C = 90%, H = 7%, O = 15%, S = 0.9%, H₂O = 4%일 때의 석탄의 저위발열량은?

① 8,754.25kcal/kg
② 6,474.5kcal/kg
③ 7,437.125kcal/kg
④ 5,437.275kcal/kg

해설 $H_l = 8,100C + 28,600\left(H - \dfrac{O}{8}\right)$
$+ 2,500S - 600W$
$= 8,100 \times 0.9 + 28,600\left(0.07 - \dfrac{0.15}{8}\right)$
$+ 2,500 \times 0.009 - 600\left(\dfrac{9}{8} \times 0.15 + 0.04\right)$
$= 7,290 + 1,465.75 + 22.5 - 125.25$
$= 8,653$

또는 $H_l = 8,100 \times 0.9 + 28,600\left(0.07 - \dfrac{0.15}{8}\right)$
$+ 2,500 \times 0.009 - 600 \times 0.04$
$= 8,754.25 \text{kcal/kg}$

59 액체연료에서 착화성의 양부를 수치로 나타낸 것은?

① 옥탄가　　② 탄화도
③ 세탄가　　④ 점결도

해설 ㉠ 세탄가(Cetane Number) : 디젤 기관에서 사용하는 액체연료의 착화성(자기 점화성)을 나타내는 수치로 사용하며 이 세탄값이 큰 연료는 노킹을 일으키기 어렵다.
㉡ 옥탄가 : 가솔린 기관의 연료의 자연발화성 표시가 이다.

60 다음 연료 중 표면연소를 하는 것은?

① 목탄　　② 석탄
③ 휘발유　　④ 중유

해설 ㉠ 목탄 : 표면연소
㉡ 석탄 : 분해연소(화염을 내면서 연소한다)
㉢ 휘발유 : 기화연소
㉣ 중유 : 분해연소

61 다음 조건에서의 노 내 이론연소온도는 몇 ℃인가?(단, 사용연료의 저위발열량은 9,750kcal/kg, 연소가 가스의 평균비열은 0.34kcal/Nm³℃이다.)

① 2,405℃
② 2,485℃
③ 2,505℃
④ 2,585℃

해설 노 내 이론연소온도
$= \dfrac{\text{연료의 저위발열량}}{\text{이론연소가스량} \times \text{연소가스비율}}$ (℃)

이론연소가스량
$= 15.75 \times \dfrac{\text{저위발열량} - 1,100}{10,000} - 2.18 \text{Nm}^3/\text{kg}$
$= 15.75 \times \dfrac{9,750 - 1,100}{10,000} - 2.18$
$= 11.44375 \text{Nm}^3/\text{kg}$

∴ 노 내 온도 $= \dfrac{9,750}{11.44375 \times 0.34} = 2,505.863℃$

62 다음 중 저장 시 풍화에 유의해야 할 석탄은?

① 반역청탄
② 무연탄
③ 고도역청탄
④ 흑채갈탄

해설 ㉠ 석탄이 풍화작용을 받게 되면
• 석탄의 질이 물러진다.
• 가루탄이 되기 쉽다.
• 발열량이 저하된다.
• 석탄 고유의 광택을 잃고 붉게 녹이 슨다.
• 점결성이 감소된다.
• 휘발성이 감소된다.
㉡ 풍화를 받는 석탄은 수분이 많은 저질탄이므로 저질탄인 갈탄(아탄)은 풍화에 약하다.

63 설비가 간단하고 자동화에 편리한 버너는 어느 것인가?

① 회전분무식 버너
② 압력분무식 버너
③ 증기분무식 버너
④ 기류식 버너

해설 회전분무식 로터리 수평버너는 자동화에 편리한 버너이다(중소형 보일러에 사용된다).
회전식 버너(수평로터리 버너)는 설비가 간단하고 자동화에 편리한 중유 사용 버너이다.
㉠ 유량조절범위가 1 : 5이다.
㉡ 회전수가 3,500~10,000rpm이다.

64 로터리 오일 버너(회전분무식 버너)의 특징을 설명한 것이다. 틀린 것은?

① 중공축의 회전수는 3,500~10,000rpm 정도이다.
② 분무각도는 주로 에어 노즐의 안내날개 각도에 따라 달라진다.
③ 연소량의 조절범위는 1 : 1.5로 좁다.
④ 분무량을 줄이면 무화가 나빠진다.

해설 로터리 오일버너의 연소량의 조절범위(유량조절 범위)는 1 : 1.5가 아니고 1 : 5 정도로 높다.

65 석탄을 분석한 결과 다음과 같은 값을 얻었을 때 연료비는 얼마인가?

휘발분 : 32.7%, 회분 : 30.5%, 수분 : 3.2%

① 약 1.03 ② 약 1.24
③ 약 1.75 ④ 약 2.67

해설 연료비 $= \dfrac{\text{고정탄소}}{\text{휘발분}}$
$= \dfrac{100 - (32.7 + 30.5 + 3.2)}{32.7}$
$= \dfrac{100 - 66.4}{32.7} = 1.0275$
※ 고정탄소 = 100 - (휘발분 + 회분 + 수분)

66 중유의 가열온도가 너무 낮을 경우 연소 시 나타나는 현상으로 맞지 않는 것은?

① 관 내에서 기름의 분해를 일으킨다.
② 무화불량으로 된다.
③ 불길이 한편으로 흐른다.
④ 그을음, 분진이 발생한다.

해설 중유의 가열온도가 너무 낮을 때에는 ②, ③, ④의 현상이 일어나고 ①의 현상은 오히려 가열온도가 너무 높을 때의 현상이다.

67 도시 근처에 시설되는 대용량 미분탄 연소의 발전기에서는 시민의 건강, 도시의 미관 등을 생각하여 어떤 장치가 되어 있어야 하는가?

① 집진장치   ② 냉각장치
③ 재받이   ④ 화격자

해설 가루탄을 연소시키는 미분탄 연소장치를 설치하려면 공해 방지를 위하여 집진장치가 반드시 필요하다.

68 유압분무식 버너는 중유에 얼마 정도의 압력을 가하여 분무하는가?

① 1~5kg/cm^2 ② 5~15kg/cm^2
③ 15~30kg/cm^2 ④ 30~40kg/cm^2

해설 유압분무식 버너는 기름펌프의 가압으로 5~15kg/cm^2 나 5~20kg/cm^2 정도의 유압에 의해 분무시킨다.

69 다음은 과잉공기량일 때의 연소가스 함량을 설명한 것이다. 틀린 것은?

① CO_2 함량이 낮아진다.
② SO_2 함량이 낮아진다.
③ O_2 함량이 많아진다.
④ CO의 함량이 증가한다.

해설 ㉠ 연료의 연소 시 과잉공기량이 많으면 ①, ②, ③ 현상이 일어나고, 오히려 CO의 함량이 감소한다.
㉡ 과잉공기가 많으면 CO_2, SO_2, CO의 함량이 낮아지나, O_2의 함량은 증가하여 배기가스 손실이 증가한다.

70 다음의 버너 배치 방법에서 연소경로를 연소실 높이의 2배로 취할 수 있고 연소하기 어려운 연소에 적합한 것은?

① 횡 배치 ② 수직 배치
③ T형 배치 ④ 접선 배치

[해설] 미분탄 버너 배치
㉠ 수직 배치 : 연소경로를 연소실 높이의 2배로 취할 수 있다(U자형 연소).
㉡ 접선 배치 : 우각 연소(모퉁이 연소)
㉢ 횡 배치 : L자형 연소

71 무연탄의 탄화도가 높으면 착화온도는 어떠한가?

① 무관하다. ② 변화 없다.
③ 높아진다. ④ 낮아진다.

[해설] ㉠ 무연탄의 탄화도가 높으면 착화온도가 높아서 불이 잘 붙지 않는다.
㉡ 탄화도가 높으면 고정탄소가 증가하고 발열량이 증가하며 휘발분이 감소한다.
㉢ 탄화도의 순서 : 이탄 → 아탄(갈탄) → 유연탄 → 반무연탄 → 무연탄

72 보일러에 기름을 연료로 사용할 때의 장점이 아닌 것은?

① 화재, 역화 등에 의한 사고가 잘 일어나지 않는다.
② 매연의 발생은 석탄 등에 비하여 훨씬 적다.
③ 완전연소가 용이하다.
④ 연료의 품질이 비교적 일정하고 운반지정이 용이하다.

[해설] ②, ③, ④의 설명은 기름의 장점이다. 기름의 사용 시는 화재나 역화가 잘 일어나는 단점이 있다.

73 다음 버너 중 유량의 조절범위가 가장 큰 것은?

① 유압식 버너
② 회전식 버너
③ 저압공기식 버너
④ 고압기류식 버너

[해설] 유량조절범위
㉠ 유압식 버너 - 1 : 2 내지 1 : 3
㉡ 회전식 버너 - 1 : 5
㉢ 저압공기식 버너 - 1 : 5
㉣ 고압기류식 버너 - 1 : 10(가장 크다)

74 연도 및 연통의 구조로서 적당하지 않은 것은?

① 청소를 쉽게 할 수 있는 구조
② 열량을 많이 흡수할 수 있는 구조
③ 점검을 용이하게 할 수 있는 구조
④ 건축물을 관통하는 부분은 확실한 절연재료를 사용한 구조

[해설] 연도나 연통의 구비조건에서 ②와 같이 열량을 많이 흡수하는 구조는 필요하지 않다.

75 미분탄 연소방식에서 석탄의 분쇄과정 중 철분분리를 한 다음의 과정은 무엇인가?

① 파쇄 ② 분쇄
③ 송분 ④ 건조

[해설] ㉠ 미분탄 분쇄과정 순서
파쇄 → 철분 분리 → 건조 → 분쇄 → 송분 → 버너
㉡ 미분탄이란 150~200메시의 가루 석탄이다.

76 고체연료의 공업분석 중에서 매연을 발생시키기 쉬운 성분은 어느 것인가?

① 휘발분 ② 고정탄소
③ 수분 ④ 회분

[해설] ㉠ 휘발분의 성질
• 매연의 증가(그을음의 발생)
• 점화를 용이하게 한다.
㉡ 고체연료의 공업분석 : 고정 탄소, 수분, 회분, 휘발분

77 석탄의 성분이 C = 72%, H = 5%, O = 9%, S = 0.9%, H_2O = 6%일 때의 저위발열량은?

① 5,930kcal/kg ② 6,234kcal/kg
③ 7,075kcal/kg ④ 6,866kcal/kg

정답 70 ② 71 ③ 72 ① 73 ④ 74 ② 75 ④ 76 ① 77 ④

해설
$$H_l = 8,100C + 28,600\left(H - \frac{O}{8}\right) + 2,500S$$
$$\quad - 600\left(\frac{9}{8}O + W\right)$$
$$= 8,100 \times 0.72 + 28,600\left(0.05 - \frac{0.09}{8}\right)$$
$$\quad + 2,500 \times 0.09 - 600\left(\frac{9}{8} \times 0.09 + 0.06\right)$$
$$= 6,866 \text{kcal/kg}$$

※ 72%=0.72, 5%=0.05, 0.9%=0.009, 9%=0.09, 6%=0.06

78 연료 1kg을 완전연소시켰을 때 발생하는 열량을 무엇이라 하는가?

① 엔탈피　② 발열량
③ 연소식　④ 현열

해설 ㉠ 발열량 : 고체나 액체연료 1kg의 연소 시 발생열이며 그 단위는 kcal/kg이다.
㉡ 엔탈피 : 단위물질이 가지고 있는 열량
㉢ 현열 : 물질의 온도변화시 소요되는 열량

79 중유연소에서 버너에 공급되는 중유의 가열온도가 너무 낮을 때 발생되는 이상현상이 아닌 것은?

① 분무상태가 고르지 못하다.
② 분사각도가 흐트러진다.
③ 완전연소가 잘 된다.
④ 그을음, 분진의 발생이 심하다.

해설 중유의 가열온도가 너무 낮으면 ①, ②, ④의 현상이 발생하고 ③은 가열온도가 너무 높을 때의 현상이다.

80 연료의 연소 시 일반적인 주의사항으로 잘못 설명된 것은?

① 가능한 한 노 내를 저온으로 유지할 것
② 연소량을 증가시킬 때는 통풍량을 증가할 것
③ 불필요한 공기의 노 내 침입을 방지할 것
④ 연소량을 급격히 증감하지 말 것

해설 연료의 연소 시 주의사항
㉠ 가능한 한 노 내를 고온으로 유지할 것
㉡ 연소량 증가시는 통풍량을 증가시킬 것
㉢ 불필요한 공기의 노 내 침입을 방지할 것
㉣ 연소량을 급격히 증가시키지 말 것

81 석탄 연료에 대한 설명으로 잘못된 것은?

① 석탄은 땅 속에 오래 묻혀 있을수록 탄화도가 크다.
② 탄화도가 클수록 고정탄소량이 증가한다.
③ 탄화도가 클수록 연료비는 증가한다.
④ 탄화도가 클수록 착화온도는 낮다.

해설 ㉠ 탄화도 : 무연탄으로 진행되어 가는 과정이며 탄화도가 크면 고정탄소가 많아져서 착화온도가 점점 높아진다. 그렇기 때문에 구멍탄은 처음에 불이 잘 붙지 않는다.
㉡ 탄화도가 크면 ①, ②, ③의 현상이 발생한다.

82 기체연료의 특징 설명 중 잘못된 것은?

① 적은 과잉공기로 완전연소할 수 있다.
② 연소조절 및 점화, 소화가 용이하다.
③ 수송이나 저장이 편리하다.
④ 누출되기 쉽고 폭발 위험이 크다.

해설 ㉠ 기체연료는 수송이나 저장이 불편이다.
㉡ ①, ②, ④는 기체연료의 특징이다.

83 연소에 있어서 환원염이란 무엇을 말하는가?

① 과잉 산소가 많이 포함되어 있는 화염
② 공기비가 커서 완전연소된 상태의 화염
③ 과잉공기가 많아 연소가스가 많은 상태의 화염
④ 산소 부족으로 일산화탄소와 같은 미연분이 포함된 화염

해설 ㉠ 환원염이란 산소 부족으로 일산화탄소와 같은 미연분이 포함된 화염이다.
㉡ 제철공업에서는 용광로에 환원반응을 이용한다.

정답 78 ② 79 ③ 80 ① 81 ④ 82 ③ 83 ④

84 화격자 연소실이 구비하여야 할 특별한 조건이 아닌 것은?

① 화격자 면적은 연료사용량에 따른 충분한 면적일 것
② 회분이 많고 클링커를 일으키기 쉬운 연료는 화격자 면적을 작게 해야 한다.
③ 화격자의 간격은 연료의 종류에 따라 적합한 것이어야 한다.
④ 연소실의 높이는 발생하는 가스가 완전 연소되게 할 것

해설 회분(재)이 많고 클링커(재가 녹아서 달라붙은 것)가 발생되는 연소 시에는 화격자(화상)면적을 크게 하여야 한다. 완전연소를 위하여 공기소통을 원활하게 해야 하기 때문이다.

85 저장 시 풍화에 가장 크게 유의해야 할 석탄은?

① 반역청탄 ② 무연탄
③ 고도역청탄 ④ 갈탄이나 토탄

해설 석탄이 공기작용에 의해 풍화작용을 받으면 열량이 감소되고 휘발분이 감소되며 광택이 없어지고 질이 물러진다. 특히 수분이 많은 저질연탄인 토탄이나 흑색갈탄 등이 풍화작용에 약하다.

86 석탄을 분석한 결과 다음과 같은 값을 얻었을 때 고정탄소량은 몇 %인가?

휘발분 : 32.7%, 회분 : 30.5%, 수분 : 3.2%

① 29.4% ② 33.6%
③ 43.6% ④ 45.8%

해설 고정탄소 = 100 - (휘발분 + 회분 + 수분)
∴ 100 - (32.7 + 30.5 + 3.2) = 33.6%

87 중유를 연소시킬 때 기름 탱크와 버너 사이에 설치되는 것이 아닌 것은?

① 스트레이너(여과기)
② 펌프
③ 어큐뮬레이터
④ 가열기

해설 어큐뮬레이터(증기축열기)
연소장치가 아니라 증기가 지나가는 송기장치이며 저부하 시 남는 증기를 저장하였다가 과부하 시에 다시 사용한다. 정압식, 변압식이 있다.

88 고위발열량에서 저위발열량을 뺀 값으로 가장 알맞은 것은?

① 물의 엔탈피
② 수증기의 잠열
③ 수증기의 증기온도
④ 액의 잠열

해설 ㉠ 수증기 열량(wg) = 고위발열량 - 저위발열량
㉡ $wg = 1.244(6H+W) Nm^3/kg$
㉢ 물 기화열량 : 600kcal/kg
㉣ $H_h - 600(9H+W) = H_l$(저위발열량)

89 연료의 가연성분이 아닌 것은?

① C ② H
③ S ④ O

해설 연료의 가연성분
㉠ 탄소(C)
$C + \frac{1}{2}O_2 \rightarrow CO$(일산화탄소)
$C + O_2 \rightarrow CO_2$(탄산가스)
㉡ 수소(H)
$H + \frac{1}{2}O_2 \rightarrow H_2O$(수증기)
㉢ 유황(S)
$S + O_2 \rightarrow SO_2$(아황산가스)

90 보일러 운전 중 갑자기 소화되었을 때 작동하는 안전장치는?

① 연료차단 전자밸브
② 오일프리히터
③ 송풍기
④ 수위경보기

정답 84 ② 85 ④ 86 ② 87 ③ 88 ② 89 ④ 90 ①

해설 ㉠ 전자밸브 : 보일러 운전 중 갑자기 불이 꺼지면 (소화)연료를 차단하는 안전장치(솔레노이드 밸브)
㉡ 오일프리히터 : 기름 가열기(중유를 80~90℃로 가열)
㉢ 수위경보기 : 저수위일 때의 경보장치
㉣ 보일러 압력이 1kg/cm² 이상이면 저수위 경보장치와 연료 차단밸브를 동시에 부착시켜야 한다.

91 액화석유가스(LPG)에 대한 설명으로 잘못된 것은?

① 비중이 공기보다 무거우므로 누설되면 밑 부분에 정체한다.
② 용기의 전락 또는 충격을 피해야 한다.
③ 용기가 견고하고 누설되지 않으므로 인화성 물질과 함께 보관할 수 있다.
④ 찬 곳에 저장하고 공기의 유통을 좋게 해야 한다.

해설 액화석유가스는 저장 시 공기의 소통이 원활하고 인화성 물질이 없는 곳에 보관한다. LPG는 공기보다 무겁기 때문에 누설이 되면 바닥으로 가라앉는다.

92 중유를 옥내 탱크에 저장할 때 탱크 외측과 벽면 사이는 얼마의 틈을 두어야 하는가?

① 50cm   ② 70cm
③ 1m   ④ 4m

해설 기름 탱크는 벽면에서 50cm 정도 떨어져야 한다.

93 통풍력을 크게 하는 방법이 아닌 것은?

① 연돌높이를 높게 한다.
② 연돌의 단면적을 크게 한다.
③ 배기가스 온도를 낮춘다.
④ 송풍기의 용량을 증대한다.

해설 통풍력을 증가시키는 방법
㉠ 연돌높이를 높게 한다.
㉡ 연돌의 단면적을 크게 한다.
㉢ 배기가스 온도를 높인다.
㉣ 송풍기의 용량을 증대한다.
㉤ 외기의 온도가 낮을수록 통풍력이 증가된다.

94 버너에서 연료를 분무할 때 기름 방울의 크기는 어떤 것이 적합한가?

① 표면적이 커야 하므로 적을수록 좋다.
② 일정한 범위의 것이 좋다.
③ 클수록 좋다.
④ 80μm 이상이면 좋다.

해설 중유 등 중질유의 기름 방울을 안개 방울같이 분무시킬 때 기름 방울의 크기는 50μm 이하가 80% 이하이면 일정한 범위의 기름방울이 좋다.

95 내분식 보일러와 외분식 보일러의 연소실 비교로서 틀린 것은?

① 연소실 내의 온도는 외분식 보일러가 높다.
② 외분식 보일러는 휘발분이 많은 석탄은 적당치 않다.
③ 내부식 보일러는 방사열의 흡수가 좋다.
④ 외분식 보일러는 연료의 선택이 자유롭다.

해설 외분식 보일러는 휘발분의 많은 저질 석탄의 연소에 유리하다.

96 오일프리히터(기름예열기)에 대한 설명으로 잘못된 것은?

① 예열방식은 전기식과 증기식이 있다.
② 기름의 유동성과 무화를 좋게 하기 위하여 사용한다.
③ 중유, 예열온도는 100℃ 이상으로 높을수록 좋다.
④ 히터의 용량은 가열용량 이상이 되어야 한다.

해설 오일프리히터
㉠ 예열방식은 전기식과 증기식이 있다.
㉡ 중유 등의 유동성과 무화를 좋게 하기 위하여 사용한다.
㉢ 중유 예열온도는 80~90℃가 좋고, 100℃ 이상이면 기름이 열분해를 일으킨다.
㉣ 히터의 용량은 가열용량 이상이 되어야 한다.

정답 91 ③ 92 ① 93 ③ 94 ② 95 ② 96 ③

97 다음은 연소 시 매연을 방지하는 사항을 나열한 것이다. 옳지 않은 것은?

① 연소실 내의 온도를 높인다.
② 공기를 예열한다.
③ 연료를 예열한다.
④ 배기가스 온도를 낮춘다.

해설 ㉠ 연소 시에 매연을 방지하려면 배기가스의 온도를 높여야 한다.
㉡ 매연을 방지하려면 공기를 예열하고 연료를 예열하여 완전연소시킨다.

98 다음 가스버너 중 역화의 위험성이 가장 높은 것은?

① 송풍버너 ② 확산연소식
③ 예혼합식 ④ 포트형

해설 ㉠ 기체연료의 연소방식은 확산 연소 방식과 예열혼합 연소방식이 있다.
㉡ 예열혼합 연소방식의 특징
 • 역화의 위험성이 크다.
 • 화염이 짧고 고온의 화염을 얻는다.
 • 가스와 공기의 사전 혼합형이다.
 • 연소 부하가 크다.

99 다음 링겔만 그을음 농도 중 연소상태가 가장 좋은 것은?

① 0도 ② 2도
③ 3도 ④ 5도

해설 ㉠ 연료의 연소 그을음 농도 중 연소상태가 가장 좋은 것은 0도이다.
㉡ 링겔만 그을음 농도는 0~5도까지 6단계로 분류한다.
㉢ 바카라스 스모그 데스트 매연농도계는 10단계로 분류한다.
㉣ 링겔만 농도에서는 0도가 가장 좋은 연소상태이다.

정답 97 ④ 98 ③ 99 ①

CHAPTER 10 LNG와 LPG

1. 도시가스의 기초(LNG의 기초)

1 천연가스(액화천연가스)

(1) 천연가스의 성질

① LNG는 액화천연가스의 영어 약자로서 메탄가스(CH_4)가 주성분이며 천연가스를 냉각시켜 액화한 것이다.

② 천연가스의 주성분인 메탄(CH_4)은 0℃ 1기압 상태에서는 가스 상태이나 $1m^3$의 메탄을 1기압하에서 −162℃까지 냉각시키면 $0.0017m^3$의 액체가 되어서 원래 체적의 1/600 정도로 축소된다.

③ 연료용 LNG는 액화과정에서 분진 제거, 탈황, 탈탄산, 탈수, 탈습 등의 전처리로서 유황분이나 기타 불순물이 거의 함유되어 있지 않은 청정연료가 된다. 천연가스의 제 성질은 다음과 같다.

㉮ 비중 : 0.624
㉯ 이론공기량 : $10.535Nm^3/Nm^3$
㉰ 고위발열량 : $10,500kcal/Nm^3$
㉱ 저위발열량 : $9,500kcal/Nm^3$(물의 증발잠열 제외)
㉲ 최대 연소속도 : 39~40cm/sec
㉳ 폭발범위 : 4.8~14.5%(하한치와 상한치)

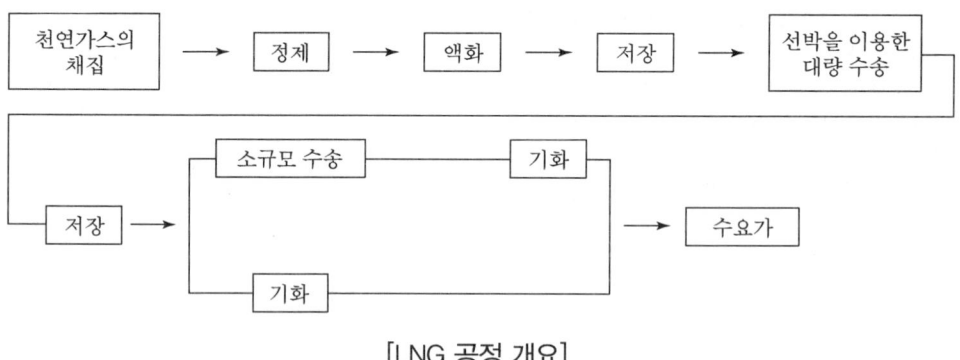

[LNG 공정 개요]

〈가스발열량의 제조특성〉

구분	발열량 (kcal/Nm³)	비중	웨버지수	비고	제조방식	공급압력(mmH₂O) 최저 표준 최고
1	7,000	0.76	8,370	8B	저압 Cyclic제조	200±50
2	7,000	0.72	8,250	8A	C.R.G 제조	100, 210, 300
3	11,000	0.87	11,790	11A	LPG, AIR 혼합	200±230
4	7,000	0.86	7,505	7B	LPG, AIR 혼합	170
5	15,000	1.33	13,000	13A	LPG, AIR 혼합	200
6	15,000	1.33	13,000	13A	LPG, AIR 혼합	200
7	15,000	1.33	13,000	13A	LPG, AIR 혼합	200
8	15,000	1.33	13,000	13A	LPG, AIR 혼합	200±50
9	15,000	1.33	13,000	13A	LPG, AIR 혼합	200±50
10	11,000	1.24	9,800	9A	LPG, AIR 혼합	245
11	11,000	1.24	9,880	9A	LPG, AIR 혼합	245
12	11,000	1.24	9,880	9A	LPG, AIR 혼합	200±250
13	15,000	1.33	13,000	13A	LPG, AIR 혼합	200±230
14	11,000	0.694	12,200	13A	LPG, AIR 혼합	

〈가스 성분의 화학방정식〉

성분	분자식	연소의 화학방정식	산소당량 (Nm³/Nm³)	총발열량 (kcal/Nm³)	연소생성물 생성비 CO_2	연소생성물 생성비 H_2O
일산화탄소	CO	$2CO + O_2 \rightarrow 2CO_2$	0.5	3,016	1	0
수소	H_2	$2H_2 + O_2 \rightarrow 2H_2O$	0.5	3,053	0	1
메탄	CH_4	$CH_4 + 2O_2 \rightarrow CO_2 + 2H_2O$	2.0	9,537	1	2
에틸렌	C_2H_4	$C_2H_4 + 3O_2 \rightarrow 2CO_2 + 2H_2O$	3.0	15,180	2	2
에탄	C_2H_6	$2C_2H_6 + 7O_2 \rightarrow 4CO_2 + 6H_2O$	3.5	16,830	2	3
프로필렌	C_3H_6	$2C_3H_6 + 9O_2 \rightarrow 6CO_2 + 6H_2O$	4.5	22,380	3	3
프로판	C_3H_8	$C_3H_8 + 5O_2 \rightarrow 3CO_2 + 4H_2O$	5.0	24,230	3	4
부틸렌	C_4H_8	$C_4H_8 + 6O_2 \rightarrow 4CO_2 + 4H_2O$	6.0	30,080	4	4
부탄	C_4H_{10}	$2C_4H_{10} + 13O_2 \rightarrow 8CO_2 + 10H_2O$	6.5	32,020	4	5
반응식	C_mH_n	$C_mH_n + \left(m + \dfrac{n}{4}\right)O_2 \rightarrow mCO_2 + \dfrac{n}{2}H_2O$	$m + \dfrac{n}{4}$		m	$\dfrac{n}{2}$

2 도시가스 사용상의 부대설비

(1) 정압기

가스의 공급압력을 고압에서 중압으로 중압에서 저압으로 감압하여 사용기구에 맞는 적당한 압력으로 감압 공급하기 위하여 사용되는 것이 정압기이다.

〈정압기의 종류와 특징〉

종류	특징	사용압력
Fisher식	• Loading형 • 정특성, 동특성이 양호하다. • 비교적 콤팩트하다.	• 고압 → 중압 A • 중압 A → 중압 A, 중압 B • 중압 A → 중압 B, 저압
Axial-Flow식	• 변칙 Unloading형 • 정특성, 동특성이 양호하다. • 고차압이 될수록 특성이 양호하다. • 극히 콤팩트하다.	위와 같다.
Reynolds식	• Unloading형 • 정특성은 좋으나 안정성이 부족하다. • 다른 것에 비하여 크다.	• 중압 B → 저압 • 저압 → 저압

① 특징 : 정압기는 가스가 통과하는 배관의 적정한 위치에 설치하여 1차 압력 및 부하유량의 변동과 관계없이 2차 압력을 일정하게 유지하는 기능을 가진다.

(2) 가스미터

① 측정방식

㉮ 실측식 : 일정량의 부피가 몇 회 측정되었는가를 적산하는 방식

㉯ 추량식 : 유량과 일정한 관계가 있는 다른 양, 즉 날개의 회전수 등을 측정하여 간접적으로 구하는 방식

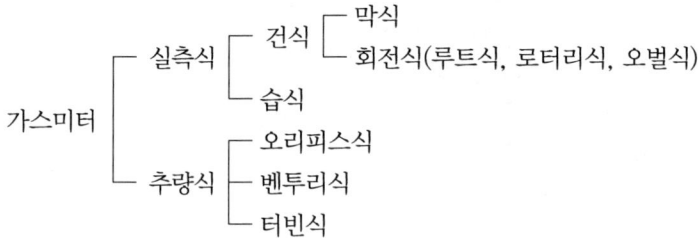

⟨가스미터의 종류별 특징⟩

분류	막식 가스미터	습식 가스미터	루트미터
장점	• 저가이다. • 부착 후의 유지관리에 시간을 요하지 않는다.	• 유량이 정확하다. • 사용 중 기차의 변동이 거의 없다.	• 대용량의 가스측정에 적합하다. • 중압가스의 유량측정이 가능하다. • 설치 스페이스가 적다.
단점	대용량에서는 설치 스페이스가 크다.	• 사용 중에 수위조정 등의 관리가 필요하다. • 설치 스페이스가 크다.	• 스트레이너의 설치 및 설치 후의 유지관리가 필요하다. • 소유량($0.5m^3/h$ 이하)에서는 부동의 우려가 있다.
일반적 용도	일반 수요가 $1.5\sim200m^3/h$	기준기, 실험실용 $0.2\sim3,000m^3/h$	대량 수요가 $100\sim5,000m^3/h$

(3) 긴급차단장치

① 가스 긴급차단장치 구성

㉮ 긴급차단밸브

㉯ 조작반

㉰ 신호선

② 원리 : 긴급 시에 조작반의 스위치를 누르면 원격조정에 의해 긴급 차단밸브가 닫혀 가스 공급을 순간적으로 차단시켜 사고의 원인을 막는다(주배관에 설치한다).

③ 종류

㉮ 스프링식(직동형, 마그넷형)

㉯ 탄산가스식(봄베식)

(4) 가스누설 경보기

가스의 누설을 검지하여 그 농도를 지시함과 동시에 미리 설정된 가스 농도치에서 경보를 울린다.

(5) 가스누설 자동차단장치

가스사용 시설에 가스누설 경보기로 누설되는 가스를 검지하여 자동으로 가스의 공급을 차단한다(가정용은 제외).

(6) 공급관

정압기에서 가스사용자가 소유하거나 점유하고 있는 토지의 경계까지의 배관이다.

(7) 구분밸브

가스미터를 지난 후 가스사용기구(연소기구)에 연결하기 위한 배관의 말단밸브이다.

(8) 본관

도시가스 제조사업소의 부지경계에서 정압기까지의 배관이다.

(9) 수용가용 차단밸브

도로에 평행하게 매설되어 있는 중압 또는 저압 본관에서 가스 사용자가 소유하거나 점유하고 있는 토지로 인입한 배관에서 긴급한 경우 수동으로 가스의 공급을 신속히 차단할 수 있도록 수용가 부지 내에 설치하는 밸브이다.

3 가스사용 수용가

(1) 냉난방 수용가

중간압(중압) 또는 저압사용 수용가로 도시가스회사와 냉난방용 가스공급계약을 체결한 수용가

(2) 저압사용 수용가

일반가스 공급규정에서 정한 최고 공급압력을 초과하지 않는 압력으로 사용하는 수용가

(3) 중간압(중압)사용 수용가

공급규정에서 정한 최고 공급압력을 초과하는 압력으로 사용하는 수용가로서 수용가 부지 내에 수용가 전용정압기 시설을 설치한 수용가이다.

> **REFERENCE** 전용정압기
>
> 비교적 가스의 소비량이 많아서 피크 사용 시 공급압력의 안정적 공급을 요구하는 수용가와 중압공급 지역 수용가 및 공급규정에서 정한 최고 공급압력을 초과하는 압력으로 공급신청이 있을 경우 수용가 부지 내에 수용가에게 필요한 압력을 감압하는 시설이 전용정압기이다.

(4) 특정 가스사용 시설

월 가스사용 예정량이 2,000m^3 이상의 가스사용 시설

(5) 특정 가스사용 시설 외의 가스사용 시설

월 사용 예정량이 2,000m^3 미만의 가스사용 시설

2. 가스사용 버너

1 가스버너

※ 구비조건
① 연료를 안전하게 연소시킬 수 있을 것
② 목적하는 양의 연료를 연소시킬 수 있을 것
③ 버너를 장착하는 열설비의 온도에 충분히 견디고 경제적인 수명일 것

(1) 가스버너의 종류
① 분젠버너(유도혼합식 버너) : 분젠식 버너는 가스 노즐에서 가스 분출력을 이용하여 연소에 필요한 공기량의 약 60%를 1차 공기로 하여 흡입 혼합하며 버너 헤드에서 나머지 40%의 공기와 혼합하면서 연소시킨다. 일반적으로 소형 보일러용이다.
㉮ 특징
  ㉠ 가스량은 가스 노즐에서 규제가 된다.
  ㉡ 1차 공기는 공기댐퍼에서 양이 조정되며 흡입된 공기는 혼합관에서 혼합된다.
  ㉢ 버너 헤드부는 보염기구가 있어서 불꽃의 염(炎)공의 화염을 안정시키고 2차 공기는 주위의 화염의 추위에서 공급된다.
  ㉣ 분젠(Bunsen)염의 특징은 내염이 형성되고 비교적 짧은 단염이 된다.

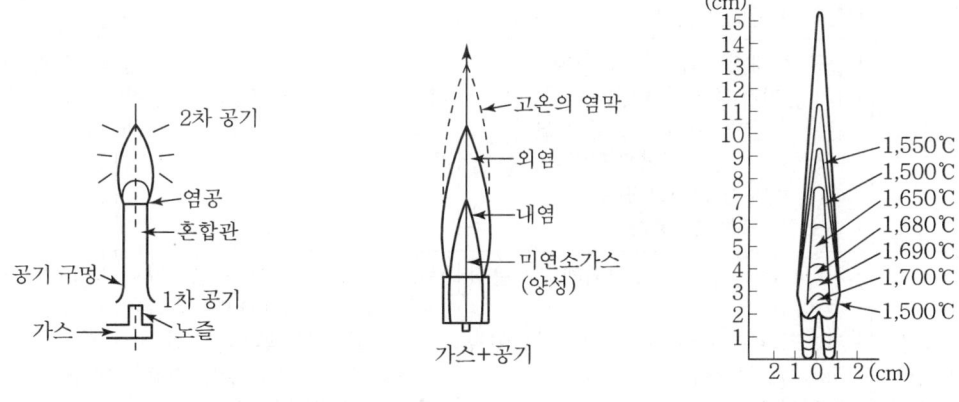

[분젠버너의 원리와 불꽃의 형태]　　[적화버너의 원리]　　[분젠불꽃의 온도]

② 블라스트 버너(강제혼합식 버너 : Blast Burner)
㉮ 원혼합식 버너(프리믹서식, Pre-Mix) : 혼합기를 사용하여 가스와 전연소 공기의 예혼합기를 공급받아 연소를 하는 버너로서 각 버너에 독립된 혼합기를 갖춘 것과 접합식의 혼합기로부터 혼합기를 공급받는 것이 있다.
  ㉠ 가스의 양은 오리피스와 공급가스 압력에 의해 정해진다.

ⓒ 공기와 가스의 혼합은 믹서부에서 이루어진다. 일반적으로 공기의 압력이 가스의 압력보다 높아서 공기 노즐에 의해 가스가 흡인되는 것이 많다.
ⓒ 버너 헤드에는 강력한 보염기구가 마련되어 동일 염공면적으로 분젠식보다 5~10배 정도의 연소가 가능하다.
㉣ 선혼합식 버너(노즐믹서식, Nozzle-Mix) : 버너에 공기와 가스를 따로따로 공급하여 노즐로부터 가스가 분사된 후 공기와 가스의 혼합이 시작되고 확산혼합과 연소가 병행되어 진행되는 방식이다.

〈장단점의 비교〉

연소법	장점	단점	용도
적화식	• 역화하는 일이 전혀 없다. • 자동온도 조절장치의 사용이 용이하다. • 적황색의 장염이 얻어진다. • 가스압이 낮은 곳에서도 사용할 수 있다. • 불꽃의 온도는 비교적 낮다(900℃ 전후). • 따라서 기구를 국부적으로 과열하는 일이 없다.	• 연소실이 넓어야 한다. 좁으면 불완전연소를 일으킨다. • 버너 내압이 너무 높으면 리프팅을 일으킨다. • 고온을 얻을 수 없다. • 불꽃이 차가운 기물에 접촉하면 표면에 그을음이 부착한다.	등용, 목욕솥, 보일러, 버너, 파일럿 버너에 사용되었는데 이제는 거의 사용하지 않는다.
세미 분젠식	• 적화와 분젠의 중간 상태로서 역화하지 않는다. • 불꽃의 온도는 1,000℃ 정도이다.	상당히 고온인 것에는 적당하지 않다.	• 목욕솥 버너 • 탕비기 버너
분젠식	• 불꽃은 내염·외염을 형성한다. • 1차 공기가 혼입되어 있기 때문에 연소는 급속한다. 따라서 불꽃이 짧아져서 발생한 열은 집중되어 불꽃의 온도는 높다(1,200~1,300℃ 정도). • 연소실은 작아도 좋다.	일반적으로 댐퍼의 조절을 요한다. 경우에 따라서 리프팅 현상이 일어나고 소화음·연소음이 발생하는 일이 있다.	각종 형태의 버너로서 가열, 건조 등 널리 일반적으로 사용된다.
전1차 공기식 (적외선 버너)	• 버너는 어떤 방향으로 설치해도 사용할 수 있다. • 가스가 갖는 에너지의 70% 가까이를 적외선으로 전환할 수 있다. • 적외선은 열의 전달이 빠르다. • 따라서 개방의 노에 사용해도 대류에 의한 열손실이 적다(옥외난방 가능). • 표면온도는 850~959℃ 정도이다.	• 고온의 노 내에 그대로 넣어서 설치할 수 없다(버너의 배면은 될 수 있는 한 냉각해야 한다). • 구조가 복잡하므로 값이 비싸다. • 가버너의 설치가 필요하다.	난방용, 각종 운행식 건조로용(특히 물떼기 건조), 각종 가열 건조급 기용

⊙ 버너 내부에서 혼합기를 만들지 않으므로 역화의 위험이 없다.
ⓒ 연소 시 연소 조정범위가 넓다.
ⓒ 가스와 공기의 분출속도 및 확산 특성을 바꿈에 따라 화염길이, 온도특성, 휘도특성 등을 여러 가지 형태로 바꿀 수 있다.
② 강제통풍방식에서는 이 보일러용 버너 사용이 대부분이고, 저칼로리의 연소에도 적합하다.
⑩ 소형 버너와 대형 버너가 폭넓게 사용된다.

(2) 가정용 버너(소형 버너)
① GX 버너
㉮ 소형 관류 보일러나 소형 온수보일러에 사용된다.
㉯ 소용량 보일러의 연소 공간 내에서 사용이 가능하고 경제성이 있다.
㉰ 연소실 부하를 극히 높일 수 있으며 수직형 보일러의 경우 스페이스 절약이 가능하다.
㉱ 구조가 매우 간단하다.
㉲ 원추의 콘을 프레스 가공하여 파이프와 용접하여 연소통으로 버너를 형성하고 있다.
㉳ 가스종류의 변경은 버너 외부에서 오리피스의 변경만으로 가능하다.
㉴ 보일러 조정을 용이하게 한다.

(3) 가스, 기름 혼소용 버너
기름과 가스의 양쪽 버너 건(Gun)을 갖추고 있는 것으로서 각각 전소 또는 동시 혼소가 가능하다. 이 형식의 버너 기름무화기는 버너 중심에 부착되나 가스는 중심부에서 분사하는 방식과 공기층을 사이에 끼운 외주부로 분사하는 형이 있다. 그 종류는 Centerfire형과 Multi Spatter형이 있으며, 센터파이어(Centerfire)형은 동시 혼소를 할 경우에는 화염이 길게 되므로 동시 혼소는 부적당하다.

2 가스버너의 점화

(1) 점화방법
가스버너의 점화방법은 기름보일러와 같으나 가스폭발의 위험성이 크므로 다음의 5가지 사항에 주의를 요한다.

① 가스가 새는지 면밀히 점검한다.
② 가스압력이 적정하며 안정되어 있는지 확인한다.
③ 특히 프리퍼지(환기)를 해야 한다.
④ 점화용 불꽃은 화력이 큰 것을 사용한다.
⑤ 착화 후 연소가 불안정하면 즉시 연소를 차단한다. 그리고 다시 환기를 실시한 후 재점화한다.

(2) 점검방법
① 콕, 밸브 이음부분에 가스의 누설은 누설탐지기로 점검한다.
② 차단밸브에서 누설 유무는 테스트 콕으로 확인한다.
③ 버너의 연결부, 버너팁에 이상이 없는지 확인한다.

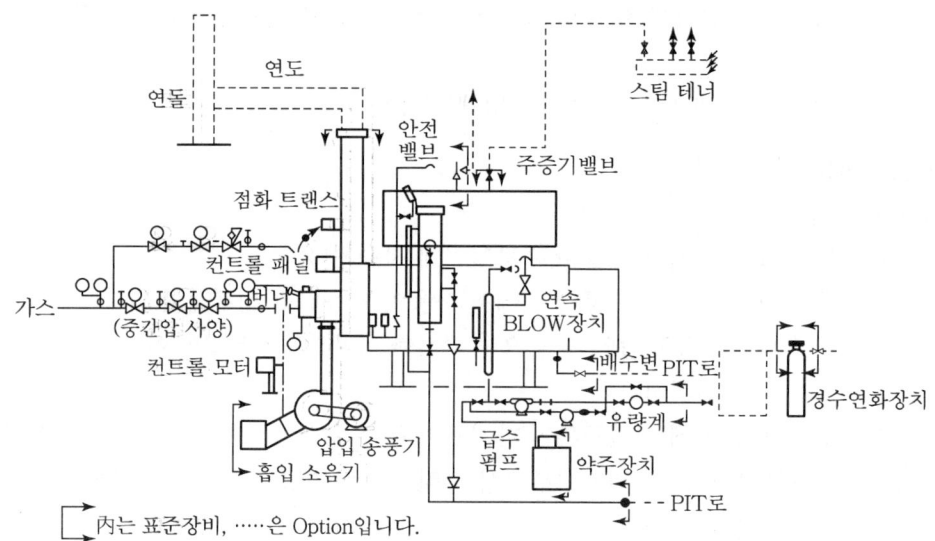

[GAS 연소용]

⟨단일 가스의 성질⟩

항목 단일가스	분자량	kcal/Nm³		비중 (공기=1)	이론공기량 (Nm³/Nm³)	착화온도(℃)	
		진발열량	총발열량			공기 중	산소 중
일산화탄소	CO	3,020	3,020	0.967	2.38	610	590
수소	H_2	2,570	3,050	0.070	2.28	530	450
메탄	CH_4	8,550	9,520	0.555	9.52	645	545
아세틸렌	C_2H_2	13,600	14,090	0.906	11.90	335	—
에틸렌	C_2H_4	14,320	15,290	0.975	14.28	540	485
에탄	C_2H_6	15,380	16,820	1.049	16.70	530	500
프로필렌	C_3H_6	21,070	22,540	1.481	21.40	455	420
프로판	C_3H_8	22,350	24,370	1.550	23.80	510	490
부틸렌	C_4H_{10}	27,190	29,110	1.931	28.60	445	400
노말부탄	$n-C_4H_8$	29,610	32,010	2.091	30.90	490	450
이소부탄	$iso-C_4H_{10}$	29,050	31,530	2.054	30.90	490	460
산소	O_2			1.110			
질소	N_2			0.967			
이산화탄소	CO_2			1.59			

3. 가스사용 시설의 안전관리

1 안전점검 방법

(1) 실내외 배관의 연결부위는 비눗물 또는 검지기로 누설 여부를 확인한다.
(2) 사용 중에 배관 또는 연소기에서 냄새가 나지 않는가 확인한다.
(3) 밸브나 콕 작동 여부 및 가스누설 자동차단기, 경보기 작동상태를 확인한다.
(4) 현재 사용하고 있는 연소기에 접속되어 있는 호스 피팅류 등이 양호한 상태로 부착되어 있는가 확인한다.
(5) 배관의 고정은 관경 13mm 미만은 1m 미만, 13mm~33mm 미만은 2m마다, 33mm 이상은 3m마다 고정장치가 되어 있나 확인하고 고정장치의 이탈 및 취약개소가 있나 확인하여 보완한다.
(6) 사용시설의 변경 폐쇄로 인한 가스배관 말단 마감조치, 즉 캡이나 플러그가 되어 있는지 확인한다.
(7) 가스누설 검사 시 성냥이나 라이타 등으로 점화하여 점검해서는 아니 된다.
(8) 배관나사의 접합부 유니온, 콕, 호스 연결부는 가스누설 우려가 많아서 수시로 비눗물이나 검지기로 확인한다.
(9) 관리상 불편한 장소나 수분이 접하는 장소에는 광명단이나 페인트로 부식을 방지하는 조치 여부를 확인한다.

2 재해발생 시 응급조치

(1) 각 사용처별 차단밸브 위치를 숙지하여 사고장소에 가스공급을 차단한다.
(2) 최대한 환기조치를 하되 전기용품의 조작은 금한다.
(3) 사고지점의 인원을 통제하고 안전한 장소로 대피시킨다.

3 안전점검 항목

(1) **입상관** : 건물 외벽에 설치된 주배관
(2) **내관** : 입상관에서 분리하여 연소기구에 이르는 배관
(3) **차단밸브** : 메인 밸브, 입상관의 주밸브, 가스계량기 입구 측 밸브
(4) **중간밸브** : 가스계량기 이후에서 연소기구의 가스 소비량을 측정하는 계측기
(5) **연소시구** : 취사용, 난방용(보일러, 난로) 온수기 등

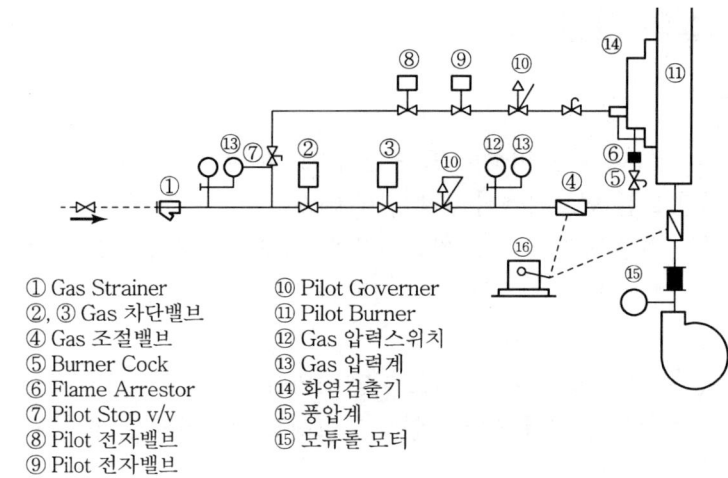

① Gas Strainer
②, ③ Gas 차단밸브
④ Gas 조절밸브
⑤ Burner Cock
⑥ Flame Arrestor
⑦ Pilot Stop v/v
⑧ Pilot 전자밸브
⑨ Pilot 전자밸브
⑩ Pilot Governer
⑪ Pilot Burner
⑫ Gas 압력스위치
⑬ Gas 압력계
⑭ 화염검출기
⑮ 풍압계
⑯ 모듀롤 모터

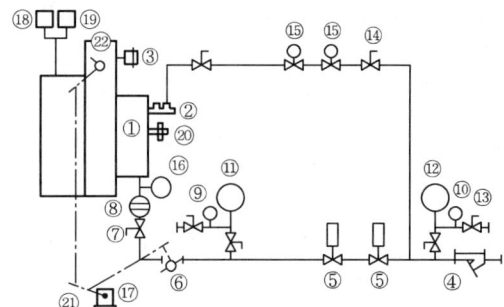

① Burner 본체
② Pilot Burner
③ 풍압스위치
④ Gas Strainer
⑤ Main 차단 Valve
⑥ Gas 조정 Valve
⑦ Gas Stop Valve
⑧ Flame Arrestor
⑨ Gas 압력계
⑩ Gas 압력계
⑪ Gas 압력스위치(A)
⑫ Gas 압력스위치(L)
⑬ Test Cock
⑭ Pilot Stop Valve
⑮ Pilot 전자밸브
⑯ Gas 압력스위치
⑰ 모듀롤 모터
⑱ Boiler 압력제한기
⑲ Boiler 압력비례 조절기
⑳ 화염검출기
㉑ Link
㉒ 2차 Air Damper

[가스보일러의 배관계통 및 안전장치]

4. 도시가스

1 도시가스의 원료

(1) **고체연료** : 석탄, 코크스

(2) **액체연료** : 나프타, LNG, LPG

(3) **기체연료** : 천연가스, 오프가스(정유가스)

2 도시가스의 제조

(1) 가스제조 방식

① 열분해 공정

② 접촉분해 공정 : 사이클링식 접촉분해공정, 저온수증기 개질공정, 고온수증기 개질공정

③ 부분연소 공정

④ 수소화분해 공정
⑤ 대체천연가스 공정

3 원료의 송입법에 의한 분류

(1) **연속식**
원료는 연속으로 송입되며 가스의 발생도 연속으로 된다.

(2) **배치식**
석탄가스와 같이 연료를 일정량 취하여 가스화실에 넣어 가스화하고 가스가 발생하지 않으면 코크스 등의 잔재를 제거한다.

(3) **사이클링식**
일정시간 원료의 연속송입에 의하여 가스발생을 하여 장시간의 온도가 내려가게 되면 원료의 송입을 중지하고 승온하여 재차 원료를 송입하여 가스발생을 한다.

(4) **가열방식에 의한 분류**
① 외열식 : 원료의 용기 외부를 가열시킨다.
② 축열식 : 가스화 반응기 내에서 연료를 태워서 충분히 가열한 후 이 반응 내에 원료를 송입하여 가스화의 열원으로 한다.
③ 부분연소식 : 연료에 소량의 공기와 산소를 혼합하여 가스발생의 반응기에 넣고 원료의 일부를 연소시킨 다음 그 열을 이용하여 가스화 열원으로 한다.
④ 자열식 : 가스화에 필요한 열이 산화반응과 수첨분해반응 등의 발열반응에 의해 가스를 발생시키는 방식이다.

(5) **도시가스의 공급방식**
① 저압 공급방식 : 공급량이 적고 공급구역이 좁은 소규모에 적합하다. 즉, 0.1MPa 미만의 가스 공급압력이다.
② 중압 공급방식 : 가스공장에서 중압으로 송출하고 공급구역 내에 배치한 지구 정압기에 의해 저압으로 정압하여 0.1~1MPa 미만으로 공급하는 공급방식이다.
③ 고압 공급방식 : 가스공장에서 고압가스를 송출하고 고압정압기에 의해 중압 B로 감소하고 다시 지구 정압기에 의해 저압으로 정압하여 수요가에 공급하는 방식으로 1MPa 이상 공급이다.

4 LP가스를 이용한 도시가스 공급방식

(1) 직접 혼입방식
석탄가스, 발생로가스에 LP가스를 혼입하여 공급도시가스를 증열, 증량하기 위한 것이다.

(2) 공기 혼합방식
액상의 LP가스를 기화시킨 것에 일정 비율의 공기를 혼합시켜 공급하는 방식이다. 공기 혼합 시 이점은 다음과 같다.

① 공급가스의 노점이 낮아지므로 도관 중에 재액화하는 일이 없다.
② 원료 LP가스로 순 부탄을 쓸 수 있고, 발열량이 조절된다.
③ 연소 시 공기량의 보충이 가능하다.
④ 누설 시 가스의 손실이 적다.
⑤ 완전연소가 가능하여 연소효율이 높다.

(3) 변성 혼합방식
변성 혼합방식은 LP가스를 변성한 개질가스에 도시가스를 혼입하는 방식이다.

5 도시가스의 부취제

도시가스는 색도 없고 냄새도 거의 없거나 약하므로 누설 시 쉽게 발견하기가 힘들어서 부취제인 향료를 첨가한다(가스사용량의 1/1,000 첨가).

(1) **THT**(테트라 하이드로 티오펜) : 석탄가스 냄새가 난다(취기가 보통이다).
(2) **TBM**(티셔리 부틸 메르캅탄) : 양파 썩는 냄새가 난다(취기가 강하다).
(3) **DMS**(디메틸 설파이드) : 마늘냄새가 난다(취기가 약간 약하다).
- 부취제 주입설비 ┌ 액체 주입방식 : 펌프주입방식, 적하주입방식, 미터연결 바이패스방식
　　　　　　　　└ 증발 주입방식 : 바이패스방식, 위크증발식

6 도시가스의 공급홀더

(1) 가스홀더의 기능(역할)
① 가스 수요의 시간적 변동에 대하여 일정한 제조가스량을 안정하게 공급하고 남는 가스를 저장한다.
② 정전이나 배관공사 제조 및 공급설비의 일시적 지장에 대하여 어느 정도 공급을 확보한다.
③ 각 지역에 가스 홀더를 설치하여 피크 시에 각 지구에 공급을 가스 홀더에 의해 공급함과 동시에 배관의 수송효율을 높인다.
④ 조성의 변동하는 제조가스를 저장 혼합하여 가스의 열량, 성분, 연소성 등을 균일화한다.

(2) 홀더의 종류
① 유수식 가스 홀더
⑦ 제조설비가 저압인 경우에 많이 사용한다.
㉯ 구형 가스 홀더에 비해 유효 가동량이 많다.
㉰ 많은 물을 필요로 하기 때문에 기초비가 많이 든다.
㉱ 가스가 건조하면 수조(물탱크)의 수분을 흡수한다.
㉲ 압력이 가스의 수에 따라 변동한다.
㉳ 한랭지에 있어서 물의 동결방지가 필요하다.
② 무수식 가스 홀더
⑦ 수조가 없으므로 기초가 간단하고 설비가 절감된다.
㉯ 유수식 가스 홀더에 비해서 작동 중 가스압이 일정하다.
㉰ 저장가스를 건조한 상태에서 저장할 수 있다.
㉱ 대용량의 경우에 적합하다.
③ 고압식 홀더 : 가스를 압축하여 저장하고 홀더로서 탱크의 모양은 원통형과 구형이 있으며 고압 홀더로부터 가스를 압송하는 경우에는 고압 정압기를 사용하여 압력을 낮추어서 공급한다.

5. LPG(액화석유가스)

1 LP가스의 특성

(1) 공기보다 무겁다(비중 C_3H_8 : 1.52, 부탄 : 2).
(2) 액상의 LP가스는 물보다 가볍다(프로판 : 0.51, 부탄 : 0.58).
(3) 기화나 액화가 용이하다.
(4) 기화하면 프로판은 250배, 부탄은 230배로 커진다.
(5) 증발 시 잠열(C_3H_8 : 102kcal/kg, C_4H_{10} : 92kcal/kg)이 크다.
(6) 용기 내의 증기압은 온도에 따라 다르다(20℃에서 프로판은 7.4kg/cm^2, 부탄은 1.4kg/cm^2).
(7) 무색, 무취, 무독하다.
(8) LPG는 고무, 페인트, 그리스 및 윤활유 등을 용해하는 성질이 있다.

2 LP가스의 연소특성

(1) 발열량이 크다(12,000kcal/kg).

(2) 연소 시 많은 산소나 공기가 필요하다.
   ① 프로판 : $C_3H_8 + 5O_2 \rightarrow 3CO_2 + 4H_2O + 530\text{kcal/mol}$
   ② 부탄 : $C_4H_{10} + 6.5O_2 \rightarrow 4CO_2 + 5H_2O + 700\text{kcal/mol}$

(3) 폭발한계가 좁다.
   ① 프로판(C_3H_8) 연소범위 : 2.1%~9.5%
   ② 부탄(C_4H_{10}) 연소범위 : 1.8%~8.4%

(4) 연소속도가 늦다.
   ① 프로판 : 4.45m/sec
   ② 노말 부탄 : 3.65m/sec
   ③ 메탄 : 6.65m/sec

(5) 착화온도가 높다.
   ① C_3H_8 : 460~520℃(프로판)
   ② C_4H_{10} : 430~510℃(부탄)
   ③ CH_4 : 615~682℃(메탄)

3 LP가스 제조법

(1) 원유지대에서 채취되는 습성천연가스 및 원유에서 액화가스를 회수하는 것
   ① 압축 – 냉각법(농후한 가스에 응용된다)
   ② 흡수유에 의한 흡수법(등유, 경유 등의 흡수유에 흡수시켜 회수)
   ③ 활성탄에 의한 흡착법(활성탄이나 실리카겔을 이용하여 희박한 가스에 사용한다)

(2) 제유소가스(석유 정제공정에서 탄화수소를 가스분리장치에서 구분하여 제조)
   ① 상압증류장치(증류가스 토핑가스)
   ② 접촉개질장치(리포밍 가스)
   ③ 접촉분해장치(크래킹 가스)

(3) 나프타 수소화 분해(유분 200℃ 이하 비점가스) 생성물에서 제조

(4) 나프타 분해 생성물에서의 제조

4 LP가스 이송장치

(1) 액화가스의 이송방법
　① 탱크 자체 압력에 의한 차압방법
　② 액펌프에 의한 방법
　③ 압축기에 의한 방법

5 LP가스의 수송방법

(1) 용기에 의한 방법
(2) 탱크로리에 의한 방법
(3) 철도차량에 의한 탱크 수송
(4) 유조선에 의한 탱크 수송
(5) 파이프라인에 의한 수송

6 LP가스 공급방식(자연기화, 강제기화)

(1) 자연기화(대기 중의 열을 흡수하여 기화) 방식의 특징
　① 기화능력에 한계가 있어 소량 소비 시에 적당하다.
　② 가스의 조성변화량이 크다.
　③ 발열량의 변화가 크다.
　④ 용기의 수가 많이 필요하다.

(2) 강제기화(온수, 증기, 공기 이용)
　① 생가스 공급방식
　　기화기(베이퍼라이저)에 의해 기화된 가스를 그대로 공급하는 방식이며 부탄의 경우 0℃ 이하가 되면 재액화(비점이 −0.5℃ 높기 때문에)되므로 가스배관은 반드시 보온하여 재액화 방지
　② 공기혼합가스 공급방식
　　기화된 부탄에 공기를 혼합해서 만들며 다량 소비하는 경우에 유효하다. 공기혼합가스의 공급목적은 다음과 같다.
　　㉮ 발열량 조절
　　㉯ 누설 시 가스누설 손실감소
　　㉰ 재액화 방지
　　㉱ 연소효율의 증대

③ 변성가스 공급방식

부탄을 고온의 촉매로서 분해하여 메탄, 수소, CO 등의 연질가스로 변성시켜 공급하는 방식으로 재액화방지 외에 특수용도에 사용한다. LP가스를 변성하여 도시가스를 만드는 방법은 다음과 같다.
㉮ 공기 혼합방식
㉯ 직접 혼입방식
㉰ 변성 혼입방식

7 LP가스의 압력조정기(Regulater)

조정기란 용기로부터 기화하여 나온 LP가스가 연소기구에 공급되는 가스의 압력을 그 연소기구에 적당한 압력으로 감압시킨다.

〈각종 조정기의 성능 일람표〉

종류	조정기 입구압력	조정기 출구압력
1단 감압식 저압조정기	$0.7kg/cm^2 \sim 15.6kg/cm^2$	$230mmH_2O \sim 300mmH_2O$
1단 감압식 준저압조정기	$1.0kg/cm^2 \sim 15.6kg/cm^2$	$500mmH_2O \sim 3,000mmH_2O$
2단 감압식 1차용 조정기	$1.0kg/cm^2 \sim 15.6kg/cm^2$	$0.57kg/cm^2 \sim 0.83kg/cm^2$
2단 감압식 2차용 조정기	$0.25kg/cm^2 \sim 3.5kg/cm^2$	$230mmH_2O \sim 330mmH_2O$
자동절체식 일체형 조정기	$1.0kg/cm^2 \sim 15.6kg/cm^2$	$255mmH_2O \sim 330mmH_2O$
자동절체식 분리형 조정기	$1.0kg/cm^2 \sim 15.6kg/cm^2$	$0.32kg/cm^2 \sim 0.83kg/cm^2$

8 LP가스 불완전연소의 원인

(1) 공기의 공급량 부족
(2) 환기 불충분
(3) 배기 불충분
(4) 플레임의 냉각
(5) 가스조성이 맞지 않을 때
(6) 가스기구 및 연소기구가 맞지 않을 때

9 LP가스 연소 시 현상

(1) **역화**

가스의 분출속도보다 연소속도가 빨라서 염이 염공을 통하여 버너의 혼합관 내에 불타며 들어오는 현상으로 1차 공기를 공급하는 전1차 공기식 연소에서 볼 수 있다. 원인은 다음과 같다.

① 부식에 의해 염공이 크게 된 경우
② 가스의 공급압력이 저하되었을 때
③ 노즐 콕에 그리스, 먼지 등이 막혀 구경이 너무 작게 된 경우
④ 댐퍼가 과대하게 열려 연소속도가 빠르게 된 경우

⑤ 버너가 과열되어 혼합기의 온도가 올라간 경우

(2) 선화(Lifting)

리프팅은 역화와 정반대의 현상으로 염공으로부터의 가스의 유출속도가 연소속도보다 빨라서 가스가 염공에 접하여 연소하지 않고 염공을 떠나서 연소하는 것을 선화현상이라 한다. 원인은 다음과 같다.

① 버너의 염공이 막혀 유효면적이 감소하게 되어 버너의 압력이 높은 경우
② 가스의 공급압력이 지나치게 높은 경우
③ 댐퍼를 너무 많이 열었을 경우
④ 노즐, 콕의 구경이 크게 된 경우
⑤ 연소가스의 배출이 불안정한 경우나 2차 공기의 공급이 불충분한 경우

(3) 옐로 팁(적황색염)

염의 선단이 적황색으로 되어 타고 있는 현상이다. 연소반응 도중에 탄화수소가 열분해하여 탄소입자가 발생하며 미연소된 채 적열되어 적황색으로 빛나고 있는 현상이다. 원인은 다음과 같다.

① 1차 공기가 부족한 경우
② 주물 밑 부분 철가루 등의 원인이 된다.

10 LP가스 염공(불꽃구멍)의 구비조건

(1) 모든 염공에 빠르게 불이 옮겨서 완전히 점화될 것
(2) 불꽃이 염공 위에 안정하게 형성될 것
(3) 가열물에 대하여 적정한 배열이어야 할 것
(4) 먼지 등이 막히지 않고 손질이 용이할 것
(5) 버너의 용도에 따라 여러 가지 형식의 염공이 사용될 수 있을 것

CHAPTER 11 자동제어

PART 01 | 보일러 설비 및 구조

1. 자동제어계(自動制御系)

1 자동제어의 개요

(1) 제어

제어(Control)란, 어떤 대상을 어떤 목적에 적합하도록 조절하는 역할을 말한다. 제어란 대상을 그대로 방치하면 각각의 법칙에 따라 변화하는 것을 적극적으로 대상에 작용을 가함으로써 의도하는 대로 대상의 동작을 변화시키는 것이다.

① 통제하여 잘 다스리는 것
② 상대방을 누르고 자기의 의지대로 동작시키는 것

(2) 제어의 구분

① 자동제어(Automatic Control) : 사람의 손에 의하지 않고 컴퓨터와 기계에 의해 자동적으로 된다. 자동제어에서는 피드백(Feedback)이 그 기본으로 되어 있다.
② 수동제어 : 사람의 손으로 하는 제어

2 보일러 자동제어의 목적과 설계

(1) 목적

① 보일러의 운전을 안전하게 한다.
② 효율적인 운전으로 연료비 등이 절감된다.
③ 보다 경제적인 증기를 생산한다.
④ 인건비가 절약된다.

(2) 자동제어 설계조절 시 주의할 점

① 제어 동작이 불규칙(발진)상태가 되지 않을 것
② 신속하게 제어동작을 완료할 것
③ 제어량이나 조작량을 과대하게 도를 넘지 않도록 할 것
④ 잔류편차가 요구되는 제어 정도 사이에서 억제할 것

(3) 자동제어장치의 성질조건

① 인간과 같은 판단력을 가질 것
② 사람과 같은 신속한 수정동작을 할 것

(4) 자동제어 운영상의 동작순서
　① 검출 : 제어대상을 계측기를 사용하여 검출한다.
　② 비교 : 목푯값으로 이미 정한 물리량과 비교한다.
　③ 판단 : 비교하여 결과에 다른 편차(옵셋)가 있으면 판단하여 조절한다.
　④ 조작 : 판단된 조작량을 조작기에서 증감하여 편차를 없앤다.

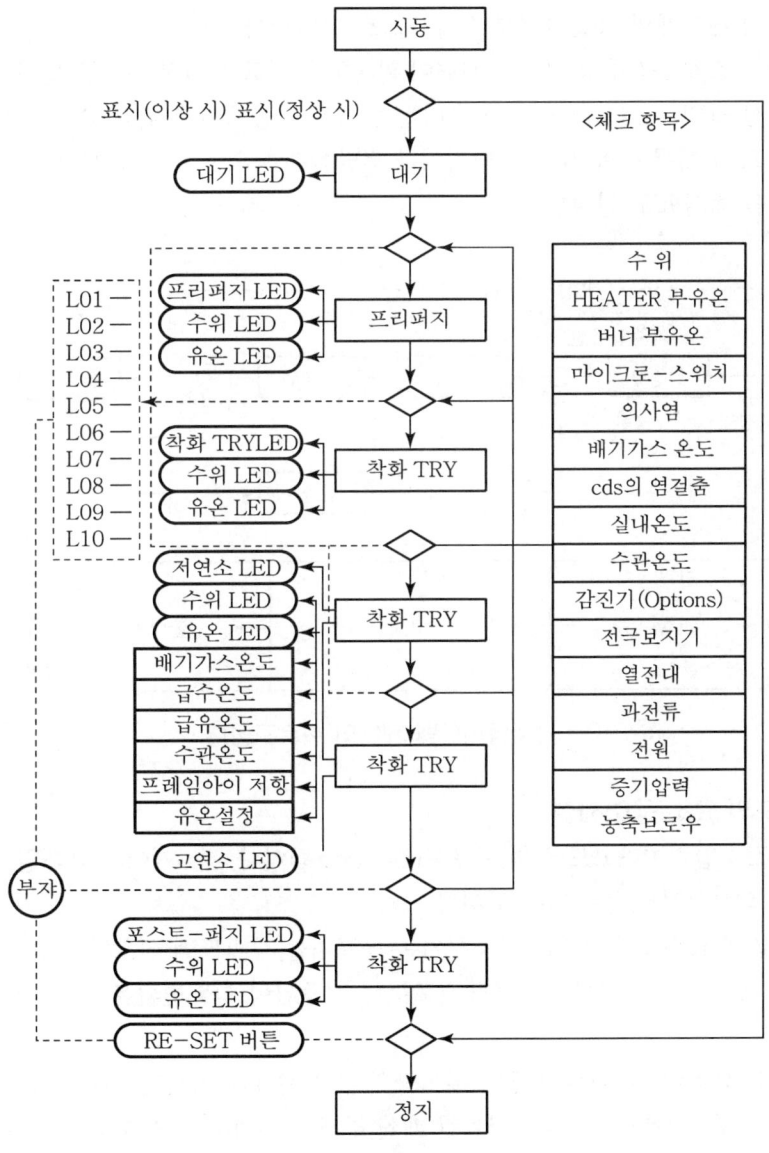

[컴퓨터 자동 보일러 가동 순서도]

3 자동제어계 블록선도와 용어해설

(1) 자동제어 블록(Block)선도 해설
① 제어대상과 자동제어장치의 조합을 자동제어계라 한다.
② 제어계의 구성요소를 사각으로 표시하여 이 요소에 출입하는 신호를 화살표로 연결하여 계통도를 그린 것이다.
③ 블록선도를 보면 제어계에 대해서 한층 더 알기가 쉽다.
④ 피드백 제어계의 복잡한계를 일률적으로 나타낸다.
⑤ 계의 구조와 동작특성 사이의 관련이 확실하게 되고 물리적 의미를 쉽게 파악할 수 있다.
⑥ 블록선도(Block Diagram)를 그리는 방법은 자동제어계의 각 요소를 하나의 블록에 표시하고 그 블록 속에 요소의 명칭이나 전달함수 등의 특성을 표시한 후 그 사이에 신호의 흐름을 화살표로 연결한다.

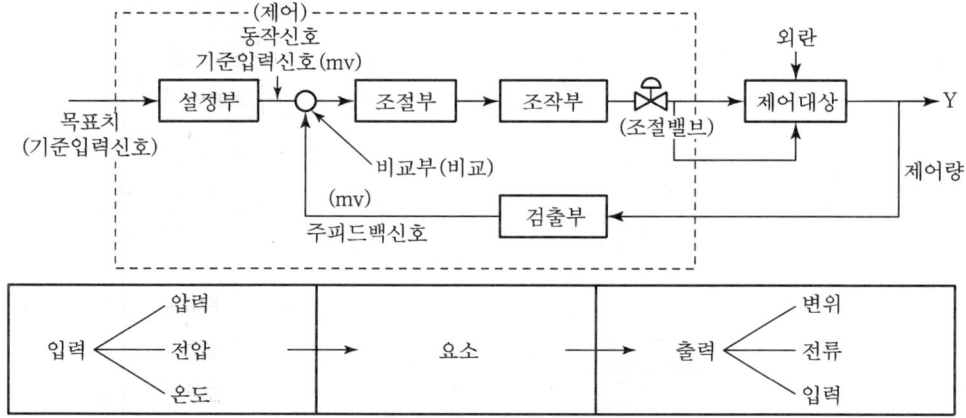

[자동피드백 제어의 회로구성]

(2) 블록선도의 요소 용어해설
① **목푯값** : 입력이라고도 하며 목표치(Set Point)이다. 즉, 제어량에 대한 희망치로서 제어계에 외부로부터 주어지는 값이다.
② **기준입력 요소** : 제어계를 작동시키는 목표치를 주피드백 신호와 같은 종류의 신호를 만들어 비교부로 보낸다. 이 목표치로부터 기준입력에의 변환은 설정부에 의하여 이루어진다.
③ **주피드백(Main Feedback)양** : 제어량의 값은 목표치(기준입력)와 비교하기 위한 주피드백 신호를 말한다. 즉, 피드백이란 폐쇄 루프를 형성하여 출력 측의 신호를 입력 측에 되돌리는 것을 말한다.
④ **동작신호** : 기준입력과 주피드백양을 비교하여 얻은 편차량의 신호를 말하며 조절부의 입력이 된다.

⑤ 제어 편차 : 목표치에서 제어량을 뺀 값이다.
⑥ 조작량(Manipulated Variable) : 제어량을 조정하기 위해 제어장치가 제어대상으로 주는 양을 말한다.
⑦ 제어량(Controlled Variable) : 제어대상에 속하는 양 중에서 그것을 제어하는 것이 목적으로 되어 있는 양을 말한다.
⑧ 외란(Disturbance) : 제어계의 상태를 변화시키는 외적 작용을 말하며 조작량 이외의 양이다. 즉, 목표치와 어긋나서 제어편차가 생긴다.
　㉮ 외란의 원인 : 유출량, 탱크 주위의 온도, 가스의 공급압력, 가스의 공급온도, 목표치 변경
⑨ 검출부(Primary Means)
　㉮ 압력이나 온도, 유량 등의 제어량을 측정하고 그 값을 신호로 만들어서 주피드백 신호로 하여 비교부로 보낸다.
　㉯ 검출부는 비교부로 전달할 수 있는 알맞은 양이어야 하고 또한 정확 신속하여야 한다.
⑩ 조절부(Controlling Means)
　㉮ 제어계에 필요한 동작을 하는 데 쓰일 신호를 만들어서 조작부로 보내는 부분이다.
　㉯ 조절부에서는 조작부에서 조작할 수 있는 조작량을 결정한다.
⑪ 조작부(Final Control Element) : 조절부로부터의 신호를 조작량으로 바꾸어서 제어대상으로 작용시키는 부분이다.
⑫ 비교부(Comparison Element)
　㉮ 기준입력 신호와 주피드백 신호가 합류하여 생기는 제어 편차량를 산출하는 부분이다.
　㉯ 비교부는 독립기구가 아니고 조절기의 한 부분이다.

4 제어계의 동작을 위한 기구요소 해설

(1) 사용되는 장치 용어해설
① 스프링 : 변위에 의하여(외력에 의한) 그 비례한 힘을 발생한다. 모양은 나선형이나 판형이 있다.
② 다이어프램(Diaphragm) : 얇은 박판으로서 외압의 변화로 격막판이 팽창이나 수축을 하면서 압력변화를 위치변화로 전환한다.
③ 벨로스(Bellows) : 일종의 주름통이며 단독보다는 스프링과 조합하여 사용되는 경우가 많다. 그 재질은 인청동이나 황동, 연강, 스테인리스강 등이 있다. 보일러의 압력제한기나 압력조절기 등이 여기에 속한다.
④ 플래퍼(Flapper) : 노즐의 변위를 압력으로 변화시킨다.
⑤ 피스톤(Piston) : 유입되는 유체의 유량이나 유압에 의하여 피스톤이 변위가 되는데 유체의 유량이나 고압에 사용되는 적분요소로 이용된다. 특히, 다이어프램이나 벨로스와는 달리 큰 압력이나 유량에 대하여 적분요소로 사용한다.

⑥ 파일럿 밸브(Pilot Valve) : 변위량을 주로 유량으로 변환시킨다. 또한 변위량을 증폭시키는 데 이용된다.
⑦ 분사관 : 그 역할이 파일럿 밸브와 같다.
⑧ 대시포트(Dash Pot) : 미분요소로 이용되며 피스톤의 양쪽에 점성이 큰 유체를 주입하고 그것을 좁은 통로로 연결한 것이다.

5 전달함수(Transfer Function)

자동제어계의 특성 해석이나 제어계를 설계할 때에는 각 요소(Element)의 특성을 알아야 하는데, 이 특성을 정량적으로 표현한 함수로서 입력(Input)과 출력(Output)의 비에 따라 정해진다. 즉, 입력 X와 출력 Y의 라플라스 변환을 각각 $X(s)$, $Y(s)$라 하면 전달함수 $G(s)$는 다음 식으로 표시된다.

$$G(s) = \frac{Y(s)}{X(s)}$$

여기서, s : 라플라스 변수

피드백 제어계의 전달함수는 블록선도로부터 다음과 같이 계산할 수 있다.

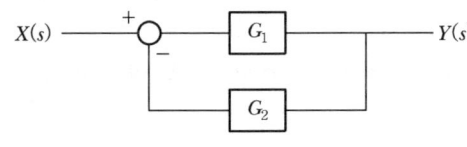

$$G(s) = \frac{Y(s)}{X(s)} = \frac{G_1}{1 + G_1 G_2}$$

> **REFERENCE 라플라스 변환(Laplace Transformation)**
>
> 까다로운 미분방정식을 대수계산으로 바꾸는 방법의 하나로 대수로 사용함으로써 곱셈을 덧셈으로 바꾸는 것과 비슷하다. 실변수 함수 $f(t)$에 대해 $\int_0^\infty f(t)e^{-st}dt = F(s)$가 수속하면 이것을 $f(t)$의 라플라스 변환이라 하고 s는 복소변수를 나타내는 파라미터이다.

2. 자동제어 종류와 제어방식

1 자동제어의 종류

(1) 시퀀스 제어(Sequence Control)

미리 정해진 순서에 따라 순차적으로 제어의 각 단계를 진행하는 자동제어로서 대표적인 것으로는 연소제어가 있다. 즉, 장치의 기능, 정지, 배치 프로세스(Batch Process)의 프로그램

(Program)적 운전 등에서는 피드백에 의하지 않고 정해진 순서에 따라 제어의 각 단계를 타이머(Timer), 릴레이(Relay) 등을 사용하여 개회로로 행하여지는 제어방식이다.

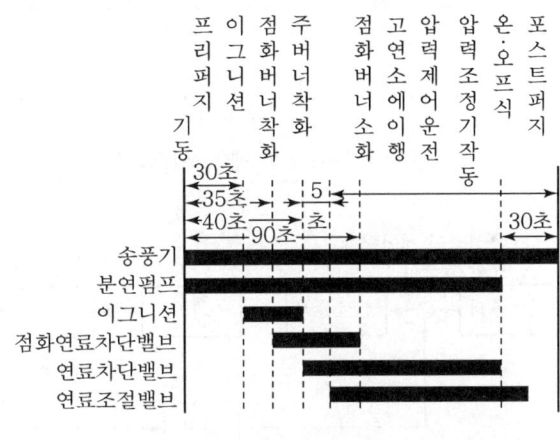

[자동기동·정지장치 사이클도]

(2) **피드백 제어(Feedback Control)**

폐회로를 형성하여 제어량의 크기와 목표치의 비교를 피드백 신호에 의해 행하는 자동제어이다. 즉, 결과가 원인이 되어 제어단계를 진행하는 제어로서 출력 측의 신호(요소로부터 소정의 변화를 거쳐서 나온 물리량이 출력신호이다)를 입력(각 요소에 가해지는 물리량을 입력신호라 한다) 측으로 되돌리는 것으로서 피드백에 의하여 제어량의 값을 목표치와 비교하여 그것들을 일치시키도록 정정동작을 행하는 자동제어를 총칭하여 피드백 제어라 한다.

(3) **피드포워드 제어**

자동제어에서는 피드백 제어가 주류이며 이것은 제어하려는 양이 목푯값에서 벗어나기 시작하면 그 벗어난 양에 따라서 목푯값으로 되돌리는 조작량을 작용시키는 제어이다. 조작 측에서 검출 측까지의 시간지연이 큰 경우에는 조작이 과잉이 되어 헌팅(Hunting)이 발생할 염려가 있다. 그래서 제어하려는 대상에 영향을 미칠 우려가 있는 외란의 양을 측정하여 이 외란의 크기에 따라서 조작량을 작용시키는 제어방식을 피드포워드 제어라고 한다. 즉, 외란의 정보를 파악하여 이 외란의 영향으로 벗어나지 않도록 미리 필요한 정정조작을 하는 제어이다.

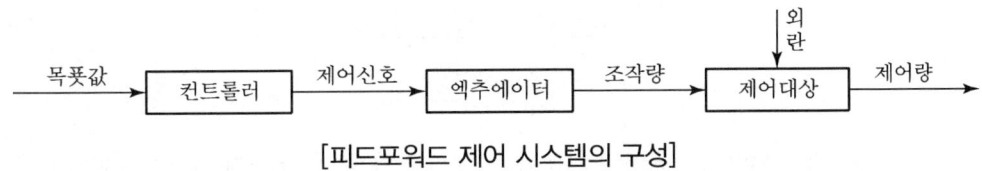

[피드포워드 제어 시스템의 구성]

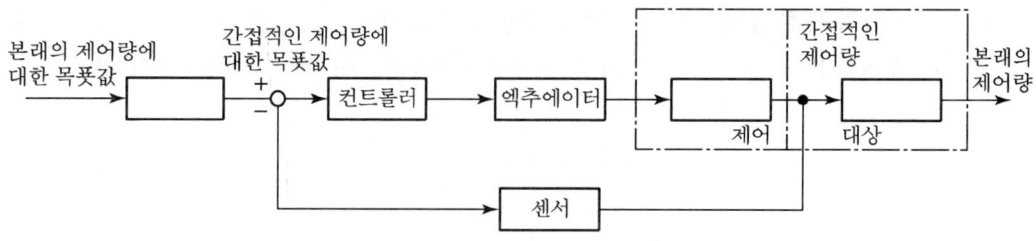

[간접적인 피드백 제어 시스템]

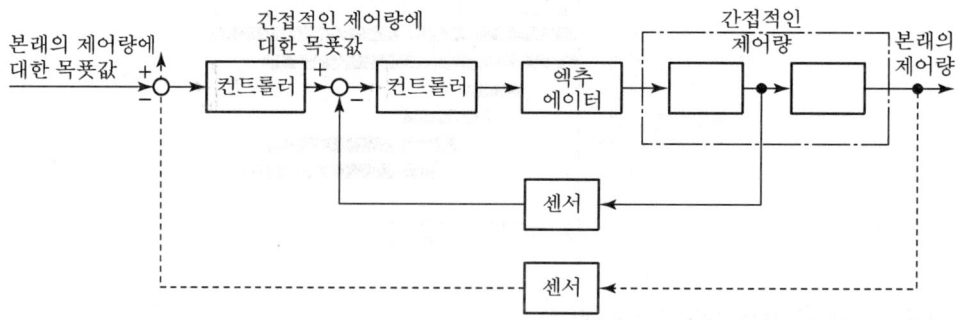

[간헐적인 직접 피드백을 병용하는 시스템]

2 자동제어, 제어방식의 분류

(1) 제어방법에 의한 분류

① **정치제어** : 목표치가 일정한 자동제어이다.

② **추치제어(측정제어)** : 목표치가 변화하는 제어로서 목표치를 측정하면서 제어량을 목표치에 맞추는 방식으로 3가지가 있다.

㉮ 추종제어(Fllow-Up Control) : 목표치가 시간적(임의적)으로 변화하는 제어로서 이것을 일명 자기 조정제어라고 한다.

㉯ 비율제어(Rate Control) : 목표치가 다른 양과 일정한 비율관계에서 변화되는 추치 제어이다.

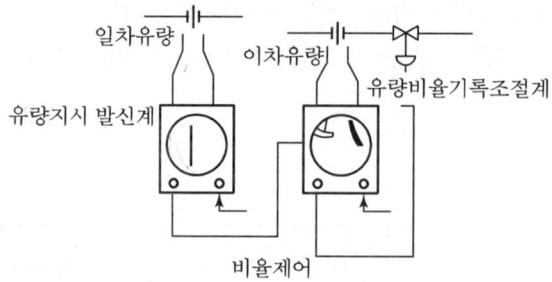

㉰ 프로그램 제어(Program Control) : 목표치가 이미 정해진 계획에 따라서 시간적으로 변화하는 제어를 말한다.

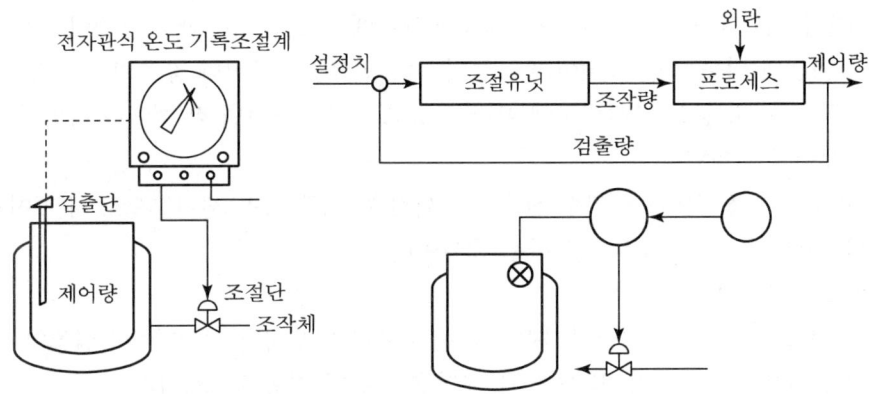

③ 캐스케이드 제어(Cascade Control)
㉮ 측정제어라고도 하며, 2개의 제어계를 조합하여 제어량을 1차 조절계로 측정하고, 그 조작출력으로 2차 조절계의 목표치를 설정하는 방식이다.
㉯ 프로세스 제어계 내에 시간지연이 크거나 외란이 심한 경우에 사용된다.

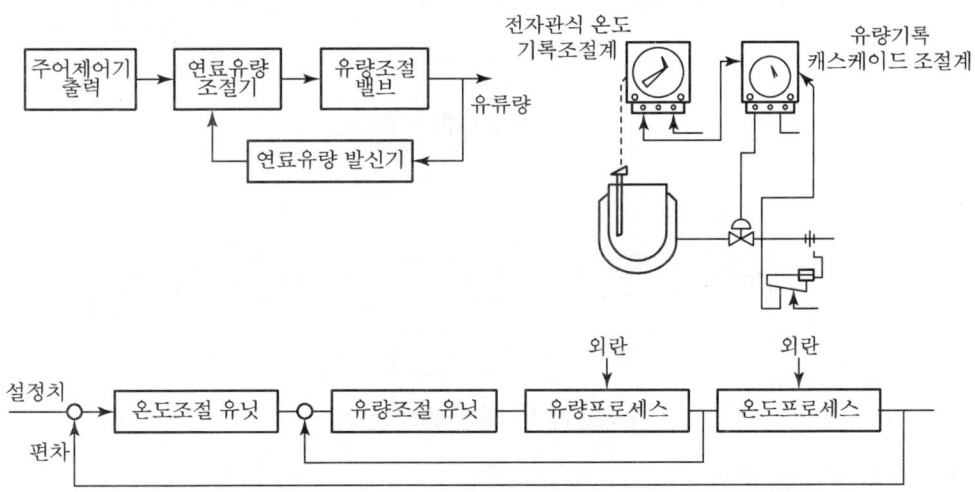

[캐스케이드 제어와 블록선도]

(2) 제어량의 성질에 의한 분류
① 프로세스 제어
㉮ 생산공장 등에서 생산공정의 조건을 일정하게 유지하거나 또는 시간적으로 일정한 변화의 규격에 따르도록 제어하는 것이 중요하다. 즉, 온도, 압력, 유량, 농도, 습도 등과 같은 공업 프로세스의 상태량에 대한 제어를 프로세스 제어라고 한다.
㉯ 프로세스에 가해지는 외적 작용(외란)의 억제를 주목적으로 하고 있다.
㉰ 일명 공정제어라고 한다.

② **다변수 제어** : 제어장치에서 각 제어량 사이에는 매우 복잡한 자동제어를 일으키는 경우가 있는데 이를 다변수 제어라고 한다. 즉, 연료공급량이나 공기의 공급량, 보일러 내의 압력, 급수량 등을 부하변동에 따라 일정하게 유지하려면 각 제어량 사이에는 복잡한 자동제어가 일어난다.

③ **자동조정** : 전압이나 주파수 전동기의 회전수, 장력 등을 제어량으로 하고 이것을 일정하게 유지하는 것을 목적으로 하는 제어이다.

④ **서보기구(서보 제어)**
- ㉮ 서보기구는 작은 입력에 대응해서 큰 출력을 발생시키는 장치이다(일종의 추종제어).
- ㉯ 물체의 자세, 위치, 방향 등을 제어량으로 한 자동제어계이다.
- ㉰ 선박, 항공기 등의 위치제어나 프로세스 중에서 보조적으로 이용된다.
- ㉱ 프로세스 제어와 비슷하지만 프로세스 제어는 시간 지연요소를 포함하는 것과는 차이가 있다.

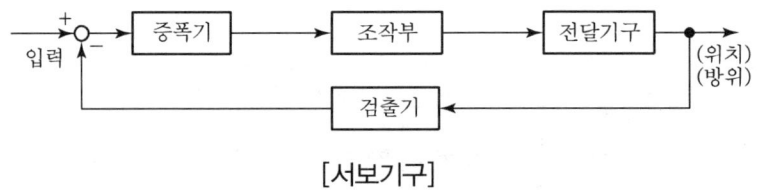

[서보기구]

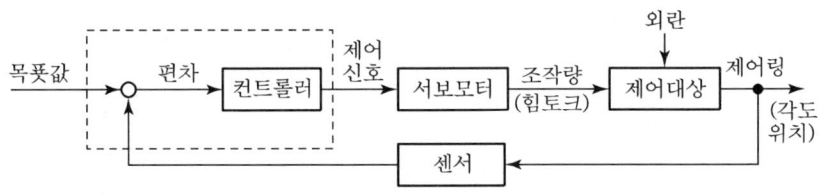

[서보 메커니즘의 블록선도]

(3) **제어동작에 따른 분류**
① **불연속 동작**
- ㉮ 2위치 동작(ON-OFF 동작) : 제어량이 설정값에 어긋나면 조작부를 전폐하여 운전을 정지하거나 반대로 전개하여 운동을 시동하는 동작을 말한다. 즉, 편차입력에 따라 두 개의 조작량의 값을 비약하여 선택하는 동작으로 전기식이 많이 사용된다.
- ㉯ 다위치동작 : 제어량이 변화했을 때 제어장치의 조작위치가 3위치 이상이 있어 제어량 편차의 크기에 따라 그중 하나의 위치를 택하는 것이다.
- ㉰ 불연속 속도동작(부동제어) : 제어량 편차의 과소에 의하여 조작단을 일정한 속도로 정작동, 역작동 방향으로 움직이게 하는 동작이다.

㉠ 정작동(正作動) : 조절계의 출력과 제어량이 목표치보다 크게 됨에 따라 증가되는 방향으로 움직이는 동작
㉡ 역작동(逆作動) : 조절계의 출력과 제어량이 목표치보다 증가됨에 따라 감소되는 방향으로 움직이는 동작, 즉 출력이 주는 방향으로 움직이는 동작
㉣ 간헐동작(샘플링 동작, Sampling Action) : 제어동작이 일정한 시간마다 일어나는 동작이다.

② 연속동작
㉮ 비례동작(比例動作, P동작) : 조작량이 동작신호의 현재 값에 비례하는 것이다. 즉, 제어량의 편차에 비례하는 동작이다(Proportional Action).
　㉠ 입력인 제어편차(e)에 대하여 조작량의 출력변화(m)가 일정한 비례관계에 있는 동작이며 비례정수 K_P라 할 때 비례동작 특성식은 다음과 같다.

$$m = K_P \cdot e$$

　　　여기서, K_P : 비례정수

그러나 제어명령을 하는 동작신호의 크기 m_o가 있을 경우 비례동작 특성식은

$$m = K_P \cdot e + m_o$$

　㉡ 편차 e는 조절계의 전체 눈금에 대한 %로 나타낸다.
　㉢ 출력변화(m)는 밸브의 전개전폐의 폭에 대한 %로 나타낸다.
　㉣ 비례대란 비례정수 K_P의 역수를 %로 표시한 것으로 $\dfrac{100}{K_P}$%이다.
　㉤ 비례대가 작을수록 동작은 강하게 변한다.
　㉥ 편차가 0인 경우(비례대 0) 출력치를 수동(온-오프 동작)으로 할 필요가 있다. 이를 수동 리셋(Reset)이라고 한다.
　㉦ 비례동작(P동작)은 그림과 같이 잔류편차가 남는데, 이를 오프셋(Off-Set)이라 한다.

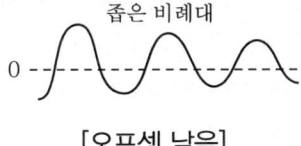

[오프셋 남음]

　㉧ 프로세스의 반응속도가 소(小) 또는 중(中)이다.
　㉨ 부하변화가 작은 프로세스에 적용된다.

ㅊ 비례동작으로 제어하면 제어량은 설정치보다 조금 다른 값으로 균형이 잡힌다.
　　　ㅋ 외란이 큰 제어계에는 부적당하며 부하변화가 적은 프로세스에 이용된다.
　⑭ 적분동작(積分動作, I동작) : Integral Action
　　㉠ 출력(m)이 제어편차(e)의 시간적분에 비례한다(편차의 적분차를 가감하여). 이 경우 비례정수를 K_1라 할 때 적분동작의 특성식은 다음과 같다.

$$m = K_1 \int e \, dt$$

제어편차 e가 0에서 ρ_0으로 계단변화를 하게 되면 출력 m은 직선을 따라 변한다.

$$m = \frac{\rho_{0t}}{T_1} t = T_1 \cdot \frac{m}{\rho_0}$$

따라서, 적분시간은 출력이 제어편차의 변화량과 크기가 같아지는 데 걸리는 시간을 의미한다. 적분동작은 편차가 남으면 이것을 적분하여 수정함으로써 오프 세트가 남지 않는다. 그러나 제어의 안정성은 떨어지고, 진동하는 경향이 있다.

　　㉡ 편차의 크기와 지속시간에 비례하는 동작이다.
　　㉢ P동작과 조합하여 쓰여진다.
　⑮ 미분동작(微分動作, D동작) : 제어편차가 검출될 때 편차가 변화하는 속도에 비례해서 조작량을 가감할 수 있도록 작동한 것이다(Derivative Action).
　　㉠ 출력(m)이 제어편차(e)의 시간변화에 비례한다. 이 경우 비례정수를 K_D라 하면 미분동작 특성식은 다음과 같다.

$$m = K_D \frac{d_e}{dt}$$

　　㉡ 미분동작은 제어편차의 경향에 따라 예지적인 조작신호를 나타낸다. 이 동작은 단독으로 쓰이지 않고 언제나 비례동작과 함께 사용된다.
　　㉢ 제어량의 변화속도에 비례하는 정정동작을 한다. 일반적으로 진동이 억제된 계가 안정화되는데 이 때문에 낭비시간이나 전달지연이 큰 제어계에서는 PI동작으로서는 응답이 늦어지기 때문에 D동작을 가하여 편차가 생기는 초기에 큰 정정동작을 내서 조작량을 가하여 제어지연을 방지하는 효과가 있다.
　㉰ 중합동작(Multiple Action)
　　㉠ 비례적분 동작(PI동작)
　　　ⓐ 비례동작의 결점을 줄이기 위하여 비례동작과 적분동작을 조합하여 사용하는 조절동작이다. 비례적분 동작의 특성식은 다음과 같다.

$$m = K_p\left(e + \frac{1}{T_1}\int e\,dt\right)$$

여기서, T_1 : 적분시간(분) $= \frac{K_p}{T_1}$, $\frac{1}{T_1}$: 리셋률

제어편차 e가 갑자기 계단변화를 할 경우 출력 m은

$$m = K_p\left(e_0 + \frac{e_0}{T_1}t\right)$$

    ⓑ T_1은 단위입력이 부여될 때 I동작에 의한 출력변화가 P동작만으로 발생된 출력변화와 같게 될 때까지의 시간이다($T_1 = \frac{K_p}{K_1} =$ 적분시간).

    ⓒ T_1이 작게 되면 I동작이 강하게 변하고 리셋률은 커진다.

    ⓓ 반응속도가 빠른 프로세스나 느린 프로세스에 적용된다.

    ⓔ 부하변화가 커도 오프셋(Off-Set)이 생기지 않는다.

    ⓕ 급변할 때는 큰 진동이 생긴다.

    ⓖ 전달느림이나 쓸모없는 시간이 크면 사이클링의 주기가 커진다.

㉡ 비례미분 동작(PD동작)

    ⓐ 비례미분 동작의 특성식은 다음과 같다.

$$m = K_p\left(e + T_D\frac{d_e}{T_1}\right)$$

여기서, T_D : 미분시간(분) $= \frac{K_D}{K_p}$ (T_D가 클수록 D동작이 강해진다)

    ⓑ 실제의 계기에서는 이 식에 다소 변형을 가한 미분동작으로 되어 있다.

    ⓒ T_D(미분시간)가 클수록 D동작은 강하게 변한다(응답속도를 빠르게 하는 효과).

    ⓓ 만일 제어편차 e가 시간 t에 대하여 $e = e_o t$와 같이 변할 경우 출력(m)은

$$m = K_p(e_o t + T_D e_0) + m_0$$

    ⓔ 동작신호의 미분값을 계산하여 이것과 동작신호를 합한 조작량으로 제어하는 동작으로 PD동작이 성립된다.

㉢ 비례적분미분 동작(PID동작)

    ⓐ 이 동작의 조절기는 다른 동작의 조절기에 비하여 값도 싸고, 조절효과도 좋으며, 조절속도가 빨라서 널리 사용된다.

ⓑ PID동작의 특성식은 다음과 같다.

$$m = K_p\left(e + \frac{1}{T_1}\int e\,dt + T_D \frac{d_e}{d_t}\right)$$

ⓒ PID동작은 I동작은 오프셋을 제거하고, D동작으로 응답을 신속히 안정시킨다.
ⓓ 특징 : 반응속도와 대소에도 불구하고, 쓸모없는 시간이나 전달느림이 있는 경우에는 사이클링을 일으키지 않아 넓은 범위의 특정 프로세스에도 적용할 수 있다.

3. 자동제어계의 특성

1 프로세스(Process)의 특성

(1) 응답(Response)
자동제어계의 어떤 요소에 대한 출력을 입력에 대하여 응답이라고 하며, 그 종류는 다음과 같다. 결국 입력은 원인, 출력은 결과가 된다.

① 과도응답(Transient Response) : 정상상태에 있는 요소의 입력 측에 어떤 변화를 주었을 때 출력 측에 생기는 변화의 시간적 경과를 과도응답이라 한다.
② 정상응답(Ordinary Response) : 자동제어계의 요소가 완전히 정상상태로 이루어졌을 때의 제어계의 응답을 정상응답이라 한다.
③ 인디셜 응답(Indicial Response) : 자동제어계 또는 요소의 응답으로 입력과 출력이 어떤 평형상태에 있을 때, 입력을 단위량만큼 돌변시켜 새로운 평형상태로 변화할 때, 출력의 시간적 경과의 과도응답을 인디셜 응답 또는 스텝(Step) 응답(應答)이라 한다.
④ 주파수 응답(Frequency Response) : 정현파(正弦波)의 입력신호에 대하여 출력의 진폭과 위상각의 지연을 여러 가지 진동수에 대하여 표시하고, 요소 등의 특성도 표시하는 것이다. 즉, 자동제어계 또는 그 요소의 정상응답을 주파수의 함수로 나타낸 것이다.

(2) 계기의 특성과 지연요소
① 정특성 : 시간에 관계없는 정적인 특성으로 입력과 출력이 안정되어 있을 때의 일정한 관계를 유지하는 특성이다.
② 동특성 : 시간적인 동작의 특성으로서 입력에 따른 출력이 변화되는 성질을 의미한다. 즉, 자동제어계에서 응답을 나타낼 때의 목표치를 기준한 앞뒤의 진동으로 시간에 지연을 필요로 하는 시간적 동작의 특성이 동특성이며 일반적으로 안정성과 적응성이 좋으면 동특성이 좋다고 본다.

③ 1차 지연요소(一次遲延) : 입력의 변화에 대하여 출력에 지연(Time Delay)이 생겨 어떤 시간이 경과하여 일정한 값에 이르는 특성을 가진 요소로서 1차 지연요소의 스텝응답은 다음 식으로 표시된다.

$$Y = 1 - e^{-t/T}$$

여기서, t : 시간, T : 시정수

T가 클수록 응답속도는 느려지고, 작아지면 시간지연이 적고 응답이 빨라진다.

④ 낭비시간(浪費時間) : 예를 들면 검출부로부터 떨어진 상류 측의 수관이 증기를 취입할 때 수온의 상승이 검출될 때까지는 물의 이동시간분(移動時間)의 지연이 생긴다. 즉, 출력이 입력에 대하여 어떤 시간만큼 늦어지는 것과 같은 요소이다.

⑤ 적분요소(積分尿素) : 유출량을 일정하게 유지하고 급수량을 증가시키면 그 응답은 액면은 상승을 계속하여 평형이 되지 않고 결국 탱크로부터 넘치게 된다. 이와 같은 특성이 적분요소이다.

⑥ 2차 지연(二次遲延)요소 : 1차 지연요소 두 개를 직렬로 연결한 것으로 1차 지연요소보다는 응답속도가 더욱 늦으며, 스텝응답은 S자 모양을 이룬다. 입력신호가 변화하고부터 출력신호의 변화를 확인할 수 있을 때까지의 경과한 시간을 낭비시간이라 한다. 낭비시간(L)과 시정수(T)에 대해 일반적으로 $\dfrac{L}{T}$의 값이 커지면 제어가 곤란해진다. 특히, 2차 지연은 (낭비시간+고차지연), 즉 2개의 용량에 의한 지연이 2차 지연이고, 2차 이상을 고차지연(高次遲延)이라 한다.

2 자동제어계의 안정성(安定性)

(1) 자동제어가 양호하게 행하여지기 위해서는 그의 제어계가 폐(閉)루프(Closed Loop)로 되어 안정된 특성을 가져야 한다.
(2) 제어계의 목표치 변경이나 일시의 외란이 가해진 경우 시간과 함께 편차가 0에 가까울 때는 안정하며 지속진동이나 발산(發散)이 생기는 경우에는 불안정하다.
(3) 불안정한 제어계에서는 제어의 목적을 달성할 수 없고, 또 안정한 계에 있어서도 일단 생성된 편차가 될 수 있는 한 빨리 0에 접근할 수 있는 응답이 빠른 특성이 필요하며, 이와 같은 성질을 속응성(速應性)이라고 한다.
(4) 안정성이 있고 또한 속응성이 있으며 편차가 적은 응답이 특성으로서 가장 양호하지만 3개는 각각 상반(相反)된 성질을 가지고 있으며, 모두를 동시에 만족시키는 것은 어렵다. 프로세스의 특성과 조건을 고려하여 각각의 균형(Balance)을 맞추는 것이 중요하다.

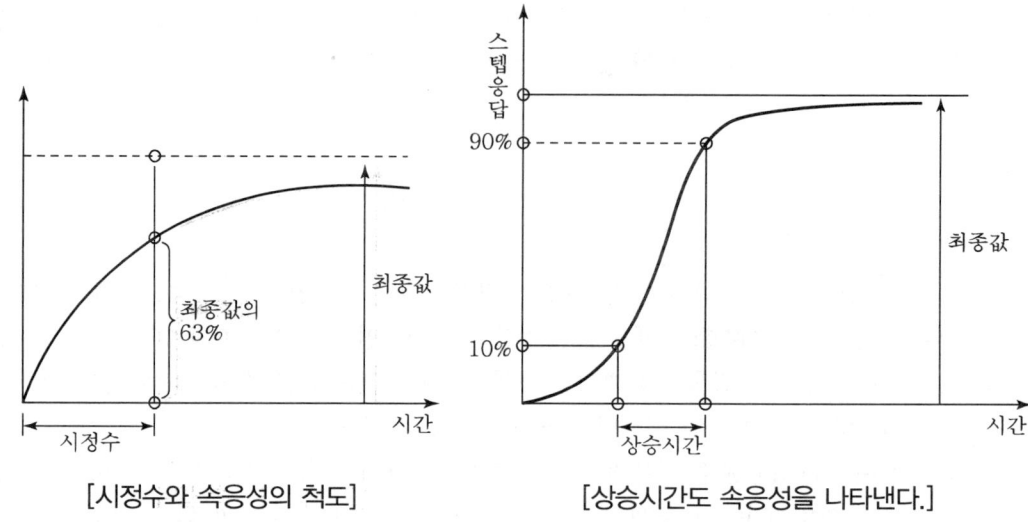

[시정수와 속응성의 척도]　　　[상승시간도 속응성을 나타낸다.]

4. 제어기기의 일반

검출부 출력의 신호종류로는 변위, 공기압, 전류, 전압 등이 많으나 이를 위해서는 제어량을 이 신호로 변환할 필요가 있다. 한 종류의 신호를 그와 일정한 관계가 있는 종류의 신호로 바꾸는 것을 변환이라 한다. 변환은 필요에 따라 여러 번 행하게 되나, 특히 제어량을 최초로 변환시키는 것을 검출부 또는 1차 변환기라 하며, 다음의 변환기를 2차 변환기라 한다. 예를 들면, 측온저항체는 1차 변환기이며, 이 저항변환을 측정하는 브리지(Bridge) 회로는 2차 변환기이다.

1 조절계(調節計)

(1) 조절계를 패널(Panel)실에 집중 장치하여 작업을 집중 관리하는 것이 일반화되었기 때문에 검출부로부터의 검출신호나 조절기로부터의 조작신호와 전송거리가 수백 미터에 미치는 것도 있다. 현재는 전송방법으로서 공기압식과 전기식(전류신호)이 널리 이용된다.

(2) 조절계는 일반적으로 2차 변환기 비교부, 조절기 등의 기능 및 지시, 기록기구 등을 가진 계기를 말하나 1차 변환기와 2차 변환기가 하나로 되어 있어 검출부로서 조입(租入)되는 경우도 있다.

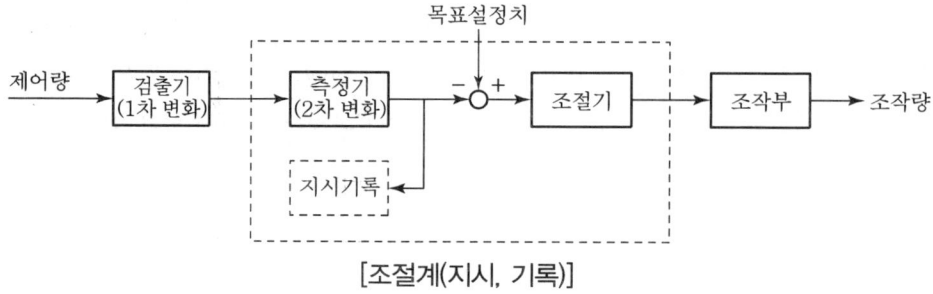

[조절계(지시, 기록)]

(3) 신호전송(信號傳送)

① 공기압 신호전송

㉮ 0.2~1.0kg/cm²의 공기압이 신호로 되며 [4φ]~[8φ] ID의 공기배관으로 전송된다.

㉯ 공기압 범위가 통일되어 있기 때문에 취급이 편리하다.

㉰ 공기압 신호는 관로저항에 의해 전송지연을 일으키지만 실용상 100m 정도에서도 거의 지장이 없이 사용된다.

㉱ 신호 공기원으로서는 충분히 제습, 제진된 공기압을 기기에 공급하는 것이 중요하다.

② 전기식 신호전송

㉮ 4~20mA 또는 10~50mA DC의 전류를 통일신호로 하고 있다.

㉯ 전송거리를 길게 하여도 전송지연이 생길 염려는 없다.

㉰ 방폭이 요구되는 경우에는 그의 대책에 주의할 필요가 있다.

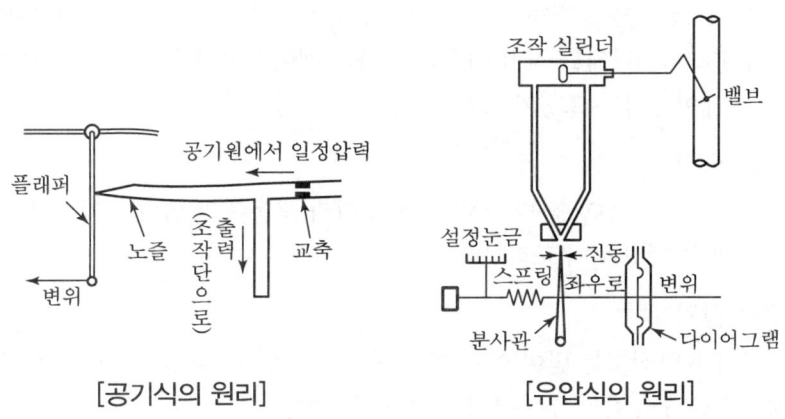

[공기식의 원리]   [유압식의 원리]

2 전송기(傳送器)

(1) 전송을 목적으로 하는 변환기로서 차압전송기 등이 있다.

(2) 공기식에서는 전송기에 공기압의 공급을 필요로 하는 데 대하여 전류발신의 경우에는 전송기 자신은 하나의 가변저항기 역할을 하며, 신호선과 전원을 공통으로 할 수 있는 것이 많다.

3 조절기(調節器)

작동동력에 따라 공기식, 전기식, 유압식으로 대별하여 3가지가 있다.

(1) 공기식 조절기의 특징

① 방폭 대책이 필요하지 않다.

② 공기의 누설이 있어도 더러워지거나 위험하지 않다.

③ 신호의 전달지연이 비교적 크고 변수 간의 계산이 전기와 같이 간단하지 않다.

(2) 전기식 조절기의 특징
　　① 계기를 움직이는 데는 배선이 필요하다.
　　② 신호의 취급 및 변수 간의 계산이 용이하다.
　　③ 신호의 전달지연이 거의 없다.
　　④ 폭발성 가스를 사용하는 곳에서는 방폭구조가 필요하다.

(3) 유압식 조절기의 특징
　　① 조작력, 조작속도가 빠르고 장치가 견고하다.
　　② 기름의 누설로 더러워지거나 화재의 위험이 있다.
　　③ 배관이 까다롭다.
　　④ 주위의 온도에 영향을 받는다.

4 조작부(操作部)

조절기에서 나오는 신호를 조작량으로 변환시켜 제어대상에 조작을 가하는 부분으로서 조절기로부터의 제어신호의 에너지를 직접 이용하는 자력 제어와 필요한 에너지를 보조동력원을 이용하여 얻는 타력 제어방식의 조절기로 나눈다.

(1) 공기식 조작장치
　　조절기로부터 공기압 신호를 받아 이 신호에 따라 구동축의 위치가 각도를 조작하는 장치로서 다이어프램식 밸브가 대표적이다.

(2) 유압식 조작장치
　　조절기로부터 유압신호를 받아 이에 대응하는 구동축의 변위로 조작을 가하는 장치인데, 다이어프램식으로 구동력이 부족한 경우에 사용된다.

(3) 전기식 조작장치
　　조절기로부터의 전기적 신호에 따라 작동하는 조작장치로서 공기식이나 유압식에 비하여 신호의 전송이 용이하고 신호의 처리도 고도화할 수 있으며 조작용 전동기, 전자밸브, 전동밸브 등이 사용된다.

〈각 신호에 대한 특성〉

분류	장점	단점
공기압 신호전송	• 공기압 신호는 0.2~1.0kg/cm² 사용됨 • 공기압 범위가 통일되어 있어 취급편리 • 전송거리는 100m 정도이다. • 위험성이 없다. • PID 동작이 간단히 현실화된다. • 조작부의 동특성이 좋다.	• 신호전송에 시간지연이 있다. • 제습, 제진의 공기가 필요하다. • 조작에 지연이 있다. • 희망특성을 살리기가 어렵다. • 배관을 필요로 한다. • 계장공사의 변경이 간단하지 않다.
유압식 신호전송	• 조작속도가 빠르고 장치가 견고하다. • 전송거리 최고 300m이다. • 조작력이 크고 전송에 지연이 적다. • 희망특성의 것을 만들기가 용이하다. • 조작부의 동특성이 좁다.	• 기름이 누설로 더러워지거나 위험성이 있다. • 배관이 까다롭다. • 주위온도의 영향을 받는다. • 수기압의 유압원을 필요로 한다. • 기름의 유동저항을 고려해야 한다. • 유를 사용하는 데는 곤란하다.
전기식 신호전송	• 4~20mA 또는 10~50mA DC의 전류를 통일신호로 한다. • 전송에 시간지연이 없다. • 배선설비가 용이하다. • 복잡한 신호에 용이하다. • 전송거리는 수 km까지이다. • 조작력이 크게 요구될 때 사용된다. • ON-OFF가 극히 간단하다. • 특수한 동작원이 불필요하다.	• 방폭이 요구되는 경우에는 방폭시설을 하여야 한다. • 조작속도가 빠른 비례조작부를 만들기가 곤란하다. • 보수 및 취급에 기술을 요한다. • 고온, 다습한 곳은 곤란하다. • 조절밸브 모터의 동작에 관성이 크다.

5. 보일러의 자동제어

1 보일러 자동제어의 설치

(1) 자동제어 설치목적

① 작업능률을 향상시키기 위하여
② 제품의 균일화 및 경제적인 운영을 위하여
③ 제품의 품질향상을 위하여
④ 작업에 따른 위험부담의 감소를 위하여
⑤ 사람이 할 수 없는 힘든 조작을 용이하게 하기 위하여
⑥ 인건비의 절약 및 근로자의 수고를 덜기 위하여

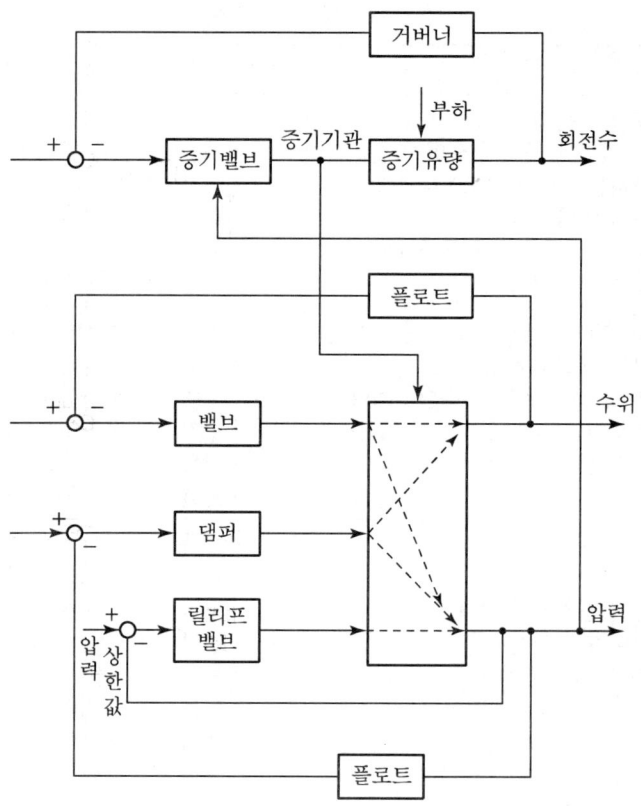

[보일러와 증기기관의 제어시스템]

(2) 보일러 자동제어의 특징

① 장점

㉮ 생산품질이 향상된다.
㉯ 균일한 제품을 얻는다.
㉰ 원료나 연료가 절약된다.
㉱ 동력의 절감이 따른다.
㉲ 인건비가 절약된다.
㉳ 위험한 환경이 안정화된다.
㉴ 노동조건이 향상된다.
㉵ 생산설비의 수명이 길어진다.
㉶ 자동화에 의해 생산원가가 절감된다.

② 단점
  ㉮ 설비비의 고액 투자가 요망된다.
  ㉯ 고도의 기술을 요구한다.
  ㉰ 운전이나 수리, 보관에 숙련된 기술이 요구된다.
  ㉱ 일부의 고장에도 전체 생산에 영향을 준다.

2 자동 보일러 제어(Automatic Boiler Control)

고압보일러 및 대용량 보일러에서는 증기발생량에 대하여 보일러 내의 보유수량에 관한 제어가 반드시 필요하기 때문에 보일러의 안전운전을 위하여 자동 보일러 제어(ABC)가 설치된다.

(1) 자동 보일러 제어(ABC ; Automatic Boiler Control)
  ① 연소제어(ACC ; Automatic Combustion Control)
  ② 급수제어(FWC ; Feed Water Control)
  ③ 증기온도제어(STC ; Steam Temperature Control)

〈보일러 제어의 제어량과 조작량〉

제어의 분류	제어량	조작량
자동연소제어	증기압력	연료량, 공기량
	노내압력	연소가스량
자동급수제어	보일러 수위	급수량
과열증기온도제어	증기온도	전열량

(2) 보일러 수위제어(Feed Water Control)
  ① 급수제어의 설치목적 : 보일러의 연속운전이 되는 동안에 증기의 부하변동이 생기면서 수위변동이 일어난다. 이 수위변동이 생길 때 일정 수위가 되도록 급수를 조절해 주어야 운전이 유지되기 때문에 수위제어(FWC)가 설치된다.
  ② 수위제어 검출방식
    ㉮ 플로트식(맥도널식, 맘모스식, 자석식, 웨어로버트식)
    ㉯ 전극식
    ㉰ 차압식

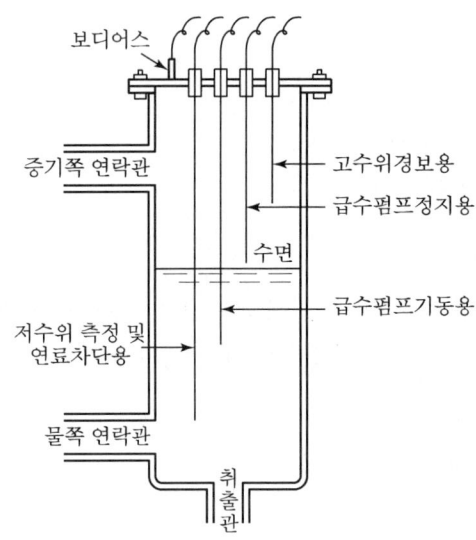

[전극식 자동급수 조정장치]

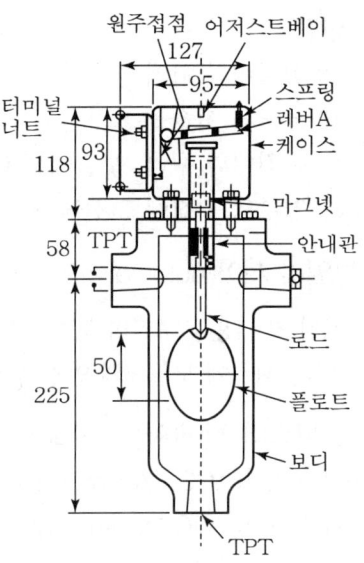

[마그넷식 플로트 수위검출기]

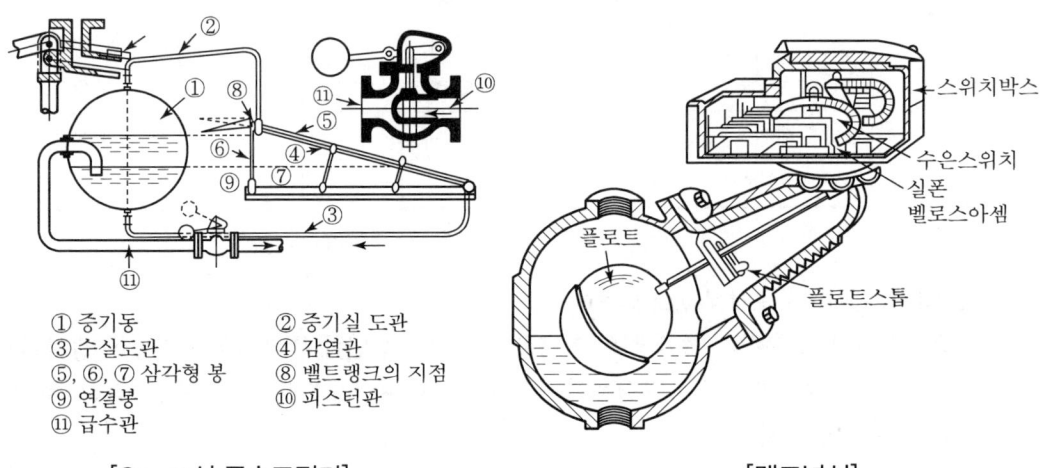

① 증기동　② 증기실 도관
③ 수실도관　④ 감열관
⑤, ⑥, ⑦ 삼각형 봉　⑧ 벨트랭크의 지점
⑨ 연결봉　⑩ 피스턴판
⑪ 급수관

[Copes식 급수조정기]　　　[맥도널식]

③ 수위 제어방식

 ㉮ 단요소식(1요소식) : 수위만 검출

 ㉯ 2요소식 : 수위검출 및 증기유량까지 검출

 ㉰ 3요소식 : 수위, 증기유량, 급수유량을 동시 검출

④ 수위 제어방식 해설

 ㉮ 단요소식

  ㉠ 수위만 검출한다.

  ㉡ 중·소형 보일러에서 수위 제어방식으로 이용되고 있다.

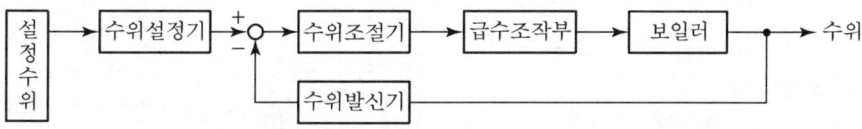

 ㉯ 2요소식

  ㉠ 수위와 증기유량을 동시에 검출한다.

  ㉡ 보일러의 용량이 크고 수위변동이 심한 보일러에 사용된다.

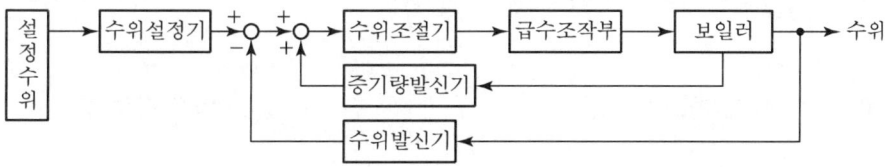

 ㉰ 3요소식

  ㉠ 수위와 증기유량, 급수유량을 동시에 검출하여 수위를 일정수위가 되도록 급수를 가감한다.

  ㉡ 증기부하 변동이 매우 심한 대형 수관식 보일러에서 많이 사용된다.

  ㉢ 복잡하여 기술적인 문제가 따른다.

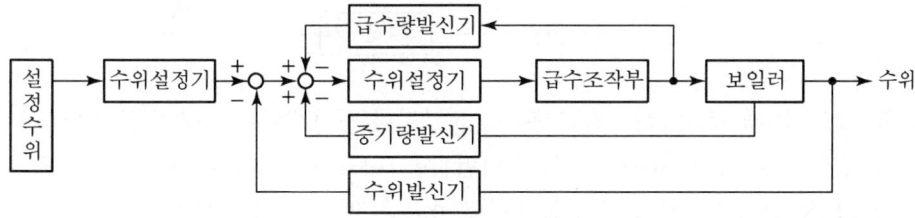

(3) 증기압력 제어

증기압력을 일정 범위 내로 유지하기 위하여 연료공급량과 연소용 공기량을 조작한다.

① 증기압력 검출기
   ㉮ 부르동관(고압용)
   ㉯ 벨로스(저압용)

② 증기압력 제어방식
   ㉮ 병렬제어(중소형 패키지형 보일러용)
   ㉯ 비율제어(대형 보일러용)

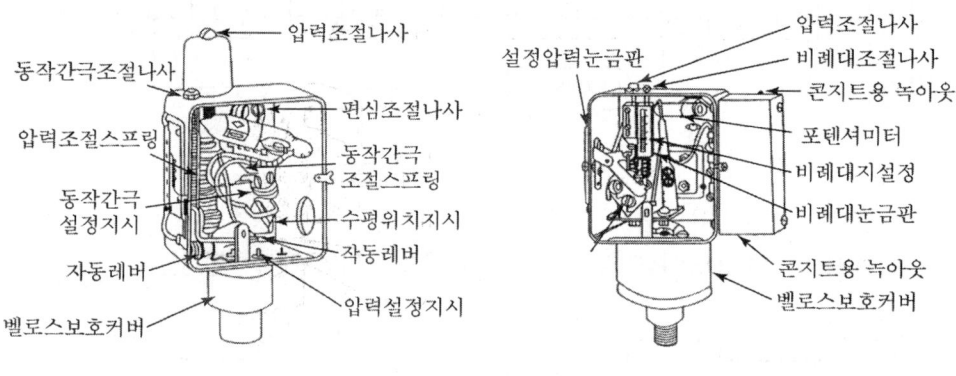

[증기압력 제한기]   [증기압력 조절기]

③ 증기압력 병렬 제어방식 : 증기압력에 따라 압력조절기가 제어동작을 행하여 그 출력신호를 배분기구에 의하여 재료 조절밸브 및 공기댐퍼에 분배하여 양자의 개도를 동시에 조절하여 연료 분사량 및 공기량을 조절하는 방식이다.

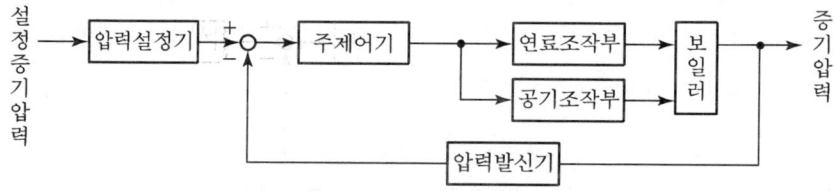

④ 증기압력 비율 제어방식 : 병렬제어와 유사하나 병렬제어는 유량과 공기량을 검출하지 않아 공기와 일정한 비율을 유지하기 어렵지만, 비율 제어방식은 연료유량과 공기유량을 검출하므로 고압수관식 보일러 등에서 고효율을 얻기 위해서 사용된다.

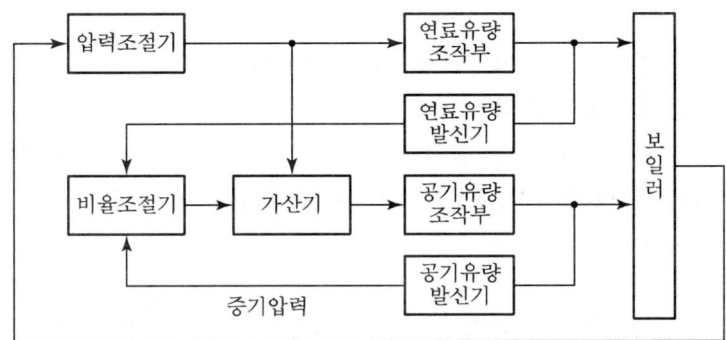

⑤ 연소실 부하 캐스케이드 제어 : 보일러에 여러 대의 버너를 사용하여 연소실의 부하를 조절하는 경우 버너 특성변화에 따라 버너의 대수를 수시로 바꾸는 데 이 캐스케이드 제어 방식이 사용된다.

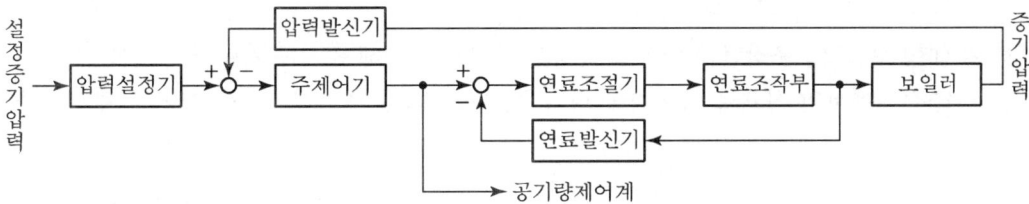

⑥ 증기압력 조절기
　㉮ 증기압력 제한기 : 제한기 내부의 증기압력에 따라서 수은 스위치의 변위에 의해 전기의 온·오프 신호를 만들어서 버너와 연료조작부인 전자밸브로 보내어 밸브의 개폐를 이룬다.
　㉯ 증기압력 조절기 : 보일러에 발생되는 증기압력에 따라서 벨로스의 신축작용으로 전기저항 변화를 일으켜 연료량의 조절신호로서 연료조작부인 모튜트롤 모터로 보내어 연료량과 공기량을 증감시켜 증기압력을 조절시킨다.

(4) 과열증기 온도제어
　① 과열기의 종류
　　㉮ 복사과열기(방사형)　　　　　　㉯ 대류과열기(접촉형)
　　㉰ 복사대류 과열기(방사접촉형)
　② 과열증기 온도조절 방법
　　㉮ 습증기 일부를 과열기로 이끄는 방법
　　㉯ 연소가스유량을 가감하는 방법
　　㉰ 전용회로를 설치하는 방법
　　㉱ 과열저감기를 사용하는 방법(표면 냉각식과 물 분사식)

(5) 연료제어
① 중소 보일러에서는 국부 피드백 회로를 설계한다.
② 주제어 조절기의 지령에 의하여 직접 연료 조절밸브를 조작한다.
③ 대형 보일러에서는 버너나 조절밸브의 비선형 특성을 보상하기 위해 다음 그림과 같이 설계해서 연료유량을 일정하게 유지, 주제어 조절기에서의 신호로 연료조절기의 목표치를 변경하도록 한다.

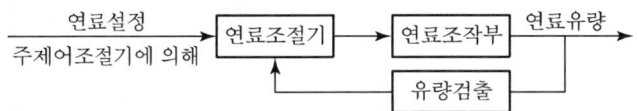

(6) 연료제어 및 연소제어
① **중소형 보일러** : 주제어 조절기에서 연료제어와 함께 직접 공기량의 조작부를 작동하는 위치식 제어를 취한다.
② **대형 보일러** : 조작단의 비선형 특성을 보상하기 위해 필히 공기량 조절기를 설계, 주제어 조절기에서의 신호로 목표치를 나타내는 측정식인 캐스케이드식 제어를 채택한다.

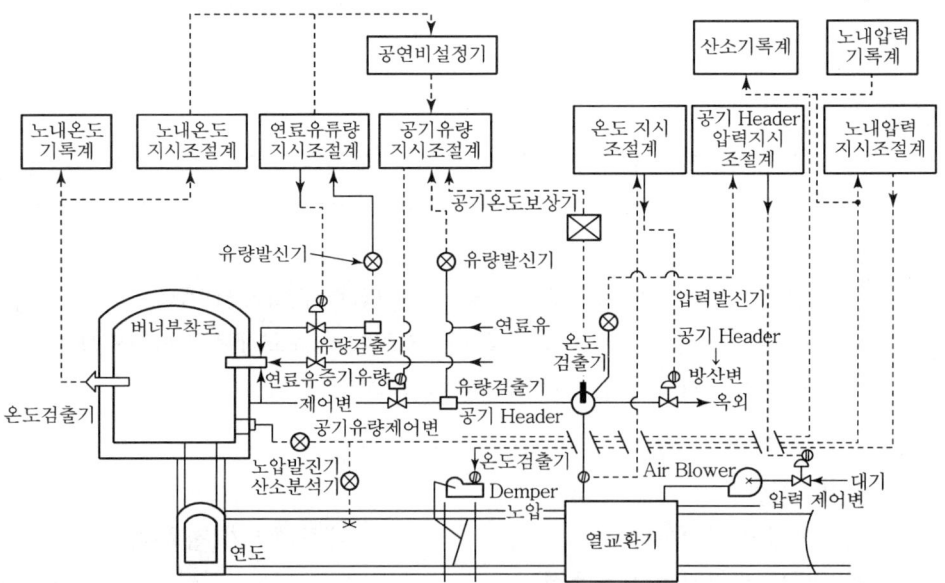

연소 안전제어 장치는 가스 폭발사고를 미연에 방지하기 위하여 아래와 같은 동작을 취한다.
① 점화 전에 미연가스를 배출 동작(프리퍼지 동작)
② 점화 실패 후 연료차단 동작
③ 연소상태 잠시 후 갑자기 소화 시 연료차단 동작
④ 저수위 시 연료차단 동작
⑤ 압력초과 시 연료차단 동작

[연소 안전장치의 제어구성]

(7) 공연비 제어

대형 보일러에서 공기과잉 계수를 일정하게 제어하기 위해 검출은 온도나 압력과 함께 잘 검출되어야 한다.

적당한 공연비를 자동적으로 유지하는 것이 공연비 제어지만 정도도 정확해야 하는 곤란한 문제가 있어 여러 가지 검출방법이 고려된다.

① **가스분석기** : 배기가스 분석기를 사용하여 CO_2, O_2, CO성분을 측정하여 공기량을 수정시키는 제어이지만 검출오차가 다소 문제가 된다.

② **매연농도법** : 연도에 광원램프와 광전관을 설계하여 매연의 농도를 측정하고 매연이 적게 나오는 정도의 최대 효율로 공기량을 가감한다. 그러나 투광수광면의 더러움에 의해 오차가 있어 정도는 나쁘다.

③ **공연유량비법** : 액체, 기체연료의 유량과 공기유량을 연속측정하고, 그 비율이 일정하게 되도록 조절하는 비율제어이나 응답이 나쁘다.

④ **공연비 제어 사용 시 주의사항** : 연소시 이론공기량보다는 많은 공기를 보내서 연소되는 것이 일반적이다. 이론공기량보다 많은 공기는 연소에 기여하지 않고 오히려 역으로 연소열이 배출되기 때문에 열효율 및 연소효율이 낮아진다. 따라서 최근에는 이 과잉공기를 적게 하는 연소가 행하여진다. 저공기비연소 혹은 저산소연소로 불리어져 실행되고 있는데, 공기와 연료와의 비율제어가 흐트러지면 다음과 같은 장애가 일어난다.

㉮ 에너지 손실이 많아진다 : 과잉 산소 때문에
㉯ 불완전연소를 시켜 CO나 매연을 발생시킨다 : O_2의 부족 때문에
㉰ 버너의 최적 연소가 되지 못하고 질소산화물(NO_X)를 발생시킨다.
㉱ 연소 시 연소음이 크게 된다.
㉲ 불착화를 일으킨다.

공연비 제어를 제대로 하기 위해서는 기계적인 공기댐퍼나 또는 공기용의 개도와 연료 조절밸브의 개도라든가 일정 범위에서, 즉 일정비율에서 움직일 수 있는 링게이지 방식을 채택한다.

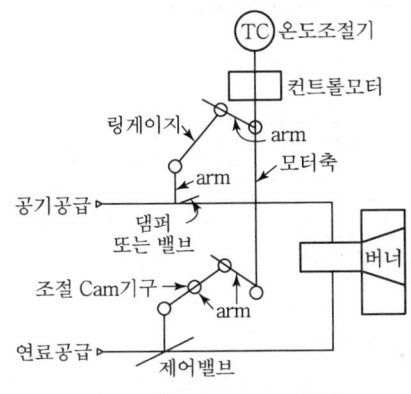

[공연비 링게이지 방식]

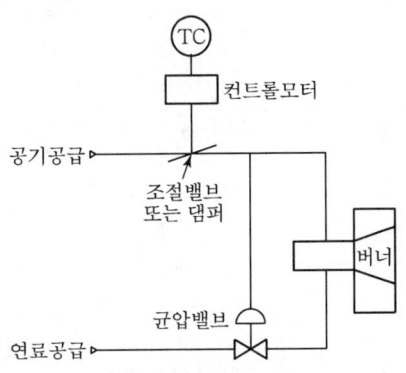

[공연비 균압밸브 방식]

(8) 노 내압의 제어
① 노 내압은 높거나 낮으면 좋지 않으므로 노 내압을 대기압보다 수주수(mm)가 낮게 되도록 제어한다. 그러나 노를 기밀구조로 하는 압입 통풍방식의 것은 노 내압 제어가 필요하지 않다.
② 노 내압 제어는 공기량 또는 연소가스의 배출량을 가감하는 것에 의해 제어함으로써 공기량 제어와 관련된다.

(9) 주제어
증기 보일러는 증기압을 검출하고, 온수보일러는 온수의 온도를 검출해서 연료공급량의 조작신호를 인출하는 조절기가 주제어이다.

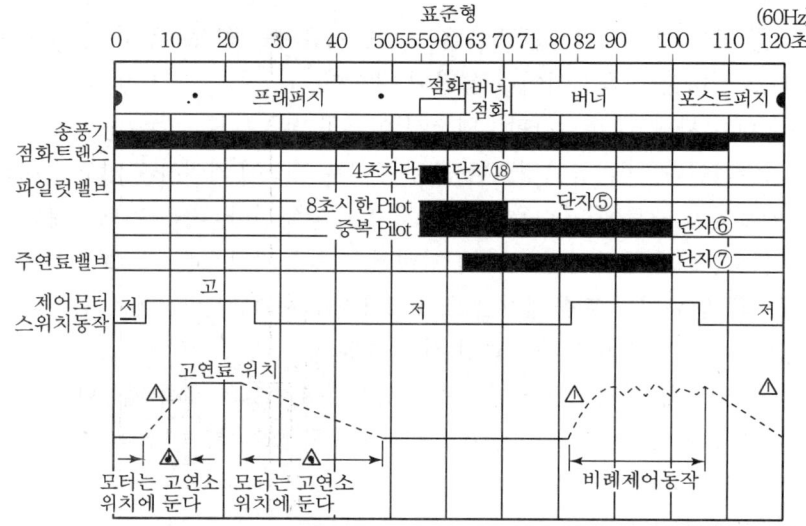

[주안전제어기 전기회로도의 보기]

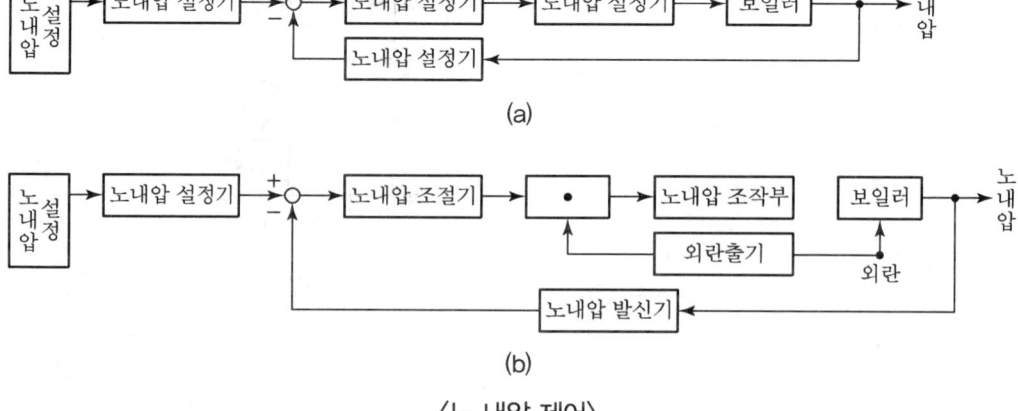

〈노 내압 제어〉

(10) 연소 안전시스템의 구성
   ① 구성 : 화염검출기, 안전차단밸브, 압력제한기, 프로텍터릴레이

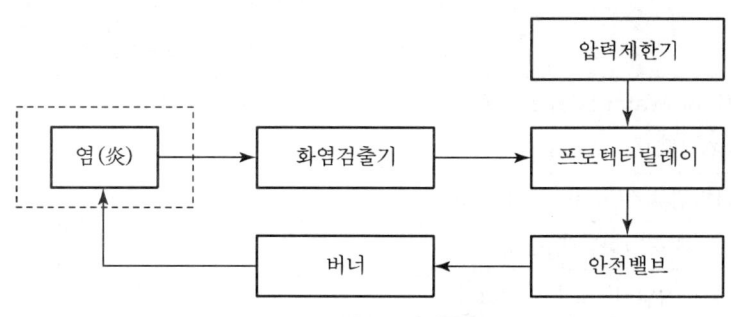

[연소 안전장치의 기본형]

3 보일러 인터록(Interlock)

인터록이란, 어느 조건이 구비되지 않을 때에 기관동작을 저지하는 것을 말한다. 보일러에서 점화시나 운전 중에 어느 조건이 충족되지 않을 때 전자밸브를 닫을 수 있는 저수위 안전장치, 압력제한스위치, 화염검출기, 저연소, 프리퍼지 등의 인터록이 필요하게 된다.

(1) 저수위 인터록
   수위가 소정의 수위 이하일 때에는 전자밸브를 닫아서 연소를 저지한다.

(2) 압력초과 인터록
   증기압력이 소정 압력을 초과할 때에는 전자밸브를 닫아서 연소를 저지시킨다.

(3) 불착화 인터록
   버너에서 연료를 분사한 후 소정의 시간이 경과하여도 착화를 볼 수 없을 때나 또는 어떠한 원인으로 화염이 소멸한 상태로 된 때에는 전자밸브를 닫아서 연소를 저지한다.

(4) 저연소 인터록
   연소 초기 유량 조절밸브가 저연소(총부하 30% 정도) 상태로 되지 않으면 전자밸브를 열지 않아 점화를 저지한다.

(5) 프리퍼지 인터록
   대형 보일러인 경우에 송풍기가 작동하지 않으면 전자밸브가 열리지 않고 점화가 저지된다.

〈보일러 자동장치의 소요부품 일람표〉

사용기기 \ 제어방식	표준형 반자동 (Semi Auto)	표준형 전자동 (Full Auto)
맥도널(Low Water Alarm & Cut Valve)	1~2개	1~2개
전자밸브(Solenoid Valve)	1	1
화염검출기(Flame Detector)	1	1
자동착화기(Ignitor)	1	1
중유예열기(Oil Preheater)	1	1
제어반(Electrical Control Pannel)	1	1
고저압차단기(Pressostate)	1	1
압력비례조절기(Proportional Pressure)		1
풍압스위치(Air Flow Switch)		1
화력조절모터(Modutrol Motor)		1~2
최저상태 검출스위치(Low Fire Interlock Switch)		1
제어모터 연결봉(Damper Linkage)		3~5
프로그램 릴레이(Flame Safeguard Control)		1

4 보일러 자동기동과 정지

(1) 전자밸브(긴급 연료차단 밸브)

① 종류

㉮ 통전개형(通電開型, 상시폐지형)

㉯ 통전폐형(通電閉型, 상시개방형)

② **사용목적** : 버너에서 기름을 분출·정지시키기 위하여 사용되며, 전자석의 작용에 의하여 밸브를 개폐시켜 버너에의 유류 공급 정지를 행하는 것으로 전원이 중단되었을 때 유 배관에 압력이 가해져 있어도 버너에서 연료가 분사되지 않도록 하는 목적으로 사용된다. 단, 바이패스 회로는 설치하지 않는다.

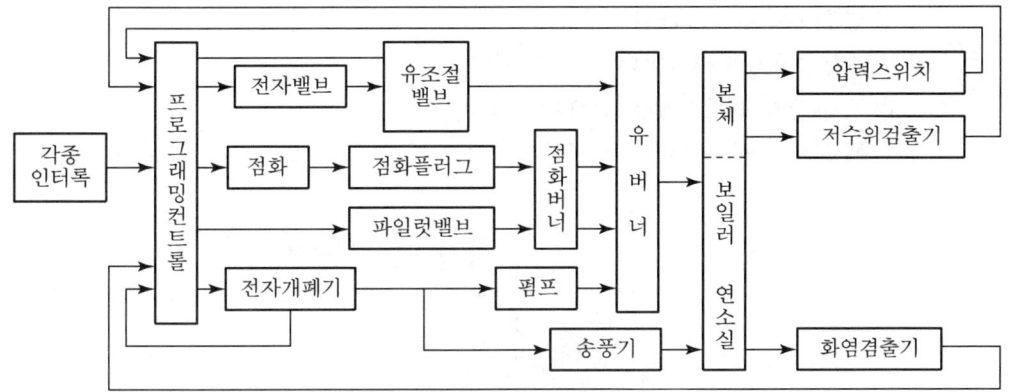

[자동기동 · 정지장치의 구성]

(2) 자동점화
① 점화용 불씨를 만들기 위해 착화 트랜스, 점화 플러그, 점화 버너 및 그 연료를 공급 차단하기 위한 파일럿 밸브를 설치한다.
② 점화 플러그는 간격이 3~5mm의 1조의 전극이며, 기름 점화시는 10,000~15,000V, 가스 연료의 경우에는 5,000~7,000V의 전압을 가하여 스파크를 발생, 점화시킨다.
③ 버너의 분사량이 많으면 스파크에 의해 착화가 곤란하므로 분사량이 적은 버너를 먼저 점화 버너(Pilot Burner)에 점화 플러그의 불꽃으로 점화시킨 후 그 화염을 주버너에 점화용 불씨로 사용한다.
④ 점화 버너의 연료는 경유 및 가스로는 LPG나 도시가스가 사용된다.

(3) 보일러용 화염검출기
① 설치목적 : 보일러 운전 중 정전이나 실화, 연료의 누설로 인한 가스폭발을 사전에 방지하기 위하여 설치하며, 연소실 내의 화염의 유무를 검출하는 계기로서 갑자기 실화가 되면 전자밸브로 신호를 보내 전자밸브가 닫혀 연료공급을 차단시키도록 하는 역할을 한다.
② 종류
  ㉮ 프레임 아이(Frame Eye, 화염의 발광체를 이용)
    ㉠ 원리 : 연소 중에 발생하는 화염빛을 감지부에서 전기적 신호로 바꾸어 화염유무를 검출한다.
    ㉡ 종류
      ⓐ 황화카드뮴 광도전 셀(경유버너에 사용 가능)
      ⓑ 황화납 광도전 셀(기름이나 가스연료에 사용)
      ⓒ 적외선 광전관(사용이 용이하다)
      ⓓ 자외선 광전관(기름이나 가스버너에 사용)
    ㉢ 광전관의 재질 : 은세늄옥사이드가 많이 사용된다.

② 안전 사용온도 : 50℃ 이하
⑰ 수명 : 2,000시간마다 교체가 된다.
⑭ 광전관의 원리 : 빛을 받으면 -극(음전자)이 흐른다.
ⓢ 광전관의 전류 측정은 6개월마다 실시한다.

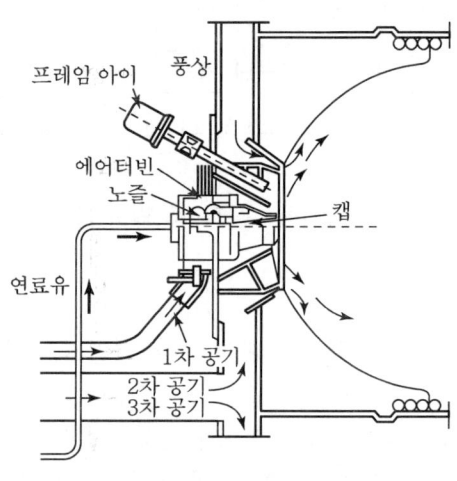

[화염검출기]

㉯ 프레임 로드(Frame Rod, 화염의 이온화를 이용)
 ㉠ 원리 : 화염 중에는 양성전자와 중성전자가 전리되어 있음을 알고 버너에 글랜드 로드(Gland Rode)를 부착하여 화염 중에 삽입하여 전기적 신호를 전자밸브로 보내어 화염을 검출한다.
 ㉡ 사용용도 : 연소 시간이 짧은 가스버너에 일반적으로 사용된다.
 ㉢ 점검시간 : 1일 1회 점검 및 손질한다.
 ㉣ 단점 : 전극봉(글랜드 로드)이 불꽃에 의해서 오손이나 손상되기 쉽다.
㉰ 스택 스위치(Stack Switch, 화염의 발열체를 이용)
 ㉠ 원리 : 연소 중에 발생되는 연소가스의 열에 의해 바이메탈의 신축작용으로 전기적 신호를 만들어 전자밸브로 그 신호를 보내면서 화염을 검출한다.
 ㉡ 사용용도 : 버너 기름 사용량 10L/h 이하에 사용된다.
 ㉢ 특징
  ⓐ 구조가 간단하다.
  ⓑ 설치가 용이하다.
  ⓒ 화염검출의 응답이 느려서 소용량 설비에만 사용이 가능하다.
③ 화염검출기 염(炎)의 종류
 ㉮ 울트라비전
  ㉠ 매체는 광(光)

ⓛ 염의 성질은 염으로부터 방사되는 자외선을 이용
㉯ 광전관
  ㉠ 매체는 광(光)
  ⓛ 염의 성질은 염으로부터 방사되는 가시광선을 이용
㉰ CdS광전관 셀(cell)
  ㉠ 매체는 광(光)
  ⓛ 염의 성질은 염으로부터 방사되는 가시광선을 이용
㉱ PbS광전관 셀(cell)
  ㉠ 매체는 광(光)
  ⓛ 염의 성질은 염으로부터 방사되는 가시광선을 이용
㉲ 프레임 로드
  ㉠ 매체는 염(炎)
  ⓛ 염의 성질은 화염 자신의 이온을 이용
㉳ 서모-커플(Thermo-Couple)
  ㉠ 매체는 열(熱)
  ⓛ 염(炎)의 성질은 염의 발열을 이용한다.

〈각종 화염검출기와 연료와의 적합성〉

검출기의 종류	연료			오동작의 원인		
	가스	등유~A중유	중유 B, C	노벽의 방사	점화용 변압기의 스파크	광흡수 매체가 있을 때
CdS셀	×	△	○	○	×	○
PbS셀	○	○	○	○	×	○
광전관	×	△	○	○	×	○
자외선 광전관	○	○	○	×	○	△
프레임 로드	○	※	※	×	×	○

○ 검출한다. × 검출하지 못한다. △ 검출이 불안정하다. ※ 부적당하다.

5 기름용 온수보일러의 제어장치

(1) 프로텍터 릴레이(Protector Relay)

버너에 부착하여 사용하며 오일버너의 주안전 제어장치로 난방, 급탕 등의 전용 제어 회로에 이용된다. 그러나 아쿠아스탯(리밋)을 별도로 설치해야 한다.

① 종류
  ㉮ 전자식(신형)   ㉯ 기계식(구형)

② 점화방법
　㉮ 순간점화식　　　　　　　㉯ 계속점화식
③ 프리퍼지 시간 : 16~24초
④ 사용전압
　㉮ 110V용　　　　　　　　㉯ 220V용

(2) 콤비네이션 릴레이(Combination Relay)

보일러 본체에 설치하여 사용하고 그 특징을 프로텍터 릴레이와 아쿠아스탯의 기능을 합한 것으로서 버너 주안전 제어장치로 고온차단, 저온점화, 순환펌프 회로가 한 개의 제어기로 만들어진 것이다.

① 내부에 H_i, L_o 설정기가 장치되어 있다.
　㉮ H_i(버너 정지온도, 일명 최고온도)
　㉯ L_o(순환펌프 작동온도, 일명 순환시작온도)
② 종류
　㉮ 전자식　　　　　　　　　㉯ 기계식
③ 사용용도에 의한 종류
　㉮ 난방 급탕 전용식(실내온도 조절스위치에 의해 순환펌프가 작동된다)
　㉯ 지역난방식
　㉰ 난방 또는 급탕 전용식

(3) 스택 릴레이(Stack Relay)

보일러 연소가스 배출구의 300mm 상단의 연도에 부착하여 연소가스열에 의하여 연도 내부로 삽입되는 바이메탈의 수축팽창으로 접점을 연결 차단하여 버너를 작동시키거나 정지 하게 된다.

① 종류
　㉮ 계속 점화식　　　　　　㉯ 순간 점화식
② 특징
　㉮ 바이메탈이 손상되기 쉽다.
　㉯ 280℃ 이상의 온도에는 사용이 불가능하다.
　㉰ 연료소비량 10L/h 이하에서만 사용이 가능하다.
　㉱ 광전관은 별도로 설치하지 않는다.

(4) 아쿠아스탯(Aquastat)

자동온도 조절기로 현장에서는 하이리밋 컨트롤이라고 부른다. 스택 릴레이나 프로텍터 릴레이와 함께 사용되며, 주로 고온차단용, 저온차단용, 순환펌프 작동용으로 사용된다.

① 구조
 ㉮ 감온부
 ㉯ 도압부
 ㉰ 감압부
 ㉱ 마이크로 스위치는 보일러 본체에 삽입된다.
 ㉲ 온도조절부로 되어 있으며 감온부(온도감지부)는 보일러 본체에 삽입된다.

② 종류
 ㉮ 자연순환식 배관용(2개 단자식) : 고온차단용
 ㉯ 강제순환식 배관용(3개 단자식) : 저온차단 및 순환펌프 작동기능이 있다.

③ 설치 시 주의사항 : 본체에 하이리밋을 제거하더라도 관수가 누수되지 않도록 먼저 웰(Well)을 설치한 후 감온부를 삽입한다.

(5) 인터널 서모스탯

① 버너의 모터 과열로 소손을 방지하기 위하여 모터 내부에 설치한다.
② 바이메탈식 과열보호장치로 모터의 기동이 불량하거나 펌프의 이상 등으로 코일에 발생되는 열에 의하여 작동된다.
③ 재기동시에는 수동기동 버튼인 리셋 버튼을 눌러야만 재기동이 된다.

(6) 바이메탈 온도식 안전장치

① 보일러 본체에 부착시켜서 보일러가 과열되는 경우에 전기 전원을 차단시킨다.
② 사용목적은 보일러의 과열을 방지하기 위함이다.
③ 작동온도는 95℃ 내외이다.
④ 재기동 시에는 수동 리셋을 사용한다.

(7) 저수위 차단기

보일러 내부에 관수량이 부족하면 과열이 일어나므로 보일러에서 보충수가 되지 않으면 보일러 가동을 정지시켜 미급수로 인한 과열을 저지 보호한다.

(8) 실내온도 조절기(Room Thermostat)

① 설치목적은 난방온도를 일정하게 유지하기 위하여 사용되는 조절스위치이다.
② 주안전제어기들과 결속되어 버너의 작동 및 정지를 명함으로써 실내의 온도가 유지된다.
③ 설치 시 주의사항
 ㉮ 바닥에서 1.5m 위치에 설치한다.
 ㉯ 수직으로 설치하여야 한다.
 ㉰ 직사광선을 피한다.
 ㉱ 방열기 상단이나 현관 등에는 설치하지 않는다.
 ㉲ 실내온도가 표준이 될 만한 장소에 설치한다.

제11장 자동제어 출제예상문제

01 보일러 급수 자동제어에 해당되는 약호는?

① ABC ② ACC
③ FWC ④ STC

해설 ㉠ ABC : 자동 보일러
㉡ ACC : 자동 연소제어
㉢ FWC : 자동 급수제어
㉣ STC : 자동 증기온도 제어

02 보일러 가동 중 실화(失火)가 되거나, 압력이 규정치를 초과하는 경우는 연료의 공급을 긴급히 차단해야 한다. 이때 직접적으로 연료를 차단하는 기구는?

① 광전관 ② 화염검출기
③ 유전자 밸브 ④ 체크밸브

해설 유전자 밸브(솔레노이드 밸브)는 보일러 실화, 압력초과 저수위 사고 등 위급한 상황에서 직접 연료 공급을 차단하여 보일러 가동을 중지시켜 사고를 미연에 방지한다.

03 보일러의 수위조절장치에서 조작부는 다음 중 어느 것인가?

① 조절밸브 ② 서모스탯
③ 오리피스 ④ 인젝터

해설 ㉠ 자동급수조절장치에서 보일러의 수위 조절장치의 조작부는 조절밸브이다.
㉡ 급수조절장치(코프스식 3요소)

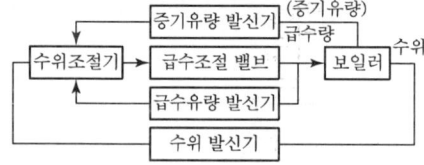

04 자동제어장치에서 조절계의 종류에 속하지 않는 것은?

① 전기식 ② 수증기식
③ 유압식 ④ 공기식

해설 자동 제어조절계의 종류
㉠ 전기식
㉡ 유압식
㉢ 공기식

05 조절부의 제어동작 중 연속식 제어의 기본 동작이 아닌 것은?

① 비례동작 ② 적분동작
③ 미분동작 ④ 온오프 동작

해설 조절부의 기본 동작
㉠ 연속 동작 : 비례동작, 적분동작, 미분동작
㉡ 불연속 동작 : 온오프 동작, 다위치 동작, 간헐동작

06 보일러 급수 제어방식의 3요소식에서 검출대상이 아닌 것은?

① 수위 ② 증기 유량
③ 급수 유량 ④ 급유 유량

해설 급수 자동제어
㉠ 단요소식 : 수위 검출
㉡ 2요소식 : 수위, 증기량 검출
㉢ 3요소식 : 수위, 증기량, 급수량 3가지 검출

07 제어형태에서 잔류편차가 발생되는 동작은?

① ON-OFF 동작 ② 비례동작
③ 적분동작 ④ 미분동작

해설 비례동작(P동작)은 잔류편차가 발생되며 잔류편차를 제거하는 동작이 적분동작이다.

정답 01 ③ 02 ③ 03 ① 04 ② 05 ④ 06 ④ 07 ②

08 제어작동 시 제어량을 지배하기 위해 제어대상에 가하는 작동동작은 어느 것인가?

① 조작량
② 제어량
③ 제어 편차
④ 제어 동작 신호

해설 제어작동시 제어량을 지배하기 위해 제어대상에 가하는 작동동작은 조작량이다.

09 보일러의 자동제어에 해당되지 않는 사항은?

① 연소제어
② 온도제어
③ 위치제어
④ 급수제어

해설 보일러 자동제어
연소제어, 증기온도 제어, 급수제어, 증기압력 제어

10 피드백 자동제어에서 기준 입력요소(목표량)와 주 피드백량과의 차이를 구하는 부분은?

① 비교부
② 검출부
③ 제어부
④ 설정부

해설 ㉠ 피드백(폐회로) 자동제어에서 기준 입력요소와 주 피드백량과의 차이를 구하는 부분은 비교부이다.
㉡ 검출부는 최초로 신호를 보내는 곳이다.
㉢ 피드백 제어의 블록선도

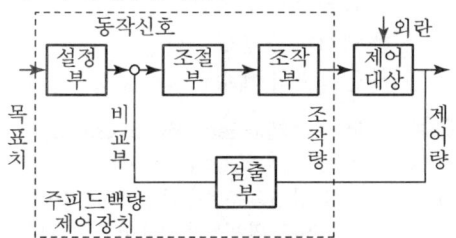

㉣ 자동제어의 블록선도 용어해설
- 목푯값 : 입력이라고도 하며, 제어량을 어떠한 크기로 하는가 하는 목푯값이 되는 값으로서 위치, 각도, 압력, 유량, pH, 농도, 전압, 주파수 등의 크기가 있다. 설정값이라고도 할 때가 있다.
- 설정부 : 주로 정치제어일 때 사용되는데, 목푯값과 주 피드백량이 같은 종류의 양이 아니면 비교할 수가 없다.

- 기준 입력 : 주 피드백량과 비교하기 위하여 비교부에 두는 목푯값을 대표하는 양을 말한다. Feed back 제어계에서 실질적으로 목푯값이 되는 양으로 전압, 전류, 변위(각 변위를 포함), 주파수, 공기압, 유압 등이 있다.
- 비교부 : 기준 압력과 주 피드백량과의 차를 구하는 부분이다. 즉, 제어량의 현재값이 목푯값과 얼마만큼 차이가 나는가를 판단하는 기구이며 자동 링크 기구, 포텐셜 미터, 브리지 회로, 전압력 극성, 직렬 회로, 레버 등이 사용된다.
- 동작 신호(편차 입력 또는 편차 신호) : 비교부에 의해서 얻어진 기준 입력과 주 피드백량과의 차로서 제어동작을 일으키는 신호이며, 이것이 바탕이 되어 정정할 수 있는 작용을 만들어내게 된다.
- 제어부(조절부) : 동작 신호를 여러 가지 제어 동작으로 처리해서 조작신호를 만들어 내는 부분이며, 증폭기, PID조절기, 레버 등이 있다.
- 조작 신호 : 제어부에서 처리된 뒤 조작부에서 작용시키는 신호를 말하며 유량, 전압, 전류, 공기압 등이 있다.
- 조작부 : 조작 신호를 조작량으로 변환하여 제어대상에 작용시키는 부분으로 서보 모터, 유압 서보, 다이어프램 조절 밸브 등이 있다.
- 조작량 : 제어량을 지배하기 위해 조작부가 제어대상에 부여하는 양을 말하며 서보 모터에서는 적산회전수, 유압 서보에서는 피스톤 변위, 다이어프램 조절 밸브에서는 파이프의 유량 변화 등이다.
- 제어대상 : 자동제어장치를 장착하는 대상이 되는 물체를 말하며 기계, 또는 프로세스의 부분 등이다.
- 제어량 : 출력이라고도 하며, 제어하고자 하는 양으로서 목푯값과 같은 종류의 양이다.
- 검출부 : 제어량의 현상을 알기 위해 목푯값, 또는 기준 입력과 비교할 수 있도록 같은 종류의 양으로 변환하는 부분이다.(신호 발생부)
- 주 피드백량 : 기준 입력과 비교하기 위해 제어량과 일정한 관계를 갖고 검출부에서 비교부로 피드백되는 양을 말한다.
- 외란 : 제어계의 상태를 흩트리는 외적 작용을 말한다.
 - 유출량
 - 탱크 주위의 온도
 - 가스 공급압
 - 가스 공급 온도
 - 목표치 변경

정답 08 ① 09 ③ 10 ①

11 보일러의 화염검출기 중 프레임 아이는 화염의 어떠한 성질을 이용하여 화염을 검출하는가?

① 화염의 발광체를 이용한 방식
② 화염의 스파크를 이용한 방식
③ 화염의 발열체를 이용한 방식
④ 화염의 이온화를 이용한 방식

해설 ②는 자동점화장치, ③은 스택 스위치, ④는 프레임 로드(전극봉)에 대한 설명이다.

12 자동제어계의 동작순서로 맞는 것은?

① 비교 – 판단 – 조작 – 접촉
② 조작 – 비교 – 검출 – 판단
③ 검출 – 비교 – 판단 – 조작
④ 판단 – 비교 – 검출 – 조작

해설 자동제어의 동작순서
㉠ 검출 ㉡ 비교
㉢ 판단 ㉣ 조작

13 피드백 제어를 맞게 설명한 것은?

① 처음에 정해진 순서에 의해 행하는 제어
② 출력이 편차의 시간, 변화, 속도에 비례하는 제어
③ 출력 측의 신호를 입력 측으로 되돌려 정정동작을 행하는 제어
④ 사람의 손에 의해 조작되는 제어

해설 피드백 제어(폐회로 – 되먹임제어)란 출력 측의 신호를 입력 측으로 되돌려 정정동작을 행하는 제어이다.

㉠ 시퀀스 제어(Sequence Control)
미리 정해진 순서에 따라 순차적으로 제어의 각 단계를 진행하는 자동제어로서 대표적인 것으로 연소제어가 있다. 즉, 장치의 기능 정지 배치 프로세스(Batch Process)의 프로그램(Program)적 운전 등에서는 피드백에 의하지 않고 정해진 순서에 따라 제어의 각 단계를 타이머(Timer), 릴레이(Relay) 등을 사용하여 행하는 제어방식이다.

㉡ 피드백 제어(Feed Back Control)
폐회로를 형성하여 제어량과 크기와 목표치의 비교를 피드백 신호에 의해 행하는 자동제어이다. 즉, 결과가 원인이 되어 제어 단계를 진행하는 제어로서 출력 측의 신호(요소로부터 소정의 변화를 거쳐서 나온 물리량이 출력신호이다)를 입력(각 요소에 가해지는 물리량을 입력 신호라 한다) 측으로 되돌리는 것으로서 피드백에 의하여 제어량의 값을 목표치와 비교하여 그것들을 일치시키도록 정정동작을 행하는 자동제어를 총칭하여 피드백 제어라 한다.

14 룸서머스타트의 설치위치는 바닥으로부터 몇 m가 가장 좋은가?

① 0.5m ② 0.7m
③ 1.5m ④ 2.0m

해설 ㉠ 실내 온도조절기의 설치위치는 바닥에서부터 1.5m 높이가 가장 이상적이다.
㉡ 실내 온도조절기(Room Thermostat) 설치 시 주의사항
㉠ 직사광선을 피할 것
㉡ 방열기 상단이나 현관 등을 피할 것
㉢ 실내 온도를 표준으로 유지할 수 있는 곳에 설치할 것
㉣ 바닥에서 1.5m 높이에 설치할 것
㉤ 수직으로 설치할 것

15 코프스식 자동 급수조정장치는 다음 중 어느 것을 이용하는가?

① 공기의 열팽창
② 금속관의 열팽창
③ 액체의 열팽창
④ 금속관의 계수

해설 보일러 수위제어(Feed Water Control)
㉠ 급수제어의 설치목적
보일러의 연속 운전이 되는 동안에 증기의 부하변동이 생기면서 수위 변동이 일어난다. 이 수위 변동이 생길 때 일정 수위가 되도록 급수를 조절해 주어야 운전이 유지되기 때문에 수위제어(F.W.C)가 설치된다.
㉡ 수위제어 검출방식
• 플루트식(맥도널식, 맘모스식, 자석식, 위어로버트식)
• 전극식
• 차압식
• 열팽창식(코프스식)
※ 코프스식 자동 급수조정 장치는 금속관의 열팽창을 이용하여 보일러의 수위를 조절한다.

정답 11 ① 12 ③ 13 ③ 14 ③ 15 ②

16 자동제어에서 미분동작이라 함은 어떤 동작을 의미하는가?

① 동작량이 어떤 동작신호의 값을 경계로 하여 완전히 전개 또는 전폐되는 동작
② 조절계의 출력변화가 편차에 비례하는 동작
③ 조절계의 출력변화의 속도가 편차에 비례하는 동작
④ 조절계의 출력변화가 편차의 변화 속도에 비례하는 동작

해설 미분동작(D동작)
자동제어에서 조절계의 출력변화가 편차의 변화 속도에 비례하는 동작(레이트 동작이라 한다)

17 조절계의 출력과 제어량이 목푯값보다 크게 됨에 따라 감소되는 방향으로 움직이는 불연속적인 작동은?

① 피드 백 작동
② 정작동
③ 역작동
④ P작동

해설 역작동
자동제어 조절계의 출력과 제어량이 목푯값보다 크게 됨에 따라 감소되는 방향으로 움직이거나 증가되면 정작동이라 한다.

18 보일러의 자동제어에서 연소제어와 관계가 있는 것은?

① 급수량
② 연료량
③ 전열량
④ 증기온도

해설 보일러의 자동제어

제어장치의 명령	제어량	조작량
연소제어(ACC)	증기압력	연료량 공기량
	노 내압	연소가스량
급수제어(FWC)	보일러수위	급수량
증기온도제어(STC)	증기온도	전열량

19 다음 중 신호전달 거리를 가장 멀리 조작할 수 있는 신호는 어느 것인가?

① 공기식
② 유압식
③ 팽창식
④ 전기식

해설 ㉠ 자동 신호전달 전송거리가 가장 멀리 조작될 수 있는 것은 전기식이다. 전송 연결 거리는 수 km까지 가능하다.
㉡ 유압식 조절기는 전송거리가 300m 정도
㉢ 공기식 조절기는 전송거리가 100~150m 정도

20 자동 온수기에서 제어량은 다음 중 어느 것인가?

① 온도
② 물
③ 연료
④ 밸브

해설 자동 온수기에서 제어량 : 온수의 온도

21 보일러 자동제어의 종류에 해당되지 않는 것은?

① 자동 연소제어
② 부하 자동제어
③ 급수제어
④ 증기온도 제어

해설 보일러 자동제어(ABC)
㉠ 자동 연소제어(ACC)
㉡ 자동 급수제어(FWC)
㉢ 증기온도 제어(STC)

22 보일러 자동제어 영문약호 중 연소제어를 뜻하는 것은?

① ABC
② STC
③ ACC
④ FWC

해설 ① ABC : 보일러의 자동제어
② STC : 증기의 온도제어
③ ACC : 자동 연소제어
④ FWC : 자동 급수제어

정답 16 ④ 17 ③ 18 ② 19 ④ 20 ① 21 ② 22 ③

23 보일러 인터록(Interlock) 장치 중 송풍기 작동 유무와 관련이 있는 것은?

① 저수위 인터록
② 불착화 인터록
③ 저연소 인터록
④ 프리퍼지 인터록

해설
㉠ 저수위 인터록 : 수위가 소정 수위 이하인 때에는 전자 밸브를 닫아서 연소를 저지한다.
㉡ 압력 초과 인터록 : 증기 압력이 소정 압력을 초과할 때에는 전자 밸브를 닫아서 연소를 저지한다.
㉢ 불착화 인터록 : 버너에서 연료를 분사한 후, 소정의 시간이 경과하여도 착화를 볼 수 없을 때와 연소 중 어떠한 원인으로 화염이 소멸한 때에는 전자 밸브를 닫아서 버너에서의 연료 분사를 중단한다.
㉣ 저연소 인터록 : 유량조절 밸브가 저연소 상태로 되지 않으면 전자밸브를 열지 않아서 점화를 저지한다.
㉤ 프리퍼지 인터록 : 대형 보일러인 경우에 송풍기가 작동되지 않으면 전자밸브가 열리지 않고 점화를 저지한다.

24 보일러 화염검출기 중 화염검출의 응답이 느려 버너 분사정지에 수십 초가 걸리므로 주로 소용량 보일러에 사용되는 것은?

① 스택 스위치
② 플레임 아이
③ 플레임 로드
④ 광전관식 검출기

해설
㉠ 스택 스위치 : 화염검출기로서 화염의 감지에 시간이 느려서 주로 소용량 보일러에 사용되고 대용량에는 ②, ③, ④를 사용한다.
㉡ 스택 스위치는 연도에 설치하는 화염검출기이다.

25 보일러에서 3요소식 급수조절장치의 조절대상이 아닌 것은?

① 급수제어
② 연소제어
③ 증기온도 제어
④ 배기가스 제어

해설 보일러의 자동제어에서 급수조절 장치의 조절대상인 3요소
㉠ 급수제어
㉡ 연소제어
㉢ 증기제어(과열증기의 온도 제어)

26 자동제어에서 제어량에 대한 희망값으로 설정값이라고도 하는 것은?

① 목푯값
② 동작 신호값
③ 조작량
④ 검출량

해설
㉠ 목푯값 : 자동제어에서 희망값 또는 설정값이라고도 한다.
㉡ 자동제어 조작부 : 조작량
㉢ 검출부 : 검출량

27 제어기기 중 공기식 조절계를 전기식 조절계와 비교했을 때 가장 큰 단점은?

① 가격
② 안전도
③ 전송지연 시간
④ 정도

해설 공기식 조절계의 단점
㉠ 전송지연 시간
㉡ 공기원에서 제진, 제습이 요구된다.
㉢ 전송거리가 100m 정도로 짧다.

〈보일러 자동 제어기기 신호의 장단점〉

분류	장점	단점
공기압 신호 전송	• 공기압 신호는 0.2kg/cm²~1.02kg/cm²가 사용된다. • 공기압 범위가 통일되어 있어 취급이 편리하다. • 전송거리는 100m 정도이다. • 위험성이 없다. • PID 동작이 간단히 현실화된다. • 조작부의 동특성이 좋다.	• 신호전송에 시간지연이 있다. • 제습, 제진의 공기가 필요하다. • 조작에 지연이 있다. • 희망특성을 살리기가 어렵다. • 배관을 필요로 한다. • 계장 공사의 변경이 간단하지 않다.
유압식 신호 전송	• 조작속도가 빠르고 장치가 견고하다. • 전송거리는 최고 300m이다. • 조작력이 크고 전송에 지연이 적다. • 희망 특성의 것을 만들기가 용이하다. • 조작부의 동특성이 좁다.	• 기름 누설로 더러워지거나 위험성이 있다. • 배관이 까다롭다 • 주위 온도의 영향을 받는다. • 수기압의 유압원을 필요로 한다. • 기름의 DBED 저항을 고려해야 한다. • 유를 사용하는 데는 불편하다.
전기식 신호 전송	• 4~50mA 또는 10~15mA DC의 전류를 통일 신호로 한다. • 전송에 시간지연이 없다. • 배선 설비가 용이하다. • 복잡한 신호에 용이하다. • 전송거리는 수 km까지이다. • 조작력이 크게 요구될 때 사용된다. • ON-OFF가 극히 간단하다. • 특수한 동작원이 불필요하다.	• 방폭이 요구되는 경우에는 방폭시설을 하여야 한다. • 조작속도가 빠른 비례조작부를 만들기가 곤란하다. • 보수 및 취급에 기술을 요한다. • 고온, 다습한 곳은 곤란하다. • 조절밸브 모터의 동작에 관성이 크다.

28 다음 중 보일러에서 제어해야 할 요소에 해당되지 않는 것은?

① 급수제어
② 연소제어
③ 증기온도 제어
④ 배기가스 제어

해설 ㉠ 보일러의 자동제어
- 급수제어
- 연소제어
- 증기온도 제어
- 증기압력 제어

㉡ 배기가스 제어는 연소제어에 해당한다.

29 자동 연소제어의 조작량에 해당되지 않는 것은?

① 연료량　　② 공기량
③ 연소가스량　④ 전열량

해설 자동 연소제어의 조작량
㉠ 공기량
㉡ 연소가스량(노 내 압력제어)
㉢ 연료량
※ 전열량의 조작은 증기온도 제어에 해당된다.

30 자동 온도조절기의 일종인 아쿠아스탯(리밋 컨트롤)의 감온부는 어디에 부착되는가?

① 보일러 본체　② 버너
③ 연도　　　　④ 온수 공급관

해설 ㉠ 아쿠아스탯 : 구조가 감온부, 도압부, 감압부, 마이크로 스위치, 온도조절부로 나뉘며 감온부는 보일러 본체에 설치된다.
㉡ 스택 릴레이 : 연도에 부착된다.
㉢ 콤비네이션 릴레이 : 보일러 본체에 부착된다.
㉣ 프로텍터 릴레이 : 버너에 부착한다.

31 온수난방법의 특징을 잘못 설명한 것은?

① 100℃ 이상의 고온수 난방에는 개방식 팽창탱크를 한다.
② 예열시간이 많이 걸리는 편이다.
③ 시설비는 많이 드나 보일러 취급이 쉽다.
④ 난방부하의 변동에 따라 방열량 조절이 쉽다.

해설 ㉠ 100℃ 이상의 고온수 난방에는 개방식보다는 밀폐식 팽창탱크가 사용된다.
㉡ 밀폐식은 방출밸브(릴리프 밸브)와 수위계, 압력계 등의 부대장치가 설치되고 압축공기가 이용된다.
㉢ 개방식은 안전관(방출관), 팽창관, 일수관(오버플로관), 급수관, 배기관이 설치된다.
㉣ ②, ③, ④의 내용은 온수난방의 특징이며 강제순환식 온수난방, 중력순환식 온수난방이 있다.

32 다음 중 잔류편차가 남지 않아서 비례동작과 조합하여 쓰여지는 데 제어의 안정성이 떨어지고 진동하는 경향이 있는 동작은?

① 미분동작
② 적분동작
③ 온오프(On-Off) 동작
④ 다위치동작

해설 적분동작(I동작)은 잔류편차는 남지 않아서 비례동작(P동작)과 조합하여 쓰여지나 안정성이 떨어진다. 안정성을 좋게 하려면 미분동작(D동작)과 함께 쓰면 된다.

33 다음 중 연료공급량과 공급량을 압력제어 장치의 지시에 따라 적당하게 유지해 주는 제어는 어느 것인가?

① 연소계의 제어
② 증기압력계의 제어
③ 증기온도계의 제어
④ 드럼수위계의 제어

해설 증기압력계의 제어
연료 공급량과 공급량을 압력제어 장치의 지시에 따라 적당하게 유지해 주는 제어

34 자동 온도조절기의 일종인 콤비네이션 릴레이의 감온부는 어디에 부착되는가?

① 보일러 본체
② 버너
③ 연도
④ 온수 공급관

정답 28 ④　29 ④　30 ①　31 ①　32 ②　33 ②　34 ①

해설 ㉠ 아쿠아스탯 : 본체에 부착
㉡ 콤비네이션 릴레이 : 본체에 부착
㉢ 스택 릴레이 : 연도에 부착
㉣ 프로텍터 릴레이 : 버너에 부착

35 보일러 자동 급수제어 방식 중 2요소식이란 어떤 양을 검출하여 급수량을 조절하는 것인가?

① 급수와 수위
② 급수와 압력
③ 수위와 온도
④ 수위와 증기량

해설 ㉠ 보일러 자동 급수제어에서 2요소식이란 수위와 증기량을 검출하여 본체 내의 수면의 높이를 일정하게 유지시킨다.
㉡ 단요소식 : 수위만 검출
㉢ 3요소식 : 수위, 증기, 급수량 검출

36 공기식 계측기기의 기구(Flapper-Nozzle)는?

① 전류-전압 신호 변환
② 변위-전류 신호 변환
③ 변위-공기압 신호 변환
④ 공기압-전기 신호 변환

해설 ㉠ 자동제어에서 공기식 계측기기의 기구 플래퍼-노즐은 변위에서 공기압 신호 변환이 된다.
㉡ 보일러 자동제어의 조절기는 공기식, 유압식, 전기식이 있다.

37 한 개의 폐(閉)회로를 형성하고 자동제어의 기본 회로를 형성하는 제어는?

① 시퀀스 제어
② 개스킷 제어
③ 피드백 제어
④ 프로그램 제어

해설 ㉠ 피드백 제어(폐회로) : 한 개의 폐회로를 형성하고 자동제어의 기본 회로를 형성한 제어이다.
㉡ 시퀀스 제어(개회로)

38 보일러 자동제어의 제어량과 무관한 것은?

① 증기압력
② 보일러 수위
③ 연소가스량
④ 증기온도

해설 보일러 자동제어(ABC)
㉠ 증기압력 제어
㉡ 보일러 수위 제어
㉢ 증기온도 제어
㉣ 자동연소 제어
※ 연소가스량 : 노 내 압력 제어

39 경유용 기름보일러를 점화할 때 점화용 변압기에서 발생하는 전압은 몇 V 정도인가?

① 3,000V
② 7,000V
③ 10,000V
④ 20,000V

해설 ㉠ 경유, 중유용 점화용 변압기 전압 : 10,000~15,000V
㉡ 기체연료의 점화용 변압기 전압 : 5,000~7,000V

40 자동제어에서 조절기의 작동동력에 따른 분류라고 할 수 없는 것은?

① 공기식 조절기
② 자석식 조절기
③ 유압식 조절기
④ 전기식 조절기

해설 자동제어에서 조절기의 작동동력에 따른 분류
㉠ 공기식 조절기
㉡ 유압식 조절기
㉢ 전기식 조절기

41 다음 중 보일러 자동제어 약칭은 어느 것인가?

① ACC
② FWC
③ STC
④ ABC

해설 ① ACC : 자동 연소제어
② FWC : 자동 급수제어
③ STC : 자동 증기온도 제어
④ ABC : 자동제어(보일러)

정답 35 ④ 36 ③ 37 ③ 38 ③ 39 ③ 40 ② 41 ④

42 자동제어 장치의 검출부에 대하여 옳게 설명한 것은?

① 제어량의 값을 기준 압력과 비교하기 위한 신호 부분
② 압력, 온도, 유량 등의 제어량을 측정하여 신호로 나타내는 부분
③ 기준 입력과 주피드백량을 비교하여 얻어진 편차량의 신호 부분
④ 실제로 제어대상에 대하여 작용을 걸어오는 부분

[해설] 검출부는 압력, 온도, 유량 등의 제어량을 측정하여 신호를 나타내는 부분

43 보일러에 연소 자동제어를 하는 경우 연소공기량은 다음 중 어느 값에 따라 주로 조절되는가?

① 연료유량   ② 연료유압
③ 발생증기량   ④ 급수량

[해설] 연소공기량은 연료유량에 따라 결정된다.

44 보일러 자동제어에서 증기압의 자동제어는 다음 중 어느 양을 조작함으로써 이루어지는가?

① 증기압력   ② 노내압력
③ 급수량   ④ 연료량과 공기량

[해설] 증기압의 자동제어시 조작량
연료량과 공기량

45 보일러의 배기가스 중 산소성분을 분석하여 공기를 관리하기 위해 풍량을 제어하는 설비는 다음 중 어디에 가장 가까운가?

① FWC   ② ABC
③ ACC   ④ AFC

[해설] ㉠ ACC : 자동 연소제어
㉡ FWC : 자동 급수제어
㉢ ABC : 자동 보일러
㉣ STC : 자동 증기온도 제어

46 제어동작 중에서 편차의 변화 속도에 비례하여 제어동작을 하는 것은?

① 비례동작   ② 2위치 동작
③ 적분동작   ④ 미분동작

[해설] 미분동작
제어동작 중에서 편차의 변화 속도에 비례하여 제어동작을 한다.

47 보일러의 자동 또는 반자동제어 장치에 사용되는 부품은 어느 것인가?

① 압력차단 스위치
② 풍압 스위치
③ 제어 모터
④ 압력 비례 조절기

[해설] ㉠ 보일러의 자동제어 장치에서 사용되는 부품은 제어 모터이다.
㉡ 압력차단 스위치는 반자동제어에 사용된다.
㉢ 풍압스위치 : 전자동
㉣ 압력비례조절기 : 전자동

PART 02

보일러 시공, 취급 및 안전관리

- **제1장** 난방부하 및 난방설비
- **제2장** 보일러 취급 및 안전관리
- **제3장** 급수처리, 세관 및 보존
- **제4장** 보일러 설치검사기준 등

CHAPTER 01 난방부하 및 난방설비

1. 난방부하

난방에서 부하(負荷)라 함은 열손실을 말하는 것이다. 난방부하 손실은 크게 나누어서 다음과 같다.

(1) 외벽, 지붕, 바닥난방을 하지 않는 방과의 칸막이나 천장을 통한 온도차로 인한 열손실량
(2) 창문의 틈새 및 환기를 위한 외부공기 유입 등과 벽이나 지붕을 통하여 전도되는 전도열 손실량

1 열전도, 열손실

벽이나 지붕을 통하여 전도되는 열손실을 최대한 방지하고자 할 때는 건물 등을 신축할 때 두께를 이중으로 하여 공간 쌓기를 한다. 이 공간에 단열재를 넣고 외부에는 타일로 마무리하며 내부는 석고보드나 나무 또는 벽지를 바른다. 즉, 쉽게 말하면 열관류율을 최소화하여야 한다.

(1) 열관류율이란, 고온체의 열이 벽이나 보온 및 보냉이 된 벽을 통과해서 다른 쪽의 저온유체로 이동하는 열통과율, 즉 열관류의 열량계수이다(단위 : $kcal/m^2h℃$).
(2) 벽이나 물체가 두꺼우면 두꺼울수록 열의 전도가 나빠진다.
(3) 열이 벽이나 고체를 통과하는 열의 전도방법을 열통과율 또는 열관류율이라 한다.
(4) 단열재를 사용할 때와 사용하지 않는 경우는 약 $\frac{1}{2}$ 정도의 열손실 차이가 있다.
(5) 열손실을 줄이려면 열관류율(K)값을 적게 하도록 하여야 한다.
(6) 창유리만큼은 단열할 수 없으므로 2중 유리로 하든가 페어유리를 사용하여야 하며 두꺼운 커튼을 설치하거나 경우에 따라서는 창의 면적을 적게 하여 난방부하, 즉 열손실을 최소한 적게 하도록 한다.

2 열관류율(열통과율) 계산

열전도율이 다른 여러 층의 재료와 내외부에 열전달률에 의하여 열의 전달을 저하하는 경우 열의 흐름 자체가 정상상태라고 하면 고온으로부터 저온으로 열이 이동할 때를 평균통과율이라고 생각할 수 있다. 그 단위는 $kcal/m^2h℃$로 나타내고 역수를 열저항(R)이라고 하며 $m^2h℃/kcal$로 한다.

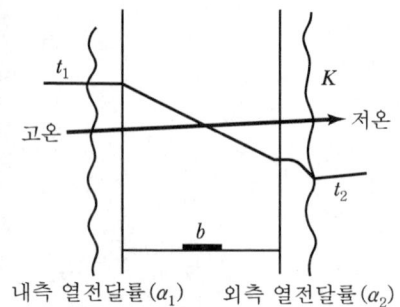

(1) 열의 이동속도(kcal/m²h) = $\dfrac{\text{추진력}(\Delta t)}{\text{열저항}(R)}$

(2) 통과된 열량 $Q = K \cdot F \cdot \Delta t$ 로 나타낸다.

    여기서, F : 열전달면적(m²)
              K : 열관류율(kcal/m²h℃)
              Δt : 온도차(℃)

(3) 열관류율$(K) = \dfrac{1}{R}$ (kcal/m²h℃)

(4) 전열저항계수$(R) = \dfrac{\dfrac{1}{\alpha_1} + \dfrac{b_1}{\lambda} + \dfrac{1}{\alpha_2}}{1}$ (m²h℃/kcal)

3 난방부하 계산

(1) 상당방열면적(EDR)으로부터 계산

① EDR : 상당방열면적이라고 하며 표준방열량을 말한다. 방열면적 1m²를 1EDR이라 한다. 표준방열량은 온수난방의 경우 450kcal/m²h(0.523kW), 증기난방의 경우 650kcal/m²h(0.76kW)이다.

② 주철제 방열기의 경우 온수 평균온도가 80℃, 실내온도가 18.5℃인 경우에 온수난방 시 표준방열량이 450kcal/m²h이다.

③ 표준방열량과 상당방열면적

구분	방열기 내의 평균 온도	난방온도	온도차	방열계수	표준방열량 (kcal/kg)
온수난방	80℃	18.5℃	61.5℃	7.31	450
증기난방	102℃	18.5℃	83.5℃	7.78	650

일반적으로 증기난방에서 실내온도는 (102℃ − 81℃ =)21℃로 본다.

④ 방열량 계산
  ㉮ 방열기의 소요방열량(kcal/m²h) 계산
    • 방열기의 방열계수×온도차
    • 표준방열량×방열량 보정계수
  ㉯ 온도차 계산(℃)

$$\text{온도차} = \dfrac{\text{방열기 입구온도} + \text{방열기 출구온도}}{2} - \text{실내온도}$$

⑤ 난방부하 계산(kcal/h)
  ㉮ 난방부하 = EDR × 방열기의 표준방열량
  ㉯ 난방부하 = 방열기의 소요방열면적 × 방열기의 방열량

⑥ 방열기의 소요방열면적(m²) 계산

$$\text{소요방열면적} = \frac{\text{난방부하(kcal/h)}}{\text{방열기의 방열량(kcal/m}^2\text{h)}}$$

⑦ 상당방열면적(EDR) 계산

$$EDR = \frac{\text{난방부하(kcal/h)}}{\text{표준방열량(온수 : 450, 증기 : 650)}}$$

(2) 열손실 열량으로부터 난방부하 계산

벽체, 천장, 바닥, 유리창, 중간벽, 실내 환기 등에서의 손실을 총 열손실 난방부하라고 한다.

① 난방부하 = 열손실 합계 – 임의 취득열량

임의 취득열량이란, 각 전열기구나 인체 발생열 등의 부산물에서 얻어지는 열량이다.

② 열관류율(K)에 의한 난방부하(kcal/h) 계산

$$Q = K \cdot F \cdot \Delta t$$

여기서, Q : 열손실 합계(kcal/h)
F : 벽체, 바닥, 천장, 유리창, 중간벽 등의 열관류율이 생길 수 있는 전체면적(m²)
Δt : 실내와 외기의 온도차(℃)

③ 열관류율(K) 계산

$$K = \frac{1}{R} (\text{kcal/m}^2\text{h℃})$$

$$\text{전열저항계수}(R) = \frac{1}{\text{실내 측 열전달률}} + \frac{\text{두께}}{\text{열전도율}} + \frac{1}{\text{실외 측 열전달률}} + \frac{1}{\text{저항}}$$

(3) 간이식으로부터 열손실 계산

① 난방부하 계산(kcal/h)

$$Q = \text{단위면적당 열손실지수} \times \text{난방면적}$$

② 열손실지수(kcal/m²h) : 일반주택의 경우 각 지역별 보온, 단열상태에 따라 정한 값으로 일반주택에서는 모든 자료를 종합한 열량이다.

③ 간이식 난방부하에서는 유류보일러인 경우 외기온도에 대한 열용량의 여유가 적기 때문에 간이식으로부터 계산된 난방부하에서 25% 정도 높은 값을 적용하여야 난방부하에 차질이 생기지 않는다.

④ 기준주택과 열손실지수가 다른 경우에는 시공주택 열손실지수도 환산하여 사용한다.

㉮ 열관류율에 의한 열손실지수 보정

$$시공주택\ 열손실지수 = \frac{시공주택\ 열관류율}{기준주택\ 열관류율} \times 기준주택\ 열손실지수$$

㉯ 외기온도에 의한 열손실지수 보정

$$\frac{동절기\ 최저\ 온도차}{최저\ 평균온도차} \times 기준주택\ 열손실지수$$

일반적으로 최저 평균온도차는 28℃로 한다. 그 이유는 온수난방 시 실내온도가 18℃ 외기의 평균온도를 동절기에는 영하 (-10℃)로 보기 때문에 [18-(-10)] =28℃가 되기 때문이다.

4 난방부하 계산 시 고려해야 할 사항

(1) 건물의 위치
① 일사광선 풍향의 방향
② 인근 건물의 지형지물 반사에 의한 영향 등

(2) 천장높이와 천장과 지붕 사이의 간격
천장높이가 높으면 호흡선의 온도를 보다 높은 온도로 하는 난방설계가 필요하다.

(3) 건축구조
벽 지붕, 천장, 바닥 등의 두께 및 보온, 단열상태 벽체의 경우 열관류율이 0.5kcal/m²h℃ 이하가 되도록 건축법에서 규정하기 때문에 온수온도가 높은 바닥의 열관류율은 0.2kcal/m²h℃보다 작게 하여야 한다.

① 보온재 적정 두께
㉮ 단독주택 : 50mm
㉯ 공동주택 : 70mm

(4) 주위환경 조건

(5) 유리창의 크기 및 문의 크기

(6) 마루, 현관 등의 공간
① 온수 온돌난방 시공 시에는 온돌바닥을 37℃ 이상 유지하여야 하기 때문에 환수주관의 온도를 37~38℃로 유지하는 것이 이상적이다.
② 대류난방은 바닥온도와는 관계가 없다.

5 난방의 정의

(1) 난방이라 함은 궁극적으로 인간의 신체표면으로부터 대류나 발한, 복사 등에 의해 잃는 열호흡 중에서 잃는 열 등을 기류, 기온, 습도, 복사열 등으로 조절하여 쾌적한 체감온도를 유지시켜 주는 것이다.
따라서 난방방식이란 인간이 쾌적한 체감온도를 유지하기 위하여 자연환경의 온도, 습도 등을 인위적으로 조절하는 것을 말한다.

(2) 난방방식은 여러 가지 기계기구를 포함한 것으로, 우선 열을 만드는 기기를 열원기기라 하는데 이것이 열발생원이다. 그리고 만들어진 열을 난방이 필요한 장소로 이동시키는 것을 열의 운반이라 하고, 운반된 열을 소비하는 과정을 열소비라고 한다.
결국 난방방식이란 ① 열발생, ② 열운반, ③ 열소비의 과정이 조합된 것이다.

〈각 재료의 열전도율〉 단위 : kcal/mh℃

재료	내벽 및 이에 준하는 곳의 열전도율	외벽 및 이에 준하는 곳의 열전도율
대리석	1.1	1.2
모래	0.42	0.50
자갈	0.68	0.78
콘크리트	1.3~1.4	1.4~1.5
시멘트 모르타르	1.2	1.3
펄라이트	0.26	–
회반죽	0.60	0.62
시멘트 모르타르벽	1.3	1.4
벽돌벽	0.52	0.55
노송나무	0.12	0.13
라왕	0.14	0.15
합판	0.13	0.14
타일	1.1	1.1
고무타일	0.34	0.34
바닥용 어스타일	0.38	0.38
모노륨	0.17~0.19	0.19
바닥용 코르크타일	0.056	0.056
석고보드	0.17	0.19
플렉시블판	0.25	0.25
폴리우레탄폼	0.017	0.017
양면보온판	0.039	0.039
유리면보온판	0.034	0.034
창유리	0.68	0.68
12m 짝유리	0.09	0.09

〈지역별 단위별 손실지수(U)〉

단위 : kcal/m²h

지역 \ 주택급수	상급	중급	하급
강릉	60.3	79.3	188.0
서울	68.9	90.9	216.3
인천	64.5	84.9	201.7
울릉도	51.8	67.9	160.1
추풍령	62.4	82.1	194.8
포항	55.9	73.4	217.7
대구	61.8	81.5	193.6
전주	62.1	81.9	194.4
울산	55.7	73.1	217.1
광주	57.8	76.0	180.1
부산	51.5	67.5	159.3
목포	53.5	70.3	166.1
여수	51.6	67.7	159.6
제주	44.1	57.8	136.2

〈난방부하 산출 시의 온도 기준〉

지역	일최저기온	지중온도(1m)
강릉	−6	5.9
서울	−10	3.8
인천	−8	5.4
울릉도	−2	7.0
추풍령	−7	5.7
포항	−4	6.9
대구	−7	7.8
전주	−7	6.3
울산	−4	8.0
광주	−5	7.6
부산	−2	8.3
목포	−3	8.4
여수	−2	7.8
제주	+1	13.2

주) (1) 일최저기온 : 1981~1990년 기후 : 1월 중 최저 평균기온임
   (2) 지중온도 : 1981~1990년 기후 : 표준평균값(1월 중)
   (3) 실내온도 18℃

〈기준주택의 열관류율〉

단위 : kcal/m²h℃

구분	상급	중급	하급
지붕 · 천장	0.299 (3.344)	0.511 (1.957)	2.5 (0.4)
외벽	0.3 (3.332)	0.533 (1.877)	2.024 (0.494)
창문	2 (0.5)	2.469 (0.405)	3.226 (0.31)
출입문	1.142 (0.876)	3.021 (0.331)	3.66 (0.273)
바닥	0.257 (3.89)	0.296 (3.38)	0.56 (1.776)

주) ( )는 열관류 저항임(m²h℃/kcal)

2. 보일러의 용량 계산

1 보일러의 효율 계산과 난방부하 계산

구멍탄 보일러나 온수보일러에서 보일러의 효율 계산은 기본적으로 같다.

(1) 효율

$$\frac{G_w \cdot C_P(t_2 - t_1)}{G_0 \cdot H_1} \times 100\%$$

여기서, G_w : 온수출탕량(kg/h)　　　　C_P : 물의 평균비열≒1kcal/kg℃
　　　　t_2 : 온수의 평균 출구온도(kg/h)　t_1 : 온수의 평균 입구온도(℃)
　　　　G_0 : 연료소비량(kg/h)　　　　H_1 : 연료의 저위발열량(kcal/kg)

(2) 온수보일러 난방출력

$$G_h \cdot C_P(t_{h2} - t_{h1})[\text{kcal/h}]$$

여기서, G_h : 출탕량 또는 급수량(kg/h)　C_P : 물의 평균비열(kcal/kg℃)
　　　　t_{h2} : 난방출구온도(℃)　　　　t_{h1} : 급수온도(℃)

(3) 온수보일러 연속 급탕출력

$$G_h \cdot C_P(t_{h2} - t_{h1})$$

여기서, G_h : 급수탕 또는 급수량(kcal/h) C_P : 물의 평균비열(kcal/kg℃)
t_{h2} : 급탕 평균온도(℃) t_{h1} : 급수온도(℃)

(4) 구멍탄 보일러 효율

$$\frac{\text{보일러 출력} \times 24}{\text{연소통수} \times \text{통당 연탄 1일 사용개수} \times \text{구멍탄의 무게} \times \text{탄의 발열량}} \times 100\%$$

여기서, 보일러 출력(kcal/h), 구멍탄의 무게(kg)
탄의 발열량 4,400~4,600kcal/kg

(5) 구멍탄 보일러의 출력

$$\frac{\text{연소통수} \times \text{통당 1일 연탄 사용 개수} \times \text{연탄무게} \times 4,600 \times \text{효율}}{24} [\text{kcal/h}]$$

여기서, 보일러 효율은 일반적으로
  • 온수보일러는 75% 이상
  • 구멍탄 온수보일러는 70% 이상

(6) 온수보일러의 현열

$$G \cdot C_P \cdot (t_2 - t_1) [\text{kcal}]$$

여기서, G : 온수의 사용량(kg) C_P : 온수의 비열(kcal/kg℃)
t_2 : 온수 출구온도(℃) t_1 : 보일러수의 온도(℃)

2 난방용 보일러의 출력 계산

(1) 정격출력

$$H_m = H_1 + H_2 + H_3 + H_4 (\text{난방부하} + \text{급탕부하} + \text{배관부하} + \text{예열부하})$$

(2) 상용출력

$$H_1 + H_2 + H_3 (\text{난방부하} + \text{급탕부하} + \text{배관부하})$$

(3) 표준 방열기 부하

① 난방부하(H_1) 계산
  ㉮ 상당방열면적으로부터 계산
    ㉠ 상당방열면적을 EDR이라 한다.

ⓒ 상당방열면적에서 표준방열량
  ⓐ 증기의 경우 650kcal/m²h
  ⓑ 온수의 경우 450kcal/m²h
ⓒ 난방부하＝EDR×방열기의 방열량

〈표준방열량과 상당방열면적의 비교〉

구분	방열기 내의 평균온도	난방온도	온도차	방열계수	표준방열량
증기	120℃	18.5℃	83.5℃	7.38	650
온수	80℃	18.5℃	61.5℃	7.31	450

- 온도차 ＝ $\dfrac{방열기\ 입구온도 + 방열기\ 출구온도}{2}$ － 실내온도

- 평균온수의 온도 ＝ $\dfrac{방열기\ 입구온도 + 방열기\ 출구온도}{2}$

㉯ 손실열량으로부터 계산

$$H_1 = K \cdot F \cdot \Delta t \cdot Z (\text{kcal/h}),\ K = \dfrac{1}{R}$$

여기서, K : 열관류율(kcal/m²h℃)
　　　　R : 전열저항계수(열저항)(m²h℃/kcal)
　　　　F : 벽체, 바닥 등의 총면적(m²)
　　　　Δt : 실내 · 실외의 온도차(℃)
　　　　Z : 방위에 따른 부가계수

> 방위에 따른 부가계수란, 남쪽 벽은 태양열을 받아서 벽체 온도가 상승되지만 북쪽 벽은 열을 받지 않아서 남쪽 벽보다 15~20% 정도의 열손실이 생긴다고 보는 계수로서 일반적으로 부가계수 Z는 1.1~2.0 정도이다.

㉠ 열관류율$(K) = \dfrac{1}{\dfrac{1}{\alpha_1} + \dfrac{b}{\lambda} + \dfrac{1}{\alpha_2}}$

㉡ 전열저항계수$(R) = \dfrac{1}{\alpha_1} + \dfrac{b}{\lambda} + \dfrac{1}{\alpha_2}$

여기서, α_1 : 실내 측 열전달률(kcal/m²h℃)　　α_2 : 실외 측 열전달률(kcal/m²h℃)
　　　　λ : 벽체의 열전도율(kcal/mh℃)　　b : 벽체의 두께(m)

② 급탕 및 취사부하(H_2) 계산 : 보일러에서 급탕이란 냉수를 공급하여 온수를 만들어서 사용하는 것이다.

$$H_2 = G \cdot C_P \cdot \Delta t \, (\text{kcal/h})$$

여기서, G : 시간당 급탕사용량(kg/h)
C_P : 물의 평균비열(kcal/kg℃)
Δt : 출탕온도에서 급수온도를 뺀 값의 온도(℃)

일반적으로 급탕온도와 급수온도가 없으면 60kcal/h로 계산된다.

③ 배관부하(H_3) : 배관부하는 배관에서 생기는 열손실로, 난방, 급탕 등의 목적으로 온수를 배관을 통하여 공급하는 경우 온수의 온도와 배관 주위의 공기가 접해서 생기는 온도차로 많은 열손실이 생긴다. 그러나 배관부하는 적을수록 좋다.

㉮ 배관부하 $= (H_1 + H_2) \times (0.25 \sim 0.35)$
㉯ 배관부하 $= K \cdot F \cdot L \cdot \Delta t$

여기서, K : 관의 표면 열전달률(kcal/m²h℃)
F : 배관의 나관 1m 표면적(m²)
L : 배관의 총길이(m)
Δt : 관의 표면온도에서 접촉공기의 온도를 뺀 값의 온도

④ 시동부하(예열부하, H_4) : 보일러 가동 전 냉각된 보일러를 운전온도가 될 때까지 가열하는 데 필요한 열량으로 보일러, 배관 등의 전철(금속)의 무게가 예열되는 데 필요한 열량과 보일러 내부 보유수의 물을 가열하는 데 소비되는 총열량이다.

㉮ $H_4 = (C \cdot W + U \cdot C_P)(t_2 - t_1) \, (\text{kcal})$

여기서, C : 철의 비열(kcal/kg℃) W : 철의 무게(kcal/h)
C_P : 물의 비열(kcal/kg℃) t_2 : 보일러 가동상태의 물의 온도(℃)
t_1 : 보일러 가동 전 물의 온도(℃) U : 물의 무게(kg)

㉯ $H_4 = (H_1 + H_2 + H_3) \times (0.25 \sim 0.35)$

⑤ 정격출력(보일러 용량) 계산

$$H_m = \frac{(H_1 + H_2)(1 + a)B}{K}$$

여기서, H_1 : 난방부하(kcal/h) H_2 : 급탕부하(kcal/h)
a : 배관부하율(0.25~0.35) B : 예열부하(여력계수 : 1.40~1.65)
K : 출력저하계수 H_m : 정격출력(kcal/h)

보일러 출력저하계수 K는 연료가 액체연료인 경우는 1이고, 석탄연소인 경우는 다음과 같다.

석탄의 발열량	보일러 효율(%)	출력저하계수(k)
6,900kcal/kg	70	1.00
6,600kcal/kg	68	0.94
6,100kcal/kg	65	0.82
5,500kcal/kg	61	0.69
5,000kcal/kg	57	0.58

(4) 보일러 예열에 필요한 시간(hr)

$$\frac{H_4}{H_m - \frac{1}{2}(H_1 + H_3)}$$

여기서, H_4 : 예열부하(kcal/h) H_m : 정격출력(kcal/h)
H_1 : 난방부하(kcal/h) H_3 : 배관부하(kcal/h)
$\frac{1}{2}(H_1 + H_3)$: 예열시간 중의 평균열손실(kcal/h)

(5) 방열기

① 온수난방 방열기의 방열량(kcal/m²h)
   = 방열기의 방열계수×(방열기 내의 평균 온수온도 – 실내온도)

② 온수난방 사용방열면적(m²) = 난방부하÷450(또는 실제 방열기의 발열량)

③ 방열기에 의한 난방부하(kcal/h) = 소요방열면적×방열기의 방열량

여기서, 방열기의 방열량(kcal/m²h)
방열기의 방열계수(kcal/m²h℃)
난방부하(kcal/h)

④ 온수난방 방열기의 쪽수

$$\frac{난방부하}{450 \times 쪽당\ 표면적}(쪽)$$

⑤ 증기 및 온수난방 소요방열면적(m²)

$$\frac{난방부하(kcal/h)}{방열기의\ 방열량(kcal/m^2h)}$$

⑥ 상당방열면적(m²) EDR

$$\frac{난방부하(kcal/h)}{450}(온수난방),\quad \frac{난방부하(kcal/h)}{650}(증기난방)$$

(6) 온수순환량(kg/h)

$$\frac{\text{시간당 난방부하(kcal/h)}}{\text{온수의 비열(kcal/kg℃)} \times (\text{송수온도} - \text{환수온도})(℃)}$$

(7) 자연순환수두(가득수두, mmAq)

$$1{,}000 \times (\text{보일러 가동 전 물의 밀도} - \text{보일러 운전 중 물의 밀도}) \times \text{배관의 수직높이}$$

여기서, 보일러 가동 전 물의 밀도(kg/l)
　　　　배관의 높이(m)

(8) 온수 팽창량

$$\text{보일러 내의 물의 양}(l) \times \left(\frac{1}{\text{송수의 밀도}} - \frac{1}{\text{보일러 가동전 물의 밀도}} \right)(l)$$

여기서, 밀도(ρ) : (kg/l)

(9) 개방식 팽창탱크의 용량

　　온수팽창(l) × 2~2.5배(l)

(10) 밀폐식 팽창탱크의 용량(V)

$$V = \frac{\text{온수팽창량}}{\dfrac{1}{1+0.1 \times h} - \dfrac{1}{\text{절대압력(abs)}}} (l)$$

여기서, h : 배관 최고 높이의 수직거리(m)
　　　　절대압력(abs) = 보일러 게이지 압력 + 1

3. 난방방식의 분류

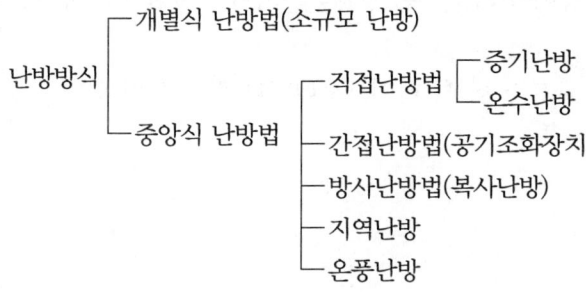

1 온수난방법(Hot Water Heating System)

(1) 온수난방이 증기난방보다 우수한 점
① 난방부하의 변동에 따라 온도조절이 용이하다.
② 가열시간은 길지만 잘 식지 않아서 증기난방에 비해 배관의 동결 우려가 없다.
③ 방열기의 표면온도가 낮아서 화상의 염려가 없고 실내의 쾌감도가 높다.
④ 보일러의 취급이 용이하고 소규모 주택에 적당하다.
⑤ 연료비도 비교적 적게 든다.

(2) 온수난방의 분류
온수난방은 증기난방에 비해 우수한 점들이 많아 일반 주택용으로 많이 이용된다.

	분류기준	종류
1	온수온도	• 보통온수식 : 보통 85~90℃의 온수 사용, 개방식 팽창탱크 • 고온수식 : 보통 100℃ 이상의 고온수 사용, 밀폐식 팽창탱크
2	온수순환방법	• 중력순환식 : 중력작용에 의한 자연순환 • 강제순환식 : 펌프 등의 기계력에 의한 강제순환
3	배관방법	• 단관식 : 송탕관과 복귀탕관이 동일 배관 • 복관식 : 송탕관과 복귀탕관이 서로 다른 배관
4	온수공급방법	• 상향공급식 : 송탕주관을 최하층에 배관, 수직관을 상향 분기 • 하향공급식 : 송탕주관을 최상층에 배관, 수직관을 하향 분기

(3) 온수의 순환방법에 의한 분류
① 중력순환식 온수난방
㉮ 온수의 온도가 저하되면 무거워지는 것을 이용하여 자연적으로 순환시킨다(밀도차를 이용).
㉯ 보일러 설치는 최하위의 방열기보다 낮은 곳에 설치하여야 한다(그러나 소규모일 때에는 보일러와 방열기가 같은 층에 설비하는 동층 온수난방, 일명 동계 같은 층 온수난방을 할 수 있다).
② 강제순환식 온수난방 : 순환펌프 등에 의해 온수를 강제순환시키는 방법으로 대규모 난방용으로 적당하다.
㉮ 순환펌프 : 센트리퓨걸 펌프, 축류형 펌프, 하이드로레이터 펌프 등이 있다.

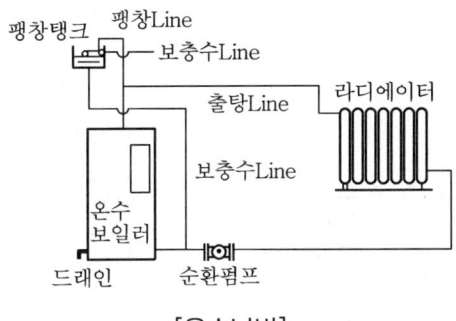

[온수난방]

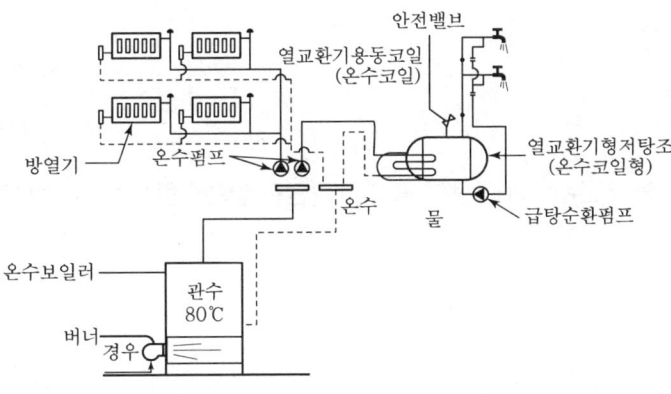

[온수보일러]

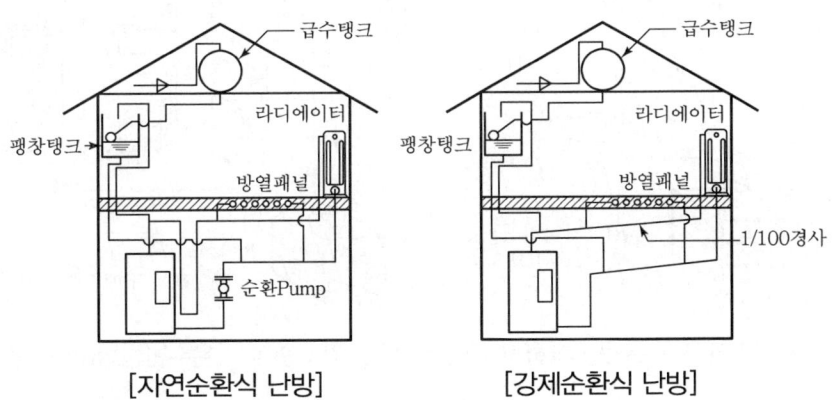

[자연순환식 난방]　　　　[강제순환식 난방]

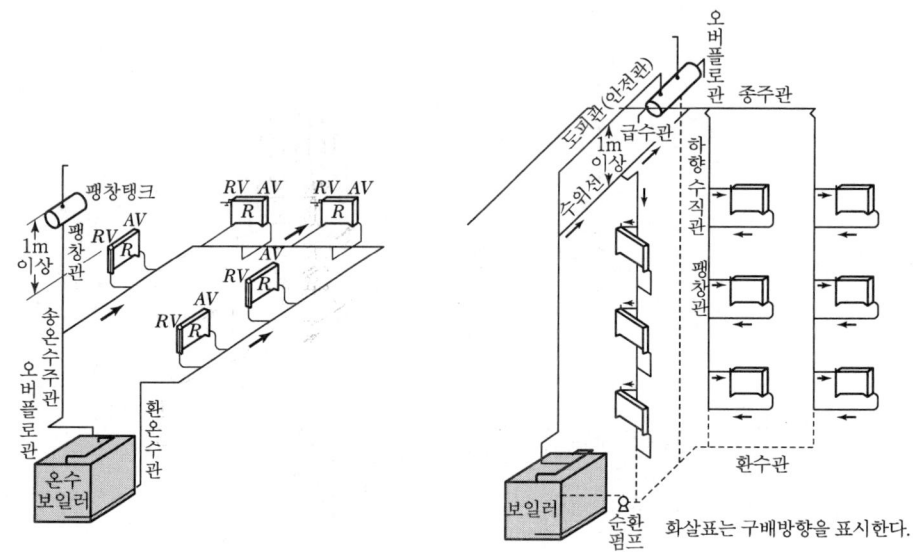

[단관 중력순환식 온수난방법(상향 공급)]   [단관 강제순환식 온수난방법(상향 공급)]

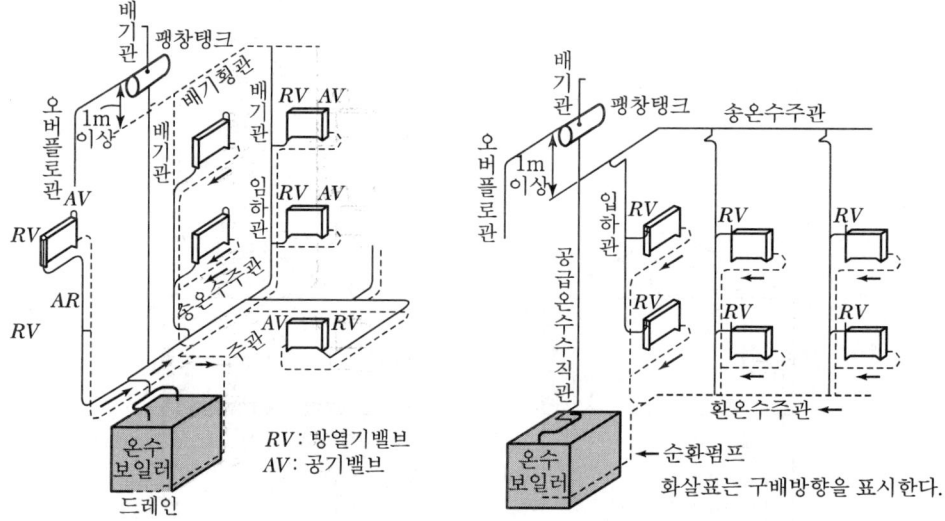

[복관 중력순환식 온수난방법(하향 공급)]   [복관 강제순환식 온수난방법(하향 공급)]

(4) 온수보일러 설치 시 단점
  ① 동일 방열량에 대하여 증기난방보다 방열면적이 커야 한다.
  ② 배관의 직경이 큰 것을 써야 한다.
  ③ 설비비가 많이 든다.
  ④ 건축물 높이에 상당하는 수압이 보일러나 방열기에 가해져서 건축물 높이에 제한을 받는다.

2 증기난방법

(1) 중력환수식 증기난방

① 단관 중력환수식 증기난방
- ㉮ 저압보일러용이다.
- ㉯ 난방이 불완전하다.
- ㉰ 환수관이 없어서 난방을 용이하게 하기 위해 공기빼기장치가 반드시 필요하다.
- ㉱ 방열기의 밸브는 방열기 하부 태핑에 장착하고 공기빼기 밸브는 상부 태핑에 장착한다.
- ㉲ 개폐에 의한 증기량 조절이 되지 않는다.
- ㉳ 배관경은 크고 길이는 짧게 할 수 있다.
- ㉴ 증기와 응축수가 관 내에서 역류하므로 증기의 흐름에 방해가 된다.
- ㉵ 소규모 주택 등의 난방에서 사용된다.

② 복관 중력환수식 증기난방
증기와 응축수가 각각 다른 관을 통해 공급되는 난방이므로 일반적으로 방열기 밸브는 위로 설치하고 반대편 하부 태핑에 열동식 트랩을 장치한다.
- ㉮ 통기의 배기방법
  - ㉠ 에어리턴식(Air Return)
  - ㉡ 에어벤트식(Air Vent)

	분류기준	종류
1	증기압력	• 고압식 : 증기압력 $1kg/cm^2$ 이상 • 저압식 : 증기압력 $0.15 \sim 0.35kg/cm^2$
2	배관방법	• 단관식 : 증기와 응축수가 동일 배관 • 복관식 : 증기와 응축수가 서로 다른 배관
3	증기공급법	• 상향공급식 • 하향공급식
4	응축수 환수법	• 중력환수식 : 응축수를 중력 작용으로 환수 • 기계환수식 : 펌프로 보일러에 강제환수 • 진공환수식 : 진공펌프로 환수관 내 응축수와 공기를 흡입순환
5	환수관의 배관법	• 건식 환수관식 : 환수주관을 보일러 수면보다 높게 배관 • 습식 환수관식 : 환수주관을 보일러 수면보다 낮게 배관

(2) 기계환수식 증기난방

응축수를 일단 탱크 내에 모아서 펌프를 사용하여 보일러에 급수하는 난방이다.

① 응축수가 중력환수가 되지 않는 보일러에 사용된다.
② 탱크(수주탱크)는 최하위의 방열기보다 낮은 곳에 설치한다.

③ 방열기에는 공기빼기가 불필요하다.
④ 방열기 밸브의 반대편 하부 태핑에 열동식 트랩을 단다.
⑤ 응축수 펌프는 저양정의 센트리퓨걸 펌프가 사용된다.
⑥ 탱크 내에 들어온 공기는 자동 공기드레인 밸브에 의하여 공기 속으로 배기된다.
⑦ 펌프의 압력은 0.3~1.4kg/cm² 정도이다.

(3) 진공환수관 증기난방

대규모 난방에 사용되며 환수관의 끝에서 보일러 바로 앞에 진공펌프를 설치하여 난방시킨다. 즉, 환수관 내의 응축수와 공기를 펌프로 빨아내고 관 내를 100~250mmHg 정도의 진공상태로 유지하여 응축수를 빨리 배출시킨다.

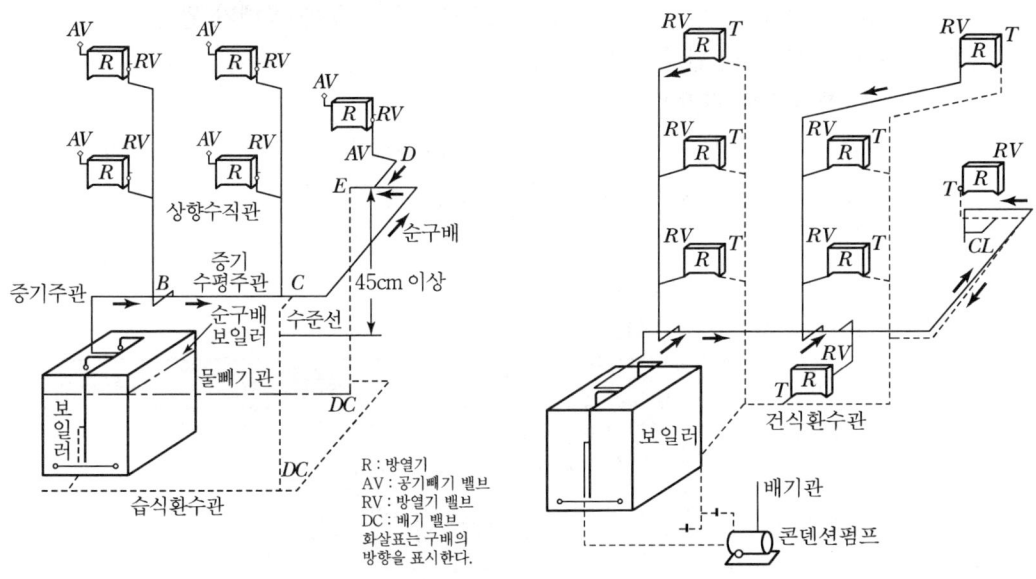

[단관 중력환수식 증기난방(상향 급기)]   [기계환수식 증기난방]

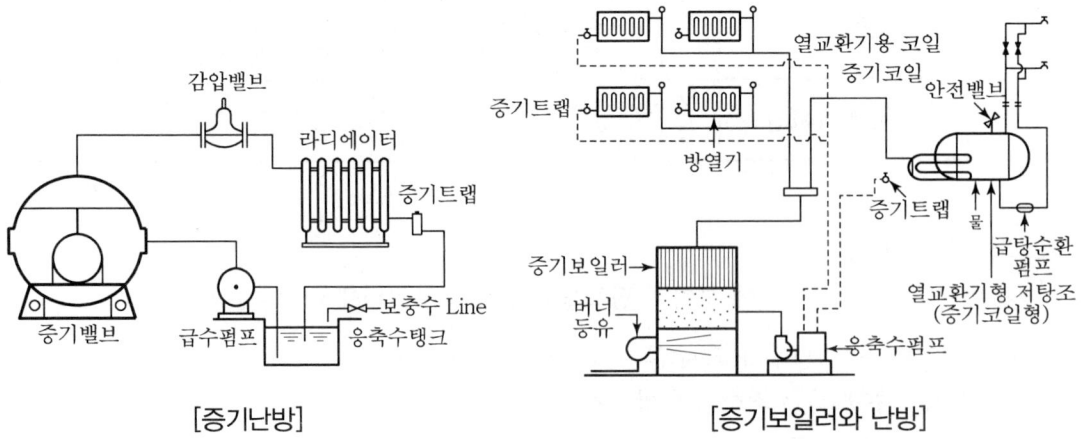

[증기난방]   [증기보일러와 난방]

① 증기의 회전이 제일 빠른 난방이다.
② 환수관의 직경이 작아도 된다.
③ 방열기 설치장소에 제한을 받지 않는다.
④ 방열량이 광범위하게 조절된다.

3 복사난방법(Panel Heating System)

복사난방이란, 벽 속에 가열코일을 묻어서 그 코일 내에 온수를 보내어 그 복사열로 난방을 한다.

(1) 복사난방의 장단점
① 장점
㉮ 실내온도가 균일하여 쾌감도가 높다.
㉯ 방열기의 설치가 불필요하여 바닥면의 이용도가 높다.
㉰ 동일 방열량에 대해 열손실이 대체로 적다.
㉱ 공기의 대류가 적어서 공기의 오염도가 적다.
㉲ 평균온도가 낮아서 열손실이 적다.
㉳ 천장이 높은 집에 난방이 적당하다.
② 단점
㉮ 외기 온도변화에 따른 조작이 어렵다.
㉯ 배관을 벽 속에 매설하기 때문에 시공이 어렵다.
㉰ 고장 시 발견이 어렵고 벽 표면이나 시멘트모르타르 부분에 균열이 발생한다.
㉱ 단열재의 시공이 필요하다.

(2) 복사난방의 패널
① 패널의 종류
㉮ 바닥패널 : 패널면적이 커야 한다.
㉯ 천장패널 : 패널면적이 작아도 된다.
㉰ 벽패널 : 시공이 곤란하여 활용가치가 없다.
② 패널의 재료
㉮ 강관
㉯ 동관
㉰ 폴리에틸렌관
③ 벽면 코일배열법
㉮ 그릿 코일법
㉯ 밴드 코일법
㉰ 벽면 그릿코일법
④ 열전도율의 순서 : 동관 > 강관 > 폴리에틸렌관

⑤ 패널의 한 조당 길이 : 코일 길이는 40~60m 정도이다.

(3) 패널의 구조(크기)
① 바닥코일
㉮ 탄소강 강관 : 20~25A 정도 사용
㉯ 동관 : 13~16A 정도 사용
② 천장코일 : 15A 정도 사용

REFERENCE 패널(Panel)의 분류

(1) 천장패널
① 바닥패널에 비교해서 시공이 곤란하다.
② 방사면이 실내의 가구 등에 의해 방해되는 일이 없다.
③ 바닥패널보다도 높은 43.3℃까지 올릴 수 있어 패널면적이 적어도 된다.
④ 천장이 너무 높거나 너무 낮은 경우에는 사용이 불편하다.

(2) 바닥패널
① 시공이 용이하다.
② 표면온도는 35℃ 이상 올리지 않는 것이 좋다.
③ 패널면적이 커야 한다.
④ 패널의 방사면이 가구에 의해서 방해를 받는다.

(3) 벽패널
① 창의 가까운 곳에 설치한다.
② 가구에 의해 열이 차단되는 경우가 많다.
③ 바닥패널이나 천장패널의 보조로 사용된다.
④ 시공이 불편하다.
⑤ 실외로 열이 방열되지 않게 주의하여 시공한다.

---

4 지역난방

(1) 지역난방의 개요

지역난방은 1개소 또는 수개소의 보일러실에서 어떤 지역 내의 건물에 증기 또는 온수를 공급하는 난방방식이다.

① 지역난방의 장점
㉮ 각 건물에 보일러를 설치하는 경우에 비해 대규모 설비로 되어 있어 관리도 한번에 할 수 있고 열효율도 좋아 연료비가 절감된다.
㉯ 각 건물에 보일러실 연돌이 필요 없으므로 건물의 유효면적이 증대된다.

㉰ 설비의 고도화에 따라 도시 매연이 감소된다.
㉱ 인건비가 경감된다.
㉲ 각 건물의 난방운전이 합리적으로 이루어진다.
② **지역난방의 열매체**
㉮ 증기 : 게이지 압력 1kg/cm²에서 15kg/cm²까지 사용된다.
㉯ 온수 : 주로 100℃ 이상의 고온수가 사용된다.
③ **지역난방의 열매체 사용상의 특징**
㉮ 증기 사용
㉠ 응축수 펌프가 필요하다.
㉡ 증기 트랩의 고장이 있다.
㉢ 각종 기기의 보수관리에 노력이 많이 든다.

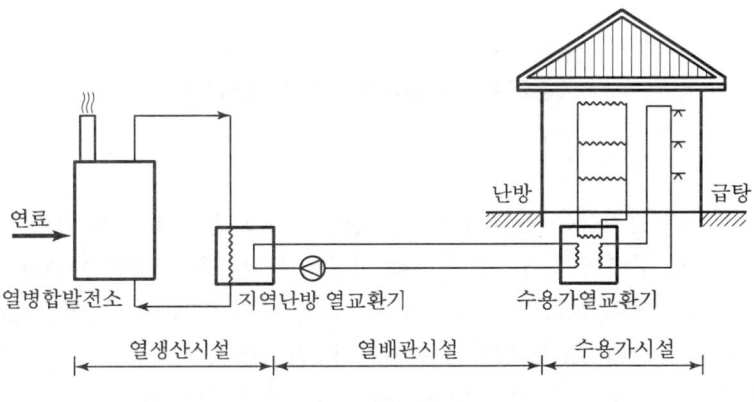

[지역난방 열공급 계통도]

㉯ 온수 사용
㉠ 지형의 고저가 있어도 온수 순환펌프에 의해 순환이 가능하다.
㉡ 외기의 온도변화에 따라 온수의 온도가 가감된다.
㉢ 난방부하에 따라 보일러의 가동이 가감된다.
㉣ 연료의 절약이 가능하다.
㉤ 열용량이 커서 연속운전이 아니면 시동 시 예열부하 손실이 크다.
㉥ 증기에 비해 관 내 저항손실이 커서 넓은 지역난방에서는 사용이 불편하다.

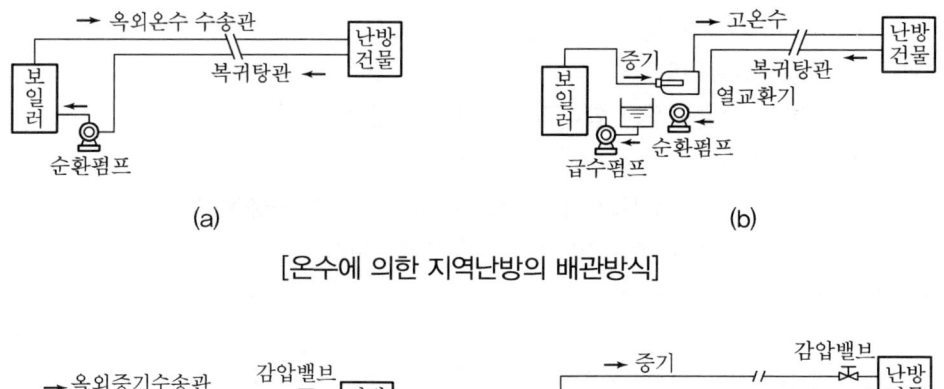

[온수에 의한 지역난방의 배관방식]

[증기에 의한 지역난방의 배관방식]

(2) **증기배관**

옥외 증기배관의 관지름은 건물에 필요한 증기압과 보일러에 대한 압력차에서 단위길이당 허용압력 강하를 구하여 증기유량에 대해 적합한 관지름을 선정한다. 옥외 증기배관은 지형에 맞추어 하향구배로 하고 배관 도중에 설치하는 증기 트랩이나 감압밸브가 있는 장소에는 후일 점검수리에 편리하도록 맨홀을 설치한다. 감압밸브는 가급적 난방부하의 중앙 지점에 설치하여 펌프실은 지역 중 가장 낮은 장소, 또는 지역 중앙이 되는 장소가 바람직하다.

(3) **고온수배관**

옥외 온수배관은 공기가 정류하지 않도록 1/250 이상의 하향 또는 상향구배로 하고 공기가 정류되는 부분에는 플로트식 자동 공기배출 밸브를 부착한다. 또 배관 중 가장 낮은 위치에는 드레인 밸브를 설치하여 드레인을 제거시킨다.

4. 배관시공법

1 온수난방시공

(1) 배관구배

온수배관은 공기밸브나 팽창탱크를 향하여 상향구배로 하며 에어포켓(Air Pocket)을 만들지 않게 배관한다. 일반적으로 구배는 1/250로 하고 배수밸브를 향하여 하향구배를 한다.

① **단관 중력순환식** : 메인파이프에 선단 하향구배를 하고 공기는 모두 팽창탱크에서 배제하도록 한다. 그리고 온수주관은 끝내림 구배를 준다.

② **복관 중력환수식**
  ㉮ 하향공급식 : 공급관이나 복귀관 모두 선단 하향구배이다.
  ㉯ 상향공급식
    ㉠ 공급관을 선단 상향구배
    ㉡ 복귀관을 선단 하향구배

③ **강제순환식**
  ㉮ 배관의 구배는 선단 상향, 하향과는 무관하다.
  ㉯ 배관 내에 에어포켓을 만들어서는 안 된다.

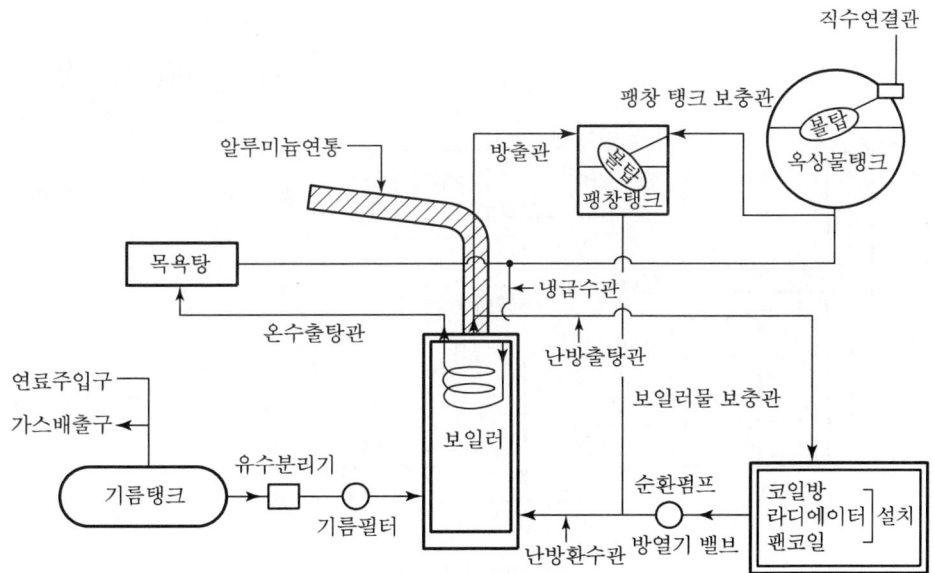

[온수보일러 설비계통도]

2 증기난방시공

(1) 배관구배

① **단관식 중력식 증기난방** : 단관식의 경우는 가급적 구배를 크게 하여 하향식·상향식 모두 증기와 응축수가 역류되지 않게 한다. 그러기 위하여 선단 하향구배(끝내림 구배)를 준다.
    ㉮ 순류관 구배 : 증기가 응축수와 동일 방향으로 흐르며, 구배는 1/100~1/200 정도이다.
    ㉯ 역류관(상향공급식)에서 구배는 1/50~1/100 정도이다.

② **복관중력식 증기난방** : 복관식의 경우 환수관이 건식과 습식에서는 시공법이 다르지만 증기 메인 파이프는 어느 경우에도 구배가 1/200 정도의 선단 하향구배이다.
    ㉮ 건식 환수관 : 1/200 정도의 선단 하향구배로 보일러실까지 배관하고 환수관의 위치는 보일러 표준 수위보다 650mm 높은 위치에 시공하여 급수에 지장이 없도록 한다. 또한 증기관과 환수관이 연결되는 곳에는 반드시 증기 트랩을 설치하여 증기가 환수관으로 흐르지 않도록 방지한다.
    ㉯ 습식 환수관 : 증기관 내의 응축수를 환수관에 배출할 때 트랩장치를 사용하지 않고 직접 배출이 가능하다. 또 환수관 말단의 수면이 보일러 수면보다 응축수의 마찰손실 수면이 높아지므로 증기주관을 환수관의 수면보다 400mm 이상 높게 하고 이 설비가 불가능하면 응축수 펌프를 설비하여 보일러에 급수한다.

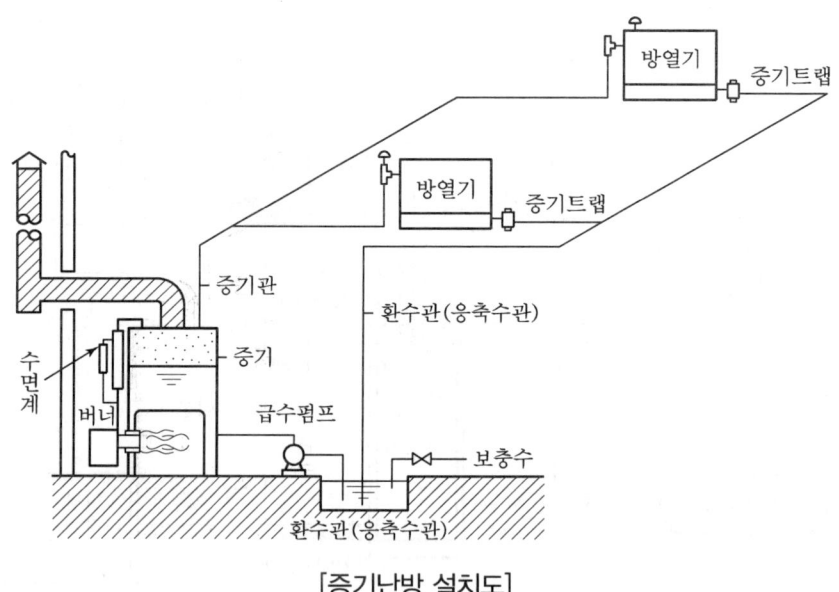

[증기난방 설치도]

③ **진공환수식 증기난방** : 진공환수식에서 환수관은 건식환수관을 사용한다. 또한 증기주관은 1/200~1/300 하향구배(끝내림)를 만들고 방열기, 브랜치관 등에서 선단에 트랩장치를 가지고 있지 않은 경우에는 1/50~1/100의 역구배를 만들고 응축수를 증기주관에 역류시킨다. 그리고 저압증기 환수관이 진공펌프의 흡입구보다 저위치에 있을 때 응축수를

끌어올리기 위한 설치로 리프트 피팅을 시공하는 경우에는 환수주관보다 1~2mm 정도 작은 치수를 사용하고 1단의 흡상높이는 1.5m 이내로 한다. 리프트 피팅의 그 사용개수는 가급적 적게 하고 급수펌프 가까이에서 1개소만 설비토록 한다.

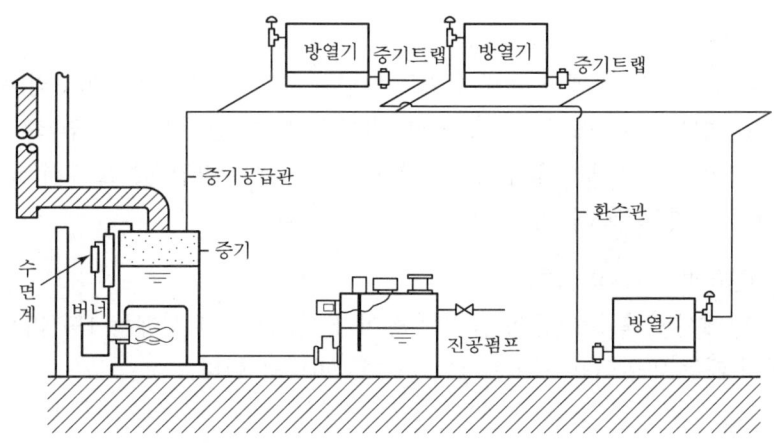

[진공환수식 증기난방]

(2) 보일러 주위의 배관

하트퍼드 접속법(Hartford Connection)은 보일러의 물이 환수관에 역류하며 보일러 속의 수면이 저수위 이하로 내려가는 경우가 있는데, 증기관과 환수관 사이에 균형관(밸런스관)을 설치해서 증기압력과 환수관의 균형을 유지시켜 환수주관에서 흘러나오는 물이 보일러로 들어가지 않게 방지하는 역할을 하는 방법이다.

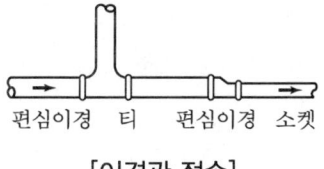

[이경관 접속]

〈하트퍼드 접속법의 밸런스관 관경〉

보일러 화상면적(m²)	밸런스관 관경(mm)
0.37 이하	40
0.37~1.4	65
1.4 이상	100

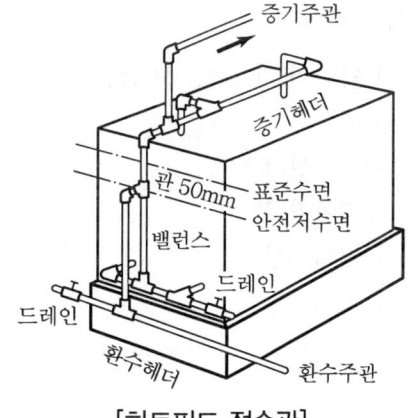

[하트퍼드 접속관]

(3) 방열기 주변 배관

방열기 지관은 스위블 이음을 이용해 따내고 지관의 구배는 증기관의 끝올림 환수관을 끝내림으로 한다. 주형 방열기는 벽으로부터 50~60mm 띄워서 설치한다. 또한 벽걸이형은 방바닥에서 150mm 높게 설치하여야 한다.

(4) 감압밸브 설치

감암밸브의 설치는 배관에서 유체가 흐르는 입구 쪽으로부터 압력계(고압 측), 글로브밸브, 여과기, 감압밸브, 인크레서(Increaser), 슬루스 밸브, 안전밸브, 저압 측 압력계의 순으로 설치된다. 그리고 감압밸브에서 파일럿관을 이을 때에는 감압밸브로부터 3m 떨어진 유체의 출구 쪽에 접속하고 밸브는 글로브 밸브를 설치한다.

(5) 리프트 피팅(Lift Fitting) 설치

리프트 피팅에서 응축수를 끌어 올리는 높이가 1.5m 이하 시에는 1단 리프트 피팅을 하고 3m 이하일 때는 2단 리프트 또는 1단 리프트 피팅을 한다.

(6) 드레인 포켓

증기주관에서 응축수를 건식환수관에 배출하려면 주관과 동경으로 100mm 이상 내리고 하부로 150mm 이상 연장해 드레인 포켓을 만들어 준다.

5. 방열기(Radiator)

방열기(라디에이터)는 주로 대류난방에 사용되며 재료상 주철제, 강판제, 알루미늄제가 있다.

1 방열기의 종류

(1) 주형 방열기(Columm Raditor)
  ① 종류
    ㉮ 2주형(Ⅱ)
    ㉯ 3주형(Ⅲ)
    ㉰ 3세주형
    ㉱ 5세주형
  ② 방열면적 : 한쪽(Section)당 표면적으로 나타낸다.

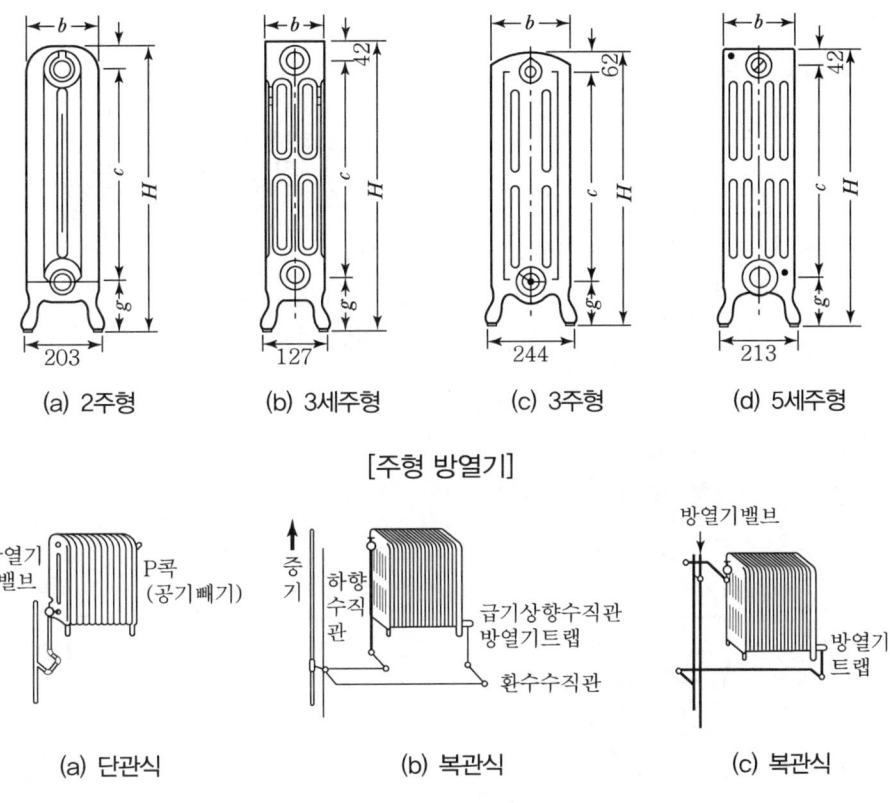

[주형 방열기]

[방열기 주변배관]

(2) 벽걸이 방열기(Wall Radiator)

주철제로서 횡형과 종형이 있다.
① 횡형($W-H$)
② 종형($W-V$)

(3) 길드 방열기(Gilled Radiator)

1m 정도의 주철제로 된 파이프가 방열기이다.

(4) 대류방열기(Covector)

강판제 캐비닛 속에 관튜브형의 가열기가 들어 있는 방열기이며 캐비닛 속에서 대류작용을 일으켜 난방한다. 특히 높이가 낮은 대류방열기를 베이스 보드 히터라 하며 베이스 보드 히터는 바닥면에서 최대 90mm 정도의 높이로 설치한다.

2 방열기의 배치

(1) 배치장소와 거리

① 설치장소 : 외기와 접한 창 밑에 설치한다.
② 배치거리 : 벽에서 50~60mm 떨어진 곳에 설치한다.

3 방열기의 호칭

(1) 종별-형×쪽수

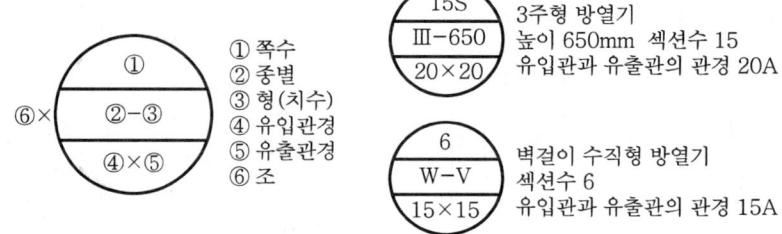

[방열기 도시법]

(2) 기타 방열기의 도시기호

① 벽걸이형(수직형, 수평형) 방열기

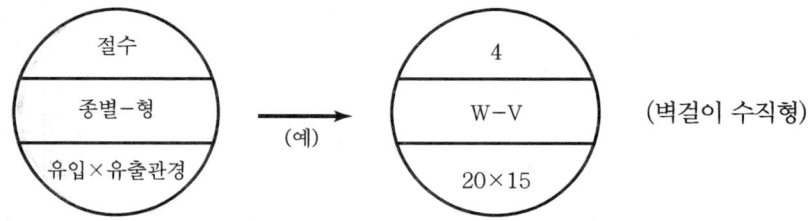 (벽걸이 수직형)

② 길드형 방열기

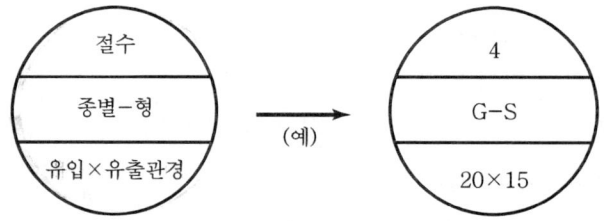

③ 캐비닛 히터(EDR 5m^2)

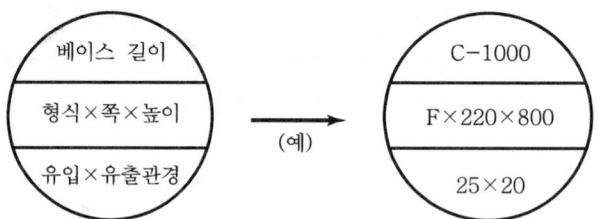

④ 베이스 보드 히터(EDR 5m²)

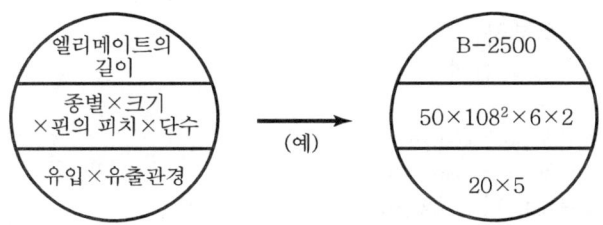

4 방열기의 부속

(1) **방열기 밸브**

방열기 입구에 설치해서 증기나 온수의 유량을 수동으로 조절한다. 일명 팩리스 밸브(Packless Valve)라고 한다.

(2) **방열기 트랩**

방열기 출구에 설치하는 열동식 트랩(Thermostatic Trap)이며 에테르 등의 휘발성 액체를 넣은 벨로스를 부착하여 이것에 접촉되는 열의 고저에 의한 팽창이나 수축작용으로 벨로스 하부의 밸브가 개폐됨으로써 응축수를 환수관에 보내는 역할을 하는 트랩이다.

5 방열면적 계산(온수난방)

(1) 소요방열면적(m^2) = $\dfrac{\text{시간당 난방부하}}{\text{방열기의 방열량}}$

(2) 온수난방 상당방열면적 EDR(m^2) = $\dfrac{\text{시간당 난방부하}}{450}$

(단, 증기난방에서는 650kcal/m^2h로 나눈다)

6 방열기 쪽수 계산

(1) 소요방열 쪽수 계산(쪽)

$$\dfrac{\text{시간당 난방부하}}{\text{방열기의 방열량} \times \text{쪽당 방열표면적}}$$

(2) 온수난방 방열기 쪽수 계산(쪽)

$$\dfrac{\text{시간당 난방부하}}{450 \times \text{쪽당 방열표면적}}$$

(3) 증기난방 방열기 쪽수 계산(쪽)

$$\frac{시간당\ 난방부하}{650 \times 쪽당\ 방열표면적}$$

여기서, 시간당 난방부하 : kcal/h
방열기의 방열량 : kcal/m²h
쪽당 방열표면적 : m²/섹션당

6. 팽창탱크

팽창탱크는 온수보일러의 안전장치로서 온수의 온도가 상승하여 온수체적의 증가로 수압의 상승에 의한 보일러의 파열사고를 방지하기 위해 설치된다.

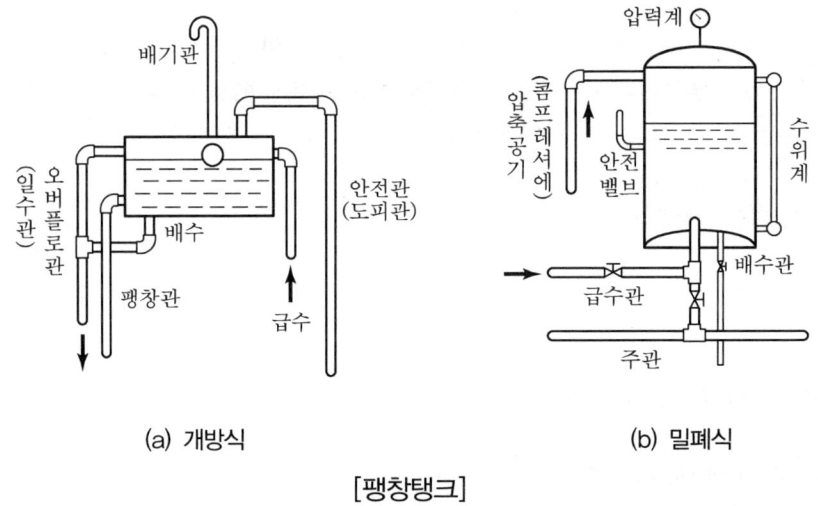

[팽창탱크]

1 설치목적

(1) 보일러 운전 중 장치 내의 온도상승에 의한 체적팽창이나 이상팽창의 압력을 흡수한다.
(2) 운전 중 장치 내를 소정의 압력으로 유지한다.
(3) 팽창한 물의 배출을 방지하여 장치 내의 열손실을 방지한다.
(4) 보충수를 공급하여 준다.
(5) 공기를 배출하고 운전정지 후에도 일정압력이 유지된다.

2 팽창탱크의 종류

- 구조에 따라 ┬ 개방식
             └ 밀폐식
- 재질에 따라 ┬ 강철제
             └ 내열성 합성수지

(1) 개방식 팽창탱크
일반 주택 등에서 저온수 난방 시에 주로 사용되며, 대기에 개방된 개방관은 팽창탱크에 두고 온수팽창에 의한 팽창압력을 외부로 배출한다.

① 설치 시 주의사항
  ㉮ 최고 부위 방열기나 방열관보다 1m 이상 높게 설치한다.
  ㉯ 100℃ 이상의 온도에 견딜 수 있는 재료를 선택한다.
  ㉰ 팽창탱크 내부의 수위를 알 수 있는 구조이어야 한다.
  ㉱ 용량은 온수팽창량의 2배 정도가 되어야 한다.
  ㉲ 동결에 의한 방지조치가 필요하다.
  ㉳ 필요 시 자동급수장치를 갖추는 것을 원칙으로 한다.
  ㉴ 팽창탱크에는 상부에 통기구멍을 설치한다.
  ㉵ 팽창탱크의 과잉수에 의해 화상을 당하지 않게 하기 위하여 오버플로관을 설치한다.
  ㉶ 탱크에 연결되는 팽창흡수관은 탱크바닥면보다 25mm 이상 높게 설치한다.
  ㉷ 수도관이나 급수관이 보일러나 배관 등에 직접 연결되지 않도록 한다.

② 팽창탱크의 연결장치(온수보일러)
  ㉮ 팽창관의 크기
    ㉠ 30,000kcal/h 이하 : 15mm 이상
    ㉡ 30,000~150,000kcal/h 이하 : 25mm 이상
    ㉢ 150,000kcal/h 초과 : 30mm 이상
  ㉯ 방출관(안전관 크기)
    ㉠ 30,000kcal/h 이하 : 15mm 이상
    ㉡ 30,000~150,000kcal/h 이하 : 25mm 이상
    ㉢ 150,000kcal/h 초과 : 30mm 이상

(2) 밀폐식 팽창탱크
주로 고온수난방에 사용되며 설치위치에 관계없이 설비가 가능하다. 팽창압력을 압축공기 등으로 흡수해야 하기 때문에 여기에 장치가 필요하다.

① 밀폐식 팽창탱크 부대장치
  ㉮ 수위계　　　　　　　　㉯ 방출밸브
  ㉰ 압력계　　　　　　　　㉱ 압축공기관
  ㉲ 급수관　　　　　　　　㉳ 배수관

(3) 팽창탱크 용량계산(ΔV)

① 개방식

$$\Delta V = \alpha \cdot V \cdot \Delta t, \quad \Delta V = \left(\frac{1}{\rho_2} - \frac{1}{\rho_1}\right) \times V(l)$$

여기서, α : 물의 팽창계수 0.5×10^{-3}/℃
　　　　Δt : 온도상승(℃)(운전온도 – 시동 전 온도)
　　　　V : 보유수량(전수량)
　　　　ρ_1 : 시동 전 물의 밀도(비중)
　　　　ρ_2 : 운전 중 물의 밀도(비중)

② 밀폐식

$$E \cdot T(l) = \frac{\Delta V}{\dfrac{P_a}{P_a + 0.1h} - \dfrac{P_a}{P_1}}(l)$$

여기서, ΔV : 온수팽창량(l)
　　　　P_a : 대기압(kg/cm²) = 1kg/cm²(1.0332kg/cm²a)
　　　　h : 팽창탱크로부터 최고부까지 높이(m)
　　　　P_1 : 보일러의 최고 허용압력(kg/cm²abs)

③ 밀폐식 팽창탱크에 필요한 공기압

$$H_T = h + H_t + \frac{1}{2h_\rho} + 2$$

여기서, H_T : 필요한 공기압(mH₂O)
　　　　h : 최고부까지의 높이(m)
　　　　h_ρ : 펌프의 양정(m)
　　　　h_t : 온수온도에 상당하는 포화증기압(mH₂O)

7. 공기방출기

온수보일러 등에서 장치 내에 침입하는 공기를 외부로 방출하기 위하여 설치한다.

1 구조상의 종류

(1) 자동에어벤트

물과 공기와의 비중차를 이용한다.

(2) 에어핀

수동으로 공기를 제거시킨다.

(3) 공기방출관

공기가 스스로 배기되나 고층에서는 활용가치가 없다.

2 설치방법

(1) 상향식 보일러

공기방출기는 환수주관부 가장 높은 곳에 설치한다.

(2) 하향식 보일러

공기방출기는 팽창탱크와 겸하여 보일러 바로 위에 설치한다(팽창탱크와 별도로 설치하면 더욱 좋다).

(3) 공기방출기 설치위치

① 개방식은 팽창탱크 수면보다 50cm 이상 높게 한다.
② 인접주관식 배관의 상향순환식은 한 갈래마다 공기방출기가 필요하다.

8. 급수설비

1 급수배관법

(1) 직결식(직접급수법)

① **우물직결식** : 우물 근처에 펌프를 설치하여 물을 끌어올린 후 급수한다.
② **수도직결식** : 수도원관의 수압을 이용하여 직접 건물에 급수하는 방식이다. 사용처는 일반주택 및 소규모 건축물이며, 연결은 수도본관에 지관을 붙여서 급수관을 연결한 후 급수 수전계량기를 설치한다.

(2) 고가탱크식(옥상탱크) 급수법

수도본관의 수압이 부족하여 물이 건물의 최상층까지 도달하지 못하거나 오히려 수압이 과다하여 배관부속품이 파손될 우려가 있을 때 탱크를 옥상 높은 곳에 설치하여 그 탱크에 펌프로 물을 퍼올려 하향 급수관에 의해 급수시킨다.

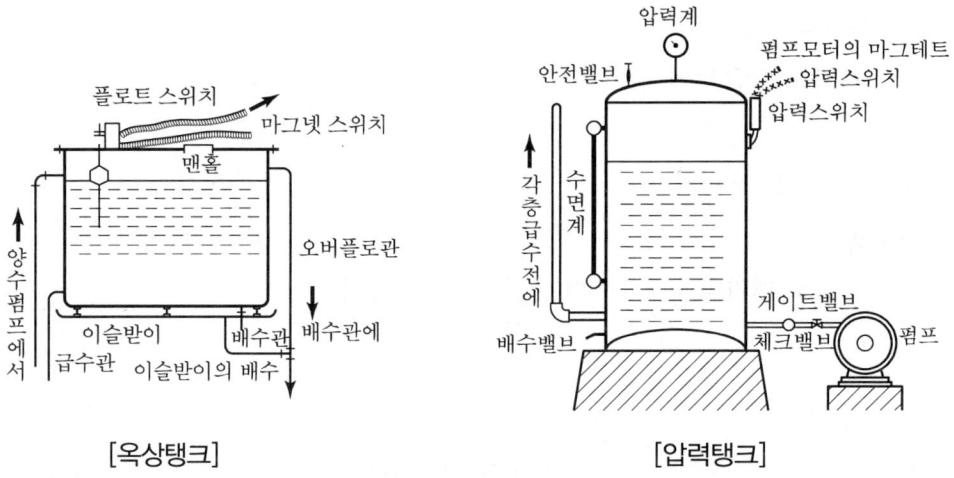

[옥상탱크]   [압력탱크]

(3) 압력탱크식 급수법

지상에 강판제 밀폐탱크를 설치하여 펌프로 탱크 속의 공기를 $3kg/cm^2$ 압축하고 물을 30cm 정도 높은 곳에 급수시킨다.

2 펌프(Pump)

(1) 원심식 펌프

원심력에 의해서 급수할 수 있으므로 왕복식에 비하여 이점이 있어서 널리 사용된다.

> REFERENCE 원심식 펌프의 사용상의 이점
>
> ① 소형이며 가볍다.
> ② 고속회전에 적합하며 모터에 연결되기 때문에 운전성능이 우수하다.
> ③ 진동과 소음이 적다.
> ④ 장치가 간편하다.
> ⑤ 파동이 없어(송수압에 의한) 수량의 조절이 용이하다.

① 센트리퓨걸 펌프(Centrifugal Pump) : 볼류트 펌프 사용처는 주로 15m 내외의 낮은 양정에 사용되며 펌프 내에 프라이밍(Priming)하여 임펠러가 회전하면서 원심력에 의하여 양수한다.
② 터빈펌프(Turbine Pump) : 볼류트 펌프의 임펠러 외측에 안내 날개(Guide Vane)를 장치하고 있어 물의 흐름을 조절하여 양정 20m 이상에 사용한다.

왕복펌프	① 피스톤 펌프	② 플런저 펌프	③ 워싱톤 펌프
회전펌프	① 센트리퓨걸 펌프	② 터빈펌프	
깊은 우물펌프	① 보어홀 펌프	② 수중 모터펌프	③ 제트펌프
특수펌프	① 인젝터	② 오수펌프	③ 기어펌프

(2) 왕복식 펌프
 ① 피스톤 펌프 : 일반 우물용 펌프로 사용된다.
 ② 플런저 펌프 : 물이나 기타 액체고압용에 사용된다.
 ③ 워싱턴 펌프 : 증기를 이용하여 고압용에 사용된다.

> **REFERENCE** 왕복식 펌프의 사용상의 특징
>
> ① 송수압의 파동이 크다.
> ② 수량조절이 곤란하다.
> ③ 양수량의 양이 적어서 양정이 큰 경우에만 사용이 적합하다.

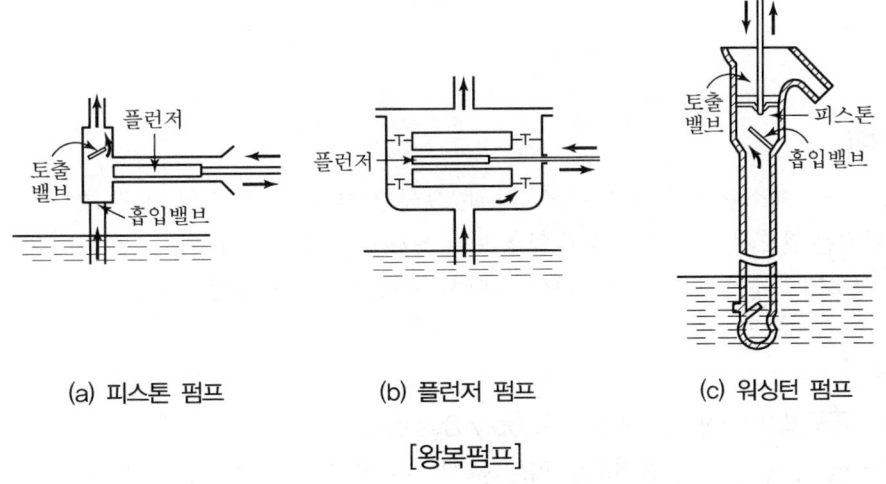

(a) 피스톤 펌프   (b) 플런저 펌프   (c) 워싱턴 펌프

[왕복펌프]

(3) 심정펌프(Deep Well Pump)

이 펌프는 깊이 7m 이상의 깊은 물에 사용되는 펌프로서 3가지 종류가 있다.

① **보어홀 펌프(Borehole Pump)** : 수직형 터빈 펌프로서 임펠러와 여과기는 물속에 있고 모터는 땅 위에 있어 이 2개를 긴축으로 연결하여 우물을 퍼올린다.
② **수중 모터펌프** : 수직형 터빈펌프 밑에 모터를 직결하여 양수하며 모터와 터빈은 모두 수중에서 작동된다.
③ **제트펌프(Jet Pump, 보조펌프)** : 지상에 설치한 터빈펌프에 연결된 흡입관과 압력관을 우물 속에 세운다. 터빈에서 압력수의 일부를 압력관을 통하여 물속에 있는 제트에 보내어 고속으로 벤투리관에 분사시킨다. 이때 벤투리관은 압력이 하강하여 우물물을 흡입하고 흡입된 물은 압력수와 같이 흡입관으로 올라가 터빈펌프로 배출된다. 우물물을 6~7m까지 끌어올린다.

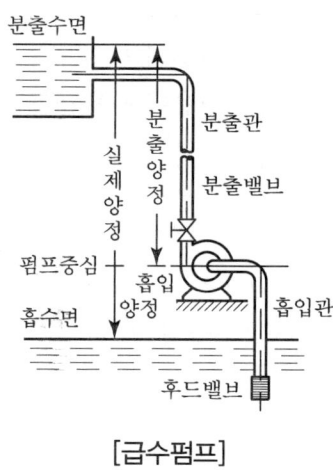

[급수펌프]

9. 급탕설비

급탕을 필요로 하는 개소에는 세면기, 욕조, 샤워, 요리싱크대 등이 있으며, 특히 호텔이나 병원 등에서의 급탕설비는 반드시 필요하다. 온수의 온도는 용도별로 차이가 있지만 보통 70~80℃의 온수를 공급하여 사용장소에서 냉수를 혼합하여 적당한 온도로 용도에 맞게 사용한다.

1 급탕방법

(1) 개별식 급탕법(Local Hot Water Supply System)

가스나 전기, 증기 등을 열원으로 하여 욕실이나 싱크대, 세면기 등 더운 물이 필요한 곳에 탕비기를 설치하여 짧은 배관시설에 의하여 기구 급탕 전에 연결해서 사용하는 간단한 방법이다. 장점은 다음과 같다.

① 배관길이가 짧아서 열손실이 적다.
② 필요한 장소에 간단하게 설비가 가능하다.
③ 급탕개소가 적을 때는 설비비가 싸다.
④ 소규모 설비로 급탕이 용이하다.

(2) **중앙식 급탕법**(Center Hot Water Supply System)

이 방식은 건물의 지하실 등 일정한 장소에 탕비장치를 설치하여 배관으로 사용처에 급탕하며 열원은 증기, 석탄, 중유 등이 사용된다.

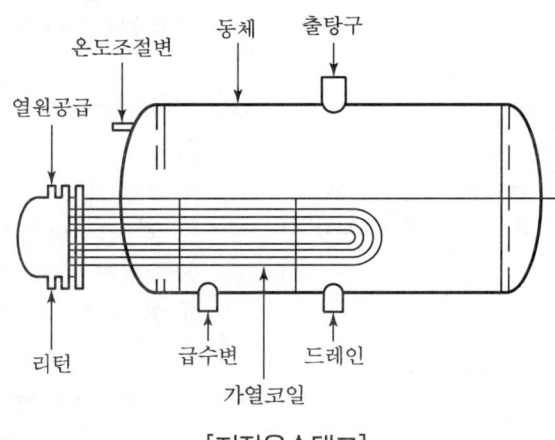

[저장온수탱크]

① 직접가열식 : 온수보일러로 급탕수를 만들어 급탕탱크에 모아서 분배한다.
② 간접가열식 : 급탕탱크(저탕조)내에 코일을 설치하고 중온수나 증기를 보내어 간접적으로 열교환시켜 급탕수 제조
③ 기수혼합법 : 탱크 내 물에다가 증기를 직접 넣어서 증기+물을 혼합시켜 급탕수를 만든다. 증기소음을 줄이기 위해 스팀 사일렌서(Steam Silencer)인 S형 또는 F형을 사용한다.

제1장 난방부하 및 난방설비 출제예상문제

01 다음은 온수난방의 특징이다. 틀린 것은?

① 난방부하의 변동에 따라 열량조절이 용이하다.
② 증기난방에 비해 방열기 표면온도가 올라가기까지 예열시간이 짧다.
③ 보일러의 취급이 쉽고 비교적 안전하다.
④ 온수용 주철제 보일러는 수두 50m 이하로 제한되어 있다.

해설 ㉠ 온수난방의 방열기 표면온도는 증기난방보다 예열시간이 길어진다. 온수의 온도가 증기의 온도보다 낮기 때문이다.
㉡ ①, ③, ④는 온수난방의 특징이다.

02 온수난방의 특징을 잘못 설명한 것은?

① 100℃ 이상의 고온수난방에는 개방식 팽창탱크를 설치한다.
② 예열시간이 많이 걸리는 편이다.
③ 시설비는 많이 드나 보일러 취급이 쉽다.
④ 난방부하의 변동에 따라 방열량 조절이 쉽다.

해설 ㉠ 100℃ 이상의 고온수 난방에는 밀폐식 팽창탱크가 사용된다.
㉡ 온수난방은 예열시간이 많이 걸리는 편이다.
㉢ 온수난방은 시설비는 많이 드나 보일러 취급이 쉽다.
㉣ 온수난방은 난방부하의 변동에 따라 방열량 조절이 쉽다.

03 온수난방법의 종류에 대한 설명 중 틀린 것은?

① 배관방법에 따라 단관식과 복관식이 있다.
② 온수온도에 따라 보통 온수식과 고온수식이 있다.
③ 온수순환방법에 따라 중력순환식과 강제순환식이 있다.
④ 온수의 공급방법은 상향 공급식만 사용한다.

해설 온수난방
㉠ 배관방법 : 단관식, 복관식
㉡ 온수온도에 따라 : 보통온수식(저온수난방), 고온수식
㉢ 온수순환방법 : 중력환수식, 강제순환식
㉣ 온수의 공급방법 : 상향 공급식, 하향 공급식

04 중력순환식 온수난방법의 설명으로 잘못된 것은?

① 주로 가정 · 주택용에 사용된다.
② 온수온도의 밀도차에 의해 순환한다.
③ 보일러는 방열기보다 낮은 곳에 설치한다.
④ 보일러를 최고층 방열기보다 높은 곳에 설치한다.

해설 중력순환식 온수난방
㉠ 주로 가정이나 주택용에 사용된다.
㉡ 온수온도의 밀도차에 의해 순환한다.
㉢ 보일러는 방열기보다 낮은 곳에 설치한다.

05 온수난방에서 상당방열면적이 60m²일 때 난방부하는 몇 kcal/h인가?(단, 방열기의 방열량은 450kcal/m² · h이다.)

① 15,700
② 27,000
③ 36,400
④ 39,000

해설 상당방열면적(EDR) 1m²당 방열량은 450kcal/m²h이다.
$60 \times 450 = 27,000$ kcal/h

정답 01 ② 02 ① 03 ④ 04 ④ 05 ②

06 항상 일정한 압력으로 급수되는 방식은?

① 압력탱크식
② 옥상탱크식
③ 수도직결식
④ 양수펌프식

해설 옥상탱크식
고가탱크방식이며 항상 일정한 압력으로 급수되는 방식이다.

07 증기난방법을 응축수의 환수방식에 따라 분류한 것 중 맞지 않는 것은?

① 복관환수식   ② 중력환수식
③ 진공환수식   ④ 기계환수식

해설
㉠ 응축수의 환수방법(증기난방) 3가지
  • 중력순환식(자연순환식)
  • 기계순환식(자연순환식)
  • 진공환수식(대규모 난방 시에 사용)
㉡ ②, ③, ④는 증기난방에서의 증기난방 방식이다(환수방식의 분류).
㉢ ①은 환수방식이 아니고 배관방식에 속한다.

08 온수의 순환방법 중 강제순환식의 특징이 아닌 것은?

① 예열시간이 짧다.
② 순환력이 강하다.
③ 배관의 지름을 가늘게 할 수 있다.
④ 소규모 난방장치에 적합하다.

해설 온수난방의 강제순환 방식의 특징
㉠ 예열시간이 짧다.
㉡ 순환력이 강하다.
㉢ 배관의 지름을 가늘게 할 수 있다.
㉣ 대규모 난방장치에 적합하다.

09 방열기의 도시 중 유입 측 관의 지름은 몇 mm인가?

① 3m   ② 25m
③ 30mm   ④ 50mm

해설
㉠ 유입 측 : 25mm
㉡ 유출 측 : 30mm
㉢ 3 : 섹션수(쪽수)
㉣ W : 벽걸이 방열기
㉤ V : 수직 설치

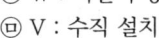

10 증기난방에 비교하여 온수난방의 특징을 설명한 것 중 옳지 않은 것은?

① 동일 방열량에 대해 방열면적이 적으며 배관의 굵기가 작다.
② 예열시간이 걸리나 잘 냉각되지 않는다.
③ 설비비가 많이 드나 보일러 취급이 쉽고 실내온도 쾌감도가 높다.
④ 난방부하의 변동에 따라서 온도조절이 용이하다.

해설
㉠ ①은 증기난방에 대한 내용에 해당한다.
㉡ ②, ③, ④는 온수난방의 장점이다.
㉢ 온수난방은 순환력을 높이기 위하여 배관의 굵기가 커야 한다. 이것이 단점이다.
㉣ 온수난방은 동일 발열량에 대해 방열면적이 커야 되는 단점이 있다.

11 강제순환식 온수난방에 대한 설명으로 잘못된 것은?

① 중력순환식에 비하여 배관의 직경이 커야 한다.
② 순환펌프가 필요하다.
③ 온수를 신속하고 고르게 순환시킬 수 있다.
④ 팽창탱크를 밀폐형으로 할 경우 탱크 위치(높이)는 문제가 되지 않는다.

해설 강제순환식 온수난방의 특징
㉠ 중력순환식에 비하여 배관의 직경이 작아도 된다.
㉡ 온수의 순환펌프가 필요하다.
㉢ 온수를 신속하고 고르게 순환시킬 수 있다.
㉣ 밀폐형 팽창탱크는 설치 높이가 문제되지 않는다.

정답 06 ② 07 ① 08 ④ 09 ② 10 ① 11 ①

12 보일러 송수주관을 최하층의 천장에 배관하여 여기서 수직관을 분개시켜 방열기에 연결하는 방식은?

① 상향식　② 하향식
③ 단관식　④ 복관식

해설　보일러의 송수주관을 최하층의 천장에 배관하여 여기서 수직관을 분기시켜 방열기 등에 연결하는 방식은 상향식이다.

13 증기난방의 분류 중 공급방법에 속하는 것은?

① 저압식
② 상향식
③ 습식환수식
④ 중력환수식

해설　㉠ 증기난방의 공급방법 : 상향식, 하향식
　　　㉡ 응축수 환수법 : 중력환수식, 기계환수식, 진공환수식
　　　㉢ 환수관의 배관법 : 건식, 습식
　　　㉣ 배관법 : 단관식, 복관식
　　　㉤ 증기압력 : 고압식, 저압식

14 방열기 부속품에 관한 설명 중 맞는 것은?

① 방열기 밸브를 일명 팩리스 밸브(Packless Valve)라 한다.
② 방열기 트랩은 방열기의 출구에 설치하는 충동식 증기 트랩을 말한다.
③ 주철제 방열기는 복사 방열량이 약 90%이다.
④ 방열기 밸브는 그랜드 패킹을 사용한다.

해설　㉠ 방열기 밸브는 일명 팩리스 밸브이다.
　　　㉡ 방열기 트랩은 방열기의 출구에 설치하는 열동식 증기 트랩이다.
　　　㉢ 충동식(충격식) 트랩 : 증기가 응축할 때 온도가 높은 응축수의 압력이 감소하면 재증발이 일어나고 재증발이 일어나면 부피가 늘어나는데 이것은 밸브의 개폐에 이용된다.
　　　㉣ 주철제 방열기는 복사 방열량이 40%이다.

15 길드 방열기 표시 형식 도시로 적합한 것은?

①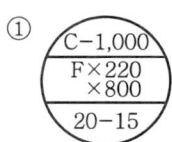
②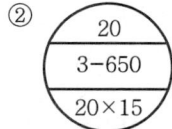
③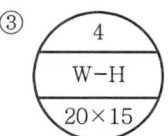
④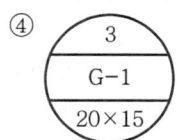

해설　방열기의 종류
　　　㉠ 주형 방열기 - 2주형(Ⅱ), 3주형(Ⅲ), 3세주형(3C), 5세주형(5C)
　　　㉡ 벽걸이 방열기(W)
　　　㉢ 길드 방열기(G)
　　　㉣ 대류 방열기(C)

16 주철제 방열기의 도시기호 중 벽걸이형 수직형으로서 절(섹션) 수는 3개, 유입 측 25, 유출 측 20을 나타낸 것은 어느 것인가?

①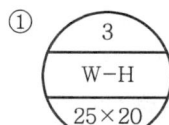
②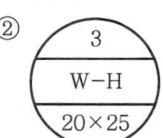
③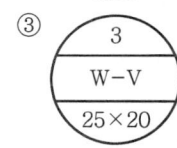
④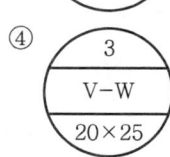

해설　㉠ 3 : 섹션 수 3개
　　　㉡ W : 벽걸이형
　　　㉢ H : 수평형 벽걸이
　　　㉣ 25×20 : 유입구와 유출구의 관경(mm)
　　　㉤ V : 수직형 벽걸이

17 방열기 안에 생긴 응축수를 보일러에 환수할 때 응축수와 증기가 동일관을 흐르도록 한 것은?

① 단관식　② 복관식
③ 상향식　④ 하향식

해설 ㉠ 방열기 안에 생긴 응축수를 보일러에 환수할 때 응축수와 증기가 동일관으로 흐르도록 한 것은 단관식 배관방식이며 별도로 흐르게 한 것은 복관식이다.
㉡ 상향식, 하향식은 증기의 공급방식에 해당된다.

18 온수난방에서 온수의 평균온도 80℃, 실내온도 18℃, 방열기 계수 7.2kcal/m²h℃인 측정결과를 얻었다. 소요 방열량을 구하면?

① 446.4kcal/m²h   ② 452.6kcal/m²h
③ 496kcal/m²h   ④ 508.4kcal/m²h

해설 소요 방열량=방열기 계수×(온수 평균온도−실내온도)
∴ 7.2×(80−18)=446.4kcal/m²h

19 중력순환식 온수난방에 대한 설명 중 틀린 것은?

① 100℃ 이하의 온수난방이다.
② 온수의 온도차와 비중의 차에 따른 자연순환식이다.
③ 온수순환이 자유롭고 순환력이 크다.
④ 공기배기관은 팽창탱크보다 높게 설치한다.

해설 온수순환이 자유롭고 순환력이 큰 것은 중력순환식이 아니고 강제순환식이다.

20 다음 설명 중 증기난방에 비하여 온수난방의 특징은?

① 건물 높이에 제한을 받지 않아 대규모 난방설비에 적합하다.
② 동일 방열량에 대하여 방열면적과 관의 지름이 작아진다.
③ 난방부하의 변동에 따른 온도조절이 용이하다.
④ 예열하는 데 시간이 짧으며 동결될 우려가 없다.

해설 ㉠ 온수난방은 난방부하의 변동에 따라 온도조절이 용이하다.
㉡ ①, ②의 설명은 증기난방이다.

21 증기를 사용할 때의 주철제 방열기의 표준방열량은?

① 450kcal/m²h   ② 539kcal/m²h
③ 639kcal/m²h   ④ 650kcal/m²h

해설 ㉠ 주철제 온수난방 방열기의 표준방열량은 450kcal/m²h
㉡ 주철제 증기난방 방열기 표준방열량은 650kcal/m²h
㉢ 보일러가 1기압일 때 증기 1kg의 엔탈피가 639kcal/kg이다.
㉣ 100℃의 물을 100℃의 증기로 만들려면 539kcal/kg의 증발잠열이 필요하다.

22 온수난방을 증기난방과 비교하여 특징이 될 수 없는 것은?

① 부하변동에 따라 온도조절이 어렵다.
② 예열에 시간이 걸리지만 쉽게 냉각되지 않는다.
③ 방열기 표면온도가 증기의 경우에 비하여 낮다.
④ 동일 방열량에 대해 방열면적이 많이 필요하다.

해설 ㉠ 온수난방은 부하변동에 따라서 온도조절이 용이하다. 그러므로 ①은 잘못된 내용이다. 즉, 온수난방은 증기난방보다 온도조절이 용이하다.
㉡ ①의 내용은 증기난방용이 단점이다.

23 가정용 온수보일러 등에 설치하는 팽창탱크의 기능은?

① 배관 중의 이물질 제거
② 온수순환의 맥동 방지
③ 열효율의 증대
④ 온수의 가열에 따른 압력 증대 방지

해설 ㉠ 팽창탱크의 기능 : 온수의 가열에 따른 압력 증대의 방지
㉡ 팽창탱크는 개방식과 밀폐식이 있다.

정답 18 ① 19 ③ 20 ③ 21 ④ 22 ① 23 ④

24 증기난방에서 응축수의 환수방법에 따른 분류(종류) 중, 증기의 순환과 응축수의 배출이 빠르며 발열량도 광범위하게 조절할 수 있어서 대규모 난방에서 많이 채택되는 방식은?

① 단관식 중력환수식 증기난방
② 복관식 중력환수식 증기난방
③ 진공환수식 증기난방
④ 기계환수식 증기난방

해설 ㉠ 진공환수식 : 진공 펌프를 사용하여 응축수나 공기를 흡인, 증기의 순환이 빨라 보일러의 설치 위치에 제한이 없고 대규모 난방에 사용된다.
㉡ 응축수의 환수방법에는 진공환수식, 기계환수식, 중력환수식이 있다.

25 공기의 온도, 습도, 청정도 등을 조정하는 난방방법은?

① 간접난방법
② 직접난방법
③ 복사난방법
④ 대류난방법

해설 간접난방법
공기의 온도, 습도, 청정도 등을 조정하는 난방법이다.

26 단관 중력환수식 온수난방에서 방열기 입구 반대편 상부에 부착하는 밸브는?

① 방열기 밸브
② 온도조절 밸브
③ 공기빼기 밸브
④ 배니밸브

해설 단관 중력환수식 온수난방에서 방열기 입구 반대편에는 공기빼기 밸브가 부착되고 방열기 입구 쪽에는 방열기 밸브(RV)가 설치된다.

27 증기난방에 비하여 온수난방의 특징으로 적당한 것은?

① 방열기나 배관이 증기난방에 비하여 면적 및 관경이 작아진다.
② 난방의 개시시간이 짧게 걸린다.
③ 열용량이 크므로 난방부하에 따른 온도조절이 용이하다.
④ 예열하는 데 시간이 짧으며 동결될 우려가 없다.

해설 온수난방
㉠ 열용량이 크므로 난방부하에 따른 온도조절이 용이하다.
㉡ 배관 직경이 커야 한다.
㉢ 난방의 개시시간이 많이 걸린다.
㉣ 예열하는 데 시간이 많이 걸리고 동결의 우려가 적다.

28 복사난방(Panel Heating)의 바닥 매설배관으로 가장 좋은 것은?

① 아연도금 강관
② 연관
③ 동관
④ 흑강관

해설 복사난방의 바닥 매설관으로 가장 좋은 것은 동관이다.

29 주형 방열기(Column Radiator)의 종류를 열거한 것이 아닌 것은?

① 2주형
② 3주형
③ 3세주형
④ 2세주형

해설 주형 방열기의 종류
2주형(Ⅱ), 3주형(Ⅲ), 3세주형(3C), 5세주형(5C)

30 온수난방의 팽창탱크에 관한 설명 중 틀린 것은?

① 온도변화에 따른 온수의 체적변화를 흡수한다.
② 팽창탱크는 방열면 또는 최고 위치의 방열기보다 1m 높게 설치한다.
③ 안전밸브의 역할을 한다.
④ 온수순환을 촉진시키고 열효율을 높인다.

해설 ㉠ ①, ②, ③의 내용은 온수난방에서 팽창탱크의 역할이다.
㉡ 온수의 순환을 촉진시키는 것은 순환펌프이다. 팽창탱크는 압력증대 방지용이다.

정답 24 ③ 25 ① 26 ③ 27 ③ 28 ③ 29 ④ 30 ④

31 어떤 방의 온수난방에서 실내온도를 18℃로 유지하려고 하는데, 시간당 27,500kcal의 열량이 소요된다고 한다. 이때 송온수의 온도가 85℃이고, 환온수의 온도가 20℃라면 온수의 순환량은 약 얼마인가?(단, 온수의 비열은 0.997kcal/kg℃이다.)

① 324kg/hr
② 367kg/hr
③ 398kg/hr
④ 424kg/hr

해설 온수순환량(kg/h)
$= \dfrac{\text{시간당 열량(난방부하)}}{\text{온수의 비열(송온수온도} - \text{환수온도)}}$
$= \dfrac{27{,}500}{0.997(85-20)} = 424.34996 ≒ 424\text{kg/h}$

32 어떤 온수보일러의 방열기 출구온도가 70℃, 입구온도가 90℃이고 온수순환량이 600kg/h일 때 이 방열기의 방열량은 몇 kcal/h인가? (단, 온수의 평균비열은 1kcal/kg℃로 한다.)

① 48,000kcal/h
② 42,000kcal/h
③ 12,000kcal/h
④ 6,000kcal/h

해설 $600 \times 1 \times (90-70) = 12{,}000\text{kcal/h}$

33 주철제 방열기의 호칭법은 어떻게 나타내는가?

① 종별 − 치수 × 절수
② 치수 × 종별 − 절수
③ 유입관경 × 유출관경 × 치수
④ 절수 − 종별 × 치수

해설 방열기의 호칭법
종별 − 치수 × 절수(종별 − 형 × 쪽수)
㉠ 주철제 : 주형, 벽걸이형, 길드형
㉡ 방열기의 종류
  • 주형(2주형, 3주형, 3세주형, 5세주형)
  • 벽걸이형(W)
  • 길드형(G)
  • 대류형(C)

34 다음 방열기 도시기호 중 벽걸이 세로형(수직형)의 도시기호는?

① W − H
② W − Ⅱ
③ H − H
④ W − V

해설 ㉠ W : 벽걸이
㉡ H : 수평
㉢ V : 수직

35 방열기의 상당방열면적을 나타내는 기호는?

① GA
② EE
③ HS
④ EDR

해설 EDR : 방열기의 상당방열면적(m²)

36 증기난방과 비교한 온수난방의 특징이다. 해당되지 않는 것은?

① 실내의 쾌감도가 좋다.
② 보일러의 취급이 쉽고 안전하다.
③ 난방부하의 변동에 대한 온도조절이 쉽다.
④ 냉각시간이 짧고 예열시간이 길다.

해설 온수난방은 데우기는 어려우나(비열이 크기 때문에) 한번 데워 놓으면 냉각은 잘 되지 않는다. 그러므로 ④의 냉각시간이 짧다는 내용은 틀린 내용이다.

37 온수의 공급 수관을 수직으로 세워 최고부의 천장에서 수평으로 배관하고 거기서 하향으로 수직관을 연장 분기하는 방식은?

① 복관식 배관법
② 상향식 배관법
③ 하향식 배관법
④ 병렬식 배관법

해설 ㉠ 하향식 배관법 : 온수의 공급 수관을 수직으로 세워 최고부의 천장에서 수평 배관하고 거기서 하향으로 수직관을 연장하여 분기하는 방식
㉡ 온수난방의 분류

분류	종류
온수 온도	• 보통 온수식 : 보통 80~90℃의 온수 사용, 개방식 팽창탱크 • 고온수식 : 보통 100℃ 이상의 고온수 사용, 밀폐식 팽창탱크

정답 31 ④ 32 ③ 33 ① 34 ④ 35 ④ 36 ④ 37 ③

분류	종류
온수순환방법	• 중력순환식 : 중력 작용에 의한 자연순환 • 강제순환식 : 펌프 등의 기계력에 의한 강제순환
배관방법	• 단관식 : 송탕관과 복귀탕관이 동일배관 • 복관식 : 송탕관과 복귀탕관이 서로 다른 배관
온수공급방법	• 상향공급식 : 송탕주관을 최하층에 배관, 수직관을 상향 분기 • 하향공급식 : 송탕주관을 최상층에 배관, 수직관을 하향 분기

38 다음 중 중력환수식 증기난방법의 단관식 특징으로 잘못된 것은?

① 난방이 불완전하다.
② 배관이 짧아 설비비가 절약된다.
③ 흡수관이 없기 때문에 공기빼기 밸브를 장치할 필요가 없다.
④ 방열기 밸브는 방열기 하부 태핑에 장착한다.

해설 ㉠ 중력환수식 증기난방에서는 공기빼기 밸브가 반드시 설치되어야 한다.
㉡ 중력환수식 증기난방에서 단관식의 특징은 ①, ②, ④가 해당된다.

39 방열기는 창문 아래에 설치하는데, 벽면으로부터 몇 mm 정도의 간격을 두어야 하는가?

① 10~20mm   ② 30~40mm
③ 50~60mm   ④ 70~90mm

해설 ㉠ 방열기는 창문 아래 벽면에서 50~60mm 정도의 간격이 있어야 한다.
㉡ 방열기는 벽걸이형, 주형, 길드형 등이 있다.

40 강제순환식 온수난방법에 쓰이는 순환펌프가 아닌 것은?

① 축류형 펌프   ② 센트리퓨걸 펌프
③ 하이드로 레이터   ④ 보어홀 펌프

해설 보어홀 펌프는 순환펌프가 아니고 디프웰 펌프, 즉 7m 이상의 깊은 우물물을 뽑아 올리는 심정 펌프이다. 그 외에도 수중 전동기 펌프, 제트 펌프 등이 있다. 순환펌프는 원심식 펌프가 좋다.

41 주철제 방열기에서 3세주형 650을 18섹션으로 조합할 때의 호칭방법은?

① 3-650×18   ② 650-3×18
③ 18-650×3   ④ 650-18×13

해설 ㉠ 주철제 방열기 3세주형 650 18섹션 호칭방법(표시) 3-650×18
㉡ 종별-형×쪽(섹션)수

42 방열기 도시기호에 대한 설명으로 잘못된 것은?

① Ⅱ : 2주형
② 18 : 쪽수
③ 650 : 방열기 길이
④ 25 : 유입관경

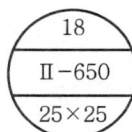

해설 ㉠ Ⅱ : 2주형
㉡ 18 : 쪽(섹션)수
㉢ 650 : 방열기 높이(650mm)
㉣ 25 : 유입관경(25mm)

43 방열기의 입구온도 70℃, 출구온도 55℃, 방열계수 6.8kcal/m²h℃이고, 실내온도가 18℃일 때, 이 방열기의 방열량은 몇 kcal/m²h인가?

① 162.7kcal/m²h   ② 216.7kcal/m²h
③ 302.6kcal/m²h   ④ 402.6kcal/m²h

해설 방열기의 소요방열량
= 방열계수 × (온수의 평균온도 - 실내온도)
$= 6.8 \left(\dfrac{70+55}{2} - 18 \right) = 302.6 \text{kcal/m}^2\text{h}$

44 기계환수식 증기난방법의 응축수 펌프로 쓰이는 것은?

① 축류형 펌프
② 하이드로 레이터
③ 센트리퓨걸 펌프
④ 진공펌프

해설 기계환수식 증기난방법의 응축수 펌프는 저양정의 센트리퓨걸 펌프가 사용된다.

정답 38 ③ 39 ③ 40 ④ 41 ① 42 ③ 43 ③ 44 ③

45 주철제 방열기에 속하지 않는 것은?

① 벽걸이형
② 5세주형
③ 대류 방열기형
④ 3주형

해설 ㉠ 주철제 방열기 : 벽걸이형, 길드 방열기, 주형 방열기
㉡ 주형 방열기 : 2주형, 3주형, 3세주형, 5세주형(주철제)
㉢ 대류 방열기(컨벡터) : 강판제 캐비닛 속에 핀 튜브를 넣은 가열기이다(높이가 낮은 것은 베이스보드 히터라고 한다).

46 강제순환식 온수난방에 쓰이는 순환펌프로 가장 부적합한 것은?

① 벌류트 펌프
② 분사 펌프
③ 라인 펌프
④ 축류형 펌프

해설 온수순환펌프의 종류
㉠ 벌류트 펌프(센트리퓨걸 펌프)
㉡ 라인 펌프
㉢ 축류형 펌프
㉣ 하이드로 데이터
※ 분사 펌프에는 인젝터, 워싱턴 펌프, 위어 펌프가 있다. 즉, 급수펌프이다.

47 저압 증기난방의 사용증기 압력은 얼마 정도인가?

① $0.15 \sim 0.35 \text{kg/cm}^2$
② $1 \sim 2 \text{kg/cm}^2$
③ $2 \sim 3 \text{kg/m}^2 \text{h}$
④ $3 \sim 4 \text{kg/cm}^2$

해설 ㉠ 저압증기난방의 사용증기 압력 $0.15 \sim 0.35 \text{kg/cm}^2$
㉡ 고압증기 난방의 사용증기 압력 1kg/cm^2 이상

48 방열기 부속품으로서 방열기 출구에 설치하는 트랩은?

① 열동식 증기 트랩
② 수봉식 증기 트랩
③ 버킷 트랩(Bucket Trap)
④ 플로트 트랩(Float Trap)

해설 방열기 부속품으로서 방열기 출구에 설치하는 트랩은 열동식 증기 트랩이다.

49 방열기 설치 시 설치 높이는 땅바닥에서부터 몇 mm가 되도록 하는가?(단, 벽걸이 방열기이다.)

① 150mm
② 650mm
③ 800mm
④ 1,000mm

해설 벽걸이 방열기(라디에이터)는 바닥에서 150mm가 떨어져야 한다.

50 온수방열기의 입구온도가 100℃, 출구의 온도가 80℃일 때 실내의 공기온도를 18℃로 유지했다면 주철제 방열기의 방열량은 얼마인가? (단, 온수방열기의 표준방열량은 450 kcal/m²·h이고 온수의 표준 온도차는 62℃로 한다.)

① 약 $464 \text{kcal/m}^2 \cdot \text{h}$
② 약 $500 \text{kcal/m}^2 \cdot \text{h}$
③ 약 $522 \text{kcal/m}^2 \cdot \text{h}$
④ 약 $610 \text{kcal/m}^2 \cdot \text{h}$

해설 $100+80=180$, $180 \div 2 = 90℃$
$\Delta t = 90 - 18 = 72℃$
$450 \times \dfrac{\Delta t}{62} = 450 \times \dfrac{72}{62} = 522.58 \text{kcal/m}^2 \cdot \text{h}$

51 다음 중 보통 저온수식 난방은 일반적으로 몇 ℃의 온수를 사용하는가?

① 70℃
② 90℃
③ 100℃
④ 120℃

해설 ㉠ 보통 온수식 난방 : 80~90℃
㉡ 고온수 난방 : 100℃ 이상

정답 45 ③ 46 ② 47 ① 48 ① 49 ① 50 ③ 51 ②

52 벽걸이형 방열기 설치 시 바닥면과 방열기 밑면까지의 간격을 얼마 정도로 하는 것이 좋은가?

① 150mm ② 200mm
③ 250mm ④ 100mm

해설 벽걸이 방열기는 바닥면과 방열기 밑면까지는 150mm 간격이 이상적이다.

53 온수난방에 쓰이는 온수의 온도는?

① 55~60℃ ② 75~80℃
③ 85~90℃ ④ 100~120℃

해설 ㉠ 온수난방은 저온수난방이 기본이며 85~90℃가 이상적이다.
㉡ 온수난방의 구배는 $\frac{1}{250}$ 이상이 이상적이다.

54 저압증기난방에 사용하는 증기의 압력은?

① $1kg/cm^2$ ② $3kg/cm^2$
③ $5kg/cm^2$ ④ $10kg/cm^2$

해설 저압 증기난방은 증기의 압력이 $1kg/cm^2$ 이하이다. 저압 증기난방 시 증기의 온도는 102~107℃이고 방열기의 발열하는 응축수 온도는 80~90℃이다.

55 온수를 사용할 때의 주철제 방열기의 표준방열량은?

① $450kcal/m^2h$ ② $539kcal/m^2h$
③ $639kcal/m^2h$ ④ $650kcal/m^2h$

해설 ㉠ 온수난방의 주철제 방열기의 표준방열량은 $1m^2$당 $450kcal/m^2h$
㉡ 증기난방의 주철제 방열기의 표준방열량은 $1m^2$당 $650kcal/m^2h$

56 온수난방 시 상당방열면적(EDR)이 $50m^2$일 때의 난방부하는 몇 kcal/h인가?

① 22,500kcal/h ② 26,500kcal/h
③ 32,500kcal/h ④ 41,500kcal/h

해설 $1EDR = 450kcal/m^2h$
∴ $450 \times 50 = 22,500kcal/h$

57 주철제 방열기의 호칭법은 어떻게 나타내는가?

① 종별-형×쪽수
② 치수×종별-쪽수
③ 유입관경 유출관경×치수
④ 쪽수-종별×형

해설 ①은 주철제 방열기의 호칭법이다.

정답 52 ① 53 ③ 54 ① 55 ① 56 ① 57 ①

CHAPTER 02 보일러 취급 및 안전관리

1. 안전관리의 개요와 보일러 운전준비

안전사고란 사고를 미연에 방지하여 재해로부터 생명보호와 생산성 증대, 열손실의 최소화를 꾀하기 위하여 적절한 조치를 행하는 활동을 말한다.

1 보일러 사고의 구분

- **파열사고** : 보일러 운전 중 압력초과, 저수위 사고, 과열, 부식 등 취급상의 원인과 제작상의 원인 등으로 파열사고의 원인이 되어서 일어난다.
- **미연소 가스폭발 사고** : 연소계통 운전 중 미연소가스가 충만된 상태로 점화했을 경우 가스폭발이나 역화로 인하여 사고가 발생된다.

(1) 보일러 운전 중 사고의 원인

　① 제작상의 사고
　　㉮ 재료 불량　　　　㉯ 강도부족
　　㉰ 구조불량　　　　㉱ 부속장치 미비
　　㉲ 용접불량　　　　㉳ 설계불량 등

　② 취급상의 사고
　　㉮ 압력초과　　　　㉯ 저수위 사고
　　㉰ 급수처리 불량　　㉱ 부식
　　㉲ 과열　　　　　　㉳ 가스폭발
　　㉴ 부속장치 정비불량 등

(2) 사고의 발생시기

　① 무인운전 시
　② 점화나 소화 후 30분 이내
　③ 취급자의 교대근무 시
　④ 야간근무 시
　⑤ 노후된 보일러를 장기간 사용할 때
　⑥ 작업 중 다른 일을 할 때
　⑦ 단속운전을 할 때
　⑧ 취급기술이 불량할 때

⑨ 부하변동이 극심할 때
⑩ 음주운전 시

(3) 각종 보일러 사고의 원인
▶ 취급자의 원인(조작상의 원인 사고)
① 수위 유지를 잘못하였을 때
② 점화나 소화의 미숙으로 인하여
③ 댐퍼의 개폐를 잘못하였을 때
④ 버너의 조종을 잘못하였을 때
⑤ 각종 밸브의 조작이 미숙할 때
⑥ 급수관리가 불충분할 때
⑦ 조종자 자리 이탈로 무인운전을 하였을 때
⑧ 연료관리를 잘못하였을 때
⑨ 연료와 연소용 공기의 증감을 잘못하였을 때

2 보일러 운전 전 준비사항

(1) 신설보일러 사용 전 준비사항
① 동 내부 점검
㉮ 보일러 신설과정 중 동 내부에 남아 있는 공구, 볼트, 너트, 기름걸레 등을 제거한다.
㉯ 급수내관, 비수방지관, 기수분리기 등의 부착상태를 살핀다.
㉰ 급수구, 분출관, 수면계 부착구 등에 부착찌꺼기를 제거한다.
② 소다 볼링
㉮ 소다 사용원인 : 보일러 설치 시 동 내면에 부착된 녹이나 유지류 페인트가 묻어 있으면 부식과 과열의 원인이 되기 때문이다.
㉯ 소다 사용방법 : 탄산소다($NaCO_3$)를 물 1,000kg 정도에 2kg과 수산화나트륨 2kg, 인산나트륨 2~5kg 정도로 하여(즉, 물속에 0.1% 정도) 용해시킨 후 보일러압력 0.2~0.3MPa 저압으로 하여 2~3일간 끓인 다음 분출하고 새로운 물을 넣고 신진대사를 한다.
③ 보일러 외부점검
㉮ 연소실과 연도의 점검
㉠ 연소실　　　　　　　　　㉡ 전열면
㉢ 연도　　　　　　　　　　㉣ 배플(Baffle)
㉤ 노 내 출입구 문의 내화재　㉥ 방폭문
㉦ 댐퍼 등을 조사하여 작동 여부를 살핀다.

> **REFERENCE** 보일러 설치 후 내화벽돌의 건조
>
> (1) 자연건조 : 10~14일간 정도
> (2) 화기건조
>   ① 약화건조 : 장작으로 4주야
>   ② 강화건조 : 기름 등으로 4주야

　　④ 맨홀 점검
　　　㉠ 맨홀은 증기압력이 0.1~0.2MPa 정도 오를 때에 한번 더 조이고 증기나 물의 누설 유무를 조사한다.
　　　㉡ 맨홀 부착 시에는 사용에 맞는 볼트나 너트에 맞는 공구를 사용한다.
　　⑤ 부속품의 점검
　　　㉠ 압력계, 수면계, 분출라인 등을 조사한다.
　　　㉡ 휴지한 보일러를 재사용할 때에는 안전밸브 등 각종 밸브를 분해, 정비한다.
　　　㉢ 연소장치, 통풍장치, 급수장치 등의 각 부를 점검한다.
　　　㉣ 송기장치의 점검과 주증기 밸브의 개폐를 확인한다.
　　　㉤ 자동제어장치의 정비와 그 기능을 확인한다.

(2) 상용보일러의 사용 전 준비사항
　① 부속품 점검
　　㉮ 압력계 점검
　　　㉠ 압력계를 테스트한 경우 그 지침선이 0점에 맞는지 확인한다(보일러를 가동하기 전에는 지침이 반드시 0점에 있어야 한다).
　　　㉡ 압력계는 엄지손가락으로 가볍게 두들겨 보아 지침의 움직임을 살펴본다.
　　㉯ 안전밸브 점검
　　　㉠ 안전밸브의 누설 여부를 확인한다.
　　　㉡ 열매체 보일러의 안전밸브는 완전히 밀폐식인지 확인한다.
　　　㉢ 안전밸브는 최고 사용압력의 1.03배 이하에서 분출압력이 설정되었는지 점검한다.
　　㉰ 수면계 점검
　　　㉠ 수주관의 연락관, 수면계 연락관, 콕 등 막힘이 없는지 점검한다.
　　　㉡ 2개의 수면계 중 수위가 같은지 점검한다.
　　　㉢ 수면계의 점검을 1일 1회 이상 점검한다.
　　㉱ 고저수위 경보기 점검
　　　㉠ 전기식 고저수위 경보기의 회로 및 접점부에 이상이 없도록 한다.
　　　㉡ 취출밸브를 열고 내부의 물을 빼고 난 후 경보가 울리는지 확인한다.
　　　㉢ 플로트식 수위 경보기는 증기나 물 연락관의 밸브나 콕 등이 열려 있는지 확인한다.

⑰ 급수장치 점검
  ㉠ 급수펌프의 베어링 부분에 오일 점검을 한다.
  ㉡ 원심식 펌프는 수동으로 회전시켜서 이상 유무를 살펴본다.
  ㉢ 급수탱크 내의 급수량을 확인한다.
  ㉣ 급수정지밸브를 개폐시켜 본다.
  ㉤ 급수장치에 설치된 역정지밸브의 정기점검을 한다.
  ㉥ 예비용 인젝터는 1일 1회 이상 시운전해 본다.
⑱ 자동급수 조절기 점검
  ㉠ 코프식을 사용하는 경우 감열관 레버에 고장유무를 확인한다.
  ㉡ 자동급수장치의 전원을 넣을 때 전류흐름의 지침이나 표지 전등의 정상 유무를 확인한다.

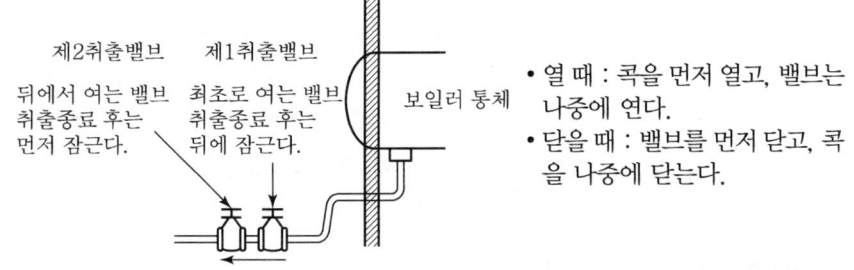

[취출밸브의 조작순서 점화방법]

⑲ 분출장치 점검
  ㉠ 분출밸브, 콕 등을 작동하여 개폐를 반복하여 본다.
  ㉡ 점화 전에 분출을 하고 밸브, 콕을 확실히 잠근 뒤 누설을 확인한다.
⑳ 밸브의 점검
  ㉠ 주증기 밸브는 한번 열어보고 밸브의 개폐가 원활한지 확인한다.
  ㉡ 과열증기 밸브는 열어둔다.
  ㉢ 주증기 밸브가 누설되면 패킹을 갈아 끼운다.
㉑ 가용마개의 점검
  ㉠ 가용마개는 검사시마다 새로운 것으로 교체시킨다.
  ㉡ 가용마개는 최고 사용압력 1.8MPa 이상의 보일러에 사용된다.
㉒ 통풍장치 점검
  ㉠ 통풍기의 회전자에 변형 및 이음 부분에 이상 유무를 점검한다.
  ㉡ 통풍기 내의 청소를 철저히 한다.
  ㉢ 베어링부에 주유할 때 기름 등이 흘러나오지 않게 한다.

㉎ 폐열회수장치 점검
　㉠ 과열기의 점검
　㉡ 절탄기의 점검
　　ⓐ 물의 누설 여부 점검
　　ⓑ 공기빼기를 배기시킨 후 닫는다.
　　ⓒ 취출밸브는 닫혀 있는지 확인한다.
　㉢ 공기예열기의 점검
　　ⓐ 부식 파악
　　ⓑ 부식으로 인한 가스의 누설 확인
　　ⓒ 재생식, 공기예열기는 회전부분을 조사한다.
　　ⓓ 수랭식 베어링은 오염 확인
㉏ 자동점화장치 점검
　㉠ 전극의 손모 및 오염 부분 조사
　㉡ 수동으로 전극의 화염상태 양부 판단
　㉢ 극 사이의 여유는 규정된 간격인지 확인
㉐ 화염검출기 점검
　㉠ 부착상태가 정상인지 확인
　㉡ 배선의 접촉과 피복이 벗겨져서 어스가 되어 있지 않은지 조사
　㉢ 화염검출기의 진공란이 더럽지 않은지 조사
　㉣ 화염검출기의 광로를 막는 물건이 없는지 확인
㉑ 연소장치 점검
　㉠ 기름 연소장치 점검(기름탱크, 버너, 화구, 기름가열기, 오일펌프)
　㉡ 가스 연소장치 점검(가스 압력, 가스 누설)
　㉢ 석탄 연소장치 점검(화격자, 스토커, 댐퍼, 미분탄 분쇄기)

3 점화 전 준비사항

(1) 노 내 환기(프리퍼지)

점화 전 노 내 통풍환기는 노 내의 미연가스에 의한 가스폭발을 방지하기 위하여 연도 댐퍼를 열고 통풍기로 충분히 환기시키는데, 노 내 환기시간은 다음과 같다.
- 자연통풍 : 5분 정도
- 강제통풍 : 30초~3분 이상

① 흡인 통풍기와 압입 통풍기가 같이 있으면 흡인 통풍기를 먼저 가동한 후 압입을 사용한다.
② 노 내압은 통풍계(드래프트계)로 조절한다.
③ 노 내 통풍압은 일반적으로 $-2 \sim -4\,mmH_2O$ 정도가 되도록 댐퍼를 조절한다.

(2) 기름의 적정 가열온도

보일러유인 중유를 사용하게 되면 반드시 예열이 필요한데, 적정 가열온도가 유지되어야 무화가 잘 된다.

① 기름 저장탱크의 유온 : 40~50℃
② 기름 가열기의 유온
　㉮ B-B유 : 60~70℃
　㉯ B-C유 : 80~105℃(80~90℃)
③ 서비스 탱크의 유온 : 60~70℃
④ 기름가열기가 없는 보일러에서는 경유나 중유 A급만 사용한다.
⑤ 기름의 온도
　㉮ 너무 높으면 : 열분해로 역화 발생 및 분사 각도가 흩어짐, 탄화물 생성, 분무상태 불량
　㉯ 너무 낮으면 : 무화 불량, 점화 실패, 수트 발생, 불완전연소, 매연 발생, 불꽃편류, 분진 발생
※ 가스의 점화 시 유출속도가 너무 빠르면 취소가 일어나고 늦으면 역화가 발생한다.

2. 보일러 운전 중 취급사항

1 보일러의 점화방법

(1) 기름 및 가스보일러의 점화

기름연료 점화나 가스연료의 점화는 비슷하다. 다만 가스의 점화 시는 가스의 누설에 주의하고 이음부 등에서 비눗물 검사가 필요하다. 점화 시 가스의 압력은 일정하게 하고 불착화의 경우 버너 밸브를 닫고 연소실 용적의 4배 이상의 공기를 불어넣어 노 내를 환기시키는 것이 기름연소와 약간 다를 뿐이다(단, 가스점화 시 불씨는 화력이 커야 한다).

① 자동점화 시 순서와 주의사항
　㉮ 점화장치
　　㉠ 점화용 버너
　　㉡ 점화원
　㉯ 전원스위치 : 메인 스위치를 넣는다.
　㉰ 전원스위치를 자동으로 설정한다.
　㉱ 기동스위치를 ON으로 넣으면 자동제어(시퀀스 제어)가 진행되면서 다음과 같이 자동운전이 연결된다.

기동스위치 – 버너 모터 작동 – 송풍기 모터 작동 – 1, 2차 공기댐퍼 작동 – 프리퍼지
(노 내 환기) – 점화용 버너 착화 – 전자밸브 열림 – 주버너 착화 – 저부하 연소가 됨
– 고부하 연소로 진행 – 착화 버너 연소정지

　　ⓜ 점화 시에 주버너에 착화가 되지 않으면 불착화 경보가 울린다.
　　ⓗ 불착화가 되면 인터록에 의해 모든 계기의 동작이 정지되고 송풍기만 가동된 후 노 내
　　　의 환기가 일어난다(포스트 퍼지가 진행).
　　ⓢ 점화가 실패하면 원인을 알기 위하여 점화장치와 플레임 아이(광전관) 오손이나 고장
　　　등의 유무를 점검한다.
② 수동점화의 경우
　　㉮ 버너가 2개일 때 : 하단부 버너부터 점화가 된다.
　　㉯ 버너가 3개일 때 : 중앙부 버너부터 점화가 된다.
　　㉰ 수동점화는 점화봉 토치(Toch)가 사용된다.
　　㉱ 점화봉은 직경 10mm 길이 1m 정도의 쇠막대에 한쪽 끝에 석면이나 천을 매달아 경
　　　유 등을 묻히고 불을 붙여 사용한다.
　　㉲ 점화 시에는 언제나 가스폭발이나 역화를 방지하기 위하여 측면에서 점화한다.
　　㉳ 착화시간은 5초 이내에 행한다.

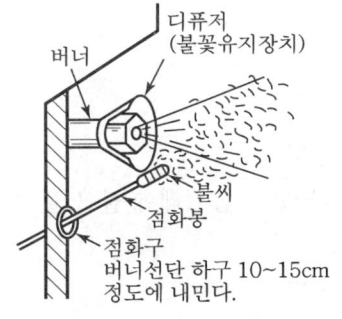

[점화방법]

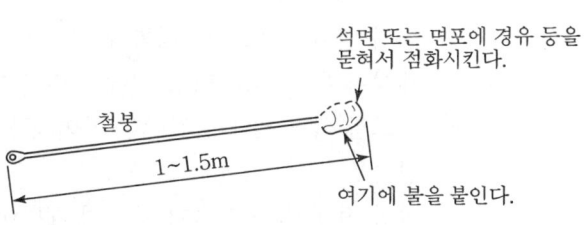

[점화봉(불씨불)]

> **REFERENCE** 수동점화의 순서
>
> ① 버너 모터에 전원스위치를 넣는다.
> ② 송풍기 모터에 전원스위치를 넣는다.
> ③ 노 내를 환기시킨다.
> ④ 노 내의 압력을 조절한다.
> ⑤ 점화봉을 노 내로 밀어넣는다.
> ⑥ 투시구로 노 내를 보면서 점화봉을 버너 선단 10cm 정도에 오도록 유지시킨다.
> ⑦ 왼손으로 기름 밸브를 서서히 열면서 착화시킨다.

③ 기름보일러 점화 시 주의사항
  ㉠ 보일러실에서 중유를 사용하는 경우에는 점화나 소화 시 반드시 경유를 사용한다.
  ㉡ 5초 이내에 주버너에 착화되지 않으면 즉시 버너 밸브를 닫고 노 내 환기를 충분히 한다.
  ㉢ 노 내의 연소 초기에는 밸브를 천천히 열어 차츰 저부하에서 고부하로 진행시킨다.
  ㉣ 기름 양을 증가시킬 때는 항상 공기의 공급량을 증가시킨 후 기름 양을 증가한다.
  ㉤ 노 내의 기름 양을 줄일 때는 먼저 기름 양을 줄이고 공기량은 나중에 줄인다.
  ㉥ 고압기류식 버너의 경우에는 증기나 공기의 분무매체를 먼저 불어넣고 기름을 투입시킨다.

(2) 석탄연료의 점화
  ① 화격자 점화순서
    ㉠ 공기 댐퍼를 열고 노 내를 환기시킨다.
    ㉡ 재받이 문을 닫고 화상 위에 석탄을 얇게 산포한다.
    ㉢ 산포한 석탄 위에 장작이나 가연성 물질을 올려놓고 기름걸레에 불을 붙여서 점화시킨다.
    ㉣ 화상 전체에 불이 옮겨 붙으면 재받이 문은 닫는다.
    ㉤ 아궁이 문을 닫는다.
    ㉥ 석탄이 완전 점화되면 차츰 석탄을 투탄하여 고부하로 옮겨간다.

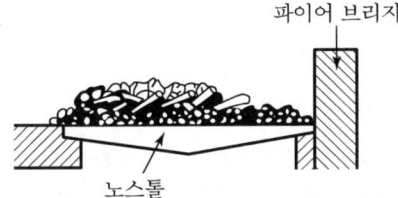 

(a) 석탄 위에 장작이나 기름걸레 등을 올려놓는다. (b) 점화용의 가연물에 점화하여 서서히 석탄에 옮겨 붙게 한다.

[석탄보일러의 점화방법]

2 증기발생 시의 주의사항

(1) 연소 초기
① 점화 후 증기발생 시까지는 연소량을 조금씩 가감한다(열응력과 스폴링 방지).
② 수면계의 주시를 철저히 한다.
③ 두 개의 수면계의 수위가 다르면 즉시 수면계를 시험해 본다.
④ 과열기가 설치된 보일러는 증기가 생성되기까지는 과열기 내로 물을 보내서 과열기의 과열을 방지한다.
⑤ 연도에 절탄기가 설치된 보일러에는 처음의 열가스는 부연도로 보낸 후 증기발생 후에 주연도로 보내어 저온부식이나 전열면의 오손을 막아준다.

(2) 증기압력이 오르기 시작할 때
① 급격한 압력상승을 방지하기 위하여 연소상태를 잘 조절한다(증기안전밸브는 증기압력이 75% 이상 될 때의 분출시험).
② 압력계를 바라보면서 압력계 지침의 움직임을 관찰한다.
③ 공기밸브를 열고 공기를 배제시킨 후 밸브를 닫는다.
④ 기름 탱크나 서비스탱크에 기름을 가열하기 위하여 증기를 보낸다.
⑤ 맨홀 뚜껑 부분에서 증기의 누설이 없는지 살펴본다.

(3) 증기를 송기할 때 주의사항
① 증기관 내의 수격작용을 방지하기 위하여 응축수의 배출을 사전에 실시한다(드레인 밸브 작동).
② 비수발생에 조심한다.
③ 과열기의 드레인을 배출시킨다.
④ 주증기 밸브를 조금 열어서 주증기관을 따뜻하게 한다.
⑤ 주증기 밸브를 열 때 1회전 소요시간은 3분 이상 천천히 연다.
⑥ 주증기 밸브를 완전히 개폐한 후 조금 되돌려 놓는다.
⑦ 압력계 수면계의 지시변동을 유심히 살펴본다.

(4) 증기를 열사용처로 보낸 후 주의사항
① 투시구를 바라보면서 화염 감시를 철저히 한다.
② 노 내의 화염 색깔을 오일버너의 경우 오렌지색으로 조절한다.
③ 보일러 운전 중 비수나 포밍 등이 발생하면서 적절한 조지 후 가동시킨다.
④ 보일러 운전 중 관수가 농축되면 분출을 하고 새로운 물을 넣어서 신진대사를 꾀한다.
⑤ 저수위사고에 신경쓴다(상용수위 유지 도모).
⑥ 증기압력이 상용압력인지 자주 압력계를 감시한다.

3. 보일러 운전 중 실화와 운전중지

1 보일러 운전 중의 실화

실화란, 보일러 운전 중 어떤 이유로 갑자기 연소실에서 연소가 급히 중단되는 현상이다.

(1) 원인
① 전기의 정전에 의해 버너 모터 등이 중지할 때
② 기름라인이 폐쇄되었을 때
③ 기름에 물이 지나치게 많이 함유되었을 때
④ 기름펌프에 이상이 생겼을 때
⑤ 버너팁이나 분무구가 막혔을 때
⑥ 보일러 이상 운전 중으로 인하여 전자밸브가 작동되었을 때

(2) 실화 발생 시 조치사항
① 버너밸브 차단(자동보일러는 전자밸브 작동)
② 노 내의 환기(포스트퍼지)
③ 기름펌프 차단
④ 전기식 기름가열기는 전원스위치 차단
⑤ 보일러 압력계나 수면계 점검
⑥ 화염검출기, 릴레이 접점, 전선의 단락 등을 확인

2 증기압력의 초과, 저수위 사고 시 긴급정지 순서

(1) 기름이나 가스 보일러의 경우
① 연료의 즉시 차단
② 통풍기(송풍기) 가동 중지(동시 1차, 2차 공기댐퍼 차단)
③ 만약 다른 보일러와 연락하고 있는 경우에는 주증기 밸브 차단
④ 압력강하를 기다린다(동시에 급수를 실시하여 본체를 냉각시킨다. 주철제 보일러는 절대 급수를 하여서는 아니 된다).
⑤ 압력이 완전히 강하하면 전열면의 변형 유무 점검
⑥ 마지막 상용수위가 되도록 급수하고 재점화한다.

(2) 석탄연소 보일러의 경우
① 석탄보일러는 연료 차단 및 저수위 사고 시 물을 신속히 차단하기 어렵기 때문에 젖은 재로서 화면을 덮고 화세를 억제시킨다.
② 공기댐퍼나 아궁이 재받이 문은 즉시 닫는다.
③ 나머지는 위의 기름보일러와 비슷하다.

> 저수위 사고 시에는 보일러가 과열되었기 때문에 안전밸브를 열고 압력을 급강하시켜서 전열면의 변형을 방지하면 더욱 좋다.

3 보일러 일상정지 시의 조작순서(중유사용 보일러의 경우)

(1) 중유는 경유로 교체시킨다.
(2) 서서히 연료량과 공기량을 줄인다.
(3) 버너밸브를 닫는다.
(4) 석탄보일러는 매화작업을 한다.
(5) 공기댐퍼를 닫고 통풍을 멈춘다.
(6) 버너 모터를 정지시킨다.
(7) 송풍기 모터를 정지시킨다.
(8) 주증기 밸브를 닫는다.
(9) 전원스위치를 내린다.

4 작업종료 후 조치사항

(1) 과열기가 있는 경우에는 출구정지 밸브를 닫는다.
(2) 드레인 밸브를 연다.
(3) 버너팁을 청소한다.
(4) 연료계통, 급수계통 밸브의 누설 유무를 조사한다.
(5) 베어링부에는 주유를 한다.

(6) 수면계 등의 수위확인 및 기름 탱크의 연료량을 조사한다.

(7) 청소 후 기관일지를 작성한다.

5 보일러 운전 중 용어

(1) 매화작업

석탄 연소에서 다음 날 아침 점화를 용이하게 하기 위하여 불씨를 노 내에서 석탄으로 묻어두고 가는 것을 매화작업이라 하고 다음날 점화 전에 분출을 용이하게 하기 위하여 현재의 수위에서 100mm 정도 수위를 높게 급수하여 둔다.

(2) 프리퍼지(Pre Purge)

보일러 점화 전 댐퍼를 열고 노 내와 연도에 체류하고 있는 가연성 가스를 보일러 용량에 따라 송풍기로 30~40초 또는 3~5분 정도 취출시키는 것을 말한다.

(3) 포스트퍼지(Post Purge)

보일러 운전이 끝난 후 노 내와 연도에 체류하고 있는 가연성 가스를 송풍기로 취출하는 것이다. 단, 보일러 점화 실패 후의 노 내 환기도 여기에 포함된다.

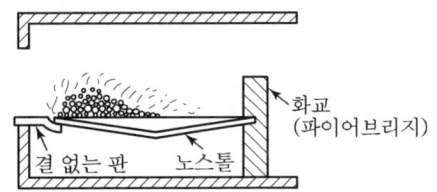
(1) 다 탄 숯불을 노스톨 앞에 모은다.

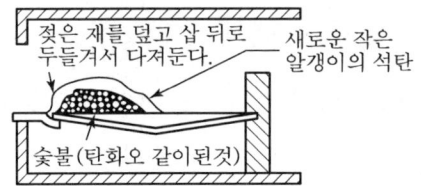
(2) 새로운 작은 알갱이의 석탄으로 덮는다.
(3) 그 위에 젖은 재를 덮고 삽 뒤로 두들겨 둔다.
(4) 통풍의 댐퍼를 닫지만 가스가 꽉 차지 않을 정도로 조금만 연다.

[매화방법(손떼기의 경우)]

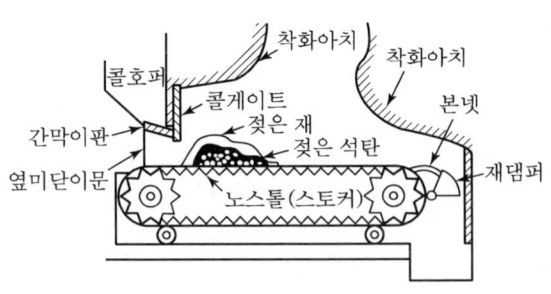

[스토커의 매화]

4. 보일러 운전 중 부속장치의 취급안전

1 보일러 부속장치의 취급 시 주의사항

(1) 압력계

① 취급상의 주의사항
㉮ 압력계의 유리판은 눈금이 잘 보이도록 깨끗이 유지하며 심하게 더러워졌을 때는 묽은 염산액으로 세척한다.
㉯ 최고 사용압력은 적색표시, 사용압력은 녹색으로 표시한다.
㉰ 압력계의 콕은 콕의 핸들이 관의 방향과 같을 때 개통한다.
㉱ 겨울철 장기간 휴지할 경우에는 동결할 우려가 있으므로 압력계를 떼내어 보관하고 사이펀관은 비워 놓는다.
㉲ 압력계의 위치와 보일러 본체의 부착부와 높은 위치차가 있을 때에는 수두압에 의한 오차를 수정하여 준다.
㉳ 압력계의 뒷면을 손끝으로 때려 지침의 이상 유무를 조사한다.

② 압력계의 시험시기
㉮ 보일러를 장기간 휴지한 후 재사용하고자 할 때
㉯ 프라이밍(비수), 포밍(물거품 솟음)이 발생할 때
㉰ 압력계 지침의 정도가 의심스러울 때
㉱ 안전밸브의 분출작동과 압력계의 실제 작동압력과 조정압력이 서로 다를 때

(2) 수면계

① 취급상의 주의사항
㉮ 수면계는 항상 2조의 수면계의 수위가 일치하는지 관찰한다.
㉯ 수면계의 시험을 매일 1회 이상 실시한다.
㉰ 수면계의 시험시기
  ㉠ 내부에 압력이 존재할 때 : 점화 전
  ㉡ 내부에 압력이 없을 때 : 증기가 발생할 때
㉱ 수면계를 수주관에 장치할 때는 수주관의 하부에 취출관을 설치한다.
㉲ 수주관과 본체와의 수주연락관은 관 내의 침전물이 생기기 쉬우므로 엘보를 쓰지 않고 티(T)이음으로 한다.
㉳ 수면계의 콕은 빠지기 쉬우므로 일정한 기간마다 분해 정비한다.
㉴ 차압식의 원방수면계는 도중에 누설이 있으면 오차가 심하기 때문에 누설을 방지하도록 한다.

② 수면계 유리관의 파손원인
㉮ 상하 콕의 중심선이 일치하지 않은 경우

㉯ 상하 수면계 부착에 무리한 힘을 가한 경우
　　　㉰ 유리에 충격이나 급열, 급랭이 반복될 때
　　　㉱ 보일러수 알칼리의 영향을 받아 현저하게 마모되어 있을 때
　　　㉲ 동결로 장기간 휴지하여 동파되는 경우
　③ 수면계의 시험시기
　　　㉮ 보일러 운전하기 전
　　　㉯ 보일러에서 압력이 올라가기 시작할 때
　　　㉰ 두 조의 수면계의 수위가 차이날 때
　　　㉱ 수위의 움직임이 둔하고 지시치에 의심이 갈 때
　　　㉲ 유리관의 교체 시
　　　㉳ 프라이밍, 포밍이 발생할 때
　④ 수면계의 기능점검
　　　㉮ 증기 콕과 물콕을 닫는다.
　　　㉯ 드레인 콕을 열고 유리관 내의 물을 배출한다.
　　　㉰ 물 콕을 열어서 물이 분출하는지 확인한다.
　　　㉱ 물 콕을 닫고 증기콕을 열어서 증기가 취출하는지 확인 후 증기콕을 닫는다.
　　　㉲ 드레인 콕을 닫고 물콕을 연 후 증기 콕을 열어서(이때 먼저 물콕은 열려 있어야 한다) 정상적으로 점검을 마친다.

(3) 안전밸브
　① 안전밸브의 용량 및 크기의 취급
　　　㉮ 2개의 안전밸브 중 하나는 최고 사용압력 이하, 또 하나는 최고 사용압력의 1.06배 이하에서 급격히 연료가 차단되도록 조절시킨다(작동시험 기준 시에는 1.03배 이하).
　　　㉯ 과열기 안전밸브는 본체의 안전밸브보다 먼저 취출하도록 조정한다.
　　　㉰ 독립된 과열기에는 입구, 출구에 각각 안전밸브를 부착한다.
　　　㉱ 절탄기의 도피밸브(안전밸브)는 본체의 안전밸브보다 높게 설치한다.
　　　㉲ 수동에 의한 안전밸브의 시험은 취출압력의 75% 이상의 압력에서 시험 레버를 작동시켜 본다.
　　　㉳ 작동시험을 하는 경우에는 증기밸브를 조이고 연소량을 늘려 취출압력에 도달하였을 때 취출압력 및 정지압력이 허용치 내에 정확히 작동하는지를 조사한다.
　　　㉴ 열매체 보일러의 안전밸브는 밀폐식의 구조인지 확인한다.
　　　㉵ 안전밸브는 매년 1회 계속 사용, 안전검사 때 분해·정비하고 변좌의 소모가 있을 때에는 연마 후 사용한다.
　　　㉶ 2개 이상의 안전밸브가 있으면 조정분출압력을 단계적으로 취출토록 한다.

(4) 온수보일러의 도피관(방출관)
① 도피관은 동결하지 않도록 보온재의 피복상태를 수시로 조사한다.
② 도피관은 일수(오버플로관)의 판단이 보이도록 한다.
③ 도피관은 내면에서 녹이나 물속의 이물질 때문에 막힐 염려가 있어 기능에 주의한다.
④ 정기적으로 손질한다.

(5) 분출장치(취출장치)
① 분출장치의 취급
  ㉮ 1일 1회는 반드시 취출한다.
  ㉯ 분출은 부하가 가장 적을 때 행한다.
  ㉰ 취출 시에는 수면계 감시자와 분출자 두 사람이 한 조를 이룬다.
  ㉱ 취출 시 다른 작업은 금물이다.
  ㉲ 취출이 끝나면 취출관의 끝에서 누설 여부를 확인한다.
  ㉳ 취출관이 연도나 연소실 내로 나와 있으면 석면로프(Asbestos Rope) 또는 내화물로서 내열방호하고, 특히 외분식 횡연관 보일러는 더욱 조심한다.

② 취출방법
  ㉮ 분출장치를 직렬로 장치할 때에는 보일러 가까이에 급개밸브나 콕을 달고 그 다음에 점개밸브를 단다.
  ㉯ 취출 시 급개밸브는 완전히 열고 점개밸브는 수면계의 수위가 15mm 정도 취출 시까지는 반쯤 열고 다시 대량의 취출 시에는 완전히 연다.
  ㉰ 분출이 끝나면 점개밸브를 먼저 닫고 그 다음 급개밸브를 닫는다.

(6) 급수장치 취급
① 급수내관의 취급
  ㉮ 보일러 급수를 그대로 보일러 급수 구멍으로부터 방출하면 국부적으로 냉각되어 좋지 못하므로 급수내관을 사용하여 적절한 위치에서 분산 방수한다.
  ㉯ 급수내관의 위치는 보일러 수위가 안전저수위까지 저하하여도 수면상에 나타나지 않도록 안전저수위보다 약간 아래(50mm 지점)에 설치한다.
  ㉰ 급수내관의 방수구멍은 수면 밑으로 향하게 한다.
  ㉱ 급수내관은 구멍이 스케일에 의해 막히기 쉬우므로 보일러 청소시 반드시 떼어 밖에서 청소 후 다시 부착한다.

② 터빈 펌프(Turbine Pump) 고장방지
  ㉮ 흡입 측의 패킹에 누설이 생기면 공기를 흡입하게 되어 펌프의 능력이 나빠지거나 과열의 원인이 된다.
  ㉯ 흡입 측 관의 부식, 이음, 풋 밸브(Foot Valve)의 누설에 의해 공기의 침입 유무를 검사한다.

⓭ 베어링 상자의 유량이나 오일링의 회전에 주의하여 베어링 메탈의 온도상승 여부를 점검한다.
㉴ 베어링의 기름은 적어도 월 1회는 교환한다.
㉵ 전류계의 정상 운전 시 부하전류를 표시하여 놓으면 전류지침에 의하여 펌프의 이상을 알 수 있다.

③ 인젝터(Injector)
㉮ 인젝터 작동불량의 원인
㉠ 흡입관로 및 밸브로부터의 공기 누입
㉡ 증기에 수분이 너무 많다.
㉢ 증기압력이 2kg/cm² 이하로 낮을 때
㉣ 인젝터 내부의 노즐에 이물질 부착
㉤ 급수온도가 50~55℃ 이상 높을 때
㉥ 역정지밸브의 고장
㉦ 인젝터 부분품의 소모

(7) 과열기의 취급
① 과열기는 기수공발현상에 의한 보일러수 불순물에 의한 손상이 많으므로 불순물의 유입을 막는다.
② 과열증기 온도의 급저하는 기수공발현상에 원인이 많으므로 항상 과열증기 온도에 유의해야 한다.
③ 보일러 점화 전에 과열기 출구 측의 관맞춤 공기밸브와 드레인 밸브를 열어 두고 입구와 중간 관맞추기의 드레인 밸브도 조금 열어놓아 보일러에 부하가 걸리는 동안 과열기 내에 증기를 유통시킨다.
④ 과열기 내의 물을 취출하지 않는 구조로 되어 있을 경우에는, 양질의 물을 과열기에 넣고 이 물이 전부 증발할 때까지 연소가스의 온도를 재료의 허용온도 이하로 유지하도록 연소를 조절한다.

(8) 절탄기의 취급
① 절탄기의 급수온도는 연도가스의 노점(Dew Point)온도 이상으로 유지한다.
② 석탄연소의 경우 급수온도는 45℃ 이상으로 한다.
③ 유류연소의 경우는 유황분의 함유량에 따라 노점온도가 심하게 상승하기 때문에 외면에 그을음이 응축하여 부착하고 황산에 의해 심한 저온부식을 일으킨다.
④ 절탄기 내면의 오손상황은 급수펌프 출구 측의 급수압력 변화에 의해 판단한다.
⑤ 절탄기 내면의 급수 중 용해된 산소에 의한 영향이 매우 크므로 급수 중의 공기를 제거한다.
⑥ 점화 시에는 절탄기 내의 물이 반드시 유동되도록 한다. 이는 절탄기 내부에 증기가 발생하는 것을 예방하기 위해서이다.

⑦ 바이패스(By-pass) 연도가 있을 때는 바이패스에 연소가스를 보낸 후 절탄기로 급수한 다음 연도를 전환시킨다.

(9) 공기예열기 취급
① 공기예열기는 연속가스에 의한 전열면의 오손이 심하여 철저한 청소가 요망된다.
② 기름 연소의 경우는 노점온도가 상승하여 그을음이 응축하여 부착하고 가스통로를 막으며 또 극심한 외면부식이 생겨 관을 단기간 내에 교체해야 한다.
③ 공기예열기의 연도에는 미연물의 매연이 다량으로 모이기 쉬워서 일정한 기간마다 청소하여 제거하지 않으면 미연물에 의해 2차 연소나 연도에서 화재가 발생한다.
④ 회전식 공기예열기인 재생식은 점화 전에 먼저 운전한다.

(10) 매연취출장치
① 매연이나 그을음 취출 시에는 댐퍼의 개도를 늘리고 통풍력을 크게 하므로 흡입통풍기가 있을 경우에는 흡입통풍을 늘려서 실시한다.
② 매연취출기를 사용할 때는 사용 전에 반드시 드레인을 제거한다.
③ 회전식 매연취출기는 노즐 구멍이 수관을 손상시키지 않는 위치에서 작업하고 1개소에 오랫동안 취출하지 않는다. 이것은 수관의 손상을 방지하기 위해서이다.

(11) 유류연소장치 취급
① 기름탱크 및 배관계통이 새는 곳의 유무에 주의하고 기름펌프는 매년 1회 분해 점검해야 한다.
② 기름가열기는 온도계와 자동온도조절계를 장치한다.
③ 증기나 온수로 기름을 가열하는 경우에는 부식발생의 염려가 있어서 매년 점검해야 한다. 특히 가열관은 부식이 발생하면 조기에 보수한다.
④ 여과기는 병렬로 설치하여 교대로 분해 청소한다.
⑤ 버너는 정기적으로 손질이 필요하고 특히 저질유를 사용하면 버너 노즐의 손상이나 오손이 심하므로 점검이나 정비를 철저히 해야 한다.
⑥ 연소정지 시에는 기름 누출에 주의한다.
⑦ 버너콘의 형상이나 디퓨저의 상태는 연소에 끼치는 영향이 크므로 잘 보수해야 한다.

(12) 급수처리장치
① 이온교환에 의해 급수처리하는 경우에는 그 용량에 적합한 사이클로 재생을 실시하지 않으면 안 된다. 항상 처리수의 잔유 경도 등 성상을 시험에 의하여 확인하고 재생조작이 늦어지지 않도록 유의한다.
② 원수의 탁도에 주의하고 이온교환 수지층에 막힘이나 처리능력이 저하되지 않도록 주의한다.
③ 수지는 정기적으로 세척하여 매년 1회 수지의 5~10%의 보충이 필요한지 검토한다.

④ 급수탱크에는 항상 충분한 물을 저장하도록 한다. 내부에 먼지나 이물질이 들어가지 않도록 뚜껑을 덮어둔다.
⑤ 급수탱크에는 기름이나 산이 혼입되지 않도록 주의하고 매년 1회 정기적으로 내부청소를 실시하여 부식을 방지한다.

⒀ 자동제어장치
① 전기회로
㉮ 전기회로의 경우 단선 접점의 헐거워짐, 오손 등에 의해 불통이 되는 일이 있으므로 주의해야 한다.
㉯ 배선을 분리정비한 후 조립식 결선이 틀리지 않도록 주의한다.
㉰ 작동용 공기 또는 기름의 배관에는 작은 관이 사용되므로 관이 찌그러졌는지 여부와 이물질에 의한 패쇄 접속부의 누출 유무를 점검해야 한다.
㉱ 전기신호 또는 기계적 신호를 서로 변환하고 증폭하여 조절하는 부분 및 작동빈도가 높은 조작부는 오손에 의해 기능이 저하하고 부정확하게 되기 쉬우므로 정기적인 점검이나 보수, 조정을 요한다.

② 수위 검출부의 보수
㉮ 수위제어계의 자동급수 조절기 및 저수위 연소차단기 및 경보장치의 수위 검출기는 스케일이나 이물질에 의해 더러워지기 쉽고 또한 느슨해짐이나 손모 등에 의해 고장 나기 쉬우므로 1일 1회 이상 적당한 시간적 간격으로 수위를 낮추어 작동시험을 행한다.
㉯ 수위검출기의 연락관이 새게 되면 수위검출에 오차가 생기기 쉬우므로 새는 것을 발견하면 즉시 보수하여 완전한 상태로 유지해야 한다. 특히 차압식 수주검출방식에는 주의를 요한다.
㉰ 부자식의 경우 6개월마다 수은 스위치의 상태를 조사하고 수은이 유리관 내에서 비산하지 않았는지 접점단자의 접속상황이 양호한지 등을 확인하다. 또 1년에 1회 플로트실을 개방하여 청소하고 플로트 및 링크 기구의 양부를 점검한다.
㉱ 전극식은 3개월 또는 6개월마다 전극봉을 샌드페이퍼로 깨끗이 닦아준다.
㉲ 온도식은 기상조건에 의해 현저한 온도변화를 받는 장소에 있을 때는 적당한 차폐 또는 피복을 실시할 필요가 있지만, 이 경우는 메이커의 의견을 들어 적당한 조치를 취한다.

③ 화염검출장치의 보수
㉮ 광전관식은 열차폐유리, 채광렌즈의 오손 및 광전관 증폭기 전자관의 감도저하 배선의 절연성에 주의를 요한다. 유리렌즈는 매주 1회 이상 깨끗이 청소하고 또 6개월마다 광전관 전류를 측정하여 감도유지에 힘쓴다.
㉯ 화염검출기의 위치는 불꽃에서의 직사광이 들어오도록 정착하고 연소실의 적열한 노벽을 직시하지 않는 위치로 한다. 화염검출기의 주위 온도는 50℃ 이상으로 해서는 안 된다.

㉰ 검출봉(플레임 로드)의 엘리먼트는 직접 불꽃에 접하여 오손 및 소손이 생기기 쉬우므로 1주에 1~2회 점검한다.
④ 자동점화장치의 보수
㉮ 점화전은 전극 및 절연유리에 그을음 미연 카본이 부착하기 쉬우므로 1주에 1~2회씩 점검한다.
㉯ 점화용 버너는 주 버너와의 관계위치 점화용 연료와 공기와의 혼합비율 점화용 압력 등에 주의하고 1주에 1~2회 점검 손질한다.
⑤ 기타 주의사항
㉮ 자동장치의 시퀀스에 주의하고 프로그램 타이밍에 이상이 없는가에 항상 주의한다. 또한 1년에 1회 부분교환 여부에 대하여 전문가의 점검을 실시한다.
㉯ 연료차단밸브는 확실히 닫히고 새지 않나 매일 점검 확인한다.
㉰ 유가열기는 제어온도가 적정한가에 대해 매일 점검한다.

5. 보일러 운전 중 장애와 사고

1 가마울림(공명음)

가마울림이란, 연소 중 연소실이나 연도 내에서 연속적인 울림을 내는 현상으로 보일러 연소 중에 발생된다.

(1) 원인
① 연료 중에 수분이 많을 경우
② 연료와 공기의 혼합이 나빠서 연소속도가 느릴 경우
③ 연도에 에어(공기)포켓이 있을 때

(2) 방지법
① 습분이 적은 연료를 사용한다.
② 2차 공기의 가열 통풍 조절을 개선한다.
③ 연소실이나 연도를 개조한다.
④ 연소실 내에서 완전연소시킨다.
⑤ 연소속도를 너무 느리게 하지 않는다.

2 캐리오버(Carry Over) 현상

보일러에서 증기관 쪽에 보내는 증기에 비수의 발생 등에 의해 물방울이 많이 함유되어 배관 내부에 응축수나 물이 고여서 수격작용(워터해머)의 원인을 만들어내는 현상이다.

(1) 캐리오버(기수공발)의 물리적인 원인
　① 증발수면적이 좁다.
　② 보일러 내의 수위가 높다.
　③ 증기정지밸브를 급히 열었다.
　④ 보일러 부하가 갑자기 증가할 때
　⑤ 압력의 급강하로 격렬한 자기증발을 일으켰을 때

(2) 화학적인 원인
　① 나트륨 등 염류가 많고 특히 인산나트륨이 많을 때
　② 유지류나 부유물 고형물이 많고, 용해 고형물이 다량 존재할 때

3 프라이밍(Priming)

프라이밍(비수)이란 관수의 급격한 비등에 의하여 기포가 수면을 파괴하고 교란시키며 수적이 증기 속으로 비산하는 현상이다.

4 포밍(Forming)

포밍(물거품 솟음)이란, 유지분이나 부유물 등에 의하여 보일러수의 비등과 함께 수면부에 거품을 발생시키는 현상이다. 즉, 프라이밍이나 포밍이 발생하면 필연적으로 캐리오버가 발생한다.

(1) 프라이밍, 포밍의 발생원인
　① 주증기 밸브의 급개
　② 고수위의 보일러운전
　③ 증기부하의 과대
　④ 보일러수의 농축
　⑤ 보일러수 중에 부유물, 유지분, 불순물 함유

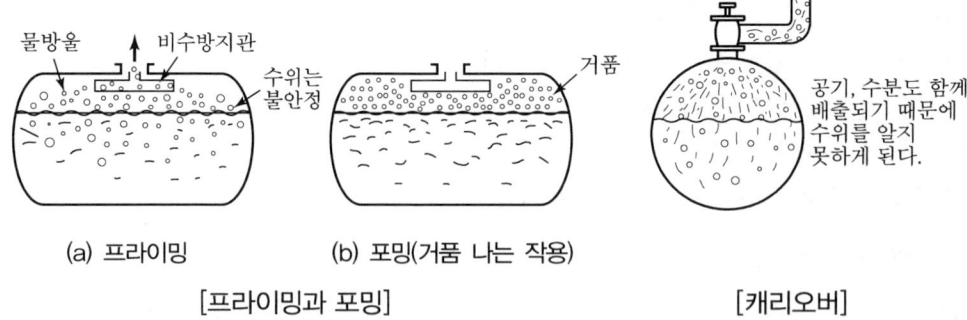

(a) 프라이밍　　(b) 포밍(거품 나는 작용)
[프라이밍과 포밍]　　　　[캐리오버]

(2) 프라이밍, 포밍 방지대책
① 주증기 밸브를 천천히 열 것
② 정상 수위로 운전할 것
③ 과부하 운전이 되지 않게 할 것
④ 보일러수의 농축방지
⑤ 급수처리를 하여 부유물, 유지분, 불순물을 제거할 것

5 수격작용(Water Hammer)

수격작용(워터해머)이란, 캐리오버(Carry Over) 등에 의해 증기계통에 고여 있던 응축수가 송기할 때 고온 고압의 증기에 이끌려 배관을 강하게 타격하는 현상이다.

(1) 장해
① 배관의 무리나 파열을 준다.
② 배관의 부식이 촉진된다.
③ 증기의 손실이 많다.
④ 증기의 저항이 크다.

(2) 방지법
① 주증기 밸브를 천천히 연다.
② 증기배관의 보온을 철저히 한다.
③ 응축수 빼기를 철저히 한다.
④ 증기 트랩을 설치한다.
⑤ 포밍이나 프라이밍을 방지한다.
⑥ 송기 전에 소량의 증기로 증기관을 따뜻하게 한다.
⑦ 캐리오버 방지를 위하여 기수분리기나 비수방지관을 단다.

6 보일러 파열사고

(1) 원인
① 취급상(용수관리, 정비점검, 조작기능 미숙 등의 미숙사고)
② 강도상(용접, 재료, 구조, 두께부족 등의 사고)

7 보일러 과열

(1) 원인
① 저수위 사고 시
② 동 내면에 스케일 생성
③ 보일러수의 과도한 농축
④ 보일러수의 순환불량

⑤ 전열면의 국부과열

(2) 과열의 방지법

위의 ①~⑤항까지를 방지한다.

8 보일러 압력초과

(1) 원인

① 압력계 주시를 태만히 했을 경우
② 압력계의 기능에 이상이 생겼을 때
③ 수면계의 수위 오판에 의한 보일러 운전을 했을 경우
④ 분출관에서의 누수현상
⑤ 급수펌프의 고장
⑥ 이상감수에 의한 운전
⑦ 급수내관이 이물질로 폐쇄된 경우
⑧ 안전밸브의 기능 이상

9 저수위 사고(이상감수)

(1) 원인

① 수면계의 수위오판
② 수면계 주시를 태만히 했을 경우
③ 분출장치의 누수
④ 급수펌프의 고장
⑤ 수면계의 연락관이 막혔다.
⑥ 급수내관이 스케일로 인하여 패쇄되었다.
⑦ 보일러의 부하가 너무 크다.

10 역화(Back Fire)

(1) 원인

① 점화 시 착화가 5초 이내에 이루어지지 않을 때
② 점화 시 공기보다 연료공급이 먼저 이루어질 때
③ 노 내 환기부족(Pre-Purge)
④ 압입 통풍은 강하나 연도나 연돌의 단면적이 너무 작을 때
⑤ 실화 시 노 내의 여열로 재점화가 일어날 때
⑥ 연료공급을 다량으로 했을 때
⑦ 노 내의 미연가스가 충만할 때 점화한 경우
⑧ 흡입 통풍의 부족

11 가스폭발

연소실 내에 연도 내에 정체되어 있는 미연소가스 또는 탄진 등이 공기와 혼합되어 폭발한계 안에 들게 되었을 때 불씨가 들어가면 급격한 연소가 일어나서 폭발사고가 일어난다. 가스 또는 탄진의 양이 많을수록 큰 폭발이 생기며 양이 적을 때에는 역화라 한다.

(1) 방지법
가스 폭발의 방지법은 역화의 원인 8가지를 제거하면 된다.

12 소손

(1) 원인
① 과열이 지나쳐서 강재 속의 탄소 일부가 800℃ 이상에서 연소된 후 강도를 상실한 현상이다.
② 과열은 강재를 풀림처리하면 원래의 조직으로 재생되지만 소손은 열처리하여도 원래대로 성질이 회복되지 않는다.

(2) 방지법
과열의 원인을 제거하여야 한다.

13 압궤(Collapse)

(1) 원인
고온의 화염을 받는 전열면에 과열이 지나치면 외압에 견디지 못하여 안쪽으로 오목하게 들어간 현상이다.

(2) 압궤의 발생장소
① 노통, ② 화실

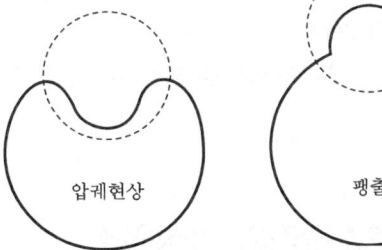

압궤현상 / 팽출

14 팽출(Bulge)

(1) 원인
전열면의 과열이 지나치면 내압력에 견디지 못하여 밖으로 부풀어나오는 현상이다.

(2) 팽출의 발생장소
① 수관　　　　② 횡관　　　　③ 동체

15 균열(Crack)

균열이란 반복응력의 집중으로 재료가 피로를 일으켜 조직의 일부가 파괴되어 미세하게 금이 생기는 크랙(Crack)현상이다.

(1) 발생장소
① 리벳구멍
② 플랜지 이음
③ 노통

(2) 발생원인
① 보일러 구조상의 결함
② 불균일한 가열, 급열, 급랭 등에 의한 부동팽창
③ 공작불량
④ 압력의 과대

(3) 발생되는 부분
① 보일러 제조 시 공작의 무리로 인해 잔류응력이 남는 부분
② 응력이 집중되는 부분
③ 화염이 접촉되는 부분

16 보일러 판의 손상

(1) 라미네이션(Lamination)

보일러 강판이나 관이 두 장의 층을 형성하면서 다음과 같은 작용이 일어난다.

① 열전도가 방해된다.
② 균열이 생긴다.
③ 강도가 저하된다.

(2) 블리스터(Blister)

라미네이션의 재료가 외부로부터 강하게 열을 받아 소손되어 외부로 부풀어오르는 현상이다.

6. 오일버너 연소관리와 이상연소

1 기름연료의 연소 시 이상연소의 원인

(1) 역화(백파이어)의 원인
① 기름의 인화점이 너무 낮을 때
② 착화시간이 너무 늦을 때
③ 유압이 과대할 때
④ 1차 공기의 압력이 부족할 때
⑤ 프리퍼지가 부족할 때

⑥ 기름 내에 물이나 협잡물이 함유될 때
⑦ 배관 기름 속에 공기가 누입될 때
⑧ 흡입통풍이 너무 약할 때
⑨ 공기보다 연료를 먼저 공급하였을 때

(2) 화염 중에 불똥(스파크)이 튀는 원인
① 기름온도가 낮을 때
② 연소실 온도가 낮을 때
③ 분무용 공기압이 낮을 때
④ 중유에 아스팔트 성분이 많을 때
⑤ 버너 타일이 맞지 않을 때
⑥ 노즐의 분무특성이 불량한 때
⑦ 버너 속에 카본을 부착하였을 때

(3) 연소불안정의 원인
① 기름점도가 과대한 때
② 펌프의 흡입량이 부족한 때
③ 기름온도가 너무 높을 때
④ 기름 내에 수분이 포함된 때
⑤ 연료의 공급상태가 불안정한 때
⑥ 기름배관 내에 공기가 누입된 때
⑦ 1차 공기의 압송량이 과대한 때

(4) 연료소비의 과대원인
① 기름의 발열량이 낮을 때
② 기름 내에 물이나 협잡물이 포함되었을 때
③ 연소용 공기가 부족 또는 과대할 때
④ 기름의 예열온도가 낮을 때

(5) 공기의 공급불량 원인
① 송풍기의 능력이 부족할 때
② 윈드박스가 폐색되었을 때
③ 공기댐퍼가 불량할 때
④ 덕트의 저항이 증대할 때
⑤ 송풍기의 회전수가 부족할 때

(6) 점화불량의 원인
　① 기름이 분사되지 않을 때
　② 기름배관에 물, 슬러지가 들어갈 때
　③ 기름온도가 너무 높을 때
　④ 기름온도가 너무 낮을 때
　⑤ 유압이 낮을 때
　⑥ 버너 노즐이 막혔을 때
　⑦ 1차 공기압력이 너무 높을 때
　⑧ 1차 공기량이 과대할 때
　⑨ 착화버너의 불꽃이 불량할 때
　⑩ 착화버너와 주버너와의 타이밍이 맞지 않을 때

(7) 버너에서 기름이 분사되지 않는 원인
　① 기름탱크의 기름이 부족한 때
　② 버너 노즐이 막혔을 때
　③ 유압이 너무 낮을 때
　④ 분연펌프가 작동되지 않을 때
　⑤ 급유관이 이물질로 막혔을 때
　⑥ 화염검출기의 작동이 불량한 때

(8) 버너 노즐이 막히는 원인
　① 기름 내에 협잡물이 많았을 때
　② 노즐의 온도가 너무 높을 때
　③ 소화 시에 노즐에 기름이 남아있을 때
　④ 출구 카본이 축적된 때

(9) 버너 모터가 움직이지 않는 원인
　① 전원이 불량한 때
　② 전기배선이 끊어졌을 때

(10) 급유관이 막히는 원인
　① 기름 내에 슬러지가 과다한 때
　② 기름 내에 회분량이 많을 때
　③ 기름의 점도가 높을 때
　④ 기름이 응고하였을 때
　⑤ 기름 내에 협잡물이나 이물질이 많을 때

(11) 기름 펌프의 흡입불량 원인
　① 기름의 점도가 너무 높을 때
　② 기름여과기가 막혔을 때
　③ 펌프 입구 측의 밸브가 닫혔을 때
　④ 기름 배관 계통에 공기가 침입한 때
　⑤ 펌프의 흡입 낙차가 과다한 때
　⑥ 기름의 예열온도가 높아 기화한 때
　⑦ 펌프의 슬립이 생긴 때

(12) 버너화구에 카본이 축적되는 원인
　① 기름의 점도가 과대할 때
　② 기름의 무화가 불량할 때
　③ 유압이 과대할 때
　④ 기름 온도가 너무 높을 때
　⑤ 기름 분무가 불균일할 때
　⑥ 공기의 공급량이 부족할 때(1차 공기)
　⑦ 기름 내에 카본양이 과대할 때
　⑧ 급유량이 불안정할 때
　⑨ 노즐과 버너 타일의 센터링이 불량할 때
　⑩ 소화 후 기름이 누설될 때

(13) 노벽에 카본이 축적되는 원인
　① 기름의 점도가 과대할 때
　② 무화된 기름이 직접 충돌할 때
　③ 유압이 과대할 때
　④ 1차 공기의 압력이 과대할 때
　⑤ 노 내 온도가 낮을 때
　⑥ 공기의 공급이 부족한 때
　⑦ 노폭이 협소할 때
　⑧ 버너팁의 모양 및 위치가 나쁠 때
　⑨ 불완전연소가 되었을 때

(14) 소음, 진동의 원인
　① 노즐의 분사음
　② 공기배관 속의 기류 진동
　③ 콤프레서의 흡입 소음

④ 기름 펌프의 흡입 소음
⑤ 연소 소음
⑥ 송풍기의 흡입 소음
⑦ 송풍기 임펠러의 언밸런스
⑧ 연소실 공명

(15) **기름 속에 슬러지가 생기는 원인**
① 기름 내에 아스팔트 성분 및 탄소분이 많을 때
② 기름 내에 왁스성분이 포함되었을 때
③ 기름 내에 수분이나 협잡물이 많을 때

(16) **기름여과기가 막히는 원인**
① 기름 내에 슬러지나 불순물이 많을 때
② 기름의 점도가 과대한 때
③ 기름온도가 너무 낮을 때
④ 여과기의 청소를 하지 않았을 때

(17) **운전 도중 소화가 되는 원인**
① 점화불량의 원인을 참고할 것
② 정전되었을 때
③ 기름탱크에 기름이 없을 때
④ 버너 밸브를 너무 닫았을 때
⑤ 1차 공기량의 공급이 부족한 때
⑥ 저수위 안전장치가 작동한 때
⑦ 증기압력 제한기 및 가감기가 작동한 때

(18) **매연발생의 원인**
① 공기의 공급량이 부족 또는 과대한 때
② 연료 내의 회분량이 과대한 때
③ 무리한 연소를 할 때
④ 연소실 온도가 낮은 때
⑤ 연료 내에 중질분이 포함되었을 때
⑥ 연소장치가 부적당한 때

(19) **열전도가 불량하고 능력이 오르지 않는 원인**
① 전열면에 그을음, 스케일이 많이 쌓였을 때
② 무화상태가 불량한 때
③ 연료공급이 부족한 때

④ 통풍력이 일정하지 않은 때
⑤ 보일러 능력이 부족한 때

⑳ **분화구로부터 연기가 나오는 원인**
① 통풍력이 부족한 때
② 연소가스의 출구가 막혔을 때
③ 연도로부터 냉공기가 침입할 때
④ 연도의 단면적이 적을 때
⑤ 연도에 재가 많이 쌓였을 때
⑥ 연돌의 흡인력이 부족할 때
⑦ 갑자기 통풍력을 증가시킬 때

㉑ **진동연소의 원인**
① 분무공기압이 과대한 때
② 노 내 압력이 너무 높을 때
③ 버너타일 형상이 맞지 않을 때
④ 1차 공기압과 유압이 불안정할 때
⑤ 버너타일과 버너위치가 불량한 때
⑥ 연도의 이음부나 설계가 나쁜 때
⑦ 노속 가스의 흐름이 공명진동한 때
⑧ 연소용 공기의 공급기구가 부적당한 때
⑨ 분연펌프가 맥동할 때

CHAPTER 03 급수처리, 세관 및 보존

1. 급수처리

1 급수처리의 목적

(1) 전열면의 스케일 생성방지
(2) 보일러수의 농축방지
(3) 부식의 방지
(4) 가성취화 방지
(5) 기수공발 현상의 방지

2 수질이 불량할 때의 장해

(1) 발생한 증기가 불순하다.
(2) 비수를 유발시킨다.
(3) 슬러지, 스케일의 고착 등에 의한 열전도가 방해되고 각종 관을 폐쇄시킨다.
(4) 분출을 자주 하게 됨으로써 열손실이 많아진다.
(5) 청소를 자주 하게 되기 때문에 약품 등이 소모되고 많은 노력을 필요로 한다.

3 보일러수의 종류

(1) 천연수
(2) 상수도수
(3) 하천수
(4) 복수(응결수)
(5) 급수처리수

4 물에 관한 용어

(1) PPM(Parts Per Million)

수용액 $1l$(1kg) 중에 함유하는 불순물의 양을 mg으로 표시한다(중량 백만분율).
즉, 수용액 $1,000l$ 중 1g에 상당하고 1/1,000,000에 해당함으로써 이것을 1ppm이라 하며 그 표시는 mg/kg, mg/l, g/ton, g/m^3로 표시된다.

(2) PPB(Parts Per Billion)

수용액 1,000kg 중에 불순물의 양 1mg을 단위로 취하고 1ppb라 하며 그 표시는 mg/ton, mg/m^3, 즉 10억분율이다.

(3) EPM(Equivalents Per Million)

당량 농도라고 하며 용액 1kg 중의 용질 1mg당량, 즉 100만 단위중량 중의 1단위 중량 당량에 해당한다(당량 수는 분자량을 원자가로 나눈 값이다).

5 수질용어

(1) 탁도

탁도란, 점토 등의 현탁성에 의하여 물이 탁해진 정도로서 증류수 $1l$ 중에 카올린(Al_2O_3, $2SiO_2$, $2H_2O$) 1mg이 함유된 것을 탁도 1도라 한다.

(2) 경도(Degree of Hardness : Haztegrad)

수중에 함유하고 있는 칼슘(Ca) 및 마그네슘(Mg)의 농도를 나타낼 때의 척도이며 이것에 대응하는 탄산칼슘(CaCO) 및 탄산마그네슘($MgCO_3$)의 함유량을 편의상 ppm으로 환산하여 나타낸다.

① 탄산염 경도(일시경도) : 수중의 Ca^+ 및 Mg^{2+}이 중탄산이온(HCO_3^{2+})과 결합하고 있는 성분을 탄산염 경도라 한다. 그러나 끓이면 경도성분이 제거된다(중탄산염).

② 비탄산염 경도(영구경도) : 수중의 Ca^+ 및 Mg^{2+}이 염소이온(Cl^-), 즉 염화물이나 황산염(SO_4^{2-})과 결합하고 있는 성분이 비탄산염 경도이고 물을 끓여도 경도성분이 침전되지 않고 존재한다.

③ 칼슘 경도 : 수중의 Ca양을 그와 상응하는 탄산칼슘($CaCO_3$)으로 표시한 것

④ 마그네슘 경도 : 수중의 Mg양을 그와 상응하는 탄산칼슘($CaCO_3$)으로 표시한 것

⑤ 총 경도 : 칼슘 경도와 마그네슘 경도의 합이다.

(3) 경도의 표시

① 탄산칼슘($CaCO_3$) 경도 : 수중의 Ca와 Mg양을 탄산칼슘($CaCO_3$)으로 환산해서 ppm으로 표시한다.

② 독일경도(dH) : 수중의 Ca양과 Mg양을 산화칼슘(CaO)으로 환산해서 나타낸다. 즉, 수중에 Ca와 Mg이 함유되어 있을 때 Mg을 산화마그네슘(MgO)으로 Mg량에다 1.4배하여 CaO로 환산한다(예를 들면, Mg이 2mg이 수중에 함유되어 CaO로 환산하면 2mg×1.4 =2.8mg, 즉 마그네슘(Mg) 2mg은 칼슘(Ca) 2.8mg과 같다는 뜻이다).

※ 독일경도(CaO, $\frac{mg}{100ml}$) : 물 100mL 중에 CaO가 1mg이 들어있는 경도 1도(1°dh)다.

㉮ 수중의 경도 성분함량 분류

㉠ 경수 : 칼슘경도 10.5 이상의 물(센물)

㉡ 연수 : 경도 9.5 이하의 물(단물)

㉢ 적수 : 경도 9.5~10.5 사이의 물

연수는 비눗물이 잘 풀어지나 경수는 비눗물이 잘 풀어지지 않는다. 일반적으로 연수, 경수의 구별은 경도 10을 기준하여 경도 10 미만은 연수, 경도 10 이상은 경수라 칭한다.

(4) pH(수소이온 농도지수)

① 순수한 물은 약간 전리하며 그 수소이온(H^+)과 수산화이온(OH^-)은 실온에서 각각 10^{-7} mol/l 존재한다. 즉, 물에 산을 가하면 H^+의 농도가 증가하지만 H^+와 OH^-의 곱은 순수한 물의 경우와 같다. 따라서 H^+가 증가하면 OH^-은 감소한다.
② H^+양과 OH^-양을 곱한 것이 물의 이온적이다.
③ 순수한 물의 H^+양과 OH^-양은 각각 10^{-7}mol이므로 물의 이온적은 10^{-14}이다. 즉, 물의 이온적(K)=$10^{-7} \times 10^{-7} = 10^{-14}$이므로 이온적 10^{-14}의 물은 산 수용액, 알칼리 수용액 모두에 해당한다.
④ pH는 물에 함유하고 있는 수소이온(H^+) 농도지수를 나타낼 때의 척도이다.
⑤ 물 1l 중에 H^+의 몰수(g이온수)를 그 수용액의 수소이온 농도라고 하며 [H^+]로 표시한다.
⑥ 물 1l 중에 OH^-의 몰수(g이온수)를 그 수용액의 수산이온 농도라고 하며 [OH^-]로 표시한다.
⑦ pH는 물의 이온적에 따라서 0~14까지 있다.

- pH가 7 → 중성
- pH가 7 초과 → 알칼리성
- pH가 7 미만 → 산성

- [H^+][OH^-] = 10^{-14}
- 중성의 물 : [H^+] = [OH^-] = 10^{-7}
- 산성의 물 : [H^+] > [OH^-]
- 알칼리성 물 : [H^+] < [OH^-]
- pH = $\log_{10} \dfrac{1}{[H^+]}$

REFERENCE pH 지시약

① pH 지시약은 중화 적정 시 중화점을 알아내기 위해서 pH값에 따라 색이 변하는 색소를 이용한다. 즉, pH 지시약 리트머스 시험지가 물속에서 적색으로 변하면 그 물은 산성, 청색이면 알칼리성이 된다.
② pH 지시약은 pH 측정 시의 간이시험용으로 용이하게 물이 산성인지 중성인지 알칼리성인지를 확인한다.

〈pH 지시약의 종류〉

지시약명	산성	중성	알칼리성	용도
메틸오렌지(MO)	적색	주황색	황색	강산, 약염기에 적정
페놀프탈레인(PP)	무색	무색	적색	약산, 강염기에 적정
리트머스(Litmus)	적색	보라색	청색	사용하지 않는다.
메틸레트(ME)	적색	주황색	황색	강산, 약염기에 적정

(5) 산도(알칼리 소비량)

산도란, 수중에 함유하고 있는 탄산, 광산, 유기물 등의 산분을 중화하는 알칼리분을 ppm 또는 이것에 대응하는 탄산칼슘을 ppm으로 표시한 것이며 이 1ppm을 산도 1도라고 한다.

(6) 색도

물의 색도를 나타낸 것으로서 물 $1l$ 속에 색도 표준용액 1mL가 함유되면 색도 1도라 한다.

(7) 알칼리도(산소비량)

수중에 녹아 있는 중탄산염, 탄산염, 수산화물, 인산염, 규산염 등의 알칼리분을 중화시키기 위한 황산의 양을 알칼리도라 하며 M알칼리도, P알칼리도가 있다.

2. 급수 속의 불순물과 장해

1 불순물의 분류

(1) 물에 녹지 않고 섞여 있는 것
① 찌꺼기   ② 모래
③ 석회분   ④ 유기물 유지

(2) 물에 녹아 있는 것
① 산소   ② 탄산가스   ③ 질소

(3) 물에 녹기 쉬운 것
① 중탄산칼슘   ② 중탄산마그네슘   ③ 초산칼슘
④ 염화마그네슘   ⑤ 황산마그네슘   ⑥ 초산마그네슘
⑦ 염화나트륨   ⑧ 염화칼슘

(4) 물에 잘 녹지 않는 것
① 탄산칼슘   ② 황산칼슘   ③ 탄산마그네슘
④ 규산   ⑤ 알루미나   ⑥ 탄산철
⑦ 수산화제2철   ⑧ 수산화마그네슘

2 불순물의 종류와 장해

〈수중의 주요 불순물에 의해 보일러 설비에서 발생되는 장해〉

불순물		발생부위	1차적 장해	2차적 장해 혹은 1차적 장해의 보충	비고
경도성분 (Ca^{2+}, Mg^{2+})	①	급수계통	스케일 부착	보일러 내 처리제의 부적절, 급수의 고온 등에 의해 스케일 부착	지하수 등에 비교적 많이 함유
	②	보일러의 증발관	스케일 부착	열전도 저하 → 국부가열 → 팽출 파열	
	③	보일러의 드럼 저부 (低部)	슬러지 퇴적	부식(용존산소, 기타 산화성 물질이 공존하는 경우)	
철(Fe)			②와 동일		지하수에 많이 함유, 하천수, 지하수에 함유
			③과 동일		
황산이온 (SO_3^{2-})			②와 동일(Ca^{2+} 공존의 경우)		
			③과 동일(Ca^{2+} 공존의 경우)		
실리카 (SiO_2)	④	과열기관	캐리오버	스케일 부착 → 국부가열 → 팽창파열 과열기관이 막힘 → 막힌 관의 증기유량 0 → 보일러의 발생증기량 감소	하천수, 지하수에 함유
		보일러	부식	스케일 부착 → 효율·출력 저하	
전고형물			④와 동일		
			⑤와 동일		
	⑥	보일러	부식	부식 촉진	
M알칼리도 성분 (HCO_3 등)	⑦	보일러	부식	강의 응력부식, 동 합금의 부식(보일러수의 알칼리도, pH가 아주 높은 경우)	지하수에 많이 함유
			④와 동일		
			⑤와 동일		
유기물			④와 동일(유기물 자체는 스케일 성분으로 안 되지만 캐리오버 촉진)		지하수, 호수, 오염수에 많이 함유
			⑤와 동일(유기물 자체는 스케일 성분으로 안 되지만 캐리오버 촉진)		
		이온교환장치	수지오염	이온교환수지의 능력 저하	
용존산소 (O_2)	⑨	각 계통	부식	점식의 주원인	지하수가 대지와 접촉하면 O_2의 용존량 증가
유리탄산	⑩	각 계통, 특히 복수, 급수계통	부식	일반부식의 주원인	지하수, 호수, 응축수에 많이 함유
유리염소 (Cl_2)	⑪	급수계통, 보일러	부식	전식의 주원인	수도수의 살균을 위해 정수장에서 인위적으로 주입
	⑫	이온교환장치	수지의 산화	이온교환수지의 능력 저하	
염소이온 (Cl^-)	⑬	각 계통	부식	부식 촉진, 특히 오스테나이트계 스테인리스강의 응력부식 촉진	하천수, 지하수에 함유

〈물에 대한 스케일 생성성분의 용해도〉

성분	농도단위	용해도(온도)				비고
탄산칼슘 $CaCO_3$(방해석)	ppm	14.3 (25℃)	15.0 (50℃)	17.8 (100℃)		공기 중에 CO_2를 함유하지 않은 경우
수산화칼슘 $Ca(OH)_2$	ppm	1,130 (25℃)	910 (50℃)	520 (100℃)	84 (190℃)	
황산칼슘 $CaSO_4$	ppm	2,980 (20℃)	2,010 (45℃)	670 (100℃)	76 (200℃)	
황산마그네슘 $MgSO_4$	g/100g H_2O	35.6 (20℃)	58.7 (67.5℃)	48.0 (100℃)	1.6 (200℃)	

(1) 가스분
   ① 종류 : 산소, 탄산가스, 암모니아, 아황산, 아질산
   ② 장해 : 보일러의 부식 발생

(2) 용해고형물
   ① 종류 : 탄산염, 규산염, 유산염, 황산염, 인산염, 중탄산염
   ② 장해
      ㉮ 슬러지 발생으로 관석이 생겨서 열전도가 지연
      ㉯ 캐리오버 발생
      ㉰ 부식 발생
      ㉱ 황산염, 규산염으로 관석이 발생

(3) 고형협잡물
   ① 종류 : 흙탕, 모래, 유지분, 수산화철, 유기미생물, 콜로이드상의 규산염
   ② 장해
      ㉮ 침전물의 퇴적
      ㉯ 스케일에 의한 열전도 방해
      ㉰ 부식, 포밍, 캐리오버 발생

(4) 염류
   ① 종류 : 탄산칼슘, 탄산마그네슘, 황산칼슘, 황산마그네슘, 염화마그네슘
   ② 장해
      ㉮ 스케일(Scale) 생성
      ㉯ 과열 초래
      ㉰ 침전물 부착

(5) 알칼리분
　① 장해
　　㉮ 청동을 부식시킨다.
　　㉯ 가성취화 발생으로 열전도 방해
　　㉰ 균열을 일으킨다.

(6) 유지분
　① 장해
　　㉮ 열전도 방해
　　㉯ 과열을 일으킨다.
　　㉰ 보일러판의 부식
　　㉱ 포밍 발생

(7) 가수분해
　급수 속에 산소 및 탄산가스가 포함되면 부식의 원인이 된다. 급수 속에 공기가 포함되면 이런 가스가 존재하여 열을 받고 분리된다. 특히 20℃의 물속에는 약 6ppm의 산소가 공존한다.

3. 급수처리의 방법과 해설

1 급수처리의 방법

　① 화학적인 처리방법
　② 기계적인 처리방법
　③ 전기적인 처리방법

(1) 보일러수 외처리의 종류
　① 여과법
　② 침전법
　③ 응집법
　④ 증류법
　⑤ 약품처리법
　⑥ 기폭법
　⑦ 탈기법

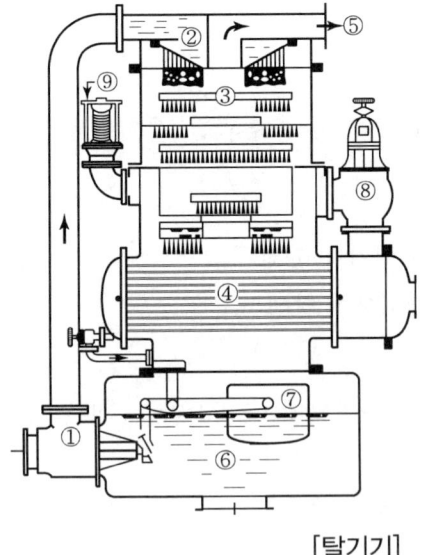

① 자동급수 조절밸브
② 수실상부
③ 살수부
④ 가열관
⑤ 배기구
⑥ 하부 물탱크
⑦ 플로트
⑧ 압력 조절밸브
⑨ 토출밸브

[탈기기]

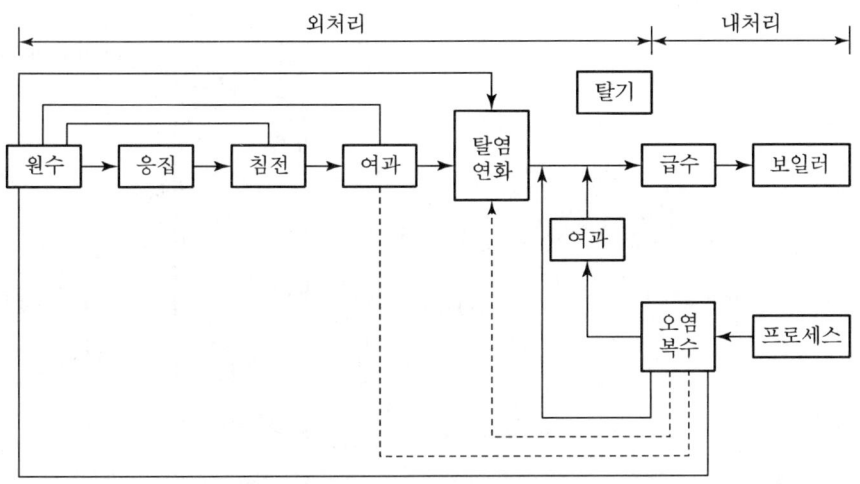

[보일러 외처리 및 내처리 공정도]

(2) 보일러수 내처리의 종류
   ① 청관제 사용법
   ② 보호피막에 의한 법
   ③ 페인트 도장법
   ④ 아연판 부착법
   ⑤ 전기를 통하게 하는 법

2 급수처리 외처리

(1) 용존가스분의 처리
   ① 기폭법
      ㉮ 기폭법의 역할
         ㉠ 탄산을 분해하여 탄산가스를 처리한다.
         ㉡ 급수 중의 탄산가스, 철, 망간(CO_2, Fe, Mn) 등을 제거한다.
         ㉢ 수중에서 기체에 용해되는 주위에 있는 대기 중의 가스의 분압에 비례한다는 헨리 법칙을 적용한 것이다.
         ㉣ 수온이 높을수록 효과적이다.
         ㉤ 기폭시간이 길수록 결과가 좋다.
         ㉥ 물과 공기량의 접촉이 많을수록 효과적이다.
         ㉦ 물의 표면적이 클수록 효과적이다.
         ㉧ 수중의 가스농도가 높고 주위 대기 중의 가스농도가 낮을수록 커진다.
      ㉯ 기폭의 방법
         ㉠ 강수방식 : 공기 중에 물을 유하시킨다.
         ㉡ 용수 중에 공기를 흡입한 방식

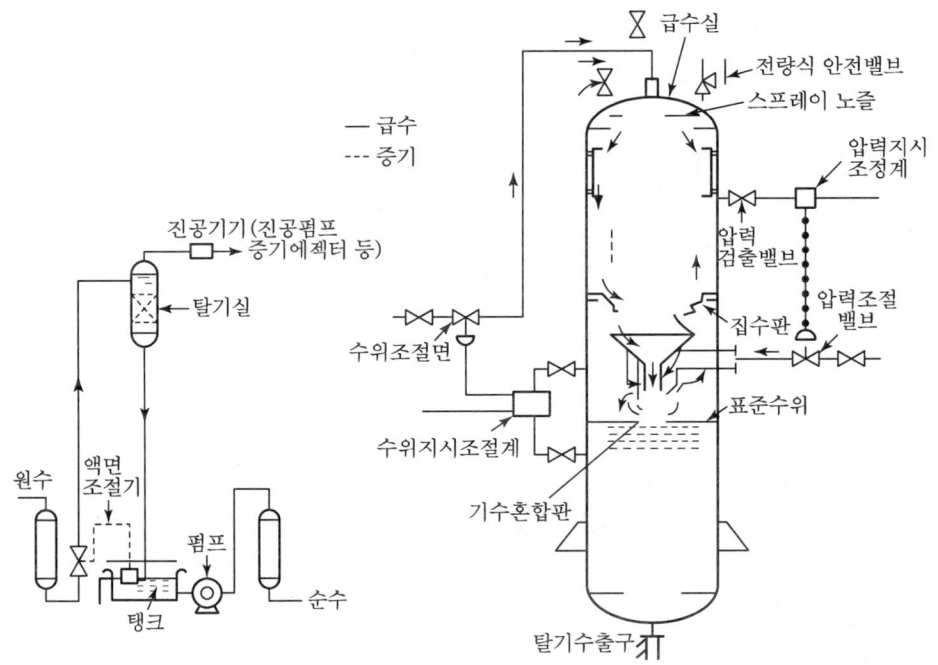

[스프레이형 가열탈기기 구조의 일례]

  ㈐ 기폭 처리방법
    ㉠ 물의 공중낙하에 의한 기폭 → 스프레이식 · 플레이트식, 목제분식 · 강제통풍식
    ㉡ 공기확산에 의한 기폭 → 압축공기에 의한 방법
② **탈기법**
  ㉮ 급수 중에 용존되어 있는 O_2나 CO_2 제거에 사용되지만 주목적은 O_2의 제거이다.
  ㉯ 탈기효율
    ㉠ 진동도가 물의 증기압에 가까울수록 높다.
    ㉡ 처리하는 급수가 미세할수록 높다.
  ㉰ 탈기방식
    ㉠ 진공탈기 : 감압장치는 진공펌프, 공기이젝터 사용
    ㉡ 가열탈기 : 터빈의 추유 또는 생증기로 물을 비점온도까지 가열해서 탈기한다(트레이식).
    ㉢ 스프레이식 : 스프레이 노즐에서 분무시킨다.

(2) 현탁질 고형물의 처리
① 여과법
㉮ 여과기 내로 급수를 보내어 크기가 0.01~0.1mm 정도 큰 협잡물을 처리한다.
㉯ 침강속도가 느리거나 침강분리가 곤란한 협잡물의 처리에 적용된다.
㉰ 완속여과와 급속여과가 있으나 급속여과가 주로 사용된다.
㉱ 여과기는 개방형의 중력식과 밀폐형의 압력식이 있다.
㉲ 여과재
㉠ 모래
㉡ 자갈
㉢ 활성탄소
㉣ 엔트라사이트

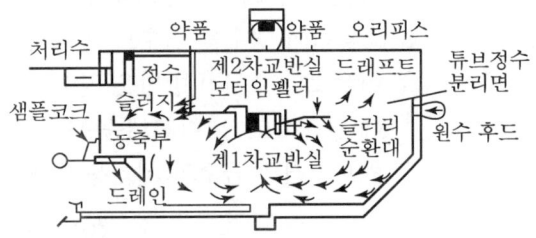
[슬러지-순환식 급속 침전장치]

② 침강법
㉮ 크기가 0.1mm 이상의 큰 협잡물은 자연 침강하여 처리된다.
㉯ 처리시간이 많이 걸려서 명반을 사용한다.
㉰ 방법
㉠ 회분식 침강
㉡ 연속식 침강

③ 응집법
㉮ 콜로이드상의 미세한 입자는 여과나 침전으로는 처리되지 않기 때문에 응집제를 첨가하여 흡착결합 후 자연 침강되게 하여 처리한다.
㉯ 응집제
㉠ 황산알루미늄
㉡ 폴리염화알루미늄

(3) 용존고형물의 처리
① 증류법

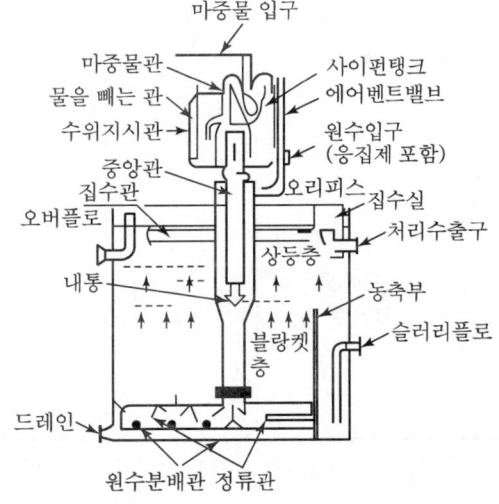
[맥동식 급속 응집침전장치]

㉮ 물을 가열시켜 발생된 증기를 응축하여 좋은 수질을 얻는다.
㉯ 증류법은 비경제적이나 박용 보일러에서는 사용이 가능하다.
② **약품첨가법** : 물속에 소석회, 소다회, 제올라이트 등을 가하여 중탄산염 및 유산염, 탄산염 또는 수산화물로 침전시켜 경수를 연수로 만든다.

③ 이온교환법 종류
   ㉮ 단순연화(경수연화) : Na^+ 이외의 양이온을 Na^+로 이온교환시킨다.
   ㉯ 탈알칼리 연화 : 양이온의 이온교환은 단순연화와 동일하지만 그 외의 알칼리도 성분(중탄산염)의 대부분은 제거된다.
   ㉰ 탈염 : 실리카 이외의 모든 전해질(이온상 실리카까지)을 제거한다.
④ 이온교환법 원리 : 이온교환법은 이온교환체에 결합하고 있는 특정이온과 급수 중의 이온을 교환하여 경수를 연수로 연화시키는 방법이다.
   ㉮ 이온교환 수처리 방법은 원수를 Na형의 강산성 양이온 교환수지에 통과시켜 원수 중에 칼슘(Ca^{2+}), 마그네슘(Mg^{2+}) 이온을 수지 중에 Na이온과 교환하는 방법이며, 저압보일러의 급수와 세척용 수처리에 사용된다.

〈이온교환수지의 종류〉

이온의 기호에 의한 분류		교환기의 끝에 결합되어 있는 이온에 의한 분류				강약의 분류
		결합되어 있는 양이온		결합되어 있는 음이온		
		Na^+	H^+	OH^-	Cl^-	
이온교환수지	양이온 교환수지	Na형	H형			강산성 양이온 교환수지
						중산성 양이온 교환수지
						약산성 양이온 교환수지
	음이온 교환수지			OH형	Cl형	강염기성 음이온 교환수지 (Ⅰ형, Ⅱ형)
						중염기성 음이온 교환수지
						약염기성 음이온 교환수지

주) ☐ 내의 이온교환 수지가 보일러 외처리에서 주로 이용되고 있음

   ㉯ 강산성 양이온 교환수지의 이온 선택성은 $Ca^{2+} > Mg^{2+} > Na^+$이므로 경수 연화반응은 다음과 같다.

   $2(RSO_3Na) + Ca^{2+} \rightleftarrows (RSO_3)_2Ca + 2Na^+R$

   ㉰ 경수연화반응은 가역반응이라서 원수 중에 Ca, Mg 이온보다 많은 경우에는 연화반응이 화학평형의 역으로 되어 경도의 누출이 많고 교환용량도 감소한다. 따라서, 이런 경우에는 재생레벨을 높여서 운전해야 하며 재생재로서 5~15% 식염수, 해수는 때에

따라서 황산소다(Na_2SO_4)를 사용한다. 황산칼슘 석출이 되는 것을 줄이기 위하여 재생재의 농도를 낮추어서 비교적 저속으로 재생한다.

$$(RSO_3)_2Ca + NaSO_4 \rightarrow RSO_3Na + CaSO_4 \downarrow$$

- ㉣ 양이온 교환수지는 스티렌(Styrene)과 디비닐벤젠(Divinylbenzene)과의 구상 공중합물을 슬폰화한 것이다(상품은 Na형으로 되어 있다).
- ㉤ $Ca(HCO_3)_2$, $Mg(HCO_3)_2$와 같이 중탄산기와 결합한 경도를 일시경도라 한다. 이와 같은 약산성 양이온 교환수지로 교환이 가능하다.
- ㉥ 물질수지의 결정
  - ㉠ 역세(Back Washing) : 사용수는 원수 또는 처리수이며 유속은 역세전개율이 50 ~ 80% 되는 유속이 필요하며 역세유속은 수온에 따라 변화하며 양이온 교환수지 SKIB의 경우 5℃(10m/h), 10℃(13m/h), 15℃(16m/h), 20℃(19m/h), 25℃(21m/h)이다.
  - ㉡ 세정시간 : 5분
  - ㉢ 약주 : 사용수는 원수 또는 처리수, 약주농도는 10W/V%, 약주시간은 30분
  - ㉣ 압출 : 사용수 또는 처리수, 수량은 수지부피의 1배 이상 회석수의 유속시간은 5분 단위
  - ㉤ 수제 : 사용수는 원수 또는 처리수, 수량은 수지부피의 10배 이상, 시간은 통수, 속도시간은 5분 단위
- ㉦ 조작법 : 이온교환수지는 수지통에 넣어서 사용하는 것이 편리하고 효율이 좋아서 대부분 이 방법을 사용하고 있다.
  - ㉠ 역세 : 피처리액을 통액하면 수지층 중에 원수 중의 수지층을 풀어주기 위하여 통의 밑면으로부터 위로 물을 통과시킨다(Back Washing).
  - ㉡ 통약(Regeneration) : 재생제액을 수지통에서부터 아래로 서서히 통과시킨다. 재생제어양은 수지의 종류, 처리, 목적 등에 따라 다르고 일정하지 않다.
  - ㉢ 치환(Expulsion) : 수지층에는 미반응의 재생제액이 남아 있으므로 이것을 충분히 이용하기 위하여 재생에 있어서 물을 재생액과 같은 요령으로 수지통의 상부에서부터 주입하여 재생과 같은 유속으로 압출한다.
  - ㉣ 수세(Rinse) : 압출공정 후에 수지층에 남아 있는 재생폐약을 씻어내는 공정

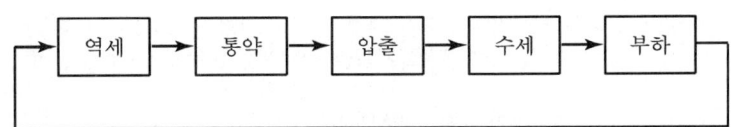

[KBO 3711 이온교환처리장치의 운전공정]

〈원통형 보일러의 급수 및 보일러수 수질〉

구분	최고사용압력 MPa(kgf/cm²)	1 이하(10 이하)			1 초과 2 이하 (10 초과 20 이하)
	전열면의 증발률 kg/(m²h)	30 이하[1]	30 초과 60 이하	60을 초과하는 것	
	보급수의 종류	원수[2]	연화수[2]		
급수	pH(25℃에서의)	7~9	7~9	7~9	7~9
	경도(mgCaCO₃/l)	60 이하	1 이하	1 이하	1 이하
	유지류(mg/l)[3]	[4]	[4]	[4]	[4]
	용존산소(mgO/l)	[4]	[4]	[4]	[4]
보일러수	처리방식	알칼리 처리			
	pH(25℃에서의)	11.0~11.8	11.0~11.8	11.0~11.8	11.0~11.8
	산소소비량(pH 4.8) (mgCaCO₃/l)[5]	100~800	100~800	100~800	600 이하
	산소소비량(pH 8.3) (mgCaCO₃/l)[6]	80~60	80~60	80~600	500 이하
	전증발잔류물(mg/l)	4,000 이하	3,000 이하	2,500 이하	2,300 이하
	전기전도율(μS/cm) (25℃에서의)	6,000 이하	4,500 이하	4,000 이하	3,500 이하
	염화물 이온(mgCl⁻/l)	600 이하	500 이하	400 이하	350 이하
	인산이온(mgPO₄³⁻/l)[7]	20~40	20~40	20~40	20~40
	아황산 이온(mgSO₃²⁻/l)[8]	10~50	10~50	10~50	10~50
	히드라진(mgN₂H₄/l)[9]	0.1~1.0	0.1~1.0	0.1~1.0	0.1~1.0

주) (1) 주철제 보일러에서 생증기를 사용하여 항상 보급수를 사용하는 경우에 적용한다.
(2) 수돗물, 공업용수, 지하수, 하천수, 호숫물 등. 또, 연화수는 원수를 연화장치(양이온 교환수지를 충전한)로 처리한 물 또는 원수를 역침투장치로 처리한 물
(3) 핵산 추출물질 또는 사염화탄소 추출물질(KS B 6224 참조)
(4) 낮게 유지하는 것이 바람직하다.
(5) 관용어로 M-알칼리도라 한다.
(6) 관용어로 P-알칼리도라 한다.
(7) 인산염을 첨가할 경우에 적용한다.
(8) 아황산염을 탈산청소로서 첨가할 경우에 적용한다. 탈기기를 사용할 경우에는 10~20mg/SO₃²⁻/l로 조절하는 것이 바람직하다.
(9) 원통형 보일러 및 최고 사용압력 2MPa(20kgf/cm²) 이하인 수관보일러에 히드라진을 탈산청소로서 급수에 첨가할 경우에 적용한다. 다만, 탈기기를 사용할 경우에는 0.1~0.5mgN₂H₄/l로 조절하는 것이 바람직하다.

[비고]
① 탈산소재로서의 히드라진 및 아황산염은 원칙적으로 어느 한쪽을 첨가한다.
② 보일러수를 시험할 시료는 보일러수가 가장 농축되어 있는 곳에서 채취한다.

⟨특수 순환보일러의 급수 및 보일러수의 수질⟩

구분	보일러의 종류	단관식		다관식	
	최고사용압력 MPa (kgf/cm²)	1 이하 (10 이하)	1초과 3 이하 (10 초과 30 이하)	1 이하 (10 이하)	1 초과 3 이하 (10 초과 30 이하)
	보급수의 종류	연화수[2]		연화수[2]	
급수	pH(25℃에서의)	11.0~11.8	10.5~11.0	7~9	7~9
	경도(mgCaCO₃/l)	1 이하[10]	1 이하[10]	1 이하	1 이하
	유지류(mg/l)[5]	(4)	(4)	(4)	(4)
	용존산소(mgO/l)	(4)	(4)	(4)	0.5 이하
	철(mgFe/l)	—	—	0.3 이하	0.3 이하
	전증발잔류물(mg/l)			—	—
	전기전도율(μS/cm)(25℃에서의)	3,000 이하	2,500 이하	—	—
	산소소비량(pH 4.8)(mgCaCO₃/l)[5]	4,500 이하	4,000 이하	—	—
	산소소비량(pH 8.3)(mgCaCO₃/l)[6]	300~800	600 이하	—	—
	히드라진(mgN₂H₄/l)[9]	200~600	500 이하		
	염화물 이온(mgCl⁻/l)	0.05 이상	0.05 이상	—	—
	인산이온(mgPO₄³⁻/l)[7]	600 이하	400 이하	—	—
보일러수	처리방식	20~60	20~60	알칼리 처리	
	pH(25℃에서의)			11.0~11.8	11.0~11.8
	산소비량(pH 4.8)(mgCaCO₃/l)[5]			100~800	600 이하
	산소비량(pH 8.3)(mgCaCO₃/l)[6]			80~600	500 이하
	전증발잔류물(mg/l)			2,500 이하	2,000 이하
	전기전도율(μS/cm)(25℃에서의)			4,000 이하	3,000 이하
	염화물 이온(mgCl⁻/l)			400 이하	300 이하
	인산이온(mgPO₄³⁻/l)[7]			20~40	20~40
	아황산이온(mgSO₃²⁻/l)[8]			10~50	10~20
	히드라진(mgN₂H₄/l)[9]			0.01~1.0	0.1~0.5

주) (10) 되돌아오는 물이 가해지기 전의 급수에 적용한다.

[비고]
① 단관식 보일러의 급수 수질은 보급수 또는 보급수와 복수의 혼합수에 되돌아오는 물이 가해진 것에 약품을 첨가한 것에 적용한다.
② 다관식 보일러의 급수 수질은 되돌아오는 물이 가해지기 전의 급수에 적용한다.
③ 탈산청소로의 히드라진 및 아황산염은 원칙적으로 어느 한쪽을 첨가한다.
④ 간헐 블로인 경우의 보일러수 수질은 연속 블로인 경우에 준한다.

〈불순물의 장해와 외처리와의 관련성〉

불순물	장해	처리법	비고
현탁고형물 (탁도)	• 보일러 수관에 침전되어 관을 막게 함 • 순환방해 • 이온교환수지의 오염	• 침강분리 • 여과 • 응집침전	표류수(表流水)에 많고 비, 눈 등이 내릴 때 증가한다.
용해고형물	• 캐리오버의 원인 • 기타, 여러 종류의 장해	전염 탈염	
용존산소(O_2)	급·복수계통 및 보일러 본체의 수관을 산화 부식함	기계적 탈기와 화학적 탈산소	• 지하수에는 비교적 적음 • 지표수는 대기 중의 산소와 거의 평형에 가깝게 함유
유리탄산(CO_2)	증기 및 복수 계통의 부식	• 기계적 탈기와 아민류의 첨가 • 음이온 교환수지에 의한 제거	지하수에 비교적 많음
경도성분	스케일, 슬러지	이온교환에 의한 연화	• 지하 깊이 고여 있는 물에 많이 함유 • 지표수에는 소량 함유
실리카(SiO_2)	• 보일러에 스케일 생성 • 터빈날개에 경질의 불용성 부착물을 생성	• 전염 탈염 • 전해에 의한 탈규산법 • 마그네시아에 의한 가열 탈규산법	
알칼리도	• 캐리오버의 원인 • 금속재료의 부식 • pH 조절의 방해	• 전염 탈염 • 탈알칼리 연화	알칼리 부식의 원인
유지류	• 스케일, 슬러지 • 거품의 원인 • 이온교환수지의 오염	• 응집침전 • 활성탄, 규조토에 의한 여과	공장의 복수계통에 함유되어 있는 수가 많음
콜로이드상 실리카	보일러 내에서 가용성의 분자상 실리카 염으로 되어 실리카의 경우와 동일한 장해	• 응집침전 • 전해에 의한 탈규산법	
유기물 (아민산 등)	• 보일러수의 거품 발생의 원인 • 이온교환수지를 오염해서 순수 수질을 저하 • 보일러 내에서 고온 분해되어 CO_2 발생	• 활성탄 처리 • 응집침전	• 표면수에 많음 • 식물의 부패물이 원인
유기철 및 콜로이드상 철	급수계통 및 보일러 내에 부착	응집침전	유기철은 아민산과 결합하는 수가 많음
Fe^{2+}, Fe^{3+}	• 급수계통 및 보일러 내에 부착 • 일부는 현탁고형물로 된다.	• 기폭여과 • 염소 산화여과 • 응집침전 • 이온교환	지하 깊이 고여 있는 물에 Fe^{2+}로 되어 다량으로 함유

3 급수처리 내처리

(1) 청관제의 종류

① 종류
  ㉮ 무기물 : 탄산소다, 가성소다, 인산제3소다, 아황산소다, 황산알루미늄
  ㉯ 유기물 : 탄닌류, 전분(녹말) 등
  ㉰ 혼합물

② 청관제 사용상의 주의사항
  ㉮ 청관제 주입장치는 급수배관계통에서 주입한다.
  ㉯ 청관제 사용량은 급수량과의 비율을 충분히 고려하여 비례한다.
  ㉰ 청관제를 일시에 다량으로 주입하면 급격한 농도변화가 생긴다.

〈보일러 내처리제로 사용되는 약제의 종류 및 작용〉

약품명	분자식	작용
수산화나트륨 탄산나트륨 제3인산나트륨 제1인산나트륨 핵사메타인산나트륨 인산 암모니아	$NaOH$ Na_2CO_3 Na_3PO_4 NaH_2PO_4 $Na_6P_6O_{18}$ H_3PO_4 NH_3	pH, 알칼리 조정제(급수, 보일러의 pH 및 알칼리도를 조절하고 스케일 부착 시 보일러 부식방지)
수산화나트륨 탄산나트륨 제3인산나트륨 제2인산나트륨 핵사메탄인산나트륨 메트라인산나트륨	$NaOH$ Na_2CO_3 Na_3PO_4 Na_2HPO_4 $Na_6P_6O_{18}$ $Na_6P_4O_{13}$	경수연화제(보일러수의 경도 성분을 불용성으로 침전, 측슬러지로 하여 스케일 부착방지)
탄닌, 리그닌 전분, 해초추출물 고분자유기화합물	$(C_6H_{10}O_5)_n$	슬러지 조정제(화학적 및 물리적 작용에 의해 슬러지를 보일러수 중에 분산·현탁시켜서 블로하기 쉽게 하고 스케일 부착을 방지)
아황산나트륨 중아황산나트륨 히드라진 탄닌	Na_2SO_3 Na_2HSO_3 N_2H_4	탈산소제(급수 중의 용존산소를 화학적으로 제거하여 부식을 방지)
고급지방산폴리아민 고급지방산폴리알코올		포밍 방지제
질산나트륨 인산나트륨 탄닌, 리그린	$NaNO_3$ Na_3PO_4	가성취화 방지제

(2) 청관제의 적정 사용처
　① pH 및 알칼리도 조정제
　　㉮ 보일러 부식 및 스케일 생성을 방지하기 위해서 사용된다.
　　㉯ 조정제 : 수산화나트륨(가성소다), 탄산나트륨, 인산3나트륨, 암모니아 등 알칼리 및 pH 조정제이다.
　　㉰ 탄산나트륨은 고온수에서 가수분해를 일으키기 때문에 고압보일러에서는 사용이 불가능하다.
　② 경도성분 연화제
　　㉮ 용수 중의 경도성분인 불순물을 슬러지로 만들어서 스케일의 생성을 방지한다.
　　㉯ 연화제 : 수산화나트륨, 탄산나트륨, 각종 인산나트륨
　③ 슬러지조정(Sludge)
　　㉮ 스케일 성분을 슬러지로 만들어서 관석의 생성을 방지한다.
　　㉯ 조정제 : 탄닌, 전분, 리그린 등
　④ 탈산청소(탈산소제)
　　㉮ 용수 중에 산소가 약 6ppm 정도 들어 있다. 이것은 점식의 부식발생 원인이 되므로 산소를 제거해야 한다.
　　㉯ 탈산청소 : 아황산소다(고압보일러는 히드라진을 사용한다)
　　㉰ 저압보일러용은 아황산소다, 히드라진, 탄닌 등
　　　아황산나트륨 반응 : $2Na_2SO_3 + O_2 \rightarrow 2Na_2SO_4$
　　　히드라진 반응 : $N_2H_4 + O_2 \rightarrow N_2 + 2H_2O$
　⑤ 가성취화 억제제
　　㉮ 고온고압보일러에서 pH가 12 이상이 되면 알칼리도가 높아져서 Na, H 등이 강재의 결정경계에 침투하여 재질을 열화시키는 현상이다.
　　㉯ 억제제 : 인산나트륨, 탄닌, 리그닌, 질산나트륨
　⑥ 기포방지제(포밍방지제)
　　㉮ 방지제 : 고급지방산 알코올, 고급지방산 에스테르, 폴리아미드, 프탈산아미드

⟨내처리 방식에 따른 처리제와의 관계⟩

항목 \ 처리방식	알칼리 처리	인산염 처리	휘발성 물질 처리
처리약제	수산화나트륨 제3인산 나트륨	제3인산 나트륨 제2인산 나트륨	암모니아 히드라진
pH 범위	10.5~11.8	9.0~10.5	8.5~9.0
특징	• 정상상태 및 저온의 경우 방식력이 크다. • pH 조정이 쉽다. • 경도성분에 대응하기 쉽다.	• 정상상태 및 저온의 경우 방식력이 크다. • 경도성분에 대응하기 쉽다.	• 고형물량이 적다. • 블로량이 적다. • 알칼리 성분의 농축이 없다.
문제점	• 고형물 양이 많다. • 알칼리 부식의 우려가 있다. • 인산염의 하이드 아웃	• 고형물 양이 많다. • 국부부식의 우려가 있다. • 인산염의 하이드 아웃	• 냉각수가 주입되는 경우, 인산염의 조기주입이 필요 • 저온에서 부식방지가 어렵다. • 실리카의 허용치가 낮다.

(3) 급수와 보일러수의 pH 한계치

① 급수의 pH

㉮ 구리합금이 없는 경우 : pH 범위는 8.0~9.0

㉯ 구리합금이 있는 경우 : pH 범위는 9.0 이하 엄수

② 보일러수의 pH

㉮ 일반적으로 pH는 10.5~11.8

㉯ 일반적으로 pH는 12 이하로 유지한다.

(4) pH 알칼리도 조정제, 경수연화제, 탈산청소 개요와 반응식

① pH 알칼리도 조정제

pH와 부식에 관계하여 부식을 방지하는 조건으로 pH를 적당한 범위의 높은 수치로 유지하여야 한다. 또 보일러수 중의 경도성분을 불용성의 것으로 하여 스케일 부착방지를 위해서도 pH를 적당히 높게 하여야 하며, pH가 커지면 Ca나 Mg 화합물의 용해도는 감소하게 된다. 알칼리 조정제에는 관수에 알칼리를 부여하는 부여제와 과도한 알칼리 농도를 억제하는 억제제의 두 가지가 있다.

㉮ 알칼리 부여제 : 수산화나트륨, 탄산나트륨, 고압보일러에는 수산화나트륨, 인산 제3나트륨, 암모니아가 있다. 수산화나트륨은 조해성이 강해 피부를 상하게 하고 눈에 들어가면 수정체를 상하게 하여 실명하는 경우가 있으므로 취급에 주의를 요한다(수산화나트륨 NaOH의 반응식).

$Ca(HCO_3)_2 + 2NaOH \rightarrow CaCO_3 + NaCO_3 + 2H_2O$

$Mg(HCO_3)_2 + 4NaOH \rightarrow Mg(OH)_2 + Na_2CO_3 + 2H_2O$

$MgCl_2 + 2NaOH \rightarrow Mg(OH)_2 + 2NaCl$

㉯ 탄산나트륨(소다회 : Na_2CO_3)을 사용하면 대기 중에서 비교적 안정하고 가격이 싸며 수산화나트륨보다 위험성이 적다.

$NaCO_3 + H_2O \rightarrow 2NaOH + CO_2$

㉰ 인산나트륨 : 고압보일러에서는 내부 부식 때문에 보일러수 pH치를 유지하는 방법으로 사용된다.

② 경수연화제

경도 성분을 불용성의 화합물, 즉 슬러지로 변화시켜 스케일의 부착을 방지하는 약제이다. 종류는 수산화나트륨, 탄산나트륨, 인산나트륨 등이다.

$Ca(HCO_3)_2 \rightarrow CaCO_3 + CO_2 + H_2O$

$Mg(HCO_3)_2 \rightarrow Mg(OH)_2 + 2CO_2$

$CuSO_4 + NaCO_3 \rightarrow CaCO_3 + Na_2SO_4$

$MgCl_2 + 2NaOH \rightarrow Mg(OH)_2 + 2NaCl$

- 중화인산나트륨 : 트리폴리인산나트륨($Na_3P_4O_{13}$), 헥사메타인산나트륨($Na_6P_6O_{18}$)이 있다.

③ 탈산청소(용존산청소거제)

㉮ 아황산소다(Na_2SO_3) : 물 속의 산소와 결합하여 황산소다가 된다.

$2Na_2SO_3 + O_2 \rightarrow 2Na_2SO_4$(산소와 아황산소다의 비는 1 : 7.88)

이 반응은 pH가 9.6~10.6에서 가장 효과가 좋고 pH 12에서 가장 느리다.

㉯ 히드라진(N_2H_4) : 인화점이 낮고 환원성이며 유독성 물질이다. 위험을 줄이기 위하여 35% 수용액으로 판매한다.

$N_2H_4 + O_2 \rightarrow 2H_2O + H_2 \uparrow$

4. 슬러지 및 스케일

1 슬러지(Sludge)와 스케일(Scale) 생성

(1) 슬러지(Sludge)

가마검댕이라 하며 보일러 동내부의 바닥에 침전하여 앙금 상태로 쌓여 있는 연질의 불순물이다. 고착하지 않은 관계로 분출 시에 일부가 배출된다.

① 주성분 : 탄산염, 수산화물, 산화철 등이다.

② 슬러지의 장해

㉮ 부식　　　　㉯ 과열　　　　㉰ 취출관의 폐쇄원인

(2) 스케일(Scale)

① 스케일의 주성분 : 칼슘, 마그네슘의 탄산염, 유산염, 실리카, 황산칼슘, 황산마그네슘

② 관석은 규산칼슘, 황산칼슘이 주성분이다.
③ 슬러지는 탄산칼슘, 인산칼슘, 수산화마그네슘, 탄산마그네슘이다.
④ 스케일이 보일러에 미치는 영향은 스케일의 열전도율이 0.2~2kcal/mh℃ 정도로서 단열재와 같아서 열전도의 방해로 인한 전열면이 과열되어 각종 부작용이 일어난다.
⑤ 스케일의 장해
　㉮ 보일러 효율 저하　　　　　㉯ 연료소비가 증대한다.
　㉰ 배기가스의 온도를 높인다.　㉱ 과열로 인한 파열사고가 일어난다.
　㉲ 보일러 순환의 장해
　㉳ 전열면의 국부과열 현상
⑥ 스케일의 생성원인
　㉮ 높은 온도에 의해 용해도가 낮은 형태로 변화하여 석출하는 경우
　㉯ 온도의 상승에 의해 용해도가 저하하여 석출하는 경우
　㉰ 농축에 의하여 과포화상태로부터 석출하는 경우
　㉱ 이온화 경향이 낮은 물질이 보일러에 유입하여 석출하는 경우
　㉲ 알칼리성의 용액에서 용해도가 저하하여 석출하는 경우
⑦ 스케일의 생성과정
　㉮ 중탄산칼슘
　　$Ca(HCO_3)_2 \rightarrow CaCO_3 + H_2O + CO_2$(탄산칼슘 생성)
　㉯ 중탄산마그네슘
　　$Mg(HCO_3)_2 \rightarrow MgCO_3 + H_2O + CO_2$(탄산마그네슘 생성)
　㉰ 탄산마그네슘
　　$MgCO_3 + H_2O \rightarrow Mg(OH)_2 + CO_2$(수산화마그네슘 생성)
　㉱ 염화마그네슘
　　$MgCl_2 + 2H_2O \rightarrow Mg(OH)_2 + 2HCl$(수산화마그네슘 생성)
　㉲ 황산칼슘
　　$3CaSO_4 + 2Na_3PO_4 \rightarrow Ca_3(PO_4)_2 + 3Na_2SO_4$
　㉳ 황산마그네슘
　　$MgSO_4 + CaCO_3 + H_2O \rightarrow CaSO_4 + Mg(OH)_2 + CO_2$
⑧ 스케일의 생성원인
　㉮ 가온에 의해 용해도가 낮은 형태로 변화하여 석출하는 경우 : 탄산칼슘($CaCO_3$)이나 탄산마그네슘($MgCO_3$)은 물에 대한 용해도가 매우 낮아 스케일이 되기 쉬운데 이들은 원수 중에서 용해도가 높은 중탄산염의 형태로 존재하고 있다가 열을 받게 되면 분해하여 CO_2를 방출, 용해도가 낮은 탄산염 형태로 석출하여 스케일이 된다.
　　$Ca(HCO_3)_2 \rightarrow CaCO_3 + CO_2 \uparrow + H_2O$

⟨순환보일러의 급수 및 보일러수의 수질⟩

구분	보일러의 종류		원통보일러			수관보일러			
	최고사용압력	(kgf/cm^2)				10 이하		10 이상 20 이상	20 이상 30 이상
		(MPa)				1 이하		1 이상 2 이하	2 이상 3 이하
	전열면증발률 (kg/m^2·h)		30 이하[3]	30 이하 60 이하	60 이하	50 이하	50 이상	—	—
급수	pH(25℃)		7~9	7~9	7~9	7~9	7~9	7~9	7~9
	경도(mgCaCO$_3$/l)		60 이하	2 이하	1 이하	1 이하	1 이하	1 이하	0
	유지류(mg/l)[2]		가급적 0으로 유지	가급적 0으로 유지	가급적 0으로 유지	가급적 0으로 유지	가급적 0으로 유지	가급적 0으로 유지	가급적 0으로 유지
	용존산소(mgO/l)		낮게 유지	낮게 유지	낮게 유지	낮게 유지	낮게 유지	0.5 이하	0.1 이하
	전철(mgFe/l)		—	—	—	—	—	—	—
	전동(mgCu/l)		—	—	—	—	—	—	—
	히드라진[3] (mgN$_2$H$_4$/l)		—	—	—	—	—	—	0.2 이상
	전기전도율 (25℃)[μS/cm]		—	—	—	—	—	—	—
보일러수	처리방식도		알칼리 처리						
	pH(25℃)		11.0~11.8	11.0~11.8	11.0~11.8	11.0~11.8	11.0~11.8	10.8~11.3	10.5~11.0
	M알칼리도[4] (mgCaCO$_3$/l)		100~800	100~800	100~800	100~800	100~800	600 이하	150 이하
	알칼리도[5] (mgCaCO$_3$/l)		80~600	80~600	80~600	80~600	80~600	500 이하	120 이하
	P알칼리도[5] (mg/l)		4,000 이하	3,000 이하	2,500 이하	3,000 이하	2,500 이하	2,000 이하	700 이하
	전기전도율(μS/cm)		6,000 이하	4,500 이하	4,000 이하	4,500 이하	4,000 이하	3,000 이하	1,000 이하
	염화물이온 (mgCl$^-$/l)		600 이하	500 이하	400 이하	500 이하	4,000 이하	300 이하	100 이하
	인산이온[6] (mgPO$_4^{3-}$/l)		20~40	20~40	20~40	20~40	20~40	20~40	5~15
	아류산이온[7] (mgSO$_3^{2-}$/l)		10~20	10~20	10~20	10~20	10~20	10~20	5~10
	히드라진[8] (mgN$_2$H$_4$/l)		0.1~0.5	0.1~0.5	0.1~0.5	0.1~0.5	0.1~0.5	0.1~0.5	—
	실리카(mgSiO$_2$/l)		—	—	—	—	—	—	50 이하

구분	수관보일러					
	30 이상 50 이하	50 이상 75 이하	75 이상 100 이하	100 이상 125 이하	125 이상 150 이하	150 이상 200 이하
	3 이상 5 이하	5 이상 7.5 이하	7.5 이상 10 이하	10 이상 12.5 이하	12.5 이상 15 이하	15 이상 20 이하
급수	–	–	–	–	–	–
	8~9.5	8.5~9.5⁽⁹⁾	8.5~9.5⁽⁹⁾	8.5~9.5⁽⁹⁾	8.5~9.5⁽⁹⁾	8.5~9.5⁽⁹⁾
	0	0	0	0	0	0
	가급적 0으로 유지	가급적 0으로 유지	가급적 0으로 유지	가급적 0으로 유지	가급적 0으로 유지	가급적 0으로 유지
	0.03 이하	0.007 이하	0.007 이하	0.007 이하	0.007 이하	0.007 이하
	0.1 이하	0.05 이하	0.03 이하⁽¹⁰⁾	0.03 이하⁽¹⁰⁾	0.02 이하⁽¹¹⁾	0.02 이하⁽¹¹⁾
	0.05 이하	0.03 이하	0.02 이하	0.01 이하	0.01 이하	0.005 이하
	0.06 이상	0.01 이상	0.01 이상	0.01 이상	0.01 이상	0.01 이상
	–	–	–	–	0.3 이하⁽¹²⁾	0.3 이하⁽¹²⁾
보일러수	알칼리 처리 또는 인산염 처리	인산염 처리	인산염 처리	휘발성물질 처리	인산염 처리	휘발성물질 처리	인산염 처리	휘발성물질 처리	인산염 처리	휘발성물질 처리
	9.4~11.0⁽¹³⁾ 9.2~10.8⁽¹³⁾	9.0~9.8	8.5~9.5	8.7~9.7	8.5~9.5	8.5~9.5	8.5~9.5	8.5~9.5	8.5~9.5
	–	–	–	–	–	–	–	–	–
	–	–	–	–	–	–	–	–	–
	500 이하 300 이하	100 이하	20 이하	30 이하	5 이하	20 이하	3 이하	10 이하	2 이하
	800 이하 500 이하	150 이하	20 이하	60 이하	20 이하	–	–	–	–
	80 이하 50 이하	10 이하	–	3 이하	–	–	–	–	–
	5~15 3~10	2~6	⁽¹⁴⁾	1~5	⁽¹⁴⁾	0.5~3	⁽¹⁴⁾	0.5~3	⁽¹⁴⁾
	5~10 –	–	–	–	–	–	–	–	–
	– –	–	–	–	–	–	–	–	–
	20 이하 5 이하	2 이하		0.5 이하		0.3 이하		0.2 이하	

〈스케일 및 기타 물질의 열전도율〉

스케일 및 기타 물질의 열전도율	열전도율 (kcal/m·h·℃)
그을음(Soot)	0.06~0.1
유지막	0.1
규산을 주성분으로 하는 스케일	0.2~0.4
탄산염을 주성분으로 하는 스케일	0.4~0.6
황산염을 주성분으로 하는 스케일	0.6~2
연강	40~60

㉯ 온도상승에 따라 용해도가 저하하여 석출되는 경우 : 물의 불순물 중에는 수온의 상승에 따라 용해도가 증가하는 물질이 많으나 탄산칼슘이나 황산칼슘($CaSO_4$) 등은 이와 반대로 용해도가 저하하여 전열면에 석출한다.

㉰ 농축에 의하여 포화상태로부터 석출되는 경우 : 수온의 상승에 따라 용해도가 증가하는 물질이라도 그 한계를 넘어서 과포화상태가 되면 그 잉여분은 고형물로 석출하여 전열면에 점착 스케일이 된다.

㉱ 알칼리성 용액에서 용해도가 저하하여 석출되는 경우 : 급수의 불순물 중 철분은 높은 알칼리성 용액에서는 용해도가 낮기 때문에 알칼리성인 보일러수(pH 10.5~11.5)에서 석출하여 전열면에 스케일이 된다.

㉲ 이온화경향이 낮은 물질이 보일러에 유입 석출되는 경우 : 급수계통에서 동(구리)이온이 보일러에 유입하면 보일러 구성재료인 철과 이온반응을 일으켜 철을 부식시키고 전열면에 석출 부착한다.

㉳ 물에 불용성 물질이 유입되는 경우 : 급수 중에 불순물인 규산(SiO_2) 및 유지분 등은 물에 용해되지 않아 보일러에 유입하면 전열면에 석출 부착하여 스케일이 된다.

(3) 보일러수의 농축

① 장해
- ㉮ 침전물의 생성
- ㉯ pH 상승
- ㉰ 물의 순환방해
- ㉱ 전열면의 과열
- ㉲ 포밍의 유발
- ㉳ 수면계의 수위판별 곤란
- ㉴ 가성취화 발생
- ㉵ 각종 연락관의 폐쇄

5. 보일러의 부식

1 보일러의 외부부식

(1) 외부부식의 발생원인
① 보일러 외면의 습기나 수분 등과 접촉할 때
② 보일러의 이음부나 맨홀, 청소구, 수관 등에서 물이 누설될 때
③ 연료 내의 황분이나 회분 등에 의하여

(2) 외부부식의 종류
① 전면부식
공기 속의 산소나 습기, 탄산가스 등이 보일러의 표면에 접촉 작용하여 산화철이 되면서 부식하면 보일러 외면의 부식 원인이 된다.

② 고온부식

중유의 연소 시에 중유 중에 포함되어 있는 바나듐(V)이 연소산화된 후 오산화바나듐(V_2O_5)으로 되어 고온의 전열면에 융착하여 550℃ 이상이 되면 전열면에 부착하여 그 부분이 부식된다.

㉮ 고온부식의 발생장소 : 과열기나 재열기 등

㉯ 고온부식 방지대책
- ㉠ 중유 중의 바나듐 성분을 제거한다.
- ㉡ 첨가제를 사용하여 바나듐의 융점을 550℃ 이상 훨씬 높여 준다(돌로마이트나 알루미나 분말).
- ㉢ 전열면의 온도가 높아지지 않게 설계한다.
- ㉣ 연소가스의 온도를 낮게 하여 바나듐의 융점 이하가 되게 한다.
- ㉤ 고온의 전열면에 보호피막을 씌울 것
- ㉥ 고온의 전열면에 내식재료를 사용할 것
- ㉦ 공기비를 적게 하여 바나듐의 산화를 방지한다.

③ 저온부식

연료 중의 유황(S)이 연소하여 아황산가스(SO_2)로 되고, 그 일부는 다시 산소와 산화하여 무수황산(SO_3)으로 된다. 이것이 가스 중의 수분(H_2O)과 화합하여 황산으로 된 후 보일러의 저온 전열면에 융착한 후 그 부분을 부식시킨다.

㉮ 저온부식의 생성과정

$$S + O_2 \rightarrow SO_2 (\text{아황산가스})$$

$$SO_2 + \frac{1}{2}O_2 \rightarrow SO_3 (\text{무수황산가스})$$

$$H_2O + SO_3 \rightarrow H_2SO_4 (\text{진한 황산증기})$$

㉯ 무수황산(SO_3)의 노점온도 150℃에서 수증기와 마주치면 진한 황산이 된 후 부식이 촉진된다.

㉰ 저온부식의 방지법
- ㉠ 연료 중의 황분(S)을 제거한다.
- ㉡ 저온의 전열면 표면에 내식재료를 사용한다.
- ㉢ 저온의 전열면에 보호피막을 씌운다.
- ㉣ 배기가스의 온도를 노점온도 이상으로 유지시킨다.
- ㉤ 배기가스 중의 CO_2 함량을 높여서 황산가스의 노점을 강하시킨다.
- ㉥ 과잉공기를 적게 하여 배기가스 중의 산소를 감소시켜 아황산가스(SO_2)의 산화를 방지한다.

⊗ 연료에 첨가제를 사용하여 노점온도를 낮춘다(돌로마이트, 암모니아, 아연 등을 사용한다).
㉔ 저온부식 발생위치 : 절탄기, 공기예열기

2 보일러 내부부식

(1) **발생원인**
① 강재에 포함된 인, 유황 등이 온도 상승과 함께 산화하여 산을 만들어 부식시킨다.
② 강은 포금이나 동에 대해 양극이 된다. 온도상승과 더불어 그 반응이 활발하여 부식된다.
③ 공장에서 전기의 누전에 의하여 보일러로 통하면 부식이 증가한다.
④ 급수 중에 유지분, 산소, 탄산가스 등에 의해 부식된다.
⑤ 보일러에서 온도차가 생기면 전류가 흘러 고온도가 양극이 되어 부식된다.
⑥ 굽힘에 의하여 조직이 변화하고 굽힘이 없는 부분과 전위차가 생겨 전류가 흐른다.
⑦ 강재가 다른 금속과 접하면 전류가 흐르고 양극이 된 금속이 부식된다.
⑧ 보일러판의 표면에 녹이 부착하면 국부적으로 전위차가 생기게 되고 전류가 흘러서 양극이 된 부분이 부식된다.
⑨ 급수처리가 부적당하면 부식이 일어난다.
⑩ 수질이 불량하면 부식이 일어난다.

(2) **부식의 종류**
① **일반부식(전면식)** : 일반부식은 비교적 면적이 넓은 판면에 부식하는 것으로 물과 접촉하는 철판 표면에서 철이온(Fe^{2+})을 용출하여 물의 일부가 해리한 ($H_2O \rightleftarrows H^+ + OH^-$) OH^-와 철이온(Fe^{2+})과 결합하여 $Fe(OH)_2$를 침전시킨다. 이때 $Fe(OH)_2$가 물의 pH가 낮거나 물속에 용존산소가 있을 때 또 물의 온도가 높으면 부식이 촉진되는 것이 일반부식이다.
㉮ $Fe + 2H_2O \rightarrow Fe(OH)_2 + H_2$(pH 값이 낮을 때)
㉯ $4Fe(OH)_2 + O_2 + 2H_2O \rightarrow 4Fe(OH)_2 2H_2 + O_2 \rightarrow 2H_2O$(용존산소가 있을 때)
㉰ $3Fe(OH)_2 \rightarrow Fe_3O_4 + 2H_2O + H_2$(물의 온도가 높을 때)

② **점식(Pitting)**
㉮ 원인 : 보일러수 중의 산소에 의한 국부전지가 구성되어 생기는 전기화학적 부식이다. 특히 고온에서 산소의 용해가 심하다. 부식의 모양은 보일러 내면에 반점모양으로 생기는 부식이다.
㉯ 발생하는 위치
㉠ 물의 순환이 잘 되지 않고 화염이 접촉되는 곳
㉡ 연관의 외면이나 노통 상부, 입형보일러의 화실 관판
㉰ 발생하기 쉬운 곳
㉠ 산화철 피막이 파괴되어 있는 곳

　　　　　ⓛ 표면의 성분이 고르지 못한 곳
　　　　　ⓒ 표면에 돌출부가 많은 강재
　　　　　ⓔ 슬러지가 침전된 부분
　　　㉣ 점식의 방지법
　　　　　㉠ 아연판을 매달아 둔다.
　　　　　ⓛ 내면에 도료를 칠한다.
　　　　　ⓒ 염류 등의 불순물을 처리한다.
　　　　　ⓔ 산이나 O_2, CO_2 등을 제거한다.
③ 구식(Grooving)
　　㉮ 원인 : 강재가 팽창, 수축 등에 의해 생긴 재질의 피로한 부분에 전기적이나 화학적 작용이 되어 부식이 발생되며 단면이 V형 또는 U자형으로 어느 범위의 길이에 도랑 모양의 홈이 생기는 부식이다.
　　㉯ 구식을 일으키는 위치
　　　　㉠ 입형 보일러의 화실천장판의 연돌관을 부착하는 플랜지의 만곡부
　　　　ⓛ 노통보일러의 경판과 노통이 접합하는 부분
　　　　ⓒ 거싯스테이(Gusset Stay) 부착부
　　　　ⓔ 리벳이음의 겹친 테두리
　　　　ⓜ 접시형 경판의 구석 둥근 부분
　　　　ⓗ 경판에 뚫린 급수구멍
　　　　ⓢ 노통과 경판과의 부착된 만곡부 및 애덤슨 조인트의 만곡부
　　㉰ 구식의 방지법
　　　　㉠ 플랜지 만곡부의 반경을 작게 하지 않는다.
　　　　ⓛ 230mm 이상의 브리딩 스페이스(Breathing Space)를 유지할 것
　　　　ⓒ 노통의 열팽창을 일으키지 않도록 스케일을 제거할 것
　　　　ⓔ 나사버팀의 경우 양단부 이외의 나사산을 깎아내서 탄력성을 줄 것
④ 알칼리 부식
　　㉮ 원인 : 보일러수 중에 알칼리 농도가 지나치거나 농축된 부분에서 수산화제1철($Fe(OH)_2$)이 용해되어 발생된다.
　　㉯ 방지법 : 보일러수의 pH가 12~13 이상 올라가지 않게 한다.
⑤ 가성취화
　　㉮ 원인 : 보일러판의 리벳 구멍 등 농후한 알칼리 작용에 의해 강조직을 침범하여 균열이 생기는 부식의 일종이다. 즉, 철강조직의 입자 간이 부식되어 취약하게 되고 결정 압계에 따라 균열이 생기는 현상이 가성취화이다.

⑥ 염화마그네슘에 의한 부식 : 물에 염화마그네슘($MgCl_2$)이 용해된 상태에서 온도가 180℃ 이상이 되면 염화마그네슘은 가수분해가 일어나서 수산화마그네슘($Mg(OH)_2$)으로 된다.
  ㉮ $MgCl_2 + 2H_2O \rightarrow Mg(OH)_2 + 2HCl$(염산)
  ㉯ $Fe + 2HCl \rightarrow FeCl_2 + H_2$(염화철 발생)
  ㉰ $FeCl_2$(염화철)이 철의 표면을 부식시킨다.
⑦ 탄산가스 부식
  ㉮ 물에 CO_2가 용해하면 탄산(H_2CO_3)이 된다.
  ㉯ 철(Fe)이 탄산과 작용하면 중탄산철($Fe(HCO_3)_2$)이 된다.
    $Fe + 2H_2CO_2 \rightarrow Fe(HCO_3)_2 + H_2$
  ㉰ 중탄산철($Fe(HCO_3)_2$)이 되면 부식이 일어난다.

(3) 내면부식의 방지법
  ① 급수나 관수 중의 불순물 제거
  ② 보일러수의 pH 조절
  ③ 균일한 가열로 국부가열 방지
  ④ 급열, 급랭을 피하여 열응력 작용 방지
  ⑤ 보일러수의 순환촉진
  ⑥ 분출을 적당히 하여 농축수를 제거한다.
  ⑦ 정기적인 내부청소로 부식성 물질인 슬러지 생성이나 불순물을 제거한다.

2 부식속도 측정법

(1) 부식속도 측정방법

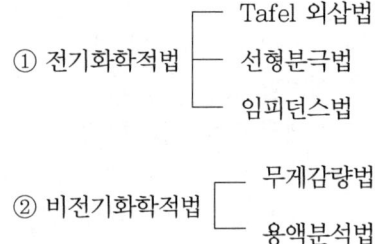

〈보일러에 발생하는 부식의 종류와 그 원인〉

보일러 저열화에 대한 요소의 분류			부식의 외관과 형상	일반적으로 발생하는 장소와 위치	부식발생의 원인
보일러 본체의 저열화	보일러 내부의 저열화	점식 (Pitting) — 기포점식 →	1. 곰보모양의 패임이 사방에 흩어져 있고 마르면 흑색이 된다. 산화철에 무수 수산화제2철의 피막이 쌓여 있다. 너덜너덜한 연한 앙금이 둘러싸여 있을 때가 많다.	1. 주로 증기나 물 드럼의 천장이지만 보일러 내면의 물에 접촉하여 기포가 모이는 곳에서는 어떠한 곳에서도 이러한 점식이 생길 염려가 있다.	1. 보일러수에 함유된 기포가 분리하여 금속의 표면에 부착하면 여기서 국부적인 전류 작용이 생겨 금속면이 양극이 되기 때문이다.
		경질 부스럼 점식 →	2. 깊으나 국부적인 패임이며 흑색의 굳은 인상의 자성을 갖는 산화철의 부스럼이 덮여 있다. 이것은 철브러시로도 뗄 수 없다.	2. 부식생성물이 생기면 이것이 열을 받기 때문에 빨리 고화하여 굳은 부스럼이 되는 고온도를 가진 수열면 부분, 대체로 보일러가 손상되는 것은 주로 이러한 형태가 되기 때문일 것이다.	2. 이것은 불용해성의 염류 및 가스 등이 비교적 소량이라도 pH값이 4.8~9.4 사이에 있는 불순한 물을 하등의 처리도 하지 않고 보일러수로 사용하기 때문이다.
		연질 부스럼 점식	3. 폭은 있으나, 얇은 패임이며, 상당히 굳은 부식 껍질이 생겨 있다. 이 껍질은 보통 흑색의 자성이 있는 산화철에 적색의 무수 수산철의 껍질이 덮인 것이다.	3. 과열기, 관결부 및 주증기관 등	3. 과열기, 주증기관 기타에 있어서 기체와 물이 함께 되기 때문에 생긴 염류의 침전물이, 보일러가 정지상태로 되었을 때 응축하여 전기를 띤 방울이 되어 통기이상에 의해 점식 발생을 촉진하기 때문이다.
		일반적 손상 — 관 두께의 도약화 →	4. 비교적 넓은 면적에 걸쳐 관두께가 한결같이 얇아졌다. 보통은 부식에 의해 생긴 것으로 덮여 있지 않을 때가 많다.	4. 물에 접촉한 넓은 면에 걸쳐서 평균적으로 관두께가 엷어져 있으나, 고온을 받는 장소일수록 이 경향이 심한 것 같다.	4. 산성의 급수를 사용했을 때 생긴다.
		네킹 (Necking) →	5. 다관식 보일러 등의 연관, 관지주와 봉지주가 물에 접촉하는 부분 전 주에 걸쳐 생기는 윤상 부식	5. 봉지주, 관지주 및 연관이 경판 또는 연소실에 가까운 곳의 밑 부근	5. 서로에 대한 경판의 팽창수축에 의해 응력이 생겨 보호피막을 국부적으로 벗기는 작용을 반복하기 때문이다.
		구상부식 → (Grooving)	6. 수면선에 따라서 생기는 얇은 패임의 대상부식	6. 기수드럼의 수면선 부근이 젖거나 건조하는 부분이며, 외측에서의 가열도가 큰 부분일수록 부식의 정도가 심하다.	6. 수면선 부근은 산소가 진하기 때문이라고 하나, 특히 건습작용의 반복과 외부에서의 가열이 이것을 촉진하기 때문이다.
		국소전류의 작용에 → 의한 침식	7. 국부적으로 금속이 박약화되고 있는 것	7. 철에 대해서 비철금속으로 만든 부대부착부 부근, 강재 중에서 품질처리 사항 등이 틀린 부품의 표면 및 외부 중판의 갈림줄	7. 전류작용이 있을 경우에 이종의 금속을 접촉시켜 사용할 때 혹은 금속면의 재질이 불균일한 곳에 전위의 차가 생겼을 때에는 양극이 된 곳, 예를 들면 보일러판이 침식되어 간다.

보일러 저열화에 대한 요소의 분류			부식의 외관과 형상	일반적으로 발생하는 장소와 위치	부식발생의 원인
보일러 본체의 저열화	보일러 내부의 저열화	부식 피로 — 보일러용 관 내부	8. 증기관 등이 물에 접촉하는 표면을 덮고 있는 망눈 모양의 균열 또는 주름 모양의 균열	8. 보일러 및 과열기 등 관(튜브)의 내부에서 가장 고열을 받는 부분. 이 현상은 굽은 관이나 사용 중에 굽은 관에도 생길 때가 많다.	8. 보일러수의 순환이 흐트러지고, 과열과 냉각작용이 빈번히 생길 때는 보일러 벽에 열역학적 피로의 현상을 주고 이때 생긴 잔류응력과 깨지기 쉬운 주위 상태에서 균열, 갈림이 촉진 발생함
		증기 및 물드럼 내부	9. 구상의 균열이며 대체로 부식에 의해 생긴 산화물로 덮여 있어 알기 힘듦. 일반적으로 깊은 점식과 같이 되어 생기고 있다.	9. 관판에 지주판을 넓게 고였을 때 발생하기 시작한 균열이 차차 축의 방향으로 진행하여 나중에 관구멍에서 다른 관구멍으로 연장할 때가 있다.	9. 관의 축선과 관구멍의 중심선이 일치되지 않기 때문에 생기는 휨응력과 처음 구멍뚫기 공작의 부주의에서 상온가공이 심한 것이 열응력과 파괴, 용이한 부식 형태에도 촉진작용이 생김
		노통 내부 →	10. 만곡부 등에서의 구상 또는 주름모양의 균열 (갈림줄)	10. 노통플랜지의 만곡부 기타 굴신변형을 일으키는 부분	10. 열팽창차에 의한 신축성, 휨 응력이 반복하기 때문이다. 또 부식이 수반되기 쉽다.
		고온부식 →	11. 고온도를 받는 부분만의 넓은 면적에 걸친 맹렬한 부식이며, 이것에 대해서 저온도의 부분에는 하등의 이상이 없음	11. 노통 정부와 같은 열에 직면하는 부분에만 생기는 것이 특징이다. 이것은 단시일에 진행되므로 위험하다.	11. 부식성의 불순한 우물물 등 특히 염화마그네슘을 함유한 급수를 사용했을 때는 그 반복에 의한 반응 작용이 심하기 때문이다.
		주증기관 → 기타 배관 내부	12. 관의 내면에 생기는 선상의 균열(갈림줄)	12. 주증기관의 내측, 특히 파형한 부분이 있는 것은 그 하측 저면 보일러·가열기·절탄기의 증기관·복수관·급수관 기타의 배관 등	12. 주위상태가 파괴되기 쉽게 되었을 때 보일러 운전 중의 변동에 의해 생기는 휨응력에 기인하는 것
		변형 응력 → 취화	13. 관을 바꿀 때에 터보클리너로 청소 중, 혹은 수선 중에 보일러 구조부의 일부에 균열이 자연적으로 발생하는 것	13. 관판의 관 공간 리벳머리의 이면관의 넓게 비친 면에 접근하여 돌출한 관 끝의 주위 등	13. 무리한 상온가공과 오래 쓴 것에서의 충격에 견디는 강도가 감소했기 때문이다. 돌발적 고장은 실내온도 또는 비교적 낮은 온도일 때만 생긴다.
		가성 취화 →	14. 보일러 동판의 용접부 기타 부분의 부식에 의해 생기는 균열	14. 주로 관판에 생기나, 가끔은 리벳의 구멍이나 두부 지주관의 넓게 바친 주위 등에서 방사상의 방향으로 퍼져가 부식이 서로 이어질 때도 있다. 균열은 수면 하에 생길 때가 많다.	14. 불균등한 응력의 작용과 고온도로 촉매작용이 있을 때, 가성소다의 농도가 결합했을 때에 농후알칼리의 작용을 받아 취화·균열이 생기는 원인이 된다.

보일러 저열화에 대한 요소의 분류			부식의 외관과 형상	일반적으로 발생하는 장소와 위치	부식발생의 원인
보일러 본체의 저열화	보일러 내부의 저열화	과열 개소의 저열화			
		고온 산화 작용 →	15. 연속적으로 생기는 경질로, 흑색의 자기를 띤 산화철의 층상스케일이며, 그 생긴 부분에서 떼내기 힘든 것	15. 내부에서는 화염에 직사하는 연관이나 과열기의 관열, 기타 때때로 드럼이나 관 접촉의 고온 측, 외부에서는 노 내 가스에 접촉하는 면	15. 내부에서는 보일러의 순환이 너무 적기 때문에 증기부에 과열이 생길 때 또 외부에서는 국부적으로 화염에 침해될 때, 보일러수의 순환 불량 또는 물에 접촉하는 면에 단열성 스케일이 고였을 때
		팽출 →	16. 화염 또는 고열가스에 접촉하는 측면의 부품	16. 열화에 직면하는 부분 또는 고온구역에 있는 수관이나 보일러 저부연소실 관판	16. 스케일이나 타서 붙은 슬러지나 미생물이 많이 퇴적했기 때문에 과열하거나 강재의 항복점이 너무 부풀어 오른다.
		압궤 →	17. 노 내의 화염이 접촉하는 정면부판의 이탈	17. 노통의 열화에 직사하는 부분 혹은 연소실 천장판	17. 보일러수가 너무 줄거나 혹은 스케일 등이 많이 퇴적했기 때문에
		만곡 →	18. 수관의 만곡 혹은 보일러 저부의 굽어 오른 것	18. 열화에 직시하는 열에 있는 수관의 굽기 혹은 횡치 다관식 보일러 동 저부의 굽어 오르기	18. 과열과 급랭작용을 반복했기 때문에
		관파열	19. 어떤 간격을 두고 세로로 생기는 균열이며 팽출을 수반하는 것이 보통이다. 이것은 기포의 상승에 관계할 때도 있다.	19. 증발생장치 또는 과열가용관이 가장 높은 온도를 받는 장소	19. 보일러수의 부족에 의해 과열을 야기하고 이것에 따라 관의 기계적 성질을 잃고, 나중에 보통의 사용압력에도 못 견디게 되어 파열하게 된다.
	보일러 외부의 저열화	온도−고온에 의한 벌레가 긴 것과 같은 균열 (크리프 현상) →	20. 관면상에 고온도를 갖는 층상, 산화스케일에 관계가 있는 균열이나 갈라짐	20. 과열기, 열교환기, 콘덴서, 펌프의 배관류	20. 국부적 팽창과 550℃ 정도의 과열도에 의해 생기는 여러 가지 응력으로 변형하기 때문이다. 또 수중의 용해가스나 염류에 따라서도 부식된다.
		습기(수분)가 있는 그을음에 의한 일반 손상 →	21. 전면적으로도 부식하나 대개는 국부적이다. 보일러 구조용 금속재의 언저리 등에 생기므로, 그을음을 닦은 후만 알 수 있다.	21. 그을음이 고이는 장소, 특히 관의 하측 드럼이나 관접점 장소	21. 연료유의 매중의 산화유황(휴관일 때)에 습기가 작용하여 황산이 생기는 경우
		마손, 마모 →	22. 이것은 부식에 의한 손상은 아니지만, 사용 중 생긴 마손, 마모 즉 리벳, 접합부, 수관 등의 기계적 손상에 의하는 것 등	22. 접합부의 누설장소 가스가 고속으로 통과하는 부분, 부식발생의 원인	22. 증기 혹은 물의 분출에 의한 것, 혹은 다량의 분진을 함유한 고온가스의 고속가스의 고속유통에 의한 마손, 기타 취급자에 의한 외상 등

❸ 보일러의 보일러수 농축과 국부가열

(1) 보일러수의 농축

① 농축수의 장해
- ㉮ 침전물의 생성
- ㉯ 물의 순환방해
- ㉰ 전열면의 과열
- ㉱ 포밍의 유발(물거품 솟음)
- ㉲ 수면계의 수위판단 곤란
- ㉳ 가성취화가 발생된다.

② 방지법
- ㉮ 적당한 간격으로 분출을 실시한다.
- ㉯ 보일러수에 알맞은 급수처리를 한다.

(2) 전열면의 국부가열

① 원인
- ㉮ 관석이 부착된 곳에 방사열을 받을 때
- ㉯ 화염이 어느 한쪽에만 집중 가열될 때

② 방지법
- ㉮ 버너 장착을 바르게 한다.
- ㉯ 화염의 분사각도를 고르게 한다.
- ㉰ 노 내의 온도분포를 고르게 한다.
- ㉱ 급열을 피한다.
- ㉲ 보일러 설계를 개선시킨다.
- ㉳ 연소장치를 개선한다.

③ 국부가열의 장해
- ㉮ 열응력이 발생한다.
- ㉯ 과열이 일어난다.
- ㉰ 부식을 초래한다.

(3) 보일러수의 순환불량

① 원인
- ㉮ 보일러수의 지나친 농축
- ㉯ 스케일 부착으로 관경이 좁아졌을 때
- ㉰ 전열면에 스케일이나 침전물이 발생하였을 때
- ㉱ 연소실 구조가 양호하지 못할 때

㉙ 보일러 설계가 옳지 못할 때
② 장해
㉮ 전열면의 과열발생
㉯ 증기발생 시간이 길어진다.
㉰ 열손실이 많아진다.
㉱ 열효율이 떨어진다.

6. 보일러의 청소(Boiler Cleaning)

1 청소방법

(1) 내부청소
① 기계적인 청소방법
② 화학적인 청소방법

(2) 외부청소
기계적인 청소방법

2 보일러 청소의 목적

(1) 열전도를 좋게 한다.
(2) 과열이나 파열을 방지한다.
(3) 전열면에 부착된 그을음, 재, 스케일을 제거한다.
(4) 부식을 방지한다.
(5) 보일러 연료소비를 감소시킨다.
(6) 보일러 열효율을 증가시킨다.
(7) 보일러의 수명을 연장시킨다.
(8) 통풍력을 크게 한다.
(9) 보일러수의 순환을 좋게 한다.
(10) 보일러 효율저하를 방지한다.

3 보일러 내부 청소시기

(1) 연간 1회 이상 청소를 실시한다.
(2) 급수처리를 하지 않는 저압 보일러는 연간 2회 이상 실시한다.
(3) 본체나 노통수관, 연관 등에 부착된 스케일 두께가 1~1.5mm 정도에 달하면 청소한다.
(4) 보일러 사용시간이 1,500~2,000시간 정도에서 청소를 실시한다.

4 보일러 외부 청소시기

(1) 배기가스의 온도가 별안간 높아진 때
(2) 통풍력이 갑자기 저하한 때
(3) 보일러 증기발생 시간이 길어질 때
(4) 월 2회 정도 청소한다.
(5) 연소관리 상황이 현저하게 차이가 날 때
(6) 장기간 매연이 발생할 때

5 청소요령

(1) 외부 청소요령
 ① 노가 완전히 냉각되도록 기다린다.
 ② 댐퍼를 열고 통풍을 유지시킨다.
 ③ 청소는 고온부에서 저온부 쪽으로 이동한다.
 ④ 수트 블로어를 사용할 때에는 응축수를 제거한 후 실시한다.
 ⑤ 와이어브러시는 연관 내경보다 조금 작은 것을 사용한다.
 ⑥ 청소가 끝나면 강한 통풍력으로 불어낸다(통풍력을 크게 한다).

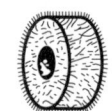

[전동클리너]

㉮ 청소가 끝난 후 주의사항
　㉠ 보일러 외면의 부식 및 손상유무를 조사한다.
　㉡ 고온부의 전열면의 변색이나 변형조사
　㉢ 노벽 및 연도벽의 상태와 내화재의 피복부분, 이탈된 내화물 등을 조사한다.
　㉣ 석탄보일러는 클링커를 제거한다.
　㉤ 배플 등의 손상에 의한 부분을 조사한다.
　㉥ 매연취출장치가 바른지 확인한다.

(2) 보일러 내부 청소요령
① 다른 보일러와 연결되었으면 주증기 밸브를 닫고 연락을 차단한다.
② 소화작업 후 서서히 냉각시킨 후 청소한다.
③ 보일러 압력이 떨어지고 냉각되면 공기빼기를 열고 분출을 하여 내부의 물을 완전히 뺀다.
④ 동 내부로 들어가기 전에 다시 한번 잠가 놓은 밸브가 이상이 없나 확인한다.
⑤ 보일러 내로 충분한 공기를 삽입시키고 유독가스를 배기시킨다.
⑥ 동내부에 사람이 들어가 있는 표시를 반드시 설치한다.
⑦ 사고를 방지하기 위해 내부청소는 반드시 2인 이상이 한다.
⑧ 내부조명을 위하여 안전가이드가 있는 전구를 사용한다.
⑨ 조명을 위한 전압은 감전사를 방지하기 위하여 낮은 것을 사용한다.
⑩ 급수내관이나 구멍에 찌꺼기가 들어가지 않게 조심한다.
⑪ 튜브클리너 등을 가지고 청소할 때에는 한 자리에 3초 이상 청소를 하지 않는다.
⑫ 고온의 전열면이나 구석진 부분의 청소는 반드시 조심한다.
⑬ 청소가 끝나면 물로 씻어낸 후 대청소를 실시한다.
⑭ 분해가 되는 부속품은 떼어내서 청소하고 결합 시는 누설이 되지 않게 잘 결합시킨다.

6 각종 보일러에 알맞은 내부 청소방법과 공구

(1) 노통보일러
기계적인 방법 : 스크레이퍼, 해머, 튜브 클리너 등 공구 사용

(2) 연관보일러와 노통연관보일러
화학세관방법 : 산 세관, 알칼리 세관, 유기산 세관

(3) 수관식 보일러
① 기계적인 방법 : 해머, 튜브 클리너 등 공구 사용
② 화학세관방법 : 산 세관, 알칼리 세관, 유기산 세관

7 각종 보일러에 알맞은 외부 청소방법과 공구

(1) 원통형 보일러

　　사용공구 : 스크레이퍼, 튜브 클리너, 와이어 브러시

(2) 수관식 보일러

　　① 사용방법

　　　　㉮ 압축공기 분무제거(에어소킹법)

　　　　㉯ 증기 분무제거(스팀소킹법)

　　　　㉰ 물 분무제거(워터소킹법)

　　　　㉱ 모래 사용제거(샌드블루법)

　　　　㉲ 작은 강구 사용제거(스틸쇼트클리닝법)

8 보일러 수관, 연관의 외부 청소방법

(1) 기계적인 청소방법

　　① 수관 : 수트 블로어 사용

　　② 연관 : 와이어 브러시, 튜브 클리너

　　③ 동체 : 스크레이퍼, 튜브 클리너

　　④ 노통 : 스크레이퍼, 튜브 클리너

7. 보일러 화학세관

1 화학세관방법

(1) 산 세관방법

　　사용약품 : 염산, 황산, 인산, 기타 부식억제제 첨가

(2) 알칼리 세관방법

　　사용약품 : 수산화나트륨, 탄산나트륨, 인산소다, 암모니아, 기타 질산나트륨 첨가

(3) 유기산 세관방법

　　사용약품 : 구연산, 익산, 초산, 옥살산, 술파민산

2 화학세관처리

(1) 산세관

① 산의 종류
- ㉮ 염산(HCl)
- ㉯ 황산(H_2SO_4)
- ㉰ 인산(H_3PO_4)
- ㉱ 질산(HNO_3)

② 세관처리 : 일반적으로 염산을 물속에 5~10% 용해하여 온도를 60±5℃ 정도로 유지하고 5시간 보일러 내부를 순환시켜 관석을 제거한다. 그러나 염산의 약성에 의해 부식이 촉진되므로 부식억제제인 인히비터(Inhibitor)를 0.2~0.6% 혼합하여 함께 처리한다.

③ 부식억제제의 종류
- ㉮ 수지계 물질
- ㉯ 알코올류
- ㉰ 알데히드계
- ㉱ 머캡탄류
- ㉲ 아민유도체

④ 스케일 용해 촉진제 : 황산염, 규산염 등의 경질스케일은 염산에 잘 용해되지 않아서 용해촉진제(불화수소산 : HF)를 사용한다.

⑤ 부식억제제의 구비조건
- ㉮ 부식억제능력이 클 것
- ㉯ 침식발생이 없을 것
- ㉰ 물에 대한 용해도가 클 것
- ㉱ 세관액의 온도농도에 대한 영향이 작을 것
- ㉲ 시간적으로 안정할 것

⑥ 염산의 특징
- ㉮ 취급이 용이하며 위험성이 적다.
- ㉯ 부식억제제가 많다.
- ㉰ 가격이 싸서 경제적이다.
- ㉱ 스케일의 용해능력이 비교적 크다.
- ㉲ 물에 대한 용해도가 커서 세척이 용이하다.

⑦ 산세관방법
- ㉮ 순환법 : 펌프식 이용
- ㉯ 침적법 : 수치식 이용

⑧ 중화방청처리 산세척 후 씻은 물의 pH가 5 이상이 될 때까지 충분히 물로 씻은 후 중화나 방청처리를 실시한다.
- ㉮ 사용약품 : 탄산나트륨(Na_2CO_3), 수산화나트륨(NaOH), 인산나트륨(Na_3PO_4), 아황산나트륨($NaSO_3$), 히드라진(N_2H_4), 암모니아(NH_3) 등

㈏ 방법 : pH 9~10 정도로 하여 약액의 온도를 80~100℃로 가열하여 약 24시간 정도 순환시킨 후 천천히 냉각 후 배출하고 처리는 필요에 따라 물로 씻어낸다.

(2) 알칼리 세관
① 알칼리 세관 약품 : 암모니아(NH_3), 가성소다(NaOH), 탄산소다(Na_2CO_3), 인산소다(Na_3PO_4) 등
② 세관처리 : 물속에 알칼리를 0.1~0.5% 넣고 온도를 70℃ 정도로 하여 순환시킨다.
③ 가성취화 방지제 : 알칼리 세관을 하면 알칼리에 의해 가성취화가 일어난다. 이것을 방지하기 위하여 가성취화 방지제를 첨가한다.
㈎ 질산나트륨($NaNO_3$)
㈏ 인산나트륨(Na_3PO_4)

(3) 유기산 세관
① 유기산 세관약품 : 구연산, 옥살산, 설파민산 등 사용
② 세관처리 : 중성에 가까운 구연산 등을 물속에 약 3% 정도 용해하여 수용액을 90±5℃ 정도로 하여 특히 오스테나이트계 스테인리스강에 세관시킨다.
③ 부식억제제 : 사용이 불필요하다.
④ 특징
㈎ 가격이 비싸다.
㈏ 관석의 용해능력은 크다.
㈐ 구연산이 많이 사용된다.

8. 최근의 보일러 화학세정 및 스케일 제거

1 화학세정의 목적

(1) 최근 보일러는 고온, 고압, 고효율화와 더불어 보일러 내면의 각종 부착물에 의한 사고가 발생되는 경향이 있어서 보일러 내 부착물에 의한 부식과 열전달률의 저하로 과열, 파열사고를 미연에 방지하고 보일러의 제 성능과 보일러 내면을 깨끗이 유지하기 위하여 화학세정을 해야 한다.

(2) 중·저압 보일러는 튜브클리너(Tube Cleaner) 등에 의한 기계적인 방법에 의해서도 가능하지만 보일러가 대형화되고 구조가 복잡하여 기계적인 방법만으로는 충분한 효과를 거두지 못하므로 반드시 화학세정이 필요하다.

2 신설보일러 및 보일러 보수 시의 화학세정

(1) 플러싱(Flushing)
① 플러싱은 알칼리 세정과 소다끓임을 실시하기에 앞서 전처리로서 실시하는 조작이다.
② 물로 플러싱을 실시하는 경우에는 깨끗한 물을 펌프로부터 고유속으로 분사시켜 세정 출구수가 깨끗해질 때까지 실시하여야 한다.
③ 플러싱을 효과적으로 또 내부에 물이 남아있지 않도록 실시하기 위해서는 세정계통의 배수 가능한 구역을 몇 계통으로 나누어서 가장자리 구역으로 플러싱을 실시하면서 그 효과가 나타난 다음에 다른 인접구역으로 진행시켜야 한다.
④ 배수가 가능하지 않은 구역은 수증기나 순수에 히드라진 약 100ppm을 첨가한 세정수로 플러싱을 하면 효과적이다.

(2) 알칼리 세정
① 고압 순환보일러나 관류보일러는 급수, 복수계통이 플러싱이 끝난 다음에 유지 제거를 위하여 알칼리 세정을 실시하는 경우가 많다.
② 세정액은 다음의 알칼리 약품과 계면활성제를 녹인 물이 사용된다.
   ㉮ 계면활성제
   ㉯ NaOH(또는 Na_2CO_3)
   ㉰ Na_3PO_4
③ 전농도는 0.2~0.5% 정도이다.
④ 세정액의 적정온도를 60~80℃로 유지하고 세정계통을 순환시키며 세정출구에서 세정액의 탁도 또는 유지농도가 일정하게 유지되면 세정액을 배출하고 수세수와 pH가 9 이하로 유지될 때까지 수세를 하여야 한다.

(3) 소다끓임(Soda Boiling)
소다끓임은 신설보일러 또는 수관식 보일러나 절탄기(연도에서 급수가열기) 내부의 유지나 모래, 먼지 등을 제거하는 데 그 목적이 있다.

① 소다끓임의 준비
   ㉮ 보일러 드럼 내부에 있는 장치 중 약액 예정수위보다 상부에 있는 장치는 분리하여 약액의 순환을 방해하지 않도록 약액 예정수위의 아래쪽에 두어야 한다.
   ㉯ 수면계나 기타 드럼에 부착되어 있는 계기는 원래의 밸브는 닫아 놓고 별도로 가수면계를 설치한다.
   ㉰ 패킹은 수압시험용을 그대로 사용하며 필요한 경우 정상가동 시 패킹(Packing)을 교체하도록 한다.
   ㉱ 드럼의 공기빼기 밸브(Air Vent Value) 및 과열기가 부착된 경우에는 그 출구 헤더(Header)의 공기빼기 밸브와 드레인 밸브, 절탄기가 부착된 경우에는 보일러와의 사

이에 있는 밸브를 열어두고 그 외에 밸브는 모두 닫아둔다.
② 약액의 조성 : 약액이 보일러 내에서 급수와 혼합하여 계획된 조성으로 되게 미리 농도를 맞추어 조제하여야 한다. 약액의 조성은 보일러 내부에 있는 오염물의 종류나 양에 따라 가감된다.
㉮ 약액 조성 약품
  ㉠ NaOH(수산화나트륨) ㉡ Na_2CO_3(탄산나트륨)
  ㉢ $Na_3PO_4 12H_2O$(제3인산나트륨) ㉣ Na_2SO_3(황산나트륨)
③ 소다끓임 조작
㉮ 먼저 드럼의 맨홀을 열어 맨홀 밖으로 물이 넘치지 않도록 급수하고 약액을 넣은 후 맨홀을 닫고 수면계의 하부까지 급수한다.
㉯ 드럼이 2개 이상 있는 경우에는 아래쪽의 드럼으로부터 순차적으로 급수하고 약액 분할 주입 후 맨홀을 닫은 후 수면계의 하부까지 급수해서 약액의 주입을 끝낸다.
㉰ 과열기가 부착된 경우에는 그 내부에 약액이 주입되지 않도록 주의하여야 한다.
㉱ 보일러 점화를 행함에 있어서 벽돌건조를 겸하여 소다끓임을 행하는 경우에는 건조가 끝날 때까지 증기압력을 상승시키지 않을 정도로 화력을 조정한다.
㉲ 가열은 천천히 행하고 압력 $2kg/cm^2$에서부터 약 8시간 정도 걸쳐서 최종압력까지 승압한다.
㉳ 최종압력은 상용압력에 대응해서 정하는 것이 보통이며 다음의 압력에 맞추는 것이 이상적이다.

보일러의 상용압력(kg/cm^2)	소다끓임 최종압력(kg/cm^2)
7 미만	상용압력
7 이상 35 미만	7
35 이상 105 미만	상용압력의 1/5
105 이상	21

㉴ 최종압력은 약 8시간 유지시킨다. 중간 블로를 행하는 경우에는 약 4시간 유지한 후에 불을 꺼서 블로가 가능한 정도의 압력까지 압력을 떨어뜨린 후 각 블로 밸브로부터 수면계가 150mm 정도로 떨어지게 블로를 행하고 다시 기준 수면까지 급수하여 점화를 행한 다음 최종 압력으로 약 4시간 유지시킨다.
㉵ 소다끓임 조작 중에는 정기적으로 약액을 시험하여 유지가 거의 없고 탁도 · 알칼리도 · 실리카 농도가 변화하지 않음을 확인해서 조작완료 시점을 고려하여야 한다.
㉶ 소다끓임 조작 중에는 약액농도를 알칼리도 등으로 조사하여 농도계획의 1/2 이하가 되면 다시 약액을 보충함이 바람직하며 산세척 설비가 부착되어 있으면 최초의 약액농도의 감시와 더불어 중간에 약액을 보충하는 데에 이용할 수 있다.

④ 약액의 배출과 수세
　㉮ 보일러를 소화(消火)한 후 냉각될 때부터 천천히 블로를 행하며 압력이 약 1kg/cm²로 되면 각 블로 밸브를 열어서 약액을 전부 배출한다.
　㉯ 각 부의 온도가 90℃ 이하가 되면 맨홀, 기타 점검부를 열어서 유지가 완전히 제거되었는가의 여부를 확인하고 난 다음 수세한다.
　㉰ 수관보일러에서 수관의 수세는 각각 1개씩 증기 드럼 측으로부터 호스를 이용하여 수세하거나 혹은 급수·블로를 2~3회 반복 실시하거나, 급수 → 점화 → 수저(水底)를 1회 실시하면 된다.
⑤ 운전준비 : 보일러를 운전 가능한 상태로 복귀시켜야 하며 가능한 빨리 급수·운전 개시에 들어가야 한다. 단, 즉시 운전으로 들어가지 않을 경우, "보존방법"에 따라서 보존하고 부식발생을 방지하여야 한다.

3 스케일과 부식생성물의 제거

(1) 산세척

보일러에서 산세척이라 함은 보일러 내부의 스케일과 부식생성물 등을 산액으로 용해·분해시켜 제거하는 산액처리와 중화·방철처리를 중심으로 하는 일련의 처리공정을 조합시킨 화학세정이다.

① 산세척의 처리공정

소다끓임 조작이 끝난 후에 신설보일러 내부에 남아있는 부착물은 밀(Mill)스케일과 녹 등의 철산화물로 되어 있기 때문에 산액처리만으로도 제거될 수 있다.

그러나 가동보일러의 내부에 부착된 스케일과 부식생성물은 산액처리만으로는 완전히 제거될 수 없는 조성과 상태로 되어 있는 수가 있으므로 이와 같은 경우에서는 선세척의 제1처리공정으로서 전처리를 행하여야 한다.

㉮ 산세척의 처리공정은 다음과 같다.

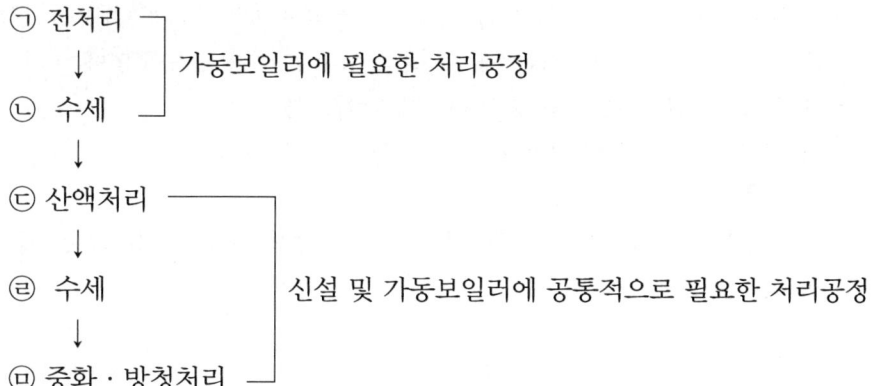

② 가동보일러에 부착된 스케일

보일러 내부에 부착되어 있는 스케일과 부식생성물의 조성 및 양을 조사하는 것은 전처리의 필요성 여부, 산액의 조성 및 농도를 결정하는 데 중요한 역할을 한다. 따라서 보일러 내부로부터 채취한 부착물을 분석하여 평균조성을 조사하고 일정 면적당의 평균 부착량을 실측하여 부착물의 전량을 추산하고 또 실제 약액으로 부착물 용해시험을 실시하여 약액의 조성 및 농도를 결정함이 바람직하다. 그리고 원수의 수질에 따라서는 대략 다음과 같이 부착물성분 및 양을 축적할 수가 있다.

㉮ 보일러 내부에 부식이 발생한 경우 : 철의 산화물이 많다.
㉯ 원수를 급수하는 경우 : 부착물의 주성분은 Ca염, Mg염, 규산염, 실리카이며 부착량은 많다.
㉰ 연화수, 탈염수를 급수하는 경우 : 부착물의 주성분은 실리카, 산화철이며 부착량은 비교적 많다.
㉱ 순수를 급수하는 경우 : 부착물의 주성분은 산화철이며 부착량은 미량이다.

③ 전처리

실리카, 규산염 및 황산염이 주성분인 스케일은 산액처리만으로는 쉽게 붕괴 및 용해가 되지 않는다. 특히 실리카의 함유율이 높은 스케일은 염산 및 황산과 같은 강산을 사용하여도 쉽사리 제고되지 않는 성질을 갖고 있다.

그러나 위와 같은 성분이 주성분으로 함유된 스케일도 가성 알칼리와 불화물을 사용하면 쉽게 용해 또는 팽윤될 수 있다.

일반적으로 실리카가 40% 이상 함유된 경질 스케일이 부착되어 있는 경우에는 0.5~5%의 NaOH에 적당량의 불화물을 첨가한 가열약액으로 대부분의 스케일을 용해 또는 팽윤시킬 수 있는 전처리를 행하면 그 후의 산액처리로 스케일이 쉽게 제거될 수 있다.

특히, 금속동(金屬銅)은 처리하기에 까다로운 것 중의 하나로서 산액처리에 사용하는 염산 및 황산으로는 녹지 않으나 산화제(예를 들면, 과황산암몬)와 암모니아를 혼합 가온용액으로 사용하면, 용해가 될 뿐만 아니라 안정된 착화물이 된다. 따라서 이러한 전처리를 암모니아 처리 또는 암모니아 세정이라고 하며 그 처리조건의 일례는 다음과 같다.

• 약액 조성 : 과황산암모늄 0.5% + 암모니아 1.5%
• 처리온도, 시간 : 60℃에서 6시간

④ 전처리 후의 수세

가능하면 온수를 사용하여 수세를 하고 수세 폐수의 pH가 9 이하가 될 때까지 수세를 계속한다.

⑤ 산액처리
  ㉮ 사용되는 산액 : 산액으로는 염산, 황산, 인산, 구연산 등의 수용액이 사용된다.
    일반적으로 가격이 저렴하고 산화철과 대부분의 스케일에 대한 용해력이 강한 염산을 5~10%의 농도로 사용하지만, 염화물에 의해서 응력부식을 일으키는 오스테나이트계 스테인리스강을 사용한 보일러에는 염산을 사용하지 않고 약 3%의 구연산과 5% 전후의 황산을 사용한다.
    산액의 농도는 보일러 내면으로부터 채취한 부착물, 혹은 수관으로부터 떼어낸 스케일 시험판을 이용하여 예비시험을 행하고, 필요로 하는 농도를 결정하는 방법이 가장 좋지만, 정기적으로 산세척을 행하는 보일러에는 급수수질과 보일러 처리·운전조건이 거의 변동되지 않는다면, 과거의 실적을 참고로 정하는 수도 있다.
  ㉯ 부식방지 : 산은 강을 녹이는 성질이 있으며 염산과 황산은 특히 이 성질에 강하므로 산액에는 필히 소량의 부식을 억제시켜야 한다.
  ㉰ 처리온도 및 시간 : 산액처리의 온도는 온도를 높일수록 스케일과 부식생성물이 제거되기 쉬우나 부식 억제제의 부식 억제율은 대략 60~90℃ 이상에서 저하되기 때문에 이 온도를 초과하지 않도록 한다.
    산액처리 시간은 약 6시간 정도가 보통이지만 산액이 산, 철 이온 등의 농도를 정기적으로 실측해서 그 시간을 결정함이 바람직하다.

⑥ 산액의 배출과 수세
  산액처리가 끝나면 가능한 빨리 산액을 배출하고 수세수(온수)로 급수, 순환, 배수를 반복하여 수세폐수의 pH가 5 이상으로 될 때까지 실시한다. 이때 산액과 수세수를 질소가스로 치환 및 배출하고 보일러 내부에 공기가 들어가지 않도록 보일러 내부에 녹이 발생함을 방지할 수 있다.

⑦ 중화, 방청처리
  산액처리를 실시한 후 아무리 수세를 여러 번 행한다 하더라도 미량의 산이 남아 있을 가능성이 높기 때문에 보일러 내면은 녹이 발생하기 쉬운 상태에 있다. 따라서 이러한 경우에는 중화, 방청처리를 실시하여 금속표면에 보호피막을 형성시키도록 하여야 한다.
  중화, 방청은 별개의 공정으로 행하여지는 수도 있으며 하나의 공정으로 처리되는 경우 약액조성의 일 예는 다음과 같다.
  ㉮ 중화, 방청처리액의 예
    $NaOH$: 1%
    $NaPO : 12H_2O$ ↑ 0.3%
    Na_2SO : 0.1%

9. 보일러의 보존방법

1 보일러 보존의 목적

(1) 보존의 목적
① 보일러 휴지 시 보일러 내면 외면에 부식방지
② 보일러 휴지 시 수명단축 방지
③ 보일러 휴지기간 부식으로 인한 보일러 강도의 안전도 저하방지

2 보일러 보존방법

▶ 보존방법
① 만수보존(소다만수보존법)
② 건조보존(석회밀폐건조법, 질소가스봉입법)
③ 페인트 도장법(특수보존법)
④ 기체보존법(질소보존법)

(1) 만수보존법(단기보존, Wet Method)

만수보존법은 2~3개월 정도 보일러 휴지기간 동안 보존하는 방법이며, 보일러 내에 물을 가득 채운 후 $0.35kg/cm^2$ 정도의 압력을 올려 물을 비등시키고 용존산소나 탄산가스를 제거시킨 후 수산화나트륨(NaOH)을 넣어서 알칼리도 300ppm을 수용액으로 한 보존법이다.

① 주의사항
㉮ 건조보전이 어려운 경우에만 실시한다.
㉯ 동결의 염려가 있으면 사용이 부적당하다.
㉰ 보일러 동 내부에 만수한 후 누수가 없도록 밀폐, 보존시킨다.
㉱ 2~3개월 이상은 효과가 없다.
㉲ 10~20일 정도 pH를 조사한다(pH는 11~12 유지).

② 페하(pH) 11~12 정도를 위한 약품 사용
㉮ 물 톤에 대한 사용약품의 용해량은 다음과 같다.
㉠ 가성소다(NaOH) 0.3kg(저압보일러용)
㉡ 아황산소다(Na_2SO_3) 0.1kg(저압보일러용)
㉢ 히드라진(N_2H_4) 0.1kg(고압보일러용)
㉣ 암모니아(NH_3) 0.83kg(고압보일러용)

(2) 건조보존법(Dry Method, 장기보존법)

일반적으로 보일러 휴지 시 6개월 이상이 될 때 밀폐건조보존을 실시한다. 특히, 겨울에 동결의 우려가 있거나 급수에 부식성 성분이 존재할 때에는 만수보존보다 건조보존이 우수하다.

① 주의사항
  ㉮ 동 내부의 산소를 제거하기 위하여 숯불을 용기에 넣어서 태운다.
  ㉯ 습기방지를 위하여 흡습제를 내용적($1m^3$)에 대하여 다음과 같이 사용한다.
    ㉠ 생석회(산화칼슘) 0.25kg
    ㉡ 실리카겔(규산겔) 1.2kg
    ㉢ 염화칼슘($CaCl_2$) 1.2kg
    ㉣ 활성알루미나 1~1.3kg
  ㉰ 흡습제 교환은 2~3개월마다 한다.

(3) 질소보존법(질소건조법)

보일러 동 내부로 질소가스를 $0.6kg/cm^2$ 정도로 가압시켜 밀폐 건조시킨다. 질소의 순도는 99.5% 이상이 요구된다(보일러 동 내부의 산소를 제거하기 위하여).

(4) 페인트 도장법

① 보일러에 도료를 칠하여 보존한다.
② 도료의 주성분은 흑연, 아스팔트, 타르 등이 사용된다.
③ 주의사항
  ㉮ 작업 중 휘발성으로 인한 인화의 위험에 주의한다.
  ㉯ 작업 시 환기에 주의한다.
  ㉰ 보일러 재사용 시에는 알칼리 세관으로 세정한다.

제3장 급수처리, 세관 및 보존 출제예상문제

01 보일러 취급자의 부주의로 생기는 사고의 원인은?

① 사용압력 이상으로 증기가 발생할 경우
② 보일러 구조상의 결함이 있을 경우
③ 설계상의 결함이 있을 경우
④ 재료가 부적당할 경우

해설 보일러 취급자의 부주의에 의한 사고
㉠ 사용압력 이상으로 증기가 발생하는 경우
㉡ 급수처리의 부족으로 스케일에 의한 과열
㉢ 이상 감수에 의한 저수위 사고
㉣ 보일러 취급 부주의에 의한 사고
㉤ 미연 가스의 충만에 의한 가스 폭발사고

02 부식방지용 약제가 아닌 것은?

① 염산　　② 아황산소다
③ 아민　　④ 가성소다

해설 ㉠ 염산 : 보일러의 화학세관에서 사용되는 세관제이다. 부식방지약이 아니다.
㉡ 가성소다나 아황산소다 등은 청관제이다.

03 다음 중 연도 내에서 폭발을 일으키는 원인을 설명한 것으로 가장 옳은 것은?

① 보일러 기사가 미숙하여 아궁이문의 개폐를 민첩하게 조작하였기 때문에
② 연소장치에 통풍이 강하기 때문에
③ 열량이 높은 석탄을 다량으로 연소시키기 때문에
④ 부하의 변동이 있었을 때 연료 및 공기의 증감을 잘못하였기 때문에

해설 ㉠ 부하의 변동이 있었을 때 연료 및 공기의 증감을 잘못하면 불완전연소가 되어 미연가스가 발생연도 내에서 폭발을 일으킨다.
㉡ 가스의 폭발을 방지하려면 방폭문이 설치되어야 한다.

04 다음 중 포밍의 발생원인이 아닌 것은?

① 보일러수가 너무 농축하였을 때
② 보일러수 중에 가스분이 많이 포함되었을 때
③ 보일러수 중에 유지분이나 부유물질이 다량 함유되었을 때
④ 수위가 너무 높을 때

해설 ㉠ 보일러수 중에 가스분이 많이 포함되면 포밍(물거품)과 부식의 원인이 된다. 포밍의 발생원인은 고형물, 농축수, 가스분, 유지분, 부유물의 혼입 등이다.
㉡ 수위가 높으면 프라이밍(비수)의 원인이 된다.

05 다음 중 이상 감수의 원인이 아닌 것은?

① 급수펌프 또는 인젝터에 고장이 생겼다.
② 유리수면계의 구멍이 막혔다.
③ 스케일이 보일러 저면에 쌓였다.
④ 급수내관의 구멍이 스케일 등으로 막혔다.

해설 스케일이 보일러 저면에 쌓이는 것은 급수처리 불량으로서 보일러수의 수질불량이 원인이 되며 이상 감수(물이 안전수위 이하로 낮아지는 현상)의 원인은 아니다.

06 보일러의 파열사고를 일으키는 가장 큰 취급불량 원인은?

① 급수불량과 저수위
② 재료불량
③ 구조불량
④ 공작불량

해설 ㉠ 파열사고의 원인에서 가장 큰 원인은 구조상의 결함과 취급상의 결함이 있는데 급수불량이 오면 안전 저수위의 감수로 인하여 급격한 압력상승 및 과열에 의한 파열사고가 급작스럽게 일어난다.
㉡ 취급자의 사고 : 압력초과, 저수위 사고, 가스폭발, 부식, 급수불량
㉢ 제작상의 사고 : 재료불량, 설계불량, 구조불량, 용접불량

정답 01 ①　02 ①　03 ④　04 ④　05 ③　06 ①

07 전체 조명에 비하여 국부 조명은 약 얼마 정도 더 밝게 해야 하는가?

① 2배   ② 5배
③ 10배 ④ 20배

해설 ㉠ 일반 전체조명 : 150럭스
㉡ 정밀조명 : 300럭스
㉢ 국부조명 : 500럭스

08 기관 조작불량으로 불완전가스가 배출될 때 가장 많이 배출되고 인체에 제일 나쁜 것은?

① 일산화탄소(CO)
② 이산화탄소(CO_2)
③ 수소가스(H_2)
④ 아황산가스(SO_2)

해설 ㉠ 불완전 가스 : 일산화탄소
㉡ $C + \frac{1}{2}O_2 \rightarrow CO$(일산화탄소) : 불완전연소식
㉢ $C + O_2 \rightarrow CO_2$(탄산가스) : 완전연소식

09 보일러의 안전밸브는 규정 압력보다 얼마 이상일 때 자동적으로 작동하도록 되어 있어야 하는가?

① 1배   ② 1.03배
③ 2배   ④ 2.5배

해설 보일러에서 안전밸브는 규정압력보다 1.03배 이하에서 자동적으로 작동할 수 있어야 하나 설정압 이상이 되면 작동이 가능해진다.

10 보일러수 100cc 속에 산화칼슘(CaO) 2mg, 산화마그네슘(MgO) 1mg이 포함되어 있는 경우 경도(°dH)는?

① 1°dH   ② 2°dH
③ 3°dH   ④ 3.4°dH

해설 ㉠ 독일 경도(°dH) : 물 100cc당 CaO(산화칼슘) 1mg을 함유하면 1°dh로 표시한다.
㉡ 산화마그네슘(MgO) 1mg = 산화칼슘(CaO) 1.4mg
∴ MgO 1mg × 1.4 = CaO 1.4mg
2mg + 1.4mg = 3.4mg
100cc 속에 CaO 3.4mg = 3.4°dH가 된다.

11 보일러의 급수로서 가장 적합한 pH 값은?

① 6.5 이하   ② 7 이하
③ 7~9 정도   ④ 9 이상

해설 ㉠ 보일러에서 급수의 pH는 8.0~9.0이 좋으나 급수계통에 동합금이 있으면 pH는 9 이하가 유지되는 것이 바람직하다. 그러나 관수(보일러수)의 pH는 10.5~11.8 정도가 좋으며 pH가 12 이하 수치가 관수로 알맞다.
㉡ 보일러수 pH가 12 이상이면 가성취화가 발생하여 알칼리 부식이 일어난다.

12 유류 화재 소화작업 시 가장 적당한 소화기는?

① 수조부 펌프 소화기
② 분말 소화기
③ 산알칼리 소화기
④ CO_2 소화기

해설 ㉠ 분말 소화제의 소화약제는 중탄산나트륨($NaHCO_3$), 중탄산칼륨($KHCO_3$), 인산암모늄($NH_4H_2PO_4$), 염화바륨($BaCl_2$) 등이 있으며 유류화재나 전기화재 시 적응성이 좋다.
㉡ CO_2는 전기화재에 용이하다.
㉢ 물을 이용한 수조부는 일반 화재이다(종이류, 목재 등의 화재).

13 압축기 등 실린더 헤드 볼트를 조일 때 토크 렌치를 사용하는 이유는?

① 강하게 조이기 위해서
② 규정대로 조이기 위해서
③ 신속하게 조이기 위해서
④ 작업상 편리를 위해서

해설 토크 렌치를 사용하는 이유는 규정대로 조이기 위해서이다.

정답 07 ② 08 ① 09 ② 10 ④ 11 ③ 12 ② 13 ②

14 수면계의 파손원인과 관계없는 것은?
① 유리가 뜨거워져서 열화된 때
② 유리관의 상하 콕의 중심선이 일치하지 않을 때
③ 수위가 너무 높을 때
④ 유리관의 상하 콕이 패킹 압용 너트를 너무 지나치게 죄었을 때

해설 ③의 수위가 너무 높으면 보일러에서 프라이밍(비수)과 캐리오버(기수공발)의 원인이지 수면계의 파손과는 무관하다.

15 다음 동력전동장치 중 가장 재해가 많은 것은?
① 기어   ② 차축
③ 커플링   ④ 벨트

해설 동력전동장치에서 재해가 많은 부분은 벨트 부분이다.

16 보일러의 보수와 검사에 해당되지 않는 것은?
① 연 1회는 반드시 안전검사를 받는다.
② 주요부를 변경하였을 때는 변경검사를 받고 나서 운전한다.
③ 질이 좋은 물을 사용하는 보일러는 검사 없이 사용할 수 있다.
④ 장기간 쉬게 할 때는 청소 후 보일러관 속을 점검한다.

해설 보일러는 질이 좋은 물을 사용한다 하더라도 검사 없이 사용할 수는 없다.

17 보일러에서 과열되는 원인은?
① 보일러 동체의 부식
② 수관 내의 청소 불량
③ 안전밸브의 기능부족
④ 압력계를 주의 깊게 관찰하지 않았을 때

해설 보일러 파열의 원인 : 수관 내의 청소불량

18 프라이밍이나 포밍이 일어날 경우 필요한 조치가 아닌 것은?
① 증기밸브를 열고 수면계 수위의 안정을 기다린다.
② 연소량을 가볍게 한다.
③ 보일러수의 자료를 얻어 수실시험을 한다.
④ 보일러수의 일부를 취출하여 새로운 물을 넣는다.

해설 ㉠ 프라이밍이나 포밍이 일어날 때 매우 심하면 증기밸브를 닫고 수위의 안정을 기다린다.
㉡ 프라이밍(비수)과 포밍(물거품)이 일어나면 ① 증기밸브를 닫고 ②, ③, ④에 대한 조치를 취해야 한다.

19 다음은 인젝터의 정지순서를 나열한 것이다. 이 중 옳은 것은?

┌─────────────────────┐
│ ㉠ 급수밸브를 닫는다.   │
│ ㉡ 증기밸브를 닫는다.   │
│ ㉢ 핸들을 닫는다.   │
│ ㉣ 출구 정지밸브를 닫는다.│
└─────────────────────┘

① ㉠-㉡-㉢-㉣
② ㉠-㉢-㉣-㉡
③ ㉢-㉡-㉠-㉣
④ ㉢-㉡-㉣-㉠

해설 인젝터의 정지순서(소형 보조펌프)
㉠ 핸들을 닫는다.
㉡ 증기밸브를 닫는다.
㉢ 급수밸브를 닫는다.
㉣ 출구 정지밸브를 닫는다.

20 인젝터 작동불량의 원인이 아닌 것은?
① 내부의 노즐에 이물질의 부착
② 증기의 압력이 0.3~1MPa일 때
③ 증기에 수분이 너무 많다.
④ 급수의 온도가 너무 높다.

정답 14 ③ 15 ④ 16 ③ 17 ② 18 ① 19 ③ 20 ②

해설 인젝터(소형 펌프)에서는 증기압력이 0.2MPa 이하이거나 급수의 온도가 너무 높을 때 내부의 노즐에 이물질이 부착되거나 수증기의 다량 발생 시에 급수불능의 원인이 된다. 또한 증기의 압력이 1MPa 이상이 되면 열에너지가 커서 급수불능이 된다.

21 수격작용(Water Hammer)의 방치조치이다. 적당치 않은 것은?

① 급수관 도중에 에어포켓이 형성되게 한다.
② 스팀트랩을 설치한다.
③ 주증기관은 관체 가까이에 약간의 구배를 준다.
④ 용량이 큰 주증기밸브는 드레인 빼기를 붙인다.

해설 ㉠ ②, ③, ④는 수격작용의 방지법이다.
㉡ 급수관의 에어포켓은 급수공급이 방해된다.
㉢ 수격작용(워터해머)이란 응축수가 관 내부에서 증기에 밀려 관을 타격하는 나쁜 현상이다.

22 보일러의 처음 시동 시 취급자의 태도는?

① 보일러의 측면에서 점화
② 보일러의 위에서 점화
③ 보일러의 정면에서 점화
④ 보일러의 후면에서 점화

해설 ㉠ 보일러의 처음 점화 시 가스폭발이나 역화의 발생 시 화상을 입을 염려가 있으므로 보일러 측면에서 점화하여야 한다.
㉡ 점화 시에 정면 점화는 금물이다. 역화로 인하여 사고를 당하는 것을 막기 위함이다.

23 보일러를 오랫동안(6개월 이상) 사용하지 않고 보존하는 방법으로 가장 적당한 것은?

① 만수보존
② 청관보존
③ 분해보존
④ 건조보존

해설 ㉠ 보일러를 6개월 이상 장기간 보존할 때에는 장기보존법인 건조보존법이 좋다.
㉡ 습기를 방지하기 위하여 보일러 외부에 생석회 등을 뿌려 준다.
㉢ 6개월 미만의 단기보전 시는 pH 12(알칼리) 정도의 물을 가득 채운 만수보존을 한다.

24 버너에서 가동 중 소음이 극히 심할 때의 조치는?

① 연료를 많이 주입한다.
② 전기의 흐름을 낮춘다.
③ 전기의 전압을 낮춘다.
④ 가동을 중지한다.

해설 ㉠ 버너에서 가동 중 소음이 극심하면 원인분석을 위해 가동을 중시해야 한다.
㉡ 버너는 액체연료, 기체연료, 미분탄을 사용한다.

25 연소가스의 폭발을 방지하기 위한 안전장치 중 옳은 것은?

① 방폭문을 부착한다.
② 배관을 굵게 한다.
③ 연료를 가열한다.
④ 스케일을 제거한다.

해설 ㉠ 불완전연소에 의하여 가스가 충만하면 연소가스의 폭발이 일어나기 쉽다. 이것을 방지하기 위하여 보일러 후부에 안전장치인 방폭문을 설치한다.
㉡ 고압 보일러는 스프링식 방폭문, 소용량 보일러는 개방식 방폭문을 부착한다.

26 보일러 취급 중 증기발생 시의 주의사항이 아닌 것은?

① 수위에 조심한다.
② 압력이 일정하게 되도록 연료를 공급한다.
③ 과잉공기를 많게 한다.
④ 완전연소하도록 댐퍼를 조절한다.

해설 보일러의 취급 중 증기발생 시 주의사항
㉠ 수위에 조심한다.
㉡ 압력이 일정하게 되도록 연료를 공급한다.
㉢ 과잉공기를 되도록 적게 한다.
㉣ 완전연소하도록 댐퍼를 조절한다.

정답 21 ① 22 ① 23 ④ 24 ④ 25 ① 26 ③

27 재의 인출작업 시 주의사항이 아닌 것은?

① 석탄분일 때는 버드 네스트 클링커의 부착 상황을 살핀다.
② 연도의 댐퍼를 열어 통풍을 충분히 하고 저온부로부터 고온부로 작업을 한다.
③ 가스의 흐름이 사각(死角)되는 개소는 특히 주의한다.
④ 보일러 가까운 곳에서 방금 끌어낸 재에 물을 뿌리지 않는다.

해설 ②에서 재의 인출 시에는 댐퍼를 열고 통풍을 충분히 한 후 고온부에서 저온부로 작업을 진행한다.
※ 버드 네스트는 재의 용융에 의한 부착으로 보일러판의 오손현상이다. 회분이 많은 석탄연소의 경우에 재의 연화나 용융된 물질이 고온의 연소가스와 접촉하는 과열기 표면에 부착하여 생성된 알칼리성 산화물이다.

28 배관 내부에 존재한 응축수가 증기에 밀려 배관 내부를 심하게 타격하여 소음을 발생시키는 현상을 무엇이라 하는가?

① 증발력 증강현상
② 수격작용(워터해머)
③ 포밍
④ 캐리오버

해설 ㉠ 수격작용 : 응축수가 관 내부에서 증기에 밀려서 배관의 내부를 심하게 타격하여 관에 무리를 주며 소음을 발생시킨다.
㉡ 수격작용 방지법
  • 주증기 밸브를 천천히 연다.
  • 프라이밍(비수), 포밍(물거품) 방지
  • 보온을 철저히 한다.
  • 증기 트랩을 부착하여 응축수 제거

29 엔진의 연료공급과 화재예방방법 중 안전수칙에 맞지 않는 것은?

① 연료의 공급은 공회전 상태에서 한다.
② 연료공급 시 화염 방지장치를 설치한다.
③ 포말 소화기를 설치한다.
④ 점화 스위치를 끈 다음 연료를 공급한다.

해설 연료의 공급은 엔진의 가동정지 상태에서 공급한다. 공회전 상태에서 하면 안 된다.

30 스패너와 렌치의 사용방법으로 적당하지 않은 것은?

① 스패너나 렌치는 뒤로 밀어 놀릴 것
② 파이프 렌치 사용 시는 정지장치를 확실히 할 것
③ 너트에 맞는 것을 사용할 것
④ 해머 대용으로 사용하지 말 것

해설 ㉠ 스패너 또는 렌치는 앞으로 당길 것(뒤로 밀어 돌리면 안 된다)
㉡ 너트에 맞는 것을 사용할 것
㉢ 스패너는 해머 대용으로 사용하지 말 것
㉣ 파이프 렌치를 사용할 때는 정지장치를 확실히 할 것
㉤ 스패너나 렌치는 앞으로 당겨 돌릴 것

31 다음 중 펌프에서 공동현상의 피해와 가장 관계가 없는 것은?

① 소음, 진동이 발생한다.
② 부식이 생긴다.
③ 운전불능이 된다.
④ 양정 및 효율이 상승한다.

해설 ㉠ 공동현상이란 펌프에서 순간적으로 낮은 압력이 일어날 때 생긴다.
㉡ 급수펌프에서 공동현상(캐비테이션) 상태에서는 양정 및 효율이 상승하지 못하고 소음, 진동, 부식, 운전불능 등 각종 부작용을 초래한다.
㉢ 양정이란, 급수펌프가 물을 급수할 수 있는 높이를 말한다.

32 프라이밍(Priming)의 원인으로서 옳게 설명된 것은?

① 수위가 낮을 때
② 보일러의 부하가 적을 때
③ 증기변을 급개할 때
④ 급격히 급수를 공급했을 때

정답 27 ② 28 ② 29 ① 30 ① 31 ④ 32 ③

해설 ㉠ 프라이밍(비수)은 증기밸브(변)를 급히 열었을 때 일어난다. 그 원인은 증기밸브를 급개하면 압력저하에 의해 수분의 증발비수가 일어나기 때문이다.
㉡ 비수(프라이밍)란 보일러의 수면 위에서 증기와 물방울이 함께 증발하는 현상이다.

33 그라인더 사용 시 안전수칙으로 적합하지 않은 것은?

① 작업 시 반드시 보안경을 사용할 것
② 숫돌 바퀴의 받침대와의 간격은 3mm 이내로 할 것
③ 숫돌 바퀴의 측면에 서서 작업할 것
④ 사용 전에 숫돌 바퀴(Wheel)의 균열상태를 확인할 것

해설 ㉠ ③의 내용 중 숫돌 바퀴의 측면에 서서 작업할 것은 틀린 내용이며 그라인더 사용 시 안전수칙에서 작업은 측면에서 하는 것이 아니고 정면에서 해야 한다.
㉡ 그라인더 작업 시는 보안경과 장갑이 필요하다.
㉢ 숫돌 바퀴와 받침대 간격이 3mm를 벗어나면 새것으로 갈아준다.
㉣ 사용 전에 숫돌 바퀴의 균열상태를 확인할 것

34 보일러의 물 부족으로 과열되어 위험할 때 가장 먼저 하는 응급처치로 적당한 방법은?

① 연료공급을 중단하고 서서히 냉각시킨다.
② 증기관을 열고 압력을 낮춘다.
③ 안전판을 열고 압력을 낮춘다.
④ 증기관을 열고 즉시 급수한다.

해설 ㉠ 보일러에서 물의 부족으로 이상 감수가 되어 과열이 일어나면 즉시 연료 공급을 중단하고 서서히 냉각시킨다.
㉡ 석탄 보일러는 연료 공급보다는 젖은 재로 꺼버리는 것이 안전하다.

35 규산염은 세관에서 염산에 잘 녹지 않으므로 용해 촉진제를 사용한다. 다음 중 어느 것을 사용하는가?

① 불화수소산   ② 탄산소다
③ 히드라진   ④ 암모니아

해설 ㉠ 불화수소산 : 규산염 등의 스케일(관석)이 용해되지 않으면 염산의 산세관시에 촉진제로서 사용된다.
㉡ 세관이란 배관 속의 스케일을 제거하는 작업이며 무기산인 염산을 하는 산세관이 가장 많이 한다.

36 안전관리의 주된 목적은?

① 사고의 미연방지
② 사상자의 치료
③ 사고횟수를 줄임
④ 사고 후 처리

해설 안전관리의 목적 : 사고의 미연방지

37 다음 중 보일러의 외부 부식의 원인으로 볼 수 없는 것은?

① 청소 구멍의 주위에서 누설된다.
② 빗물이 침입한다.
③ 지면에 습기가 있다.
④ 보일러관이 연소실의 강한 화염에 접촉되기 때문이다.

해설 보일러 외부 부식의 원인
㉠ 청소 구멍의 주위에서 물이 누설된다.
㉡ 빗물이 침입한다.
㉢ 지면에 습기가 있다.

38 일반적으로 보일러는 3~6개월에 1회 정도 내부점검을 겸하여 청소하고 안전운전을 하게 되는데 다음 중 필요한 공구가 아닌 것은?

① 압력게이지
② 스크레이퍼
③ 와이어 브러시
④ 튜브 클리너

해설 ㉠ 압력게이지는 증기압력 측정용 계측기기이지 청소용 공구가 아니다.
㉡ 보일러실에는 부르동관식(탄성식) 압력계가 사용된다.

정답 33 ③ 34 ① 35 ① 36 ① 37 ④ 38 ①

39 보일러에 사용하는 급수 처리방법 중 물리적 처리방법에 속하지 않는 것은?

① 여과법
② 탈기법
③ 증류법
④ 이온교환법

해설 ㉠ 물리적 급수 처리방법
- 여과법
- 증류법
㉡ 탈기법 : 기계적인 탈기법, 화학적인 탈기법(인산, 소다, Na_2PO_3 사용)
㉢ 이온교환법 : 양이온체 Na^+, H^+, NH_4^+, 음이온 OH^-, Cl^-. 이온교환법은 화학적 처리방법이다.

40 보일러 버너의 착화 시 안전상 제일 먼저 취해야 할 것은?

① 기름 밸브를 연다.
② 댐퍼를 열고 가스(Gas)를 배출시킨다.
③ 연료를 가열한다.
④ 증기를 분사시킨다.

해설 ㉠ 보일러의 버너에 착화(점화) 시에는 제일 먼저 댐퍼를 열고 가스를 배출시킨다. 가스폭발을 방지하기 위하여 실시한다.
㉡ 가스폭발로 인한 사고방지를 위하여 방폭문을 설치한다.

41 보일러가 급수 부족으로 과열되었을 때의 조치 중 가장 적당한 방법은?

① 냉각수를 급속히 급수하여 냉각시킨다.
② 화실에 물을 부어서 속히 끈다.
③ 안전밸브로 증기를 배출시키고 연소실의 불을 끄고 서서히 냉각시킨다.
④ 공기를 계속 공급한다.

해설 보일러가 급수 부족으로 과열되면 증기를 배출시키고 연소실의 불을 신속히 끈 후 서서히 냉각시킨다.

42 다음 안전관리의 의의 중 가장 적당한 것은?

① 연료사용 기기의 품질향상 및 단가절감을 위한 것이다.
② 관계자의 능력 향상을 위한 것이다.
③ 경제적인 보일러 운전과 연료 절감을 목적으로 한 것이다.
④ 각종 연료사용기기로 인한 위해방지를 위한 것이다.

해설 안전관리란 각종 연료사용기기로 인한 위해방지를 위한 것이다.

43 알칼리 세관을 하면 가성취화의 부식이 발생하기 쉽다. 이것을 방지하기 위하여 사용되는 약품은?

① 수산화나트륨   ② 탄산나트륨
③ 질산나트륨   ④ 황산나트륨

해설 알칼리 세관을 하면 가성취화의 부식이 생긴다. 이것을 방지하기 위하여 질산나트륨이나 인산나트륨을 사용한다.

44 보일러의 증기압력을 지시하는 계기로 부르동관 압력계가 사용된다. 압력계의 취급상 가장 안전한 방법이 아닌 것은?

① 보일러 제한 압력(최고 사용압력)의 0.8~1배 능력을 가진 것을 장치해야 한다.
② 오랜 시간의 압력변화를 알기 위해 자동기록압력계를 사용한다.
③ 압력계는 1개 이상 규정에 적합한 것을 장착해야 한다.
④ 연결관은 스케일의 부착을 특히 주의할 필요가 있다.

해설 부르동관식 증기압력계는 보일러 최고사용압력의 1.5~3배 이하의 능력을 가져야 한다. ②, ③, ④는 부르동관 압력계의 사용 시 주의사항이다.

정답 39 ④ 40 ② 41 ③ 42 ④ 43 ③ 44 ①

45 탈산청소나 부식방지용 약제가 아닌 것은?

① 염산　　　　② 아황산소다
③ 아민　　　　④ 가성소다

해설　㉠ 가성소다 : pH 및 알칼리의 조정제
　　　㉡ 아황산소다 : 청관제(탈산청소)
　　　㉢ 염산 : 부식방지용이 아니고 산세관 시 사용되는 세관제이다. 세관이란 1년에 한번 정도 보일러 내의 스케일 등의 대청소를 실시하는 것이며 염산, 황산, 인산 등의 약품을 사용하는 세관이 산세관이다.

〈청관제의 효과와 약품〉

종류	약품	작용
pH 조절제	가성소다, 제1인산소다, 제3인산소다, 암모니아, 히드라진	pH 조절
연화제	탄산소다, 인산소다, 종합인산소다	급수의 연화
슬러지 조절제	전분, 덱스트린, 탄닌, 리그닌	결정 성장 방지 스케일 생성방지
탈산청소	탄닌, 아황산소다, 히드라진	부식방지
가성취화 방지제	질산소다, 탄닌, 리그닌	가성취화 방지
기포 방지제	고급 지방산의 에스테르, 폴리아미드	거품의 안전화

46 다음 중 옳지 않은 것은?

① 증기발생 중에는 수위에 조심하고, 안전 저수위 이하로 되지 않도록 해야 한다.
② 압력이 일정하게 되도록 연료를 공급하여 과잉공기는 되도록 적게 하여 완전연소하도록 댐퍼를 조절한다.
③ 보일러수는 계속 사용하면 농축되어 순환이 나빠지고 물때가 부착되기 쉽다.
④ 각부의 증기가 누설되지 않게 하고 밸브를 급히 열고 닫아야 한다.

해설　㉠ 보일러에서 증기를 배출할 때 밸브를 열 때는 천천히 열고 닫을 때는 급히 닫는다.
　　　㉡ 증기밸브를 급히 열면 증기관 내에 남아 있는 응축수가 증기의 유속에 밀려서 수격작용이 일어난다.
　　　㉢ 수격작용이 일어나면 배관에 무리가 온다.

47 안전사고의 정의에 모순되는 것은?

① 작업능률을 저하시킨다.
② 불안전한 조건이 선행된다.
③ 고의성이 게재된 사고이다.
④ 인명, 재산의 손실을 가져올 수 있다.

해설　㉠ 안전사고는 고의성이 게재된 사고가 아니다.
　　　㉡ 안전사고가 일어나면
　　　　• 작업능률을 저하시킨다.
　　　　• 불안전한 조건이 선행된다.
　　　　• 고의성 없는 사고이다.
　　　　• 인명의 손실이 있다.
　　　　• 재산의 손실을 가져온다.

48 보일러의 취급에서 잘못 설명된 것은?

① 댐퍼를 열고 연도가스를 빼고 점화한다.
② 상용압력에 가까워질 때 안전밸브에서 누수가 있으면 밸브의 압력을 높인다.
③ 관 내의 복수를 제거하고 조금씩 증기밸브를 연다.
④ 점화 후에는 서서히 연소량을 증가하여 압력, 온도를 높인다.

해설　안전밸브에서 증기의 누수가 상용압력에서 일어나면 밸브의 압력을 높이지 말고, 보일러 가동을 중지한 후 원인을 살펴서 대책을 강구하여야 한다.

49 로터리 버너에 있어서 중유연소 중에 갑자기 불이 꺼진 경우 최초로 조사해야 할 사항은 다음 중 어느 것인가?

① 2차공을 닫는다.
② 댐퍼를 만개한다.
③ 유면을 닫는다.
④ 댐퍼를 닫는다.

해설　버너에서 가동 중 갑자기 불이 꺼지면(소화) 먼저 연료를 차단시키기 위하여 유면(기름밸브)을 닫아야 한다.

정답　45 ①　46 ④　47 ③　48 ②　49 ③

50 수격작용(Water Hammer)을 방지하기 위한 방법으로 옳지 않은 것은?

① 증기관의 보온
② 증기관 말단의 트랩 설치
③ 캐리오버(Carry Over)를 방지
④ 안전밸브를 설치

해설 안전밸브는 수격작용 방지용이 아니고 증기의 압력 초과를 방지하기 위한 안전장치이다.
①, ②, ③은 수격작용 방지법이다.

51 가스 폭발을 방지하는 방법과 가장 거리가 먼 것은?

① 점화 시는 공기공급을 먼저 하고, 소화 시는 연료밸브를 먼저 잠근다.
② 연소율 증가를 위해 연료공급을 일시에 다량으로 공급한다.
③ 점화 전에 댐퍼를 개방하여 노 내를 환기시킨다.
④ 연소 중 실화(失火)가 발생하면 버너 밸브를 닫고 노 내 환기 후 재점화한다.

해설 ㉠ 연소율의 증가를 위해 연료를 공급할 때에는 일시에 다량으로 공급하지 말고 점차 증가시켜야 한다.
㉡ 연료를 일시에 다량 공급하면 불완전연소가 된다.

52 증기파이프 관 내의 워터해머링(Water Hammering) 현상을 방지하기 위한 예방책이 아닌 것은?

① 증기관의 보온을 완전히 할 것
② 드레인이 고이기 쉬운 곳이나 대형 정지 밸브에는 드레인 빼기를 설치할 것
③ 증기 정지밸브를 열고 난 다음 필히 드레인 밸브를 열어서 드레인을 배제할 것
④ 증기 정지밸브를 여는 경우에는 먼저 조금 열어 소량의 증기를 통하게 하고 증기관의 난관(暖管)을 행하고 그 뒤에 정지밸브를 서서히 열 것

해설 워터해머링(수격작용)
응축수가 고여서 관을 타격하는 현상이며 증기 정지밸브를 열기 전에 미리 드레인(응축수) 밸브를 열고 드레인을 배제한 후에 증기 정지밸브를 연다.

53 와이어 로프로 물건을 운반할 때의 주의사항으로 옳지 못한 것은?

① 무게를 정확히 예측할 것
② 무게의 중심이 가능한 한 아래쪽으로 오도록 할 것
③ 4개의 와이어를 사용할 것
④ 와이어 각도는 90° 이상으로 할 것

해설 와이어 로프로 물건을 운전할 때 와이어 각도는 30°가 이상적이다.

54 무거운 물건을 들어올리기 위하여 체인 블록을 사용하는 경우 가장 옳다고 생각되는 것은?

① 체인 및 리프팅은 중심부에 튼튼히 묶어야 한다.
② 노끈 및 밧줄은 튼튼한 것을 사용하여야 한다.
③ 체인 및 철선으로 엔진을 묶어도 무방하다.
④ 반드시 체인만으로 묶어야 한다.

해설 체인 블록의 사용 시에는 중심부에 튼튼히 묶어야 안정성이 좋다.

55 보일러 내부의 보수 청소 시 맨홀이 아주 작을 경우에 많이 사용하는 방법은?

① 브러시를 사용한다.
② 스크레이퍼를 사용한다.
③ 아세트산 용액을 사용한다.
④ 해머를 사용한다.

해설 보일러 내부의 보수 청소 후 맨홀이 아주 작아서 사람이 들어갈 수 없으면 아세트산용액으로 대청소를 실시한다(아세트산은 빙초산이다).

56 보일러 휴관 시 건조법에서 투입한 생석회 교체가 필요한 기간은?

① 1~5개월
② 2~3개월
③ 4~5개월
④ 교체할 필요가 없다.

해설 보일러의 휴관 시 건조 보존에서 습기의 방지를 위하여 생석회는 2~3개월마다 교체시킨다.

57 다음 중 보일러 밑바닥에 연질의 침전물 슬러지(Sludge)가 생길 경우 보일러에 미치는 영향이 아닌 것은?

① 전열면이 잘 과열되어 열효율이 높아진다.
② 수관 보일러에서는 1mm의 슬러지가 생기면 10%의 연료 손실이 생긴다.
③ 고압 수관 보일러에서는 파괴되는 예도 있다.
④ 균열의 위험을 초래하기도 한다.

해설 ㉠ ①에서 전열면이 과열되면 열효율이 높아지는 것이 아니라 낮아진다.
㉡ 슬러지란 불순물이 용해하여 보일러 하부에 쌓인 찌꺼기를 말한다. 이것이 장기화되면 스케일(관석)이 된다.
㉢ 열효율이라 보일러 효율이다.

58 다음 중 저온부(급수예열기, 공기예열기)를 부식하는 물질은 어느 것인가?

① SO_2
② 염소 및 염산(HCl)
③ 바드네스트
④ 바나듐

해설 ㉠ SO_2 : 저온부식의 원인
㉡ 바드네스트 : 재가 녹아서 고착된 것
㉢ 바나듐 : 고온부식의 원인
㉣ 저온부식은 아황산가스(SO_2)에 의해 부식이 촉진된다.

59 수면계 수위가 보이지 않을 시 응급처리사항은?

① 연료의 공급 차단
② 냉수 공급
③ 증기보충
④ 자연냉각

해설 수면계에서 수위가 보이지 않으면 보일러에서 물이 안전저수위 이하로 내려가서 보일러의 과열이나 위급한 사항이 되므로 연료의 공급을 차단시켜야 한다(저수위 사고).

60 연도에서 2차 연소를 일으킬 때 나타나는 현상이 아닌 것은?

① 물의 순환이 양호
② 공기예열기 소손
③ 벽돌 쌓은 곳을 소손
④ 케이싱의 소손

해설 연도에서 2차 연소 발생 시의 장해현상
㉠ 벽돌 쌓은 곳을 소손
㉡ 공기예열기 등의 여열장치 소손
㉢ 케이싱 소손

61 급수에 있어 불순물과 관계가 먼 것은?

① 물때   ② 슬러지
③ 전열양호   ④ 부식

해설 ㉠ ③의 전열(열전달)이 양호하다는 것은 불순물이 없다는 뜻이다. 불순물이 없으면 스케일 생성이 방지되며 열전달이 우수하므로 전열이 양호해진다.
㉡ 보일러에 물때, 슬러지(찌꺼기), 부식이 생기면 스케일이 쌓여서 보일러 과열의 원인이 된다.

62 연도에서 폭발이 있었다면 그 원인을 조사하기 위해서 제일 먼저 할 일은?

① 송풍기 자동 중지
② 연료공급중지
③ 증기출구 차단
④ 급수 중단

해설 연도에서 폭발이 일어나면 그 원인을 조사하기 위하여 먼저 연료의 공급을 중지한다.

정답 56 ② 57 ① 58 ① 59 ① 60 ① 61 ③ 62 ②

63 보일러관의 점식을 일으키는 것은?

① 급수 중에 포함된 공기나 산소, CO_2
② 급수 중에 포함된 황산칼슘
③ 급수 중에 포함된 탄산칼슘
④ 급수 중에 포함된 황산마그네슘

해설 ▶ 점식(피팅)
약 8할 이상이 점식에 의한 부식으로 급수 중에 포함된 공기(산소)에 의해 점식이 일어나며 보일러 관부에 점점히 일어나는 부식이다.

64 비수의 원인이 아닌 것은?

① 증기밸브를 갑자기 열어 한꺼번에 송기를 개시했을 때
② 보일러 안의 수위가 높을 때
③ 갑자기 연소를 중지시켰을 때
④ 보일러수가 농축되었을 때

해설 ▶ 비수의 원인(프라이밍)
㉠ 증기밸브를 급히 열 때
㉡ 보일러 안의 수위가 고수위일 때
㉢ 보일러수가 농축되었을 때
㉣ 보일러 과부하 시
※ 비수(프라이밍)란 보일러에서 수면의 물방울이 증기와 같이 심하게 솟아오르는 현상이다.

65 다음 중 Boiler 취급방법으로 맞지 않는 것은?

① 역화의 위험을 막기 위해 댐퍼를 닫아 놓아야 한다.
② 점화 후 화력의 급상승은 금지해야 한다.
③ 부속장치작용의 정확성에 대한 점검을 게을리해서는 안 된다.
④ 내부 청소는 아세트산 용액을 사용하는 것이 좋다.

해설 ▶ ㉠ 역화의 위험을 막기 위하여 댐퍼를 열어 놓아야 한다. 닫아 놓으면 역화가 일어난다.
㉡ 댐퍼 : 연기의 양을 조절한 것
㉢ 댐퍼는 연기 댐퍼와 공기 댐퍼가 있다.
※ 아세트산 : 빙초산

66 보일러를 새로 제작 혹은 수리하였을 때는 어떤 시험을 한 후 사용하여야 하는가?

① 진공시험   ② 증발시험
③ 유압시험   ④ 수압시험

해설 ▶ ㉠ 보일러를 새로 제작하면 필히 수압시험을 실시하여야 한다. 또한 장기간 유지하였다가 재차 가동하기 전에도 수압시험을 하여야 한다.
㉡ 수압시험이란 보일러 최고 사용압력보다 높게 실시한다.

67 고압가스 용기도색으로 적당하지 못한 것은?

① 아세틸렌-황색
② 산소-회색
③ 이산화탄소-청색
④ 수소-주황색

해설 ▶ 고압가스의 용기도색 중 산소탱크는 공업용은 녹색, 의료용은 흰색으로 구별된다.

68 수면계의 수면이 불안정한 원인 중 옳은 것은?

① 급수가 되지 않을 경우
② 고수위가 된 경우
③ 비수가 발생한 경우
④ 분출판에서 누수가 생길 경우

해설 ▶ ㉠ 수면계의 수면이 불안정한 것은 비수(프라이밍)의 발생원인이 가장 크다.
※ 비수란 보일러 수면에서 증기와 물방울이 심하게 솟아오르게 현상이다.
㉡ 비수는 고수위로 가동하거나 보일러 부하가 크면 일어난다. 또 증기밸브를 급히 열면 발생한다.

69 절탄기에 열가스를 보낼 때 가장 주의해야 할 점은?

① 유리 수면계에서의 물의 움직임
② 절탄기 내의 물의 움직임
③ 연소가스의 온도
④ 급수온도

정답 63 ① 64 ③ 65 ① 66 ④ 67 ② 68 ③ 69 ②

해설 연도의 배가스로 급수를 가열하기 위하여 절탄기를 이용하는데, 사용하기 전 절탄기 내의 물의 움직임이 제대로 되는지 확인하여야 한다. 물이 움직이지 않으면 과열되어 절탄기가 파손된다.

70 Boiler 효율 저하를 방지하기 위한 작업 전 점검사항에 속하지 않는 것은?

① 노의 건조
② 부속품의 철저한 점검
③ 보일러 청소와 점검
④ 급수장치의 최고 수위조절 여부

해설 노의 건조는 보일러의 최소 설치 시 30일간 이미 건조된 것이므로 보일러 효율 저하 방지와는 관련이 없다.

71 안전표시 중 주의를 요하는 색은?

① 진한 보라색   ② 노란색
③ 적색   ④ 검은색

해설 ①은 방사능 위험 표시
②는 주의 표시
③은 방화금지
④는 방향 표시

72 기계 작동 중 갑자기 정전되었을 때의 조치로 틀린 것은?

① 즉시 스위치를 끈다.
② 그 공작물과 공구를 떼어 놓는다.
③ 퓨즈를 검사한다.
④ 스위치를 넣어 둔다.

해설 기계가 가동 중 갑자기 정전되면 공작물을 떼어 놓고 즉시 스위치를 끈다. ④와 같이 스위치를 넣어 두면 안 된다.

73 고온의 화염이 닿는 전열면 내측에 어느 정도의 스케일이 붙으면 청소하여야 하는가?

① 1mm 이하   ② 1~1.5mm 이내
③ 2mm 이하   ④ 2.3mm 이내

해설 연소실 내에서 화염이 닿는 전열면 내측에 스케일이 1~1.5mm 정도 붙으면 청소를 해야 한다.

74 보일러수에 함유된 탄산가스는 어떤 장해를 일으키는가?

① 부식   ② 절연
③ 부하   ④ 점식과 부식

해설 보일러수(水) 중에 함유된 CO_2(탄산가스)나 O_2(산소)는 점식 등 부식 촉진의 원인이 된다.

75 보일러의 수위가 낮으면 어떤 현상이 생기는가?

① 습증기의 발생원인이 된다.
② 보일러가 과열되기 쉽다.
③ 수면계에 물때가 붙는다.
④ 수증기압이 높아 누설된다.

해설 ㉠ 보일러의 수위가 낮으면 과열이 된다.
㉡ 보일러 수위가 낮다는 것은 물이 안전 수위 이하로 내려갔다는 뜻이다.
㉢ 과열이 지나쳐서 소손이 되면 보일러의 강도가 완전히 상실된다.

76 연돌 내에서 폭발현상이 발생하였다면 무엇이 부족한 건지 가장 관련이 깊은 것은?

① 1차 공기   ② 2차 공기
③ 댐퍼 차단   ④ 연료의 수분함량

해설 ㉠ 연돌 내의 폭발현상은 2차 공기(송풍기에 의한 투입공기)의 부족에서 일어난다.
㉡ 1차 공기는 연료 점화용 공기이다.
㉢ 연돌은 굴뚝이다.

77 보일러의 증기 압력을 지시하는 계기로 부르동관 압력계가 사용된다. 압력계의 취급상 가장 안전한 방법이 아닌 것은?

① 보일러 제한압력(최고사용압력)의 4~6배 능력을 가진 것을 장치해야 한다.
② 압력계의 지름은 100mm 이상이어야 한다.
③ 압력계는 1개 이상 규정에 적합한 것을 장착해야 한다.
④ 연결관은 반드시 사이펀관을 설치한다.

CHAPTER 03 급수처리, 세관 및 보존

해설 보일러에서 설치되는 압력계는 보일러 제한압력의 1.5~3배에 해당하는 압력계의 부착이 필요하다. 4~6배 능력을 가진 압력계는 제작되지 않는다.

78 급수로 가장 이상적인 물은?

① 증류수나 연수 ② 센물
③ 수돗물 ④ 천연수

해설 ㉠ 보일러의 급수로 가장 이상적인 물은 연수 또는 증류수이다.
㉡ 센물 : 경수(물속에 불순물이 많이 들어 있어 경도가 10도 이상인 물이다)이며, 경도 10도 미만은 연수(단물)이다.

79 다음 중 연료를 사용할 때의 방법 중에서 취급자가 행하는 사항으로 틀린 것은?

① 과잉공기량은 되도록 많이 공급하여 연료를 연소시킨다.
② 손실열을 고려하여 최대로 목적물에 열을 도입시킨다.
③ 적은 연료로 많은 열을 발생시킨다.
④ 폐열을 최대로 이용하여 열효율을 높임으로써 연료를 절약한다.

해설 ㉠ 과잉공기량은 되도록 적게 공급하여 연소시킨다. 과잉공기량이 많으면 배기가스 열손실이 많아진다.
㉡ 연소상태가 가장 좋은 공기량은 이론공기량에 가깝게 연소시킨다.

80 보일러 관수처리가 부적당하면?

① 캐리오버 위험이 생긴다.
② 침식의 위험이 생긴다.
③ 침식의 위험이 생긴다.
④ 응력, 부식, 균열의 위험이 커진다.

해설 ㉠ 보일러에서 관수처리가 부적당하면 각종 부식에 의한 균열 및 응력의 원인이 된다.
㉡ 관수란 보일러 내에서 순환하고 있는 물이고, 보일러로 새로 공급되는 물은 급수이다.

81 다음은 보일러의 청정작업을 할 때 분리해야 하는 것을 나열한 것이다. 틀린 것은?

① 연관 ② 급수내관
③ 취출밸브 ④ 수위검출기

해설 ㉠ 보일러에서 청정작업을 할 때는 부속장치 중 분리가 될 수 있는 것도 있지만 수관 또는 연관은 분리가 용이하지 못하다.
㉡ 급수내관이나 취출밸브(분출밸브), 수위 검출기는 청정작업 시 분리해야 한다.

82 화상을 당했을 때 응급처리 중 가장 옳은 것은?

① 잉크를 바른다.
② 아연화 연고를 바른다.
③ 옥시풀을 바른다.
④ 붕대를 감는다.

해설 화상을 당했을 때 응급처치는 아연화 연고를 바른다.

83 보일러 동의 강도는 원주 방향이 축 방향보다 몇 배가 되는가?

① 2배 ② 4배
③ 6배 ④ 8배

해설 보일러 본체의 동의 강도는 원주 방향이 축 방향보다 2배가 되어야 한다.

84 보일러의 증기관 쪽에 보내는 증기에 수분이 많이 함유되는 것을 무엇이라고 하는가?

① 아웃오버(Out Over)
② 프라이밍(Priming)
③ 포밍(Forming)
④ 캐리오버(Carry Over)

해설 ㉠ 캐리오버(Carry Over)
보일러에서 증기관 쪽에 보내는 증기에 비수의 발생 등에 의한 물방울이 많이 함유되어 배관 내부에 응축수나 물이 고여서 수격작용(워터해머)의 원인이 만들어지는 현상이다.
• 캐리오버(기수공발)의 물리적 원인
 - 증발수 면적이 좁다.
 - 보일러 내의 수위가 높다.

- 증기 정지밸브를 급히 열었다.
- 보일러 부하가 별안간 증가할 때
- 압력의 급강하로 격렬한 자기 증발을 일으킬 때
• 화학적 원인
  - 나트륨 등 염류가 많고 특히 인산나트륨이 많을 때
  - 유지류나 부유물 고형물이 많고 용해 고형물이 다량 존재할 때
ⓒ 프라이밍(Priming)
  프라이밍(비수)이란, 관수의 급격한 비등에 의하여 기포가 수면을 파괴하고 교란시키며 수적이 증기 속으로 비산하는 현상이다.
ⓒ 포밍(Forming)
  포밍(물거품 솟음)이란, 유지분이나 부유물 등에 의하여 보일러수의 비등과 함께 수면부에 거품을 발생시키는 현상이다. 즉 프라이밍이나 포밍이 발생하면 필연적으로 캐리오버가 발생한다.
ⓔ 프라이밍, 포밍의 발생원인
  • 주증기 밸브의 급개
  • 고수위의 보일러 운전
  • 증기 부하의 과대
  • 보일러수의 농축
  • 보일러수 중에 부유물, 유지물, 불순물 함유

85 역화현상이 일어나는 원인이 아닌 것은?

① 연료의 공급이 불안정할 때
② 연료밸브를 과다하게 급히 열었을 때
③ 점화 시에 착화가 늦어졌을 때
④ 댐퍼가 너무 닫힌 때나 흡입통풍이 부족할 때

해설 역화의 원인
  ㉠ 연료 밸브를 과다하게 급히 열었을 때
  ㉡ 점화 시에 착화가 늦어졌을 때
  ㉢ 댐퍼가 너무 닫힌 때나 흡입 통풍이 부족할 때
  ㉣ 압입 통풍이 지나치게 많을 때
  ㉤ 연소실 내에 미연가스가 충만할 때

86 다음 중 적절한 안전관리 상태가 아닌 것은?

① 안전보호구를 잘 착용토록 한다.
② 안전사고 발생요인을 사전에 제거한다.
③ 안전교육을 철저히 한다.
④ 안전사고 사후대책을 잘 세운다.

해설 안전관리자의 직무
  ㉠ 안전보호구를 잘 착용토록 한다.
  ㉡ 안전사고 발생원인을 사전에 제거한다.
  ㉢ 안전교육을 철저히 한다.
  ㉣ 재해 발생시 그 원인 조사 및 대책 강구
  ㉤ 안전사고 예방대책을 잘 세운다.

87 다음 중 안전밸브를 부착하지 않는 것은?

① 보일러 본체
② 절탄기 출구
③ 과열기 출구
④ 재열기 입구

해설 ㉠ 안전밸브를 부착하는 곳
  • 보일러 본체
  • 과열기 출구
  • 재열기 입구 등
㉡ 절탄기나 공기예열기의 경우에는 각 유체의 전후 온도를 측정할 수 있는 온도계가 필요하다.

88 보일러에는 인젝터(Injector)가 부착되어 있다. 시동할 때 가장 먼저 열어야 하는 밸브는?

① 증기밸브
② 토출밸브
③ 일수밸브
④ 급수밸브

해설 인젝터(Injector)
비동력 급수펌프로서 중소형 보일러의 예비 급수용으로 많이 사용된다(보일러에서 발생된 증기를 사용한다).
㉠ 급수의 원리 : 증기의 열에너지 → 운동에너지로 변화 → 압력에너지로 변화 → 급수
㉡ 종류
  • 메트로폴리탄형(Metropolitan)
    급수온도 65℃ 이하 사용
  • 그레삼형(Gresham)
    급수온도 50℃ 이하 사용
㉢ 내부의 노즐(노즐 이용)
  • 증기 노즐
  • 혼합 노즐
  • 토출 노즐(분출 노즐)

정답 85 ① 86 ④ 87 ② 88 ②

ⓔ 인젝터의 작동순서(시동순서)
 - 출구 정지밸브를 연다(토출밸브).
 - 흡수밸브를 연다(급수밸브).
 - 증기밸브를 연다.
 - 핸들을 연다.
ⓜ 인젝터의 정지순서
 - 핸들을 닫는다.
 - 증기밸브를 닫는다.
 - 급수밸브를 닫는다.
 - 출구 정지밸브를 닫는다.
ⓗ 인젝터 사용상의 이점
 - 구조가 간단하고 다른 펌프에 비해 모양이 작다.
 - 설치장소를 적게 차지한다.
 - 증기와 물이 혼합하여 급수가 예열된다.
 - 시동과 정지가 용이하다.
 - 가격이 싸다.
ⓢ 인젝터 사용상의 단점
 - 급수 용량이 부족하여 장기간 사용에는 부적당하다.
 - 대용량 보일러에는 사용이 부적당하다.
 - 급수량의 조절이 곤란하다.
 - 급수의 효율이 낮다.
 - 급수에 시간이 많이 걸린다.
 - 흡입양정이 낮다.
ⓞ 인젝터 급수 불능의 원인
 - 급수의 온도가 50~65°C 이상이면 사용이 불가능하다(급수 불능).
 - 증기압력이 0.2MPa 이하일 때
 - 흡입관에 공기가 새어들 때
 - 노즐의 마모나 폐쇄
 - 체크밸브의 고장
 - 인젝터 자체의 과열
 - 증기가 매우 습할 때

89 보일러의 정상운전 시 수면계의 수위 위치는?

① 수면계 최상위까지 항상 수위를 유지시킨다.
② 수면계 하부에 수위를 유지시킨다.
③ 수면계 중앙에 수위를 유지시킨다.
④ 수면계 위치는 안전 부위까지 하강시킨다.

해설 보일러의 정상 운전 시 수면계의 수위는 수면계의 중앙에 유지시킨다.

90 보일러에 쓰이는 중화 방청 약품이 아닌 것은?

① 탄산칼슘, 탄산마그네슘
② 히드라진
③ 암모니아
④ 인산소다

해설 ㉠ 보일러에 사용되는 중화 방청제 : 탄산소다, 인산소다, 히드라진, 암모니아
㉡ 보일러의 산세관 시에는 강의 부식을 촉진시키므로 중화방청제로 방청처리를 해야 한다.
㉢ 산 세관 시 산의 종류
 - 염산(HCl)
 - 황산(H_2SO_4)
 - 인산(H_3PO_4)
 - 질산(HNO_3)
 - 술파민산 등
㉣ 탄산칼슘, 탄산마그네슘, 수산화마그네슘, 인산칼슘 등은 슬러지(가마검댕) 및 스케일(관석)을 일으킨다.

91 보일러 부식의 종류 중 내부 부식이 아닌 것은?

① 점식
② 그루빙
③ 전면식
④ 저온 부식

해설 ㉠ 내부 부식 : 점식, 그루빙(구식), 전면식, 국부 부식
㉡ 외부 부식 : 저온 부식, 고온 부식

92 오일 연소장치에서 역화가 생기는 원인으로 틀린 것은?

① 1차 공기의 압력 부족
② 2차 공기의 과대한 예열
③ 물 또는 협잡물의 혼합
④ 점화 시 프러퍼지 부족

해설 오일 연소장치의 역화 원인
㉠ 1차 공기의 압력 부족, 2차 공기의 공급 부족
㉡ 기름 속에 물 또는 협잡물의 혼입
㉢ 점화 시 프리퍼지(환기) 부족

93 일산화탄소 중독이 된 경우 응급조치 설명으로 잘못된 것은?
① 신선한 공기를 쐬게 한다.
② 인공호흡을 실시한다.
③ 산소를 흡입시킨다.
④ 일산화탄소의 발생요인을 제거한다.

[해설] ㉠ 일산화탄소 중독 시 응급조치사항
• 신선한 공기를 쐬게 한다.
• 인공호흡을 실시한다.
• 산소를 흡입시킨다.
㉡ ④는 응급조치가 아닌 사후조치이다.

94 보일러 연소실 내벽에 카본이 쌓이는 원인이 아닌 것은?
① 연료유의 점도가 과대하다.
② 연소용 공기가 부족하다.
③ 연료유입이 과대하다.
④ 노 내 온도가 높다.

[해설] 보일러 연소실 내벽에 카본(탄화물)이 쌓이는 원인
㉠ 분무 직접 충돌
㉡ 기름 점도의 과대
㉢ 연소용 공기의 부족
㉣ 노 내 온도가 낮다.
㉤ 불완전연소
㉥ 유압의 과대
㉦ 버너팁의 모양 위치가 나쁘다.
㉧ 노 내 가스가 단락되는 곳

95 연소상태가 파동치듯 떨고 화염이 일정치 않으면서 심하게 변하는 현상을 맥동이라 한다. 그 원인과 관계가 없는 것은?
① 배인 각도의 불일치
② 송풍기의 용량 부족
③ 연료유에 수분이 많을 때
④ 연료량에 변화가 있을 때

[해설] 맥동현상의 원인
㉠ 배인 각도의 불일치
㉡ 송풍기의 용량 과대
㉢ 연료유에 수분이 많을 때
㉣ 연료량에 변화가 있을 때

96 다음은 급수할 때의 주의사항이다. 옳은 것은?
① 증기 사용량이 적을 때에는 수위를 높게 유지하도록 한다.
② 급수는 과부족 없이 항상 상용 수위를 유지하도록 한다.
③ 증기 사용량이 많을 때는 수위를 얕게 유지하도록 한다.
④ 증기 압력이 높을 때에는 수위를 높게 유지하도록 한다.

[해설] ㉠ 보일러 급수 시 급수는 과부족 없이 항상 상용 수위를 유지하여야 한다.
㉡ 상용 수위란 수면계의 중심선 $\left(\dfrac{1}{2}\right)$이 된다.

97 강철제 보일러 수면계의 수위를 판별하기 어려울 때 조치할 사항이 아닌 것은?
① 연료의 공급을 차단시킨다.
② 급수의 보급을 실시한다.
③ 증기를 보충한다.
④ 자연냉각을 기다린다.

[해설] 수면계의 수위를 판별하기 어려울 때 조치할 사항(저수위 사고 발생)
㉠ 연료 공급 차단
㉡ 냉수 보급 엄금(단주철제 보일러)
㉢ 자연냉각을 기다린다.

98 보일러의 연료계통에서 유류 화재가 발생한 경우 적합하지 못한 소화방법은?
① 모래를 살포한다.
② 가연물질을 차단한다.
③ 유류용 소화기를 사용한다.
④ 소화전을 사용하여 물을 뿜는다.

[해설] ㉠ 보일러 연료계통에서 화재가 발생하면
• 가연물질을 차단한다.
• 유류용 소화기를 사용한다.
• 모래를 살포한다.
㉡ 연료가 기름일 때는 물을 뿌리면 안 된다.

정답 93 ④ 94 ④ 95 ② 96 ② 97 ③ 98 ④

99 신설 보일러는 제조 때 내부에 부착한 유지나 페인트 등을 제거하기 위하여 소다 보링 시 어떤 약품을 넣고 끓이는가?

① 질산소다　　② 탄산소다
③ 염산　　　　④ 염화나트륨

해설 신설 보일러는 녹, 유지나 페인트 등을 제거하기 위하여 보일러 내 소다 보링을 실시하여 유지분이나 페인트를 제거한다.
　㉠ 소다 보링 기간 : 2~3일간 끓여 반복 배출시킨다.
　㉡ 보일러 압력 : $0.3~0.5kg/cm^2$의 저압
　㉢ 소다 보링 약액 : 탄산소다, 가성소다, 제3인산소다

100 증기 보일러의 분출밸브 조작에 대한 설명으로 틀린 것은?

① 보일러 가동 후 증발량이 많을 때 실시한다.
② 점개밸브보다 급개밸브(콕)를 먼저 연다.
③ 분출량의 조절은 점개밸브로 한다.
④ 분출이 끝나고 잠글 때는 점개밸브를 먼저 닫는다.

해설 분출 시 주의사항
　㉠ 보일러 가동 후 증발량이 가장 적을 때 또는 보일러 휴지 시 실시한다.
　㉡ 점개밸브보다 급개밸브를 먼저 연다.
　㉢ 분출량의 조절은 점개밸브로 한다.
　㉣ 분출이 끝나고 잠글 때는 점개밸브를 먼저 닫는다.
　㉤ 분출 콕을 먼저 연다.
　㉥ 분출 시는 반드시 2명 이상이어야 하며, 분출밸브의 크기는 25mm 이상이어야 한다.

101 오일 버너의 화염이 불안정한 이유로 적당치 않은 것은?

① 분무유압이 비교적 높을 경우
② 연료 중에 슬러지 등의 협잡물이 들어 있을 경우
③ 무화용 공기량이 적절치 않을 경우
④ 연료용 공기의 과다로 인하여 노 내 온도가 저하될 경우

해설 오일 버너의 화염 불안정
　㉠ 연료 중에 슬러지 등의 협잡물 혼입
　㉡ 무화용 공기량의 부적절
　㉢ 연료용 공기의 과다로 인하여 노 내 온도 저하
　㉣ 분무 유압이 비교적 낮을 경우

102 보일러의 압력을 급격하게 올려서는 안 되는 이유로 옳은 것은?

① 보일러수의 순환을 해친다.
② 압력계를 파손한다.
③ 보일러나 벽돌에 악영향을 주고 파괴의 원인이 된다.
④ 보일러 효율을 저하시킨다.

해설 보일러의 압력을 급격하게 올리면 안 되는 이유는 보일러나 벽돌에 악영향을 주고 파괴의 원인이 되기 때문이다.

103 다음 중 비수의 원인으로 적당하지 않은 것은?

① 보일러 안의 수위가 너무 낮을 때
② 보일러수가 너무 농축되었을 때
③ 증기의 발생량이 과다할 때
④ 수증기 밸브를 급개할 때

해설 ㉠ 비수(프라이밍)의 원인
　　• 보일러 안의 수위가 너무 높을 때
　　• 보일러 증기 발생량이 과다할 때
　　• 수증기 밸브의 급개
　　• 보일러수의 농축(용존 고형물 등의 과다)
　㉡ 보일러 안의 수위가 너무 낮으면 과열이나 보일러파열의 원인이 된다.

104 보일러의 과열원인으로 틀린 것은?

① 분출밸브가 새는 경우
② 스케일 누적이 많은 경우
③ 수면계의 설치 위치가 낮은 경우
④ 안전밸브의 분출량이 부족한 경우

정답　99 ②　100 ①　101 ①　102 ③　103 ①　104 ④

해설 ㉠ 보일러 과열이 원인
- 스케일 누적이 많은 경우
- 분출밸브가 새서 저수위 사고가 나는 경우
- 수면계의 설치 위치가 낮은 경우
- 보일러수 속의 유지분의 함유

㉡ 안전밸브의 분출이 부족하면 보일러 파열의 원인이 일어날 수 있다.

105 유리수면계의 유리관 파손원인이 아닌 것은?
① 상하의 너트를 너무 조였을 경우
② 상하의 바탕쇠 중심선이 일치하지 않을 경우
③ 외부에 충격을 받았을 경우
④ 안전저수위 이상으로 급수가 되었을 경우

해설 ㉠ 유리수면계 파손원인
- 상하 너트를 조였을 경우
- 수면계의 상하 바탕쇠 중심선이 일치하지 않을 경우
- 외부에서 충격을 받았을 때
- 유리관의 노후

㉡ 수면계의 시험 횟수 : 수면계는 1일 1회 이상 반드시 수면계를 시험하여 고장이나 연락관의 폐쇄를 방지하여야 한다.

㉢ 수면계의 점검시기
- 보일러의 점화 전
- 증기의 압력이 올라갈 때
- 두 개의 수면계에 수위가 다르게 나타날 때
- 수위의 지시차가 의심이 날 때
- 프라이밍(비수), 포밍(물거품의 솟음)의 발생 시
- 수면계를 새 것으로 교체한 후

㉣ 수면계의 시험순서
- 증기 연락관과 물 연락관을 닫는다(물 연락관이 우선).
- 수면계 내의 드레인 콕을 열고 내부의 물을 배출한다.
- 증기 연락관을 열고 증기 분출 여부를 확인한 후 다시 닫는다.
- 물연락관을 열고 물을 분출한 후 다시 닫는다.
- 수면계의 드레인 밸브를 닫는다.
- 물밸브를 연다.
- 마지막으로 증기밸브를 연다.

106 보일러 사고의 원인과 결과가 옳게 연결되지 않은 것은?
① 급수처리 – 스케일 퇴적
② 증기밸브의 급개 – 동체의 팽창
③ 연소가스가 150℃ 이하일 때 – 저온 부식
④ 보일러수의 감소 – 과열로 폭발

해설 ㉠ 급수처리 불량 : 스케일의 퇴적
㉡ 증기밸브의 급개 : 비수발생 및 캐리오버 발생, 수격작용 발생
㉢ 연소가스가 150℃ : 폐열 회수장치의 저온부식
㉣ 보일러수의 감소 : 과열로 폭발

107 수면계의 수면이 불안정한 원인으로 옳은 것은?
① 급수가 너무 잘 되는 경우
② 고수위가 된 경우
③ 프라이밍이 발생한 경우
④ 안전밸브의 고장

해설 수면계의 수면이 불안정한 원인은 보일러 수면에서 비수(프라이밍)가 발생되기 때문이다.

108 보일러 내면에 부착한 스케일의 영향이 아닌 것은?
① 열효율 저하
② 과열의 원인
③ 보일러수의 순환 저해
④ 포밍의 발생

해설 스케일(관석)의 부착 시 영향
㉠ 열효율 저하
㉡ 과열의 원인
㉢ 보일러수의 순환 저해
※ 포밍(물거품 솟음)

109 보일러에서 과열되는 원인은?
① 보일러 동체의 부식
② 수관 내의 스케일 퇴적
③ 안전밸브의 기능부족
④ 압력계를 주의 깊게 관찰하지 않았을 때

정답 105 ④ 106 ② 107 ③ 108 ④ 109 ②

해설 수관식 보일러에서 수관의 청소 불량은 스케일의 부착으로 보일러가 과열된다.

110 보일러 내부 청소와 관계가 먼 것은?

① 저온 부식방지제
② 브러시
③ 스크레이퍼
④ 아세트산 용액

해설 보일러 내부의 청소
㉠ 기계식 공구 : 스케일 해머, 스크레이퍼, 와이어 브러시, 튜브클리너(저온부식 : 외부부식)
㉡ 화학식 약액 : 아세트산(빙초산) 용액 등의 화공약품

111 보일러 용수처리의 목적이 아닌 것은?

① 스케일 생성 및 고착을 방지한다.
② 저온부식 및 고온부식을 방지한다.
③ 가성취화의 발생을 감소한다.
④ 포밍과 프라이밍의 발생을 방지한다.

해설 ㉠ 보일러 용수처리의 목적
• 스케일 생성 및 고착을 방지
• 가성취화의 발생 감소
• 포밍(물거품), 프라이밍(비수)의 발생방지
• 보일러수의 가스류 제거
• 경수성분의 연화처리
㉡ 저온부식과 고온부식은 보일러 폐열 회수장치에서 (절탄기, 공기예열기, 과열기, 재열기) 발생되며 이것은 외부 부식으로서 연소가스에 의해 생긴다.

112 수동식 보일러가 가동 중 갑자기 전원이 차단되었을 경우 가장 먼저 조치해야 할 사항은?

① 주증기 밸브를 잠근다.
② 연료밸브를 차단시킨다.
③ 댐퍼를 닫는다.
④ 급수밸브를 차단시킨다.

해설 수동식 보일러의 가동 중 갑자기 전원이 차단되면 먼저 신속히 연료밸브를 차단하여 보일러 가동을 중지하여야 한다.

113 응결수가 많이 모여 있을 때 고압의 증기를 보내면 어떤 현상이 발생하는가?

① 증발력 증강
② 수격작용
③ 밸브의 핸들 폐쇄
④ 효율증대

해설 ㉠ 응결수가 많이 모여 있을 때 고압의 증기를 보내면 응축수가 관을 타격하는 수격작용(워터해머)이라는 나쁜 현상이 일어난다.
㉡ 수격 작용(워터해머)을 방지하려면 반드시 주증기 밸브(앵글밸브)를 천천히 연다.

114 보일러 수면계의 기능 점검시기로서 적합하지 못한 것은?

① 보일러를 가동하기 직전
② 포밍이 발생할 때
③ 두 조의 수면계의 수위에 차이가 있을 때
④ 수위의 움직임이 민감하게 나타날 때

해설 수면계의 점검시기
㉠ 보일러를 가동하기 직전
㉡ 포밍이 발생할 때
㉢ 두 조의 수면계의 수위에 차이가 날 때
㉣ 수위의 움직임이 둔할 때

115 보일러 동 안에 항상 보유해야 할 수위는?

① $\frac{1}{7}$
② $\frac{1}{3}$
③ $\frac{1}{2}$
④ $\frac{2}{3} \sim \frac{4}{5}$

해설 보일러 동 안에 보유해야 할 수위는 항상 $\frac{2}{3} \sim \frac{4}{5}$이며 수면계로부터는 $\frac{1}{2}$이다.

116 보일러 비상정지 시 1차적으로 연료의 공급을 차단한다. 그 다음 단계는 어떤 조치를 취해야 하는가?

① 급수를 실시한다.
② 연소용 공기의 공급을 중단한다.
③ 주증기 밸브를 닫는다.
④ 포스트 퍼지를 행한다.

정답 110 ① 111 ② 112 ② 113 ② 114 ④ 115 ④ 116 ②

해설 보일러 비상정지 순서
 ㉠ 연료는 즉시 차단
 ㉡ 연소용 공기 차단
 ㉢ 주증기 밸브 차단
 ㉣ 포스트 퍼지(송풍기로 환기)

117 보일러 내면의 스케일이 보일러에 미치는 영향으로 가장 옳은 것은?

① 수격작용을 유발한다.
② 프라이밍, 포밍을 일으킨다.
③ 열효율을 증대시킨다.
④ 보일러 동의 과열로 균열 파괴를 유발한다.

해설 보일러 내면에 스케일이 쌓이면 보일러 등의 과열로 균열 파괴를 유발한다.

118 보일러의 물 부족으로 과열되어 위험할 때 가장 먼저 하는 응급처치로 옳은 것은?

① 연료공급 중단 후 보일러 차단
② 증기관을 열고 압력을 낮춘다.
③ 안전판을 열고 압력을 낮춘다.
④ 증기판을 열고 즉시 급수한다.

해설 보일러 가동 중 비상조치로 가장 우선하는 응급조치는 연료공급의 차단이다.

119 보일러를 비상정지시키는 경우의 조치방법으로서 옳지 않은 것은?

① 압입통풍을 멈춘다.
② 댐퍼는 개방하고 노 내 가스를 배출한다.
③ 주증기 밸브를 열어 놓는다.
④ 연료공급을 중단한다.

해설 보일러 비상정지 조치방법
 ㉠ 압입통풍을 멈춘다.
 ㉡ 댐퍼는 개방하고 노 내 가스를 배출한다(포스트 퍼지).
 ㉢ 주증기 밸브를 닫아준다.
 ㉣ 연료의 공급을 신속히 차단한다.

120 다음 작업안전에 대한 설명 중 잘못된 것은?

① 해머 작업 시는 장갑을 끼지 않는다.
② 스패너는 너트에 꼭 맞는 것을 사용한다.
③ 간편한 작업복 차림으로 작업에 임한다.
④ 핸드 드릴 작업 시는 손을 보호하기 위하여 면장갑을 낀다.

해설 장갑 착용이 금지된 작업
 ㉠ 드릴 작업
 ㉡ 해머 작업
 ㉢ 그라인더 작업
 ㉣ 목공기계 작업
 ㉤ 선반작업
 ㉥ 기타 정밀 기계작업

121 중유 연소에서 안전점화를 할 때 다음 중 제일 먼저 해야 할 사항은?

① 댐퍼를 열고 프리퍼지 실시
② 증기밸브를 연다.
③ 불씨를 넣는다.
④ 기름을 넣는다.

해설 중유 연소에서 안전점화시 가장 먼저 댐퍼를 열고 환기작업(프리퍼지)을 실시하여야 가스 폭발이나 역화가 방지된다.

122 송기를 하는 경우 주증기 밸브를 급개하면 여러 가지 나쁜 현상이 발생하는데 그중 가장 큰 영향을 주는 것은?

① 수면의 급강화
② 압력의 급강화
③ 워터해머의 발생
④ 포밍의 발생

해설 증기를 내보내는 송기작업 시 주증기 밸브를 급히 열면 배관 내의 응축수가 관이나 밸브류를 타격하는 나쁜 부작용인 수격현상(워터해머)이 발생한다.

정답 117 ④ 118 ① 119 ③ 120 ③ 121 ① 122 ③

123 안전관리의 목적과 관계없는 것은?

① 작업자의 안전사고 방지
② 생산 경비손실 방지
③ 생산제품의 품질향상
④ 생산능률의 향상

해설 안전관리
  ㉠ 안전사고방지
  ㉡ 생산경비 손실방지
  ㉢ 생산능률의 향상

124 다음 중 유류 연소장치에서 역화의 발생원인이 아닌 것은?

① 흡입 통풍의 부족
② 2차 공기의 예열부족
③ 착화지연
④ 협잡물의 혼입

해설 역화의 원인
  ㉠ 흡입 통풍의 부족
  ㉡ 착화의 지연으로 가스 발생
  ㉢ 기름 속에 협잡물의 혼입
  ㉣ 압입 통풍의 부족
  ㉤ 환기의 불충분
  ㉥ 2차 공기의 공급 부족

125 가스배관이 가스누설 시험에 사용되는 것은?

① 알코올   ② 비눗물
③ 윤활유   ④ 가스분석기

해설 배관의 가스누설 시험에는 가장 간단한 비눗물 검사가 편리하다.

126 긴급히 의사에게 치료를 받아야 하는 화상은?

① 1도 화상
② 1.5도 화상
③ 2도 화상
④ 3도 화상

해설 3도 화상을 입게 되면 생명이 위독하므로 긴급히 의사에게 치료를 받아야 한다.

127 다음 중 산업재해에 속하지 않는 것은?

① 화재폭발재해
② 기계장치재해
③ 풍수해
④ 원동기 재해

해설 ㉠ 풍수해는 산업재해가 아니고 자연재해가 된다.
  ㉡ 화재폭발이나 기계장치 재해, 원동기(보일러) 재해는 산업재해이다.

128 노(爐)의 신설 시 자연 건조는 며칠이 필요한가?

① 2~3일   ② 5~6일
③ 6~9일   ④ 10~14일

해설 노의 설치 시에 자연적인 내화벽돌의 건조는 10~14일간이 이상적이다.

129 다음 보일러의 파열원인을 열거한 것 중 틀린 것은?

① 이상 감수로 수위가 저하되었을 때
② 수중에 기름유가 혼입되었을 때
③ 보일러 내면에 스케일이 두껍게 퇴적했을 때
④ 보일러의 수위가 높을 때

해설 ㉠ ①, ②, ③은 보일러 파열의 원인
  ㉡ ④는 습증기 발생의 원인과 프라이밍(비수)의 원인이 된다. 증기 속에 수분이 증가하는 것은 수위가 높게 보일러를 가동하거나 보일러 부하가 클 경우에 해당한다.

130 보일러 내부 청소와 관계가 먼 것은?

① 드레인   ② 브러시
③ 스크레이퍼   ④ 아세트산

해설 ㉠ 보일러 내부 청소와 관계 있는 것
  • 브러시
  • 스크레이퍼
  • 아세트산 용액
  ㉡ 드레인 : 응축수나 불순물을 배출하는 작업이다 (증기배관에서 응축수가 생긴다).

정답 123 ③ 124 ② 125 ② 126 ④ 127 ③ 128 ④ 129 ④ 130 ①

131 보일러 점화 직전에 연소실 및 연도의 환기를 충분히 하는 이유는?

① 미연가스 폭발방지
② 신속한 착화도모
③ 연도의 부식방지
④ 통풍력의 조절

해설 ㉠ 프리퍼지(환기)의 목적 : 보일러 점화 직전에 연소실 및 연도의 환기를 충분히 하는 이유는 미연가스 폭발방지를 위해서이다.
㉡ 보일러 가동이 끝난 후에 연도나 연소실의 환기를 충분히 하는 것은 포스트 퍼지이다.

132 다음 중 작업환경과 거리가 먼 것은?

① 복장   ② 소음
③ 조명   ④ 대기(大氣)

해설 작업환경과 관계되는 것
㉠ 복장
㉡ 소음
㉢ 조명

133 다음 중 가스누설 여부를 검사할 때 간단하게 사용하는 물질로 가장 적합한 것은?

① 성냥불   ② 촛불
③ 엷은 껌   ④ 비눗물

해설 ㉠ 가스의 누설 여부는 비눗물 검사로 실시한다.
㉡ 가스가 누설되면 비눗물이 방울거품을 형성한다.

134 안전관리의 목적으로 가장 적당한 것은?

① 생산능률을 올리기 위함이다.
② 관계자의 능력향상을 위한 것이다.
③ 공공상의 위해를 사전에 방지하기 위함이다.
④ 화재로 인한 재산피해를 막기 위함이다.

해설 안전관리란 공공상의 위해를 사전에 방지하기 위한 것이다.

135 다음은 가스 폭발 방지대책을 열거한 것이다. 틀린 것은?

① 점화 전에 연소실 내의 잔존가스를 배출한다.
② 급유량과 송풍량을 줄이고 점화한다.
③ 불씨를 우선 준비한 후 급유조작한다.
④ 1차 점화에 실패하면 즉시 계속해서 2차 점화를 시도한다.

해설 ㉠ ①, ②, ③의 설명은 가스 폭발 방지대책이다.
㉡ 1차 점화에 실패하면 즉시 2차 점화를 하지 말고 포스트퍼지(환기) 후에 점화를 하여야 가스폭발이나 역화가 방지된다.

136 다음은 토치램프 사용 시의 주의사항을 나열한 것이다. 틀린 것은?

① 사용하기 전에 근처 인화물질의 유무를 확인한다.
② 소화기, 모래 등을 준비한다.
③ 충분히 예열한 후 밸브를 열어준다.
④ 가열횟수가 많을수록 좋다.

해설 ㉠ 토치램프를 가지고 배관작업을 할 때에는 ①, ②, ③을 구비하여야 한다.
그리고 가열횟수는 적당하게 하여야 하며 가열온도가 맞도록 하여야 한다. 강관의 적정 가열온도는 800~900℃이다.
㉡ 토치램프의 사용목적은 강관을 가열하여 관을 구부리는 데 있다.

137 보일러에 점화하기 전 가장 우선적으로 점검해야 할 사항은?

① 수위확인 및 급수계통 점검
② 과열기 점검
③ 매연 CO_2 농도 점검
④ 증기압력 점검

해설 ㉠ 보일러에 점화하기 전에는 반드시 수위 확인 및 급수계통 점검을 한 후 점검한다.
㉡ ②, ③, ④는 보일러 점화 후 가동된 상태의 점검사항이다.

정답 131 ① 132 ④ 133 ④ 134 ③ 135 ④ 136 ④ 137 ①

138 가마울림의 발생방지법으로 맞지 않는 것은?

① 습분이 적은 연료를 사용한다.
② 연소실 내에서 연료를 천천히 연소시킨다.
③ 2차 공기의 가열, 통풍의 조절을 개선한다.
④ 석탄분에서는 연도 내의 가스 포켓이 되는 부분에 재를 남기도록 한다.

해설 ㉠ 가마울림(연소실의 공명음)의 발생방지법은 ①, ③, ④ 등이고, 연소실 내에서는 연료를 빨리 연소시켜야 가마울림이 방지된다.
㉡ 가마울림이란 연소가스가 연도 내에서 소리를 내는 공명음 현상이다.

139 기름 연소 보일러의 점화 시 역화의 원인과 거리가 먼 것은?

① 연료의 인화점이 매우 높을 때
② 액체연료 중 수분이 다량 함유되어 있을 때
③ 분사공기 또는 증기의 압력이 부족할 때
④ 연료의 압력이 과다할 때

해설 ㉠ 기름 연소의 점화 시 연료의 인화점이 매우 높은 것과 역화의 원인과는 관련이 없다.
㉡ ②, ③, ④는 역화의 원인과 관계가 있다.

140 수면계 수위가 보이지 않을 때의 응급처리 사항은?

① 연료의 공급차단   ② 프리퍼지
③ 증기 보충   ④ 급수 공급

해설 수면계에서 수위가 보이지 않으면 보일러 내의 수위가 안전저수위 이하로 감소하는 나쁜 상태가 되므로 과열방지로 연료의 공급차단을 하여 보일러 가동을 중지시킨다.

141 공구의 안전취급방법에 대한 설명으로 잘못된 것은?

① 손잡이에 묻은 기름은 잘 닦아낸다.
② 해머를 사용할 때는 장갑을 끼지 않는다.
③ 측정공구는 항상 기름에 담가 놓는다.
④ 공구는 던지지 않는 것이 좋다.

해설 공구의 안전취급
㉠ 손잡이에 묻는 기름은 잘 닦아낸다.
㉡ 해머 사용 시는 장갑을 끼지 않는다.
㉢ 공구는 던지지 않는 것이 좋다.

142 저온부식의 방지대책으로 틀린 것은?

① 저유황 연료 사용
② 연료에 돌로마이트 등의 첨가제 사용
③ 금속 표면에 알루미늄 등을 코팅하여 사용
④ 과잉공기를 적게 하여 운전

해설 ㉠ ①, ②, ④의 내용은 저온부식의 방지법이다.
㉡ 돌로마이트의 첨가제 사용은 저온부식의 방지법이다.
㉢ 고온부식은 바나듐(V)이 과열기나 재열기에서 500℃ 이상의 온도에서 용해하여 부식이 발생된다.

143 보일러의 장시간 휴지 시 보존방법은 건조보존법을 사용하는데 이때 보일러 내부에 넣어두는 약품으로 적합하지 못한 것은?

① 생석회
② 실리카겔
③ 탄산나트륨
④ 염화칼슘

해설 ㉠ 보일러의 장기보존(건조보존) 시에는 습기를 방지하기 위하여 생석회, 실리카겔, 염화칼슘 등의 수분 흡수제를 넣어둔다.
㉡ 탄산나트륨은 급수처리용 청관제이다.
㉢ 장기간 보일러 보존을 위하여 건조보존 시에는 흡습제를 넣어둔다.

144 보일러에 점화할 때 역화와 폭발을 방지하기 위해 어떤 조치를 하는 것이 좋은가?

① 점화 시는 언제나 방화수를 준비한다.
② 댐퍼는 열고 프리퍼지를 실시한다.
③ 연료의 점화가 빨리 고르게 전파되게 한다.
④ 점화 시 화력의 상승속도를 빠르게 한다.

해설 점화 전에 역화의 폭발장치를 위하여 댐퍼를 열고 미연소가스를 배출시켜야 한다.

정답 138 ② 139 ① 140 ① 141 ③ 142 ③ 143 ③ 144 ②

145 신설 보일러를 설치 후 보일러 내부에 축적되어 있는 기름과 그리스 등을 제거하기 위하여 가성소다나 제3인산나트륨을 넣어 끓인다. 이때 보일러수의 총 용량이 42,000l였다면 몇 kg의 약품을 첨가하면 되겠는가?

① 40kg ② 60kg
③ 84kg ④ 100kg

해설 보일러수 1,000kg에 가성소다 또는 인산나트륨을 2kg 정도 첨가시킨다.
$$\frac{42,000}{1,000} \times 2 = 84 \text{kg}$$
※ 보일러수 1l는 1kg으로 본다.

146 다음 중 안전을 표시하는 색은?

① 녹색 ② 적색
③ 황색 ④ 청색

해설
㉠ 녹색 : 안전
㉡ 적색 : 금지
㉢ 황색 : 주의
㉣ 청색 : 주의, 금지표시, 수리 중

147 석탄연료는 소화할 때 완전연소하지 않고 매화를 시킨다. 매화방법으로 옳은 것은?

① 수면계의 수위는 상용 수위로 유지한다.
② 수면계의 수위는 기준 수위보다 100mm 높게 한 후 매화한다.
③ 수면계의 수위는 기준 수위를 유지한다.
④ 수면계의 수위는 기준 수위보다 약간 낮게 한다.

해설
㉠ 석탄의 매화작업(불을 묻어두는 작업) 시에는 다음 날 아침에 분출(불순물을 빼내는 작업)하기 좋도록 수면계의 수위가 기준수위보다 약 100mm 높게 급수하여야 한다.
㉡ 매화란 석탄불을 묻어두고 퇴근하는 방식이다.
㉢ 매화작업을 하는 이유는 다음날 석탄의 점화를 손쉽게 하기 위함이다.

148 다음 중 인젝터의 기능이 떨어지는 원인은?

① 급수의 가열이 55℃ 이상 지나쳤을 때
② 수면계가 고장이 나서 보일러수가 저하될 때
③ 증기압력이 최고 사용압력을 넘어서 안전밸브가 작용할 때
④ 급수 처리해야 할 것을 행하지 않았을 때

해설 인젝터의 기능이 떨어지는 원인
㉠ 급수의 가열이 50℃ 이상 지나쳤을 때
㉡ 인젝터 노즐의 마모
㉢ 증기 공급압력이 0.2MPa 이하일 때
㉣ 증기가 너무 습하거나 인젝터 자체 과열 시

149 연소 중 연소실이나 연도 내에서 연속적인 울림을 내는 가마울림 현상이 있는데 이것을 방지하기 위한 대책으로 맞지 않는 것은?

① 수분이 적은 연료를 사용한다.
② 2차 공기를 가열하여 통풍조절을 적정하게 한다.
③ 연소실 내에서 연료를 천천히 연소시킨다.
④ 연소실이나 연도를 연소가스가 원활하게 흐르도록 개량한다.

해설 연소실 가마울림 방지법
㉠ 수분이 적은 연료 사용
㉡ 2차 공기를 가열하여 통풍조절을 적정하게 할 것
㉢ 연소실 내에서 연료를 신속히 연소할 것
㉣ 연소실이나 연도의 연소가스가 원활하게 흐르도록 개량한다.
㉤ 연도의 에어 포켓을 막는다.

150 산소 또는 LPG 가스 봄베에서 가스의 누출 여부를 확인하는 방법으로 가장 안전하고 쉬운 것은?

① 기름을 사용
② 수돗물 사용
③ 비눗물 사용
④ 부취제 사용

해설 가스의 누출검사
비눗물 사용이 용이하다.

정답 145 ③ 146 ① 147 ② 148 ① 149 ③ 150 ③

151 수격작용(Water Hammer)을 방지하기 위한 방법과 관련이 없는 것은?

① 증기관의 보온
② 증기관 말단에 트랩 설치
③ 비수방지관 설치
④ 온수순환펌프 설치

해설 온수순환펌프는 강제식 온수보일러에서 온수순환을 촉진시킨다.

152 보일러 내의 고온에 부딪혀 수산화마그네슘과 염산으로 분해되어 염산이 보일러판을 부식하는 물질은 어느 것인가?

① 중탄산칼슘　② 공기
③ 염화마그네슘　④ 동식물류

해설 ㉠ 염화마그네슘은 고온에 부딪혀 수산화마그네슘과 염산으로 분해되어 보일러 판을 부식시킨다.
$Cl_2 + H_2O \rightarrow HCl + HClO$
$2HCl + Fe \rightarrow FeCl_2 + H_2$
㉡ 물속에 염화마그네슘이 용해하고 있으면 180℃ 이상의 고온에서 기수분해가 되어 철을 부식시킨다.

153 클링커(Clinker)의 생성을 방지하는 대책이 아닌 것은?

① 재받이에 떨어진 넘친 석탄을 태우지 말 것
② 1차 공기의 온도를 낮게 보존할 것
③ 화층을 흐트러지게 하지 말 것
④ 반드시 재받이 문으로 통풍을 조절할 것

해설 클링커란 재가 녹아서 달라붙는 나쁜 현상이며 공기 댐퍼로 공기를 조절해야 클링커 생성을 방지하게 된다. 그러므로 ④는 잘못된 내용이다.

154 보일러를 비상정지시키기 위한 조치에 해당되지 않는 것은?

① 연료의 공급을 정지한다.
② 연소용 공기의 공급을 정지한다.
③ 수증기 밸브를 닫는다.
④ 댐퍼를 닫고 통풍을 막는다.

해설 비상정지 조치순서
㉠ 연료공급 차단
㉡ 연소용 공기정지
㉢ 수증기 밸브 차단
㉣ 수위유지 도모
㉤ 댐퍼는 개방시킨 채로 통풍을 시킨다.

155 다음 중 코킹(Cauking)을 하는 목적은?

① 기밀 유지
② 리벳 이음과 보강
③ 인장력 증가
④ 압축력 증가

해설 코킹
물체의 누설을 방지하기 위한 기밀 유지를 위해 사용한다.

156 기름을 저장한 장소에 상비하는 소화물질로서 가장 적절한 것은?

① 흙　② 물
③ 석회　④ 모래

해설 ㉠ 모래 : 만능 소화제(질식 소화)
㉡ 질식 소화기 : 포말 소화기, 분말 소화기, 할로겐화물 소화기, CO_2 소화기
㉢ 냉각소화기 : 산알칼리 소화기, 물 소화기

157 수면계에 수위가 나타나지 않는 원인으로 맞지 않는 것은?

① 수면계가 막혀 있을 때
② 포밍이 발생했을 때
③ 화력이 너무 강할 때
④ 수위가 너무 낮을 때

해설 수면계의 수위가 나타나지 않는 원인
㉠ 수면계가 막혀 있을 때
㉡ 포밍이 발생할 때
㉢ 수위가 너무 낮을 때

※ 위의 상태가 나타나면 보일러의 가동을 중지한다.

정답 151 ④　152 ③　153 ④　154 ④　155 ①　156 ④　157 ③

158 청소를 하기 위해 보일러를 냉각시킬 경우는 서서히 할 때도 있지만 부득이 급히 냉각시킬 때가 있다. 이때 어느 방법이 가장 좋은가?

① 안전밸브를 열어서 증기 취출을 하면서 급수한다.
② 물을 다량으로 급수한다.
③ 상용 수위를 유지하도록 급수하고 노에 부착되어 있는 댐퍼를 열어서 냉각시킨다.
④ 수증기 밸브를 열어서 보일러 내의 압력을 내린다.

해설 ㉠ 보일러를 부득이 급히 냉각시키려고 하여도 상용수위는 유지시켜야 한다.
㉡ 상용수위란 수면계에서 1/2의 높이, 즉 수면계의 중심선이다.

159 보일러 전열면의 오손을 방지하는 방법으로 옳지 않은 것은?

① 연료 중 회분의 융점을 강하한다.
② 황분이 적은 연료를 사용한다.
③ 내식성이 강한 재료를 사용한다.
④ 배기가스의 노점을 강하시킨다.

해설 전열면의 오손방지법
㉠ 바나듐 등 회분의 융점을 높여야 한다.
㉡ 황분이 적은 연료 사용
㉢ 내식성이 강한 재료 사용
㉣ 배기가스의 노점을 강하시킨다(황산가스의 노점을 내린다).
㉤ 회분의 융점을 상승시킨다.

160 석탄을 사용하는 보일러가 과열되었을 때 처리방법으로 가장 옳은 것은?

① 석탄에 급히 물을 뿌린다.
② 물기가 젖은 재로 불을 덮는다.
③ 재빨리 석탄을 끌어낸다.
④ 댐퍼를 급히 닫는다.

해설 석탄을 연료로 사용하는 보일러는 과열이 일어났을 때 젖은 재로 불을 덮는다. 물을 뿌려서는 안 된다.

161 보일러에 염류나 아세트산 용액을 사용했을 때의 조치사항으로 가장 적당한 것은?

① 청소 후 연료를 점화하여 급수하지 않고 보일러를 가열한다.
② 부식되지 않도록 보일러 내부에 기름칠을 한다.
③ 청소 후 중화시켜야 한다.
④ 보일러를 만수시켜 오랜 시간 보존한다.

해설 ㉠ 염산 등 보일러 청소 시에 약품을 사용한 후에는 약품의 제거를 위하여 중화시켜야 한다.
㉡ 약품 제거를 하지 않으면 부식이 생긴다.

162 보일러의 과열 소손방지 대책이 아닌 것은?

① 보일러 수위를 너무 낮게 하지 말 것
② 보일러수를 농축시킬 것
③ 보일러수의 순환을 좋게 할 것
④ 화염을 국부적으로 집중시키기 말 것

해설 보일러의 과열방지법
㉠ 보일러 수위를 너무 낮게 하지 말 것(안전수위 이하 방지)
㉡ 보일러수를 농축시키지 말 것
㉢ 보일러수의 순환을 좋게 할 것
㉣ 화염을 국부적으로 집중시킬지 말 것
㉤ 보일러수 속에 유지분을 제거할 것

163 보일러 안전밸브의 분출면적은 고압일수록 저압일 때보다 어떠해야 하는가?

① 지름이 작은 것을 쓴다.
② 넓어야 한다.
③ 일정하다.
④ 무관하다.

해설 안전밸브의 분출면적은 압력에 반비례(고압일수록 적은 것, 저압일수록 큰 것)하고 전열면에는 정비례한 크기로 한다.

정답 158 ③ 159 ① 160 ② 161 ③ 162 ② 163 ①

164 보일러수로 적당하지 못한 것은?

① 경도가 낮은 연수일 것
② 유지분이 없는 물일 것
③ 약산성 또는 중성인 물일 것
④ 가스류를 발산시킨 물일 것

해설 보일러수
㉠ 경도가 낮은 연수(단물)일 것
㉡ 유지분이 없는 물일 것
㉢ 가스류를 발산시켜 가스를 제거한 물일 것
㉣ 보일러수는 pH가 10.5~11.8 정도의 약알칼리일 것
㉤ 보일러수는 산성이나 중성은 사용하지 못한다.

165 압력용기에서 세로 방향의 응력은 원주 방향 응력의 약 몇 배인가?

① 0.5배   ② 1.0배
③ 2.0배   ④ 3.0배

해설 압력용기에서 세로 방향의 응력은 원주방향의 응력 약 2.0배이다.

166 보일러 급수 속의 불순물 중 그 농도가 높아지면 가성취화를 일으켜 크랙(Crack)의 원인이 되는 것은?

① 염류   ② 산분
③ 알칼리분   ④ 유지분

해설 알칼리분
급수 속의 불순물 중 pH가 12 이상인 강한 알칼리가 되어 머리카락(크랙) 같은 균열 부식을 일으킨다. 이것을 가성취화라 한다.

167 아세틸렌 가스의 압력이 몇 기압 이상이면 위험한가?

① 3기압   ② 1.5기압
③ 1기압   ④ 0.5기압

해설 아세틸렌 가스의 압력은 1.5기압 이상이 되면 위험하다.
(반응식) $C_2H_2 + 2.5O_2 \rightarrow 2CO_2 + H_2O$
$C_2H_2 \rightarrow C_2 + H_2 + 54.2kcal$ 분해폭발 1.5기압

168 증기와 수분이 분리되지 않고 수면에서 솟아오르는 현상을 무엇이라 하는가?

① 수격작용   ② 프라이밍
③ 캐리오버   ④ 포밍

해설 ㉠ 증기와 수분이 분리되지 않고 수면에서 솟아오르는 현상이 프라이밍(비수)이다.
㉡ 프라이밍이나 포밍이 일어나면 캐리오버(기수공발)가 일어난다.

169 보일러 관수 분출작업은 안전상 최소 몇 명이 하는 것이 좋은가?

① 1명   ② 2명
③ 3명   ④ 4명

해설 ㉠ 분출이란 보일러의 불순물을 외부로 배출하는 작업이며 항상 2명 이상이 한 조가 된다.
㉡ 분출관은 일반적으로 보일러 하부에 설치된다(수저분출에서).
㉢ 분출관은 내경이 25mm 이상이어야 한다.

170 보일러의 급수 처리방법이 아닌 것은?

① 화학적 처리   ② 물리적 처리
③ 전기적 처리   ④ 기계적 처리

해설 ㉠ 급수의 처리는 화학적 처리, 기계적 처리, 전기적 처리가 있다.
㉡ 기계적 처리는 보일러 세관이나 청소 작업 시에 행하는 처리방법이다. 물리적 처리방법은 급수처리 방법에는 해당되지 않는다.

171 기계 가동 중 갑자기 정전이 되었을 때의 조치로 틀린 것은?

① 즉시 전기 스위치를 차단한다.
② 비상 발전기가 있으면 가동준비를 한다.
③ 퓨즈를 검사한다.
④ 공작물과 공구는 원상태로 놓아둔다.

해설 기계 가동 중 갑자기 정전이 되면 공작물과 공구는 떼어 놓아야 한다.

172 안전사고 조사의 목적으로 가장 타당한 것은?

① 사고 관련자의 책임 규명을 위하여
② 불안한 상태, 행동의 발견으로 사고의 재발 방지를 위하여
③ 사고 관련자의 처벌을 정확하고 명확히 하기 위하여
④ 사고 종류, 재산, 인명 등의 피해 정도를 정확히 하기 위하여

해설 안전사고 조사의 목적은 ②에 포함된다.

173 다음은 액체연료 사용 시 불이 났을 때의 주의사항을 나열한 것이다. 틀린 것은?

① 물을 사용해서 끈다.
② 모래를 사용해서 끈다.
③ 소화기로 끈다.
④ 전원스위치를 차단시킨다.

해설 기름 연료의 사용 시에 화재가 나면 분말소화기나 포말소화기 등의 질식소화기가 사용이 편리하나 물은 냉각소화기이므로 좋지 않다.

174 수면계가 파손되었을 때는 어떻게 하는가?

① 물콕을 먼저 연다.
② 증기콕과 물콕을 동시에 닫는다.
③ 증기콕을 먼저 닫는다.
④ 드레인 콕(Drain Cock)을 먼저 닫는다.

해설 수면계가 파손되면 물콕 및 증기콕을 먼저 닫아야 한다(저수위 사고방지).

175 보일러수는 다음 중 어느 것이 가장 적합한가?

① 약알칼리   ② 강알칼리
③ 약산성   ④ 강산성

해설 ㉠ 보일러수는 약알칼리인 pH 10.5~11.8이다.
㉡ pH가 13이면 가성취화(강알칼리에 의해)가 일어난다.

176 보일러의 관에 부식을 일으키는 것은?

① 급수 중의 탄산칼슘
② 급수 중에 포함된 공기나 기체
③ 급수 중의 황산칼슘
④ 급수 중의 인산

해설 보일러의 관에 부식을 일으키는 것은 급수 중에 포함된 산소, CO_2 등의 기체와 공기가 주된 원인이다.

177 보일러 파열사고원인 중 보일러 취급과 관계 있는 것은?

① 이상감수와 저수위 사고
② 재료불량
③ 구조불량
④ 공작불량

해설 ㉠ 급수불량, 압력 초과, 이상감수 등의 사고는 보일러 취급과 관계있다.
㉡ ②, ③, ④는 제작상의 사고와 관계있다.

178 부식의 원인과 가장 관계가 없는 것은?

① 급수 속에 유지, 산류, 탄산가스 등을 포함하는 경우
② 강재 속에 포함된 유황이나 인이 온도상승과 더불어 산화되어 녹을 발생하는 경우
③ 보일러 관의 표면에 녹이 슬어서 국부적으로 전위차가 생겨 전류가 흐르는 경우
④ 보일러 청정제의 사용이 부적당한 경우

해설 ㉠ 보일러 부식의 원인은 ①, ②, ③이며 강재 속에 포함된 유황이나 인은 온도 상승 시 산을 만들고 적열취성이 일어난다. 그리고 부식시키게 된다.
㉡ 보일러 청정제의 사용이 부적당할 경우에는 스케일의 퇴적 원인이 된다.

179 연도에서 폭발이 있었다면 그 원인을 조사하기 위해서 제일 먼저 할 일은?

① 송풍기 가동 중지   ② 버너 작동 중지
③ 증기 출구 차단   ④ 급수 중단

정답 172 ② 173 ① 174 ② 175 ① 176 ② 177 ① 178 ④ 179 ②

해설) 연도에서 가스 폭발이 일어나면 제일 버너 작동 중지로 먼저 연료 공급을 중지하여야 한다.

180 다음 중 보일러의 증기발생 중에 주의해야 할 사항이 아닌 것은?

① 안전저수위 이하로 되지 않도록 주의할 것
② 증기압력이 일정하도록 연료를 공급할 것
③ 과잉 공기는 되도록 적게 하여 완전연소하도록 댐퍼를 조절할 것
④ 댐퍼를 조절하여 농도가 4도 이하가 유지되도록 할 것

해설) ㉠ 댐퍼를 조절하여 매연의 농도가 2도(40%) 이하로 유지되도록 하여야 한다.
㉡ 매연농도가 4도이면 매연농도가 80%가 된다(매연이 너무 많다).
㉢ 링겔만 매연농도계는 0도에서 5도까지 있다(6단계 분류).
※ 매연 1도당 매연이 20%이다.
※ ①, ②, ③은 증기발생 중 주의해야 할 사항이다.

181 안전밸브가 작동하지 않는 경우가 아닌 것은?

① 스프링의 지나친 조임이나 하중이 과대한 경우
② 밸브시트 구경과 밸브로드와의 사이 간격이 좁아 열팽창 등에 의하여 밸브로드가 밀착한 경우
③ 밸브시트의 구경과 밸브로드와의 사이의 간격이 커서 밸브로드가 풀어져 고착된 경우
④ 밸브와 밸브시트의 마찰이 나쁜 경우

해설) 안전밸브가 작동하지 않는 경우는 ①, ②, ④이며, ③은 안전밸브의 작동 불능과는 무관하다.

182 원통형 보일러수의 pH는 얼마로 유지하는 것이 좋은가?

① 4.5~8.5   ② 5.5~7
③ 8.5~9.0   ④ 11.0~11.8

해설) 원통형 보일러 급수의 pH는 8.5~9.0이 좋고 보일러수의 pH는 11.0~11.8이 좋다.

183 인간 또는 기계의 과오나 동작상의 실패가 있어도 안전사고를 발생시키지 않도록 2중 또는 3중으로 통제를 가하는 것은?

① 올 세이프(All Safe)
② 더블 세이프(Double Safe)
③ 컨트롤 세이프(Control Safe)
④ 폴 세이프(Fall Safe)

해설) ㉠ Fall(폴) : 쓰러지다, 넘어지다, 자해, 실각
㉡ 세이프(Safe) : 안전한, 무사한, 위험성이 없는
㉢ 올(All) : 모든, 전부, 있는 대로
㉣ 컨트롤(Control) : 지배, 관리통제, 단속, 감독
㉤ 더블(Double) : 두 곱, 갑절, 2배 복식

184 중유 연소 시 역화의 원인과 가장 거리가 먼 것은?

① 무화가 불량하고 관통력이 클 때
② 통풍이 나쁠 때
③ 기름에 수분, 공기 등이 포함되었을 때
④ 노 내에 미연소 가스가 충만되어 있을 때

해설) 역화의 원인
㉠ 무화가 불량할 때
㉡ 통풍이 나쁠 때
㉢ 기름에 수분공기 등이 포함되었을 때
㉣ 노 내에 미연 가스가 충만되어 있을 때 점화하는 경우
㉤ 흡입 통풍이 약할 때
※ 역화란 불길이 화구 앞으로 나오는 나쁜 현상이다.

185 엔진을 고속으로 운전하려 하여도 정상적으로 되지 않을 때가 있다. 다음의 원인 중 관계가 가장 적은 것은?

① 연료 분사량의 증가
② 분사밸브의 불량
③ 연료 여과장치 기능의 비정상
④ 연료 속에 공기의 유입

해설) 엔진이 정상적으로 되지 않는 사항은 ②, ③, ④이며, ①은 정상 운전과 관계가 된다.

186 보일러의 가동순서를 설명한 것이다. 가장 적합한 것은?

① 블로 가동 – 배기밸브 장치 – 버너 점화 – 보일러 급수 – 증기밸브를 연다.
② 보일러 급수 – 블로 가동 – 버너 점화 – 댐퍼조절 – 증기밸브를 연다.
③ 증기밸브를 연다. – 블로 가동 – 보일러 급수 – 버너 점화 – 배기밸브 장치
④ 배기밸브를 정지 – 블로 가동 – 보일러 급수 – 버너 점화 – 증기밸브를 연다.

해설 ㉠ ②는 보일러 가동순서이다.
㉡ 블로 : 보일러 하부 찌꺼기(슬러지)의 분출

187 보일러를 청소하기 위해 연도 내에 들어가는 경우 조치사항으로 맞지 않는 것은?

① 보일러의 연도가 다른 보일러와 연락하고 있는 경우에는 댐퍼를 열고 연소가스의 역류를 방지한다.
② 통풍을 충분히 하기 위하여 댐퍼는 적당하게 열어 놓는다.
③ 연도 내에 사람이 들어가 있는 사실을 알리는 표시를 한다.
④ 높은 곳의 배플 등에 고여 있는 뜨거운 재의 낙하에 의한 화상이 없도록 조치한다.

해설 ㉠ 보일러의 연도가 다른 보일러와 연락하고 있는 경우에는 댐퍼를 닫고 연소 가스의 역류를 방지하여야 한다. 댐퍼를 열면 역류가 방지되지 않는다.
㉡ 연도 내에 들어가서 청소를 하려면, ②, ③, ④를 철저히 지킨다.

188 다음 사항 중 틀린 것은?

① 보일러실의 비상구는 실내에서 쉽게 열리도록 한다.
② 보일러실에는 항상 예비광원을 비치한다.
③ 예비 급수장치에는 소화호수의 결합이 불가능하게 설비한다.
④ 보일러에 이르는 통로는 방해가 없도록 한다.

해설 예비 급수장치에는 소화 호스의 결합이 가능하게 설비하여야 한다.

189 보일러 휴지 시 건조보존법으로 기체를 넣어 봉입하는 경우 어떤 기체를 사용하는가?

① 이산화탄소
② 질소
③ 아황산가스
④ 메탄가스

해설 질소봉입 보일러 보존법
순도 99.5%의 질소가스를 $0.6kg/cm^2$ 정도로 가압봉입하여 공기와 치환하는 건조보존법으로서 대용량 보일러에 사용이 가능하다.

190 화기 전 이물질의 일반적 주의사항에 포함되지 않는 것은?

① 폭발성이나 발화성의 인화물질은 직사광선 쪽에 저장한다.
② 발화되는 물질 등을 혼합해서는 안 된다.
③ 독립된 내화 또는 준내화 구조로 한다.
④ 환기, 채광, 조명이 충분할 것

해설 폭발성이나 발화성의 인화물질은 직사광선을 피하여 통풍이 잘되고 그늘진 곳에 저장한다.

191 강철제 또는 주철제 증기 보일러에 안전밸브가 1개 설치된 경우 밸브 작동 시험 시 분출(작동) 압력은?

① 상용압력 이하
② 최저사용압력 이상
③ 최고사용압력 이하
④ 최고사용압력이 1.03배 이하

해설 보일러에서 안전밸브가 1개 설치된 경우는 최고사용압력 이하에서 작동되도록 조절한다.

192 보일러 보수와 검사에 관한 안전사항을 열거하였다. 맞지 않는 것은?

① 급수의 질(質)이 나쁘면 스케일이 발생한다.
② 브러시, 스크레이퍼, 해머 또는 수관클리너를 사용해서 청소한다.
③ 맨홀이 작은 보일러의 청소는 용액을 사용함이 효과적이다.
④ 보일러를 새로 제작 시에만 반드시 수압시험을 할 필요가 있다.

해설 보일러를 새로 제작 시에만 수압시험을 할 필요가 있는 것이 아니고 휴지하였다가 재가동 시에도 수압시험을 하고 계속 사용 안전검사 시에도 수압시험을 실시한다. ①, ②, ③은 안전사항이다.

193 이상감수가 되는 원인으로 맞지 않는 것은?

① 급수펌프 흡입관에 여과기를 설치하였을 경우
② 수면계의 물연락관이 막혀 수위를 오인하였을 경우
③ 분출변에 누수가 생길 경우
④ 급수내관에 스케일이 쌓여 급수가 되지 않는다든지 불량할 경우

해설 ㉠ ②, ③, ④는 이상감수(안전저수위 이하)의 원인에 속한다.
㉡ 여과기(스트레이너)의 설치는 불순물 제거에 사용된다.

194 보일러 동체의 리벳에 코킹하는 목적은?

① 연소가스의 누설을 막기 위해서
② 리벳 조인트의 기밀도를 유지하기 위하여
③ 리벳 조인트의 파손을 막기 위하여
④ 포화증기의 누설을 막기 위하여

해설 코킹의 목적
㉠ 리벳 조인트의 기밀도를 유지
㉡ 물체의 누설방지

195 몸 전체에 어느 정도 화상을 입으면 생명이 위험한가?

① $\frac{1}{12}$ ② $\frac{1}{9}$
③ $\frac{1}{6}$ ④ $\frac{1}{3}$

해설 몸 전체에 $\frac{1}{3}$ 정도 이상의 화상을 입으면 생명이 위독하다(30% 이상).

196 증기발생 중의 주의사항에 해당되지 않는 것은?

① 안전저수위 이하로 되지 않도록 한다.
② 수면은 너무 높아져도 안 된다.
③ 압력이 일정하게 되도록 연료를 공급한다.
④ 연소용 공기는 되도록 많게 하여 완전연소를 한다.

해설 ㉠ ①, ②, ③의 설명은 증기발생 중 주의사항이다.
㉡ 과잉공기는 되도록 적게 하여 완전연소시키는 것이 유리하다.

197 안전업무의 중요성으로 맞지 않는 것은?

① 기업경영에 기여함이 크다.
② 생산능률 향상
③ 경비절약 기대
④ 근로자의 작업능률 지연

해설 ㉠ 안전업무를 하게 하면 근로자의 작업능률이 증가하며 지연되지는 않는다.
㉡ ①, ②, ③은 안전업무의 중요성이다.

198 다음 중 겨울철에 동파를 방지하기 위해 사용하는 부동액으로 가장 좋은 것은?

① 글리세린 ② 에틸알코올
③ 에틸렌글리콜 ④ 메탄올

해설 ㉠ 에틸렌글리콜 : 겨울철 부동액으로 사용한다(독성이 있다).
㉡ 글리세린은 제3석유로서 단맛이 있고 $C_3H_5(OH)_3$이다.

정답 192 ④ 193 ① 194 ② 195 ④ 196 ④ 197 ④ 198 ③

ⓒ 메탄올(CH_3OH)은 알코올류($R \cdot OH$)이며 독성이 있다.
ⓓ 에틸알코올(C_2H_5OH 100%) → 인화점 12.8℃

199 보일러 연소실 내의 가스 폭발을 일으킨 원인으로 가장 적합한 것은?

① 프리퍼지 부족으로 미연소가스가 충만되어 있다.
② 2차 댐퍼가 열려 있다.
③ 연소용 공기를 다량 주입하였다.
④ 연료공급장치의 결함으로 연료의 공급이 원활하지 못하였다.

해설 프리퍼지(연소실 내에 환기작업)가 불충분하면 미연소가스가 가득 차서 점화 시 가스폭발이나 역화(백파이어)가 발생한다.

200 일반적으로 보일러는 3~6개월에 1회 정도 내부 점검을 겸한 청소를 하여 안전운전을 하게 되는데 필요한 공구가 아닌 것은?

① 익스팬더
② 스크레이퍼
③ 와이어 브러시
④ 튜브 클리너

해설 ⓐ ②, ③, ④는 내부 점검 청소를 위한 공구이다.
ⓑ 익스팬더는 동관의 확관기이다.

201 기름 연소 보일러의 수동 점화 시 5초 이내에 점화되지 않으면 어떻게 하는가?

① 연료밸브를 더 많이 열어 연료공급을 증가시킨다.
② 연료분무용 증기 및 공기를 더 많이 분사시킨다.
③ 불씨를 제거하고 처음 단계부터 재점화 조작한다.
④ 점화봉은 그대로 두고 프리퍼지를 행한다.

해설 기름 연소의 수동 점화 시 5초 이내에 점화되지 않으면 불씨를 제거하고 처음 단계부터 재점화 조작한다.

202 보일러가 부식되는 원인이 아닌 것은?

① 급수처리가 부적당했을 때
② 더러운 물을 사용했을 때
③ 증기 발생이 많았을 때
④ 급수에 불순물이 포함되었을 때

해설 보일러의 부식원인
ⓐ 급수처리가 부적당했을 때
ⓑ 더러운 물을 사용하였을 때
ⓒ 급수에 불순물이 포함되었을 때
ⓓ 분출을 제때 하지 않았을 때

203 인화액 증발과 점화 폭발방지에 대한 안전사항 중 맞지 않는 것은?

① 온도의 상승을 미연에 방지할 것
② 정전기의 스파크 전구장치를 설치할 것
③ 인화액 저장탱크는 공인된 것일 것
④ 공구사용은 불꽃이 나지 않게 할 것

해설 인화점이 낮은 기름 종류 등을 사용할 때는 ①, ③, ④의 사항을 주의하여야 하며 ②의 정전기 스파크 전구장치를 설치하게 되면 위험하므로 잘못된 내용이 된다.

204 다음 중 장갑을 착용할 수 있는 경우는?

① 가스용접 작업 ② 기계가공 작업
③ 해머작업 ④ 기계톱 작업

해설 가스용접 작업 시에는 장갑을 착용할 수 있다. ②, ③, ④의 작업 시에는 장갑착용이 금지된다.

205 다음 중 작업장에서 착용해서는 안 되는 것은?

① 작업모 ② 넥타이
③ 작업화 ④ 작업복

해설 작업장에서 넥타이는 착용하여서는 아니 된다.

206 프라이밍과 포밍의 원인이 아닌 것은?

① 증기 부하가 과대한 경우
② 증기 정지밸브를 급히 여는 경우
③ 저수위인 경우
④ 보일러수가 농축된 경우

해설 ㉠ ①, ②, ④는 프라이밍(비수)과 포밍(물거품)의 원인이 된다. 그러나 ③의 저수위 사고는 보일러의 과열사고의 원인에 해당된다.
㉡ 프라이밍이나 포밍이 일어나면 증기밸브를 닫고 수위의 안정을 기다리며 연소량을 가볍게 하고 수질의 분석이 필요하다.

207 보일러 점화 직전에 행해야 할 조치와 무관한 것은?

① 수면계 및 수위 점검
② 압력계 및 콕 핸들 점검
③ 보일러수 pH 적정 여부 점검
④ 보일러 연도 내 미연가스 유무 점검

해설 ㉠ 보일러수의 pH 적정 여부의 점검은 연간 1~2회 정도이며 점화 전에는 하지 않는 내용이다.
㉡ pH가 7 이하이면 물이 산성이라서 부식이 초래되고 pH가 7 이상이면 물이 알칼리이다.
㉢ ①, ②, ④는 보일러 점화 직전에 실시한다.

208 보일러 청소를 할 경우 보일러에 들어가기 전의 주의사항으로 잘못된 것은?

① 사용 중인 보일러와의 차단
② 충분한 환기
③ 웃옷을 벗고 들어간다.
④ 안전등의 사용

해설 보일러에 들어가기 전의 주의사항은 작업복을 입고, 사용 중인 보일러와 차단하며 충분한 환기가 필요하고 안전 가이드가 붙은 안전등을 들고 작업한다.

209 다음 중 장갑사용 금지작업이 아닌 것은?

① 그라인더 작업   ② 선반작업
③ 해머작업   ④ 중량물 운반작업

해설 ㉠ 그라인더 작업 시에는 장갑의 착용이 허용되지 않는다.
㉡ 해머작업, 선반작업 등의 위험한 작업 시에도 장갑 사용이 금지된다.
㉢ 중량물 운반 작업 시는 장갑 사용이 허용되나 기름장갑은 금지된다.

210 보일러의 내부를 화학 청정할 때 인히비터를 사용하는 이유는?

① 스케일의 용해 속도 촉진
② 스케일의 부착 방지
③ 보일러 용수의 연화
④ 보일러 강판의 부식 억제

해설 보일러 화학 세관 시에 염산 등을 사용하면 염산이 보일러 강판을 부식시키게 되므로 인히비터를 부식 억제제로 사용한다.

211 보일러 사고의 원인 중 취급상의 원인이 아닌 것은?

① 부속기기 설비의 미비
② 압력초과
③ 미연소 가스 폭발 사고
④ 부속 및 과열

해설 ㉠ 보일러 취급상의 사고 원인
• 압력초과 사고
• 미연소 가스 폭발 사고
• 부식 및 과열
• 저수위 사고
• 부속기기의 정비불량
㉡ 부속기기의 설비 미비로 사고가 나면 이것은 시공상의 사고원인이다.

212 보일러 내에서 물속의 용존산소를 처리하는 목적으로 사용되는 약품은?

① 마그네슘   ② 아황산나트륨
③ 인산나트륨   ④ 전분

해설 ㉠ 용존산소 처리제(탈산청소) 약품
• 아황산소다(아황산나트륨)
• 히드라진(고압 보일러용)
• 탄닌
㉡ 탈산청소 방법
• 탈기법(물리적 방법)
• 화학적 방법(약품 첨가)
㉢ 아황산나트륨의 반응과 히드라진의 반응
• $2NaSO_3 + O_2 \rightarrow 2Na_2SO_4$
• $N_2H_4 + O_2 \rightarrow N_2 + 2H_2O$

정답 207 ③ 208 ③ 209 ④ 210 ④ 211 ① 212 ②

213 최고사용압력 12kg/cm², 용량 25ton/h 보일러에 총 경도 6ppm의 급수를 시간당 23ton/h씩 공급한다. 일일 보일러에 공급되는 총 경도 성분은 얼마인가?

① 300,000g/일 ② 138g/일
③ 3,312g/일 ④ 3,450g/일

해설 1도란 물 1m³(톤) 속에 $CaCO_3$ 1g의 함량

∴ 23톤 × 1,000kg × 1,000g × $\dfrac{6}{1,000,000}$ × 24시간

= 3,312g/일

※ 1ppm : $\dfrac{1}{100만}$

214 보일러 가동 중 수면계가 파손되었을 때 수면계에 연결된 콕을 잠가야 하는데 어느 콕을 가장 먼저 잠가야 하는가?

① 증기콕 ② 드레인콕
③ 물콕 ④ 순서가 없다.

해설 수면계 파손 시는 증기콕, 물콕을 잠가야 하나 저수위 사고를 방지하기 위하여 물콕을 먼저 잠가야 한다.

수면계 취급상의 주의사항과 시험 시기
㉠ 취급상의 주의사항
- 수면계는 항상 2조의 수면계 수위가 일치하는가 관찰한다.
- 수면계의 시험을 매일 1회 이상 실시한다.
- 수면계의 시험시기
  - 내부에 압력이 존재할 때 : 점화 전
  - 내부에 압력이 없을 때 : 증기가 발생할 때
- 수면계를 수주관에 장치할 때는 수주관의 하부에 취출관을 설치한다.
- 수주관과 본체와의 수주 연락관은 관 내의 침전물이 생기기 쉬우므로 엘보를 쓰지 않고 티(T)이음으로 한다.
- 수면계의 콕은 빠지기 쉬우므로 일정한 기간마다 분해 정비한다.
- 차압식의 원방 수면계는 도중에 누설이 있으면 오차가 심하기 때문에 누설을 방지하도록 한다.

㉡ 수면계 유리관의 파손원인
- 상하 콕의 중심선이 일치하지 않은 경우
- 상하 수면계 부착에 무리한 힘을 가한 경우
- 유리에 충격이나 급열, 급랭이 반복될 경우
- 보일러수 알칼리의 영향을 받아 현저하게 마모되어 있을 경우
- 동절에 장기간 휴지하여 동파되는 경우

㉢ 수면계의 시험시기
- 보일러를 운전하기 전
- 보일러에서 압력이 올라가기 시작할 때
- 두 조의 수면계의 수위가 차이 날 때
- 수위의 움직임이 둔하고 지시치에 의심이 갈 때
- 유리관의 교체 시에
- 프라이밍, 포밍이 발생할 때

㉣ 수면계의 기능 점검
- 증기콕과 물콕을 닫는다.
- 드레인 콕을 열고 유리관 내의 물을 배출한다.
- 증기콕을 열어서 증기가 분출하는가 확인한다.
- 증기콕을 닫고 물콕을 열어 물이 취출하는가 확인한다.
- 드레인 콕을 닫고 증기콕을 열어(이때 물콕은 열려 있어야 한다) 정상적으로 점검을 마친다.

215 다음은 보일러 속에 들어갈 때의 주의사항을 열거한 것이다. 잘못된 것은?

① 내부의 환기를 충분히 한다.
② 입구에 감시인을 둔다.
③ 피부의 노출을 피한다.
④ 조명용 전등에는 거더(Girder)를 붙이지 않는다.

해설 보일러 속에 들어갈 때의 주의사항
㉠ 내부의 환기를 충분히 한다.
㉡ 입구에 감시인을 둔다.
㉢ 피부의 노출을 피한다.
㉣ 조명용 전등에는 거더를 붙인다.

216 그루빙에 대한 설명으로 올바른 것은?

① 브리딩 스페이스가 작을 경우에 생기는 부식
② 보일러관의 외부에 일어나는 부식
③ 유지분이 많은 경우 생기는 부식
④ 연관 표면에 생기는 부식

해설 그루빙(구식)이란 브리딩 스페이스(노통의 신축 호흡 거리)가 적을 경우에 생기는 부식이다.

정답 213 ③ 214 ③ 215 ④ 216 ①

217 보일러 운전 중 수시로 점검하지 않아도 되는 것은?

① 화염상태　　② 보일러 수위
③ 증기압력　　④ 화염검출기

[해설] 보일러 수시점검
㉠ 화염상태(화염검출기는 15일)
㉡ 보일러의 수위
㉢ 증기압력
㉣ 온도

218 매연발생의 원인이 아닌 것은?

① 공기량이 부족한 경우
② 수소(H) 성분이 많은 경우
③ 통풍력이 부족한 경우
④ 연료에 수분이 많이 포함된 경우

[해설] ㉠ 매연의 종류
- 황화물 : SO_2, SO_3 등의 황산화물(SOx)
- 질화물 : NO, NO_2 등의 질소산화물(NOx)
- 일산화탄소(CO)
- 그을음과 분진 등

㉡ 매연 발생의 원인
- 통풍력이 부족한 경우 및 공기량이 부족한 경우
- 통풍력이 너무 지나친 경우
- 무리하게 연소한 경우
- 연소실의 용적이 작은 경우
- 연료의 질이 좋지 않을 때
- 연소실의 온도가 낮을 때
- 연료와 연소장치가 맞지 않을 때
- 기름의 압력과 기름의 예열온도가 부적당한 경우
- 취급자의 기술이 미숙할 경우

㉢ 매연의 발생 방지대책
- 통풍력을 알맞게 조절한다.
- 무리한 연소를 하지 않는다.
- 집진장치를 설치한다.
- 연료의 질이 좋은 연료를 연소시킨다.
- 연소실과 연소장치를 개선한다.
- 연소기술을 향상시킨다.
- 연료 속의 유황분을 전처리한 후 연소시킨다.
- 연소실의 온도를 알맞게 유지할 것

219 보일러의 분출을 행하는 시기를 열거하였다. 잘못된 것은?

① 불순물이 완전히 침전되었을 때 행한다.
② 불 때기 직전에 행한다.
③ 야간에 쉬는 보일러는 아침조업 직전에 행한다.
④ 연속 사용되는 보일러는 부하가 가장 클 때 행한다.

[해설] ㉠ 보일러 분출시기
- 연속 보일러는 부하가 가장 적을 때
- 보일러 가동하기 전(불 때기 직전)
- 프라이밍, 포밍이 발생할 때
- 보일러수가 농축되었을 때
- 보일러의 고수위 운전 중에
- 세관작업으로 인하여 폐액을 배출할 때
- 불순물이 침전하는 아침조업 직전에

㉡ 분출장치의 설치목적
- 보일러의 농축을 방지한다.
- 전열면에 스케일 생성을 방지한다.
- 관수의 순환을 좋게 한다.
- 가성취화를 방지한다(pH 조절도 겸한다).
- 프라이밍이나 포밍의 생성을 방지한다.
- 보일러 고수위 운전을 방지한다.

㉢ 분출할 때의 주의사항
- 분출작업은 반드시 2명 이상이 한다.
- 동시에 여러 대의 보일러 분출을 하여서는 안 된다.
- 분출이 끝나면 분출밸브나 콕이 확실하게 닫혀 있나 확인한다.
- 분출관의 끝이 보이게 설치하면 더욱 좋다.

220 보일러 운전 중 수면계의 수위가 보이지 않을 경우 응급조치 사항은?

① 안전밸브 개방
② 보일러 운전 즉시 중단
③ 다른 급수 펌프 가동
④ 수면계 점검

[해설] 보일러 가동 중 수면계의 수위가 보이지 않을 경우는 저수위 사고를 뜻하기 때문에 응급조치로 신속히 연료 공급을 차단하여야 한다.

정답　217 ④　218 ②　219 ④　220 ②

221 다음 보일러 부대설비 중에서 연소가스의 저온 부식과 관계가 있는 것은?

① 재열기　　　② 과열기
③ 공기예열기　　④ 재생기

해설
㉠ 저온부식
　$S + O_2 \rightarrow SO_2$(아황산가스)
　$SO_2 + \frac{1}{2}O_2 \rightarrow SO_3$(무수황산)
　$SO_3 + H_2O \rightarrow H_2SO_4$(진한 황산)
㉡ 저온부식 발생처 : 절탄기, 공기예열기
㉢ 고온부식 발생처 : 과열기, 재열기
㉣ 저온부식 방지법
　• 연료 중의 황분(S)를 제거한다.
　• 저온의 전열면 표면에 내식재료를 사용한다.
　• 저온의 전열면에 보호피막을 씌운다.
　• 배기가스의 농도를 노점온도 이상으로 유지시킨다.
　• 배기가스 중의 CO_2 함량을 높여서 황산가스의 노점을 강하시킨다.
　• 과잉공기를 적게 하여 배기가스 중의 산소를 감소시켜 아황산가스(SO_2)의 산화를 방지한다.
　• 연료에 첨가제를 사용하여 노점온도를 낮춘다(돌로마이트, 암모니아, 아연 등을 사용).

222 보일러 용수를 분출시킬 때 주의할 사항으로 옳지 못한 것은?

① 밸브 및 콕이 나란히 설치되어 있을 때는 콕을 먼저 연다.
② 밸브 및 콕이 다 같이 설치되어 있을 때는 밸브를 먼저 닫는다.
③ 분출밸브나 콕은 서서히 열어야 한다.
④ 안전수위 이하까지 분출해서는 안 된다.

해설 보일러 용수를 분출시킬 때 주의사항은 ①, ②, ④가 지켜져야 한다. 밸브나 콕은 신속히 연다.

223 보일러의 운전 중 수위로 가장 적합한 것은?

① 수면계 길이 $\frac{1}{3}$ 이하로 유지한다.
② 수면계 길이 $\frac{1}{2}$ 정도로 일정하게 유지한다.
③ 수면계 상하로 크게 움직인다.
④ 고수위를 유지한다.

해설
㉠ 보일러 운전 중 수위 높이 : 수면계 전 길이의 $\frac{1}{2} \sim \frac{2}{3}$ 정도이다.
㉡ 수면계의 종류
　• 구형 수면계 : $10kg/cm^2$ 이하 사용
　• 평형 방사식 수면계 : $25kg/cm^2$ 이하 사용
　• 평형 투시식 수면계 : $45 \sim 75kg/mm$ 이하 사용
　• 멀티 포트식 수면계 : $210kg/cm^2$ 이하 사용

224 보일러 연소실의 가스 폭발방지를 위한 방폭문 설치위치로서 적당치 않은 것은?

① 연소실 후부 위쪽
② 폭발로 열렸을 때 인명 피해가 안 되는 위치
③ 폭발로 열렸을 때 화재 위험이 없는 곳
④ 보일러 연소가스출구

해설 방폭문의 설치위치
㉠ 폭발로 열렸을 때 인명 피해가 없는 위치
㉡ 폭발로 열렸을 때 화재 위험이 없는 곳
㉢ 보일러 연소가스 출구

225 보일러를 점화하기 전에 열어 놓아서는 안 되는 밸브는?

① 수면계 연결관 밸브
② 공기빼기 밸브
③ 분출밸브
④ 급수밸브

해설
㉠ 보일러를 점화하기 전에 열어 놓아서는 안 되는 밸브는 분출밸브(25mm 이상)이다.
㉡ 전열면적 $10m^2$ 이하에서는 20mm 이상도 무방하다.
㉢ 최고 사용압력이 $7kg/cm^2$ 이상의 보일러에는 분출밸브 2개나 또는 분출밸브와 분출콕을 직렬로 갖춘다.
㉣ 주철제 분출밸브는 최고 압력 $13kg/cm^2$ 이하에 사용한다.
㉤ 흑심가단 주철제는 $19kg/cm^2$ 이하에 사용한다.

226 가성취화의 설명 중 틀린 것은?

① 알칼리도가 낮아져서 생기는 현상이다.
② Na, H 등이 강재의 결정입계에 침입한다.
③ 물리적, 화학적으로 양호한 철판에도 생길 수 있다.
④ 보일러 판의 늘어남은 없다.

해설 ㉠ ②, ③, ④의 내용은 가성취화의 장해이다.
㉡ 가성취화란, 보일러판의 국부 리벳 연결부 등이 농알칼리 용액의 작용에 의하여 취화균열을 발생하는 일종의 부식형태이며 철강조직의 입자 사이가 부식되어 취약하게 되고 결정입자의 경계에 따라 균열이 생긴다.
㉢ 가성취화 억제제 : 질산나트륨, 인산나트륨, 탄닌, 리그린 등 사용

227 보일러 파열 사고원인 중 구조물의 강도 부족에 의한 원인이 아닌 것은?

① 용접 불량
② 재료 불량
③ 동체의 구조 불량
④ 용수관리 불량

해설 ㉠ 강도 부족에 의한 파열 사고 원인
• 용접 불량
• 재료 불량
• 동체의 구조 불량
㉡ 용수관리 불량에 의한 파열 사고는 취급 부족에 의한 파열 사고

228 다음 사항 중 인젝터의 기능 저하를 가져올 수 있는 것은?

① 수면계가 고장이 나서 보일러의 물이 저하될 때
② 급수온도가 55℃ 이상 높을 때
③ 급수처리를 하지 않았을 때
④ 증기가 너무 건조할 때

해설 인젝터의 기능 저하
㉠ 급수온도 55℃ 이상
㉡ 습증기가 너무 많을 때
㉢ 증기압력이 0.2MPa 이하일 때

229 유리수면계의 유리관이 파손된 원인을 기술한 것으로서 틀린 것은?

① 유리관의 온도가 급격히 변화하기 때문이다.
② 유리관 내부에 물때가 부착되었기 때문이다.
③ 상하 콕의 중심선이 일치하지 못했기 때문이다.
④ 상하 콕의 너트(Nut)를 지나치게 조였기 때문이다.

해설 ㉠ 유리관의 내부에 스케일의 부착은 유리 수면계의 파손에는 별다른 영향을 주지 못한다.
㉡ ①, ③, ④의 내용은 유리 수면계의 파손의 원인이 된다.

230 기름을 때는 보일러에서 가스 폭발이 생기기 쉬운 이유로 틀린 것은?

① 배가스 온도가 너무 높다.
② 프리퍼지가 불충분하다.
③ 포스트퍼지가 불충분하다.
④ 다른 곳에서 기름이 흘러들어 갔다.

해설 가스폭발의 원인
㉠ 프리퍼지 및 포스트퍼지의 불충분
㉡ 다른 곳의 기름이 노 내에 흘러들어 갔다.
㉢ 연소용 공기량의 부족
㉣ 노 내의 온도 저하 및 불완전연소
㉤ 점화 시 착화가 늦을 경우
㉥ 노 내 미연가스의 충만

231 중유 연소장치에서 역화가 생기는 원인이 아닌 것은?

① 유압의 급격한 변동
② 통풍압의 급격한 변동
③ 연소실 온도가 너무 높을 때
④ 공기보다 먼저 연료를 공급할 때

해설 역화의 원인
㉠ 유압의 규격한 변동
㉡ 통풍압의 급격한 변동
㉢ 공기보다 먼저 연료를 공급할 때

정답 226 ① 227 ④ 228 ② 229 ② 230 ① 231 ③

232 수질(水質)에서 칼슘 경도 1ppm을 옳게 정의한 것은?

① 물 1L 속에 CaO이 1mg 포함된 것
② 물 1L 속에 $CaCO_3$이 1g 포함된 것
③ 물 1L 속에 Ca+Mg이 1g 포함된 것
④ 물 $1m^3$ 속에 $CaCO_3$이 1g 포함된 것

해설 ㉠ 칼슘 경도 1ppm : 물 1L 속에 CaO 1mg이 포함된 것
㉡ 우리나라는 $CaCO_3$를 ppm으로 표시한 ppm 경도를 사용한다.
㉢ 독일 경도 : 물 100cc당 CaO(산화칼슘) 1mg 함유 시 1°dH로 표시한다.
㉣ $CaCO_3$ ppm : 수중의 칼슘 이온과 마그네슘 이온의 농도를 $CaCO_3$ 농도로 환산하여 ppm 단위로 표시한다.

233 보일러의 수압시험을 하는 주된 목적은?

① 제한압력을 결정하기 위해
② 열효율을 측정하기 위해
③ 균열의 여부를 알기 위해
④ 설계의 양부를 알기 위해

해설 보일러 수압시험 목적
누수나 균열의 여부를 알기 위해

234 수면선에 따라서 생기는 얕은 패임의 띠 모양의 부식을 무엇이라고 하는가?

① 네킹(Necking)
② 그루빙(Grooving)
③ 피팅(Pitting)
④ 기포점식

해설 ① 네킹 : 다관식 보일러 등의 연관, 관지주와 봉지주가 물에 접촉하는 부분 전주에 걸쳐 생기는 윤상 부식
② 그루빙(구상 부식) : 수면선에 따라서 생기는 얕은 패임의 대상 부식
③ 피팅(점식)
 • 곰보 모양의 패임이 사방에 흩어져 있다.
 • 경질 부스럼 점식 : 깊으나 국부적인 패임이다.
 • 연질 부스럼 점식 : 폭은 있으나 얕은 패임이다.

235 다음은 가스폭발을 방지하는 방법이다. 해당하지 않는 것은?

① 점화 전에 노 내를 환기시킨다.
② 점화 시에 공기공급을 먼저 한다.
③ 연료공급을 감소시킬 때 공기공급을 줄이고 연료공급을 감소시킨다.
④ 연소 중 불이 꺼졌을 경우 노 내를 환기한 후 재점화한다.

해설 ㉠ 가스폭발방지법에서 연료공급을 감소시킬 때 공기공급을 줄이려면 연료공급을 먼저 감소시킨 후 공기의 공급을 줄인다.
㉡ ①, ②, ④는 가스의 폭발방지법이다.

236 가동 중인 보일러를 정지할 때의 조치사항과 관계없는 것은?

① 연료의 공급을 멈춘다.
② 방출밸브를 열어 보일러수를 취출한다.
③ 연료용 공기의 공급을 멈춘다.
④ 주증기 밸브를 닫는다.

해설 ㉠ ①, ③, ④의 내용은 보일러 정지 시 조치사항이다.
㉡ 보일러수를 취출하는 것은 방출밸브가 아니고 분출밸브이다.
㉢ 방출밸브는 온수보일러의 안전장치이다.

237 보일러가 최고 사용압력 이하에서 파열되었다. 그 원인으로 가장 타당한 것은?

① 안전밸브의 고장
② 안전장치의 불작동
③ 구조상의 결함
④ 안전장치의 불완전

해설 보일러가 최고 사용압력 이하에서 파열되는 원인은 구조상의 결함이 있었기 때문이다.

238 상용 보일러의 점화 전의 준비사항으로서 옳지 않은 것은?

① 분출밸브를 열어 동체 내부의 침전물을 배출시킨다.
② 급수펌프를 점검 조정하여 상용 수위를 유지시킨다.
③ 댐퍼를 닫아 노 속의 미연 가스가 배출되지 않게 프리퍼지를 한다.
④ 기름의 가열온도를 확인하여 적정온도를 유지한다.

해설 상용 보일러 점화 전의 준비사항은 ①, ②, ④이다. 그 외에도 댐퍼를 열고 미연가스가 배출되도록 프리퍼지(미연가스 배출)를 실시하여 가스폭발이나 역화를 방지하여야 한다.

239 보일러 급수 중의 현탁질 고형물을 제거하기 위한 외처리 방법으로 적합지 못한 것은?

① 여과법　　② 기폭법
③ 침전법　　④ 응집법

해설 ㉠ 현탁질 고형물 외처리방법
　• 여과법
　• 침전법
　• 응집법
㉡ 기폭법은 가스체를 제거시킨다.

240 다음 중 일반적으로 산세정을 하지 않는 것은?

① 절탄기
② 과열기
③ 강수관
④ 보일러 본체

해설 ㉠ 산세정은 물이 있는 곳(물이나 보일러수와 접촉하는 곳)에서만 한다.
　• 보일러 본체
　• 절탄기(급수 예열기)
　• 강수관 또는 승수관
㉡ 과열기는 과열증기(250~600℃)를 생성하는 곳이다.
　• 종류 : 복사과열기, 대류과열기, 복사 대류과열기

241 워터해머의 장해가 아닌 것은?

① 이은 곳에 누설이 생긴다.
② 밸브, 벨로스 등의 기기가 파손된다.
③ 배관 자체가 파괴될 수 있다.
④ 폐쇄 증기를 응축시켜 증기 장해를 일으킨다.

해설 워터해머의 장해
㉠ 이은 곳에 누설이 생긴다.
㉡ 밸브, 벨로스 등의 기기가 파손된다.
㉢ 배관 자체가 파괴될 수도 있다.

242 보일러 취급 책임자로서 보일러를 관리하는 경우 가장 필요한 자세는?

① 분출작업을 타인이 한다.
② 안전밸브의 조정을 직접 한다.
③ 보일러를 안전하게 경제적으로 관리한다.
④ 급수조작을 타인이 한다.

해설 보일러 취급 책임자의 보일러 관리요령
보일러를 안전하게 경제적으로 관리한다.

243 기름 보일러에서 연소 중 화염이 점멸하든가 돌연한 소화가 생기는 수가 있다. 그 원인이 아닌 것은?

① 기름의 점도가 높을 때
② 기름 속에 진흙이나 수분이 혼입되었을 때
③ 스트레이너 또는 유관이 막혔을 때
④ 노 내가 부압인 상태에서 연소했을 때

해설 ㉠ 화염의 점멸 돌연한 소화원인
　• 기름의 점도가 높다.
　• 기름 속에 진흙이나 수분이 혼입되었다.
　• 스트레이너(여과기) 또는 유관(기름관)이 막혔다.
㉡ 노 내가 부압이면 연소용 공기의 공급이 순조롭다.

244 보일러에 연소가스의 폭발시를 대비하여 만드는 안전장치는?

① 안전밸브　　② 파괴판
③ 방출밸브　　④ 방폭문

해설 폭발구(방폭문)는 보일러에 연소가스 폭발 시를 대비하여 만든 안전장치이다.

정답 238 ③　239 ②　240 ②　241 ④　242 ③　243 ④　244 ④

245 다음 중 보일러의 과열원인이 아닌 것은?
① 보일러 중에 유지분이 포함되었을 때
② 보일러의 이상 저수위에 의하여 빈 보일러 운전 시
③ 고온의 가스가 저속도로 전열면에 마찰할 때
④ 보일러수의 순환이 나쁠 때

해설 ①, ②, ④의 내용은 과열의 원인이 된다.

246 중량물 운반 시 주의사항으로 잘못된 것은?
① 가급적 크레인, 지게차 등 운반장비를 이용한다.
② 여러 사람이 같이 운반할 때는 호흡을 잘 맞춘다.
③ 중량물을 들어 올릴 때는 다리를 모으고 들어올린다.
④ 장갑을 끼워도 무방하다.

해설 중량물 운반 시는 척추의 균형을 잡기 위하여 다리를 약간 벌리고 들어올린다.

247 피부의 대부분에 수포가 생겼다. 몇 도 화상인가?
① 1도　　② 2도
③ 3도　　④ 4도

해설 ㉠ 1도 화상 : 피부가 붉게 된다.
㉡ 2도 화상 : 물집(수포)이 생긴다.
㉢ 3도 화상 : 피하 조직의 생활력이 상실되며 생명의 지장이 초래된다.

248 다음은 보일러 손상의 원인을 연결한 것이다. 틀린 것은?
① 점식 – 물속의 CO_2와 O_2
② 국부부식 – 물속의 $CaCl_2$
③ 가성취화 – 물의 알칼리도
④ 고온부식 – 연료 중의 바나듐(V)

해설 국부부식
어느 한 곳의 부분에서만 특별히 일어나는 부식이다. 즉, 보일러 외부, 내부의 얼룩무늬 모양의 부식이다. 염화칼슘($CaCl_2$)은 흡습제이다.

249 일산화탄소 중독이 된 경우 응급조치 설명으로 잘못된 것은?
① 신선한 공기를 쐬게 한다.
② 인공호흡을 실시한다.
③ 산소를 흡입시킨다.
④ 보일러를 개조한다.

해설 ①, ②, ③은 응급조치, ④는 사후 재발방지 조치이다.

250 다음 중 보일러 수면계의 시험시기로 적당하지 않은 것은?
① 프라이밍, 포밍을 일으킬 때
② 2개의 수면계 수위가 서로 상이할 때
③ 보일러 가동 직전과 압력이 오르기 시작할 때
④ 증기압력이 0이 될 때

해설 수면계의 점검시기
㉠ 두 개의 수면계 수위가 다를 때
㉡ 프라이밍, 포밍 현상이 발생했을 때
㉢ 수위가 의심스러울 때
㉣ 보일러 가동 직전과 압력이 오르기 시작할 때
※ 증기압이 없을 때 수면계를 점검하면 공기의 누입이 된다.

251 온수보일러 운전 중 갑자기 소화되었을 때 작동하는 안전장치는?
① 수위경보기
② 폭발문
③ 화염검출기
④ 리셋버튼(Reset Button)

해설 ㉠ 온수보일러 운전 중 갑자기 소화되면서 화염검출기가 작동하여 연료가 차단된다.
㉡ 화염검출기
• 플레임 아이(광전관)
• 플레임 로드
• 스택 스위치

정답 245 ③　246 ③　247 ②　248 ②　249 ④　250 ④　251 ③

252 보일러 증기관 속에서 발생하는 수격작용의 원인과 가장 관계가 없는 것은?

① 증기관의 보온 미비
② 프라이밍 발생
③ 수위를 낮게 운전한 경우
④ 증기밸브 급개

해설 ㉠ 수격작용(워터해머)의 원인
- 증기관의 보온 미비
- 프라이밍(비수) 발생
- 고수위 운전
- 증기밸브의 급개
- 증기 트랩의 고장

㉡ 저수위 운전은 보일러 과열의 원인이 된다.

253 보일러에서 발생하는 그루빙(Grooving)을 방지하는 방법이 아닌 것은?

① 만곡부의 반경을 작게 한다.
② 열응력을 작게 한다.
③ 브리딩 스페이스(Breathing Space)를 설치한다.
④ 반복응력의 발생횟수를 적게 한다.

해설 그루빙(도랑구식) 방지법
㉠ 만곡부의 반경을 크게 한다.
㉡ 열응력을 작게 한다.
㉢ 브리딩 스페이스를 설치한다.
㉣ 반복응력의 발생횟수를 적게 한다.

254 유류용 보일러의 배기가스 적정온도는?

① 150℃ 이하
② 230~300℃ 이하
③ 350~430℃
④ 450℃ 이하

해설 ㉠ 유류용 배기가스의 적정온도는 230~300℃가 알맞다.
㉡ 150℃ 이하이면 저온부식 발생
㉢ 300℃를 넘으면 배기가스의 열손실 증가로 보일러 효율 저하가 생긴다.

255 가스보일러 점화 시 주의사항으로 잘못된 것은?

① 점화는 1회로 착화되도록 한다.
② 불씨는 화력이 큰 것을 사용한다.
③ 갑작스런 실화 시에는 연료공급을 즉시 차단한다.
④ 댐퍼를 닫고 프리퍼지를 한 다음 점화한다.

해설 가스보일러 점화 시 주의사항
㉠ 점화는 1회로 착화되도록 한다.
㉡ 불씨는 화력이 커야 한다.
㉢ 갑작스런 실화 시에는 연료공급을 즉시 차단한다.
㉣ 댐퍼를 열고 프리퍼지(환기)한 후 점화한다.

256 보일러수 내처리 방법으로 용도에 따른 청관제가 틀린 것은?

① pH 조정제 - 인산소다, 암모니아
② 연화제 - 탄산소다, 인산소다
③ 탈산소재 - 염산, 알코올
④ 슬러지 조정제 - 탄닌, 리그닌

해설 보일러수의 내처리
㉠ pH 조정제 : 가성소다, 탄산소다, 제3인산소다
㉡ 경수인화제 : 수산화나트륨, 탄산나트륨, 인산나트륨
㉢ 슬러지 조정제 : 탄닌, 리그닌, 전분
㉣ 탈산청소 : 아황산소다, 히드라진, 탄닌
㉤ 가성취화 억제제 : 질산나트륨, 인산나트륨, 탄닌, 리그닌
㉥ 기포방지제 : 고급지방산, 에스테르, 폴리아미드, 고급지방산, 알코올, 포탈산아미드

257 프라이밍, 포밍의 발생원인이 아닌 것은?

① 고수위 보일러 운전
② 증기발생량 과대
③ 증기발생부가 클 때
④ 부하의 급변

해설 프라이밍(비수), 포밍(물거품)의 발생원인
㉠ 고수위 보일러 운전
㉡ 증기발생량 과대
㉢ 증기발생부가 적을 때
㉣ 부하의 급변

정답 252 ③ 253 ① 254 ② 255 ④ 256 ③ 257 ③

258 보일러 급수 중의 불순물과 관계없는 것은?

① 물때 ② 슬러지
③ 블리스터 ④ 부식

해설 ㉠ 블리스터 : 강판이나 관의 두께 내부에 가스가 존재한 상태로 압연하였을 때 판이나 살이 고온의 열가스에 의해 두 장으로 분리되는 현상을 라미네이션(Lamination)이라 하며, 이 부분이 외부로 팽출한 것이 블리스터로 불순물과는 관계가 없다.
㉡ 물때, 슬러지, 부식은 보일러 급수 중의 불순물과 관계된다.

259 보일러 과열의 원인이 될 수 없는 것은?

① 보일러수의 순환이 나쁠 때
② 보일러수의 농도가 매우 높을 때
③ 보일러수의 수위가 수면계 $\frac{1}{2}$ 이상일 때
④ 고열이 닿는 곳의 내면에 스케일이 부착되어 있을 때

해설 보일러 수위가 높으면 비수(프라이밍)의 원인이 되며 습증기의 유발로 인하여 수격작용이 발생된다.

260 보일러 내면의 세정으로 염산을 사용하는 경우 세정액의 처리온도와 처리시간으로 맞는 것은?

① 60±5℃, 2~4시간
② 60±5℃, 4~6시간
③ 90±5℃, 2~4시간
④ 90±5℃, 4~6시간

해설 ㉠ 보일러 내면의 세정으로 염산을 사용하는 경우
• 세정액의 처리시간 : 4~6시간
• 처리온도 : 60±5℃
• 염산의 사용 시 부식 억제제 : 인히비터 0.2~0.6% 첨가
• 염산 세관 시 경질 스케일 제거를 위하여 불화수소산을 소량 첨가시킨다.
• 중화방청처리 : 산세척 후 씻은 물의 pH가 5 이상이 될 때까지 충분히 물로 씻은 후 중화나 방청처리를 실시한다.

• 사용약품 : 탄산나트륨(Na_2CO_3), 수산화나트륨(NaOH), 인산나트륨(Na_3PO_4), 아황산나트륨(Na_2CO_3), 히드라진(N_2H_4), 암모니아(NH_3) 등
• 방법 : pH 9~10 정도로 한 약액의 온도를 80~100℃로 가열하여 약 24시간 정도 순환시킨 후 천천히 냉각하여 배출하고 처리는 필요에 따라 물에 씻어낸다.

㉡ 알칼리 세관
• 알칼리 세관 약품 : 암모니아(NH_3), 가성소다(NaOH), 탄산소다(Na_2CO_3), 인산소다(Na_3PO_4) 등
• 세관처리 : 물속에 알칼리를 0.1~0.5% 넣고 물의 온도를 70℃ 정도로 하여 순환시킨다.
• 가성취화 방지제 : 알칼리 세관을 하면 알칼리에 의해 가성취화가 일어난다. 이것을 방지하기 위하여 가성취화 방지제를 첨가한다.
※ 가성취화 방지제 : 질산나트륨($NaCO_3$), 인산나트륨(Na_3PO_4)

㉢ 유기산 세관
• 유기산 : 구연산, 옥살산, 술파민산 등 사용
• 세관처리 : 중성에 가까운 구연산 등을 물속에 약 3% 정도 용해하여 수용액을 90±5℃ 정도로 만들고, 특히 오스테나이트계 스테인리스강에 세관시킨다.
• 부식 억제제 : 사용이 불필요하다.
• 특징
- 가격이 비싸다.
- 관석의 용해능력은 크다.
- 구연산이 많이 사용된다.

261 점화하기 전에 보일러 내에 급수하려고 한다. 주의사항 중 잘못된 것은?

① 과열기의 공기밸브를 닫는다.
② 절탄기가 있는 경우는 드레인 밸브로 공기를 빼고 물을 채운다.
③ 열매체 보일러인 경우는 열매를 넣기 전에 보일러 내에 수분이 없음을 확인한다.
④ 동 상부의 공기밸브를 열어둔다.

해설 ㉠ 점화 전 과열기 공기밸브는 열어둔다.
㉡ ②, ③, ④는 점화 전의 주의사항들이다.

262 보일러에서 점식이 많이 발생하는 부분은?

① 연소실 내부
② 보일러 동 아래 부분
③ 연관 내부
④ 과열기 및 보일러 동 수면부위

해설 보일러 점식이 많이 발생하는 부분
보일러 동 내부 또는 수면부위, 수관 부분, 과열기 등

263 보일러의 급수처리방법이 아닌 것은?

① 약품 처리
② 염산, 황산처리
③ 전기적 처리
④ 기계적 처리

해설 ㉠ 보일러의 급수처리방법
- 화학적 처리(약품 처리)
- 기계적 처리
- 전기적 처리
㉡ 보일러 세관법
- 화학적 방식
- 기계식 방식

264 보일러수의 처리방법 중 용존가스의 제거법은?

① 여과법
② 기폭법
③ 응집법
④ 침강법

해설 보일러수의 처리방법
㉠ 용존가스제 처리법 : 탈기법, 기폭법
㉡ 용해고형물 처리법 : 약품첨가법, 이온교환법, 증류법
㉢ 고형 협잡물 처리법 : 침강법, 여과법, 응집법

265 보일러에 염류나 빙초산 용액을 사용했을 때의 조치사항으로 가장 적당한 것은?

① 청소 후 연료를 점화하여 급수하지 않고 보일러를 가열한다.
② 부식되지 않도록 보일러 내부에 기름칠을 한다.
③ 청소 후 부식방지를 위하여 중화시켜야 한다.
④ 보일러를 만수시켜 오랜 시간 보존한다.

해설 보일러에 염류나 아세트산 용액을 사용하고 나면 부식방지를 위하여 청소 후 중화시켜야 한다.

※ 중화방청제 : 탄산소다, 가성소다, 인산소다, 히드라진

266 보일러 수면계의 기능 점검시기로서 적합하지 못한 것은?

① 보일러를 가동하기 직전
② 포밍이 발생할 때
③ 두 조의 수면계의 수위에 차이가 있을 때
④ 수위의 움직임이 정상적일 때

해설 수면계의 기능 점검시기는 ①, ②, ③ 내용 외에도 수위의 움직임이 둔하고 지시치에 의심이 갈 때이다.

267 보일러에 점화하기 전 부속품 점검사항과 관계없는 것은?

① 연료 개통을 점검한다.
② 각 밸브의 개폐상태를 확인한다.
③ 댐퍼를 잘 닫아 놓는다.
④ 수면계의 작용이 정확한지 조사한다.

해설 ㉠ 보일러 가동 시에는 댐퍼를 항상 열어 놓아야 한다.
㉡ 점화하기 전 부속품 점검은 ①, ②, ④이다.

268 보일러 운전 중 정전이 발생하였다. 조치사항이 아닌 것은?

① 전원은 차단한다.
② 연료공급을 멈춘다.
③ 안전밸브를 열어 증기를 분출시킨다.
④ 주증기 밸브를 닫는다.

해설 운전 중 정전 시 조치사항
㉠ 전원 차단
㉡ 연료공급을 멈춘다.
㉢ 주증기 밸브를 닫는다.

269 보일러 수동점화 시 몇 초 이내에 착화하지 않으면 처음부터 재점화는가?

① 3
② 5
③ 10
④ 15

해설 보일러 수동점화 시 몇 초 이내(5초)에 착화하지 않으면 가스 폭발이 발생되기 때문에 재점화하여야 한다.

정답 262 ④ 263 ② 264 ② 265 ③ 266 ④ 267 ③ 268 ③ 269 ②

270 보일러 급수 온수를 사용하였을 때 드럼 내면과 전열면상에 스케일(Scale) 장해를 일으키는 화학적 주요물질은?

① 실리카　　② 유지분
③ 바나듐　　④ 염산

해설 실리카(SiO_2)는 가열기관에서 1차적 장해로 캐리오버(기수공발) 생성과 2차적 장해나 1차적 장해의 보충으로 스케일 부착, 국부가열, 팽창가열로 가열기관의 막힘 등이 나타난다.

271 보일러수 중에 O_2 또는 CO_2가 용해되어 있을 경우 발생하는 부식은?

① 일반 부식　　② 전면 부식
③ 저온 부식　　④ 점식

해설 점식(Pitting)은 산소(O_2) 농도 차이 때문에 산소 농담전지가 형성되고, 부식은 전기화학적으로 심하게 일어난다.

272 연소 시 진동연소 요인이 되는 것은?

① 기름 점도 과대
② 연료 속의 중질분 취입 불량
③ 1차 공기압 과소
④ 연소실 온도가 낮다.

해설 진동연소의 원인
㉠ 연소실의 온도가 낮다.
㉡ 버너의 조립 불량
㉢ 통풍력의 부적당
㉣ 노 내 압력이 너무 높다.
㉤ 분무 공기압의 과대

273 보일러 보존 시 보통 만수보존법은 보관기간이 얼마 정도일 때 선택하는가?

① 2~3개월　　② 5~6개월
③ 6개월 이상　　④ 1년 이상

해설 ㉠ 만수 보존기간 : 2~3개월(단기보존)
㉡ 건조 보존기간 : 6개월 이상(장기보존)
㉢ 건조 보존 시 필요한 보존제 : 흡습제, 산화방지제, 기화성방청제
㉣ 만수 보존 시 필요한 보존제 : 가성소다, 탄산소다, 아황산소다, 히드라진, 암모니아

274 다음은 점화 시의 주의사항들이다. 그 내용이 잘못된 것은?

① 버너가 2개일 때는 동시 점화할 것
② 노 내의 통풍압을 제일 먼저 조절할 것
③ 점화는 5초 이내에 할 것
④ 점화 후에는 정상 연소가 되는지 확인할 것

해설 ㉠ 버너가 2개이면 먼저 하단부 버너부터 점화하고 그 다음 상부의 버너로 점화가 옮겨 가며 역화나 가스폭발을 방지하기 위하여 동시에 점화하지 않는다.
㉡ ②, ③, ④는 점화 시 주의사항이다.

275 유류용 온수보일러의 고장 발생원인이 아닌 것은?

① 시공 후에 급수밸브를 잠근 채 운전하였다.
② 사용 중 배관에 누수가 생겨 빈 보일러로 가동하였다.
③ 팽창관에 체크밸브를 설치하지 않았다.
④ 보일러 온도조절장치의 이상 또는 물에 의한 열전도가 되지 못했다.

해설 ㉠ ①, ②, ④의 내용은 온수보일러 고장 발생의 조건이다.
㉡ 온수보일러 팽창관이나 방출관에는 어떠한 밸브도 설치하면 안 된다.
㉢ 체크밸브(역정지밸브)
 • 스윙식 : 수직, 수평 배관에 사용
 • 리프트식 : 수평 배관에 사용

276 보일러의 내처리에 사용하는 탈산청소가 아닌 것은?

① 아황산소다　　② 히드라진
③ 탄닌　　④ 가성소다

해설 ㉠ 탈산청소 : 아황산소다, 히드라진, 탄닌
㉡ 가성소다(NaOH)는 급수의 pH가 산성인 경우 알칼리도 조정제이다.

정답 270 ①　271 ④　272 ④　273 ①　274 ①　275 ③　276 ④

277 안전밸브의 고장 중 안전밸브로부터 증기가 누설되는 원인으로 적절하지 않은 것은?

① 밸브의 디스크 지름이 증기압에 비하여 너무 작다.
② 밸브가 밸브 시트를 균등하게 누르고 있지 않다.
③ 밸브 스프링 장력이 감쇄하였다.
④ 밸브 시트가 더러워져 있다.

해설 ②, ③, ④의 내용 설명은 안전밸브에서 증기가 누설되는 원인이 된다.

278 보일러의 안전관리상 가장 중요한 것은?

① 연도의 부식방지
② 연료의 예열
③ 공기의 조절
④ 안전수위 감수의 방지

279 상용 보일러의 점화 전 준비사항(점검사항)과 관계없는 것은?

① 수면계의 수위 확인
② 노 내 환기, 통풍의 확인
③ 부속품 및 부속장치의 확인
④ 소다끓이기 및 내부 부식 확인

해설 ㉠ 상용보일러의 점화 전 주의사항
 • 수면계의 수위 확인
 • 노 내 환기, 통풍의 확인
 • 부속품 및 부속장치의 확인
㉡ 소다끓이기는 보일러 최초 설치 시 작업이다.

280 보일러가 부식하는 원인과 관계가 없는 것은 다음에서 어느 것인가?

① 보일러수의 pH 저하
② 물속에 함유된 산소의 작용
③ 물속에 함유된 탄산가스의 영향
④ 물속에 함유된 암모니아의 영향

해설 ㉠ 보일러는 ①, ②, ③의 내용에 해당하면 부식된다.
㉡ 암모니아는 보일러 보존 중 만수보존(단기보존) 시 물 1,000kg에 약 0.83g을 투입시킨다.
㉢ 만수보존 시에는 암모니아 외에도 가성소다, 탄산소다, 아황산소다, 히드라진을 넣어 pH 12~13을 유지시킨다.

281 보일러의 시동 시 급격히 연소시켰을 때 보일러에 미칠 수 있는 영향이 아닌 것은?

① 보일러 본체의 부동팽창
② 내화물의 스폴링 현상
③ 수관이나 연관에서의 누출
④ 압력계 파손

해설 보일러 가동 중 급격히 연소시키면 ①, ②, ③의 장해가 수반된다.

282 보일러를 상당기간 정지시켜야 할 때 조치순서로 제일 먼저 하는 것은?

① 공기투입장치 ② 연료공급장치
③ 연도댐퍼 조절 ④ 증기밸브 개방

해설 보일러를 상당시간 정지시켜야 할 때의 조치순서는 제일 먼저 연료공급정지이며, 두 번째가 공기투입정지이다.

283 교환수지인 유기물질을 센물에 용해시켜 전기적 변화가 일어나 센물 속의 광물질이 분리되어 불순물을 간단히 제거하는 방법은?

① 여과법 ② 가열법
③ 이온교환법 ④ 투어법

해설 이온교환법이라 유기물질을 센물(경수)에 용해시켜 전기적 변화가 일어나서 센물 속의 광물질이 분리되어 불순물을 간단히 제거하는 방법이다.

284 소화기의 설치위치로서 가장 적당한 곳은?

① 인화물질이 있는 곳에
② 눈에 잘 띄는 곳에
③ 방화수가 있는 곳에
④ 불나면 자동으로 폭발할 수 있는 곳에

해설 소화기(분말소화기 등) 등은 항상 유사시를 대비하여 눈에 잘 띄는 곳에 설치하여야 한다.

정답 277 ① 278 ④ 279 ④ 280 ④ 281 ④ 282 ② 283 ③ 284 ②

285 산업안전관리의 기본 목적은?

① 생산성 향상
② 고용 증대
③ 인간 존중
④ 사회복지 증진

해설 산업안전관리의 기본목적은 인간 존중이다.

286 보일러 점검사항 중 월간 점검항목은?

① 버너
② 연도가스 온도
③ CO계 매연 농도
④ 증기 온도계

해설 보일러의 버너는 월간(30일 정도)마다 점검이 필요하고 버너 본체는 주간(7일 정도) 점검이 필요하다.

287 보일러에서 팽출이나 압궤가 발생하기 쉬운 부분은?

① 공기예열기 ② 급수내관
③ 연관   ④ 수관

해설 수관은 고온 고압에 의하여 팽출이나 압궤가 발생하기 쉽다.

288 보일러의 파열사고 중 가장 많이 일어나는 구조상의 결함은?

① 강도부족 ② 압력초과
③ 점식   ④ 그루빙

해설 보일러 파열사고 중 과실에 의해 가장 많이 일어나는 사고는 압력 초과이나 구조상의 결함에 의한 사고는 강도 부족에 의해서 가장 많이 발생한다.

289 다음 중 보일러 보존 시 건조제로 쓰이는 것이 아닌 것은?

① 생석회   ② 염화칼슘
③ 활성알루미나 ④ 염화마그네슘

해설 염화마그네슘은 스케일의 생성 원인이 아니다.

290 보일러의 파열 사고원인 중 구조상 결함에 의한 사고에 해당되지 않는 것은?

① 용접 불량
② 조종자 취급 불량
③ 재료 불량
④ 설계 불량

해설 취급 불량에 의한 파열사고는 구조상 결함이 아니고 취급자의 불량에 의한 사고이다.

정답 285 ③ 286 ① 287 ④ 288 ① 289 ④ 290 ②

CHAPTER 04 보일러 설치검사기준 등

1. 설치 · 시공기준

1 설치장소

(1) 옥내설치

보일러를 옥내에 설치하는 경우에는 다음 조건을 만족시켜야 한다.

① 보일러는 불연성 물질의 격벽으로 구분된 장소에 설치하여야 한다. 다만, 소용량 강철제 보일러, 소용량 주철제보일러, 가스용 온수보일러, 1종 관류보일러(이하 "소형보일러"라 한다)는 반격벽으로 구분된 장소에 설치할 수 있다.

② 보일러 동체 최상부로부터(보일러의 검사 및 취급에 지장이 없도록 작업대를 설치한 경우에는 작업대로부터) 천장, 배관 등 보일러 상부에 있는 구조물까지의 거리는 1.2m 이상이어야 한다. 다만, 소형보일러 및 주철제보일러의 경우에는 0.6m 이상으로 할 수 있다.

③ 보일러 동체에서 벽, 배관, 기타 보일러 측부에 있는 구조물(검사 및 청소에 지장이 없는 것은 제외)까지 거리는 0.45m 이상이어야 한다. 다만, 소형보일러는 0.3m 이상으로 할 수 있다.

④ 보일러 및 보일러에 부설된 금속제의 굴뚝 또는 연도의 외측으로부터 0.3m 이내에 있는 가연성 물체에 대하여는 금속 이외의 불연성 재료로 피복하여야 한다.

⑤ 연료를 저장할 때에는 보일러 외측으로부터 2m 이상 거리를 두거나 방화격벽을 설치하여야 한다. 다만, 소형보일러의 경우에는 1m 이상 거리를 두거나 반격벽으로 할 수 있다.

⑥ 보일러에 설치된 계기들을 육안으로 관찰하는 데 지장이 없도록 충분한 조명시설이 있어야 한다.

⑦ 보일러실은 연소 및 환경을 유지하기에 충분한 급기구 및 환기구가 있어야 하며 급기구는 보일러 배기가스 덕트의 유효단면적 이상이어야 하고 도시가스를 사용하는 경우에는 환기구를 가능한 한 높이 설치하여 가스가 누설되었을 때 체류하지 않는 구조이어야 한다.

⑧ 보일러의 연도는 내식성의 재질을 사용하거나, 배가스 중 응축수의 체류를 방지하기 위하여 물 빼기가 가능한 구조이거나 장치를 설치하여야 한다.

(2) 옥외설치

보일러를 옥외에 설치할 경우에는 다음 조건을 만족시켜야 한다.

① 보일러에 빗물이 스며들지 않도록 케이싱 등의 적절한 방지설비를 하여야 한다.

② 노출된 절연재 또는 래깅 등에는 방수처리(금속커버 또는 페인트 포함)를 하여야 한다.
③ 보일러 외부에 있는 증기관 및 급수관 등이 얼지 않도록 적절한 보호조치를 하여야 한다.
④ 강제 통풍팬의 입구에는 빗물방지 보호판을 설치하여야 한다.

(3) 보일러의 설치
보일러는 다음 조건을 만족시킬 수 있도록 설치하여야 한다.

① 기초가 약하여 내려앉거나 갈라지지 않아야 한다.
② 강구조물은 빗물이나 증기에 의하여 부식이 되지 않도록 적절한 보호조치를 하여야 한다.
③ 수관식 보일러의 경우 전열면을 청소할 수 있는 구멍이 있어야 하며, 구멍의 크기 및 수는 제9장에 따른다. 다만, 전열면의 청소가 용이한 구조인 경우에는 예외로 한다.
④ 보일러에 설치된 폭발구의 위치가 보일러기사의 작업장소에서 2m 이내에 있을 때에는 당해 보일러의 폭발가스를 안전한 방향으로 분산시키는 장치를 설치하여야 한다.
⑤ 보일러의 사용압력이 어떠한 경우에도 최고사용압력을 초과할 수 없도록 설치하여야 한다.
⑥ 보일러는 바닥 지지물에 반드시 고정되어야 한다. 소형보일러의 경우는 앵커 등을 설치하여 가동 중 보일러의 움직임이 없도록 설치하여야 한다.

(4) 배관
보일러 실내의 각종 배관은 팽창과 수축을 흡수하여 누설이 없도록 하고, 가스용 보일러의 연료배관은 다음에 따른다.

① 배관의 설치
　㉮ 배관은 외부에 노출하여 시공하여야 한다. 다만, 동판, 스테인리스 강관, 기타 내식성 재료로서 이음매(용접이음매를 제외한다.) 없이 설치하는 경우에는 매몰하여 설치할 수 있다.
　㉯ 배관의 이음부(용접이음매를 제외한다.)와 전기계량기 및 전기개폐기와의 거리는 60cm 이상, 굴뚝(단, 열조치를 하지 아니한 경우에 한한다.) · 전기점멸기 및 전기접속기와의 거리는 30cm 이상, 절연전선과의 거리는 10cm 이상, 절연조치를 하지 아니한 전선과의 거리는 30cm 이상의 거리를 유지하여야 한다.

② 배관의 고정
배관은 움직이지 아니하도록 고정 부착하는 조치를 하되 그 관경이 13mm 미만의 것에는 1m마다, 13mm 이상 33mm 미만의 것에는 2m마다, 33mm 이상의 것에는 3m마다 고정장치를 설치하여야 한다.

③ 배관의 접합
　㉮ 배관을 나사접합으로 하는 경우에는 KS B 0222(관용 테이퍼나사)에 의하여야 한다.
　㉯ 배관의 집합을 위한 이음쇠가 주조품인 경우에는 가단주철제이거나 주강제로서 KS표시허가제품 또는 이와 동등 이상의 제품을 사용하여야 한다.

④ 배관의 표시
　㉮ 배관은 그 외부에 사용가스명·최고사용압력 및 가스흐름방향을 표시하여야 한다. 다만, 지하에 매설하는 배관의 경우에는 흐름방향을 표시하지 아니할 수 있다.
　㉯ 지상배관은 부식방지 도장 후 표면색상을 황색으로 도색한다. 다만, 건축물의 내·외벽에 노출된 것으로서 바닥(2층 이상의 건물의 경우에는 각층의 바닥을 말한다.)에서 1m의 높이에 폭 3cm의 황색 띠를 2중으로 표시한 경우에는 표면색상을 황색으로 하지 아니할 수 있다.

(5) 가스버너

가스용 보일러에 부착하는 가스버너는 액화석유가스의 안전관리 및 사업법 제21조의 규정에 의하여 검사를 받은 것이어야 한다.

2 급수장치

(1) 급수장치의 종류

① 급수장치를 필요로 하는 보일러에는 다음의 조건을 만족시키는 주펌프(인젝터를 포함한다. 이하 같다.)세트 및 보조펌프세트를 갖춘 급수장치가 있어야 한다. 다만, 전열면적 12m² 이하의 보일러, 전열면적 14m² 이하의 가스용 온수보일러 및 전열면적 100m² 이하의 관류보일러에는 보조펌프를 생략할 수 있다.
　㉮ 주펌프세트 및 보조펌프세트는 보일러의 상용압력에서 정상가동상태에 필요한 물을 각각 단독으로 공급할 수 있어야 한다. 다만, 보조펌프세트의 용량은 주펌프세트가 2개 이상의 펌프를 조합한 것일 때에는 보일러의 정상상태에서 필요한 물의 25% 이상이면서 주펌프세트 중의 최대펌프의 용량 이상으로 할 수 있다.

② 주펌프세트는 동력으로 운전하는 급수펌프 또는 인젝터이어야 한다. 다만, 보일러의 최고사용압력이 0.25MPa(2.5kgf/cm²) 미만으로 화격자면적이 0.6m² 이하인 경우, 전열면적이 12m² 이하인 경우 및 상용압력 이상의 수압에서 급수할 수 있는 급수탱크 또는 수원을 급수장치로 하는 경우에는 예외로 할 수 있다.

③ 보일러 급수가 멎는 경우 즉시 연료(열)의 공급이 차단되지 않거나 과열될 염려가 있는 보일러에는 인젝터, 상용압력 이상의 수압에서 급수할 수 있는 급수탱크, 내연기관 또는 예비전원에 의해 운전할 수 있는 급수장치를 갖추어야 한다.

(2) 2개 이상의 보일러에 대한 급수장치

1개의 급수장치로 2개 이상의 보일러에 물을 공급할 경우 (1)항의 규정은 이들 보일러를 1개의 보일러로 간주하여 적용한다.

(3) 급수밸브와 체크밸브

급수관에는 보일러에 인접하여 급수밸브와 체크밸브를 설치하여야 한다. 이 경우 급수가 밸브디스크를 밀어 올리도록 급수밸브를 부착하여야 하며, 1조의 밸브디스크와 밸브시트가 급수밸브와 체크밸브의 기능을 겸하고 있어도 별도의 체크밸브를 설치하여야 한다. 다만, 최고 사용압력 $0.1MPa(1kgf/cm^2)$ 미만의 보일러에서는 체크밸브를 생략할 수 있으며, 급수 가열기의 출구 또는 급수펌프의 출구에 스톱밸브 및 체크밸브가 있는 급수장치를 개별 보일러마다 설치한 경우에는 급수밸브 및 체크밸브를 생략할 수 있다.

(4) 급수밸브의 크기

급수밸브 및 체크밸브의 크기는 전열면적 $10m^2$ 이하의 보일러에서는 호칭 15A 이상, 전열면적 $10m^2$를 초과하는 보일러에서는 호칭 20A 이상이어야 한다.

(5) 급수장소

급수장소에 대해서는 보일러 구조 상용수위 및 다음에 따른다.
복수를 공급하는 난방용 보일러를 제외하고 급수를 분출관으로부터 송입해서는 안 된다.

(6) 자동급수조절기

자동급수조절기를 설치할 때에는 필요에 따라 즉시 수동으로 변경할 수 있는 구조이어야 하며, 2개 이상의 보일러에 공통으로 사용하는 자동급수조절기를 설치하여서는 안 된다.

(7) 급수처리 등
   ① 용량 1t/h 이상의 증기보일러에는 수질관리를 위한 급수처리(이하 "수처리시설"이라 한다.) 또는 스케일 부착방지 및 제거를 위한(이하 "음향처리시설"이라 한다.) 시설을 하여야 한다.
   ② ①의 수처리시설 및 음향 처리시설은 국가공인시험 또는 검사기관의 성능결과를 에너지관리공단에 제출하여 인증받은 것에 한하며, 에너지관리공단은 인증 업무를 효과적으로 수행하기 위하여 내부 운영규정을 수립할 수 있다.
   ③ ②의 수처리시설 및 음향처리시설의 인증기준은 다음에 따른다.
      ㉮ 이온교환처리법
         ㉠ 이온교환수지의 성능은 이온교환수지 1L당 $CaCO_3$ 환산 60g 이상
         ㉡ 이온교환수지량은 시간당 원수통과 수량 $1m^3$ 기준으로 최고 20L 이상
         ㉢ 원수 수질기준 : 경도 250mg $CaCO_3$/L 이상
         ㉣ 이온교환된 수질기준 : 경도 1mg $CaCO_3$/L 이하
         ㉤ 용기의 조건 : 내식성 재질
         ㉥ 기기 구성 : 이온교환수지탑, 약품용해조, 자동경도측정장치, 자동절환장치
      ㉯ 음향처리법
         ㉠ 초음파의 주파수 조정가능 : 사용주파수범위 15~22kHz

ⓒ 발생파형 : 펄스파형으로서 한 파형의 지속시간이 5ms 이하일 것
ⓒ 최대진폭 : 모든 시험조건에서 Peak to Peak치가 $0.7\mu m$(용접 후) 이상
ⓔ 변환기 권선의 재질 : 내전압 1,000V 이상, 내사용온도 $-190\sim260\,°C$의 자재

3 압력방출장치

(1) 안전밸브의 개수
① 증기보일러에는 2개 이상의 안전밸브를 설치하여야 한다. 다만, 전열면적 $50m^2$ 이하의 증기보일러에서는 1개 이상으로 한다.
② 관류보일러에서 보일러와 압력방출장치와의 사이에 체크밸브를 설치할 경우 압력방출장치는 2개 이상이어야 한다.

(2) 안전밸브의 부착
① 안전밸브는 쉽게 검사할 수 있는 장소에 밸브 축을 수직으로 하여 가능한 한 보일러의 동체에 직접 부착시켜야 하며, 안전밸브와 안전밸브가 부착된 보일러 동체 등의 사이에는 어떠한 차단밸브도 있어서는 안 된다.
② 안전밸브의 방출관은 단독으로 설치하되, 2개 이상의 방출관을 공동으로 설치하는 경우에 방출관의 크기는 각각의 방출관 분출용량의 합계 이상이어야 한다.

(3) 안전밸브 및 압력방출장치의 용량
안전밸브 및 압력방출장치의 용량은 다음에 따른다.

① 안전밸브 및 압력방출장치의 분출용량은 설치검사기준에 따른다.
② 자동연소제어장치 및 보일러 최고사용압력의 1.06배 이하의 압력에서 급속하게 연료의 공급을 차단하는 장치를 갖는 보일러로서 보일러 출구의 최고사용압력 이하에서 자동적으로 작동하는 압력방출장치가 있을 때에는 동 압력방출장치의 용량(보일러의 최대증발량의 30%를 초과하는 경우에는 보일러 최대증발량의 30%)을 안전밸브용량에 산입할 수 있다.

(4) 안전밸브 및 압력방출장치의 크기
안전밸브 및 압력방출장치의 크기는 호칭지름 25A 이상으로 하여야 한다. 다만, 다음 보일러에서는 호칭 지름 20A 이상으로 할 수 있다.

① 최고사용압력 $0.1MPa(1kgf/cm^2)$ 이하의 보일러
② 최고사용압력 $0.5MPa(5kgf/cm^2)$ 이하의 보일러로 동체의 안지름이 500mm 이하이며 동체의 길이가 1,000mm 이하의 것
③ 최고사용압력 $0.5MPa(5kgf/cm^2)$ 이하의 보일러로 전열면적 $2m^2$ 이하의 것
④ 최대증발량 5t/h 이하의 관류보일러
⑤ 소용량강철제보일러, 소용량주철제보일러

(5) 과열기 부착보일러의 안전밸브

① 과열기에는 그 출구에 1개 이상의 안전밸브가 있어야 하며 그 분출용량은 과열기의 온도를 설계온도 이하로 유지하는 데 필요한 양(보일러의 최대증발량의 15%를 초과하는 경우에는 15%) 이상이어야 한다.

② 과열기에 부착되는 안전밸브의 분출용량 및 수는 보일러 동체의 안전밸브의 분출용량 및 수에 포함시킬 수 있다. 이 경우 보일러의 동체에 부착하는 안전밸브는 보일러의 최대증발량의 75% 이상을 분출할 수 있는 것이어야 한다. 다만, 관류보일러의 경우에는 과열기 출구에 최대증발량에 상당하는 분출용량의 안전밸브를 설치할 수 있다.

(6) 재열기 또는 독립과열기의 안전밸브

재열기 또는 독립과열기에는 입구 및 출구에 각각 1개 이상의 안전밸브가 있어야 하며 그 분출용량의 합계는 최대통과증기량 이상이어야 한다. 이 경우 출구에 설치하는 안전밸브의 분출용량의 합계는 재열기 또는 독립과열기의 온도를 설계온도 이하로 유지하는 데 필요한 양(최대통과증기량 15%를 초과하는 경우에는 15%) 이상이어야 한다. 다만, 보일러에 직결되어 보일러와 같은 최고사용압력으로 설계된 독립과열기에서는 그 출구에 안전밸브를 1개 이상 설치하고 그 분출용량의 합계는 독립과열기의 온도를 설계온도 이하로 유지하는 데 필요한 양(독립과열기의 전열면적 $1m^2$당 30kg/h로 한 양을 초과하는 경우에는 독립과열기의 전열면적 $1m^2$당 30kg/h로 한 양) 이상으로 한다.

(7) 안전밸브의 종류 및 구조

① 안전밸브의 종류는 스프링안전밸브로 하며 스프링안전밸브의 구조는 KS B 6216(증기용 및 가스용 스프링 안전밸브)에 따라야 하며, 어떠한 경우에도 밸브시트나 본체에서 누설이 없어야 한다. 다만, 스프링안전밸브 대신에 스프링 파일럿 밸브부착 안전밸브를 사용할 수 있다. 이 경우 소요분출량의 1/2 이상이 스프링안전밸브에 의하여 분출되는 구조의 것이어야 한다.

② 인화성 증기를 발생하는 열매체 보일러에서는 안전밸브를 밀폐식 구조로 하든가 또는 안전밸브로부터의 배기를 보일러실 밖의 안전한 장소에 방출시키도록 한다.

③ 안전밸브는 산업안전보건법 제33조 제3항의 규정에 의한 성능검사를 받은 것이어야 한다.

(8) 온수발생보일러(액상식 열매체 보일러 포함)의 방출밸브와 방출관

① 온수발생보일러에는 압력이 보일러의 최고사용압력(열매체 보일러의 경우에는 최고사용압력 및 최고사용온도)에 달하면 즉시 작동하는 방출밸브로 대응할 수 있다. 이때 방출관에는 어떠한 경우든 차단장치(밸브 등)를 부착하여서는 안 된다.

② 인화성 액체를 방출하는 열매체 보일러의 경우 방출밸브 또는 방출관은 밀폐식 구조로 하든가 보일러 밖의 안전한 장소에 방출시킬 수 있는 구조이어야 한다.

(9) 온수발생보일러(액상식 열매체 보일러 포함)의 방출밸브 또는 안전밸브의 크기
① 액상식 열매체 보일러 및 온도 393K(120℃) 이하의 온수발생보일러에는 방출밸브를 설치하여야 하며, 그 지름은 20mm 이상으로 하고, 보일러의 압력이 보일러의 최고사용압력에 그 10%(그 값이 0.035MPa(0.35kgf/cm^2) 미만인 경우에는 0.35kgf/cm^{2}로 한다.)를 더한 값을 초과하지 않도록 지름과 개수를 정하여야 한다.
② 온도 393K(120℃)를 초과하는 온수발생보일러에는 안전밸브를 설치하여야 하며, 그 크기는 호칭지름 20mm 이상으로 하고 (7)항을 적용한다. 다만, 환산증발량은 열출력을 보일러의 최고사용압력에 상당하는 포화증기의 엔탈피와 급수엔탈피의 차로 나눈 값(kg/h)으로 한다.

(10) 온수발생 보일러(액상식 열매체 보일러 포함) 방출관의 크기
방출관은 보일러의 전열면적에 따라 다음 표의 크기로 하여야 한다.

〈방출관의 크기〉

전열면적(m^2)	방출관의 안지름(mm)
10 미만	25 이상
10 이상 15 미만	30 이상
15 이상 20 미만	40 이상
20 이상	50 이상

4 수면계

(1) 수면계의 개수
① 증기보일러에는 2개(소용량 및 1종 관류보일러는 1개) 이상의 유리 수면계를 보일러 내의 수위를 육안으로 확인할 수 있도록 동일한 높이에 나란히 부착하여야 한다. 다만, 단관식 관류보일러는 제외한다.
② 최고사용압력 1MPa(10kgf/cm^2) 이하로서 동체안지름이 750mm 미만인 경우에 있어서 수면계 중 1개는 다른 종류의 수면측정장치로 할 수 있다.
③ 2개 이상의 원격지시 수면계를 시설하는 경우에 한하여 유리수면계를 1개 이상으로 할 수 있다.

(2) 수면계의 구조
유리수면계는 보일러의 최고사용압력과 그에 상당하는 증기온도에서 원활히 작용하는 기능을 가지며, 또한 수시로 이것을 시험할 수 있는 동시에 용이하게 내부를 청소할 수 있는 구조로서 다음에 따른다.
① 유리수면계는 KS B 6208(보일러용 수면계 유리)의 유리를 사용하여야 한다.

② 유리수면계는 상·하에 밸브 또는 코크를 갖추어야 하며, 한눈에 그것의 개·폐 여부를 알 수 있는 구조이어야 한다. 다만, 1종 관류보일러에서는 밸브 또는 코크를 갖추지 아니할 수 있다.

③ 스톱밸브를 부착하는 경우에는 청소에 편리한 구조로 하여야 한다.

5 계측기

(1) 압력계

보일러에는 KS B 5305(부르동관 압력계)에 따른 압력계 또는 이와 동등 이상의 성능을 갖춘 압력계를 부착하여야 한다.

① 압력계의 크기와 눈금

㉮ 증기보일러에 부착하는 압력계 눈금판의 바깥지름은 100mm 이상으로 하고 그 부착 높이에 따라 용이하게 지침이 보이도록 하여야 한다. 다만, 다음의 보일러에 부착하는 압력계에 대하여는 눈금판의 바깥지름을 60mm 이상으로 할 수 있다.

㉠ 최고사용압력 0.5MPa(5kgf/cm^2) 이하이고, 동체의 안지름 500mm 이하 동체의 길이 1,000mm 이하인 보일러

㉡ 최고사용압력 0.5MPa(5kgf/cm^2) 이하로서 전열면적 2m^2 이하인 보일러

㉢ 최대증발량 5t/h 이하인 관류보일러

㉣ 소용량 보일러

㉯ 압력계의 최고눈금은 보일러의 최고사용압력의 3배 이하로 하되 1.5배보다 작아서는 안 된다.

② 압력계의 부착

증기보일러의 압력계 부착은 다음에 따른다.

㉮ 압력계는 원칙적으로 보일러의 증기실에 눈금판의 눈금이 잘 보이는 위치에 부착하고, 얼지 않도록 하며, 그 주위의 온도는 사용상태에 있어서 KS B 5305(부르동관 압력계)에 규정하는 범위 안에 있어야 한다.

㉯ 압력계와 연결된 증기관은 최고사용압력에 견디는 것으로서 그 크기는 황동관 또는 동관을 사용할 때는 안지름 6.5mm 이상, 강관을 사용할 때는 12.7mm 이상이어야 하며, 증기온도가 483K(210℃)를 초과할 때에는 황동관 또는 동관을 사용하여서는 안 된다.

㉰ 압력계에는 물을 넣은 안지름 6.5mm 이상의 사이펀관 또는 동등한 작용을 하는 장치를 부착하여 증기가 직접 압력계에 들어가지 않도록 하여야 한다.

㉱ 압력계의 코크는 그 핸들을 수직인 증기관과 동일방향에 놓은 경우에 열려 있는 것이어야 하며 코크 대신에 밸브를 사용할 경우에는 한눈으로 개·폐 여부를 알 수가 있는 구조로 하여야 한다.

㊳ 압력계와 연결된 증기관의 길이가 3m 이상이며 내부를 충분히 청소할 수 있는 경우에는 보일러의 가까이에 열린 상태에서 봉인된 코크 또는 밸브를 두어도 좋다.
㊴ 압력계의 증기관이 길어서 압력계의 위치에 따라 수두압에 따른 영향을 고려할 필요가 있을 경우에는 눈금에 보정을 하여야 한다.

③ 시험용 압력계 부착장치

보일러 사용 중에 그 압력계를 시험하기 위하여 시험용 압력계를 부착할 수 있도록 나사의 호칭 $PF\frac{1}{4}$, $PT\frac{1}{4}$ 또는 $PS\frac{1}{4}$의 관용나사를 설치해야 한다. 다만, 압력계 시험기를 별도로 갖춘 경우에는 이 장치를 생략할 수 있다.

(2) 수위계

① 온수발생 보일러에는 보일러 동체 또는 온수의 출구 부근에 수위계를 설치하고, 이것에 가까이 부착한 코크를 닫을 경우 이외에는 보일러와의 연락을 차단하지 않도록 하여야 하며, 이 코크의 핸들은 코크가 열려 있을 경우에 이것을 부착시킨 관과 평행되어야 한다.
② 수위계의 최고눈금은 보일러의 최고사용압력의 1배 이상 3배 이하로 하여야 한다.

(3) 온도계

아래의 곳에는 KS B 5320(공업용 바이메탈식 온도계) 또는 이와 동등 이상의 성능을 가진 온도계를 설치하여야 한다. 다만, 소용량 보일러 및 가스용 온수보일러는 배기가스온도계만 설치하여도 좋다.

① 급수 입구의 급수 온도계
② 버너 급유입구의 급유온도계, 다만, 예열을 필요로 하지 않는 것은 제외한다.
③ 절탄기 또는 공기예열기가 설치된 경우에는 각 유체의 전후 온도를 측정할 수 있는 온도계. 다만, 포화증기의 경우에는 압력계로 대신할 수 있다.
④ 보일러 본체 배기가스온도계, 다만 ③의 규정에 의한 온도계가 있는 경우에는 생략할 수 있다.
⑤ 과열기 또는 재열기가 있는 경우에는 그 출구 온도계
⑥ 유량계를 통과하는 온도를 측정할 수 있는 온도계

(4) 유량계

용량 1t/h 이상의 보일러에는 다음의 유량계를 설치하여야 한다.

① 급수관에는 적당한 위치에 KS B 5336(고압용 수량계) 또는 이와 동등 이상의 성능을 가진 수량계를 설치하여야 한다. 다만 온수발생 보일러는 제외한다.
② 기름용 보일러에는 연료의 사용량을 측정할 수 있는 KS B 5328(오일 미터) 또는 이와 동등 이상의 성능을 가진 유량계를 설치하여야 한다. 다만, 2t/h 미만의 보일러로서 온수발생보일러 및 난방전용 보일러에는 CO_2 측정장치로 대신할 수 있다.

③ 가스용 보일러에는 가스사용량을 측정할 수 있는 유량계를 설치하여야 한다. 다만, 가스의 전체 사용량을 측정할 수 있는 유량계를 설치하였을 경우는 각각의 보일러마다 설치된 것으로 본다.
　㉮ 유량계는 당해 도시가스 사용에 적합한 것이어야 한다.
　㉯ 유량계는 화기(당해 시설 내에서 사용하는 자체 화기를 제외한다.)와 2m 이상의 우회거리를 유지하는 곳으로서 수시로 환기가 가능한 장소에 설치하여야 한다.
　㉰ 유량계는 전기계량기 및 전기개폐기와의 거리는 60cm 이상, 굴뚝(단열조치를 하지 아니한 경우에 한한다.)·전기점멸기 및 전기접속기와의 거리는 30cm 이상, 절연조치를 하지 아니한 전선과의 거리는 15cm 이상의 거리를 유지하여야 한다.
④ 각 유량계는 해당온도 및 압력 범위에서 사용할 수 있어야 하고 유량계 앞에 여과기가 있어야 한다.

(5) 자동 연료차단장치

① 최고사용압력 0.1MPa(1kgf/cm^2)을 초과하는 증기보일러에는 다음 각 호의 저수위 안전장치를 설치해야 한다.
　㉮ 보일러의 수위가 안전을 확보할 수 있는 최저수위(이하 "안전수위"라 한다.)까지 내려가기 직전에 자동적으로 경보가 울리는 장치
　㉯ 보일러의 수위가 안전수위까지 내려가는 즉시 연소실 내에 공급하는 연료를 자동적으로 차단하는 장치
② 열매체보일러 및 사용온도가 393K(120℃) 이상인 온수발생보일러에는 작동유체의 온도가 최고사용온도를 초과하지 않도록 온도-연소제어장치를 설치해야 한다.
③ 최고사용압력이 0.1MPa(1kgf/cm^2)(수두압의 경우 10m)을 초과하는 주철제온수보일러에는 온수온도가 388K(115℃)을 초과할 때에 연료공급을 차단하거나 파일럿연소를 할 수 있는 장치를 설치하여야 한다.
④ 관류보일러는 급수가 부족한 경우에 대비하기 위하여 자동적으로 연료의 공급을 차단하는 장치 또는 이에 대신하는 안전장치를 갖추어야 한다.
⑤ 가스용 보일러에는 급수가 부족한 경우에 대비하기 위하여 자동적으로 연료의 공급을 차단하는 장치를 갖추어야 하며, 또한 수동으로 연료공급을 차단하는 밸브 등을 갖추어야 한다.
⑥ 유류 및 가스용 보일러에는 압력차단 장치를 설치하여야 한다.
⑦ 동체의 과열을 방지하기 위하여 온도를 감지하여 자동적으로 연료공급을 차단할 수 있는 온도상한스위치를 보일러 본체에서 1m 이내인 배기가스출구 또는 동체에 설치하여야 한다.
⑧ 폐열 또는 소각보일러에 대해서는 ⑦의 온도상한스위치를 대신하여 온도를 감지하여 자동적으로 경보를 울리는 장치와 송풍기의 가동을 멈추는 등 보일러의 과열을 방지하는 장치가 설치되어야 한다.

(6) 공기유량 자동조절기능
가스용 보일러 및 용량 5t/h(난방전용은 10t/h) 이상인 유류보일러에는 공급연료량에 따라 연소용 공기를 자동 조절하는 기능이 있어야 한다. 이때 보일러용량이 MW(kcal/h)로 표시되었을 때에는 0.6978MW(600,000kcal/h)를 1t/h로 환산한다.

(7) 연소가스 분석기
(6)항의 적용을 받는 보일러에는 배기가스성분(O_2, CO_2 중 1성분)을 연속적으로 자동 분석하여 지시하는 계기를 부착하여야 한다. 다만, 용량 5t/h(난방전용은 10t/h) 미만인 가스용 보일러로서 배기가스온도상한스위치를 부착하여 배기가스가 설정온도를 초과하면 연료의 공급을 차단할 수 있는 경우에는 이를 생략할 수 있다.

(8) 가스누설 자동차단장치
가스용 보일러에는 누설되는 가스를 검지하여 경보하며 자동으로 가스의 공급을 차단하는 장치 또는 가스누설자동차단기를 설치하여야 하며 이 장치의 설치는 도시가스사업법 시행규칙 [별표 7]의 규정에 따라 산업통상자원부장관이 고시하는 가스사용 시설의 시설기준 및 기술기준에 따라야 한다.

(9) 압력조정기
보일러실 내에 설치하는 가스용 보일러의 압력조정기는 액화석유가스의 안전관리 및 사업법 제21조 제2항 규정에 의거 가스용품 검사에 합격한 제품이어야 한다.

6 스톱밸브 및 분출밸브

(1) 스톱밸브의 개수
① 증기의 각 분출구(안전밸브, 과열기의 분출구 및 재열기의 입구·출구를 제외한다.)에는 스톱밸브를 갖추어야 한다.
② 맨홀을 가진 보일러가 공통의 주 증기관에 연결될 때에는 각 보일러와 주증기관을 연결하는 증기관에는 2개 이상의 스톱밸브를 설치하여야 하며, 이들 밸브 사이에는 충분히 큰 드레인밸브를 설치하여야 한다.

(2) 스톱밸브
① 스톱밸브의 호칭압력(KS규격에 최고사용압력을 별도로 규정한 것은 최고사용압력)은 보일러의 최고 사용압력 이상이어야 하며 적어도 0.7MPa(7kgf/cm^2) 이상이어야 한다.
② 65mm 이상의 증기스톱밸브는 바깥나사형의 구조 또는 특수한 구조로 하고 밸브 몸체의 개폐를 한눈에 알 수 있는 것이어야 한다.

(3) 밸브의 물빼기

　　물이 고이는 위치에 스톱밸브가 설치될 때에는 물빼기를 설치하여야 한다.

(4) 분출밸브의 크기와 개수

　　① 보일러 아랫부분에는 분출관과 분출밸브 또는 분출코크를 설치해야 한다. 다만, 관류보일러에 대해서는 이를 적용하지 않는다.

　　② 분출밸브의 크기는 호칭지름 25mm 이상의 것이어야 한다. 다만, 전열면적이 $10m^2$ 이하인 보일러에서는 호칭지름 20mm 이상으로 할 수 있다.

　　③ 최고사용압력 0.7MPa($7kgf/cm^2$) 이상의 보일러(이동식 보일러는 제외한다.)의 분출관에는 분출밸브 2개 또는 분출밸브와 분출코크를 직렬로 갖추어야 한다. 이 경우 적어도 1개의 분출밸브는 닫힌 밸브를 전개하는데 회전축을 적어도 5회전하는 것이어야 한다.

　　④ 1개의 보일러에 분출관이 2개 이상 있을 경우에는 이것들을 공통의 어미관에 하나로 합쳐서 각각의 분출관에는 1개의 분출밸브 또는 분출코크를, 어미관에는 1개의 분출밸브를 설치하여도 좋다. 이 경우 분출밸브는 닫힌 상태에서 전개하는데 회전축을 적어도 5회전하는 것이어야 한다.

　　⑤ 2개 이상의 보일러에서 분출관을 공동으로 하여서는 안 된다. 다만, 개별보일러마다 분출관에 체크밸브를 설치할 경우에는 예외로 한다.

　　⑥ 정상시 보유수량 400kg 이하의 강제 순환 보일러에는 닫힌 상태에서 전개하는데 회전축을 적어도 5회전 이상 회전을 요하는 분출밸브 1개를 설치하여야 좋다.

(5) 분출밸브 및 코크의 모양과 강도

　　① 분출밸브는 스케일 그 밖의 침전물이 퇴적되지 않는 구조이어야 하며 그 최고사용압력은 보일러 최고사용압력의 1.25배 또는 보일러의 최고사용압력에 1.5MPa($15kgf/cm^2$)을 더한 압력 중 작은 쪽의 압력 이상이어야 하고, 어떠한 경우에도 0.7MPa($7kgf/cm^2$)(소용량 보일러, 가스용 온수보일러 및 주철제보일러는 0.5MPa($5kgf/cm^2$), 관류보일러는 1MPa($13kgf/cm^2$)) 이상이어야 한다.

　　② 주철제의 분출밸브는 최고사용압력 1.3MPa($13kgf/cm^2$) 이하, 흑심가단 주철제의 것은 1.9MPa($19kgf/cm^2$) 이하의 보일러에 사용할 수 있다.

　　③ 분출코크는 글랜드를 갖는 것이어야 한다.

(6) 기타 밸브

　　보일러 본체에 부착하는 기타의 밸브는 그 호칭압력 또는 최고사용압력이 보일러의 최고사용압력 이상이어야 한다.

7 운전성능

(1) 운전상태
보일러는 운전상태(정격부하 상태를 원칙으로 한다.)에서 이상진동과 이상소음이 없고 각종 부분품의 작동이 원활하여야 한다.

① 다음의 압력계들의 작동이 정확하고 이상이 없어야 한다.
- ㉮ 증기드럼압력계(관류보일러에서는 절탄기 입구 압력계)
- ㉯ 과열기 출구 압력계(과열기를 사용하는 경우)
- ㉰ 급수압력계
- ㉱ 노내압계

② 다음의 계기들의 작동이 정확하고 이상이 없어야 한다.
- ㉮ 급수량계
- ㉯ 급유량계
- ㉰ 유리수면계 또는 수면측정장치
- ㉱ 수위계 또는 압력계
- ㉲ 온도계

③ 급수펌프는 다음 사항이 이상 없고 성능에 지장이 없어야 한다.
- ㉮ 펌프 송출구에서의 송출압력상태
- ㉯ 급수펌프의 누설유무

(2) 배기가스 온도
① 유류용 및 가스용 보일러(열매체 보일러는 제외한다.) 출구에서의 배기가스 온도는 주위온도와의 차이가 정격용량에 따라 다음 표와 같아야 한다. 이때 배기가스온도의 측정위치는 보일러 전열면의 최종출구로 하며 폐열회수장치가 있는 보일러는 그 출구로 한다.

〈배기가스 온도차〉

보일러 용량(t/h)	배기가스 온도차(K)(℃)
5 이하	300 이하
5 초과 20 이하	250 이하
20 초과	210 이하

[비고] 1. 보일러 용량이 MW(kcal/h)로 표시되었을 때에는 0.6978MW(600,000kcal/h)를 1 t/h로 환산한다.
2. 주위 온도는 보일러에 최초로 투입되는 연소용 공기 투입위치의 주위 온도로 하며 투입위치가 실내일 경우는 실내온도, 실외일 경우는 외기온도로 한다.

② 열매체 보일러의 배기가스 온도는 출구열매 온도와의 차이가 150K(℃) 이하이어야 한다.

(3) 외벽의 온도
보일러의 외벽온도는 주위온도보다 30K(℃)을 초과하여서는 안 된다.

(4) 저수위안전장치
① 저수위안전장치는 연료차단 전에 경보가 울려야 하며, 경보음은 70dB 이상이어야 한다.
② 온수발생보일러(액상식 열매체 보일러 포함)의 온도-연소제어장치는 최고사용온도 이내에서 연료가 차단되어야 한다.

2. 설치검사 기준

1 검사의 신청 및 준비

(1) 검사의 신청

검사의 신청은 관리규칙 제39조의 규정에 의하되, 시공자가 이를 대행할 수 있으며 제조검사가 면제된 경우는 자체검사기록서(별지 제4호 서식)를 제출하여야 한다.

(2) 검사의 준비

검사신청자는 다음의 준비를 하여야 한다.

① 기기조종자는 입회하여야 한다.
② 보일러를 운전할 수 있도록 준비한다.
③ 정전, 단수, 화재, 천재지변 등 부득이한 사정으로 검사를 실시할 수 없을 경우에는 재신청 없이 다시 검사를 하여야 한다.

2 검사

(1) 수압 및 가스누설시험

① 수압시험대상
㉮ 수입한 보일러
㉯ 내부검사 등의 검사를 받아야 하는 보일러
② 가스누설시험대상 : 가스용 보일러
③ 수압시험압력
㉮ 강철제 보일러
㉠ 보일러의 최고사용압력이 0.43MPa(4.3kgf/cm^2) 이하일 때에는 그 최고사용압력의 2배의 압력으로 한다. 다만, 그 시험압력이 0.2MPa(2kgf/cm^2) 미만인 경우에는 0.2MPa(2kgf/cm^2)로 한다.
㉡ 보일러의 최고 사용압력이 0.43MPa(4.3kgf/cm^2) 초과 1.5MPa(15kgf/cm^2) 이하일 때에는 그 최고사용압력의 1.3배에 0.3MPa(3kgf/cm^2)을 더한 압력으로 한다.

ⓒ 보일러의 최고사용압력이 1.5MPa(15kgf/cm²)을 초과할 때에는 그 최고사용압력의 1.5배의 압력으로 한다.
㉯ 가스용 온수보일러 : 강철제인 경우에는 ㉮의 ㉠에서 규정한 압력
㉰ 주철제 보일러
ⓐ 보일러의 최고사용압력이 0.43MPa(4.3kgf/cm²) 이하일 때는 그 최고사용압력의 2배의 압력으로 한다. 다만, 시험압력이 0.2MPa(2kgf/cm²) 미만인 경우에는 0.2MPa(2kgf/cm²)로 한다.
ⓑ 보일러의 최고사용압력이 0.43MPa(4.3kgf/cm²)을 초과할 때는 그 최고사용압력의 1.3배에 0.3MPa(3kgf/cm²)을 더한 압력으로 한다.
④ 수압시험 방법
㉮ 공기를 빼고 물을 채운 후 천천히 압력을 가하여 규정된 시험 수압에 도달된 후 30분이 경과된 뒤에 검사를 실시하여 검사가 끝날 때까지 그 상태를 유지한다.
㉯ 시험수압은 규정된 압력의 6% 이상을 초과하지 않도록 모든 경우에 대한 적절한 제어를 마련하여야 한다.
㉰ 수압시험 중 또는 시험 후에도 물이 얼지 않도록 하여야 한다.
⑤ 가스누설시험 방법
㉮ 내부누설시험
  차압누설감지기에 대하여 누설확인작동시험 또는 자기압력기록계 등으로 누설유무를 확인한다. 자기압력기록계로 시험할 경우에는 밸브를 잠그고 압력발생기구를 사용하여 천천히 공기 또는 불활성 가스 등으로 최고사용압력의 1.1배 또는 840mmH₂O 중 높은 압력 이상으로 가압한 후 24분 이상 유지하여 압력의 변동을 측정한다.
㉯ 외부누설시험
  보일러 운전 중에 비눗물시험 또는 가스누설검사기로 배관접속부위 및 밸브류 등의 누설유무를 확인한다.
⑥ 판정기준
  수압 및 가스누설시험결과 누설, 갈라짐 또는 압력의 변동 등 이상이 없어야 한다. 가스누설검사기의 경우에 있어서는 가스농도가 1.2% 이하에서 작동하는 것을 사용하여 당해 검사기가 작동되지 않아야 한다.

(2) **설치장소** : 1. ① (1)항 및 (2)항에 따른다.
(3) **보일러의 설치** : 1. ① (3)항, (4)항 및 (5)항에 따른다.
(4) **급수장치** : 1. ②항에 따른다.
(5) **압력방출장치** : 1. ③항 및 다음에 따른다.
  ① 안전밸브 작동시험

㉮ 안전밸브의 분출압력은 1개일 경우 최고사용압력 이하, 안전밸브가 2개 이상인 경우 그중 1개는 최고사용압력 이하, 기타는 최고사용압력의 1.03배 이하일 것

㉯ 과열기의 안전밸브 분출압력은 증발부 안전밸브의 분출압력 이하일 것

㉰ 재열기 및 독립과열기에 있어서는 안전밸브가 하나인 경우 최고사용압력 이하, 2개인 경우 하나는 최고사용압력 이하이고 다른 하나는 최고사용압력의 1.03배 이하에서 분출하여야 한다. 다만, 출구에 설치하는 안전밸브의 분출압력은 입구에 설치하는 안전밸브의 설정압력보다 낮게 조정되어야 한다.

㉱ 발전용 보일러에 부착하는 안전밸브의 분출정지 압력은 불출압력의 0.93배 이상이어야 한다.

② 방출밸브의 작동시험

온수발생보일러(액상식 열매체 보일러 포함)의 방출밸브는 다음 각 항에 따라 시험하여 보일러의 최고 사용압력 이하에서 작동하여야 한다.

㉮ 공급 및 귀환밸브를 닫아 보일러를 난방시스템과 차단한다.

㉯ 팽창탱크에 연결된 관의 밸브를 닫고 탱크의 물을 빼내고 공기쿠션이 생겼나 확인하여 공기쿠션이 있을 경우 공기를 배출시킨다. 다만, 가압 팽창탱크는 배수시키지 않으며 분출시험 중 보일러와 차단되어서는 안 된다.

㉰ 보일러의 압력이 방출밸브의 설정압력의 50% 이하로 되도록 방출밸브를 통하여 보일러의 물을 배출시킨다.

㉱ 보일러수의 압력과 온도가 상승함을 관찰한다.

㉲ 보일러의 최고사용압력 이하에서 작동하는지 관찰한다.

③ 온수발생 보일러의 압력방출장치의 작동시험

1. ③ (8)항 및 1. ③ ⑩항에 적합한 방출관을 부착한 보일러는 압력방출장치의 작동시험을 생략할 수 있다.

④ 압력방출장치 작동시험의 생략

제조연월일로부터 1년 이내인 압력방출장치가 부착된 경우에는 그 작동시험을 생략할 수 있다.

(6) 수면계 : 1. ④항에 따른다.

(7) 계측기 : 1. ⑤항에 따른다.

(8) 스톱밸브 및 분출밸브 : 1. ⑥항에 따른다.

(9) 운전성능

① 1. ⑦항 및 다음에 따른다.

② 가스용 보일러 및 용량 5t/h(난방용은 10t/h) 이상인 유류보일러는 부하율 90±10%에서 45±10%까지 연속적으로 변경시켜 배기가스 중 O_2 또는 CO_2 성분이 사용연료별로

아래 표에 적합하여야 한다. 이 경우 시험은 반드시 다음 조건에서 실시하여야 한다.

㉮ 매연농도 바카락카 스모크 스켈 4 이하, 다만, 가스용 보일러의 경우 배기가스 중 CO의 농도는 200ppm 이하이어야 한다.

㉯ 부하변동 시 공기량은 별도 조작 없이 자동 조절

〈배기가스 성분〉

성분	O_2(%)		CO_2(%)	
부하율	90±10	45±10	90±10	45±10
중유	3.7 이하	5 이하	12.7 이상	12 이상
경유	4 이하	5 이하	11 이상	10 이상
가스	3.7 이하	4 이하	10 이상	9 이상

⑽ 내부검사 등

① 유류 및 가스를 제외한 연료를 사용하는 전열면적 $30m^2$ 이하인 온수발생 보일러가 연료변경으로 인하여 검사대상이 되는 경우의 최초검사는 3. ②항, 3. ③항 및 열사용기자재검사 제2장을 추가로 검사하여 이상이 없어야 한다.

② 검사대상이 아닌 유류용 및 기타 연료용 보일러가 가스로 연료를 변경하여 검사대상으로 되는 경우의 최초검사는 3. ②항, 3. ③항을 추가로 검사하여 이상이 없어야 한다.

3 검사의 특례

⑴ 다음에 해당하는 경우에는 1. ①(1)항의 ①, ② 및 ⑤는 적용하지 아니한다.

① 출력 0.5815MW(500,000kcal/h) 미만인 온수발생 보일러가 1982. 1. 31. 이전에 준공된 건물에 설치된 경우

② 유류용 이외의 온수발생 보일러가 1985. 10. 7. 이전에 준공된 건물에 설치된 경우

③ 가스용 온수보일러 및 가스용 1종 관류보일러가 1988. 11. 27. 이전에 준공된 건물에 설치된 경우

⑵ 1. ①(1)항의 ③, 1. ①(3)항의 ⑥, 1. ⑤(3)항의 ⑥, 1. ⑤(5)항의 ⑧은 2000. 4. 1. 이전에 설치된 보일러에 대해서는 적용하지 않는다.

⑶ 대량제조보일러 일부검사

① 관리규칙 제35조 제1항 제1호의 일부가 면제되는 검사는 동일 시공업체에 한하여 동일 시·도지사 관할 내 7일 범위 이내에 3대 이상의 동일 형식 보일러에 대한 설치검사를 신청할 경우 이를 1조로 하여 그 조에서 임의로 선정한 1대에 대하여 표본검사를 시행한다.

② ①의 규정에 의해 실기된 표본검사에 불합격된 경우에는 해당 1조에 대한 전수검사를 실시하여야 한다.

(4) 응축수 회수이용 등으로 인해 KS B 6209(보일러급수 및 보일러수의 수질)에 의한 급수처리 기준값($mgCaCO_3/L$) 이하로 관리되는 보일러는 1. ② (7) ①항의 시설을 하지 않아도 된다. 다만, 급수처리된 값은 에너지관리공단에 제출하여 인정받아야 한다.

(5) 1. ② (7)항의 ①은 2005. 7. 1. 이전에 설치된 보일러에 대해서는 적용하지 않는다.

(6) 이 고시의 시행일 전에 설치된 보일러는 1. ③ (2)항의 ②, 1. ④ (1)항의 ① 규정의 적용을 받지 아니한다.

3. 계속사용검사기준

1 검사의 신청 및 준비

(1) 검사의 신청

관리규칙 제41조의 규정에 따른다.

(2) 검사의 준비

① 개방검사

㉮ 연료공급관은 차단하며 적당한 곳에서 잠궈야 한다. 기름을 사용하는 곳에서는 무화장치 등을 버너로부터 제거한다. 가스를 사용하는 경우에는 공급관에 이중 블록과 블라이드(2개의 차단밸브와 그 사이에 한 개의 통기구멍이 있는)가 설비되어 있지 않으면 공급관을 비게 하든지 가스차단밸브와 버너 사이의 연결관을 떼어내야 한다.

㉯ 보일러에 대한 손상을 방지하고 가열면에 고착물이 굳어져 달라붙지 않도록 충분히 냉각시켜야 한다. 맨홀과 청소구멍 또는 검사구멍의 뚜껑을 열어 환기시킬 때에는 보일러의 내부가 마를 수 있기에 충분한 열이 아직 보일러에 남아 있을 때 배수한다.

㉰ 모든 맨홀과 선택된 청소구멍 또는 검사구멍의 뚜껑세척, 플러그 및 수주 연결관을 열고 보일러 장치 안에 들어가기 전에 체크밸브와 증기 스톱밸브는 반드시 잠그고 개폐 여부를 표시하여 고정시키며 두 밸브 사이의 배수밸브 또는 코크는 열어야 한다. 급수밸브는 잠그고 개폐 여부를 표시하여 고정시키는 것이 좋으며 두 밸브 사이의 배수밸브나 코크들은 열어야 한다. 보일러를 배수한 후에 블로프 밸브는 잠그고 고정하여야 한다. 실제로 가능한 경우에는 내압부분과 밸브 사이의 블로프 배관은 떼어 낸다. 모든 배수 및 통기배관은 열어야 한다.

㉱ 내부조명 : 검사를 위한 내부조명은 축전지로부터 전류가 공급되는 12볼트램프나 이동램프를 사용하여야 한다.

㉲ 화염 측 청소 : 보일러의 내벽, 배플 및 드럼은 철저히 청소되어야 하고 모든 부품을 검사원이 철저히 검사할 수 있도록 재와 매연을 제거시켜야 한다.

⑪ 수부 측 청소 : 동체, 급수내관 등 보일러 수부 측의 스케일, 슬러지, 퇴적물 등은 깨끗이 제거하여야 하며, 급수내관, 비수방지관은 동체에서 분리시켜야 한다.
⑫ 압력방출장치 및 저수위 감지장치는 분해 정비하여야 한다. 다만, 제조연월일로부터 1년 이내인 압력방출장치가 부탁된 경우는 예외로 한다.
⑬ 화재, 천재지변 등 부득이한 사정으로 검사를 실시할 수 없는 경우에는 재신청 없이 다시 검사를 받을 수 있다.

② 사용 중 검사
㉮ 보일러를 가동 중이거나 또는 운전할 수 있도록 준비하고 부착된 각종 계측기 및 화염감시장치, 저수위안전장치, 온도상한스위치, 압력조절장치 등은 검사하는 데 이상이 없도록 정비되어야 한다.
㉯ 정전, 단수, 화재, 천재지변 등 부득이한 사정으로 검사를 실시할 수 없는 경우에는 재신청 없이 다시 검사를 하여야 한다.

2 검사

(1) 개방검사

① 외부
㉮ 내용물의 외부유출 및 본체의 부식이 없어야 한다. 이때 본체의 부식상태를 판별하기 위하여 보온재 등 피복물을 제거하게 할 수 있다.
㉯ 보일러는 깨끗하게 청소된 상태여야 하며 사용상에 현저란 부식과 그루빙이 없어야 한다.
㉰ 시험용 해머로 스테이볼트 한쪽 끝을 가볍게 두들겨 보아 이상이 없어야 한다.
㉱ 가용플러그가 사용된 경우에는 플러그 주위 금속부위와 플러그면의 산화피막을 적절히 제거하여 육안으로 관찰하였을 때 사용상 이상이 없어야 하며 불완전한 경우에는 교환토록 해야 한다.
㉲ 보일러가 매달려 있는 경우에는 지지대와 고정구대를 검사하여 구조물의 과도한 변형이 없어야 한다.
㉳ 리벳이음 보일러에서 이음부분에 누설 또는 그 밖의 유해한 결함이 없어야 한다.
㉴ 보일러 지지대의 균열, 내려앉음, 지지부재의 변형 또는 파손 등 보일러의 설치상태에 이상이 없어야 한다.
㉵ 모든 배관계통의 관 및 이음쇠 부분에 누기 및 누수가 없어야 한다.
㉶ 벽돌 쌓음에서 벽돌의 이탈, 심한 마모 또는 파손이 없어야 한다.
㉷ 보일러 동체는 보온과 케이싱이 되어 있어야 하며, 손상이 없어야 한다.

② 내부
㉮ 관의 부식 등을 검사할 수 있도록 스케일은 제거되어야 하며, 관 끝부분의 손모, 취화 및 빠짐이 없어야 한다.

④ 보일러의 내부에는 균열, 스테이의 손상, 이음부의 현저한 부식이 없어야 하며, 침식, 스케일 등으로 드럼에 현저히 얇아진 곳이 없어야 한다.
④ 화염을 받는 곳에는 그을음을 제거하여야 하며 얇아지기 쉬운 관 끝부분을 가벼운 해머로 두들겨 보았을 때 현저한 얇아짐이 없어야 한다.
④ 관의 표면은 팽출, 균열 또는 결함이 있는 용접부가 없어야 한다.
⑤ 관의 지나친 찌그러짐이 없어야 한다.
⑥ 급수관 및 그 밑의 물받이의 상태는 퇴적물이 없어야 하며, 이음쇠는 헐거워지거나 개스킷의 손상이 없어야 한다.
④ 관판에 있는 관 구멍 사이의 리거먼트를 조사하여 파단이나 누설이 없어야 한다.
⑥ 노벽 보호부분은 벽체의 현저한 균열 및 파손 등 사용상 지장이 없어야 한다.
④ 맨홀 및 기타 구멍과 보강관, 노즐, 플랜지이음, 나사이음 연결부의 내·외부를 조사하여 균열이나 변형이 없어야 한다. 이때 검사는 가능한 보일러 안쪽부터 시행한다.
④ 저수위 차단 배관 등의 외부 부착 구멍들이나 방출밸브 구멍들에 흐름의 차단 또는 지장을 줄 수 있는 퇴적물 등의 장애물이 없어야 한다.
㉠ 연소실 내부에는 부적당하거나 결함이 있는 버너 또는 스토커의 설치운전에 의한 현저한 열의 국부적인 집중으로 인한 현상이 없어야 한다.
㉣ 보일러 각부에 불룩해짐 팽출, 팽대, 압궤 또는 누설이 없어야 한다.

③ 수압시험

중지 신고 후 1년 이상 경과한 보일러의 재사용검사 또는 부식 등 상태가 불량하다고 판단되는 경우에 한하여 실시하며 시험압력은 최고사용압력으로 하며 시험방법 2. ②(1) ④항의 규정에 따르고, 이에 대한 판정기준은 2. ②(1) ⑥항의 규정에 따른다.

④ 설치상태

1. ③항 및 2. ②(2)항 내지 2. ②(8)항(2. ②(5)항은 제외한다.)의 규정에 따른다.

(2) 사용 중 검사

① 1. ③항, 2. ②(2)항 내지 2. ②(4)항 및 2. ②(6)항 내지 2. ②(9)항 규정에 따르고, 대상 기기의 가동상태에서 화염감시장치, 저수위안전장치, 온도상한스위치, 압력조절장치 등의 정상 작동 여부를 검사하여야 하며, 이때 시험방법 및 시험범위가 안전장치의 작동실패 시에도 안전사고로 이어지지 않도록 당해 검사대상기기관리자와 협의하여 충분한 주의를 기울여야 한다.
② 보일러가 매달려 있는 경우에는 지지대와 고정구대를 검사하여 구조물의 과도한 변형이 없어야 한다.
③ 리벳이음 보일러에서 이음부분에 누설 또는 그 밖의 유해한 결함이 없어야 한다.
④ 보일러 지지대의 균열, 내려앉음, 지지부재의 변형 또는 파손 등 보일러의 설치상태에 이상이 없어야 한다.

⑤ 보일러 본체의 누설, 변형이 없어야 한다.
⑥ 보일러와 접속된 배관, 밸브 등 각종 이음부에는 누기, 누수가 없어야 한다.
⑦ 연소실 내부가 충분히 청소된 상태이어야 하고, 축로의 변형 및 이탈이 없어야 한다.
⑧ 보일러 동체는 보온과 케이싱이 되어 있어야 하며, 손상이 없어야 한다.

(3) 판정기준
① 3. ②항의 검사결과 이상이 없어야 한다. 다만, 안전사고와 직접 관련이 없는 경미한 사항에 대하여는 검사대상기기별로 특성을 고려하여 동사항을 검사 중에 기재하고 가능한 최단 시일 내에 보수하는 조건으로 합격판정을 하여야 한다.
② 보일러의 부식에 따른 잔존수명의 평가는 다음 식에 따른다. 잔존수명이 1년 이하인 경우에는 잔존수명기한 내에 기기를 교체하는 조건으로 합격판정을 하여야 한다.

$$잔존수명 = \frac{(t_{측정} - t_{허용})}{부식속도}$$

여기서, $t_{측정}$: 경판, 노통, 화실, 관 등 부식 발생부위에서 측정한 관두께(mm)
$t_{허용}$: 제작 시 해당 부위의 최소두께(mm)
부식속도 : 연간 부식에 의해 제거되는 두께

③ 관리규칙 제46조의2 제1항에 따라 설치신고를 한 검사대상기기(이하 "설치신고대상기기"라 한다)는 3. ① (2) ①항, 3. ② (1)항만을 적용하여 이상이 없어야 한다.

3 검사의 특례

(1) 적용 제외
① 1987. 3. 31. 이전에 설치된 보일러는 1. ⑤ (6)항 및 1. ⑤ (7)항의 규정을 적용하지 아니한다. 다만, 1987. 3. 31. 이후 연료를 가스로 변경한 경우에는 배기 가스온도 상한 스위치를 부착하여야 한다.
② 1996. 9. 1. 이전에 설치된 보일러는 1. ⑤ (4)항의 ①, ② 및 1. ⑤ (5)항의 ①, ⑦ 규정의 적용을 받지 아니한다.
③ 2000. 4. 1. 이전에 설치된 보일러는 1. ② (2)항의 ③, 1. ① (3)항의 ⑥, 1. ⑤ (3)항의 ⑥, 1. ⑤ (5)항의 ⑧ 및 1. ⑥ (4)항의 ⑤ 규정의 적용을 받지 아니한다.
④ 설치신고대상기기 중 2008. 8. 27. 이전에 설치되어 설치검사를 받지 아니한 보일러는 2. ② (2)항, 2. ② (3)항 및 2. ② (7)항(1. ⑤ (1)항 내지 1. ⑤ (3)항 및 1. ⑤ (5)항은 제외)의 적용을 받지 아니한다.

(2) 특례 적용 : 2. ③항의 검사의 특례를 적용한다.

(3) 검사주기
개방검사 주기 등 검사방법은 다음 각 호에 따른다.

① 연속 2년 자체검사, 3년째는 개방검사
  ㉮ 설치한 날로부터 15년 이내인 보일러 및 관련 압력용기로서, 검사기관이 인정하는 순수처리에 대한 수질시험성적서를 검사기관에 제출하여 인정을 받은 검사대상기기
  ㉯ 순수처리라 함은 다음 각 호 수질기준을 만족하여야 한다.
    ㉠ pF(298K(25℃)에서) : 7~9
    ㉡ 총경도(mgCaCO$_3$/L) : 0
    ㉢ 실리카(mgSiO$_2$/L) : 흔적이 나타나지 않음
    ㉣ 전기 전도율(298K(25℃)에서) : 0.5μm/cm 이하
② 연속 2년 사용 중 검사, 3년째는 개방검사
  ㉮ 설치한 날로부터 5년 이내인 보일러로서 1. ②(7)항의 수처리시설을 하고 자동으로 경도를 측정하여 표시되는 장치를 설치하여 KS B 6209(보일러 급수 및 보일러수의 수질)규격 기준 이상의 수질(1mgCaCO$_3$/L 이하)을 유지하고 있다고 검사기관이 인정하는 검사대상기기
③ 2년마다 개방검사
  관리규칙 제 46조의2 제1항에 따라 설치신고를 한 검사대상기기
④ 1년 사용 중 검사, 2년째는 개방검사
  3. ③(1)항 내지 3. ③(3) ③항을 제외한 검사대상기기
⑤ 기타 안전장치의 장착 등
  기타 안전장치의 장착 등에 의하여 수처리와 동등 이상의 안전관리 효과가 있다고 에너지관리공단 이사장이 인정하는 검사대상기기에 대하여 각각 3. ③(1)항 및 3. ③(3) ②항의 기준을 적용할 수 있다.
⑥ 개방검사의 적용
  ㉮ 설치자의 요구가 있을 때에는 개방검사를 할 수 있다.
  ㉯ 사용 중 검사시 보일러 본체의 누설, 변형으로 불합격한 경우의 재검사는 누설 및 변형의 원인과 손상을 확인하기 위하여 개방검사로 하여야 한다.
  ㉰ 사용 중지 후 재사용검사, 개조검사(연료 또는 연소방법 변경에 따른 개조검사는 제외)는 개방검사로 하여야 한다.
  ㉱ 설치검사 후 최초로 시행하는 계속사용검사는 개방검사로 한다.
  ㉲ 보일러를 설치한 날로부터 15년을 경과한 보일러는 개방검사로 한다.

4. 계속사용검사 중 운전성능 검사기준

1 검사의 신청 및 준비

(1) 검사의 신청

관리규칙 제41조의 규정에 따른다.

(2) 검사의 준비

① 보일러를 가동 중이거나 운전할 수 있도록 준비하고 부착된 각종 계측기는 검사하는 데 이상이 없도록 정비되어야 한다.

② 정전, 단수, 화재, 천재지변, 가스의 공급중단 등 부득이한 사정으로 검사를 실시할 수 없는 경우에는 재신청 없이 다시 검사를 하여야 한다.

2 검사

사용부하에서 다음 해당사항에 대한 검사를 실시하여 적합하여야 한다.

(1) **열효율**

유류용 증기보일러는 열효율이 아래 표를 만족하여야 한다.

〈열효율〉

용량(t/h)	1 이상 2.5 미만	3.5 이상 6 미만	6 이상 20 미만	20 이상
열효율(%)	75 이상	78 이상	81 이상	84 이상

(2) **유류보일러로서 증기보일러 이외의 보일러**

유류보일러로서 증기보일러 이외의 보일러는 배기가스 중의 CO_2 용적이 중유의 경우 11.3% 이상, 경유 및 보일러 등유의 경우 9.5% 이상이어야 하며 출구에서의 배기가스온도와 주위 온도와의 차는 아래 표를 만족하여야 한다. 다만, 열매체보일러는 출구 열매유 온도와 차가 150K(℃) 이하이어야 한다.

〈배기가스 온도차〉

보일러 용량(t/h)	배기가스 온도차(K)(℃)
5 이하	315 이하
5 초과 20 이하	275 이하
20 초과	235 이하

[비고] 1. 폐열회수장비가 있는 보일러는 그 출구에서 배기가스온도를 측정한다.
2. 보일러용량이 MW(kcal/h)로 표시되었을 때에는 0.6978MW(600,000kcal/h)를 1 t/h로 환산한다.
3. 주위온도는 보일러에 최초로 투입되는 연소용 공기 투입위치의 주위 온도로 하며, 투입위치가 실내일 경우는 실내온도, 실외일 경우는 실외온도로 한다.

(3) 가스용 보일러

가스용 보일러의 배기가스 중 일산화탄소(CO)의 이산화탄소(CO_2)에 대한 비는 0.002 이하이고, 그 성분은 표 〈배기가스 성분〉에 적합하여야 하며, 출구에서의 배기가스온도와 주위온도차는 4. ② (2)항에 따른다.

(4) 보일러의 성능시험방법

보일러의 성능시험방법은 KS B 6205(육용 보일러 열정산 방식) 및 다음에 따른다.

① 유종별 비중, 발열량은 아래 표에 따르되 실측이 가능한 경우 실측치에 따른다.

〈유종별 비중 및 발열량〉

유종	경유	B-A유	B-B유	B-C유
비중	0.83	0.86	0.92	0.95
저위발열량 kJ/kg(kcal/kg)	43,116 (10,300)	42,697 (10,200)	41,441 (9,900)	40,814 (9,750)

② 증기건도는 다음에 따르되 실측이 가능한 경우 실측치에 따른다.
㉮ 강철제 보일러 : 0.98
㉯ 주철제 보일러 : 0.97
③ 측정은 매 10분마다 실시한다.
④ 수위는 최초 측정 시와 최종 측정 시가 일치하여야 한다.
⑤ 측정기록 및 계산양식은 검사기관에서 따로 정할 수 있으며, 이 계산에 필요한 증기의 물성치, 물의 비중, 연료별 이론공기량, 이론배기가스량, CO_2 최대치 및 중유의 용적보정계수 등은 검사기관에서 지정한 것을 사용한다.

③ 검사의 특례

(1) 검사대상기기 관리일지와 연소효율 자동측정 기록 자료를 검사기관에 제출하여 4. ②항의 검사기준에 적합하다고 판정을 받은 자에 대하여는 운전성능 검사에 대한 검사유효기간을 2년 단위로 하여 연장 할 수 있다.

(2) 이 특례를 적용받는 자는 검사대상기기 관리일지와 연소효율 자동측정 기록 자료를 계속사용검사 시 확인할 수 있도록 하여야 한다.

(3) 검사기관은 (2)에 의한 확인 시에 4. ②항의 검사기준에 미달될 경우에는 지체없이 특례적용을 취소하고 운전성능 검사를 실시하여야 한다.

(4) 검사대상기기 관리일지에 배가스 성분(CO_2, CO, O_2, 바카락스모그스켈 No.) 및 수질(급수의 pH 및 총경도, 관수의 pH 및 M알칼리도)을 매분기 1회 이상 측정하고 그 기록을 유지하여야 한다.

(5) 1996. 5. 14일 이전에 계속사용 운전측정을 받은 보일러는 4. ②(1)항 표 〈열효율〉의 열효율을 적용하지 아니하며, 다음을 적용한다.

용량(t/h)	1 이상 1.5 미만	1.5 이상 2 미만	2 이상 3.5 미만	3.5 이상 6 미만	6 이상 12 미만	12 이상 20 미만	20 이상
열효율(%)	71 이상	73 이상	74 이상	77 이상	79 이상	80 이상	82 이상

(6) 다음에 해당하는 경우는 4. ②항을 적용하지 않는다.

① 혼소용 보일러
② 폐목 등 고체연료용 보일러
③ 공정부생가스 또는 폐가스를 사용하는 보일러

(7) 설치신고대상기기는 4. ②(4)항에 따른 성능시험 시 열손실법으로 산정할 수 있다.

제4장 보일러 설치검사기준 등

출제예상문제

01 온수발생 보일러의 전열면적이 12m² 일 때 방출관의 안지름은 몇 mm 이상으로 해야 하는가?

① 15mm ② 20mm
③ 30mm ④ 40mm

해설

전열면적(m²)	방출관의 안지름(mm)
10 이하	25
10~15 이하	30
15~20 이하	40
20 초과	50

02 강철제 증기보일러에서 안전밸브를 1개만 설치해도 되는 경우는 전열면적이 몇 m² 이하인 보일러인가?

① 20m² ② 30m²
③ 40m² ④ 50m²

해설 ㉠ 보일러 설치검사 기준에서 전열면적이 50m² 이하에서는 안전밸브가 1개 이상 설치가 허용된다. 그 외에는 반드시 2개 이상의 안전밸브가 필요하다.
㉡ 안전밸브는 보일러 동체에 보기 쉬운 곳에 반드시 수직으로 설치한다.
㉢ 안전밸브는 호칭지름의 크기가 25mm 이상이어야 한다.

03 강철제 증기보일러의 분출밸브 최고사용압력은 최소 몇 MPa 이상이어야 하는가?

① 0.5MPa ② 0.7MPa
③ 1.3MPa ④ 1.9MPa

해설 ㉠ 분출밸브는 어떠한 경우에도 0.7MPa 이상에 견뎌야 한다.
㉡ 소용량 보일러, 가스용 온수보일러, 주철제 보일러는 0.5MPa 이상
㉢ 주철제의 분출밸브는 1.3MPa 이하 사용
㉣ 흑심가단 주철제의 것은 1.9MPa 이하 사용
㉤ 분출밸브의 크기는 호칭 25mm 이상의 것
㉥ 전열면적이 10m² 이하의 보일러에서는 분출밸브의 지름을 20mm 이상으로 할 수 있다.

04 소용량 보일러 설치에 있어 보일러 동체 최상부로부터 천장 배관 또는 그 밖의 보일러 동체 상부에 있는 구조물까지의 거리는 얼마 이상이어야 하는가?

① 0.6m
② 1.0m
③ 1.2m
④ 1.5m

해설 보일러 옥내 설치 시 보일러 동체 최상부로부터 천장 배관 등 보일러 상부에 있는 구조물까지의 거리는 1.2m 이상이어야 하나, 소형 보일러의 경우는 0.6m 이상으로 할 수 있다.

05 온수의 사용온도가 120℃ 이상인 온수발생 강철제 보일러에는 온도가 최고 사용온도를 초과하지 않도록 무엇을 설치해야 하는가?

① 온도연소 제어장치
② 공기유량 자동조절기
③ 압력조정기
④ 안전장치

해설 온수의 사용온도가 120℃ 이상을 초과하는 온수발생 보일러에는 안전밸브를 설치하며 사용온도가 초과하지 못하도록 온도연소 제어장치를 설치한다.

정답 01 ③ 02 ④ 03 ② 04 ① 05 ①

06 증기 보일러의 용량이 적을 때는 안전밸브를 1개 이상으로 할 수 있는데, 다음 중 어느 경우에 가능한가?

① 전열면적 50m² 이하
② 전열면적 100m² 이하
③ 전열면적 150m² 이하
④ 전열면적 200m² 이하

해설 ㉠ 증기 보일러의 전열면적이 50m² 이하인 경우 안전밸브는 1개 이상 설치하면 된다. 그 외는 2개 이상의 설치가 가능하다.
㉡ 안전밸브의 지름은 25mm 이상이어야 한다.
㉢ 안전밸브의 종류
  • 스프링식(고압 대용량에 사용)
  • 추식
  • 지렛대식

07 보일러 계속 사용 성능검사 시 보일러 성능의 측정은 몇 분마다 실시하는가?

① 5분　　② 10분
③ 20분　　④ 39분

해설 보일러 성능검사
㉠ 증기의 건도(실측이 불가능할 때)
  • 강철제 보일러 : 0.98
  • 주철제 보일러 : 0.97
㉡ 측정은 매 10분마다 실시한다.
㉢ 수위는 최초 측정 시와 최종 측정 시가 일치하여야 한다.
㉣ 측정기록 및 계산양식은 검사기관에서 지정한 것으로 사용한다.

08 주철제 증기보일러의 수압시험압력은?

① 최고사용압력 0.43MPa 이하 : 2배 압력
② 최고압력 0.2MPa 미만 : 0.3MPa
③ 최고사용압력 0.43MPa 초과 : 최고사용압력의 1.3배
④ 최고사용압력 0.43MPa 초과 : 최고사용압력 +0.3MPa

해설 ㉠ 최고사용압력 0.43MPa 이하 : 최고사용압력 2배
㉡ ②는 0.2MPa, ③, ④ : 최고사용압력×1.3배+0.3MPa

09 보일러 안전밸브 부착에 관한 설명으로 잘못된 것은?

① 안전밸브 부착은 바이패스 회로를 적용한다.
② 쉽게 검사할 수 있는 장소에 부착한다.
③ 밸브 축을 수직으로 한다.
④ 가능한 한 보일러 동체에 직접 부착한다.

해설 바이패스 회로는 유량계나 순환펌프에만 필요하다.

10 보일러 설치, 시공 및 검사 기준상 배기가스 온도의 측정치는?(단, 폐열 회수장치는 없음)

① 연돌의 출구
② 연돌 내
③ 전열면 최종 출구
④ 연소실 내

해설 배기가스 온도의 측정위치는 보일러 전열면의 최종 출구

11 보일러의 전열면적이 10m²를 초과하는 경우 급수밸브의 크기는 몇 A 이상으로 하는가?

① 15A　　② 20A
③ 30A　　④ 35A

해설 보일러의 급수밸브 및 체크밸브의 크기는 보일러의 전열면적이 10m²를 초과하는 경우 호칭 20A 이상이어야 한다.

12 보일러 설치시공 기준상 보일러 운전성능은 어떤 부하 상태에서 검사하는 것이 원칙인가?

① 정격부하의 80% 상태
② 정격부하 상태
③ 상용부하 상태
④ 상용부하의 90% 상태

해설 보일러 계속사용 성능검사에서는 정격부하 상태에서 검사한다.

정답　06 ①　07 ②　08 ①　09 ①　10 ③　11 ②　12 ②

13 관류보일러를 제외한 증기보일러에는 통상 몇 개 이상의 유리수면계를 부착해야 하는가?

① 2개 이상 ② 3개 이상
③ 4개 이상 ④ 없어도 된다.

해설 수면계의 개수
㉠ 증기보일러에는 2개(소용량 및 소형관류 보일러는 1개) 이상의 유리수면계를 부착하여야 한다. 다만, 단관식 관류 보일러는 제외한다.
㉡ 최고 사용압력 10kg/cm² 이하로서, 동체 안지름이 750mm 미만인 경우에 있어서는 수면계 중 1개는 다른 종류의 수면 측정장치로 할 수 있다.
㉢ 2개 이상의 원격지시 수면계를 시설하는 경우에 한하여 유리 수면계를 1개 이상으로 할 수 있다.

14 보일러의 안전밸브 설치에 대한 설명으로 옳은 것은?

① 2개 미만이어야 한다.
② 전자동식 보일러에는 필요 없다.
③ 수동일 때는 필요하고 전자동 또는 반자동일 때는 필요 없다.
④ 전열면적 50m² 이하의 증기 보일러에는 안전밸브를 1개 이상 설치할 수 있다.

해설 보일러 전열면적 50m² 이하의 증기 보일러에는 안전밸브를 1개만 설치하여도 되나 50m² 초과하면 2개 이상 설치하여야 한다.

15 보일러 계속사용 안전검사 시, 검사의 준비 설명으로 잘못된 것은?

① 연료공급관은 차단하며 적당한 곳에서 잠가야 한다.
② 보일러의 내벽, 배플 및 드럼은 철저히 청소되어야 한다.
③ 보일러 장치 안에 들어가기 전에 체크밸브와 스톱밸브는 반드시 열어둔다.
④ 압력방출장치 및 저수위 감지장치는 분해, 정비하여야 한다.

해설 보일러 장치 안에 들어가기 전에 체크밸브, 스톱밸브는 반드시 잠근다.

16 안전밸브를 1개만 붙여도 되는 증기보일러는?

① 최고 사용압력 1kg/cm² 이하의 증기보일러
② 최고 사용압력 2kg/cm² 이하의 증기보일러
③ 증발량 2t/h 이하의 주철제 보일러
④ 전열면적 50m² 이하의 증기보일러

해설 증기보일러에는 2개 이상의 안전밸브를 설치하여야 한다. 다만, 전열면적 50m² 이하의 증기 보일러에서는 1개 이상으로 하면 U자형 입관을 부착한 보일러는 안전밸브를 부착하지 않아도 된다.
관류보일러에서 보일러와 압력방출장치와의 사이에 체크밸브를 설치할 경우 압력방출장치는 2개 이상이어야 한다.

17 가스용 보일러의 연료 배관에는 그 외부에 연료가스에 대한 사항을 표시해야 하는데 다음 중 표시하지 않아도 되는 것은?

① 사용가스명 ② 가스 흐름방향
③ 가스의 온도 ④ 최고 사용압력

해설 배관의 표시사항
㉠ 사용가스명
㉡ 최고 사용압력 및 가스 흐름방향 표시
㉢ 표면색상은 황색

18 강철제 또는 주철제 보일러에서 온도계를 설치하지 않는 것은?

① 과열기 출구 온도계
② 급수 출구의 급수온도계
③ 절탄기 전후 온도계
④ 버너 급유 입구 온도계

해설 온도계의 설치장소
㉠ 급수 입구의 급수 온도계
㉡ 버너 급유 입구의 급유 온도계
㉢ 절탄기나 공기예열기가 설치된 곳은 각 유체의 전후 온도계
㉣ 절탄기나 공기예열기가 없으면 본체 배기가스 온도계
㉤ 과열기나 재열기가 있으면 그 출구 온도계

정답 13 ① 14 ④ 15 ③ 16 ④ 17 ③ 18 ②

19 보일러 설치시공 기준상 가스용 보일러의 배관 설치에 있어서 관경이 13mm 미만인 경우 배관 고정은 몇 m마다 해야 하는가?

① 1m ② 5m
③ 2m ④ 3m

해설 가스용 보일러의 배관고정
㉠ 관경 13mm 미만 : 1m마다 고정
㉡ 관경 13~33mm 미만 : 2m마다 고정
㉢ 관경 33mm 이상 : 3m마다 고정

20 강철제 또는 주철제 증기보일러의 급수장치 설명으로 잘못된 것은?

① 2개 이상의 보일러에 자동 급수조절기를 설치하는 경우 공통으로 하여 1개만 설치한다.
② 전열면적 10m²를 초과하는 보일러의 급수밸브의 크기는 호칭 20A 이상으로 한다.
③ 급수관에는 보일러에 인접하여 급수밸브와 체크밸브를 설치한다.
④ 1개의 급수장치로 2개 이상의 보일러에 물을 공급할 경우 1개의 보일러로 간주하여 적용한다.

해설 ㉠ ②, ③, ④의 내용은 급수장치에 대한 설명이다.
㉡ 2개 이상의 보일러에 자동 급수조절기를 설치하는 경우에도 별도로 설치한다.

21 최고 사용압력이 0.7MPa인 증기보일러의 수압 시험압력은?

① 최고 사용압력의 2배
② 최고 사용압력의 1.5배
③ 최고 사용압력×1.3+3
④ 최고 사용압력×1.5+3

해설 ㉠ 보일러 최고 사용압력이 0.43MPa 이상 1.5MPa 이하에서의 수압시험은 최고 사용압력(P)×1.3배 +0.3MPa이다.
㉡ 15kg/cm²의 초과보일러는 최고 사용압력×1.5배
㉢ 4.3kg/cm² 이하 보일러는 2배의 수압시험

자동제어 개요
① 강철제 보일러
㉠ 보일러의 최고 사용압력이 0.43MPa 이하일 때에는 그 최고 사용압력의 2배의 압력으로 한다. 다만 그 시험압력이 0.2MPa 미만인 경우에는 0.2MPa로 한다.
㉡ 보일러의 최고 사용압력이 0.43MPa 이상 1.5MPa 이하일 때는 그 최고 사용압력의 1.3배에 0.3MPa를 더한 압력으로 한다.
㉢ 보일러의 최고 사용압력이 0.2MPa를 초과할 때에는 그 최고 사용압력의 1.5배의 압력으로 한다.
② 주철제 보일러
㉠ 증기보일러에 대하여는 0.2MPa로 한다.
㉡ 온수발생 보일러에 대하여는 최고 사용압력의 1.5배의 압력으로 한다. 다만, 그 시험압력이 0.1MPa 미만일 경우에는 0.2MPa로 한다.
③ 가스용 온수보일러
㉠ 강철제인 경우에는 ①의 ㉠에서 규정한 압력
㉡ 주철제인 경우에는 ②의 ㉡에서 규정한 압력으로 한다.

수압시험 방법
공기를 빼고 물을 채운 후 천천히 압력을 가하여 규정된 수압에 도달된 후 30분이 경과된 뒤에 검사를 실시하여 끝날 때까지 그 상태를 유지한다.

22 증기 보일러의 압력계 부착방법으로 옳지 않은 것은?

① 눈금판의 바깥지름은 100m 이상으로 한다.
② 압력계로 가는 증기관은 12.7mm 이상의 동관으로 한다.
③ 사이펀관을 거쳐서 압력계로 붙인다.
④ 압력계의 콕은 핸들이 수직으로 되었을 때에 열려 있어야 한다.

해설 ㉠ ①, ③, ④는 압력계의 부착방법이다.
㉡ 압력계의 증기관 안지름
• 동관 : 6.5mm 이상이며 210℃ 이상에서는 사용 불가
• 강관 : 12.7mm 이상
㉢ 사이펀관의 안지름은 6.5mm 이상

정답 19 ① 20 ① 21 ③ 22 ②

23 보일러(육용 강제보일러 및 주철제 보일러)의 설치검사기준에서 아래의 곳에는 반드시 온도계를 설치하도록 규정하고 있다. 다음 중 생략할 수 있는 온도계는?

> 소용량 보일러가 아닌 보일러로서 절탄기 및 공기예열기가 설치된 경우이다.

① 급수 입구의 급수온도계
② 버너 급유 입구의 온도계
③ 보일러 본체 배기가스 온도계
④ 과열기 및 재열기가 있는 경우 과열기 및 재열기 출구온도계

해설 절탄기나 공기예열기가 설치된 보일러는 보일러 본체의 배기가스 온도계가 제외된다.

24 열매체 보일러의 배기가스 온도는 출구 열매온도와의 차이가 몇 ℃ 이하이어야 하는가?

① 150℃
② 200℃
③ 250℃
④ 300℃

해설
㉠ 열매체 보일러는 출구 열매 온도와의 차가 200℃ 이하이어야 한다.(성능검사시)
㉡ 열매체 보일러의 배기가스 온도는 출구 열매 온도와의 차이가 150℃ 이하이어야 한다.(설치검사 기준)
㉢ 열매체 시스템의 응용 이점 : 종전에 사용된 증기 또는 고온수에 의한 가열법과 달리 열매체 가열시스템의 이점은 다음에 기술하는 것과 같이 저압력으로 높은 온도의 간접열을 손쉽고 저렴하게 얻을 수 있다. 즉, 경제효과가 대단히 크다.
• 저압력이므로 설비의 강도상 이점이 있다.
• 저압력이기 때문에 설계제작이 간단하다.
• 열원이 고온이므로 2차측 열교환기와의 온도차가 크기 때문에 열교환기를 작게 설계할 수 있다.
• 액상이므로 배관경을 작게 할 수 있다.
• 부식이 없고 내용연수가 길다.
• 부식이 없고 압력이 낮기 때문에 보수 유지가 간단하다.

• 정밀한 온도제어가 가능하므로 제품을 고급화할 수 있다.
• 안전자동화로 운전관리를 간소화할 수 있다.
• 온도의 상승이 빠르므로 부하에 대한 적응성이 크다.
• 고압 보일러에 비해 전 System의 시설비가 저렴하다.
• 밀폐계로 간접열을 사용하므로 열손실이 적다.
• 동일 열매(Heater)로 급탕, 증기발생 등 다목적으로 사용이 가능하다.
• 보일러 용수가 필요 없으며 보존비용이 저렴하다.
• 동파 우려가 없다.
• 설치면적을 적게 차지한다.

구분	열매체 보일러	증기 보일러
용도	다목적	제한
배관경	액상이므로 배관경이 작음	기상이므로 배관경이 큼
열교환기 크기	열원이 고온이므로 열교환기가 작음	열원이 저온이므로 열교환기가 큼
설계제작	압력이 낮으므로 간단한 기술로 해결	압력이 높으므로 강도상 제한을 받음
계장화	간단	복잡
응축손실	무	유

25 보일러 설치방법 중 옳지 않은 것은?

① 보일러에 설치된 계기들은 육안으로 볼 수 있도록 충분한 조명시설이 되어야 한다.
② 보일러 상부로부터 천장까지의 거리는 0.5m 이상이어야 한다.
③ 보일러를 옥내에 설치할 때는 전용 건물 또는 건물 내의 불연성 재료의 격벽으로 구분한 장소를 설치하여야 한다.
④ 옥내에 연료를 함께 저장할 때는 2m 이상 거리를 둔다.

해설
㉠ ①, ③, ④는 보일러 설치방법이다.
㉡ ②는 1.2m 이상이어야 하며 소형 보일러는 0.6m 이상이어야 한다.

26 강철제 또는 주철제 유류용 증기보일러의 계속 사용 성능검사 시 열효율 기준에 대한 설명으로 옳은 것은?

① 보일러 용량(t/h)이 작을수록 열효율이 높아야 한다.
② 용량에 구분 없이 80% 이상이어야 한다.
③ 용량에 구분 없이 90% 이상이어야 한다.
④ 용량이 클수록 열효율이 높아야 한다.

해설 ㉠ 강철제 또는 주철제 유류용 증기 보일러의 계속사용 성능검사 시 열효율 기준은 보일러 용량이 클수록 높아야 한다.
㉡ 유류용 증기 보일러는 열효율이 다음을 만족하여야 한다.

용량(t/h)	열효율(%)
1 이상~1.5 미만	71 이상
1.5 이상~2 미만	73 이상
2 이상~3.5 미만	74 이상
3.5 이상~6 미만	77 이상
6 이상~12 미만	79 이상
12 이상~20 미만	80 이상
20 초과	82 이상

27 안전밸브 및 압력 방출장치의 크기를 호칭지름 20A 이상으로 할 수 있는 보일러에 해당되지 않는 것은?

① 최고 사용압력 0.1MPa 이하의 보일러
② 최고 사용압력 0.5MPa 이하의 보일러
③ 최고 사용압력 0.5MPa 이하의 보일러로서 전열면적 14m^2 이하의 것
④ 최대 증발량 5t/h 이하의 관류 보일러

해설 ①, ②, ④의 경우는 안전밸브나 압력 방출장치의 크기를 호칭지름 20A 이상으로 할 수 있다. ③의 경우는 전열면적이 2m^2 이하이어야 하나, 14m^2이기 때문에 25A 이상이어야 한다.

28 보일러를 옥외에 설치할 때 틀린 것은?

① 보일러에 풍우방지 케이싱 또는 설비를 해야 한다.
② 노출된 절연재 등에는 방수처리를 해야 한다.
③ 증기관 등의 동파방지설비를 하여야 한다.
④ 건물로부터 2m 이상 떨어져 설치해야 한다.

해설 ㉠ ①, ②, ③의 내용은 보일러 옥외 설치 조건이다.
㉡ 보일러의 옥외 설치 시 조건
- 보일러는 불연성 물질의 격벽으로 구분된 장소에 설치하여야 한다. 단, 소용량 보일러, 가스용 온수보일러 및 소형 관류보일러(이하 '소형 보일러' 라 한다.)는 반격벽으로 구분된 장소에 설치할 수 있다.
- 보일러 동체 최상부로부터(보일러 검사 및 취급에 지장이 없도록 작업대를 설치한 경우에는 작업대로부터) 천장, 배관 등 보일러 상부에 있는 구조물까지의 거리는 1.2m 이상이어야 한다. 단, 소형 보일러의 경우는 0.6m 이상으로 할 수 있다.
- 보일러 및 보일러에 부설된 금속제의 굴뚝 또는 연도의 외측으로부터 0.3m 이내에 있는 가연성 물체에 대하여는 금속 이외의 불연성 재료로 피복하여야 한다.
- 연료를 저장할 때에는 보일러 외측으로부터 2m 이상 거리를 두거나 방화격벽을 설치하여야 한다. 단, 소형 보일러의 경우는 1m 이상 거리를 두거나 반격벽으로 할 수 있다.
- 보일러에 설치된 계기들을 육안으로 관찰하는 데 지장이 없도록 충분한 조명시설이 있어야 한다.
- 보일러실은 연소 및 환경을 유지하기에 충분한 급기구 및 환기구가 있어야 하며 급기구는 보일러 배기가스 덕트의 유효단면적 이상이어야 하고 도기가스를 사용하는 환기구를 가능한 한 높이 설치하여 가스가 누설되었을 때 체류하지 않는 구조이어야 한다.

29 온도 120℃를 초과하는 온수발생 보일러는 안전밸브를 설치해야 하는데, 밸브의 호칭지름은 얼마 이상인가?

① 15mm ② 20mm
③ 25mm ④ 30mm

정답 26 ④ 27 ③ 28 ④ 29 ②

해설 ㉠ 액상식 열매체 보일러 및 온도 120℃ 이하의 온수발생 보일러에는 방출밸브를 설치하여야 하며 그 지름은 20mm 이상으로 하고 보일러의 압력이 보일러의 최고 사용압력에 그 10%(그 값이 $0.35kg/cm^2$ 미만인 경우에는 $0.35kg/cm^2$로 한다.)를 더한 값을 초과하지 않도록 지름과 개수를 정하여야 한다.
㉡ 온도 120℃를 초과하는 온수발생 보일러에는 안전밸브를 설치하여야 하며 그 크기는 호칭지름 20mm 이상으로 한다. 단, 환산증발량은 열출력을 보일러의 최고 사용압력에 상당하는 포화증기의 엔탈피와 급수 엔탈피의 차로 나눈 값(kg/h)으로 한다.

30 보일러 설치 시 스톱밸브의 부착에 대한 기준 설명 중 잘못된 것은?

① 증기의 각 분출구에는 모두 분출밸브를 부착하여야 한다.
② 스톱밸브의 호칭압력은 보일러의 최고 사용압력 이상이어야 하며, 적어도 0.7MPa 이상이어야 한다.
③ 전열면적이 $10m^2$ 이하의 보일러에서는 지름 20mm 이상의 분출밸브를 설치할 수 있다.
④ 2개 이상의 보일러 분출관은 분출밸브 또는 콕 앞을 공동으로 해서는 안 된다.

해설 ㉠ 스톱밸브
 • 스톱밸브의 호칭압력(KS 규격에 최고 사용압력을 별도로 규정한 것은 최고 사용압력)은 보일러의 최고 사용압력 이상이어야 하며 적어도 $7kg/cm^2$ 이상이어야 한다.
 • 65mm 이상의 증기 스톱밸브는 바깥 나사형의 구조 또는 특수한 구조로 하고 밸브 몸체의 개폐를 한눈에 알 수 있는 것이어야 한다.
㉡ 밸브의 물빼기 : 물이 고이는 위치에 스톱밸브가 설치될 때에는 물빼기를 설치하여야 한다.
㉢ 분출밸브의 크기와 개수
 • 보일러 아래 부분에는 분출관과 분출밸브 또는 분출 콕을 설치하여야 한다. 단, 관류보일러에 대해서는 이에 적용하지 않는다.
 • 분출밸브의 크기는 호칭 25 이상의 것이어야 한다. 단, 전열면적이 $10m^2$ 이하인 보일러에서는 지름 20mm 이상으로 할 수 있다.

• 최고 사용압력 $7kg/cm^2$ 이상의 보일러(이동식 보일러는 제외한다.)의 분출관에는 분출밸브 2개 또는 분출밸브와 분출콕을 직렬로 갖추어야 한다. 그 경우에 적어도 1개의 분출밸브는 닫힌 밸브를 전개하는데 적어도 회전축을 5회전하는 것이어야 한다.
• 1개의 보일러에 분출관이 2개 이상 있을 경우에는 이것들을 공통의 어미관에 하나로 합쳐서 각각의 분출관에는 1개의 분출밸브 또는 분출콕을, 어미관에는 1개의 분출밸브를 설치하여도 좋다. 이 경우 분출밸브 및 콕은 닫힌 상태에서 전개하는데 적어도 회전축을 5회전하는 것이어야 한다.
• 2개 이상의 보일러의 공동 분출관은 분출밸브 또는 콕의 앞을 공동으로 하여서는 안 된다.
• 정상 시 보유수량 400kg 이하의 강제순환 보일러에는 닫힌 상태에서 전개하는데 적어도 5회전 이상의 회전을 요하는 분출밸브 1개를 설치하여도 좋다.

31 서울시립병원에 최고 사용압력이 0.7MPa인 주철제 온수보일러에 설치하려고 한다. 다음 중 수압 시험으로 가장 적당한 것은?

① 1.05MPa ② 1.4MPa
③ 0.8MPa ④ 0.721MPa

해설 ㉠ 주철제 온수보일러의 수압시험은 최고 사용압력 × 1.5배
∴ $7 \times 1.5 = 1.05MPa$
㉡ 주철제 온수보일러가 0.2MPa 미만이면 수압시험은 0.2MPa

32 주철제 증기보일러의 최고 사용압력이 0.15 MPa이다. 수압시험압력은 몇 kg/cm^2로 하는가?

① 0.13MPa ② 0.15MPa
③ 0.2MPa ④ 0.3MPa

해설 ㉠ 주철제 증기보일러는 압력에 관계없이 수압시험 최고 사용압력이 $2kg/cm^2$이다.
㉡ 주철제 온수보일러는 최고 사용압력의 1.5배이다. 그 압력이 $1kg/cm^2$ 미만일 경우는 $2kg/cm^2$이다.

정답 30 ① 31 ① 32 ③

33 다음은 보일러의 안전밸브 부착에 관한 설명이다. 옳게 나타낸 것은 어느 것인가?

① 증기보일러에서 안전밸브는 반드시 1개 이상 부착하여야 한다.
② 안전밸브의 부착위치는 몸체 또는 주증기관 증기헤더 어느 곳이라도 좋다.
③ 안전밸브의 분출압력은 보일러의 사용압력에서 분출되도록 하여야 한다.
④ 안전밸브 및 방출장치의 크기는 소용량 보일러인 경우 호칭지름 20A 이상으로 할 수 있다.

해설 ㉠ 증기보일러에서 안전밸브는 2개 이상 설치된다. (단, 전열면적 $50m^2$ 이하는 1개 이상)
㉡ 안전밸브는 증기동체에 직접 수직으로 부착한다.
㉢ 안전밸브 2개 중 하나는 최고 사용압력 이하, 다른 하나는 최고 사용압력의 1.03배 이하에서 분출되게 조절한다.
㉣ 안전밸브나 방출밸브는 소용량 보일러의 경우 20A 이상

34 온도 몇 ℃를 초과하는 온수발생 보일러에 안전밸브를 설치해야 하는가?

① 100   ② 105
③ 115   ④ 120

해설 온도 120℃를 초과하는 온수발생 보일러에는 안전밸브를 설치한다.

35 강철제 증기보일러의 증기출구에 설치하는 스톱밸브는 그 호칭압력이 최소 얼마 이상이어야 하는가?

① 0.2MPa   ② 0.3MPa
③ 0.5MPa   ④ 0.7MPa

해설 ㉠ 강철제 증기보일러 증기의 각 출구에는 스톱밸브를 갖추어야 한다.
㉡ 스톱밸브의 호칭압력은 보일러 최고 사용압력 이상이어야 하고 적어도 0.7MPa 이상이어야 한다.

36 보일러 용량이 30,000kcal/h 이하일 때 방출관의 호칭지름은 몇 mm인가?

① 15mm   ② 20mm
③ 25mm   ④ 32mm

해설 ㉠ 온수보일러 팽창관의 크기 및 방출관의 크기
 • 30,000kcal/h 이하 : 호칭 지름 15mm 이상
 • 30,000~150,000kcal/h 이하 : 호칭지름 25mm 이상
 • 150,000kcal/h 이하 : 호칭지름 30 이상
㉡ 온수보일러 급탕관의 크기
 • 50,000kcal/h 이하 : 호칭지름 15mm 이상
 • 50,000kcal/h 초과 : 호칭지름 20mm 이상

37 강철제 및 주철제 보일러는 동체 최상부로부터 상부 구조물까지의 거리가 몇 m 이상이어야 하는가?

① 1.2m   ② 1.8m
③ 2.2m   ④ 2.8m

해설 강철제 보일러나 주철제 보일러는 보일러의 동체 최상부로부터 상부 구조물까지의 거리가 1.2m 이상 떨어져야 한다.(단, 소용량 보일러는 0.6m 이상)

38 주철제 또는 강철제 증기보일러의 분출밸브 크기는 호칭 25mm 이상이어야 하나, 전열면적이 몇 m^2 이하이면 20mm 이상으로 할 수 있는가?

① $8m^2$ ② $10m^2$
③ $15m^2$ ④ $20m^2$

해설 ㉠ 분출밸브의 크기 : 호칭 25mm 이상
㉡ 전열면적 $10m^2$ 이하 : 지름 20mm 이상

39 보일러 내에 급수할 때 상용 수위까지 물을 보내는 수면계의 위치는 어디까지인가?

① 수면계의 최상단부
② 수면계의 $\frac{2}{3}$ 위치
③ 수면계의 $\frac{1}{2}$ 위치
④ 수면계의 최하단부

해설 보일러 내의 수위는 중심부 $\left(\dfrac{1}{2}\right)$ 위치에 있는 수면이 상용 수위가 된다.

40 전열면적 100m² 이하의 증기보일러는 안전밸브를 몇 개 이상 부착하여야 하는가?

① 1 ② 2
③ 3 ④ 4

해설 전열면적 50m² 이하의 증기보일러에는 안전밸브를 1개 이상으로 한다. 50m² 초과 시 2개 이상

41 유류를 사용하는 강철제 보일러의 배기가스 매연농도는 바카라크 스모크 테스트에 의한 스모크 스케일(Smoke Scale)은 얼마 이하이어야 하는가?

① 2 ② 3
③ 4 ④ 5

해설 보일러 설치검사 기준의 운전성능에서 매연농도 바카라크 스모크 스케일은 4 이하이어야 한다.

42 최고 사용압력 0.2MPa인 강철제 보일러의 수압 시험 압력은?

① 0.2MPa ② 0.4MPa
③ 0.25MPa ④ 0.3MPa

해설 강철제 보일러의 수압시험은 최고 사용압력이 0.2MPa 미만인 경우는 0.2MPa이나 0.2MPa 이상, 0.43MPa 이하에서는 2배로 한다.

43 연료배관에서 복관식 보일러 유류배관에 관한 설명 중 틀린 것은?

① 건 타입 버너는 복관식 배관방식으로 하면 공기가 잘 빠지기 쉽다.
② 유류탱크는 버너보다 위 또는 아래에 설치하여도 좋다.
③ 유류탱크는 버너보다 위에 설치하고 탱크가 비지 않도록 주의한다.
④ 버너펌프에 의한 순환 급유방식이다.

해설 복관식 유류탱크는 버너보다 아래에 설치하는 것이 좋다. 단, 위에 설치하는 경우에는 높이가 높지 않아야 한다.

44 온수발생 보일러에 부착하는 수위계의 설명으로 잘못된 것은?

① 동체 또는 온수의 출구 부위에 부착한다.
② 보일러와 수위계 사이는 글로브밸브 또는 체크밸브를 설치해야 한다.
③ 콕을 설치한 경우 콕의 핸들은 콕이 열려 있을 때 부착시킨 관과 평행해야 한다.
④ 수위계의 최고 눈금은 보일러 최고 사용압력의 1배 이상, 3배 이하로 한다.

해설 ㉠ 보일러의 수위계 사이에는 밸브를 설치하지 않는다. 다만 콕의 설치는 무방하다.
㉡ ①, ③, ④의 내용은 수위계의 특징이며 설치 시 유의사항이다.

45 온수보일러의 설치에 대한 설명으로 잘못된 것은?

① 보일러는 수평으로 설치한다.
② 급수관은 보일러에 직접 연결한다.
③ 보일러는 보일러실 바닥보다 높이 설치한다.
④ 감전에 대비하여 접지를 해야 한다.

해설 온수보일러에서 급수관은 보일러와 직접 연결하지 않는다.

46 온수보일러 송환수주관경은 얼마 이상으로 하는가?(단, 30,000kcal/h 이하이다.)

① 15A 이상 ② 25A 이상
③ 32A 이상 ④ 40A 이상

해설 ㉠ 송수주관, 환수주관의 크기는 호칭지름 30mm 이상은 30,000kcal/h 초과 보일러에 해당
㉡ 30,000kcal/h 이하는 25mm 이상
㉢ 급탕관은 50,000kcal/h 이하는 15mm 이상, 50,000kcal/h 초과는 20mm 이상
㉣ 팽창관이나 방출관의 크기는 30,000kcal/h 이하는 15mm 이상, 30,000~150,000kcal/h 이하는 25mm 이상, 150,000kcal/h 초과 시는 30mm 이상이다.

정답 40 ② 41 ③ 42 ② 43 ③ 44 ② 45 ② 46 ②

ⓛ 구멍탄용
- 송수주관 환수주관의 크기는 32mm 이상
- 급탕용관은 15mm 이상
- 팽창관이나 방출관의 크기는 15mm 이상

47 온수보일러의 연도시공 시 수평부의 기울기는 얼마로 해 주는가?(설치 시공 기준상)

① $\frac{1}{5}$ 이상
② $\frac{1}{10}$ 이상
③ $\frac{1}{20}$ 이상
④ $\frac{1}{100}$ 이상

[해설] 온수보일러의 연도시공 시 수평부의 기울기는 $\frac{1}{10}$ 이상이어야 한다.

48 온수보일러를 시공하는 시공자가 할 일이 아닌 것은?

① 수압시험
② 자동제어 작동검사
③ 시공기준 작성
④ 연소계통 누설 확인

[해설] 온수보일러 시공자는 설치시공 확인을 하여야 한다.
㉠ 수압시험
㉡ 자동제어 작동검사
㉢ 연소계통의 누설 확인
㉣ 보일러의 연소 및 배기성능 관계
㉤ 온수순환시험
㉥ 보온상태

49 온수보일러의 개방식 팽창탱크와 직접 연결되는 것이 아닌 것은?

① 송수주관
② 팽창관
③ 오버플로관
④ 방출관

[해설] 송수주관은 팽창탱크와 직접 연결되지 않는다.

50 구멍탄용 온수보일러의 급탕용관의 호칭지름은?

① 32A 이상
② 25A 이상
③ 20A 이상
④ 15A 이상

[해설] ㉠ 구멍탄용 온수보일러의 급탕용 관의 호칭지름 : 15mm 이상
㉡ 구멍탄용 온수보일러의 송수주관 및 환수주관 : 호칭지름 32mm 이상
㉢ 구멍탄용 온수보일러의 팽창관 및 방출관의 크기 : 호칭지름 15mm 이상

51 다음 중 왕복관 설치가 한 개의 라인으로 버너에 연료를 공급하는 낙차 급유방식은?

① 복관식
② 단관식
③ 강제순환식
④ 중력식

[해설] 단관식 연료 배관
왕복관 설치가 한 개의 라인으로 버너에 연료를 공급하며 연료 탱크가 버너보다 위에 있는 낙차 급유방식이다.

52 온수보일러의 순환펌프 설치방법 중 틀린 것은?

① 열의 영향을 받을 우려가 없는 곳에 설치한다.
② 순환펌프에는 바이패스 회로를 설치하여야 한다.
③ 순환펌프와 전원콘센트 간의 거리는 가능한 최소로 한다.
④ 순환펌프와 흡입 측에는 밸브를 토출 측에는 여과기를 설치한다.

[해설] 순환펌프의 흡입 측에는 여과기가 설치된다. 또한 펌프의 양측에는 밸브가 설치된다.

53 온수보일러의 실제 사용압력이 0.15MPa이면 수압시험압력은?

① 0.2MPa
② 0.3MPa
③ 0.45MPa
④ 0.58MPa

[해설] 온수보일러의 수압시험은 최고 사용압력의 2배로 하여야 하나, 어떤 보일러라도 최고 사용압력이 0.2MPa 미만이면 그 수압시험은 0.2MPa이다.

정답 47 ② 48 ③ 49 ① 50 ④ 51 ② 52 ④ 53 ①

54 온수보일러 설치시공 기준에서 온수보일러의 지정시공자가 시공의뢰자에게 제공하여야 할 설치시공 도면에 반드시 포함되어야 할 사항이 아닌 것은?

① 모든 배관의 크기, 치수 및 경로
② 팽창탱크 및 안전장치의 설치위치 및 규격
③ 보일러 등의 기기의 제조업체명, 규격 및 용량
④ 밸브의 용도 및 작동원리

해설 ㉠ 현재의 답은 ④항이 해당되나, 1992. 10. 1.부터 온수보일러 설치시공 기준에서는 설치시공 기록 보존과 배관도면의 작성 및 보존을 시공업자가 기재하여 3년 동안 보존하여야 한다.
㉡ ①, ②, ③의 내용은 온수보일러 설치자가 해야 할 설치시공 도면 기재사항이다.

55 가스용 온수보일러의 연료배관에서 배관과 전기개폐기 또는 전기콘센트와의 거리는 얼마 이상 유지해야 하는가?

① 10cm   ② 15cm
③ 20cm   ④ 30cm

해설 보일러실 내의 각종 배관은 팽창과 수축을 흡수하여 누설이 없도록 하고, 가스용 보일러의 연료 배관은 다음에 따른다.
㉠ 배관의 설치
- 배관은 외부에 노출하여 시공하여야 한다. 다만, 동관, 스테인리스강과 기타 내식성 재료로서 이음매(용접이음매를 제외한다.) 없이 설치하는 경우에는 매몰하여 설치할 수 있다.
- 배관과 굴뚝, 전기개폐기 및 전기콘센트와의 거리는 30cm 이상, 전기계량기 및 전기안전기와의 거리는 60cm 이상, 전선과의 거리는 15cm 이상을 유지하여야 한다.
㉡ 배관의 고정 : 배관은 움직이지 않도록 고정 부착하는 조치를 하되 그 관경이 13mm 미만의 것에는 1m 마다, 13mm 이상, 33mm 미만의 것에는 2m마다, 33mm 이상의 것에는 3m마다 고정장치를 설치하여야 한다.

56 온수온돌 배관 시공 시 시멘트 : 모래 : 자갈 = 1 : 3 : 6의 비율로 배합된 콘크리트로 다져 배관 기초를 해준다. 이때 배관 기초의 두께는 몇 cm 이상으로 하는가?

① 3cm   ② 6cm
③ 13cm ④ 16cm

해설 온수온돌의 배관 기초는 두께가 3cm 이상이어야 한다.

57 온수보일러 팽창탱크의 용량은 보일러 및 배관 내의 보유수량이 200L 이하인 경우에는 (㉠) 이상으로 하고 보유수량이 100L씩 초과할 때마다 (㉡)를 가산한 용량 이상이어야 한다. ( ) 안에 알맞은 것은?

① ㉠ 10L   ㉡ 5L
② ㉠ 20L   ㉡ 5L
③ ㉠ 20L   ㉡ 10L
④ ㉠ 25L   ㉡ 5L

해설 온수보일러 팽창탱크 용량
㉠ 보유수 200L 이하 : 20L 이상
㉡ 보유수 100L 초과 시마다 : 10L 이상

58 서비스 탱크는 버너 선단에서 최소한 몇 m 이상의 위치에 설치하여야 하는가?

① 1m   ② 1.5m
③ 2m   ④ 2.5m

해설 서비스 탱크는 버너 선단에서 최소한 1.5m 이상의 위치에 설치하여야 자연 낙하에 의해 연료가 공급된다. 위치는 보일러에서 2m 이상 떨어져서 버너 선단 1.5m 높이에 장치한다.

59 온수보일러의 용량이 100,000kcal/h인 경우 팽창관 및 방출관의 크기는?

① 15mm
② 25mm
③ 30mm
④ 35mm

정답 54 ④　55 ④　56 ①　57 ③　58 ②　59 ②

해설 ㉠ 온수보일러가 30,000kcal/h 이하 : 15mm 이상
㉡ 온수보일러가 30,000~150,000kcal/h 이하 : 25mm 이상
㉢ 온수보일러가 150,000kcal/h 초과 : 30mm 이상

60 전열면적 14m² 이하인 온수보일러에 설치되는 온수 순환펌프의 설명으로 잘못된 것은?

① 순환펌프에는 바이패스 회로를 설치해야 한다.
② 순환펌프는 송수주관에 설치함을 원칙으로 한다.
③ 순환펌프는 흡입 측에는 여과기를 설치해야 한다.
④ 순환펌프의 모터 부분은 수평으로 설치함을 원칙으로 한다.

해설 ㉠ 온수의 순환펌프는 환수주관에 설치한다.
㉡ 송수주관에는 안전관(방출관)을 설치해야 한다.
㉢ 송수주관, 환수주관은 25~30mm 이상이다.
㉣ 순환펌프의 양쪽에는 게이트 밸브가 설치된다.

61 온수보일러 시공 용어와 관련 없는 것은?

① 검정 수압시험
② 송수주관
③ 팽창탱크
④ 급수탱크

해설 온수보일러의 용어
㉠ 송수주관
㉡ 환수주관
㉢ 급수탱크
㉣ 공기방출기
㉤ 팽창탱크 또는 방출관, 오버플로관(일수관)
㉥ 상향 순환식
㉦ 하향 순환식
㉧ 팽창관 등

62 온수보일러의 수압시험압력은?

① 최고 사용압력의 1.5배
② 최고 사용압력의 3배
③ 최고 사용압력의 2배
④ 최고 사용압력의 5배

해설 온수보일러의 수압시험은 최고 사용압력의 2배이다. (단, 0.2MPa 이하라면 수압시험은 0.2MPa이다.)

63 보일러 외부 부식의 일종인 저온부식의 방지대책으로 잘못된 것은?

① 연료 중의 황분(S)을 제거한다.
② 저온의 전열면에 보호피막을 씌운다.
③ 배기가스의 온도를 노점 이상으로 유지한다.
④ 배기가스 중의 CO_2 함유량을 낮추어 준다.

해설 ①, ②, ③은 저온부식의 방지법에 대한 설명이다.

㉠ 배기가스 중의 CO_2 함량을 증가시킨다.
㉡ 과잉공기량을 줄여서 SO_4가 생성되지 않게 한다.
㉢ 연료에 첨가제를 사용한다.(노점을 낮추기 위해)
㉣ 저유황 연료를 사용한다.

64 다음은 전열면적이 14m² 이하인 유류용 온수보일러 팽창탱크에 관한 설명이다. 옳지 않은 것은?

① 팽창탱크는 100℃ 이상의 온도에 견디는 재질이어야 한다.
② 수위를 용이하게 알아볼 수 있는 구조이어야 하며, 얼지 않도록 적절한 보온을 하여야 한다.
③ 팽창탱크 높이는 방열기 또는 방열 코일면보다 50cm 이상 높은 곳에 설치하여야 한다.
④ 밀폐식의 경우 배관계통 내에 압력이 제한 압력 이상으로 되면 자동적으로 과잉수를 배출시킬 수 있도록 방출밸브를 설치해야 한다.

해설 개방식 팽창탱크의 높이는 방열기보다 1m 이상 높은 곳에 설치하여야 한다.

정답 60 ② 61 ① 62 ③ 63 ④ 64 ③

65 온수보일러의 순환펌프 설치 시공에 관한 설명 중 틀린 것은?

① 순환펌프 규격은 난방 순환계통 장치 내에서 충분히 순환시킬 수 있는 용량 및 규격으로 시공하여야 한다.
② 순환펌프의 흡입 측에 펌프 자체의 공기빼기장치가 없을 때는 공기빼기 밸브를 만들어 공기를 제거할 수 있어야 한다.
③ 자연 순환이 불가능한 구조에서는 바이패스를 설치하지 않을 수 있다.
④ 순환펌프의 배관 접속부는 공기 흡입이 가능하도록 설치한다.

해설 ㉠ 순환펌프의 배관 접속부는 공기 흡입이 가능하도록 해서는 안 된다. 그러므로 ④는 순환펌프의 설치, 시공기준에 위배된다.
㉡ 배관 내부에 공기가 차면 순환이 방해된다.
㉢ 순환펌프의 배관 접속부는 온수의 누설이 없어야 한다.

66 온수난방의 팽창탱크에 관한 설명 중 틀린 것은?

① 온도에 의한 체적 팽창을 토출시킨다.
② 팽창탱크의 오버플로관과 최고 방열기와는 1m 이상으로 한다.
③ 안전밸브의 역할을 한다.
④ 전열면적을 증가시킨다.

해설 ㉠ 팽창탱크는 ①, ②, ③의 역할을 한다.
㉡ 팽창탱크는 개방식과 밀폐식이 있다.

67 연료배관에서 유류탱크의 연료가 낙차에 의하여 버너에 공급되는 배관법은?

① 1관식 배관법
② 2관식 배관법
③ 버너 펌프식 배관법
④ 상하향 공급식 배관법

해설 ㉠ 1관식 배관법 : 연료탱크가 오일펌프보다 위에 있을 때 사용하는 펌프이다. 즉, 유류탱크의 낙차에 의해 연료공급이 이루어진다.(단관식)
㉡ 2관식 배관법 : 연료탱크가 버너보다 낮은 위치에 설치되는 복관식 배관법이다. 수동빼기는 공기빼기가 불필요하다.
㉢ 1관식, 2관식 연료 배관은 온수보일러에 해당된다.

68 밀폐식 팽창탱크에 가장 필요 없는 것은?

① 배기관
② 압력계
③ 안전밸브
④ 수위계

해설 ①의 배기관은 개방식 팽창탱크에 사용되는 기구이며, ②, ③, ④는 밀폐식에 해당한다.

69 온수보일러의 설치시공 기준에서 순환펌프의 시공에 대한 다음 설명 중 틀린 것은?

① 순환펌프는 보일러 본체, 연도 등에 의한 방열에 의해 영향받을 우려가 없는 곳에 설치해야 한다.
② 순환펌프는 환수주관부에서 설치함을 원칙으로 한다.
③ 순환펌프의 흡입 측에는 체크밸브를 설치하여야 하며 펌프의 양측에는 게이트 밸브를 설치하여야 한다.
④ 순환펌프는 펌프의 모터 부분이 수평이 되게 설치함을 원칙으로 한다.

해설 순환펌프의 흡입 측에는 체크밸브가 아닌 여과기가 설치되므로 ③은 틀린 내용이다.

70 온수보일러 설치시공 검사 시 수압검사는 실제 사용 최고 압력의 몇 배의 수압을 가하여야 하는가?(단, 최고 사용압력이 0.2MPa 이하일 경우 제외)

① 1배
② 2배
③ 1.3배
④ 4배

해설 ㉠ 온수보일러의 수압검사 : 최고 사용 압력의 2배로 실시한다.
㉡ 주철제 보일러의 경우는 최고 사용압력의 1.5배이다.

정답 65 ④ 66 ④ 67 ① 68 ① 69 ③ 70 ②

71 복관식 보일러용 유류 배관에 관한 다음 설명 중 틀린 것은?

① 펌프에 의한 순환 급유방식이다.
② 연료탱크는 버너보다 위에 설치하여야 한다.
③ 배관 내에 공기가 들어가도 공기빼기 조작이 간단하다.
④ 보통 건타입 버너(Gun Type Burner)를 사용하면 공기가 매우 잘 빠진다.

해설 복관식 보일러용 유류 배관에서 연료탱크는 버너보다 아래에 설치하는 것이 좋고, 그 위에 설치하는 것은 단관식이다.

72 다음은 개방식 팽창탱크 주위의 배관이다. 관계없는 것은?

① 팽창관
② 배기관
③ 오버플로관
④ 수위계

해설 ㉠ 수위계는 밀폐식 팽창탱크에 설치된다.
㉡ 밀폐식은 방출밸브, 수위계, 압력계가 부착된다.
㉢ 밀폐식은 압축된 공기가 필요하다.

73 온수난방설비에서 팽창탱크를 바르게 설명한 것은?

① 고온수 난방장치에는 개방식 탱크를 사용한다.
② 개방식 팽창탱크는 반드시 방열기보다 높은 위치에 설치한다.
③ 밀폐식 팽창탱크에는 도피관, 팽창관 등을 설치한다.
④ 도피관 도중에는 반드시 밸브를 설치한다.

해설 ㉠ 개방식 팽창탱크에서는 방열기보다 꼭 1m 이상 높은 곳에 설치한다.
㉡ 밀폐식 팽창탱크에서는 과잉수의 배출을 위하여 방출밸브를 설치한다.
㉢ 방출밸브(릴리프 밸브)는 방출관(안전관)에 설치
㉣ 온수의 온도가 120℃ 이하의 온수보일러는 방출밸브인 안전장치가 필요하다.

74 전열면적 14m² 이하의 온수보일러 설치시공 후 확인해야 될 사항이 아닌 것은?

① 수압시험
② 연료계통의 누설상태
③ 온수순환상태
④ 방열코일의 방열상태

해설 온수보일러 설치시공 후 확인사항
①, ②, ③ 외에도 자동제어에 의한 성능 관계, 보일러 연소 및 배기성능 관계, 보온상태 등이 있다.

75 주철제 온수발생 보일러의 수압시험압력은 최고 사용압력의 몇 배로 하여야 하는가?

① 0.8
② 1.0
③ 1.5
④ 2.0

해설 주철제 온수발생 보일러의 수압시험은 최고 사용압력의 1.5배의 압력으로 한다.

76 온수난방장치에서 개방식일 때 팽창탱크의 위치는?

① 최고 높은 곳의 온수관이나 방열기보다 1m 이상 높은 것에 설치한다.
② 최고 높은 곳의 방열기보다 3m 이상 높게 설치한다.
③ 최고 높은 곳의 방열기보다 5m 이상 높게 설치한다.
④ 최고 높은 곳의 온수관보다 10m 이상 낮게 설치한다.

해설 온수난방에서 개방식 팽창탱크의 높이는 최고 상층의 온수관이나 방열기보다 1m 이상 높은 것에 설치하여야 한다.

77 온수보일러의 보일러 및 배관 내의 보유수량이 250L일 때 팽창탱크의 크기는?

① 10L 이상
② 20L 이상
③ 30L 이상
④ 40L 이상

해설 온수보일러 팽창탱크는 보유수 200L당 20L, 100L 초과 시마다 10L를 가산한다.
∴ 20+10=30L

78 온수보일러의 설치시공 기준에서 온수탱크 설치에 대한 다음 설명 중 틀린 것은?

① 온수탱크는 KS F 2803(보온보냉공사 시공표준)에 의한 보온을 하여야 한다.
② 온수탱크는 100℃의 온수에 견딜 수 있는 재료를 사용하여야 한다.
③ 온수탱크에는 드레인할 수 있는 관 또는 밸브가 있어야 한다.
④ 개방식 온수탱크의 경우 방출밸브 및 팽창흡수장치를 설치하여야 한다.

해설 ㉠ 밀폐식 온수탱크는 팽창 흡수장치나 방출밸브를 설치한다. 그러나 개방식에서는 필요없다.
㉡ ①, ②, ③은 온수보일러 온수탱크의 구비조건이다.

79 연료배관에서 유류탱크를 버너의 위나 아래에 설치하여도 좋은 배관방법은?(단, 높이의 차에는 제한이 있다.)

① 1관식   ② 2관식
③ 낙차 급유방식   ④ 중력 급유식

해설 2관식 배관법
기름탱크가 연료의 펌프보다 아래에 있을 때 사용이 가능하나 높이차가 별로 없는 한 펌프 위에 있어도 사용이 가능한 온수보일러에서의 연료배관이다.

80 온수보일러 설치 후 수압시험은 실제 사용 최고 사용압력의 몇 배로 하는가?(단, 최고 사용압력은 2kg/cm² 이상이다.)

① 1.03배   ② 1.3배
③ 1.5배   ④ 2배

해설 온수보일러의 수압시험은 최고 사용압력의 2배로 한다. 단, 그 값이 2kg/cm² 이하이면 2kg/cm²의 수압시험을 한다.

정답 78 ④ 79 ② 80 ④

PART 03 계측기기

- **제1장** 계측 및 단위
- **제2장** 온도계
- **제3장** 압력계
- **제4장** 액면계
- **제5장** 유량계
- **제6장** 가스분석계

CHAPTER 01 계측 및 단위

1. 계측의 개요

1 계측기기의 의의

(1) 계측과 제어의 목적

열설비 등의 일반적인 프로세스(Process)에 있어서 계측과 제어의 목적은 ① 조업조건의 안정화, ② 고효율화, ③ 안전위생 관리, ④ 작업인원 절감 등이 있다. 이와 같이 여러 가지 계측 및 제어장치를 갖추는 것을 계장이라고 하는데, 산업이 발달함에 따라 규모도 커져 주로 공업용에서 많이 이용된다.

(2) 계측기기의 특징

에너지관리용 계측기기로서는 각종 가스분석기, 온도계, 유량계, 액면계, 압력계, 중량측정기, 습도계, 매연농도계, 수질계 및 자동제어장치 등이 있다.

● 계측기기 구비조건
① 설치장소의 주위조건에 대하여 내구성이 있을 것
② 견고하고 신뢰성이 있을 것
③ 구조가 간단하고 취급이 수월하며 보수가 용이할 것
④ 구입이 용이하며 경제적일 것
⑤ 원격지시나 기록이 연속적으로 가능할 것

(3) 계기의 선택

우선 기본적으로 목적에 따른 계장 전반을 생각한 다음 사용목적에 맞게 경제적으로 선택하여야 한다.

① 측정대상 및 사용조건
② 측정범위
③ 정도 등을 정밀히 검토
④ 원격전달 지시, 기록, 조절경보 등

(4) 계기의 보전을 위한 사항
① **일상 및 정기점검** : 이상 유무 및 열화 정도 확인
② **검사 및 수리** : 변환에 의한 기능 회복을 위한 수리 및 내면적 검사를 행하여 성능 체크
③ **시험 및 교정** : 계기의 신뢰성을 유지하기 위하여 정기적인 성능시험과 교정

④ 보전요원 교육 : 계기 관리자에 대한 원리 및 취급방법에 대한 교육
⑤ 예비부품 상비 : 호환성이 큰 예비기기 및 예비부품 상비
⑥ 관리자료 정비 : 각 계기의 이력과 특성을 기록 보존

2 단위 및 단위계

(1) 단위

일반적으로 길이, 압력 등 측정대상으로 되는 양에는 여러 가지가 있으며 그 양의 종류에 의하여 각종 단위가 채용되고 있다.

(2) 단위의 종류

① 기본단위 : 다른 양과 관계없이 독립하여 기본량을 정한 단위로서 7개가 있다.

물리량	이름	기호	정의
시간	초	s	섭동이 없는 바닥 상태인 세슘-133 원자에서 두 초미세 구조 사이의 전이 진동수 $\Delta\nu_{Cs}=9,192,631,770$Hz가 되도록 하는 시간의 단위
길이	미터	m	진공에서 빛의 속도 $c=299,792,458$m·s^{-1}이 되도록 하는 길이의 단위
질량	킬로그램	kg	플랑크 상수 $h=6.62607015\times10^{-34}$J·s가 되도록 하는 질량의 단위
전류	암페어	A	전자의 기본 전하량 $e=1.602176634\times10^{-19}$C이 되도록 하는 전류의 단위
온도	켈빈	K	볼츠만 상수 $k_B=1.380649\times10^{-23}$J·K^{-1}이 되도록 하는 온도의 단위
물질량	몰	mol	아보가드로 상수 $N_A=6.02214076\times10^{23}$mol^{-1}이 되도록 하는 물질량의 단위
광도	칸델라	cd	진동수가 540×10^{12}Hz인 단색 방사선의 발광 효율 $K_{cd}=683$ lm·W^{-1}이 되도록 하는 광도의 단위

② 유도단위 : 기본 단위를 기초로 하여 물리학 등의 법칙 또는 정의에 의하여 관계된 조립량으로부터 유도된 단위로 조립단위라고도 말하며, 중요한 것은 다음과 같다.

물질의 상태량	법정 계량 유도단위
면적(넓이)	평방미터(m^2)
체적(부피)	입방미터(m^3)
속도	미터매초(m/s)
가속도	미터매초(m/s)

물질의 상태량	법정 계량 유도단위
힘	뉴턴(N), 중량킬로그램(kg·w)
압력	뉴턴매평방미터(N/m^2), 바(bar)=10^{5}N/m^2, 중량킬로그램매평방센티미터(kg·w/cm^2), 수주미터(mAq), 기압(atm)
일	킬로와트초(kW·s), 줄(J), 킬로그램미터(kg·m)
공율	와트(W), 중량킬로그램매초(kgw·m/s)
열량	줄(J), 와트초(Ws), 중량킬로그램미터(kgw·m), 칼로리(cal)
각도	도(°), 라디안(rad)
유량	입방미터매초(m^3/s), 킬로그램매초(kg/s)
점도	푸아즈(P)
밀도	킬로그램매입방미터(kg/m^3)
농도	질량백분율(wt%), 체적백분율(Vol%), 몰농도(mol), 규정농도(N)
광속	루멘(lm)
조도	럭스(lx)
주파수	사이클매초(C/s), 사이클(C)
소음	폰(phon)

③ **보조단위** : 기본단위와 유도단위의 사용상 편의를 도모하기 위하여 정수배 또는 정수분하여 나눈 단위를 말한다.

REFERENCE

10의 정수승 또는 정수배를 나타내는 분량 배량 및 접두기호는 다음과 같다.

배량 분량	접두어	기호	배량 분량	접두어	기호
10^{12}	테라	T	10^{1}	데카	da
10^{9}	기가	G	10^{-1}	데시	d
10^{6}	메가	M	10^{-2}	센티	c
10^{3}	킬로	k	10^{-3}	밀리	m
10^{2}	헥토	h	10^{-6}	마이크로	μ

---

④ **특수단위** : 기본단위, 유도단위, 보조단위로 계측할 수 없는 특수한 용도에 쓰이는 단위로서 주요한 것으로는 습도, 비중, 입도, 인장강도, 내화도, 굴절도 등이 있다.

REFERENCE 법정계량단위의 우수점

① 계량단위는 미터 조약에 의하여 각국에 교부된 원기라는 극히 안정되고 보편적인 원기에 의해 실제로 양이 표시되어 있어 언제 어디서나 확고한 기준이 세워지고 있다.
② 대부분의 계량단위가 10진법으로 되어 있어 사용하기 편리하고 외우기 쉽다.
③ 각 계량단위의 관련이 명확하고 새로운 분야의 계량단위를 서로 정할 때도 사용하고 있는 계량단위에서 간단히 유도단위를 만들어 낼 수 있다.
④ 특히 국제적으로 널리 보급되어 있다.

(3) 단위계(Unit System)

기본단위와 유도단위로 구분되며 현재 국제적으로 통일된 국제단위계(SI : International System Units)를 사용하고 있다.

① 단위의 요건
  ㉮ 가능한 한 정확히 실현될 것(정확한 기준이 있을 것)
  ㉯ 일정하게 유지될 것
  ㉰ 실용상 편리한 크기일 것(사용하기 편리하고 알기 쉬울 것)
  ㉱ 보편적이고 확고한 기반을 가진 안정된 원기가 있을 것
② 절대단위계 : 역학량이 기본단위로서 길이를 cm, m, in, ft 등, 질량을 g, kg, lb 등, 시간을 s, min, h(즉, M, L, T를 기본 단위로 하는 단위계) 등을 사용하는 단위계로서 우리나라를 비롯한 여러 나라에서 사용하는 국제단위이다.
  ㉮ C.G.S 단위 : cm, g, s 단위계를 채용하고 있다.
  ㉯ M.K.S 단위 : m, kg, s 단위계를 채용하고 있는 단위계로서 우리나라 계량법에서는 이 단위계를 채택하고 있다.
  ㉰ M.T.S 단위 : m, ton, s 단위계를 채용하고 있는 단위계로서 프랑스의 법정 단위계로 사용되고 있다.
③ 야드단위계 : 길이를 ft, yd 등, 질량을 lb, 시간을 s, min, h 등을 사용하는 단위계로 F.P.S 또는 Y.P.S 등이 있으며 예전부터 영국, 미국 등 서구에서 많이 이용해온 단위계이다.
④ 중력단위계 : M.K.S 단위계에서는 질량 1kg에 $1m/s^2$의 가속도를 생기게 하는 힘을 1N이라 정하고 있으며 표준인 중력 가속도로서는 $g=9.80665m/s^2$라고 정의되어 있으므로 $1kg \cdot w = 9.80665N = 9.80665kg \cdot m/s^2$의 관계가 있다. 이와 같이 힘의 단위로 중량킬로그램($kg \cdot w$)을 사용한 단위계를 말한다. 보통 공학에서는 힘을 kg으로 표시하는데 이를 공학단위라고 한다(힘, 일, 압력, 동력 등의 힘과 관계가 있다).

(4) 차원

물리적 양은 차원(Dimension)으로 표시할 수 있고 물리적 현상은 길이 L(Length), 질량 M(Mass), 시간 T(Time) 등과 같이 일정한 기본량이 필요하다. 이 물리량이 기본량의 조합으로 표현될 때 차원은 M.L.T(질량의 기본차원), F.L.T(힘의 기본차원)의 두 개의 차원이 된다. 기본차원에서 유도된 차원을 유도차원이라 한다.

(5) 국제단위계(SI)

SI단위계에서는 미터계의 단위로 길이 m, 질량 kg, 시간 s의 기본단위로부터 유도된 단위로 측정할 수 있으나, SI 단위계에서는 힘을 뉴턴(N)으로 정의하며 1kgf=9.8N이 된다.

3 계측방식

측정에서 측정량의 크기 또는 물리적 상태 등을 지시 기록하는 기구를 계기라 하며 측정으로 행하는 기구, 장치 등을 계측기라 한다. 측정량은 이 계측기를 이용하여 시각, 촉각, 청각 등에 의하여 감지된다. 계량방법은 다음과 같다.

(1) 직접 측정

동일 종류의 기준량과 비교하여 측정량을 결정하는 방법으로 대상물이 정적일 때 이용한다.

① 자로 물체의 길이를 비교 측정하는 경우
② 속도계로 속도를 비교 측정하는 경우
③ 물체의 질량을 천평과 분동을 사용하여 비교 측정하는 경우
④ 압력을 분동식 표준압력계로 비교 측정하는 경우

(2) 간접 측정

계측량과 일정한 관계가 있는 얼마간의 양에 대하여 측정을 행하고 그것으로부터 수치를 도출하는 방식으로 대상물이 동적이거나 원격일 때 이용한다.

① 속도를 측정하는 경우 시간과 거리를 측정하여 산출하는 경우
② 체적을 측정하는 경우 직경과 길이를 측정하여 산출하는 경우
③ 충량을 측정하는 경우 용수철의 변형량을 산출하는 경우
④ 고온도를 측정하는 경우 열전대에 흐르는 전류를 환산하여 결정하는 경우
⑤ 부력에 의하여 밀도나 비중을 측정하는 경우

(3) 절대 측정

조립량의 특정을 기본량만의 특정으로부터 산출하는 방식이다. 이 경우를 예를 들면 압력을 측정하는 경우에 수은 압력계를 사용하여 수은주의 높이, 직경, 질량 등의 특정치로부터 압력의 특정치를 결정하는 경우가 있다.

(4) 편위법

측정량을 그것에 비례한 지시의 변화량으로 치환하여 그 변화량으로부터 측정량을 아는 방법이다.

① 다이얼 게이지나 전류계 등으로써 지침의 흔들린 양으로부터 측정량을 아는 방법
② 용수철의 변형을 이용하여 물체의 무게를 아는 방법
③ 압력을 부르동관의 변형상태를 이용하여 아는 방법

(5) 영위법

독립적으로 조정할 수 있는 기준량과 측정량의 균형을 맞추어 그 때의 기준량 값으로 측정량을 아는 방법이다.

① 마이크로미터와 같이 표준나사의 회전에 의하여 깊이를 측정하는 경우
② 천칭으로 질량을 측정하는 경우

> **REFERENCE**
> 영위법에 의한 측정은 기준량과 측정량의 균형을 맞추어 특정하기 때문에 마찰, 열팽창, 전압변동 등에 의한 오차가 적게 되므로 정밀측정에 적합하다.

(6) 치환법

처음에는 측정물과 치환량을 평형시킨 다음 측정물 대신 정확한 표준량을 바꾸어 치환량으로부터 측정값을 구하는 방법이다. 예를 들어 천평을 사용하여 측정할 때 처음에 측정량과 분동을 맞추고 다음에 측정량 대신 정확한 분동을 대치하여 치환 분동의 크기로부터 측정량을 아는 방법이다.

(7) 보상법

측정량으로부터 거의 동등한 기준량을 받아 그 차를 측정하여 미지량을 알아내는 방법이다.

4 오차의 정도

(1) 오차의 의미

어떠한 측정기를 써서 측정하여도 절대로 올바른 참값을 얻는다는 것은 불가능하다. 즉, 측정값은 항상 근사적인 값이며 참값은 아니다.

$$\text{오차} = \text{측정치} - \text{진실치(참값)}, \quad \text{편차} = \text{측정값} - \text{평균값}$$

$$\text{오차율} = \frac{\text{오차}}{\text{참값}}, \quad \text{또는 오차백분율} = \frac{\text{오차}}{\text{참값}} \times 100$$

(2) 오차의 종류
① **과오에 의한 오차**(틀림 : Mistake) : 측정자가 눈금을 잘못 읽거나 기록의 오류 등으로 인해 생기는 오차로서 측정자가 충분히 주의만 하면 없앨 수 있는 오차이다.

㉮ 원인
㉠ 측정기 자신의 오차(기차) → 고유오차
㉡ 측정자의 습관 등에 의한 오차 → 개인오차
㉢ 온도나 습도 등 환경조건에 의한 팽창 등으로 인한 오차 → 이론오차

㉯ 특징
㉠ 조건변화에 따라 규칙적으로 생긴다.
㉡ 원인을 알 수 있는 오차이므로 오차를 제거할 수도 보정할 수도 있다.
㉢ 측정치의 평균값으로부터 참값을 뺀 값으로 반드시 치우침의 오차가 생긴다.

㉰ 제거방법
㉠ 환경조건 등에 의하여 규칙적으로 생기는 오차이므로 온도 및 습도는 항온 항습실에서 측정한다.
㉡ 제작이나 수리 시 생긴 기차일 경우 보정해 준다.

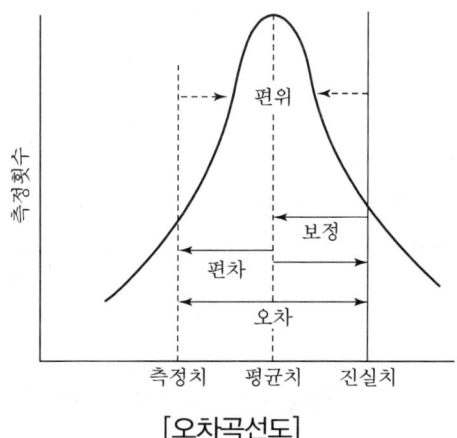

[오차곡선도]

② **우연오차** : 계통적 오차를 제거해도 역시 예측할 수 없는 우연적인 원인에 의하여 생기는 오차로서 위 그림과 같이 계측기기의 사소한 진동이나 기온, 기압의 사소한 변동 등 몇 개의 원인이 겹쳐서 생기는 오차이다. 산포(흩어짐)가 생기는 원인이 된다.

㉮ 원인
㉠ 측정기 자신의 산포
㉡ 측정자의 관측오차 및 시차 등의 산포
㉢ 온도, 진동, 습도 등 조건변동에 의한 산포

㈏ 특징
　㉠ 원인을 알 수 없다.
　㉡ 원인을 제거할 방법도 없다.
③ 기차(Instrument Error) : 계측기 눈금의 부동 마찰력의 변화, 나사피치의 부동 등의 고유 오차와 외부적인 요인으로 오는 히스테리시스차, 설치 부적당으로 오는 시차 등을 계량기의 오차인 기차로 볼 수 있다.

(3) 보정값
참값에 가까운 값을 구하기 위하여 측정치 또는 계산치에 어떠한 값을 가하는 값

　　　　보정값=참값-측정값,　참값=측정값+보정값

(4) 공차
측정에 있어서 기준으로 정한 값과 그에 대하여 허용되는 범위와의 차, 즉 법령 등에 의하여 정하여져 있는 허용차를 공차라고 하며 종류로는 검정공차와 허용공차가 있다.

① 검정공차 : 계량기의 제조수리, 수입된 계량기 등에 최대한도로 허용될 수 있는 기차의 범위를 말하며 이는 검정기준의 여건이며 사용공차에도 기준이 된다.

REFERENCE

① 강제규정 : 정기검사, 수시검사, 검정제도, 비교교정 검사 등
② 검정계량기
　㉮ 길이계 : 줄자, 접음자, 회전자
　㉯ 저울 ┬ 수동저울(수동맞저울, 대저울, 접시 수동저울)
　　　　 ├ 지시저울(스프링식 지시저울)
　　　　 ├ 자동저울(매달림 자동저울)
　　　　 └ 분동저울
　㉰ 지시온도계 : 수은온도계 계통, 바이메탈 지시온도계
　㉱ 부피계 : 적산식(가스미터, 수도미터, 오일미터)
　㉲ 탱크로리, 혈압계 및 체온계

② 허용공차(사용공차) : 계량기 사용 시 허용되는 오차의 최대한도를 말하며, 공차의 값은 검정공차를 기준으로 하여 같거나 1.5배 또는 2배의 값으로 한다.(단, 전기계기는 별도로 한다.)
　㉮ 검정공차와 같은 것
　　자기제되, 유리제되, 메스플라스크, 피펫, 메스실린더, 혈청계, 밀도계, 농도계, 입도계, 비중계, 열량계, 혈압계 등

㉯ 검정공차의 1.5배인 것
  ㉠ 길이계, 수동저울, 반지시저울, 분동 및 추를 이용한 질량계, 에나멜되, 오일 계량기미터, 계량통식 가솔린 미터 등
  ㉡ 검정공차의 2배인 것 : 지시저울, 자동저울, 대저울, 온도계, 면적계, 가스미터, 수도미터, 오일미터, 지시압력계, 습도계 등

REFERENCE

계량법에서 상거래 또는 증명 행위에 쓰이는 측정기를 계량기라 부르며 공정을 기하기 위하여 검정공차를 규정하고 있다.

(5) 측정기의 특성
① **정확도** : 진정한 값에서 편차가 적은 정도, 즉 횟수를 많이 하여 측정 시 측정값을 평균해 보아도 참값과 일치하지 않는다. 이 평균값과 참값의 차를 치우침(쏠림 ; bias)이라 하고 이것이 작은 정도를 말한다.
② **정밀도** : 측정치의 불균등이 적은 정도, 즉 같은 계기로 같은 양을 몇 번이고 반복하여 측정하면 측정값이 흩어진다. 이 흩어짐(산포 : Dispression)이 작은 정도를 말한다.
③ **감도** : 측정량의 변화에 대한 지시량의 변화 비율을 말한다. 즉, 계기의 민감성을 말할 때 감도라고 하는 말을 사용한다.
④ **정도** : 정확도와 정밀도를 포함한 것, 즉, 측정결과에 대한 신뢰도를 수량으로 나타내는 척도를 말한다.

REFERENCE

정확도와 정밀도는 명확히 구분된다. 즉, 정확한 측정이 반드시 정밀한 측정이라고 말할 수 없다.

5 공업계기의 눈금통칙 개요
① 작은 눈금 : 특정량의 최소량을 표시하는 선 또는 점을 말한다.
② 큰 눈금 : 주요한 눈금이나, 5배수 또는 10배수의 눈금을 표시하는 눈금으로 길이나 굵기가 다른 눈금과 구별되도록 길거나 굵게 한 것을 말한다.
③ 중간 눈금 : 계기의 가리킴을 쉽게 판별하기 위하여 필요에 따라 작은 눈금의 일정 수마다 작은 눈금 대신 작은 눈금과 길이가 다른 눈금을 두게 되는데, 이와 같이 작은 눈금과 구별된 것을 말한다.
④ 눈금의 종류는 원칙적으로 아들 눈금, 어미 눈금 및 중간 눈금의 3종류이다.
⑤ 작은 눈금의 길이는 눈금 폭의 5배 이하로 한다.

⑥ 작은 눈금의 굵기는 눈금 폭의 1/2~1/15로 한다.
⑦ 큰 눈금의 굵기는 작은 눈금보다 굵게 하되 작은 눈금의 5배 이하로 한다.
⑧ 눈금폭은 1.0mm보다 좁게 하여서는 안 된다.
⑨ 눈금량은 1, 2, 5 또는 이 숫자의 10의 정수 몇 배로 한다.
⑩ 눈금 수의 최댓값은 공업계기의 정밀도에 맞도록 정한다.
⑪ 수치의 메김에서 큰 눈금에 할당되는 수치는 원칙적으로 다음 표의 수치나 또는 그 수치의 10의 정수 몇 배로 매긴다.

0.	1.	2.	3.	4.	5.	6.	7.	8.	9.	.	.	.	.
0.	2.	4.	6.	8.	10.	12.	14.	16.	.	.	.	.	.
0.	5.	10.	15.	20.	25.	30.	35.	40.	.	.	.	.	.

⑫ 눈금의 표시량이 높아지는 방향은 왼쪽에서 오른쪽으로, 아래에서 위로 한다.(또는 눈금판을 향해 시계방향으로 증가하는 것으로 한다.)
⑬ 양을 나타내는 표시는 숫자로서 어미 눈금에 붙인다.
⑭ 눈금판에 기입하는 단위기호는 계량법에 따른다.
⑮ 단위기호는 눈금판 위의 보기 쉬운 장소에 기입하여야 한다.
⑯ 눈금판에 기입하는 수치의 자릿수가 많을 때에는 10의 정수 몇 배에 해당하는 숫자는 별도로 기입하여도 좋다.
⑰ 눈금판에 기입하는 글자 또는 숫자의 글씨체는 될 수 있는 한 단순한 것으로서 상호 간에 혼동이 되지 않도록 하여야 한다.
⑱ 눈금판의 색은 눈금판과 바늘의 색이 서로 상반되는 것을 선택하여야 한다.
⑲ 바늘의 모양은 가리키는 것을 쉽게 판별할 수 있는 단순한 모양의 것이어야 한다.
⑳ 바늘의 끝과 눈금과의 거리는 바늘과 눈금판이 동일 평면상에 있을 때에는 바늘의 끝이 될 수 있는 한 눈금에 가까운 위치에 지나갈 수 있도록 하여야 한다. 또 바늘과 눈금판이 동일 평면상에 있지 않을 때는 바늘과 눈금판의 거리를 될 수 있는 한 가깝게 하여야 한다. 또한 바늘 끝과 눈금이 포개져 있어야 한다.

|REFERENCE| 큰 눈금의 표시 예

① 0, 1, 2, 3, 4, 5
② 0, 2, 4, 6, 8, 10
③ 0, 5, 10, 15, 20

6 계기눈금의 표시법

(1) 양을 나타내는 표시는 숫자로서 어미 눈금에 붙인다.
(2) 눈금판에 기입하는 단위기호는 계량법에 따른다.
(3) 단위기호는 눈금판의 보기 쉬운 장소에 기입하여야 한다.
(4) 눈금의 표시량이 높아지는 방향은 왼쪽에서 오른쪽으로 또는 아래에서 위로 한다.
(5) 눈금판의 색은 눈금판과 바늘의 색이 서로 상반되는 것을 선택하여야 한다.
(6) 바늘(눈금)의 모양은 쉽게 판별할 수 있는 단순한 것이어야 한다.
(7) 바늘과 눈금판이 동일 평면상에 있지 않을 때는 바늘과 눈금판의 거리를 될 수 있는 한 가깝게 하여야 한다.

7 표준기의 구비조건

(1) 경년변화가 적을 것
(2) 안정성이 있을 것
(3) 정도가 높을 것
(4) 외부 물리적 조건 등에 대한 변형이 적을 것

CHAPTER 02 온도계

PART 03 | 계측기기

1. 온도측정

1 온도측정의 정의

온도측정은 공업계측 가운데서 가장 널리 보급되어 있는 것으로서 공장의 자동화에 있어서 우선 제일로 착수된 계측방법이며 열역학온도와 아주 근사하게끔 선택한 온도눈금을 만들어서 국제 실용온도눈금(IPTS ; International Practical Temperature Scale)으로 하여 사용하고 있다.

2 국제실용온도(IPTS)

몇 개의 재현하기 쉬운 평형온도를 온도 정점으로 정하고 이들의 정점을 이용하여 눈금을 교정하는 온도계의 시도와 온도 사이의 관계를 결정하는 고식을 기본으로 하고 있으며 1968년에 채용된 국제실용온도눈금(IPTS 68)은 다음과 같다.

〈국제실용온도 눈금〉

정점	T_{68}(K)	t_{68}(℃)	정점	T_{68}(K)	t_{68}(℃)
평형수소의 3중점	13.81	−259.34	물의 3중점	273.16	0.01
17.042K 점 ①	17.042	−256.108	물의 비점 ③	373.15	100
평형수소의 비점 ②	20.28	−252.87	아연의 응고점	692.73	419.58
네온의 비점	27.102	−246.048	은의 응고점	1235.08	961.93
산소의 3중점	54.361	−218.789	금의 응고점	1337.58	1064.43
산소의 비점	90.188	−182.962			

REFERENCE

① 압력 333306N/m^2(25/76기압)에서의 평형수소비점
② 표준기압 101325N/m^{2}에서의 평형수소비점
③ 물의 비점 대신 주석의 응고점 231.9681℃를 써도 된다.

3 온도 측정방법에 따른 분류

(1) 접촉식 온도 측정방법

측정기의 감온부를 직접 접촉시켜 양자 사이에 열수수를 행하게 하여 평형이 되었을때 검출

부의 온도에서 대상물의 온도를 측정하는 방법이다.

① 열팽창을 이용한 것
　㉮ 팽창에 의한 체적변화 또는 자유팽창 이용 : 유리제 봉입식 온도계, 바이메탈 온도계
　㉯ 팽창에 의한 압력 이용 : 압력식 온도계
② 열기전력을 이용한 것
　㉮ 귀금속 열전대 : PR열전대, IC열전대, CC열전대
　㉯ 비금속 열전대 : CA열전대
③ 저항변화를 이용한 것
　㉮ 금속선 저항변화 이용 : 백금(Pt), 니켈(Ni), 구리(Cu)선 등 이용
　㉯ 반도체의 저항변화 이용 : Thermister(서미스터)
④ 상태변화를 이용한 것 : 제겔콘, 서머컬러(시온도료)

(2) 비접촉식 측정방법

측온체와 접촉하지 않고 물체에서 방사하는 열복사의 강도를 측정하여 온도를 측정하는 방법이다.

① 전방사에너지를 이용한 것 : 방사온도계
② 단파장(가시광선) 에너지를 이용한 것 : 광고온도계, 광전관 온도계, 색온도계

(3) 비접촉식 온도계의 특징(접촉식 온도계에 비해)
　① 피측정물로부터 열적 교란이 적다.
　② 구조 및 내구성이 우수하다.
　③ 1,000℃ 이상의 고온측정이나 이동물체의 온도측정이 가능하다.
　④ 온도에 대한 반응이 빨라 응답성이 빠르다.
　⑤ 환경 및 상태의 교란을 받으면 지시가 내려간다.(연기, 먼지, CO_2, H_2O 등)
　⑥ 방사온도계를 제외하고는 700℃ 이하의 온도측정이 곤란하다.
　⑦ 표면 온도측정에 한하며 방사율 보정에 어려움이 따른다.

(4) 온도계 선정 시 유의사항
　① 온도의 측정범위 및 정밀도가 적당할 것
　② 지시 및 기록 등을 쉽게 행할 수 있을 것
　③ 피측온 물체의 크기가 온도계 크기에 비해 적당할 것
　④ 견고하고 내구성이 있을 것
　⑤ 취급하기도 쉽고 측정이 간편할 것
　⑥ 피측온체의 화학반응 등으로 온도계에 영향이 없을 것

2. 접촉식 온도계의 종류

1 유리제 온도계

액체의 열팽창을 이용한 온도계로서 액체의 대부분을 모아놓은 구부와 온도상승에 의한 액체 팽창 시 팽창한 액이 승각하는 모세관으로 된 유리관에 수은 또는 기타 액을 봉입하고 액의 팽창으로 직접 측정하는 온도계로 구조가 간단하고 정도도 좋아 매우 널리 사용된다.

〈감온액의 종류〉

사용액	온도사용범위
수은	−35~360℃ 650℃(경질유리 사용) / 750℃(석영유리 사용)
알코올	−100~200℃
톨루엔	−100~100℃
클레오스오튼유	−5~100℃
펜탄	−200~30℃
가륨	30~750℃(석영유리 사용)
탈륨아밀감	−60~30℃

(1) 수은 온도계

모세관 내에 수은팽창을 이용한 접촉식 온도계로서 정도가 가장 높으며 구조상으로 이중관 온도계, 막대온도계, 침선온도계, 굽은 온도계, 보호관부 온도계, 베크만 온도계, 최고 온도계, 최고·최저 온도계 등이 있다.

① 특징
  ㉮ 광범위한 온도범위에 적합한 액체이다.
  ㉯ 보통 사용범위는 −35~360℃ 정도이지만 불활성기체를 봉입한 온도계는 650℃ 또는 석영유리관에서 불활성기체를 봉입한 온도계는 750℃까지 사용할 수 있다.
  ㉰ 팽창률이 대략 일정하기 때문에 온도계의 눈금 폭이 일정하다.
  ㉱ 수은은 비열이 적고 열전도율이 크기 때문에 시간지연이 적다.
  ㉲ 모세관 현상이 적으므로 정밀도가 좋다.

(2) 알코올 유리 온도계

알코올을 이용한 액체팽창 온도계로서 주로 저온용에 이용된다.

① 특징
  ㉮ 보통 사용온도는 −100~200℃ 정도로 저온용이다.

㉰ 착색하여 온도계의 지시치를 읽기 쉽도록 할 수 있다.
㉱ 유리에 부착하기 때문에 수은보다 온도계의 정밀도가 나쁘다.
㉲ 표면장력이 적어 모세관현상이 크다.

(3) 베크만 온도계

그림과 같이 모세관의 상부에 수은을 괴게 한 곳이 있어서 측정온도에 따라서 모세관에 남은 수은의 양을 가감하여 측정하는 것으로서 매우 좁은 범위의 온도변화를 정밀하게 측정할 수 있는 온도계이다.

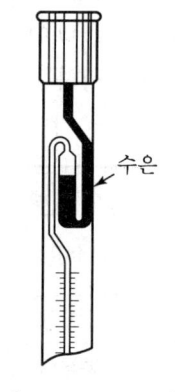

[베크만 온도계]

① 특징
　㉮ 온도차를 측정하는 온도계이다.
　㉯ 감온액은 수은이며 모세관의 상단부에 보조구가 있고 사용하는 온도에 따라 구부에 있는 수은의 양을 조정하게 되어 있다.
　㉰ 5~6deg 정도의 범위에서 적은 온도차(1/1,000deg 정도)를 측정할 수 있다.
　㉱ 최고 사용온도는 150℃이다.

(4) 최고최저 온도계

① 사용시간 내에 있어서 최고 온도와 최저 온도를 측정할 수 있는 온도계이다.
② 감온액으로는 유기액체가 사용된다.
③ 하반부에 수은이 들어 있어 U자형 모세관의 한 끝에 구부가 다른 끝에는 보조구가 달려 있고 보조구의 일부에 기체가 봉입되어 있는 이외의 부분에는 감온액이 가득 차 있다.
④ 온도가 상승하면 수은이 상승하고 하락시 유점이 막혀 수은의 하락을 방해하여 최고와 최저를 지시할 수 있다.

(5) 유리 온도계의 오차원인

① 시차에 의한 시간지연
② 경년변화로 인한 오차
③ 관경의 부동
④ 눈금의 부정확
⑤ 측정자세의 영향
⑥ 노출부의 비율

(6) 온도측정상 주의사항
   ① 온도계 사용 전 다음과 같은 점을 확인한다.
       ㉮ 감온액이 절단되어 있지 않을 것
       ㉯ 모세관의 윗부분에 감온액의 일부가 부착되지 않을 것
       ㉰ 구부 기타의 감온액 중에 거품이 없을 것
   ② 온도계에 급격한 온도변화를 주지 말 것(파손원인)
   ③ 400℃ 이상의 온도에 있던 온도계를 꺼내어 놓았을 경우 1~2분간 다른 물체에 접촉하지 말 것
   ④ 온도계를 보호관에 넣어 측정 시 다음과 같은 사항에 유의할 것
       ㉮ 보호관은 될 수 있는 한 금속제 관일 것
       ㉯ 보호관과 구부 사이를 작게 할 것
       ㉰ 보호관과 구부 사이에 적당한 액체를 넣어 열전도를 좋게 할 것
       ㉱ 보호관에는 열전도에 의한 기차가 있으므로 정밀 측정 시 사용하지 말 것
   ⑤ 측정물체가 기체인 경우 다음과 같은 점에 주의할 것
       ㉮ 주위로부터 방사의 영향이 있으므로 반사성 금속판으로 감온부를 싸서 방사를 차단할 것
       ㉯ 기체는 열전도율이 적으므로 잘 저어 놓을 것
       ㉰ 기체는 단위체적당 열용량이 적고 온도계의 열용량이 크므로 소용량의 기체온도 측정은 오차가 크다.
   ⑥ 수은온도계는 400℃ 이상 유기감온액 온도계로는 약 150℃ 이상 온도를 측정 시 모세관의 일부를 대기 중에 노출시켜 측정하고 노출부를 보정할 것

> **REFERENCE** 노출부의 보정식
>
> $\Delta t = na(t - t_s)$
>
> 여기서, Δt : 노출부의 보정, 보정치
> n : 모세관 안의 감온액의 노출부 길이를 도수로 표시한 값
> a : 모세관 안의 감온액의 유리에 대한 팽창률
> t : 온도계의 지시치
> t_s : 노출부의 평균온도

2 금속제 온도계(고체팽창식 온도계)

부르동관이나 바이메탈의 자유단의 변위에 의하여 온도를 지시하는 것으로서, 액체팽창 온도계, 증기압력식 온도계, 기체팽창식 온도계, 바이메탈 온도계 등이 있다.

(1) 바이메탈 온도계

아래 그림과 같이 팽창률이 다른 2종의 얇은 금속판을 서로 밀착시킨 것으로서 한쪽 끝에 고정된 띠 모양의 바이메탈의 자유단이 온도변화에 따라 온도를 지시하도록 되어 있다. 바이메탈 온도계로는 히스테리시스(Hysteresis)가 있다.

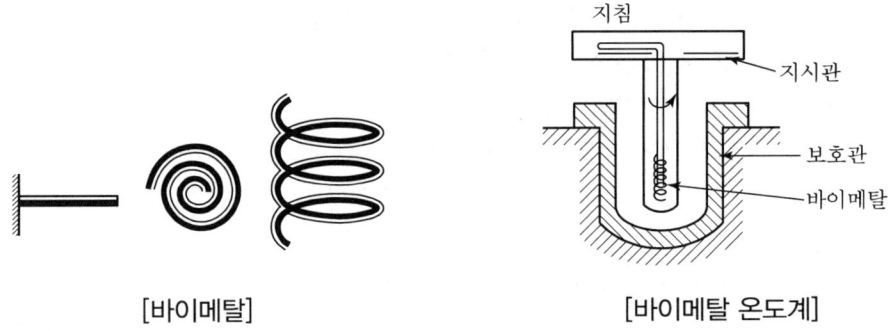

[바이메탈]　　　　　　　　[바이메탈 온도계]

① 사용온도 : $-50 \sim 500℃$
② 판의 두께 : $0.1 \sim 0.2mm$
③ 형상에 따른 종류 : 원호형, 나선형 등
④ 실험용 현장지시용 또는 자동제어(On-Off 제어)용으로 많이 이용된다.
⑤ 재질에 따른 분류는 다음과 같다.

〈재질에 따른 분류〉

재료	열팽창계수	최고사용온도
황동(Zn : 30%, Cu : 70%) 인바(Ni : 36%, Fe)	22.8×10^{-6} $1 \sim 2 \times 10^{-6}$	200℃
모넬메탈 Ni : 60~70% 　　　　Cu : 30% 　　　　Fe : 2% 　　　　Mn : 1~2% 니켈강(Ni : 36~42%)	14×10^{-6} 4×10^{-6}	300℃
니켈강(Ni : 20%) 니켈강(Ni : 42~52%)	$18 \sim 20 \times 10^{-6}$ $5 \sim 10 \times 10^{-6}$	500℃
18~8 스테인리스강 (Ni : 8%, Cr : 18%) 니켈강(Ni : 42~54%)	18.4×10^{-6} $5 \sim 10 \times 10^{-6}$	500℃

⑥ 특징
  ㉮ 구조가 간단하고 가격이 싸며 견고하다.
  ㉯ 측정조작이 간단하며 숙련이 필요치 않다.
  ㉰ 보호관을 내압구조로 함에 따라 5MPa 정도의 압력용기 내의 온도측정이 용이하다.

(2) 압력식 온도계

감온부, 도압부, 감압부로 구성되어 있다. 도압부의 길이는 50m까지 가능하며 액체 또는 기체 또는 액체와 기체 2가지가 봉입되어 있어 온도변화에 따라 생기는 압력변화를 부르동관의 변위로 측정한다. 액체압식, 증기압식, 기체식 등 3종류가 있다.

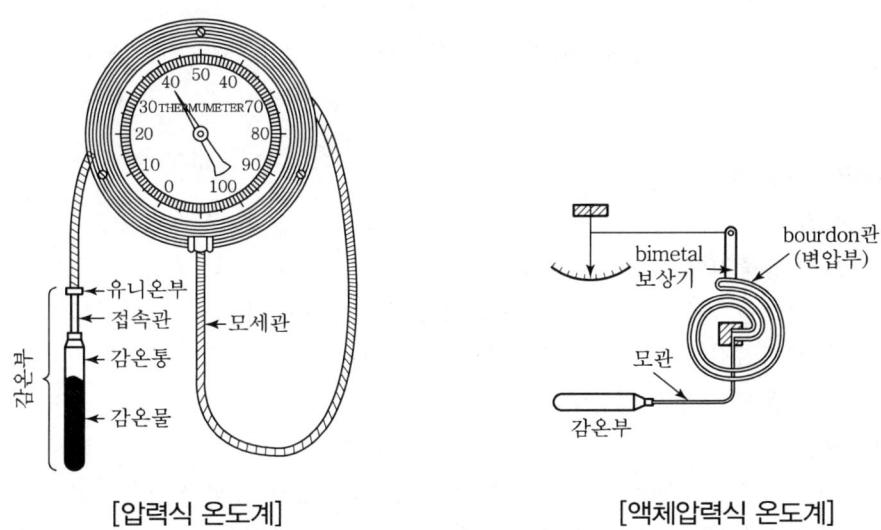

[압력식 온도계]　　　　　　　[액체압력식 온도계]

① **액체압력식 온도계** : 구부, 모세관 및 부르동관에 전부 액체를 채운 것이며, 액체의 열팽창에 의한 방식이다.
  ㉮ 봉입액
    ㉠ 알코올 : $-100 \sim 200℃$ 이하
    ㉡ 아닐린 : $400℃$ 이하
    ㉢ 수은 : $-30 \sim 600℃$ 이하
  ㉯ 저온도에 액체 부족으로 작용하지 않는 것을 막기 위하여 수기압 또는 수십기압을 걸어 액을 봉입한다.
  ㉰ 모세관부 내경 : 0.15mm 정도
  ㉱ 지시오차 : $\frac{1}{2}$ 눈금 정도

② **증기압식 온도계** : 액체의 증기압과 그 온도 사이에는 일정한 관계가 있는 것을 이용한 것으로서 임계온도 이하에서 사용된다.

㉮ 봉입액 : 프레온(비점 −30℃), 에틸에테르(비점 34.6℃), 에틸알코올(비점 76.3℃), 염화메틸(비점 −24℃), 톨루엔(비점 110.8℃), 아닐린(비점 183.4℃), 염화에틸(비점 12.2℃)

㉯ 측정온도 범위 : −20~340℃

③ 기체식(아네로이드형) 온도계 : 질소, 헬륨, 불활성가스를 봉입하고 이 압력이 절대온도에 비례한다는 것을 이용한 것으로 고온도에서 기체가 금속에 침투될 우려가 있으므로 500℃ 이하에서 사용된다(원격측정 50~90m 사용 가능).

> REFERENCE 아네로이드형 온도계
>
> 액체 이외의 순전한 기체만의 봉입을 이용한 온도계를 말한다.

④ 압력식 온도계의 특징
  ㉮ 장점
    ㉠ 진동충격에 비교적 강하다.
    ㉡ 알코올 등은 −40℃의 저온측정에 매우 유리하다.
    ㉢ 원격측정이 가능하고 연속사용이 가능하다.
    ㉣ 자동제어 등이 가능하다.
  ㉯ 단점
    ㉠ 미소한 온도변화나 600℃ 이상 고온측정은 불가능하다.
    ㉡ 경년변화가 있으므로 때때로 검사를 할 필요가 있다.
    ㉢ 외기온도나 유도관 온도에 의한 영향으로 온도지시가 느리다.
    ㉣ 모세관이 도중에 파괴될 우려가 있다.

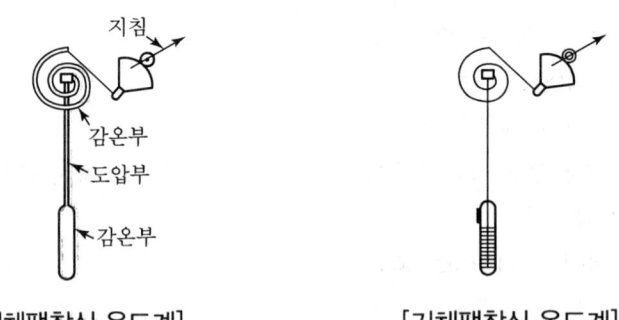

[액체팽창식 온도계]   [기체팽창식 온도계]

3 전기적식 온도계

(1) 저항온도계

금속이나 반도체의 전기저항은 온도에 따라 변화한다는 것을 이용한 것으로서 백금 측은 저항체를 예로 들면, 0℃에서 100Ω이던 것이 600℃에서는 317.28Ω이 된다. 금속저항체는 0℃에서의 저항값을 $R_0(\Omega)$, 온도계수를 a라 하면 $t(℃)$로 되었을 때의 저항값 R_t는 다음 식으로 나타낸다.

$$R_t = R_0(1+at)$$

측온 저항소자로는 백금, 니켈, 동 등 여러 가지가 있으며 직경 0.03~0.1mm 정도의 것이 사용되며 저항치는 100, 50, 25Ω으로 정해져 있으나 도선이 긴 경우는 200Ω이 사용되는 수도 있다.

① 측온 저항소자의 요구조건
　㉮ 기계적·화학적으로 안정될 것
　㉯ 온도계수가 클 것
　㉰ 동종의 저항소자의 온도 특성이 같고 호환성이 있을 것
　㉱ 온도-저항 곡선은 연속적이며 임의적일 것

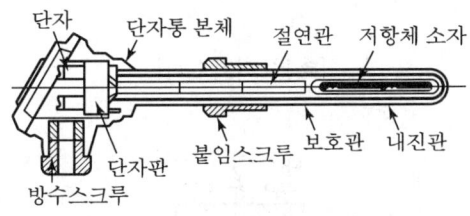

[측온 저항체의 구조]

② 측온 저항체의 종류
　㉮ 백금측온 저항체
　　㉠ 저항률도 비교적 높고 안전성과 재현성이 되어 나타난다.
　　㉡ 산화도 비교적 잘 되지 않으나 온도계수가 작은 결점을 가지고 있다.
　　㉢ 0℃ 표준 저항치 : 25, 50, 100Ω의 3가지가 있다.
　　㉣ 사용온도 범위 : -200~500℃
　　㉤ 정도 : +0.3~0.5%이며 저항체는 직경이 0.03~0.1mm 정도이다.

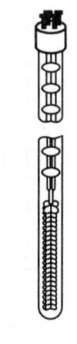

[백금 저항체]

㉯ 니켈측온 저항체
  ㉠ 백금에 비하여 가격이 싸고 상온에서 안정성이 있다.
  ㉡ 온도계수가 커서 감도가 좋다(0.6%/deg).
  ㉢ 고온측정에는 부적당하고 특성이 고르지 못하다.
  ㉣ 0℃ 표준 저항치 : 500Ω
  ㉤ 사용온도 범위 : -50~300℃
  ㉥ 정도 : ± 0.5~1%
㉰ 동 측온 저항체
  ㉠ 가격이 싸고 비례성이 좋다.
  ㉡ 저항률이 낮아 선을 길게 감아야 한다.
  ㉢ 고온에서 산화하므로 상온 부근의 온도측정에 사용된다.
  ㉣ 사용온도 범위 : 0~120℃

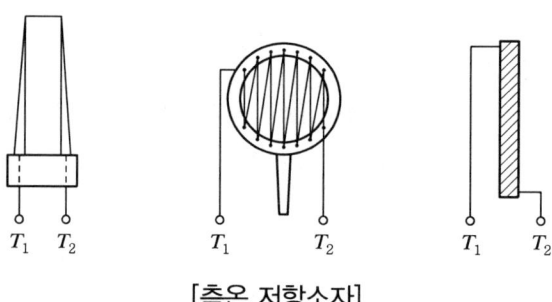

[측온 저항소자]

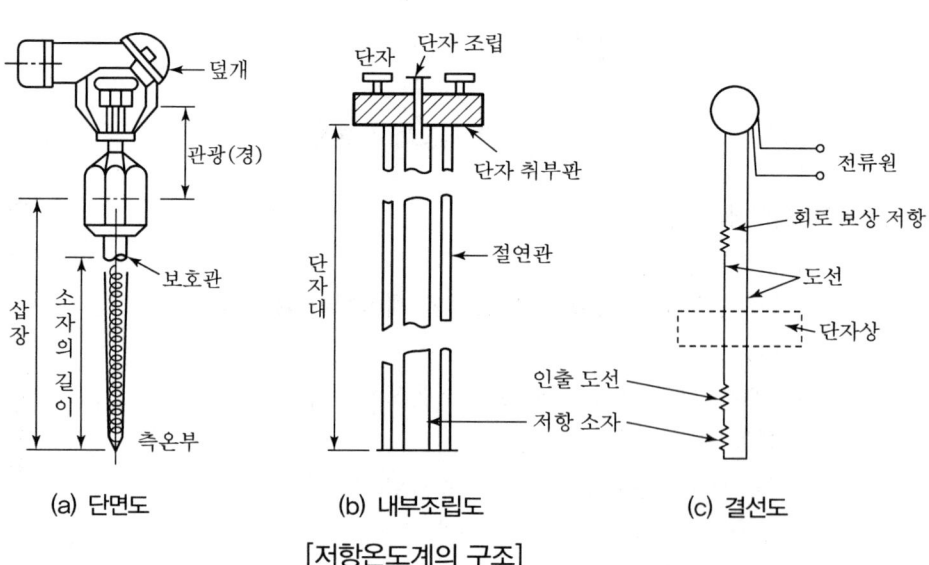

(a) 단면도   (b) 내부조립도   (c) 결선도

[저항온도계의 구조]

③ 측온 저항온도계의 특징
  ㉮ 장점
    ㉠ 측정치의 원방전송에 적합하며 자동제어 및 지시, 기록, 조절이 용이하다.
    ㉡ 열전대에 비하여 비교적 낮은 온도의 정밀 측정에 적합하다.
  ㉯ 단점
    ㉠ 구조가 복잡하고 취급이 불편하며 측정 시 숙련이 필요하다.
    ㉡ 구조적으로 저항소선이 단선되기 쉽고 검출시간의 지연이 있다.
④ 서미스터(Thermister)
  온도변화에 따라 저항치가 큰 반도체로서 Ni, Co, Mn, Fe, Cu 등의 금속산화물의 압축 소결시켜 만든 합금이다. 가격이 싸고 재료나 형상으로는 매우 종류가 많으며 극히 소형으로 만들 수 있어서 응답성이 빠른 감열소자로 이용할 수 있다.

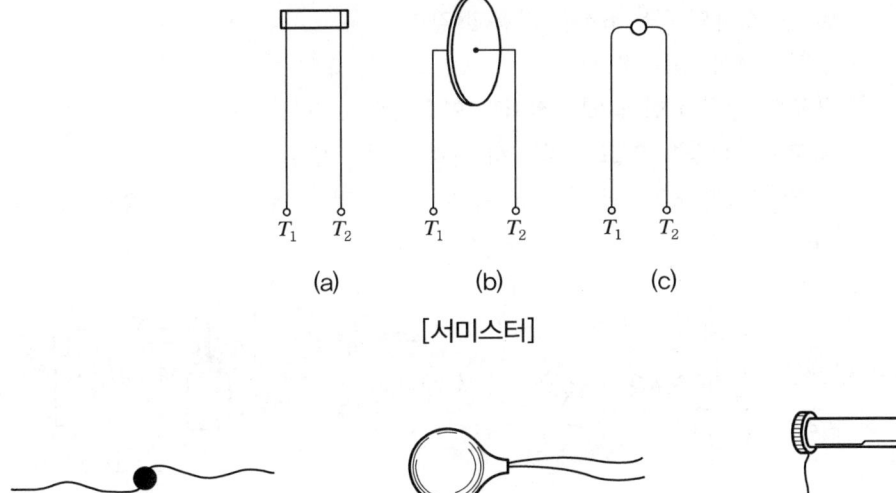

[서미스터]

(a) 바이드형

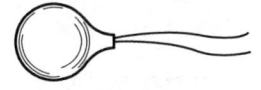
(b) 디스크형(Disk)

(c) 로드(봉상형 : Rod)

[서미스터의 형상]

  ㉮ 장점
    ㉠ 온도계수가 금속에 비하여 크며 절대온도 자승에 반비례하는 부의 계수를 가지고 있다(저항온도 계수는 음(−)의 값을 가진다).
    ㉡ 온도가 높아지면 저항치가 적게 되며 온도계수 구배가 감소된다.
    ㉢ 지연시간이 적으며 특성이 양호하다.
    ㉣ 좁은 장소의 국소적인 온도측정에 용이하다.

⊕ 단점
  ㉠ 자기가열이 되기 쉽다.
  ㉡ 흡수 등에 의하여 열화되기 쉽다.
  ㉢ 동일 특성의 것을 얻기 어렵다.

(2) 열전대 온도계
  ① 원리 : 자유전자가 서로 다른 2종의 금속선 또는 합금선으로 회로를 만들고 그 양접점에 온도차를 두면 열기전력이 생긴다. 이 현상을 제백효과(Seebeck)라고 한다. 열전대를 측온체로 사용하여 열기전력을 직류 밀리볼트(mV)계 또는 전위차계로 온도를 표시한다.
  ② 구성
    ㉮ 열전대
      열기전열을 발생시킬 목적으로 2종류의 도체 한쪽 끝을 전기적으로 접속시킨 것으로서 열전대소자의 구비조건은 다음과 같다.
      ㉠ 열기전력이 높을 것
      ㉡ 온도의 상승과 함께 열기전력도 연속적으로 상승할 것
      ㉢ 내열·내식성이 있고 고온에서 기계적 강도가 클 것
      ㉣ 가격이 저렴하고 가공이 쉽고 동일특성의 것을 쉽게 만들 수 있을 것
      ㉤ 전기저항 및 온도계수가 작을 것

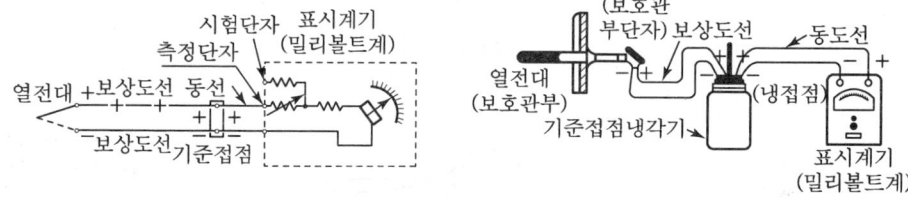

[열전 온도계의 구성]

    ㉯ 보상도선 : 열전대의 단자부분의 온도변화에 따라 생기는 오차를 보상하기 위하여 사용되는 선으로서 상온을 포함한 적당한 온도범위에 있어서 조합할 열전대와 거의 동일한 열전적 특성을 가진 한 쌍의 도체에 절연한 것을 말한다. 이 보상도선은 단자와 기준 접점과의 사이에 접속한다.

> **REFERENCE**
>
> 일반적으로 보상도선의 심선 피복재료는 보통 비닐피복으로 한 것으로서 105℃까지 견디며 침수되어도 절연 저하되지 않는 것이며 내열용은 200℃까지 견디는 글라스 울로 절연되어 있다.

〈보상도선의 극성과 재질〉

종류	표면피복색	+측(적)	-측(백)
백금-백금로듐	흑색	동	동-니켈합금
크로멜-알루멜	청색	동 철	콘스탄탄(일반용) 동-니켈합금(내열용)
동-콘스탄탄	자색	동	콘스탄탄
철-콘스탄탄	황색	철	콘스탄탄

㉰ 측온접점(열접점) : 열전대의 소선을 접합한 점으로 온도를 측정할 위치에 놓는다.

㉱ 기준접점(냉접점) : 열전대와 도선 또는 보상도선과 접합점을 일정한 온도로 유지하도록 한 점이므로 듀워병에 얼음과 증류수 등의 혼합물을 채운 냉각기를 사용하여 빙점(0℃)으로 유지한 점이다.

㉲ 보호관 : 측온접점이나 소선이 피측온물 또는 분위기 등에 직접 접촉하지 않도록 보호하기 위하여 쓰이는 관을 말하며 구비조건은 다음과 같다.

㉠ 고온도에 기계적 강도를 유지하며 온도급변에 견딜 것
㉡ 내열성이 뛰어나며 가스 등에 대하여 침식되지 않고 유해한 가스에 부식되지 말 것
㉢ 내압 및 진동이나 충격에 견딜 것
㉣ 관 스스로 열전대에 유해한 가스를 발생시키지 말 것
㉤ 열의 양도체로서 외부의 온도변화를 신속히 열전대에 전달할 것
㉥ 가격이 저렴하고 구입이 용이할 것

> REFERENCE
>
> 금속관은 기계적 강도가 크고 1,000℃ 이하에서 내열과 내식을 어느 정도 크게 할 수 있으나 고온에 대한 내열성은 떨어지고 비금속관은 내열성이 크지만 기계적 강도가 적고 급열, 급랭에 대한 저항이 약하다.

〈금속제 보호관의 종류〉

종류	사용온도(℃)	최고사용온도(℃)	특징
황동관	400	650	증기 등 저온측정에 쓰이며 Ni 또는 Cr을 도금하여 사용할 수 있다.
연강관	600	800	값이 싸고 기계적 강도가 크며 내산성은 약간 있다.
13Cr 강관	800	950	Cr 13% 강으로 기계적 강도, 내산성 등이 크며 산화염, 환원염 등에도 사용할 수 있다.

종류	사용온도(℃)	최고사용온도(℃)	특징
13Cr 칼로라이즈강관	900	1,100	13Cr 강판에 칼로라이즈하여 내열·내식성을 증가시킨 것으로 기계식 성질은 우수하나 환원성 가스에 약하다.
SUS-27 SUS-32	850	1,100	내열성보다 내식성에 중점을 두었을 때 상용되고 유황가스나 환원성 불꽃 등에 대하여 약하다.
내열강 (고크롬강광) SEH-5	1050	1,200	Cr 25%, Ni 20%를 함유하고 내식·내열성 등 기계적 강도가 크며 산화염, 환원염에도 사용할 수 있다.
석영관	1,000	1,050	SiO_2이 주성분으로 급열, 급랭에 대한 저항이 강하고 환원성에는 기밀성이 떨어지나 산화성에는 강하다(PR 열전대용으로 사용).
자기관 (A)	1,450	1,550	급열, 급랭에 약하며 알칼리에도 약하다. 기밀질로 용융금속, 연소가스에 강하다(Al_2O_3(60%) + SiO_2(40%)).
자기관 (B)	1,600	1,750	고알루미나로서 Al_2O_3가 99% 이상이며 급열, 급랭에 특히 약하고, 알칼리에도 약하며 용융금속 연소가스에 강하다(기밀질임).
카보랜덤관	1,600	1,700	다공질로서 급열, 급랭에 강하다. 고온측정용 2중 보호용 외관으로 사용한다.
내열성 점토관	1,300	1,460	SiO_2 및 Al_2O_3가 주성분으로 급열, 급랭에 강하나 염기성에 약하고 산성에 강하다(고온측정용 2중 보호관용).
유리관	500		경질유리로서 저온에 사용되며 내산성에 쓰인다.

③ 열전대의 종류 및 특성

㉮ 백금-백금로듐(PR) 열전대

㉠ 열전대 중 가장 내열성이 우수하고 고정도이다.

㉡ 산성분위기 중에는 강하나 환원성 분위기에는 약하다.

㉢ 수소, 유황, 탄소를 함유하고 있는 분위기 내 혹은 금속증기가 존재하는 곳에서는 변질되기 쉽다.

㉣ 보호관으로서는 금속보호관은 적당치 않고 자기관, 석영관 등을 사용하는 것이 좋다.

㉤ 측정온도 범위 : 0~1,600℃

㉯ 크로멜-알루멜(CA) 열전대

㉠ 내열성, 정도, 균일성은 PR 열전대 다음이다.

㉡ 비금속 열전대로서 산성 중에서는 강하나 환원성 분위기에서는 약하다.

㉢ 측정온도 범위 : -20~1,200℃

④ 철-콘스탄탄(IC) 열전대
   ⊙ 가격이 싸고 비교적 열기전력이 높으므로 CA 다음으로 중온용이다.
   ⊙ 호환성이 좋지 않다.
   ⊙ 환원성 분위기에서는 강하나 산화성 분위기에는 약하다.
   ⊙ 측정온도 범위 : −20~800℃
㉣ 동-콘스탄탄(CC) 열전대
   ⊙ 열기전력이 크고 저항 및 온도계수가 작다.
   ⊙ 사용하기 편리하며 비교적 저온측정에 적합하다.
   ⊙ 수분에 의한 부식에 강하므로 저온용으로 뛰어나다.
   ⊙ 주로 비교적 저온의 실험용으로 사용된다.
   ⊙ 측정온도 범위 : −180~350℃

〈열전대의 극성과 재질〉

종류	+측	−측
철-콘스탄탄	순철	콘스탄탄(Cu : 55%, Ni : 45%)
크로멜-알루멜	크로멜(흑색) (Ni : 90%, Cr : 10%)	알루멜(청색) (Ni : 94%, Mn : 2.5%, Al : 2%, Fe : 0.05%)
동-콘스탄탄	순동	콘스탄탄(Cu : 55%, Ni : 45%)
백금-백금로듐	(Rh : 13%, Pt : 87%)	순백금

④ 열전대 온도계의 특징
   ㉮ 고온측정에 적합하다(1,600℃까지).
   ㉯ 냉접점이나 보상도선으로 인한 오차가 발생되기 쉽다.
   ㉰ 측정장치에 전원이 필요치 않으며 원격지시 및 기록이 용이하다.
   ㉱ 열전대의 열접점을 측정부에 접속시키지 않으면 안 된다.
⑤ 열전온도계 취급상 주의사항
   ㉮ 충격을 피하고 습기, 먼지, 일광 등에 주의할 것
   ㉯ 온도계 사용한계에 주의할 것
   ㉰ 사용 전에 지시계로서 도선 접촉선에 영점보정을 할 것
   ㉱ 표준계기와 자주 또는 정기적으로 비교 검정하여 지시차를 교정할 것
   ㉲ 눈금을 읽을 때 시차에 유의할 것
⑥ 기타 열전대 온도계
   ㉮ 흡인식 열전대 온도계
      물체로부터 방사열을 받거나 반대로 낮은 온도의 물체에 방사열을 줌으로써 생기는 오

차를 방지하기 위한 것이다. 열전대를 2중관으로 하여 방사의 영향을 방지하고 다시 열전대의 주위 가스를 고속도에서 흡인하여 열전대 쪽의 열전달을 충분하게 해서 가스 자체의 온도를 알리도록 한 것이다.

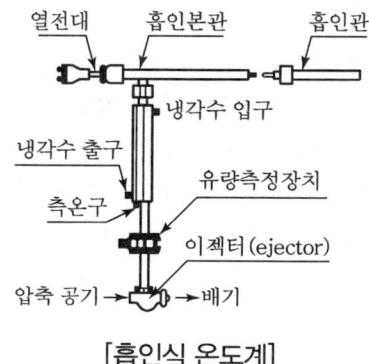

[흡인식 온도계]

㈏ 시드 열전대

열전대의 보호관 속에 산화마그네슘(MgO), 산화알루미늄(Al_2O_3)을 넣은 것으로 매우 가늘게 만든 보호관으로 가요성이 있다. 따라서 관의 직경은 0.25~12mm 정도로 된 것이며 굴곡으로 될 때 반경은 직경의 1~5배이다. 보호관은 세관으로서 국부적인 온도측정에 적합하고 지시시간이 빠르며 피측온체의 온도를 흐트러뜨리지 않는다.

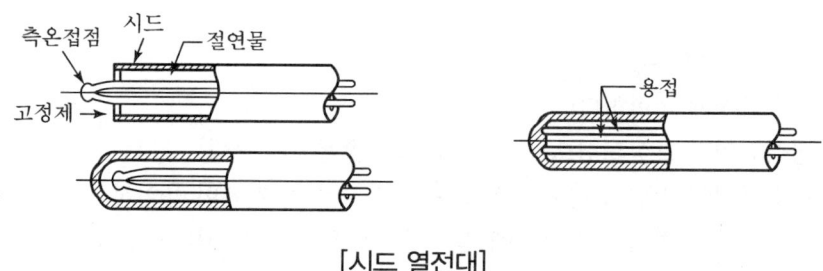

[시드 열전대]

㈐ 표면 온도계 : 열전대의 냉접점은 손으로 잡았을 경우에 열접점을 물체의 표면에 접촉시켜서 표면 온도를 측정하는 것이다. 온도계를 접촉시켰을 경우에 피측온체의 온도가 강하할 때를 방지하기 위하여 내부로부터 가열하도록 한 것이다.

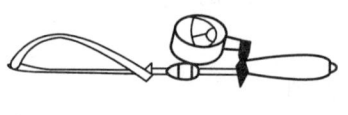

[표면 온도계]

⟨접촉법과 비접촉법의 비교⟩

구분	접촉법	비접촉법
측온부	측온 소자를 접촉시킬 것, 그에 따라 피측온 물체의 온도가 바뀌지 않을 것	측온부에서 피측온 물체가 잘 보일 것
적용온도 범위	1,000℃ 이하의 측온에 가장 적합하다. 1,200℃ 이상이 되면 내구도 면에서 기술을 요한다. 단, 에멀션 온도계로는 1,650℃까지 실용할 수 있다.	1,000℃ 이상의 고온측정에 적합하다. 단, 저온용 방사온도계를 사용하면 300℃ 이상을 측정할 수 있다.
오차	일반적으로 1% 이내이다. 좋은 조건 밑에서는 0.01deg 이내가 된다.	보통 10deg 이내 정도이다. 방사율의 보정을 필요로 한다.
시간 느림	일반적으로 크다. 조건이 좋은 경우는 약 1분을 요한다.	짧은 것은 1초 이하, 길어도 10초에 불과하다.

3. 고온계

1 광고온도계

(1) 원리

고온의 물체로부터 거의 단색에 가까운 가시광선이 좁은 파장역의 방사를 이용하여 대략 700℃ 이상의 고온측정을 한다. 보통은 0.65μm의 적외선 파장을 이용한다. 다음 그림은 측정하는 물체와 전구의 선을 비교하는 형식으로서 구조가 간단하고 좋은 정도를 얻을 수 있으므로 가장 많이 쓰인다.

망원경 시야 내의 전구 필라멘트 휘도와 피측온체의 휘도가 같아지도록 필라멘트 전류를 가변저항기로 조절하여 측정물체와 선을 동시에 봐서 배경 속에서 선이 밝게도 어둡게도 보이지 않는 상태로 하여 전류계의 지시에서 온도를 읽는다.

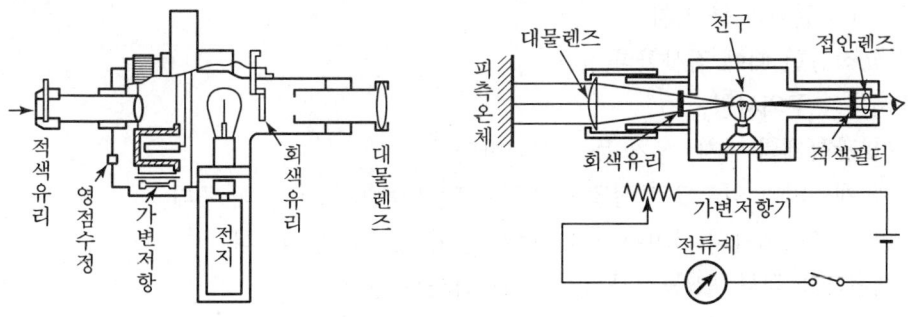

[광고온도계]

(2) 특징
   ① 특징
      ㉮ 900~2,000℃의 높은 온도측정에 적합하다(최대 측정범위 700~3,000℃).
      ㉯ 온도계를 측정하려는 물체에 접촉하지 않으므로 측정하려는 물체의 온도를 변하게 하지 않는다.
      ㉰ 온도를 측정하려는 물체에 직접 접촉하지 않고 떨어져서 측정할 수 있다.
      ㉱ 움직이고 있는 물체의 온도도 측정할 수 있다.
   ② 단점
      ㉮ 700℃ 이하의 낮은 온도를 측정할 수 없다.
      ㉯ 직접 보이는 표면의 온도만 측정할 수 있다.
      ㉰ 실용상은 5deg 정도보다 좋은 정밀도는 얻을 수 없다.
      ㉱ 온도를 측정하려는 물체로부터 방사통로, 즉 빛의 흡수 산란 및 반사에 따라 오차가 생긴다.
      ㉲ 원리 측정, 경보, 자동기록 또는 자동제어가 안 된다.
      ㉳ 숙련된 측정자가 눈으로 온도를 측정하여야 한다.
      ㉴ 측정자에 따라 개인오차가 생길 수 있다.
   ③ 광고온도계의 보존사항
      ㉮ 먼지, 진동이 적은 장소, 낮은 습도의 장소에 보관한다.
      ㉯ 운반할 때 진동, 충격을 피한다.
      ㉰ 광학계를 깨끗하게 유지한다.
      ㉱ 보관할 때는 전지를 빼놓고 계기의 전지에 전지액이 묻지 않게 한다.
      ㉲ 다음 중 어느 것이나 확인되었을 때는 수리한다.
         ㉠ 대물렌즈의 손상
         ㉡ 지침의 부동, 지시도의 불안정
         ㉢ 휘도, 일치의 판정, 정밀도의 저하
         ㉣ 현저히 큰 기차
      ㉳ 적당한 때에 검사한다.
   ④ 사용상 주의사항
      ㉮ 광학계의 먼지, 상처 등을 점검한다.
      ㉯ 개인차가 있으므로 정밀한 측정은 몇 사람이 하는 것이 좋다.
      ㉰ 피측정체와의 사이에 연기, 먼지 등이 없도록 주의한다.
   ⑤ 광온계의 검사 : 기능검사 및 지시도 검사로 한다.
      ㉮ 검사시기
         ㉠ 기능검사

ⓐ 지시도 검사의 직전
ⓑ 일련의 측정을 하기 전
ⓒ 광고온도계의 기능에 의문점이 있을 때
㉡ 지시도 검사
ⓐ 광고온도계를 새로 사거나 수리한 직후
ⓑ 사용 중인 광고온도계에 대해서는 3개월에 1회 이상
ⓒ 특히 정확한 측정을 하기 전후
ⓓ 부분품의 교환을 행한 후 측정치에 의문점이 있을 때
㉯ 검사절차
㉠ 기능검사
ⓐ 광학계에 오손이나 현저한 흠이 없는가를 확인한다.
ⓑ 대물렌즈 통에 넣었다 빼기 및 전압계의 조정이 원활한가를 확인한다.
ⓒ 단색필터 및 회색필터를 확실하게 광로에 넣을 수 있는가를 확인한다.
ⓓ 계기회로에 전류를 통하여 고온계 전구가 점등되는지, 지침정의 방향으로 움직이는지를 확인한다.
ⓔ 전류를 천천히 증감하여 지침을 움직인 후 지침이 걸리든지 또는 불연속적으로 움직이지 않는지를 확인한다.
ⓕ 광고온도계를 통하여 적당한 광원을 정하고 그 상에 대하여 휘도맞춤을 하여 고온계 전구의 필라멘트 중앙부에 얼룩이 없이 보이는지 확인한다.
㉡ 지시도 검사 : 지시도 검사는 원측으로 휘도온도 900~2,000℃의 범위에 대하여 하며 다음과 같은 검사방법에 따른다.
ⓐ 검사에 앞서 표준전구, 그 점등회로 및 점등장치를 점검하고 광로에 관계있는 부분을 깨끗이 청소한다.
ⓑ 정해진 자세로 확실하게 표준전구를 고정한다.
ⓒ 표준전구를 정해진 쪽으로부터 정해진 방향으로 볼 수 있도록 확대렌즈 및 검사하려는 광오계를 고정시킨다.
ⓓ 직류로 점등할 때 전류가 정해진 방향으로 되어 있는가를 확인한다.
ⓔ 검사하려는 온도에 적당한 전류로 표준전구를 점등한다. 이때 되도록 짧은 시간에 정상상태에 도달할 수 있도록 표준전구의 특성에 따른 가열방법을 취하는 게 좋다.
ⓕ 표준전구 필라멘트의 정해진 곳을 올바르게 볼 수 있도록 광온계의 각 부를 조정한다.
ⓖ 점등전류가 정상상태에 도달한 것을 확인한 후 휘도맞춤을 적어도 수회 반복하여 각각에 대한 지시도를 기록하고 평균치를 취득한다. 평균치와 표준전구 전류에서 주어진 값을 비교하여 기차를 구한다.

2 광전관식 온도계

(1) 원리

광전지 고온계는 빛의 일정량을 렌즈에 의해 광전지의 면에 가하고, 광전관식 고온계는 사람의 눈 대신 광전지 혹은 광전관을 사용하여 자동으로 측정하도록 만든 것이다. 광전관식 온도계의 예는 다음과 같다.

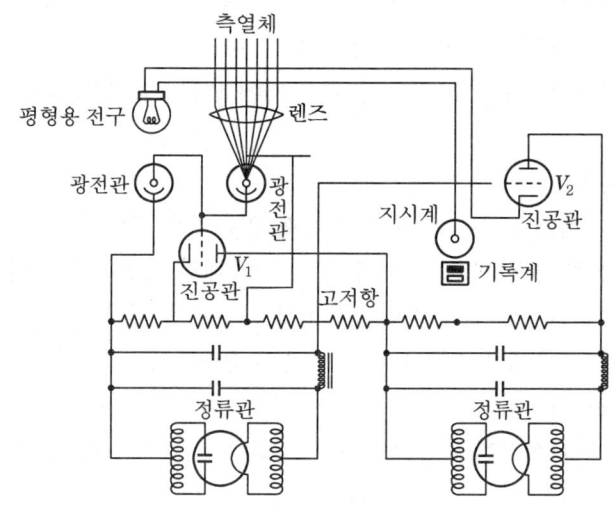

[광전관식 온도계]

(2) 특징

① 자동 온도기록이 가능하다.
② 정도는 광고온도계와 같다.
③ 700℃ 이상의 측정에 용이하다.
④ 응답성이 빨라 이동물체의 측정이 가능하다.
⑤ 구조가 약간 복잡하다.

3 방사온도계

(1) 원리

그림과 같이 피측온체에서 방사되는 에너지를 렌즈 나사형으로 수열관(흑체로 된 직경 3mm의 백금판, 운모판)에 모으고 수열과 온도상승을 열전대로 측정한다. 물체로부터 방사되는 모든 파장의 전방사에너지 S는 물체의 절대온도 T(K)인 때 그 물체의 전파장에 있어서의 방사율(전방사율)을 εt라 하면 $S = \varepsilon t \sigma T^4$로 표시되며 온도가 높을수록 방사에너지가 강해진다.

여기서 σ는 정수이다. 그러므로 방사율 Q는

$$Q = 4.88° \times \varepsilon t \times \left(\frac{T}{100}\right)^4 (\text{kcal/m}^2\text{h})$$

이다. 이 경우 계기의 지시온도 S는 전방사율 $\varepsilon t = 1$(흑체인 경우)로 한 값이므로 흑체가 아닌 피측온 물체의 진정한 온도 T는 다음 보정식에 따라 얻어진다. 즉, $T = S/\sqrt[4]{\varepsilon t}$ 이다.

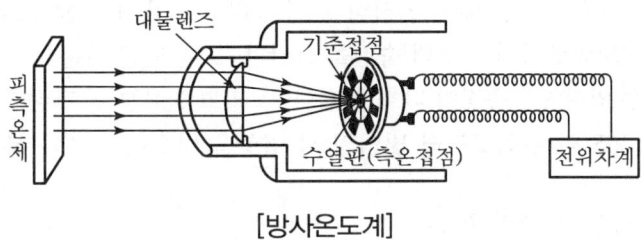

[방사온도계]

(2) 측정요령

① 아래 그림에서 $\dfrac{L}{D} < \dfrac{l}{d}$ 의 관계가 성립하여야 오차가 적다.

② 거리계수 $\left(\dfrac{L}{d}\right)$는 20~40 정도이어야 한다.

③ 방사고온계의 눈금은 흑체에 대한 것이므로 실제로는 표준 광고온도계(방사율의 영향이 적은)로 보정한다.

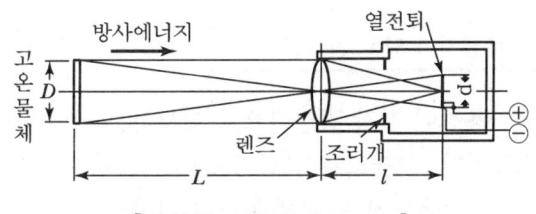

[방사온도 발진기 구조도]

(3) 특징

① 장점
  ㉮ 측정시간의 지연이 적다.
  ㉯ 연속측정을 할 수 있고 발산기를 이용하여 기록이나 제어가 가능하다.
  ㉰ 주로 고온 및 이동물체의 온도측정이 용이하다(측정범위 : 50℃~3,000까지).
  ㉱ 피측정물에 접촉하지 않으므로 측정조건을 혼란시키지 않는다.

② 단점
  ㉮ 측정거리에 따라 오차가 발생되기 쉽다.
  ㉯ 광로에 먼지나 연기 등이 있으면 정확한 측정이 곤란하다.
  ㉰ 특히 수증기나 탄산가스의 흡수에 유의하여야 한다.
  ㉱ 방사율 보정량이 크다.
  ㉲ 측정거리의 제한을 받는다.

4 색온도계

(1) 원리

일반적으로 물체는 600℃ 이상의 온도가 되면 암적색으로 발광하기 시작하고 온도상승과 더불어 짧은 파장의 에너지를 많이 방사하게 되고 따라서 색이 변한다. 이 빛을 보고 측정함으로써 주로 제강업에 쓰이며 고도의 숙련을 요한다. 또한 다른 기준색 필터를 통해 측정함으로써 온도를 알 수 있다(단, 측정이 다소 어렵다. 그리고 750℃ 정도부터 측정이 가능하고 기록 조절용으로 사용되며 주위로부터 빛의 반사 영향을 받으며 구조가 복잡하다).

〈온도와 색의 관계〉

온도(℃)	색
600	어두운 색
800	붉은색
1,000	오렌지색
1,200	노란색
1,500	눈부신 황백색
2,000	매우 눈부신 흰색
2,500	푸른기가 있는 흰백색

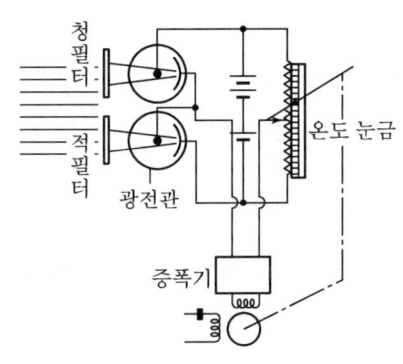

[자동 평형 색온도계]

위 그림은 색필터를 이용하여 각각 광전관으로 입사하는 에너지 차로 인한 불평형전압이 발생하는 것을 나타내고 있다. 그러므로 그림과 같이 자동평형계기를 이용해서 자동적으로 온도를 지시 기록할 수 있다(온도가 높아짐에 따라 단파장(청색) 성분이 많아진다).

(2) 측정방법

① 색필터로 기준색과 비교 합치시키는 방법
② 그 색온도계 방식으로 각 파장 중에서 2가지 파장을 골라 그 파장의 방사에너지의 비가 온도에 따라 변화한다는 것을 이용한 방법(검출기에는 광전자, 증배관, 태양전지 등이 사용된다.)

5 기타 온도계

(1) 제겔콘(Seger Kone – SK)

H. Seger가 고안하여 이 명칭이 붙었다. 점토 규석질 등 내열성의 금속산화물 등을 적당히 배합하여 만든 3각 추로 소성 온도에서의 연화변형으로 각 단계의 온도용이 얻어지며 벽돌의 내화도를 시험한다. 연화온도는 600℃에서 2,000℃까지 20~50℃ 간격으로 번호가 정해진다.

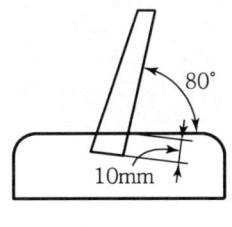

[제겔콘]

(2) 서모컬러(Thermo Color)

일명 서모 페인드 도금의 일종으로 피측정물의 표면에 도포하여 그 점의 온도변화를 감시한다. 여기에서 냉각되면 본래의 색으로 되돌아가는 가역성과 그렇지 않은 비가역성이 있으며, 표면의 열분포 및 열의 전도속도의 검정이 편리하다.

6 적외선 온도계

파장 $15\mu m$ 정도까지의 적외선을 이용한 온도계의 검출소자에는 서미스터나 집점소자와 같은 열형 검출기와 황화납(PbS), 게르마늄(Ge), 규소(Si) 등의 광전소자에 의한 광형 검출기의 두 형식이 있다. 측정물에서의 방사는 반사경으로 반사되어 빛초퍼(Chopper)를 거쳐 검출소자로 유도된다. 한편, 비교 방사전구에서의 방사도 빛초퍼에 유도되어 양자는 전동기의 회전에 따라 교대로 검출소자에 들어간다. 이렇게 하여 양자의 강도가 동일한가를 판단하여 비교 방사전구의 전압을 가감하여 같은 강도로 하는 자동평형식이다. 빛초퍼는 외주에 이빨을 가진 경면을 그림과 같은 각도로 회전시켜 한쪽의 빛은 뒤에서 투과시키고 다른 한쪽의 빛은 표면에서 반사시켜 소자에 들어가게 해두면 교대로 단속된 빛이 작용하게 된다.

(1) 방사온도계와 다른 점

① 실온 부근은 물론 설계에 주의하면 0℃ 이하의 전 온도측정이 가능하다.
② 원방에서 미소물체의 온도를 측정할 수 있다.
③ 검출기의 동특성이 우수하다.

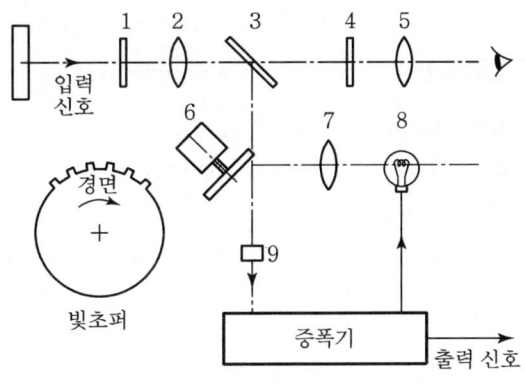

[적외선 온도계]

CHAPTER 03 압력계

1. 압력측정

1 압력측정의 정의

일반적으로 압력이란 용기나 관벽 등의 단위면적에 작용하는 유체의 힘의 크기로 표시한다. 따라서 압력측정은 공업용에서 중요하게 다루고 있으며 사용하는 계기는 압력계로서 이는 힘의 강약을 측정하는 계기이므로 일종의 힘의 계측에 필요한 역(力)계라 볼 수 있다.

2 압력의 종류

(1) 작용상
  ① **정압** : 유체가 정지하고 있는 상태에서 모든 방향에 걸리는 압력(정유체압)
  ② **동압** : 유동하고 있는 상태에서 흐름 방향에만 작용하는 압력(동유체압)
  ③ **전압** : 정압+동압

(2) 측정법상
  ① **게이지 압력** : 압력계로 측정하는 압력으로 대기압이 0으로 기준이 되며 단위 뒤에는 g을 붙인다.

    $kg/cm^2 g$, atg

  ② **절대압력** : 완전진공을 기준 0으로 하며 단위 뒤에 abs 또는 a를 붙인다.

    $kg/cm^2 abs$, abs

> **REFERENCE** 측정압에 따른 압력계 분류
>
> ① 압력계 : 양의 게이지 압력측정용이다.
> ② 진공계 : 음의 게이지 압력측정용이다.
> ③ 연성계 : 양 및 음의 게이지 압력측정용이다.

3 압력단위

(1) 표준대기압

0℃ 수은주로 760mm에 상당하는 압력을 1표준기압이라 하고, 760mmHg 또는 1atm의 기호로 나타낸다.

$$1atm = 760mmHg = 1.0332kg/cm^2 = 1.033at = 10.3325mH_2O$$
$$= 101,325N/m^2 = 101,325Pa$$

(2) 공학기압

1cm²당 1kg(중량)의 힘이 작용하는 압력을 1공학기압 또는 단순히 기압이라 하며 1kg/cm² 또는 1at의 기호로 나타낸다.

$$1at = 1kg/cm^2 = 735.56mmHg = 10mH_2O = 10^4 kg/m^2 = 10^4 mmAq$$

[REFERENCE] 각 압력단위 사이의 관계

$1bar = 1.0197kg/cm^2 = 750.06mmHg = 10,197mmH_2O$
$1mH_2O = 0.098bar = 0.099kg/cm^2 = 73.553mmHg = 1,000mmH_2O = 0.0967atm$
$1mHg = 1.333bar = 1.359kg/cm^2 = 1,000mmHg = 1.3157atm$

① 미국과 영국에서는 1in²당 1lb의 힘이 작용할 때의 압력단위는 1lb/in²을 사용하고 있다.
  $1psi = 1lb/in^2 = 0.0703kg/m^2$
  atm과 at와의 관계는 다음과 같다.
  $1atm = 14.7lb/in^2$, $1at = 14.2lb/in^2$
② 압력의 보조계량단위는 다음과 같다.
  bar : μbar, mmbar
  mHg : cmHg, mmHg
  kg/cm² : gr/cm², kg/cm²
  mH₂O : cmH₂O, mmH₂O

---

4 압력계의 분류

(1) 탄성체의 변형을 이용하는 방법
  ① 부르동관식
  ② 벨로스식
  ③ 다이어프램식

(2) 기지의 중량과 균형을 맞추는 방법
① 액체의 무게와 중력을 균형시키는 것(액주식, 침종식, 링밸런스식)
② 고체의 무게와 중력을 균형시키는 것(분동식)

(3) 전기적 현상을 이용하는 방법
① 저항선 변형계
② 압전형 압력계

2. 압력계의 종류

1 액주식 압력계

액체로서는 무엇이든지 써도 좋으나 물과 수은이 많이 쓰이며 용기의 저면에 미치는 압력을 밀도(ρ)와 액주의 높이(H)를 가지고 산정하여 구한다. 즉, $P = \rho H$이며 측정방법은 계기에 따라 차압도 측정할 수 있다. 일반적으로 액주식은 유리관을 사용하고 있으며 내면에 있어서 표면장력에 의한 모세관현상 등의 영향을 받으므로 액주에 사용되는 봉입액체는 다음과 같은 구비조건을 갖추어야 한다.

(1) 봉입액체의 구비조건
① 점성이 낮을 것
② 열전도가 적어 팽창이 적을 것
③ 모세관현상이 적을 것
④ 화학적으로 안정하고 휘발성 흡수성이 적을 것
⑤ 온도변화에 따른 밀도차가 적을 것

(2) 액주식 압력계의 종류
① U자관 압력계 : 가장 간단한 압력계로서 유리관을 U자형으로 구부려서 속에 수은, 물, 기름 등을 넣어 한쪽에 측정압력을 도입한다. 차압을 측정할 경우는 양쪽 끝에 각각의 압력을 동시에 도입하여 압력 또는 차압을 측정할 수 있다.

$$(P_1 - P_2) = \gamma h$$

여기서, γ : 액체의 비중량(kg/m^3)
h : 액의 높이차(m)

㉮ U자관의 크기 : 2m 정도
㉯ 사용압력 범위 : 10~2,500mmH$_2$O
㉰ 정도 : 0.5mmH$_2$O

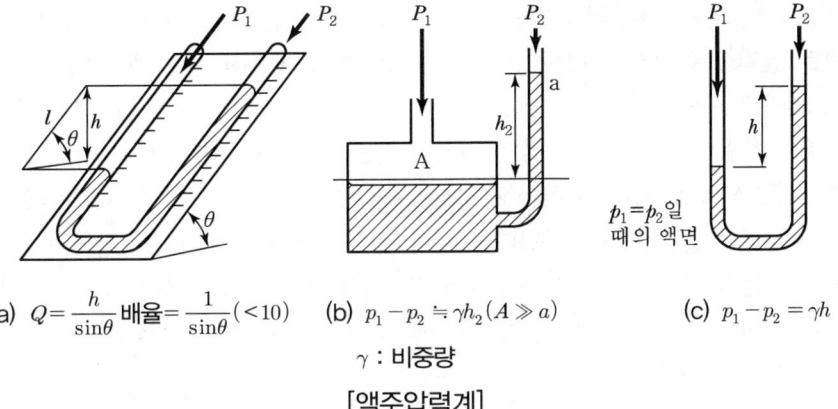

(a) $Q = \dfrac{h}{\sin\theta}$ 배율 $= \dfrac{1}{\sin\theta}(<10)$　(b) $p_1 - p_2 \fallingdotseq \gamma h_2 (A \gg a)$　(c) $p_1 - p_2 = \gamma h$

γ : 비중량

[액주압력계]

② **단관식 압력계** : 한쪽 액주의 면적을 기타에 비해 상당히 크게 해두면 그 액면의 이동을 무시할 수 있으므로 근사적으로 가는 쪽의 액면의 이동으로 압력을 지시시킬 수 있는 방법으로 측정 정도는 메니스커스 모세관 등의 형상 등에 따라 영향을 받는다.

　㉮ 사용압력 범위 : $10 \sim 2{,}000\,mmH_2O$

　㉯ 정도 : $0.1\,mmH_2O$

③ **경사관식 압력계** : 단관식 압력계의 변형된 구조로 한쪽의 관경을 다른 쪽에 비해 현저히 크므로 적은 압력이 걸려도 액기둥 높이 차가 현저하게 나타나 눈금을 확대하여 읽을 수 있으므로 U자관 압력계보다 정밀하게 측정할 수 있으나 구조상 저압의 경우에만 한정되어 있다.

경사관식 압력계는 다음 그림과 같은 구조이며 읽는 값 x에서 측정하려고 하는 압력 P_1은 다음과 같은 식으로 구할 수 있다.

$$P_1 = P_2 + \gamma x \sin\theta,\ h = x\sin\theta$$
$$P_1 - P_2 = \gamma \cdot x \sin\theta$$

여기서, P_2 : 세관 측의 압력
　　　　γ : 액체의 비중량(kg/m^2)
　　　　θ : 경사각

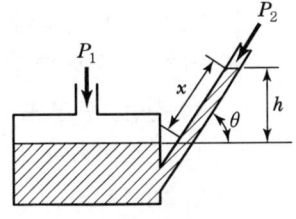

[경사관식 압력계]

　㉮ 측정범위 : $10 \sim 50\,mmH_2O$

　㉯ 정도 : $0.05\,mmH_2O$

④ **호루단형 압력계** : 기압 측정용으로 가장 많이 이용되며 진공계라고도 한다.

⑤ 폐관식 압력계 : 단관의 선단을 막고 일정량의 기체를 폐관 속에 삽입하여 그 기체의 용적으로 압력을 측정하는 형식이다. 수은 기압계가 대표적이며, 폐관 내는 토리첼리 진공으로 되어 있으므로 하부에 수은조의 대기에 접하는 면위치를 일정하게 유지하게 하였을 때 수은주의 높이는 대기압을 나타낸다. 저압용이나 100기압 정도까지 측정되는 것이 있다.

⑥ 환상천평식 압력계(Ring Balance Manometer) : 원형의 측정실 내부에 액을 절반 정도 넣고 하부에 추를 붙여 평형시킨다. 측정실 상부는 격벽으로 칸이 구획되어 있으며 그 격벽의 한쪽 또는 양쪽에 압력을 가하는 데 따라서 압력 또는 차압의 측정이 가능하다. 이 회전각을 외부 지침으로 지시하거나 전기신호를 변환시켜 원격전송도 시킬 수 있다.

$$\sin\phi = \frac{rG\Delta P}{Wa}$$

여기서, ϕ : 경사각, r : 환의 반경
G : 관의 단면적, ΔP : 차압
W : 액을 제외한 전체의 중량
a : 중심과 지점과의 거리

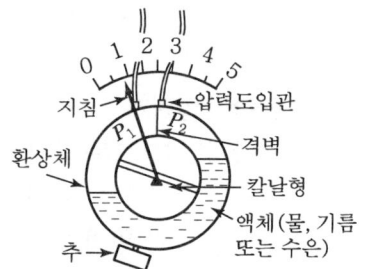

[환상천평식 압력계]

㉮ 봉입액 : 기름, 수은 등
㉯ 측정범위 : 25~3,000mmAq
㉰ 정도 : ±1~2%
㉱ 특징
  ㉠ 원격전송을 할 수 있다.
  ㉡ 회전력이 크므로 기록이 쉽다.
  ㉢ 평형추의 증감이나 취부장치의 이동하는 것에 의하여 측정범위를 변경할 수 있다.
㉲ 용도 : 압력계로는 물론 저압가스의 유압측정에 이용되며 공업용의 압력검출 소자로 널리 쓰이고 있다.
㉳ 설치 시 주의할 점
  ㉠ 진동, 충격 등이 없는 장소에 수평수직으로 설치한다.
  ㉡ 온도변화가 적고 부식성 가스나 습기가 적은 장소에 설치한다.
  ㉢ 지시치는 눈 높이로 설치하되 계기가 잘 보이고 보수점검이 용이한 장소에 설치한다.
  ㉣ 도압관은 굵고 짧게 하며 될 수 있는 대로 압력원에 가깝도록 설치한다.
㉴ 사용상 주의사항
  ㉠ 봉입물질이 액체이므로 액의 압력측정에는 사용할 수 없으며 기체측정에만 한다.
  ㉡ 봉입액은 규정량이어야 한다.
  ㉢ 지시도 시험 시 측정횟수는 적어도 2회 이상 하는 것이 좋다.
  ㉣ 사용 전 작동시험을 2~3회 실시해 본 후 작동이 확실하면 사용한다.
  ㉤ rG/W를 크게, a를 작게 하면 감도가 좋아진다.

2 침종식 압력계(차압계)

액체 중에 조종 모양의 그릇을 엎어 그릇의 상하이동으로 측정하는 압력계이다. 조종의 편위는 그 내부 압력과 비례한다. 그 편위를 직접 지시하거나 또는 그 위치를 전기적인 신호로 변환하여 원격 전송, 지시, 기록하는 것이다. 측정범위에 따라서 내부의 액체는 수은 또는 기름(실리콘유) 등을 선택하며 플로트의 내외 양면에 압력을 걸 수 있도록 하는 구조로서 드래프트계 정도의 목적에 사용된다.

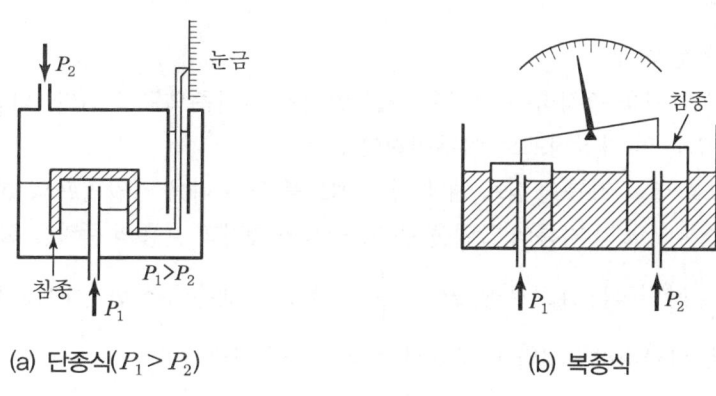

(a) 단종식($P_1 > P_2$)　　　(b) 복종식

[침종식 압력계]

(1) 침종식 압력계의 특징
　① 등간격의 눈금으로 지시할 수 있다.
　② 진동충격에 무리 없이 사용할 수 있다.
　③ 저압가스 유량측정에 사용되며 복종식이 단종식보다 매우 낮은 압력측정에 이용된다.

(2) 취급상 주의사항
　① 봉입액은 자주 세정 혹은 교환하여 청정하도록 유지한다.
　② 계기는 수평으로 똑바로 설치한다.
　③ 봉입액의 양은 일정해야 한다.
　④ 과대압력과 과대차압은 피한다.
　⑤ 도입관은 짧게 하며 될 수 있는 대로 압력원에 가깝도록 설치한다.

(3) 단종형 압력계(Single Bell Type Gauge)
　1개의 침종을 사용하는 것으로 침종의 내부 압력과 외부 압력에 차압이 있으면 침종의 중량과 차압에 의한 부력과 균형된 위치에서 정지되므로 이 위치를 측정하면 차압이 구해진다.

　① 측정범위 : 100mmH$_2$O 이하
　② 정도 : ±1~2%
　③ 용도 : 기체의 압력측정에 한함

(4) 복종형 압력계(Double Bell Type Gauge)

2개의 침종을 사용하는 것으로 2개의 침종이 1본의 지레에 의하여 연결되고 있으므로 차압 ($P_1 - P_2$)에 의한 부력은 배로 증가하고 감도가 높게 된다.

① 측정범위 : 5~30mmH$_2$O
② 정도 : ±1%

3 분동식 압력계

(1) 분동식 표준 압력계

분동에 의한 압력을 측정하는 형식은 다른 압력계의 기준으로 쓰인다. 다음 그림과 같이 램 및 실린더 유조 및 가압펌프로 이루어진다.

유조의 밸브를 열고 기름을 펌프 내에 넣고 밸브를 닫은 다음 가압펌프의 핸들을 돌리면 나사에 의해 피스톤이 눌려 기름의 압력을 올린다. 램의 중량과 분동의 중량을 합한 것을 W(kgW)로 하고 램의 단면적을 A로 하면 $P = \dfrac{W}{A}$가 됐을 때 램은 부상한 상태에서 균형이 잡히므로 이때 압력과 피검정압력계와 비교해서 압력을 검정한다.

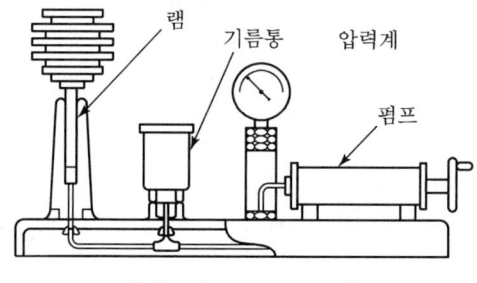

[분동식 표준 압력계]

① 램의 길이는 100~130mm, 지름은 5~10mm 정도이며 특수강 또는 초경합금으로 만든다.
② 실린더는 500kg/cm^2 정도까지는 포금 또는 황동 그 이상의 것은 특수강을 사용한다.
③ 측정범위는 5,000kg/cm^{2}가 한도로 되어 있으나, 자동피스톤으로 하면 100,000kg/cm^2 정도까지 올릴 수 있다(측정정도 : 0.005kg/cm^2).
④ 교정 또는 검정용 표준기로 사용되며 높은 압력 측정에도 사용된다. 사용압력은 다음과 같다(탄성체 압력계의 교정용).
　㉮ 경유 : 40~100kg/cm^2
　㉯ 스핀들유 : 100~1,000kg/cm^2
　㉰ 피마자유, 마진유 : 100~1,000kg/cm^2
　㉱ 모빌유 : 3,000kg/cm^2 이상

4 탄성 압력계

탄성체를 이용해서 압력에 대한 탄성변형을 측정함으로써 압력을 알 수 있는 것으로 부르동관식, 다이어프램식, 벨로스식, 아네로이드식 등이 있다.

탄성 압력계는 정도의 점에서는 액주 혹은 분동과 균형을 맞게 하는 형식보다 약간 못하지만, 공업용은 편리하며 정적인 압력측정뿐만 아니라 동적인 압력측정에 이용되는 것도 있다.

> REFERENCE
>
> 탄성 압력계는 "작용하는 힘과 변형은 비례한다."는 후크의 법칙을 이용한 것이다.

(1) 부르동관(Bourdon) 압력계

변환소자로 부르동관을 사용한 것으로 형상에 따라 C형, 와권형(Spiral), 나선형(Helical) 등이 있으며 현재 가장 많이 이용되는 것은 C형의 부르동관이다. 부르동관의 한쪽 관구는 밀폐하고 다른 쪽 관구에 압력을 작용시키면 부르동관이 펴지려 하기 때문에 링크를 잡아당겨 치차에 의하여 확대한 후 지침을 작동시킨다.

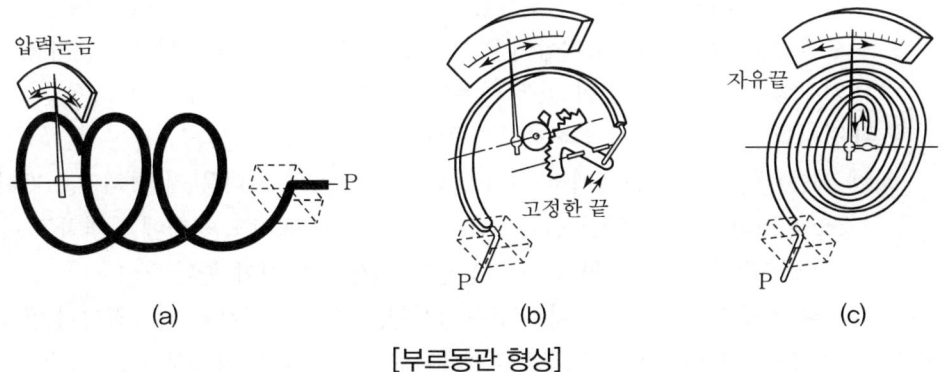

[부르동관 형상]

① 부르동관의 재질
  ㉮ 저압용 : 인청동, 황동, 니켈 청동
  ㉯ 고압용 : 니켈강

> REFERENCE
>
> 암모니아용이나 고압용에는 인청동, 스테인리스 등의 재료는 극히 제한되고 있다.

② **압력계의 크기** : 부르동관의 압력계 크기는 눈금판의 바깥지름(mm)으로 표시한다. 종류로는 50, 60, 75, 100, 150, 200mm 등의 사이즈가 있지만 현재 100mm 정도의 것이 가장 많이 사용된다.
③ **측정범위** : 0.5~3,000kg/cm^{2}이며 높은 압력의 보통 압력계, 대기압 이하의 진공계, 2가지 겸용인 연성계가 있으며 정도는 ±1~3% 정도이다.
④ **종류** : 사용목적에 따라 보통형, 증기용 보통형, 내열형, 내진형으로 나뉜다.
⑤ **압력계의 성능시험**
    ㉮ 표시도 시험(시도시험) : 압력을 0으로부터 최대 압력까지 점차 증가하여 최대 압력에 도달하였을 때 30분간 지속하여 기차가 ±1/2눈금 이하가 되어야 하며 왕복의 차가 1/2눈금 이하여야 한다.
    ㉯ 정압시험 : 최대 압력에 도달시켜 72시간 지속할 때 크리프 현상은 1/2눈금 이하가 되어야 한다.
    ㉰ 내충격시험 : 보통형, 내열형은 30cm에서 낙하 내진형은 50cm에서 낙하 후 표시도 시험에 합격하고 또한 지침의 변화 및 풀어짐이 없어야 한다(최대 압력 2kg/cm^2 이하의 부르동관 압력계는 내충격 시험은 하지 않는다).
    ㉱ 내열시험 : 온도 100℃의 항온탱크에서 최대압력 약 2/3의 압력을 가하여 약 30분간 방치한 후 그 온도에서 표시도 시험에 합격하고 또 눈금판의 변색, 변형, 측정유체의 누설 등 해로운 기능상의 이상이 없어야 한다. 다만 증기형, 보통형, 증기용 내진형의 내열시험은 표시도 시험이 있어 상온에서 한다.
    ㉲ 내진시험 : 제품 내진시험과 내부기구 내마멸시험으로 한다.
        ㉠ 제품 내진시험 : 상온에서 최대 압력의 약 1/2의 압력을 가한 채 1,500회/분, 약 ±0.3mm의 상하 단현 진동을 24시간 가한 후 표시도 시험에 합격하고 나사핀 등의 풀어짐과 태엽의 얽힘 등 기능상의 이상이 없어야 한다.
        ㉡ 내부기구 내마멸시험 : 내부기구(지시침, 로드핀으로부터 지시침까지 링크기구 포함)를 들어내어 지침 흔들림 각 ±30°로 1,000회/분 왕복운동을 로드핀에 16시간 준 후 지침의 흔들림 증가가 흔들림의 지시침 각도로서 5° 이하이어야 한다.
        ㉢ 취급상의 주의사항
            ⓐ 동결하지 않도록 한다.
            ⓑ 온도가 80℃ 이상이 되지 않도록 한다(보통형, 내진형은 40℃ 이하로 유지).
            ⓒ 급격한 압력변화 및 충격을 피하여야 한다.

(2) 다이어프램식 압력계

탄성체인 얇은 박판을 격막으로서 수압체로 쓰고 그 힘을 확대해서 지시기구에 연결하여 차압을 지시하도록 한 형식으로서 연소로의 드래프트(Draft)계로서 흔히 사용하며 수압 면적이 넓으므로 비교적 저압측정용에 적당하다. 압력측정뿐만 아니라 공기식 자동제어의 압력검출 기타 요소로도 잘 사용된다. 재료로는 인청동, 양은, 스테인리스, 그 밖의 금속 외에 고무가죽, 테프론 등 비금속 재료도 사용된다.

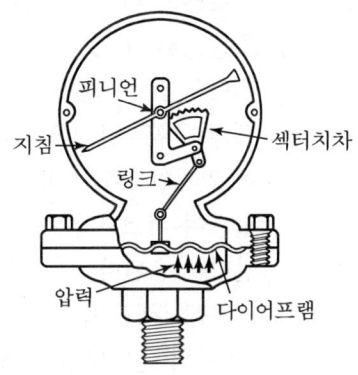

[다이어프램식 압력계]

① 특징
  ㉮ 다이어프램의 재질을 내식성으로 함으로써 부식성인 유체에도 사용할 수 있다.
  ㉯ 구조상 먼지를 함유한 액체 점도가 높은 액체에 적합하다.
  ㉰ 수압면이 넓어 전달력이 크다.
  ㉱ 감도가 좋아 대기압과 차가 적은 미소압력 측정에 용이하다.

② 설치장소의 주의사항
  ㉮ 기기의 허용온도가 넘지 않는 장소에 설치한다.
  ㉯ 보수를 행하기 쉬운 장소에 설치한다.
  ㉰ 진동이 적은 장소를 고려해서 설치한다.
  ㉱ 옥외에 설치하는 경우는 방습제를 사용한다.

③ 측정범위 : 20~5,000mmAq(공업용)

④ 정도 : ±1~2%

> **REFERENCE**
> 다이어프램을 한 장만 사용하는 것 이외에 다이어프램을 2장 붙여서 내부에 압력을 가한 다음 다이어프램의 변위를 측정하는 이른바 다이어프램 캡슐형도 있다.

(3) 벨로스식 압력계(Bellows Gauge)

벨로스가 압력에 의하여 변위하는 것을 이용한 것으로 흔히 사용되고 있으나 오그라들기 쉽고 직선성이 나쁘며 히스테리시스(Hysteresis)도 크므로 안전성을 좋게 하기 위하여 벨로스 자체의 탄성과 압력을 균형시키는 것보다 스프링을 병용해서 특성을 개선한 것이 많다.

① 벨로스의 재질 : 인청동, 스테인리스
② 측정범위 : 0.01~10kg/cm²
③ 정도 : ±1~2%
④ 특징 : 다른 탄성 압력계에 비하여 응답성이 늦은 결점이 있지만 수압면적이 넓기 때문에 큰 힘을 내게 할 수 있으며 미소차압 측정이나 공기식 자동제어 요소에도 널리 사용된다.
⑤ 사용상 주의사항
　㉮ 주위 온도의 오차에 충분한 주의를 할 것
　㉯ 액화하기 쉬운 기체의 압력을 측정할 경우 도압관을 보호하든가 하여 기화점 이상으로 유지할 것

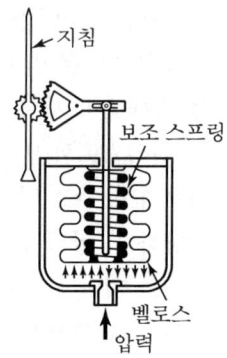

[벨로스식 압력계]

(4) 아네로이드식 압력계(빈통 압력계)

동심원 파상원판을 2장 겹쳐서 외주의 합친 곳을 납땜하여 기밀하게 한 것이며 양은이나 그 밖의 각판을 만든 것을 체임버(Chamber)라고 한다. 주로 기압 측정용에 사용되며 그림과 같이 체임버 속을 진동으로 한 것을 대기압에 찌그러지지 않게 판스프링으로 매달고 그 스프링의 변위를 확대해서 지침에 전하는 것이며 휴대하기 편리하게 되어 있다. 바이메탈을 온도보정 또는 기록을 하기 위하여 사용한 것도 있다.

① 측정범위 : 10~3,000mmH₂O
② 정도 : ±1~2%

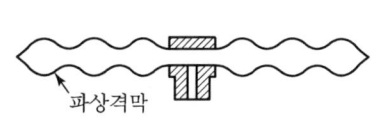

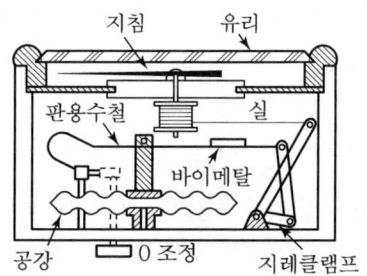

[아네로이드 압력계]

4 전기식 압력계

전기식 압력계는 저항선 변형계와 압전형 압력계 등 2가지 형식이 있다. 유체의 압력을 우선 벨로스, 다이어프램, 기타 탄성체를 이용하여 변위나 힘으로 변환하고 이것을 전기식으로 변환하여 측정하는 것으로서 저항선 변형계나 압전형 압력계 등은 전부 이것을 이용한 것으로 초고압의 측정에 사용되는 유일한 압력계이다.

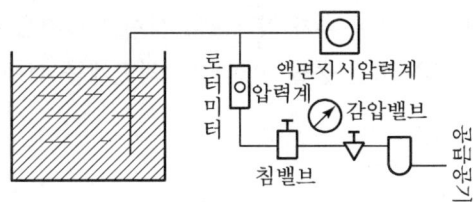

5 진공계

(1) 대기압 이하의 압력을 측정하는 계기가 진공계이다.
(2) 고진공에서는 기체의 성질을 이용한다.
(3) 진공압력의 측정에는 수은주를 쓴다.
(4) 점성이나 분자의 충돌, 열전도 등을 이용한다.
(5) 전기적 현상을 이용하는 것이 있다.
   ① 맥라우드 진공계
      ㉮ 10^{-4}Torr까지 3% 정도로 측정할 수 있다.
      ㉯ 표준진공계로 사용된다.
      ㉰ 점결성 가스일 경우 오차가 커진다.
   ② 열전도형 진공계
      ㉮ 피라니(Pirani) 진공계($10 \sim 10^{-5}$Torr 측정)
      ㉯ 서미스터 진공계(온도계수가 크나 불안정하다.)
      ㉰ 열전대 진공계($1 \sim 10^{-3}$Torr까지 측정)
   ③ 전리 진공계 : $10^{-3} \sim 10^{-10}$Torr까지 측정이 가능하다.
   ④ 방전전리를 이용한 진공계
      ㉮ 가이슬러(Gaisler)관($10^{-3} \sim 10^{-4}$mmHg까지 측정)
      ㉯ 열전자 전리 진공계(10^{-11}mmHg 정도까지 측정)
      ㉰ α선 전리 진공계(10^{-3}mmHg까지 측정)

CHAPTER 04 액면계

프로세스(Process) 공업에서 액면은 중요한 측정의 하나이며 액위를 일정하게 유지하는 제어와 관련이 많다. 액면의 측정방법에는 많은 종류가 있으므로 실제로 측정을 할 때는 측정범위, 측정 정도, 측정액체의 종류, 성질, 탱크 내의 조건 등을 고려하여 액면계를 선택하지 않으면 안 된다.

1. 액면계의 분류

1 액면계는 측정방법에 따른 분류

   (1) 직접법
      ① 직접관측법
      ② 플로트에 의한 방법

   (2) 간접법
      ① 압력계, 차압계를 이용하는 방법
      ② 음향을 이용하는 방법
      ③ 방사선을 이용하는 방법

2. 액면계의 종류

1 직접법

   (1) 게이지 글라스(Gauge Glass)

      대표적인 직접 관측법으로 글라스나 플라스틱의 투명한 세관을 탱크 등의 측면에 부착하여 직접 액면을 측정한다. 가장 확실하고 정도도 좋지만 공업생산 과정 등에서는 원격 측정할 필요가 많으므로 그대로 적용하기는 곤란하다.

      가압탱크나 진공탱크의 경우도 압력에 견디는 범위에서는 사용할 수 있다. 유리의 파손에 대비하여 액이 흘러나오는 것을 막기 위한 체크볼(Check Ball)을 내장한 게이지 밸브가 사용되고 있다.

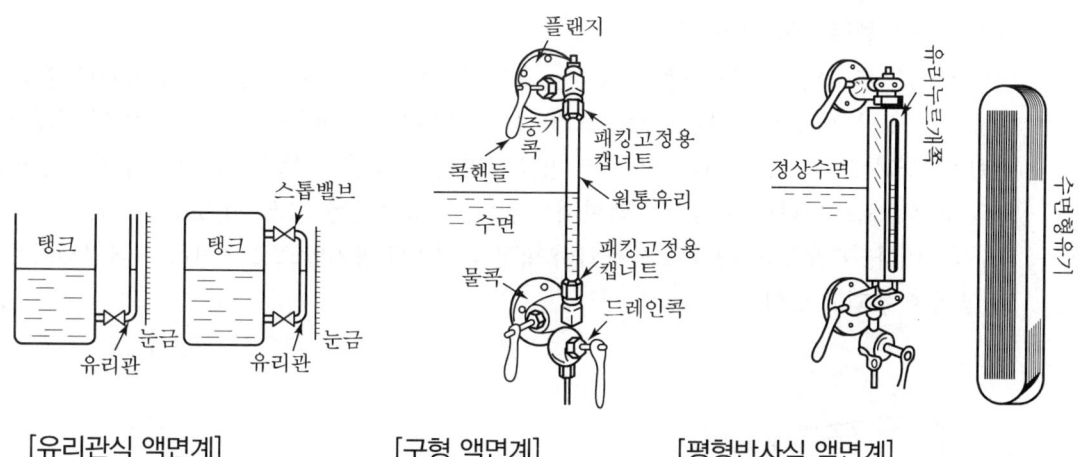

[유리관식 액면계]　　　　[구형 액면계]　　　　[평형반사식 액면계]

① **투시형 액면계** : 투명 액체를 표시하는 유리관에 종으로 가는 착색선을 넣으면 내부의 액체가 잘 보여 쉽게 액면을 판단할 수 있는 액면계이나 일반적으로 저압용에 사용된다(1MPa 이하).
② **평형반사식 액면계** : 평판의 유리 안쪽에 삼각형 홈을 세로로 여러 개 그어진 경질 유리를 금속테 속에 끼운 것으로서 액이 없는 곳은 빛이 반사하고, 액이 있는 곳은 빛이 투과하여 뒷면이 흑색으로 보이게 되어 판별하기 쉽다(2.5MPa 이하).
③ **평형투시식 액면계** : 2장의 경질평 유리를 조합하여 반대 측에 전등불 등의 빛을 이용한 액면계로 고압용이다(7.5MPa 이하).

(2) **훅게이지(Hook Gauge), 포인트 게이지(Point Gauge) : 검척식 액면계**

가장 원시적인 액면 측정방법으로 임의의 점에서 눈금 막대를 액면까지 내려서 직접 액면을 측정한다. 원리는 간단하지만 매우 좋은 정도를 얻을 수 있다. 그러나 밀폐 탱크나 부식성 액에는 사용할 수 없다.

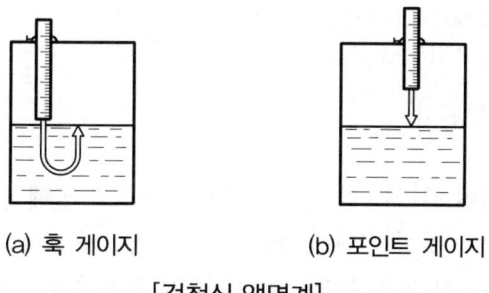

(a) 훅 게이지　　(b) 포인트 게이지

[검척식 액면계]

(3) 부자액면계(플로트식 액면계)

액면에 띄운 부자의 위치를 직접 측정하는 활차식 액면계나 비교적 좁은 측정범위로 주로 경보용, 제어용 등으로 사용되는 볼플로트가 있는 반면 부자가 액 중에 잠기는 높이에 비례하는 부력을 토크튜브(Torque Tube, 일종의 용수철과 같은 것임)의 토숀각으로부터 검출하여 로드의 회전각으로 나타내는 변위식 액면계도 있다. 측정범위는 0.35~4.5m 정도로서 정도는 2% 정도이다. 고압 밀폐 탱크로 사용되며 회전각 변위를 공기압으로 변환하여 액면제어용으로 많이 이용되고 있다.

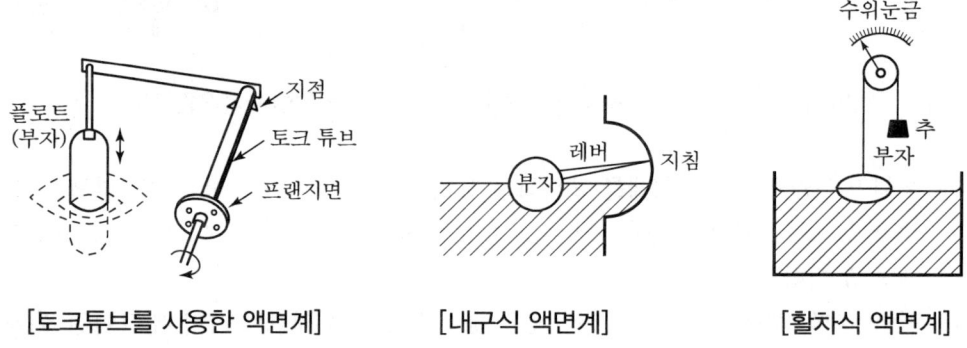

[토크튜브를 사용한 액면계]　　　[내구식 액면계]　　　[활차식 액면계]

2 간접법

(1) 압력식 액면계

① 액저압식 액면계 : 그림과 같이 탱크 저부에 미치는 압력이 액면의 높이에 비례하는 것을 이용한 것으로서 압력계를 설치하여 정압을 측정하므로 액면의 높이를 알 수 있다. 정압과 높이와의 관계식은 다음과 같다.

$$P = \gamma \cdot h$$

여기서, P : 탱크 저변의 정압(kg/cm^2)
γ : 액체의 비중량(kg/m^3)
h : 액면의 높이(m)

∴ $h = \dfrac{P}{\gamma}$ 가 성립된다.

이 방식은 액표면에 걸리는 압력의 영향을 받으므로 밀폐 탱크에는 사용할 수 없고 개방 탱크에만 사용되며, 부식성 액인 경우 직접 압력계에 접촉되는 것을 방지하기 위하여 압력 연락관에 비부식성 액을 충만시켜 측정액의 압력을 비부식성 액으로 받아 전달하는 형식으로 하여야 한다.

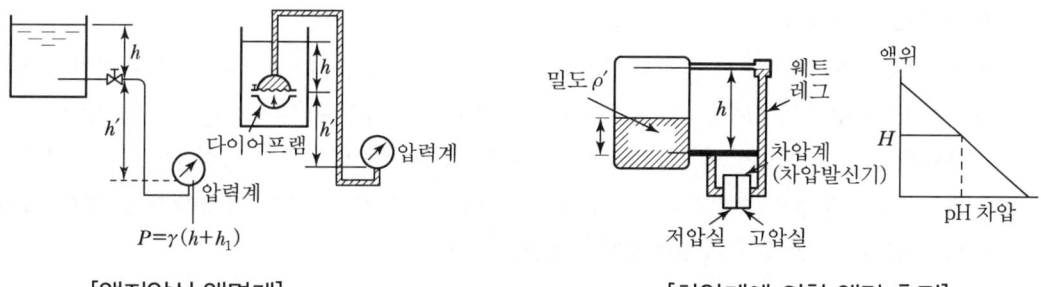

[액저압식 액면계]   [차압계에 의한 액면 측정]

② **차압식 액면계** : 차압계를 이용한 액면계로 특히 고압 밀폐 탱크에 적합하다. 냉각해서 액화하는 것으로 그림의 웨트레그(wetlegs)에 항상 탱크 측으로부터 응결액이 보급되어 일정한 액면 위치를 유지하므로 차압에 의하여 액면을 측정할 수 있다. 이때 정압 측에 세워진 유체와 탱크 내 유체의 밀도가 항상 같지 않으며 측정이 곤란하다.

> REFERENCE
>
> 차압은 액면과 밀도에 비례한다.
> ∴ $P = \gamma h$가 성립된다.

③ **기포식 액면계(파지식 액면계)** : 탱크 속에 파이프를 삽입하고 여기에서 일정량의 공기를 보내어 파이프 선단으로부터 액속에 기포가 나오게 할 때 파이프 내의 공기 압력은 파이프 선단으로부터 액면까지의 높이와 밀도의 곱에 비례한다. 이 공기압력을 압력계로 측정하여 액위를 측정한다. 기포식 액면계는 부식성 액이나 고형물이 혼입한 액에도 적용할 수 있으나 밀폐용기에는 적용이 곤란하다.

(2) 저항전극식 액면계

도전성 액일 때 사용되며 액면의 변화에 의하여 전극 간의 저항이 탱크 내의 액으로 단락되어 급감하는 것을 이용한 것으로 액면지시보다는 경보용이나 제어용에 이용된다.

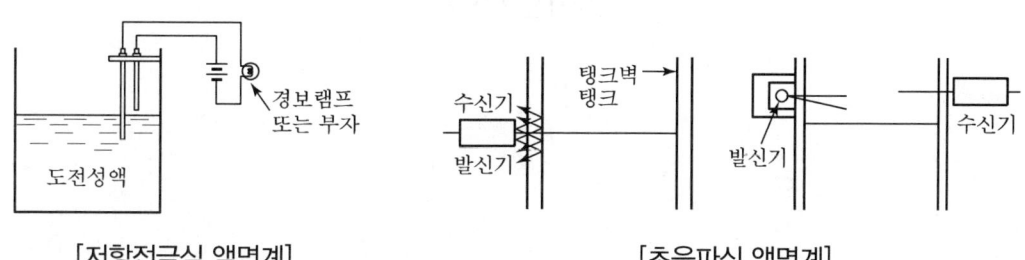

[저항전극식 액면계]   [초음파식 액면계]

(3) 초음파식 액면계

먼저, 초음파를 저면에서 발사해서 액면에서의 반사 왕복시간을 측정하거나 액면보다 높은 곳에서 발사하여 액면의 반사 왕복시간을 측정하는 음파의 반사를 이용하는 방법이 있다. 가청주파의 음파를 액면상의 액에 잠기게 설치한 음향관에 넣으면 적당한 높이일 때 공진을 일으키므로 그 때 높이로 액위를 알 수 있는 방법과 음파의 공진을 이용한 방법 등이 있다. 현재는 큰 원유 탱크의 액면측정에 사용된다.

① 특징
  ㉮ 측정에 시간을 요하지 않는 관계로 여러 소의 액면을 한 장치로 측정할 수 있다.
  ㉯ 완전히 밀폐된 고압탱크와 부식성 액체 측정이 가능하다.
  ㉰ 측정범위가 매우 넓고 30m에 대해서 1% 정도로 정도도 높다.

(4) 방사선식 액면계(γ선 액면계)

밀폐 고압탱크나 부식성 액의 탱크 등에서 탱크 내부에 액면계 발신기 설치가 곤란한 경우에 동위원소에서 나오는 γ선 등의 방사선 투과력을 이용한 것으로서 공기 중과 액 중에서 투과량이 다른 것을 가지고 액면을 측정한다.
탱크의 외측이 서로 반대 측에 방사선원과 검출기를 놓고 이들이 상하로 움직이며 측정한다.

① 특징
  ㉮ 액의 깊이에 의하여 γ선의 투과율이 달라진다.
  ㉯ 방사선의 강약을 검출하여 액위를 안다.
  ㉰ 측정 메카니즘은 복잡하지만 가장 확실하게 측정할 수 있다.
  ㉱ 방사선으로는 ^{60}Co 등의 γ선이 사용된다.

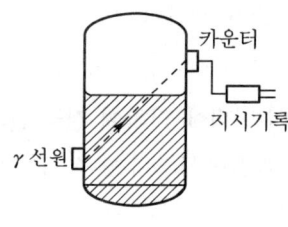

[방사선 액면계]

CHAPTER 05 유량계

유체가 어느 관로 내를 흐르는 경우 관의 단면적을 $A(m^2)$, 평균유속을 $V(m/sec)$로 하면 유량 $Q = A \cdot V(m^3/sec)$에 의해 구해진다. 이와 같이 단위시간에 흐르는 유량을 순시유량이라 하고 어느 시간 내에 흐르는 유체의 총량을 적산유량이라 한다.

유량측정은 프로세스(Process)에 있어서 온도측정 다음으로 압력측정과 같이 중요한 측정기이다.

유량측정에는 가스체, 액체 모두 대상이 되기 때문에 많은 측정방식이 고안되어 사용되고 있으나 그 종류와 원리는 다음과 같다.

종류	원리	유량계
차압식 (조리개 기구식)	유체가 흐르는 관로 내에 교축기구를 넣어 교축기구 전후의 압력차, 즉 차압을 측정하여 순간치를 아는 방법	① 오리피스 유량계 ② 벤투리 유량계 ③ 플로 노즐 유량계
용적식	일정한 용적의 용기에 유체를 도입하여 적산치를 아는 방법	① 오발 유량계 ② 루츠 유량계 ③ 원판형 유량계 ④ 로터리 베인 유량계 ⑤ 로터리 피스톤 유량계 ⑥ 건식·습식 가스미터
면적식	차압을 일정히 유지하고 조리개의 면적을 변화시켜 유량을 측정, 순간치를 아는 방법	① 플레이트형(로터미터) ② 게이트형 ③ 피스톤형
전자식	관로의 유체가 흐르는 방향과 직각방향으로 자계를 가하고 다시 이 양자에 직각인 방향으로 전극을 붙여 이 전극 사이의 기전력을 측정한다.	전자유량계
유속식	유체 중의 날개바퀴(프로펠러) 등의 회전으로 적산치를 측정한다.	① 날개바퀴형 유량계 ② 터빈형 유량계
속도수두를 측정하는 방법	관중의 유체의 전압과 정압과의 차, 즉 동압을 측정하여 유속을 아는 방법	피토관 유량계
열선식	유체에 의한 가열선의 냉각도, 또는 유체의 열흡수량으로 측정한다.	① 미풍계 ② 토마스 미터 ③ Thermal 유량계
와류를 측정하는 방법	와류의 생성속도를 검출하여 유량을 측정한다.	① 와유량계 ② 스와르 미터 ③ Delta 미터

1. 차압식 유량계

차압식 유량계는 스로틀(Throttle) 기구에 의한 방법으로 관로 중에 조리개를 삽입해서 생기는 압력차를 재고 베르누이의 정리로 유량을 구한다.

관의 도중에 관단면적보다도 작은 구멍을 가진 조리개를 삽입해서 흐름을 조이고 그 전후의 압력차로 유량을 측정한다. 즉, 유입 측과 유출 측의 정압차는 유량과 일정한 관계가 성립하는 것을 이용한 유량계로서 기체나 액체에도 쓰이고 있다.

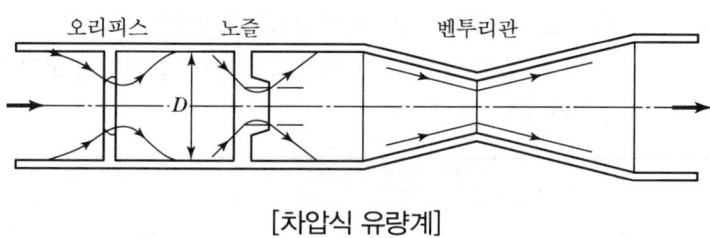

[차압식 유량계]

1 오리피스(Orifice)

물, 기름 등의 액체는 상온에 있어서 비압축성 유체로 생각되므로 이들이 관 내를 충만해서 흐르고 있을 때 전후의 압력차와 유량과의 관계는 다음 식과 같이 된다.

$$\text{용적유량}(Q) = \alpha F_0 \sqrt{2g(P_1 - P_2)/\gamma}$$

$$\text{중량유량}(G) = \alpha F_0 \sqrt{2g\gamma(P_1 - P_2)}$$

여기서, Q : 용적유량(m³/sec) G : 중량유량(kg/s)
F_0 : 오리피스 면적(m²) γ : 유체의 비중량(kg/m³)
α : 유량계수 g : 중력가속도(9.8m/s²)
P_1 : 조리개 기구 전압력(mmH₂O) P_2 : 조리개 후의 압력(mmH₂O)

이제까지 유체가 비압축성인 것을 전제로 이야기했다면, 가스나 증기와 같은 압축성 유체에 대해서는 단열변화라고 생각하고 또한 압축계수 ϵ를 도입하면 다음 식과 같다.

$$Q = \alpha \epsilon F_0 \sqrt{\frac{2g}{\gamma}(P_1 - P_2)} \text{ (m}^3\text{/s)}$$

$$G = \alpha \epsilon F_0 \sqrt{2g\gamma(P_1 - P_2)} \text{ (kg/s)}$$

이상과 같은 계산식 외에 다음 식을 사용하기도 한다.

(1) 액체인 경우

$$Q = 0.01252 maD^2 \sqrt{(P_1 - P_2)/\gamma} \ (\text{m}^3/\text{hr})$$

$$G = 0.01252 maD^2 \sqrt{(P_1 - P_2) \cdot \gamma} \ (\text{kg/hr})$$

(2) 증기 및 가스인 경우

$$Q = 0.01252^\varepsilon maD^2 \sqrt{(P_1 - P_2)/\gamma} \ (\text{m}^3/\text{hr})$$

$$G = 0.01252^\varepsilon maD^2 \sqrt{(P_1 - P_2) \cdot \gamma} \ (\text{kg/hr})$$

여기서, Q : 체적유량(m³/hr)　　　　G : 중량유량(kg/hr)
　　　　m : 교축비(d^2/D^2)　　　　d : 교축기구의 구멍직경(mm)
　　　　D : 관의 직경(mm)　　　　γ : 유체의 비중량(kg/m³)
　　　　a : 유량계수　　　　　　　ε : 압축계수
　　　　P_1 : 교축기구 전의 압력(kg/m² or mmH₂O)
　　　　P_2 : 교축기구 이후의 압력(kg/m² or mmH₂O)

① 오리피스의 특징
　㉮ 장점
　　㉠ 제작이 용이하다.
　　㉡ 구조가 간단하여 교환이 용이하다.
　　㉢ 협소한 장소에 설치가 가능하다.
　　㉣ 유량계수의 신뢰도가 크다.
　㉯ 단점
　　㉠ 압력손실이 크다.
　　㉡ 침전물의 생성우려가 많다.
　　㉢ 내구성이 부족하다.
② 오리피스 탭의 종류

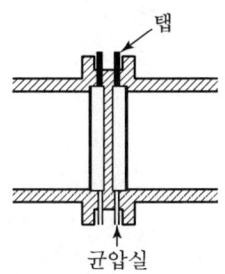　　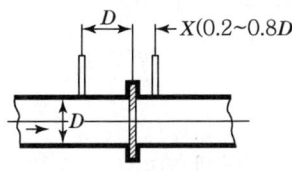　　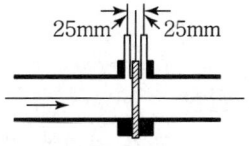

(a) 코너탭 오리피스　　　(b) 베나탭 오리피스　　　(c) 플랜지탭 오리피스

[오리피스 탭의 종류]

2 플로 노즐(Flow Nozzle)

(1) 장점

① 압력손실이 오리피스에 비하여 대단히 적다.
② 구조가 견고하므로 마모하는 부분이 적고 내구성이 풍부하다.
③ 기계적 강도가 강하므로 고속 및 고압유체의 유속을 측정하는 데 적합하다.
   ※ 고압유체 측정범위 : $50 \sim 300 \text{kg/cm}^2$
④ 오리피스보다 침전물의 영향이 적다.

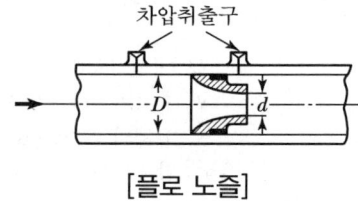

[플로 노즐]

(2) 단점

① Block 재료에서 복잡한 구조를 깎아내기 때문에 가격이 비싸다.
② 오리피스보다 구조가 복잡하고 설계 및 가공이 어렵다.
③ 레이놀즈수가 작아지면 유량계수가 감소한다.
   ※ 오리피스에서는 레이놀즈수가 작아지면 유량계수가 증가한다.

3 벤투리(Venturi)

(1) 장점

① 압력손실이 매우 적다.
② 마모하는 부분이 작고 내구성이 있다.
③ 현탁성 고형물을 포함한 유체도 침전물이 고이지 않는다.

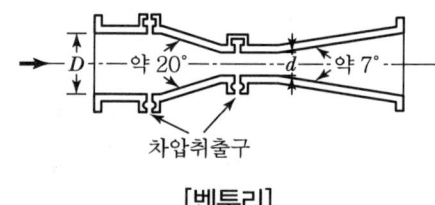

[벤투리]

(2) 단점

① 구조가 커지며 취부장소가 넓게 된다.
② 제작비가 비싸며 쉽게 교환할 수 없다.

> **REFERENCE**
>
> 벤투리관을 사용하여 유량을 측정하기 위해 유입 측의 압력수두와 가장 협소한 조리개 부분의 압력차 h를 측정하면 유량 Q는
>
> $$Q = \frac{C\pi d^2 \sqrt{2gh}}{\sqrt{1-m^2}} \, (\text{m}^3/\text{sec})$$
>
> 여기서, $m = \left(\frac{d}{D}\right)^2$, D : 관지름, d : 조리개 부분의 지름, h : 수두압차, c : 유량계수
>
> 이때, 보통 $d/D = 0.25 \sim 0.5$ 정도로 취하고 유량계수는 검정에 의하여 결정되는 경우가 많은데 그 값은 $0.9 \sim 1$의 범위이다.
>
> (1) 유량측정에 있어서 차압을 구하는 탭(Tap) 위치
>   ① 코너탭(Corner Tapes) : 교축기구 직전·직후의 정압 P_1, P_2를 뽑아내는 방식
>   ② 플랜지탭(Flange Taps) : 교축기구로부터 차압취출 위치가 각각 25mm 전후의 위치에서 차압을 취출하는 방식으로 비교적 작은 관에 이용되고 있다(75mm 이하 관).
>   ③ 베너탭(Vena Tap) : 교축기구를 중심으로 유입 측은 배관 내경만큼의 거리에서 유출 측 위치는 가장 낮은 압력이 되는 위치($0.2 \sim 0.8D$)에서 취출하는 방식으로 교축탭이라고도 부르며 주로 관경이 큰 배관에 사용된다.
>
> (2) 유량의 보정
>   측정 시의 유체조건이 설계 시와 다른 경우 다음 식에 의하여 보정계수를 구하고 실측에 곱해서 보정할 필요가 있다.
>
>   ① 증기유량일 때 $K_s = \sqrt{\dfrac{\rho_2}{\rho_1}}$
>
>   ② 액체유량일 때 $K_L = \sqrt{\dfrac{\gamma_2}{\gamma_1}}$
>
>   ③ 기체유량일 때 $K_g = \sqrt{\dfrac{P_2 T_1 \gamma_1}{P_1 T_2 \gamma_2}}$
>
>   여기서, ρ : 증기밀도, γ : 액 또는 기체 비중량, P : 절대압력, T : 절대온도
>   기호 뒤의 첨자 1은 설계 시, 2는 측정 시를 의미한다.
>
> (3) 취급상의 주의점
>   ① 교축장치를 통과할 때의 유체는 단일상이어야 한다.
>   ② 레이놀즈수가 105 이상이어야 한다(이하이면 유량계수가 소멸된다).
>   ③ 조리개 전후에 있어서 어느 정도 직관부가 필요하다. 그 대략 표준은 관경을 D로 하면 유입 측 $5 \sim 6D$, 유출 측 $5 \sim 30D$의 직관 부분이 필요하다.
>   ④ 맥동유체나 고점도 유체의 측정은 오차가 생긴다.

2. 용적식 유량계

일정 용적의 공간에 유체를 유입시켜 유량을 적산하는 방법으로 유입구와 유출구의 유체압력차로 회전하는 회전자의 회전수에서 체적유량을 외부로부터 계수하므로 통과량을 아는 형식이며 회전자의 회전수는 유량에 비례한다.(정도가 높아 상업거래용으로 사용)

1 습식 가스미터(드럼형)

그림과 같이 반쯤 채운 수평원통 내에 A, B, C, D의 4실을 가진 회전드럼이 있다. 입구로부터 순차로 각 실에 들어간 가스에 의하여 계량통은 화살표 방향으로 회전하고 다시 물과 치환되어 출구로 보내진다. 드럼의 회전수도 가스의 유량을 알고 수위가 일정한 정확한 계량을 할 수 있다. 정도는 0.5%로 우수하고 압력손실도 적어 실험용 검사용 및 공장의 대량 취급 시 사용된다.

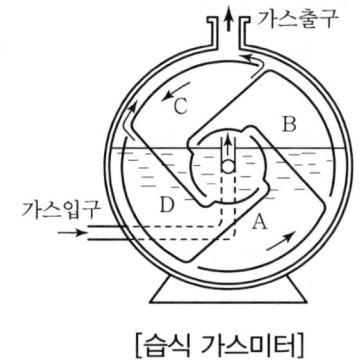

[습식 가스미터]

2 건식 가스미터

건식 가스미터는 보통 피혁제의 드럼 2개가 있으며 한쪽에 가스가 충만되면 밸브의 작용으로 가스유로가 다른 쪽으로 바뀐다. 피혁제 드럼의 신축에 의하여 계량기구를 움직이는 것으로서 가정용 가스미터로 많이 이용된다.

3 오벌 유량계

액체측정용으로 가장 많이 이용되는 것으로 2개의 타원형 치차 회전자가 유체의 출입압차에 의하여 회전한다. 한 회전마다 일정량을 통과시킴으로써 그 회전수에 따라 유량을 측정한다. 측정 가능한 유체는 액체만으로 기체의 계측은 행할 수 없다.

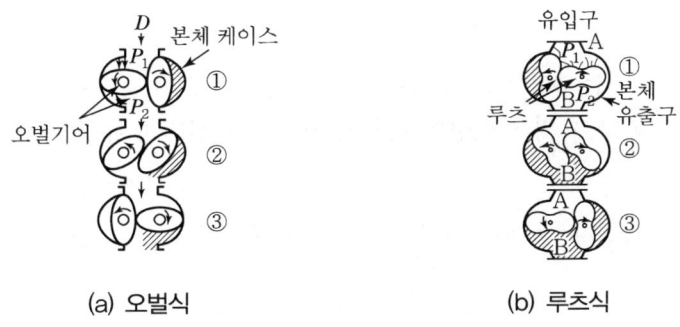

(a) 오벌식　　　　　　　　(b) 루츠식

[용적식 유량계]

4 루츠식 유량계

동작원리는 앞의 오벌식과 거의 같으나 오벌식에서는 회전자의 치차 자신이 서로 맞물려서 회전하는 데 비해 회전자가 각각 가볍게 접촉한 상태로서 유입 측과 유출 측의 사이에 미소한 압력에 의해 가볍게 회전한다. 루츠식은 본래 가스용에서 개발한 것이나 오벌식과 같이 액체 계측에 대표적이다.

5 로터리 피스톤형

값이 싸고 크기가 작으면서 많은 양을 측정할 수 있으므로 수도미터로도 사용된다. 아래 그림은 로터리 피스톤 유량계의 작동순서로서 실린더의 반경방향에 1개의 칸막이가 있고, 이것을 로터리 피스톤의 절흠부(切欠部)가 접촉하며 미끄러지면서 피스톤 외주의 1점이 항상 실린더 내벽에 접촉하며 편심운동을 한다. 이때 피스톤이 연속적으로 회전하며 그 회전수를 측정하여 통과된 유량을 측정한다.

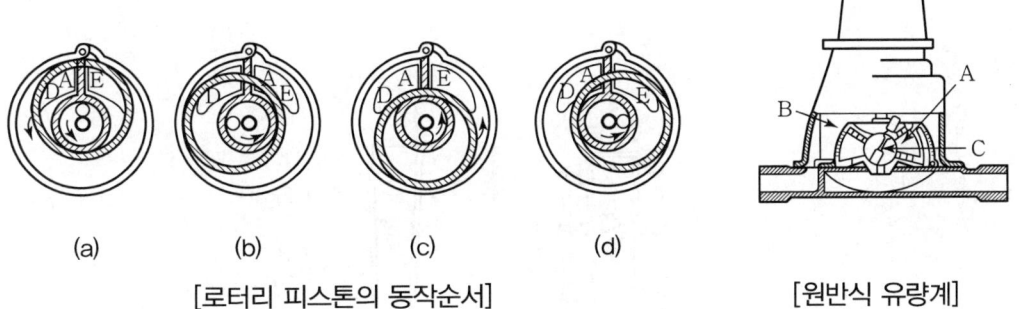

[로터리 피스톤의 동작순서]　　　　[원반식 유량계]

6 원반식 유량계

실 B의 원뿔형 원반 A는 C를 축으로 하여 팽이의 운동과 같이 움직이고 마치 뒤로 물을 퍼내는 것과 같은 작용을 한다. C의 회전량이 치차기구에 의해 전해져 유량을 측정한다.

(1) 재질

유체에 따라서 회전자 및 내통 재질이 알맞게 선택되며 포금, 주철 및 스테인리스 등이 사용된다.

(2) 특징

① 적산정도가 ±0.2~0.5% 정도로 높으며 거래용으로 사용된다.
② 점도에 의한 영향이 비교적 적고, 고점도 유체의 측정에도 측정이 적합하다.
③ 맥동에 의한 영향이 비교적 적다.
④ 고형물의 혼입을 막기 위해서 반드시 여과기를 입구 쪽에 설치할 필요가 있다.
⑤ 발신기 취부의 전후에 직관부, 정지변이 필요 없다.
⑥ 압력손실이 적다.

3. 면적식 유량계

관로에 있는 조리개의 전후의 차압이 일정하게 되도록 조리개의 면적을 바꾸고 그 면적으로부터 유량을 아는 방법이다.

부자식, 피스톤식, 게이트식 3종류가 있으며 어느 형식이든 부자, 피스톤 게이트의 변위로 유량을 읽는 것으로 대표적인 것은 로터미터가 있다.

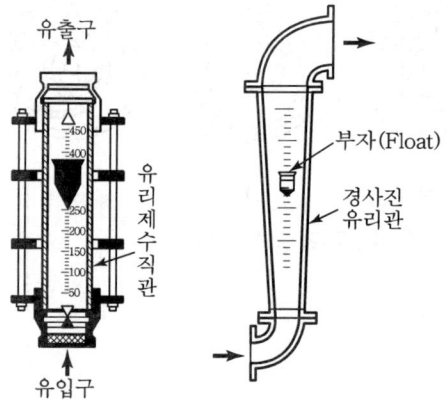

[면적식 유량계]

1 부자식(로터미터)

테이퍼 관속에 부자를 넣어 부자 주위의 교축점을 지나는 흐름에 의해 상하 간에 압력차가 생겨 부자를 뺀 것과 균형이 맞는 위치에 부자가 안정된다. 그 위치를 직독하여 유량을 알 수 있다. 용적유량(Q)은 다음과 같은 식으로 표시된다.

$$Q = V \cdot A (유속 \times 면적)$$

$$Q = CA\sqrt{\frac{2g}{r}(P_1 - P_2)}$$

따라서, $Q = CA\sqrt{\frac{2g}{r} \cdot \frac{we}{F}}$ 가 된다.

여기서, we : 부자의 중량에서 부력을 뺀 값
F : 부자의 최대 단면적
r : 유체의 밀도
g : 중력가속도
C : 유량계수
P_1 : 부자 밑의 압력
P_2 : 부자 위의 압력

2 피스톤식

유량의 증감에 따라 피스톤의 상하운동으로 측부(側部)에 설치된 슬릿(Slit) 유효면적을 변화시켜 교축면적이 변하도록 한 유량계이다. 그림에서 상하로 움직이는 실린더는 본체에 수직으로 설치되어 있으며 유체가 하부로부터 유입되면 피스톤은 상부로 올라가고 유출 측의 압력 P_2는 피스톤의 상부에 가하여져 유입 측의 압력과의 차에 의하여 생긴 힘이 피스톤의 중량과 같을 때까지 변화하여 정지된다. 따라서 유량이 많이 유입될수록 슬릿(Slit)의 유효면적이 크게 되도록 상부로 이동되고, 적을수록 하부에서 정지하므로 피스톤의 위치변동에 의하여 유량을 측정한다. 액체용으로 가솔린 미터 등에 쓰인다.

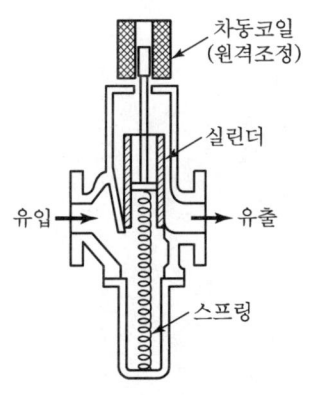

[피스톤식 면적 유량계]

3 게이트식

그림과 같이 관로 중에 게이트를 설치하고 이것을 상하로 움직여 통로면적을 가감해서 그 전후의 압력차를 일정하게 하여 그 때의 게이트 상하운동으로부터 유량을 읽는 것이며 게이트의 상하운동은 자동 또는 수동으로 할 수 있다.

(1) 측정관

가장 중요한 부분이며 재료는 특수내열 경질유리, 합성수지, 스테인리스 등이 선택된다.

(2) 부자
  ① 액체용 : 포금, 스테인리스
  ② 기체용 : 합성수지

(3) 특징
  ① 소유량 고점도 유체의 측정이 용이하다.
  ② 구조가 간단하다.
  ③ 유량눈금이 균등 눈금으로 되어 있으며 유효측정 범위를 최대 눈금의 10~100% 사이로 잡는 것이 가능하다.
  ④ 슬러지액, 부식성액 측정에 적합하다.
  ⑤ 발신기 취부 전후의 직관부가 필요치 않다.
  ⑥ 100mm 구경 이상의 대형의 것은 외형이 크게 되어 고가이다.
  ⑦ 정도는 ±2% 정도이다.
  ⑧ 유체의 밀도를 미리 알고 측정하며 액체 및 기체용으로 사용된다.

(4) 취급상 주의사항
  ① 진동에 매우 약하다.
  ② 연직으로 부착하지 않으면 오차가 발생한다.

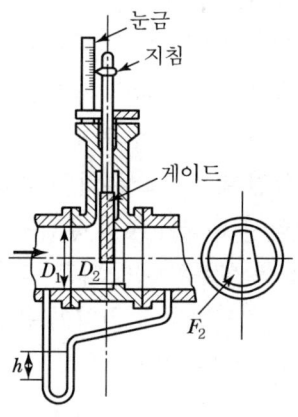

[게이트식 유량계]

4. 전자식 유량계

"자계 속을 도전성 유체가 흐르면 그 유체 안에서 기전력이 발생한다."는 패러데이(Faraday)의 전자유도법칙을 이용한 것으로 유체가 흐르는 방향에 대하여 직각으로 자장을 만들면 흐름과 자장의 각각 직각방향의 위치에 기전력이 발생한다.

그림과 같이 관경 D의 관속을 도전성 유체가 평균속도 V로 흐르고 자장의 강도를 H라 하면 체적유량 Q와의 사이에는 다음과 같은 식이 성립된다.

$$Q = C \cdot D \cdot \frac{E}{H}$$

여기서, C=상수

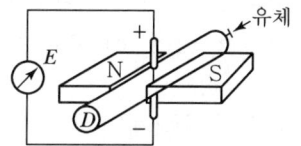

[전자식 유량계]

(1) 특징
① 물리적 성질(압력, 온도, 밀도, 점도) 등의 영향을 받지 않는다.
② 압력 손실이 전혀 없다.
③ 유량에 대한 직선 눈금을 읽을 수 있으며 정도가 높은 측정에 용이하다.
④ 검출 누설이 없고 맥동에 영향이 없다.
⑤ 층류, 난류의 영향을 받지 않으며 발신기 전후의 직관부가 필요치 않다.
⑥ 고체입자 혼입액, 고점도 유체 등의 측정이 가능하다.
⑦ 도전성 액체에만 한정된다.
⑧ 응답성이 매우 빠르다(검출시간 지연이 적다).
⑨ 식품이나 약품 등의 공정과정의 유량측정에 사용한다.
⑩ 고성능 증폭기가 필요하므로 고가이다.

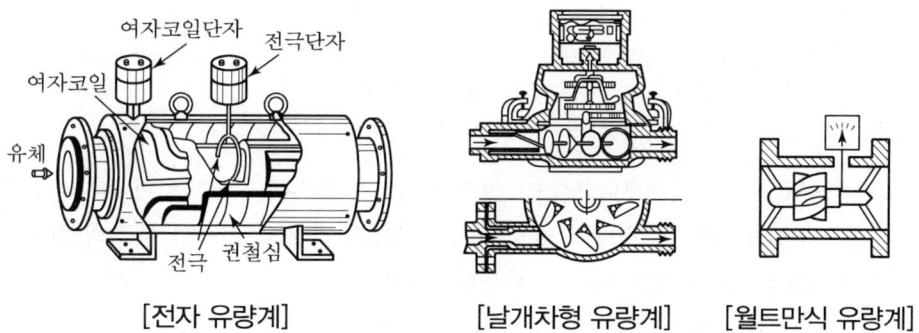

[전자 유량계]   [날개차형 유량계]   [월트만식 유량계]

5. 유속식 유량계

관로 중 프로펠러나 터빈 등을 넣어 유체의 흐름에 의한 날개바퀴의 회전수에 의한 유량을 측정하는 것으로서 임펠러의 회전속도로부터 순시 유량을, 회전수로부터 적산유량을 측정하는 것이며 용적식 유량계와 동일하다.

종류로는 날개차(임펠러)형과 월트만식 유량계가 있으며 수도미터로 많이 사용되며 정도는 그다지 좋지 않다. 이 외에 정도가 좋은 터빈미터가 있다.

1 유속식 유량계의 특징

(1) 구조가 간단하다.
(2) 내구력이 풍부하다.
(3) 유속이 늦은 유량은 회전이 원활하지 못하므로 오차가 발생하기 쉽다.
(4) 가정용 수도미터의 구조이다.
    ① **종류** : 수도미터와 터빈미터가 있다.
    ② **정도** : ±0.5%

2 속도수두를 측정하는 유량계(Pitot Tube, 피토관식 유량계)

피토관에서 전압측정공을 유체의 흐름에 향하게 삽입하면 그 점의 유체의 정압과 속도에 대한 동압과의 합에 상당하는 압력이 생긴다. 그런데 가로의 입구에 통하는 구멍에는 유체의 정압 외에는 나타나지 않으므로 차이 h를 적당한 압력계로 재어 유체의 흐름속도를 알고 유량 Q를 구할 수 있다.

$$V_1 = \sqrt{2g\frac{P_2 - P_1}{\gamma}} = \sqrt{2gh} \quad \left(\because \frac{P_2 - P_1}{\gamma} = h\right)$$

$$Q = AV, \quad Q = AC\sqrt{2g\frac{P_2 - P_1}{\gamma}} \text{ (m}^3\text{/sec)}$$

여기서, A : 관의 단면적(m²) h : 차압(kg/m²)(mmH₂O)
       C : 유량계수 g : 9.8m/s²
       γ : 유체의 비중량(kg/m³)

(1) 피토관은 공업적으로 많이 사용되지는 않으나 연소용 풍속이나 비행기의 속도측정에 사용된다.
(2) 사용방법이 잘못되면 큰 오차가 발생하므로 다음과 같은 유의사항에 주의하여야 한다.
    ① 유속 5m/s 이하의 기체에서는 적용할 수 없다.
    ② 더스트(Dust), 미스트(Mist) 등이 많은 유체에는 적용할 수 없다.
    ③ 피토관의 머리 부분을 흐르는 방향에 대해서 평행으로 부착한다.
    ④ 사용 유체의 흐름에 대한 충분한 강도를 가져야 한다.
    ⑤ 피토관의 단면적은 관로의 단면적의 1%보다 작아야 한다.
    ⑥ 피토관의 앞에는 관경의 20배 이상의 직관부가 필요하다.

3 임펠러식(날개바퀴식)

날개바퀴, 프로펠러 등의 회전 속도와 유속과의 관계가 있다.

(1) 특징
① 기상 쪽에서는 로빈슨 풍속계(1~50m/s)가 많이 사용된다.
② 최근에는 프로펠러 형식의 것도 사용된다.
③ 물 사용으로는 워싱턴형, 월트맨형 등이 있다.

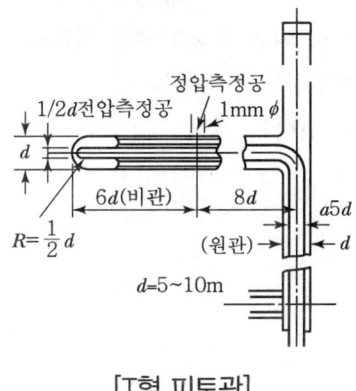

[T형 피토관]

6. 열선식 유량계

유량을 측정하고자 하는 유체 중에 절연선을 넣어 유체 중의 온도상승 전후에 온도계를 취부하여 냉각도를 측정하여 유량을 측정하는 방법과 유체의 온도를 전열시켜 일정온도를 상승시키는 데 필요한 전기량을 측정하여 유량을 측정하는 방법이 있다.

(1) 토마스식 가스미터
가스의 온도를 상승시키는 데 필요한 열량은 가스의 유량에 비례한다는 것을 이용한 유량계이다. 가스관 속에 전열선을 두고 여기에 전류를 통해 가열하여 일정한 온도까지 상승시키는 데 필요한 전열량을 측정하여 유량을 구한다.

(2) 킹스식 열선풍계
열선식 전류계로 전기에 의해 가열된 백금선의 저항이 기류의 냉각작용에 의하여 변하는 것을 이용한 것이다.

7. 와류를 측정하는 유량계

물체를 흐르는 가운데 삽입하면 소용돌이가 그 양측에 상호적으로 발생하고 하류에 2열로 와열을 형성한다(가동 부분이 없고 압력손실이 적으며 측정범위가 넓다). 이를 '소용돌이'라 부르는데, 원주를 흐르는 가운데 놓으면 상측은 시계방향으로, 하측은 반시계방향으로 와열이 생긴다.

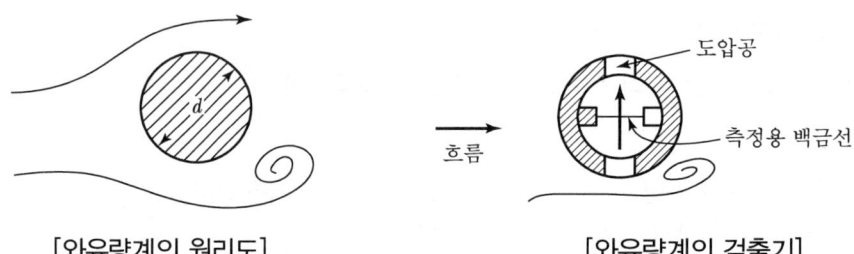

[와유량계의 원리도]　　　　　　[와유량계의 검출기]

이 원리를 이용하여 검출부의 외벽에 복수의 도압공을 설치, 소용돌이 발생을 규칙적으로 함과 동시에 소용돌이가 그림의 위치로 되면 검출기에는 아래에서 위로 장력이 작용한 결과 유체가 아래의 도입구멍에서 위의 도입구멍으로 축출될 때 검출기 내부의 작은 구멍에 취부한 가열 백금 저항선을 냉각하면 저항값이 변하는 것을 이용하는 형식이다.

(1) 종류
　① 델타(Delta) 유량계
　② 스와르 미터
　③ 카르만 유량계

(2) 관계식

$$St(\text{Strouhal}) = \frac{fd}{V} \text{ 성립}$$

여기서 f : 매초 발생수, V : 유속, d : 원주 직경

8. 초음파 유량계

초음파 유량계는 유체의 흐름에 따라서 초음파를 발사하면 그 전송시간은 유속에 비례하여 감소하는 것을 이용한 유량계이다.

(1) 특징
　① 기체에 사용이 가능하나 액체에 적당하다.
　② 관의 직경은 5cm 이상의 것이 만들어진다.
　③ 정도는 대략 1% 이내이다.

> **REFERENCE**
>
> 연도와 같은 악조건에서의 연속 유량측정에는 퍼지식 유량계, 아뉴바 유량계, 서멀(Thermal) 유량계 등이 있다(휴대용은 고온용 열선풍속계, 웨스턴형, 피토관 등).

CHAPTER 06 가스분석계

1. 연료가스와 연소가스의 분석

1 연료가스 분석

연소 후 생성되는 연료가스는 여러 성분의 혼합가스가 많으며 또한 성분이 급변하는 일이 없으므로 보통은 오르자트 가스분석장치나 헴펠분석장치로 분석한다. 이외에도 실험용 가스크로마토그래피를 사용하는 경우도 있다.

2 연소가스 분석

(1) 목적

연소상태를 파악하여 배기열 손실을 최소로 하기 위한 것으로 분석결과로 공기비를 구할 수 있다. [공기비=(실제공기량/이론공기량)]

(2) 연소가스의 조성

일반적으로 CO_2, O_2, CO, N_2이며 CO_2 또는 O_2의 농도를 측정하여 연소상태를 판단할 수 있다.

3 가스분석계의 종류

가스성분 분석은 물질의 화학적·물리적 성질을 이용해 행해지나 공업용 분석계는 이것을 연속적으로 측정하여 지시, 기록하고 자동제어를 가능하게 하는 것으로 널리 이용되고 있다.

CO_2계는 비교적 분석하기 쉬운 특징을 가지고 있으며 그 분석계의 취급도 비교적 간단하기 때문에 CO_2계는 널리 사용되고 있다. 그러나 연소가스 중의 CO_2, O_2, CO의 양과 공기비의 관계에서 CO_2의 농도는 이론공기량으로 완전연소하였을 경우에 최대가 되며 동일의 O_2에 대해서 둘의 공기비가 있으므로 CO_2%만으로는 공기의 과부족을 모른다. 그러므로 경우에 따라서는 연소의 모양, 연기의 색 등으로 공기의 부족을 확인할 필요가 있다.

그러나 O_2의 양은 공기비가 커질수록 증가하므로 O_2의 양에 의하여 직접 공기비를 알 수 있다. 또 CO_2의 양은 같은 공기비라도 연료의 종류에 따라서 다르다. O_2의 양은 거의 달라지므로 연료의 종류가 바뀌거나 혼소 등의 경우 또는 연료 이외의 것에서 배기가스 중에 CO_2가 혼입해 오는 경우에는 O_2의 양을 측정하는 것이 좋다. O_2계의 것을 과잉공기계, $CO+H_2$계의 것을 미연가스계라고도 한다. 수많은 종류 중에서 열에너지용으로 사용되는 주된 공업용 가스분석계의 방식과 특성을 비교하여 표시한 것은 다음 표와 같다.

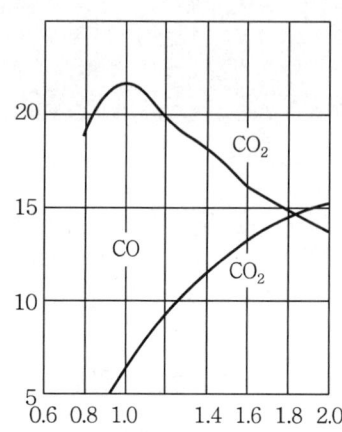
[공기비와 연소 배기가스와의 농도]

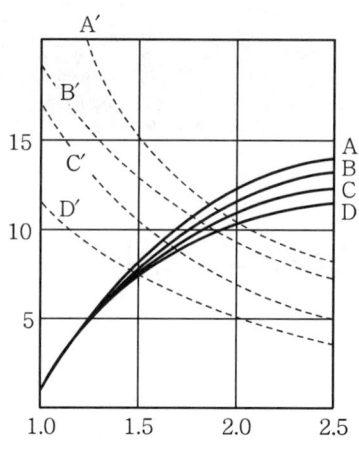
[각종 연료에 있어서의 공기비와 배기가스 농도]

AA′: 코크스 가스
BB′: 중유
CC′: 석탄
DD′: 코크스

〈가스분석계의 종류〉

종류	구분	측정법	측정대상	선택성	정량범위	비고
화학적 가스 분석계	A	자동 오르자트법	적당한 흡수액에 쉽게 흡수되는 기체(CO_2, O_2, CO)	○	0.5~5% 정도	자동화학식 CO_2계 간헐 자동측정식
	A	연소열법	H_2, CO, C_mH_n 가연성 기체 및 O_2	○	10^{-3}~25% 정도	미연소 가스계 (CO+H_2)계 연소식 O_3계
물리적 가스 분석계	B	밀도법	밀도가 다른 2성분으로 볼 수 있는 혼합기체(CO_2)	×	1~100%	라나렉스계 라우터계
	B	열전도율법	열전도율이 다른 성분 또는 2성분으로 볼 수 있는 혼합기체(CO_2)	×	0.01~100%	전기식 CO_3계
	B	가스 크로마토 그래피법	기체 및 비점 300℃ 이하의 액체	◉	몰비 0.1~100%	간헐 자동측정기
	C	도전율법	전율이 변하는 기체	○	1ppm~100%	저농도 가스 측정
	C	세라믹법	O_2 가스	○	0.1ppm~100%	지르코니아식 O_2계
	D	자화율법	O_2 가스	◉	0.1~100%	자기식 O_2계
	E	적외선 흡수법	단원자 분자대칭 이원자 분자(H_2, O_2, N_2) 이외의 가스	◉	10ppm~100%	

A : 화학적 반응을 이용한 방법   B : 물리적 정수에 의한 방법   C : 전기적 성질을 이용한 방법
D : 자기적 성질을 이용한 방법   E : 광학적 성질을 이용한 방법
◉ : 선택성 뛰어남   ○ : 선택성 좋음   × : 선택성 나쁨

4 가스분석계의 특징

(1) 선택성에 대한 고려가 필요하다.
(2) 원리적으로나 구조적으로 다른 계기에 비하여 복잡하며 설치조건이나 보수에 주의할 필요가 있다.
(3) 시료가스의 온도, 압력의 변화로 측정오차를 일으킬 우려가 있다.
(4) 적정한 시료가스의 채취장치가 필요하다.

5 연도가스의 시료 채취방법 및 장치

(1) 아래 그림은 연도가스의 시료 채취장치를 나타낸 것이다. 시료가스는 측정기에 도입하기 전에 1차 필터, 냉각기, 2차 필터를 통과하여 분석기로 들어가도록 되어 있다. 가스 유량의 적당 여부를 유량계로 체크할 수 있다.

① 1차 필터는 고온의 연도 내에 삽입하므로 알런덤(Alundum), 카보런덤(Carborundum)과 같은 다공질로 제진효과가 큰 내열성 필터를 사용하고 1차 필터의 양부는 계기의 성능에 중대한 영향을 끼치므로 측정상·보수상으로 매우 중요하다. 또한 정기적으로 역방향으로 강하게 공기를 불어넣어서 청소할 필요가 있다. 냉각기는 가스의 온도를 상온으로 내려서 일정하게 유지하게 하기 위하여 원칙적으로 실내온도까지 냉각한다.

② 2차 필터는 계기의 직전에 설치되어 있어 제어여과기 또는 주위여과기라고도 하며 면이나 글래스면이 사용된다. 가스의 흡인속도는 가스흡인기에 부속하고 있는 마노미터(Manometer)에서 항상 일정하게 되도록 조정하고 배관은 경사를 붙여서 드레인 배제에 주의하지 않으면 안 된다.

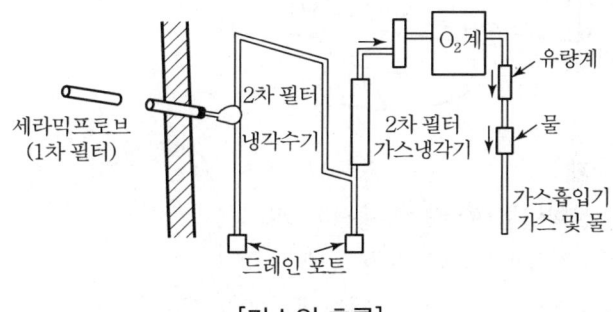

[가스의 흐름]

(2) 가스 채취 시 주의사항
① 연도의 중심부에서 채취하고 벽에 가까운 가스는 피하며 공기 등의 침입이 없도록 한다.
② 가스성분과 화학반응을 일으키는 배관부품을 사용하지 않는다.
③ 배관은 경사로 붙이고 최저부에는 드레인 빼기를 장치한다.
④ 정기적으로 점검 청소를 할 필요가 있는 채취 필터의 설치는 보수가 쉽게 되도록 설치장소를 고려한다.

⑤ 600℃ 이상의 부품에는 철관 등의 사용을 피한다.
⑥ 시료가스 채취배관을 짧게 하여 시료가스가 분석기에 도착할 때까지의 시간을 짧게 한다.

2. 화학적 가스분석장치

1 오르자트(Orsat) 가스분석기

규정량의 가스를 채취하여 차례로 각각의 흡수병으로 이끌어서 충분히 흡수시켜 감량에 의하여 성분의 양을 아는 것이다. 배기가스의 시료검량, 연소관리 등에 이용하는 장치로서 CO_2, O_2, CO를 측정하며 분석기는 다음과 같다.

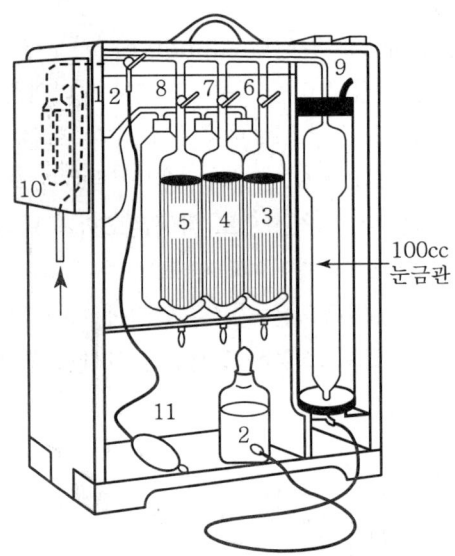

① 가스 용적 측정관
② 수준병
③, ④, ⑤ CO_2, O_2, CO 흡수병
⑥, ⑦, ⑧ CO_2, O_2, CO 흡입콕
⑨ 삼방콕
⑩ 고무제 주머니
⑪ 흡인펌프

(1) 배기가스용 흡수제

① 탄산가스 : 수산화칼륨(KOH) 수용액 30%
② 산소 : 인 또는 알칼리성 피로갈롤 용액
③ 일산화탄소 : 염화암모니아 또는 염화제1동(Cu_2Cl) 수용액

(2) 가스분석시 조작순서

$CO_2 \rightarrow O_2 \rightarrow CO$

(3) 특징

① 선택성이 좋고 정도가 높다(0.1~0.2% 정도).
② 15℃ 이하에서 분석하면 흡수제의 성능이 저하되므로 20℃ 정도에서 행하는 것이 좋다.
③ 염화제1동의 CO 흡수작용이 느리고, 흡수능력이 낮으므로 측정오차를 가져오기 쉽다.

④ 구조가 유리부품이므로 부품이 파손되기 쉽고 점검·보수·소모품 대체에 잔손이 많이 간다.

2 자동화학식 CO_2계

오르자트 가스분석계의 조작을 자동화한 것으로 CO_2를 흡수액에 흡수시켜 이것에 의한 시료가스의 용적 감소를 측정하여 CO_2 농도를 지시하는 것으로 그림과 같이 피스톤 운동으로 일정한 용적의 시료가스가 수산화칼륨 용액(KOH) 중에 분출되어 CO_2는 여기에 흡수된다. 나머지 가스를 부자의 위치로 측정하고 CO_2 농도를 지시한다.

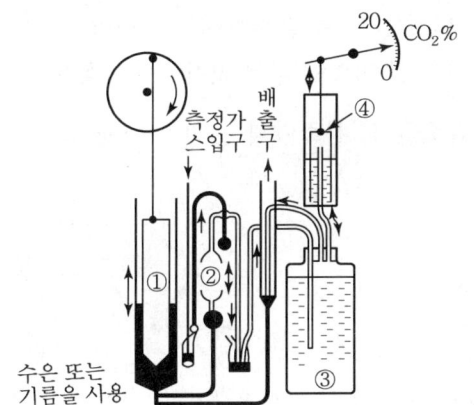

① 피스톤
② 가스정량실
③ 흡수액조
④ 부자

(1) 특징

① 장점
㉮ 비교적 선택성이 좋다.
㉯ 성분가스가 다성분인 경우도 높은 정도를 얻을 수 있다.

② 단점
㉮ 구조에 유리부품이 많아 파손되기 쉽다.
㉯ 점검과 소모품 보수를 요한다.

3 헴펠 분석장치

연료가스의 분석장치로서 시료가스를 차례로 규정된 흡수제에 접촉시켜 선택적으로 흡수 분리시키고 각각 흡수 전후 체적변화로부터 조성을 구한다. 이어서 잔류가스에 공기나 산소를 혼합시켜 가연성분의 폭발 또는 연소를 하도록 하며 연소 전후의 체적변화 및 생성된 이산화탄소의 양에서 수소 및 메탄을 정량하고 나머지 성분은 질소로 한다.

(1) 흡수제 및 분석방법
① 이산화탄소 : 수산화칼륨(KOH) 30%

② **중탄화수소(C_mH_n)** : 중탄화수소는 탄소와 수소가 불포화상태로서 화합된 것으로 에틸렌(C_2H_4), 아세틸렌(C_2H_2), 프로필렌(C_3H_6), 부틸렌(C_4H_8) 등으로서 흡수액은 발연황산의 일부와 농황산의 일부를 혼합한 것을 사용한다.
③ **산소** : 공기와 닿으면 흡수능력이 매우 감소하므로 이중 피펫을 사용하여 외관에는 물을 넣고 공기를 차단하며 흡수액은 인 또는 피로갈롤을 사용한다.
④ **일산화탄소** : 염화암모니아 또는 염화 제1동을 사용하여 흡수한다.
⑤ **포화탄화수소(C_nH_{2n+2})** : 메탄이 대부분이지만 그 밖에 에탄(C_2H_6), 프로판(C_3H_8) 등도 포함되며 ①~④까지의 각 성분을 흡수시킨 나머지 가스의 일정량을 폭발 피펫에 넣어 폭발시켜 연소 후의 이산화탄소(CO_2)를 흡수하여 정량한다.
⑥ **수소** : 메탄의 분석과 같이 폭발 피펫에 넣어 전기로서 불꽃을 튕기면 순간에 화합하여 물이 되어 용적이 급격히 감소한다. 감소량의 $\frac{2}{3}$가 수소에 상당한다.

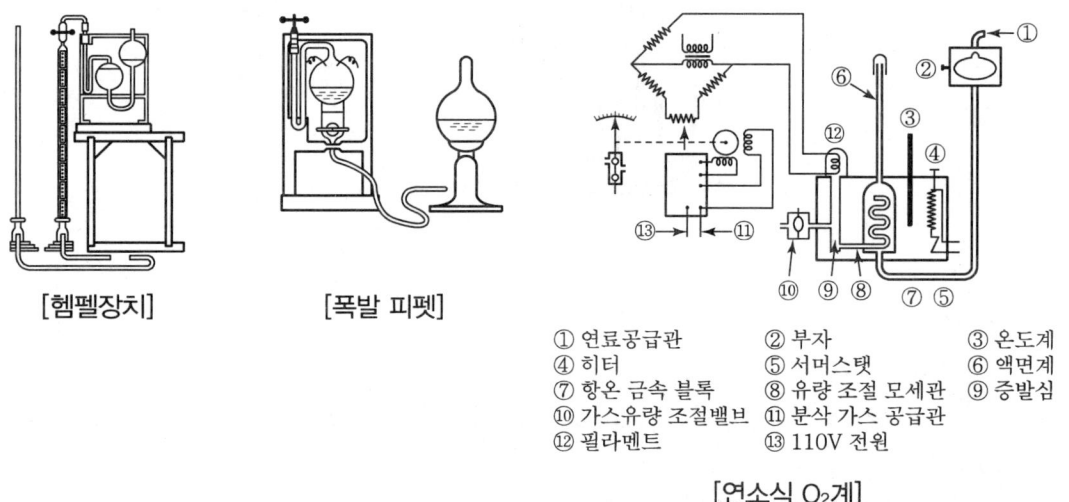

[헴펠장치] [폭발 피펫]

① 연료공급관 ② 부자 ③ 온도계
④ 히터 ⑤ 서머스탯 ⑥ 액면계
⑦ 항온 금속 블록 ⑧ 유량 조절 모세관 ⑨ 증발심
⑩ 가스유량 조절밸브 ⑪ 분삭 가스 공급관
⑫ 필라멘트 ⑬ 110V 전원

[연소식 O_2계]

(2) 분석순서

탄산가스 → 중탄화수소 → 산소 → 일산화탄소 → 메탄 → 수소

4 연소식 O_2계(과잉공기계)

일정량의 시료가스와 수소(H_2) 등의 가연성 가스를 혼합하여 촉매반응 연소시키면 이때 발생한 연소열로서 열선의 온도를 상승 산소(O_2)의 농도를 측정한다. 시료가스 중의 O_2의 농도에 비례하는 것을 이용하고 있으며, 반응열 가스계의 일종이다. 촉매는 이 반응을 촉진함과 동시에 일산화탄소(CO) 등에 의한 부반응을 제어하는 데 중요한 작용을 하는 것으로 보통 파라듐계의 것을 사용한다.

(1) 특징
① 원리가 간단하며 취급이 용이하다.
② 측정가스의 유량변동으로 인한 오차발생이 있다.
③ 비교적 선택성은 좋으나 H_2 등의 연료가스를 준비할 필요가 있다.
　실온의 변화는 가스유량을 중계하여 지시에 영향을 주고 그 크기는 실온변화의 ±10℃당 ±1.7% 정도이다.

5 연소열법(H_2+CO계, 미연가스계)

연소식 O_2계와 같은 원리로서 가스 중의 미연성분 H_2, CO를 측정한다. 촉매로는 백금선을 사용하고 정전류를 흘려서 고온으로 가열하면서(400~500℃) O_2를 외부로부터 공급하면 H_2+CO는 백금선의 촉매로 연소한다. 백금선은 미연가스의 양에 따라서 그 온도가 상승하므로 전기식 CO_2계와 마찬가지로 그 전기저항의 증기를 불평형 전압계(휘트스톤 브릿지)로 재어 미연가스를 측정하는 방법이다.

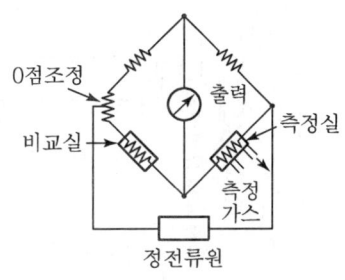

[미연 연소가스계의 원리]

(1) 특징
① 열선이므로 내구성에 유의할 필요가 있다.
② 비교실은 측정변화에 의한 오차를 제거하기 위하여 측정실과 동일한 구조로 되어 있다.

3. 물리적 가스분석계

1 가스 크로마토그래피(Gas Chromatography)

활성탄 실리카겔 등의 흡착제를 충진한 세관을 통과하는 각 가스의 이동속도차를 이용한 것이다. 세관으로부터 캐리어 가스(He, H_2, N_2)를 연속적으로 흘려 그 도중에서 시료가스를 주입하면 혼합가스 중의 각 성분은 분리 컬럼 내의 흡착제에 대한 친화력, 증기성의 관계로 지배되는 물질 특유의 이동속도가 있기 때문에 차례로 순수한 성분으로 분리되어 수분 내지 수십분 내에 차례차례로 브리지의 분석실 쪽으로 들어간다. 이후부터는 전기식 CO_2계와 마찬가지로 표준실과 분석실의 가열 백금선의 냉각효과로 전기저항과의 냉각효과로 전기저항의 변화를 측정하여 가스를 분석한다.

(1) 특징
① 시료가스는 몇 cc 정도의 적은 양으로 측정할 수 있다.
② 1회의 측정시간은 수분 또는 수십 분 정도로 짧다.

③ 분리능력이 극히 좋고 선택성이 뛰어나다.
④ 전 분석을 1대의 장치로 할 수 있다.
⑤ 공업용 가스 크로마토그래피 이외는 연속측정이 불가능하다.
⑥ 간단한 원리로 광범위한 분석이 가능하기 때문에 연구실용, 공업용 등에 이용된다.

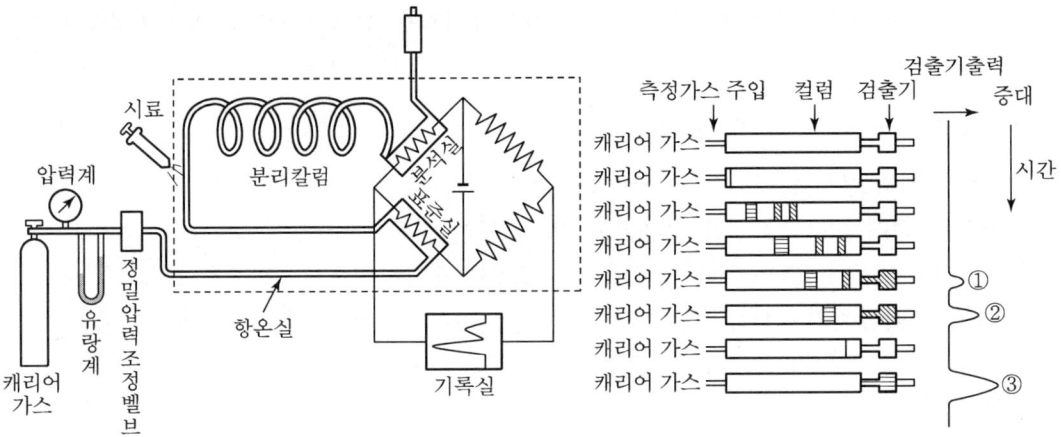

[가스 크로마토그래피]

2 열전도율형 CO_2계(전기식)

전기식 CO_2계라고도 부르며 널리 사용되고 있다. 다음 표에서 보는 바와 같이 CO_2의 열전도율이 공기에 비하여 매우 작은 것을 이용하고 있다.

〈열전도율의 비교〉

가스	0℃일 때	100℃일 때	가스	0℃일 때	100℃일 때
공기	1	0.719	CO_2	0.616	0.496
N_2	1.003	0.718	H_2	7.01	4.99
O_2	1.03	0.743			

그림은 열전도율형 CO_2계의 원리를 나타낸 것이다. 측정가스를 측정실에 넣고 비교실에 공기를 넣어 백금선을 연결하고, 이 선에 정전류를 통하여 열을 발생시키면(약 100℃) 비교실에 연결한 백금선과 측정실에 연결된 백금선의 온도차가 생긴다. 이때 생긴 온도차에 의하여 휘트스톤 브리지 회로에는 불평형 전압이 발생되며 이 전압을 측정하여 CO_2 농도를 지시할 수 있다.

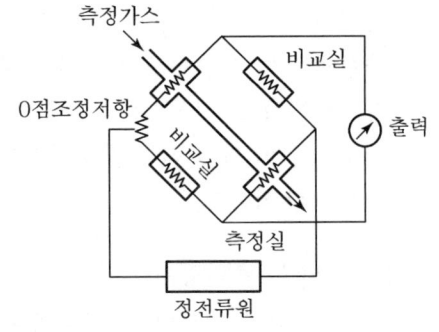

[열전도율형 CO_2계의 원리]

(1) 특징
① 원리나 장치가 비교적 간단하다.
② 연소가스 성분이 CO_2, O_2, CO, N_2 등 4성분인 때도 CO_2 이외의 다른 성분의 열전도율 차는 거의 없으므로 CO_2의 지시는 거의 오차가 없다.
③ 열전도율이 극히 큰 H_2가 혼입한 경우 오차의 영향이 크다.

(2) 사용상 주의사항
① 브리지의 공급전류 점검을 확실하게 행한다.
② 부착하는 계기 본체의 온도가 상승하지 않도록 가스실의 온도와 주위 온도를 비슷하게 유지한다.
③ 과도한 가스 유속 증가를 피하여 오차를 줄인다.
④ 미량이라도 H_2가 혼입되면 지시값을 내린다.
⑤ 가스의 압력 변동은 지시에 영향을 줄 수 있다.

3 밀도식 탄산가스(CO_2)계

CO_2가 공기에 비하여 밀도가 현저하게 크다는 것을 이용한 것으로 비중식 CO_2계라고도 한다. 밀도식 CO_2계 원리는 모터에 의하여 등속으로 역회전하는 임펠러를 측정실 및 비교실에 배치하고 비교실에는 공기를, 측정실에는 시료가스를 도입한다. 임펠러의 회전에 의하여 생긴 바람은 대향(對向)한 수동 임펠러를 회전시키며 이 회전력은 실내의 가스비중에 비례한다. 또한 각 실의 수동임펠러는 서로 레버(Lever) 및 링크(Link)로 연결되고 회전은 역방향이므로 비중이 같을 때는 평형되나 CO_2가 포함된 가스가 들어오면 측정실의 회전력은 비례하여 증가되므로 CO_2 농도를 지시하고 있다.

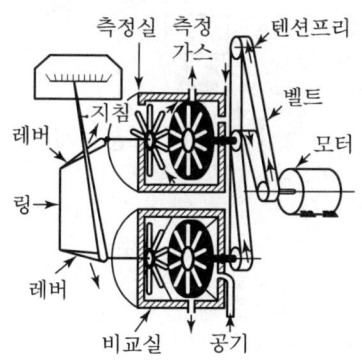

[밀도식 CO_2계의 원리]

〈각종 가스의 밀도와 비중(0°C, 1atm)〉

가스의 종류	밀도(kg/Nm³)	비중(공기=1)
공기	1.2928	1.000
H_2	0.0899	0.070
수증기	0.8043	0.622
N_2	1.2506	0.967
CO	1.2500	0.967
O_2	1.4289	1.105
CO_2	1.9768	1.529
SO_2	2.9263	2.264

(1) 특징

① 구조적으로 튼튼하며 보수와 취급이 비교적 용이하다.
② 각 실내의 온도와 압력을 같도록 한다.
③ 가스 및 공기는 항상 동일 습도로 유지되도록 물탱크가 필요하다.
④ CO_2 이외의 가스조성이 다르면 가스 전체의 비중에 영향을 주어 약간의 오차가 발생한다.

4 적외선 가스분석계

H_2, N_2, O_2 등의 대칭이원자 분자를 제외한 CO, CO_2, CH_4, NO 등은 거의가 분자 각기 특유한 적외선 흡수 스펙트럼을 가지고 있다는 것을 이용한 것이다.

보통 광원은 니크롬선을 적열해서 쓰고 광원으로부터 방사된 적외선은 각 비교실 및 측정실을 통과하여 검출기로 들어간다. 검출기 내에는 순수 CO_2가 충만되어 있어서 입사 적외선에서 고유한 스펙트럼을 흡수하므로 내부 온도가 상승하고 압력이 증가한다. 그러나 우실은 측정가스 중의 CO_2에 적외선이 일부 흡수된 나머지 분량이 들어오므로 그 결과 압력차가 발생하고 금속박막이 편위되어 CO_2 농도가 지시 기록된다. 파장의 선택방법에 따라 정필터형과 부필터형이 있으나 현재는 정필터형이 많이 이용된다.

〈각종 가스의 자화율〉

가스의 종류	상대적 자화율(O_2 = 100)
산소(O_2)	100
산화질소(NO)	43.8
공기	21.6
이산화질소(NO_2)	6.2
수소(H_2)	−0.123
염소(Cl_2)	−0.128
메탄(CH_4)	−0.37
질소(N_2)	−0.42
이산화질소(N_2O)	−0.578
탄산가스(CO_2)	−0.613

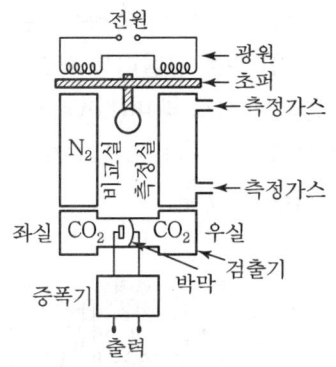

[적외선 가스분석계]

(1) 특징

① 저농도 가스분석에 용이하다.
② 선택성이 뛰어나고 대상범위가 넓다.
③ 측정가스의 먼지방지나 탈습에 충분한 배려가 필요하다.

5 자기식 O_2계

O_2가 다른 가스에 비하여 강한 상자성체이기 때문에 자장에 대하여 끌리는 특성을 이용한 것이다. 이 분석계는 흡인력을 직접 이용한 것, 자기풍 또는 계면압력을 이용한 것의 두 종류가 있다. 그림과 같이 영구자석에 비하여 강한 자장을 만들고 자계가 큰 장소에 열선을 삽입한 측정실에 O_2를 포함한 가스는 자장에 흡인되어 열선에 의하여 가열된다. 그러나 자화율은 온도가 상승하면 떨어지므로 가열된 O_2는 흡인력을 잃고서 상승하고 새로운 가스가 여기에 흘러들어 가게 된다. 상승하는 가스는 벽에서 냉각되어 하강하고 동시에 흡인력이 생겨 다시 흡인된다. 이러한 대류성의 자기풍은 O_2의 농도에 비례한다. 이러한 원리를 이용하여 열전도율형 분석계와 같이 자기식 O_2계의 원리와 같은 회로에 영구자석을 설치하면 측정실 내의 열선온도는 자기풍 강도에 비하여 하강하고 저항 값이 감소되므로 불평형 전압이 발생한다. 이것을 브리지의 불평형 전압으로 측정하여 O_2 농도를 지시할 수 있다.

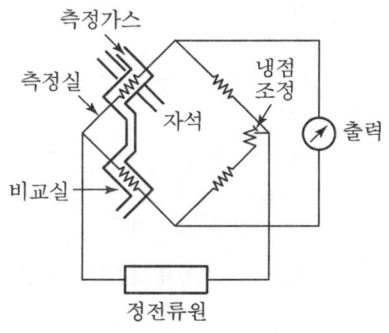

[자기식 O_2계의 원리]

(1) 특징
① 가스의 유량, 압력, 점성의 변화에 대하여 지시 오차가 거의 없다.
② 가동부분이 없고 구조도 간단하며 취급이 용이하다.
③ 열선은 유리로 피복되어 있어 가연성 가스에 대하여 백금의 촉매작용을 막을 수 있다.

6 세라믹식 O_2계

지르코니아(ZrO_2)를 주원료로 한 특수한 세라믹(Ceramin)은 온도를 높이면 O_2 이온만을 통과시키는 원리를 이용한 것이다. 아래 그림에서 세라믹은 파이프 안쪽과 바깥쪽에 백금의 다공질 전극을 붙여서 파이프 전체를 850℃로 가열 유지한다. 파이프 외측에는 기준 가스로서 공기를, 내측에는 측정가스를 통과시키면 내외의 산소이온이 자유로이 세라믹 파이프를 통과하여 양 전극에 기전력 E를 발생한다.

$$E = 55.7 \log \frac{P_c}{P_A} \text{(mV)}$$

여기서 P_c는 기준 가스 중의 V_2 분압이고, P_A는 측정가스 중의 O_2 분압이다. 따라서 이 기전력을 측정하면 산소농도를 알 수 있다.

(1) 특징
    ① 비교적 응답이 빠르다(5~30초).
    ② 가스량이나 주위 온도변화에 별로 영향이 없다.
    ③ 측정범위가 넓다(0.1ppm~10%).
    ④ 측정부의 온도를 유지하기 위하여 전기로를 사용한다.
    ⑤ 가연성가스가 포함된 것은 O_2의 농도를 저하시키므로 측정할 수 없다.

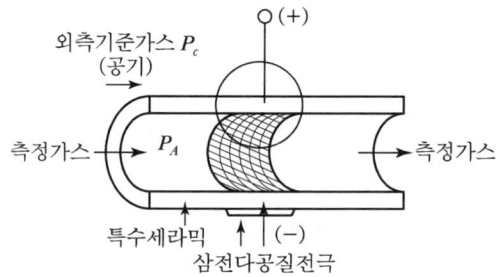

[지르코니아식 O_2계의 내부구조]

7 용액 도전율 가스분석계(전도도법 가스분석계)

측정가스를 적당한 반응액으로 반응시키거나 용해시켜 그 용액의 전극 간의 저항치를 측정하여 가스농도를 아는 방법이다.

(1) 특징
    ① 어느 정도 선택성이 있다.
    ② 저농도 가스분석에 적합하다.
    ③ 측정부의 온도를 일정하게 유지할 필요가 있다.
    ④ 대기오염 관리 등에 사용된다(아황산가스(SO_2), CO, 암모니아(NH_3)).

제3편 계측기기 — 출제예상문제

01 전기저항식 온도계에 속하는 것은?
① 수은온도계
② 서미스터
③ 액체팽창식 온도계
④ 방사온도계

[해설] 전기저항식 온도계
㉠ 백금측온 저항온도계
㉡ 니켈측온 저항온도계
㉢ 구리측온 저항온도계
㉣ 서미스터측온 저항온도계

02 다음 액면 레벨측정 방법 중 다른 3가지에 비하여 원리가 다른 것은?
① 직관식
② 검척식
③ 부자식
④ 압력식

[해설] 레벨측정
㉠ 직접식 : 직관식, 검척식, 부자식
㉡ 압력식(차압식)은 간접식 레벨측정용이다.

03 열전도율형 CO_2계의 특징을 설명한 것이다. 옳은 것은?
① 선택성이 우수하다.
② 적은 양의 수소가 혼입되면 오차가 발생한다.
③ 측정온도 범위가 넓다.
④ 대기 오염관계에도 사용한다.

[해설] 열전도율형 CO_2계 특징
㉠ 원리나 장치가 간단하다.
㉡ 적은 양의 수소가 혼입되면 오차가 발생한다. (H_2는 열전도율이 크다.)
㉢ 연소가스 중의 N_2, O_2, CO의 농도범위가 변하여도 측정오차가 크지 않다. 그러나 선택성은 나쁘다.

04 다음 가스 중 가스 크로마토그래피에 사용되는 캐리어 가스(Carrier Gas)가 아닌 것은?
① N_2
② Ar
③ CO_2
④ H_2

[해설] 캐리어 가스
㉠ 질소
㉡ 수소
㉢ 헬륨
㉣ 아르곤

05 교축기구 중에서 구조가 간단하고 규격화가 가능하며 설치장소가 좁은 것은?
① 오리피스
② 플로 노즐
③ 벤투리
④ 피토

[해설] 오리피스 교축기구는 얇은 판에 각형 또는 예리한 변을 갖는 구멍을 뚫은 것인데 구조가 간단하고 표준화되어 있다. 설치장소를 좁게 차지하고 신뢰도가 크며, 고장 시 교환이 매우 용이하다.

06 다음에서 압력단위가 아닌 것은 어느 것인가?
① N/m^2
② bar
③ kg/m^3
④ mAq

[해설] 압력의 단위
㉠ N/m^2
㉡ Pa
㉢ bar
㉣ mAq
㉤ mmHg
㉥ mmH_2O

07 측정기로 측정할 때, 몇 번이고 반복 측정하여도 그 측정값이 흩어지지 않는다면 그 측정기는 어떠한가?
① 정밀도가 높다.
② 정확도가 높다.
③ 감도가 좋다.
④ 치우침이 적다.

정답 01 ② 02 ④ 03 ② 04 ③ 05 ① 06 ③ 07 ②

해설 ▶ 정확도란 측정기로 측정할 때 몇 번이고 반복 측정하여도 그 측정값이 흩어지지 않는 것, 다시 말해 평균값과 참값의 차이인 '치우침(쏠림)'의 정도를 말한다. 그 정도가 작을 때 정확도가 높다고 한다.

08 열전대 온도계에서 보호관의 구비조건으로 옳지 않은 것은?

① 유해가스에 의하여 부식되지 않아야 한다.
② 높은 온도에서 기계적인 강도의 변화를 신속하게 전하여야 한다.
③ 열의 불량도체로서 온도의 변화가 크고 변형이 없어야 한다.
④ 보호관 자체에서 유해가스를 발생하지 않아야 한다.

해설 ▶ 보호관의 구비조건
㉠ 유해가스에 부식되지 않아야 한다.
㉡ 높은 온도에서 기계적인 강도의 변화를 신속하게 전하여야 한다.
㉢ 열의 양도체로서 온도의 변화가 적고 변형이 적어야 한다.
㉣ 보호관 자체에서 유해가스를 발생하지 않아야 한다.

09 다음 자동화학식 가스분석계의 특징으로 잘못 설명된 것은?

① 선택성이 좋지 않다.
② 조성가스가 여러 종류인 경우도 높은 정도로 측정할 수 있다.
③ 구조에 유리부분이 많아 파손되기 쉽다.
④ 점검과 소모품의 보수에 시간이 걸린다.

해설 ▶ 주의사항자동화학식 가스분석계
㉠ 선택성이 비교적 양호하다.
㉡ 조성가스가 많아도 정도가 높은 측정이 가능하다.
㉢ 유리부분이 많아 파손되기 쉽다.
㉣ 점검과 소모품 보수에 시간이 걸린다.

10 종류가 서로 다른 금속선의 양단을 접합시켜 양 접점의 온도를 서로 다르게 하여 기전력을 발생시키고 이것을 mV계 혹은 전위차계를 이용하여 온도를 측정하는 온도계는?

① 전기저항 온도계
② 방사온도계
③ 열전대 온도계
④ 수은온도계

해설 ▶ 열전대 온도계는 종류가 다른 금속선의 양단을 접합시켜 양접점의 온도를 다르게 하여 기전력을 발생시키고 이것을 mV계 혹은 전위차계를 이용하여 온도를 측정하는 온도계이다.

11 다음 중 압력의 차원은?

① FL
② FL^{-1}
③ FL^{-2}
④ FL^{-3}

해설 ▶ 압력의 단위는 kg/m^2이므로 차원으로 FL^{-2}이다.

12 다음 유량계 중에서 유체의 온도를 전열로 일정 온도 상승시키는 데 필요한 전기량을 측정하여 유량을 측정하는 것은?

① 용적식 유량계
② 전자식 유량계
③ 면적식 유량계
④ 열선식 유량계

해설 ▶ 열선식 유량계는 유체의 온도를 전열로 일정온도를 상승시키는 데 필요한 전기량을 측정하여 유량을 측정한다.

13 서모컬러(Thermo Color)의 설명 중 옳은 것은?

① 온도에 따라 색이 변하는 도료의 일종이다.
② 바이메탈 온도계의 일종이다.
③ 열전온도계의 일종이다.
④ 기전력을 이용한 온도계이다.

해설 ▶ 서모컬러는 비접촉식 온도계로서 온도에 따라 색이 변하는 원리를 이용하며 열의 전도 속도나 열의 분포상태를 파악하는 데 사용되는 도료의 일종이다.

14 다음 중 구조가 간단하고 견고하며, 온도조절 스위치로 많이 사용하고 자동기록장치로도 사용할 수 있는 온도계는?

① 유리 온도계
② 바이메탈 온도계
③ 서머스터 온도계
④ 열전 온도계

해설 바이메탈은 팽창률이 매우 다른 두 장의 금속판을 접합하여 만들고, 구조가 간단하며 온도조절 스위치로 많이 사용한다. 자동기록장치로도 사용하는 현장지시용 또는 자동제어용 온도계이다.

15 다음 중 유량의 단위는?

① kg/m^2 ② kg/m^3
③ m^3/sec ④ m/cm

해설 유량의 단위 m^3/sec이다.

16 다음 중 탄성식 압력계가 아닌 것은?

① 부르동관식 압력계
② 다이어프램식 압력계
③ 환상평형식 압력계
④ 벨로스식 압력계

해설 탄성식 압력계
㉠ 부르동관식
㉡ 다이어프램식
㉢ 벨로스식
㉣ 아네로이드식 압력계

17 가스분석계 중 자기식(磁氣式) 계기는 다음 중 어떤 가스를 측정대상으로 하는가?

① 산소(O_2) ② 수소(H_2)
③ 탄산가스(CO_2) ④ 공기

해설 자기식 계기는 가스분석계에서 산소(O_2)가스를 분석한다. 가스 중 산소는 상자성체이며 특징은 가동부분이 없고 다른 가스의 영향이 없으며 계기 자체로서는 지연시간도 작다. 감도가 크고 정도는 1% 내외이다. 점성이나 압력변화에 대해 측정오차가 생기지 않는다.

18 다음 유량계 중에서 수도용 적산 유량계로 가장 널리 사용되는 것은?

① 차압식 ② 임펠러식
③ 침종식 ④ 용적식

해설 임펠러식 유량계는 수도용 적산 유량계로 가장 많이 사용된다. 유속식 유량계이다.

19 계량기 사용관리 시 기준이 되는 오차는?

① 검정공차
② 사용공차
③ 사용의 오차
④ 용량의 공차

해설 계량기 사용관리 시 기준이 되는 오차는 사용공차이다.

20 계측기의 구비조건으로 적합하지 못한 것은?

① 견고하고 정밀도가 높을 것
② 외적 교란의 영향을 받지 않을 것
③ 구조가 복잡하고 누구나 취급할 수 없을 것
④ 구입비, 설치비 및 유지비가 적을 것

해설 계측기의 구비조건
㉠ 견고하고 정밀도가 높을 것
㉡ 외적 교란의 영향을 받지 않을 것
㉢ 구조가 간단하고 취급이 용이할 것
㉣ 구입비나 설치비 및 유지비가 적을 것

21 열전도율형 CO_2 분석계의 사용상 유의점 중 틀린 것은?

① 가스의 과도한 유속증가는 지시치를 낮게 한다.
② 가스 압력의 변동은 지시치에 영향을 줄 수 있다.
③ H_2의 혼입은 지시치를 정확하게 유지한다.
④ 셀(cell)의 주위 온도와 측정가스 온도를 거의 일정하게 유지한다.

정답 14 ② 15 ③ 16 ③ 17 ① 18 ② 19 ② 20 ③ 21 ③

해설 열전도율 CO_2계
  ㉠ CO_2는 공기보다는 열전도율이 작고, SO_2가스보다는 크다.
  ㉡ 가스의 과도한 유속증가는 지시치를 낮게 한다.
  ㉢ 열전도율이 매우 빠른 수소(3.965×10^{-4} cal/cm · s · deg)가 혼입되면 오차가 크다.
  ㉣ 셀과 공기를 채운 비교 셀 속에 백금선을 친다.

22 보일러의 드럼 레벨을 측정, 제어하는 데 가장 적절한 방식은?

① 부자식 ② 차압식
③ 초음파식 ④ 정전용량식

해설 보일러의 기름저장탱크는 부자식(플루트식)이 매우 간편하게 사용되는 액면계이다.

23 차압식 유량계에서 차압검출기구가 아닌 것은?

① 오리피스 ② 캡슐
③ 벤투리관 ④ 노즐

해설 차압식 유량계에서 차압검출기구
  ㉠ 오리피스 ㉡ 벤투리관 ㉢ 플로노즐

24 공기압과 압력계를 이용하여 측정하는 액면계는?

① 부자식 액면계 ② 기포식 액면계
③ 차압식 액면계 ④ 방사선식 액면계

해설 기포식 액면계는 압축공기와 압력을 조절해서 공기관 끝에서 기포를 일으키게 하면 압축공기의 압력은 액압력과 동등하다고 생각되므로 압축공기의 압력을 측정하면 액면 높이가 측정되는 퍼지식이다.

25 압력식 액면계로 액체 저장탱크의 액면을 측정하고자 한다. 이때 압력은 어느 곳의 값을 측정하여야 하는가?

① 저장탱크 상부면 ② 저장탱크 측면
③ 저장탱크 밑면 ④ 저장탱크 긴 면

해설 차압식 액면계는 탱크의 저장탱크 밑면 정압을 측정하여 액위를 구한다. 종류로는 다이어프램식과 U자관식이 있다.

26 유속측정에 의하여 유량을 계산하는 유량계가 아닌 것은?

① 피토관식
② 피토 벤투리
③ 로터미터
④ 아뉴바 유량계

해설 로터미터 유량계는 면적식 유량계이며 조리개부의 횡단면적을 따라서 조리개 저항이 유속의 변화에 대응하여 변화하고, 그 상하류의 압력차가 일정하게 되도록 한 것이다. 그 기구에는 부자식, 피스톤식, 게이트식이 있다.

27 다음 중에서 부피의 단위는 어느 것인가?

① kg/m^2 ② kg/m^3
③ m^3 ④ m/cm

해설 부피의 단위는 m^3, L, cc 등이 있다.

28 바이메탈식 온도계의 최고 사용온도는 얼마인가?

① 300℃ ② 500℃
③ 1,000℃ ④ 1,300℃

해설 바이메탈 종류
  ㉠ 황동 – 인바 : 200℃
  ㉡ 모넬메탈 – 니켈 : 300℃
  ㉢ 니켈 – 니켈 : 500℃
  ㉣ 18-8 스테인리스강 – 니켈 : 500℃

29 규명할 수 없는 원인에 의해 불규칙적으로 발생하며 분포상태로 나타나는 오차는?

① 개통오차
② 우연오차
③ 관습오차
④ 절대오차

해설 우연오차는 흩어짐의 원인이 되는 오차이다. 오차의 발생원인이 명확하지 않은 여러 종류의 잡다한 원인이 정 또는 부로 측정값을 변동시켜 그 결과가 우연오차가 된다.

정답 22 ① 23 ② 24 ② 25 ③ 26 ③ 27 ③ 28 ② 29 ②

30 계량계에 있어서 우연오차의 정도로 나타내는 것은?

① 정확도 ② 정밀도
③ 감도   ④ 공차

해설 우연오차가 좋으면 정밀도 우수하고, 우연오차가 나쁘면 정밀도 나쁘다.

31 다음 중 게이지 압력의 정확한 표현은?

① 게이지 압력=절대압력
② 게이지 압력=대기압+절대압력
③ 게이지 압력=대기압-절대압력
④ 게이지 압력=절대압력-대기압

해설 게이지 압력=절대압력-대기압
절대압력=계기압력+대기압
=대기압-진공압

32 U자관 압력계에서 압력차가 큰 경우에는 계측액으로 무엇을 사용하나?

① 물
② 수은
③ 알코올
④ 물과 같은 경질액체

해설 유자관 압력계의 유입액은 수은, 물, 알코올 등이 사용되나 수은이 가장 많은 계측액으로 이용된다.

33 비접촉식 온도계가 아닌 것은?

① 광고온도계   ② 방사온도계
③ 저항온도계   ④ 색온도계

해설 접촉식 온도계
전기저항식 온도계, 바이메탈 온도계, 압력식 온도계, 액주식 온도계, 열전대 온도계 등

34 차압식 유량계 중 압력손실이 가장 크고, 구조가 간단하며 경제적이므로 널리 사용되는 것은?

① 오리피스   ② 플로노즐
③ 벤투리미터   ④ 로터미터

해설 오리피스 차압식 유량계는 압력손실이 크고 침전물의 부착이 우려되나 구조가 간단하고 설치나 교환이 용이하다는 장점이 있고 베나탭, 코너탭, 플랜지탭이 있다.

35 흡착제를 충진한 세관을 통과하는 가스의 이동 속도차를 이용하여 분석을 행하며, 분리능력이 좋고 선택성이 우수한 분석기는?

① 가스 크로마토그래피
② 적외선 가스분석계
③ 열전도율 CO_2
④ 연소식 O_2계

해설 가스 크로마토그래피 가스분석계는 물리적인 가스분석계이며 컬럼 속에 활성탄, 알루미나, 실리카겔 등의 고체 충진제를 넣고 H_2, N_2, He 등의 캐리어 가스와 혼합된 시료가스를 이 컬럼 속에 통하면 시료가스는 충진제에 흡수 또는 흡착되어 각각의 가스분자는 그 종류에 따라서 컬럼 속을 통과하는 속도 차이로 가스를 분석한다.(단, SO_2와 NO_2는 분석이 제외된다.)

36 산소농도를 측정하는 온도계 중 기전력을 이용하여 산소를 분석하는 계측기기는?

① 자기식 산소계
② 세라믹 산소계
③ 열전도율 CO_2계
④ 미연소가스 분석계

해설 세라믹 산소계 가스 분석기는 온도가 상승하면 지르코니아를 주원료로 한 세라믹은 산소 이온만 통과시키는 성질을 이용하여 세라믹 파이프 내외의 산소농담전지를 형성시켜 기전력을 측정하여 O_2가스의 농도가 측정된다.

37 다음 중 직접식 액면계에 속하는 것은?

① 전자식 액면계
② 초음파 액면계
③ 플로트식 액면계
④ 압력식 액면계

해설 직접식 액면계
플로트식 액면계(부자식), 유리제 액면계, 검척식 액면계

정답 30 ② 31 ④ 32 ② 33 ③ 34 ① 35 ① 36 ② 37 ③

38 다음 유량계 중 정도가 가장 높은 유량계는?

① 유속식　　② 용적식
③ 와류식　　④ 열선식

해설 용적식 유량계
㉠ 적산 정도가 0.2~0.5% 정도로 높다.
㉡ 높은 점도의 유체나 점도변화가 있는 유체에 적합하다.
㉢ 맥동에 의한 영향이 비교적 적다.
㉣ 고형물의 혼입을 막기 위해서는 입구 측에 반드시 여과기가 필요하다.

39 가장 높은 온도를 측정할 수 있는 계측기는?

① 열전식 온도계
② 저항식 온도계
③ 바이메탈 온도계
④ 광고온도계

해설 ㉠ 열전대 온도계 : -180~1,600℃
㉡ 저항식 온도계 : -200~500℃
㉢ 바이메탈 온도계 : -50~500℃
㉣ 광고온도계 : 700℃~3,000℃

40 금속화합물을 적절히 배합하여 만든 삼각추로서, 가열되어 일정 온도에 달하면 연화되어 머리 부분이 숙여지는 것을 이용하여 온도를 측정하는 온도계는?

① 광전관 온도계
② 광고온계
③ 제겔콘(Seger Cone)
④ 방사온도계

해설 제겔콘은 금속산화물을 적절히 배합하여 만든 삼각추로서 가열되어 일정 온도가 되면 연화하여 머리 부분이 숙여지는 것을 이용하여 온도를 계측하는 것이다. 노 내의 온도감시나 내화물 등의 내화도 시험용으로 사용된다.

41 온도를 측정하는 원리에 따른 온도계가 옳게 짝지어진 것은?

① 열팽창을 이용 - 저항식 온도계
② 상태변화를 이용 - 제겔콘
③ 전기저항을 이용 - 유리제 온도계
④ 열기전력을 이용 - 바이메탈식 온도계

해설 ㉠ 열팽창을 이용 : 액체팽창식 온도(유리제 등)
㉡ 상태변화를 이용 : 제겔콘
㉢ 전기저항을 이용 : 저항식 온도계
㉣ 열기전력을 이용 : 열전대 온도계

42 열전대 온도계의 보상도선에 대한 설명으로 타당한 것은?

① 측온부의 열전대 단자에서 기준 접점의 계기까지 연결한 선이다.
② 열전대를 기계적·화학적으로 보호하기 위한 것이다.
③ 냉접점에서 지시 사이에 연결된 도선이다.
④ 열전대 금속과 상이한 기전력을 갖는 도선을 사용한다.

해설 열전대 온도계는 보상도선이 있으며 열전대는 측온부의 열전대 단자에서 기준 접점까지 연결한 선이 보상도선이고, 구리 또는 니켈을 많이 사용한다.

43 다음 중 차압식 유량계가 아닌 것은?

① 벤투리관　　② 오리피스
③ 피토관　　　④ 플로노즐

해설 차압식 유량계
㉠ 벤투리관
㉡ 오리피스
㉢ 플로노즐
※ 피토관은 유속식 유량계이다.

44 비접촉식 온도계의 특징으로 설명이 잘못된 것은?

① 3,000℃ 이하 측정이 가능하다.
② 물체의 표면온도만 측정 가능하다.
③ 방사율의 보정이 필요하다.
④ 700℃ 이상의 온도측정은 불가능하다.

해설 비접촉식 온도계
㉠ 고온 측정이 가능하다.
㉡ 물체의 표면온도만 측정이 가능하다.
㉢ 방사율의 보정이 필요하다.
㉣ 700℃ 이상의 온도측정도 가능하다.

45 공업용수 등 대용량의 유량을 측정하는 데 적절한 방법은?

① 차압식 유량계
② 면적식 유량계
③ 용적식 유량계
④ 초음파 유량계

46 어떤 물체의 온도가 59°F로 측정되었다면 캘빈도(절대온도)는 얼마인가?

① 15K
② 288K
③ 475K
④ 47K

해설 $K = ℃ + 273$
$℃ = \frac{5}{9}(59-32) = 15℃$
∴ $15 + 273 = 288K$

47 열전 온도계에서 냉접점이란 무엇인가?

① 측온 개소에 두는 +측의 열전대 선단
② 기준온도로 유지하는 열전대 선단
③ 0℃ 이하일 때의 차가운 접점
④ 보상접점

해설 냉접점은 기준온도를 유지해야 하므로 항온장치를 사용하면 되지만 듀워병에 얼음과 증류수를 혼합하여 채운 냉각기로서 반드시 0℃를 유지해야 한다.

48 얇은 금속제의 주름진 원통과 코일스프링을 조합하여 만든 압력계로 주로 저압측정용으로 사용되는 압력계는?

① 분동식 압력계
② 환상식 압력계
③ 벨로스식 압력계
④ 침종식 압력계

해설 벨로스식 탄성식 압력계는 0.01~10kg/cm²의 저압측정용이며 얇은 금속제의 주름진 원통과 코일 보조 스프링을 조합하여 만든 압력계이며, 히스테리시스도 커지는 관계로 수압면적이 크고, 그 내용적도 비교적 크기 때문에 용량지연으로 응답속도가 느리다.

49 900℃를 측정하는 데 가장 알맞은 열전대의 종류는?

① E(CRC)
② K(CA)
③ J(IC)
④ T(CC)

해설
㉠ CRC(백금 – 백금로듐) : 600~1,600℃
㉡ CA(크로멜 – 알루멜) : 300~1,200℃
㉢ IC(철 – 콘스탄탄) : 460~800℃
㉣ CC(구리 – 콘스탄탄) : 130~350℃

50 어떤 측정대상의 참값이 2.15인데, 측정한 결과 2.19의 값이 측정되었다면 오차율은 얼마인가?

① 1.83%
② 18.3%
③ 1.86%
④ 18.6%

해설 $\frac{2.19-2.15}{2.15} \times 100 = 1.86\%$

51 다음 중 액면측정방법에 속하지 않는 것은?

① 전극을 이용하는 방법
② 부자를 이용하는 방법
③ 방사능을 이용하는 방법
④ 포적을 이용하는 방법

해설 ㉠ 직접식 액면계 : 유리관식(크린카식), 부자식(플로트식), 검척식
㉡ 간접식 액면계 : 햄프슨식(차압식), 다이어프램식, 기포식, 튜브식, 초음파식, 압력식, 방사선식, 벨로스식, 전기저항식, 정전용량식(전극 사용), 자석식(마그넷식), 편위식

52 오르자트 가스분석계기에서 일산화탄소(CO)를 흡수하는 용액은?

① 수산화칼륨 30% 수용액
② 알칼리성 피로갈롤 용액
③ 차아황산소다
④ 암모니아성 염화제1구리 용액

해설 ㉠ 수산화칼륨 용액 : CO_2 분석
㉡ 알칼리성 피로갈롤 용액 : O_2 측정
㉢ 암모니아성 염화제1구리 용액 : CO 측정
㉣ 발연황산 : 중탄화수소

53 다음 가스 채취장치의 2차 필터로서 사용하는 재료이다. 적당하지 않은 것은?

① 면   ② 석면
③ 유리솜   ④ 카보랜덤

해설 ㉠ 카보랜덤, 아랜담 : 1차 필터
㉡ 면, 석면, 유리솜 : 2차 필터

54 다음 중 어떤 단위를 공학단위라 하는가?

① 절대단위
② 중력단위
③ 국제단위
④ 실용단위

해설 ㉠ 절대단위계(CGS단위계)
㉡ 중력단위계(공학단위계)
㉢ 국제단위계(SI단위계)

55 유리 온도계의 감온액으로 쓰이지 않는 것은?

① 펜탄   ② 톨루엔
③ 크레오소트 ④ 메틸에텔

해설 유리제 온도계 감온액
톨루엔, 크레오소트, 펜탄

56 계량의 기본단위가 아닌 것은?

① 질량   ② 길이
③ 부피   ④ 시간

해설 기본단위
㉠ 길이 : m   ㉡ 질량 : kg
㉢ 시간 : sec   ㉣ 온도 : K
㉤ 전류 : A   ㉥ 광도 : cd
㉦ 물질량 : mol
※ 면적(m^2) : 유도단위

57 광전관 온도계의 특징이 아닌 것은?

① 온도기록의 자동화가 가능하다.
② 전도는 광고온도계와 같다.
③ 700℃ 이상의 온도측정 및 응답성이 빠르다.
④ 구조가 매우 간단하다.

해설 광전관은 구조가 약간 복잡한 결점이 있다.

58 다음 가스 중 적외선 가스분석기로 분석이 가능한 것은?

① O_2 ② H_2
③ CO_2 ④ N_2

해설 투명가스도 적외선 영역에서는 투명하지 않은 것이 많다. 수소(H_2), 산소(O_2), 질소(N_2) 등의 2원자 분자는 적외선 흡수가 불가능하나 다른 모든 가스 CO_2 등은 가스에 연속 스펙트럼을 주면 가스 특유의 파장의 것이 흡수되어 가스가 분석된다.

59 가스분석법 중 세라믹법은 어느 가스를 측정대상으로 하는가?

① N_2 ② S
③ CO_2 ④ O_2

해설 세라믹 O_2계는 지르코니아(ZrO_2)를 주원료로 한 세라믹의 온도를 높여주면 산소이온만 통과시키는 성질을 이용하여 O_2가스를 분석한다.

정답 52 ④ 53 ④ 54 ② 55 ④ 56 ③ 57 ④ 58 ③ 59 ④

60 원격 측정을 할 수 있는 온도계는 어느 것인가?
① 열전대 온도계
② 서모컬러
③ 유리제 온도계
④ 침종식 온도계

해설 열전온도계는 원격지시 및 기록이 가능하고 한 곳에서 여러 곳의 온도를 측정할 수 있다.

61 비접촉식 온도계의 종류에 해당되는 것은?
① 열전대 온도계
② 압력식 온도계
③ 방사온도계
④ 전기저항 온도계

해설 비접촉식 온도계
㉠ 방사온도계 ㉡ 색온도계
㉢ 광전관식 온도계 ㉣ 광고온도계
㉤ 서모컬러

62 다음에 설명한 공업계기의 특징 중에서 타당성이 없는 것은?
① 견고하고 신뢰성이 높을 것
② 설치장소의 주위 조건에 대하여 내구성이 클 것
③ 측정범위가 넓고 다목적일 것
④ 보수가 쉽고 경제적일 것

해설 계측기의 구비조건
㉠ 견고하고 신뢰성이 있을 것
㉡ 설치장소의 주위 조건에 대하여 내구성이 있을 것
㉢ 구입이 용이하며 경제적일 것
㉣ 원격지시나 기록이 연속적일 것

63 조절계의 출력이 편차에 비례하는 동작은?
① ON-OFF동작
② P동작
③ PI동작
④ PID동작

해설 P동작은 조절계의 출력이 편차에 비례하는 동작이다. 잔류편차가 남는 동작이다.

64 온도의 계량단위인 켈빈온도(K)는 다음 중 어떤 단위계인가?
① 특수단위
② 유도단위
③ 기본단위
④ 보조단위

해설 기본단위에서 K는 온도의 기본단위이다.

65 다음은 액체용 용적 유량계의 종류를 열거한 것이다. 틀린 것은?
① 피토관식
② 오벌기어식
③ 루트식
④ 회전원판식

해설 피토관은 유속을 측정하여 유량을 구하는 유량계로서 5m/sec 이상의 유속으로 흐르는 유체측정에 유리하다.

66 보일러에 주로 사용되는 압력계는?
① 부르동관식
② 침종식
③ 마노미터식
④ 다이어프램식

해설 보일러실에서 사용되는 압력계는 탄성식이며 고압에는 부르동관식 압력계가 사용된다.

67 어떤 시간 내의 유량의 적분차를 표시하고자 할 때 가장 적합한 유량계는?
① 차압식 유량계
② 면적식 유량계
③ 용적식 유량계
④ 피토관식 유량계

해설 용적식 유량계
㉠ 밀도와는 무관한 체적유량계이다.
㉡ 이동식 유량계이다.
㉢ 적산체적계이다.
㉣ 운동자가 유입 측과 유출 측의 유체의 압력차에 의하여 작동된다.
㉤ 어떤 시간 내의 유량의 적분치를 표시할 때가 많다.
㉥ 단위시간 내에 보내는 횟수를 측정하여 체적유량을 구한다.

68 비접촉식 온도계 중 광파장 방사에너지로 측정하는 계기는?

① 광고온도계
② 저항온도계
③ 방사온도계
④ 열전대 온도계

해설 광고온도계는 물체에서 방사되는 에너지 중에서 특정한 파장(0.65μm인 적외선)의 방사에너지, 즉 휘도를 사용하여 온도를 측정한다.

69 가스 크로마토그래피 가스분석기에서 측정이 불가능한 가스는?

① CO_2
② O_2
③ CH_4
④ SO_2

해설 SO_2, NO_2가스는 가스의 분석이 되지 않는다.

70 측정기의 우연오차와 관계되는 것은?

① 감도
② 부주의
③ 보정
④ 산포

해설 우연오차의 원인
㉠ 측정기의 산포
㉡ 측정자에 의한 산포
㉢ 측정환경에 의한 산포

71 액주식 압력계의 액주로 가장 많이 사용되는 것은?

① 물
② 수은
③ 알코올
④ 경유

해설 압력
액주식 압력계에서는 수은이나 물을 일반적으로 사용한다(mmHg, mmH₂O, mmAq).
㉠ 중력단위 : kg · w/cm²
㉡ 대기압단위 : 기압
㉢ CGS단위 : bar

72 다음 중 기체의 유량측정에는 적용할 수 없는 방식은?

① 벤투리법
② 로터미터
③ 피토관법
④ 위어법

해설 위어는 호수나 담수 등의 대유량의 액체 측정 등에 사용된다.

73 화학적 가스분석법에 속하는 것은?

① 도전율법
② 세라믹법
③ 자화율법
④ 연소열법

해설 화학적 가스분석계
㉠ 오르자트식
㉡ 헴펠식
㉢ 연소식 O_2계
㉣ 자동화학식 CO_2계

74 공업계측에 있어서 절대단위계의 질량의 차원을 표시하는 기호는?

① L
② K
③ T
④ M

해설 질량 : M, 길이 : L, 시간 : T, 온도 : K

75 MKS 기본단위가 아닌 것은?

① m
② kg
③ ℃
④ cd

해설 온도의 기본단위 K(켈빈)이다.

76 플로트에 의한 액면측정은 무슨 방법인가?

① 간접법
② 직접법
③ 유동법
④ 압력법

해설 부자식(플로트) 액면계는 직접법에 속한다.

정답 68 ① 69 ④ 70 ④ 71 ② 72 ④ 73 ④ 74 ④ 75 ③ 76 ②

PART 04

배관일반

- **제1장** 배관재료 및 배관부속품
- **제2장** 배관공작
- **제3장** 배관도시법
- **제4장** 단열재, 보온재 및 내화물

배관재료 및 배관부속품

PART 04 | 배관일반

1. 관의 재료

배관을 할 수 있는 관의 재료는 철금속관, 비철금속관, 비금속관이 있다.

1 강관(Steel Pipe)

강관은 용도가 다양하며 특히, 물, 증기, 기름, 가스, 공기 등의 유체 배관에 널리 사용된다. 강관의 재질은 탄소강이며 제조법상에 따라 가스단접관, 전기저항 용접관, 이음매 없는 관, 아크용접관 등이 있으며 강관의 부식을 막기 위하여 관의 내외면에 아연을 도금한 아연도금강관(배관)과 아연도금을 하지 않는 흑관이 있다.

(1) 아연도금은 주로 물, 온도, 공기, 가스 등의 배관에 사용

(2) 흑관은 증기, 기름, 냉매배관 등에 사용

(3) 강관의 장점
  ① 인장강도가 크다.
  ② 내충격성이나 굴요성이 크다.
  ③ 가격이 저렴하다.
  ④ 연관이나 주철관에 비해 가볍다.
  ⑤ 관의 접합작업이 용이하다.

(4) 강관의 스케줄 번호(Schedule No.)

관의 두께를 나타내는 번호로서 계산식은 아래와 같다.

① 스케줄 번호(Sch) $= 10 \times \dfrac{P}{S}$

여기서, P : 사용압력(kg/cm^2)
S : 허용응력(kg/mm^2) = 인장강도 ÷ 안전율
t : 관의 두께(mm)
D : 관의 외경(mm)
σ_w : 허용인장응력(kg/mm^2)

② 관의 두께$(t) = \left(\dfrac{PD}{175\sigma_w}\right) + 2.54$(mm)

〈스케줄 번호에 따른 배관용 강관의 치수표〉

호칭지름 A(B)	바깥지름 (mm)	관의 두께(mm)									
		10	20	30	40	60	80	100	120	140	160
6($\frac{1}{8}$)	10.5				1.7		2.4				
8($\frac{1}{4}$)	13.8				2.2		3.0				
10($\frac{3}{8}$)	17.3				2.3		3.2				
15($\frac{1}{2}$)	21.7				2.8		3.7				4.7
20($\frac{3}{4}$)	27.2				2.9		3.9				5.5
25(1)	34.0				3.4		4.5				6.4
32($1\frac{1}{4}$)	42.7				3.6		4.9				6.4
40($1\frac{1}{2}$)	48.6				3.7		5.1				7.1
50(2)	60.5				3.9		5.5				8.7
65($2\frac{1}{2}$)	76.3				5.2		7.0				9.5
80(3)	89.1				5.5		7.6				11.1
90($3\frac{1}{2}$)	101.6				5.7		8.1				−
100(4)	114.3				6.0		8.6		11.1		13.5
125(5)	129.8				6.6		9.5		12.7		15.9
150(6)	165.2				7.1		11.0		14.3		18.2
200(8)	216.3		6.4	7.0	8.2	10.3	12.7	15.1	18.2	20.6	23.0
250(10)	267.4		6.4	7.8	9.3	12.7	15.1	18.2	21.4	25.4	28.6
300(12)	318.5		6.4	8.4	10.3	14.3	17.4	21.4	25.4	28.6	33.3
350(14)	355.6	6.4	7.9	9.5	11.1	15.1	19.0	23.8	27.8	31.8	35.7
400(16)	406.4	6.4	7.9	9.5	12.7	16.7	21.4	26.2	30.9	36.5	40.5
450(18)	457.2	6.4	7.9	11.1	14.3	19.0	23.8	29.4	34.9	39.7	45.2
500(20)	508.0	6.4	9.5	12.7	15.1	20.6	26.2	32.5	38.1	44.4	50.5
550(22)	558.0	6.4	9.5	12.7	−	22.2	28.6	34.9	41.3	47.6	54.0
600(24)	609.6	6.4	9.5	14.3	17.5	24.6	31.0	38.9	46.0	52.4	59.5
650(26)	660.4	7.9	12.7	−	−						
700(28)	711.2	7.9	12.7	15.9	−						

호칭지름 A(B)	바깥지름 (mm)	관의 두께(mm)									
		10	20	30	40	60	80	100	120	140	160
750(30)	762.0	7.9	12.7	15.9	–						
800(32)	812.8	7.9	12.7	15.9	17.4						
850(34)	863.6	7.9	12.7	15.9	17.4						
900(36)	914.4	7.9	12.7	15.9	19.0						

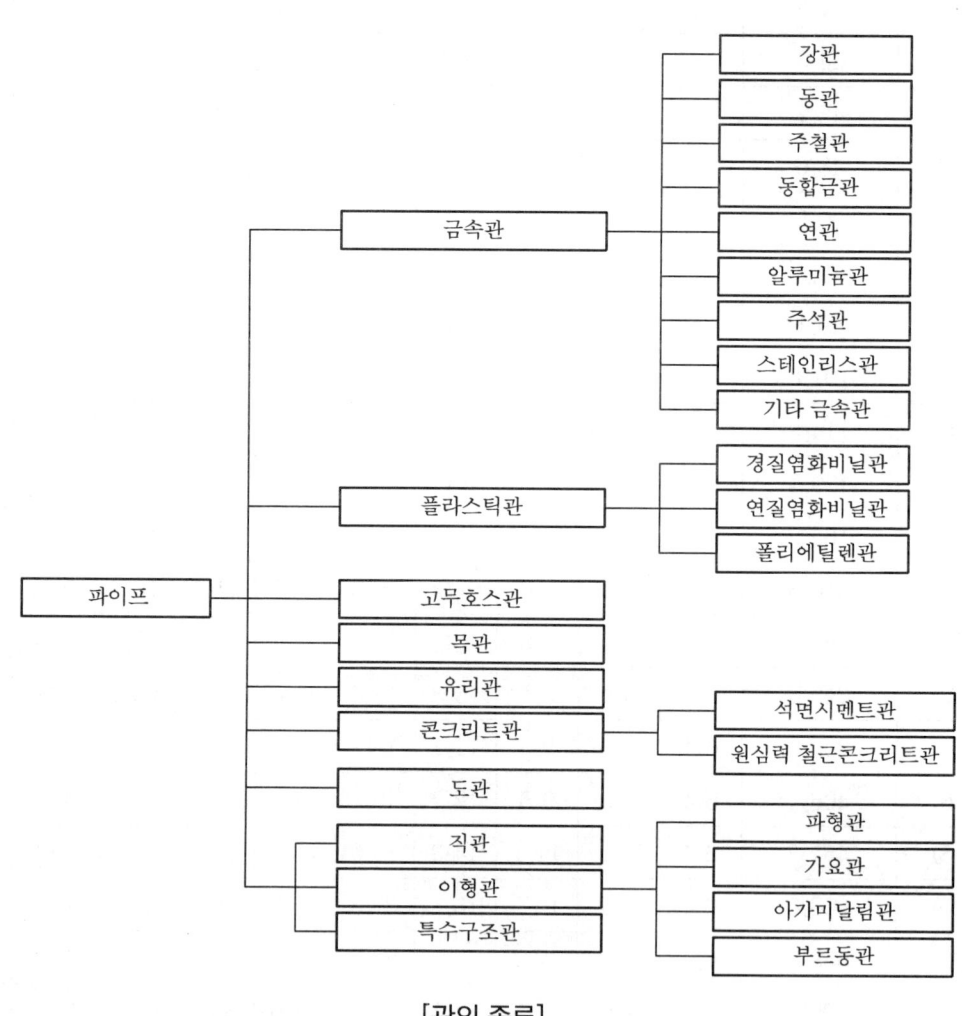

[관의 종류]

〈KS에 정해진 재질 및 용도별 분류〉

종류		KS 규격 기호	용도
배관용	배관용 탄소강 강관	SPP	• 사용압력이 낮은 증기, 물, 기름 및 공기 등의 배관용 • 호칭 지름 15~500A(0.1MPa 이하용)
	압력 배관용 탄소강 강관	SPPS	• 350℃ 이하에서 사용하는 압력 배관용 • 관의 호칭은 호칭 지름과 두께(스케줄 번호)에 의한다. • 호칭 지름 6~500A이며 25종이 있다(0.1~10MPa 사용).
	고압 배관용 탄소강 강관	SPPH	• 350℃ 이하에서 사용압력이 높은 고압 배관용 • 관 지름 6~500A이며 25종이 있다(10MPa 이상 사용).
	고온 배관용 탄소강 강관	SPHT	• 350℃ 이상 온도의 배관용(350~450℃) • 관의 호칭은 호칭 지름과 스케줄 번호에 의한다. • 호칭 지름 6~500A
	배관용 아크용접 탄소강 강관	SPW	• 사용압력 1MPa의 낮은 증기, 물, 기름, 가스 및 공기 등의 배관용 • 2.1MPa 이상 수압시험 실시 • 호칭 지름 350~1,500A이며 22종이 있다.
	배관용 합금강 강관	SPA	• 증기관, 석유정제용 배관 등 주로 고온도의 배관용 • 호칭 지름 6~500A, 두께는 스케줄 번호로 표시
	배관용 스테인리스 강관	STS×TP	• 내식용, 내열용 및 고온 배관용, 저온 배관용에도 사용 • 호칭 지름 6~300A, 두께는 스케줄 번호로 표시
	저온 배관용 강관	SPLT	• 빙점 이하, 특히 저온도 배관용 • 호칭 지름 6~500A, 두께는 스케줄 번호로 표시
수도용	수도용 아연 도금 강관	SPPW	• 정수두 100(m) 이하의 수도로서 주로 급수 배관용 • 호칭 지름 10~300A
	수도용 도복장 강관	STPW	• 정수두 100(m) 이하의 수도로서 주로 급수 배관용 • 호칭 지름 80~1,500A
열전달용	보일러・열교환기용 탄소강 강관	STH	관의 내외에서 열의 수수를 행함을 목적으로 하는 장소에 사용
	보일러・열교환기용 합금강 강관	STHA	보일러의 수관, 연관, 과열관, 공기예열관, 화학공업, 석유공업의 열교환기, 가열로 관 등에 사용
	보일러・열교환기용 스테인리스 강관	STS×TB	
	저온 열교환기용 강관	STLT	빙점하의 특히 낮은 온도에서 관의 내외에서 열의 수수를 행하는 열교환기관, 콘덴서관
구조용	일반 구조용 탄소강 강관	SPS	토목, 건축, 철탑, 지주와 기타의 구조물용
	기계 구조용 탄소강 강관	STM	기계, 항공기, 자동차, 자전차 등의 기계 부품용
	구조용 합금강 강관	STA	항공기, 자동차, 기타의 구조물용

2 주철관(Cast Iron Pipe)

주철관의 용도는 급수, 배수, 통기관 등에 사용되며 비교적 내구력이 크다. 매몰 시에는 부식이 적으며, 기타의 관에 비하여 강도도 크다. 특히, 오수관, 가스공급관, 케이블 매설관, 광산용, 화학공업용에 널리 사용된다.

(1) 주철관의 종류
  ① 수도용 수직형 주철관
    ㉮ 보통압관 : 정수도 75m 이하에 사용
    ㉯ 저압관 : 정수두 45m 이하에 사용
  ② 수도용 원심력 사형 주철관
    ㉮ 고압관 : 정수두 100m 이하에 사용
    ㉯ 보통압관 : 정수두 75m 이하에 사용
    ㉰ 저압관 : 정수두 45m 이하에 사용
  ③ 원심력 모르타르 라이닝 주철관(부식방지관)
    부식을 방지할 목적으로 관 내면에 모르타르를 바른다.
  ④ 배수용 주철관
    ㉮ 1종(두꺼운 것)
    ㉯ 2종(얇은 것)

3 동관

(1) 동관의 종류
  ① 타프피치동관   ② 인탈산동관(수소용접에 적합)
  ③ 무산소동관   ④ 동합금관

(2) 동관의 용도
  열교환기용, 급수관, 압력계 연결관, 급유관, 냉매관, 급탕관, 화학공업용 관

(3) 동관의 장점
  ① 내식성이 좋다.   ② 수명이 길다.
  ③ 마찰저항이 적다.   ④ 무게가 가볍다.
  ⑤ 열전도율이 크다.   ⑥ 가공성이 좋다.
  ⑦ 동결에 파열되지 않는다.

(4) 단점
  ① 외부의 충격에 약하다.   ② 가격이 비싸다.

(5) 동합금관의 종류
① 이음매 없는 황동관(BsST)
② 이음매 없는 단동관(RBsP)
③ 이음매 없는 제지롤 황동관(BsPP)
④ 이음매 없는 복수기용 황동관(BsPF)
⑤ 이음매 없는 규소-황동관(SiBP)
⑥ 이음매 없는 니켈-동합금관(NCuP)

4 연관

(1) 장점
① 부식에 잘 견딘다.
② 산성에는 강하다.
③ 전연성이 풍부하고 굴곡이 용이하다.
④ 신축성이 매우 좋다.
⑤ 바닷물이나 수돗물 등에 의한 관의 용해나 부식이 방지된다.

(2) 단점
① 중량이 크다(비중이 크기 때문에 횡주배관에서 휘어 늘어지기 쉽다).
② 초산이나 농초산, 진한 염산에 침식된다.
③ 알칼리에는 약하다.

(3) 연관의 용도
가정용 수도 인입관, 가스배관, 기구의 배수관, 화학공업용

(4) 연관의 종류
① 수도용 연관(1종, 2종)　　② 공업용 연관(일반용)
③ 배수용 연관(HASS)　　　④ 경질연관

5 알루미늄관

(1) 용도 : 알루미늄관의 용도는 열교환기, 선박, 차량 등에 사용된다.

(2) 사용상의 장점
① 전기 및 열전도율이 좋다.
② 전연성이 풍부하다.
③ 내식성이 뛰어나다(알칼리에는 약하다).
④ 비중이 가벼운 편이다(비중 2.7).
⑤ 기계적 성질이 우수하다.

6 스테인리스관

(1) 특징
① 내식성·내열성이 있다(철+크롬 12~20% 정도 함유).
② 관 내 마찰손실수두가 작다.
③ 강도가 크다.
④ 온수·온돌용으로 사용이 가능하다.
⑤ 배관작업 시간의 단축이 가능하다.

(2) 단점
① 굽힘가공이 곤란하다.
② 수리작업이 비교적 어렵다.
③ 열전도율이 낮다.

7 비금속관

(1) 경질염화비닐관(합성수지관)
① 특징
㉮ 가격이 싸다. ㉯ 마찰손실이 적다.
㉰ 내식성이 있다. ㉱ 중량이 가볍다.
㉲ 저온이나 고온에서는 강도가 떨어진다.
㉳ 열팽창률이 커서 온도변화가 심한 곳은 사용이 부적당하다.
㉴ 증기나 고온수 및 -10℃ 이하에는 사용이 부적당하다.
② 용도 : 물, 기름, 공기 등의 배관에 이상적이다.

(2) 철근콘크리트관
철근콘크리트관은 관의 길이가 1m, 구경이 600mm 또는 소켓이 붙어 있는 형상이다. 짧은 거리의 대지 하수관 또는 옥외 배수관에 사용된다.

(3) 원심력 철근콘크리트관(Hume Pipe, 흄관)
철망을 원통형으로 엮어서 형틀에 넣고 회전기로 수평 회전시키면서 콘크리트를 주입한 다음 고속으로 회전시켜 균일한 두께의 관으로 제조한 관이다.

(4) 수도용 석면 시멘트관(Etemic Pipe)
① 특징
㉮ 내식성이 크다.
㉯ 내알칼리성이 우수하다.
㉰ 강도가 강하다.
㉱ 비교적 250~300kg/cm^2 고압에 잘 견딘다.

㉮ 수도용, 가스관, 배수관, 공업용수관에 사용된다.
㉯ 산성이 강한 유체에는 침식된다.

(5) 도관

도관은 점토를 주원료로 하여 성형한 관을 구워서 만든다.

① 관의 종류
㉮ 보통관 : 집배수관, 농업용수관에 사용
㉯ 후관 : 도시하수관에 사용
㉰ 특후관 : 철도용 배수관 등 매설 배수관에 사용

(6) 특수관
① 모르타르 라이닝 강관 : 75~300A까지
② 합성수지 라이닝 강관 : 15~350A까지
③ 알루미늄 도금 강관 : 15~350A까지

(7) 관의 특징
① 동관의 특징
㉮ 담수에 대한 내식성은 크나 연수에는 부식된다.
㉯ 경수에는 아연화동, 탄산칼슘의 보호피막이 생성되므로 동의 용해가 방지된다.
㉰ 상온의 공기에서는 변하지 않으나 탄산가스를 포함한 공기 중에는 푸른 녹이 생긴다.
㉱ 아세톤, 에테르, 프레온 가스, 휘발유 등 유기약품에는 침식되지 않는다.
㉲ 가성소다, 가성칼리 등 알칼리성에는 내식성이 강하다.
㉳ 암모니아수, 습한 암모니아가스, 초산, 진한 황산에는 심하게 침식된다.

② 스테인리스 강관의 특징
㉮ 내식성이 우수하고 계속 사용 시 내경의 축소, 저항증대 현상이 없다.
㉯ 위생적이어서 적수, 백수, 청수의 염려가 없다.
㉰ 강관에 비해 기계적 성질이 우수하고 두께가 얇아 운반이나 시공이 용이하다.
㉱ 저온 충격성이 크고 한랭지에도 배관시공이 가능하며 동결에 대한 저항이 크다.
㉲ 나사식, 용접식, 몰코식, 플랜지 이음법 등의 특수가공법으로 시공이 간단하다.

③ 합성수지관(플라스틱관)의 특징
㉮ 가소성이 크고 가공이 용이하다.
㉯ 비중이 작고 강인하며 투명하고 착색이 자유롭다.
㉰ 내수성, 내유성, 내약품성이 크며, 특히 산이나 알칼리에 강하다.
㉱ 쉽게 타지는 않으나 내열성은 금속에 비하여 낮다.
㉲ 전기절연성이 좋다.
㉳ 경질염화비닐관, 폴리에틸렌관 등이 있다.

④ 석면시멘트관 : 석면과 시멘트를 1 : 5~1 : 6으로 배합하고 물을 혼입하여 풀형상으로 된 것을 윤전기에 의해 얇은 층으로 만들고 5~9kg/cm² 고압을 가하여 성형한다.
⑤ 유리관(Glass Tubes) : 붕규산 유리로 만들어져 배수관으로 사용되며 관경이 140~150mm, 길이 1.5~3m가 제작된다.

2. 관의 이음쇠

1 강관의 이음쇠

(1) 강관용 관이음쇠
  ① 나사결합형
    ㉮ 강관제
    ㉯ 가단주철제
  ② 용접형
  ③ 플랜지형 조인트

(2) 나사결합형의 사용처별 분류(가단주철제관 이음쇠)
  ① 배관의 방향을 바꿀 때 : 엘보, 벤드
  ② 관을 도중에서 분기할 때 : T, Y, 크로스
  ③ 같은 관(동경)을 직선 결합할 때 : 소켓, 유니온, 니플
  ④ 다른 관(이경관)을 연결할 때 : 리듀서, 이경엘보, 줄임티, 부싱
  ⑤ 관의 끝을 폐쇄할 때 : 플러그, 캡
  ⑥ 관의 수리 교체가 필요할 때 : 유니온, 플랜지
    ㉮ 크로스(Cross) : 동경 크로스, 이경 크로스

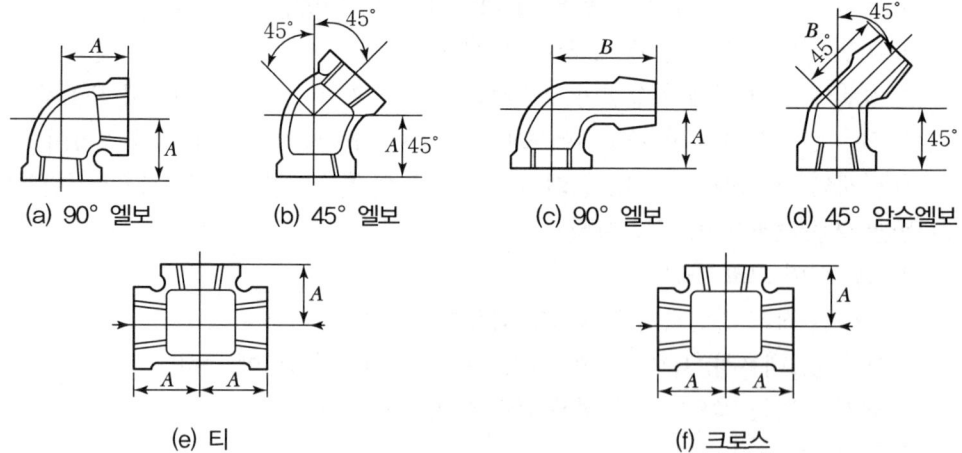

[엘보, 티, 크로스(동경)]

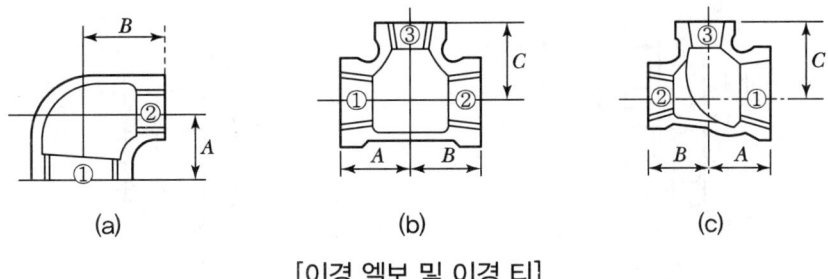

[이경 엘보 및 이경 티]

㉯ 와이(Y) : 45°Y, 90°Y, 이경 90°Y

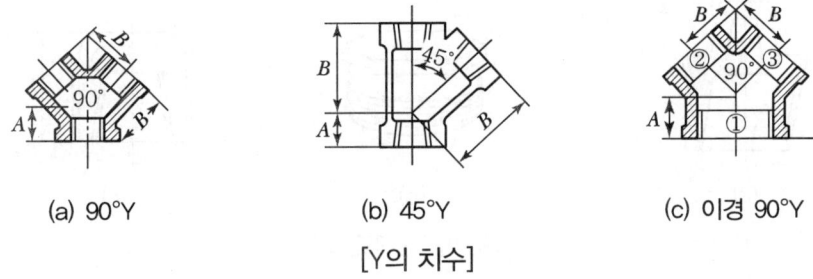

(a) 90°Y (b) 45°Y (c) 이경 90°Y

[Y의 치수]

㉰ 소켓(Socket) : 동경 소켓, 이경 소켓, 암수 소켓, 편심 소켓
㉱ 벤드(Bend) : 90°벤드, 암수벤드, 수벤드, 45°벤드, 45°암수벤드, 리턴 벤드

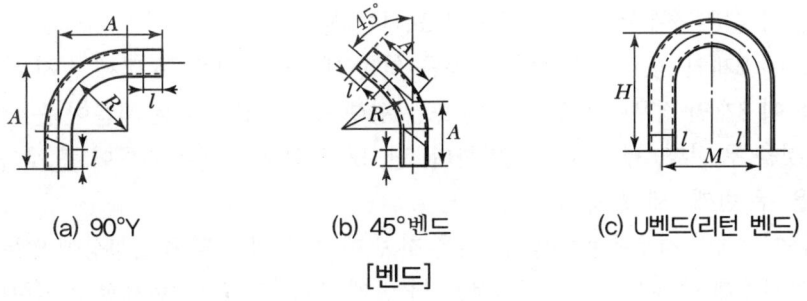

(a) 90°Y (b) 45°벤드 (c) U벤드(리턴 벤드)

[벤드]

㉲ 니플(Nipple) : 동경 니플, 이경 니플

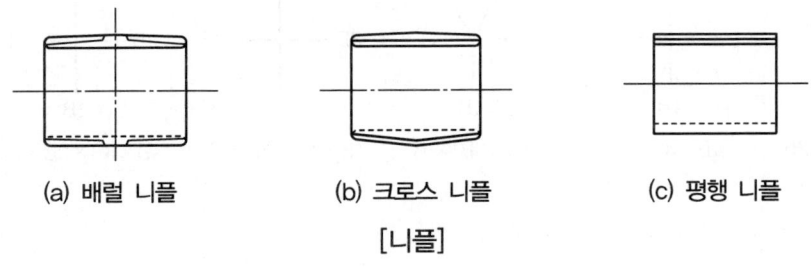

(a) 배럴 니플 (b) 크로스 니플 (c) 평행 니플

[니플]

CHAPTER 01 배관재료 및 배관부속품 **721**

⑭ 기타 : 부싱(Bushing), 캡(Cap), 플러그(Plug), 유니온(Union), 플랜지(Flange)

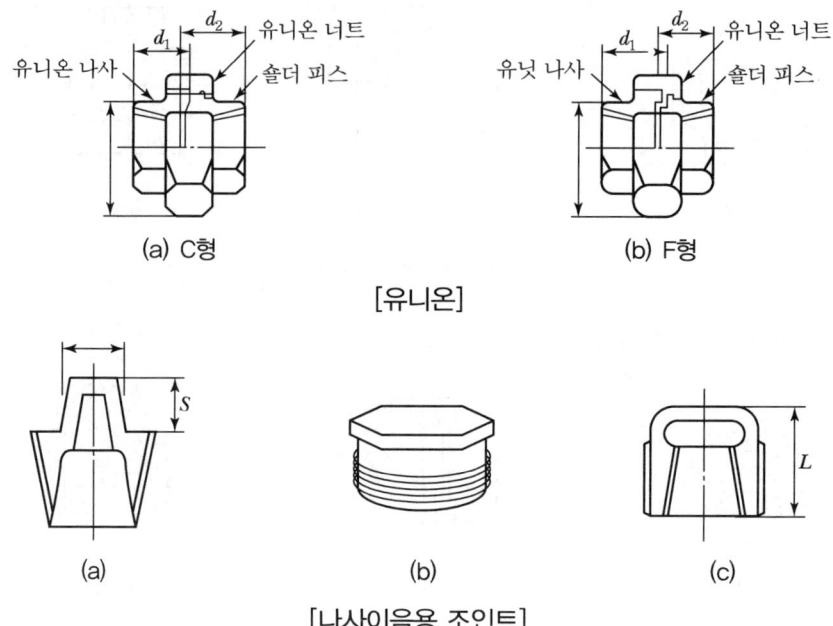

(3) 이음쇠의 크기 표시방법

이음쇠는 제조 후 $25kg/cm^2$의 수압시험과 $5kg/cm^2$ 공기압 시험을 실시하여 누설이나 기타 이상이 없어야 한다.

① 지름이 같은 경우는 호칭 지름으로 표시한다.
② 지름이 2개인 경우는 지름이 큰 것을 첫 번째, 작은 것을 두 번째 순서로 기입한다.
③ 지름이 3개인 경우는 동일 중심선 또는 평행 중심선상에 있는 지름이 큰 것을 첫 번째, 작은 것을 두 번째, 세 번째로 기입한다. 단, 90°Y인 경우에는 지름이 큰 것을 첫 번째, 작은 것을 두 번째, 세 번째로 기입한다.
④ 지름이 4개인 경우에는 가장 큰 것을 첫 번째, 이것과 동일 중심선상에 있는 것을 두 번째, 나머지 2개 중에서 지름이 큰 것을 세 번째, 작은 것을 네 번째로 기입한다.

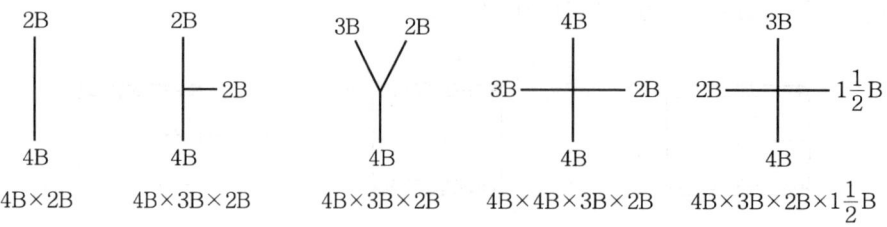

(4) 용접형 이음쇠
   ① 맞대기 용접용 : 일반적으로 2인치 이상의 구경에 사용
   ② 슬리브 용접용 : 소켓용접용이라고 하며 $1\frac{1}{2}B$ 이하의 배관에 많이 사용한다.

(5) 플랜지형 이음쇠
   ① 관과의 접속방법에 의한 분류
      ㉮ 나사이음 플랜지
      ㉯ 슬리브 용접 플랜지
      ㉰ 맞대기 플랜지
   ② 플랜지의 재질 : 강판, 주철, 주강, 단조강, 청동, 황동
   ③ 플랜지의 면의 모양(패킹 시트 형상)
      ㉮ 전면 시트 : 0.16MPa 이하에 사용(주철제 및 구리합금제 플랜지용)
      ㉯ 대평면 시트 : 6.3MPa 이하에 사용(부드러운 패킹을 사용하는 플랜지용)
      ㉰ 소평면 시트 : 0.16MPa 이상에 사용(경질의 패킹을 사용하는 플랜지형)
      ㉱ 삽입 시트 : 0.16MPa 이상에 사용하며 크게 기밀을 요할 때 사용
      ㉲ 홈 시트(채널형) : 0.16MPa 이상에 사용하며 위험성이 있는 배관이나 기밀을 요구하는 곳에 사용

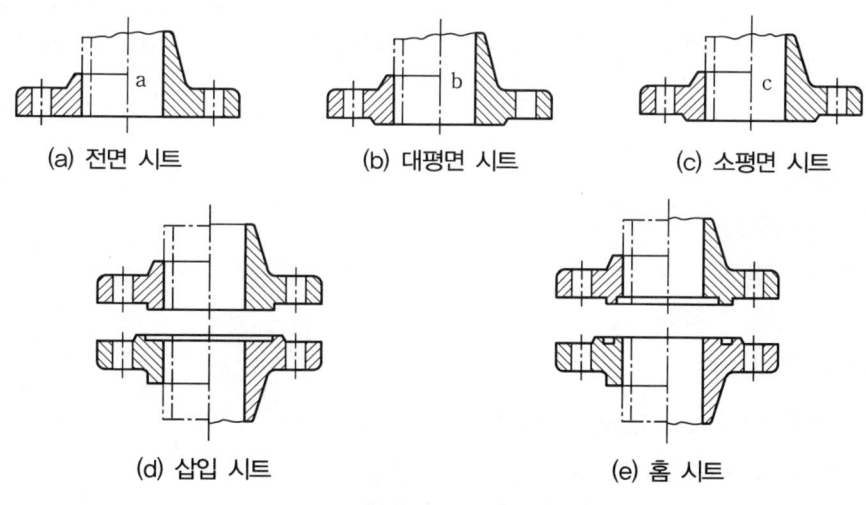

(a) 전면 시트   (b) 대평면 시트   (c) 소평면 시트
(d) 삽입 시트   (e) 홈 시트
[플랜지 시트]

   ④ 관과의 부착방법에 의한 분류(플랜지의 종류)
      ㉮ 슬립온형(Silp-on Type)   ㉯ 웰드넥형(Weld Neck Type)
      ㉰ 나사형(Thread Type)   ㉱ 삽입용접형(Socket Weld Type)
      ㉲ 랩조인트형(Lap Joint Type) ㉳ 블라인드형(Blind Type)

⑤ 플랜지 조인트 시의 부속
  ㉮ 볼트
    ㉠ 머신 볼트 : 탄소강
    ㉡ 스탭 볼트 : 스테인리스 합금강
  ㉯ 너트
  ㉰ 가스킷 : 누설방지용

2 주철관용 이음쇠(주철관 이형관)

(1) 수도용 주철관 이형관
  ① 접합부의 형상에 따른 분류
    ㉮ 소켓관   ㉯ 플랜지관
  ② 사용수두
    ㉮ 최대 사용 정수두 : 75m 이하
    ㉯ 관지름 500mm 이하 : 최대 사용 정수두 100m의 고압관에도 사용 가능
  ③ 용도에 따른 이음쇠 : +자관, T자관, 테이퍼관, 곡관, Z자관, Y자관, 제수밸브부관, 소화전용관, 배기밸브 T자관, 오물제거관, 조인트링 단관, 캡, 플러그, 나팔입관 등이 있다.

(2) 배수용 주철관 조인트(이형관)
  건물 내에 오수배수관을 배관할 때 사용되는 주철관 이음쇠이다. 오수가 원활하게 흐르고 조인트 부분에서 찌꺼기가 막히는 것을 방지하기 위하여 분기관이 Y자형으로 매끈하게 만들어져 있다.

3 동관용 이음쇠

(1) 동관용 관이음쇠
  ① 플레어 이음쇠
  ② 동합금 주물 이음쇠
  ③ 순동 이음쇠

(2) 플레어 이음쇠(Flared Tube Fitting)
  ① 플레어 이음쇠는 황동제이다.
  ② 플레어 이음쇠는 분리나 재결합 등이 쉽다.
  ③ 플레어 이음쇠는 용접접합이 어렵거나 용접접합을 할 수 없는 곳에 사용된다.

(3) 동합금 주물 이음쇠(Cast Bronze Fitting)
  이것은 청동 주물로서 이음쇠 본체를 만들고 관과의 접합부분을 기계 가공으로 다듬질한 것이다.

(4) 순동 이음쇠
① 동관을 성형 가공시킨 것이다.
② 주로 엘보, 티, 커플링 등이 있다.
③ 냉온수 배관, 도시가스, 의료용 산소, 건축용 동관의 접합에 사용한다.
④ 사용상의 이점
㉮ 땜납 시 가열시간이 짧아 공수절감을 가져온다.
㉯ 벽 두께가 균일하여 취약부분이 적다.
㉰ 재료가 동관과 같은 순동이라서 내식성이 좋고 부식에 의한 누수의 염려가 없다.
㉱ 내면이 동관과 같아 압력손실이 적다.
㉲ 콤팩트(조밀하다)한 구조이므로 배관공간이 없어도 된다.
㉳ 다른 이음쇠에 의한 배관에 비하여 공사비용이 절감된다.

(5) 동합금 주물 이음재 특징
① 동합금 주물 이음재와 용접재의 친화력은 동관과는 많은 차이가 있다.
② 순동 이음재 사용에 비하여 모세관현상에 의한 용접재의 응용확산이 어렵다.
③ 동관과 이음재의 두께가 다르기 때문에 열용량 차이에 의하여 온도분포가 불균일하게 될 경우는 냉벽, 즉 용접재의 융점 이하 부분이 발생될 수 있다.
④ 열팽창의 불균일에 의하여 부정적 틈새를 만들 수 있다.

(6) 스테인리스강관 몰코이음쇠의 특징
① 파이프를 몰코이음쇠에 끼우고 전용공구로 약 10초간 압착해 주면 작업이 완료되어 배관시공단가를 줄일 수 있다.
② 작업에 숙련이 필요 없다.
③ 화기를 사용하지 않고 접합하므로 화재의 위험성이 적다.
④ 경량배관 및 청결배관을 할 수 있다.

4 기타 이음쇠

(1) 스테인리스관용 이음쇠
(2) 플라스틱관용 이음쇠
① 수도용 경질염화비닐관용 이음쇠
② 일반용 경질염화비닐관용 이음쇠
③ 폴리에틸렌관 이음쇠
④ XL파이프 이음쇠

(3) 수도용 석면시멘트관용 이형관
(4) 석면시멘트 하수관용 이형관(에터니트 하수관)

3. 신축이음(Expansion Joint)

1 설치목적

철은 온도가 1℃ 변화할 때마다 길이 1m에 대하여 0.012mm씩 신축한다. 온도변화에 따른 파이프의 신축에 의해 배관 및 기기류에 손상을 입히는 것을 방지하기 위하여 설치한다.

2 종류

(1) 슬리브형(Slip Type Joint, 미끄럼형)
   ① 형식
      ㉮ 단식
      ㉯ 복식
   ② 호칭 지름 50A 이하는 청동제 조인트이고, 호칭 지름 65A 이상은 슬리브, 파이프는 청동제이고 본체 일부가 주철제이거나 전체가 주철제로 되어 있다.
   ③ 관과의 접합은 호칭 지름 50A 이하는 주로 나사이음이고, 호칭 지름 65A 이상은 플랜지 접합이다.
   ④ 슬리브형은 조인트 본체와 슬리브 파이프로 되어 있으며 관의 팽창수축은 본체 속을 슬리브 파이프에 의해 흡수된다.
   ⑤ 사용처는 최고 사용압력 10kg/cm^2 정도의 포화증기, 온도변화가 심한 기름, 물, 증기 등의 배관에 사용된다.
   ⑥ 구조상 과열증기에는 사용이 부적당하다.
   ⑦ 배관에 곡선부분이 있으면 신축이음에 비틀림이 생겨서 파손의 원인이 된다.

(2) 벨로스형(Bellows Type)
   ① 형식
      ㉮ 단식
      ㉯ 복식
   ② 일명 팩리스(Packless) 신축이음이다.
   ③ 재료는 인청동, 스테인리스가 사용된다.
   ④ 접합은 나사이음식, 플랜지이음식이 있다.
   ⑤ 원리는, 관의 신축에 따라 벨로스는 슬리브와 함께 신축하며 슬리브 사이에서 유체가 새는 것을 방지한다.
   ⑥ 설치장소를 많이 차지하지 않는다.
   ⑦ 응력이 생기지 않는다.
   ⑧ 벨로스의 주름이 있는 곳에 응축수가 고이면 부식되기 쉽다.

(3) 루프형(Loop Type)
　① 고압증기의 옥외 배관에 많이 사용된다.
　② 관에 사용할 때 굽힘 반경은 파이프 지름의 6배 이상으로 한다.
　③ 신축곡관이라 하며 관을 굽혀서 그 디플렉션(Deflexion)을 이용한다.
　④ 장소를 많이 차지하며 응력이 생기는 결점이 있다.

(4) 스위블형(Swivel Type) : 지블이음
　① 스윙타입이라고도 하며 주로 증기 및 온수난방용 배관에 사용된다.
　② 2개 이상의 엘보를 사용하여 이음부의 나사회전을 이용해서 배관의 신축을 흡수한다.
　③ 굴곡부에서는 압력강하가 생긴다.
　④ 신축량이 큰 배관에서는 나사접합부가 헐거워져 누수의 원인이 된다.
　⑤ 설비비가 싸고 조립이 용이하다.

(5) 신축이음쇠의 특징
　① 슬리브형 신축이음쇠(Sleeve Type Expansion Joint)
　　㉮ 신축량이 크고 신축으로 인한 응력이 생기지 않는다.
　　㉯ 직선으로 이음하므로 설치공간이 루프형에 비해 적다.
　　㉰ 배관에 곡선부분이 있으면 신축이음쇠에 비틀림이 생겨 파손의 원인이 된다.
　　㉱ 장시간 사용 시 패킹의 마모로 누수의 원인이 된다.
　② 벨로스형 신축이음쇠(Bellows Type Expansion Joint)
　　㉮ 설치공간을 넓게 차지하지 않는다.
　　㉯ 고압배관에는 부적당하다.
　　㉰ 자체응력 및 누설이 없다.
　　㉱ 벨로스는 부식되지 않는 스테인리스, 청동제품 등을 사용한다.
　③ 루프형 신축이음쇠(Loop Type Expansion Joint)
　　㉮ 설치공간을 많이 차지한다.
　　㉯ 신축에 따른 자체 응력이 생긴다.
　　㉰ 고온 고압의 옥외 배관에 많이 사용된다.

> **신축량의 크기**
> 루프형 > 슬리브형 > 벨로스형 > 스위블형

　④ 스위블형 신축이음쇠(Swivel Type Expansion Joint)
　　㉮ 직관길이 30m에 대하여 회전관 1.5m 정도로 조립하면 된다.
　　㉯ 굴곡부에서 압력강하를 가져온다.
　　㉰ 신축량이 큰 배관에는 부적당하다.
　　㉱ 설치비가 싸고 쉽게 조립할 수 있다.

4. 밸브의 종류

1 글로브 밸브(옥형밸브 : Glove Valve)

(1) 형상 : 옥형밸브이다(구형).
(2) 설치위치 : 직선배관의 중간
(3) 밸브 디스크(Disk)의 형상 : 평면형, 원뿔형, 반구형, 부분원형 등이 있다.
(4) 유체의 저항이 크나 개폐가 용이하다.
(5) 일명 스톱밸브이다(Y형 글로브 밸브도 있다).
(6) 가볍고 가격이 싸다.
(7) 유량조절 밸브로 사용된다.
(8) 50A 이하는 포금제의 나사결합형이다.
(9) 65A 이상은 밸브와 밸브 시트는 포금제이고, 본체는 주철제의 플랜지형이다.

2 앵글밸브(Angle Valve)

(1) 주증기밸브 등에서 많이 사용된다.
(2) 엘보와 글로브 밸브의 조합형이라서 직각형이다.
(3) 유체의 저항을 막아준다.

3 니들밸브(Needle Valve)

15~16mm의 원뿔모양의 침이며 극히 유량이 적거나 고압일 때 유량을 조금씩 가감하는 데 사용된다.

4 게이트 밸브(Gagt Valve or Sluice Valve)

(1) 일명 슬루스 밸브라고 한다.
(2) 유체 흐름의 저항이 아주 적다.
(3) 대형은 동력으로 조작한다.
(4) 가격이 비싸다.
(5) 밸브의 개폐에 시간이 많이 걸린다.
(6) 밸브를 자주 개폐할 필요가 없는 곳에 사용한다.
(7) 유량 조절에는 부적당하다.
(8) 단면적을 조정하여 유량을 조정한다.
(9) 찌꺼기가 체류하는 곳에서는 사용이 부적당하다.
(10) 반개하면 파손이나 마모가 온다(절반만 열면 : 반개).
(11) 종류
　　① 바깥나사식(50A 이하 배관용)
　　② 속나사식(65A 이상 배관용)

⑿ 디스크의 구조에 따른 종류
① 웨지 게이트 밸브(Wedge Gate Valve)
② 패러럴 슬라이드 밸브(Parallel Slide Valve)
③ 더블 디스크 게이트 밸브(Double Disk Gate Valve)

5 체크밸브(Check Valve)

(1) 설치목적

유체의 흐름이 역류하면 자동적으로 밸브가 닫혀서 역흐름을 차단시킨다.

(2) 종류
① 스윙형(Swing Type) : 수직배관, 수평배관에 사용
② 리프트식(Lift Type) : 수평배관에만 사용

(3) 특징
① 스윙형은 유수에 마찰저항이 리프트식보다 적다.
② 리프트형은 글로브 밸브와 같은 시트의 구조이다.
③ 리프트형 밸브의 리프트는 지름의 1/4 정도이고 유체의 흐름에 대한 마찰저항이 크다.
④ 리프트형 내의 날개가 달려서 충격을 완화시키는 스모렌스키형이 있다.
⑤ 10~15A의 것은 청동제나사 이음형이고, 50~200A의 것은 주철 또는 주강제 플랜지형 이다.

6 풋밸브(Foot Valve)

펌프 흡입관 하부에 설치하여 역류를 방지한다.

7 버터플라이 밸브

원통형의 모체 속에서 밸브봉을 축으로 하여 평판이 회전함으로써 개폐된다. 저압에 널리 사용되고 있으며 완전폐쇄가 어려운 단점이 있으나 최근 개발되어 배관장치의 대형화에 따라 많이 사용된다. 작동방법에 따라 록레버식, 웜기어식, 압축조작식, 전동조작식 등이 있다.

8 볼밸브(구형 밸브)

구멍이 뚫리고 활동하는 공 모양의 몸체가 있는 밸브로서 비교적 소형이며, 핸들을 90°로 움직여 개폐하므로 개폐시간이 짧아 가스배관에 많이 사용된다.

9 다이어프램 밸브

산 등의 화학약품을 차단하는 경우에 내약품, 내열 고무제의 다이어프램을 밸브 시트에 밀착시키는 것으로 유체의 흐름에 대한 저항이 적어 기밀용으로 사용한다.

5. 조정밸브

1 감압밸브

(1) **설치목적**

고압배관과 저압배관 사이의 중간에 설치하여 고압 측의 압력 변화가 증기소비량의 변화에 관계없이 부하 측(저압 측)의 압력을 항상 일정하게 유지하며, 자력식, 타력식이 있다.

(2) **종류**

① 작동방법에 의한 종류
  ㉮ 피스톤식
  ㉯ 다이어프램식
  ㉰ 벨로스식

② 내부의 구조에 따른 종류
  ㉮ 스프링식
  ㉯ 추식

(3) **설치 시 이점**

① 고압의 증기를 저압으로 만들 수 있다.
② 고압의 증기와 저압의 증기를 동시에 사용할 수 있다.
③ 압력을 일정하게 유지시켜 준다.
④ 부하변동 시 증기의 소비량이 감소된다.
⑤ 고저압력의 비는 2 : 1 이내로 하고 이것을 초과하면 2단 감압이 좋다.

2 안전밸브

(1) **종류**

① **중추식(Dead-Weight Type)** : 정치 보일러용으로서 중추의 중량에 의하여 분출압력을 조절한다.
② **레버식(Lever Type)** : 추와 레버를 이용하여 추의 위치를 따라 분출압력이 조절되며 고압용은 부적당하며 보일러에 미치는 전체압이 600kg이 넘으면 사용이 부적당하다.
③ **스프링식(Spring Type)** : 스프링의 탄성에 의한 분출압력이 조정되며 이동용 고압보일러용이다.
  ㉮ 형식에 의한 분류
    ㉠ 단식   ㉡ 복식   ㉢ 이중식
  ㉯ 종류
    ㉠ 저양정식 ㉡ 고양정식 ㉢ 전양정식 ㉣ 전양식

③ 자동온도조절밸브(Automatic Temperature Control Valve)

(1) 설치 목적

열교환기나 탱크, 가열기, 보일러 등에서 기기 속의 온도를 자동으로 조절하는 자동제어방식의 밸브이다.

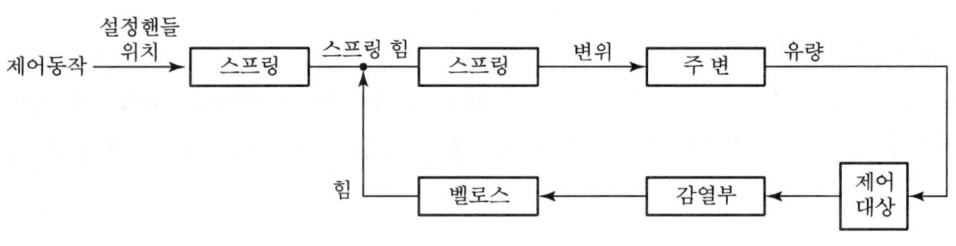

[직동식 온도 조절방법]

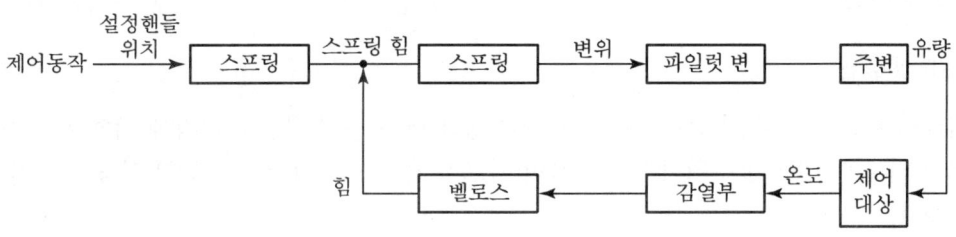

[파일럿식 온도 조절방법]

④ 콕(Cock)

(1) 종류 : 2방콕, 3방콕, 4방콕

(2) 특징
① 유체의 저항이 적다.
② 콕을 1/4 회전시키면 완전히 통로가 열린다.
③ 유로의 개폐가 신속하다.
④ 기밀도가 어렵다.
⑤ 고압 대용량에는 부적당하다.

⑤ 공기빼기밸브(Air Vent Valve)

(1) 열동형 또는 열동 플로트 양용형이 있다.
(2) 동체는 청동제이고, 벨로스는 청동제, 플로트는 황동제, 버킷은 청동판이다.
(3) 온수용 공기빼기 밸브에는 플로트식이 있다.
(4) 주로 난방장치에 사용된다(공기에 의한 유량감소 방지).

6 전동밸브(Motor Valve, 조정밸브)

콘덴서 모터를 구동하여 감속된 회전운동을 링크기구에 의한 왕복운동으로 바꾸어서 제어밸브를 개폐한다. 각종 유체의 온도, 압력, 유량 등의 원격제어나 자동제어에 사용된다. 출구수에 의하여 2방향 밸브와 3방향 밸브로 나뉜다.

7 전자밸브(Solenoid Valve)

온도조절기나 압력조절기 등에 의해 신호 전류를 받아 전자코일의 전자력을 이용 자동적으로 밸브를 개폐시키는 것으로 증기용, 물, 연료용, 냉매용 등이 있고 용도에 따라서 구조가 다르다.

6. 배관부속장치

1 볼탭(Ball Tap)

물탱크에 물을 공급할 때 급수구에 설치하여 탱크 내의 수위 상승과 하강에 의해(부력 이용) 물탱크 속의 물이 일정한 수위까지 도달하면 밸브가 자동으로 닫혀서 항상 일정량의 물이 탱크에 저장된다.
이 볼탭은 소구경용과 대구경용이 있고 형식에 따라 단식과 복식이 있다.

2 스트레이너(Strainer, 여과기)

(1) **설치목적**

증기나 물, 기름 등의 배관에 사용되며 관 내 유체 속의 오물을 제거한다. 일반적으로 2인치 이하는 포금제 나사조임형이고, $2\frac{1}{2}$인치 이상은 주철제 플랜지형이다.

(2) **형상에 따른 종류**

① Y형
  ㉮ 45° 경사진 Y형 본체에 원통형 금속망을 넣어서 사용한다.
  ㉯ 금속망의 개구면적은 호칭 지름 단면적의 약 3배이다.
  ㉰ 망의 교환이 용이하다.
  ㉱ 유체에 대한 저항을 적게 하기 위하여 유체는 망의 안쪽에서 바깥쪽으로 흐르게 된다.
  ㉲ 플러그를 설치하여 불순물을 제거한다.(망의 밑쪽)
② U형 : 주철제 본체 안에 여과망을 설치한 둥근 통을 수직으로 넣은 것으로서 유체는 망의 안쪽에서 바깥쪽으로 흐른다.
  ㉮ 유체는 직각으로 흐른다.
  ㉯ Y자형에 비하여 유체의 저항은 크다.

㉰ 보수나 점검이 Y자형에 비하여 용이하다.
㉱ 오일 스트레이너에 많이 사용된다.
③ V형 스트레이너 : 주철제의 본체 속에 금속망을 V자 모양으로 넣은 것으로서 유체가 이 망을 통과하여 오물이 여과된다. 구조상 유체는 여과기 속을 직선적으로 흐른다.
㉮ Y자형이나 U자형에 비해 유속에 대한 저항이 적다.
㉯ 여과망의 교환이나 점검이 편리하다.

3 트랩(Trap)

(1) 증기 트랩
① 열동식 트랩(Bellows Trap)
㉮ 사용압력에 따라
㉠ 저압용
㉡ 고압용
㉯ 형식에 따라
㉠ 앵글형
㉡ 스트레이트형
㉰ 특징
㉠ 원통에 주름이 많은 벨로스를 넣고 그 내부에 휘발성이 큰 에테르 등의 액체를 봉입하였다.
㉡ 내압력이 작아서 $1kg/cm^2$ 이하의 저압용이다.
㉢ 구조상 저온의 공기까지도 통과시킬 수 있어서 에어 리턴방식의 중력환수, 저압증기 난방배관의 방열기나 관말트랩 등으로 사용된다.
② 버킷트랩(Bucket Trap) : 이 트랩은 버킷의 부력에 의해 밸브를 개폐하여 간헐적으로 응축수를 배제하는 구조로 되어 있다. 그러나 증기관과 환수관의 압력차가 충분하지 못하면 저압 증기관에서 응축수 배출이 시원치 않다.
㉮ 특징 : 고압, 중압의 증기관에 적합하면 환수관을 트랩보다 위쪽에 배관할 수 있다.
㉯ 버킷의 위치에 따라
㉠ 상향 버킷트랩
㉡ 하향 버킷트랩
③ 플로트 트랩(Float Trap : 다량 트랩) : 플로트의 부력을 이용하여 밸브를 개폐하고 응축수를 배출한다.
㉮ 응축수가 다량 배출된다.
㉯ 공기배출이 되지 않아서 열동식 트랩을 병용하여 사용한다.
㉰ 사용압력은 $4kg/cm^2$ 정도의 저압이나 중압에 사용된다.

④ 임펄스 트랩(Impulse Trap) : 임펄스 트랩은 실린더 속의 온도변화에 따라 연속적으로 밸브가 개폐하며 구조가 극히 간단하며 드레인의 배출량에 비해 소형이다.
　㉮ 특징
　　㉠ 고압, 저압, 중압 어느 곳에서나 사용이 가능하다.
　　㉡ 증기가 다소 새는 결점이 있다.
　　㉢ 구조는 원반 모양의 밸브 로드와 디스크 시트로 구성되어 있다.
　　㉣ 디스크 트랩(Disk Trap)이라고도 한다.
　㉯ 구조 : 높은 온도의 응축수는 압력이 낮아지면 다시 증발하며, 이때 증발로 인하여 생기는 부피의 증가를 밸브의 개폐에 이용한 것으로서 충동 증기 트랩(충격식)이라 하며 원반 모양의 밸브 디스크와 시트로 이루어진다.

(2) 배수트랩
① 관트랩 : 곡관의 일부에 물이 고이게 하여 공기나 가스의 통과를 저지시킨 사이펀식 트랩이다.
　㉮ 형상에 따른 종류
　　㉠ S트랩
　　㉡ P트랩
　　㉢ U트랩
　㉯ 박스트랩
　　㉠ 벨트랩 : 바닥배수에 사용한다.
　　㉡ 드럼트랩 : 개수물 배수장에 사용하며 개수물 속의 찌꺼기를 트랩 바닥에 모이게 하여 배수관에 찌꺼기가 흐르지 않게 방지한다.
　　㉢ 그리스 트랩 : 조리대의 배수에 사용하며 배수 속에 포함된 지방분이 배수관에 부착하여 관이 막히는 것을 방지한다.
　　㉣ 가솔린 트랩 : 휘발성의 기름 등을 취급하는 곳에서 배수관에 설치하여 주유소 등의 기름이 혼입하지 못하게 분리한다.

7. 패킹재(Packing)

패킹재는 배관 라인의 각종 접합부로부터 누설을 방지하기 위하여 사용되는 것이며 일명 가스킷이다.

1 패킹재의 선택조건

(1) 배관 내에 흐르는 유체의 물리적 성질을 고려한다.
(2) 관 내의 유체에 대한 화학적 성질을 고려한다.
(3) 배관 내외의 기계적인 조건을 고려한다.

2 패킹재의 종류

(1) 플랜지 패킹제

① 고무패킹

㉮ 천연고무
- ㉠ 내산성, 내알칼리성이 있다.
- ㉡ 100℃ 이상의 온도에는 사용이 불가하다.
- ㉢ 열과 기름에 약하다.
- ㉣ 흡수성이 없다.

㉯ 네오프렌
- ㉠ 합성고무제이다.
- ㉡ 내열범위가 -46~121℃이다.
- ㉢ 증기배관에는 사용이 불가하다.
- ㉣ 기계적 성질이 우수하다.

② 석면 조인트 시트
- ㉮ 섬유가 가늘고 강한 광물질로 된 패킹재이다.
- ㉯ 내열범위가 450℃까지이다.
- ㉰ 증기나 온수 고온의 기름배관에 사용된다.

③ 오일 실 패킹(Oil Seal Packing)
- ㉮ 한지를 여러 장 붙여 내유 가공한 식물성 섬유제품이다.
- ㉯ 내유성이 좋으나 내열성은 나쁘다.
- ㉰ 보통 펌프나 기어 박스에 사용된다.

④ 합성수지 패킹(Teflon)
- ㉮ 가장 대표적인 합성수지는 테프론이다.
- ㉯ 내열범위가 -260~260℃이다.
- ㉰ 기름에 침해되지 않는다.
- ㉱ 탄성이 부족해서 석면, 고무, 금속판 등과 같이 쓴다.

⑤ 금속패킹
- ㉮ 금속재 : 구리, 납, 연강, 스테인리스 강재
- ㉯ 탄성이 작아서 배관의 팽창, 수축, 진동 등에 의해 누설하기 쉽다.

(2) 나사용 패킹

① 페인트
- ㉮ 광명단을 섞어 사용한다.
- ㉯ 고온의 기름배관 외에는 전부 사용이 가능하다.

② 일산화연
㉮ 페인트에 소량 타서 사용한다.
㉯ 냉매 배관용이다.
③ 액화합성수지(액상합성수지)
㉮ 내열범위가 -30~130℃까지이다.
㉯ 화학약품에 강하다.
㉰ 내유성이 크다.
㉱ 증기, 기름, 약품수송 배관에 많이 쓴다.

(3) 글랜드 패킹
밸브나 펌프 등의 핸들 또는 레버와 몸체 사이의 회전 부분에 사용되며 누설을 방지한다.

① 석면 각형 패킹
㉮ 내열성, 내산성이 좋다.
㉯ 대형의 밸브에 사용된다.
② 석면 얀
㉮ 소형 밸브나 수면계의 콕에 사용된다.
㉯ 소형 글랜드용이다.
③ 아마존 패킹
㉮ 면포와 내열 고무 컴파운드를 가공 성형하였다.
㉯ 압축기의 글랜드용이다.
④ 몰드 패킹
㉮ 석면, 흑연, 수지 등을 배합 성형한 것이다.
㉯ 밸브, 펌프 등의 글랜드용이다.

8. 방청도료(Paint)

1 종류

(1) 광명단 도료(연단)
밀착력이 강하고 풍화에 잘 견디며 페인트 밑칠에 사용한다.

(2) 합성수지도료
① 요소 멜라민계　　　② 프탈산계
③ 염화비닐계　　　　④ 실리콘 수지계

(3) 산화철도료

(4) 알루미늄 도료(은분)
(5) 타르 및 아스팔트
(6) 고농도 아연도료

9. 배관용 지지쇠

1 행거(Hanger)

배관계에 걸리는 하중을 위에서 걸어 당김으로써 지지하는 지지쇠이다.

(1) 리지드 행거(Rigid Hanger)
I빔에 턴 버클을 연결하여 관을 걸어 당겨 지지하는 행거로서 수직방향에 변위가 없는 곳에 사용한다.

(2) 스프링 행거(Spring Hanger)
관의 수직 이동에 대해 지지하중이 변화하는 행거로서 하중조절을 턴 버클로 행한다.

(3) 콘스탄트 행거(constant Hanger)
지정된 이동거리 범위 내에서 배관의 상하이동에 대하여 항상 일정한 하중으로 배관을 지지한다. 그리고 구조에 따라 스프링식과 중추식이 있다.

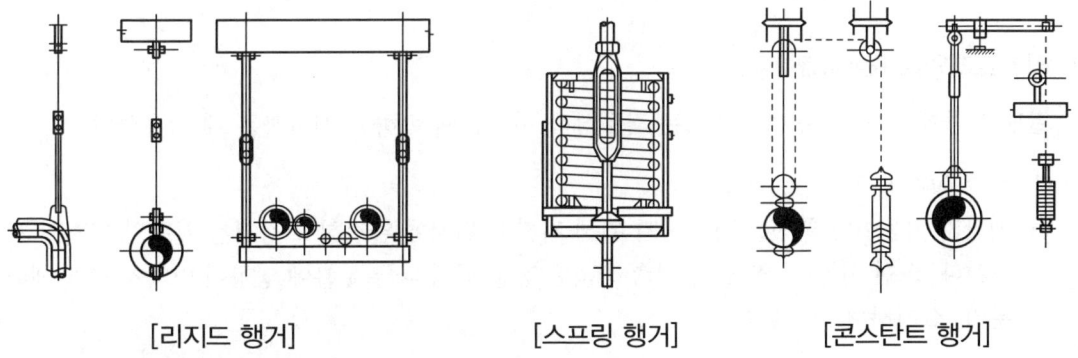

[리지드 행거]　　　[스프링 행거]　　　[콘스탄트 행거]

2 서포트(Support)

배관에 걸리는 하중을 아래에서 위로 떠받쳐 지지하는 것

(1) 스프링 서포트(Spring Support)
스프링의 작용으로 상하 이동이 자유로워서 배관에 걸리는 하중변화에 따라 완충작용을 한다.

(2) 롤러 서포트(Roller Support)
롤러가 관을 받침으로써 배관의 축 방향 이동을 자유롭게 한다.

(3) 파이프 슈(Pipe Shoe)
배관이 굽힘부 또는 수평부에 관으로 영구히 고정시킴으로써 배관의 이동을 구속한다.

(4) 리지드 서포트(Rigid Support)
강성이 큰 빔 등으로 만든 배관 지지쇠로서 정유공장 등 산업설비 배관의 파이프 랙(Pipe Rack)으로 이용한다.

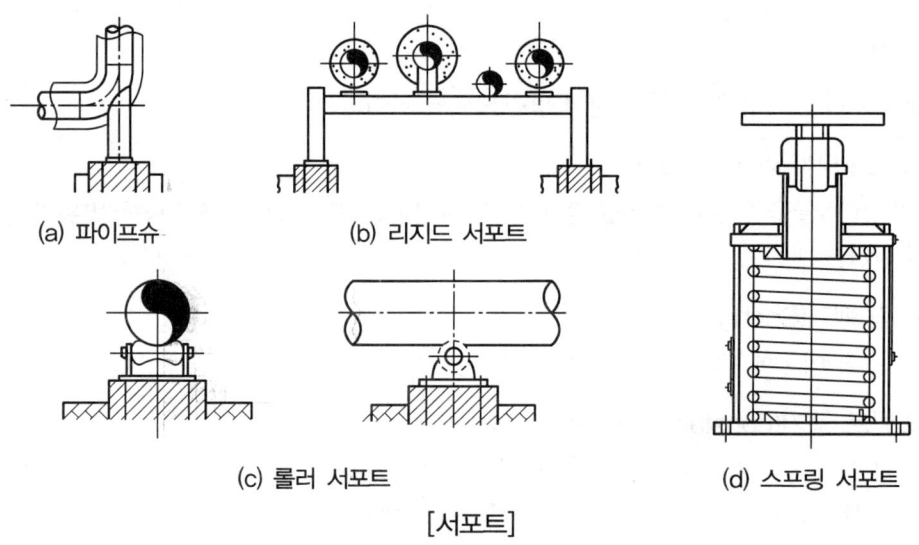

(a) 파이프슈　　(b) 리지드 서포트　　(c) 롤러 서포트　　(d) 스프링 서포트

[서포트]

3 리스트레인트(Restraint)
열팽창 등에 의해 신축이 발생되는 좌우상하 이동을 구속하고 제한하는 데 사용한다.

(1) 앵커(Anchor)
배관의 이동이나 회전을 방지하기 위해 지지점 위치에 완전히 고정시킨 일종의 리지드 서포트이다. 또한 시공 시 열팽창, 신축에 의한 진동 등이 다른 부분에 영향이 미치지 않게 배관을 분리, 설치하여 고정한다.

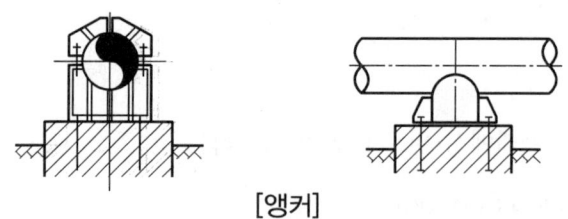

[앵커]

(2) 스톱(Stop)

배관의 일정한 방향의 이동과 회전을 구속하고 나머지 방향은 자유롭게 이동할 수 있는 구조로 되어 있다.

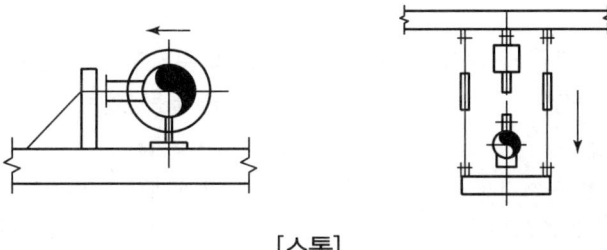

[스톱]

(3) 가이드(Guide)

배관 라인의 축방향 이동을 허용하는 안내역할을 하며 축과 직각방향의 이동을 구속한다.

4 브레이스(Brace)

배관계의 진동을 방지하거나 감쇠시키는 데 사용한다.

(1) 완충기

지진 수격작용 안전밸브의 흡출반력 등에 의한 충격을 완화시킨다. 구조에 따라 스프링식과 유압식이 있다.

(2) 방진기

배관계의 진동을 방지하거나 감쇠시키며 구조에 따라 스프링식과 유압식이 있다.

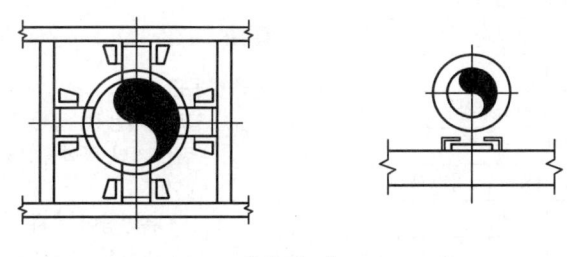

[가이드]

| REFERENCE |

턴 버클(Turn Buckle)이란 지지봉, 지지용 로프 등을 조이거나 늦출 때 편리하게 사용되는 지지부품으로서 양 끝에 오른나사 및 왼나사가 있다.

제1장 배관재료 및 배관부속품 — 출제예상문제

01 다음 중 강관의 종류에 따른 KS규격 기호를 짝지은 것 중 잘못된 것은?

① SPP : 배관용 탄소강관
② SPPS : 압력배관용 탄소강관
③ SPPH : 고온배관용 탄소강관
④ SPA : 배관용 합금강관

[해설] ③의 SPPH는 고압배관용 탄소강관이고, SPHT가 고온배관용 탄소강관이다.

02 다음 강관의 종류 중 고온배관용 탄소강관의 표준규격의 영문약자 기호는 어느 것인가?

① SPLT   ② SPHT
③ SPPS   ④ SPPY

[해설]

SPP	배관용 탄소강관
SPPS	압력배관용 탄소강관(350℃ 이하 사용)
SPPH	고압배관용 탄소강관
SPHT	고온배관용 탄소강관(350℃ 초과 사용)
SPA	배관용 합금강 강관(고온도용)
STS	배관용 스테인리스 강관
SPLT	저온배관용 강관
SPW	배관용 아크용접 탄소강강관
STLT	저온 열교환기용 강관
STH	보일러, 열교환기용 탄소강강관
SPPW	수도용 아연도금 강관
STS×TB	보일러, 열교환기용 스테인리스 강관

03 수도용 아연도금 강관의 영문표기 중 맞는 것은?

① SPPW   ② SPA
③ SPLT   ④ SPPS

[해설] SPPW : 수도용 아연도금 강관
㉠ 정수도 100m 이하의 급수배관용
㉡ SPP관에 아연을 도금하여 내구성, 내식성을 증가시켰다.

04 다음 KS 규격기호와 강관의 종류를 짝지은 것 중 옳은 것은?

① SPHT : 고온배관용 탄소강관
② SPPH : 압력배관용 탄소강관
③ STHA : 저온배관용 탄소강관
④ STBH : 수도용 도복장 강관

[해설]
㉠ SPHT : 고온배관용 탄소강관
㉡ SPPH : 고압배관용 탄소강관
㉢ SPLT : 저온배관용 탄소강관
㉣ STPW : 수도용 도복장 강관

05 온수온돌 배관에 쓰이는 배관 코일용 관재료를 열전도도(熱傳導度)가 큰 순서대로 옳게 나열한 것은?

① 동관 > 강관 > 폴리에틸렌관
② 동관 > 폴리에틸렌관 > 강관
③ 강관 > 동관 > 폴리에틸렌관
④ 폴리에틸렌관 > 강관 > 동관

[해설] 열전도율이 큰 순서는 동관, 강관, 폴리에틸렌관이다.

동관
열교환기용, 급수관, 압력계관, 급유관, 냉매관, 급탕관, 기타 화학공업용에 쓰인다.
㉠ 장점
  • 유연성이 커서 가공하기 쉽다.
  • 내식성, 열전도율이 크다.
  • 마찰저항 손실이 적다.
  • 무게가 가볍다
  • 가공성이 매우 좋다.
  • 매우 위생적이다.
㉡ 단점
  • 외부 충격에 약하다.
  • 값이 비싸다.

정답 01 ③ 02 ② 03 ① 04 ① 05 ①

06 다음 중 배관용 탄소강관(SPP)의 설명으로 잘못된 것은?

① 사용압력이 비교적 낮은(10kg/cm² 이하) 배관에 사용한다.
② 관 1개의 길이는 KS 규격이 6m이다.
③ 관은 제조 후 15kg/cm²의 수압시험을 실시하여 결함이 없어야 한다.
④ 아연도금을 실시한 백관과 도금을 하지 않은 흑관이 있다.

해설 SPP의 특징
㉠ 사용압력이 비교적 10kg/cm² 이하의 배관에 사용된다.
㉡ 관 1개의 길이는 KS규격이 6m이다.
㉢ 아연도금관은 백관, 도금을 하지 않으면 흑관이다.
㉣ 호칭 지름 15~650A까지 있다.
㉤ 가스관이라 한다.

07 직선 길이 20m인 강관으로 된 배관의 온도가 15℃에서 85℃로 변화되었다면 신축량은 얼마인가?(단, 강의 선팽창계수는 0.000012이다.)

① 0.24mm   ② 3.6mm
③ 16.8mm   ④ 20.4mm

해설 강관의 온도 1℃ 상승 시마다 1m당 0.012mm가 신장되므로
$20 \times 0.012 \times (85-15) = 16.8mm$

08 크리프 강도가 되는 온도 범위까지 사용 가능하며, 기호로는 SPHT로 표시되는 관은?

① 고압배관용 탄소강 강관
② 고온배관용 탄소강 강관
③ 배관용 스테인리스 강관
④ 배관용 특수강 강관

해설 SPHT(고온배관용 탄소강강관)
㉠ 350℃ 이상의 온도에 사용된다.
㉡ 호칭 지름은 6~500A까지 있다.
㉢ 350~450℃ 사이에 사용된다.

09 다음 중 압력배관용 탄소강관 표시기호는?

① SPP   ② SPPS
③ SPPH   ④ SPHT

해설 SPPH(고압배관용), SPHT(고온배관용), SPPS(압력배관용), SPP(배관용 탄소강 강관)

10 동관에 관한 설명으로 잘못된 것은?

① 전기 및 열전도율이 좋다.
② 가볍고 가공이 용이하여 시공이 쉽다.
③ 산에 대하여 내식성이 강하다.
④ 전성, 연성이 풍부하다.

해설 동관 : 타프피치동, 인탈산동, 무산소동의 3가지가 있다.
㉠ 전기전도도가 높고 열전도율이 좋다.
㉡ 가볍고 가공이 용이하여 시공, 가공성이 좋다.
㉢ 산에 대하여 내식성이 약하다.
㉣ 전성, 연성이 풍부하다.

11 다음은 강관의 KS 규격기호에 대한 설명을 짝지은 것이다. 잘못 짝지어진 것은?

① SPP – 배관용 탄소강 강관
② SPPS – 압력배관용 탄소강 강관
③ STA – 배관용 합금강 강관
④ STH – 보일러, 열교환기용 탄소강 강관

해설 ㉠ SPA : 배관용 합금강 강관
㉡ STA : 구조용 합금강 강관

12 다음 중 보일러, 열교환기용 탄소용 강관을 나타내는 KS기호는?

① SPP   ② SPPH
③ STH   ④ SPA

해설 ㉠ STH : 보일러, 열교환기용 탄소용 강관
㉡ STHA : 보일러, 열교환기용 합금강 강관
㉢ STS×TB : 보일러, 열교환기용 스테인리스 강관

정답 06 ③ 07 ③ 08 ② 09 ② 10 ③ 11 ③ 12 ③

13 강관의 장점을 설명한 것 중 해당되지 않는 것은?

① 주철관에 비하여 인장강도가 크다.
② 충격에 대하여 강인하며 굴요성이 풍부하다.
③ 파이프의 접합도 비교적 쉽다.
④ 조인트의 제작이 아주 쉬워 그 종류가 많다.

해설 강관
㉠ 연관이나 주철관에 비하여 인장강도가 크다.
㉡ 충격에 대하여 강인하며 굴요성이 풍부하다.
㉢ 파이프의 접합도 비교적 쉽다.
㉣ 가격이 저렴하다.
㉤ 조인트의 제작이 곤란하므로 그 종류가 적다.

14 유체의 흐름방향을 90도로 바꾸어 주는 밸브는?

① 압력조정 밸브
② 체크밸브
③ 글로브 밸브
④ 앵글밸브

해설 ㉠ 앵글밸브 : 유체의 흐름방향을 90°로 바꾸어 주는 밸브이다.
㉡ 주증기 밸브의 역할을 한다.

15 다음 중 신축이음의 종류에 해당하지 않는 것은?

① 루프형 ② 슬리브형
③ 벨로스형 ④ 리드형

해설 ㉠ 신축이음
• 증기배관용 : 루프형, 슬리브형, 벨로스형
• 온수배관용 : 스위블이음
㉡ 리드형 : 수동용 나사절삭기로서 2개의 다이스와 4개의 조(Jaw)로 되어 있고 좁은 공간에서의 작업이 가능하다.

16 다음 중 유기질 보온재가 아닌 것은?

① 기포성수지 ② 석면
③ 코르크(Cork) ④ 펠트(Felt)

해설 ㉠ 유기질 보온재 : 기포성 수지, 코르크, 펠트
㉡ 무기질 보온재 : 석면, 암면, 글라스울 등

17 신축곡관이라고 부르는 신축이음은 다음 중 어느 것인가?

① 루프형(Roof Type)
② 스위블형(Swivel Type)
③ 슬리브형(Sleeve Type)
④ 벨로스형(Bellows Type)

해설 루프형
㉠ 신축곡관으로 만든다.
㉡ 고압에 잘 견디며 고장이 적고 옥외용이다.
㉢ 관의 곡률반경은 보통 관경의 6배 이상이다.
㉣ 배관의 신축흡수에 따른 응력이 생기는 결점이 있다.

18 스위블형(Swivel Type)의 신축 이음쇠에 관한 다음 설명 중 잘못된 것은?

① 스윙식(Swing Type)이라고도 하며 주로 증기 및 온수난방용 배관에 쓰인다.
② 2개 이상의 엘보를 사용, 이음부의 나사회전을 이용해서 배관의 신축을 흡수한다.
③ 단식과 복식이 있다.
④ 설비비가 싸고 쉽게 조립해서 만들 수 있다.

해설 스위블형 신축이음
㉠ 스윙식이다.
㉡ 저압의 증기배관이나 온수난방 배관용이다.
㉢ 신축량이 큰 배관에서는 나사접합부가 헐거워져 누수의 원인이 된다.
㉣ 2개 이상의 엘보를 사용하여 만들며 설비비가 싸고 쉽게 조절이 가능하다.

19 증기용 신축파이프 이음에 사용되는 종류가 아닌 것은?

① 슬리브형 신축이음
② 벨로스형 신축이음
③ 스위블형 신축이음
④ 루프형 신축이음

해설 스위블형의 신축이음은 주로 온수난방배관에서 사용되는 신축이음이며 ①, ②, ④는 증기배관용이다.

정답 13 ④ 14 ④ 15 ④ 16 ② 17 ① 18 ③ 19 ③

20 강관 신축이음은 배관 직선길이 몇 m마다 1개씩 설치하는 것이 좋은가?

① 10m   ② 20m
③ 30m   ④ 40m

해설 강관의 신축이음은 직관 30m마다 설치해 주는 것이 이상적이며, 염화비닐관은 10~20m마다 1개소씩 사용이 편리하다.

21 다음은 주철관에 대한 설명이다. 틀린 것은?

① 내식성, 내마모성이 우수하다.
② 내구성이 뛰어나다.
③ 수도용 급수관, 가스 공급관 등 매설용으로 사용된다.
④ 절연성이 풍부하다.

해설 ㉠ 주철관
 • 내식성, 내마모성이 우수하다.
 • 내구성이 뛰어나다.
 • 수도용, 급수관, 가스공급관 등 매설용이다.
 • 강도가 매우 크다.
 • 절연성이 풍부하지 못하다.
㉡ 재질별 분류
 • 일반 보통 주철관 : 외압 및 충격에는 약하나 내구성·내식성이 있다.
 • 고급 주철관 : 흑연의 함량을 적게 하고 강성을 첨가하여 기계적 성질이 좋고 강도가 크다.
 • 구상흑연 주철관 : 선철을 강에 배합한 것으로 질이 균일하고 강도가 크다.(덕타일 주철관)
㉢ 용도별 분류
 • 수도용   • 배수용
 • 가스용   • 광산용

22 다음 중 그랜드 패킹(Gland Packing)재에 속하지 않는 것은?

① 석면 각형 패킹
② 아마존 패킹
③ 몰드 패킹
④ 액상 합성수지 패킹

해설 그랜드 패킹(Gland Packing)
㉠ 석면 각형 패킹 : 내열성·내산성이 좋아 대형의 밸브 그랜드용에 쓰인다.
㉡ 석면 얀 : 소형 밸브, 수면계의 콕, 기타 소형 그랜드용으로 사용된다.
㉢ 아마존 패킹 : 면포와 내열 고무 컴파운드를 가공 성형한 것으로 압축기의 그랜드용에 쓰인다.
㉣ 몰드 패킹 : 석면, 흑연 수지 등을 배합 성형한 것으로 밸브, 펌프, 등의 그랜드용에 쓰인다.
※ 액상합성수지 패킹은 나사용 패킹이다.

23 고온·고압용 증기관 등의 옥외 배관에 많이 쓰이는 신축이음은?

① 슬리브형   ② 벨로스형
③ 루프형   ④ 스위블형

해설 루프형 신축이음
곡관형으로서 고온·고압용 증기배관의 옥외 배관에 많이 사용된다.

24 감압밸브의 종류가 아닌 것은?

① 플랜지형
② 벨로스형
③ 피스톤형
④ 다이어프램형

해설 감압밸브
㉠ 작동방법에 따른 종류 : 피스톤식, 다이어프램식, 벨로스식
㉡ 구조에 따른 종류 : 스프링식, 추식

25 배관 신축이음의 허용길이가 가장 큰 것은?

① 루프형   ② 슬리브형
③ 벨로스형   ④ 스위블형

해설 신축이음에서 허용길이가 가장 큰 것은 루프형(곡관형)이다.

정답 20 ③ 21 ④ 22 ④ 23 ③ 24 ① 25 ①

26 강관의 부식을 방지하기 위해 페인트 밑칠에 사용하는 도료는?

① 알루미늄 도료　② 산화철 도료
③ 광명단 도료　④ 합성수지 도료

해설 광명단 도료
강관의 부식을 방지하기 위해 페인트 밑칠에 사용하는 도료이다.

27 다음 중 밸브의 회전부에 사용하여 누수를 막아주는 그랜드 패킹은?

① 금속 패킹　② 합성수지 패킹
③ 고무 패킹　④ 석면 각형 패킹

해설 ①, ②, ③은 플랜지 패킹, ④는 그랜드 패킹(밸브 회전부에 사용하여 누수방지)이다.

28 팩리스(Packless) 신축이음쇠라고 하는 것은 다음 중 어느 것인가?

① 슬리브형　② 벨로스형
③ 루프형　④ 스위블형

해설 벨로스형 신축이음쇠
㉠ 팩리스 신축이음쇠라고도 한다.
㉡ 온도변화에 따른 관의 신축을 벨로스의 변형에 의해 흡수시키는 신축이음이다.

29 내유성이 크고 화학약품에 강하며 내열범위가 -30~130℃인 패킹은?

① 일산화연　② 네오프랜
③ 액상합성수지　④ 석면

해설 나사용 패킹
㉠ 페인트 : 광명단을 섞어 사용하며 고온의 기름배관을 제외한 모든 배관에 사용된다.
㉡ 일산화연 : 페인트에 소량 타서 사용하며 냉매 배관용으로 많이 쓰인다.
㉢ 액상합성수지
 • 화학약품에 강하며 내유성이 크다.
 • -30~130℃의 내열범위를 지니고 있다.
 • 증기, 기름, 약품수송 배관에 많이 쓰인다.

30 다음 중 감압밸브의 작동방법에 따라 구분된 것이 아닌 것은?

① 피스톤형 밸브
② 다이어프램형 밸브
③ 벨로스형 밸브
④ 플러그형 밸브

해설 ㉠ 감압밸브의 작동방법에 따른 구분
 • 피스톤형 밸브
 • 다이어프램형 밸브
 • 벨로스형 밸브
㉡ 플러그형은 관의 끝을 막아주는 나사 이음쇠이다.

31 녹을 방지하기 위해 페인트 밑칠용에 사용하며 밀착력이 강하고 풍화에 강한 도료는?

① 광명단 도료　② 산화철 도료
③ 알루미늄 도료　④ 합성수지 도료

해설 광명단 도료(연단)
㉠ 밀착력이 강하고 도막도 단단하여 풍화에 강하다.
㉡ 다른 착색도료의 초벽(Under Coating)으로 우수하다.
㉢ 연단에 아마인유(Lineseed Oil)를 배합한 것이다.
㉣ 녹스는 것을 방지하기 위해 널리 사용된다.
㉤ 내수성이 강하고 흡수성이 작은 대단히 우수한 방청도료이다.

32 최근 난방배관에 가장 많이 쓰이는 합성수지 패킹(Packing)으로 기름에 침해되지 않고 내열범위가 -260~260℃인 것은?

① 네오프렌　② 석면
③ 테플론　④ 액화합성수지

해설 ㉠ 합성수지 패킹 : 가장 많이 쓰이는 테플론은 기름에도 침해되지 않고 내열 범위도 -260~260℃이다.
㉡ 금속 패킹
 • 구리, 납, 연관, 스테인리스강제 금속이 많이 사용된다.
 • 탄성이 적어 관의 팽창, 수축, 진동 등으로 누설할 염려가 있다.

정답 26 ③　27 ④　28 ②　29 ③　30 ④　31 ①　32 ③

33 다음 강관의 KS규격 기호 중 열전달용 강관의 기호가 아닌 것은?

① STL ② SPPS
③ STLT ④ STHA

해설 ① 보일러 열교환기용 탄소 강관, ③ 저온열교환기용 탄소 강관, ④ 보일러 열교환기용 합금강 강관은 열전달용이며, ② 압력 배관용 탄소 강관은 열전달용이 아니다.

34 수평 및 수직관에 설치하여도 좋은 역류방지 밸브는?

① 스윙식 체크밸브
② 리프트식 체크밸브
③ 추식 체크밸브
④ 지렛대 체크밸브

해설 역류방지 밸브에는 리프트식과 스윙식이 있는데, 리프트식은 수평배관에, 스윙식은 수평·수직 배관에 사용한다.

35 리벳 조임에서 기밀을 요하는 부문의 기밀방지를 위하여 철판과 접촉한 부분의 머리를 때리는 작업은?

① 패킹(Packing) ② 코킹(Caulking)
③ 태핑(Tapping) ④ 래핑(Lapping)

해설 코킹작업의 목적은 리벳 조임에서 기밀을 요하는 부분의 기밀을 방지하기 위함이다.

36 플랜지 접합 시 주의사항이다. 틀린 것은?

① 고무, 아스베스트 등을 패킹으로 넣는다.
② 플랜지를 죄는 볼트 전부를 처음과 똑같은 힘으로 가볍게 죈다.
③ 스패너로 대각선 방향으로 조금씩 죈다.
④ 패킹의 양면에 그리스 같은 기름을 발라 두면 관을 떼어낼 때 불편하다.

해설 ㉠ 패킹 양면에 그리스 같은 기름을 발라 두면 관을 떼어낼 때 편리하다.
㉡ ①, ②, ③은 플랜지 접합 시 주의사항이다.

37 동관의 용도로 적당치 못한 것은?

① 냉매관
② 급유관
③ 열교환기용관
④ 배수관

해설 동관의 용도는 냉매관, 급유관, 열교환기용관, 급수관, 압력계관, 급탕관, 기타 화학공업용이다.

38 화학공장, 화학실험실 등에서의 내식용, 내열용, 고온용 및 저온용 배관에 사용하는 강관은?

① 압력배관용 탄소강 강관
② 고압배관용 탄소강 강관
③ 배관용 합금강 강관
④ 배관용 스테인리스 강관

해설 배관용 스테인리스 강관은 내식용, 내열용, 고온용, 저온용에 사용한다.

39 밸브, 펌프 기타의 글랜드에 사용되지 않는 패킹은?

① 오일실 패킹 ② 석면 얀
③ 아마존 패킹 ④ 폴드 패킹

해설 ㉠ 오일실은 플랜지 패킹의 종류 중 식물성 패킹으로서 나무 수피로 만든 것으로서, 내유 가공하며 내유성은 있으나 내열도는 낮다.
㉡ 플랜지 패킹인 오일실 패킹으로서 글랜드 패킹이 아니다.
㉢ 오일실 패킹은 한지를 여러 겹 붙여 내유 가공한 식물성이다.

40 파이프 가스 절단기를 사용한 관 절단 시 윗 가장자리가 둥글게 되며, 슬래그가 견고하게 부착되는 경우로 가장 적당한 것은?

① 절단속도가 느릴 때
② 절단속도가 빠를 때
③ 고압산소의 압력이 아세틸렌 압력보다 높을 때
④ 절단 팁과 파이프의 간격이 적을 때

정답 33 ② 34 ① 35 ② 36 ④ 37 ④ 38 ④ 39 ① 40 ①

해설
㉠ 절단속도가 느리면 절단면이 거칠다.
㉡ 절단속도는 가스절단의 좋고 나쁨을 판정하는 주요한 요소이다.
㉢ 절단속도는 절단 산소의 압력이 높고, 산소소비량이 많을수록 거의 정비례한다. 파이프 절단기는 수동식·자동식이 있다.

41 SB41에서 S는 무엇을 뜻하는가?
① 강관 ② 탄소강
③ 피아노선재 ④ 강재

해설 강에서 S는 강재를 표시한다.

42 주철관 이음방법 중 기계식 이음(Mechanical Joint)의 특징을 나열한 것이다. 다음 중 틀린 것은?
① 기밀성이 좋다.
② 이음부가 다소 구부러져도 물이 샌다.
③ 물속에서도 작업이 가능하다.
④ 고압에 대한 저항이 크다.

해설
㉠ 기계식은 이음부가 다소 구부러져도 새지 않는 장점이 있다.
㉡ 작업이 간단하며 수중작업도 용이하다.
㉢ 150mm 이하의 수도관용으로 소켓 접합과 플랜지 접합의 장점이 있다.

43 다음 강관 조인트의 크기를 표시하는 방법 중 틀린 것은?
① 지름이 같은 경우에는 호칭 지름으로 표시한다.
② 구경이 2개인 경우 지름이 큰 것을 ①, 작은 것을 ②의 순으로 표시한다.
③ 구경이 3개인 경우 동일하거나 평행한 중심선상에 있는 지름 중 큰 것을 ①, 작은 것을 ②, 나머지를 ③의 순으로 표시한다.
④ 구경이 4개인 경우 큰 것부터 차례로 표시한다.

해설 구경이 4개인 경우에는 지름이 큰 것이 첫 번째이고, 이것과 동일 또는 평행선 중심선 위에 있는 것이 두 번째, 나머지 2개 중에서 지름이 큰 것이 세 번째, 작은 것이 네 번째이다.

44 최고 사용압력이 $P=50\text{kg/cm}^2$인 배관에서 압력배관용 탄소강관 SPPS-38을 사용할 경우 안전율을 5로 하면 관의 두께를 산정하는 기준이 되는 스케줄 번호로 가장 적당한 것은? (단, SPPS-38의 스케줄 번호는 10, 20, 30, 40, 60, 80 등이 있다.)
① 20 ② 40
③ 60 ④ 70

해설 $\text{Sch. No} = \dfrac{10 \times P}{S} = \dfrac{10 \times 50}{\left(\dfrac{38}{5}\right)} = 65.78$

허용치가 조금 큰 번호를 사용하므로 ④가 답이다. (S = 허용응력)

45 그랜드 패킹에 속하지 않는 것은?
① 몰드 패킹 ② 석면 얀
③ 합성수지 패킹 ④ 석면 각형 패킹

해설
㉠ 그랜드 패킹의 종류는 ①, ②, ④ 외에 아마존 패킹이 있다.
㉡ 합성수지 패킹은 플랜지 패킹이다.

46 다음은 Y형 스트레이너의 특징을 설명한 것이다. 틀린 것은?
① 45° 경사진 Y형의 본체에 원통형 금속망을 넣은 것이다.
② 밑부분에 플러그를 달아 불순물을 제거하게 되어 있다.
③ 주철제이고 플랜지 이음으로만 되어 있다.
④ 본체에는 흐름의 방향을 표시하는 화살표가 새겨져 있다.

정답 41 ④ 42 ② 43 ④ 44 ④ 45 ③ 46 ③

해설 ㉠ Y형 여과기는 호칭 지름이 15~32A는 청동나사 이음이고, 40~50A는 주철나사 이음이며, 65A 이상은 주철 플랜지형으로 되어 있다.
㉡ Y형 여과기는 나사이음, 플랜지 이음이 있고, 청동제와 주철제가 있다.

47 난방용 방열기 등의 외면에 도장하는 도료로서 열을 잘 반사하고 확산하는 것은?

① 콜타르
② 산화철 도료
③ 알루미늄 도료
④ 합성수지 도료

해설 알루미늄 도료는 현장에서 보통 은분이라고 하며, 금속 광택이 나고, 열의 복사가 좋아 난방용 도료로 많이 사용된다.

48 노벽, 탱크, 파이프 등의 보온재에 쓰이는 무기질 보온재가 아닌 것은?

① 석면   ② 규조토
③ 암면   ④ 알루미늄 도료

해설 ㉠ 알루미늄 도료는 보온재가 아니가 방청용 페인트이다.
㉡ 알루미늄 분말에 유성 바니시를 섞은 도료이다.

49 연관의 특징이 아닌 것은?

① 내산성이 좋으며, 굴곡도 쉽고 신축에도 잘 견딘다.
② 전성이 많아서 두들겨 늘이기가 용이하다.
③ 굴곡을 만들기 쉬운 것으로 가공성이 좋다.
④ 알칼리에 부식되지 않으며 중량이 가볍다.

해설 ㉠ 연관은 알칼리에 부식되며 중량이 무겁다.
㉡ 초산이나 진한 염산에 침식된다.
㉢ 중량이 크다. 즉, 비중이 11.3이다.

50 다음은 강관의 가스 절단에 관하여 쓴 것이다. 틀린 것은?

① 불구멍의 끝면은 절단하는 강관의 표면에서 2mm 정도 떨어지게 한다.
② 예열하는 화염은 표준 화염을 사용한다.
③ 예열한 곳이 녹기 시작하면 고압의 절단 밸브를 열고 산소를 풀어준다.
④ 연강재 이외에는 가스 절단이 곤란하다.

해설 ㉠ 가스 절단이 가능한 것은 연강, 순철, 주강 등이 있다.
㉡ 팁 끝에서 모재 표면까지의 간격은 1.5~2.0mm이다.

51 요리장의 배수에 섞여 있는 지방분이 배수관에 부착되어 관이 막히는 것을 방지하기 위하여 설치하는 배수 트랩은?

① 그리스 트랩
② 플로트 트랩
③ 가솔린 트랩
④ 사이펀 트랩

해설 ㉠ ②는 스팀 다량 트랩이라고도 하며 사용압력은 4kg/cm² 정도 이하에 사용한다.
㉡ ③은 휘발성의 기름, 휘발유 등을 취급하는 차고나 주유소 등 배수관에 설치한다.
㉢ 배수 트랩에는 관트랩, 박스트랩이 있고, 그리스 트랩은 박스트랩이고 배수 중의 지방질 제거에 사용된다.

52 합성고무 제품으로 내유, 내후, 내산화성이 우수하고 내열도 -46~121℃까지 안정되어 있는 플랜지 패킹은?

① 테플론   ② 네오프렌
③ 코르크   ④ 멜라민

해설 ㉠ 네오프렌은 합성고무로서 천연고무보다 내유, 내후, 내산화성이 크다. 물, 공기, 기름, 냉매 배관용에 적당하나 증기배관에는 제외된다.
㉡ 네오프렌은 기계적인 성질이 우수하다.(내열범위는 -46~121℃까지)

정답 47 ③ 48 ④ 49 ④ 50 ④ 51 ① 52 ②

53 신축이음에서 온수 또는 저압증기 배관의 경우, 가느다란 분기관 등에 가장 적합한 것은?

① 슬리브형 이음
② 벨로스형 이음
③ 신축곡관 이음
④ 스위블 이음

해설 스위블 이음은 온수난방이나 저압의 증기 난방에 사용되는 신축이음이다.

54 관의 재관은 킬드강으로 만들며, 온도 350℃ 이하, 압력 100kg/cm² 이상의 배관용에 쓰이는 관의 KS재료 기호는?

① SPPH(고압배관용)
② SPPS(압력배관용)
③ SPHT(고온배관용)
④ SPPW(수도용 아연도금)

해설
② 350℃ 이하, 압력은 10~100kg/cm²의 증기관, 유압관, 수압관에 사용
③ 350℃ 이상의 과열 증기관에 사용
④ 10kg/cm² 이하에서 사용되는 수도용관

• SPPH는 킬드강에 의해 제조되며 심리스관이다.
• 100kg/cm² 이상의 배관에 사용하는 것은 SPPH이다.

55 다음은 루프형 신축 조인트에 관한 설명으로 틀린 것은?

① 설치장소를 차지하고 응력을 수반한다.
② 고압에 잘 견디고 고장이 적다.
③ 고압증기의 옥외 배관 공장의 플랜트 배관 등에 사용된다.
④ 굽힘 반경은 관 지름의 4배 이하로 한다.

해설 굽힘 반경은 관 지름의 6배 이상으로 하는 것이 루프형 신축조인트이다.

56 관 끝의 소켓에 따른 한끝을 넣어 맞추고 그 사이에 대마사, 무명사 등을 넣고 납이나 시멘트로 밀폐시키는 이음은?

① 가스이음 ② 턱걸이 이음
③ 신축이음 ④ 플랜지 이음

해설 턱걸이 또는 소켓이음이라고도 한다.

57 다음 중 사용압력이 작은 경우 만드는 캡이며, 오렌지 필(Orange Peel)이라고도 하는 것은?

① 블노즈 파이프캡
② 다이프엔드 파이프캡
③ 앵글 브라킷
④ 동경 레터럴

58 다음은 신축이음에 관한 설명이다. 틀린 것은?

① 슬리브형 신축이음은 보통 호칭지름 50A 이하는 청동제의 나사형 이음이다.
② 벨로스형 신축이음은 설치면적은 크지 않으나, 응력이 생기는 결점이 있다.
③ 루프형은 고압에서 잘 견디며 옥외 배관에 사용된다.
④ 스위블형 신축이음은 주로 증기 및 온수 난방용 배관에 사용된다.

해설
㉠ 벨로스형은 응력이 생기지 않는다.
㉡ 벨로스형은 응축수가 고이면 부식되기 쉽다.
㉢ 벨로스형은 청동이나 스테인리스강으로 만든다.

59 주철관 이형관에 사용 개소와 부속이 옳게 연결된 것은?

① 분기점에 : 이경관
② 관로의 종말에 : 캡
③ 관로를 굴곡할 때 : +자관
④ 저수지의 유입구 : 단관

해설
㉠ ①은 +자관, ③은 엘보, 벤드, ④는 나팔관을 사용한다.
㉡ 관로의 종말(끝 부분)에 연결하는 부속은 캡이나 플러그이다.

정답 53 ④ 54 ① 55 ④ 56 ② 57 ① 58 ② 59 ②

60 관이음 중 수축과 팽창에 의한 신축을 조절하기 위하여 설치한 것은?

① 스위블형 이음   ② 플랜지
③ 유니온   ④ 리듀서

해설
㉠ 스위블형은 신축 조인트이다. (스윙타입)
㉡ 누수의 결점이 있다.
㉢ 신축의 크기는 직관길이 30m에 대하여 회전관 1.5m로 조립한다.

61 주로 350℃ 이하에서 사용압력이 10kg/cm² 이하의 증기, 물, 가스, 공기, 기름 등의 각종 유체를 수송하는 배관이며, 일명 가스관이라고 하는 관은?

① 배관용 탄소강관
② 압력배관용 탄소강관
③ 고압배관용 탄소강관
④ 고온배관용 탄소강관

해설 배관용 탄소강 강관은 증기, 물, 기름, 가스, 공기 등의 배관용이고, 지름 15~650A 이하까지 사용된다.

62 다음은 경질염화비닐관의 열간 공법에 대한 설명이다. 틀린 것은?

① 삽입접합에 가장 적당한 연화 정도는 가열부를 손끝으로 가볍게 집었을 때 곧 우묵해지는 정도가 좋다.
② 가열부족이면 삽입하기 힘들지만 점차 온도를 높여 관이 흐늘거리면 삽입하기 쉽다.
③ 가열할 때는 될수록 직접 화염(토치 램프)을 이용하지 않는 것이 좋다.
④ 가열할 때 70~80℃가 되면 연화되기 시작하여 경질고무처럼 되는데, 이것은 가열부족이다.

해설
㉠ 가열온도가 너무 높으면 용융되어 오히려 삽입이 불가능하다.
㉡ 경질염화비닐관은 일반용, 수도용, 배수용이 있다 (플라스틱).
㉢ 장점은 내식성, 내산성, 내알칼리성이 크다. 그러나 단점은 열팽창률이 심하고 충격강도가 작다.

63 산소 아세틸렌 불꽃의 속불꽃의 최고 온도는 몇 도 정도나 되는가?

① 약 2,000~2,500℃
② 약 3,200~3,500℃
③ 약 3,500~4,000℃
④ 약 4,100~4,600℃

해설
㉠ 산소 아세틸렌 불꽃의 최고 온도는 3,000~3,500℃
㉡ 겉불꽃은 1,200~2,000℃

64 같은 지금의 관을 직선으로 이을 때 사용하는 부속품이 아닌 것은?

① 소켓(Socket)   ② 유니온(Union)
③ 니플(Nipple)   ④ 부싱(Bushing)

해설 부싱은 이경관을 연결할 때 사용한다.

65 다음 합성수지 도료 중 내열도료 및 베이킹 도료로 사용되며, 내열도가 200~350℃인 것은?

① 프탈산계   ② 염화비닐계
③ 멜라닌계   ④ 실리콘 수지계

해설 실리콘 수지계 합성수지 도료는 200~350℃ 정도이며, 내열 도료 및 베이킹 도료이다.

66 신축이음쇠 중 물 또는 압력 8kg/cm² 이하의 포화증기, 그 밖에 공기, 가스, 기름 등의 배관에 사용되며, 일명 미끄럼형 이음쇠라고 하는 것은?

① 슬리브형 신축이음쇠
② 벨로스형 신축이음쇠
③ 루프형 신축이음쇠
④ 스위블형 신축이음쇠

해설
㉠ 슬리브형의 신축이음쇠의 최고 압력은 10kg/cm² 정도로 구조상 과열증기 배관에는 적합하지 않다.
㉡ 슬리브형에는 단식과 복식이 있다.
㉢ 8kg/cm² 이하의 압력에 사용된다. 그리고 50A 이하용은 나사결합형이며, 대형은 플랜지 접합용이다.

정답 60 ① 61 ① 62 ② 63 ② 64 ④ 65 ④ 66 ①

67 증기관 및 환수관의 압력차가 있어야 응축수를 배출하고 고압·중압의 증기관에 적합하며, 상향식 및 하향식이 있고 환수관을 트랩보다 위쪽에 배관할 수도 있는 트랩은?

① 플로트 트랩(Float Trap)
② 벨로스 트랩(Bellows Trap)
③ 그리스 트랩(Grease trap)
④ 버킷 트랩(Bucket Trap)

해설 ㉠ 버킷 트랩은 환수관을 트랩보다 높은 위치로 배관이 가능하다.
㉡ 버킷 트랩에는 상향식과 하향식이 있다.

68 피복 및 단열재로서 갖추어야 할 성질로서 맞지 않는 것은?

① 흡수성이나 흡습성이 작을 것
② 다공질일 것
③ 열전도율이 양호할 것
④ 내구력이 뛰어날 것

해설 보온재의 가장 중요한 성질은 열전도율이다. 따라서 열전도율이 적어야 한다. ①, ②, ④는 단열재의 구비조건이다.

69 다음은 신축이음에 대한 설명이다. 루프형 이음에 대한 설명으로 맞지 않는 것은?

① 신축곡관이라 한다.
② 고압에 사용하기 적당하다.
③ 굽힘 반경은 관경의 6배이다.
④ 2개 이상의 엘보를 사용한 신축이음이다.

해설 ④는 스위블형의 설명이다.(온수난방이나 저압의 증기난방용이다).

70 배관 지지점 설정 시 고려해야 할 것을 열거하였다. 다음 중 옳지 않은 것은?

① 집중하중이 작용하는 곳을 피한다.
② 관의 세정 및 보수를 위해서 행거의 착탈이 빈번하게 되는 곳을 피한다.
③ 가급적 건물이나 기기 및 이미 설치된 보 등을 이용한다.
④ 배관방향이 변하는 벤드, 엘보에 가깝게 설치한다.

해설 지지점은 집중하중이 작용하는 곳, 진동이 심한 곳 등에 설치한다.

71 다음 중 산 등의 화학약품을 차단하는 경우에도 사용되며, 유체의 흐름에 저항이 작고 패킹도 불필요하고 금속부분이 부식할 염려도 없는 밸브로 가장 적합한 것은?

① 플랩밸브(Flap Valve)
② 플러그 밸브(Plug Valve)
③ 다이어프램 밸브(Diaphram Valve)
④ 체크밸브(Check Valve)

해설 다이어프램 밸브(Diaphram Valve)
내약품, 내열, 고무 등의 가소성 재료를 사용한 격막에 의해서 유체의 흐름을 단속하는 구조로서 유체의 압력손실도 적고, 패킹도 필요 없으며 금속부분의 부식 염려도 없다.

72 저압 증기의 분기점을 2개 이상의 엘보로 연결하여 한쪽이 팽창하면 비틀림을 일으켜서 팽창을 흡수시키는데, 스위블 조인트라고 하는 신축이음은?

① 루프형 조인트
② 벨로스형 조인트
③ 슬리브형 조인트
④ 스윙 조인트

해설 ㉠ 스윙 조인트는 지불이음, 지웰이음이라고도 한다. 직관길이 30m에 대하여 회전관은 1.5m 정도 조립한다.
㉡ 저압증기나 온수난방용이다.
㉢ 스윙 타입이라고도 한다.

정답 67 ④ 68 ③ 69 ④ 70 ① 71 ③ 72 ④

73 다음 트랩 중 구조는 소형이나 저압 · 중압 · 고압 어느 곳에나 사용할 수 있으며, 처리하는 응축수의 양도 많으나 구조상 증기가 다소 새는 결점이 있는 트랩은?

① 방열기 트랩　② 플로트 트랩
③ 버킷 트랩　④ 임펄스 증기 트랩

해설　㉠ 임펄스 증기 트랩(충동 트랩)은 온도 변화에 따라 연속적으로 밸브가 개폐하는 구조로서 고 · 중 · 저압에도 사용이 가능하다. 구조상 증기가 새는 결점도 있지만 공기도 함께 배출할 수 있는 장점도 있다.
㉡ 구조가 간단하다.
㉢ 취급하는 드레인의 양에 비하여 소형이다.

74 다음 중 배관용 밸브의 일종인 감압 밸브에 관한 설명으로 틀린 것은?

① 고압 배관과 저압 배관 사이에 설치되어 부하 측의 압력을 항상 일정하게 유지시키는 밸브이다.
② 이 밸브를 압력조정 밸브라고도 한다.
③ 작동방법에 따라 벨로스형, 다이어프램형, 피스톤형으로 구분한다.
④ 고압 측과 저압 측의 압력비는 1/5이 적당하고, 1/10 이상은 2단 감압시킨다.

해설　고압 측과 저압 측의 압력비는 2 : 1이다.

75 리듀서(Reducer)와 부싱(Bushing)을 사용하는 방법을 올바르게 나타낸 것은?

① 직선 배관에서 90° 혹은 45° 방향으로 따라갈 때의 연결
② 지름이 다른 관을 연결시킬 때
③ 배관의 끝 부분에
④ 주철관을 납으로 연결시킬 수 없는 장소에

해설　① 엘보를 이용한다.
② 리듀서나 부싱을 이용한다.
③ 플러그나 캡을 이용한다.
④ 기계적 이음이나 플랜지 이음을 이용한다.

76 다음 연관의 성질을 설명한 것 중 틀린 것은?

① 산에 강하지만 알칼리에 약하며 부식성이 적다.
② 전연성이 풍부하며 굴곡이 용이하나 가로 배관에는 휘기 쉽다.
③ 중량이 큰 반면 신축에 잘 견딘다.
④ 초산, 진한 염산에 침식되지 않으나 극연수에는 다소 침식된다.

해설　초산, 진한 염산에 침식되며, 극연수에는 다소 침식된다.

77 사용압력이 40kg/cm², 관의 인장강도가 20kg/mm²일 때의 스케줄 번호(Sch. No)는?(단, 안전율은 4로 한다.)

① 60　② 80
③ 120　④ 160

해설　Sch. No $= \dfrac{10 \times P}{S} = 10 \times \dfrac{40}{5} = 80$

허용응력(S) $= \dfrac{20}{4} = 5$kg/mm²

78 설치에 큰 장소를 필요로 하지 않으며, 패킹이 필요 없고, 신축에 의한 응력을 일으키지 않는 신축조인트는?

① 벨로스형　② 루프형
③ 스위블형　④ 슬리브형

해설　㉠ 벨로스형을 팩리스 이음쇠라고 하며, 벨로스(파형)로서 누설을 방지한다. 고압 배관에는 부적당하며 설치면적이 작고, 응력이 생기지 않는다.
㉡ 패킹 대신에 벨로스가 사용된다.
㉢ 팩리스형이므로 샐 우려가 없다.
㉣ 유체의 성질에 따라서 벨로스의 부식이 있다.

79 유체의 흐름을 360°로 바꾸는 관이음쇠는?

① 리턴　② 엘보
③ 니플　④ 유니언

해설 ㉠ 엘보는 45°, 90°로 주로 흐름을 바꾼다.
㉡ 니플은 동경관 직선 이음
㉢ 유니온은 소구경에서 배관 도중에 보수, 수리 증설 시 사용

80 양단이 고정된 파이프에 온도변화가 생기면 관의 신축에 의하여 파이프 및 설치부의 부속까지 파손될 우려가 있다. 이런 경우는 신축이음을 쓰는데 신축 차가 크지 않고 저압의 증기, 물, 공기, 가스 등 비교적 짧은 관로에 이용되는 가장 적합한 신축이음은?

① 루프형 신축조인트
② 벨로스형 단식 신축조인트
③ 슬리브형 복식 신축조인트
④ 소켓 파이프 조인트

해설 벨로스형 Packless 이음이다. 온도변화에 의해 관의 신축에 따라 사용하며 비교적 짧은 관로에 이용된다.

81 다음 보온재 중 매우 가볍고 물에 녹여 쓰는 보온 재로서 250℃ 이하의 파이프, 탱크 등에 쓰이는 것은?

① 규조토   ② 석면
③ 합성수지   ④ 탄산마그네슘

해설 ㉠ 탄산마그네슘 보온재는 염기성 탄산마그네슘이 85%, 석면 15%를 배합한 것으로서 물에 개서 사용하는 보온재로서 경량이고, 방습 가공한 것은 옥외 배관에 적당하다. 안전사용온도는 230~250℃ 이다.
㉡ 석면 혼합 비율에 따라 열전도율이 좌우된다.
㉢ 300℃ 정도에서 탄산분 결정수가 없어진다.

82 다음은 체크밸브에 관한 설명이다. 옳은 것은?

① 리프트식은 수직 배관에만 쓰인다.
② 스윙식은 주위를 회전운동하면 닫히도록 되어 있다.
③ 체크밸브는 유체의 역류를 방지한다.
④ 펌프배관에 사용되는 풋밸브도 체크밸브와 기능이 다르다.

해설 ① 리프트식은 수평 배관에만 사용한다.
② 스윙식은 핀을 축으로 회전하여 개폐한다.
③ 체크밸브는 유체의 역류를 방지한다.
④ 풋밸브도 체크밸브의 일종이다.

83 글로브 밸브와 엘보를 조합시켜야 할 경우 가장 적합한 밸브는?

① 앵글밸브
② 슬루스 밸브
③ 니들밸브
④ 게이트 밸브

해설 앵글밸브
유체의 흐름방향을 90°로 변화시켜 주는 밸브로서 글로브 밸브와 엘보를 조합시킬 수 있다.

84 광물성 천연섬유로 된 것을 합성고무 등을 섞어 판 모양으로 가공한 것으로 450℃ 이하의 증기, 온수, 고온의 기름 등에 쓰이는 패킹은?

① 합성수지 패킹
② 고무 패킹
③ 석면조인트 시트
④ 금속 패킹

해설 ㉠ 석면 조인트 패킹은 450℃ 이하의 증기, 온수, 고온의 기름 등에 쓰인다.
㉡ 석면조인트는 플랜지용 패킹이다.
㉢ 섬유가 가능하고 강한 광물질로 된다.

85 트랩 봉수가 감압으로 파괴되었다면 이를 방지할 수 있는 방법으로 가장 적당한 것은?

① 머리칼이나 긴 섬유를 제거한다.
② 점성이 큰 액체를 흘린다.
③ 통기관을 세운다.
④ 배수구에 격자를 설치한다.

해설 통기관의 주된 설치목적은 트랩의 봉수를 보호하는 것이다. 통기 배관법에는 1관식과 2관식(대규모 건물용)이 있다.

정답 80 ② 81 ④ 82 ③ 83 ① 84 ③ 85 ③

86 다음 그림은 트랩에 대한 설명이다. 잘못된 것은?

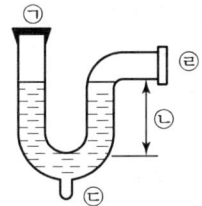

① 유입구 : ㉠
② 봉수 깊이(50~100mm) : ㉡
③ 통기관 연결부 : ㉢
④ 유출구 : ㉣

87 주철관에 대하여 쓴 것이다. 관계가 가장 먼 것은?

① 내식성, 내압성이 우수하다.
② 재질면으로 보면 보통 주철관, 고급 주철관으로 분류한다.
③ 제조법으로는 원심력법과 천공법이 있다.
④ 오수관으로도 많이 사용한다.

해설 ①, ②, ③은 주철관의 특징이다.

88 밸브가 유체의 흐름에 직각으로 미끄러져 개폐되면, 완전히 열렸을 때 마찰저항이 적은 밸브는?

① 콕밸브　　　② 게이트 밸브
③ 글로브 밸브　④ 체크밸브

해설 게이트 밸브
㉠ 마찰저항이 적다.
㉡ 찌꺼기가 체류해서는 안 되는 배관용이다.
㉢ 유량조절용으로는 부적당하다.

89 급수배관 시공 중 수격작용의 방지법으로 가장 적당한 것은?

① 배관구배를 강제순환식의 경우에는 1/200의 구배로 한다.
② 공기실을 설치한다.
③ 슬리브형 신축이음을 한다.
④ 중력 탱크를 사용한다.

해설 급수배관에서 수격작용을 방지하려면 급속 개폐식 수전 근방에 공기실(에어 챔버)을 설치한다.

90 배수배관에서 청소구를 설치하지 않아도 좋은 곳은?

① 가옥 배수관과 부지 하수관이 접속되는 곳
② 수평지관의 최상단부
③ 배관이 45° 이상으로 구부러지는 곳
④ 배수 수직관의 직선거리 10m 이내마다

해설 청소구는 100mm 미만은 직선거리(수평관 직선거리) 15m마다, 100mm 이상은 30m마다 1개씩 설치한다.

91 강관의 스케줄 번호에 대한 다음 설명 중 틀린 것은?

① 관의 두께를 나타내는 번호이다.
② 스케줄 번호 5란, 강관의 허용응력의 5배라는 말이다.
③ 사용압력을 허용응력으로 나눈 값이다.
④ 스케줄 번호 계산에 쓰이는 허용응력은 안전율을 고려하여야 한다.

해설 ①, ③, ④는 스케줄 번호에 대한 설명이다.

92 다음은 관의 특성을 기술할 것이다. 틀린 것은?

① 동관은 초산, 황산 등에 심하게 침식된다.
② 연관은 전연성이 풍부하고, 특히 다른 금속관에 비해 내식성이 풍부하다.
③ 알루미늄관은 알칼리에 강하고 특히 해수에 강하다.
④ 주철관은 내식성, 내마모성이 우수하고 다른 금속관에 비해 특히 내구성이 뛰어나다.

해설 알칼리에 강한 것은 동관이다.

정답　86 ③　87 ③　88 ②　89 ②　90 ④　91 ②　92 ③

93 관 재료 선정 시 고려하여야 할 사항을 잘못 열거한 것은?

① 관 내 유체의 온도
② 관 내 유체의 압력
③ 관 내 유체의 화학적 성질
④ 관 내 유체의 경도

해설 관의 재료 선정 시 고려하여야 할 사항은 ①, ②, ③이다.

94 다음 중 천연고무 패킹의 특성이 아닌 것은?

① 탄성이 우수하고 흡수성이 없다.
② 내산, 내알칼리성이다.
③ 기름에 강하다.
④ 100℃의 고온에서는 사용이 불가능하다.

해설 플랜지 패킹인 천연고무 패킹은 ①, ②, ④에 해당되는 특징이 있고, 기름이나 열에도 약하다.

95 연강용 가스용접봉 "GA 43"에서 43이 나타내는 뜻은?

① 연신율
② 인장강도
③ 전단강도
④ 용접봉의 건조온도

해설 GA 46, GA 43, GA 35, GB 32는 가스 용접봉의 인장강도(GA 43 : 43kg/mm²)이다.

96 수압과 수두에 관한 다음 설명 중 잘못된 것은?

① 수압은 수두에 비례한다.
② 물의 압력은 담겨져 있는 탱크의 임의의 벽면에 직각 방향으로 작용한다.
③ 수압이 1kg/cm²일 경우에 이론적인 수도는 200mm이다.
④ 수압에 관한 이론은 급수 배관설비를 시공함에 매우 중요한 자료이다.

해설 수압이 1kg/cm²일 때 수두는 10mH₂O로서 10,000 mmH₂O이다.

97 고압증기와 저압증기의 배관 속이나 온수난방의 밀폐식 팽창탱크에 사용되는 조정밸브는 다음 중 어느 것인가?

① 플로트 밸브
② 안전밸브
③ 감압밸브
④ 온도조절 밸브

해설 안전밸브는 증기난방, 온수난방 등의 보일러 등에 사용되고 밀폐식 팽창탱크에도 사용된다.

98 관의 세척이나 기계적인 세척보다 화학적인 세척의 이점을 열거한 것 중 틀린 것은?

① 복잡한 내부 구조라도 평균된 세척효과를 얻을 수 있다.
② 짧은 기간으로 공사를 완료할 수 있다.
③ 부식억제제 사용으로 모재의 손상이 적다.
④ 부분적으로 세척을 실시할 수 있다.

해설 ㉠ ①, ②, ③은 화학적인 세척의 이점이다.
㉡ 부분적인 세척은 기계적인 세척이 용이하다.

99 다음 중 피복재료로서 적당하지 않은 것은?

① 코르크와 기포성 수지
② 석면과 암면
③ 광명단
④ 규조토

해설 광명단은 피복보온재가 아니고 방청용 도료이다.

100 석면사를 각형으로 짜서 흑연과 윤활유를 침투시킨 것으로 내열성·내산성이 좋아 대형 밸브의 글랜드 패킹으로 사용하는 것은?

① 아마존 패킹
② 석면 각형 패킹
③ 석면 얀
④ 석면 조인트 시트

해설 석면 각형 패킹은 내열성, 내산성이 좋아서 대형 밸브에 글랜드 패킹으로 사용된다.

정답 93 ④ 94 ③ 95 ② 96 ③ 97 ② 98 ④ 99 ③ 100 ②

101 밸브를 여닫이할 때 유체의 방향이 바뀌지 않고 저항이 적어 큰 관에서 완전히 열거나 막고 사용하기에 적합한 밸브는?

① 슬루스 밸브
② 글로브 밸브
③ 안전밸브
④ 콕

해설 슬루스 밸브는 여닫이할 때 유체의 방향이 바뀌지 않고 저항이 적어서 큰 관에서의 사용이 편리하다.

102 주철관의 특징에 해당되는 것은?

① 화학공장용 배관에 쓰이고 내열성이 크다.
② 내구력이 풍부하여 부식이 작으나 무겁다.
③ 가스, 공기배관에 쓰이며 단접관, 용접관, 인발관의 3종으로 분류된다.
④ 열전도율이 커서 열교환기에 사용된다.

해설 주철관의 특징
㉠ 내식성, 내마모성이 우수하고 압축강도가 크다.
㉡ 용도는 수도용, 배수용, 가스용, 광산용이다.
㉢ 지중매설 시 부식이 적다.

103 다음에 열거한 보온재 중 배관의 곡면 시공에 사용할 수 없는 것은?

① 펠트(Felt)
② 기포성 수지
③ 암면
④ 코르크(Cork)

해설 ㉠ 코르크는 가요성이 없고 시공면에 틈이 생긴다.
㉡ 코르크는 보냉용으로 사용된다.

104 트랩이나 스트레이너 등의 고장, 수리, 교환 등에 대비하여 설치해야 하는 것은?

① 리프트 피팅
② 쿨링 레그
③ 팽창탱크
④ 바이패스관

해설 트랩이나 온수순환펌프, 여과기의 고장이나 수리교환 등에 대비하여 바이패스관을 설치한다.

105 다음 패킹 중 기름에 녹지 않는 것은?

① 고무
② 네오프렌
③ 석면 조인트
④ 테프론

해설 테프론은 기름에 녹지 않고 내열범위가 $-260 \sim 260℃$까지 쓰는 합성수지 패킹으로서 플랜지 패킹이다.

106 금속재료 중 이음매 없는 인탈산 동관의 기호는 어느 것인가?

① DCuPS
② TCuPS
③ BsSTS
④ RBsPS

해설 ①은 이음매 없는 인탈산동관(DCuPS)이다.

107 밸브의 회전부분에 사용하는 글랜드 패킹의 종류와 가장 관계가 적은 것은?

① 석면 각형 패킹
② 오일 실 패킹
③ 석면 아연 패킹
④ 몰드 패킹

해설 ①, ②, ④는 글랜드 패킹의 종류이다.

108 유량과 관의 지름과의 관계에서 관의 지름을 구하는 식은?(단, Q : 유량, V : 유속, d : 지름)

① $d = \sqrt{\dfrac{4Q}{\pi V}}$
② $d = \sqrt{\dfrac{\pi V}{Q}}$
③ $d = \sqrt{\dfrac{2Q}{\pi V}}$
④ $d = \sqrt{\dfrac{\pi V}{4Q}}$

해설 원통의 지름 $d = \sqrt{\dfrac{4Q}{\pi V}}$

109 관을 4방향으로 분기하는 부속재료는?

① 크로스
② 벤드
③ 플러그
④ 니플

해설 크로스는 4방향으로 관을 분기한다.

정답 101 ① 102 ② 103 ④ 104 ④ 105 ④ 106 ① 107 ③ 108 ① 109 ①

110 SPHT 42에 관한 설명 중 옳은 것은?

① 저온배관용 탄소강 강관이며 탄소의 함유량이 평균 0.42%이다.
② 저온배관용 탄소강 강관이며 탄소의 함유량이 평균 4.2%이다.
③ 고온배관용 탄소강 강관이며 인장강도가 $42kg/cm^2$ 이상이다.
④ 고온배관용 탄소강 강관이며 인장강도가 $42kg/mm^2$이다.

해설 SPHT 42는 고온배관용 탄소강 강관이며 인장강도가 $42kg/mm^2$이다.

111 나사용 패킹재료로서 부적당한 것은?

① 페인트　　② 고무
③ 리서지　　④ 액상합성수지

해설 페인트, 고무, 액상합성수지는 패킹재료이다.

112 다음 플랜트 배관의 용접 부위에 대한 비파괴검사의 종류를 열거한 것 중 잘못된 것은?

① X-ray 검사
② 육안 검사
③ 자기탐상 검사
④ 연신율 검사

해설 용접부위의 비파괴검사는 주로 X-ray 검사, 육안검사, 자기탐상검사 등이다.

113 파이프나 밸브의 수압시험방법으로 가장 옳은 것은?

① 내부공기를 빼고 급격히 압력을 높인다.
② 내부공기를 빼고 서서히 압력을 높인다.
③ 내부공기를 넣고 급격히 압력을 높인다.
④ 내부공기를 넣고 서서히 압력을 높인다.

해설 파이프의 밸브나 관의 수압시험 시에는 내부의 공기를 빼고 서서히 압력을 높인다.

114 감압밸브를 사용하여 일단 감압을 할 경우 고·저압의 압력비는 얼마가 적당한가?

① 2:1　　② 3:1
③ 4:1　　④ 5:1

해설 감압밸브의 일단 감압의 비는 2:1이 좋다.

115 은분이라고 불리는 방청도료는 어느 것인가?

① 광명단 도료　　② 산화철 도료
③ 알루미늄 도료　④ 조합 페인트

해설 알루미늄 은분도료는 400~500℃의 내열성을 가지고 있는 방청용 도료(페인트)이다.

116 배관시설의 시험방법으로 가장 부적당한 것은?

① 연기시험　　② 인장시험
③ 수압시험　　④ 통수시험

해설 배관시설의 시험은 주로 연기시험, 수압시험, 통수시험을 실시한다.

117 감압밸브를 취부할 때 안전밸브의 설치위치는?

① 배관의 상부에 달아준다.
② 배관의 최하부에 달아준다.
③ 감압밸브 주위에는 안전밸브를 설치할 필요가 없다.
④ 감압밸브 다음의 저압 측 출구, 압력계전에 설치한다.

해설 감압밸브의 안전밸브 설치위치는 감압밸브 다음의 저압 측 출구 압력계전에 설치한다.

118 건물의 급수배관 시공 시 주로 쓰이는 강관은 어느 것인가?

① 내식용 아연도금강관
② 내식용 주석도금강관
③ 합금강 강관
④ 일반 가스관

해설 급수배관은 내식용 아연도금강관을 많이 사용한다.

정답　110 ④　111 ③　112 ④　113 ②　114 ①　115 ③　116 ②　117 ④　118 ①

119 다음 중 보일러용 압연강재의 기호는?

① SM　　　　② BMC
③ SBB　　　④ SWS

해설
① 기계구조용 탄소강재
② 흑심가단주철
③ 보일러용 압연강재
④ 용접구조용 압연강재

120 호칭 지름 20A의 강관을 곡률 반지름 200mm로서 120°의 각도로 구부릴 때 곡선의 길이는?

① 약 315mm　　② 약 560mm
③ 약 420mm　　④ 약 840mm

해설
$2\pi R \times \dfrac{Q}{360} = 2 \times 3.14 \times 200 \times \dfrac{120}{360}$
$= 418.6666\text{mm}$

121 다음은 각종 관과 접합방법을 짝지은 것이다. 맞지 않는 것은?

① 주철관 - 빅토릭 접합
② 동관 - 압축접합
③ 연관 - 플라스턴 접합
④ 석면 시멘트관 - 타이톤 접합

해설 타이톤 접합은 주철관의 접합방법이며, 석면 시멘트관은 기볼트 접합이나 컬러 접합, 심플렉스 접합을 한다.

122 다음 중 배관용 스테인리스 강관의 KS기호는 어느 것인가?

① STA　　　② SUS
③ STS　　　④ SPA

해설 STS는 배관용 스테인리스 강관이다.

123 다음은 신축이음에 대한 설명이다. 루프형 이음에 대한 설명으로 맞지 않는 것은?

① 신축곡관이라고도 한다.
② 고압에 사용하기 적당하다.
③ 굽힘 반경은 관경의 6배이다.
④ 2개 이상의 엘보를 사용한 신축이음이다.

해설 2개 이상의 엘보를 사용한 신축이음은 스위블 이음에 속한다.

124 수평 및 수직관에 설치하여도 좋은 역류방지 밸브는?

① 스윙식 체크밸브
② 리프트식 체크밸브
③ 추식 체크밸브
④ 지렛대 체크밸브

해설
㉠ 스윙식 체크밸브 : 수평관, 수직관에 사용
㉡ 리프트식 체크밸브 : 수평관에만 사용

125 다음 난방배관 중 주관에서 분기관을 낼 때 분기점에 이용하는 신축이음은?

① 스위블 이음
② 슬리브 신축이음
③ 루프형 신축이음
④ 벨로스형 신축이음

해설 스위블 이음
난방배관의 주관에서 분기관을 낼 때 분기점에 사용한다.

126 다음 중 유기질 보온재가 아닌 것은?

① 코르크(Cork)　　② 탄산마그네슘
③ 기포성 수지　　　④ 펠트(Felt)

해설 탄산마그네슘 보온재는 무기질 보온재이다.

127 물질로서 섬유가 미세하고 강인하며, 450℃까지의 고압에 잘 견디는 패킹은?

① 고무 패킹　　　② 석면 패킹
③ 합성수지 패킹　④ 오일실 패킹

해설 석면
섬유가 미세하고 강인하며 450℃ 이하까지의 고압에 잘 견디는 패킹재로서 플랜지 패킹이다.

정답 119 ③　120 ③　121 ④　122 ③　123 ④　124 ①　125 ①　126 ②　127 ②

128 내약품성, 내유성, 내산성 등이 우수하여 금속의 방식도료로 가장 적당한 도료는?

① 염화비닐계 도료
② 광명단 도료
③ 산화철 도료
④ 알루미늄 도료

해설 염화비닐계 도료는 내약품성, 내유성, 내산성이 우수하다. 그러나 부착력과 내후성이 나쁘며 내열성이 약하다.

129 수격작용은 플러시 밸브나 기타 수전류를 급격히 열고 닫을 때 일어난다. 이때 생기는 수격작용의 수압은 수류(유속)를 m/sec로 표시한 값의 몇 배나 되는가?

① 10배
② 12배
③ 14배
④ 16배

해설 수격작용(워터 해머)의 발생 시 수압은 수류를 m/sec로 표시한 값의 14배가 된다.

130 콕(Cock)은 몇 회전을 돌려야 완전히 열렸다 닫혔다 하는가?

① 1/4회전
② 1/2회전
③ 1회전
④ 2회전

해설 콕의 회전각도는 90°이므로 $\frac{1}{4}$ 회전이다.

131 다음은 보온재와 보냉재가 갖추어야 할 성질이다. 가장 관계가 먼 것은?

① 열전도율이 좋을 것
② 경량일 것
③ 불연성일 것
④ 가격이 저렴할 것

해설 보온재
㉠ 열전도율이 작을 것
㉡ 경량일 것(가벼울 것)
㉢ 불연성일 것
㉣ 가격이 저렴할 것

132 판재를 둥글게 가공할 때 판재의 소요길이 계산은 어느 부분을 기준으로 하는가?

① 내경
② 외경
③ 판재의 표면
④ 중심선경

해설 판재를 둥글게 가공할 때 판재의 소요길이 계산은 중심선경을 기준한다.

133 파이프 축에 대해서 직각방향으로 개폐되는 밸브로 유체의 흐름에 따른 마찰저항 손실이 적으며 난방배관 등에 주로 사용되나 유량조절용으로 부적합한 밸브는?

① 앵글밸브
② 다이어프램 밸브
③ 슬루스 밸브
④ 글로브 밸브

해설 슬루스 밸브는 파이프 축에 대해서 직각 방향으로 개폐되는 밸브로서, 마찰저항 손실이 적으며 난방, 배관 등에 주로 사용되나, 유량의 조절에는 부적합하다.

134 다음 중 용접관(Welded Pipe)이 아닌 것은?

① 아크 용접관
② 이음매 없는 관
③ 전기저항 용접관
④ 단접관

해설 ㉠ 단접관이란 성형단조 롤러 머신에 통과시키면 감압부가 압착되어 관이 제조된다.
㉡ 이음매 없는 관(심리스관) : 고압 고온용으로 사용되는 관이며, 열간가공으로 완성한다.

135 기포성 수지에 대한 설명 중 맞지 않는 것은?

① 열전도율이 극히 적다.
② 가볍고 흡수성이 적다.
③ 부드럽고 거의 불연성이다.
④ 열전도율이 극히 많다.

해설 기포성 수지
㉠ 폼류로 보온재이다.
㉡ 경질우레탄폼, 폴리스티렌폼, 염화비닐폼이 있다.
㉢ 열전도율이 낮고 가볍다.
㉣ 불연성이며 부드럽다.
㉤ 흡수성이 적고 굽힘성은 풍부하다.

정답 128 ① 129 ③ 130 ① 131 ① 132 ④ 133 ③ 134 ② 135 ④

136 다음 중 유체의 흐름방향을 바꾸는 데 사용되는 배관 부속품은?

① 유니언　② 니플
③ 엘보　④ 글로브 밸브

해설 엘보
유체의 흐름방향을 바꾸는 데 사용되는 배관의 부속품이다. 90°와 45° 엘보, 이경 엘보가 있다.

137 다음은 최근 난방코일(Heating Coil) 재료로 많이 사용되고 있는 동관에 관한 특성을 열거한 것이다. 잘못된 것은?

① 전기 및 열전도율(熱傳導率)이 좋다.
② 전성, 연성이 풍부하고 유체에 대한 관 내 마찰저항이 크다.
③ 알칼리성에는 강하나 진한 황산에는 심하게 침식된다.
④ 동일 호칭경은 강관이나 연관에 비해 가볍고 가공이 용이하다.

해설 ㉠ 동관은 유체에 대한 마찰저항이 적다. 따라서 ②는 동관의 특성이 아니다.
㉡ ①, ③, ④는 동관의 특성이다.

138 스트레이너(여과기)를 모양에 따라 분류한 것이 아닌 것은?

① U형　② V형
③ X형　④ Y형

해설 여과기
증기, 물, 유류 배관 등에 설치되는 밸브, 기기 등의 앞에 설치하여 관 내의 불순물을 제거하며 여과기의 형상에 따라 U형, V형, Y형이 있다.

139 다음 신축이음 중 신축량 흡수가 가장 큰 것은?

① 루프형
② 벨로스형
③ 슬리브형
④ 미끄럼형

해설 루프형 신축이음쇠
㉠ 곡관형이라고 하며 신축이음 중 신축량 흡수가 가장 크다.
㉡ 응력이 생기는 결점이 있다.
㉢ 옥외배관용이라 대형이다.
㉣ 설치장소가 많이 필요하다.
㉤ 고압배관용의 신축이음이다.

140 다음 파이프의 신축팽창에 의한 파열을 방지하기 위해서 파이프를 연결하는 방법이다. 옳지 못한 것은?

① 슬리브형　② 탭형
③ 루프형　④ 벨로스형

해설 파이프의 신축이음
㉠ 슬리브형(미끄럼형)
㉡ 루프형(곡관형)
㉢ 벨로스형(팩리스 이음)
㉣ 스위블 이음(2개 이상의 엘보 사용)

141 열팽창에 대한 신축이 방열기에 미치지 않도록 어떤 이음을 하는가?

① 벨로스 이음
② 슬리브 이음
③ 루프형 이음
④ 스위블 이음

해설 열팽창에 대한 신축이 방열기에 미치지 않도록 스위블 이음을 설치한다.

142 다음 중 패킹재에 관한 설명으로 옳은 것은?

① 천연고무 패킹은 내산, 내알칼리성이 작다.
② 섬유가 가늘고 강한 광물질로 된 패킹재로 450°까지 견딜 수 있는 것은 테프론이다.
③ −260~260℃까지의 넓은 내열범위를 지니고 있는 것은 일산화연이다.
④ 소형밸브, 수면계의 콕, 기타 소형 그랜드용 패킹은 석면 얀 패킹이다.

정답 136 ③　137 ②　138 ③　139 ①　140 ②　141 ④　142 ④

해설 ㉠ 천연고무
- 탄성은 우수하나 습수성이 없다.
- 내산, 내알칼리성은 크지만 열과 기름에 약하다.
- 100℃ 이상의 고온 배관용으로는 사용 불가능하며, 주로 급·배수, 공기의 밀폐용으로 사용된다.
㉡ 테프론의 사용온도 범위는 −260~260℃까지이다.
㉢ 일산화연은 −30~130℃까지 사용된다.
㉣ 석면 얀은 소형 밸브, 수면계 콕, 기타 소형 그랜드용 패킹이다.

143 석유정제용 배관에 널리 사용되는 강관은?

① 배관용 아크용접 탄소강관
② 고온배관용 탄소강관
③ 고압배관용 탄소강관
④ 배관용 합금강강관

해설 SPA(배관용 합금강 강관)는 석유정제용 배관에 널리 사용되는 강관이다.

144 배관 또는 기기의 이음부에서 유체의 누설을 방지하기 위해 사용하는 것은?

① 패킹　　　② 스트레이너
③ 트랩　　　④ 콕

해설 패킹제
배관이나 기기의 이음부에서 유체의 누설을 방지하기 위하여 사용되며 나사용, 플랜지용 그랜드형이 있다.

145 다음 설명 중 배관이음쇠의 설명으로 적합하지 않은 것은?

① 부싱은 이경 소켓에 비하여 강도가 약하다.
② 유니온은 플랜지와 같은 용도에 쓰인다.
③ 유니온은 플랜지보다 기계적 강도가 강하다.
④ 소구경관에 유니온을 사용하고, 대구경관에는 플랜지를 사용한다.

해설 ㉠ 부싱은 이경 소켓에 비하여 강도가 약하다.
㉡ 유니온은 플랜지와 같은 용도에 쓰인다.
㉢ 유니온은 플랜지보다 기계적 강도가 약하다.
㉣ 소구경관에 유니온을 사용하고, 대구경관에는 플랜지를 사용한다.

146 다음 중 관 끝을 막을 때 사용되는 부속은?

① 플러그　　② 부싱
③ 크로스　　④ 록너트

해설 관의 끝을 막을 때 사용되는 부속
㉠ 플러그
㉡ 캡

147 다음 재료 중 전성과 연성이 가장 풍부한 재료는?

① 주철관　　② 연관
③ 강관　　　④ PVC

해설 연관
㉠ 전성, 연성이 풍부하다.
㉡ 산에는 강하지만 알칼리에는 약하다.
㉢ 신축성이 매우 좋다.
㉣ 중량이 크다.
㉤ 부식성이 적다.

148 온도변화에 따라 일어나는 관의 신축을 파형관의 변형에 의해 흡수하는 신축이음은?

① 슬리브형　② 벨로스형
③ 스위블형　④ 루프형

해설 벨로스형 신축이음
벨로스형 파형관의 변형에 의해 배관을 흡수하는 신축이음이다.

149 스케줄 번호를 바르게 나타낸 공식은?(단, 사용압력 : P(kg/cm^2), 허용응력 : S(kg/mm^2))

① $100 \times \dfrac{P}{S}$　　② $10 \times \dfrac{P}{S}$

③ $\dfrac{P}{10 \times S}$　　④ $10 \times \dfrac{P}{S}$

해설 스케줄 번호(Schedule No.)
관의 두께를 나타내는 번호로서
$$Sch = 10 \times \dfrac{P}{S}$$
여기서, P : 사용압력(kg/cm^2)
　　　　S : 허용압력(kg/mm^2)
　　　　　 (인장강도/안전율)

정답 143 ④　144 ①　145 ③　146 ①　147 ②　148 ②　149 ④

150 흄관을 다른 말로 무엇이라 하는가?

① 석면 시멘트관
② 원심력 철근콘크리트관
③ 폴리에틸렌관
④ 도관

해설 흄관(Hume)
㉠ 원심력 철근콘크리트관이다.
㉡ 상하수도 배수로 등에 사용한다.
㉢ 압관과 압력관 두 종류가 있다.

151 강관의 호칭 지름이 20A일 때, 실제 강관의 외경은 몇 mm인가?

① 21.7mm ② 27.2mm
③ 34.0mm ④ 42.7mm

해설 배관용 탄소강 강관의 호칭별 외경

| 관의 호칭 | | 외경 | 관의 호칭 | | 외경 |
(A)	(B)	(mm)	(A)	(B)	(mm)
6	$\frac{1}{8}$	105	80	3	89.1
8	$\frac{1}{4}$	13.8	90	$3\frac{1}{2}$	101.6
10	$\frac{3}{8}$	17.3	100	4	114.3
15	$\frac{1}{2}$	21.7	125	5	139.8
20	$\frac{3}{4}$	27.2	150	6	165.2
25	1	34.0	175	7	190.7
32	$1\frac{1}{4}$	42.7	200	8	216.3
40	$1\frac{1}{2}$	48.6	225	9	241.8
50	2	60.5	250	10	267.4
65	$2\frac{1}{2}$	76.3	300	12	318.5

152 다음 중 증기 트랩을 바르게 설명한 것은?

① 응축수는 통과시키지 않고 증기만을 통과시킨다.
② 벨로스형 열동식 트랩은 다량의 응축수를 처리하는 데 사용한다.
③ 버킷트랩을 사용하면 환수관을 트랩보다 높은 위치로 할 수 있다.
④ 플로트 트랩은 증기의 증발로 인한 부피의 증가를 한 디스크 트랩이라고도 한다.

해설 트랩
㉠ 증기 트랩은 증기를 통과시키지 않고 응축수만큼 통과시켜야 한다.
㉡ 플로트 트랩은 다량의 응축수를 처리한다.
㉢ 버킷트랩은 환수관을 트랩보다 높은 위치로 할 수 있다.
㉣ 디스크 트랩은 높은 온도의 응축수가 압력이 낮아지면 증발하며 이때 증기에 의한 부피의 증가를 이용한 충격식(임펄스 트랩) 트랩이다.

153 강관과 PVC관을 직선으로 연결할 때 사용되는 이음재료는?

① 밸브용 소켓(Valve Socket)
② 동관용 유니언(Union)
③ 캡(Cap)
④ 엘보(Elbow)

해설 강관과 PVC관을 직선으로 연결할 때 사용되는 이음재료는 밸브용 소켓이다.

154 다음 중 관 재료를 선택할 때 고려해야 할 사항과 가장 관계가 없는 것은?

① 유체의 온도
② 유체의 질량, 비중
③ 관의 진동 또는 충격, 내압, 외압
④ 접합, 굽힘, 용접 등의 가공성

해설 관의 재료를 선택할 때 고려해야 할 사항으로 가장 관계가 없는 것은 유체의 질량, 비중이고 ①, ③, ④는 관계가 있다.

155 다음 중 파이프의 부식방지법이 아닌 것은?

① 열처리를 한다.
② 아연을 도금한다.
③ 전기절연을 시킨다.
④ 습기의 접촉을 적게 한다.

정답 150 ② 151 ② 152 ③ 153 ① 154 ② 155 ①

해설 파이프의 부식방지법
ⓐ 아연을 도금한다.
ⓑ 전기절연을 시킨다.
ⓒ 습기의 접촉을 적게 한다.

156 배관에는 열신축에 대응하여 신축 이음쇠를 설치한다. 동관의 경우 배관길이 몇 m당 1개의 신축이음쇠를 설치하는 것이 좋은가?

① 10m ② 20m
③ 30m ④ 50m

해설 동관은 배관길이 20m마다 열 신축에 대응하여 신축 이음쇠를 설치한다.

157 다음은 배관용 파이프를 재질별로 구별한 것이다 급배수 및 증기배관용으로 적당하지 않은 관은?

① 동관   ② PVC관
③ 주철관 ④ 강관

해설 ⓐ PVC관은 물, 유리, 공기 등의 배관에 사용된다.
ⓑ PVC관은 경질염화비닐관과 폴리에틸렌관이 있다.

158 보일러의 증기관, 유압관, 수압관(10~100kg/cm²)에 사용하는 강관은?

① 배관용 탄소강관
② 압력배관용 탄소강관
③ 고압배관용 탄소강관
④ 고온배관용 탄소강관

해설 압력배관용 탄소강관
유압관이나 수압관으로 사용하며 10kg/cm² 이상 100kg/cm² 압력 이하에 사용한다.

159 지름이 같은 관을 직선으로 이을 때 사용하는 것은?

① 크로스 ② 니플
③ 부싱   ④ 와이

해설 지름이 같은 관을 직선으로 이을 때 사용하는 관의 이음쇠는 니플, 유니온, 소켓 등이다.

160 다음 중 코킹(Caulking)을 하는 목적은?

① 기밀 유지
② 리벳이음의 보강
③ 인장력 증가
④ 압축력 증가

해설 배관에서 코킹을 하는 목적은 기밀을 유지하기 위해서이다.

161 배관용 관 이음쇠 중 엘보나 티 등을 폐쇄할 필요가 있을 때 사용되는 이음쇠는?

① 캡(Cap)
② 니플(Nipple)
③ 소켓(Socket)
④ 플러그(Plug)

해설 ⓐ 캡 : 배관용 관이음쇠로서 엘보나 티 등을 폐쇄할 때 사용되는 이음쇠이다.
ⓑ 플러그 : 엘보나 티(T)는 암나사이기 때문에 플러그로 폐쇄하여야 한다.

정답 156 ② 157 ② 158 ② 159 ② 160 ① 161 ④

CHAPTER 02 배관공작

1. 배관공작용 공구 및 기계

1 강관의 공작용 공구 및 기계

(1) 공작용 공구

① 파이프 커터(Pipe Cutter)
㉮ 관을 절단할 때 사용되는 공구이다.
㉯ 종류
㉠ 1개의 날에 2개의 롤러로 된 것(1개 날)
㉡ 날만 3개로 된 것(3개 날)

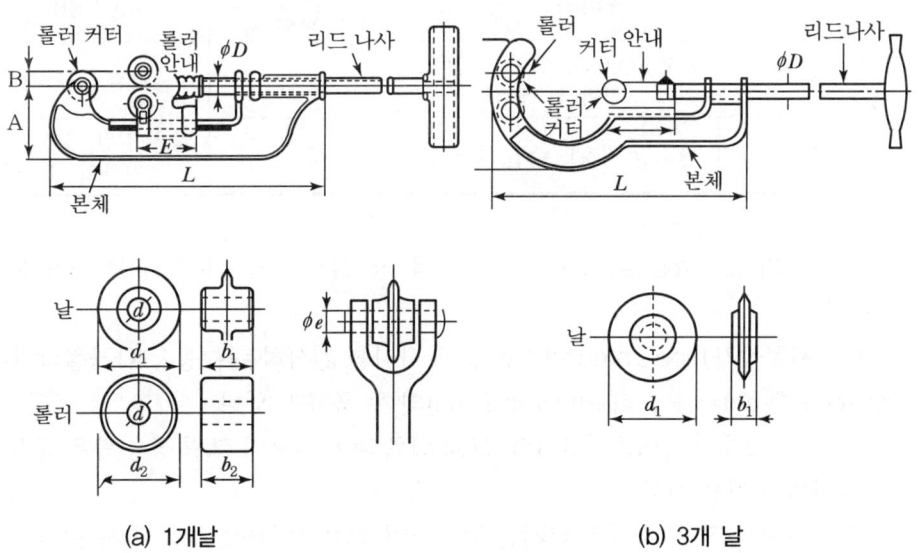

(a) 1개날 (b) 3개 날

[파이프 커터의 종류]

〈파이프 커터의 종류〉

1개 날		3개 날	
호칭번호	파이프 치수	호칭번호	파이프 치수
1	6~32A		
2	6~50A	2	15~50A
3	25~75A	3	32~75A
		4	65~100A
		5	100~150A

② 쇠톱(Iron Saw)
  ㉮ 크기 : 톱날 끼우는 구멍의 간격(Fitting Hole)
  ㉯ 종류 : 200mm, 250mm, 300mm(3종류가 있다.)
  ㉰ 톱날의 잇수(1인치당) : ㉠ 14, ㉡ 18, ㉢ 24, ㉣ 32

〈톱날의 잇수와 공작물의 재질〉

잇수 (25.4mm당)	공작물의 종류	잇수 (25.4mm당)	공작물의 종류
14	탄소강(연강), 주철, 동합금, 경합금, 레일	24	강관, 합금강, 앵글
18	탄소강(경강), 주철, 합금강	32	얇은 철판, 얇은 철관, 작은 지름의 관, 합금강

③ 파이프 리머(Pipe Reamer) : 관을 절단한 후 생기는 거스러미(Burr)를 제거하는 관용 리머이다.
④ 수동 나사절삭기(Pipe Threder) : 관 끝에 나사를 절삭하는 수동용 나사절삭기이며 리드형(Reed Type)과 오스터형(Oster Type)의 두 종류가 있다.
  ㉮ 리드형 : 2개의 다이스와 4개의 조(Jaw)로 되어 있으며 그 특징은 좁은 공간에서도 절삭작업이 가능하다.
  ㉯ 오스터형 : 다이스 4개로 나사를 절삭하며 현장작업용으로 많이 사용된다.

〈오스터의 종류별 사용관경〉

형식	No.	사용관경	형식	No.	사용관경
오스터형	112R(102)	8A-32A	리드형	2R4	15A-32A
	114R(104)	15A-50A		2R5	8A-25A
	115R(105)	40A-80A		2R6	8A-32A
	117R(107)	65A-100A		4R	15A-50A

⑤ **파이프 렌치(Pipe Rench)** : 관 접속부나 부속류의 분해 조립 시에 사용하는 렌치이며 보통형, 강력형과 대형관에 사용하는 체인형이 있다.
   ㉮ 크기 : 입을 최대로 벌려놓은 전장으로 표시한다.
   ㉯ 체인형은 200A 이상의 대형관에 사용한다.
   ㉰ 조정 파이프 렌치는 2개의 조로 되어 있다.

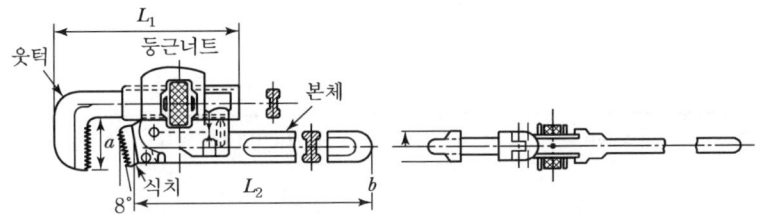

[파이프 렌치]

〈파이프 렌치의 종류〉

호칭치수 (mm)	인치	사용관경 (mm)	호칭 (mm)	치수 (인치)	사용관경 (mm)
150	6	6~15	250	10	6~25
200	8	6~20	300	12	6~32
350	14	8~40	900	36	15~90
450	18	8~50	1,200	48	25~125
600	24	8~65			

⑥ **파이프 바이스(Pipe Vise)** : 파이프 바이스는 둥근 관을 잡아서 절단, 나사절삭 조립 시에 고정시키는 역할을 한다.

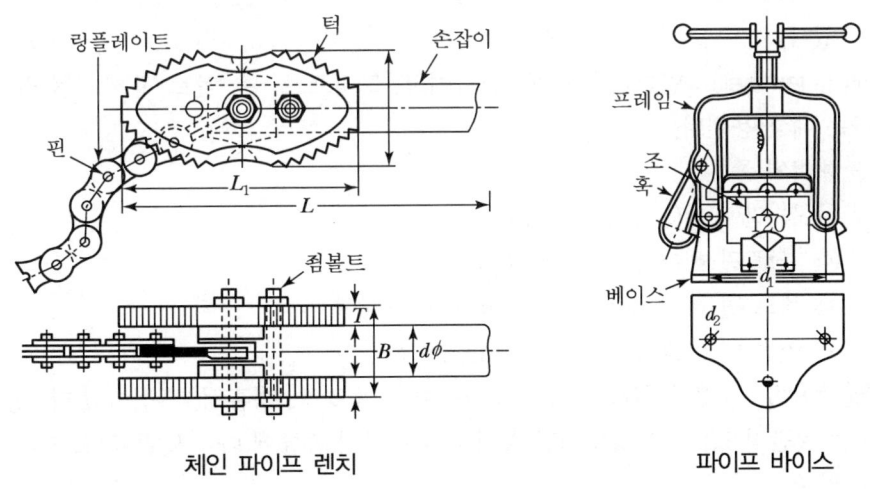

[파이프 바이스]

㉮ 종류
　㉠ 고정식(일반 작업용)
　㉡ 가반식(현장용)
㉯ 크기 : 고정이 가능한 관경의 치수로 표시한다.
㉰ 체인을 사용하는 바이스는 체인 파이프 바이스라 하며, 3~200mm의 크기도 있다. (3~65mm, 10~200mm)

〈파이프 바이스의 종류〉

호칭치수	호칭번호	파이프 치수
50	#0	6A~50A
80	#1	6A~65A
105	#2	6A~90A
130	#3	6A~115A
170	#4	15A~150A

⑦ 평바이스(수평바이스) : 강관의 조립이나 관의 열간 벤딩작업 시에 쉽게 하기 위해 관을 고정할 때 사용한다.
　㉮ 크기 : 조(Jaw)의 폭으로 표시된다.
⑧ 줄(File) : 금속을 조금 깎거나 표면을 매끈하게 다듬질할 때에 사용된다. 모든 줄은 포인트, 모서리, 면, 힐, 탱의 5부분으로 되어 있다.
　㉮ 줄은 단면의 형상에 따라 평줄, 각줄, 원줄, 반원줄, 삼각줄 등으로 분류된다.
　㉯ 100mm, 150mm, 200mm, 250mm, 300mm, 350mm, 400mm의 7종류의 크기가 있다.
⑨ 해머(Hammer) : 일반적으로 못, 스파이크, 드리프트, 핀, 볼트 및 쐐기를 박거나 빼거나 하는 데 사용된다.
　㉮ 해머의 종류
　　㉠ 볼 핀 해머(Ball Peen Hammer)
　　㉡ 가로 핀 해머(Cross Peen Hammer)
　　㉢ 세로 핀 해머(Straight Peen Hammer)
　　㉣ 연질 해머(Soft Faced Hammer)
⑩ 정(Chisel) : 강을 열처리 단조해서 정을 만들며 평정, 평홈정, 홈정이 있다. 정의 날 끝 각도는 일반적으로 60° 정도지만 공작물의 재질의 종류에 따라 날끝 각도가 25~70°인 것도 있다.

(2) 공작용 기계(동력 이용 기계)
  ① 동력용 나사절삭기
    ㉮ 오스터식 : 관경이 적은 관을 동력으로 저속 회전시키면서 나사를 절삭한다.

〈오스터형 나사절삭기의 종류와 규격〉

형식	번호	사용관경	체이서 종류	핸들 수
오스터형	112R(102)	8A－32A	1/4～3/8, 1/2～3/4, 1～11/4	2
	114R(104)	15A－50A	1/2～3/4, 1～11/4, 11/2～2	2
	115R(105)	40A－80A	11/2～2, 21/2～3	4
	117R(107)	65A－100A	21/2～3, 31/2～4	4

  ㉯ 호브식 : 호브를 100～180rev/min의 저속도로 회전시키면 이에 따라 관은 어미나사와 척의 연결에 의하여 1회전하면서 1피치만큼 이동한다.
  호브는 합금강제 원추에 관용나사 치형이 새겨져 있으며 원추의 테이퍼는 관용나사의 테이퍼와 같다. 또한 이 기계에 호브와 사이드 커터를 함께 장치하면 관의 나사, 절삭과 절단이 동시에 이루어진다.
  ㉰ 다이헤드식 : 다이헤드는 관용나사의 치형을 가진 체이서 4개가 1조로 되어 있으며 이 나사절삭기는 관의 절단, 나사절삭, 거스러미(Burr) 제거 등의 일을 연속적으로 해내는 특징이 있다.
② 파이프 절단용 기계
  ㉮ 핵 소잉 머신 : 관이나 환봉을 동력에 의해 톱날이 상하 왕복운동을 하면서 관이 절단되는 기계이다. 일명 기계톱이라 하며 매분 절삭속도가 50～150번 정도 움직이면서 절단가공이 된다.
  ㉯ 고속 숫돌 절단기 : 두께 0.5～3mm 정도의 넓은 원판의 숫돌을 고속회전시키면서 관을 절단하는 기계로 절단 성능이 좋은 반면 절단 휠이 너무 빨리 달아 없어지는 결점이 있다.
  ㉰ 가스절단기 : 수동식과 자동식이 있으며 파이프를 가스(Gas)로 절단(Cutting)한다. 수동식은 절단 토치를 사용하고, 자동식은 기계로 가스절단을 하게 된다.
③ 파이프 벤딩 머신(Pipe Bending Machine)
  ㉮ 유압식(Ram Type) : 현장용이며 유압펌프전동기 램, 실린더 센터포머 등이 부품이다. 수동식은 주로 50A 이하의 벤딩(굴곡)을 하며 모터를 이용한 동력식은 100A 이하의 관을 벤딩한다. 특히, 현장에서 상온 가공 시에 많이 사용된다.

㈕ 로터리식 : 관의 두께에 관계없이 상온에서 강관, 스테인리스관, 동관, 황동관 등을 쉽게 벤딩할 수 있으며 또한 공장에서 동일 모양의 관을 대량생산 밴딩하는 데 사용된다. 관의 구부림 반경이 관경의 2.5배 이상이어야 한다. 이 방식의 특징은 상온에서 파이프의 단면 변형이 없는 것이 특징이며, 로터리 타입(Rotary Type)이다.

④ 기타 공구와 공작용 기계
  ㉮ 스트랩 파이프 렌치(Strap Pipe Rench)
  ㉯ 스크루 드라이버(Screw Driver)
  ㉰ 측정기구 : 자(Rule), 디바이더(Divider), 캘리퍼스(Calipers), 각자(Square), 버니어 캘리퍼스(Vernier Calipers), 마이크로미터(Micrometer)
  ㉱ 그라인더(Grinder) 머신
  ㉲ 드릴(Drill)
  ㉳ 직각자와 곧은 자

2 연관용 공구

(1) **봄볼** : 연관의 분기관 따내기 작업 시 주관에 구멍을 뚫는다.
(2) **드레서** : 연관 표면의 산화물을 깎아 낸다.
(3) **벤드벤** : 연관을 굽히거나 굽은 관을 펼 때 사용된다.
(4) **턴핀** : 접합하려는 연관의 끝부분을 소정의 관경으로 넓혀준다.
(5) **맬릿** : 턴핀을 때려 박든가 접합부의 주위를 오므리는 데 사용한다.

3 동관용 공구

(1) **토치 램프** : 납땜이음이나 구부리기 등의 부분적 가열이 필요할 때 쓰이는 공구이며 사용연료는 가솔린용과 경유용이 있다.
(2) **사이징 툴** : 동관의 끝부분을 원형으로 교정한다.
(3) **플레어링 툴 셋** : 동관의 압축이나 접합용에 사용되며 나팔관 모양을 만든다.
(4) **튜브벤더** : 동관의 벤딩용 공구이다.
(5) **익스팬더** : 동관의 관끝 확관용 공구이다.
(6) **튜브커터** : 작은 동관의 절단용 공구이다.
(7) **리머** : 동관의 절단 후 생기는 관의 내면 외면에 생긴 거스러미를 제거한다.

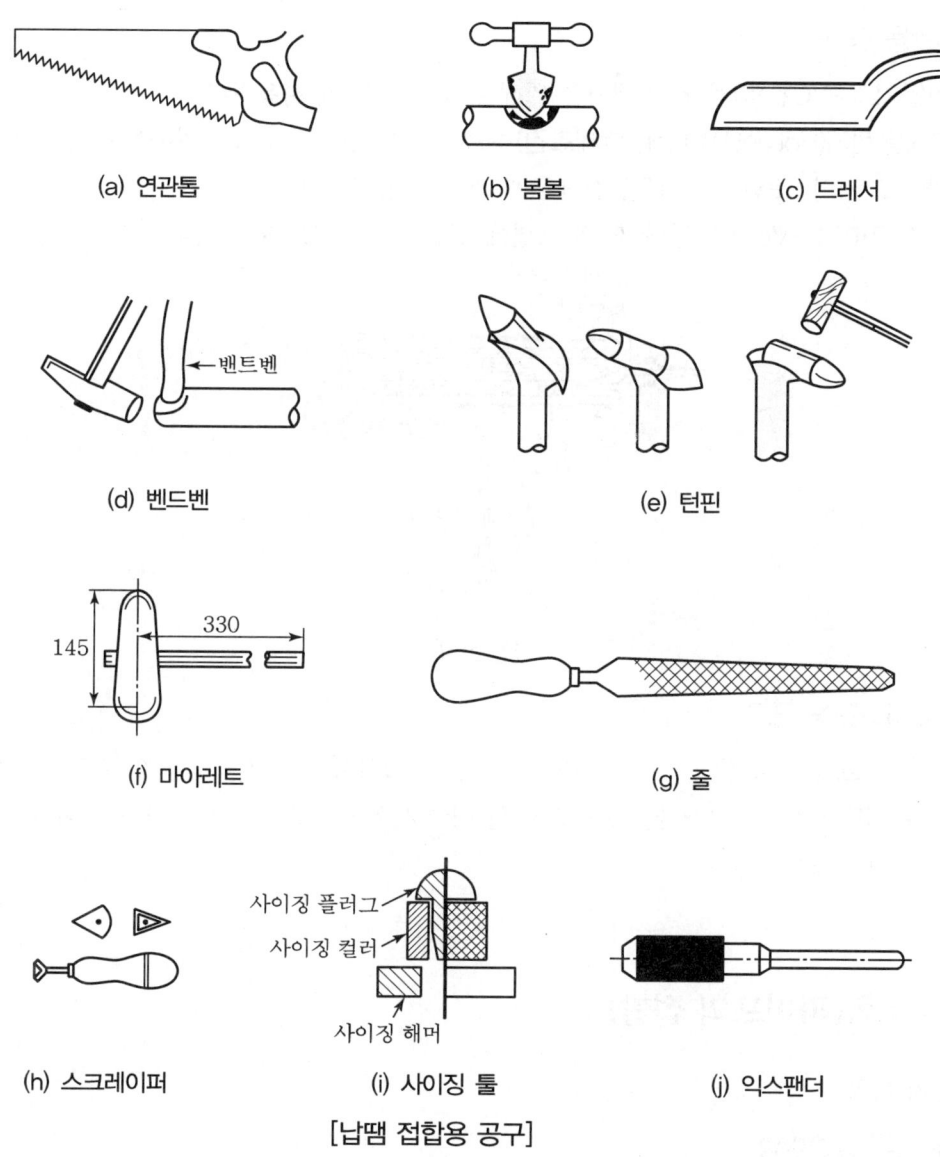

[납땜 접합용 공구]

4 주철관용 공구

(1) **납 용해용 공구세트** : 냄비, 화이어 포트, 납물용 국자, 산화납 제거기 등의 세트이다.
(2) **클립** : 소켓접합시 용해된 납물의 비산을 방지한다.
(3) **코킹 정** : 소켓접합시 다지기(코킹)에 사용한다.
(4) **링크형 파이프 커터** : 주철관의 전용 절단공구이다.

5 PVC관용 공구

(1) **가열기** : PVC관의 접합 및 벤딩을 위해 관을 가열할 때 사용한다.
(2) **열풍용접기**(Hot Jet Welder, 핫제트건) : PVC관의 접합 및 수리를 위하여 용접 시 사용한다.
(3) **파이프 커터** : PVC관의 관을 절단할 때 쓰이는 공구이다.
(4) **PVC 리머** : PVC관의 절단 후 관 내면에 생긴 거스러미를 제거한다.

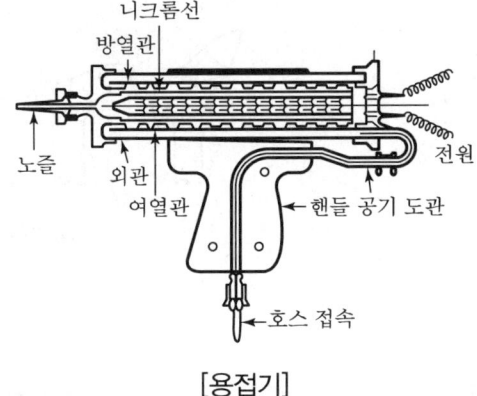

[용접기]

6 스테인리스관용 공구

(1) **압축용 프레스 실 유닛** : 스테인리스관을 몰코 접합할 때에 사용되는 압착공구이다.
(2) **튜브 커터** : 스테인리스관을 자르고자 할 때에 사용하며 또한 쇠톱이나 동관용 공구와 병용하면 더욱 좋다.

2. 관의 접합(파이프의 접합)

1 강관의 접합

(1) 강관의 접합방법
   ① 나사 접합   ② 용접 접합   ③ 플랜지 접합

(2) 나사 접합
   ① 관의 절단방법
      ㉮ 수동공구에 의한 절단
      ㉯ 가스절단
      ㉰ 동력기계절단
   ② 나사절삭과 결합
      ㉮ 나사의 테이퍼는 $\frac{1}{16}$ 이다.

㉯ 나사산 수 : 길이 25.4mm에 대한 나사산 수로 표시
㉰ 나사산의 각도 : 55°
㉱ 나사 절삭 시는 절삭유를 수시로 치며 2~3회 나누어 절삭하면 더욱 좋다.
㉲ 나사 결합 시는 1~2산 정도 남겨두고 조립한다.
㉳ 나사 접합 시에는 누설을 방지하기 위하여 패킹재를 사용한다.

〈관 이음쇠의 치수〉
(단위 : mm)

부속명 호칭	중심거리		수나사 유효 나사부	최소 물림길이	공간거리 ㉮		물림 길이	공간거리 ㉯	
	엘보, 티	45°L			엘보, 티	45°L		엘보, 티	45°L
15	27	21	15	11	16	10	13	14	8
20	32	25	17	13	19	12	15	17	10
25	38	29	19	15	23	14	17	21	12
32	46	34	22	17	29	17	19	27	15
40	48	37	23	19	30	19	20	28	17
50	57	42	26	20	37	22	22	35	20

㉴ 관 길이 산출법
  ㉠ 공간거리 = 여유치수
    ⓐ 공간거리㉮ = 중심거리 − 최소 물림길이
    ⓑ 공간거리㉯ = 중심거리 − 물림길이
  ㉡ 강관 나사 접합 시 : 아래 그림에서 배관의 중심선 길이를 L, 관의 실제 길이를 l, 부속의 끝 단면에서 중심선까지의 치수를 A, 나사가 물리는 길이를 a라 할 때, $L = l + 2(A-a)$의 공식을 이용한다. 이때 관의 실제 길이를 구하는 공식은 $l = L - 2(A-a)$으로 된다.
    즉, 관의 실제 절단 길이 = 전체길이 − 2(부속의 중심 길이 − 관의 삽입길이)

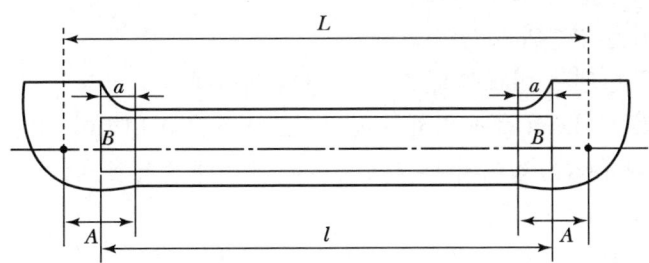

⟨배관용 탄소강 강관의 호칭별 외경⟩

관의 호칭		외경	관의 호칭		외경
(A)	(B)	(mm)	(A)	(B)	(mm)
6	$\frac{1}{8}$	10.5	80	3	89.1
8	$\frac{1}{4}$	13.8	90	$3\frac{1}{2}$	101.6
10	$\frac{3}{8}$	17.3	100	4	114.3
15	$\frac{1}{2}$	21.7	125	5	139.8
20	$\frac{3}{4}$	27.2	150	6	165.2
25	1	34.0	175	7	190.7
32	$1\frac{1}{4}$	42.7	200	8	216.3
40	$1\frac{1}{2}$	48.6	225	9	241.8
50	2	60.5	250	10	267.4
65	$2\frac{1}{2}$	76.3	300	12	318.5

(3) 용접접합

① 접합방법

㉮ 가스용접접합

㉯ 전기용접접합

② 특징

㉮ 가스용접은 용접속도가 느리다.

㉯ 가스용접은 변형의 발생이 크다.

㉰ 가스용접은 관이 비교적 얇고 가는 관의 접합에 사용된다.

㉱ 전기용접은 가스용접에 비하여 용접속도가 빠르고 변형이 적다.

㉲ 용접 시에 용입이 깊어서 두껍고 굵은 관의 맞대기 용접, 슬리브 용접, 플랜지 용접에 사용된다.

③ 용접접합의 이점

㉮ 유체의 저항손실이 적다.

㉯ 접합부의 강도가 강하고 누수의 염려가 없다.

㉰ 보온 피복시공이 용이하다(돌기부가 없어서).

㉱ 중량이 가볍다.

⑪ 배관의 용적을 축소시킬 수 있다.
⑫ 시설의 유지비, 관리비가 절감된다.

④ **전기용접**
㉮ 맞대기 용접 : 맞대기 용접은 일을 할 때 보조물이 필요 없고 관지름이 변화가 없이 저항이 적다.
  ㉠ 누설의 염려가 없다.
  ㉡ 강도가 크다.
  ㉢ 가급적 하향 자세로 용접한다.
  ㉣ 파이프 내에 용착금속이 새어나가지 않게 주의한다.
㉯ 슬리브 접합 : 슬리브의 길이는 파이프 지름의 1.2~1.7배로 한다. 그 특징은 다음과 같다.
  ㉠ 누설염려가 없다.
  ㉡ 배관용적이 적어도 된다.
  ㉢ 슬리브의 한쪽은 미리 공장에서 접합하고 나머지 한쪽은 현장에서 접합한다.

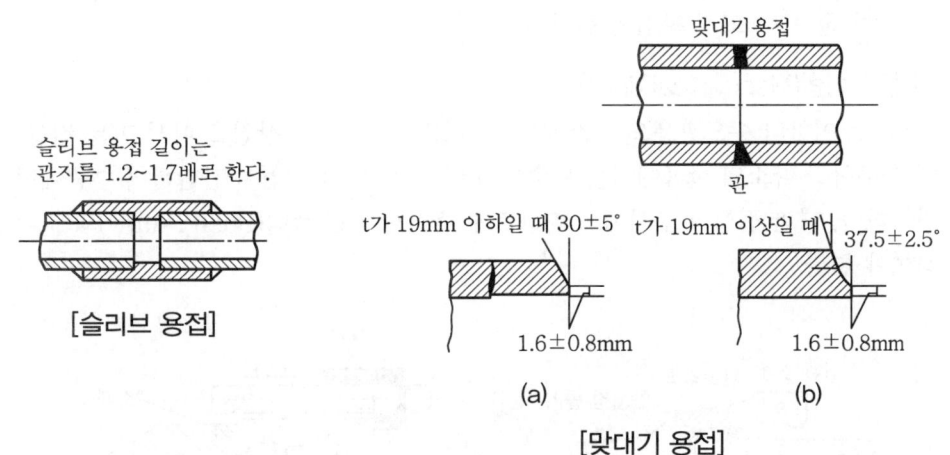

[슬리브 용접]

[맞대기 용접]

㉰ 플랜지 접합 : 용접접합, 나사접합
  ㉠ 관 끝에 용접이음 또는 나사이음을 하고 양 플랜지 사이에 패킹을 넣어 볼트 및 너트로 연결시키는 접합법이다.
  ㉡ 플랜지의 볼트 및 너트를 조일 때에는 균일하게 대칭으로 조인다.
  ㉢ 대구경관의 직관은 공장에서 접합하고 곡관부분은 보통 현장에서 접합한다.

2 주철관의 접합

주철관은 용접이 어렵고 인장강도가 낮아 다음과 같은 방법을 쓴다. 주철관 접합법에는 소켓, 기계적, 빅토리, 플랜지, 타이톤 등이 있다.

(1) 소켓접합(Socket Joint)

주철관의 허부 속에(Hub) 스피고트(Spigot)가 있는 쪽을 삽입하여 파이프로 고정한다. 관의 소켓부에 얀(Yarn)을 단단히 꼬아 허브 입구에 감아서 정으로 다져 놓고 크로스 파이프일 때에는 입구 옆에 클립(Clip)을 감아 녹인 납을 흘려서 넣는다. 응고한 후 클립을 풀어 납의 표면을 코킹한다. 시공 상의 주의사항은 다음과 같다.

① 얀(Yarn)의 길이
  ㉮ 급수관에서는 소켓 길이의 1/3
  ㉯ 배수관에서는 배수관 파이프의 2/3
② 납은 충분히 가열하며 표면의 산화막을 제거한 후 접합부 1개소에 필요한 양은 단 한번에 부어준다.
③ 접합부는 수분이 있으면 주입하는 납이 폭발하기 때문에 수분을 제거한 후 납을 주입한다.
④ 납이 굳은 후 코킹 작업을 한다.

(2) 기계적 접합(Mechanical Joint)

150mm 이하의 수도관용으로 소켓접합과 플랜지 접합의 장점을 따서 만든 접합이며, 벤딩이 풍부하고 다소의 굴곡에서는 누수하지 않는다. 또한 작업이 간단하여 수중에서도 접합이 가능하다. 다만 접합작업 시에 스피고트에 주철제 푸시 풀리(Push Pulley)와 고무링을 삽입하여야 한다.

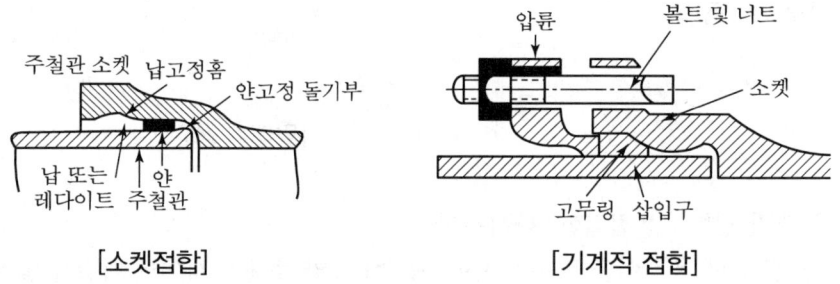

[소켓접합] [기계적 접합]

(3) 플랜지 접합(Flanged Joint)

플랜지가 달린 주철관을 서로 맞추고 볼트로 죄어서 접합한다. 특히 고압의 배관이나 펌프 등의 기계 주위에 이용된다. 그리고 플랜지 접촉면에는 고무, 석면, 마, 아스베스트 등의 패킹재가 사용되고 패킹 양면에 그리스를 발라두면 관을 해체할 때 편리하다.

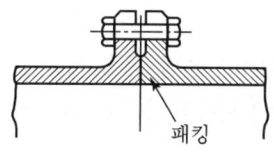
[플랜지 접합]

(4) 빅토리 접합(Victoric Joint)

빅토리 접합은 주철관을 사용한 가스배관에 사용된다. 빅토리형 주철관을 고무링과 컬러(누름판)를 사용하여 접합한다. 압력이 증가할수록 고무링이 더욱 관벽에 밀착되어 누수가 방지된다. 가단주철제 컬러로 관경 350mm 이하이면 2분하여 볼트로 조이고, 400mm 이상이면 4분하여 볼트로 죈다(영국에서 개발된 방법).

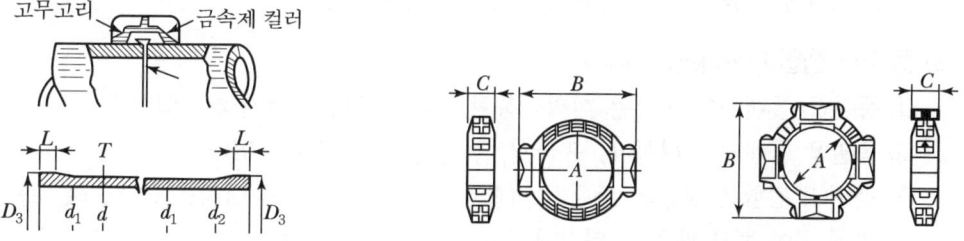

(a) 내경 350mm까지는 2할제 (b) 내경400mm 이상은 4할제

[빅토리 조인트]

(5) 타이톤 접합(Tyton Joint)

원형의 고무링 하나만으로 접합이 가능한 방법이다.

3 동관의 접합

(1) 용접접합

용접접합은 모세관현상을 이용한 겹침 용접으로 건축배관용 동관접합의 대부분에 이용되고 있는 접합이다.

① 납땜접합(연납용접) : 수파이프의 선단을 사이징 툴로 둥글게 하고 암파이프는 익스팬더(Expander)로 파이프를 넓힌다. 그리고 접합부의 길이는 파이프 지름의 약 1.5배로 한다. 접합면을 잘 닦아 용제인 페이스트(Paste)나 크림 플라스틴(Cream Plastann)을 발라 파이프 안에 삽입하여 가볍게 접합한다. 토치 램프로 접합부 주변을 균일하게 가열하여 납땜이나 와이어 플라스틴(Wire Plastann)을 사용하여 접합한다.

㉮ 용접온도는 200~300℃이다.
㉯ 가열방법은 토치 램프, 프로판, LP가스 토치, 전기가열기 등이 사용된다.
㉰ 용도는 사용압력이 낮은 곳에 또는 소구경관의 용접 시에 사용한다.

㉣ 용접재는 연납이다.

② **경납용접(Brazing)** : 인동납이나 은납 등을 가지고 접합부의 강도를 필요로 하는 곳에(온수관 접합 및 진동이 심한 곳) 사용된다. 동관과 동관을 산소, 수소 또는 산소, 아세틸렌으로 용접접합한다.

㉮ 용접온도는 700~850℃이다.
㉯ 강도가 강하다.
㉰ 용접 시 과열을 피한다.
㉱ 용도는 고온 및 사용압력이 높은 곳이나 특수한 곳에 사용된다.

(2) **플래어 접합(Flare Joint)**

압축접합이라고 하며 일반적으로 구경이 20mm 이하의 파이프에 삽입하여 기계의 점검이나 보수 또는 동관을 분해할 경우에 접합하는 방법이다.

(3) **플랜지 접합(Flanged Joint)**

① 동관용 플랜지의 종류는 끼워맞춤형, 홈형, 유합 플랜지형이 있다.
② 동관용 플랜지는 황동제, 포금제, 주철제 등의 재료가 있다.
③ 플랜지 접합은 강관의 플랜지 접합과 동일하나 유합 플랜지를 쓸 때에는 플랜지를 미리 관에 꽂아 놓고 관 끝을 뒤집기도 한다. 특히, 유합 플랜지는 플랜지 맞춤을 할 필요가 없으며 상당한 고압에도 잘 견딘다.

(4) **분기관 접합(Branch Pipe Joint)**

메인 파이프의 중간에서 이음을 사용하지 않고 지관을 접합하는 것으로서 이 방법은 상용압력 20kg/cm² 정도의 배관에 사용된다.

4 연관의 접합

연관은 수도관의 분기점, 기구 배수관, 가스배관, 화학공업용 배관 등에 사용된다.

(1) **플라스턴 접합(Plastann Joint)**

플라스턴이란 납(Pb)가 60%, 주석(Sn)이 40%인 합금으로서 용융점이 232℃이다. 이 용융점이 낮은 플라스턴을 녹여서 연관을 접합하고 이음의 형식에 따라 5가지가 있다.

① 수전소켓의 접합
② 맨더린 접합(Mandarin Duck Joint)
③ 지관접합(Branch Joint)
④ 직선접합
⑤ 맞대기 접합

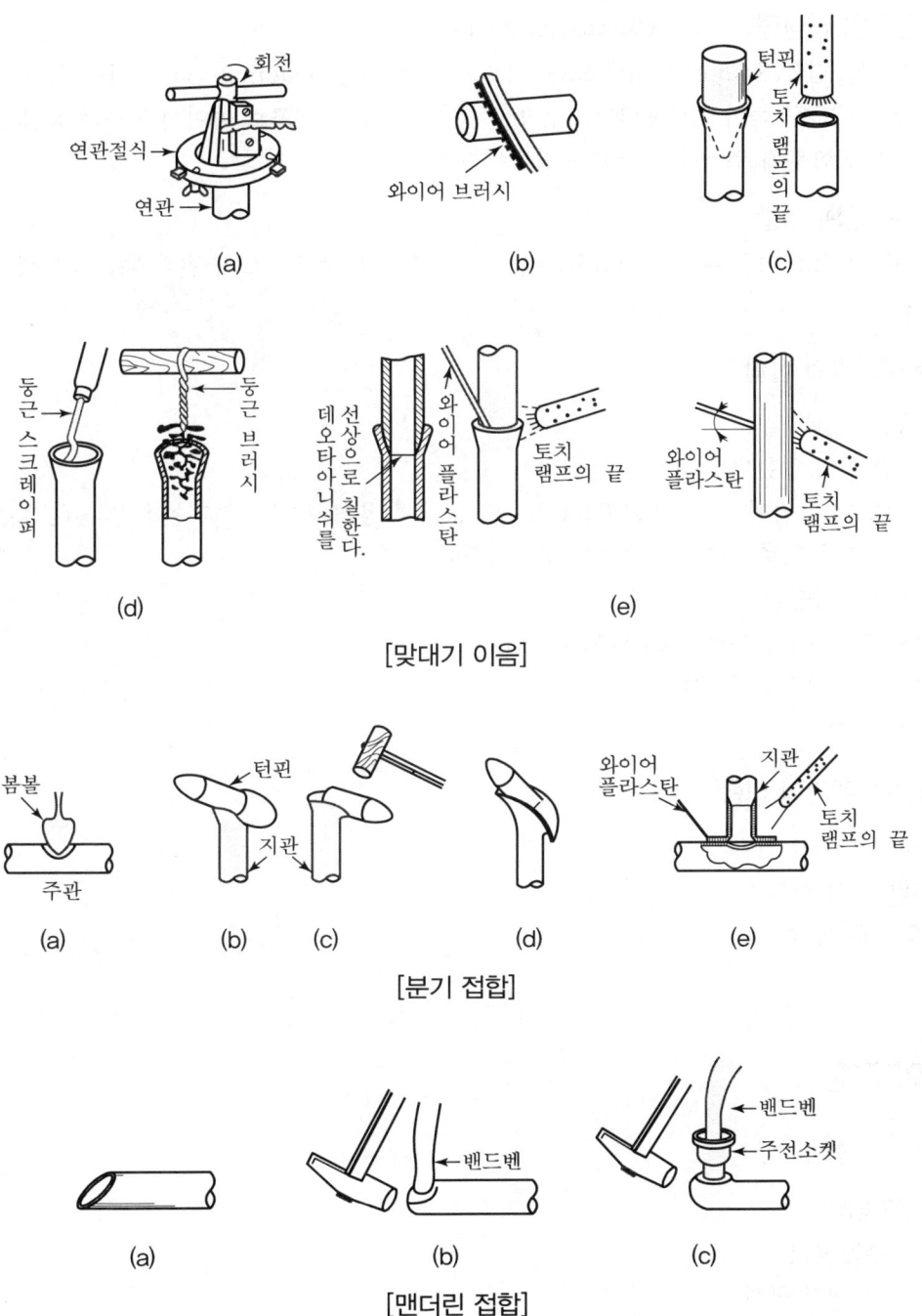

[맞대기 이음]

[분기 접합]

[맨더린 접합]

(2) 살붙임 납땜접합(Over Castsolder Joint)

라운드 접합(Round Joint) 또는 위프드 접합(Wiped Joint)이라고 하며 양질의 땜납을 260° 내외로 녹여서 사용한다. 이 방식은 땜납은 토치 램프로 녹여서 붙이는 방법과 녹은 땜납을 접합부에 부어서 접합하는 방법이 있다.

(3) 이종관의 결합

재질이 서로 다른 관끼리 접합하는 방법으로 연관과 강관을 또 연관과 동관을 접합하는 접합법이다.

5 염화비닐관의 접합

(1) 냉간 접합법
(2) 열간 삽입 접합법
(3) 용접법 : 용접에는 핫제트건(Hot Jet Gun)을 사용하며 이 용접기는 $0.25~0.4kg/cm^2$ 정도의 더운 압축공기를 노즐에서 분사시킨다.
(4) 플랜지 접합법
(5) 테이퍼 코어 접속법(Taper Coer Joint)
(6) 테이퍼 조인트 접합법
(7) 나사접합

6 폴리에틸렌관의 접합

(1) 용착 슬리브 접합
(2) 테이퍼 접합법
(3) 인서트 접합

3. 관의 굽힘

1 강관의 굽힘

(1) 굽힘방법

① 수동굽힘

㉮ 냉간 굽힘

㉠ 수동 롤러 사용

㉡ 냉간 벤더기 사용

㉯ 열간 굽힘 : 800~900℃까지 가열하여 굽힘

② 기계굽힘
　　㉮ 로터리식 벤더에 의한 굽힘
　　㉯ 램식 벤더에 의한 굽힘
　　　㉠ 레버식　　　　　　　　㉡ 동력식

(2) 굽힘작업의 장점
　① 연결용 이음쇠가 불필요하다.
　② 재료비가 절약된다.
　③ 작업공정이 줄어든다.
　④ 접합작업이 불필요하다.
　⑤ 관 내의 마찰저항 손실이 적다.

〈로터리식 벤더에 의한 굽힘의 결함과 원인〉

결함	원인
관이 미끄러진다.	① 관의 고정이 잘못 되었다. ② 관 고정용 클램프나 관에 기름이 묻었다. ③ 압력조정이 너무 빡빡하다.
주름이 발생한다.	① 관이 미끄러진다. ② 받침쇠가 너무 들어갔다. ③ 굽힘형의 홈이 관경보다 크거나 작다. ④ 외경에 비해 두께가 작다. ⑤ 굽힘형이 주축해서 빗나가 있다.
관의 파손	① 압력 조정이 세고 저항이 크다. ② 받침쇠가 너무 나와 있다. ③ 굽힘 반경이 너무 작다. ④ 재료에 결함이 있다.
관이 타원형으로 된다.	① 받침쇠가 너무 들어가 있다. ② 받침쇠와 관 내경의 간격이 크다. ③ 받침쇠의 모양이 나쁘다. ④ 재질이 무르고 두께가 얇다.

(3) 벤딩 길이의 산출방법
　① 90°, 45° 벤딩 곡선길이 산출방법

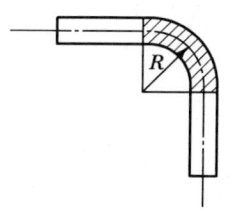 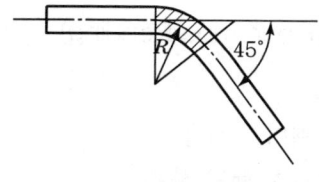

$$90° = 1.5 \times \frac{D}{2} + \frac{1.5 \times \frac{D}{2}}{20} \quad \text{또는} \quad 45° = \left(1.5R + \frac{1.5R}{20}\right) \times \frac{1}{2}$$

$$90° = 1.5R + \frac{1.5R}{20} \quad \therefore\ 90°,\ 45° = 2 \times 3.14 \times R(r) \times \frac{\theta}{360}$$

여기서, D : 지름, $R(r)$: 반지름

② 180° 벤딩 곡선길이 산출방법

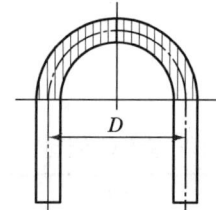 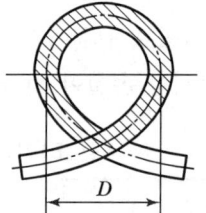

$$180° = 1.5D + \frac{1.5D}{20} \quad \text{또는} \quad 360° = 3D + \frac{3D}{20}$$

③ 360° 벤딩 곡선길이 산출방법

$$360° = \pi \cdot D = 3.14 \times \text{지름(원둘레 길이)}$$

※ 원둘레의 길이는 D×3.14이다.

④ 특수각 벤딩 곡선길이 산출방법

45°, 90°, 180°, 360° 외에 임의의 각도로 구부릴 때 곡선의 길이는 임의의 각도를 x라 할 때,

$$L = \frac{B90°}{90} \times x \text{의 식에 대입하여 계산한다.} \left(L = \frac{1.5R + \frac{1.5R}{20}}{90} \times x\right)$$

(4) 굽힘 가공 시 주의사항
① 관을 굽힐 때 굽힘 반지름(R)은 관경의 6~8배 정도로 한다.
② 기계 벤딩 시에 기계 구조상 재굽힘이 되지 않으므로 너무 무리하게 굽히지 않는다.

2 동관의 굽힘(Copper Tube Bending)

(1) 동관의 굽힘
① **냉간법** : 벤더기 사용
② **열간법** : 토치 램프 사용

(2) 사용상의 주의사항
① 냉간법의 굽힘 시에는 곡률반경은 굽힘반경의 4~5배 정도로 하여야 한다.
② 열간법에서는 600~700℃의 온도로 가열하여 굽힌다.

3 연관의 굽힘

(1) 연관의 굽힘 시에는 모래를 채우거나 심봉을 관속에 넣어 토치 램프로 가열해가며 구부린다.
(2) 연관 굽힘 시 가열온도는 100℃ 전후이다.
(3) 굽힘 가공시 배에 좌굴이 생기면 벤드벤으로 교정하고 급격한 가열은 피한다.
(4) 관을 굽히는 데는 원도(原圖)를 그려 형판(型板)을 만들고 굽히는 부분을 색연필로 표시를 하고 토치 램프를 가열하면서 적당한 온도에 이르면 지렛대를 굽히는 위치까지 꽂아서 서서히 굽힌다.

4 폴리에틸렌관의 굽힘

폴리에틸렌관의 굽힘 시에는 관 외경의 8배 이상의 굽힘반경으로 굽힐 때에는 상온가공이 되지만 굽힘 반경이 그보다 작을 때는 가열하여 굽힌다. 가열 시에는 가열기나 100℃ 정도의 비등수를 사용한다.

5 염화비닐관

호칭경 200mm 이하의 관에는 모래를 채우지 않고 25~30mm의 관은 관 내부에 모래를 채우고 굽힌다. 굽힘 반경은 관경의 3~6배로 하고 가열온도는 130℃ 전후로 한다.

4. 강관의 나사내기와 나사부 길이 산출법

1 강관 나사내기

(1) 관경 15~20A 강관은 나사를 1회에 낸다.
(2) 관경 25A 이상은 2~3회에 걸쳐 나사를 낸다.
(3) 관의 지름에 따라 나사부의 길이는 다음 표에 따른다.

관지름	15	20	25	32	40	50	65	80	100	125	150
나사부 길이(mm)	15	17	19	22	23	26	28	30	32	32	37
나사가 물리는 길이(mm)	11	13	15	17	19	20	23	25	28	30	33

2 직선길이 산출

$$L = l + 2(A - a)$$
$$l = L - 2(A - a)$$
$$l' = L - (A - a)$$

※ L : 이음부의 중심선 길이
l, l' : 관의 실제 절단 길이

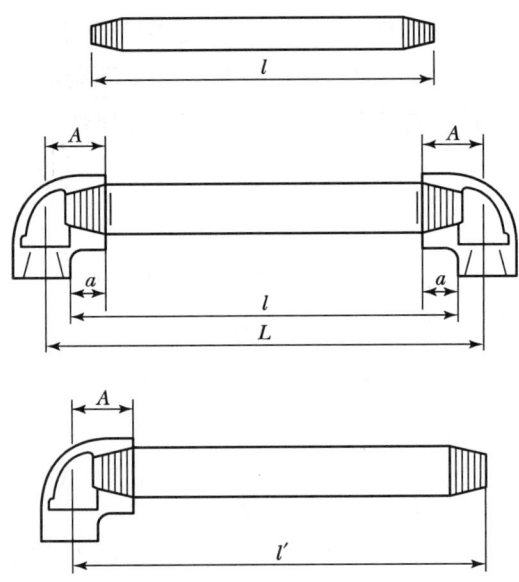

3 빗변길이 산출

l_1, l_2를 알고 빗변길이 l을 미지수라 하면 피타고라스의 정리를 응용하여,

$$l^2 = l_1^2 + l_2^2, \ l = \sqrt{l_1^2 + l_2^2}, \ 90° = \sqrt{2} \times l_1 (\text{mm})$$

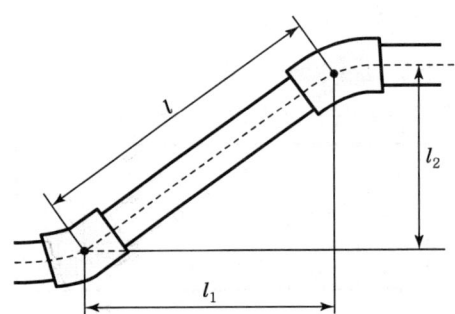

제2장 배관공작 출제예상문제

01 관을 절단한 후 관 안쪽에 생기는 거스러미를 제거하는 공구는?

① 파이프 커터   ② 파이프 리머
③ 파이프 렌치   ④ 파이프 벤더

해설 파이프 리머(Pipe Reamer)
관 절단 후 생기는 거스러미(버르, Burr)를 제거한다.

02 플라스턴 이음방법에 속하지 않는 것은?

① 맞대기 이음   ② 플레어 이음
③ 분기관 이음   ④ 직선 이음

해설 플라스턴 합금(Pb 60% + Sn 40%, 용융점 232℃)에 의한 접합방법이다.
㉠ 직선접합 : 연관의 직선 배관 연결 시 사용되며 암관의 입구를 넓혀 숫관을 끼우는 접합방법이다.
㉡ 맞대기 접합 : 관 절단면을 서로 맞대어 접합하는 방법이며, 시공 시 연관의 용융온도가 327℃로 플라스탄과 별 차이가 없으므로 가열온도에 세심한 주의를 요한다.
㉢ 수전 소켓 접합 : 급수 전, 지수 전 및 계량기의 소켓을 연관에 접합하는 방법이다.
㉣ 분기관 접합 : 대구경 연관에 T자형 또는 Y자형 지관을 따내어 접합하는 방법이다.
㉤ 만다린 접합 : 수전 기둥 속이나 판자벽 속을 입상하여 그 끝에 수전을 달거나 수전 소켓을 접합할 때 이용한다. 관 끝을 90°로 구부려 시공하므로 숙련을 요한다.

03 납관의 주관에서 가지관을 잇기 위하여 구멍을 뚫을 때 사용하는 기구는?

① 벤드벤   ② 봄볼
③ 맬릿   ④ 턴핀

해설 봄볼
연관의 분기관 따내기 작업 시 주관에 구멍을 뚫는다.

04 배관공작용으로 많이 쓰이는 측정공구를 열거한 것 중에 속하지 않는 것은?

① 철자(Iron Scale)
② 버니어 캘리퍼스(Vernier Calipers)
③ 줄자(Convex Rule)
④ 다이얼 게이지(Dial Gauge)

해설 관 공작용 측정공구
자(Rule), 디바이더(Divider), 캘리퍼스(Calipers), 직각자(Square), 조합자, 버니어 캘리퍼스, 수준기

05 배관이음 도중 고장이 생겼을 때 쉽게 분해하기 위해 사용하는 배관이음쇠는?

① 엘보우   ② 티
③ 소켓   ④ 유니온

해설 유니온
50A 이하의 배관에 고장이 생겼을 때 쉽게 분해하기 위해 사용되는 배관 이음쇠는 유니온이다.

06 다이헤드형(Die Head Type) 나사절삭기로서 할 수 없는 작업은?

① 절단   ② 리밍
③ 나사절삭 ④ 벤딩

해설 다이헤드식
관의 절단, 나사 절삭, 거스레미(Burr) 제거 등의 일을 연속적으로 해내기 때문에 근래 현장에서 가장 많이 사용되고 있다. 관을 물린 척(Chuck)을 저속 회전시키면서 다이헤드를 관에 밀어 넣어 나사를 절삭한다.

정답 01 ② 02 ② 03 ② 04 ④ 05 ④ 06 ④

07 판이나 봉 등을 자르는 정의 날끝각도가 올바르게 짝지어진 것은?

① 납, 구리 : 45~50°
② 연강 : 50°
③ 주철, 청동 : 25~30°
④ 경강 : 80~90°

해설 정(Chisel)
정은 탄소함량 0.8~1.0%의 점성이 강한 강을 열처리 단조해서 만들며, 평정, 평흠정, 흠정으로 나뉜다. 정의 날 끝 각도는 일반적으로 60°이지만 공작물의 재질에 따라 표와 같이 선택한다.

〈정의 종류〉

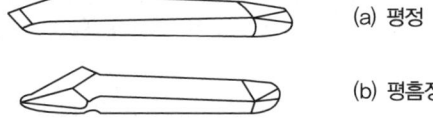

(a) 평정
(b) 평흠정
(c) 흠정

〈평정의 날끝 각도〉

공작물의 재질	날 끝 각도(°)
동, 아연, 화이트 메탈	25~35
황동, 청동	40~50
연강	45~55
주철	55~60
경강	60~70

08 연관작업에서 사용하는 몰스킨(Mole Skin)에 대한 설명 중 맞지 않는 것은?

① 양질의 모직포이다.
② 납물을 접합 부위에 부어준 후 몰스킨은 보통 왼손에 들고 사용한다.
③ 연관의 살붙임 납땜 접합시 사용한다.
④ 열전도율이 크고 내구성이 강하다.

해설 몰스킬
㉠ 양질의 모직포이다.
㉡ 몰스킨을 보통 왼손으로 들고 납물을 접합부위에 부어준다.
㉢ 연관의 살붙임 납땜 접합시 사용한다.
㉣ 열전도율이 적고 내구성이 크다.

09 주철관의 이음방식과 거리가 먼 것은?

① 소켓이음 ② 플랜지 이음
③ 용접이음 ④ 빅토리 이음

해설 ㉠ 주철관의 이음방식
• 소켓접합   • 플랜지 접합
• 기계식 접합 • 빅토릭 접합
• 타이톤 접합
㉡ 주철은 용접되지 않는다.

10 주철관의 접합방법 중 옳은 것은?

① 관의 삽입구를 수구에 맞대어 놓는다.
② 얀은 급수관이면 틈새의 1/3, 배수관이면 2/3 정도로 한다.
③ 접합부에 클립을 달고 2차에 걸쳐 납을 녹여 부어 넣는다.
④ 코킹 시 끌의 끝이 무딘 것부터 차례로 사용한다.

해설 소켓 접합(Socket Joint)
관의 소켓부에 납과 얀(Yarn)을 넣는 접합방식이다.

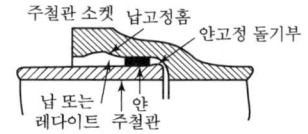

[소켓접합]

시공상 주의사항
㉠ 접합부 주위는 깨끗하게 유지한다. 만일 물이 있으면 납이 비산해 작업자에게 해를 준다.
㉡ 얀(누수방지용)과 납(얀의 이탈방지용)의 양은 다음과 같다.
• 급수관일 때 : 깊이의 약 1/3을 얀, 2/3를 납으로 한다.
• 배수관일 때 : 깊이의 약 2/3을 얀, 1/3를 납으로 한다.
㉢ 납은 충분히 가열한 후 산화납을 제거하고 접합부 1개소에 필요한 양을 한번에 부어 준다.
㉣ 납이 굳은 후 코킹(다지기) 작업을 정성껏 해준다.

11 링크형 파이프 커터를 주로 어떤 관의 절단에 사용하는가?

① 강관　② 동관
③ 주철관　④ 연관

해설　링크형 파이프 커터는 주철관의 절단에 사용되는 공구이다.

12 동관을 배관할 때 접합하는 방법으로 기계의 점검, 보수를 위해 고려하여 사용하는 것은?

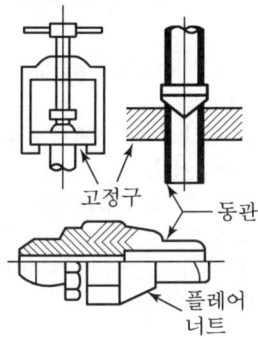

① 납땜이음
② 플라스턴 이음
③ 압축이음(플레어 이음)
④ 소켓이음

해설　플레어 접합(Flare Joint : 압축접합)
기계의 점검, 보수 또는 관을 분해할 경우를 대비한 접합방법이다. 관의 절단 시에는 동관 커터(Tube Cutter : 관경이 20mm 미만일 때) 또는 쇠톱(20mm 이상일 때)을 사용한다.

13 납관을 굽히거나 굽은 관을 펼 때 납관에 끼워 사용하는 공구는?

① 드레서(Dresser)
② 턴핀(Turn Pin)
③ 맬릿(Mallet)
④ 벤드벤(Bend Ben)

해설　연관용 공구
　㉠ 봄볼 : 분기관 따내기 작업시 주관에 구멍을 뚫어낸다.
　㉡ 드레서 : 연관표면의 산화물을 깎아낸다.
　㉢ 벤드벤 : 연관을 굽힐 때나 펼 때 사용한다.
　㉣ 턴핀 : 접합하려는 연관의 끝부분을 소정의 관경으로 넓힌다.
　㉤ 맬릿 : 턴핀을 때려 박든가 접합부 주위를 오므리는 데 사용한다.

14 두께 3~4mm의 레지노이드(Resinoic)계의 원판형 연마석을 고속도로 회전시키면서 강관 등을 절단하는 기계는?

① 디스크 그라인더(Disc Grinder)
② 고속 절단기(High Speed Cut-Off Machine)
③ 기계톱(Hack Sawing Machine)
④ 파이프 가스절단기(Pipe Gas Cut-Off Machine)

해설　고속 절단기
두께 3~4mm의 레지노이드계의 원판형 연마석을 고속도로 회전시키면서 강관 등을 절단한다.

15 파이프 절단용 기계에 속하지 않는 것은?

① 포터블 소잉 머신
② 고정식 기계톱
③ 동력용 나사절삭기
④ 커팅 휠 절단기

해설　파이프 절단용 기계
　㉠ 포터블 소잉 머신
　㉡ 고정식 기계톱
　㉢ 커팅 휠 절단기
　㉣ 링크형 파이프 커터

정답　11 ③　12 ③　13 ④　14 ②　15 ③

16 강관 벤딩용 기계에 관한 설명 중 맞는 것은?

① 동일 모양의 관 굽힘을 생산하는 데 적당한 것은 램식(Ram Type)이다.
② 로터리식(Rotary Type)은 이동식이므로 현장용으로 적당하다.
③ 램식(Ram Type)은 관에 모래를 채우는 대신 심봉을 넣고 구부린다.
④ 로터리식(Rotary Type)은 두께에 관계없이 강관뿐만 아니라 동관, 스테인리스관 등도 구부릴 수 있다.

해설 파이프 벤딩 머신(Pipe Bending Machine)
㉠ 램식(Ram Type) : 현장용으로 많이 쓰이며 수동식(잭키식)은 50A, 모터를 부착한 동력식은 100A 이하의 관을 상온 벤딩할 수 있다.
㉡ 로터리식(Rotary Type) : 공장에서 동일 모양의 벤딩된 제품을 대량 생산할 때 적합하며 관의 심봉에 넣고 구부린다. 이 방식은 상온에서도 관의 단면 변형이 없고, 두께에 관계없이 강관, 스테인레스강관, 동관, 황동관 등 어느 것이나 쉽게 벤딩할 수 있는 장점이 있다. 관의 구부림 반경은 관경의 2.5배 이상이어야 한다.

17 파이프 바이스의 크기는 어떻게 나타내는가?

① 조의 폭
② 바이스의 길이
③ 조의 길이
④ 물릴 수 있는 관의 지름

해설 ㉠ 파이프 바이스의 크기 : 물릴 수 있는 관의 최대 지름
㉡ 수평 바이스 : 강관 등의 조립, 열간 벤딩 등의 작업을 쉽게 하기 위해 관을 고정할 때 사용하며 크기는 조의 폭으로 표시한다.

18 구리관의 나팔관 접합시 관끝을 나팔끝 모양으로 넓혀 주는 공구는?

① 사이징 툴 ② 플레어링 툴셋
③ 익스팬더 ④ 봄볼

해설 플래어링 툴셋
동관의 압축접합용에 사용되며 동관의 나팔관 접합 시 관 끝을 나팔관 모양으로 넓혀주는 공구이다.

19 다음 중 배관용 공구를 알맞게 설명한 것은?

① 체인 파이프 바이스는 지름이 큰 관을 죄거나 회전시킬 때 사용한다.
② 강관 절단 시 사용하는 활톱 날의 산수는 1″당 14~18산이 적당하다.
③ 파이프 리머는 관절단면 안쪽에 생기는 거스름을 제거하는 데 사용한다.
④ 파이프 렌치의 크기는 조(Jaw)를 맞대었을 때의 전 길이를 표시한다.

해설 ㉠ 체인 파이프 렌치 : 200A 이상의 강관용 파이프 렌치이다.
㉡ 강관절단 시 사용하는 활톱날의 산수는 1인치당 14산이다.
㉢ 얇은 철관의 절단 시 사용하는 활톱 날의 산수는 1인치당 18산이다.
㉣ 파이프의 리머는 관절단면 안쪽에 생기는 거스름을 제거한다.
㉤ 파이프 렌치의 크기는 입을 최대로 벌려 놓은 전장 길이로 표시한다.

20 다음은 동관 접합방법의 종류를 열거한 것이다. 잘못된 것은?

① 용접접합
② 빅토리 접합(Vitoric Joint)
③ 플레어 접합(Flare Joint)
④ 납땜접합

해설 ㉠ 동관의 접합방법
• 플레어 접합(압축접합)
• 용접접합(연납용접, 경납용접)
• 분기관 접합
• 납땜접합
㉡ 빅토릭 접합은 주철관의 접합이다.

21 파이프와 플랜지를 접합하는 방법이 아닌 것은?

① 맞대기 용접이음 ② 나사이음
③ 슬리브 용접이음 ④ 패킹이음

해설 파이프와 플랜지를 접합하는 방법
㉠ 맞대기 용접이음
㉡ 나사이음
㉢ 슬리브 용접이음

정답 16 ④ 17 ④ 18 ② 19 ③ 20 ② 21 ④

22 지름 20mm 이하의 동관접합 시공 시 또는 기계의 점검, 보수, 기타 관의 착탈을 쉽게 하기 위하여 이용되는 동관의 접합방법은?

① 플레어 이음(Flaring Joint)
② 유니온 이음(Union Joint)
③ 플랜지 이음(Flange Joint)
④ 사이징 이음(Sizing Joint)

해설 플레어 이음
지름 20mm 이하의 동관접합 시공 시 또는 기계의 점검, 보수 기타 관의 착탈을 쉽게 하기 위하여 이용되는 동관의 접합방법

23 동관 이음쇠 중 순동 이음쇠의 특징 설명으로 잘못된 것은?

① 용접시 가열시간이 짧다.
② 외형이 크지 않은 구조이므로 배관 공간이 적어도 된다.
③ 관두께가 불균일하며 취약부분이 많다.
④ 내면이 동관과 같이 압력손실이 적다.

해설 순동 이음쇠의 특징
㉠ 땜납 시 가열시간이 짧아 공수절감이 된다.
㉡ 벽 두께가 균일하여 취약부분이 적다.
㉢ 외형이 크지 않은 구조이므로 배관공간이 적어도 된다.
㉣ 내면이 동관과 같이 압력손실이 적다.
㉤ 내식성이 좋고 부식에 의한 누수의 우려가 없다.

24 배관작업 연결부속 중 분해조립이 가능하도록 설치하는 부속류는 어느 것인가?

① 티   ② 엘보
③ 플랜지   ④ 리듀서

해설 플랜지
50A 이상의 대형배관에서 작업 연결부속 중 분해조립이 가능하도록 설치하는 부속이다.

25 호칭 지름 15A의 강관을 반경(R) 80mm로 90°의 각도로 구부릴 때 곡선의 길이는?

① 약 80mm   ② 약 126mm
③ 약 315mm   ④ 약 160mm

해설 $l = 2\pi R \times \dfrac{\theta}{360}$
$= 2 \times 3.14 \times 80 \times \dfrac{90}{360} = 126\text{mm}$

26 다음 관의 절단공구가 아닌 것은?

① 체인 파이프 커터
② 링크형 파이프 커터
③ 쇠톱
④ 3개날 파이프 커터

해설 관의 절단공구
㉠ 쇠톱
㉡ 링크형 파이프 커터
㉢ 1개날 파이프 커터
㉣ 3개날 파이프 커터

27 다음 공구 중 강관의 절단공구가 아닌 것은?

① 파이프 커터   ② 쇠톱
③ 가스절단기   ④ 링커터

해설 ㉠ 강관의 절단공구
• 파이프 커터(1개날, 3개날)
• 가스절단기
• 톱
㉡ 주철관의 절단공구 : 링커터

28 납땜 접합용 공구에서 주관에 분기관을 접합하기 위하여 구멍을 뚫을 때 사용하는 공구는?

① 드레서   ② 봄볼
③ 턴핀   ④ 마아레트

해설 봄볼
연관의 납땜 접합용 공구에서 주관에 분기관을 접합하기 위해 구멍을 뚫을 때 사용하는 공구이다.

정답 22 ① 23 ③ 24 ③ 25 ② 26 ① 27 ④ 28 ②

29 관용나사의 테이퍼와 나사산의 각도는?

① $\frac{1}{32}$, 60°   ② $\frac{1}{2}$, 55°
③ $\frac{1}{16}$, 55°   ④ $\frac{1}{16}$, 60°

해설 관용나사
㉠ 테이퍼 : 1/16
㉡ 나사산의 각도 : 55°

30 동력용 나사절삭기의 종류에 해당되지 않는 것은?

① 호브식   ② 오스터식
③ 다이헤드식   ④ 익스팬더식

해설 동력 나사절삭기
㉠ 오스터식 : 동력으로 관을 저속 회전시키면서 나사절삭기를 밀어넣는 방법으로 나사가 절삭되며, 나사절삭기는 지지로드에 의해 자동 이송되어 나사를 깎는다. 가장 간단하여 운반이 쉽고 관경이 적은 것에 주로 사용한다.
㉡ 호브식 : 나사절삭용 전용 기계로서 호브를 100~180rev/min의 저속도로 회전시키면 관은 어미 나사와 척의 연결에 의해 1회전할 때마다 1피치만큼 이동, 나사가 절삭된다. 이 기계에 호브와 사이드 커터를 함께 장치하면 관의 나사절삭과 절단을 동시에 할 수 있다.
㉢ 다이헤드식 : 체서 4개가 1조로 되어 있으며 절단도 가능하다.

31 파이프 바이스의 호칭 번호가 3번이면 작업에 알맞은 파이프와 차수 중 맞는 것은 다음 중 어느 것인가?

① 6~50A   ② 6~65A
③ 6~90A   ④ 6~115A

해설 ① 0번, ② 1번, ③ 2번, ④ 3번

32 파이프 바이스와 호칭 번호에 속하지 않는 것은?

① 0번   ② 0.5번
③ 1번   ④ 2번

해설 파이프 바이스
관의 절단, 나사 절삭, 조립 시에 관을 고정한다. 종류는 고정식(일반 작업대용)과 가반식(현장용)이 있다. 관 고정 시 관의 조임부가 체인으로 되어 있는 것을 특히 체인파이프 바이스(Chain Pipe Vise)라 한다. 크기는 고정 가능한 관경의 치수로 표시한다.

(a) 체인형   (b) 보통형

〈파이프 바이스의 크기 표시〉

호칭 치수	호칭 번호	사용 관경
50	#0	6A~50A
80	#1	6A~65A
105	#2	6A~90A
130	#3	6A~115A
170	#4	15A~150A

33 관을 가열하여 구부릴 때의 작업 요령으로 잘못된 것은?

① 파이프 속에 젖은 모래를 채우고 양끝을 막는다.
② 모래의 크기는 1~10mm의 것을 사용한다.
③ 강관의 경우 800~900℃로 가열한다.
④ 구부릴 부분을 여러 등분하여 석필로 표시한다.

해설 관을 가열하여 구부릴 때의 작업요령
㉠ 파이프 속에 젖은 모래를 쓰지 않고 건조모래를 사용한다.
㉡ 모래의 크기는 1~10mm의 것을 사용한다.
㉢ 강관의 경우 800~900℃로 가열한다.
㉣ 구부릴 부분을 여러 등분하여 석필로 표시한다.

정답 29 ③ 30 ④ 31 ④ 32 ② 33 ①

34 동관의 끝부분을 정확한 치수의 원형으로 교정하기 위하여 사용되는 공구는?

① 익스팬더
② 턴핀
③ 플랜지
④ 사이징 툴

해설 동관용 공구
㉠ 토치 램프 : 납땜 이음, 구부리기 등의 부분적 가열용으로 쓰이며 가솔린용과 경유용이 있다.
㉡ 사이징 툴 : 동관의 끝부분을 원으로 정형한다.
㉢ 플레어링 툴 셋 : 동관의 압축접합용으로 사용한다.
㉣ 튜브벤더 : 동관 벤딩용 공구이다.
㉤ 익스팬더 : 동관의 관 끝 확관용 공구이다.
㉥ 튜브 커터 : 동관(소구경) 절단용 공구이다.
㉦ 리머 : 동관 절단 후 관의 내외면에 생긴 거스러미를 제거한다.

35 배관 라인에 설치된 각종 펌프류, 콤프레서 등에서 발생하는 진동, 수격작용 등이 심할 때 쓰이는 관 지지 금속은 다음 중 어느 것인가?

① 브레이스
② 리스트레인트
③ 스커트
④ 콘스탄트 행거

해설 브레이스
배관 라인에 설치된 각종 펌프류 콤프레서 등에서 발생하는 진동, 수격작용 등이 심할 때 쓰이는 관지지 금속기구이며, 방진기와 완충기가 있고, 그 구조에 따라 스프링식과 유압식이 있다.

36 파이프 벤더(Bender)에 의한 구부림 작업 시 관에 주름이 생기는 원인으로 가장 적당한 것은?

① 받침쇠가 너무 나와 있다.
② 굽힘 반지름이 너무 작다.
③ 재료에 결함이 있다.
④ 바깥지름에 비하여 두께가 얇다.

해설 구부림 작업 시 관에 주름이 발생하는 원인
㉠ 관이 미끄러진다.
㉡ 받침쇠가 너무 들어간다.
㉢ 굽힘형의 홈이 관경보다 크거나 작다.
㉣ 외경에 비해 두께가 작다.
㉤ 굽힘형이 주축에서 빗나가 있다.

37 다음 중 동관의 이음방법이 아닌 것은?

① 플레어 이음
② 용접이음
③ 플랜지 이음
④ 플라스턴 이음

해설 ㉠ 동관의 이음방법
• 플레어 이음
• 용접이음
• 플랜지 이음
• 납땜접합
㉡ 플라스턴 이음 : 연관(납관)의 이음방법

38 파이프 렌치의 크기는?

① 몸체의 폭
② 웃턱의 크기
③ 최대 사용관경의 관을 물렸을 때의 전장
④ 최대 사용관경의 크기

해설 파이프 렌치(Pipe Wrench)
관 접속부 부속류의 분해·조립 시에 사용하며 보통형, 강력형, 체인형 등이 있다. 특히 체인형은 200A 이상 강관용 대형 렌치이다. 크기 표시는 입을 최대로 벌려 놓은 전장으로 표시한다.

〈파이프 렌치의 치수와 사용관경〉

치수(mm)	사용관경	치수(mm)	사용관경
150(6″)	6A~15A	450(18″)	8A~50A
200(8″)	6A~20A	600(24″)	8A~65A
250(10″)	6A~25A	900(36″)	15A~90A
300(12″)	6A~32A	1,200(48″)	25A~125A
350(14″)	8A~40A		

39 관의 접합 시공 불량에 의하여 다음과 같은 장해가 생긴다. 옳지 않은 것은 어느 것인가?

① 누수 개소 부근의 관을 부식하여 수명을 짧게 한다.
② 관 내 유속에 지속이 생기거나 유량이 감퇴된다.
③ 누수에 의하여 건물이나 비품을 오손한다.
④ 누수에 의하여 모세관 현상을 일으킨다.

해설 관의 접합 시공 불량에 의한 장해
ㄱ. 누수 개소 부근의 관을 부식하여 수명을 짧게 한다.
ㄴ. 관 내 유속에 지속이 생기거나 유량이 감퇴된다.
ㄷ. 누수에 의하여 건물이나 비품을 오손한다.

40 방사 난방 시 온수관 접합 및 진동이 심한 곳에서 이용되며 동관과 동관끼리 산, 수소 용접 또는 산소, 아세틸렌 용접으로 접합 시공하는 접합방법은?

① 연납용접(Soldering)
② 경납용접(Brazing)
③ 플레어 접합(Flaring Joint)
④ 기계적 접합(Mechanical Joint)

해설 경납용접(Brazing)
방사난방 시 온수관 접합 및 진동이 심한 곳에 사용된다. 동관끼리 산·수소용접 또는 산소·아세틸렌용접으로 접합 시공한다. 접합부 간에 발생하는 전해작용에 의한 부식현상을 방지할 수 있다.
용접방법 및 용접재의 종류에 따라 용접온도 범위가 다르므로 주의하여야 한다. 과열하거나 미가열 시에는 용접 부위의 강도가 저하되어 수명을 단축시키는 결과를 초래하므로 알맞은 온도로 가열하여야 한다.

41 다음은 용접접합과 나사접합을 비교한 것이다. 나사접합의 특징이 아닌 것은?

① 살 두께가 불균일하다.
② 준비가 간단하다.
③ 접합부의 강도가 크다.
④ 피복 시공이 어렵다.

해설 나사접합의 특징
ㄱ. 살 두께가 불균일하다.
ㄴ. 준비가 간단하다.
ㄷ. 접합부의 강도가 약하다.
ㄹ. 피복시공이 어렵다.

42 다음 중 구리관 이음 시 사용되지 않는 공구는?

① 익스팬더   ② 사이징 툴
③ 커터   ④ 벤드벤

해설 ㄱ. 구리관의 이음 시 사용되는 공구
• 익스팬더(확관기)
• 사이징 툴
• 파이프 커터
• 플레어링 툴
ㄴ. 벤드벤은 연관용 공구

43 체이서 2개조가 되어 파이프 나사를 절삭하는 것은?

① 오스터형   ② 래치트형
③ 리드형   ④ 비버형

해설 수동용 나사 절삭기(Pipe Threader)
관끝에 나사를 절삭하는 수공구로 리드형(Reed Type)과 오스터형(Oster Type)의 두 종류가 있다.
※ 리드형 : 2개의 다이스와 4개의 조(Jaw)로 되어 있고, 좁은 공간에서의 작업이 가능하다.

44 강관용 파이프 리머(Pipe Reamer)의 역할을 바르게 설명한 글은?

① 관 절단 후 생기는 관 내 거스러미를 제거한다.
② 관을 절단한다.
③ 관 끝에 나사 절삭을 한다.
④ 관의 굽힘 가공 시 사용된다.

해설 파이프 리머
관의 절단 후 생기는 거스러미를 제거한다.(관용 리머)

45 나사 절삭할 때 사용하는 공구 형식에 속하지 않는 것은?

① 오스터형
② 래치식 오스터형
③ 커팅휠 절단기형
④ 베이비 리드형

해설 ㄱ. 나사절삭용 공구
• 오스터형
• 래치식 오스터형
• 베이비 리드형
ㄴ. 커팅휠 절단기형은 관의 절단에 사용

정답 40 ② 41 ③ 42 ④ 43 ③ 44 ① 45 ③

46 주철관의 이용방법이 아닌 것은 어느 것인가?

① 소켓이음　　② 플랜지 이음
③ 기계식 이음　④ 플레어 이음

해설　㉠ 주철관의 이음방법
- 소켓 이음
- 플랜지 이음
- 기계식 이음
- 빅토릭 이음

㉡ 플레어 이음은 동관의 이음방법이다.

47 다음 중 주철관의 이음방법에 해당되지 않는 것은?

① 컬러이음　　② 소켓이음
③ 빅토릭 이음　④ 플랜지 이음

해설　컬러이음, 기볼트 이음, 심플렉스 이음은 석면 시멘트관(에터니트관)의 접합이기 때문에 주철관의 접합은 아니다.

48 오스터로 파이프 나사절삭을 한 나사산의 각도는 몇 도인가?

① 80°　② 60°
③ 55°　④ 29°

해설　오스터의 나사절삭시 나사산의 각도는 55°이다.

49 파이프 지지의 구조와 위치를 정하는 데 꼭 고려하여야 할 것은 다음 중 어느 것인가?

① 중량과 지지간격
② 유속 및 온도
③ 압력 및 유속
④ 배출구

해설　파이프 지지의 구조와 위치를 정하는 데 꼭 고려하여야 할 것은 중량과 지지간격이다.

50 다음 중 동관의 이음방식 종류가 아닌 것은?

① 플레어 이음　② 납땜 이음
③ 플랜지 이음　④ 플라스턴 이음

해설　㉠ 동관의 이음방식
- 플레어 이음
- 납땜 이음
- 플랜지 이음

㉡ 플라스턴 이음
- 납 60%, 주석 40%의 합금이다.
- 용융온도가 232℃이다.
- 연관의 이음방식이다.
- 직선 접합, 맞대기 접합, 수전소켓 접합, 분기관 접합, 만다린 접합이 있다.

51 연관의 접합법에는 플라스턴 접합과 살붙임 납땜 접합의 두 가지가 있다. 연관의 용융온도는?

① 232℃　② 327℃
③ 368℃　④ 400℃

해설　㉠ 연관의 용융온도 : 327℃
㉡ 연관의 가열 벤딩온도 : 100℃ 전후

52 행거(Hanger)는 배관의 중량을 지지하는 목적으로 사용된다. 다음 중 행거의 종류에 속하지 않는 것은?

① 리지드 행거(Rigid Hanger)
② 스프링 행거(Spring Hanger)
③ 콘스탄트 행거(Constant Hanger)
④ 서포트 행거(Support Hanger)

해설　행거란 배관의 하중을 위에서 끌어당겨서 받치는 지지구이다.

53 다음 배관 지지물 중 열팽창에 의한 배관의 이동을 구속 또는 제한하는 역할을 하는 것은 어느 것인가?

① 서포트(Support)
② 행거(Hanger)
③ 리스트레인트(Restraint)
④ 브레이스(Brace)

해설　리스트레인트란 배관 지지대 중 열팽창에 의한 배관의 이동을 구속 또는 제한하는 역할을 한다.

정답　46 ④　47 ①　48 ③　49 ①　50 ④　51 ②　52 ④　53 ③

54 배관의 상하 이동을 허용하면서 관 지지력을 일정하게 하는 것으로 추를 이용한 중추식과 스프링을 이용하는 방법이 있는 행거는?

① 리지드 행거
② 턴버클 행거
③ 콘스탄트 행거
④ 롤러 행거

해설 중추식은 설치장소가 넓어야 하고, 추 자체가 무겁고 높은 곳에 설치하므로 위험성이 있어 거의 사용하지 않는다.(콘스탄트 행거)

55 앵커, 스톱, 가이드 등으로 분류되며, 열팽창에 의한 배관의 측면 이동을 구속 또는 제한하는 역할을 하는 지지구를 무엇이라 하는가?

① 행거(Hanger)
② 턴버클(Turn Buckle)
③ 리스트레인트(Restraint)
④ 서포트(Support)

해설 리스트레인트에는 앵커, 스톱, 가이드가 있다.

56 1개의 축에 연하는 변위를 제한하기 위한 장치로서 기기 노즐부의 보호, 신축계수 사용 시 내압을 받는 곳 등에 사용하는 것은 다음 중 어느 것인가?

① 스토퍼(Stopper)
② 앵커(Anchor)
③ 가이드(Guide)
④ 리지드 행거(Rigid Hanger)

해설
㉠ 앵커 : 배관의 지지점에서의 이동 및 회전을 방지하기 위해 지지점 위치에 완전히 고정하는 것
㉡ 가이드 : 배관의 축방향의 이동을 허용하는 안내역할을 하며 축과 직각방향의 이동을 구속하는 것
㉢ 리지드 행거 : I빔에 턴버클을 연결하여 파이프를 달아올리는 것이며, 수직방향에 변위가 없는 곳에 사용하는 지지물
㉣ 스토퍼 : 기기노즐 보호, 신축 조인트와 내압에 의한 축방향의 힘을 받는 곳에 사용한다.

57 구부림에 의한 균열을 방지하기 위하여 판재의 압연방향과 구부림선은 일반적으로 어떤 방향으로 하는 것이 적당한가?

① 30° 방향
② 60° 방향
③ 90° 방향
④ 같은 방향

해설 구부림에 의한 균열방지를 위하여 판재의 압연방향과 구부림선은 직각방향으로 하는 것이 좋다.

58 펌프, 압축기 등이 설치되어 있는 배관계에 진동을 억제하기 위해 지지구를 장치할 경우 가장 알맞은 지지구는?

① 콘스탄트 서포트
② 브레이스
③ 행거
④ 턴버클

해설 브레이스는 스프링식과 유압식이 있으며, 스프링식은 온도가 높지 않아 배관에 사용하고, 유압식은 구조상 배관의 이동에 대하여 저항이 없고 방진효과도 크다. 그 종류로는 방진기와 완충기가 있다. 그리고 그 구조에 따라 스프링식과 유압식으로 분류한다.

59 래칫장치 오스터형에서 115R로 나사 절삭할 수 있는 관의 호칭 지름은?

① 8~32A
② 15~50A
③ 40~80A
④ 65~100A

해설 ①은 112R, ②는 114R, ③은 115R, ④는 117R

60 열팽창에 의한 배관의 이동을 구속 또는 제한하는 역할을 하는 리스트레인트(Restraint)지지 장치의 종류를 열거한 것 중 맞지 않는 것은?

① 앵커(Anchor)
② 스톱(Stop)
③ 파이프 슈(Pipe Shoe)
④ 가이드(Guide)

해설 파이프 슈는 아래에서 위로 떠받쳐 배관을 지지하는 서포트의 일종이다. 즉, 배관의 벤딩부분과 수평부분에 관으로 영구히 고정시켜 배관의 이동을 구속시킨다.

정답 54 ③ 55 ③ 56 ① 57 ③ 58 ② 59 ③ 60 ③

61 다음 중 연관의 이음용 공구와 가장 관계가 적은 것은?

① 벤드벤 　　② 봄볼
③ 사이징툴 　　④ 턴핀

해설　사이징툴은 동관용 공구로서 동관의 끝부분을 원으로 정형할 때 사용하는 동관용 공구이다.

62 동관을 플라스턴(Plastann) 접합할 때 관을 삽입시키는 길이는 다음 중에서 관 지름의 몇 배 정도가 가장 적당한가?

① 0.3~0.5배
② 0.6~0.7배
③ 1~1.5배
④ 2~3배

해설　플라스턴 접합이란 주석 40%와 납 60%의 합금을 녹여서 연관을 접합하는 방법으로 삽입 길이는 관경의 1~1.5배가 적당하다.

63 체인 파이프 렌치(Chain Pipe Wrenches)는 일반적으로 몇 mm 이상의 파이프에 사용하는 것이 가장 좋은가?

① 100mm 　　② 150mm
③ 175mm 　　④ 200mm

해설　체인 파이프 렌치는 200A 이상의 강관을 회전시킬 때 사용한다.

64 로터리 벤더에 의한 관 구부리기 작업에서 미끄러지는 결함의 원인이 아닌 것은?

① 파이프의 고정이 잘못되었다.
② 클램프나 파이프에 기름이 묻었다.
③ 압력형의 조정이 너무 빡빡하다.
④ 받침쇠의 모양이 나쁘다.

해설　④의 받침쇠의 모양이 나쁜 것은 관이 타원형으로 되는 결함의 원인이다.

65 다음은 유압식 수동 파이프 벤더기의 벤딩할 수 있는 한계를 설명한 것이다. 옳은 것은?

① 상온에서 100A까지 구부릴 수 있다.
② 상온에서 150A까지 구부릴 수 있다.
③ 상온에서 25A까지 구부릴 수 있다.
④ 상온에서 50A까지 구부릴 수 있다.

해설　상온에서 수동은 50A까지, 동력식은 100A까지 벤딩이 가능하다. 구조는 굽힘형, 압력형, 클램프형 등이 사용된다.

66 열 팽창에 의한 배관의 이동을 구속 또는 제한하는 역할을 하는 리스트레인트의 종류 중 배관의 일정한 이동과 회전만 구속하는 것은?

① 스톱 　　② 앵커
③ 행거 　　④ 가이드

해설　① 스톱은 일정한 방향의 이동과 관이 회전하는 것을 구속하고 나머지 방향은 자유롭게 이동할 수 있는 구조이다.
② 앵커는 배관을 지지점 위치에 완전히 고정하는 지지구
③ 행거는 배관의 하중을 위에서 걸어 당겨 받치는 지지구
④ 가이드는 축과 직각방향의 이동을 구속하는 리스트레인트의 일종

67 앵커(Anchor)는 어느 배관 지지물의 종류에 속하는가?

① 행거(Hanger)
② 서포트(Support)
③ 브레이스(Brace)
④ 리스트레인트(Restraint)

해설　㉠ 리스트레인트의 종류에는 앵커, 스톱, 가이드가 있다.
㉡ 리스트레인트란 배관의 신축으로 인한 배관의 좌, 우, 상, 하 이동을 구속하고 제한하는 목적에 사용된다.

68 파이프 벤딩 머신(Pipe Bending Machine)에 관한 다음 설명 중 틀린 것은?

① 램식은 이동식이므로 배관공사 현장에서 지름이 비교적 적은 관에 적당하다.
② 로터리식은 관에 모래를 채우는 대신 심봉을 넣고 구부린다.
③ 로터리식은 두께에 관계없이 강관 및 스테인리스관, 동관까지도 벤딩이 가능하다.
④ 동일 모양의 굽힘을 다량 생산하는 데 적합한 것은 램식이다.

해설 ④는 로터리식의 설명이다. 즉, 동일 모양의 굽힘을 다량 생산하는 데 적합한 것은 로터리식이다.

69 다음 배관의 가접에 대하여 설명한 것이다. 잘못된 것은?

① 가능한 한 중요부분을 피해 가접한다.
② 가접은 본 용접 못지않게 중요하므로 최대한 튼튼하게 한다.
③ 가접은 본 용접시 제거함이 좋다.
④ 가접은 될 수 있는 한 적게 하는 것이 좋다.

해설 가능한 한 중요한 부분을 가접해서 변형을 막도록 한다.

70 강관을 용접 이음할 때의 주의사항으로 틀린 것은?

① 과열되었을 때 역화에 주의해야 한다.
② 간단한 작업 시는 보안경이 필요 없다.
③ 부근에 가스 축적이나 가연물 유무 확인 후 작업한다.
④ 작업 후 화기나 가스 누설 여부를 확인한다.

해설 용접이음 시에는 안전을 위하여 보안경을 착용하여야 한다. 종류는 눈을 보호할 수 있는 것과 피부를 보호하는 것으로, 보안경은 규격에 맞아야 하고, 자외선·적외선 양에 따라 잘 선택한다.

71 연납땜과 경납땜을 구별하는 용가재의 융점온도는?

① 200℃   ② 300℃
③ 450℃   ④ 500℃

해설 납땜 법에서 납땜의 용융온도가 450℃보다 높은 경우를 경납이라고 하며, 450℃보다 낮은 것을 연납이라 한다.

72 플랜지 이음에 대한 설명 중 틀린 것은?

① 플랜지 접촉면에는 기밀을 유지하기 위해 패킹을 사용한다.
② 플랜지 이음은 영구적인 이음이다.
③ 일반적으로 관경이 큰 경우와 압력이 많이 걸리는 경우에 사용한다.
④ 패킹 양면에 그리스 같은 기름을 발라 두면 분해 시 편리하다.

해설 영구적인 이음이란 용접, 납땜 등을 말한다. 플랜지 이음은 관의 해체 등 영구적인 이음이 아니다.

73 플랜지 접합 시 패킹 양면에 그리스를 바르는 이유로 가장 적합한 것은?

① 관의 부식을 방지하기 위함이다.
② 관과 플랜지를 밀착시키기 위한 방법이다.
③ 보수작업 시 관과 패킹을 분리하기 쉽게 하기 위한 방법이다.
④ 그리스의 부식으로 인한 방청효과를 갖기 위함이다.

해설 플랜지 작업 시 패킹 양면에 그리스를 바르면 보수점검 시에 패킹이 플랜지에 따라 붙어 잘 떨어지지 않는 것을 방지해 준다.

74 강관의 접합방법 중 분해 조립검사를 필요로 하는 곳에는 부적합하나 누설에 대해서는 안전한 방법은?

① 나사접합   ② 플랜지 접합
③ 기계적 접합   ④ 용접접합

정답 68 ④ 69 ① 70 ② 71 ③ 72 ② 73 ③ 74 ④

해설 용접이음은 누설에 대해서 가장 안전하므로 이 방법이 널리 사용되고 있다. 그러나 분해 조립검사를 필요로 하는 부분에 적합하지 않다. 분해나 조립이 필요한 때에는 나사접합이나 플랜지 접합이 용이하다.

75 다음은 플랜지의 규정 중 플랜지면의 종류이다. 틀린 것은?

① 평면좌(Flat Face)
② 끼워넣기형(Male & Female)
③ 홈형(Tongue & Groove)
④ 맞대기 용접용(Weld Neck)

해설 플랜지 종류에는 ①, ②, ③ 외에 대평면좌, 소평면좌가 있다. 맞대기 용접용은 플랜지의 관 부착법이다.

76 로터리 벤더에 의하여 관을 구부릴 때의 결합 중 관이 파손되는 원인이 아닌 것은?

① 압력형의 조정이 세고 저항이 클 때
② 받침쇠가 너무 나와 있을 때
③ 곡률 반지름이 너무 작을 때
④ 압력조정이 너무 빡빡할 때

해설 압력조정이 너무 빡빡하면 관이 미끄러지는 원인이 된다.

77 다음은 관 지지물에 대한 설명이다. 리스트레인트에 대한 설명으로 맞지 않는 것은?

① 앵커 : 배관을 지지점 위치에 완전히 고정하는 지지구이다.
② 스톱 : 배관을 일정한 방향의 이동과 회전만 구속하고 다른 방향은 자유롭게 이동하게 한 것이다.
③ 가이드 : 축과 직각방향의 이동을 구속하고 곡관 부분이나 신축이음 부분에 설치한다.
④ 브레이스 : 기계의 진동, 충격을 증가하는 데 사용하는 것이다.

해설 앵커, 스톱, 가이드는 리스트레인트 종류이다. 브레이스에는 방진기와 완충기가 있으며 진동이나 충격을 완화시킨다.

78 다음 접합방법 중에서 주철관의 접합에 적당치 못한 것은?

① 소켓접합
② 기계적 접합
③ 빅토리 접합
④ 플라스턴 접합

해설 플라스턴 접합은 연관의 접합방법이다. 그리고 주철관의 접합법에는 소켓, 기계적, 빅토릭 등이 있다.

79 지진 등 진동이 많은 곳의 배관 접합에 적합하고 외압에 견디는 이음방법으로 가장 적합한 것은?

① 소켓 접합
② 플랜지 접합
③ 메카니컬 조인트
④ 키볼트 이음

해설 150mm 이하의 수도관에도 사용이 가능한 접합방법으로 가요성이 풍부하며 다소 굴곡에도 새지 않는 장점이 있다. 지진 기타 외압에 대한 가요성이 풍부하다. 이것이 메커니컬 조인트이다.

80 강관을 구부릴 때 사용하는 램식 벤더의 주요 구조 명칭을 나타낸 것 중 맞지 않는 것은?

① 센터 포머
② 심봉
③ 유압 펌프
④ 램 실린더

해설 ㉠ ②는 로터리식 벤딩 기계부속품이다. 벤딩을 하기 위해서는 2개의 심봉이 필요하다.
㉡ ①, ③, ④의 구조는 램식 벤더의 주요 구조 명칭이다.

81 공장 등에 설치하여 동일 차수의 모양을 다량으로 구부릴 때 편리하며, 기계식과 유압식으로 구부리는 벤더는?

① 램식 벤더
② 로터리식 벤더
③ 오프식 벤더
④ 다이헤드식 벤더

해설 로터리식 벤딩 기계는 동일 모양의 굽힘을 다량으로 생산하는 데 알맞고 굽힘형, 압력형, 클램프형, 심봉 등으로 구성되어 있으며, 200A까지는 상온가공이 가능하다.

정답 75 ④ 76 ④ 77 ④ 78 ④ 79 ③ 80 ② 81 ②

82 만능 나사절삭기에 관한 설명 중 틀린 것은?

① 15A~150A의 직관, 곡관, 니플의 나사내기 및 절단에 사용되는 전용 기계이다.
② 체이서는 4~5매를 1조로 하며 다이헤드에 설치되어 있다.
③ 오스터형, 다이헤드형, 호브형이 함께 존재한다.
④ 나사가 소정 길이로 절삭되면 체이서는 외부로 열려 작업이 끝난다.

83 3개의 날을 가지고 있는 파이프 커터 호칭 4번으로 사용할 수 있는 관의 지름으로 가장 적당한 것은?

① 15A(1/2B)~50A(2B)
② 65A(1/2B)~100A(3B)
③ 100A(4B)~150A(6B)
④ 150A(6B)~200A(8B)

해설 ①은 호칭번호의 2번, ②는 호칭번호의 4번, ③은 호칭번호의 5번에 해당한다.

84 관을 가열 굽힘할 때 관의 종류에 따라 가열온도가 적절하게 짝지어진 것은?(단, ㉠ 강관, ㉡ 동관, ㉢ PVC관, ㉣ 연관으로 함)

① ㉠ 1,000℃ 이상   ㉡ 200℃ 이상
　 ㉢ 800℃ 이상   ㉣ 150℃ 이상
② ㉠ 800~900℃ 이상 ㉡ 600~700℃
　 ㉢ 130℃   ㉣ 80℃
③ ㉠ 700~750℃   ㉡ 100℃
　 ㉢ 500~550℃   ㉣ 100℃
④ ㉠ 500~600℃   ㉡ 80℃
　 ㉢ 400~350℃   ㉣ 100℃

해설 ㉠ 강관 800~900℃
　　 ㉡ 동관 600~700℃
　　 ㉢ PVC 130℃
　　 ㉣ 연관 100℃

85 다음의 강관 벤딩용 기계에 관한 설명 중 틀린 것은?

① 유압식은 현장용으로, 수동식은 50A까지 상온에서 구부릴 수 있다.
② 로터리식은 강관, 동관, 스테인리스관 등도 구부릴 수 있다.
③ 유압식은 관에 모래를 채우는 대신 심봉을 넣고 구부린다.
④ 로터리식은 단면의 변형이 없으며, 관의 구부림 반경은 관 지름의 2.5배 이상이 적합하다.

해설 ㉠ 유압식은 램식 파이프 벤더로서 관 지름이 작고, 얇은 관을 구부릴 때 사용하며 심봉 대신 모래를 넣고 구부린다.
　　 ㉡ 심봉이 필요한 것은 로터리식이다.

86 오스터형 104번 나사절삭기로서 절삭할 수 있는 최대 관 지름은?

① 32A   ② 50A
③ 65A   ④ 80A

해설 오스터형 104번은 관 15~50A까지 절삭이 가능하다.

87 다음 공구 중에서 동일한 지름의 동관을 이음쇠 없이 납땜 이음할 때 한쪽 관 끝에 소켓을 만드는 동관용 공구는?

① 익스팬더   ② 사이징 툴
③ 플랜저   ④ 플레어 툴

해설 ① 한쪽 관의 동관 끝에 소켓을 만드는 확관기
　　 ② 동관의 끝 부분을 원형으로 정형
　　 ④ 플레어 이음에서 관 끝을 나팔 모양으로 만들 때 사용

88 관을 벤더에 의해 관 굽히기를 할 때 관이 타원으로 되는 원인으로 틀린 것은?

① 받침쇠가 너무 들어가 있다.
② 받침쇠와 관 내경의 간격이 크다.
③ 받침쇠의 모양이 나쁘다.
④ 받침쇠의 재질이 단단하다.

정답 82 ③ 83 ② 84 ② 85 ③ 86 ② 87 ① 88 ④

해설 타원이 되는 원인으로는 ①, ②, ③ 외에 재질이 무르고 두께가 얇다.

89 땜납접합용 공구에 대하여 그 사용을 열거하였다. 잘못 설명된 것은?

① 토치 램프 : 땜납 접합 또는 관의 국부 가열에 사용한다.
② 봄볼 : 주관에서 분기할 때 주관에 구멍을 뚫는 공구다.
③ 벤드벤 : 연관에 삽입해서 관을 굽히든가 관을 똑바로 할 때 사용한다.
④ 드레서 : 연관의 치수를 정확히 하기 위한 공구다.

해설 드레서는 연관 표면의 산화물 제거에 사용된다.

90 나사를 절삭하는 관용 나사의 치형을 가진 체이서 4개가 1조로 되어 있는 나사 전용기계로 파이프 커터를 사용, 관을 절단할 수 있는 것은?

① 오스터형 나사절삭기
② 리드형 나사절삭기
③ 다이헤드형 나사절삭기
④ 리드형 다이스토크

해설 다이헤드형은 나사절삭, 리밍, 절단이 가능한 나사절삭기이다.

91 오스터형 오스터 102번이 나사를 깎을 수 있는 사용 관경으로 가장 적당한 것은?

① 8~32A
② 15~50A
③ 40~80A
④ 65~100A

해설 오스터형 오스터의 호칭 번호별 사용 관경
㉠ No. 102 : 8~32A
㉡ No. 104 : 15~50A
㉢ No. 105 : 40~80A
㉣ No. 107 : 65~100A

92 배관 지지물이 갖추어야 할 조건으로서 틀린 것은?

① 관의 신축이 자유로울 것
② 배관 구배의 조절을 간단하게 할 수 있을 것
③ 진동과 충격에 견딜 것
④ 재료는 반드시 탄소공구강을 사용할 것

해설 ①, ②, ③의 내용은 배관 지지물의 조건이다.

93 다음 중 손톱날의 크기를 나타내는 것으로 가장 적당한 것은?

① 전체 길이
② 톱날의 폭
③ 톱날의 두께
④ 양단 구멍 간의 거리

해설 손톱날의 크기는 걸게 구멍의 간격(양단 구멍 간의 거리)으로 나타낸다.

94 다음은 배관지지 목적에 대하여 열거한 것이다. 가장 관계가 적은 것은?

① 배관의 중량을 지지하는 데 사용된다.
② 열팽창에 의한 측면 이동을 제한하는 데 사용된다.
③ 진동하는 제어장치이다.
④ 관의 부식을 방지한다.

해설 ④는 배관지지와 관계가 없고 변형을 방지한다.

95 토치 램프에 관한 다음 사항 중 틀린 것은?

① 토치 램프 탱크에는 질이 좋은 가솔린을 2/3 정도 넣는다.
② 작업을 편리하게 하기 위해 작업장소에서 손쉬운 곳이면 어느 곳에 두어도 좋다.
③ 토치 램프를 사용할 때에는 장갑을 벗고 작업한다.
④ 토치 램프를 사용할 때에는 깨끗한 작업복을 단정히 착용한다.

해설 토치 램프는 인화물질이 없는 곳에 보관하여야 한다.

정답 89 ④ 90 ③ 91 ① 92 ④ 93 ④ 94 ④ 95 ②

96 호브식 동력 나사절삭기에 대한 설명으로 틀린 것은?

① 호브를 100~180rev/min의 저속으로 회전시키면서 나사를 절삭한다.
② 나사절삭 시 관은 어미나사와 척의 연결에 의해 1회전하면서 1피치만큼 이동, 나사가 절삭된다.
③ 이 기계에 호브와 사이드 커터를 함께 부착하면 관의 나사절삭과 절단을 동시에 할 수 있다.
④ 관의 절단, 나사절삭, 거스러미 제거 등의 일을 연속적으로 해내므로 현장용으로 가장 많이 쓰인다.

해설 ④는 다이헤드형 나사절삭기의 설명이다.

97 배관의 수평부와 곡관부를 지지하는 데 사용하는 서포트(Support)로서 파이프로 엘보(Elbow) 등에 접속시키는 것을 무엇이라 하는가?

① 파이프 슈(Pipe Shoe)
② 리지드 서포트(Rigid Support)
③ 롤러 서포트(Roller Support)
④ 스프링 서포트(Spring Support)

해설 파이프 슈는 배관의 수평부와 곡관부를 지지하는 데 사용하는 서포트로서 파이프로 엘보 등에 직접 접속시킨다.

98 플랜지를 관과 이음하는 방법에 따른 분류 중 맞지 않는 것은?

① 슬립온(Slip On) 타입형
② 웰드네크(Weld Neck) 타입형
③ 나사결합형(Screwed)
④ 하프캡형(Half Cap)

해설 ①, ②, ③은 플랜지를 관과 이음하는 방법이다.

99 다음은 고속 숫돌 절단기의 사용 시 주의사항이다. 틀린 것은?

① 숫돌차를 고정하기 전에 균열이 있는지 조사한다.
② 숫돌차의 회전을 규정 이상으로 빠르게 하지 말아야 한다.
③ 절단 시 제품에 너무 과중한 힘을 가하지 않는다.
④ 관지름이 적은 관은 여러 개 겹쳐 고정하여 절단한다.

해설 고속 숫돌 절단기의 사용 시에는 관을 1개씩 절단한다.

100 강관의 굽힘(Bending) 가공에 속하지 않는 것은?

① 수동 롤러에 의한 굽힘
② 해머로 타격하여 굽힘
③ 가열 후 수작업에 의한 굽힘
④ 벤딩 머신에 의한 굽힘

해설 강관은 해머로 굽힘가공은 불가능하다.

101 플랜지의 규격 중 관과의 부착방법에 따라 분류한 것이 아닌 것은?

① 소켓 용접형   ② 맞대기 용접형
③ 삽입 용접형   ④ 편심형

해설 플랜지의 관 부착법에 따른 분류
㉠ 소켓 용접법(슬립온 타입)
㉡ 맞대기 용접형(웰드네크)
㉢ 나사 결합형
㉣ 삽입 용접형
㉤ 블라인드형
㉥ 랩조인트

102 다음은 강관을 구부릴 때 쓰는 공구의 종류이다. 틀린 것은?

① 파이프 벤더   ② 유압식 벤더
③ 롤러식 벤더   ④ 앵글 벤더

해설 강관 벤더기에는 ①, ②, ③이 있고, 앵글 벤더란 공구는 사용하지 않는다.

정답 96 ④ 97 ① 98 ④ 99 ④ 100 ② 101 ④ 102 ④

103 다음은 연관 접합에 대하여 쓴 것이다. 틀린 것은?

① 네오타니시가 부착된 곳에는 플라스턴을 접합할 수 없다.
② 연관에는 턴핀을 사용하지 않는다.
③ 플라스턴 용융온도는 183~232℃이다.
④ 연관의 용융온도는 327℃이다.

해설 턴핀은 연관의 접합 시에 사용되는 공구이다.

104 지진 등 진동이 일어나는 배관의 접합에 적합하고, 외압에 잘 견디는 이음방법은?

① 소켓접합
② 플랜지 접합
③ 메커니컬 조인트
④ 기볼트 이음

해설 메커니컬 조인트는 주철관의 기계적 접합법에 해당하며 지진 등 진동이 일어나는 배관의 접합에 적합하고 외압에 잘 견디는 이음이다.

105 동관의 납땜 접합에 필요하지 않은 것은?

① 얀(Yarn)
② 사이징 툴(Sizing Tool)
③ 플라스턴(Plastann)
④ 익스팬더(Expander)

해설 얀은 강관의 이음시 사용되는 패킹제이다.

106 다음 중 동관의 플랜지 접합법에 속하지 않는 것은?

① 끼워맞춤형법
② 홈형법
③ 유합 플랜지형법
④ 플레어 접합형법

해설 플랜지 동관접합
끼워맞춤형, 홈형법, 유합 플랜지형법

107 다음은 배관용 공구로 작업할 때의 안전사항이다. 옳은 것은?

① 파이프 바이스에는 파이프 크기에 관계없이 물려 사용한다.
② 파이프 커터는 파이프 중심선에 직각이 되게 회전시킨다.
③ 파이프 렌치는 자루에 파이프를 끼워 사용하여도 좋다.
④ 오스터로 나사를 낼 때 기름을 공급하지 않아도 된다.

해설 파이프 커터기의 사용 시에는 파이프 중심선에 직각이 되게 회전시킨다.

108 호칭 번호 4번인 파이프 바이스에 고정시킬 수 있는 파이프의 호칭 지름 범위로 가장 적합한 것은?

① 6~65A   ② 6~90A
③ 6~115A   ④ 15~150A

해설 파이프 바이스 호칭 번호 4번은 15~150A의 파이프를 고정시킬 수 있다.

109 다음 중 날이 고정된 프레임이 크랭크에의 왕복 운동을 하여 파이프를 절단하는 것으로 무게가 가볍고 구조가 간단하여 현장 휴대용에 주로 이용되는 절단기는?

① 관상용 절단기
② 커팅 휠 절단기
③ 포터블 소잉 머신
④ 고정식 소잉 머신

해설 포터블 소잉 머신은 쇠톱을 전동화한 것으로서 일정한 장소에 이동시켜 주로 현장용으로 이용된다.

정답 103 ② 104 ③ 105 ① 106 ④ 107 ② 108 ④ 109 ③

110 바이스에 표면이 거친 일감을 고정시킬 때 확실히 고정할 수 있는 방법은?

① 바이스에 천을 대고 고정한다.
② 바이스 핸들을 해머로 때려 고정한다.
③ 바이스에 깊이 물리도록 한다.
④ 평행봉을 사용한다.

해설 바이스에 표면이 거친 일감을 고정시키려면 바이스에 천을 대고 고정한다.

111 주철관 빅토릭 접합(Victoric Joint)에 관한 설명이다. 틀린 것은?

① 고무링과 금속제 컬러를 죄어서 접합하는 방법이다.
② 컬러는 관경 350mm 이하이면 반원형의 부분을 짝지어 2개의 볼트로 죄어준다.
③ 관경이 400mm 이상인 경우에는 컬러를 4등분하여 볼트로 죄게 되어 있다.
④ 압력의 증가에 따라 누수가 심하게 되는 결점을 지니고 있다.

해설 빅토릭 접합의 특징
㉠ 고무링과 금속제 컬러를 죄어서 접합하는 방법이다.
㉡ 컬러는 관경 350mm 이하이면 2분하여 볼트를 죄어주고, 관경이 400mm 이상인 경우에는 컬러를 4분하여 볼트로 죈다. 압력이 높아질수록 더욱 밀착하여 누수가 방지된다.
㉢ 가스 배관용으로 우수하며 영국에서 개발된 방법이다.

112 로터리 벤더에 의하여 관을 구부릴 때의 결함 중 관이 파손되는 원인이 아닌 것은?

① 압력형의 조정이 세고 저항이 클 때
② 받침쇠가 너무 나와 있을 때
③ 곡률 반지름이 너무 작을 때
④ 클램프 또는 관에 기름이 묻었을 때

해설 ④의 내용은 관이 파손되는 원인이 아니고 관이 구부러질 때 관이 미끄러지는 현상에 해당된다.

113 강관접합방법 중 슬리브 용접접합을 설명한 것으로 틀린 것은?

① 분해할 경우가 많은 경우에 사용한다.
② 상향 용접은 공장에서, 하향 용접은 현장에서 하는 것이 능률적이다.
③ 슬리브의 길이는 파이프경의 1.2~1.7배가 적당하다.
④ 특수 배관용 삽입 용접식 이음쇠를 사용하며, 스테인리스강 배관이음에 사용한다.

해설 강관 접합 시 분해가 필요한 경우에는 유니온이나 플랜지 접합이 용이하다.

114 다음 중 연관의 이음용 공구와 가장 관계가 적은 것은?

① 벤드벤   ② 봄볼
③ 사이징 툴 ④ 턴핀

해설 사이징 툴은 동관용 공구이다.

115 플랜지 이음에 대한 설명 중 틀린 것은?

① 플랜지 접촉면에는 기밀을 유지하기 위해 패킹을 사용한다.
② 플랜지 이음은 영구적인 이음이다.
③ 일반적으로 관경이 큰 경우와 압력이 많이 걸리는 경우에 사용한다.
④ 패킹 양면에 그리스 같은 기름을 발라두면 분해시 편리하다.

해설 플랜지 이음은 관의 해체가 필요할 때 사용하며 일시적인 배관 이음방식이다.

116 동관을 플라스턴(Plastann) 접합할 때 관을 삽입시키는 길이는 다음 중에서 관 지름의 몇 배 정도가 가장 적당한가?

① 0.3~0.5배   ② 0.6~0.7배
③ 1~1.5배   ④ 2~3배

해설 동관의 플라스턴(납땜 접합) 접합 시 관 삽입부의 길이는 파이프 지름의 1.5배 정도로 하고 삽입시킨다.

정답 110 ① 111 ④ 112 ④ 113 ① 114 ③ 115 ② 116 ③

117 연관의 플라스턴 이음 시 사용되는 플라스턴 합금의 Pb : Sn의 비율은?

① Pb 30%, Sn 70%
② Pb 60%, Sn 40%
③ Pb 50%, Sn 50%
④ Pb 40%, Sn 60%

해설 연관의 플라스턴 접합 시에 합금을 Pb(납)가 60%, Sn(주석)이 40%, 용융점이 232℃이다.

118 500℃ 이하의 파이프, 탱크 노벽 등에 사용하는 보온재로 진동이 있는 곳에는 사용이 곤란하며 두께가 다른 것에 비해 두껍게 사용해야 하는 것은?

① 석면　　　　② 암면
③ 탄산마그네슘　④ 규조토

해설 규조토 무기질 보온재는 진동이 있는 곳에서는 사용이 불가능하다.

119 유압 파이프 로터리 벤더로 구부리기 작업을 할 때, 관이 미끄러지는 결함의 원인으로 틀린 것은?

① 관의 고정이 잘못 되었다.
② 압력형의 조정이 너무 빡빡하다.
③ 곡률 반지름이 너무 작다.
④ 벤더 또는 관에 기름이 묻었다.

해설 ③의 내용은 로터리 벤더로 구부리기 작업 시에 관이 파손되는 원인이 된다.

120 강관의 접합과 성형에 관한 설명 중 틀린 것은?

① 관연결작업 시 신축작용은 고려할 필요가 없다.
② 나사 접합 시 관용나사의 종류에는 PF, PT 등이 있다.
③ 플랜지 고정 시 볼트의 길이는 1~2산 나사산이 남게 한다.
④ 벤딩(Bending) 작업 시 관에 주름이 생기는 것은 관이 파열되었을 경우 일어난다.

해설 배관의 연결 작업 시 신축작용은 당연히 고려할 필요가 있다.

121 동관의 직선 이음을 하기 위해 소켓을 만들어 관을 끼우려고 한다. 이때 관의 삽입길이는 관경의 몇 배 정도가 적당한가?

① 0.5배　　② 1.0배
③ 1.5배　　④ 3배

해설 동관의 직선이음을 하기 위해 확관기를 가지고 소켓을 만들어 관을 끼울 때 관의 삽입길이는 관경의 1.5배 정도가 적당하다.

122 대구경관의 접합 및 관 분해 조립의 필요성이 요구될 때 이용되는 경질 염화 비닐관의 이음방법은?

① 나사접합　　② 용접법
③ 플랜지 접합　④ 열간삽입접합

해설 경질 염화 비닐관의 이음방법에서 대구경관의 접합 및 분해 조립의 필요성이 요구될 때, 이용되는 방법은 열간삽입 접합법이고 그 종류는 슬리브이음과 용접법이 있다.

123 다음은 유압식 수동 파이프 벤더기의 벤딩할 수 있는 한계를 설명한 것이다. 옳은 것은?

① 상온에서 100A까지 구부릴 수 있다.
② 상온에서 150A까지 구부릴 수 있다.
③ 상온에서 25A까지 구부릴 수 있다.
④ 상온에서 50A까지 구부릴 수 있다.

해설 유압식 수동 파이프 벤더기의 벤딩 한계는 상온에서 50A까지 구부릴 수 있다.

124 그림과 같은 지지장치는 무엇인가?

① 앵커
② 행거
③ 파이프 슈
④ 가이드

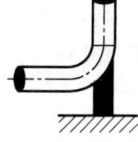

해설 그림은 파이프 슈를 나타낸다.

정답　117 ②　118 ④　119 ③　120 ①　121 ③　122 ④　123 ④　124 ③

125 나사깎기 기계의 종류 중 오스터형은 102, 104, 105, 107의 호칭 번호가 있다. 이 중 104번의 사용관경은 얼마인가?

① 8~32A　　② 15~50A
③ 40~80A　　④ 65~100A

해설 오스터형 나사깎기 104번(114R)은 15~50A까지의 관 나사가 절삭된다.

126 다음 중 수동용 나사절삭기의 형식이 아닌 것은?

① 리드형　　② 오스터형
③ 비버형　　④ 라쳇형

해설 수동용 나사절삭기의 형식은 리드형, 오스터형, 비버형 3가지가 있다.

127 강관의 나사접합에 대한 설명이다. 틀린 것은?

① 나사부의 길이는 규정 이상으로 크게 하지 않는다.
② 나사는 가능한 한 깊게 나사가 나게 한다.
③ 나사용 패킹을 바를 때는 나사의 끝에서 2/3 정도까지만 바른다.
④ 불완전 나사부만 남을 때까지 파이프렌치로 조인다.

해설 나사의 깊이는 나사이음의 조인트가 들어갈 수 있을 정도로 알맞게 절삭한다.

128 배관계의 중량을 천장이나 기타 위에서 매다는 방법으로 하는 배관지지장치는?

① 서포트(Support)
② 행거(Hanger)
③ 브레이스(Brace)
④ 앵커(Anchor)

해설 행거는 배관의 지지대로서 배관의 중량을 천장이나 기타 위에서 매다는 지지기구이다.

129 열팽창을 위한 관의 이동을 구속 또는 제한하는 역할을 하는 것이 리스트레인트이다. 그 종류로서 맞지 않는 것은?

① 파이프 슈　　② 앵커
③ 스톱　　　　④ 가이드

해설 리스트레인트에는 앵커, 스톱, 가이드가 있다.

130 관의 하중을 위에서 끌어당겨 고정시키는 것이 행거이다. 수직 방향에 변위가 없는 곳에 사용되는 행거는 어느 것인가?

① 스프링 행거
② 리지드 행거
③ 콘스탄트 행거
④ 파이프 슈

해설 리지드 행거는 수직 방향에 변위가 없는 곳에 사용되는 배관의 지지쇠이다.

131 파이프 벤딩 머신에 관한 다음 설명 중 맞는 것은?

① 램식은 공장에서 동일 모양의 벤딩 제품을 다량 생산할 때 쓰인다.
② 현장용으로 쓰이기 좋은 형식은 로터리식이다.
③ 로터리식 벤딩 머신으로 관을 구부릴 경우에는 관에 심봉을 넣을 필요가 없다.
④ 램식은 수동식일 때 50A이고, 동력식일 때는 100A까지 사용한다.

해설 램식의 파이프 벤딩 머신은 수동식일 때는 50A까지이고, 동력식은 100A까지이다.

132 소켓 접합 시 배수 파이프에서 얀(마)의 깊이는 소켓 깊이의 얼마로 하는 것이 가장 적합한가?

① 1/5　　② 1/2
③ 1/3　　④ 2/3

해설 소켓 접합 시 배수 파이프에서 얀을 사용할 때에는 소켓 깊이의 2/3 정도 깊이로 시공한다.

정답 125 ②　126 ④　127 ②　128 ②　129 ①　130 ②　131 ④　132 ④

133 굽힘형, 압력형, 클램프형, 심봉 등으로 구성되어 있는 벤더는 어느 것인가?

① 로터리식 벤더
② 램식 벤더
③ 수동벤더
④ 유압식 수동벤더

해설 로터리식 벤더는 굽힘형, 압력형, 클램프형, 심봉 등으로 구성된다.

134 배관 수리공사 중 좁은 공간에 매설되어 있는 경관을 절단하고자 한다. 어떤 공구를 사용하는 것이 가장 좋은가?

① 고속 숫돌 절단기
② 링크형 커터
③ 쇠톱
④ 파이프 커터

해설 배관작업 시 좁은 공간에 매설되어 있는 강관의 절단 시에 쇠톱이 사용된다.

135 파이프 드레싱 머신(Pipe Threading Machine)으로 할 수 없는 작업은?

① 나사내기작업
② 절단작업
③ 접합작업
④ 리머작업

해설 파이프 드레싱 머신은 나사내기, 관의 절단, 리머작업 등을 할 수 있다.

136 관 접합 중 플라스턴(Plastan) 접합은 작업 시 온도에 세심한 주의를 요구한다. 플라스턴 합금의 용융점은 얼마인가?

① 232℃
② 327℃
③ 400℃
④ 528℃

해설 연관의 접합방법인 플라스턴 접합의 용융점은 232℃이다.

137 동력 나사절삭기의 이점이 아닌 것은?

① 나사산이 매끄럽다.
② 대량생산이 가능하다.
③ 작업속도가 느리다.
④ 작업성이 좋다.

해설 동력용 나사절삭기의 이점
㉠ 나사산이 매끄럽다.
㉡ 대량생산이 가능하다.
㉢ 작업속도가 빠르다.
㉣ 작업성이 좋다.

138 다음 중 동관의 접합방법이 아닌 것은?

① 납땜접합
② 경납땜
③ 삽입접합
④ 플레어 접합

해설 동관의 접합은 납땜접합, 용접접합(연납땜, 경납땜), 플레어 접합, 플랜지 접합 등이 있다.

139 다음 중 강관의 용접 접합법으로 적합하지 않은 것은?

① 맞대기 용접
② 슬리브 용접
③ 플랜지 용접
④ 플라스턴 용접

해설 플라스턴 접합은 연관의 접합방법이다.

140 파이프 나사절삭기의 종류가 아닌 것은?

① 오스터형
② 리드형
③ 파이버형
④ 라쳇형

해설 오스터형, 리드형, 라쳇형, 호브식, 다이헤드식은 나사절삭기이다.

141 로터리 파이프 벤더를 사용한 관 굽힘 시 관이 미끄러지는 원인이 아닌 것은?

① 압력조정이 너무 빡빡하다.
② 클램프나 관에 기름이 묻었다.
③ 받침쇠가 너무 나와 있다.
④ 관의 고정이 잘못 되어 있다.

해설 ③은 관이 미끄러지는 원인이 아니고 관이 파손되는 원인에 해당된다.

정답 133 ① 134 ③ 135 ③ 136 ① 137 ③ 138 ③ 139 ④ 140 ③ 141 ③

142 배관 지지쇠를 열거한 것이다. 다음 중 2군데의 회전을 구속할 수 있는 구조로 되어 있는 것은?

① 리지드 ② 브레이스
③ 스톱 ④ 가이드

해설 리스트레인트인 스톱(Stop)은 일정한 방향의 이동을 구속하며, 관이 회전하는 것을 구속하는(2군데의 회전을 구속하는) 구조로 되어 있다.

143 동관의 굽힘작업 시 적당한 가열온도는?

① 400~500℃ ② 500~600℃
③ 600~700℃ ④ 800~900℃

해설 동관의 굽힘작업 시 적당한 가열온도는 600~700℃이다.

144 강관의 나사접합 시 보기에 나타낸 바와 같이 배관이 중심선 길이를 L, 관의 실제길이를 l, 부속의 끝단면에서 중심선까지의 치수를 A, 나사가 물리는 길이를 a라 하면 관의 실제 길이 l을 구하는 공식은?

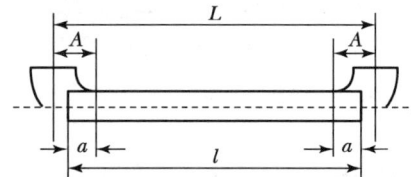

① $l = L + 2A - a$
② $l = A - 2(L - a)$
③ $l = L + 2(A - a)$
④ $l = L - 2(A - a)$

해설 $l = L - 2(A - a)$

145 펌프, 컴프레서 등의 수격작용, 진동 등에 의해 배관의 진동 및 충격을 완화하는 완충작용에 사용되는 지지물은?

① 서포트 ② 행거
③ 브레이스 ④ 리스트레인트

해설 브레이스 펌프나 컴프레서 등의 수격작용 진동 등에 의해 배관의 진동 및 충격을 완화하는 완충작용에 사용된다. 브레이스에는 방진기와 완충기가 있고 그 구조에 따라 스프링식과 유압식이 있다.

146 플랜지 용접접합 방법의 유의사항 중 적당치 못한 것은?

① 볼트의 길이는 고정 후 나사산이 1~2산 남게 한다.
② 플랜지의 나사를 죌 때에는 균일하게 순차적으로 한다.
③ 곡관부분은 현장에서 직관부분은 공장에서 용접한다.
④ 플랜지는 볼트를 결합하기 쉬운 위치를 정한다.

해설 플랜지로 나사를 죌 때에는 균일하게 순차적으로 하지 않고 대칭상태로 나사를 죈다.

147 래치식 오스터형 나사절삭기에 속하지 않는 것은?

① 107R ② 112R
③ 114R ④ 115R

해설 오스터형은 다이스 4개로 나사를 절삭하며 현장용으로 많이 쓰인다.(112, 114, 115, 117 등)

148 슬리브 용접접합 시 슬리브의 길이는 관 지름의 몇 배로 하는가?(단, 강관의 접합임)

① 1.2~1.7 ② 1.8~2
③ 2.2~2.7 ④ 2.8~3

해설 가스용접에 의한 방법과 전기용접에 의한 방법이 있다. 용접 가공방법에 따라 맞대기 이음과 슬리브 이음이 있는데, 슬리브 이음은 누수의 염려도 없고 관경의 변화도 없다. 슬리브의 길이는 관경의 1.2~1.7배로 하는 것이 좋다.

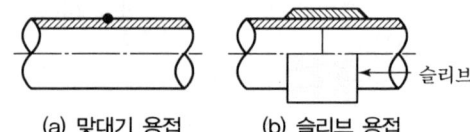

(a) 맞대기 용접 (b) 슬리브 용접

149 다음 도면의 구조는 강관의 접합방법 중 어떤 접합에 속하는가?

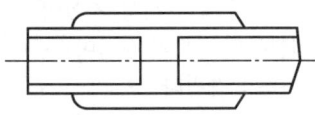

① 나사접합
② 맞대기 접합
③ 플랜지 접합
④ 슬리브 용접접합

해설 위의 그림은 슬리브 용접이음이다.

150 그림과 같이 중심 간의 거리를 300mm로 하고자 한다. 파이프의 호칭지름이 20A일 때 파이프의 절단 길이를 구하면?

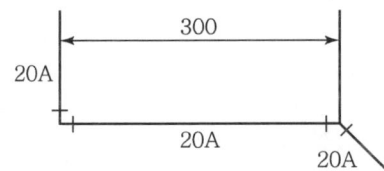

① 267mm ② 268mm
③ 269mm ④ 279mm

해설 20A 90° 엘보=32-13=19mm(공간여유치수)
20A 45° 엘보=25-13=12mm(공간여유치수)
$I = 300-(19+12) = 269$mm
∴ 20A 관은 나사의 물리는 길이가 13mm이다.

151 그림과 같이 중심 간의 길이를 250mm로 하고자 한다. 파이프의 호칭지름이 15A일 때 실제 파이프의 절단 길이를 구하면?($A=27$mm, $a=11$mm)

① 210mm ② 215m
③ 218mm ④ 220mm

해설 $I = L-2(A-a)$
    $= 250-2(27-11)$
    $= 218$mm

152 20A 관의 곡률 반지름이 120mm일 때 형판(R 게이지)의 곡률 반지름은 얼마인가?(단, 20A 관의 외경 27.2mm)

① 147.2mm ② 132.8mm
③ 106.4mm ④ 87.2mm

해설 $27.2 \div 2 = 13.6$mm
∴ $120-13.6 = 106.4$mm

153 강관을 굽힐 때, 굽힘 반지름은 강관지름(d)의 몇 배 정도로 하는 것이 효율적인가?

① 10~12배 ② 6~8배
③ 3~4배   ④ 1~2배

해설 강관을 굽힐 때 굽힘 반지름은 강관지름의 6~8배 정도이다.

154 강관을 가열하여 구부릴 때 가장 적당한 가열온도는?

① 400~500℃
② 500~600℃
③ 600~700℃
④ 800~900℃

해설 ㉠ 강관의 구부림 작업 시 가열온도 : 800~900℃
㉡ 동관의 구부림 작업 시 가열온도 : 600~700℃
㉢ 연관의 구부림 작업 시 가열온도 : 100℃ 전후

155 쇠톱의 종류에 해당되지 않는 것은?

① 200mm ② 250mm
③ 300mm ④ 350mm

해설 **쇠톱(Iron Saw)**
관 절단용 공구로서 톱날 끼우는 구멍(Fitting Hole)의 간격에 따라 크기를 나타내며, 200mm(8″), 250mm(10″), 300mm(12″)의 세 종류가 있다.
공작물의 재질에 따라 톱날의 잇수가 결정되는데, 다음 표는 1인치(25.4mm)당 톱날의 잇수를 표시한 것이다.

정답 149 ④ 150 ③ 151 ③ 152 ③ 153 ② 154 ④ 155 ④

〈톱날의 잇수와 공작물의 재질〉

잇수 (25.4mm)	공작물의 종류
14	탄소강(연강), 주철, 동합금, 경합금
18	탄소강(경강), 고속도강
24	강판, 합금강
32	얇은 철판, 작은 지름의 합금강판

156 동관의 끝을 나팔 모양으로 만드는 데 사용하는 공구는?

① 사이징 툴　　② 익스팬더
③ 플레어링 툴　　④ 리머

해설 플레어링 툴
동관의 끝을 나팔모양으로 만드는 데 사용하는 공구이다.

157 연관작업 시 사용하지 않는 공구는 어느 것인가?

① 토치 램프　　② 드레서
③ 오스터　　　④ 마아레트

해설 오스터형은 강관식 나사절삭기로서 연관과는 관계없는 공구이다.

158 활 모양의 프레임(Frame)에 톱날을 끼워 크랭크 작용에 의한 왕복 운동으로 강관을 절단하는 것은?

① 핵소잉 머신(Hack Sawing Machine)
② 고속 연삭절단기(Abrasive Cut Off)
③ 띠톱 기계(Band Sawing Machine)
④ 강관 절단기(Pipe Cut Off)

해설 핵소잉 머신
활 모양의 프레임에 톱날을 끼워 크랭크 작용에 의한 왕복운동으로 강관을 절단한다.

159 다음은 강관 용접접합의 특성을 열거한 것이다. 잘못된 것은?

① 관 내 유체의 저항 손실이 적다.
② 접합부의 강도가 강하며 누수의 염려도 없다.
③ 중량이 가볍다.
④ 보온 피복 시공이 어렵다.

해설 용접접합의 이점
㉠ 유체의 저항 손실이 적다.
㉡ 접합부의 강도가 강하며 누수의 염려도 없다.
㉢ 보온 피복 시공이 용이하다.
㉣ 중량이 가볍다.
㉤ 시설의 유지, 보수비가 절감된다.

정답 156 ③　157 ③　158 ①　159 ④

CHAPTER 03 배관도시법

1. 배관도의 종류

1 평면배관도

배관장치를 위에서 아래로 내려다보며 그린 그림이다.

2 입면배관도(측면도)

배관장치를 측면에서 본 그림이다.

3 입체배관도

입체적인 형상을 평면에 나타낸 그림이다.

4 부분조립도

배관조립도에 포함되어 있는 배관의 일부분을 작도한 그림, 즉 배관일부분을 인출하여 그린 그림이다.

〈도면의 종류〉

분류방법	도면의 종류	설명
용도에 따른 분류	계획도(Layout Drawing)	설계용 도면으로 제작도를 작성하는 기초가 된다.
	제작도(Working Drawing)	작업자가 이 도면에 의거해서 제품을 만든다. 조립도, 부품도, 공작도 등을 통틀어 제작도라 한다.
	주문도(Order Drawing)	주문 사양서에 첨부하여 주문의 개요를 나타내는 도면이다.
	승인도(Approved Drawing)	주문자가 그 밖의 관계기관의 승인을 얻은 도면으로 이것을 근거로 계획 및 제작한다.
	견적도(Estimation Drawing)	견적서에 첨부하여 조회용으로 제출하는 도면으로 외형 또는 이 목적에 간혹 쓰인다.
	설명도(Explanation Drawing)	구조, 기능 등의 설명에 이용하는 도면이다. 보통 절단, 투시, 채색 등을 하여 이해하기 쉽게 한다.

분류방법	도면의 종류	설명
도면의 내용에 의한 분류	조립도(Assembly Drawing)	기계나 구조물의 조립상태를 나타내는 도면이다. 필요하면 주요 치수와 필요한 치수만을 기입한다.
	부분조립도 (Partial Assembly Drawing)	일부분의 조립상태를 나타내는 도면이다. 복잡한 기계인 경우에 사용한다.
	부품도(Part Drawing)	부품의 제작에 필요한 모든 사항을 상세하게 나타낸 도면이다. 1품목 1매씩 다품목 1매씩 있다.
	상세도(Detail Drawing)	특정 부분을 상세히 나타낸 도면이다.
	공정도(Process Drawing)	제작과정의 상태를 나타낸 제작도 또는 제작공정을 나타낸 계통도이다.
	결선도(Connection Drawing)	전기회로의 접속을 나타낸 도면이다. 계획도, 설명도, 공작도 등에 사용한다.
	배선도(Wiring Drawing)	전선의 배치를 나타낸 제작도이다.
	배관도(Piping Drawing)	증기, 물, 공기, 오일 등 관의 배치, 접속 등을 나타낸다.
	계통도 (Distribution Drawing)	배관 등의 접속 및 장치의 작동계통을 나타낸 도면이다. 계획도 또는 설명도로 사용한다.
	기초도(Foundation Drwaing)	기계나 건물의 기초공사에 필요한 도면이다.
	설치도(Setting Drwaing)	보일러, 기계 등의 설치관계를 나타내는 도면이다. 크기, 작동범위, 기초에 올려놓는 상태 등이 명시되어 있다.
	배치도 (Arrangement Drawing)	기계나 장치의 배치위치를 나타낸 도면이다.
	장치도(Equipment Drawing)	화학공업 등에서 각 장치의 배치 및 제조공정 등의 관계를 나타낸 도면이다.
	외형도(Outside Drwaing)	기계나 구조물 전체의 외형만을 나타낸 도면으로 모양이나 대략의 크기를 나타낸다.
	구조선도(Skeleton Drawing)	기계나 건물 등의 뼈대를 나타내는 도면이다.
	곡면선도 (Curved Surface Drwing)	전체, 자동차의 차체 등 복잡한 곡선을 나타내는 도면이다.

2. 치수기입법

1 치수표시

치수는 mm를 단위로 하여 표시하되 치수선에는 숫자만 기입한다. 각도는 일반적으로 도(°)로 표시하며 필요에 따라 도, 분, 초로 나타내기도 한다.

2 높이 표시

배관도면을 작성할 때 사용하는 높이의 표시는 기준선을 설정하여 이 기준선으로부터의 높이를 표시한다.

(1) EL 표시

배관의 높이를 관의 중심을 기준으로 표시한 것이다.

(2) BOP 표시

지름이 서로 다른 관의 높이를 표시할 때 관의 중심까지의 높이를 기준으로 표시하면 측정과 치수기입이 복잡하므로 배관제도에서는 관 바깥 지름의 아래 면까지의 높이를 기준으로 표시한다.

(3) TOP 표시

BOP와 같은 방법으로 표시하며, 관의 바깥지름의 윗면을 기준하여 표시한다.

(4) GL 표시

포장된 지표면을 기준으로 하여 배관장치의 높이를 표시할 때 적용된다.

(5) EL 표시(Elevation Line)

① EL+4,500 : 관의 중심이 기준면보다 4,500mm 높은 장소에 있다.
② EL-600BOP : 관의 밑면이 기준면보다 600mm 낮은 장소에 있다.
③ EL-350TOP : 관의 윗면이 기준면보다 350mm 낮은 장소에 있다.

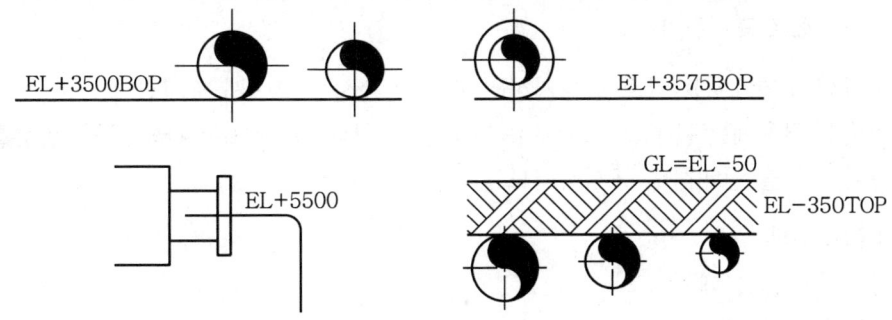

[관의 중심 표시]

〈관의 접속상태 및 입체적 표시법〉

굽은 상태	실제 모양	도시기호
파이프가 A가 앞쪽 수직으로 구부러질 때		
파이프 B가 뒤쪽 수직으로 구부러질 때		
파이프 C가 뒤쪽으로 구부러져서 D에 접속될 때		

3. 배관도의 표시법

1 관의 표시법

관은 한 개의 실선으로 표시하며 같은 도면에서 다른 번호를 표시할 때는 같은 굵기의 선으로 표시하는 것이 원칙이다.

(1) 유체의 표시

관 내를 흐르는 유체의 종류, 상태, 목적을 표시할 때에는 인출선을 긋고 그 위에 문자 기호로 도시하는 것을 원칙으로 한다.

① 유체의 종류를 표시하는 문자기호는 필요에 따라 관을 표시하는 선을 끊고 표시할 수 있다.
② 유체의 방향을 표시할 때는 관을 표시하는 선 옆에 화살표로 표시한다.

(2) 관의 굵기와 재질의 표시

관의 굵기와 재질을 표시할 때는 관의 굵기를 숫자로 표시한 다음, 그 위에 관의 종류와 재질을 문자기호로 표시한다.

① 복잡한 도면에서는 착오를 방지하기 위해 인출선을 그어서 도시한다.
② 특별한 경우에는 관속을 흐르는 유체의 종류, 상태, 목적 또는 관의 굵기, 종류를 선의 종류나 굵기를 달리하여 표시하기도 한다.

(3) 관의 접속상태
① 접속하지 않을 때
② 접속해 있을 때
③ 갈라져 있을 때

(4) 관의 입체적 표시

〈관의 접속상태 및 입체적 표시법〉

① 관이 도면에 직각으로 앞쪽을 향해 구부러져 있을 때		
② 관이 앞쪽에서 도면 직각으로 향해 구부러져 있을 때		
③ 관 A가 앞쪽에서 도면 직각으로 구부러진 관 B에 접속할 때		

(5) 관의 이음방법

① 나사이음
② 플랜지 이음
③ 턱걸이 이음
④ 용접이음
⑤ 땜이음(납땜이음)

2 밸브의 계기표시

밸브나 콕, 계기를 표시하는 경우는 다음과 같다. 특히 계기의 종류를 표시할 때에는 ○속에 압력계는 P, 온도계는 T 등으로 표시된다.

4. 배관의 도시기호(KS 발췌)

1 관의 접속상태

접속상태	실제모양	도시기호
접속하고 있을 때		
분기하고 있을 때		
접속하지 않을 때		

2 관연결방법 도시기호

관이음	나사형			관이음	루프형	
	용접형				슬리브형	
	플랜지형				벨로스형	
	턱걸이형				스위블형	
	납땜형					

3 밸브 및 계기류의 도시기호(나사이음의 경우)

명칭	도시기호	명칭	도시기호
체크앵글밸브 (Check Angle Valve)		슬루스 앵글밸브(수직) (Sluice Angle Valve)	
슬루스 앵글밸브 (수평)		글로브 앵글밸브(수직) (Glove Angle Valve)	
글로브 앵글밸브 (수평)		체크밸브 (Check Valve)	
콕(Cock)		다이어프램 밸브 (Diaphragm Valve)	
플로트 밸브 (Float Valve)		슬루스 밸브 (Sluice Valve)	
전동 슬루스 밸브(Motor Operated Sluice Valve)		글로브 밸브 (Glove Valve)	
전동 글로브 밸브		봉합밸브 (Lock Wield Valve)	
안전밸브 (Safety Valve)		감압밸브(Reducing Pressure Valve)	
안전밸브(스프링식)		안전밸브(추식)	
일반 콕		삼방 콕	
일반 조작 밸브		전자밸브	
도출밸브		공기빼기밸브	

명칭	도시기호	명칭	도시기호
닫혀 있는 일반밸브		닫혀 있는 일반 콕	
온도계		압력계	
글로브 밸브 (Glove Valve)		슬루스 밸브 (Sluice Valve)	
리프트형 체크밸브 (Lift Type Check Valve)		스윙형 체크밸브 (Swing Type Check Valve)	
콕(Cock)		삼방 콕	
안전밸브		배압밸브	
감압밸브		온도조절밸브	
압력계		연성 압력계	
공기빼기밸브			

4 배관도에 많이 사용되는 일반 기호

명칭	기호	비고	명칭	기호	비고
송기관	———	증기 및 온수	편심조인트		주철, 이형관
복귀관	-------	증기 및 온수	팽창곡관		
증기관		증기	배관고정점		
응축수관			급탕관		
기타 관	A/A		온수복귀관		
급수관			기수분리기		
상수도관			리프트피팅		
우물급수관			분기가열기		
Y자관		주철, 이형관	주형방열기		
곡관		주철, 이형관	티		

명칭	기호	비고	명칭	기호	비고
T자관		주철, 이형관	증기 트랩		
Y자관		주철, 이형관	스트레이너	Ⓢ	
90° Y자관			바닥상자	Ⓑ	
배수관	───		유분리기	ⓞⓢ	
통기관	-----		배압 밸브		
소화관	─×─		감압밸브		
주철관(급수)(배수)	75mm ─)─ 100mm ─)─	관지름 75mm 관지름 100mm	압력계	⌀	
연관(급수)(배수)	13L ─·─ 100L ───	관지름 13mm 관지름 100mm	압력계	⌀	
콘크리트관(급수)(배수)	150L ─)─ 150L ─)─	관지름 150mm	온도계	Ⓣ	
도관	100T ─)─	관지름 100mm	송기도 단면	⊠	
수직관	○○ ○		배기도 단면	▭	
수직 상향	─(		송기도 댐퍼단면		
하향부	─)─		배기댐퍼		
곡관			송기구		
플랜지	─╫─		배기구		
유니온	─╫─		바닥배수	⊘	
엘보			벽걸이 방열기		
청소구			핀 방열기	•∥∥∥∥∥∥∥•	
하우스 트랩	─∪─		대류방열기	•▬▬•	
양수기	M		소화전	F	
그리스 트랩	─ⒼⓉ─		기구배수	○	

5 일반배관 도시기호(관 지지기호 포함)

명칭	배관 도시기호	명칭	배관 도시기호
절연	X(mm)	트랩	
보온관	X(mm)	벤트	
인체안전용 보온관	X(mm) PP	탱크용 벤트	
		명칭	관 지지기호
분리가능관		앵커	
원추형 여과막	또는	가이드	G
평면형 여과막		슈	
증기가열관	X(mm)	행거	H
Y형여과기 / 맞대기용접		스프링 행거	SH
Y형여과기 / 소켓용접		바닥 지지	S
Y형여과기 / 플랜지		스프링 지지	S
Y형여과기 / 나사식			

6 KS 배관 도시기호

(1) 관이음 및 밸브

명칭	플랜지이음	나사이음	턱걸이 이음	용접이음	땜이음
1. 부싱 Bushing					
2. 캡 Cap					
3. 크로스 Cross 3.1 줄임크로스 Reducing					
3.2 크로스 Straight Size					
4. 엘보 Elbow 4.1 45° 엘보 45-Degree					
4.2 90° 엘보 90-Degree					
4.3 가는 엘보 Tyrned Down					
4.4 오는 엘보 Turned Up					
4.5 받침 엘보 Base					
4.6 쌍가지 엘보 Double Branch					
4.7 긴 반지름 Long Radius					

명칭	플랜지이음	나사이음	턱걸이 이음	용접이음	땜이음
4.8 줄임 엘보 Reducing					
4.9 옆가지 엘보 (가는 것) Side Outlet (Outlet Down)					
4.10 옆가지 엘보 (오는 것) Side Outlet (Outlet Up)					
5. 조인트 5.1 조인트 Connecting Pipe					
5.2 팽창조인트 Expansion					
6. 와이(Y) 타이 Lateral					
7. 오리피스 플랜지 (Orifice Flange)					
8. 줄임 플랜지 Reducing Flange					
9. 플러그 Pluge 9.1 벌 플래그 Bull Plug					
9.2 파이프 플러그 Pipe Plug					

명칭	플랜지이음	나사이음	턱걸이 이음	용접이음	땜이음
10. 줄이개 Reducer 10.1 줄이개 Concentric					
10.2 편집 줄이개 Eccenitric					
11. 슬리브 Sleeve					
12. 티 Tee 12.1 티(Straight) Size					
12.2 오는 티 (Outlet Up)					
12.3 가는 티 (Outlet Down)					
12.4 쌍스위프 티 (Double Sweep)					
12.5 줄임 티 Reducing					
12.6 스위프 티 (Single Sweep)					
12.7 옆가지 티 (가는 것) Side Outlet (Outlet Down)					
12.8 옆가지 티 (오는 것) Side Outlet (Outlet Up)					
13. 유니온 Union					

(2) 밸브 도시기호

명칭	플랜지이음	나사이음	턱걸이 이음	용접이음	땜이음
14. 앵글밸브 Angle Valve 14.1 앵글 체크밸브 Check					
14.2 슬루스 앵글 밸브(수직) Gate (Elevation)					
14.3 슬루스 앵글밸브 (수평) Gate (Plan)					
14.4 글로브 앵글밸브 (수직) Globe (Elevation)					
14.5 글로브 밸브 (수평) Globe(Plan)					
14.6 호스 앵글밸브 Hose Angle	기호 22.1과 같다.				
15. 자동밸브 Automatic Valve 15.1 바이패스 자동 밸브 Bypass					
15.2 가버너 자동밸브 Governor-Operated					
15.3 줄임 자동밸브 Reducing					

명칭	플랜지이음	나사이음	턱걸이 이음	용접이음	땜이음
16. 체크밸브 Check Valve 16.1 앵글체크밸브 Angle Check					
16.2 체크밸브 Straight Way					
17. 콕 Cock					
18. 다이어프램 밸브 Diaphragm Valve					
19. 플로트 밸브 Float Valve					
20. 슬루스밸브 Gate Valve 20.1 슬루스밸브					
20.2 앵글 슬루스밸브 Angle Gate	기호 14.2 및 14.3과 같다.				
20.3 호스 슬루스밸브 Hose Gate	기호 22.2와 같다.				
20.4 전동 슬루스 밸브 Motor Operated					
21. 글로브 밸브 Gloved Valve 21.1 글로브 밸브					
21.2 앵글 글로브 밸브 Angle Valve	기호 14.4 및 14.5와 같다.				
21.3 호스 글로브 밸브 Hose Globe	기호 22.3과 같다.				
21.4 전동 글로브 밸브 Motor Operated					

명칭	플랜지이음	나사이음	턱걸이 이음	용접이음	땜이음
22. 호스밸브 Hose Valve 22.1 앵글 호스밸브 Angle					
22.2 슬루스 호스밸브 Gate					
22.3 글루브 호스밸브 Globe					
23. 봉합밸브 Lockshield Valve					
24. 지렛대 밸브 Quick Opening Valve					
25. 안전밸브 Stop Valve					
26. 스톱밸브 Stop Valve	기호 20.1과 같다.				
27. 감압밸브 Reducing Pressure Valve	기호 20.1과 같다.				

7 계장용 도시기호

(1) 계장용 문자기호

기호	변량작동	기호	변량작동
A	조성	Q	열량
D	밀도	S	속도
F	유량	T	온도
H	수동	V	정도
L	액면	W	무게
M	습도	X	기타
P	압력		

기호	의미	기호	의미	기호	의미
TW	: 열원	PRC	: 압력기록조절기	PC	: 압력조절기
T1	: 온도지시계	PSV	: 압력안전밸브	FRC	: 유량기록조절기
TRC	: 온도기록조절기	F1	: 유량지시계	LC	: 수위조절기
⊗	: 트랜스미터	FR	: 유량기록계	LG	: 수고계
PR	: 압력기록기	TA	: 온도경보기	HCV	: 수동조절밸브
PIC	: 압력지시조절기	TR	: 온도기록기		

8 투영에 의한 배관 등의 표시방법

관의 입체적 표시방법 : 1방향에서 본 투영도로 배관계의 상태를 표시하는 방법은 다음과 같다.

〈화면에 직각방향으로 배관되어 있는 경우〉

	정투상도	각도
관 A가 화면에 직각으로 바로 앞쪽으로 올라가 있는 경우		
관 A가 화면에 직각으로 반대쪽으로 내려가 있는 경우		
관 A가 화면에 직각으로 바로 앞쪽으로 올라가 있고 관 B와 접속하고 있는 경우		
관 A로부터 분기된 관 B가 화면에 직각으로 바로 앞쪽으로 올라가 있으며 구부려져 있는 경우		
관 A로부터 분기된 관 B가 화면에 직각으로 반대쪽으로 내려가 있고, 구부려져 있는 경우		

[비고] 정투영도에서 관이 화면에 수직일 때 그 부분만을 도시하는 경우에는 다음 그림 기호에 따른다.

9 화면에 직각 이외의 각도로 배관되어 있는 경우

정투영도		등각도
관 A가 위쪽으로 비스듬히 일어서 있는 경우		
관 A가 아래쪽으로 비스듬히 내려가 있는 경우		
관 A가 수평방향에서 바로 앞쪽으로 비스듬히 구부러져 있는 경우		
관 A가 수평방향으로 화면에 비스듬히 반대쪽 윗방향으로 일어서 있는 경우		
관 A가 수평방향으로 화면에 비스듬히 바로 앞쪽 윗방향으로 일어서 있는 경우		

[비고] 등각도의 관의 방향을 표시하는 가는 실선의 평행선 군을 그리는 방법에 대하여는 KS A 0111(제도에 사용하는 투상법) 참조

13.2 밸브·플랜지·배관부속품 등의 입체적 표시방법 : 밸브·플랜지·배관부속품 등의 등각도 표시방법은 다음 보기에 따른다.

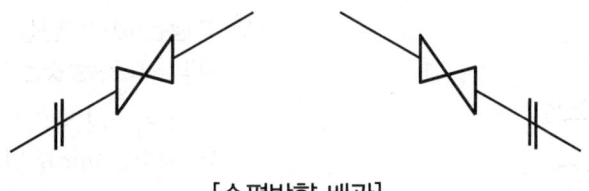

[수평방향 배관]

제3장 배관도시법 출제예상문제

01 다음 밸브(Valve)에 관한 KS 도시기호 중 유체의 역류를 방지하는 용도로 사용되는 밸브의 도시기호는?

① 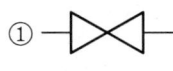 ②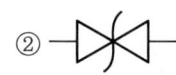
③ 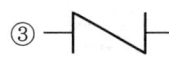 ④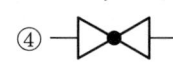

해설 ① 슬루스 밸브 나사이음
② 스프링식 안전밸브
③ 체크밸브 나사이음
④ 글로브밸브 나사이음

02 관 A가 앞쪽에서 도면직각으로 구부러져 관 B에 접속할 때 도시기호는?

① 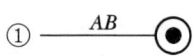 ②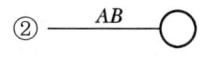
③  ④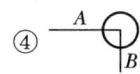

해설 ① 관이 도면에 직각으로 앞쪽을 향해 구부러져 있을 때
② 관이 앞쪽에서 도면 직각으로 구부러져 있을 때
③ 관 A가 앞쪽에서 도면 직각으로 구부러져 관 B에 접속할 때

03 다음 그림과 같은 밸브는?

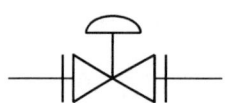

① 다이어프램 플랜지용 밸브
② 다이어프램 나사용 밸브
③ 슬루스 플랜지용 밸브
④ 슬루스 나사용 밸브

해설 다이어프램 플랜지이음이다.

04 다음 중 KS 배관 도시기호가 바르게 짝지어진 것은?

① ─▶●◀─ : 슬루스 밸브
② ─▷◁─ : 부싱
③ ─[ ]─ : 팽창조인트
④ ─○┤ : 오는 엘보

해설 ① 글로브 밸브
② 리듀서
③ 팽창조인트
④ 가는 엘보

05 관의 나사이음 중 유니언의 도시 기호는?

① 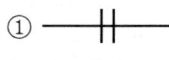 ②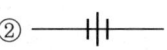
③ ─✕─ ④ ─○─

해설 ① 플랜지이음 ② 유니언
③ 용접이음 ④ 납땜이음

06 다음은 배관도면상의 치수표면법에 관한 설명이다. 잘못된 것은?

① 관은 일반적으로 한 개의 선으로 그린다.
② 치수는 mm를 단위로 하여 표시한다.
③ 배관 높이를 관의 중심을 기준으로 하여 표시할 때는 GL로 나타낸다.
④ 지름이 서로 다른 관의 높이를 표시할 때는 관 외경의 아랫면까지를 기준으로 하여 표시하는 EL법을 BOP라 한다.

해설 ㉠ ①, ②, ④는 배관도면상의 치수표시법에 관한 설명이다.
㉡ 배관 높이를 관의 중심으로 기준하여 표시할 때는 EL로 표시한다.

정답 01 ③ 02 ③ 03 ① 04 ③ 05 ② 06 ③

07 파이프이음의 표시 중 턱걸이이음을 나타내는 기호는?

① ✕ ② ⌒
③ ∥ ④ ○

해설 ① 용접이음
② 턱걸이이음
③ 플랜지이음
④ 납땜이음

08 캡의 배관 도시기호는?

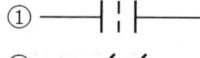 ①  ②
③ ③ ④ ④

해설 ① 오리피스 플랜지이음
② 캡
③ 증기관
④ 줄임 플랜지

09 그림의 밸브 기호에 대한 이름을 옳게 나열한 것은?

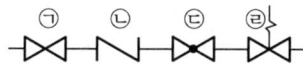

① ㉠ 슬루스 밸브 ㉡ 체크 밸브
  ㉢ 글로브 밸브 ㉣ 스프링식 안전밸브
② ㉠ 글로브 밸브 ㉡ 체크 밸브
  ㉢ 슬루스 밸브 ㉣ 스프링식 안전밸브
③ ㉠ 슬루스 밸브 ㉡ 체크 밸브
  ㉢ 글로브 밸브 ㉣ 추식 안전밸브
④ ㉠ 글로브 밸브 ㉡ 체크 밸브
  ㉢ 슬루스밸브 ㉣ 공기 배기밸브

해설 ㉠ 슬루스밸브
㉡ 체크밸브
㉢ 글로브 밸브
㉣ 스프링식 밸브

10 다음의 KS 배관 도시기호 중 관이 접속할 때를 나타낸 것은?

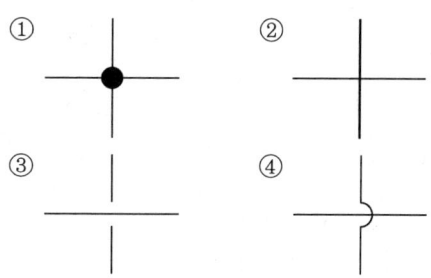

해설 ㉠ ①은 관이 접속할 때이다.
㉡ 나머지는 접속하지 않을 때이다.

11 용접이음의 플로트 밸브는?

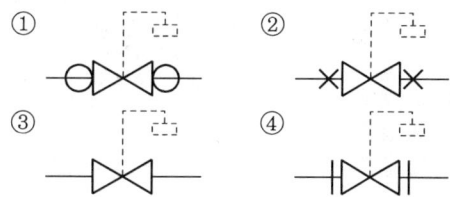

해설 ① 플로트 납땜 이음
② 플로트 용접 이음
③ 플로트 나사이음
④ 플로트 플랜지 이음

12 파이프 이음의 표시 중 땜 이음을 나타내는 기호는?

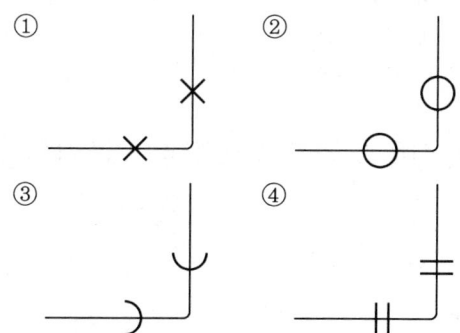

해설 ① 용접이음
② 납땜이음
③ 턱걸이 이음
④ 플랜지이음

13 다음 도시기호 중 슬루스 밸브 나사이음을 표시한 것은?

① 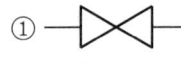   ②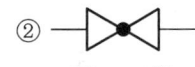
③ 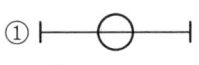   ④

해설 ① 슬루스 밸브 나사이음
② 글로브 밸브 나사이음
③ 슬루스 밸브 플랜지이음
④ 글로브 밸브 플랜지이음

14 다음 제품 형상의 기호 중 파이프를 나타내는 것은?

① ⌐   ② P
③ ●   ④ ○

해설 ① 채널
② 강판
③ 둥근 강
④ 파이프

15 다음 도시기호 중에서 가는 T의 기호는?

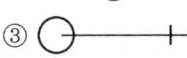

해설 ① 가는 T
② 오는 T
③ 가는 엘보
④ 오는 엘보

16 다음 중 오리피스 플랜지의 도면 기호는?

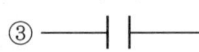

해설 ① 오리피스 플랜지
② 줄임 플랜지
③ 플랜지
④ 플러그

17 다음 KS 배관 도시기호 중 글로브 밸브 플랜지이음을 표시한 것은?

① 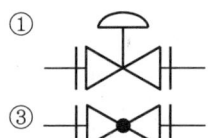   ②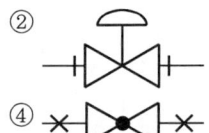

해설 ① 다이어프램 밸브 플랜지이음
② 다이어프램 밸브 나사이음
③ 글로브 밸브 플랜지이음
④ 글로브 밸브 용접이음

18 방열기의 도시기호를 열거한 것이다. 잘못된 것은?

해설 ① 주형방열기   ② 핀방열기
③ 대류방열기   ④ 배기구

19 파이프 이음의 표시 중 플랜지이음의 도시기호는?

① 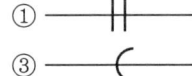   ②

해설 ① 플랜지 이음
② 나사이음
③ 턱걸이이음
④ 용접이음

20 다음은 배관의 도시기호이다. 콕을 나타낸 기호는?

①    ②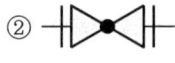
③    ④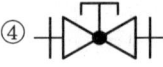

해설 ① 플랜지이음 콕
② 글로브 밸브 플랜지이음
③ 안전밸브 플랜지이음
④ 봉합밸브 플랜지이음

정답 13 ① 14 ④ 15 ① 16 ① 17 ③ 18 ④ 19 ① 20 ①

21 다음은 온수 난방배관 시공 시 주관에서 지관을 분기할 때의 배관도이다. 잘못된 것은?

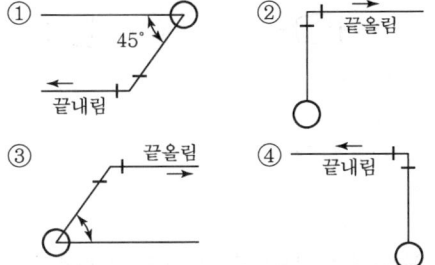

해설 주관에서 지관을 따낼 때 그 지관이 주관보다 아래로 분기될 때는 ①과 같이 45° 이상 지관을 끝내림 구배로 배관하고, 지관이 주관보다 위로 분기될 때에는 ②, ③과 같이 주관에 45° 이상 지관을 끝올림 구배로 배관한다.

22 다음 KS 배관 도시기호에서 줄임플랜지의 표시 방법은?

해설 ① 줄임 플랜지 이음
② 유니온
③ 플러그 플랜지이음
④ 부싱나사이음

23 배관 도시기호 중 오는 엘보를 나사이음으로 표시한 것은?

해설 ① 오는 엘보 나사이음
② 가는 엘보 나사이음
③ 가는 엘보 플랜지이음
④ 오는 엘보 용접이음

24 연관을 구부릴 때 정확히 하기 위해 굽힘작업을 하기 전에 무엇을 작성하는가?

① 측면도 ② 원도
③ 분해도 ④ 현도

해설 원도
연관을 구부릴 때 정확히 하기 위해 굽힘작업을 하기 전에 원도를 작성한다.

25 다음 도면에서 티를 사용 분기한 후 A 부분에 어떤 밸브를 연결시키라는 것인가?

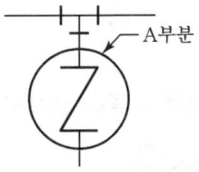

① 체크밸브 ② 콕
③ 다이어프램 밸브 ④ 플로트 밸브

해설 N : 체크밸브

26 KS 규격에서 관경의 크기가 20A로 표기되었다면 여기서 표시된 A는 어떤 단위를 뜻하는 것인가?

① inch ② cm
③ feet ④ mm

해설 B : 인치(inch), A : 밀리미터(mm)

27 다음 중 체크밸브의 기호는?

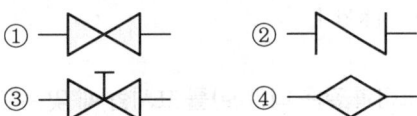

해설 ① 슬루스 밸브 나사이음
② 체크밸브(역지밸브)
③ 봉합밸브
④ 콕(일반콕)

정답 21 ④ 22 ① 23 ① 24 ② 25 ① 26 ④ 27 ②

28 다음 도면에서 SPP 25A티를 사용, A부분으로 배관을 연결시키고자 한다. 이때 A부분의 배관을 연결시킬 수 없는 것은?

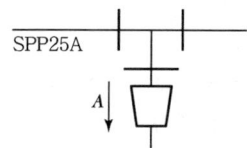

① 20A 관 ② 32A 관
③ 15A 관 ④ 20A 이하 관

해설 주관이 25A이므로 가지관은 25A 이하가 되어야 한다. (20A, 15A, 25A)

29 플랜지이음 슬루스 밸브의 표시기호는?

 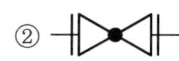

해설
① 슬루스 밸브의 플랜지 이음
② 글로브 밸브의 플랜지 이음
③ 슬루스 밸브의 나사이음
④ 글로브 밸브의 나사이음

30 다음의 배관 도시기호 중 지름이 같은 관의 이음쇠 도시기호가 아닌 것은?

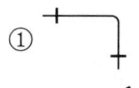 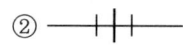
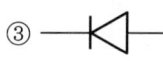 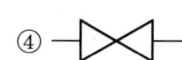

해설 ③의 리듀서(줄임쇠)는 관의 직경이 다른 관을 연결할 때 사용된다.

31 그림과 같은 티(Tee)를 표시할 때 맞는 것은?

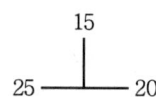

① 15×20×25 ② 25×20×15
③ 25×15×20 ④ 20×15×25

32 부싱의 배관용 나사이음 도시기호는?

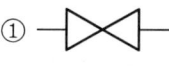 
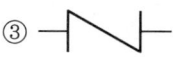 

해설
① 플러그
② 유니온
③ 줄임 플랜지
④ 부싱

33 이 밸브는 리프트(Lift)가 커서 개폐에 시간이 걸리며 더욱이 절반 정도만 열고 사용하면 와류(渦流)가 생겨 유체의 저항이 커지기 때문에 유량조절에는 적당하지 않은 밸브의 도시기호는?

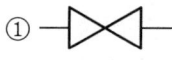 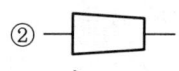
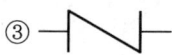

해설 유량조절에 적당하지 않은 밸브는 슬루스 밸브(게이트 밸브)이다.
① 슬루스 밸브
② 글로브 밸브(유량조절밸브)
③ 체크밸브
④ 안전밸브

34 다음의 KS 배관 도시기호 중에서 앵글밸브는 어느 것인가?

해설
① 슬루스 나사이음
② 부싱
③ 체크밸브
④ 앵글밸브

정답 28 ② 29 ① 30 ③ 31 ② 32 ④ 33 ① 34 ④

35 배관 도면에서 ─⋈─(M)─의 기호는 무엇을 표시하는가?

① 체크밸브
② 봉함밸브
③ 전동기 구동밸브
④ 감압밸브

[해설] 상기 기호는 전동기 구동밸브이다.

36 다음 도시기호로서 나열된 부품 ㉠, ㉡, ㉢, ㉣의 순서에 대한 명칭이 올바르게 나열된 것은?

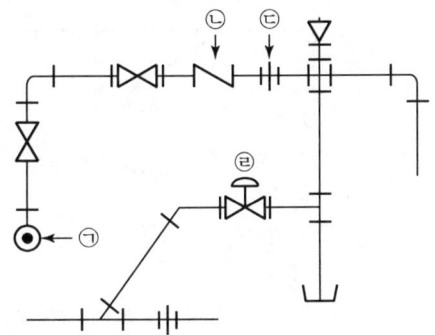

① ㉠ 오는 엘보 – ㉡ 유니온 – ㉢ 체크밸브 – ㉣ 글로브밸브
② ㉠ 가는 엘보 – ㉡ 유니온 – ㉢ 체크밸브 – ㉣ 슬루스밸브
③ ㉠ 가는 엘보 – ㉡ 체크밸브 – ㉢ 유니온 – ㉣ 앵글밸브
④ ㉠ 오는 엘보 – ㉡ 체크밸브 – ㉢ 유니온 – ㉣ 슬루스밸브

[해설] ㉠ 오는 엘보 ㉡ 체크밸브
㉢ 유니온 ㉣ 다이어프램 슬루스 밸브

37 다음은 신축이음쇠에 관한 도시기호를 열거한 것이다. 슬리브식 신축이음쇠를 나타내는 기호는?

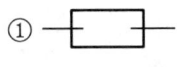 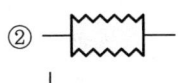

 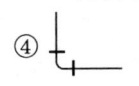

[해설] ① 슬리브형 ② 벨로스형
③ 루프형 ④ 스위블형

38 다음은 도형표시 방법이다. 틀린 것은?

① 물체의 특징을 가장 잘 나타내는 면을 평면도로 선택한다.
② 가급적 자연스런 위치로 나타낸다.
③ 물체의 주요면이 투상면에 평행하거나, 수직하게 나타낸다.
④ 은선은 이해하는 데 지장이 없는 한 생략해도 좋다.

[해설] 물체의 특징을 가장 잘 나타내는 면을 상세도로 선택한다.

39 다음의 도면에서 유니온은 몇 개인가?

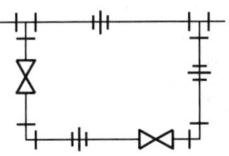

① 1개 ② 2개
③ 3개 ④ 4개

[해설] 유니온은 3개, 티가 2개, 90° 엘보가 2개, 밸브가 2개이다.

40 다음 KS 배관 도시기호 중 유니온의 기호는?

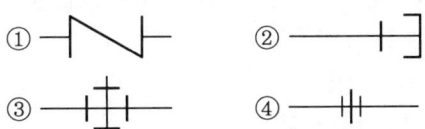

[해설] ① 체크밸브 도시기호
② 소켓이음
③ 크로스 이음

41 한 도면 내에 사용한 다음 선들 중에서 선의 굵기만 다른 선은 어느 것인가?

① 지시선　　② 중심선
③ 외형선　　④ 피치선

해설　① 가는 실선
② 가는 일점쇄선 또는 가는 실선
③ 굵은 실선
④ 일점쇄선을 이용

42 다음 도시기호 중 공기도출 밸브의 기호는?

① 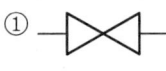　　②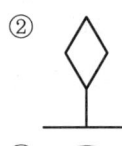

③ 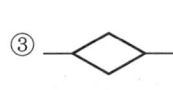　　④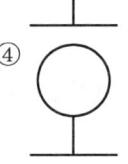

해설　① 일반밸브　　② 공기빼기 밸브
③ 일반 콕　　　④ 압력계

43 다음 밸브 표시기호 중에서 다이어프램 밸브기호는 어느 것인가?

① 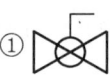　　②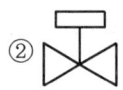

③ 　　④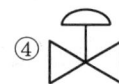

해설　① 콕
② 전자밸브
③ 압력 감소밸브
④ 다이어프램 밸브

44 다음 그림은 무엇을 나타내는 KS 배관 도시기호인가?

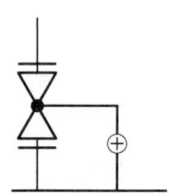

44
① 바이패스 자동밸브
② 온도 기록 조절계
③ 유량 지시계
④ pH 기록 조절계

해설　②는 TRC, ③은 FI, ④는 PHRC

45 그림과 같은 배관도에서 ㉠~㉣로 표시된 것의 명칭은?

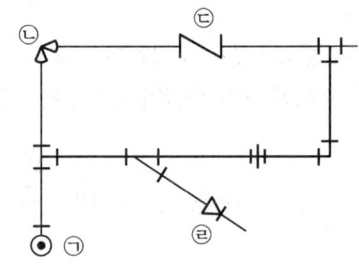

① ㉠ 가는 엘보, ㉡ 커플링, ㉢ 콕, ㉣ 앵글밸브
② ㉠ 오는 엘보, ㉡ 앵글밸브, ㉢ 체크밸브, ㉣ 줄이개
③ ㉠ 가는 티, ㉡ 앵글밸브, ㉢ 체크밸브, ㉣ 콕
④ ㉠ 오는 티, ㉡ 커플링, ㉢ 체크밸브, ㉣ 줄이개

해설　㉠ 오는 엘보　　㉡ 앵글밸브
㉢ 체크밸브　　㉣ 줄이개

46 KS 배관 도시기호 중 ─Ⓢ─는 무엇을 나타내는가?

① 여과기　　② 가열기
③ 증발기　　④ 분리기

해설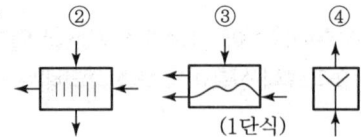

정답　41 ③　42 ②　43 ④　44 ①　45 ②　46 ①

47 다음 중 오는 티 플랜지이음을 표시하는 기호는?

① ┤┼⊙┼├
② ┤┼○┼├
③ ⊙┼├
④ ┼┼

해설 ① 오는 티 플랜지
② 가는 티 플랜지
③ 오는 엘보
④ 크로스

48 KS 배관표시 기호에서 다음의 그림이 도시하는 것은?

① 진동 흡수장치   ② 냉각기
③ 응축기   ④ 압력조절기

해설 ②

49 다음 보기와 같이 치수 숫자 위의 기호가 뜻하는 것은?

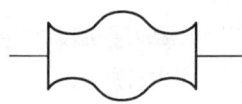

① 호(弧)   ② 현(弦)
③ 참고 치수   ④ 비례척이 아님

50 배관 도면 작성 시 사용하는 높이 표시 기호로서 관 외경의 아래 면까지를 기준으로 하여 표시하는 기호는?

① TOP   ② BOP
③ EL   ④ AL

해설 ①은 관의 윗면, ③은 관의 중심, ②는 관의 높이의 표시 중 관 외경의 아랫면까지의 기준표시이다.

51 관의 이음방법에서 이음의 종류의 기호의 연결이 잘못된 것은?

① 플랜지 이음   ⟩⟨
② 유니온 이온   ┤┼├
③ 용접이음   ✕
④ 나사이음   ┼

해설 플랜지 이음의 기호는 ──┤┼── 이다.

52 일반 배관 도면에 필요하거나 많이 사용되는 기호를 요약 설명한 것 중 틀린 것은?

① ─⊕─ : 중심기호

② ---⊕--- : 참고자료용 중심축 기호
    (단면표시 좌표)

③ ├─∿─┤ : 척도대로 표시된 치수선

④ Ⓐ─Ⓐ : A-A 단면표시

53 다음 배관 도시기호가 표시하는 것은?

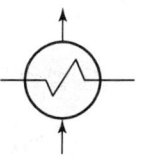

① 응축기   ② 냉각기 또는 열교환기
③ 증발기   ④ 축출기

해설 배관의 도시기호는 냉각기 또는 열교환기이다.

54 다음 KS 배관 도시기호를 설명한 것으로 틀린 것은?

① ─┤◁├─ : 체크밸브
② ─▶●◀─ : 다이어프램 밸브
③ ─▶◀─ : 슬루스 밸브
④ ─♀─ : 감압밸브

해설 ②는 글로브밸브이며 다이어프램 밸브는  이다.

55 파이프 이음을 단선으로 표시하여 그린 것이다. 다음 ( ) 안의 부속수량이 맞는 것은?

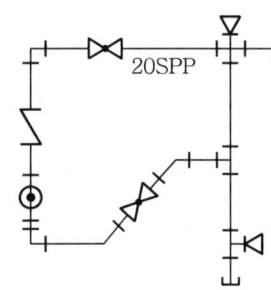

① 체크밸브(2), 글로브 밸브(1), 티(3), 플러그(1)
② 체크밸브(1), 글로브 밸브(2), 티(3), 플러그(2)
③ 체크밸브(2), 글로브 밸브(1), 티(2), 플러그(1)
④ 체크밸브(1), 글로브 밸브(2), 티(2), 플러그(2)

56 다음 그림과 같은 밸브의 도시로서 맞는 것은?

① 체크밸브 ② 앵글밸브
③ 수동밸브 ④ 안전밸브

57 다음의 KS 배관 도시기호는 무엇을 나타내는가?

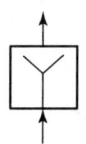

① 분리기 ② 여과기
③ 증기발생기 ④ 축출기

58 도면 내에 참고치수를 나타내려고 한다. 옳은 것은?

① 치수에 괄호를 한다.
② 치수 밑에 밑줄을 긋는다.
③ 치수에 ○표를 한다.
④ 치수 위에 ※표를 한다.

59 다음 중 파이프와 온도계의 접속상태를 도시한 것은 어느 것인가?

① Ⓢ ② Ⓣ
③ Ⓟ ④ Ⓐ

해설 ②는 온도계, ③은 압력계이다.

60 다음 덕트의 기호 중 천장배기구를 나타내는 것은?

① ② ③ ④

61 일반적인 경우 도면을 접을 때의 크기로 가장 적당한 것은?

① A_1 ② A_2
③ A_3 ④ A_4

해설 도면을 접었을 때는 표제란이 겉으로 나오게 하며, 크기로는 A_4가 원칙적이다.
A_4는 210×297mm이다.

정답 54 ② 55 ② 56 ④ 57 ① 58 ③ 59 ② 60 ④ 61 ④

62 배관제도에서 관의 바깥지름의 윗면을 기준으로 표시하는 방법으로 지하매설 배관을 할 때, 관의 윗면의 높이를 명확히 밝힐 필요가 있을 때 사용하는 방법은?

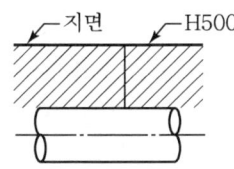

① EL(Elevation Line)
② FL(Floor Line)
③ BOP(Bottom of Pipe)
④ TOP(Top of Pipe)

해설 관의 윗면의 높이를 명확히 밝힐 필요가 있을 때 사용하는 방법은 TOP이다.

63 도면을 작성할 때 내용으로 올바른 것은?
① 표제란은 도면의 오른쪽이나 왼쪽 아래에 기입한다.
② 부품표는 도면의 오른쪽 위나 오른쪽 아래에 기입한다.
③ 지시선은 수직방향이나 수평방향으로 긋는다.
④ 부품 번호의 숫자는 물품의 크기에 따라 크기가 달라진다.

해설 ㉠ 표제란은 도면의 오른쪽 아래 설정한다.
㉡ 지시선은 치수선이나 중심선과 혼동하지 않도록 수직방향이나 수평방향으로 긋는 것을 말한다.
㉢ 부품 번호의 숫자는 5~8mm 정도의 크기로 하고 도형의 크기에 따라 알맞게 크기가 결정된다.(도면 오른쪽 위, 아래)

64 다음의 측정공구 중 작은 원을 그릴 때 사용되는 것은?
① 스프링 컴퍼스 ② 빔 컴퍼스
③ 조합자 ④ 외경컴퍼스

해설 제도 공구 중 작은 원을 그릴 때에는 스프링 컴퍼스를 사용한다.

65 다음 도면에서 A부분 온수배관 부속품명은 어느 것인가?

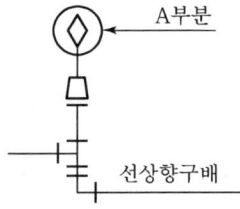

① 체크밸브 ② 콕
③ 공기빼기 밸브 ④ 다이어프램 밸브

해설 공기빼기 밸브

66 도면에서 증기 트랩은 어떻게 표시되는가?

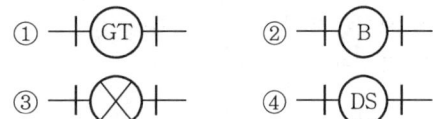

해설 ① 그리스 트랩
② 바닥상자 표시
③ 증기 트랩
④ 기름분리기

67 관 내부에 기름이 흐를 때 어떤 문자를 사용하여 표시하는가?
① G ② P
③ W ④ O

해설 G : 가스, P : 압력계, W : 물, O : 기름

68 금속재료의 기호에서 SS41의 명칭은 무엇인가?
① 기계구조용 탄소강
② 일반구조용 압연강재
③ 용접구조용 압연강재
④ 보일러용 압연강재

해설 ① S, ② SS, ③ SM, ④ SB

69 파이프의 종류별 도시기호에서 온수에 속하는 것은?

① ──→ ② ────────
③ ──・──・── ④ ──+──+

해설 ① 공기, ② 가스, ③ 온수, ④ 냉매

70 다음 도면에서 B부분은 어떻게 시공하라는 지시인가?

① 옆가지 엘보를 사용 시공할 것
② 팽창조인트를 사용 시공할 것
③ 줄임플랜지를 사용 시공할 것
④ 줄임엘보를 사용 시공할 것

해설 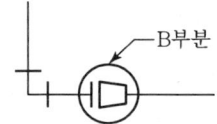 줄임플랜지

71 배관도에서 관 내에 흐르는 유체가 수증기인 경우 도면상에 표시하는 기호는?

① W ② O
③ S ④ A

해설 W : 물, O : 오일, S : 수증기, A : 공기

72 관 내에 흐르는 유체의 종류에 따라 배관표면에 식별색을 칠해준다. 유체의 종류와 식별색의 관계가 잘못 짝지어진 것은?

① 청색 – 물 ② 백색 – 공기
③ 황색 – 가스 ④ 진한 적색 – 기름

해설 ㉠ 물 : 청색
㉡ 증기 : 어두운 적색
㉢ 공기 : 백색
㉣ 가스 : 황색
㉤ 기름 : 어두운 황적
㉥ 전기 : 연한 황적

73 기기장치의 모양을 배관기호로 도시하고 주요밸브, 온도, 유량, 압력 등을 기입한 대표적인 배관도면을 무엇이라 하는가?

① 계통도 ② 입면도
③ 장치도 ④ 배치도

해설 계통도란 기지장치의 모양을 배관기호로 도시하고 주요밸브, 온도, 유량, 압력 등을 기입한 대표적인 배관도면

74 배관제도의 높이 표시 기호 중 관 윗면을 기준으로 표시하는 방법은?

① BOP ② TOP
③ GL ④ FL

해설 배관제도의 높이 표시 기호 중 관 윗면을 기준하여 표시하는 방법은 TOP로 표시한다.
㉠ EL : 배관의 높이를 관의 중심을 기준으로 표시
㉡ BOP : 관 바깥지름의 아랫면까지의 높이를 기준 (표시방법 : EL 다음에 높이를 쓰고 그 뒤에 BOP라 쓴다.)
㉢ TOP : 관의 바깥지름 윗면을 기준으로 표시한다.
㉣ GL : 포장된 지표면을 기준으로 하여 장치 높이 표시
㉤ FL : 1층의 바닥면을 기준으로 한 높이 표시

CHAPTER 04 단열재, 보온재 및 내화물

1. 단열재

단열재란 열전도율이 작은 재료로서 고열공업 등 공업요로에서 방산되는 열량을 적게 하기 위하여 사용되는 재료를 의미하는, 즉 열손실 차단재이다.

1 단열재의 기초

(1) 단열재의 구비조건
　① 열전도율이 작을 것
　② 세포조직인 다공질층일 것
　③ 기공의 크기가 균일할 것

REFERENCE

(1) 단열보온재의 열의 이동방법
　열의 이동방법은 다음의 3과정을 통하여 이루어진다.
　① 전도(Conduction) : 동일한 재료 내에서 온도차가 있을 경우 높은 온도의 분자로부터 인접한 다른 분자로 열이 전달되는 과정이다.
　② 대류(Convection) : 유체운동에 의하여 열이 높은 곳에서 낮은 온도의 주위 공기로 전달되는 현상이다.
　③ 복사(Radiation) : 재료의 열적 평형이 완전하기 못한 상태에서 그 재료로부터 그것보다 낮은 온도의 다른 물체로 열을 전달하는 과정이다. 따라서 상기 3과정을 통한 열의 이동을 방지하는 것이 단열이다. 즉, 단열재는 복사를 극소화, 대류를 극소화, 기체전달의 극소화 역할을 하는 물질이다. 공기는 열을 전달하지만 아주 작은 기포 또는 정지된 표면의 공기(대류가 안 일어나는 공기)는 열전도율이 매우 낮은 0.02kcal/mh℃밖에 안 되나 철은 58kcal/mh℃로 공기의 약 2,600배나 높다. 따라서 어떤 물체에 대류가 일어나지 않는 공기층을 만들어 놓으면 단열재가 되는 것이다.

(2) 공기층을 만드는 방법
　① 섬유화시키는 것
　② 팽윤 또는 팽창시키는 것
　③ 거품을 넣는 것

(3) 종류
　① 섬유화하여 만든 제품 : 암면, 유리면
　② 팽창시켜 만든 제품 : 질석, 펄라이트
　③ 팽윤시켜 만든 제품 : 실리카, 규조토
　④ 거품을 넣는 제품 : 스티로폼, 우레탄폼, 우레아폼

(4) 단열재의 요구조건
① 단열성 : 소정의 열저항이 있고 변화가 없는 것
② 함수성 : 함수가 적은 것
③ 투습성 : 적은 것
④ 내구성 : 열화하여 변화를 미치지 않는 것
⑤ 시공성 : 가공하기 쉽고 시공이 유리한 것

(2) 단열재의 사용효과
① 축열용량이 작아진다.
② 열전도가 작아진다.
③ 노 내 온도가 균일해진다.
④ 노 내외의 온도구배가 완만하여 스폴링이 방지된다.
⑤ 내화물의 수명이 길어진다.

(3) 내화물, 단열재, 보온재의 구분

구분		내용
내화재		SK 26(1,580℃) 이상 SK 42까지(2,000℃)
내화단열재		SK 10(1,300℃) 이상의 물질
단열재		800~1,200℃ 사용
보온재	유기질	100~500℃ 사용
	무기질	500~800℃ 사용
보냉재		100℃ 이하에 사용

(4) 단열재의 원료
① 규조토
② 석면
③ 질석
④ 팽창혈암
⑤ 펄라이트

(5) 다공질 방법
① 톱밥이나 코크스와 같은 가연성 물질을 혼합한다.
② 팽창질석이나 펄라이트 이외의 경량립을 이용한다.

(6) 단열재의 사용처
① 단열벽돌 : 노 벽의 배면용으로 사용
② 내화 단열벽돌 : 노의 고온면용으로 사용

2 단열재의 종류

(1) 저온용 단열벽돌

① **규조토질 단열벽돌** : 천연에 퇴적한 규조토광로부터 형상을 잘라내어 분말로 만든 다음 소량의 가소성 점토 및 톱밥 등을 가해서 혼련 성형하여 800~850℃로 소성한 벽돌이다.

㉮ 안전사용온도 : 800~1,200℃

㉯ 특징
- ㉠ 압축강도 및 내마모성이 작다.
- ㉡ 재가열 시 수축이 크다.
- ㉢ 스폴링 저항에 약하다.
- ㉣ 열전도율이 0.12~0.2kcal/mh℃이다.
- ㉤ 압축강도가 5~30kg/cm^{2}이다.
- ㉥ 기공률이 70~80%이다.
- ㉦ 비중이 0.45~0.7 정도이다.

② **적벽돌(보통벽돌)** : 점토에 흙이나 강가에 모래 등을 배합하고 5% 정도의 산화철을 첨가하여 기계로 혼련 성형하며 900~1,000℃ 정도로 건조소성하여 만든다.

㉮ 안전사용온도 : 800~1,200℃

㉯ 특징
- ㉠ 노벽 외측에 사용된다.
- ㉡ 압축강도가 100~300kg/cm^{2}이다.
- ㉢ 겉보기 비중이 1.60~1.87이다.
- ㉣ 흡수율이 4~23%이다.

(2) 고온용 단열벽돌

① **점토질 단열벽돌** : 점토질이나 고알루미나질에 톱밥이나 발포제를 넣어서 고온소성(1,200~1,500℃)하여 만든다.

㉮ 안전사용온도 : 1,200~1,500℃

㉯ 특성
- ㉠ 벽돌이 가벼워서 중량이 가볍다.
- ㉡ 고온용에 적합하다.
- ㉢ 스폴링 저항이 크다.
- ㉣ 노벽의 내·외면에 모두 사용된다.
- ㉤ 열전도율이 0.15~0.45kcal/mh℃이다.
- ㉥ 벽돌이 가벼워서 벽돌의 열용량이 가볍다.
- ㉦ 물체의 가열시간이 25~30% 정도 단축된다.

2. 보온재

보온재란 열전도율이 0.1kcal/mh℃ 이하의 작은 재료로서 보일러나 요로, 난방배관에서 유체의 방열손실을 방지하여 유체의 온도를 보호한다. 보온재의 열전도율을 작게 하려면 재질 내의 독립기포로 된 다공질층이어야 한다.

1 보온재의 기초

(1) 열전도율에 영향을 미치는 요소
① 재질 자체의 기공의 크기가 작을수록 열전도율은 작아진다.
② 재료의 두께가 두꺼울수록 열전도율은 작아진다.
③ 유체의 온도가 높을수록 열전도율은 증가한다.
④ 재질 내의 흡수성이 클수록 열전도율은 증가한다.
⑤ 재질 자체의 밀도가 작으면 열전도율은 작아진다.
⑥ 재질 내의 기공이 균일하면 열전도율은 작아진다.

(2) 보온재의 종류
① 유기질 보온재
② 무기질 보온재
③ 금속질 보온재

(3) 안전사용온도에 따른 보온재의 구분
① 저온용 보온재
② 중온용 보온재
③ 고온용 보온재

(4) 경제적인 보온방법
① 보온재의 두께가 두꺼우면 보온효율이 좋다.
② 보온재가 80mm 정도 두께일 때 경제적이다.
③ 보온재 두께가 증가하면 열손실 감소비율이 작아져서 경제적이지 못하다.

(5) 보온효율 계산

$$보온효율 = \frac{Q_0 - Q}{Q_0} \times 100\%$$

여기서, Q_0 : 배관에서 보온하지 않은 면에서 손실되는 열량(kcal/h)
Q : 보온면에서 손실되는 열량(kcal/h)

⟨유기질 보온재의 종류⟩

보온재 종류		최고 안전사용온도(℃)	열전도율(kcal/mh℃)
식물성	탄화코르크	130~200	0.035
	텍스류	120 이하	0.057~0.058
	면화	160	
동물성	우모펠트	130	0.042~0.046
	양모펠트	130	0.042~0.046
	닭털	130	0.042~0.046
인공폼	플라스틱폼	100~140	0.03
	고무폼	50~-50	0.03
	염화비닐폼	60~200	0.03
	폴리스티렌폼	70~-50	0.03
	폴리우레탄폼	130~-200	0.03

⟨무기질 보온재의 종류⟩

보온재 종류		최고 안전사용온도(℃)	열전도율(kcal/mh℃)
천연폼	석면(아스베스토)	350~550	0.048~0.065
	규조토	500	0.08~0.095
	질석팽창	650	0.1~0.2
	펄라이트	650	0.055~0.067
인공폼	암면(록울)	400~600	0.039~0.048
	규산칼슘	650	0.053
	탄산마그네슘	250	0.05~0.07
	그라스 울	300	0.036~0.057
	폼그라스	300	0.05~0.06
고온용	실리카 파이버	50~1,100	0.05
	세라믹 파이버	30~1,300	0.036~0.06

(6) 보온재의 구비조건

① 열전도율이 작고 보온능력이 클 것
② 장시간 사용하여도 사용온도에 충분히 견딜 것
③ 장시간 사용하여도 변질되지 않을 것
④ 어느 정도의 기계적 강도를 가질 것
⑤ 가볍고 비중이 작을 것

⑥ 흡습성이나 흡수성이 적을 것
⑦ 시공이 용이할 것
⑧ 가격이 저렴할 것
⑨ 열전도율이 0.07kcal/mh℃ 이하일 것

(7) 열전도율에 영향을 미치는 요소
① 독립기포의 다공질층이 적으면 열전도율은 빨라진다.
② 기공의 크기가 작을수록 열전도율은 늦어진다.
③ 재료의 두께가 두꺼울수록 열전도율이 커진다.
④ 재료의 온도가 높을수록 열전도율이 커진다.
⑤ 재질 내의 흡습성이 클수록 열전도율이 증가한다.
⑥ 재질 자체의 밀도가 클수록 열전도율이 커진다.
⑦ 재질 내에 기공이 균일할수록 열전도율이 작아진다.

2 보온재의 종류

(1) 유기질 보온재
① **펠트(Felt)류** : 양모, 우모, 마모 등의 재료를 사용하여 만든 보온재이다.
　㉮ 안전사용온도 : 100℃ 이하
　㉯ 특징
　　㉠ 우모펠트는 곡면의 시공에는 매우 편리하다.
　　㉡ 주로 방로 보온용이다.
　　㉢ 아스팔트와 아스팔트천을 가지고 방습 가공한 것은 -60℃까지 보냉이 가능하다.
② **텍스류** : 톱밥, 목재, 펄프를 주원료로 해서 압축판 모양으로 만들었다.
　㉮ 안전 사용온도 : 120℃
　㉯ 특징과 용도
　　㉠ 불연재이다.
　　㉡ 시공이 간편하다.
　　㉢ 실내벽의 보온 및 방음용이다.
　　㉣ 방습, 흡음, 단열의 효과가 있다.
③ **코르크(Cork)**
　㉮ 특징
　　㉠ 보냉, 보온재로서 우수하다.
　　㉡ 냉수, 냉매배관 및 냉각기 펌프 등의 보냉용에 사용된다.
　　㉢ 탄화코르크는 무르고 가요성이 없으므로 시공 면에 틈이 생기기 쉽다.
　㉯ 안전사용온도 : 130℃ 이하

> REFERENCE

(1) 단열보온재의 분류

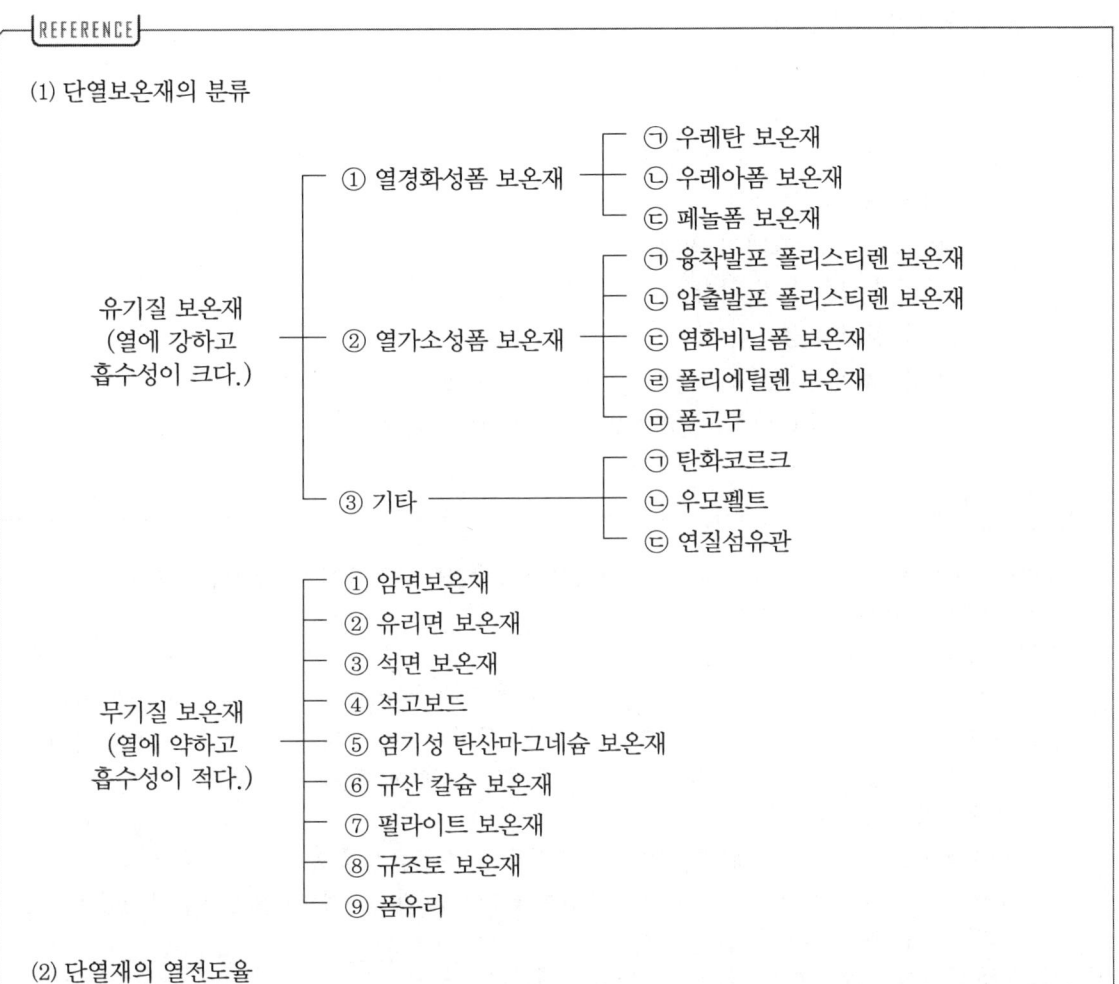

(2) 단열재의 열전도율

구분	종류	열전도율(kcal/mh℃)
무기단열재	암면	0.027~0.034
	유리면	0.027~0.037
	아이소 핑크	0.023~0.025
유기단열재	폴리우레탄폼	0.022~0.025
	우레아폼(요소수지 발포보온재)	0.030~0.031
	스티로폼(보통 압출한 것)	0.029~0.035

④ 기포성 수지(스폰지)
　㉮ 사용온도 : 80℃ 이하
　㉯ 특징
　　㉠ 열전도율이 낮고 가볍다.
　　㉡ 부드럽고 불연성이다.
　　㉢ 보온, 보냉효과가 있다.
　　㉣ 흡수성은 좋지 않다.
　　㉤ 굽힘성이 풍부하다.
　㉰ 원리 : 합성수지, 고무 등으로 다공질 제품으로 만든 폼류이다.
　㉱ 종류 : 경질우레탄폼, 폴리스티렌폼, 염화비닐폼 등

REFERENCE

(1) 폴리스티렌폼(스티로폼)은 비드(Beads) 상태의 발포형 수지를 금형 내에서 발포시킨 것과 압출기를 사용하여 보드상태로 발포시킨 것이 있다.
① 발포 폴리스티렌폼
원료는 구슬형태로 되어 있고, 이것은 발포제로서 휘발하기 쉬운 펜탄을 7% 함유하고 있다. 이 원료를 예비 발포기에 넣어서 수증기로 가열시켜 적당한 금형에 넣는다. 다시 증기가열 발포한 후 냉각시키고 표면에 붙은 수분을 건조시킨 후 소정의 두께로 절단하여 제품을 만든다.
② 압출 발포 폴리스티렌폼
폴리스티렌과 발포제인 프레온가스 및 난연제 기타의 첨가물을 압출 발포기에서 용융시키고 고압고온하에서 겔(Gel) 상태로 만들고 대기 중에 압출하여 발포시켜 연속적으로 일정 비중의 판상으로 발포제를 만든 후 소정의 길이, 두께, 폭으로 절단하여 만든다.

(2) 폴리우레탄폼
폴리우레탄폼은 폴리올(Polyol)과 이소시아네이트(Isocyanate)의 중합반응에 의하여 수지화되며, 폴리올, 이소시아네이트, 촉매발포제난연제 등 원료의 배합비에 따라 연질 및 경질 등 여러 발포제를 만든다. 연질제품은 스폰지로서 널리 알려져 있으며 경질제품은 주로 보온단열재로 이용되며 제품형태를 크게 나누면 주입, 스프레이, 절단보드, 라미네이트보드, 패널 등이 있다.
열전도율이 낮은(0.07kcal/mh℃) 프레온가스가 들어 있어 타 보온재보다 열전도율이 낮다.

(2) 무기질 보온재
　① 석면(Asbestos, 아스베스토스)
　　㉮ 안전 사용온도 : 450℃ 이하
　　㉯ 사용처 : 선박과 같이 진동이 심한 장치 등에 이상적이다.
　　㉰ 특징
　　　㉠ 금이 가거나 부서지는 일이 없다.
　　　㉡ 파이프, 탱크, 노벽 등의 보온용이다.
　　　㉢ 400℃ 이상에서는 탈수분해되고 800℃ 이상에서는 강도와 보온성이 상실된다.
　　　㉣ 곡관부나 플랜지부의 배관에 사용된다.
　② 암면(Rock Wool)
　　㉮ 안전 사용온도 : 400℃ 이하
　　㉯ 사용처 : 파이프, 덕트, 탱크 등의 보온용으로 사용된다. 또한 열설비의 보온, 보냉, 단열용이다.
　　㉰ 특징
　　　㉠ 석면에 비하여 거칠고 부서지기 쉽다.
　　　㉡ 보냉용의 것은 방습을 위하여 아스팔트 가공을 한다.
　　　㉢ 식물성 접착제를 사용한 것은 습기에 약하다.
　　㉱ 원리 : 안산암이나 현무암 등에 석회석을 섞어서 용해하여 보온재를 만든다.
　③ 규조토(광물질의 잔해 퇴적물)
　　㉮ 안전 사용온도 : 500℃ 이하
　　㉯ 사용처 : 500℃ 이하의 파이프, 탱크, 노벽에 사용
　　㉰ 특징
　　　㉠ 열전도율이 크고 단열효과가 낮아서 두껍게 시공한다.
　　　㉡ 시공 후 건조시간이 길다.
　　　㉢ 진동이 있는 곳에서는 사용이 불가능하다.
　　　㉣ 접착성은 좋은 편이다.
　　　㉤ 시공 시에 철사망 등의 보강재가 필요하다.
　④ 탄산마그네슘 : 염기성의 탄산마그네슘 85%에 15%의 석면을 혼합하여 만든다.
　　㉮ 안전 사용온도 : 250℃ 이하
　　㉯ 사용처 : 관, 탱크 등의 보온재로 사용된다.
　　㉰ 특징
　　　㉠ 열전도율이 낮다.
　　　㉡ 가볍고 보온성이 우수하다.
　　　㉢ 300℃ 이상에서 열분해한다.
　　　㉣ 방습가공한 것은 옥외배관이나 습기가 많은 지하 덕트 내의 배관에 적합하다.

⑤ 유리면(Gloss Wool, 그라스 울) : 유리를 용융하여 섬유화한 보온재이다.
  ㉮ 안전사용온도
    ㉠ 일반용 : 300℃ 이하
    ㉡ 방수처리용 : 600℃ 이하
  ㉯ 사용처 : 건축물의 벽이나 천장 바닥 등의 보온, 보냉 단열용이며 파이프나 덕트에도 사용이 가능하다.
  ㉰ 특징
    ㉠ 열전도율이 낮아서 보온효과가 크다.
    ㉡ 불연성이며 유독가스가 발생되지 않는다.
    ㉢ 시공이 간편하다.
    ㉣ 흡음효과가 크다.
    ㉤ 외관이 아름답다.
⑥ 광재면(Slag Woll, 슬래그 울) : 용광로에서 발생된 슬래그를 이용하여 만든다. 그 특징은 암면과 동일한 면이 많다.
  ㉮ 안전 사용온도 : 400~600℃
⑦ 규산칼슘 보온재 : 규산질 분말에 소석회 및 3~15%의 석면섬유를 가해서 수증기를 이용하여 경화시킨 보온재이다.
  ㉮ 안전사용온도 : 650℃
  ㉯ 사용처 : 제철소, 발전소, 선박 등의 고온배관용이다.
  ㉰ 특징
    ㉠ 압축강도가 크다.
    ㉡ 내수성이 크다.
    ㉢ 내구성이 우수하다.
    ㉣ 시공이 용이하다.
    ㉤ 반영구적으로 사용이 가능하다.
⑧ 펄라이트(Pearlite, 팽창질석) : 흑요석이나 진주암 등을 1,000℃로 가열하여 체적을 8~20배 정도로 팽창시켜 만든다. 접착제와 3~15%의 석면이 첨가된다.
  ㉮ 안전사용온도 : 650℃ 이하
  ㉯ 특징
    ㉠ 가볍다.
    ㉡ 단열성이 우수하다.

(3) 고온용 보온재(내화단열재)
① 실리카 파이버 : 규산칼슘계 광물을 수열반응시켜 고온용 결정구조를 갖게 한 보온재이다.
  ㉮ 안전사용온도 : 1,100℃
  ㉯ 사용처 : 섬유공업 파이프나 탱크 보일러 등

② 세라믹 파이버(내화단열재) : 고순도의 실리카 알루미나를 2,000℃에서 용융 섬유화한 보온재로서 고온용이다.
  ㉮ 안전사용온도 : 1,300℃
  ㉯ 사용처 : 열설비 및 석유화학 공업에 쓰이며 우주선의 외표피 등에 사용된다.
③ 실리카와 세라믹의 특징
  ㉮ 고온에서 열전도율이 낮아서 단열효과가 크다.
  ㉯ 가볍고 유연성이 크다.
  ㉰ 강도가 강하다.
  ㉱ 시공성이 좋다.

(4) 금속질 보온재

금속 특유의 복사열에 대한 반사특성을 이용하여 보온효과를 얻는 것으로서 만든 보온재이다.

① 알루미늄 박(泊) : 알루미늄 판 또는 박(泊)을 사용하여 공기층을 만들며 그 표면은 열복사에 대한 방사능을 이용한 금속질 보온재이다. 특히 두께가 10mm 이하일 때가 효과가 크다.

3. 열의 이동(傳熱)

1 열전도(熱傳導)

물체에서 온도구배(온도차)가 있을 때는 높은 온도에서 낮은 온도로, 즉 물체는 움직이지 않고 열만 이동되는 '푸리에의 법칙'에 따르는 열의 이동이나 열전도에 의한 열전달에는 평판의 열전도와 원통관의 열전도가 있다. 열전도계수(열전도율)의 단위는 kcal/mh℃이다.

(1) 열전도율

넓이가 $1m^2$인 물체에서 길이가 1m일 때 양쪽 온도 차이가 1℃를 유지할 때 1시간 동안에 통과한 열량이다.

> REFERENCE
>
> 물체에 인접한 두 부분 사이의 온도차에 의해서 생기는 에너지의 이동현상을 열전도라고 한다. 열량이 단면을 통하여 이동할 때 시간이 대한 이동률을 열전도율(K)이라 하며, 온도차에 대한 물체의 두께는 온도기울기(dt/dx)로 정의된다. 열전도 현상은 열과 온도의 개념이 분명히 다르다는 것을 보여준다. 어떤 막대의 양단 온도차가 같다 하여도 막대의 종류가 다르면 같은 시간 내에 막대를 흐르는 열량도 다르다.

2 열대류(熱對流)

고체벽이 온도가 다른 유체와 접촉하고 있을 때 유체 내 유동이 생기면서 열이 이동하는 현상이다. 즉, 유체는 열을 받으면 밀도가 작아져서 부력이 생기기 때문에 상승현상이 생겨 유체 스스로 자연적인 대류의 현상이 생긴다. 그러나 송풍기나 그 밖의 장치로 대류를 촉진시키는 대류는 강제대류이다.

(1) 대류에 의한 전열량 계산(Q)

$$Q = 열전달률 \times 고체표면적[고체\ 표면온도 - 유체온도](kcal/h)$$

※ 열전달률(α) = $kcal/m^2h℃$

> **REFERENCE**
>
> 대류현상은 서로 다른 온도를 유지하고 있는 2개의 물체가 어떤 유체와 접촉하고 있을 때 일어난다. 따뜻한 물체와 접촉하고 있는 유체는 에너지를 흡수하여 대부분의 경우 팽창한다. 그러면 이 유체는 주위의 차가운 유체 때문에 밀도가 작아지고 부력을 받고 상승한다. 공허한 부분은 차가운 유체에 의해 채워지며 이것 역시 따뜻한 물체로부터 에너지를 얻고 같은 방법으로 상승한다. 이와 동시에 차가운 물체에 접하여 있는 유체는 에너지를 잃고 밀도가 커져서 가라앉게 된다. 이것이 대류현상이다.

3 열복사

열에너지는 전도나 대류와 같이 물질을 매체로 하여 열전달될 뿐 아니라 두 개의 물체 사이가 진공(Vacuum)일 경우라도 빛과 같이 열에너지가 전자파 형태의 물체로부터 복사되며 이것이 다른 물체에 도달하여 흡수되면 열로 변하는데, 이를 복사열전달 또는 열복사라 한다. 또 열복사가 에너지로 물체에 도달하면 그 일부는 표면에서 반사되고 일부는 흡수되며 나머지는 투과된다.

> **REFERENCE**
>
> 복사현상은 모든 물질들의 전자기적인 복사로 일어나는데, 그 양과 복사의 성질은 그 구성 물질과 물체의 표면적 그리고 온도에 의해서 결정된다. 일반적으로 에너지 방출률은 물체의 온도 T의 4제곱에 비례하여 증가한다. 따라서 뜨거운 물체는 에너지를 방출하면 그 중 일부는 근접하여 다른 물체에 흡수된다. 차가운 물체도 역시 복사를 하지만 그 자신이 흡수하는 양보다 적다. 왜냐하면 주위보다 저온이기 때문이다. 그 결과 따뜻한 물체에서 차가운 물체로 에너지가 전달된다.
> 전자기복사는 진공 중을 전파하기 때문에 에너지 전달을 위한 물질적인 접촉을 필요로 한다. 따라서 태양으로부터 지구로 그 사이에 사실상 아무런 물질이 없어도 복사현상에 의해서 에너지는 전달된다.

(1) 스테판-볼츠만(Stefan-Boltzmann)의 법칙

흑체열 복사력(E)은 흑체표면의 온도에 의해서 구해진다는 원리로서 다음과 같이 표현된다.

$$E = 4.88 \times 10^{-8} \times \text{흑체표면의 절대온도} = 4.88 \left(\frac{T}{100}\right)^4 (\text{kcal/m}^2\text{h})$$

$$E = 4.88 \times \epsilon \left[\left(\frac{T}{100}\right)^4 - \left(\frac{T}{100}\right)^4\right] (\text{kcal/m}^2\text{h})$$

여기서, 스테판-볼츠만의 정수 = $4.88 \times 10^{-8} (\text{kcal/m}^2\text{hK}^4)$
T : 흑체표면의 절대온도(K)
ε : 방사능(흑도)

4 열관류(熱寬流)

열이 한 유체에서 벽을 통하여 다른 유체로 전달되는 현상이며 열통과라고도 한다.

(1) 열관류율(K)

$$K = \cfrac{1}{\cfrac{1}{\text{실내벽의 열전달률}} + \cfrac{\text{벽의 두께}}{\text{열전도율}} + \cfrac{1}{\text{실외벽의 열전달률}}} (\text{kcal/m}^2\text{h}^\circ\text{C})$$

여기서, 열전달률(α) = $\text{kcal/m}^2\text{h}^\circ\text{C}$
열전도율(λ) = $\text{kcal/mh}^\circ\text{C}$
벽의 두께(b) = m

4. 내화물

1 내화물의 정의

연소실 벽 등 고열에 사용하기 때문에 고열에 잘 견디고 부피의 변화가 적고 기계적 강도가 크며 온도의 급변에도 잘 견디고 여기에 접촉하는 가스용융체, 고체 등의 침식 마모 등의 저항성이 있는 것으로 각종 공업용 노의 구조재료를 말한다. 독일이나 우리나라에서는 제겔콘(Seger Cone) 26번(SK 26 : 1,580℃) 이상의 내화도를 가진 재료이며 미국의 ASTM에 의해 PCE 15번(1,430℃) 이상을 내화물로 본다.

(1) 내화물의 구비조건

① 적당한 내화도가 있을 것
② 사용온도에서 연화, 변형되지 않을 것
③ 팽창이나 수축이 작을 것

④ 온도의 급변화에 파손이 적을 것
⑤ 마모에 잘 견디며 화학적으로 침식되지 않을 것
⑥ 사용목적에 따라 적당한 열전도율이 있을 것
⑦ 형상과 치수가 정확할 것
⑧ 재가열 시 수축이 작을 것

(2) 내화물의 분류와 성질

① 화학성분에 의한 분류

분류	종류	화학성분	주요 결정성분
산성질	규석질 반규석질 납석질 샤모트질	SiO_2 $SiO_2(Al_2O_3)$ SiO_2, Al_2O_3 SiO_2, Al_2O_3	크리스트버라이트, 트리디마이트 석영 크리스트버라이트, 트리디마이트 석영, 멀라이트 멀라이트 멀라이트
중성질	고알루미나질 탄소질 탄화규소질 크롬질	$Al_2O_3(SiO_2)$ C SiC Cr_2O_3, MgO Al_2O_2, FeO	멀라이트, 코란덤 크레파이트 탄화규소 크로마이트 스피넬
염기성질	마그네시아질 크롬마그네시아질 돌로마이트질 포(폴)스테라이트질	MgO MgO, Cr_2O_3 CaO, MgO MgO, SiO_2	페리클레이스 (페리클레이스)크로마이트 페리클레이스, 산화칼슘 포스테라이트질(페리클레이스)

② 형상에 의한 분류
㉮ 표준형 내화물 : $230 \times 114 \times 65$mm 성형내화물
㉯ 부정형 내화물 : 사용현장에서 물을 가하여 혼련 후 즉시 사용

③ 내화도에 의한 분류
㉮ 저급 내화물 : SK 26~29
㉯ 중급 내화물 : SK 30~34
㉰ 고급 내화물 : SK 35 이상

(3) 내화물의 비중

① 겉보기 비중 $= \dfrac{w_1}{w_1 - w_2}$

② 참비중(진비중) $= \dfrac{무게}{참부피}$

③ 겉보기 기공 $= \dfrac{w_3 - w_1}{w_3 - w_2} \times 100\%$

④ 흡수율 $= \dfrac{w_3 - w_1}{w_1} \times 100\%$

⑤ 기공률 $= \left(1 - \dfrac{겉보기비중}{참비중}\right) \times 100\%$

⑥ 겉보기 기공률 $= \dfrac{w_3 - w_1}{w_3 - w_2} \times 100$

⑦ 부피비중 $= \dfrac{w_1}{w_3 - w_2}$

여기서, w_1 : 시료의 건조중량(kg)
w_2 : 함수시료의 수중중량(kg)
w_3 : 함수시료의 중량(kg)

(4) 내화물의 성질

① 하중 연화점 : 내화벽돌은 어느 온도에 달하면 조직 내에서 부분적으로 용융하기 시작하여 연화성상을 나타내나 만약 어느 일정한 하중하에서 가열을 한다면 이보다 낮은 온도에서 변형하게 된다. 이와 같은 조건하에서 연화현상을 나타내는 온도를 하중 연화점이라 한다.

② 스폴링(Spalling) 현상
 ㉮ 열적 스프링 : 온도의 급변화 또는 불균일한 가열이나 냉각 등의 열충격에 의하여 열응력이 생겨 내화벽돌이 균열하든가 쪼개지는 현상이다.
 ㉯ 기계적 스폴링 : 불균일한 하중에 의한 응력차로 생기는 파괴현상
 ㉰ 구조적 스폴링 : 벽돌 내부구조의 변화 및 침투 등에 의한 변형으로 파괴되는 현상

③ 소화성 : 마그네시아질 또는 돌로마이트질 노재의 성분이 MgO, CaO는 대기 중의 수증기와 결합하여 수산화마그네슘[$Mg(OH)_2$] 또는 수산화칼슘[$Ca(OH)_2$]을 생성하고 이때 큰 비중에 의하여 균열분화되는 현상이다.

(5) 내화물의 제조방법

① 분쇄   ② 혼련   ③ 성형   ④ 건조   ⑤ 소성

2 각종 내화물의 종류와 내화도

(1) 산성 내화물

① 규석 벽돌 : SK 31~33
② 납석 벽돌 : SK 26~34
③ 반규석 벽돌 : SK 28~30
④ 샤모트 벽돌 : SK 26~34

(2) 중성 내화물
① 고알루미나 벽돌 : SK 35 이상
② 탄소질 벽돌
③ 탄화규소질 벽돌 : SK 35~40
④ 크롬질 벽돌

(3) 염기성 내화물
① 마그네시아 벽돌 : SK 36~42
② 크롬마그네시아 벽돌 : SK 40
③ 돌로마이트질 벽돌
④ 포스테라이트질 벽돌

3 특수내화물
(1) 지르코니아질 내화물
(2) 티탄계 내화물
(3) 베릴리아 내화물
(4) 토리아 내화물

4 내화물의 용도
(1) 규석 벽돌 : 폭로용, 전기로용, 코크스 제조용, 유리공업용
(2) 납석 벽돌 : 코크스 제조로용, 큐풀라용
(3) 샤모트벽돌 : 고로용, 시멘트 회전로용, 유리용융용, 조리용
(4) 반규석 벽돌 : 야금로, 배소로
(5) 고알루미나 벽돌 : 유리탱크가마, 강재가열로, 화학공업로, 전기로 뚜껑, 시멘트 회전요, 내화벽돌, 도자기 소성
(6) 탄화규석질 벽돌 : 머플로, 열교환기 전열벽
(7) 크롬질 벽돌 : 염기성 제강로, 평로, 균열로
(8) 탄소질 벽돌 : 고로, 제강로
(9) 마그네시아 벽돌 : 크롬마그네시아와 비슷한 용도
(10) 크롬마그네시아 벽돌 : 염기성 평로, 전기로, 반사로, 천장, 측벽, 시멘트 소성요
(11) 돌로마이트 벽돌 : 염기성 내화물, LP 전도
(12) 포스테라이트질 벽돌 : 내화도가 높은 곳에 사용

5 부정형 내화물

부정형 내화물이란 내화벽돌과 같이 일정한 형상을 가지고 있는 것이 아니라 사용현장에서 물을 가하여 혼련한 다음 필요한 형상으로 사용되는 내화물의 총칭이다.

(1) 내화모르타르
축로 시 벽돌 간의 접합 또는 노 내 가스 공기의 누설, 슬랙, 용융금속의 침입을 방지하기 위해 사용된다. 경화상태에 따라 열경화성, 기경성, 수경성으로 분류된다.

(2) 캐스터블 내화물
치밀하게 소결시킨 내화성 골재와 알루미나 시멘트(경화제)를 적당히 배합한 수경성 노재이며 일반적으로 알루미나 시멘트를 15~20% 정도 배합한다. 이 노재는 시공 직후부터 24시간 전후로 경화되며 작업온도 1,000℃ 이상에서 소결된다.

(3) 플라스틱 내화물
결합제로서 내화성 골재와 내화점토(결합제)를 배합하거나 배합한 물질에 고온에 대한 강도를 지니게 하기 위하여 규산나트륨을 첨가하고 물을 주어 점토상으로 한다. 캐스터블 내화물보다 고온에 적합하다. 그 외에도 부정형 내화물은 래밍믹스, 진믹스 등이 있다.

제4장 단열재, 보온재 및 내화물 — 출제예상문제

01 단열재와 보온재, 보냉재는 무엇을 기준으로 하여 구분하는가?

① 내화도
② 압축강도
③ 열전도도
④ 안전사용온도

해설 내화물, 단열재, 보온재, 보냉재의 구분은 최고 안전사용온도로 구분한다.

02 다음 무기질 보온재 중 안전 사용온도가 가장 낮은 것은?

① 탄산마그네슘
② 글라스울
③ 펄라이트
④ 석면

해설 안전사용온도는 다음과 같다.
㉠ 탄산마그네슘 : 250℃
㉡ 그라스울 : 300℃
㉢ 펄라이트 : 650℃
㉣ 석면 : 550℃

03 다음 보온재 중 고온용 재료는 어느 것인가?

① 우모펠트
② 탄화코르크
③ 규산칼슘
④ 고무폼

해설 규산칼슘 보온재
규산질 재료, 석회질 재료, 암면 등을 혼합하여 수열 반응시켜 규산칼슘을 주원료로 한 결정체 보온재이다.
㉠ 열전도율 : 0.053~0.065kcal/mh℃
㉡ 안전사용온도 : 650℃
㉢ 특징
- 압축강도가 크다.
- 곡강도가 높고 반영구적이다.
- 내수성이 크다.
- 내구성이 우수하다.
- 시공이 편리하다.

04 알루미늄 박 보온재는 어떤 특성을 이용한 것인가?

① 복사열에 대한 반사 특성
② 대류열에 대한 반사 특성
③ 전도열에 대한 반사 특성
④ 대류열에 대한 흡수 특성

해설 ㉠ 금속질 보온재인 알루미늄박은 금속 특유의 복사열에 의한 반사 특성을 이용한다.
㉡ 금속질 보온재 : 금속 특유의 복사열에 대한 반사 특성을 이용하여 보온효과를 얻는 것으로 대표적인 것으로 알루미늄박(泊)을 들 수 있다.
- 알루미늄박(泊) : 알루미늄박 보온재는 판 또는 박(泊)을 사용하여 공기층을 중첩시킨 것으로 그 표면은 열 복사에 대한 방사능을 이용한 것이다.
- 알루미늄박(泊)의 공기층 두께 : 10mm 이하일 때 효과가 제일 좋다.

05 광물섬유로 된 석면이 주로 사용되고 있으며, 400℃ 이상에서는 천천히 분해하고, 800℃ 부근에서는 결정수를 잃고 강도와 보온성이 상실되는 보온재료는?

① 무기질 보온재료
② 다공질 보온재료
③ 유기질 보온재료
④ 금속질 보온재료

해설 석면
광물섬유로 된 석면 400℃ 이상에서는 천천히 분해하고 800℃ 부근에서는 결정수를 잃고 강도와 보온성이 상실되는 보온재로서 무기질 보온재이다. 균열이나 부서지는 일이 없어서 선박 등과 같이 진동이 심하게 발생되는 곳의 배관에 널리 이용된다.

정답 01 ④ 02 ① 03 ③ 04 ① 05 ①

06 탄산마그네슘 보온재에 관한 다음 설명 중 잘못된 것은?

① 무기질 보온재이다.
② 염기성 탄산마그네슘 15%, 석면 85%로 구성되어 있다.
③ 열전도율이 적다.
④ 250℃ 이하 온도의 배관, 탱크 등의 보온용으로 쓰인다.

해설 탄산마그네슘 보온재의 특징
㉠ 무기질 보온재이다.
㉡ 염기성 탄산마그네슘 85%, 석면 15%로 혼합
㉢ 열전도율이 적다.
㉣ 250℃ 이하 온도의 배관 탱크 등의 보온용으로 쓰인다.

07 나관 $1m^2$에서 방열손실이 420kcal/h인 것을 규조토 보온재를 시공한 후의 방열 손실은 $120kcal/m^2h$이었다. 보온재로부터 보온효율은 얼마인가?

① 68%   ② 71%
③ 78%   ④ 82%

해설 보온효율
$$= \frac{\text{나관의 손실열량} - \text{보온 후 손실열량}}{\text{나관의 방열손실}} \times 100$$
$$= \frac{420 - 120}{420} \times 100 = 71\%$$
∴ 나관이란 보온재를 덮지 않은 배관이다.

08 다음 중 유기질 보온재가 아닌 것은?

① 펠트   ② 탄산마그네슘
③ 코르크   ④ 기포성 수지

해설 ㉠ 유기질 보온재 : 우모, 양모, 닭털, 플라스틱폼, 고무폼, 염화비닐폼, 폴리스티렌폼, 폴리우레탄폼
㉡ 무기질 보온재 : 석면, 규조토, 펄라이트, 암면, 규산칼슘, 탄산마그네슘, 그라스울, 폼그라스, 실리카 파이버, 세라믹 파이버

09 다음 중 무기질 보온재에 속하는 것은?

① 규산칼슘 보온재
② 양모펠트 보온재
③ 탄화코르크 보온재
④ 폴리스티렌 보온재

해설 규산칼슘 보온재(무기질)
㉠ 규산질, 석회질, 암면 등의 혼합보온재이다.
㉡ 내수성이 크다.
㉢ 내구성이 편리하다.
㉣ 시공이 편리하다.
㉤ 고온배관용이다.
㉥ 안전사용온도가 650℃이다.

10 단열재료에 기공이 크다면 열전도율은 어떻게 되겠는가?

① 작아진다.
② 커진다.
③ 똑같다.
④ 작아질 수도 있고 커질 수도 있다.

해설 ㉠ 단열재료에 기공이 크면 열전도율이 커진다.
㉡ 단열조건
 • 열전도율이 적을 것
 • 다공질이며 세포조직일 것
㉢ 단열효과
 • 축열용량이 작아진다.
 • 노 내의 온도가 균일해진다.
 • 온도상승이 빨라진다.
 • 노 내의 온도구배가 낮아져서 스폴링 현상(박락현상)이 방지된다.

11 다음 중 유기질 보온재가 아닌 것은?

① 펠트   ② 코르크
③ 규조토   ④ 기포성 수지

해설 규조토
㉠ 무기질 보온재이다.
㉡ 규조토의 분말에 석면이나 삼여물 등을 혼합한다.
㉢ 안전사용온도 500℃ 이하로 한다.
㉣ 열전도율이 커서 두껍게 시공해야 한다.
㉤ 시공 시 철사망이나 보강재를 사용한다.
㉥ 500℃ 이하의 파이프, 탱크, 노벽 등이 쓰인다.

정답 06 ② 07 ② 08 ② 09 ① 10 ② 11 ③

12 400℃ 이하의 관탱크의 보온에 사용하며 진동이 있는 장치의 보온재로 쓰이는 것은?

① 석면　　　　② 펠트
③ 규조토　　　④ 탄산마그네슘

해설 석면
400℃ 이하의 관탱크의 보온에 사용하며 진동이 있는 장치의 보온재이다.

13 400℃ 이하의 파이프, 탱크, 노벽 등의 보온재로 적합한 것은?(단, 아스베스토섬유질로 되어 있다.)

① 석면　　　　② 암면
③ 규조토　　　④ 탄산마그네슘

해설 ㉠ 석면(아스베스토, Asbestos)은 400℃ 이하의 관, 탱크, 노벽 등의 보온재로서 이상적이다.
㉡ 석면 보온재(아스베스토) : 사교암의 클리소 타일(백색)이나 각섬암계의 아모사이트 석면(갈색)을 보온재로 사용, 석면사로 주로 제조되며, 패킹·석면판·슬레트 등에 사용된다. 보온재로서는 판, 통, 매트, 끈 등이 있다.
 • 열전도율 : 0.048~0.065kcal/mh℃
 • 안전사용온도 : 350~550℃
 • 특징
  − 진동을 받는 부분에 사용된다.
  − 800℃ 정도의 강도, 보온성이 감소된다.
  − 곡관부, 플랜지부 등에 많이 사용한다.
  − 천연품으로 제조한다.

14 다음 중 보온재의 가장 중요한 역할에 속하는 것은?

① 보온재를 가로지른 열 이동을 작게 한다.
② 보온재를 가로지른 물질 이동을 작게 한다.
③ 재료의 부식을 작게 한다.
④ 재료의 강도를 크게 한다.

해설 보온재의 가장 중요한 역할은 보온재를 가로지른 열 이동을 작게 하는 것이다.

15 무기질 보온재 중 광물섬유로 된 것은?

① 탄산마그네슘 보온재
② 규조토 보온재
③ 규산칼슘 보온재
④ 슬래그울

해설 무기질 광물섬유 보온재는 슬래그울이다.

16 안전사용온도 범위가 가장 큰 보온재는?

① 톱밥　　　　② 페놀수지 발포제
③ 규조토　　　④ 세라믹 파이버

해설 ㉠ 규조토 : 500℃
㉡ 세라믹 파이버 : 1,000~1,300℃

17 다음 중 보일러 본체의 보온재로 가장 많이 사용하는 것은?

① 유리면 보온재
② 질석 보온재
③ 석고 플라스터
④ 발포 폴리스티렌(스티로폼)

해설 ㉠ 보일러 본체의 보온재 : 유리면 보온재(글라스울) 글라스를 융해하고 이것을 취부법, 원심력법, 로드법, 포트법 및 이들을 조합하여 제조한다.
㉡ 안전사용온도는 350℃
㉢ 열전도율이 0.036~0.057kcal/mh℃

18 두께 100mm, 면적 10m², 고온 측 온도 300℃, 저온 측 20℃, 평판의 수직방향에 3,000 kcal/h의 열량이 흐르고 있을 때의 보온재의 열전도율 kcal/mh℃은?

① 0.11　　　　② 0.22
③ 0.33　　　　④ 0.44

해설 $3,000 = \dfrac{x \times 10(300-20)}{0.1}$

$x = \dfrac{3,000 \times 0.1}{10(300-20)} = 0.1071$ (약 0.11)

※ 100mm=0.1m이다.

정답 12 ①　13 ①　14 ①　15 ④　16 ④　17 ①　18 ①

19 보온재의 구비조건 중 적당치 않은 것은?

① 열전도율이 커야 한다.
② 가벼워야 한다.
③ 흡습성이나 흡수성이 있어서는 안 된다.
④ 시공이 쉽고 기계적 강도가 있어야 한다.

해설 보온재의 구비조건
㉠ 열전도율이 적어야 한다.
㉡ 가벼워야 한다.(비중이 적을 것)
㉢ 흡수성이나 흡습성이 없을 것
㉣ 시공이 쉽고 기계적 강도가 있을 것

20 다음 중 고온용 보온재료인 것을 고르면?

① 탄화(炭火)코르크
② 규산(硅酸)칼슘
③ 우모(牛毛)펠트(Felt)
④ 플라스틱 폼(Plastic Foam)

해설 ㉠ 탄화코르크 : 130℃
㉡ 규산칼슘 : 650℃
㉢ 우모펠트 : 100℃
㉣ 플라스틱 폼 : 100~150℃

21 다음 중 안전사용온도가 가장 낮은 것은?

① 규산칼슘 보온재
② 유리면
③ 폴리스티렌 폼
④ 암면

해설 ㉠ 규산칼슘 보온재 : 650℃
㉡ 유리면 : 350℃
㉢ 암면 : 400~600℃
㉣ 폴리스티렌 폼 : 100℃ 이하

22 다음 무기질 보온재에 속하는 것은?

① 석면 및 암면 보온재
② 코르크 보온재
③ 양모 보온재
④ 폴리스티렌 보온재

해설 ㉠ ①은 무기질 보온재이고, 나머지는 전부 유기질 보온재이다.
㉡ 무기질 보온재는 고온용이고, 유기질 보온재는 저온용 보온재이다.

23 우주선의 외표피에 사용될 수 있는 고온용 보온재는?

① 규산칼슘 보온재
② 글라스 파이버
③ 알루미나보드
④ 세라믹 파이버

해설 세라믹 파이버
㉠ 우주선의 외표피에 사용된다.
㉡ 안전사용온도가 1,000~1,300℃
㉢ 열전도율이 0.035~0.06kcal/mh℃

24 다음 중 보온재의 보온효과를 크게 하는 것은?

① 작은 기공률
② 작은 열전도율
③ 낮은 융점
④ 큰 부피 비중

해설 보온재의 보온효과를 크게 한 것은 작은 열전도율 kcal/mh℃이다.

25 보냉재(保冷材)의 구비조건에 합당치 않은 것은?

① 재질 자체의 모세관 현상이 커야 함
② 보냉 효율이 커야 함
③ 표면 시공성이 좋아야 함
④ 난연성이거나 불연성이어야 함

해설 보냉재의 구비조건
㉠ 재질 자체의 모세관 현상이 적을 것
㉡ 보냉 효율이 클 것
㉢ 표면 시공성이 좋을 것
㉣ 난연성이거나 불연성일 것

정답 19 ① 20 ② 21 ③ 22 ① 23 ④ 24 ② 25 ①

26 다음 중 보온재가 갖추어야 할 성질에 속하지 않는 것은?

① 열전도율(kcal/mh℃)이 클 것
② 비중이 작을 것
③ 어느 정도의 강도를 가질 것
④ 장시간 사용하여도 사용온도에 견디며 변질되지 않을 것

해설 보온재의 구비조건
㉠ 열전도율이 적을 것
㉡ 비중이 작을 것
㉢ 어느 정도의 강도가 있을 것
㉣ 장시간 사용하여도 사용온도에 견디며 변질되지 말 것

27 보온재의 열전도율과 온도와의 관계를 옳게 표시한 것은?

① 온도에 관계없이 열전도율은 일정하다.
② 온도가 높아질수록 열전도율은 커진다.
③ 온도가 낮아질수록 열전도율은 커진다.
④ 온도가 높아질수록 열전도율은 작아진다.

해설 ㉠ 온도가 높아질수록 열전도율은 커진다.
㉡ 다공질이 많으면 열전도율이 낮아진다.
㉢ 기공이 적으면 열전도율이 낮아진다.
㉣ 흡수성이 없으면 열전도율이 낮아진다.

28 안전사용온도가 300℃ 정도인 보온재는 어느 것인가?

① 세라믹울　　② 글라스울
③ 캐스라이트　　④ 록울

해설 ㉠ 글라스울은 안전사용온도가 300~350℃이다.
㉡ 록울(암면)은 400~600℃
㉢ 세라믹울은 1,300℃

29 다음 중 보온시공에서 가장 잘 된 것은?

① 열전도율이 작은 보온재를 얇게 한다.
② 열전도율이 큰 보온재를 얇게 한다.
③ 열전도율이 작은 보온재를 두껍게 한다.
④ 열전도율이 큰 보온재를 두껍게 한다.

해설 열전도율이 작은 보온재를 얇게 하는 것이 경제성이 좋다.

30 다음 보온재 중 저온용으로 사용되는 것은?

① 글라스울　　② 규산칼슘
③ 우모펠트　　④ 세라믹 파이버

해설 ㉠ 글라스울 : 350℃
㉡ 규산칼슘 : 650℃
㉢ 세라믹파이버 : 1,300℃
㉣ 우모펠트 : 100℃ 이하

31 보온재와 열전도율 관계를 설명한 것으로 가장 올바른 것은?

① 독립기포로 된 다공질인 보온재는 열전도율이 낮다.
② 온도가 상승하면 보온재의 열전도율은 작아진다.
③ 습도가 증가하면 열전도율은 작아진다.
④ 보온재는 열전도율이 클수록 좋다.

해설 독립기포로 된 다공질의 보온재는 열전도율이 매우 낮다.

32 금속 보온재는 복사열에 대한 반사특성을 이용한 것이다. 대표적인 것은?

① 주철관　　② 알루미늄박
③ 동박　　④ 함석

해설 ㉠ 알루미늄박(泊) 보온재는 금속 보온재이며 금속 특유의 복사열에 대한 반사특성을 이용한다.
㉡ 알루미늄박(泊) 보온재의 두께가 10mm 이하일 때 가장 이상적이다.

33 다음 중 보온재의 구비조건이 아닌 것은?

① 어느 정도 무게가 있고 밀도가 클 것
② 열전도율이 작을 것
③ 장시간 사용해도 사용온도에 견디고 변형이 없을 것
④ 시공이 용이할 것

해설 보온재의 구비조건
① 밀도가 가벼울 것
② 열전도율이 작을 것
③ 장시간 사용해도 사용온도에 견디며 변형이 없을 것
④ 시공성이 양호할 것

34 보온재의 재질이 어떤 구조로 되어 있을 때 열전도를 지연시키는 효과가 있는가?

① 다공질 구조
② 결정질 구조
③ 무정형 구조
④ 그라스 구조

해설 ⊙ 보온재의 재질이 다공질 구조일 때 열전도가 지연되는 효과가 있다.
ⓒ 보온재는 독립기포로 된 다공질이어야 한다.

35 다음 보온재 중 최고 사용온도가 제일 큰 것은?

① 유리섬유 보온재
② 탄산마그네슘 보온재
③ 규조토 보온재
④ 염화비닐피상 보온재

해설 ⊙ 유리섬유 보온재 : 350℃
ⓒ 탄산마그네슘 보온재 : 250℃
ⓒ 규조토 보온재 : 500℃
ⓔ 염화비닐피상 보온재 : 100~150℃

36 보온재 또는 단열재는 재질 내부에 될 수 있는 한 ( )로 된 다공질 또는 세포질을 많이 형성시켜 열전도를 지연시키는 효과를 나타내게 한 것이다. ( ) 안에 알맞은 것은?

① 치밀질
② 연속기포
③ 독립기포
④ 독립기포와 연속기포

해설 독립기포로 된 다공질이 많이 형성되면 열전도를 지연시켜 보온재나 단열재의 효과를 높인다.

37 일정한 두께를 가진 재질에 있어서 가장 보냉효율(保冷效率)이 우수한 것은?

① 양모
② 기포 시멘트
③ 석면
④ 경질폴리우레탄 발포제

해설 ⊙ 양모 130℃
ⓒ 석면 250~550℃(석면은 아스베스토이다.)
ⓒ 폴리우레탄 발포체 130~200℃

38 보온재료로 사용되는 규조토의 최고 안전사용온도 중 옳은 것은?

① 300℃ ② 500℃
③ 200℃ ④ 100℃

해설 규조토 무기질 보온재의 특성
⊙ 규조토의 최고 사용온도는 500℃
ⓒ 규조토에 1.5% 이상의 석면 섬유 또는 삼여물을 혼합하여 만든다.
ⓒ 열전도율이 0.08~0.095kcal/mh℃
ⓔ 석면을 혼합하면 500℃까지, 삼여물 혼합 시는 350℃까지 최고 안전사용온도에 사용한다.

39 보온공사 시공 시 적합하지 않은 점은?

① 설비의 팽창, 보온재의 수축을 고려한다.
② 진동에 의한 보온재가 파괴되는 것을 피한다.
③ 내수성을 고려한다.
④ 밸브, 플랜지 등 복잡한 부분은 피한다.

해설 보온공사 시공 시 주의사항
⊙ 설비의 팽창 보온재의 수축을 고려한다.
ⓒ 진동에 의한 보온재가 파괴되는 것을 피한다.
ⓒ 흡수성을 고려한다.

40 보온재가 구비하여야 할 조건 중 틀린 것은 어느 것인가?

① 보온능력이 클 것
② 어느 정도의 기계적 강도를 가질 것
③ 비중이 클 것
④ 시공이 용이할 것

정답 34 ① 35 ③ 36 ③ 37 ④ 38 ② 39 ③ 40 ③

해설 보온재의 구비조건
  ㉠ 보온능력이 클 것
  ㉡ 어느 정도의 기계적 강도를 가질 것
  ㉢ 비중이 작을 것
  ㉣ 시공성이 용이할 것

41 다음 중 고온용 보온재료인 것을 고르면?
  ① 탄화코르크
  ② 규산칼슘
  ③ 우모(牛毛)펠트
  ④ 플라스틱 폼

해설 ① 탄화코르크 : 130~−200℃
  ② 규산칼슘 : 650℃
  ③ 우모펠트 : 130℃
  ④ 플라스틱 폼 : 100~140℃

42 보온재로서 구비조건에 합당치 않은 것은?
  ① 열전도율이 작아야 한다.
  ② 부피, 비중이 커야 한다.
  ③ 흡습성이나 흡수성이 없어야 한다.
  ④ 안전사용온도가 높을수록 좋다.

해설 보온재의 구비조건
  ㉠ 열전도율이 작아야 된다.
  ㉡ 부피, 비중이 작아야 된다.
  ㉢ 흡습성이나 흡수성이 없어야 한다.
  ㉣ 안전 사용온도는 높을수록 좋다.

43 연료 사용기기의 단열재 종류에 속하는 것이 아닌 것은?
  ① 유리면 보온재
  ② 팽창질석 보온재
  ③ 석고판
  ④ 발포폴리스티렌 보온재(자기소화성은 제외)

해설 에너지 법규상의 단열재
  ㉠ 유리면 보온재
  ㉡ 암면 보온재
  ㉢ 경질 우레탄 보온재
  ㉣ 질석 보온재
  ㉤ 요소 발포 보온재
  ㉥ 페놀 발포 보온재
  ㉦ 발포폴리에틸렌 보온재
  ㉧ 펄라이트 보온재
  ㉨ 규산칼슘 보온재
  ㉩ 셀룰로오스 보온재

44 일정 두께를 가진 재질에 있어서 보냉효율이 가장 우수한 것은?
  ① 경질폴리우레탄 발포체
  ② 양모
  ③ 세라믹 파이버
  ④ 석면

해설 ㉠ 경질폴리우레탄 발포체 : −200℃~300℃
  ㉡ 양모 : 130℃
  ㉢ 석면 : 350℃~550℃

45 단열벽돌을 사용하여 얻을 수 있는 단열효과에 해당되지 않는 것은?
  ① 열전도가 낮아진다.
  ② 축열용량이 작아진다.
  ③ 노 내의 온도구배가 급격히 높아지므로 내화물의 내구력을 증가시킨다.
  ④ 노의 온도분포가 균일하게 된다.

해설 단열벽돌의 단열효과
  ㉠ 열전도가 낮아진다.
  ㉡ 축열용량이 작아진다.
  ㉢ 노 내의 온도구배가 급격히 낮아져서 내화물의 내구력을 증가시킨다.
  ㉣ 노의 온도분포가 균일하게 된다.
  ㉤ 노의 온도상승 시간이 단축된다.

46 다음 중 유기질 보온재에 속하는 것은?
  ① 암면 보온재
  ② 유리섬유 보온재
  ③ 염화비닐 보온재
  ④ 규조토 보온재

해설 염화비닐 보온재는 유기질 저온용 보온재이고, ①, ②, ④의 보온재는 무기질 고온용 보온재이다.

정답 41 ② 42 ② 43 ③ 44 ① 45 ③ 46 ③

47 보온 효율을 올바르게 표현한 것은?(단, Q_0는 보온이 안 된 상태의 표면으로부터의 방산열량이고, Q는 보온시공이 된 상태에서 표면으로부터의 방산열량)

① $\eta = \dfrac{Q}{Q_0}$ ② $\eta = \dfrac{Q_0 - Q}{Q_0}$

③ $\eta = \dfrac{Q_0 + Q}{Q_0}$ ④ $\eta = \dfrac{Q_0}{Q_0 - Q}$

해설 보온효율 = $\dfrac{\text{보온이 안 된 상태의 방산열량} - \text{보온시공 후 방산열량}}{\text{보온이 안 된 상태의 발열량}} \times 100$

48 다음 중 고온용 보온재로 쓰이는 것은?

① 유리섬유 ② 규산칼슘
③ 암면   ④ 광제면

해설 ① 300℃ ② 650℃
③ 400℃ ④ 400℃

49 커버링의 보온재와 관계가 먼 것은?

① 석면
② 염류
③ 시멘트
④ 탄산마그네슘

해설 커버링의 보온재
석면, 시멘트, 탄산마그네슘

50 다음 보온재 중 열에 강하고 절연효과가 뛰어나지만 폐암 등을 일으키는 원인이 되므로 선진국에서 철거하고 있는 것은?

① 석면   ② 펠트
③ 우레탄폼 ④ 글라스울

해설 석면
㉠ 열에 강하다.
㉡ 절연효과가 뛰어나다.
㉢ 폐암 등을 일으킨다.

정답 47 ② 48 ② 49 ② 50 ①

PART 05

에너지법과 에너지이용 합리화법

제1장 에너지법과 에너지이용 합리화법

CHAPTER 01 에너지법과 에너지이용 합리화법

「에너지법」

제1조(목적) 이 법은 안정적이고 효율적이며 환경친화적인 에너지 수급(需給) 구조를 실현하기 위한 에너지정책 및 에너지 관련 계획의 수립 · 시행에 관한 기본적인 사항을 정함으로써 국민경제의 지속가능한 발전과 국민의 복리(福利) 향상에 이바지하는 것을 목적으로 한다. [전문개정 2010.6.8.]

제2조(정의) 이 법에서 사용하는 용어의 뜻은 다음과 같다. 〈개정 2013.3.23., 2013.7.30., 2014.12.30., 2019.8.20., 2021.9.24〉

1. "에너지"란 연료 · 열 및 전기를 말한다.
2. "연료"란 석유 · 가스 · 석탄, 그 밖에 열을 발생하는 열원(熱源)을 말한다. 다만, 제품의 원료로 사용되는 것은 제외한다.
3. "신 · 재생에너지"란 「신에너지 및 재생에너지 개발 · 이용 · 보급 촉진법」 제2조 제1호 및 제2호에 따른 에너지를 말한다.
4. "에너지사용시설"이란 에너지를 사용하는 공장 · 사업장 등의 시설이나 에너지를 전환하여 사용하는 시설을 말한다.
5. "에너지사용자"란 에너지사용시설의 소유자 또는 관리자를 말한다.
6. "에너지공급설비"란 에너지를 생산 · 전환 · 수송 또는 저장하기 위하여 설치하는 설비를 말한다.
7. "에너지공급자"란 에너지를 생산 · 수입 · 전환 · 수송 · 저장 또는 판매하는 사업자를 말한다.

7의2. "에너지이용권"이란 저소득층 등 에너지 이용에서 소외되기 쉬운 계층의 사람이 에너지공급자에게 제시하여 냉방 및 난방 등에 필요한 에너지를 공급받을 수 있도록 일정한 금액이 기재(전자적 또는 자기적 방법에 의한 기록을 포함한다)된 증표를 말한다.

8. "에너지사용기자재"란 열사용기자재나 그 밖에 에너지를 사용하는 기자재를 말한다.
9. "열사용기자재"란 연료 및 열을 사용하는 기기, 축열식 전기기기와 단열성(斷熱性) 자재로서 산업통상자원부령으로 정하는 것을 말한다.
10. "온실가스"란 「기후위기 대응을 위한 탄소중립 · 녹색성장 기본법」 제2조 제5호에 따른 온실가스를 말한다. [전문개정 2010.6.8.]

제4조(국가 등의 책무) ① 국가는 이 법의 목적을 실현하기 위한 종합적인 시책을 수립 · 시행하여야 한다.
② 지방자치단체는 이 법의 목적, 국가의 에너지정책 및 시책과 지역적 특성을 고려한 지역에너지시책을 수립 · 시행하여야 한다. 이 경우 지역에너지시책의 수립 · 시행에 필요한 사항은 해당 지방자치단체의 조례로 정할 수 있다.
③ 에너지공급자와 에너지사용자는 국가와 지방자치단체의 에너지시책에 적극 참여하고 협력하여야 하며, 에너지의 생산 · 전환 · 수송 · 저장 · 이용 등의 안전성, 효율성 및 환경친화성을 극대화하도록 노력하여야 한다.
④ 모든 국민은 일상생활에서 국가와 지방자치단체의 에너지시책에 적극 참여하고 협력하여야 하며, 에너지를 합리적이고 환경친화적으로 사용하도록 노력하여야 한다.
⑤ 국가, 지방자치단체 및 에너지공급자는 빈곤층 등 모든 국민에게 에너지가 보편적으로 공급되도록 기여하여야 한다.
[전문개정 2010.6.8.]

제7조(지역에너지계획의 수립) ① 특별시장 · 광역시장 · 특별자치시장 · 도지사 또는 특별자치도지사(이하 "시 · 도지사"라 한다)는 관할 구역의 지역적 특성을 고려하여 「저탄소 녹색성장 기본법」 제41조에 따른 에너지기본계획(이하 "기본계획"이라 한다)의 효율적인 달성과 지역경제의 발전을 위한 지역에너지계획(이하 "지역계획"이라 한다)을 5년마다 5년 이상을 계획기간으로 하여 수립 · 시행하여야 한다. 〈개정 2014.12.30.〉

② 지역계획에는 해당 지역에 대한 다음 각 호의 사항이 포함되어야 한다.
1. 에너지 수급의 추이와 전망에 관한 사항
2. 에너지의 안정적 공급을 위한 대책에 관한 사항
3. 신·재생에너지 등 환경친화적 에너지 사용을 위한 대책에 관한 사항
4. 에너지 사용의 합리화와 이를 통한 온실가스의 배출감소를 위한 대책에 관한 사항
5. 「집단에너지사업법」 제5조 제1항에 따라 집단에너지공급대상지역으로 지정된 지역의 경우 그 지역의 집단에너지 공급을 위한 대책에 관한 사항
6. 미활용 에너지원의 개발·사용을 위한 대책에 관한 사항
7. 그 밖에 에너지시책 및 관련 사업을 위하여 시·도지사가 필요하다고 인정하는 사항
③ 지역계획을 수립한 시·도지사는 이를 산업통상자원부장관에게 제출하여야 한다. 수립된 지역계획을 변경하였을 때에도 또한 같다. 〈개정 2013.3.23.〉
④ 정부는 지방자치단체의 에너지시책 및 관련 사업을 촉진하기 위하여 필요한 지원시책을 마련할 수 있다. [전문개정 2010.6.8.]

제9조(에너지위원회의 구성 및 운영) ① 정부는 주요 에너지정책 및 에너지 관련 계획에 관한 사항을 심의하기 위하여 산업통상자원부장관 소속으로 에너지위원회(이하 "위원회"라 한다)를 둔다. 〈개정 2013.3.23.〉
② 위원회는 위원장 1명을 포함한 25명 이내의 위원으로 구성하고, 위원은 당연직위원과 위촉위원으로 구성한다.
③ 위원장은 산업통상자원부장관이 된다. 〈개정 2013.3.23.〉
④ 당연직위원은 관계 중앙행정기관의 차관급 공무원 중 대통령령으로 정하는 사람이 된다.
⑤ 위촉위원은 에너지 분야에 관한 학식과 경험이 풍부한 사람 중에서 산업통상자원부장관이 위촉하는 사람이 된다. 이 경우 위촉위원에는 대통령령으로 정하는 바에 따라 에너지 관련 시민단체에서 추천한 사람이 5명 이상 포함되어야 한다. 〈개정 2013.3.23.〉
⑥ 위촉위원의 임기는 2년으로 하고, 연임할 수 있다.
⑦ 위원회의 회의에 부칠 안건을 검토하거나 위원회가 위임한 안건을 조사·연구하기 위하여 분야별 전문위원회를 둘 수 있다.
⑧ 그 밖에 위원회 및 전문위원회의 구성·운영 등에 관하여 필요한 사항은 대통령령으로 정한다. [전문개정 2010.6.8.]

제10조(위원회의 기능) 위원회는 다음 각 호의 사항을 심의한다.
1. 「저탄소 녹색성장 기본법」 제41조 제2항에 따른 에너지기본계획 수립·변경의 사전심의에 관한 사항
2. 비상계획에 관한 사항
3. 국내외 에너지개발에 관한 사항
4. 에너지와 관련된 교통 또는 물류에 관련된 계획에 관한 사항
5. 주요 에너지정책 및 에너지사업의 조정에 관한 사항
6. 에너지와 관련된 사회적 갈등의 예방 및 해소 방안에 관한 사항
7. 에너지 관련 예산의 효율적 사용 등에 관한 사항
8. 원자력 발전정책에 관한 사항
9. 「기후변화에 관한 국제연합 기본협약」에 대한 대책 중 에너지에 관한 사항
10. 다른 법률에서 위원회의 심의를 거치도록 한 사항
11. 그 밖에 에너지에 관련된 주요 정책사항에 관한 것으로서 위원장이 회의에 부치는 사항 [전문개정 2010.6.8.]

제11조(에너지기술개발계획) ① 정부는 에너지 관련 기술의 개발과 보급을 촉진하기 위하여 10년 이상을 계획기간으로 하는 에너지기술개발계획(이하 "에너지기술개발계획"이라 한다)을 5년마다 수립하고, 이에 따른 연차별 실행계획을 수립·시행하여야 한다.
② 에너지기술개발계획은 대통령령으로 정하는 바에 따라 관계 중앙행정기관의 장의 협의와 「국가과학기술자문회의법」에 따른 국가과학기술자문회의의 심의를 거쳐서 수립된다. 이 경우 위원회의 심의를 거친 것으로 본다. 〈개정 2013.3.23., 2018.1.16.〉

③ 에너지기술개발계획에는 다음 각 호의 사항이 포함되어야 한다.
  1. 에너지의 효율적 사용을 위한 기술개발에 관한 사항
  2. 신·재생에너지 등 환경친화적 에너지에 관련된 기술개발에 관한 사항
  3. 에너지 사용에 따른 환경오염을 줄이기 위한 기술개발에 관한 사항
  4. 온실가스 배출을 줄이기 위한 기술개발에 관한 사항
  5. 개발된 에너지기술의 실용화의 촉진에 관한 사항
  6. 국제 에너지기술 협력의 촉진에 관한 사항
  7. 에너지기술에 관련된 인력·정보·시설 등 기술개발자원의 확대 및 효율적 활용에 관한 사항 [전문개정 2010.6.8.]

제12조(에너지기술 개발) ① 관계 중앙행정기관의 장은 에너지기술 개발을 효율적으로 추진하기 위하여 대통령령으로 정하는 바에 따라 다음 각 호의 어느 하나에 해당하는 자에게 에너지기술 개발을 하게 할 수 있다. 〈개정 2011.3.9., 2015.1.28., 2016.3.22., 2019.12.31., 2021.4.20., 2023.6.13.〉
  1. 「공공기관의 운영에 관한 법률」 제4조에 따른 공공기관
  2. 국·공립 연구기관
  3. 「특정연구기관 육성법」의 적용을 받는 특정연구기관
  4. 「산업기술혁신 촉진법」 제42조에 따른 전문생산기술연구소
  5. 「소재·부품·장비산업 경쟁력 강화 및 공급망 안정화를 위한 특별조치법」에 따른 특화선도기업 등
  6. 「정부출연연구기관 등의 설립·운영 및 육성에 관한 법률」에 따른 정부출연연구기관
  7. 「과학기술분야 정부출연연구기관 등의 설립·운영 및 육성에 관한 법률」에 따른 과학기술분야 정부출연연구기관
  8. 「연구산업진흥법」 제2조 제1호 가목의 사업을 전문으로 하는 기업
  9. 「고등교육법」에 따른 대학, 산업대학, 전문대학
  10. 「산업기술연구조합 육성법」에 따른 산업기술연구조합
  11. 「기초연구진흥 및 기술개발지원에 관한 법률」 제14조의2 제1항에 따라 인정받은 기업부설연구소
  12. 그 밖에 대통령령으로 정하는 과학기술 분야 연구기관 또는 단체
② 관계 중앙행정기관의 장은 제1항에 따른 기술개발에 필요한 비용의 전부 또는 일부를 출연(出捐)할 수 있다. [전문개정 2010.6.8.]

제13조(한국에너지기술평가원의 설립) ① 제12조 제1항에 따른 에너지기술 개발에 관한 사업(이하 "에너지기술개발사업"이라 한다)의 기획·평가 및 관리 등을 효율적으로 지원하기 위하여 한국에너지기술평가원(이하 "평가원"이라 한다)을 설립한다.
② 평가원은 법인으로 한다.
③ 평가원은 그 주된 사무소의 소재지에서 설립등기를 함으로써 성립한다.
④ 평가원은 다음 각 호의 사업을 한다.
  1. 에너지기술개발사업의 기획, 평가 및 관리
  2. 에너지기술 분야 전문인력 양성사업의 지원
  3. 에너지기술 분야의 국제협력 및 국제 공동연구사업의 지원
  4. 그 밖에 에너지기술 개발과 관련하여 대통령령으로 정하는 사업
⑤ 정부는 평가원의 설립·운영에 필요한 경비를 예산의 범위에서 출연할 수 있다.
⑥ 중앙행정기관의 장 및 지방자치단체의 장은 제4항 각 호의 사업을 평가원으로 하여금 수행하게 하고 필요한 비용의 전부 또는 일부를 대통령령으로 정하는 바에 따라 출연할 수 있다.
⑦ 평가원은 제1항에 따른 목적 달성에 필요한 경비를 조달하기 위하여 대통령령으로 정하는 바에 따라 수익사업을 할 수 있다.
⑧ 평가원의 운영 및 감독 등에 필요한 사항은 대통령령으로 정한다.
⑨ 삭제 〈2014.12.30.〉

⑩ 평가원에 관하여 이 법에 규정되지 아니한 사항은 「민법」 중 재단법인에 관한 규정을 준용한다. [전문개정 2010.6.8.]

제14조(에너지기술개발사업비) ① 관계 중앙행정기관의 장은 에너지기술개발사업을 종합적이고 효율적으로 추진하기 위하여 제11조 제1항에 따른 연차별 실행계획의 시행에 필요한 에너지기술개발사업비를 조성할 수 있다.
② 제1항에 따른 에너지기술개발사업비는 정부 또는 에너지 관련 사업자 등의 출연금, 융자금, 그 밖에 대통령령으로 정하는 재원(財源)으로 조성한다.
③ 관계 중앙행정기관의 장은 평가원으로 하여금 에너지기술개발사업비의 조성 및 관리에 관한 업무를 담당하게 할 수 있다.
④ 에너지기술개발사업비는 다음 각 호의 사업 지원을 위하여 사용하여야 한다.
  1. 에너지기술의 연구·개발에 관한 사항
  2. 에너지기술의 수요 조사에 관한 사항
  3. 에너지사용기자재와 에너지공급설비 및 그 부품에 관한 기술개발에 관한 사항
  4. 에너지기술 개발 성과의 보급 및 홍보에 관한 사항
  5. 에너지기술에 관한 국제협력에 관한 사항
  6. 에너지에 관한 연구인력 양성에 관한 사항
  7. 에너지 사용에 따른 대기오염을 줄이기 위한 기술개발에 관한 사항
  8. 온실가스 배출을 줄이기 위한 기술개발에 관한 사항
  9. 에너지기술에 관한 정보의 수집·분석 및 제공과 이와 관련된 학술활동에 관한 사항
  10. 평가원의 에너지기술개발사업 관리에 관한 사항
⑤ 제1항부터 제4항까지의 규정에 따른 에너지기술개발사업비의 관리 및 사용에 필요한 사항은 대통령령으로 정한다. [전문개정 2010.6.8.]

제15조(에너지기술 개발 투자 등의 권고) 관계 중앙행정기관의 장은 에너지기술 개발을 촉진하기 위하여 필요한 경우 에너지 관련 사업자에게 에너지기술 개발을 위한 사업에 투자하거나 출연할 것을 권고할 수 있다. [전문개정 2010.6.8.]

제16조(에너지 및 에너지자원기술 전문인력의 양성) ① 산업통상자원부장관은 에너지 및 에너지자원기술 분야의 전문인력을 양성하기 위하여 필요한 사업을 할 수 있다. 〈개정 2013.3.23.〉
② 산업통상자원부장관은 제1항에 따른 사업을 하기 위하여 자금지원 등 필요한 지원을 할 수 있다. 이 경우 지원의 대상 및 절차 등에 관하여 필요한 사항은 산업통상자원부령으로 정한다. 〈개정 2013.3.23.〉 [전문개정 2010.6.8.]

제17조(행정 및 재정상의 조치) 국가와 지방자치단체는 이 법의 목적을 달성하기 위하여 학술연구·조사 및 기술개발 등에 필요한 행정적·재정적 조치를 할 수 있다. [전문개정 2010.6.8.]

제18조(민간활동의 지원) 국가와 지방자치단체는 에너지에 관련된 공익적 활동을 촉진하기 위하여 민간부문에 대하여 필요한 자료를 제공하거나 재정적 지원을 할 수 있다.

제20조(국회 보고) ① 정부는 매년 주요 에너지정책의 집행 경과 및 결과를 국회에 보고하여야 한다.
② 제1항에 따른 보고에는 다음 각 호의 사항이 포함되어야 한다.
  1. 국내외 에너지 수급의 추이와 전망에 관한 사항
  2. 에너지·자원의 확보, 도입, 공급, 관리를 위한 대책의 추진 현황 및 계획에 관한 사항
  3. 에너지 수요관리 추진 현황 및 계획에 관한 사항
  4. 환경친화적인 에너지의 공급·사용 대책의 추진 현황 및 계획에 관한 사항
  5. 온실가스 배출 현황과 온실가스 감축을 위한 대책의 추진 현황 및 계획에 관한 사항
  6. 에너지정책의 국제협력 등에 관한 사항의 추진 현황 및 계획에 관한 사항
  7. 그 밖에 주요 에너지정책의 추진에 관한 사항
③ 제1항에 따른 보고에 필요한 사항은 대통령령으로 정한다. [전문개정 2010.6.8.]

「에너지법 시행령」

제2조(에너지위원회의 구성) ① 「에너지법」(이하 "법"이라 한다)에서 "대통령령으로 정하는 사람"이란 다음 각 호의 중앙행정기관의 차관(복수차관이 있는 중앙행정기관의 경우는 그 기관의 장이 지명하는 차관을 말한다)을 말한다. 〈개정 2013.3.23., 2017.7.26.〉
  1. 기획재정부
  2. 과학기술정보통신부
  3. 외교부
  4. 환경부
  5. 국토교통부

제4조(전문위원회의 구성 및 운영) ① 법 제9조 제7항에 따른 분야별 전문위원회는 다음 각 호와 같다. 〈개정 2013.1.28., 2024.5.7.〉
  1. 에너지정책전문위원회
  2. 에너지기술기반전문위원회
  3. 에너지산업자원개발전문위원회
  4. 원자력발전전문위원회
  5. 삭제 〈2024.5.7.〉
  6. 에너지안전전문위원회
② 에너지정책전문위원회는 다음 각 호의 사항과 관련하여 위원회의 회의에 부칠 안건이나 위원회가 위임한 안건을 조사·연구한다. 〈개정 2013.1.28., 2024.5.7.〉
  1. 에너지 관련 중요 정책의 수립 및 추진에 관한 사항
  2. 장애인·저소득층 등에 대한 최소한의 필수 에너지 공급 등 에너지복지정책에 관한 사항
  3. 비상시 에너지수급계획의 수립에 관한 사항
  4. 에너지 산업의 구조조정에 관한 사항
  5. 에너지와 관련된 교통 및 물류에 관한 사항
  6. 에너지와 관련된 재원의 확보, 세제(稅制) 및 가격정책에 관한 사항
  7. 에너지 관련 국제 및 남북 협력에 관한 사항
  8. 에너지 부문의 녹색성장 전략 및 추진계획에 관한 사항
  9. 에너지·산업 부문의 기후변화 대응과 온실가스의 감축에 관한 기본계획의 수립에 관한 사항
  10. 「기후변화에 관한 국제연합 기본협약」관련 에너지·산업 분야 대응 및 국내 이행에 관한 사항
  11. 에너지·산업 부문의 기후변화 및 온실가스 감축을 위한 국제협력 강화에 관한 사항
  12. 온실가스 감축목표 달성을 위한 에너지·산업 등 부문별 할당 및 이행방안에 관한 사항
  13. 에너지 및 기후변화 대응 관련 갈등관리에 관한 사항
  14. 그 밖에 에너지 및 기후변화와 관련된 사항으로서 에너지정책전문위원회의 위원장이 회의에 부치는 사항
③ 에너지기술기반전문위원회는 다음 각 호의 사항과 관련하여 위원회의 회의에 부칠 안건이나 위원회가 위임한 안건을 조사·연구한다. 〈개정 2024.5.7.〉
  1. 에너지기술개발계획 및 신·재생에너지 등 환경친화적 에너지와 관련된 기술개발과 그 보급 촉진에 관한 사항
  2. 에너지의 효율적 이용을 위한 기술개발에 관한 사항
  3. 에너지기술 및 신·재생에너지 관련 국제협력에 관한 사항
  4. 신·재생에너지 및 에너지 분야 전문인력의 양성계획 수립에 관한 사항
  5. 신·재생에너지 관련 갈등관리에 관한 사항
  6. 그 밖에 에너지기술 및 신·재생에너지와 관련된 사항으로서 에너지기술기반전문위원회의 위원장이 회의에 부치는 사항
④ 에너지개발전문위원회는 다음 각 호의 사항과 관련하여 위원회의 회의에 부칠 안건이나 위원회가 위임한 안건을

조사·연구한다. 〈개정 2013.1.28., 2024.5.7.〉
1. 외국과의 전략적 에너지(에너지 중 열 및 전기는 제외한다. 이하 이 항에서 같다)산업 및 자원개발 촉진에 관한 사항
2. 국내외 에너지산업 및 자원개발 관련 전략 수립 및 기본계획에 관한 사항
3. 국내외 에너지산업 및 자원개발 관련 기술개발·인력양성 등 기반 구축에 관한 사항
4. 에너지산업 및 자원개발 관련 기업 지원 시책 수립에 관한 사항
5. 에너지산업 및 자원개발 관련 국제협력 지원 및 국내 이행에 관한 사항
6. 에너지의 가격제도, 유통, 판매, 비축 및 소비 등에 관한 사항
7. 에너지산업 및 자원개발 관련 갈등관리에 관한 사항
8. 남북 간 에너지산업 및 자원개발 협력에 관한 사항
9. 에너지산업 및 자원개발 관련 경쟁력 강화 및 구조조정에 관한 사항
10. 에너지자원의 안정적 확보 및 위기 대응에 관한 사항
11. 에너지자원 관련 품질관리에 관한 사항
12. 그 밖에 에너지산업 및 자원개발과 관련된 사항으로서 에너지산업자원개발전문위원회의 위원장이 회의에 부치는 사항

⑦ 에너지안전전문위원회는 다음 각 호의 사항과 관련하여 위원회의 회의에 부칠 안건이나 위원회가 위임한 안건을 조사·연구한다. 〈신설 2013.1.28., 2024.5.7.〉
1. 석유·가스·전력·석탄 및 신·재생에너지의 안전관리에 관한 사항
2. 에너지사용시설 및 에너지공급시설의 안전관리에 관한 사항
3. 그 밖에 에너지안전과 관련된 사항으로서 에너지안전전문위원회의 위원장이 회의에 부치는 사항

제8조(연차별 실행계획의 수립) ① 산업통상자원부장관은 법 제11조 제1항에 따른 에너지기술개발계획에 따라 관계 중앙행정기관의 장의 의견을 들어 연차별 실행계획을 수립·공고하여야 한다. 〈개정 2013.3.23.〉
② 제1항에 따른 연차별 실행계획에는 다음 각 호의 사항이 포함되어야 한다. 〈개정 2013.3.23.〉
1. 에너지기술 개발의 추진전략
2. 과제별 목표 및 필요 자금
3. 연차별 실행계획의 효과적인 시행을 위하여 산업통상자원부장관이 필요하다고 인정하는 사항 [전문개정 2011.9.30.]

제8조의2(에너지기술 개발의 실시기관) "대통령령으로 정하는 과학기술 분야 연구기관 또는 단체"란 다음 각 호의 연구기관 또는 단체를 말한다. 〈개정 2013.3.23.〉
1. 「민법」 또는 다른 법률에 따라 설립된 과학기술 분야 비영리법인
2. 그 밖에 연구인력 및 연구시설 등 산업통상자원부장관이 정하여 고시하는 기준에 해당하는 연구기관 또는 단체 [전문개정 2011.9.30.]

제11조(평가원의 사업) 법 제13조 제4항 제4호에서 "대통령령으로 정하는 사업"이란 다음 각 호의 사업을 말한다. 〈개정 2013.3.23.〉
1. 에너지기술개발사업의 중장기 기술 기획
2. 에너지기술의 수요조사, 동향분석 및 예측
3. 에너지기술에 관한 정보·자료의 수집, 분석, 보급 및 지도
4. 에너지기술에 관한 정책수립의 지원
5. 법 제14조 제1항에 따라 조성된 에너지기술개발사업비의 운용·관리(같은 조 제3항에 따라 관계 중앙행정기관의 장이 그 업무를 담당하게 하는 경우만 해당한다)
6. 에너지기술개발사업 결과의 실증연구 및 시범적용
7. 에너지기술에 관한 학술, 전시, 교육 및 훈련
8. 그 밖에 산업통상자원부장관이 에너지기술 개발과 관련하여 필요하다고 인정하는 사업 [전문개정 2011.9.30.]

제11조의2(협약의 체결 및 출연금의 지급 등) ① 중앙행정기관의 장 및 지방자치단체의 장은 법 제13조 제6항에 따라 평가원에 같은 조 제4항 각 호의 사업을 수행하게 하려면 평가원과 다음 각 호의 사항이 포함된 협약을 체결하여야 한다.
1. 수행하는 사업의 범위, 방법 및 관리책임자
2. 사업수행 비용 및 그 비용의 지급시기와 지급방법
3. 사업수행 결과의 보고, 귀속 및 활용
4. 협약의 변경, 해지 및 위반에 관한 조치
5. 그 밖에 사업수행을 위하여 필요한 사항

② 중앙행정기관의 장 및 지방자치단체의 장은 평가원에 법 제13조 제6항에 따라 출연금을 지급하는 경우에는 여러 차례에 걸쳐 지급한다. 다만, 수행하는 사업의 규모나 시작 시기 등을 고려하여 필요하다고 인정하는 경우에는 한 번에 지급할 수 있다.
③ 제2항에 따라 출연금을 지급받은 평가원은 그 출연금에 대하여 별도의 계정을 설정하여 관리하여야 한다. [전문개정 2011.9.30.]

제11조의3(사업연도) 평가원의 사업연도는 정부의 회계연도에 따른다. [본조신설 2009.4.21.]

제11조의4(평가원의 수익사업) 평가원은 법 제13조 제7항에 따라 수익사업을 하려면 해당 사업연도가 시작하기 전까지 수익사업계획서를 산업통상자원부장관에게 제출하여야 하며, 해당 사업연도가 끝난 후 3개월 이내에 그 수익사업의 실적서 및 결산서를 산업통상자원부장관에게 제출하여야 한다. 〈개정 2013.3.23.〉 [전문개정 2011.9.30.]

제12조(에너지기술 개발 투자 등의 권고) ① 법 제15조에 따른 에너지 관련 사업자는 다음 각 호의 자 중에서 산업통상자원부장관이 정하는 자로 한다. 〈개정 2013.3.23.〉
1. 에너지공급자
2. 에너지사용기자재의 제조업자
3. 공공기관 중 에너지와 관련된 공공기관

② 산업통상자원부장관은 법 제15조에 따라 에너지 관련 사업자에게 에너지기술 개발을 위한 사업에 투자하거나 출연할 것을 권고할 때에는 그 투자 또는 출연의 방법 및 규모 등을 구체적으로 밝혀 문서로 통보하여야 한다. 〈개정 2013.3.23.〉 [전문개정 2011.9.30.]

제15조(에너지 관련 통계 및 에너지 총조사) ① 법 제19조 제1항에 따라 에너지 수급에 관한 통계를 작성하는 경우에는 산업통상자원부령으로 정하는 에너지열량 환산기준을 적용하여야 한다. 〈개정 2013.3.23.〉
③ 법 제19조 제5항에 따른 에너지 총조사는 3년마다 실시하되, 산업통상자원부장관이 필요하다고 인정할 때에는 간이조사를 실시할 수 있다. 〈개정 2013.3.23.〉 [전문개정 2011.9.30.]

「에너지법 시행규칙」

제3조(전문인력 양성사업의 지원대상 등) ① 산업통상자원부장관이 필요한 지원을 할 수 있는 대상은 다음 각 호와 같다. 〈개정 2013.3.23.〉
1. 국·공립 연구기관
2. 「특정연구기관 육성법」에 따른 특정연구기관
3. 「정부출연연구기관 등의 설립·운영 및 육성에 관한 법률」에 따른 정부출연연구기관
4. 「고등교육법」에 따른 대학(대학원을 포함한다)·산업대학(대학원을 포함한다) 또는 전문대학
5. 「과학기술분야 정부출연연구기관 등의 설립·운영 및 육성에 관한 법률」에 따른 과학기술분야 정부출연연구기관
6. 그 밖에 에너지 및 에너지자원기술 분야의 전문인력을 양성하기 위하여 산업통상자원부장관이 필요하다고 인정하는 기관 또는 단체

② 산업통상자원부장관은 제2항에 따른 지원신청서가 접수되었을 때에는 60일 이내에 지원 여부, 지원 범위 및 지원 우선순위 등을 심사·결정하여 지원신청자에게 알려야 한다. 〈개정 2013.3.23.〉

제4조(에너지 통계자료의 제출대상 등) ① 산업통상자원부장관이 자료의 제출을 요구할 수 있는 에너지사용자는 다음 각 호와 같다. 〈개정 2013.3.23.〉
1. 중앙행정기관·지방자치단체 및 그 소속기관
2. 「공공기관 운영에 관한 법률」 제4조에 따른 공공기관
3. 「지방공기업법」에 따른 지방직영기업, 지방공사, 지방공단
4. 에너지공급자와 에너지공급자로 구성된 법인·단체
5. 「에너지이용 합리화법」 제31조 제1항에 따른 에너지다소비사업자
6. 자가소비를 목적으로 에너지를 수입하거나 전환하는 에너지사용자

② 제1항에 따른 에너지사용자가 자료의 제출을 요구받았을 때에는 특별한 사유가 없으면 그 요구를 받은 날부터 60일 이내에 산업통상자원부장관에게 그 자료를 제출하여야 한다. 〈개정 2013.3.23.〉

제5조(에너지열량환산기준) ① 영 제15조 제1항에 따른 에너지열량환산기준은 별표와 같다.

② 에너지열량환산기준은 5년마다 작성하되, 산업통상자원부장관이 필요하다고 인정하는 경우에는 수시로 작성할 수 있다. 〈개정 2013.3.23.〉 [전문개정 2011.12.30.]

[별표] 〈개정 2022.11.21.〉

에너지열량 환산기준(제5조 제1항 관련)

구분	에너지원	단위	총발열량			순발열량		
			MJ	kcal	석유환산톤 (10^{-3}toe)	MJ	kcal	석유환산톤 (10^{-3}toe)
석유	원유	kg	45.7	10,920	1.092	42.8	10,220	1.022
	휘발유	L	32.4	7,750	0.775	30.1	7,200	0.720
	등유	L	36.6	8,740	0.874	34.1	8,150	0.815
	경유	L	37.8	9,020	0.902	35.3	8,420	0.842
	바이오디젤	L	34.7	8,280	0.828	32.3	7,730	0.773
	B-A유	L	39.0	9,310	0.931	36.5	8,710	0.871
	B-B유	L	40.6	9,690	0.969	38.1	9,100	0.910
	B-C유	L	41.8	9,980	0.998	39.3	9,390	0.939
	프로판(LPG1호)	kg	50.2	12,000	1.200	46.2	11,040	1.104
	부탄(LPG3호)	kg	49.3	11,790	1.179	45.5	10,880	1.088
	나프타	L	32.2	7,700	0.770	29.9	7,140	0.714
	용제	L	32.8	7,830	0.783	30.4	7,250	0.725
	항공유	L	36.5	8,720	0.872	34.0	8,120	0.812
	아스팔트	kg	41.4	9,880	0.988	39.0	9,330	0.933
	윤활유	L	39.6	9,450	0.945	37.0	8,830	0.883
	석유코크스	kg	34.9	8,330	0.833	34.2	8,170	0.817
	부생연료유1호	L	37.3	8,900	0.890	34.8	8,310	0.831
	부생연료유2호	L	39.9	9,530	0.953	37.7	9,010	0.901
가스	천연가스(LNG)	kg	54.7	13,080	1.308	49.4	11,800	1.180
	도시가스(LNG)	Nm^3	42.7	10,190	1.019	38.5	9,190	0.919
	도시가스(LPG)	Nm^3	63.4	15,150	1.515	58.3	13,920	1.392
석탄	국내무연탄	kg	19.7	4,710	0.471	19.4	4,620	0.462
	연료용 수입무연탄	kg	23.0	5,500	0.550	22.3	5,320	0.532
	원료용 수입무연탄	kg	25.8	6,170	0.617	25.3	6,040	0.604
	연료용 유연탄(역청탄)	kg	24.6	5,860	0.586	23.3	5,570	0.557
	원료용 유연탄(역청탄)	kg	29.4	7,030	0.703	28.3	6,760	0.676
	아역청탄	kg	20.6	4,920	0.492	19.1	4,570	0.457
	코크스	kg	28.6	6,840	0.684	28.5	6,810	0.681
전기등	전기(발전기준)	kWh	8.9	2,130	0.213	8.9	2,130	0.213
	전기(소비기준)	kWh	9.6	2,290	0.229	9.6	2,290	0.229
	신탄	kg	18.8	4,500	0.450	-	-	-

비고
1. "총발열량"이란 연료의 연소과정에서 발생하는 수증기의 잠열을 포함한 발열량을 말한다.
2. "순발열량"이란 연료의 연소과정에서 발생하는 수증기의 잠열을 제외한 발열량을 말한다.
3. "석유환산톤"(toe : ton of oil equivalent)이란 원유 1톤(t)이 갖는 열량으로 10^7kcal를 말한다.
4. 석탄의 발열량은 인수식(引受式)을 기준으로 한다. 다만, 코크스는 건식(乾式)을 기준으로 한다.
5. 최종 에너지사용자가 사용하는 전력량 값을 열량 값으로 환산할 경우에는 1kWh=860kcal를 적용한다.
6. 1cal=4.1868J이며, 도시가스 단위인 Nm^3은 0℃ 1기압(atm) 상태의 부피 단위(m^3)를 말한다.
7. 에너지원별 발열량(MJ)은 소수점 아래 둘째 자리에서 반올림한 값이며, 발열량(kcal)은 발열량(MJ)으로부터 환산한 후 1의 자리에서 반올림한 값이다. 두 단위 간 상충될 경우 발열량(MJ)이 우선한다.

「에너지이용 합리화법」

제1장 총칙

제1조(목적) 이 법은 에너지의 수급(需給)을 안정시키고 에너지의 합리적이고 효율적인 이용을 증진하며 에너지소비로 인한 환경피해를 줄임으로써 국민경제의 건전한 발전 및 국민복지의 증진과 지구온난화의 최소화에 이바지함을 목적으로 한다.

제3조(정부와 에너지사용자·공급자 등의 책무) ① 정부는 에너지의 수급안정과 합리적이고 효율적인 이용을 도모하고 이를 통한 온실가스의 배출을 줄이기 위한 기본적이고 종합적인 시책을 강구하고 시행할 책무를 진다.
② 지방자치단체는 관할 지역의 특성을 고려하여 국가에너지정책의 효과적인 수행과 지역경제의 발전을 도모하기 위한 지역에너지시책을 강구하고 시행할 책무를 진다.
③ 에너지사용자와 에너지공급자는 국가나 지방자치단체의 에너지시책에 적극 참여하고 협력하여야 하며, 에너지의 생산·전환·수송·저장·이용 등에서 그 효율을 극대화하고 온실가스의 배출을 줄이도록 노력하여야 한다.
④ 에너지사용기자재와 에너지공급설비를 생산하는 제조업자는 그 기자재와 설비의 에너지효율을 높이고 온실가스의 배출을 줄이기 위한 기술의 개발과 도입을 위하여 노력하여야 한다.
⑤ 모든 국민은 일상 생활에서 에너지를 합리적으로 이용하여 온실가스의 배출을 줄이도록 노력하여야 한다.

제2장 에너지이용 합리화를 위한 계획 및 조치 등

제4조(에너지이용 합리화 기본계획) ① 산업통상자원부장관은 에너지를 합리적으로 이용하게 하기 위하여 에너지이용 합리화에 관한 기본계획(이하 "기본계획"이라 한다)을 수립하여야 한다. 〈개정 2008.2.29., 2013.3.23.〉
② 기본계획에는 다음 각 호의 사항이 포함되어야 한다. 〈개정 2008.2.29., 2013.3.23.〉
  1. 에너지절약형 경제구조로의 전환
  2. 에너지이용효율의 증대
  3. 에너지이용 합리화를 위한 기술개발
  4. 에너지이용 합리화를 위한 홍보 및 교육
  5. 에너지원간 대체(代替)
  6. 열사용기자재의 안전관리
  7. 에너지이용 합리화를 위한 가격예시제(價格豫示制)의 시행에 관한 사항
  8. 에너지의 합리적인 이용을 통한 온실가스의 배출을 줄이기 위한 대책
  9. 그 밖에 에너지이용 합리화를 추진하기 위하여 필요한 사항으로서 산업통상자원부령으로 정하는 사항
③ 산업통상자원부장관이 제1항에 따라 기본계획을 수립하려면 관계 행정기관의 장과 협의한 후「에너지법」제9조에 따른 에너지위원회(이하 "위원회"라 한다)의 심의를 거쳐야 한다. 〈개정 2008.2.29., 2013.3.23., 2018.4.17.〉
④ 산업통상자원부장관은 기본계획을 수립하기 위하여 필요하다고 인정하는 경우 관계 행정기관의 장에게 필요한 자료를 제출하도록 요청할 수 있다. 〈신설 2018.4.17.〉

제6조(에너지이용 합리화 실시계획) ① 관계 행정기관의 장과 특별시장·광역시장·도지사 또는 특별자치도지사(이하 "시·도지사"라 한다)는 기본계획에 따라 에너지이용 합리화에 관한 실시계획을 수립하고 시행하여야 한다.
② 관계 행정기관의 장 및 시·도지사는 제1항에 따른 실시계획과 그 시행 결과를 산업통상자원부장관에게 제출하여야 한다. 〈개정 2008.2.29., 2013.3.23.〉
③ 산업통상자원부장관은 위원회의 심의를 거쳐 제2항에 따라 제출된 실시계획을 종합·조정하고 추진상황을 점검·평가하여야 한다. 이 경우 평가업무의 효과적인 수행을 위하여 대통령령으로 정하는 바에 따라 관계 연구기관 등에 그 업무를 대행하도록 할 수 있다. 〈신설 2018.4.17.〉

제7조(수급안정을 위한 조치) ① 산업통상자원부장관은 국내외 에너지사정의 변동에 따른 에너지의 수급차질에 대비하기 위하여 대통령령으로 정하는 주요 에너지사용자와 에너지공급자에게 에너지저장시설을 보유하고 에너지를 저장하는 의무를 부과할 수 있다. 〈개정 2008.2.29., 2013.3.23.〉

② 산업통상자원부장관은 국내외 에너지사정의 변동으로 에너지수급에 중대한 차질이 발생하거나 발생할 우려가 있다고 인정되면 에너지수급의 안정을 기하기 위하여 필요한 범위에서 에너지사용자·에너지공급자 또는 에너지사용기자재의 소유자와 관리자에게 다음 각 호의 사항에 관한 조정·명령, 그 밖에 필요한 조치를 할 수 있다. 〈개정 2008.2.29., 2013.3.23.〉
　1. 지역별·주요 수급자별 에너지 할당
　2. 에너지공급설비의 가동 및 조업
　3. 에너지의 비축과 저장
　4. 에너지의 도입·수출입 및 위탁가공
　5. 에너지공급자 상호 간의 에너지의 교환 또는 분배 사용
　6. 에너지의 유통시설과 그 사용 및 유통경로
　7. 에너지의 배급
　8. 에너지의 양도·양수의 제한 또는 금지
　9. 에너지사용의 시기·방법 및 에너지사용기자재의 사용 제한 또는 금지 등 대통령령으로 정하는 사항
　10. 그 밖에 에너지수급을 안정시키기 위하여 대통령령으로 정하는 사항

제8조(국가·지방자치단체 등의 에너지이용 효율화조치 등) ① 다음 각 호의 자는 이 법의 목적에 따라 에너지를 효율적으로 이용하고 온실가스 배출을 줄이기 위하여 필요한 조치를 추진하여야 한다. 이 경우 해당 조치에 관하여 위원회의 심의를 거쳐야 한다. 〈개정 2018.4.17.〉
　1. 국가
　2. 지방자치단체
　3. 「공공기관의 운영에 관한 법률」 제4조 제1항에 따른 공공기관
② 제1항에 따라 국가·지방자치단체 등이 추진하여야 하는 에너지의 효율적 이용과 온실가스의 배출 저감을 위하여 필요한 조치의 구체적인 내용은 대통령령으로 정한다.

제9조(에너지공급자의 수요관리투자계획) ① 에너지공급자 중 대통령령으로 정하는 에너지공급자는 해당 에너지의 생산·전환·수송·저장 및 이용상의 효율향상, 수요의 절감 및 온실가스배출의 감축 등을 도모하기 위한 연차별 수요관리투자계획을 수립·시행하여야 하며, 그 계획과 시행 결과를 산업통상자원부장관에게 제출하여야 한다. 연차별 수요관리투자계획을 변경하는 경우에도 또한 같다. 〈개정 2008.2.29., 2013.3.23.〉
② 산업통상자원부장관은 에너지수급상황의 변화, 에너지가격의 변동, 그 밖에 대통령령으로 정하는 사유가 생긴 경우에는 제1항에 따른 수요관리투자계획을 수정·보완하여 시행하게 할 수 있다. 〈개정 2008.2.29., 2013.3.23.〉

제10조(에너지사용계획의 협의) ① 도시개발사업이나 산업단지개발사업 등 대통령령으로 정하는 일정규모 이상의 에너지를 사용하는 사업을 실시하거나 시설을 설치하려는 자(이하 "사업주관자"라 한다)는 그 사업의 실시와 시설의 설치로 에너지수급에 미칠 영향과 에너지소비로 인한 온실가스(이산화탄소만을 말한다)의 배출에 미칠 영향을 분석하고, 소요에너지의 공급계획 및 에너지의 합리적 사용과 그 평가에 관한 계획(이하 "에너지사용계획"이라 한다)을 수립하여, 그 사업의 실시 또는 시설의 설치 전에 산업통상자원부장관에게 제출하여야 한다. 〈개정 2008.2.29., 2013.3.23.〉
② 산업통상자원부장관은 제1항에 따라 제출한 에너지사용계획에 관하여 사업주관자 중 제8조 제1항 각 호에 해당하는 자(이하 "공공사업주관자"라 한다)와 협의하여야 하며, 공공사업주관자 외의 자(이하 "민간사업주관자"라 한다)로부터 의견을 들을 수 있다. 〈개정 2008.2.29., 2013.3.23.〉
③ 사업주관자가 제1항에 따라 제출한 에너지사용계획 중 에너지 수요예측 및 공급계획 등 대통령령으로 정한 사항을 변경하려는 경우에도 제1항과 제2항으로 정하는 바에 따른다.
④ 사업주관자는 국공립연구기관, 정부출연연구기관 등 에너지사용계획을 수립할 능력이 있는 자로 하여금 에너지사용계획의 수립을 대행하게 할 수 있다.
⑤ 제1항부터 제4항까지의 규정에 따른 에너지사용계획의 내용, 협의 및 의견청취의 절차, 대행기관의 요건, 그 밖에 필요한 사항은 대통령령으로 정한다.
⑥ 산업통상자원부장관은 제4항에 따른 에너지사용계획의 수립을 대행하는 데에 필요한 비용의 산정기준을 정하여 고시하여야 한다. 〈개정 2008.2.29., 2013.3.23.〉

제11조(에너지사용계획의 검토 등) ① 산업통상자원부장관은 에너지사용계획을 검토한 결과, 그 내용이 에너지의 수급에 적절하지 아니하거나 에너지이용의 합리화와 이를 통한 온실가스(이산화탄소만을 말한다)의 배출감소 노력이 부족하다고 인정되면 대통령령으로 정하는 바에 따라 공공사업주관자에게는 에너지사용계획의 조정·보완을 요청할 수 있고, 민간사업주관자에게는 에너지사용계획의 조정·보완을 권고할 수 있다. 공공사업주관자가 조정·보완요청을 받은 경우에는 정당한 사유가 없으면 그 요청에 따라야 한다. 〈개정 2008.2.29., 2013.3.23.〉
② 산업통상자원부장관은 에너지사용계획을 검토할 때 필요하다고 인정되면 사업주관자에게 관련 자료를 제출하도록 요청할 수 있다. 〈개정 2008.2.29., 2013.3.23.〉
③ 제1항에 따른 에너지사용계획의 검토기준, 검토방법, 그 밖에 필요한 사항은 산업통상자원부령으로 정한다. 〈개정 2008.2.29., 2013.3.23.〉

제3장 에너지이용 합리화 시책

제1절 에너지사용기자재 및 에너지관련기자재 관련 시책 〈개정 2013.7.30.〉

제15조(효율관리기자재의 지정 등) ① 산업통상자원부장관은 에너지이용 합리화를 위하여 필요하다고 인정하는 경우에는 일반적으로 널리 보급되어 있는 에너지사용기자재(상당량의 에너지를 소비하는 기자재에 한정한다) 또는 에너지관련기자재(에너지를 사용하지 아니하나 그 구조 및 재질에 따라 열손실 방지 등으로 에너지절감에 기여하는 기자재를 말한다. 이하 같다)로서 산업통상자원부령으로 정하는 기자재(이하 "효율관리기자재"라 한다)에 대하여 다음 각 호의 사항을 정하여 고시하여야 한다. 다만, 에너지관련기자재 중 「건축법」 제2조 제1항의 건축물에 고정되어 설치·이용되는 기자재 및 「자동차관리법」 제29조 제2항에 따른 자동차부품을 효율관리기자재로 정하려는 경우에는 국토교통부장관과 협의한 후 다음 각 호의 사항을 공동으로 정하여 고시하여야 한다. 〈개정 2008.2.29., 2013.3.23., 2013.7.30.〉
 1. 에너지의 목표소비효율 또는 목표사용량의 기준
 2. 에너지의 최저소비효율 또는 최대사용량의 기준
 3. 에너지의 소비효율 또는 사용량의 표시
 4. 에너지의 소비효율 등급기준 및 등급표시
 5. 에너지의 소비효율 또는 사용량의 측정방법
 6. 그 밖에 효율관리기자재의 관리에 필요한 사항으로서 산업통상자원부령으로 정하는 사항
② 효율관리기자재의 제조업자 또는 수입업자는 산업통상자원부장관이 지정하는 시험기관(이하 "효율관리시험기관"이라 한다)에서 해당 효율관리기자재의 에너지 사용량을 측정받아 에너지소비효율등급 또는 에너지소비효율을 해당 효율관리기자재에 표시하여야 한다. 다만, 산업통상자원부장관이 정하여 고시하는 시험설비 및 전문인력을 모두 갖춘 제조업자 또는 수입업자로서 산업통상자원부령으로 정하는 바에 따라 산업통상자원부장관의 승인을 받은 자는 자체측정으로 효율관리시험기관의 측정을 대체할 수 있다. 〈개정 2008.2.29., 2013.3.23.〉
③ 효율관리기자재의 제조업자·수입업자 또는 판매업자가 산업통상자원부령으로 정하는 광고매체를 이용하여 효율관리기자재의 광고를 하는 경우에는 그 광고내용에 제2항에 따른 에너지소비효율등급 또는 에너지소비효율을 포함하여야 한다. 〈개정 2008.2.29., 2013.3.23.〉

제17조(평균에너지소비효율제도) ① 산업통상자원부장관은 각 효율관리기자재의 에너지소비효율 합계를 그 기자재의 총수로 나누어 산출한 평균에너지소비효율에 대하여 총량적인 에너지효율의 개선이 특히 필요하다고 인정되는 기자재로서 「자동차관리법」 제3조 제1항에 따른 승용자동차 등 산업통상자원부령으로 정하는 기자재(이하 이 조에서 "평균효율관리기자재"라 한다)를 제조하거나 수입하여 판매하는 자가 지켜야 할 평균에너지소비효율을 관계 행정기관의 장과 협의하여 고시하여야 한다. 〈개정 2008.2.29., 2013.3.23.〉
② 산업통상자원부장관은 제1항에 따라 고시한 평균에너지소비효율(이하 "평균에너지소비효율기준"이라 한다)에 미달하는 평균효율관리기자재를 제조하거나 수입하여 판매하는 자에게 일정한 기간을 정하여 평균에너지소비효율의 개선을 명할 수 있다. 다만, 「자동차관리법」 제3조 제1항에 따른 승용자동차 등 산업통상자원부령으로 정하는 자동차에 대해서는 그러하지 아니하다. 〈개정 2008.2.29., 2013.3.23., 2013.7.30.〉
③ 평균효율관리기자재를 제조하거나 수입하여 판매하는 자는 에너지소비효율 산정에 필요하다고 인정되는 판매에 관한 자료와 효율측정에 관한 자료를 산업통상자원부장관에게 제출하여야 한다. 다만, 자동차 평균에너지소비효율 산

정에 필요한 판매에 관한 자료에 대해서는 환경부장관이 산업통상자원부장관에게 제공하는 경우에는 그러하지 아니하다. 〈개정 2008.2.29., 2013.3.23., 2013.7.30.〉

제17조의2(과징금 부과) ① 환경부장관은 「자동차관리법」 제3조 제1항에 따른 승용자동차 등 산업통상자원부령으로 정하는 자동차에 대하여 「기후위기 대응을 위한 탄소중립·녹색성장 기본법」 제32조 제2항에 따라 자동차 평균에너지소비효율기준을 택하여 준수하기로 한 자동차 제조업자·수입업자가 평균에너지소비효율기준을 달성하지 못한 경우 그 정도에 따라 대통령령으로 정하는 매출액에 100분의 1을 곱한 금액을 초과하지 아니하는 범위에서 과징금을 부과할 수 있다. 다만, 「대기환경보전법」 제76조의5 제2항에 따라 자동차 제조업자·수입업자가 미달성분을 상환하는 경우에는 그러하지 아니하다. 〈개정 2021.9.24.〉
② 자동차 평균에너지소비효율기준의 적용·관리에 관한 사항은 「대기환경보전법」 제76조의5에 따른다.
③ 제1항에 따른 과징금의 산정방법·금액, 징수시기, 그 밖에 필요한 사항은 대통령령으로 정한다. 이 경우 과징금의 금액은 「대기환경보전법」 제76조의2에 따른 자동차 온실가스 배출허용기준을 준수하지 못하여 부과하는 과징금 금액과 동일한 수준이 될 수 있도록 정한다.
④ 환경부장관은 제1항에 따라 과징금 부과처분을 받은 자가 납부기한까지 과징금을 내지 아니하면 국세 체납처분의 예에 따라 징수한다.
⑤ 제1항에 따라 징수한 과징금은 「환경정책기본법」에 따른 환경개선특별회계의 세입으로 한다. [본조신설 2013.7.30.]

제18조(대기전력저감대상제품의 지정) 산업통상자원부장관은 외부의 전원과 연결만 되어 있고, 주기능을 수행하지 아니하거나 외부로부터 켜짐 신호를 기다리는 상태에서 소비되는 전력(이하 "대기전력"이라 한다)의 저감(低減)이 필요하다고 인정되는 에너지사용기자재로서 산업통상자원부령으로 정하는 제품(이하 "대기전력저감대상제품"이라 한다)에 대하여 다음 각 호의 사항을 정하여 고시하여야 한다. 〈개정 2008.2.29., 2009.1.30., 2013.3.23.〉
 1. 대기전력저감대상제품의 각 제품별 적용범위
 2. 대기전력저감기준
 3. 대기전력의 측정방법
 4. 대기전력 저감성이 우수한 대기전력저감대상제품(이하 "대기전력저감우수제품"이라 한다)의 표시
 5. 그 밖에 대기전력저감대상제품의 관리에 필요한 사항으로서 산업통상자원부령으로 정하는 사항

제19조(대기전력경고표지대상제품의 지정 등) ① 산업통상자원부장관은 대기전력저감대상제품 중 대기전력 저감을 통한 에너지이용의 효율을 높이기 위하여 제18조 제2호의 대기전력저감기준에 적합할 것이 특히 요구되는 제품으로서 산업통상자원부령으로 정하는 제품(이하 "대기전력경고표지대상제품"이라 한다)에 대하여 다음 각 호의 사항을 정하여 고시하여야 한다. 〈개정 2008.2.29., 2013.3.23.〉
 1. 대기전력경고표지대상제품의 각 제품별 적용범위
 2. 대기전력경고표지대상제품의 경고 표시
 3. 그 밖에 대기전력경고표지대상제품의 관리에 필요한 사항으로서 산업통상자원부령으로 정하는 사항

제20조(대기전력저감우수제품의 표시 등) ① 대기전력저감대상제품의 제조업자 또는 수입업자가 해당 제품에 대기전력저감우수제품의 표시를 하려면 대기전력시험기관의 측정을 받아 해당 제품이 제18조 제2호의 대기전력저감기준에 적합하다는 판정을 받아야 한다. 다만, 제19조 제2항 단서에 따라 산업통상자원부장관의 승인을 받은 자는 자체측정으로 대기전력시험기관의 측정을 대체 할 수 있다. 〈개정 2008.2.29., 2013.3.23.〉
② 제1항에 따른 적합 판정을 받아 대기전력저감우수제품의 표시를 하는 제조업자 또는 수입업자는 제1항에 따른 측정결과를 산업통상자원부령으로 정하는 바에 따라 산업통상자원부장관에게 신고하여야 한다. 〈개정 2008.2.29., 2013.3.23.〉

제21조(대기전력저감대상제품의 사후관리) ① 산업통상자원부장관은 대기전력저감우수제품이 제18조 제2호의 대기전력저감기준에 미달하는 경우 산업통상자원부령으로 정하는 바에 따라 대기전력저감대상제품의 제조업자 또는 수입업자에게 일정한 기간을 정하여 그 시정을 명할 수 있다. 〈개정 2008.2.29., 2013.3.23.〉
② 산업통상자원부장관은 대기전력저감대상제품의 제조업자 또는 수입업자가 제1항에 따른 시정명령을 이행하지 아니

하는 경우에는 그 사실을 공표할 수 있다. 〈개정 2008.2.29., 2013.3.23.〉

제22조(고효율에너지기자재의 인증 등) ① 산업통상자원부장관은 에너지이용의 효율성이 높아 보급을 촉진할 필요가 있는 에너지사용기자재 또는 에너지관련기자재로서 산업통상자원부령으로 정하는 기자재(이하 "고효율에너지인증대상기자재"라 한다)에 대하여 다음 각 호의 사항을 정하여 고시하여야 한다. 다만, 에너지관련기자재 중 「건축법」 제2조 제1항의 건축물에 고정되어 설치·이용되는 기자재 및 「자동차관리법」 제29조 제2항에 따른 자동차부품을 고효율에너지인증대상기자재로 정하려는 경우에는 국토교통부장관과 협의한 후 다음 각 호의 사항을 공동으로 정하여 고시하여야 한다. 〈개정 2008.2.29., 2013.3.23., 2013.7.30.〉
  1. 고효율에너지인증대상기자재의 각 기자재별 적용범위
  2. 고효율에너지인증대상기자재의 인증 기준·방법 및 절차
  3. 고효율에너지인증대상기자재의 성능 측정방법
  4. 에너지이용의 효율성이 우수한 고효율에너지인증대상기자재(이하 "고효율에너지기자재"라 한다)의 인증 표시
  5. 그 밖에 고효율에너지인증대상기자재의 관리에 필요한 사항으로서 산업통상자원부령으로 정하는 사항
② 고효율에너지인증대상기자재의 제조업자 또는 수입업자가 해당 기자재에 고효율에너지기자재의 인증 표시를 하려면 해당 에너지사용기자재 또는 에너지관련기자재가 제1항 제2호에 따른 인증기준에 적합한지 여부에 대하여 산업통상자원부장관이 지정하는 시험기관(이하 "고효율시험기관"이라 한다)의 측정을 받아 산업통상자원부장관으로부터 인증을 받아야 한다. 〈개정 2008.2.29., 2013.3.23., 2013.7.30.〉
③ 제2항에 따라 고효율에너지기자재의 인증을 받으려는 자는 산업통상자원부령으로 정하는 바에 따라 산업통상자원부장관에게 인증을 신청하여야 한다. 〈개정 2008.2.29., 2013.3.23.〉
④ 산업통상자원부장관은 제3항에 따라 신청된 고효율에너지인증대상기자재가 제1항 제2호에 따른 인증기준에 적합한 경우에는 인증을 하여야 한다. 〈개정 2008.2.29., 2013.3.23.〉
⑤ 제4항에 따라 인증을 받은 자가 아닌 자는 해당 고효율에너지인증대상기자재에 고효율에너지기자재의 인증 표시를 할 수 없다.
⑥ 산업통상자원부장관은 고효율에너지기자재의 보급을 촉진하기 위하여 필요하다고 인정하는 경우에는 제8조 제1항 각 호에 따른 자에 대하여 고효율에너지기자재를 우선적으로 구매하게 하거나, 공장·사업장 및 집단주택단지 등에 대하여 고효율에너지기자재의 설치 또는 사용을 장려할 수 있다. 〈개정 2008.2.29., 2013.3.23.〉
⑦ 제2항의 고효율시험기관으로 지정받으려는 자는 다음 각 호의 요건을 모두 갖추어 산업통상자원부령으로 정하는 바에 따라 산업통상자원부장관에게 지정 신청을 하여야 한다. 〈개정 2008.2.29., 2013.3.23.〉
  1. 다음 각 목의 어느 하나에 해당할 것
     가. 국가가 설립한 시험·연구기관
     나. 「특정연구기관육성법」 제2조에 따른 특정연구기관
     다. 「국가표준기본법」 제23조에 따라 시험·검사기관으로 인정받은 기관
     라. 가목 및 나목의 연구기관과 동등 이상의 시험능력이 있다고 산업통상자원부장관이 인정하는 기관
  2. 산업통상자원부장관이 고효율에너지인증대상기자재별로 정하여 고시하는 시험설비 및 전문인력을 갖출 것
⑧ 산업통상자원부장관은 고효율에너지인증대상기자재 중 기술 수준 및 보급 정도 등을 고려하여 고효율에너지인증대상기자재로 유지할 필요성이 없다고 인정하는 기자재를 산업통상자원부령으로 정하는 기준과 절차에 따라 고효율에너지인증대상기자재에서 제외할 수 있다. 〈신설 2013.7.30.〉

제23조(고효율에너지기자재의 사후관리) ① 산업통상자원부장관은 고효율에너지기자재가 제1호에 해당하는 경우에는 인증을 취소하여야 하고, 제2호에 해당하는 경우에는 인증을 취소하거나 6개월 이내의 기간을 정하여 인증을 사용하지 못하도록 명할 수 있다. 〈개정 2008.2.29., 2013.3.23.〉
  1. 거짓이나 그 밖의 부정한 방법으로 인증을 받은 경우
  2. 고효율에너지기자재가 제22조 제1항 제2호에 따른 인증기준에 미달하는 경우
② 산업통상자원부장관은 제1항에 따라 인증이 취소된 고효율에너지기자재에 대하여 그 인증이 취소된 날부터 1년의 범위에서 산업통상자원부령으로 정하는 기간 동안 인증을 하지 아니할 수 있다. 〈개정 2008.2.29., 2013.3.23.〉

제24조(시험기관의 지정취소 등) ① 산업통상자원부장관은 효율관리시험기관, 대기전력시험기관 및 고효율시험기관이

다음 각 호의 어느 하나에 해당하는 경우에는 그 지정을 취소하거나 6개월 이내의 기간을 정하여 시험업무의 정지를 명할 수 있다. 다만, 제1호 또는 제2호에 해당하면 그 지정을 취소하여야 한다. 〈개정 2008.2.29., 2013.3.23.〉
1. 거짓이나 그 밖의 부정한 방법으로 지정을 받은 경우
2. 업무정지 기간 중에 시험업무를 행한 경우
3. 정당한 사유 없이 시험을 거부하거나 지연하는 경우
4. 산업통상자원부장관이 정하여 고시하는 측정방법을 위반하여 시험한 경우
5. 제15조 제5항, 제19조 제5항 또는 제22조 제7항에 따른 시험기관의 지정기준에 적합하지 아니하게 된 경우

② 산업통상자원부장관은 제15조 제2항 단서, 제19조 제2항 단서에 따라 자체측정의 승인을 받은 자가 제1호 또는 제2호에 해당하면 그 승인을 취소하여야 하고, 제3호 또는 제4호에 해당하면 그 승인을 취소하거나 6개월 이내의 기간을 정하여 자체측정업무의 정지를 명할 수 있다. 〈개정 2008.2.29., 2013.3.23.〉
1. 거짓이나 그 밖의 부정한 방법으로 승인을 받은 경우
2. 업무정지 기간 중에 자체측정업무를 행한 경우
3. 산업통상자원부장관이 정하여 고시하는 측정방법을 위반하여 측정한 경우
4. 산업통상자원부장관이 정하여 고시하는 시험설비 및 전문인력 기준에 적합하지 아니하게 된 경우

제2절 산업 및 건물 관련 시책

제25조(에너지절약전문기업의 지원) ① 정부는 제3자로부터 위탁을 받아 다음 각 호의 어느 하나에 해당하는 사업을 하는 자로서 산업통상자원부장관에게 등록을 한 자(이하 "에너지절약전문기업"이라 한다)가 에너지절약사업과 이를 통한 온실가스의 배출을 줄이는 사업을 하는 데에 필요한 지원을 할 수 있다. 〈개정 2008.2.29., 2013.3.23.〉
1. 에너지사용시설의 에너지절약을 위한 관리·용역사업
2. 제14조 제1항에 따른 에너지절약형 시설투자에 관한 사업
3. 그 밖에 대통령령으로 정하는 에너지절약을 위한 사업

② 에너지절약전문기업으로 등록하려는 자는 대통령령으로 정하는 바에 따라 장비, 자산 및 기술인력 등의 등록기준을 갖추어 산업통상자원부장관에게 등록을 신청하여야 한다. 〈개정 2008.2.29., 2013.3.23.〉

제26조(에너지절약전문기업의 등록취소 등) 산업통상자원부장관은 에너지절약전문기업이 다음 각 호의 어느 하나에 해당하면 그 등록을 취소하거나 이 법에 따른 지원을 중단할 수 있다. 다만, 제1호에 해당하는 경우에는 그 등록을 취소하여야 한다. 〈개정 2008.2.29., 2013.3.23.〉
1. 거짓이나 그 밖의 부정한 방법으로 제25조 제1항에 따른 등록을 한 경우
2. 거짓이나 그 밖의 부정한 방법으로 제14조 제1항에 따른 지원을 받거나 지원받은 자금을 다른 용도로 사용한 경우
3. 에너지절약전문기업으로 등록한 업체가 그 등록의 취소를 신청한 경우
4. 타인에게 자기의 성명이나 상호를 사용하여 제25조 제1항 각 호의 어느 하나에 해당하는 사업을 수행하게 하거나 산업통상자원부장관이 에너지절약전문기업에 내준 등록증을 대여한 경우
5. 제25조 제2항에 따른 등록기준에 미달하게 된 경우
6. 제66조 제1항에 따른 보고를 하지 아니하거나 거짓으로 보고한 경우 또는 같은 항에 따른 검사를 거부·방해 또는 기피한 경우
7. 정당한 사유 없이 등록한 후 3년 이내에 사업을 시작하지 아니하거나 3년 이상 계속하여 사업수행실적이 없는 경우

제27조(에너지절약전문기업의 등록제한) 제26조에 따라 등록이 취소된 에너지절약전문기업은 등록취소일부터 2년이 지나지 아니하면 제25조 제2항에 따른 등록을 할 수 없다.

제27조의2(에너지절약전문기업의 공제조합 가입 등) ① 에너지절약전문기업은 에너지절약사업과 이를 통한 온실가스의 배출을 줄이는 사업을 원활히 수행하기 위하여 「엔지니어링산업 진흥법」 제34조에 따른 공제조합의 조합원으로 가입할 수 있다.
② 제1항에 따른 공제조합은 다음 각 호의 사업을 실시할 수 있다.

1. 에너지절약사업에 따른 의무이행에 필요한 이행보증
2. 에너지절약사업을 위한 채무 보증 및 융자
3. 에너지절약사업 수출을 위한 주거래은행 설정에 관한 보증
4. 에너지절약사업으로 인한 매출채권의 팩토링
5. 에너지절약사업의 대가로 받은 어음의 할인
6. 조합원 및 조합원에 고용된 자의 복지 향상을 위한 공제사업
7. 조합원 출자금의 효율적 운영을 위한 투자사업

③ 제2항 제6호의 공제사업을 위한 공제규정, 공제규정으로 정할 내용 등에 관한 사항은 대통령령으로 정한다. [본조신설 2011.7.25.]

제28조(자발적 협약체결기업의 지원 등) ① 정부는 에너지사용자 또는 에너지공급자로서 에너지의 절약과 합리적인 이용을 통한 온실가스의 배출을 줄이기 위한 목표와 그 이행방법 등에 관한 계획을 자발적으로 수립하여 이를 이행하기로 정부나 지방자치단체와 약속(이하 "자발적 협약"이라 한다)한 자가 에너지절약형 시설이나 그 밖에 대통령령으로 정하는 시설 등에 투자하는 경우에는 그에 필요한 지원을 할 수 있다.
② 자발적 협약의 목표, 이행방법의 기준과 평가에 관하여 필요한 사항은 환경부장관과 협의하여 산업통상자원부령으로 정한다. 〈개정 2008.2.29., 2013.3.23.〉

제29조(온실가스배출 감축실적의 등록ㆍ관리) ① 정부는 에너지절약전문기업, 자발적 협약체결기업 등이 에너지이용 합리화를 통한 온실가스배출 감축실적의 등록을 신청하는 경우 그 감축실적을 등록ㆍ관리하여야 한다.
② 제1항에 따른 신청, 등록ㆍ관리 등에 관하여 필요한 사항은 대통령령으로 정한다.

제30조(온실가스의 배출을 줄이기 위한 교육훈련 및 인력양성 등) ① 정부는 온실가스의 배출을 줄이기 위하여 필요하다고 인정하면 산업계종사자 등 온실가스배출 감축 관련 업무담당자에 대하여 교육훈련을 실시할 수 있다.
② 정부는 온실가스 배출을 줄이는 데에 필요한 전문인력을 양성하기 위하여 「고등교육법」 제29조에 따른 대학원 및 같은 법 제30조에 따른 대학원대학 중에서 대통령령으로 정하는 기준에 해당하는 대학원이나 대학원대학을 기후변화협약특성화대학원으로 지정할 수 있다.
③ 정부는 제2항에 따라 지정된 기후변화협약특성화대학원의 운영에 필요한 지원을 할 수 있다.
④ 제1항에 따른 교육훈련대상자와 교육훈련 내용, 제2항에 따른 기후변화협약특성화대학원 지정절차 및 제3항에 따른 지원내용 등에 필요한 사항은 대통령령으로 정한다.

제31조(에너지다소비사업자의 신고 등) ① 에너지사용량이 대통령령으로 정하는 기준량 이상인 자(이하 "에너지다소비사업자"라 한다)는 다음 각 호의 사항을 산업통상자원부령으로 정하는 바에 따라 매년 1월 31일까지 그 에너지사용시설이 있는 지역을 관할하는 시ㆍ도지사에게 신고하여야 한다. 〈개정 2008.2.29., 2013.3.23., 2014.1.21.〉
1. 전년도의 분기별 에너지사용량ㆍ제품생산량
2. 해당 연도의 분기별 에너지사용예정량ㆍ제품생산예정량
3. 에너지사용기자재의 현황
4. 전년도의 분기별 에너지이용 합리화 실적 및 해당 연도의 분기별 계획
5. 제1호부터 제4호까지의 사항에 관한 업무를 담당하는 자(이하 "에너지관리자"라 한다)의 현황

② 시ㆍ도지사는 제1항에 따른 신고를 받으면 이를 매년 2월 말일까지 산업통상자원부장관에게 통보하여야 한다. 〈개정 2008.2.29., 2013.3.23., 2024.9.20.〉
③ 산업통상자원부장관 및 시ㆍ도지사는 에너지다소비사업자가 신고한 제1항 각 호의 사항을 확인하기 위하여 필요한 경우 다음 각 호의 어느 하나에 해당하는 자에 대하여 에너지다소비사업자에게 공급한 에너지의 공급량 자료를 제출하도록 요구할 수 있다. 〈신설 2014.1.21.〉
1. 「한국전력공사법」에 따른 한국전력공사
2. 「한국가스공사법」에 따른 한국가스공사
3. 「도시가스사업법」 제2조 제2호에 따른 도시가스사업자
4. 「집단에너지사업법」 제2조 제3호에 따른 사업자 및 같은 법 제29조에 따른 한국지역난방공사
5. 그 밖에 대통령령으로 정하는 에너지공급기관 또는 관리기관

제32조(에너지진단 등) ① 산업통상자원부장관은 관계 행정기관의 장과 협의하여 에너지다소비사업자가 에너지를 효율적으로 관리하기 위하여 필요한 기준(이하 "에너지관리기준"이라 한다)을 부문별로 정하여 고시하여야 한다. 〈개정 2008.2.29., 2013.3.23.〉
② 에너지다소비사업자는 산업통상자원부장관이 지정하는 에너지진단전문기관(이하 "진단기관"이라 한다)으로부터 3년 이상의 범위에서 대통령령으로 정하는 기간마다 그 사업장에 대하여 에너지진단을 받아야 한다. 다만, 물리적 또는 기술적으로 에너지진단을 실시할 수 없거나 에너지진단의 효과가 적은 아파트·발전소 등 산업통상자원부령으로 정하는 범위에 해당하는 사업장은 그러하지 아니하다. 〈개정 2008.2.29., 2013.3.23., 2015.1.28.〉
③ 산업통상자원부장관은 대통령령으로 정하는 바에 따라 에너지진단업무에 관한 자료제출을 요구하는 등 진단기관을 관리·감독한다. 〈개정 2008.2.29., 2013.3.23.〉
④ 산업통상자원부장관은 자체에너지절감실적이 우수하다고 인정되는 에너지다소비사업자에 대하여는 산업통상자원부령으로 정하는 바에 따라 에너지진단을 면제하거나 에너지진단주기를 연장할 수 있다. 〈개정 2008.2.29., 2013.3.23.〉
⑤ 산업통상자원부장관은 에너지진단 결과 에너지다소비사업자가 에너지관리기준을 지키고 있지 아니한 경우에는 에너지관리기준의 이행을 위한 지도(이하 "에너지관리지도"라 한다)를 할 수 있다. 〈개정 2008.2.29., 2013.3.23.〉

제33조(진단기관의 지정취소 등) 산업통상자원부장관은 진단기관의 지정을 받은 자가 다음 각 호의 어느 하나에 해당하면 그 지정을 취소하거나 2년 이내의 기간을 정하여 그 업무의 정지를 명할 수 있다. 다만, 제1호에 해당하는 경우에는 그 지정을 취소하여야 한다. 〈개정 2008.2.29., 2013.3.23., 2014.1.21., 2022.10.18.〉
  1. 거짓이나 그 밖의 부정한 방법으로 지정을 받은 경우
  2. 에너지관리기준에 비추어 현저히 부적절하게 에너지진단을 하는 경우
  3. 평가 결과 진단기관으로서 적절하지 아니하다고 판단되는 경우
  4. 지정기준에 적합하지 아니하게 된 경우
  5. 보고를 하지 아니하거나 거짓으로 보고한 경우 또는 같은 항에 따른 검사를 거부·방해 또는 기피한 경우
  6. 정당한 사유 없이 3년 이상 계속하여 에너지진단업무 실적이 없는 경우

제34조(개선명령) ① 산업통상자원부장관은 에너지관리지도 결과, 에너지가 손실되는 요인을 줄이기 위하여 필요하다고 인정하면 에너지다소비사업자에게 에너지손실요인의 개선을 명할 수 있다. 〈개정 2008.2.29., 2013.3.23.〉
② 제1항에 따른 개선명령의 요건 및 절차는 대통령령으로 정한다.

제35조(목표에너지원단위의 설정 등) ① 산업통상자원부장관은 에너지의 이용효율을 높이기 위하여 필요하다고 인정하면 관계 행정기관의 장과 협의하여 에너지를 사용하여 만드는 제품의 단위당 에너지사용목표량 또는 건축물의 단위면적당 에너지사용목표량(이하 "목표에너지원단위"라 한다)을 정하여 고시하여야 한다. 〈개정 2008.2.29., 2013.3.23.〉
② 산업통상자원부장관은 산업통상자원부령으로 정하는 바에 따라 목표에너지원단위의 달성에 필요한 자금을 융자할 수 있다. 〈개정 2008.2.29., 2013.3.23.〉

제36조(폐열의 이용) ① 에너지사용자는 사업장 안에서 발생하는 폐열을 이용하기 위하여 노력하여야 하며, 사업장 안에서 이용하지 아니하는 폐열을 타인이 사업장 밖에서 이용하기 위하여 공급받으려는 경우에는 이에 적극 협조하여야 한다.
② 산업통상자원부장관은 폐열의 이용을 촉진하기 위하여 필요하다고 인정하면 폐열을 발생시키는 에너지사용자에게 폐열의 공동이용 또는 타인에 대한 공급 등을 권고할 수 있다. 다만, 폐열의 공동이용 또는 타인에 대한 공급 등에 관하여 당사자 간에 협의가 이루어지지 아니하거나 협의를 할 수 없는 경우에는 조정을 할 수 있다. 〈개정 2008.2.29., 2013.3.23.〉
③ 「집단에너지사업법」에 따른 사업자는 같은 법 제5조에 따라 집단에너지공급대상지역으로 지정된 지역에 소각시설이나 산업시설에서 발생되는 폐열을 활용하기 위하여 적극 노력하여야 한다.

제36조의2(냉난방온도제한건물의 지정 등) ① 산업통상자원부장관은 에너지의 절약 및 합리적인 이용을 위하여 필요하다고 인정하면 냉난방온도의 제한온도 및 제한기간을 정하여 다음 각 호의 건물 중에서 냉난방온도를 제한하는 건물을 지정할 수 있다. 〈개정 2013.3.23.〉

1. 자가 업무용으로 사용하는 건물
2. 에너지다소비사업자의 에너지사용시설 중 에너지사용량이 대통령령으로 정하는 기준량 이상인 건물

② 산업통상자원부장관은 제1항에 따라 냉난방온도의 제한온도 및 제한기간을 정하여 냉난방온도를 제한하는 건물을 지정한 때에는 다음 각 호의 구분에 따라 통지하고 이를 고시하여야 한다. 〈개정 2013.3.23.〉
  1. 제1항 제1호의 건물 : 관리기관(관리기관이 따로 없는 경우에는 그 기관의 장을 말한다. 이하 같다)에 통지
  2. 제1항 제2호의 건물 : 에너지다소비사업자에게 통지
③ 제1항 및 제2항에 따라 냉난방온도를 제한하는 건물로 지정된 건물(이하 "냉난방온도제한건물"이라 한다)의 관리기관 또는 에너지다소비사업자는 해당 건물의 냉난방온도를 제한온도에 적합하도록 유지·관리하여야 한다.
④ 산업통상자원부장관은 냉난방온도제한건물의 관리기관 또는 에너지다소비사업자가 해당 건물의 냉난방온도를 제한온도에 적합하게 유지·관리하는지 여부를 점검하거나 실태를 파악할 수 있다. 〈개정 2013.3.23.〉
⑤ 제1항에 따른 냉난방온도의 제한온도를 정하는 기준 및 냉난방온도제한건물의 지정기준, 제4항에 따른 점검 방법 등에 필요한 사항은 산업통상자원부령으로 정한다. 〈개정 2013.3.23.〉[본조신설 2009.1.30.]

제36조의3(건물의 냉난방온도 유지·관리를 위한 조치) 산업통상자원부장관은 냉난방온도제한건물의 관리기관 또는 에너지다소비사업자가 해당 건물의 냉난방온도를 제한온도에 적합하게 유지·관리하지 아니한 경우에는 냉난방온도의 조절 등 냉난방온도의 적합한 유지·관리에 필요한 조치를 하도록 권고하거나 시정조치를 명할 수 있다. 〈개정 2013.3.23.〉[본조신설 2009.1.30.]

제4장 열사용기자재의 관리

제37조(특정열사용기자재) 열사용기자재 중 제조, 설치·시공 및 사용에서의 안전관리, 위해방지 또는 에너지이용의 효율관리가 특히 필요하다고 인정되는 것으로서 산업통상자원부령으로 정하는 열사용기자재(이하 "특정열사용기자재"라 한다)의 설치·시공이나 세관(洗罐 : 물이 흐르는 관 속에 낀 물때나 녹따위를 벗겨 냄)을 업(이하 "시공업"이라 한다)으로 하는 자는 「건설산업기본법」 제9조 제1항에 따라 시·도지사에게 등록하여야 한다. 〈개정 2008.2.29., 2013.3.23.〉

제38조(시공업등록말소 등의 요청) 산업통상자원부장관은 제37조에 따라 시공업의 등록을 한 자(이하 "시공업자"라 한다)가 고의 또는 과실로 특정열사용기자재의 설치, 시공 또는 세관을 부실하게 함으로써 시설물의 안전 또는 에너지효율 관리에 중대한 문제를 초래하면 시·도지사에게 그 등록을 말소하거나 그 시공업의 전부 또는 일부를 정지하도록 요청할 수 있다. 〈개정 2008.2.29., 2013.3.23.〉

제39조(검사대상기기의 검사) ① 특정열사용기자재 중 산업통상자원부령으로 정하는 검사대상기기(이하 "검사대상기기"라 한다)의 제조업자는 그 검사대상기기의 제조에 관하여 시·도지사의 검사를 받아야 한다. 〈개정 2008.2.29., 2013.3.23.〉
② 다음 각 호의 어느 하나에 해당하는 자(이하 "검사대상기기설치자"라 한다)는 산업통상자원부령으로 정하는 바에 따라 시·도지사의 검사를 받아야 한다. 〈개정 2008.2.29., 2013.3.23.〉
  1. 검사대상기기를 설치하거나 개조하여 사용하려는 자
  2. 검사대상기기의 설치장소를 변경하여 사용하려는 자
  3. 검사대상기기를 사용중지한 후 재사용하려는 자
③ 시·도지사는 제1항이나 제2항에 따른 검사에 합격된 검사대상기기의 제조업자나 설치자에게는 지체 없이 그 검사의 유효기간을 명시한 검사증을 내주어야 한다.
④ 검사의 유효기간이 끝나는 검사대상기기를 계속 사용하려는 자는 산업통상자원부령으로 정하는 바에 따라 다시 시·도지사의 검사를 받아야 한다. 〈개정 2008.2.29., 2013.3.23.〉
⑤ 제1항·제2항 또는 제4항에 따른 검사에 합격되지 아니한 검사대상기기는 사용할 수 없다. 다만, 시·도지사는 제4항에 따른 검사의 내용 중 산업통상자원부령으로 정하는 항목의 검사에 합격되지 아니한 검사대상기기에 대하여는 검사대상기기의 안전관리와 위해방지에 지장이 없는 범위에서 산업통상자원부령으로 정하는 기간 내에 그 검사에 합격할 것을 조건으로 계속 사용하게 할 수 있다. 〈개정 2008.2.29., 2013.3.23.〉
⑦ 검사대상기기설치자는 다음 각 호의 어느 하나에 해당하면 산업통상자원부령으로 정하는 바에 따라 시·도지사에게 신고하여야 한다. 〈개정 2008.2.29., 2013.3.23.〉

1. 검사대상기기를 폐기한 경우
2. 검사대상기기의 사용을 중지한 경우
3. 검사대상기기의 설치자가 변경된 경우
4. 제6항에 따라 검사의 전부 또는 일부가 면제된 검사대상기기 중 산업통상자원부령으로 정하는 검사대상기기를 설치한 경우

제40조(검사대상기기관리자의 선임) ① 검사대상기기설치자는 검사대상기기의 안전관리, 위해방지 및 에너지이용의 효율을 관리하기 위하여 검사대상기기의 관리자(이하 "검사대상기기관리자"라 한다)를 선임하여야 한다. 〈개정 2018.4.17.〉
② 검사대상기기관리자의 자격기준과 선임기준은 산업통상자원부령으로 정한다. 〈개정 2008.2.29., 2013.3.23., 2018.4.17.〉
③ 검사대상기기설치자는 검사대상기기관리자를 선임 또는 해임하거나 검사대상기기관리자가 퇴직한 경우에는 산업통상자원부령으로 정하는 바에 따라 시·도지사에게 신고하여야 한다. 〈개정 2008.2.29., 2013.3.23, 2018.4.17.〉
④ 검사대상기기설치자는 검사대상기기관리자를 해임하거나 검사대상기기관리자가 퇴직하는 경우에는 해임이나 퇴직 이전에 다른 검사대상기기관리자를 선임하여야 한다. 〈개정 2018.4.17.〉 [제목개정 2018.4.17.]

제6장 한국에너지공단 〈개정 2015.1.28.〉

제45조(한국에너지공단의 설립 등) ① 에너지이용 합리화사업을 효율적으로 추진하기 위하여 한국에너지공단(이하 "공단"이라 한다)을 설립한다. 〈개정 2015.1.28.〉
② 정부 또는 정부 외의 자는 공단의 설립·운영과 사업에 드는 자금에 충당하기 위하여 출연을 할 수 있다.
③ 제2항에 따른 출연시기, 출연방법, 그 밖에 필요한 사항은 대통령령으로 정한다. [제목개정 2015.1.28.]

제57조(사업) 공단은 다음 각 호의 사업을 한다. 〈개정 2008.2.29., 2013.3.23., 2013.7.30., 2015.1.28.〉
1. 에너지이용 합리화 및 이를 통한 온실가스의 배출을 줄이기 위한 사업과 국제협력
2. 에너지기술의 개발·도입·지도 및 보급
3. 에너지이용 합리화, 신에너지 및 재생에너지의 개발과 보급, 집단에너지공급사업을 위한 자금의 융자 및 지원
4. 제25조 제1항 각 호의 사업
5. 에너지진단 및 에너지관리지도
6. 신에너지 및 재생에너지 개발사업의 촉진
7. 에너지관리에 관한 조사·연구·교육 및 홍보
8. 에너지이용 합리화사업을 위한 토지·건물 및 시설 등의 취득·설치·운영·대여 및 양도
9. 「집단에너지사업법」 제2조에 따른 집단에너지사업의 촉진을 위한 지원 및 관리
10. 에너지사용기자재·에너지관련기자재의 효율관리 및 열사용기자재의 안전관리
11. 사회취약계층의 에너지이용 지원
12. 제1호부터 제11호까지의 사업에 딸린 사업
13. 제1호부터 제12호까지의 사업 외에 산업통상자원부장관, 시·도지사, 그 밖의 기관 등이 위탁하는 에너지이용의 합리화와 온실가스의 배출을 줄이기 위한 사업

제7장 보칙

제65조(교육) ① 산업통상자원부장관은 에너지관리의 효율적인 수행과 특정열사용기자재의 안전관리를 위하여 에너지관리자, 시공업의 기술인력 및 검사대상기기관리자에 대하여 교육을 실시하여야 한다. 〈개정 2008.2.29., 2013.3.23., 2018.4.17.〉
② 에너지관리자, 시공업의 기술인력 및 검사대상기기관리자는 제1항에 따라 실시하는 교육을 받아야 한다. 〈개정 2018.4.17.〉
③ 에너지다소비사업자, 시공업자 및 검사대상기기설치자는 그가 선임 또는 채용하고 있는 에너지관리자, 시공업의 기술인력 또는 검사대상기기관리자로 하여금 제1항에 따라 실시하는 교육을 받게 하여야 한다. 〈개정 2018.4.17.〉
④ 제1항에 따른 교육담당기관·교육기간 및 교육과정, 그 밖에 교육에 관하여 필요한 사항은 산업통상자원부령으로 정한다. 〈개정 2008.2.29., 2013.3.23.〉

제66조(보고 및 검사 등) ① 산업통상자원부장관이나 시·도지사는 이 법의 시행을 위하여 필요하면 산업통상자원부령으로 정하는 바에 따라 효율관리기자재·대기전력저감대상제품·고효율에너지인증대상기자재의 제조업자·수입업자·판매업자 및 각 시험기관, 에너지절약전문기업, 에너지다소비사업자, 진단기관과 검사대상기기설치자에 대하여 그 업무에 관한 보고를 명하거나 소속 공무원 또는 공단으로 하여금 효율관리기자재 제조업자 등의 사무소·사업장·공장이나 창고에 출입하여 장부·서류·에너지사용기자재, 그 밖의 물건을 검사하게 할 수 있다. 〈개정 2008.2.29., 2013.3.23.〉
② 제1항에 따른 검사를 하는 공무원이나 공단의 직원은 그 권한을 표시하는 증표를 지니고 이를 관계인에게 내보여야 한다.

제67조(수수료) 다음 각 호의 어느 하나에 해당하는 자는 산업통상자원부령으로 정하는 바에 따라 수수료를 내야 한다. 〈개정 2008.2.29., 2013.3.23., 2016.12.2.〉
1. 고효율에너지기자재의 인증을 신청하려는 자
2. 에너지진단을 받으려는 자
3. 검사대상기기의 검사를 받으려는 자
4. 검사대상기기의 검사를 받으려는 제조업자

제68조(청문) 산업통상자원부장관은 다음 각 호의 어느 하나에 해당하는 처분을 하려면 청문을 하여야 한다. 〈개정 2008.2.29., 2011.7.25., 2013.3.23.〉
1. 효율관리기자재의 생산 또는 판매의 금지명령
2. 고효율에너지기자재의 인증 취소
3. 각 시험기관의 지정 취소
4. 자체측정을 할 수 있는 자의 승인 취소
5. 에너지절약전문기업의 등록 취소. 다만, 같은 조 제3호에 따른 등록 취소는 제외한다.
6. 진단기관의 지정 취소

제69조(권한의 위임·위탁) ① 이 법에 따른 산업통상자원부장관의 권한은 대통령령으로 정하는 바에 따라 그 일부를 시·도지사에게 위임할 수 있다. 〈개정 2008.2.29., 2013.3.23.〉
② 시·도지사는 제1항에 따라 위임받은 권한의 일부를 산업통상자원부장관의 승인을 받아 시장·군수 또는 구청장(자치구의 구청장을 말한다)에게 재위임할 수 있다. 〈개정 2008.2.29., 2013.3.23.〉
③ 산업통상자원부장관 또는 시·도지사는 대통령령으로 정하는 바에 따라 다음 각 호의 업무를 공단·시공업자단체 또는 대통령령으로 정하는 기관에 위탁할 수 있다. 〈개정 2008.2.29., 2009.1.30., 2013.3.23., 2016.12.2., 2018.4.17., 2022.10.18.〉
1. 에너지사용계획의 검토
2. 이행 여부의 점검 및 실태파악
3. 효율관리기자재의 측정결과 신고의 접수
4. 대기전력경고표지대상제품의 측정결과 신고의 접수
5. 대기전력저감대상제품의 측정결과 신고의 접수
6. 고효율에너지기자재 인증 신청의 접수 및 인증
7. 고효율에너지기자재의 인증취소 또는 인증사용정지 명령
8. 에너지절약전문기업의 등록
9. 온실가스배출 감축실적의 등록 및 관리
10. 에너지다소비사업자 신고의 접수
11. 진단기관의 관리·감독
12. 에너지관리지도
12의2. 진단기관의 평가 및 그 결과의 공개
12의3. 냉난방온도의 유지·관리 여부에 대한 점검 및 실태 파악
13. 검사대상기기의 검사, 검사증의 교부 및 검사대상기기 폐기 등의 신고의 접수
13의2. 검사대상기기의 검사 및 검사증의 교부

14. 검사대상기기관리자의 선임·해임 또는 퇴직신고의 접수 및 검사대상기기관리자의 선임기한 연기에 관한 승인

제8장 벌칙

제72조(벌칙) 다음 각 호의 어느 하나에 해당하는 자는 2년 이하의 징역 또는 2천만원 이하의 벌금에 처한다.
1. 에너지저장시설의 보유 또는 저장의무의 부과시 정당한 이유 없이 이를 거부하거나 이행하지 아니한 자
2. 조정·명령 등의 조치를 위반한 자
3. 제63조를 위반하여 직무상 알게 된 비밀을 누설하거나 도용한 자

제73조(벌칙) 다음 각 호의 어느 하나에 해당하는 자는 1년 이하의 징역 또는 1천만원 이하의 벌금에 처한다. 〈개정 2016.12.2.〉
1. 검사대상기기의 검사를 받지 아니한 자
2. 제39조 제5항을 위반하여 검사대상기기를 사용한 자
3. 제39조의2 제3항을 위반하여 검사대상기기를 수입한 자

제74조(벌칙) 제16조 제2항에 따른 생산 또는 판매 금지명령을 위반한 자는 2천만원 이하의 벌금에 처한다.

제75조(벌칙) 검사대상기기관리자를 선임하지 아니한 자는 1천만원 이하의 벌금에 처한다. 〈개정 2018.4.17.〉

[전문개정 2009.1.30.]

제76조(벌칙) 다음 각 호의 어느 하나에 해당하는 자는 500만원 이하의 벌금에 처한다.
1. 삭제 〈2009.1.30.〉
2. 효율관리기자재에 대한 에너지사용량의 측정결과를 신고하지 아니한 자
3. 삭제 〈2009.1.30.〉
4. 대기전력경고표지대상제품에 대한 측정결과를 신고하지 아니한 자
5. 대기전력경고표지를 하지 아니한 자
6. 대기전력저감우수제품임을 표시하거나 거짓 표시를 한 자
7. 시정명령을 정당한 사유 없이 이행하지 아니한 자
8. 제22조 제5항을 위반하여 인증 표시를 한 자

제78조(과태료) ① 다음 각 호의 어느 하나에 해당하는 자에게는 2천만원 이하의 과태료를 부과한다. 〈개정 2013.7.30., 2017.10.31.〉
1. 효율관리기자재에 대한 에너지소비효율등급 또는 에너지소비효율을 표시하지 아니하거나 거짓으로 표시를 한 자
2. 에너지진단을 받지 아니한 에너지다소비사업자
3. 한국에너지공단에 사고의 일시·내용 등을 통보하지 아니하거나 거짓으로 통보한 자

② 다음 각 호의 어느 하나에 해당하는 자에게는 1천만원 이하의 과태료를 부과한다. 〈개정 2009.1.30.〉
1. 에너지사용계획을 제출하지 아니하거나 변경하여 제출하지 아니한 자. 다만, 국가 또는 지방자치단체인 사업주관자는 제외한다.
2. 개선명령을 정당한 사유 없이 이행하지 아니한 자
3. 검사를 거부·방해 또는 기피한 자

③ 제15조 제4항에 따른 광고내용이 포함되지 아니한 광고를 한 자에게는 500만원 이하의 과태료를 부과한다. 〈신설 2009.1.30., 2013.7.30.〉
1. 삭제 〈2013.7.30.〉
2. 삭제 〈2013.7.30.〉

④ 다음 각 호의 어느 하나에 해당하는 자에게는 300만원 이하의 과태료를 부과한다. 다만, 제1호, 제4호부터 제6호까지, 제8호, 제9호 및 제9호의2부터 제9호의4까지의 경우에는 국가 또는 지방자치단체를 제외한다. 〈개정 2009.1.30., 2015.1.28.〉
1. 에너지사용의 제한 또는 금지에 관한 조정·명령, 그 밖에 필요한 조치를 위반한 자
2. 정당한 이유 없이 수요관리투자계획과 시행결과를 제출하지 아니한 자
3. 수요관리투자계획을 수정·보완하여 시행하지 아니한 자
4. 필요한 조치의 요청을 정당한 이유 없이 거부하거나 이행하지 아니한 공공사업주관자

5. 관련 자료의 제출요청을 정당한 이유 없이 거부한 사업주관자
6. 제12조에 따른 이행 여부에 대한 점검이나 실태 파악을 정당한 이유 없이 거부·방해 또는 기피한 사업주관자
7. 제17조 제4항을 위반하여 자료를 제출하지 아니하거나 거짓으로 자료를 제출한 자
8. 정당한 이유 없이 대기전력저감우수제품 또는 고효율에너지기자재를 우선적으로 구매하지 아니한 자
9. 제31조 제1항에 따른 신고를 하지 아니하거나 거짓으로 신고를 한 자
9의2. 냉난방온도의 유지·관리 여부에 대한 점검 및 실태 파악을 정당한 사유 없이 거부·방해 또는 기피한 자
9의3. 시정조치명령을 정당한 사유 없이 이행하지 아니한 자
9의4. 제39조 제7항 또는 제40조 제3항에 따른 신고를 하지 아니하거나 거짓으로 신고를 한 자
10. 한국에너지공단 또는 이와 유사한 명칭을 사용한 자
11. 교육을 받지 아니한 자 또는 같은 조 제3항을 위반하여 교육을 받게 하지 아니한 자
12. 보고를 하지 아니하거나 거짓으로 보고를 한 자

⑤ 제1항부터 제4항까지의 규정에 따른 과태료는 대통령령으로 정하는 바에 따라 산업통상자원부장관이나 시·도지사가 부과·징수한다. 〈개정 2008.2.29., 2009.1.30., 2013.3.23.〉

「에너지이용 합리화법 시행령」

제2장 에너지이용 합리화를 위한 계획 및 조치 등

제3조(에너지이용 합리화 기본계획 등) ① 산업통상자원부장관은 5년마다 법 제4조 제1항에 따른 에너지이용 합리화에 관한 기본계획(이하 "기본계획"이라 한다)을 수립하여야 한다. 〈개정 2013.3.23.〉

② 관계 행정기관의 장과 특별시장·광역시장·도지사 또는 특별자치도지사(이하 "시·도지사"라 한다)는 매년 법 제6조 제1항에 따른 실시계획(이하 "실시계획"이라 한다)을 수립하고 그 계획을 해당 연도 1월 31일까지, 그 시행 결과를 다음 연도 2월 말일까지 각각 산업통상자원부장관에게 제출하여야 한다. 〈개정 2013.3.23.〉

③ 산업통상자원부장관은 제2항에 따라 받은 시행 결과를 평가하고, 해당 관계 행정기관의 장과 시·도지사에게 그 평가 내용을 통보하여야 한다. 〈개정 2013.3.23.〉

제12조(에너지저장의무 부과대상자) ① 법 제7조 제1항에 따라 산업통상자원부장관이 에너지저장의무를 부과할 수 있는 대상자는 다음 각 호와 같다. 〈개정 2010.4.13., 2013.3.23.〉

1. 전기사업자
2. 도시가스사업자
3. 「석탄가공업자」
4. 집단에너지사업자
5. 연간 2만 석유환산톤(「에너지법 시행령」 제15조 제1항에 따라 석유를 중심으로 환산한 단위를 말한다. 이하 "티오이"라 한다) 이상의 에너지를 사용하는 자

② 산업통상자원부장관은 제1항 각 호의 자에게 에너지저장의무를 부과할 때에는 다음 각 호의 사항을 정하여 고시하여야 한다. 〈개정 2013.3.23.〉

1. 대상자
2. 저장시설의 종류 및 규모
3. 저장하여야 할 에너지의 종류 및 저장의무량
4. 그 밖에 필요한 사항

제13조(수급 안정을 위한 조치) ① 산업통상자원부장관은 법 제7조 제2항에 따른 에너지수급의 안정을 위한 조치를 하려는 경우에는 그 사유·기간 및 대상자 등을 정하여 조치 예정일 7일 이전에 에너지사용자·에너지공급자 또는 에너지사용기자재의 소유자와 관리자에게 예고하여야 한다. 〈개정 2013.3.23.〉

제14조(에너지사용의 제한 또는 금지) ① "에너지사용의 시기·방법 및 에너지사용기자재의 사용제한 또는 금지 등 대통령령으로 정하는 사항"이란 다음 각 호의 사항을 말한다.

1. 에너지사용시설 및 에너지사용기자재에 사용할 에너지의 지정 및 사용 에너지의 전환
2. 위생 접객업소 및 그 밖의 에너지사용시설에 대한 에너지사용의 제한
3. 차량 등 에너지사용기자재의 사용제한
4. 에너지사용의 시기 및 방법의 제한
5. 특정 지역에 대한 에너지사용의 제한

② 산업통상자원부장관이 제1항 제1호에 따른 사용 에너지의 지정 및 전환에 관한 조치를 할 때에는 에너지원 간의 수급상황을 고려하여 에너지사용시설 및 에너지사용기자재의 소유자 또는 관리인이 이에 대한 준비를 할 수 있도록 충분한 준비기간을 설정하여 예고하여야 한다. 〈개정 2013.3.23.〉

③ 산업통상자원부장관이 제1항 제2호부터 제5호까지의 규정에 따른 에너지사용의 제한조치를 할 때에는 조치를 하기 7일 이전에 제한 내용을 예고하여야 한다. 다만, 긴급히 제한할 필요가 있을 때에는 그 제한 전일까지 이를 공고할 수 있다. 〈개정 2013.3.23.〉

④ 산업통상자원부장관은 정당한 사유 없이 법 제7조 제2항에 따른 에너지의 사용제한 또는 금지조치를 이행하지 아니하는 자에 대하여는 에너지공급자로 하여금 에너지공급을 제한하게 할 수 있다. 〈개정 2013.3.23.〉

제15조(에너지이용 효율화조치 등의 내용) 법 제8조 제1항에 따라 국가·지방자치단체 등이 에너지를 효율적으로 이용하고 온실가스의 배출을 줄이기 위하여 추진하여야 하는 필요한 조치의 구체적인 내용은 다음 각 호와 같다.
1. 에너지절약 및 온실가스배출 감축을 위한 제도·시책의 마련 및 정비
2. 에너지의 절약 및 온실가스배출 감축 관련 홍보 및 교육
3. 건물 및 수송 부문의 에너지이용 합리화 및 온실가스배출 감축

제16조(에너지공급자의 수요관리투자계획) ① "대통령령으로 정하는 에너지공급자"란 다음 각 호에 해당하는 자를 말한다. 〈개정 2013.3.23.〉
1. 「한국전력공사법」에 따른 한국전력공사
2. 「한국가스공사법」에 따른 한국가스공사
3. 「집단에너지사업법」에 따른 한국지역난방공사
4. 그 밖에 대량의 에너지를 공급하는 자로서 에너지 수요관리투자를 촉진하기 위하여 산업통상자원부장관이 특히 필요하다고 인정하여 지정하는 자

② 제1항에 따른 에너지공급자는 연차별 수요관리투자계획(이하 "투자계획"이라 한다)을 해당 연도 개시 2개월 전까지, 그 시행 결과를 다음 연도 2월 말일까지 산업통상자원부장관에게 제출하여야 하며, 제출된 투자계획을 변경하는 경우에는 그 변경한 날부터 15일 이내에 산업통상자원부장관에게 그 변경된 사항을 제출하여야 한다. 〈개정 2013.3.23.〉

③ 투자계획에는 다음 각 호의 사항이 포함되어야 한다.
1. 장·단기 에너지 수요 전망
2. 에너지절약 잠재량의 추정 내용
3. 수요관리의 목표 및 그 달성 방법
4. 그 밖에 수요관리의 촉진을 위하여 필요하다고 인정하는 사항

④ 투자계획 및 그 시행 결과의 구체적인 기재 사항, 작성 방법, 그 밖에 필요한 사항은 산업통상자원부장관이 정하여 고시한다. 〈개정 2013.3.23.〉

제18조(수요관리전문기관) "대통령령으로 정하는 수요관리전문기관"이란 다음 각 호의 어느 하나에 해당하는 기관을 말한다. 〈개정 2013.3.23., 2015.7.24.〉
1. 설립된 한국에너지공단
2. 그 밖에 수요관리사업의 수행능력이 있다고 인정되는 기관으로서 산업통상자원부령으로 정하는 기관

제20조(에너지사용계획의 제출 등) ① 에너지사용계획을 수립하여 산업통상자원부장관에게 제출하여야 하는 사업주관자는 다음 각 호의 어느 하나에 해당하는 사업을 실시하려는 자로 한다. 〈개정 2013.3.23.〉
1. 도시개발사업
2. 산업단지개발사업
3. 에너지개발사업
4. 항만건설사업
5. 철도건설사업
6. 공항건설사업
7. 관광단지개발사업
8. 개발촉진지구개발사업 또는 지역종합개발사업

② 에너지사용계획을 수립하여 산업통상자원부장관에게 제출하여야 하는 공공사업주관자(법 제10조 제2항에 따른 공공사업주관자를 말한다. 이하 같다)는 다음 각 호의 어느 하나에 해당하는 시설을 설치하려는 자로 한다. 〈개정 2013.3.23.〉
1. 연간 2천5백 티오이 이상의 연료 및 열을 사용하는 시설
2. 연간 1천만 킬로와트시 이상의 전력을 사용하는 시설

③ 에너지사용계획을 수립하여 산업통상자원부장관에게 제출하여야 하는 민간사업주관자(법 제10조 제2항에 따른 민간사업주관자를 말한다. 이하 같다)는 다음 각 호의 어느 하나에 해당하는 시설을 설치하려는 자로 한다. 〈개정

2013.3.23.〉
　　1. 연간 5천 티오이 이상의 연료 및 열을 사용하는 시설
　　2. 연간 2천만 킬로와트시 이상의 전력을 사용하는 시설
④ 제1항부터 제3항까지의 규정에 따른 사업 또는 시설의 범위와 에너지사용계획의 제출 시기는 별표 1과 같다.
⑤ 산업통상자원부장관은 에너지사용계획을 제출받은 경우에는 그날부터 30일 이내에 공공사업주관자에게는 그 협의 결과를, 민간사업주관자에게는 그 의견청취 결과를 통보하여야 한다. 다만, 산업통상자원부장관이 필요하다고 인정할 때에는 20일의 범위에서 통보를 연장할 수 있다. 〈개정 2013.3.23.〉

제21조(에너지사용계획의 내용 등) ① 에너지사용계획(이하 "에너지사용계획"이라 한다)에는 다음 각 호의 사항이 포함되어야 한다. 〈개정 2013.3.23.〉
　　1. 사업의 개요
　　2. 에너지 수요예측 및 공급계획
　　3. 에너지 수급에 미치게 될 영향 분석
　　4. 에너지 소비가 온실가스(이산화탄소만 해당한다)의 배출에 미치게 될 영향 분석
　　5. 에너지이용 효율 향상 방안
　　6. 에너지이용의 합리화를 통한 온실가스(이산화탄소만 해당한다)의 배출감소 방안
　　7. 사후관리계획
　　8. 그 밖에 에너지이용 효율 향상을 위하여 필요하다고 산업통상자원부장관이 정하는 사항

제22조(에너지사용계획 · 수립대행자의 요건) 에너지사용계획의 수립을 대행할 수 있는 기관은 다음 각 호의 어느 하나에 해당하는 자로서 산업통상자원부장관이 정하여 고시하는 인력을 갖춘 자로 한다. 〈개정 2011.1.17., 2013.3.23.〉
　　1. 국공립연구기관
　　2. 정부출연연구기관
　　3. 대학부설 에너지 관계 연구소
　　4. 「엔지니어링산업 진흥법」 제2조에 따른 엔지니어링사업자 또는 「기술사법」 제6조에 따라 기술사사무소의 개설등록을 한 기술사
　　5. 법 제25조 제1항에 따른 에너지절약전문기업

제23조(에너지사용계획에 대한 검토) ① 산업통상자원부장관은 에너지사용계획의 검토 결과에 따라 다음 각 호의 사항에 관하여 필요한 조치를 하여 줄 것을 공공사업주관자에게 요청하거나 민간사업주관자에게 권고할 수 있다. 〈개정 2013.3.23.〉
　　1. 에너지사용계획의 조정 또는 보완
　　2. 사업의 실시 또는 시설설치계획의 조정
　　3. 사업의 실시 또는 시설설치시기의 연기
　　4. 그 밖에 산업통상자원부장관이 그 사업의 실시 또는 시설의 설치에 관하여 에너지 수급의 적정화 및 에너지사용의 합리화와 이를 통한 온실가스(이산화탄소만 해당한다)의 배출 감소를 도모하기 위하여 필요하다고 인정하는 조치

제24조(이의 신청) 공공사업주관자는 요청받은 조치에 대하여 이의가 있는 경우에는 산업통상자원부령으로 정하는 바에 따라 그 요청을 받은 날부터 30일 이내에 산업통상자원부장관에게 이의를 신청할 수 있다. 〈개정 2013.3.23.〉

제26조(에너지사용계획의 사후관리 등) ① 공공사업주관자는 에너지사용계획에 대한 협의절차가 완료된 경우에는 그 에너지사용계획 및 이행계획 중 그 사업 또는 시설의 실시설계서에 반영된 내용을 그 실시설계서가 확정된 후 14일 이내에 산업통상자원부장관에게 제출하여야 한다. 〈개정 2013.3.23.〉
② 산업통상자원부장관은 법 제12조에 따라 에너지사용계획 또는 제23조 제1항에 따른 조치의 이행 여부를 확인하기 위하여 필요한 경우에는 공공사업주관자에 대하여는 소속 공무원으로 하여금 현지조사 또는 실태파악을 하게 할 수 있으며, 민간사업주관자에 대하여는 권고조치의 수용 여부 등의 실태파악을 위한 관련 자료의 제출을 요구할 수 있다. 〈개정 2013.3.23.〉

제27조(에너지절약형 시설투자 등) ① 에너지절약형 시설투자, 에너지절약형 기자재의 제조·설치·시공은 다음 각 호의 시설투자로서 산업통상자원부장관이 정하여 공고하는 것으로 한다. 〈개정 2013.3.23., 2021.1.5.〉
　　1. 노후 보일러 및 산업용 요로(燎爐 : 고온가열장치) 등 에너지다소비 설비의 대체
　　2. 집단에너지사업, 열병합발전사업, 폐열이용사업과 대체연료사용을 위한 시설 및 기기류의 설치
　　3. 그 밖에 에너지절약 효과 및 보급 필요성이 있다고 산업통상자원부장관이 인정하는 에너지절약형 시설투자, 에너지절약형 기자재의 제조·설치·시공
② 지원대상이 되는 그 밖에 에너지이용 합리화와 이를 통한 온실가스배출의 감축에 관한 사업은 다음 각 호의 사업으로서 산업통상자원부장관이 인정하는 사업으로 한다. 〈개정 2013.3.23.〉
　　1. 에너지원의 연구개발사업
　　2. 에너지이용 합리화 및 이를 통하여 온실가스배출을 줄이기 위한 에너지절약시설 설치 및 에너지기술개발사업
　　3. 기술용역 및 기술지도사업
　　4. 에너지 분야에 관한 신기술·지식집약형 기업의 발굴·육성을 위한 지원사업

제3장 에너지이용 합리화 시책
제1절 에너지사용기자재 관련 시책

제28조(효율관리기자재의 사후관리 등) ① 산업통상자원부장관은 효율관리기자재의 사후관리를 위하여 필요한 경우에는 관계 행정기관의 장에게 필요한 자료의 제출을 요청할 수 있다. 〈개정 2013.3.23.〉
② 산업통상자원부장관은 시정명령 및 생산·판매금지 명령의 이행 여부를 소속 공무원 또는 한국에너지공단으로 하여금 확인하게 할 수 있다. 〈개정 2013.3.23., 2015.7.24.〉

제28조의3(과징금의 부과 및 납부) ① 과징금의 부과기준은 별표 1의2와 같다.
② 환경부장관은 과징금을 부과할 때에는 과징금의 부과사유와 과징금의 금액을 분명하게 적어 평균에너지소비효율을 이월·거래 또는 상환하는 기간이 끝나는 날의 다음 날부터 2년 이내에 서면으로 알려야 한다. 〈개정 2024.8.30.〉
③ 제2항에 따라 통지를 받은 자동차 제조업자 또는 수입업자는 그 통지를 받은 날부터 60일 이내에 과징금을 환경부장관이 정하는 수납기관에 내야 한다. 〈개정 2023.12.12., 2024.8.30.〉

제2절 산업 및 건물 관련 시책

제30조(에너지절약전문기업의 등록 등) ① 에너지절약전문기업으로 등록을 하려는 자는 산업통상자원부령으로 정하는 등록신청서를 산업통상자원부장관에게 제출하여야 한다. 〈개정 2013.3.23.〉
② 에너지절약전문기업의 등록기준은 별표 2와 같다.

제31조(에너지절약형 시설 등) "그 밖에 대통령령으로 정하는 시설 등"이란 다음 각 호를 말한다. 〈개정 2013.3.23.〉
　　1. 에너지절약형 공정개선을 위한 시설
　　2. 에너지이용 합리화를 통한 온실가스의 배출을 줄이기 위한 시설
　　3. 그 밖에 에너지절약이나 온실가스의 배출을 줄이기 위하여 필요하다고 산업통상자원부장관이 인정하는 시설
　　4. 제1호부터 제3호까지의 시설과 관련된 기술개발

제32조(온실가스배출 감축사업계획서의 제출 등) ① 온실가스배출 감축실적의 등록을 신청하려는 자(이하 "등록신청자"라 한다)는 온실가스배출 감축사업계획서(이하 "사업계획서"라 한다)와 그 사업의 추진 결과에 대한 이행실적보고서를 각각 작성하여 산업통상자원부장관에게 제출하여야 한다. 〈개정 2013.3.23.〉

제33조(온실가스배출 감축 관련 교육훈련 대상 등) ① 교육훈련의 대상자는 다음 각 호의 어느 하나에 해당하는 자를 말한다.
　　1. 산업계의 온실가스배출 감축 관련 업무담당자
　　2. 정부 등 공공기관의 온실가스배출 감축 관련 업무담당자
② 교육훈련의 내용은 다음 각 호와 같다.
　　1. 기후변화협약과 대응 방안
　　2. 기후변화협약 관련 국내외 동향

3. 온실가스배출 감축 관련 정책 및 감축 방법에 관한 사항

제34조(기후변화협약특성화대학원의 지정기준 등) ① "대통령령으로 정하는 기준에 해당하는 대학원 또는 대학원대학"이란 기후변화 관련 교통정책, 환경정책, 온난화방지과학, 산업활동과 대기오염 등 산업통상자원부장관이 정하여 고시하는 과목의 강의가 3과목 이상 개설되어 있는 대학원 또는 대학원대학을 말한다. 〈개정 2013.3.23.〉
② 기후변화협약특성화대학원으로 지정을 받으려는 대학원 또는 대학원대학은 산업통상자원부장관에게 지정신청을 하여야 한다. 〈개정 2013.3.23.〉
③ 산업통상자원부장관은 지정된 기후변화협약특성화대학원이 그 업무를 수행하는 데에 필요한 비용을 예산의 범위에서 지원할 수 있다. 〈개정 2013.3.23.〉
④ 제1항 및 제2항에 따른 지정기준 및 지정신청 절차에 관한 세부적인 사항은 산업통상자원부장관이 환경부장관, 국토교통부장관 및 해양수산부장관과의 협의를 거쳐 정하여 고시한다. 〈개정 2013.3.23.〉

제35조(에너지다소비사업자) "대통령령으로 정하는 기준량 이상인 자"란 연료·열 및 전력의 연간 사용량의 합계(이하 "연간 에너지사용량"이라 한다)가 2천 티오이 이상인 자(이하 "에너지다소비사업자"라 한다)를 말한다.

제36조(에너지진단주기 등) ① 에너지다소비사업자가 주기적으로 에너지진단을 받아야 하는 기간(이하 "에너지진단주기"라 한다)은 별표 3과 같다.
② 에너지진단주기는 월 단위로 계산하되, 에너지진단을 시작한 달의 다음 달부터 기산(起算)한다.

제37조(에너지진단전문기관의 관리·감독 등) 산업통상자원부장관은 다음 각 호의 사항에 관하여 에너지진단전문기관(이하 "진단기관"이라 한다)을 관리·감독한다. 〈개정 2013.3.23.〉
1. 진단기관 지정기준의 유지에 관한 사항
2. 진단기관의 에너지진단 결과에 관한 사항
3. 에너지진단 내용의 이행실태 및 이행에 필요한 기술지도 내용에 관한 사항
4. 그 밖에 진단기관의 관리·감독을 위하여 산업통상자원부장관이 필요하다고 인정하여 고시하는 사항

제38조(에너지진단비용의 지원) ① 산업통상자원부장관이 에너지진단을 받기 위하여 드는 비용(이하 "에너지진단비용"이라 한다)의 일부 또는 전부를 지원할 수 있는 에너지다소비사업자는 다음 각 호의 요건을 모두 갖추어야 한다. 〈개정 2009.7.27., 2013.3.23.〉
1. 「중소기업기본법」 제2조에 따른 중소기업일 것
2. 연간 에너지사용량이 1만 티오이 미만일 것
② 제1항에 해당하는 에너지다소비사업자로서 에너지진단비용을 지원받으려는 자는 에너지진단신청서를 제출할 때에 제1항 제1호에 해당함을 증명하는 서류를 첨부하여야 한다.
③ 에너지진단비용의 지원에 관한 세부기준 및 방법과 그 밖에 필요한 사항은 산업통상자원부장관이 정하여 고시한다. 〈개정 2013.3.23.〉

제40조(개선명령의 요건 및 절차 등) ① 산업통상자원부장관이 에너지다소비사업자에게 개선명령을 할 수 있는 경우는 10퍼센트 이상의 에너지효율 개선이 기대되고 효율 개선을 위한 투자의 경제성이 있다고 인정되는 경우로 한다. 〈개정 2013.3.23.〉
② 산업통상자원부장관은 제1항의 개선명령을 하려는 경우에는 구체적인 개선 사항과 개선 기간 등을 분명히 밝혀야 한다. 〈개정 2013.3.23.〉
③ 에너지다소비사업자는 제1항에 따른 개선명령을 받은 경우에는 개선명령일부터 60일 이내에 개선계획을 수립하여 산업통상자원부장관에게 제출하여야 하며, 그 결과를 개선 기간 만료일부터 15일 이내에 산업통상자원부장관에게 통보하여야 한다. 〈개정 2013.3.23.〉

제41조(개선명령의 이행 여부 확인) 산업통상자원부장관은 개선명령의 이행 여부를 소속 공무원으로 하여금 확인하게 할 수 있다. 〈개정 2013.3.23.〉

제42조의2(냉난방온도의 제한 대상 건물 등) ① "대통령령으로 정하는 기준량 이상인 건물"이란 연간 에너지사용량이 2천티오이 이상인 건물을 말한다.

제42조의3(시정조치 명령의 방법) 시정조치 명령은 다음 각 호의 사항을 구체적으로 밝힌 서면으로 하여야 한다.
1. 시정조치 명령의 대상 건물 및 대상자
2. 시정조치 명령의 사유 및 내용
3. 시정기한 [본조신설 2009.7.27.]

제6장 보칙

제50조(권한의 위임) 산업통상자원부장관은 과태료의 부과·징수에 관한 권한을 시·도지사에게 위임한다. 〈개정 2009. 7.27., 2013.3.23.〉

제51조(업무의 위탁) ① 산업통상자원부장관 또는 시·도지사는 다음 각 호의 업무를 공단에 위탁한다. 〈개정 2009.7.27., 2013.3.23., 2017.11.7., 2018.7.17., 2023.1.17.〉
1. 에너지사용계획의 검토
2. 이행 여부의 점검 및 실태파악
3. 효율관리기자재의 측정 결과 신고의 접수
4. 대기전력경고표지대상제품의 측정 결과 신고의 접수
5. 대기전력저감대상제품의 측정 결과 신고의 접수
6. 고효율에너지기자재 인증 신청의 접수 및 인증
7. 고효율에너지기자재의 인증취소 또는 인증사용 정지명령
8. 에너지절약전문기업의 등록
9. 온실가스배출 감축실적의 등록 및 관리
10. 에너지다소비사업자 신고의 접수
11. 진단기관의 관리·감독
12. 에너지관리지도
12의2. 진단기관의 평가 및 그 결과의 공개
12의3. 냉난방온도의 유지·관리 여부에 대한 점검 및 실태 파악
13. 검사대상기기의 검사
14. 검사증의 발급(제13호에 따른 검사만 해당한다)
15. 검사대상기기의 폐기, 사용 중지, 설치자 변경 및 검사의 전부 또는 일부가 면제된 검사대상기기의 설치에 대한 신고의 접수
16. 검사대상기기관리자의 선임·해임 또는 퇴직신고의 접수

「에너지이용 합리화법 시행규칙」

제1조의2(열사용기자재) 「에너지이용 합리화법」(이하 "법"이라 한다) 제2조에 따른 열사용기자재는 별표 1과 같다. 다만, 다음 각 호의 어느 하나에 해당하는 열사용기자재는 제외한다. 〈개정 2013.3.23., 2017.1.26., 2021.10.12.〉
1. 「전기사업법」제2조 제2호에 따른 전기사업자가 설치하는 발전소의 발전(發電)전용 보일러 및 압력용기. 다만, 「집단에너지사업법」의 적용을 받는 발전전용 보일러 및 압력용기는 열사용기자재에 포함된다.
2. 「철도사업법」에 따른 철도사업을 하기 위하여 설치하는 기관차 및 철도차량용 보일러
3. 「고압가스 안전관리법」및 「액화석유가스의 안전관리 및 사업법」에 따라 검사를 받는 보일러(캐스케이드 보일러는 제외한다) 및 압력용기
4. 「선박안전법」에 따라 검사를 받는 선박용 보일러 및 압력용기
5. 「전기용품 및 생활용품 안전관리법」및 「의료기기법」의 적용을 받는 2종 압력용기
6. 이 규칙에 따라 관리하는 것이 부적합하다고 산업통상자원부장관이 인정하는 수출용 열사용기자재
[본조신설 2012.6.28.]

제3조(에너지사용계획의 검토기준 및 검토방법) ① 에너지사용계획의 검토기준은 다음 각 호와 같다.
1. 에너지의 수급 및 이용 합리화 측면에서 해당 사업의 실시 또는 시설 설치의 타당성
2. 부문별·용도별 에너지 수요의 적절성
3. 연료·열 및 전기의 공급 체계, 공급원 선택 및 관련 시설 건설계획의 적절성
4. 해당 사업에 있어서 용지의 이용 및 시설의 배치에 관한 효율화 방안의 적절성
5. 고효율에너지이용 시스템 및 설비 설치의 적절성
6. 에너지이용의 합리화를 통한 온실가스(이산화탄소만 해당한다) 배출감소 방안의 적절성
7. 폐열의 회수·활용 및 폐기물 에너지이용계획의 적절성
8. 신·재생에너지이용계획의 적절성
9. 사후 에너지관리계획의 적절성

② 산업통상자원부장관은 제1항에 따른 검토를 할 때 필요하면 관계 행정기관, 지방자치단체, 연구기관, 에너지공급자, 그 밖의 관련 기관 또는 단체에 검토를 의뢰하여 의견을 제출하게 하거나, 소속 공무원으로 하여금 현지조사를 하게 할 수 있다. 〈개정 2013.3.23.〉

제4조(변경협의 요청) 공공사업주관자(법 제10조 제2항에 따른 공공사업주관자를 말한다. 이하 같다)가 에너지사용계획의 변경 사항에 관하여 산업통상자원부장관에게 협의를 요청할 때에는 변경된 에너지사용계획에 다음 각 호의 사항을 적은 서류를 첨부하여 제출하여야 한다. 〈개정 2011.1.19., 2013.3.23.〉
1. 에너지사용계획의 변경 이유
2. 에너지사용계획의 변경 내용

제5조(이행계획의 작성 등) 이행계획에는 다음 각 호의 사항이 포함되어야 한다. 〈개정 2013.3.23.〉
1. 영 제23조 제1항 각 호의 사항에 관하여 산업통상자원부장관으로부터 요청받은 조치의 내용
2. 이행 주체
3. 이행 방법
4. 이행 시기

제7조(효율관리기자재) ① 법 제15조 제1항에 따른 효율관리기자재(이하 "효율관리기자재"라 한다)는 다음 각 호와 같다. 〈개정 2013.3.23.〉
1. 전기냉장고
2. 전기냉방기
3. 전기세탁기
4. 조명기기
5. 삼상유도전동기(三相誘導電動機)
6. 자동차

7. 그 밖에 산업통상자원부장관이 그 효율의 향상이 특히 필요하다고 인정하여 고시하는 기자재 및 설비

② 제1항 각 호의 효율관리기자재의 구체적인 범위는 산업통상자원부장관이 정하여 고시한다. 〈개정 2013.3.23.〉

③ "산업통상자원부령으로 정하는 사항"이란 다음 각 호와 같다. 〈개정 2011.12.15., 2013.3.23.〉
  1. 효율관리시험기관(이하 "효율관리시험기관"이라 한다) 또는 자체측정의 승인을 받은 자가 측정할 수 있는 효율관리기자재의 종류, 측정 결과에 관한 시험성적서의 기재 사항 및 기재 방법과 측정 결과의 기록 유지에 관한 사항
  2. 이산화탄소 배출량의 표시
  3. 에너지비용(일정기간 동안 효율관리기자재를 사용함으로써 발생할 수 있는 예상 전기요금이나 그 밖의 에너지요금을 말한다)

제8조(효율관리기자재 자체측정의 승인신청) 효율관리기자재에 대한 자체측정의 승인을 받으려는 자는 별지 제1호 서식의 효율관리기자재 자체측정 승인신청서에 다음 각 호의 서류를 첨부하여 산업통상자원부장관에게 제출하여야 한다. 〈개정 2013.3.23.〉
  1. 시험설비 현황(시험설비의 목록 및 사진을 포함한다)
  2. 전문인력 현황(시험 담당자의 명단 및 재직증명서를 포함한다)
  3. 「국가표준기본법」 제23조에 따른 시험·검사기관 인정서 사본(해당되는 경우에만 첨부한다)

제9조(효율관리기자재 측정 결과의 신고) ① 법 제15조 제3항에 따라 효율관리기자재의 제조업자 또는 수입업자는 효율관리시험기관으로부터 측정 결과를 통보받은 날 또는 자체측정을 완료한 날부터 각각 90일 이내에 그 측정 결과를 법 제45조에 따른 한국에너지공단(이하 "공단"이라 한다)에 신고하여야 한다. 이 경우 측정 결과 신고는 해당 효율관리기자재의 출고 또는 통관 전에 모델별로 하여야 한다. 〈개정 2014.11.5., 2015.7.29., 2018.9.18.〉

② 제1항에 따른 효율관리기자재 측정 결과 신고의 방법 및 절차 등에 관하여 필요한 사항은 산업통상자원부장관이 정하여 고시한다. 〈신설 2018.9.18.〉

제10조(효율관리기자재의 광고매체) 광고매체는 다음 각 호와 같다. 〈개정 2013.3.23.〉
  1. 「신문 등의 진흥에 관한 법률」 제2조 제1호 및 제2호에 따른 신문 및 인터넷 신문
  2. 「잡지 등 정기간행물의 진흥에 관한 법률」 제2조 제1호에 따른 정기간행물
  3. 「방송법」 제9조 제5항에 따른 상품소개와 판매에 관한 전문편성을 행하는 방송채널사용사업자의 채널
  4. 「전기통신기본법」 제2조 제1호에 따른 전기통신
  5. 해당 효율관리기자재의 제품안내서
  6. 그 밖에 소비자에게 널리 알리거나 제시하는 것으로서 산업통상자원부장관이 정하여 고시하는 것
  [전문개정 2011.12.15.]

제10조의2(효율관리기자재의 사후관리조사) ① 산업통상자원부장관은 조사(이하 "사후관리조사"라 한다)를 실시하는 경우에는 다음 각 호의 어느 하나에 해당하는 효율관리기자재를 사후관리조사 대상에 우선적으로 포함하여야 한다. 〈개정 2013.3.23.〉
  1. 전년도에 사후관리조사를 실시한 결과 부적합율이 높은 효율관리기자재
  2. 전년도에 법 제15조 제1항 제2호부터 제5호까지의 사항을 변경하여 고시한 효율관리기자재

② 산업통상자원부장관은 사후관리조사를 위하여 필요하면 다른 제조업자·수입업자·판매업자나 「소비자기본법」 제33조에 따른 한국소비자원 또는 같은 법 제2조 제3호에 따른 소비자단체에게 협조를 요청할 수 있다. 〈개정 2013.3.23.〉

③ 그 밖에 사후관리조사를 위하여 필요한 사항은 산업통상자원부장관이 정하여 고시한다. 〈개정 2013.3.23.〉 [본조신설 2009.7.30.]

제11조(평균효율관리기자재) ① "「자동차관리법」 승용자동차 등 산업통상자원부령으로 정하는 기자재"란 다음 각 호의 어느 하나에 해당하는 자동차를 말한다.
  1. 「자동차관리법」 제3조 제1항 제1호에 따른 승용자동차로서 총중량이 3.5톤 미만인 자동차
  2. 「자동차관리법」 제3조 제1항 제2호에 따른 승합자동차로서 승차인원이 15인승 이하이고 총중량이 3.5톤 미만인 자동차
  3. 「자동차관리법」 제3조 제1항 제3호에 따른 화물자동차로서 총중량이 3.5톤 미만인 자동차

② 제1항에도 불구하고 다음 각 호의 어느 하나에 해당하는 자동차는 제1항에 따른 자동차에서 제외한다.
1. 환자의 치료 및 수송 등 의료목적으로 제작된 자동차
2. 군용(軍用)자동차
3. 방송·통신 등의 목적으로 제작된 자동차
4. 2012년 1월 1일 이후 제작되지 아니하는 자동차
5. 「자동차관리법 시행규칙」 별표 1 제2호에 따른 특수형 승합자동차 및 특수용도형 화물자동차 [전문개정 2016.12.9.]

제12조(평균에너지소비효율의 산정 방법 등) ① 평균에너지소비효율의 산정 방법은 별표 1의2와 같다. 〈개정 2012.6.28.〉
② 평균에너지소비효율의 개선 기간은 개선명령을 받은 날부터 다음 해 12월 31일까지로 한다.
③ 개선명령을 받은 자는 개선명령을 받은 날부터 60일 이내에 개선명령 이행계획을 수립하여 산업통상자원부장관에게 제출하여야 한다. 〈개정 2013.3.23.〉
④ 제3항에 따라 개선명령이행계획을 제출한 자는 개선명령의 이행 상황을 매년 6월 말과 12월 말에 산업통상자원부장관에게 보고하여야 한다. 다만, 개선명령이행계획을 제출한 날부터 90일이 지나지 아니한 경우에는 그 다음 보고 기간에 보고할 수 있다. 〈개정 2013.3.23.〉
⑤ 산업통상자원부장관은 제3항에 따른 개선명령이행계획을 검토한 결과 평균에너지소비효율의 개선계획이 미흡하다고 인정되는 경우에는 조정·보완을 요청할 수 있다. 〈개정 2013.3.23.〉
⑥ 제5항에 따른 조정·보완을 요청받은 자는 정당한 사유가 없으면 30일 이내에 개선명령이행계획을 조정·보완하여 산업통상자원부장관에게 제출하여야 한다. 〈개정 2013.3.23.〉
⑦ 법 제17조 제5항에 따른 평균에너지소비효율의 공표 방법은 관보 또는 일간신문에의 게재로 한다.

제14조(대기전력경고표지대상제품) ① 대기전력경고표지대상제품(이하 "대기전력경고표지대상제품"이라 한다)은 다음 각 호와 같다. 〈개정 2010.1.18.〉
1. 삭제 〈2022.1.26.〉
2. 삭제 〈2022.1.26.〉
3. 프린터
4. 복합기
5. 삭제 〈2012.4.5.〉
6. 삭제 〈2014.2.21.〉
7. 전자레인지
8. 팩시밀리
9. 복사기
10. 스캐너
11. 삭제 〈2014.2.21.〉
12. 오디오
13. DVD플레이어
14. 라디오카세트
15. 도어폰
16. 유무선전화기
17. 비데
18. 모뎀
19. 홈 게이트웨이

제16조(대기전력경고표지대상제품 측정 결과의 신고) 대기전력경고표지대상제품의 제조업자 또는 수입업자는 대기전력 시험기관으로부터 측정 결과를 통보받은 날 또는 자체측정을 완료한 날부터 각각 60일 이내에 그 측정 결과를 공단에 신고하여야 한다.

제17조(대기전력시험기관의 지정신청) 대기전력시험기관으로 지정받으려는 자는 별지 제3호 서식의 대기전력시험기관

지정신청서에 다음 각 호의 서류를 첨부하여 산업통상자원부장관에게 제출하여야 한다. 〈개정 2013.3.23.〉
1. 시험설비 현황(시험설비의 목록 및 사진을 포함한다)
2. 전문인력 현황(시험 담당자의 명단 및 재직증명서를 포함한다)
3. 「국가표준기본법」 제23조에 따른 시험·검사기관 인정서 사본(해당되는 경우에만 첨부한다)

제18조(대기전력저감우수제품의 신고) 대기전력저감우수제품의 표시를 하려는 제조업자 또는 수입업자는 대기전력시험기관으로부터 측정 결과를 통보받은 날 또는 자체측정을 완료한 날부터 각각 60일 이내에 그 측정 결과를 공단에 신고하여야 한다.

제19조(시정명령) 산업통상자원부장관은 대기전력저감우수제품이 대기전력저감기준에 미달하는 경우 대기전력저감우수제품의 제조업자 또는 수입업자에게 6개월 이내의 기간을 정하여 다음 각 호의 시정을 명할 수 있다. 다만, 제2호는 대기전력저감우수제품이 대기전력경고표지대상제품에도 해당되는 경우에만 적용한다. 〈개정 2013.3.23.〉
1. 대기전력저감우수제품의 표시 제거
2. 대기전력경고표지의 표시

제20조(고효율에너지인증대상기자재) ① 고효율에너지인증대상기자재(이하 "고효율에너지인증대상기자재"라 한다)는 다음 각 호와 같다. 〈개정 2013.3.23.〉
1. 펌프
2. 산업건물용 보일러
3. 무정전전원장치
4. 폐열회수형 환기장치
5. 발광다이오드(LED) 등 조명기기
6. 그 밖에 산업통상자원부장관이 특히 에너지이용의 효율성이 높아 보급을 촉진할 필요가 있다고 인정하여 고시하는 기자재 및 설비

제21조(고효율에너지기자재의 인증신청) 고효율에너지기자재의 인증을 받으려는 자는 별지 제4호 서식의 고효율에너지기자재 인증신청서에 다음 각 호의 서류를 첨부하여 공단에 인증을 신청하여야 한다. 〈개정 2012.10.5.〉
1. 고효율시험기관의 측정 결과(시험성적서)
2. 에너지효율 유지에 관한 사항

제22조(고효율시험기관의 지정신청) 고효율시험기관으로 지정받으려는 자는 별지 제5호 서식의 고효율시험기관 지정신청서에 다음 각 호의 서류를 첨부하여 산업통상자원부장관에게 제출하여야 한다. 〈개정 2013.3.23.〉
1. 시험설비 현황(시험설비의 목록 및 사진을 포함한다)
2. 전문인력 현황(시험 담당자의 명단 및 재직증명서를 포함한다)
3. 「국가표준기본법」 제23조에 따른 시험·검사기관 인정서 사본(해당되는 경우에만 첨부한다)

제25조(에너지절약전문기업 등록증) ① 공단은 신청을 받은 경우 그 내용이 에너지절약전문기업의 등록기준에 적합하다고 인정하면 별지 제7호 서식의 에너지절약전문기업 등록증을 그 신청인에게 발급하여야 한다.
② 제1항에 따른 등록증을 발급받은 자는 그 등록증을 잃어버리거나 헐어 못 쓰게 된 경우에는 공단에 재발급신청을 할 수 있다. 이 경우 등록증이 헐어 못 쓰게 되어 재발급신청을 할 때에는 그 등록증을 첨부하여야 한다.

제26조(자발적 협약의 이행 확인 등) ① 에너지사용자 또는 에너지공급자가 수립하는 계획에는 다음 각 호의 사항이 포함되어야 한다.
1. 협약 체결 전년도의 에너지소비 현황
2. 에너지를 사용하여 만드는 제품, 부가가치 등의 단위당 에너지이용효율 향상목표 또는 온실가스배출 감축목표 (이하 "효율향상목표 등"이라 한다) 및 그 이행 방법
3. 에너지관리체제 및 에너지관리방법
4. 효율향상목표 등의 이행을 위한 투자계획
5. 그 밖에 효율향상목표 등을 이행하기 위하여 필요한 사항
② 자발적 협약의 평가기준은 다음 각 호와 같다.

1. 에너지절감량 또는 에너지의 합리적인 이용을 통한 온실가스배출 감축량
2. 계획 대비 달성률 및 투자실적
3. 자원 및 에너지의 재활용 노력
4. 그 밖에 에너지절감 또는 에너지의 합리적인 이용을 통한 온실가스배출 감축에 관한 사항

제26조의2(에너지경영시스템의 지원 등) ① 삭제 〈2015.7.29.〉
② 전사적(全社的) 에너지경영시스템의 도입 권장 대상은 연료·열 및 전력의 연간 사용량의 합계가 영 제35조에 따른 기준량 이상인 자(이하 "에너지다소비업자"라 한다)로 한다. 〈신설 2014.8.6.〉
③ 에너지사용자 또는 에너지공급자는 지원을 받기 위해서는 다음 각 호의 사항을 모두 충족하여야 한다. 〈개정 2014.8.6.〉
  1. 국제표준화기구가 에너지경영시스템에 관하여 정한 국제규격에 적합한 에너지경영시스템의 구축
  2. 에너지이용효율의 지속적인 개선
④ 지원의 방법은 다음 각 호와 같다. 〈개정 2013.3.23., 2014.8.6.〉
  1. 에너지경영시스템 도입을 위한 기술의 지도 및 관련 정보의 제공
  2. 에너지경영시스템 관련 업무를 담당하는 자에 대한 교육훈련
  3. 그 밖에 에너지경영시스템의 도입을 위하여 산업통상자원부장관이 필요하다고 인정한 사항
⑤ 제4항에 따른 지원을 받으려는 자는 다음 각 호의 사항이 포함된 계획서를 산업통상자원부장관에게 제출하여야 한다. 〈개정 2013.3.23., 2014.8.6.〉
  1. 에너지사용량 현황
  2. 에너지이용효율의 개선을 위한 경영목표 및 그 관리체제
  3. 주요 설비별 에너지이용효율의 목표와 그 이행 방법
  4. 에너지사용량 모니터링 및 측정 계획

제27조(에너지사용량 신고) 에너지다소비사업자가 법 제31조 제1항에 따라 에너지사용량을 신고하려는 경우에는 별지 제8호 서식의 에너지사용량 신고서에 다음 각 호의 서류를 첨부하여 제출해야 한다.
  1. 사업장 내 에너지사용시설 배치도
  2. 에너지사용시설 현황(시설의 변경이 있는 경우로 한정한다)
  3. 제품별 생산공정도 [전문개정 2022.1.26.]

제28조(에너지진단 제외대상 사업장) "산업통상자원부령으로 정하는 범위에 해당하는 사업장"이란 다음 각 호의 어느 하나에 해당하는 사업장을 말한다. 〈개정 2011.1.19., 2013.3.23.〉
  1. 「전기사업법」 제2조 제2호에 따른 전기사업자가 설치하는 발전소
  2. 「건축법 시행령」 별표 1 제2호 가목에 따른 아파트
  3. 「건축법 시행령」 별표 1 제2호 나목에 따른 연립주택
  4. 「건축법 시행령」 별표 1 제2호 다목에 따른 다세대주택
  5. 「건축법 시행령」 별표 1 제7호에 따른 판매시설 중 소유자가 2명 이상이며, 공동 에너지사용설비의 연간 에너지 사용량이 2천 티오이 미만인 사업장
  6. 「건축법 시행령」 별표 1 제14호 나목에 따른 일반업무시설 중 오피스텔
  7. 「건축법 시행령」 별표 1 제18호 가목에 따른 창고
  8. 「산업집적활성화 및 공장설립에 관한 법률」 제2조 제13호에 따른 지식산업센터
  9. 「군사기지 및 군사시설 보호법」 제2조 제2호에 따른 군사시설
  10. 「폐기물관리법」 제29조에 따라 폐기물처리의 용도만으로 설치하는 폐기물처리시설
  11. 그 밖에 기술적으로 에너지진단을 실시할 수 없거나 에너지진단의 효과가 적다고 산업통상자원부장관이 인정하여 고시하는 사업장

제29조(에너지진단의 면제 등) ① 에너지진단을 면제하거나 에너지진단주기를 연장할 수 있는 자는 다음 각 호의 어느 하나에 해당하는 자로 한다. 〈개정 2011.3.15., 2013.3.23., 2014.2.21., 2015.7.9., 2015.7.29., 2016.12.9., 2023.8.3.〉

1. 자발적 협약을 체결한 자로서 자발적 협약의 평가기준에 따라 자발적 협약의 이행 여부를 확인한 결과 이행실적이 우수한 사업자로 선정된 자
1의2. 에너지경영시스템을 도입한 자로서 에너지를 효율적으로 이용하고 있다고 산업통상자원부장관이 정하여 고시하는 자
2. 에너지절약 유공자로서 「정부표창규정」 제10조에 따른 중앙행정기관의 장 이상의 표창권자가 준 단체표창을 받은 자
3. 에너지진단 결과를 반영하여 에너지를 효율적으로 이용하고 있다고 산업통상자원부장관이 인정하여 고시하는 자
4. 지난 연도 에너지사용량의 100분의 30 이상을 다음 각 목의 어느 하나에 해당하는 제품, 기자재 및 설비(이하 "친에너지형 설비"라 한다)를 이용하여 공급하는 자
   가. 금융·세제상의 지원을 받는 설비
   나. 효율관리기자재 중 에너지소비효율이 1등급인 제품
   다. 대기전력저감우수제품
   라. 인증 표시를 받은 고효율에너지기자재
   마. 「산업표준화법」 제15조에 따라 설비인증을 받은 신·재생에너지 설비
5. 산업통상자원부장관이 정하여 고시하는 요건을 갖춘 에너지관리시스템을 구축하여 에너지를 효율적으로 이용하고 있다고 산업통상자원부장관이 고시하는 자
6. 「기후위기 대응을 위한 탄소중립·녹색성장 기본법 시행령」 제17조 제1항 각 호의 기관과 같은 법 시행령 제19조 제1항에 따른 온실가스배출관리업체(이하 "목표관리업체"라 한다)로서 온실가스 목표관리 실적이 우수하다고 산업통상자원부장관이 환경부장관과 협의한 후 정하여 고시하는 자. 다만, 「온실가스 배출권의 할당 및 거래에 관한 법률」 제8조 제1항에 따라 배출권 할당 대상업체로 지정·고시된 업체는 제외한다.

제30조(진단기관의 지정절차 등) ① 진단기관으로 지정받으려는 자 또는 진단기관 지정서의 기재 내용을 변경하려는 자는 별지 제9호 서식의 진단기관 지정신청서 또는 진단기관 변경지정신청서를 산업통상자원부장관에게 제출하여야 한다. 〈개정 2013.3.23., 2023.8.3.〉
② 제1항에 따른 진단기관 지정신청서에는 다음 각 호의 서류(변경지정신청의 경우에는 지정신청을 할 때 제출한 서류 중 변경된 것만을 말한다)를 첨부하여야 한다. 이 경우 신청을 받은 산업통상자원부장관은 「전자정부법」 제36조 제1항에 따른 행정정보의 공동이용을 통하여 법인 등기사항증명서(신청인이 법인인 경우만 해당한다)를 확인하여야 한다. 〈개정 2010.1.18., 2011.1.19., 2013.3.23.〉
1. 에너지진단업무 수행계획서
2. 보유장비명세서
3. 기술인력명세서(자격증 사본, 경력증명서, 재직증명서를 포함한다)

제31조(진단기관의 지정취소 공고) 산업통상자원부장관은 진단기관의 지정을 취소하거나 그 업무의 정지를 명하였을 때에는 지체 없이 이를 관보와 인터넷 홈페이지 등에 공고하여야 한다. 〈개정 2013.3.23.〉

제31조의2(냉난방온도의 제한온도 기준) 냉난방온도의 제한온도(이하 "냉난방온도의 제한온도"라 한다)를 정하는 기준은 다음 각 호와 같다. 다만, 판매시설 및 공항의 경우에 냉방온도는 25℃ 이상으로 한다.
1. 냉방 : 26℃ 이상
2. 난방 : 20℃ 이하
[본조신설 2009.7.30.]

제31조의4(냉난방온도 점검 방법 등) ① 냉난방온도제한건물의 관리기관 및 에너지다소비사업자는 냉난방온도를 관리하는 책임자(이하 "관리책임자"라 한다)를 지정하여야 한다. 〈개정 2011.1.19., 2014.8.6.〉
② 관리책임자는 냉난방온도 점검 및 실태파악에 협조하여야 한다.
③ 산업통상자원부장관이 냉난방온도를 점검하거나 실태를 파악하는 경우에는 산업통상자원부장관이 고시한 국가교정기관지정제도운영요령에서 정하는 방법에 따라 인정기관에서 교정 받은 측정기기를 사용한다. 이 경우 관리책임자가 동행하여 측정결과를 확인할 수 있다. 〈개정 2013.3.23.〉
④ 그 밖에 냉난방온도 점검을 위하여 필요한 사항은 산업통상자원부장관이 정하여 고시한다. 〈개정 2013.3.23.〉 [본조

신설 2009.7.30.]

제31조의9(검사기준) 법 제39조 제1항·제2항·제4항 및 법 제39조의2 제1항에 따른 검사대상기기의 검사기준은 「산업표준화법」 제12조에 따른 한국산업표준(이하 "한국산업표준"이라 한다) 또는 산업통상자원부장관이 정하여 고시하는 기준에 따른다. 〈개정 2013.3.23., 2017.12.1., 2018.7.23.〉 [본조신설 2012.6.28.]

제31조의10(신제품에 대한 검사기준) ① 산업통상자원부장관은 검사기준이 마련되지 아니한 검사대상기기(이하 "신제품"이라 한다)에 대해서는 제31조의11에 따른 열사용기자재기술위원회의 심의를 거친 검사기준으로 검사할 수 있다. 〈개정 2013.3.23.〉

② 산업통상자원부장관은 제1항에 따라 신제품에 대한 검사기준을 정한 경우에는 특별시장·광역시장·도지사 또는 특별자치도지사(이하 "시·도지사"라 한다) 및 검사신청인에게 그 사실을 지체 없이 알리고, 그 검사기준을 관보에 고시하여야 한다. 〈개정 2013.3.23.〉 [본조신설 2012.6.28.]

제31조의14(용접검사신청) ① 검사대상기기의 용접검사를 받으려는 자는 별지 제11호 서식의 검사대상기기 용접검사신청서를 공단이사장 또는 검사기관의 장에게 제출하여야 한다. 〈개정 2017.12.1.〉

② 제1항에 따른 신청서에는 다음 각 호의 서류를 첨부하여야 한다. 다만, 검사대상기기의 규격이 이미 용접검사에 합격한 기기의 규격과 같은 경우에는 용접검사에 합격한 날부터 3년간 다음 각 호의 서류를 첨부하지 아니할 수 있다.
1. 용접 부위도 1부
2. 검사대상기기의 설계도면 2부
3. 검사대상기기의 강도계산서 1부 [본조신설 2012.6.28.]

제31조의15(구조검사신청) ① 검사대상기기의 구조검사를 받으려는 자는 별지 제11호 서식의 검사대상기기 구조검사신청서를 공단이사장 또는 검사기관의 장에게 제출하여야 한다. 〈개정 2017.12.1.〉

② 제1항에 따른 신청서에는 용접검사증 1부(용접검사를 받지 아니하는 기기의 경우에는 설계도면 2부, 제31조의13에 따라 용접검사가 면제된 기기의 경우에는 제31조의14 제2항 각 호에 따른 서류)를 첨부하여야 한다. 다만, 검사대상기기의 규격이 이미 구조검사에 합격한 기기의 규격과 같은 경우에는 구조검사에 합격한 날부터 3년간 해당 서류를 첨부하지 아니할 수 있다. [본조신설 2012.6.28.]

제31조의17(설치검사신청) ① 검사대상기기의 설치검사를 받으려는 자는 별지 제12호 서식의 검사대상기기 설치검사신청서를 공단이사장에게 제출하여야 한다. 〈개정 2017.12.1.〉

② 제1항에 따른 신청서에는 다음 각 호의 구분에 따른 서류를 첨부하여야 한다. 〈개정 2017.12.1.〉
1. 보일러 및 압력용기의 경우에는 검사대상기기의 용접검사증 및 구조검사증 각 1부 또는 제31조의21 제8항에 따른 확인서 1부(수입한 검사대상기기는 수입면장 사본 및 법 제39조의2 제1항에 따른 제조검사를 받았음을 증명하는 서류 사본 각 1부, 제31조의13 제1항에 따라 제조검사가 면제된 경우에는 자체검사기록 사본 및 설계도면 각 1부)
2. 철금속가열로의 경우에는 다음 각 목의 모든 서류
    가. 검사대상기기의 설계도면 1부
    나. 검사대상기기의 설계계산서 1부
    다. 검사대상기기의 성능·구조 등에 대한 설명서 1부 [본조신설 2012.6.28.]

제31조의18(개조검사신청, 설치장소 변경검사신청 또는 재사용검사신청) ① 검사대상기기의 개조검사, 설치장소 변경검사 또는 재사용검사를 받으려는 자는 별지 제12호 서식의 검사대상기기 개조검사(설치장소 변경검사, 재사용검사)신청서를 공단이사장에게 제출하여야 한다. 〈개정 2017.12.1.〉

② 제1항에 따른 신청서에는 다음 각 호의 서류를 첨부하여야 한다.
1. 개조한 검사대상기기의 개조부분의 설계도면 및 그 설명서 각 1부(개조검사인 경우만 해당한다)
2. 검사대상기기 설치검사증 1부 [본조신설 2012.6.28.]

제31조의19(계속사용검사신청) ① 검사대상기기의 계속사용검사를 받으려는 자는 별지 제12호 서식의 검사대상기기 계속사용검사신청서를 검사유효기간 만료 10일 전까지 공단이사장에게 제출하여야 한다. 〈개정 2017.12.1.〉

② 제1항에 따른 신청서에는 해당 검사대상기기 설치검사증 사본을 첨부하여야 한다. [본조신설 2012.6.28.]

제31조의20(계속사용검사의 연기) ① 계속사용검사는 검사유효기간의 만료일이 속하는 연도의 말까지 연기할 수 있다. 다만, 검사유효기간 만료일이 9월 1일 이후인 경우에는 4개월 이내에서 계속사용검사를 연기할 수 있다.
② 제1항에 따라 계속사용검사를 연기하려는 자는 별지 제12호 서식의 검사대상기기 검사연기신청서를 공단이사장에게 제출하여야 한다.
③ 다음 각 호의 어느 하나에 해당하는 경우에는 해당 검사일까지 계속사용검사가 연기된 것으로 본다.
  1. 검사대상기기의 설치자가 검사유효기간이 지난 후 1개월 이내에서 검사시기를 지정하여 검사를 받으려는 경우로서 검사유효기간 만료일 전에 검사신청을 하는 경우
  2. 「기업활동 규제완화에 관한 특별조치법 시행령」 제19조 제1항에 따라 동시검사를 실시하는 경우
  3. 계속사용검사 중 운전성능검사를 받으려는 경우로서 검사유효기간이 지난 후 해당 연도 말까지의 범위에서 검사시기를 지정하여 검사유효기간 만료일 전까지 검사신청을 하는 경우 [본조신설 2012.6.28.]

제31조의21(검사의 통지 등) ① 공단이사장 또는 검사기관의 장은 규정에 따른 검사신청을 받은 경우에는 검사지정일 등을 별지 제14호 서식에 따라 작성하여 검사신청인에게 알려야 한다. 이 경우 검사신청인이 검사신청을 한 날부터 7일 이내의 날을 검사일로 지정하여야 한다.
② 공단이사장 또는 검사기관의 장은 규정에 따라 신청된 검사에 합격한 검사대상기기에 대해서는 검사신청인에게 별지 제15호 서식부터 별지 제19호 서식에 따른 검사증을 검사일부터 7일 이내에 각각 발급하여야 한다. 이 경우 검사증에는 그 검사대상기기의 설계도면 또는 용접검사증을 첨부하여야 한다.
③ 공단이사장 또는 검사기관의 장은 제1항에 따른 검사에 불합격한 검사대상기기에 대해서는 불합격사유를 별지 제21호 서식에 따라 작성하여 검사일 후 7일 이내에 검사신청인에게 알려야 한다.
④ "산업통상자원부령으로 정하는 항목의 검사"란 계속사용검사 중 운전성능검사를 말한다. 〈개정 2013.3.23.〉
⑤ "산업통상자원부령으로 정하는 기간"이란 검사에 불합격한 날부터 6개월(철금속가열로는 1년)을 말한다. 〈개정 2013.3.23.〉
⑥ 제4항에 따라 계속사용검사 중 운전성능검사를 받으려는 자는 별지 제12호 서식의 검사대상기기 계속사용검사신청서에 검사대상기기 설치검사증 사본을 첨부하여 공단이사장에게 제출하여야 한다.

제31조의22(검사에 필요한 조치 등) ① 공단이사장 또는 검사기관의 장은 검사를 받는 자에게 그 검사의 종류에 따라 다음 각 호 중 필요한 사항에 대한 조치를 하게 할 수 있다. 〈개정 2017.12.1.〉
  1. 기계적 시험의 준비
  2. 비파괴검사의 준비
  3. 검사대상기기의 정비
  4. 수압시험의 준비
  5. 안전밸브 및 수면측정장치의 분해·정비
  6. 검사대상기기의 피복물 제거
  7. 조립식인 검사대상기기의 조립 해체
  8. 운전성능 측정의 준비
② 제1항에 따른 검사를 받는 자는 그 검사대상기기의 관리자(용접검사 및 구조검사의 경우에는 검사 관계자)로 하여금 검사 시 참여하도록 하여야 한다. 〈개정 2018.7.23.〉
③ 공단이사장 또는 검사기관의 장은 다음 각 호의 어느 하나에 해당하는 사유로 인하여 검사를 하지 못한 경우에는 검사신청인에게 별지 제22호 서식의 검사대상기기 미검사통지서에 따라 그 사실을 알려야 한다. 〈개정 2018.7.23.〉
  1. 제1항 각 호에 따른 검사에 필요한 조치의 미완료
  2. 제2항에 따른 검사대상기기의 관리자(용접검사 및 구조검사의 경우에는 검사 관계자)의 참여조치의 불이행
④ 제3항에 따른 통지를 받은 검사신청인 중 검사일을 변경하여 검사를 받으려는 자는 별지 제11호 서식의 검사대상기기 용접(구조)검사신청서 또는 별지 제12호 서식의 검사대상기기 설치검사(개조검사, 설치장소 변경검사, 재사용검사, 계속사용검사, 검사연기)신청서를 검사기관의 장 또는 공단이사장에게 제출하여야 한다. 이 경우 첨부서류는 제출하지 아니하여도 된다. [본조신설 2012.6.28.]

제31조의23(검사대상기기의 폐기신고 등) ① 검사대상기기의 설치자가 사용 중인 검사대상기기를 폐기한 경우에는 폐기

한 날부터 15일 이내에 별지 제23호 서식의 검사대상기기 폐기신고서를 공단이사장에게 제출하여야 한다.
② 검사대상기기의 설치자가 그 검사대상기기의 사용을 중지한 경우에는 중지한 날부터 15일 이내에 별지 제23호 서식의 검사대상기기 사용중지신고서를 공단이사장에게 제출하여야 한다.
③ 제1항 및 제2항에 따른 신고서에는 검사대상기기 설치검사증을 첨부하여야 한다. [본조신설 2012.6.28.]

제31조의24(검사대상기기의 설치자의 변경신고) ① 검사대상기기의 설치자가 변경된 경우 새로운 검사대상기기의 설치자는 그 변경일부터 15일 이내에 별지 제24호 서식의 검사대상기기 설치자 변경신고서를 공단이사장에게 제출하여야 한다.
② 제1항에 따른 신고서에는 검사대상기기 설치검사증 및 설치자의 변경사실을 확인할 수 있는 다음 각 호의 어느 하나에 해당하는 서류 1부를 첨부하여야 한다.
  1. 법인 등기사항증명서
  2. 양도 또는 합병 계약서 사본
  3. 상속인(지위승계인)임을 확인할 수 있는 서류 사본 [본조신설 2012.6.28.]

제31조의25(검사면제기기의 설치신고) ① 신고하여야 하는 검사대상기기(이하 "설치신고대상기기"라 한다)란 별표 3의6에 따른 검사대상기기 중 설치검사가 면제되는 보일러를 말한다.
② 설치신고대상기기의 설치자는 이를 설치한 날부터 30일 이내에 별지 제13호 서식의 검사대상기기 설치신고서에 검사대상기기의 용접검사증 및 구조검사증 각 1부 또는 제31조의21 제8항에 따른 확인서 1부(수입한 검사대상기기는 수입면장 사본 및 법 제39조의2 제1항에 따른 제조검사를 받았음을 증명하는 서류 사본 각 1부, 제31조의13 제1항에 따라 제조검사가 면제된 경우에는 자체검사기록 사본 및 설계도면 각 1부)를 첨부하여 공단이사장에게 제출하여야 한다. 〈개정 2017.12.1.〉

제31조의26(검사대상기기관리자의 자격 등) ① 법 제40조 제2항에 따른 검사대상기기관리자의 자격 및 관리범위는 별표 3의9와 같다. 다만, 국방부장관이 관장하고 있는 검사대상기기의 관리자의 자격 등은 국방부장관이 정하는 바에 따른다. 〈개정 2018.7.23.〉
② 별표 3의9의 인정검사대상기기관리자가 받아야 할 교육과목, 과목별 시간, 교육의 유효기간 및 그 밖에 필요한 사항은 산업통상자원부장관이 정한다. 〈개정 2013.3.23., 2018.7.23.〉
[본조신설 2012.6.28.]
[제목개정 2018.7.23.]

제31조의27(검사대상기기관리자의 선임기준) ① 법 제40조 제2항에 따른 검사대상기기관리자의 선임기준은 1구역마다 1명 이상으로 한다. 〈개정 2018.7.23.〉
② 제1항에 따른 1구역은 검사대상기기관리자가 한 시야로 볼 수 있는 범위 또는 중앙통제·관리설비를 갖추어 검사대상기기관리자 1명이 통제·관리할 수 있는 범위로 한다. 다만, 캐스케이드 보일러 또는 압력용기의 경우에는 검사대상기기관리자 1명이 관리할 수 있는 범위로 한다. 〈개정 2018.7.23., 2021.10.12.〉
[본조신설 2012.6.28.]
[제목개정 2018.7.23.]

제31조의28(검사대상기기관리자의 선임신고 등) ① 법 제40조 제3항에 따라 검사대상기기의 설치자는 검사대상기기관리자를 선임·해임하거나 검사대상기기관리자가 퇴직한 경우에는 별지 제25호 서식의 검사대상기기관리자 선임(해임, 퇴직)신고서에 자격증수첩과 관리할 검사대상기기 검사증을 첨부하여 공단이사장에게 제출하여야 한다. 다만, 제31조의26 제1항 단서에 따라 국방부장관이 관장하고 있는 검사대상기기관리자의 경우에는 국방부장관이 정하는 바에 따른다. 〈개정 2018.7.23.〉
② 제1항에 따른 신고는 신고 사유가 발생한 날부터 30일 이내에 하여야 한다.
③ 법 제40조 제4항 단서에서 "산업통상자원부령으로 정하는 사유"란 다음 각 호의 어느 하나의 해당하는 경우를 말한다. 〈개정 2013.3.23., 2018.7.23.〉
  1. 검사대상기기관리자가 천재지변 등 불의의 사고로 업무를 수행할 수 없게 되어 해임 또는 퇴직한 경우
  2. 검사대상기기의 설치자가 선임을 위하여 필요한 조치를 하였으나 선임하지 못한 경우

④ 검사대상기기의 설치자는 제3항 각 호에 따른 사유가 발생한 경우에는 별지 제28호 서식의 검사대상기기관리자 선임기한 연기신청서를 시·도지사에게 제출하여 검사대상기기관리자의 선임기한의 연기를 신청할 수 있다. 〈개정 2018.7.23.〉

⑤ 시·도지사는 제4항에 따른 연기신청을 받은 경우에는 그 사유가 제3항 각 호의 어느 하나에 해당되는 것으로서 연기가 부득이하다고 인정되면 그 신청인에게 검사대상기기관리자의 선임기한 및 조치사항을 별지 제29호 서식에 따라 알려야 한다. 〈개정 2018.7.23.〉

[본조신설 2012.6.28.]
[제목개정 2018.7.23.]

제32조(에너지관리자에 대한 교육) ① 에너지관리자에 대한 교육의 기관·기간·과정 및 대상자는 별표 4와 같다.

② 산업통상자원부장관은 제1항에 따라 교육대상이 되는 에너지관리자에게 교육기관 및 교육과정 등에 관한 사항을 알려야 한다. 〈개정 2013.3.23.〉

③ 공단이사장은 다음 연도의 교육계획을 수립하여 매년 12월 31일까지 산업통상자원부장관의 승인을 받아야 한다. 〈개정 2012.6.28., 2013.3.23.〉

제32조의2(시공업의 기술인력 등에 대한 교육) ① 시공업의 기술인력 및 검사대상기기관리자에 대한 교육의 기관·기간·과정 및 대상자는 별표 4의2와 같다. 〈개정 2018.7.23.〉

② 산업통상자원부장관은 제1항에 따라 교육의 대상이 되는 시공업의 기술인력 및 검사대상기기관리자에게 교육기관 및 교육과정 등에 관한 사항을 알려야 한다. 〈개정 2013.3.23., 2018.7.23.〉

③ 제1항에 따른 교육기관의 장은 다음 연도의 교육계획을 수립하여 매년 12월 31일까지 산업통상자원부장관의 승인을 받아야 한다. 〈개정 2013.3.23.〉

④ 제1항부터 제3항까지의 규정에도 불구하고 제31조의26 제1항 단서에 따라 국방부장관이 관장하는 검사대상기기관리자에 대한 교육은 국방부장관이 정하는 바에 따른다. 〈개정 2018.7.23.〉

[본조신설 2012.6.28.]

제33조(보고 및 검사 등) ① 산업통상자원부장관이 보고를 명할 수 있는 사항은 다음 각 호와 같다. 〈개정 2013.3.23.〉

1. 효율관리기자재·대기전력저감대상제품·고효율에너지인증대상기자재의 제조업자·수입업자 또는 판매업자의 경우 : 연도별 생산·수입 또는 판매 실적
2. 에너지절약전문기업(법 제25조 제1항에 따른 에너지절약전문기업을 말한다. 이하 같다)의 경우 : 영업실적(연도별 계약실적을 포함한다)
3. 에너지다소비사업자의 경우 : 개선명령 이행실적
4. 진단기관의 경우 : 진단 수행실적

② 산업통상자원부장관, 시·도지사가 소속 공무원 또는 공단으로 하여금 검사하게 할 수 있는 사항은 다음 각 호와 같다. 〈개정 2012.6.28., 2013.3.23., 2018.7.23., 2023.8.3.〉

1. 에너지소비효율등급 또는 에너지소비효율 표시의 적합 여부에 관한 사항
2. 효율관리시험기관의 지정 및 자체측정의 승인을 위한 시험능력 확보 여부에 관한 사항
3. 효율관리기자재의 사후관리를 위한 사항
4. 대기전력시험기관의 지정 및 자체측정의 승인을 위한 시험능력 확보 여부에 관한 사항
5. 대기전력경고표지의 이행 여부에 관한 사항
6. 대기전력저감우수제품 표시의 적합 여부에 관한 사항
7. 대기전력저감대상제품의 사후관리를 위한 사항
8. 고효율에너지기자재 인증 표시의 적합 여부에 관한 사항
9. 고효율시험기관의 지정을 위한 시험능력 확보 여부에 관한 사항
10. 고효율에너지기자재의 사후관리를 위한 사항
11. 효율관리시험기관, 대기전력시험기관 및 고효율시험기관의 지정취소요건의 해당 여부에 관한 사항
12. 자체측정의 승인을 받은 자의 승인취소 요건의 해당 여부에 관한 사항
13. 에너지절약전문기업이 수행한 사업에 관한 사항

14. 에너지절약전문기업의 등록기준 적합 여부에 관한 사항
15. 에너지다소비사업자의 에너지사용량 신고 이행 여부에 관한 사항
16. 에너지다소비사업자의 에너지진단 실시 여부에 관한 사항
17. 진단기관의 지정기준 적합 여부에 관한 사항
18. 진단기관의 지정취소 요건의 해당 여부에 관한 사항
19. 에너지다소비사업자의 개선명령 이행 여부에 관한 사항
20. 검사대상기기설치자의 검사 이행에 관한 사항
21. 검사대상기기를 계속 사용하려는 자의 검사 이행에 관한 사항
22. 검사대상기기 폐기 등의 신고 이행에 관한 사항
23. 검사대상기기관리자의 선임에 관한 사항
24. 검사대상기기관리자의 선임·해임 또는 퇴직의 신고 이행에 관한 사항

③ 공단이사장 또는 검사기관의 장은 매달 검사대상기기의 검사 실적을 다음 달 10일까지 별지 제30호 서식에 따라 작성하여 시·도지사에게 보고하여야 한다. 다만, 검사 결과 불합격한 경우에는 즉시 그 검사 결과를 시·도지사에게 보고하여야 한다. 〈신설 2012.6.28.〉

[별표 1] 〈개정 2022.1.21.〉

열사용기자재(제1조의2 관련)

구분	품목명	적용범위
보일러	강철제 보일러, 주철제 보일러	다음 각 호의 어느 하나에 해당하는 것을 말한다. 1. 1종 관류보일러 : 강철제 보일러 중 헤더(여러 관이 붙어 있는 용기)의 안지름이 150밀리미터 이하이고, 전열면적이 5제곱미터 초과 10제곱미터 이하이며, 최고사용압력이 1MPa 이하인 관류보일러(기수분리기를 장치한 경우에는 기수분리기의 안지름이 300밀리미터 이하이고, 그 내부 부피가 0.07세제곱미터 이하인 것만 해당한다) 2. 2종 관류보일러 : 강철제 보일러 중 헤더의 안지름이 150밀리미터 이하이고, 전열면적이 5제곱미터 이하이며, 최고사용압력이 1MPa 이하인 관류보일러(기수분리기를 장치한 경우에는 기수분리기의 안지름이 200밀리미터 이하이고, 그 내부 부피가 0.02세제곱미터 이하인 것에 한정한다) 3. 제1호 및 제2호 외의 금속(주철을 포함한다)으로 만든 것. 다만, 소형 온수보일러·구멍탄용 온수보일러·축열식 전기보일러 및 가정용 화목보일러는 제외한다.
	소형 온수보일러	전열면적이 14제곱미터 이하이고, 최고사용압력이 0.35MPa 이하의 온수를 발생하는 것. 다만, 구멍탄용 온수보일러·축열식 전기보일러·가정용 화목보일러 및 가스사용량이 17kg/h(도시가스는 232.6킬로와트) 이하인 가스용 온수보일러는 제외한다.
	구멍탄용 온수보일러	「석탄산업법 시행령」 제2조 제2호에 따른 연탄을 연료로 사용하여 온수를 발생시키는 것으로서 금속제만 해당한다.
	축열식 전기보일러	심야전력을 사용하여 온수를 발생시켜 축열조에 저장한 후 난방에 이용하는 것으로서 정격(기기의 사용조건 및 성능의 범위)소비전력이 30킬로와트 이하이고, 최고사용압력이 0.35MPa 이하인 것
	캐스케이드 보일러	「산업표준화법」 제12조 제1항에 따른 한국산업표준에 적합함을 인증받거나 「액화석유가스의 안전관리 및 사업법」 제39조 제1항에 따라 가스용품의 검사에 합격한 제품으로서, 최고사용압력이 대기압을 초과하는 온수보일러 또는 온수기 2대 이상이 단일 연통으로 연결되어 서로 연동되도록 설치되며, 최대 가스사용량의 합이 17kg/h(도시가스는 232.6킬로와트)를 초과하는 것
	가정용 화목보일러	화목(火木) 등 목재연료를 사용하여 90℃ 이하의 난방수 또는 65℃ 이하의 온수를 발생하는 것으로서 표시 난방출력이 70킬로와트 이하로서 옥외에 설치하는 것
태양열집열기		태양열집열기
압력용기	1종 압력용기	최고사용압력(MPa)과 내부 부피(m^3)를 곱한 수치가 0.004를 초과하는 다음 각 호의 어느 하나에 해당하는 것 1. 증기 그 밖의 열매체를 받아들이거나 증기를 발생시켜 고체 또는 액체를 가열하는 기기로서 용기 안의 압력이 대기압을 넘는 것 2. 용기 안의 화학반응에 따라 증기를 발생시키는 용기로서 용기 안의 압력이 대기압을 넘는 것 3. 용기 안의 액체의 성분을 분리하기 위하여 해당 액체를 가열하거나 증기를 발생시키는 용기로서 용기 안의 압력이 대기압을 넘는 것 4. 용기 안의 액체의 온도가 대기압에서의 끓는점을 넘는 것

구분	품목명	적용범위
압력용기	2종 압력용기	최고사용압력이 0.2MPa를 초과하는 기체를 그 안에 보유하는 용기로서 다음 각 호의 어느 하나에 해당하는 것 1. 내부 부피가 0.04세제곱미터 이상인 것 2. 동체의 안지름이 200밀리미터 이상(증기헤더의 경우에는 동체의 안지름이 300밀리미터 초과)이고, 그 길이가 1천밀리미터 이상인 것
요로 (窯爐 : 고온가열 장치)	요업요로	연속식 유리용융가마 · 불연속식 유리용융가마 · 유리용융도가니가마 · 터널가마 · 도염식가마 · 셔틀가마 · 회전가마 및 석회용선가마
	금속요로	용선로 · 비철금속용융로 · 금속소둔로 · 철금속가열로 및 금속균열로

[별표 2] 〈개정 2022.1.26.〉

대기전력저감대상제품(제13조 제1항 관련)

1. 삭제 〈2022.1.26.〉
2. 삭제 〈2022.1.26.〉
3. 프린터
4. 복합기
5. 삭제 〈2012.4.5.〉
6. 삭제 〈2014.2.21.〉
7. 전자레인지
8. 팩시밀리
9. 복사기
10. 스캐너
11. 삭제 〈2014.2.21.〉
12. 오디오
13. DVD플레이어
14. 라디오카세트
15. 도어폰
16. 유무선전화기
17. 비데
18. 모뎀
19. 홈 게이트웨이
20. 자동절전제어장치
21. 손건조기
22. 서버
23. 디지털컨버터
24. 그 밖에 산업통상자원부장관이 대기전력의 저감이 필요하다고 인정하여 고시하는 제품

[별표 3] 〈개정 2016.12.9.〉

에너지진단의 면제 또는 에너지진단주기의 연장 범위(제29조 제2항 관련)

대상사업자	면제 또는 연장 범위
1. 에너지절약 이행실적 우수사업자	
가. 자발적 협약 우수사업장으로 선정된 자(중소기업인 경우)	에너지진단 1회 면제
나. 자발적 협약 우수사업장으로 선정된 자(중소기업이 아닌 경우)	1회 선정에 에너지진단주기 1년 연장
1의2. 에너지경영시스템을 도입한 자로서 에너지를 효율적으로 이용하고 있다고 산업통상자원부장관이 정하여 고시하는 자	에너지진단주기 2회마다 에너지진단 1회 면제
2. 에너지절약 유공자	에너지진단 1회 면제
3. 에너지진단 결과를 반영하여 에너지를 효율적으로 이용하고 있는 자	1회 선정에 에너지진단주기 3년 연장
4. 지난 연도 에너지사용량의 100분의 30 이상을 친에너지형 설비를 이용하여 공급하는 자	에너지진단 1회 면제
5. 에너지관리시스템을 구축하여 에너지를 효율적으로 이용하고 있다고 산업통상자원부장관이 고시하는 자	에너지진단주기 2회마다 에너지진단 1회 면제
6. 목표관리업체로서 온실가스·에너지 목표관리 실적이 우수하다고 산업통상자원부장관이 환경부장관과 협의한 후 정하여 고시하는 자	에너지진단주기 2회마다 에너지진단 1회 면제

비고
1. 에너지절약 유공자에 해당되는 자는 1개의 사업장만 해당한다.
2. 제1호, 제1호의2 및 제2호부터 제6호까지의 대상사업자가 동시에 해당되는 경우에는 어느 하나만 해당되는 것으로 한다.
3. 제1호 가목 및 나목에서 "중소기업"이란 「중소기업기본법」 제2조에 따른 중소기업을 말한다.
4. 에너지진단이 면제되는 "1회"의 시점은 다음 각 목의 구분에 따라 최초로 에너지진단주기가 도래하는 시점을 말한다.
　가. 제1호 가목의 경우 : 중소기업이 자발적 협약 우수사업장으로 선정된 후
　나. 제2호의 경우 : 에너지절약 유공자 표창을 수상한 후
　다. 제5호의 경우 : 100분의 30 이상의 에너지사용량을 친에너지형 설비를 이용하여 공급한 후

[별표 3의3] 〈개정 2021.10.12.〉

검사대상기기(제31조의6 관련)

구분	검사대상기기	적용범위
보일러	강철제 보일러, 주철제 보일러	다음 각 호의 어느 하나에 해당하는 것은 제외한다. 1. 최고사용압력이 0.1MPa 이하이고, 동체의 안지름이 300밀리미터 이하이며, 길이가 600밀리미터 이하인 것 2. 최고사용압력이 0.1MPa 이하이고, 전열면적이 5제곱미터 이하인 것 3. 2종 관류보일러 4. 온수를 발생시키는 보일러로서 대기개방형인 것
	소형 온수보일러	가스를 사용하는 것으로서 가스사용량이 17kg/h(도시가스는 232.6킬로와트)를 초과하는 것
	캐스케이드 보일러	별표 1에 따른 캐스케이드 보일러의 적용범위에 따른다.
압력용기	1종 압력용기 2종 압력용기	별표 1에 따른 압력용기의 적용범위에 따른다.
요로	철금속가열로	정격용량이 0.58MW를 초과하는 것

[별표 3의4] 〈개정 2022.1.21.〉

검사의 종류 및 적용대상(제31조의7 관련)

검사의 종류		적용대상	근거 법조문
제조 검사	용접검사	동체·경판(동체의 양 끝부분에 부착하는 판) 및 이와 유사한 부분을 용접으로 제조하는 경우의 검사	법 제39조 제1항 및 법 제39조의2 제1항
	구조검사	강판·관 또는 주물류를 용접·확대·조립·주조 등에 따라 제조하는 경우의 검사	
설치검사		신설한 경우의 검사(사용연료의 변경에 의하여 검사대상이 아닌 보일러가 검사대상으로 되는 경우의 검사를 포함한다)	법 제39조 제2항 제1호
개조검사		다음 각 호의 어느 하나에 해당하는 경우의 검사 1. 증기보일러를 온수보일러로 개조하는 경우 2. 보일러 섹션의 증감에 의하여 용량을 변경하는 경우 3. 동체·돔·노통·연소실·경판·천정판·관판·관모음 또는 스테이의 변경으로서 산업통상자원부장관이 정하여 고시하는 대수리의 경우 4. 연료 또는 연소방법을 변경하는 경우 5. 철금속가열로로서 산업통상자원부장관이 정하여 고시하는 경우의 수리	
설치장소 변경검사		설치장소를 변경한 경우의 검사. 다만, 이동식 검사대상기기를 제외한다.	법 제39조 제2항 제2호
재사용검사		사용중지 후 재사용하고자 하는 경우의 검사	법 제39조 제2항 제3호
계속사용 검사	안전검사	설치검사·개조검사·설치장소 변경검사 또는 재사용검사 후 안전부문에 대한 유효기간을 연장하고자 하는 경우의 검사	법 제39조 제4항
	운전성능 검사	다음 각 호의 어느 하나에 해당하는 기기에 대한 검사로서 설치검사 후 운전성능부문에 대한 유효기간을 연장하고자 하는 경우의 검사 1. 용량이 1t/h(난방용의 경우에는 5t/h) 이상인 강철제보일러 및 주철제 보일러 2. 철금속가열로	

[별표 3의5] 〈개정 2023.12.20.〉

검사대상기기의 검사유효기간(제31조의8 제1항 관련)

검사대상기기		적용범위
설치검사		1. 보일러 : 1년. 다만, 운전성능 부문의 경우에는 3년 1개월로 한다. 2. 캐스케이드 보일러, 압력용기 및 철금속가열로 : 2년
개조검사		1. 보일러 : 1년 2. 캐스케이드 보일러, 압력용기 및 철금속가열로 : 2년
설치장소 변경검사		1. 보일러 : 1년 2. 캐스케이드 보일러, 압력용기 및 철금속가열로 : 2년
재사용검사		1. 보일러 : 1년 2. 캐스케이드 보일러, 압력용기 및 철금속가열로 : 2년
계속사용검사	안전검사	1. 보일러 : 1년 2. 캐스케이드 보일러 및 압력용기 : 2년
	운전성능검사	1. 보일러 : 1년 2. 철금속가열로 : 2년

비고
1. 보일러의 계속사용검사 중 운전성능검사에 대한 검사유효기간은 해당 보일러가 산업통상자원부장관이 정하여 고시하는 기준에 적합한 경우에는 2년으로 한다.
2. 설치 후 3년이 지난 보일러로서 설치장소 변경검사 또는 재사용검사를 받은 보일러는 검사 후 1개월 이내에 운전성능검사를 받아야 한다.
3. 개조검사 중 연료 또는 연소방법의 변경에 따른 개조검사의 경우에는 검사유효기간을 적용하지 않는다.
4. 다음 각 목의 구분에 따른 검사대상기기의 검사에 대한 검사유효기간은 각 목의 구분에 따른다. 다만, 계속사용검사 중 운전성능검사에 대한 검사유효기간은 제외한다.
   가. 「고압가스 안전관리법」 제13조의2 제1항에 따른 안전성향상계획과 「산업안전보건법」 제44조 제1항에 따른 공정안전보고서 모두를 작성하여야 하는 자의 검사대상기기(보일러의 경우에는 제품을 제조·가공하는 공정에만 사용되는 보일러만 해당한다. 이하 나목에서 같다) : 4년. 다만, 산업통상자원부장관이 정하여 고시하는 바에 따라 8년의 범위에서 연장할 수 있다.
   나. 「고압가스 안전관리법」 제13조의2 제1항에 따른 안전성향상계획과 「산업안전보건법」 제44조제1항에 따른 공정안전보고서 중 어느 하나를 작성하여야 하는 자의 검사대상기기 : 2년. 다만, 산업통상자원부장관이 정하여 고시하는 바에 따라 6년의 범위에서 연장할 수 있다.
   다. 「의약품 등의 안전에 관한 규칙」 별표 3에 따른 생물학적제제등을 제조하는 의약품제조업자로서 같은 표에 따른 제조 및 품질관리기준에 적합한 자의 압력용기 : 4년
   라. 「집단에너지사업법」 제9조에 따라 사업허가를 받은 자가 사용하는 같은 법 시행규칙 제2조 제1호 가목에 따른 열발생설비 중 터빈에서 나온 열을 활용하는 보일러 : 2년
5. 제31조의25 제1항에 따라 설치신고를 하는 검사대상기기는 신고 후 2년이 지난 날에 계속사용검사 중 안전검사(재사용검사를 포함한다)를 하며, 그 유효기간은 2년으로 한다.
6. 법 제32조 제2항에 따라 에너지진단을 받은 운전성능검사대상기기가 제31조의9에 따른 검사기준에 적합한 경우에는 에너지진단 이후 최초로 받는 운전성능검사를 에너지진단으로 갈음한다(비고 4에 해당하는 경우는 제외한다).

[별표 3의6] 〈개정 2022.1.21.〉

검사의 면제대상 범위(제31조의13 제1항 제1호 관련)

검사대상 기기명	대상범위	면제되는 검사
강철제 보일러, 주철제 보일러	1. 강철제 보일러 중 전열면적이 5제곱미터 이하이고, 최고사용압력이 0.35MPa 이하인 것 2. 주철제 보일러 3. 1종 관류보일러 4. 온수보일러 중 전열면적이 18제곱미터 이하이고, 최고사용압력이 0.35MPa 이하인 것	용접검사
	주철제 보일러	구조검사
	1. 가스 외의 연료를 사용하는 1종 관류보일러 2. 전열면적 30제곱미터 이하의 유류용 주철제 증기보일러	설치검사

	1. 전열면적 5제곱미터 이하의 증기보일러로서 다음 각 목의 어느 하나에 해당하는 것
	  가. 대기에 개방된 안지름이 25밀리미터 이상인 증기관이 부착된 것
	  나. 수두압(水頭壓 : 압력을 물기둥의 높이로 표시하는 단위)이 5미터 이하이며 안지름이 25밀리미터 이상인 대기에 개방된 U자형 입관이 보일러의 증기부에 부착된 것
	2. 온수보일러로서 다음 각 목의 어느 하나에 해당하는 것
	  가. 유류ㆍ가스 외의 연료를 사용하는 것으로서 전열면적이 30제곱미터 이하인 것
	  나. 가스 외의 연료를 사용하는 주철제 보일러
		계속사용검사

소형 온수보일러	가스사용량이 17kg/h(도시가스는 232.6kW)를 초과하는 가스용 소형 온수보일러	제조검사
캐스케이드 보일러	캐스케이드 보일러	제조검사
1종 압력용기, 2종 압력용기	1. 용접이음(동체와 플랜지와의 용접이음은 제외한다)이 없는 강관을 동체로 한 헤더 2. 압력용기 중 동체의 두께가 6밀리미터 미만인 것으로서 최고사용압력(MPa)과 내부 부피(m^3)를 곱한 수치가 0.02 이하(난방용의 경우에는 0.05 이하)인 것 3. 전열교환식인 것으로서 최고사용압력이 0.35MPa 이하이고, 동체의 안지름이 600밀리미터 이하인 것	용접검사
	1. 2종 압력용기 및 온수탱크 2. 압력용기 중 동체의 두께가 6밀리미터 미만인 것으로서 최고사용압력(MPa)과 내부 부피(m^3)를 곱한 수치가 0.02 이하(난방용의 경우에는 0.05 이하)인 것 3. 압력용기 중 동체의 최고사용압력이 0.5MPa 이하인 난방용 압력용기 4. 압력용기 중 동체의 최고사용압력이 0.1MPa 이하인 취사용 압력용기	설치검사 및 계속사용검사
철금속가열로	철금속가열로	제조검사, 재사용검사 및 계속사용검사 중 안전검사

[별표 3의9] 〈개정 2018.7.23.〉

검사대상기기관리자의 자격 및 조종범위(제31조의26 제1항 관련)

관리자의 자격	관리범위
에너지관리기능장 또는 에너지관리기사	용량이 30t/h를 초과하는 보일러
에너지관리기능장, 에너지관리기사 또는 에너지관리산업기사	용량이 10t/h를 초과하고 30t/h 이하인 보일러
에너지관리기능장, 에너지관리기사, 에너지관리산업기사 또는 에너지관리기능사	용량이 10t/h 이하인 보일러
에너지관리기능장, 에너지관리기사, 에너지관리산업기사, 에너지관리기능사 또는 인정검사대상기기관리자의 교육을 이수한 자	1. 증기보일러로서 최고사용압력이 1MPa 이하이고, 전열면적이 10제곱미터 이하인 것 2. 온수발생 및 열매체를 가열하는 보일러로서 용량이 581.5킬로와트 이하인 것 3. 압력용기

비고
1. 온수발생 및 열매체를 가열하는 보일러의 용량은 697.8킬로와트를 1t/h로 본다.
2. 제31조의27 제2항에 따른 1구역에서 가스 연료를 사용하는 1종 관류보일러의 용량은 이를 구성하는 보일러의 개별 용량을 합산한 값으로 한다.
3. 계속사용검사 중 안전검사를 실시하지 않는 검사대상기기 또는 가스 외의 연료를 사용하는 1종 관류보일러의 경우에는 검사대상기기관리자의 자격에 제한을 두지 아니한다.
4. 가스를 연료로 사용하는 보일러의 검사대상기기관리자의 자격은 위 표에 따른 자격을 가진 사람으로서 제31조의26 제2항에 따라 산업통상자원부장관이 정하는 관련 교육을 이수한 사람 또는 「도시가스사업법 시행령」 별표 1에 따른 특정가스사용시설의 안전관리 책임자의 자격을 가진 사람으로 한다.

[별표 4] 〈개정 2015.7.29.〉

에너지관리자에 대한 교육(제32조 제1항 관련)

교육과정	교육기간	교육대상자	교육기관
에너지관리자 기본교육과정	1일	법 제31조 제1항 제1호부터 제4호까지의 사항에 관한 업무를 담당하는 사람으로 신고된 사람	한국에너지공단

비고
1. 에너지관리자 기본교육과정의 교육과목 및 교육수수료 등에 관한 세부사항은 산업통상자원부장관이 정하여 고시한다.
2. 에너지관리자는 법 제31조 제1항에 따라 같은 항 제1호부터 제4호까지의 업무를 담당하는 사람으로 최초로 신고된 연도(年度)에 교육을 받아야 한다.
3. 에너지관리자 기본교육과정을 마친 사람이 동일한 에너지다소비사업자의 에너지관리자로 다시 신고되는 경우에는 교육대상자에서 제외한다.

[별표 4의2] 〈개정 2018.7.23.〉

시공업의 기술인력 및 검사대상기기관리자에 대한 교육
(제32조의2 제1항 관련)

구분	교육과정	교육기간	교육대상자	교육기관
시공업의 기술인력	1. 난방시공업 제1종 기술자과정	1일	「건설산업기본법 시행령」 별표 2에 따른 난방시공업 제1종의 기술자로 등록된 사람	법 제41조에 따라 설립된 한국열관리시공협회 및 「민법」 제32조에 따라 국토교통부장관의 허가를 받아 설립된 전국보일러설비협회
시공업의 기술인력	2. 난방시공업 제2종·제3종기술자과정	1일	「건설산업기본법 시행령」 별표 2에 따른 난방시공업 제2종 또는 난방시공업 제3종의 기술자로 등록된 사람	법 제41조에 따라 설립된 한국열관리시공협회 및 「민법」 제32조에 따라 국토교통부장관의 허가를 받아 설립된 전국보일러설비협회
검사대상기기관리자	1. 중·대형 보일러 관리자과정	1일	법 제40조 제1항에 따른 검사대상기기관리자로 선임된 사람으로서 용량이 1t/h(난방용의 경우에는 5t/h)를 초과하는 강철제 보일러 및 주철제 보일러의 관리자	공단 및 「민법」 제32조에 따라 산업통상자원부장관의 허가를 받아 설립된 한국에너지기술인협회
검사대상기기관리자	2. 소형보일러·압력용기 관리자과정	1일	법 제40조 제1항에 따른 검사대상기기관리자로 선임된 사람으로서 제1호의 보일러 관리자 과정의 대상이 되는 보일러 외의 보일러 및 압력용기의 관리자	공단 및 「민법」 제32조에 따라 산업통상자원부장관의 허가를 받아 설립된 한국에너지기술인협회

비고
1. 난방시공업 제1종기술자과정 등에 대한 교육과목, 교육수수료 및 교육 통지 등에 관한 세부사항은 산업통상자원부장관이 정하여 고시한다.
2. 시공업의 기술인력은 난방시공업 제1종·제2종 또는 제3종의 기술자로 등록된 날부터, 검사대상기기관리자는 법 제40조제1항에 따른 검사대상기기관리자로 선임된 날부터 6개월 이내에, 그 후에는 교육을 받은 날부터 3년마다 교육을 받아야 한다.
3. 위 교육과정 중 난방시공업 제1종기술자과정을 이수한 경우에는 난방시공업 제2종·제3종기술자과정을 이수한 것으로 보며, 중·대형보일러 관리자과정을 이수한 경우에는 소형보일러·압력용기 관리자과정을 이수한 것으로 본다.
4. 산업통상자원부장관은 제도의 변경, 기술의 발달 등 안전관리환경의 변화로 효율 향상을 위하여 추가로 교육하려는 경우에는 교육의 기관·기간·과정 등에 관한 사항을 미리 고시하여야 한다.

제1장 에너지법과 에너지이용 합리화법 — 출제예상문제

01 검사대상기기에 대하여 에너지이용 합리화법에 의한 검사를 받지 않아도 되는 경우는?

① 검사대상기기를 설치 또는 개조하여 사용하고자 하는 경우
② 검사대상기기의 설치장소를 변경하여 사용하고자 하는 경우
③ 유효기간이 만료되는 검사대상기기를 계속 사용하고자 하는 경우
④ 검사대상기기의 사용을 중지하고자 하는 경우

해설 ㉠ ①, ②, ③은 검사를 필히 받아야 한다.
㉡ ④는 15일 이내에 에너지관리공단 이사장에게 중지신고서를 제출한다.

02 특정 열사용기자재의 설치, 시공 또는 세관을 업으로 하는 자는 어느 법에 따라 등록해야 하는가?

① 에너지이용 합리화법
② 집단에너지사업법
③ 고압가스 안전관리법
④ 건설산업기본법

해설 특정 열사용 기자재의 설치, 시공, 세관업은 건설산업기본법에 의해 시·도지자에게 등록하여야 한다.

03 에너지사용량이 대통령령이 정하는 기준량 이상이 되는 에너지 사용자가 매년 1월 31일까지 신고해야 할 사항과 관계없는 것은?

① 전년도 에너지 사용량
② 전년도 제품 생산량
③ 에너지사용 기자재 현황
④ 당해연도 에너지관리 진단현황

해설 에너지 사용량 신고
㉠ 전년도 에너지 사용량, 제품생산량
㉡ 당해연도의 에너지사용 예정량, 제품생산 예정량
㉢ 에너지사용 기자재의 현황
㉣ 전년도의 에너지이용 합리화 실적 및 당해연도의 계획

04 검사에 합격되지 아니한 검사대상기기를 사용한 자에 대한 벌칙은?

① 1년 이하의 징역 또는 1천만 원 이하의 벌금
② 2년 이하의 징역 또는 2천만 원 이하의 벌금
③ 1천만 원 이하의 벌금
④ 5백만 원 이하의 벌금

해설 검사에 불합격한 보일러나 압력용기 등을 사용하다 적발되거나 검사대상기기의 검사를 받지 않거나 하면 1년 이하의 징역이나 1천만 원 이하의 벌금에 처한다.

05 효율관리기자재에 대한 에너지의 소비효율, 소비효율등급 등을 측정하는 시험기관은 누가 지정하는가?

① 대통령
② 시·도지사
③ 산업통상자원부장관
④ 에너지관리공단이사장

해설 시험기관, 진단기관 등의 지정은 산업통상자원부장관이 지정한다.

06 산업통상자원부장관은 에너지이용 합리화 기본계획을 몇 년마다 수립하는가?

① 1년　② 2년
③ 3년　④ 5년

해설 ㉠ 에너지 기본계획기간 : 5년마다 실시
㉡ 에너지 총조사기간 : 3년마다 실시

정답 01 ④　02 ④　03 ④　04 ①　05 ③　06 ④

07 검사대상기기인 보일러의 검사를 받는 자에게 필요한 사항에 대한 조치를 하게 할 수 있다. 조치에 해당되지 않는 것은?

① 비파괴검사의 준비
② 수압시험의 준비
③ 검사대상기기의 피복물 제거
④ 단열재의 열전도율 시험준비

해설 보일러 검사 시 단열재의 열전도율 시험은 별도로 하지 않는다.

08 검사대상기기의 설치, 개조 등을 한 자가 검사를 받지 않은 경우의 벌칙은?

① 1년 이하의 징역 또는 1천만 원 이하의 벌금
② 2년 이하의 징역 또는 2천만 원 이하의 벌금
③ 500만 원 이하의 벌금
④ 300만 원 이하의 과태료

해설 검사대상기기의 설치자가 설치검사나 개조검사 등의 검사를 받지 않으면 1년 이하의 징역이나 1천만 원 이하의 벌금에 처한다.

09 산업통상자원부장관이 에너지 기술개발을 위한 사업에 투자 또는 출연할 것을 권고할 수 있는 대상이 아닌 것은?

① 에너지 공급자
② 대규모 에너지 사용자
③ 에너지사용기자재의 제조업자
④ 에너지 관련 기술용역업자

해설 에너지 기술개발 투자의 권고
㉠ 에너지 공급자
㉡ 에너지사용기자재의 제조업자
㉢ 에너지 관련 기술용역업자

10 대통령령이 정하는 일정량 이상이 되는 에너지를 사용하는 자가 신고하여야 할 사항이 아닌 것은?

① 전년도의 에너지 사용량
② 당해연도 수입, 지출 예산서
③ 당해연도 제품생산 예정량
④ 전년도의 에너지이용 합리화 실적

해설 ㉠ 일정량 : 연간 석유환산 2,000TOE 이상
㉡ 신고일자 : 매년 1월 31일까지
㉢ 신고사항 : ①, ③, ④ 외 에너지사용기자재 현황

11 에너지사용량을 신고하여야 하는 에너지사용자는 연료 및 열과 전력의 연간 사용량 합계가 몇 티오이(TOE) 이상인 자인가?

① 500
② 1,000
③ 1,500
④ 2,000

해설 연간 에너지 사용량이 석유 환산계수 2,000TOE 이상이면 시장 도지사에게 신고하여야 한다.

12 검사대상기기의 사용정지 명령을 위반한 자에 대한 범칙금은?

① 500만 원 이하의 벌금
② 1천만 원 이하의 벌금
③ 1년 이하의 징역 또는 1천만 원 이하의 벌금
④ 2천만 원 이하의 벌금

해설 검사대상기기의 사용정지 명령을 위반한 자의 벌칙은 ③에 해당된다.

13 에너지 절약형 시설투자를 이용하는 경우 금융, 세제상의 지원을 받을 수 있는데 해당되는 시설투자는 산업통상자원부장관이 누구와 협의하여 고시하는가?

① 국토교통부장관
② 환경부장관
③ 과학기술정보통신부장관
④ 기획재정부장관

해설 세제상의 지원 투자금액의 고시는 산업통상자원부장관이 기획재정부장관과 협의한다.

정답 07 ④ 08 ① 09 ② 10 ② 11 ④ 12 ③ 13 ④

14 특정 열사용기자재의 설치·시공은 원칙적으로 어디에 따르는가?

① 대통령령으로 정하는 기준
② 국토교통부장관이 정하는 기준
③ 에너지관리공단 이사장이 정하는 기준
④ 한국산업규격

해설 특정 열사용기자재의 설치·시공은 한국산업규격에 의한다.

15 검사대상기기의 검사종류 중 제조검사에 해당하는 것은?

① 설치검사 ② 제조검사
③ 계속사용검사 ④ 구조검사

해설 제조검사 : 구조검사, 용접검사

16 에너지이용 합리화법에 따라 2천만 원 이하의 벌금에 처하는 경우는?

① 검사대상기기의 사용정지 명령에 위반한 자
② 산업통상자원부장관이 생산 또는 판매금지를 명한 효율관리기자재를 생산 또는 판매한 자
③ 검사대상기기의 관리자를 선임하지 아니한 자
④ 검사대상기기의 검사를 받지 아니한 자

해설
① 1년 이하의 징역 또는 1천만 원 이하의 벌금
② 2천만 원 이하의 벌금
③ 1천만 원 이하의 벌금
④ 1년 이하의 징역이나 또는 1천만 원 이하의 벌금

17 에너지수요관리 투자계획을 수립하여야 하는 대상이 아닌 곳은?

① 한국전력공사
② 에너지관리공단
③ 한국지역난방공사
④ 한국가스공사

해설 에너지수요관리 투자계획에서 에너지공급자
㉠ 한국가스공사
㉡ 한국지역난방공사
㉢ 기타 대량의 에너지를 공급하는 자
㉣ 한국전력공사

18 검사대상기기관리자를 선임하지 아니한 경우 벌칙은?

① 5백만 원 이하의 과태료
② 5백만 원 이하의 징역
③ 1년 이하의 징역
④ 1천만 원 이하의 벌금

해설 ㉠ 검사대상기기
  • 강철제 보일러
  • 주철제 보일러
  • 가스용 온수보일러
  • 압력용기
  • 철금속 가열로
㉡ 관리자를 채용하지 않으면 1천만 원 이하의 벌금에 처한다.

19 에너지 사용자의 에너지 사용량이 대통령령이 정하는 기준량 이상일 때는 전년도 에너지 사용량 등을 매년 언제까지 신고를 해야 하는가?

① 1월 31일 ② 3월 31일
③ 7월 31일 ④ 12월 31일

해설 ㉠ 기준량 : 석유환산 2,000티오이 이상
㉡ 시장, 도지사에게 매년 1월 31일까지 신고한다.(에너지관리대상자 지정자)

20 에너지이용 합리화법상의 연료단위인 티오이(TOE)란?

① 석탄환산톤 ② 전력량
③ 중유환산톤 ④ 석유환산톤

해설 티오이(TOE 석유환산톤)
TOE(Ton of Oil Equivalent) 약자인 에너지의 단위로서 원유 1톤이 가지고 있는 열량(10^7 kcal) 또는 전기 4,000kWh에 해당된다.
※ 1배럴 1[bbl] = 158.988[liter]

정답 14 ④ 15 ④ 16 ② 17 ② 18 ④ 19 ① 20 ④

21 산업통상자원부장관이 지정하는 효율관리기자재의 에너지 소비효율, 사용량, 소비효율등급 등을 측정하는 기관은?

① 확인기관　　② 진단기관
③ 검사기관　　④ 시험기관

해설 시험기관 : 소비효율, 사용량, 등급측정

22 일정량 이상의 에너지를 사용하는 자는 법에 의하여 신고를 해야 하는데, 연간에너지(연료 및 열과 전기의 합) 사용량이 얼마 이상인 경우인가?

① 3천 티오이　　② 2천 티오이
③ 1천 티오이　　④ 1천 5백 티오이

해설 에너지관리대상자
연간 석유환산 2천 티오이 이상 사용하면 매년 1월 31일까지 시장·도지사에게 신고를 하여야 한다.

23 에너지이용 합리화법상 에너지사용 기자재의 에너지 소비효율, 사용량 등을 측정하는 기관은?

① 진단기관　　② 시험기관
③ 검사기관　　④ 전문기관

해설 시험기관에서 하는 일
㉠ 에너지소비효율 측정
㉡ 에너지사용량 측정 등

24 에너지 사용자에 대하여 에너지관리지도를 할 수 있는 경우는?

① 에너지관리기준을 준수하지 아니한 경우
② 에너지소비효율기준에 미달된 경우
③ 에너지사용량 신고를 하지 아니한 경우
④ 에너지관리진단 명령을 위반한 경우

해설 산업통상자원부장관은 에너지사용자가 에너지관리기준을 준수하지 못한다고 인정되면 에너지관리지도를 할 수 있다.

25 다음 중 에너지 손실요인 개선명령을 행할 수 있는 경우가 아닌 것은?

① 에너지관리상태가 에너지관리기준에 현저하게 미달된다고 인정되는 경우
② 에너지관리 진단결과 10% 이상의 에너지 효율개선이 기대되는 경우
③ 효율개선을 위한 투자의 경제성이 있다고 인정되는 경우
④ 효율기준미달 기자재를 생산, 판매하는 경우

해설 열사용기자재의 효율 기준미달 기자재를 생산, 판매하는 경우에는 수거, 파기 등의 명령을 내리게 된다.

26 검사대상기기의 검사종류 중 제조검사에 해당되는 것은?

① 설치검사　　② 용접검사
③ 개조검사　　④ 계속사용-검사

해설 제조검사 : 용접검사, 구조검사

27 다음 중 효율관리기자재에 대하여 지정·고시하는 기준이 아닌 것은?

① 에너지의 목표소비효율의 기준
② 에너지의 소비효율등급의 기준
③ 에너지의 최대사용량의 기준
④ 에너지의 최대소비효율의 기준

해설 효율관리 기자재의 지정·고시 기준
㉠ 에너지의 목표 소비효율의 기준
㉡ 에너지의 소비효율 등급의 기준
㉢ 에너지의 최대사용량의 기준

28 효율관리기자재에 대한 에너지 소비효율 등의 측정시험기관은 누가 지정하는가?

① 시·도지사
② 에너지관리공단이사장
③ 시장, 군수
④ 산업통상자원부장관

해설 에너지소비효율 등의 측정을 하는 시험기관은 산업통상자원부장관이 지정한다.

정답 21 ④　22 ②　23 ②　24 ①　25 ④　26 ②　27 ④　28 ④

29 에너지 수급안정을 위한 비상조치에 해당되지 않는 것은?

① 에너지 판매시설의 확충
② 에너지 사용의 제한
③ 에너지의 배급
④ 에너지의 비축과 저장

해설 에너지 수급안정의 비장조치 : 에너지의 배급, 에너지의 사용제한, 에너지의 비축과 저장

30 에너지이용 합리화법상 "에너지사용 기자재"의 정의로서 옳은 것은?

① 연료 및 열만을 사용하는 기자재
② 에너지를 생산하는 데 사용되는 기자재
③ 에너지를 수송, 저장 및 전환하는 기자재
④ 열사용기자재 및 기타 에너지를 사용하는 기자재

해설 에너지사용기자재란 열사용기자재 기타 에너지를 사용하는 기자재이다.

31 에너지소비효율 관리기자재로 지정은 에너지사용기자재에 대하여 에너지소비효율 등은 누가 표시하는가?

① 산업통상자원부장관
② 기자재 제조업자
③ 시·도지사
④ 시험기관

해설 열사용기자재 제조업자는 에너지소비효율 표시를 한 후 판매하여야 한다.(수입업자도 표시하여야 한다.)

32 검사대상기기 관리자 채용기준에 합당한 것은?

① 1구역에 보일러가 2대인 경우 1명
② 1구역에 보일러가 2대인 경우 2명
③ 구역과 보일러의 수에 관계없이 1명
④ 2구역으로서 각 구역에 보일러가 1대씩일 경우 1명

해설 검사대상기기 관리자의 경우 1구역에는 보일러 대수에 관계없이 1인 이상 채용한다.

33 특정 열사용기자재 시공업의 범위에 포함되지 않는 것은?

① 기자재의 설치
② 기자재의 검사
③ 기자재의 시공
④ 기자재의 세관

해설 기자재의 검사는 시공업이 아닌 검사권자의 권리

34 에너지이용 합리화법에 따라 2천만 원 이하의 벌금에 처하는 경우는?

① 검사대상기기의 사용정지 명령에 위반한 자
② 산업통상자원부장관이 생산 또는 판매금지를 명한 효율관리기자재를 생산 또는 판매한 자
③ 검사대상기기의 관리자를 선임하지 아니한 자
④ 검사대상기기의 검사를 받지 아니한 자

해설 ① 1년 이하의 징역 또는 1천만 원 이하의 벌금
② 2천만 원 이하의 벌금
③ 1천만 원 이하의 벌금
④ 1년 이하의 징역 또는 1천만 원 이하의 벌금

35 에너지이용 합리화법상의 목표에너지원 단위를 가장 옳게 설명한 것은?

① 에너지를 사용하여 만드는 제품의 연간 연료사용량
② 에너지를 사용하여 만드는 제품의 단위당 연료사용량
③ 에너지를 사용하여 만드는 제품의 연간 에너지사용 목표량
④ 에너지를 사용하여 만드는 제품의 단위당 에너지사용 목표량

해설 목표 에너지원 단위
에너지를 사용하여 만드는 제품의 단위당 에너지사용 목표량

정답 29 ① 30 ④ 31 ② 32 ① 33 ② 34 ② 35 ④

36 에너지이용 합리화법의 목적이 아닌 것은?

① 에너지의 수급안정
② 에너지의 합리적이고 효율적인 이용 증진
③ 에너지의 소비촉진을 통한 경제발전
④ 에너지의 소비로 인한 환경피해 감소

해설 에너지법의 목적
①, ②, ④ 외에도 국민경제의 건전한 발전과 국민복지의 증진에 이바지하여야 한다.

37 에너지이용 합리화법상 연료에 해당되지 않는 것은?

① 원유   ② 석유
③ 코크스   ④ 핵연료

해설 ㉠ 에너지 : 연료, 열, 전기
㉡ 연료 : 석유, 석탄, 대체에너지, 기타 열을 발생하는 열원(핵연료만은 제외한다.)

38 에너지이용 합리화 기본계획에 포함되지 않는 것은?

① 에너지절약형 경제구조로의 전환
② 에너지의 대체계획
③ 에너지이용효율의 증대
④ 에너지의 보존계획

해설 우리나라는 에너지 97%가 수입이고 생산이 되지 않기 때문에 보존계획은 필요 없고 절약 대책이 필요하다.

39 산업통상자원부장관이 에너지관리대상자에게 에너지손실효율의 개선을 명하는 경우는 에너지관리자도 결과 몇 % 이상의 에너지효율 개선이 기대되는 경우인가?

① 5%   ② 10%
③ 15%   ④ 20%

해설 에너지손실효율의 개선명령은 10% 이상의 에너지효율 개선이 기대되는 경우이다.

40 제2종 압력용기를 시공할 수 있는 난방시공업 종은?

① 제1종   ② 제2종
③ 제3종   ④ 제4종

해설 보일러, 압력용기 등은 제1종 난방시공업종에 해당된다.(건설산업기본법)

41 검사대상기기를 설치, 증설, 개조 등을 한 자가 검사를 받지 않은 경우의 벌칙은?

① 1년 이하의 징역 또는 1천만 원 이하의 벌금
② 2년 이하의 징역 또는 2천만 원 이하의 벌금
③ 500만 원 이하의 벌금
④ 300만 원 이하의 과태료

해설 검사대상기기의 검사를 받지 않으면 ①의 벌칙 적용

42 에너지다소비업자는 전년도 에너지사용량, 제품생산량을 누구에게 신고하는가?

① 산업통상자원부장관
② 에너지관리공단이사장
③ 시 · 도지사
④ 한국난방시공협회장

해설 에너지다소비업자(연간 2,000TOE 이상 사용자)는 시장 또는 도지사에게 1월 31일까지 신고

43 에너지다소비업자는 에너지손실요인의 개선명령을 받은 경우 며칠 이내에 개선계획을 제출해야 하는가?

① 30일   ② 45일
③ 50일   ④ 60일

해설 에너지손실요인의 개선명령을 받은 에너지다소비업자는 개선명령을 받은 날로부터 60일 이내에 산업통상자원부장관에게 개선계획을 제출해야 한다.

정답 36 ③ 37 ④ 38 ④ 39 ② 40 ① 41 ① 42 ③ 43 ④

44 다음 중 1년 이하의 징역 또는 1천만 원 이하의 벌금에 처하는 경우는?

① 에너지관리진단 명령을 거부, 방해 또는 기피한 경우
② 에너지의 소비효율 또는 사용량을 표시하지 아니하였거나 허위의 표시를 한 경우
③ 검사대상기기의 검사를 받지 않은 경우
④ 열사용기자재 파기명령을 위반한 경우

해설 ② 500만 원 이하의 벌금
③ 1년 이하의 징역이나 또는 1천만 원 이하의 벌금

45 산업통상자원부장관은 몇 년마다 에너지 총조사를 실시하는가?

① 1년　② 2년
③ 3년　④ 5년

해설 ㉠ 에너지 총조사 : 3년
㉡ 간이조사 : 필요할 때마다

46 특정 열사용기자재 시공업 등록의 말소 또는 시공업의 전부 또는 일부의 정지요청은 누가 누구에게 하는가?

① 시·도지사가 산업통상자원부장관에게
② 시공업자단체장이 산업통상자원부장관에게
③ 시·도지사가 국토교통부장관에게
④ 국토교통부장관이 산업통상자원부장관에게

해설 특정 열사용기자재 시공업등록의 말소 또는 시공업의 전부 또는 일부의 정지요청은 시장 또는 도지사가 국토교통부장관에게 한다.

47 검사에 불합격한 검사대상기기를 사용한 자에 대한 벌칙은?

① 1년 이하의 징역 또는 1천만 원 이하의 벌금
② 2년 이하의 징역 또는 2천만 원 이하의 벌금
③ 500만 원 이하의 벌금
④ 300만 원 이하의 벌금

해설 검사에 불합격한 검사대상기기를 사용한 자는 1년 이하의 징역이나 또는 1천만 원 이하의 벌금에 처한다.

48 제3자로부터 위탁을 받아 에너지절약을 위한 관리·용역과 에너지절약형 시설투자에 관한 사업 등을 하는 자로서 산업통상자원부장관에게 등록을 한 자는?

① 에너지관리진단기업
② 에너지절약전문기업
③ 에너지관리공단
④ 수요관리전문기관

해설 에너지절약전문기업은 제3자로부터 위탁을 받아 에너지절약을 위한 관리용역과 에너지절약형 시설투자에 관한 사업을 하는 자이다. 그 등록은 산자부장관이 에너지관리공단에게 위탁하였다.

49 에너지이용 합리화 에너지 공급설비에 포함되지 않는 것은?

① 에너지 생산설비
② 에너지 판매설비
③ 에너지 수송설비
④ 에너지 전환설비

해설 에너지 공급설비
에너지를 생산, 전환, 수송, 저장하기 위하여 설치하는 설비이다.

50 에너지이용 합리화법상 목표에너지원 단위란?

① 제품의 단위당 에너지사용 목표량
② 제품의 종류별 연간 에너지사용 목표량
③ 단위 에너지당 제품생산 목표량
④ 단위 연료당 목표 주행거리

해설 목표에너지원 단위
에너지를 만드는 제품의 단위당 에너지사용 목표량이다.

정답　44 ③　45 ③　46 ③　47 ①　48 ②　49 ②　50 ①

51 에너지이용 합리화법상의 에너지에 해당되지 않는 것은?

① 원유 ② 석유
③ 석탄 ④ 우라늄

해설 우라늄(핵연료)은 에너지에서는 제외된다.

52 대통령이 정한 일정 규모 이상의 에너지를 사용하는 자가 신고하여야 할 사항이 아닌 것은?

① 대체에너지 이용현황
② 전년도 제품 생산량
③ 전년도 에너지사용량
④ 에너지사용 기자재 현황

해설 대체에너지 이용현황은 연간 석유환산 2,000TOE 이상 되는 에너지다소비업자가 매년 1월 31일까지 시장 또는 도지사에게 신고할 내용에서 제외되는 항목이다.

53 에너지이용 합리화법을 만든 취지에 가장 알맞은 것은?

① 보일러 제조업체의 경영 개선
② 대체에너지 개발 및 에너지 절약
③ 에너지의 수급안정 및 합리적이고 효율적인 이용
④ 석유제품의 합리적 판매

해설 ③의 내용은 에너지이용 합리화법규 제정 목적이다.

54 에너지절약형 시설투자를 하는 경우 금융, 세제상의 지원을 받을 수 있는데 해당되는 시설투자는 산업통상자원부장관이 누구와 협의하여 고시하는가?

① 국토교통부장관
② 환경부장관
③ 과학기술정보통신부장관
④ 기획재정부장관

해설 세제금융상의 지원
산업통상자원부장관이 기획재정부장관과 협의하여 고시한다.

55 권한의 위임, 위탁 규정에 따라 에너지절약전문기업의 등록은 누구에게 하도록 되어 있는가?

① 산업통상자원부 장관
② 시·도지사
③ 에너지관리공단 이사장
④ 시공업자단체장

해설 에너지절약 전문기업 등록권자
에너지관리공단 이사장

56 검사대상기기 관리자의 선임, 해임 또는 퇴직 신고는 누구에게 하는가?

① 에너지관리공단이사장
② 시·도지사
③ 산업통상자원부장관
④ 한국난방시공협회장

해설 검사대상기기 관리자의 선임, 해임, 퇴직, 신고권자는 에너지관리공단 이사장이다.

57 다음 중 에너지관리공단 이사장에게 위탁한 권한은?

① 검사대상기기의 검사
② 에너지관리대상자의 지침
③ 특정 열사용기자재 시공업 등록 말소의 요청
④ 목표에너지원단위의 지정

해설 ① 에너지관리공단 이사장
② 시장 또는 도지사
③ 시장 또는 도지사가 국토교통부장관에게
④ 산업통상자원부 장관

58 사용 중인 검사대상기기를 폐기한 경우 폐기한 날로부터 며칠 이내에 신고해야 하는가?

① 7일 ② 10일
③ 15일 ④ 30일

해설 검사대상기기를 폐기처분하면 15일 이내에 에너지관리공단 이사장에게 신고한다.

정답 51 ④ 52 ① 53 ③ 54 ④ 55 ③ 56 ① 57 ① 58 ③

59 에너지관리공단 이사장에게 권한이 위탁된 업무는?

① 에너지다소비업자의 에너지사용량 신고의 접수
② 특정 열사용기자재 시공업 등록의 말소 신청
③ 에너지관리기준의 지정 및 고시
④ 검사대상기기의 설치, 개조 등의 검사

해설 검사대상기기의 설치나 개조, 제조검사는 에너지관리공단 이사장에게 그 권한이 위탁된 사항이다.

60 산업통상자원부장관이 도지사에게 권한을 위임, 위탁한 사항은?

① 에너지다소비업자(2,000TOE 이상)의 에너지사용 신고 접수
② 에너지절약 전문기업의 등록
③ 검사대상기기 관리자의 선임 신고 접수
④ 확인대상기기의 설치 시공 확인에 관한 업무

해설 에너지다소비업자의 에너지사용 신고접수는 2002년 3월 25일 법률 개정에 의해 시장 · 도지사에게 신고한다.

61 에너지절약 전문기업의 등록은 누구에게 하는가?

① 대통령
② 시 · 도지사
③ 산업통상자원부 장관
④ 에너지관리공단 이사장

해설 ESCO(에스코사업) 등록은 에너지관리공단 이사장에게 한다.

62 에너지이용 합리화법상의 열사용기자재 종류에 해당되는 것은?

① 급수장치   ② 압력용기
③ 연소기기   ④ 버너

해설 제1종, 제2종 압력용기는 열사용기자재이다.

63 온수보일러로서 검사대상기기에 해당하는 것은 가스 사용량이 몇 kg/h를 초과하는 경우인가?(단, 도시가스가 아닌 가스를 연료로 사용하는 경우임)

① 15kg/h   ② 17kg/h
③ 20kg/h   ④ 23kg/h

해설 가스사용량이 17kg/h를 초과하거나 도시가스 232.6kW를 초과하면 검사대상기기이다.

64 검사대상기기에 포함되지 않는 것은?

① 압력용기
② 유류용 소형 온수보일러
③ 주철제 증기보일러
④ 철금속가열로

해설 온수보일러로 대기개방형은 검사대상기기가 아니다.

65 검사대상기기 관리자의 교육기간은 며칠 이내로 하는가?

① 1일   ② 3일
③ 5일   ④ 10일

해설 검사대상기기 관리자의 교육기간 : 1일 이내

66 에너지이용 합리화법에 의한 검사대상기기 관리자의 자격이 아닌 것은?

① 에너지관리기사
② 에너지관리기능사
③ 에너지관리산업기사
④ 위험물취급기사

해설 ㉠ 검사대상기기 : 보일러, 압력용기, 철금속 가열로
㉡ 관리자 자격
 • 에너지관리기능사
 • 에너지관리산업기사
 • 에너지관리기능장
 • 에너지관리기사

정답 59 ④ 60 ① 61 ④ 62 ② 63 ② 64 ② 65 ① 66 ④

67 에너지이용 합리화법에 의한 검사대상기기가 아닌 것은?

① 주철제보일러　　② 2종 압력용기
③ 철금속가열로　　④ 태양열 집열기

해설 ㉠ 태양열 집열기는 열사용기자재이다.
㉡ 검사대상기기
• 강철제보일러
• 주철제보일러
• 가스용 온수보일러(kg/h 초과용)
• 요업 철금속가열로
• 1, 2종 압력용기

68 특정 열사용기자재 중 검사대상기기에 해당되는 것은?

① 온수를 발생시키는 대기 개방형 강철제보일러
② 최고사용압력이 2kg/cm²인 주철제보일러
③ 축열식 전기보일러
④ 가스사용량이 15kg/h인 소형 온수보일러

해설 주철제보일러는 최고사용압력이 1kg$_f$/cm²(0.1MPa) 초과, 전열면적 5m² 이상이면 검사 대상기기이다.

69 특정 열사용기자재에 해당되는 것은?

① 2종 압력용기　　② 유류용 온풍난방기
③ 구멍탄용 연소기　　④ 에어핸들링 유닛

해설 특정 열사용기자재
㉠ 기관 : 강철제, 주철제, 온수, 구멍탄용 온수, 축열식, 태양열 집열기 등의 보일러
㉡ 압력용기 : 제1, 2종 압력용기
㉢ 요업요로
㉣ 금속요로

70 검사대상기기 설치자가 변경된 때는 신설치자는 변경된 날로부터 며칠 이내에 신고해야 하는가?

① 15일　　② 20일
③ 25일　　④ 30일

해설 ㉠ 검사대상기기 설치자 변경 : 15일 이내
㉡ 검사대상기기 사용중지신고 : 15일 이내
㉢ 검사대상기기 폐기신고 : 15일 이내
㉣ 신고접수권자 : 에너지관리공단 이사장

71 검사대상기기의 검사종류 중 유효기간이 없는 것은?

① 설치검사　　② 계속사용검사
③ 설치장소변경검사　　④ 구조검사

해설 ㉠ 설치검사 : 보일러(1년 이내), 압력용기나 철금속가열로(2년 이내)
㉡ 계속사용검사 : 보일러(1년), 압력용기(2년)
㉢ 설치장소변경검사 : 보일러(1년), 압력용기 및 철금속가열로(2년)
㉣ 구조검사와 용접검사는 제조검사이며 유효기간이 없다.

72 온수보일러 용량이 몇 kcal/h 이하인 경우 제2종 난방 시공업자가 시공할 수 있는가?

① 5만kcal/h　　② 8만kcal/h
③ 10만kcal/h　　④ 15만kcal/h

해설 제2종 시공난방법 : 5만kcal/h 이하 보일러 시공

73 다음 중 인정검사대상기기 관리자가 관리할 수 없는 검사대상기기는?

① 증기보일러로서 최고사용압력이 1MPa 이하이고, 전열면적이 10m² 이하인 것
② 압력용기
③ 온수발생 보일러로서 출력이 0.58mW 이하인 것
④ 가스사용량이 17kg/h를 초과하는 소형 온수보일러

해설 가스사용량 17kg/h 초과나 도시가스 사용량 232.6 kW 초과(약 20만kcal/h)용 온수 보일러는 인정검사대상기기 관리자가 관리할 수 없다.

정답　67 ④　68 ②　69 ①　70 ①　71 ④　72 ①　73 ④

74 모든 검사대상기기 관리자가 될 수 없는 자는?

① 에너지관리기사 자격증 소지자
② 에너지관리산업기사 자격증 소지자
③ 에너지관리기능사 자격증 소지자
④ 에너지관리정비사 자격증 소지자

해설) 검사대상기기 관리자
㉠ 에너지관리기능사
㉡ 에너지관리산업기사
㉢ 에너지관리기사
㉣ 에너지관리기능장

75 검사대상기기 설치자가 그 사용 중인 검사대상기기를 사용중지한 때는 그 중지한 날로부터 며칠 이내에 신고해야 하는가?

① 10일　② 15일
③ 20일　④ 30일

해설) 검사대상기기(보일러, 압력용기 등)를 사용중지하면 15일 이내에 에너지관리공단 이사장에게 신고한다.

76 인정검사기기 관리자가 관리할 수 없는 기기는?

① 최고사용압력이 $5kg_f/cm^2$이고, 전열면적이 $10m^2$ 이하인 증기보일러
② 출력 40만 kcal/h인 열매체 가열보일러
③ 압력용기
④ 전열면적이 $20m^2$인 관류보일러

해설) 인정검사기기 관리자는 관류보일러의 경우 최고사용압력 1MPa($10kg_f/cm^2$) 이하로서 전열면적이 $10m^2$ 이하만 가능하다.

77 특정 열사용기자재의 기관에 해당되지 않는 것은?

① 금속요로
② 태양열 집열기
③ 축열식 전기보일러
④ 온수보일러

해설) 기관
㉠ 강철제보일러　㉡ 주철제 온수보일러
㉢ 축열식 전기보일러　㉣ 구멍탄용 온수보일러
㉤ 태양열 집열기　㉥ 온수보일러

78 특정 열사용기자재 중 검사대상기기에 해당되는 것은?

① 온수를 발생시키는 대기 개방형 강철제보일러
② 최고사용압력이 $2kg_f/cm^2$인 주철제보일러로서 전열면적이 $5m^2$ 이상
③ 축열식 전기보일러
④ 가스 사용량이 $15kg_f/h$인 소형 온수보일러

해설) 최고사용압력이 $2kg_f/cm^2$인 주철제보일러는 검사대상기기이다.($1kg_f/cm^2$ 이하만 가능)

79 검사대상기기 관리자의 선임에 대한 설명으로 틀린 것은?

① 에너지관리기능사 자격증 소지자는 보일러 10톤/h 이하 검사대상기기를 관리할 수 있다.
② 1구역당 1인 이상의 관리자를 채용해야 한다.
③ 관리자를 선임치 아니한 경우 1천만 원 이하의 벌금에 처한다.
④ 압력용기는 에너지관리기사 자격증 소지자만 관리할 수 있다.

해설) 압력용기는 자격증을 소지하지 아니한 자는 인정검사기기 관리자 수첩으로 가름된다.

80 검사대상기기의 개조검사 대상이 아닌 것은?

① 보일러의 설치장소를 변경하는 경우
② 연료 또는 연소방법을 변경하는 경우
③ 증기보일러를 온수보일러로 개조하는 경우
④ 보일러 섹션의 증감에 의하여 용량을 변경하는 경우

해설) 보일러의 설치장소를 변경하는 경우 설치장소 변경검사를 에너지관리공단 이사장에게 신청한다.

정답　74 ④　75 ②　76 ④　77 ①　78 ②　79 ④　80 ①

81 에너지이용 합리화법상 검사대상기기의 폐기 신고는 언제, 누구에게 하여야 하는가?

① 폐기 15일 전에 시·도 경찰청장에게
② 폐기 10일 전에 시·도지사에게
③ 폐기 후 15일 이내에 에너지관리공단 이사장에게
④ 폐기 후 15일 이내에 관할 세무서장에게

해설 검사대상기기 폐기신고
15일 이내 에너지관리공단 이사장에게 신고한다.

82 열사용기자재인 소형 온수보일러의 적용범위는?

① 전열면적 $12m^2$ 이하이고, 최고사용압력 $3.5kg_f/cm^2$ 이하인 온수가 발생하는 것
② 전열면적 $14m^2$ 이하이고, 최고사용압력 $2.5kg_f/cm^2$ 이하인 온수가 발생하는 것
③ 전열면적 $12m^2$ 이하이고, 최고사용압력 $4.5kg_f/cm^2$ 이하인 온수가 발생하는 것
④ 전열면적 $14m^2$ 이하이고, 최고사용압력 $3.5kg_f/cm^2$ 이하인 온수가 발생하는 것

해설 소형온수 보일러
전열면적 $14m^2$ 이하의(최고사용압력 $3.5kg_f/cm^2$ 이하) 온수가 발생하는 보일러

83 검사대상기기의 계속사용검사 유효기간 만료일이 9월 1일 이후인 경우는 몇 개월의 기간 내에서 이를 연기할 수 있는가?

① 1개월   ② 2개월
③ 3개월   ④ 4개월

해설 ㉠ 검사의 연기 : 당해연도 말까지
㉡ 9월 1일 이후 : 4개월의 기간 내에서

84 에너지이용 합리화법에 의한 검사대상기기가 아닌 것은?

① 주철제보일러   ② 2종 압력용기
③ 철금속가열로   ④ 태양열집열기

해설 태양열집열기는 열사용 기자재이다.

85 검사대상기기의 계속사용검사 신청서는 유효기간 만료 며칠 전까지 제출해야 하는가?

① 10일   ② 15일
③ 20일   ④ 30일

해설 계속사용검사신청서는 유효기간 만료 10일 전까지 에너지관리공단 이사장에게 신고한다.

86 제2종 난방시공업 등록을 한 자가 시공할 수 있는 온수보일러의 용량은?

① 15만kcal/h 이하
② 10만kcal/h 이하
③ 5만kcal/h 이하
④ 3만kcal/h 이하

해설 제2종 난방시공업자는 온수보일러 용량 50,000kcal/h 이하를 시공할 수 있다.(건설산업기본법에 의하여)

87 열사용기자재의 축열식 전기보일러의 정격소비전력은 몇 kW 이하이며, 최고사용압력은 몇 MPa 이하인 것인가?

① 30, 0.35   ② 40, 0.5
③ 50, 0.75   ④ 100, 1

해설 축열식 전기보일러는 30kW 이하로서 최고사용압력이 0.35MPa 이하이다.

88 에너지이용 합리화법상 열사용기자재가 아닌 것은?

① 태양열 집열기
② 구멍탄용 온수보일러
③ 전기순간온수기
④ 2종 압력용기

해설 전기순간온수기는 에너지법상 열사용기자재에서 제외된다.

정답   81 ③   82 ④   83 ④   84 ④   85 ①   86 ③   87 ①   88 ③

89 특정 열사용기자재 중 검사대상기기의 검사종류에서 유효기간이 없는 것은?

① 설치검사
② 계속사용검사
③ 설치장소 변경장소
④ 용접검사

해설 유효기간이 없는 검사
㉠ 구조검사
㉡ 용접검사
㉢ 개조검사

90 에너지이용 합리화법의 특정 열사용기자재의 기관에 포함되지 않는 것은?

① 1종 압력용기
② 태양열 진열기
③ 구멍탄용 온수보일러
④ 축열식 전기보일러

해설 압력용기는 제1종, 제2종이다.

91 에너지이용 합리화법상 소형 온수보일러는 전열면적 몇 m³ 이하인 것인가?

① 10   ② 14
③ 18   ④ 20

해설 소형 온수보일러는 압력 0.35MPa 이하 전열면적 14m² 이하이다.

92 검사대상기기인 보일러의 검사 유효기간으로 옳은 것은?

① 개조검사 : 2년
② 계속사용안전검사 : 1년
③ 구조검사 : 1년
④ 용접검사 : 3년

해설 ㉠ 개조검사, 구조검사, 용접검사는 유효기간이 없다.
㉡ 계속사용안전검사는 1년

93 특정 열사용기자재 시공업자는 설치, 시공기록 및 배관도면 등을 작성하여 몇 년간 보존해야 하는가?

① 1년   ② 2년
③ 3년   ④ 5년

해설 설치시공기록 도면은 1년간 작성하여 보존시킨다.

94 검사대상기기의 검사 종류별 유효기간이 옳은 것은?

① 용접검사 – 1년
② 구조검사 – 없음
③ 개조검사 – 2년
④ 설치검사 – 없음

해설 ㉠ 용접검사, 구조검사, 개조검사 시는 유효기간이 정해져 있지 않다.
㉡ 보일러 설치검사는 설치가 끝나면 1년 이내에 에너지관리공단 이사장에게 설치검사를 신청한다.

95 검사대상기기에 해당되는 소형 온수보일러는 가스 사용량이 몇 kg/h를 초과하는 경우인가?

① 10kg/h
② 15kg/h
③ 17kg/h
④ 20kg/h

해설 검사대상기기
소형 온수보일러 : 가스사용량 17kg/h 초과 또는 도시가스 232.6kW 초과

96 특정열사용기자재 시공업의 기술인력에 대한 교육은 며칠 이내에 하도록 되어 있는가?

① 3일   ② 5일
③ 1일   ④ 10일

해설 모든 교육은 연간 1일 이내이다.(시행규칙 제59조)

정답 89 ④ 90 ① 91 ② 92 ② 93 ① 94 ② 95 ③ 96 ①

97 검사대상기기인 보일러의 검사분류 중 검사 유효기간이 1년인 것은?

① 용접검사
② 구조검사
③ 계속사용검사
④ 개조검사

해설 계속사용검사 중 보일러인 경우(안전검사, 성능검사) 그 유효기간은 1년이다.

98 특정 열사용기자재 시공업의 범주에 포함되지 않는 것은?

① 기자재의 설치
② 기자재의 제조
③ 기자재의 시공
④ 기자재의 세관

해설 기자재의 제조는 시공업이 아닌 제조업자에 관한 소관사항이다.

정답 97 ③ 98 ②

PART

06

공업경영

- **제1장** 생산관리
- **제2장** 품질관리 개론
- **제3장** 작업관리
- **제4장** 기타 공업경영

생산관리

1. 생산과 생산관리

1 생산(Production)
생산요소를 투입하여 유형, 무형의 생산재를 산출함으로써 효용을 생성하는 기능을 말한다.

2 생산의 3요소 : 사람(Man), 원자재(Material), 기계설비(Machine)

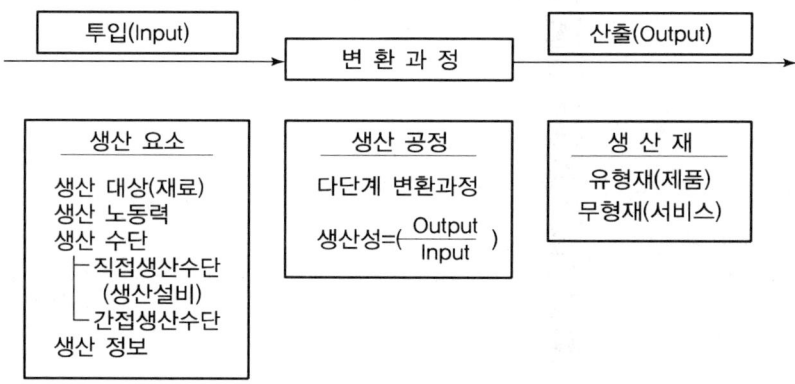

[생산의 기본 의의]

3 생산 관리의 목적
(1) 생산성 향상 : 기술적 생산성 향상, 인간 노동의 생산성 향상
(2) 경제성 향상 : 합리화로 최소의 생산요소 투입

4 생산관리의 일반 원칙과 효과

(1) 단순화(Simplification)
① 생산기간 및 납기 단축
② 공구, 지그(Jig) 등의 종류 감소
③ 작업 방법이 단순화(작업자의 숙련도 증가)
④ 재료 종류가 감소

(2) 표준화(Standardization)
　① 제품의 대량 생산과 품질 향상이 가능
　② 부품의 호환성이 증가
　③ 종업원의 교육 훈련이 용이
　④ 작업과 사무 능률을 높이게 되어 결과적으로 생산비를 저하

(3) 전문화(Specialization)
　① 종업원의 숙련도를 높이고, 높은 기술 발전을 기함
　② 이윤의 극대화와 단위 비용의 저하를 기함
　③ 품질 향상과 생산 능력의 증대를 가져옴
　④ 설비의 전문화내지 특수화가 이루어지는 경우도 있음
　⑤ 개인의 업무 책임을 줄임

5 생산시스템의 공통적 성질

(1) 집합성
(2) 관련성
(3) 목적 추구성
(4) 환경 적응성

2. 생산 계획

1 생산계획의 단계

(1) 기본계획(경영계획) : 준비계획, 선행 생산 계획, 종합 계획, 대일정 계획, 판매 등
(2) 실행계획(생산계획) : 생산재 요소인 재료, 인원, 기계설비 결정 계획 등
(3) 실시계획(작업계획) : 제조작업의 진척관리하는 것으로 작업자, 기계별 작업내용, 시기 등

2 제조 로트(Lot)의 결정

(1) 로트의 의의
　로트는 단위 생산량이며 생산이 이루어지는 단위 수량으로서 여러 개 또는 그 이상의 수량을 한 단위로 표현하는 것임
　① 로트 수 : 1회 생산할 수 있는 묶음 또는 수량
　② 로트 크기 $= \dfrac{\text{예정생산목표량}}{\text{로트수}}$

(2) 로트의 종류
   ① 제조명령노트
   ② 가공 로트
   ③ 이동 로트

(3) 경제적 로트 수의 개념
   ① 로트 수와 작업시간의 관계

   $$T_n(총\ 작업시간) = T_p + T_s \times N$$

   여기서, T_p : 준비작업시간
   T_s : 작업시간
   N : 로트 수

   ② 로트 수와 총 원가의 관계
   ㉮ 직접노무비는 작업시간에 비례함으로 로트 수가 크면 경제적이다.
   ㉯ 로트 수의 증가는 재고량을 늘리기 때문에 보관비, 금리 등의 경비가 증가된다.

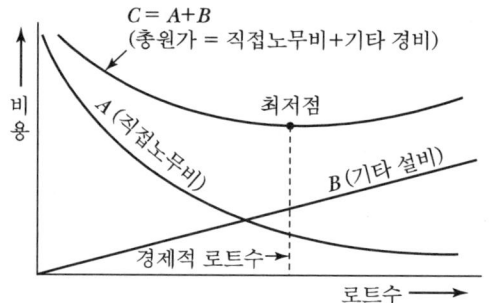

[로트 수와 총 원가와의 관계]

(4) 경제적 로트 산출 방식(Harris 식)

$$Q(로트의\ 크기) = \sqrt{\frac{2 \times R \times P}{C \times I}}$$

여기서, R : 소비 예측(연간 소요량)
P : 준비비(1회 발주비용)
C : 단위비(구입단가)
I : 단위당 연간 재고유지

3. 생산과 생산관리 수요예측

1 수요예측 방법의 분류

(1) 시계열 분석

시계열에 따라 과거의 자료로부터 그 추세나 경향을 알아서 장래를 예측하는 분석이다.

(2) 회귀 분석

과거의 자료로부터 회귀 방정식을 도출하고 이를 검정하여 장래를 예측하는 분석이다.

(3) 구조 분석

수요 상황을 산정하는 구조모델을 추정하고 이것으로부터 장래를 예측하는 분석이다.

(4) 의견 분석

신제품의 경우와 같이 일반 사용자의 의견을 집계 분석하여 장래를 예측하는 분석이다.

2 수요 예측 기법

(1) 최소 자승법

동적 평균선을 관찰치와 경향치와의 편차자승의 총합계가 최소가 되도록 구하고 회귀 직선을 연장해서 예측하는 방법이다.

〈연도별 판매량〉

연도	판매량	연도	판매량
'99	30만 개	'03	40만 개
'00	25만 개	'04	37만 개
'01	36만 개	'05	43만 개
'02	34만 개		

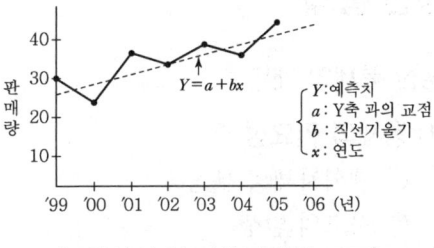

[A회사의 연도별 판매량 도표]

$Y = a + bx$
- Y : 예측치
- a : Y축 과의 교점
- b : 직선기울기
- x : 연도

(2) 이동 평균법

① 단순 이동 평균법

평균의 계산기간을 순차로 1개항씩 이동시켜 나가면서 기간별 평균을 계산하여 경향치로 삼는 방법이다.

② 가중 이동 평균법

단순이동평균법보다 보다 민감하게 반응할 수 있도록 최소 자승법을 기초로 하여 약간의 조작하여 예측하는 방법이다.

(3) 지수 평활법

과거의 실적은 필요로 하지 않고 최근의 자료로만으로 예측하는 기법으로 차기의 판매 예측치(F_t)를 다음의 산식으로 나타낸다.

$$F_t = \alpha D + (1-\alpha)F$$

여기서, D : 당기의 판매실적치
F : 당기판매 예측치
α : 지수 평활계수

3 세부생산계획

(1) 절차 계획 : 품질, 원가, 납기, 기타 등 고려사항임.
(2) 공수 계획 : 부하와 능력의 균형화, 가동률 향상, 전문화 추진, 여유성 등을 포함한다.
(3) 일정 계획 : 가공, 운반, 검사, 정체, 로트 대기, 등을 고려한다.
(4) 여력 계획 : 장기, 중기, 단기 여력계획을 수립 한다.
(5) 자재 계획 : 자재의 종류, 수량, 규격, 품질, 소요 시기, 등으로 구성한다.
(6) 설비 계획 : 토지, 건물, 구축물, 기계, 장치, 운반구 등의 유형고정자산의 계획을 말한다.

4. 생산 통제

1 생산 통제의 개념

(1) 통제의 필요성
① 계획자체의 부정확
② 사고의 발생
③ 계획(납기)의 변경이나 설계의 변경
④ 추가
⑤ 전단계에서의 지연 파급

(2) 생산 통제의 기능
① 절차(순서)계획 → 절차관리(작업지도)
② 공수계획 → 여력관리(공수관리)
③ 일정계획 → 진도관리(일정관리)

(3) 감사 기능
보통 생산 계획은 사전에, 통제는 동시(평행적)에, 감사는 사후에 이루어지는 관계로 생산계획이나 통제를 감사(공정관리)하는 기능(경영자, 상급자)으로 볼 수 있다.

2 작업 분배

(1) 작업 분배의 방법
① 분산식 작업 분배 방법
   작업 진행계나 작업 조장등에게 책임을 주어 작업을 완료하는 방식을 말한다.
② 집중식 작업 분배 방법
   작업 상황을 중앙에서 충분히 파악하고 지시나 명령으로 작업을 완료하는 방식을 말한다.

〈분산식과 집중식 작업분배 방법 비교〉

분산식 작업 분배	집중식 작업 분배
• 현장에서 비능률을 어느 정도 파악할 수 있다. • 보고나 통지의 중복을 어느 정도 파악할 수 있고 통제가 용이하여 경제적이다. • 작업 진행 직원이 피곤할 수 있다.	• 통제를 강화할 수 있다. • 일정계획 등의 변경을 행할 수 있으므로 탄력성이 있다. • 진행상황을 총괄적으로 파악할 수 있다.

(2) 진도 관리 업무 단계

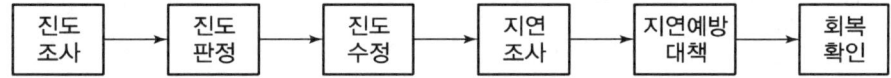

진도 조사 → 진도 판정 → 진도 수정 → 지연 조사 → 지연예방 대책 → 회복 확인

(3) 진도 통제 방식
① 간트 차트(Gantt Chart) 의한 지도 방식
② 작업 활당 도표(Layout Chart)
③ 기계 부하 도표(Load Chart)
④ 작업 진도 도표(Progress Chart)

〈간트 차트(Gantt Chart)의 장단점 비교〉

장점	단점
• 작업을 시간적, 수량적으로 일목요연하게 나타낼 수 있어 작업계획과 실적을 쉽게 파악한다. • 작업지체 요인을 규명하여 다음 연결된 작업의 일정을 쉽게 조정할 수 있다. • 작업자별, 부서별 업무성과를 상호 비교할 수 있고 객관적 평가가 가능하다. • 생산기록, 재고관리, 원가통제 등 관련된 자료를 넓게 유지할 수 있다.	• 작업내용이 복잡하고 방대해지면 기록할 정보량이 폭증하여 변동이 생길 때마다 도표를 새롭게 하는 데 막대한 인력이 든다. • 계획변동이나 여건의 변동을 처리해 나아가는 데 신축성이 결여되어 있다. • 납기 내 완성 가능성과 같은 일정계획의 확률적 분석이 불가능하다. • 작업 상호 간의 관련성이나 또는 타 작업 상호 간의 관계를 효율적으로 관계를 나타낼 수 없다.

3 PERT. CPM(주 공정 스케줄링)

(1) PERT. CPM의 의의

① PERT의 의의

PERT(Program Evaluation & Review Technique or Program Evaluation & Review Task) 기법이란 경영관리자가 사업 목적 달성을 위해 수행하는 기본계획, 세부계획, 통제기능에 도움을 줄 수 있는 수적인 기법이며 계획공정도를 중심으로 한 종합적인 관리 기법이다.

② CPM의 의의

CPM(Critical Path Method)이란 각 활동의 요소 일수 대 비용관계를 조사하여 최소의 비용으로 공사기간의 단축을 기하기 위해 선형계획을 사용하여 공사 기간 내 완성하고 그 공사계획이 최소비용에 의해서 수행할 수 있도록 최적 공기를 구하는 기법이다.

〈PERT. CPM의 차이〉

PERT	CPM
확률적 모형(평균시간 계산) 낙관적 시간 최빈 시간 비관적 시간 시간적 측면 고려함	확정적 모형 시간과 비용을 고려함

〈PERT의 장단점〉

장점	단점
• 관리자는 정보를 조직화하고 정량화하여 어떤 경로가 더 필요한지 구분할 수 있다. • 공정과 각 작업 활동의 상황에 대한 시간적인 이해를 할 수 있다. • 공정 완수에 민감한 영향을 주는 작업과 적절한 통제 가능한 작업 활동을 구분한다.	• 네트워크 개발과정에 중요한 작업활동이 누락이 발생할 수 있다. • 작업활동 간의 선후관계가 명확하지 않다. • 불확실성이 있음에도 완료할 것을 요구하기 때문에 관리자의 부담이 크다. • 큰 규모의 경우 컴퓨터 사용이 요구된다.

(2) PERT. CPM의 일정관리

① PERT의 일정관리

㉮ 공정 내에 수행되어야 할 활동을 규정한다.

㉯ 활동들의 순서를 정하여 네트워크를 구성한다.

㉰ 실제 활동을 바탕으로 다음의 추정 값을 얻어 각 활동들의 시간 추정치를 결정한다.

$$ET(기대소요시간) = \frac{a+4m+b}{6}$$

$$\sigma^2(분산시간) = \left(\frac{b-a}{6}\right)^2$$

여기서, a : 낙관적(최단소요) 시간값(Optimistic Estimate)
b : 비관적(최장시간) 시간값(Pessimistic Estimate)
m : 최빈(최적가능) 시간값(Most Likely Estimate)

② CPM의 일정관리
　㉮ 공정 내에 수행되어야 할 활동을 결정한다.
　㉯ 활동들의 순서를 경정해서 네트워크를 구성한다.
　㉰ 각 활동들의 소요시간 추정치를 구한다.
　㉱ 주 공정을 결정한다.

4 아웃소싱의 개념과 도입목적

(1) 개념

경영환경이 글로벌화 되고 기업간 경쟁이 심화되면서 기업은 가치창조를 위한 활동이 더욱 전략적으로 변화하고 있다.

아웃소싱(outsourcing)은 외부(out)의 자원(source)을 활용하는 것을 의미하며, 다른 기업으로부터 제품이나 서비스를 구입하여 사용하는 것을 말한다.

(2) 아웃소싱 도입 목적

① 주력업무에 경영자원을 집중하고 핵심역량을 강화한다.
② 리스크를 분산시킬 수 있다.
③ 조직의 슬림화와 유연화를 꾀할 수 있다.
④ 시너지 효과에 의한 새로운 부가가치를 창출한다.
⑤ 코스트 절감을 기대한다.
⑥ 경기변동에 쉽게 대응한다.
⑦ 혁신을 가속화한다.
⑧ 서비스업무의 전문성을 확보한다.

5 ERP의 개념과 특성

(1) 개념

ERP(전사적 자원관리시스템)은 영업에서 생산출하에 이르는 기업의 모든 업무과정을 컴퓨터를 이용해 유기적으로 연결, 실시간으로 관리할 수 있도록 해주는 최신경영시스템이다.

(2) 특성

① 영업, 생산, 구매, 재고, 회계, 인사 등 회사 내의 모든 단위업무를 통합하여 상호 긴밀한 관계를 가지면서 업무처리 효율의 극대화한다.
② 부서중심적인 업무처리방식이 고객지향적인 관점에서 프로세스 중심적으로의 전환이 가능하다.
③ 개방시스템의 구조로 운영체제나 데이터베이스에서도 잘 돌아가게 설계되어 있어 시스템의 확장이나 다른 시스템과의 인터페이스가 쉽다.
④ 다수의 ERP는 다국적, 다통화, 다언어에 대응하고 있다.
⑤ ERP 시스템은 수많은 모듈들의 집합체이다.

CHAPTER 02 품질관리 개론

PART 06 | 공업경영

1. 품질관리 개론

1 품질의 의의

(1) 시장품질(Quality of Market)
   소비자가 요구하는 품질로서 설계와 판매정책에 반영하는 품질이다.

(2) 설계 품질(Quality of Design)
   품질시방상의 품질로서 시장품질과 가격, 공정 능력 등을 고려한 목표의 품질이다.

(3) 제조 품질(Quality of Conformance)
   설계품질을 제품화했을 때의 품질로서 이것이 설계품질에 어느 정도 적합 제품이 되었는가의 품질이다.

2 품질관리의 정의

품질관리란 수요자의 요구에 맞는 품질의 제품을 경제적으로 만들어 내기 위한 모든 수단의 체계이며 보통 통계적 품질관리라 한다.

> **REFERENCE** 기업의 품질 개념
>
> ① QC(Quality Control) : 생산 중 나오는 불량에 대한 관리 업무
> ② QA(Quality Assurance) : QC 개념이 확장하여 판매 후 품질까지 관리하는 업무
> ③ QE(Quality Engineering) : 가장 확장된 개념으로 QA 업무 및 향후불량까지 예상 업무

3 품질관리 기능

(1) 계획기능
   ① 품질 목표 및 정책 수립　　② 제품설계 평가
   ③ 품질 비용분석

(2) 통제 기능
   ① 원부자재의 검사 및 관리　　② 공구 및 측정기기 조정
   ③ 공정관리　　　　　　　　　④ 검사 및 시험

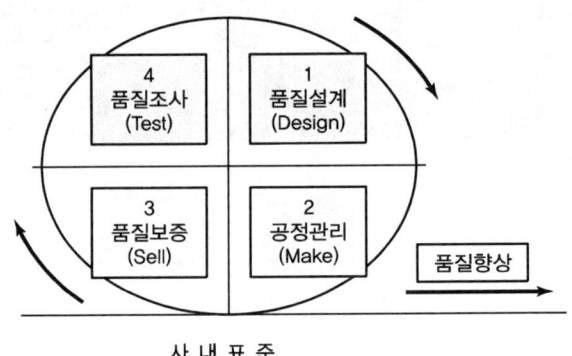

[품질관리 기능]

4 품질관리 업무

(1) 신제품 관리

표준설계의 단계로서 제품에대한 정상적인 비용, 기능 및 신뢰성에 대한 품질표준확립하여 규정하는 기준이다.

(2) 수입자재관리

시방서요구에 알맞은 자재나 부품을 가지고 가장 경제적인 품질수준으로 수입 및 보관하는 것이다.

(3) 제품관리

불량품이 만들어지기 전에 품질 시방으로부터 벗어나는 것을 시정하고 시장에서의 제품서비스를 원활하기 위해 생산 현장이나 시장의 서비스를 통해 제품을 관리하는 것이다.

(4) 특별공정 조사

불량품의 원인을 규명한다든지 품질특성의 개량가능성을 결정하가 위한 조사나 시험을 말한다.

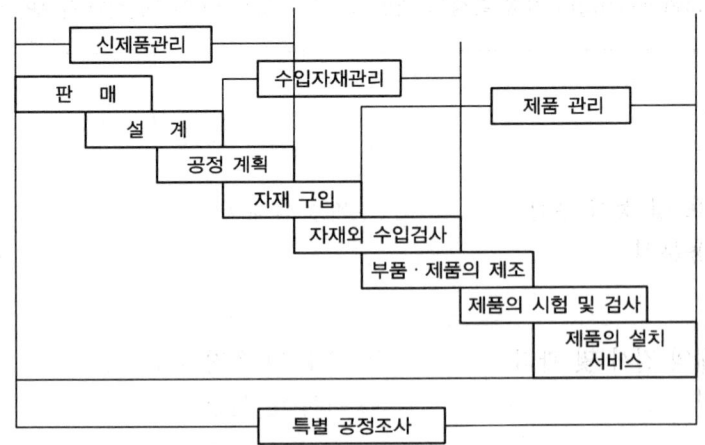

5 사내 표준화 효과

(1) 생산능률의 증진과 생산비 저하
(2) 품질향상 및 균일화
(3) 자재의 절약 및 부품의 호환성 증대
(6) 기술의 향상 및 기술지도와 교육의 용이
(5) 표준원가 및 표준작업 공수의 산정
(6) 사용 소비의 합리화
(7) 거래의 단순화 · 공정화 등

6 한국공업 규격(KS) 제정의 4원칙

(1) 공업규격의 통일성 유지
(2) 공업규격 조사심의 과정의 민주적 운영
(3) 공업표준의 객관적 타당성 및 합리성 유지
(4) 공업표준의 공공성 유지

〈한국공업규격부문과 분류기호〉

분류기호	부문
A	기본(기본 및 일반포장, 공장관리 기타)
B	기계(기계기본, 기계요소, 자동차, 선박 등)
C	전기(전기일반, 전기재료, 전기기기 및 기구 등)
D	금속(금속일반, 분석원재료, 주물 등)
E	광산(일반정의 및 기호, 채광, 광산물 등)
F	토건(일반구조, 시험, 검사, 측량, 시공 등)
G	일용품(문방구 및 사무용품, 잡품, 가정용품 등)
H	식료품(농산물 가공, 축산물 가공 등)
K	섬유(일반시험 및 검사, 피복 등)
L	요업(도자기, 유리, 내화물 등)
M	화학(일반공업약품, 플라스틱 등)
P	의료(기구)
V	조선
W	항공(일반용어, 기호)

2. 품질관리와 데이터

1 품질 코스트

(1) 품질 코스트

요구된 품질 또는 설계품질을 실현하기 위한 원가이며 재료비나 직접노무비는 품질코스트에 포함하지 않으며, 주로 제조경비의 부분 원가라 할 수 있다. 품질코스트에는 예방코스트(Prevention cost : P-cost), 평가코스트(Appraisal cost : A-cost), 실패코스트(Failure cost : F-cost) 로 나눌 수 있다.

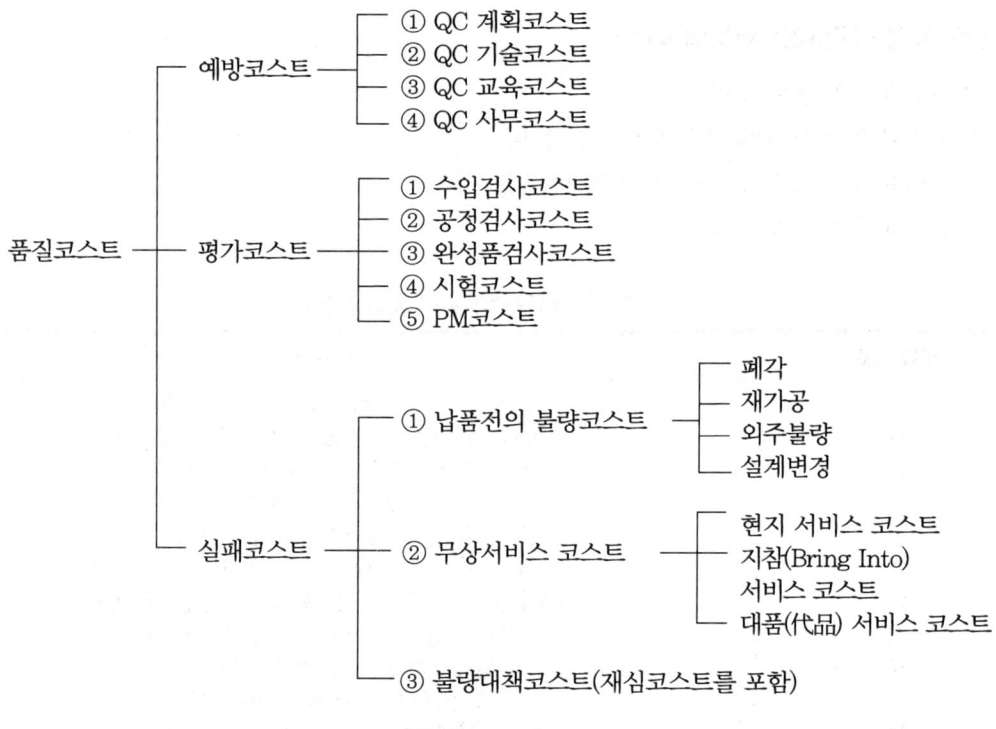

[품질코스트]

> REFERENCE
>
> A.V. Feigenbaum 의 제조코스트에 대한 품질코스트는 약9%가 적당하다고 한다. 또한 품질코스트의 비율은 예방코스트 5%, 평가코스트가 25%, 실패코스트가 70%를 각각 점하고 있다.

(2) 품질코스트의 특질
  ① 검사가 까다로워지면 평가코스트가 증가되는 경향이 있다.
  ② 제조공정이 안정되면 검사의 합리화·자동화 등에 의해 평가코스트가 절감된다.
  ③ 품질관리 초기단계에서는 실패코스트가 크게 증가하는 경향이 있다.

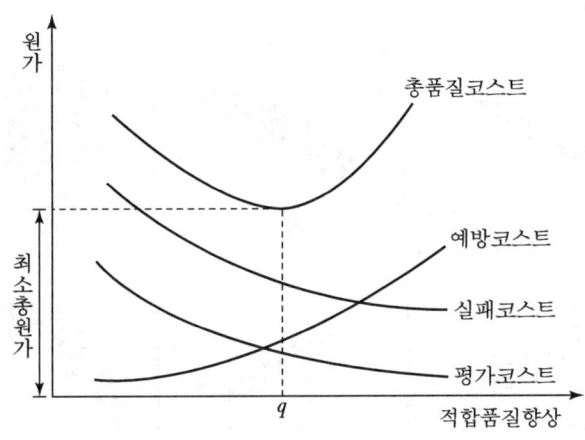

[품질코스트 관계곡선]

2 도수분포법

(1) 도수분포(Frequency Distribution)
  샘플에 대한 품질특성의 측정치를 도수로 나타낸 표 또는 그림으로서 세로축에 도수, 가로축에 품질 특성을 취하여 만든다.

(2) 도수분포를 만드는 목적
  ① 데이터의 흩어진 모양을 알고자 할 때
  ② 많은 데이터로부터 평균치와 표준편차를 구할 때
  ③ 원데이터를 규격과 대조하고 싶을 때

(3) 도수분포의 수량적 표시법
  ① 중심적 경향 – 특성의 크기를 대표하는 값
  ② 흩어짐 또는 산포 – 변동의 크기
  ③ 분포의 모양 – 비대칭도와 첨도

3 산포도

(1) 산포도
  대응하는 2개의 데이터의 상호관계를 보는 도구로 관계요인은 가로축에 잡고 결과는 세로축에 잡아 데이터를 점으로 찍는 그림을 말한다.

(2) 산포도 작성법

① 쌍으로 된 데이터를 수집한다.

② 데이터를 타점한다.

③ 데이터의 이력을 기입한다.

(3) 산포도의 사용법

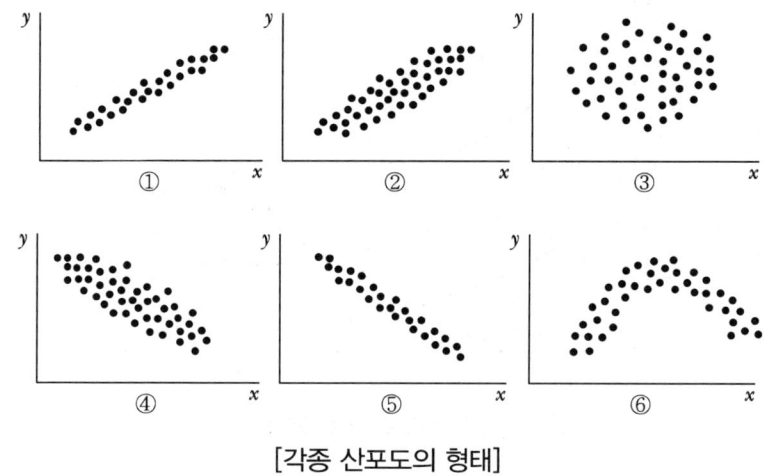

[각종 산포도의 형태]

① x와 y 사이에는 강한 +의 상관이 있다.

② x와 y 사이에는 +의 상관이 있다.

③ x와 y 사이에는 상관이 없다.

④ x와 y 사이에는 강한 −의 상관이 있다.

⑤ x와 y 사이에는 −의 상관이 있다.

⑥ x와 y 사이에는 곡선적 상관이 있다.

3. 샘플링

1 샘플링법의 합리화

(1) 목적의 명확화

① 모집단의 명확화

② 필요한 정보량의 명확화

③ 판정기준의 명확화

④ 행동기준의 명확화

(2) 로트의 명확화
(3) 측정법의 검토
(4) 시료제조방법을 검토하여 오차를 분명히 할 것
(5) 조치결과에 따른 샘플링법, 시료조제법, 측정법 등을 재검토할 것

2 샘플링 단위의 크기 결정

(1) 샘플링의 목적
(2) 비용
(3) 기술 정보 또는 공정이나 제품의 산포
(4) 시험 방법

3 샘플링 오차

(1) **오차** : 모집단의 참값과 측정 데이터와의 차
(2) **신뢰성** : 데이터의 잘못이나 오류의 발생으로 정밀도의 신뢰성과 정확성의 신뢰성이 있음
(3) **정밀도** : 동일집단으로부터 샘플링하였을 때 동일 측정법으로 측정하였을 때 산포도
(4) **정확성** : 동일시료를 무한회 측정하였을 때 데이터 분포의 평균치와 참값의 차

4 각종 샘플링 방법

(1) **랜덤샘플링(Random Sampling)**
  모집단의 어느 한부분이라도 같은 확률로 시료 중에 뽑혀지도록 하는 샘플링 방법임
  ① 단순 랜덤 샘플링
  ② 계통 샘플링
  ③ 지그재그(Zigzag) 샘플링

(2) **2단계 샘플링**
  모집단을 몇 개의 서브로트로 나누고 1단계서 몇 개의 시료를 뽑고 다음 2단계에서 몇 개의 시료를 뽑는 방법임

(3) **층별 샘플링**
  모집단을 층으로 나누어 모집단의 공통의 요인에 영향을 받는 것으로 시료를 뽑는 방법임
  예) 시간별, 작업자별, 기계장치별, 작업 방법별, 원료별, 측정 검사별 등

(4) **집락(취락) 샘플링**
  모집단을 여러 개의 집락으로 나누고 그중에서 몇 개의 집락을 랜덤하게 샘플링하고 뽑힌 집락의 제품을 모두 시료로 채취하는 방법임

4. 품질 관리도 일반

1 관리도

공정상태를 나타내는 특성치에 관해서 그려진 그래프로 공정관리상태를 유지하기 위한 것으로 한 개의 중심선(CL : Central Line)과 상한계선(UCL : Upper Control Line) 및 하한계선(LCL : Lower Control Line)을 그려 나타낸다.

〈관리도의 종류〉

관리도	데이터	분포
1. $\bar{x} - R$(평균치와 범위의) 관리도 2. x(개개 측정치의) 관리도 3. $\tilde{x} - R$(메디안과 범위의) 관리도	계량치	정규분포
4. Pn(불량개수의) 관리도 5. P(불량률의) 관리도 6. c(결점수의) 관리도 7. u(단위당 결점수의) 관리도	계수치	이항 분포 포아송 분포

2 관리도 보는 방법

(1) 런(Run)이 출현한다.
(2) 경향(Trend)이 있다.
(3) 주기(Cycle)가 있다.
(4) 중심선 한쪽에 점이 여러 개 나타난다.
(5) 점이 관리한계에 접근하여 나타난다.
(6) 특수한 상태가 나타난다.

5. 품질 검사

1 검사(Inspection)

물품을 어떤 방법으로 측정한 결과를 판정기준과 비교하여 개개의 물품에 양호, 불량 또는 로트의 합격, 불합격의 판정을 내리는 것임

2 검사 종류

(1) **수입검사** : 재료, 원료, 부분품 또는 반제품이 다음 공정에 대하여 지장이 없는가를 검사
(2) **공정검사** : 만들어진 제품이 잇따른 공정에 대하여 지장이 없는가를 보증 검사
(3) **최종검사** : 제품이라고 인정하여도 좋은지를 판정하는 검사
(4) **출하검사** : 재고 중의 변화와 포장 상태 등의 보증하는 검사

3 검사의 목적

(1) 좋은 노트와 나쁜 노트의 구별
(2) 양호품과 불량품의 구별
(3) 공정의 변화여부를 판단
(4) 공정이 규격한계에 가까워졌는지를 판단
(5) 제품 결정의 정도를 평가
(6) 검사원의 정확도를 평가
(7) 측정기기의 정밀도를 평가
(8) 제품설계에 필요한 정보의 획득
(9) 공정능력의 측정

4 샘플링검사의 분류

(1) **규준형 샘플링 검사**
  생산자요구와 소비자요구를 동시 만족하는 검사방식

(2) **선별형 샘플링 검사**
  불량품의 수가 합격판정 개수를 넘을 경우 로트의 나머지를 전수검사하여 불량품을 양호품과 교체하는 검사방법으로 검사양이 많아질 수 있다.

(3) **조정형 샘플링 검사**
  소비자쪽에서 검사의 정도(까다로운 검사, 보통검사, 수월한 검사) 조절하는 검사 방법으로 생산자에 대하여 요구가 커질 수 있다.

(4) **연속생산형 샘플링 검사**
  연속 생산되는 제품에 대하여 실시하는 검사 방법으로 최초에 1개씩 조사해서 양호품이 일정 개수 계속되면, 일정개수 간격으로 샘플링검사하고, 불량품이 나오면 다시 1개씩 검사한다.

5 샘플링검사의 전제조건

(1) 제품이 로트로 처리 가능할 것
(2) 시료를 랜덤하게 취할 수 있을 것
(3) 품질기준이 명백할 것
(4) 계량형에서 특성치의 정규분포 가정에 무리가 없을 것

CHAPTER 03 작업관리

1. 작업관리 연구

1 작업 관리 이론 연구

(1) **작업관리**

생산현장에서 실시되는 작업을 개선·표준화하여 원가절감을 꾀하기 위해 행해지는 각종 관리의 총칭이다. 이는 좁은 뜻의 작업관리에는 작업방법·작업시간의 표준화에 의한 작업표준의 설정, 작업방법의 개선, 작업자의 지도훈련, 작업조건 또는 작업장 환경의 개선 등이 포함된다.

(2) **작업의 능률**
  ① 사고가 없는 상태 유지
  ② 양질의 제품 생산
  ③ 능률적인 작업
  ④ 보다 싸게 제품을 만드는 것

(3) **작업시스템(Work System) 7가지 요소**
  ① 과업(Work Task)
  ② 작업공정(Work Process)
  ③ 투입(Input)
  ④ 산출(Output)
  ⑤ 인간(Man)
  ⑥ 설비(Equipment)
  ⑦ 환경(Environment)

(4) **작업측정의 효능**
  ① 작업시스템 효율화 단서 기대
  ② 작업시스템의 관리에 이용
  ③ 표준시간 등의 수치는 작업시스템 설계의 기준으로 이용

2 표준시간

(1) 표준시간

작업에 적성이 있고 훈련된 작업자가 양호한 작업환경에서 작업조건에 필요한 여유 및 적절한 감독자 아래서 정상활동을 통해 작업을 미리 정해진 방법에 따라 수행하기 위해 필요로 하는 시간이다.

현실의 총제조시간	제품의 총제조시간	기본제조시간 (순수유효시간)	기본제조시간이란 이것이하로 단축시킬 수 있는 최저소비시간이다. 제품설계, 제조공정 및 작업방법이 완벽하여 작업시간을 통하여 어떠한 원인에 기인하여 시간손실이 없는 경우의 소요제조시간이다.
		부적합한 제품설계로 인한 부가시간	• 제품연구가 불충분하면 재료나 공정을 전체적으로 이용할 수 없다. • 표준호, 전문화가 결여되면 고도의 생산에 방해가 된다. • 시장조사가 불충분하면, 부적당한 품질수준이 설정된다. • 설계가 나쁘면 불필요한 자재의 이동이 발생한다.
		부적합한 작업시스템의 실제로 인한 부가시간	• 부적당한 생산설비는 고도의 생산을 방해한다. • 공정배치가 나쁘면 사람, 기계, 재료의 불필요한 이동이 발생한다. • 시스템의 설계가 나쁘면 관리가 어려워 생산효율이 떨어진다.
		부적합한 작업방법으로 인한 부가시간	• 부적합한 적성을 가진 작업자에게 효율적인 생산을 기대할 수 없다. • 작업자의 혼란이 부적합하면, 고도의 생산에 방해가 된다. • 작업조건이 나쁘면 고도의 생산에 방해가 된다. • 관리자의 지시, 지도가 부적합하면, 고도생산에 방해가 된다.
	총무효시간	부적합한 관리로 인한 무효시간	• 지나치게 많은 종류의 제품, 특급품들은 짧은 시간작업으로 인한 유효시간을 발생시킨다. • 표준화의 결여는 작업 사이클이 짧아지고 유효시간이 생긴다. • 설계변경은 작업의 휴지나 재작업을 증대시킨다. • 관리제도나 의사전달이 서투르면 유휴시간이 발생한다. • 생산계획, 수주통제가 서투르면 유휴시간이 발생한다. • 자재계획의 불비로 인한 부족이나 불량은 유휴시간이 발생한다. • 설비의 고장이나 부조는 유휴시간을 발생한다. • 작업조건이 나쁘면, 무효시간이 증대한다. • 안전대책이 불충분하면 사고로 인한 휴지시간이 발생한다.
		작업자가 통제할 수 있는 무효시간	• 결근, 지각, 이직 • 작업에 대한 협의의 결여 • 사고

(2) 표준시간 사용 목적

① 1인1일의 작업량이나 담당 기계대수의 결정
② 표준 인원의 산정
③ 공정의 균형이나 작업량의 균형을 결정
④ 일정계획의 입안이나 납기의 견적

⑤ 생산계획의 산정자료나 실적 평가
⑥ 설비의 경제적인 설치수의 산정 기초

(3) **표준시간의 구성**
① 준비 시간
② 주 작업시간
③ 단위당 시간
④ 정미시간과 여유시간

> REFERENCE 정미시간의 구성
>
> ① 주요시간＋부수시간
> ② 가공시간＋중간시간
> ③ 실동시간＋수대기 시간

3 워크 샘플링(Work Sampling)

(1) **워크 샘플링**

사람이나 기계의 가동상태 및 작업의 종류 등을 순간적으로 관측하고 이러한 관측을 반복하여 각 관측 항목의 시간구성이나 그 추이 상황을 통계적으로 추측하는 수법이다.

(2) **워크 샘플링의 용도**
① 인간, 기계, 재료의 문제점을 찾아냄
② 작업자의 가동률 혹은 작업내용의 구성비율을 파악, 개선
③ 기계설비의 가동률이나 원인별로 기계 정지율을 파악, 개선
④ 표준시간의 설정
⑤ 표준시간에 포함될 수 있는 부대작업이나 여유율 추정
⑥ 사무작업의 내용 분석 및 개선

4 여유시간

(1) **여유시간의 의의**

여유시간은 작업을 진행하는 데 인적, 물적으로 필요한 요소이나 발생방법이 불규칙적, 우발적인 것으로 편의상 그 발생률, 평균시간 등을 조사 측정하여 이것을 정미시간에 부가하는 형식으로 보상하는 시간치이다.

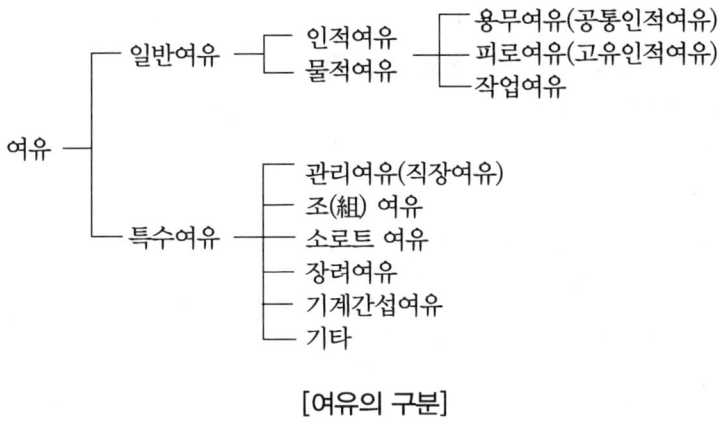

[여유의 구분]

(2) 여유율 산출
  ① 외경법
    ㉮ 여유율 = $\dfrac{여유시간}{정미시간} \times 100$
    ㉯ 표준시간 = 정미시간 + 여유시간 = 정미시간$(1 - \dfrac{여유율}{100})$
  ② 내경법
    ㉮ 여유율 = $\dfrac{여유시간}{정미시간 + 여유시간} \times 100$
    ㉯ 표준시간 = 정미시간 $\times \dfrac{100}{100 - 여유율}$

2. 작업관리의 방법

1 MTM법

(1) MTM(Methods Time Measurement)의 정의

작업방법이 정해지면, 그 일의 작업시간은 결정된다는 것으로 모든 사람이 행하는 작업 또는 작업방법을 요하는 기본동작으로 분석하고, 그 기본동작에 관하여 그 성질과 조건에 맞는, 미리 정해진 요소 시간치를 적용시켜 작업시간을 파악하는 방법이다. 기본동작은 손·눈·신체동작으로 분류하고, 동작의 거리·중량·난이도나 목적물의 상태 등의 조건을 근거로 이를 기호화하여 여기에 정해진 시간치를 적용시키도록 되어 있다. 시간단위에는 TMU(Time Measurement Unit)를 사용한다(1TMU = 0.00001시간).

(2) MTM의 목적
① 생산 개시 전에 능률적인 작업방법의 설계
② 현행 작업 방법의 설계
③ 표준시간의 설정
④ 표준자료의 작성
⑤ 시간의 견적 및 기계기구의 선정
⑥ 작업자의 동작경계를 고려한 치공구 설계
⑦ 작업개선 분위기 조성

(3) MTM의 시간치
MTM에서 시간단위에는 TMU(time measurement unit)를 사용한다.
1 TMU=0.00001시간
1 TMU=0.0006분
1 TMU=0.036초

⟨MTM의 기본 동작⟩

기본동작	설명
손을 뻗치다(Reach)	손(또는 손가락)을 목적물 또는 어떤 위치까지 뻗치는 동작
운반하다(Move)	목적물을 어떤 위치까지 운반하는 손이나 손가락
크랭크 운동(Crank Motion)	팔꿈치를 중심으로 앞팔을 회전하는 손동작
회전(써구)	앞팔의 중심선을 축으로 하여 회전하는 손의 동작
누름(Apply Fressure)	보통의 운반이나 회전이상으로 부가적인 힘을 필요로 하는 동작
잡음(Grasp)	물체를 손가락 또는 손으로 콘트롤하는 동작
정치(定置)하다(Position)	2개의 물건을 맞추는 동작
놓음(Release)	물건에서 손가락 또는 손을 놓는 동작
떼놓음(Disengage)	합해져 있는 2개의 물건을 떼놓는 동작
신체동작(Body Motions)	손, 이외의 신체부위 및 전신동작
눈에 관한 동작(Eye Times)	시선의 이동이나 초점을 맞추는 것이 제한동작이 되는 경우 및 독립적으로 발생하는 경우에 사용한다.

2 공정 분석

(1) 공정분석의 목적
생산공정이나 작업방법의 내용을 가공, 운반, 검사, 정체 또는 저장 등을 공정분석기호로 분류하여 발생순서에 따라 표시하고 분석하여 공정개선, 설계로 공정관리제도나 공장배치의 개선, 설계에 적용한다.

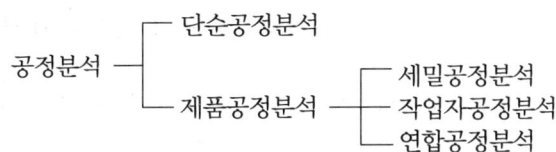

(2) 공정분석기호

공정분석도(Process Chart)는 일련의 행위 또는 사상의 계열을 기호를 사용하여 표현한 도표이다.

〈공정도 기호〉

공정	기호	내용
가공	○	원료, 재료, 부품 또는 제품에 부가가치를 높이기 위하여 물리적 또는 화학적 변화를 가하는 과정 또는 다음공정을 위해 준비하고 있는 상태
운반	⇨	원료, 재료, 부품 또는 제품이 일정한 위치에서 다른 위치로 이동하는 상태, 가공공정과 구별하기 위하여 직경의 크기를 1/2~1/3로 한다.
정체	D	원료, 재료, 부품 또는 제품이 가공이나 검사되지 않고 정지 또는 저장되어 있는 상태
	✡	작업 중의 정체
저장	△	원료, 재료, 부품, 부분품의 저장
	▽	제품 또는 반제품의 저장
검사	□	양품인가 불량품인가 판단하는 과정으로 주로 수량을 검사한다.
	◇	주로 품질을 검사한다.
	◨	수량과 품질을 동시에 검사하나 수량검사에 중점을 둔다.
	◈	수량과 품질을 동시에 검사하나 품질검사에 중점을 둔다.
가공 중 검사	⊡	가공을 하면서 검사가 이루어진다. 예) 카운터키나 자동선별기 부착으로 수량이나 불량을 자동검사한다.
가공 중 운반	⊃	가공을 하면서 운반이 이루어진다.
대기	▽	수량 또는 로트의 대기를 나타낸다.

공정	기호	내용
관리구분	○	관리상 관리책임부분을 구분할 때 사용한다.
담당구분	+	담당작업자의 교체나 작업교대 등을 나타낼 때 사용한다.
생략	=	공정계열의 일부를 생략할 때 사용한다.
폐기	✕	원료, 재료, 부품 또는 제품을 폐기할 때 사용한다.

(3) **공정도**

생산현장의 작업과정과 흐름을 도표로 작성하는 것을 말하며, 공정도는 5W2H로 애로공정과 문제점을 파악한다.

〈공정도 기록 내용〉

5W2H	기록내용

언제(When)	• 작업내용의 일시
	  −작업시간
	  −공정순서
	  −운반시간
	• 정체시간, 대기시간, 준비작업시간
	• 낭비시간 등

어디서(Where)	• 작업장, 공정관계
	  −작업일정관리
	  −납기관리
	  −공정관리

무엇을(What)	• 무엇을 투입하여 작업(일), 재료, 가공한 부품명이나 생산한 제품명
누가(Who)	• 작업자명이나 기계명, 설비, 팀 −소요인원 파악
왜(Why)	• 작업한 목적이나 이유를 설명 경쟁력 있는 제품을 생산

어떻게(How)	• 작업조건이나 작업방법, 기술
	  −관리기술, 고유기술
	  −온도, 압력, 균형온도, RPM
	  −절삭속도, 점도
	  −작업표준, 기술표준

얼마나(How Much)	• 소요비용
	  −가공임금 파악
	  −가공비 테이블(Cost Table) 등

3 Therblig 분석

(1) Therblig 분석의 의의
동작분석을 작업할 때에 발생하는 눈이나 손의 운동을 분석해서 쓸데없는 움직임을 없애고, 피로가 적은 경제적인 동작의 순서나 조합을 확립하기 위해 행해진다. 동작분석을 하려면 동작경제의 원칙이나 기본적인 동작요소(서블리그(Therblig ; 작업동작의 최소단위)의 기본요소라고도 한다)를 활용해서 실시한다.

(2) 경제동작의 3원칙
① 동작능 활용의 원칙
   ㉮ 발 또는 손(오른손잡이 일 때)으로 할 수 있는 것은 오른손을 사용한다.
   ㉯ 가급적 양손이 동시에 작업을 개시하고, 동시에 끝내도록 한다.
   ㉰ 양손이 동시에 쉬지 않도록 한다.

② 동작량 절약의 원칙
   ㉮ 가급적 적은 운동으로 끝낸다.
   ㉯ 재료·공구들은 되도록 손이 닿기 쉬운 곳에 둔다.
   ㉰ 서블리그의 수를 적게 한다.
   ㉱ 대상물을 장시간 의지할 때는 보조구를 사용한다.

③ 동작법 개선의 원칙
   ㉮ 동작이 자연스런 리듬으로 할 수 있도록 한다.
   ㉯ 양손은 동시에 반대 방향으로, 좌우 대상적으로 운동하도록 한다.
   ㉰ 관성, 중력, 자연력, 동력 등을 이용한다.
   ㉱ 적업점의 높이를 적당하게 해서 피로를 적게 한다.

(3) 서블리그(Therblig) 기호
서블리그란, 인간이 하는 모든 작업은 잡는다, 뗀다, 나른다 등 기본적 동작요소의 조합에 의해서 실시되고 있는 동작을 목적별로 세분해서, 모든 작업에 공통된다고 생각되는 기본적 동작요소에 주어진 기호 또는 명칭이다.

〈서블릭 기호〉

분류	명칭	문자기호	그림기호	그림기호 모양설명	색기호
제1류	빈손이동(Transport Empty)	TE	⌣	빈 접시 모양	황녹색
	잡는다(Grasp)	G	∩	물건을 잡는 모양	진홍색
	운반한다(Transport Loaded)	TL	⌣	접시에 물건을 놓은 모양	녹색
	위치를 결정한다(Position)	P	9	물건을 손가락 끝에 놓은 모양	청색
	조립한다(Assemble)	A	#	물건을 짜 맞춘 모양	검은자색
	사용한다(Use)	U	U	컵 모양	붉은자색
	분해한다(Disassembly)	DA	⫯	조립에서 하나를 떼어낸 모양	엷은자색
	놓는다(Pelease Load)	RL	⌒	접시를 엎어놓은 모양	홍색
	검사한다(Inspect)	I	O	볼록렌즈 모양	적갈색
제2류	찾는다(Search)	SH	⌾	눈으로 물건을 찾는 모양	흑색
	고른다(Select)	ST	→	선택한 물건을 가리키는 모양	회색
	생각한다(Plan)	PN	⏣	머리에 손을 대고 생각하는 모양	갈색
	전치한다(Preposition)	PP	⏣	볼링핀을 세운형태	무색
제3류	유지하다(Hold)	H	⌂	자석을 물건에 붙인 모양	황백색
	휴식(Rest)	RE	⎝	사람이 의자에 앉은 모양	오렌지색
	피할 수 없는 지연(Unavoidable Delay)	UD	⌒	사람이 채어 넘어진 모양	황토색
	피할 수 없는 지연(Avoidable Delay)	AD	⌣o	사람이 누워있는 모양	담황색

CHAPTER 04 기타 공업경영

PART 06 | 공업경영

1. 원가관리의 기초

1 원가 개념

각종의 제품, 반제품, 부속 등과 같은 경영급부의 생산에 소비되는 재화 및 용역의 화폐가치를 원가라 한다.

(1) 원가의 조건
① 원가는 반드시 화폐가치로 표시되는 경제 가치여야 한다.
② 원가는 반드시 경제가치의 소비여야 한다.
③ 소비된 가치는 금전적 대가지출에 유무에 관계없이 원가가 된다.
④ 가치의 소비는 기업의 생산 목적에 쓰인 것으로 한다.

(2) 원가 요소
① 경제가치의 종류에 따른 분류
  ㉮ 재료비(Material Cost)
  ㉯ 노무비(Labor Cost)
  ㉰ 경비(Expenses)
② 계산기술에 따른 분류
  ㉮ 직접원가(Direct Cost)
  ㉯ 간접원가(Indirect Cost)
③ 조업도와의 관계에 의한 분류
  ㉮ 고정비(Fixed Cost)
  ㉯ 변동비(Variable Cost)

(3) 원가의 구성
① 기초원가(직접원가) = 직접재료비 + 직접노무비 + 직접경비
② 공장원가(제조원가) = 기초원가 + 제조간접비
③ 판매원가(총원가) = 공장원가 + 일반관리비 및 판매비
④ 판매가격(매출가) = 판매원가 + 이익

2 원가 계산방법

(1) 재료비의 분류
① 주요재료비　　　　　② 보조재료비
③ 매입부분품비　　　　④ 소모공구기구비품비

(2) 재료비 단가산정
① 원가법(Original Cost Method)
　㉮ 개별법(Lot Method)
　㉯ 선입선출법(FIFO, First In First Out Method)
　㉰ 후입선출법(LIFO, Last In First Out Method)
　㉱ 이동평균법(Moving Average Method)
② 표준가격법
③ 시장가격법
④ 예정가격법

(3) 노무비의 분류
① 임금 : 일급, 주급등으로 기본임금, 가급금
② 급료 : 정신적근로 월급제등
③ 잡급 : 상시 근로자가 아닌 일용근로자 보수 등
④ 종업원의 상여수당

(4) 노무비의 계산
① 지급임금 계산
② 소비임금 계산

(5) 경비
① 월할경비
　㉮ 정액법 : 연간 가액 $= \dfrac{\text{취득원가} - \text{잔존가액}}{\text{내용년수}}$

　㉯ 생산액비례법 : 단위당 감가액 $= \dfrac{\text{취득원가} - \text{잔존가액}}{\text{추정사용총단위수}}$

　㉰ 정율법 : 감가율 $= 1 - \sqrt[n]{\dfrac{S}{C}}$

　　여기서, n : 내용연수, S : 잔존가액, C : 취득원가

② 측정경비
③ 지급경비
④ 발생경비

> **REFERENCE** 손익분기점 산출 공식
>
> 손익분기점 매출액$(x) = f + (1 - \frac{V}{S})$ 여기서, f : 공정비, S : 매출액, $\frac{V}{S}$: 변동률

2. 산업 안전의 기초

1 안전관리

생산 활동 및 산업현장의 비능률적 요소를 제거하고 재해로부터 인간의 생명과 재산을 보호하기 위한 계획적이고 체계적인 제반 활동을 말한다.

(1) 안전관리 목적
　　① 인명 존중(인도주의적 사고)
　　② 경제성 향상
　　③ 생산성 향상
　　④ 사회복지 증진

(2) 안전의 중요성
　　① 개인이나 기업의 물적 인적 손실 방지
　　② 경영 극대화의 상호 이익에 따른 행복 추구
　　③ 사업주와 근로자의 이해와 협력 추구
　　④ 기업의 신뢰도 향상과 사회적 기업 육성

(3) 안전제일에 따른 이점
　　① 기업의 신뢰도를 높인다.
　　② 기업의 이직률이 감소한다.
　　③ 고유기술이 축적 되어 품질이 향상된다.
　　④ 상호 동료간의 인간관계가 개선된다.
　　⑤ 기업 내 규칙과 안전수칙이 준수된다.

2 산업 재해

(1) 재해의 발생 과정(하인리히 도미노이론)
　　① 1단계 : 사회적 환경과 유전적 요소(가정)
　　② 2단계 : 개인적 결함
　　③ 3단계 : 불안전한 상태 및 불안전한 행동
　　④ 4단계 : 사고

⑤ 5단계 : 재해(상해)

| 사회적환경 유전적요소 | 개인결함 | 불안전한 상태,행동 | 사고 | 재해 (상해) |
| 기초원인 | 2차 원인 | 직접원인 | 필연 | 우연 |

[하인리히(Heinrich)의 산업재해 도미노 이론]

(2) 재해 원인

① 불안전한 동작이 일어나는 경우
② 불안전한 해동이 무지에 의해 일어나는 경우
③ 올바른 행동을 할 수 없기에 불안전한 행동이 발생한 경우
④ 올바른 행동을 하지 않을 경우

안전사고 원인 ─┬─ 불안전한 행동(인간적 요소) 88%
　　　　　　　├─ 불안전 조건(기계의 영향) 10%
　　　　　　　└─ 천재지변 2%

(3) 산업 재해의 발생 형태

① 단순자극형
　일시적 요인으로 재해가 집중되는 현상
　예) 정비 불량, 조작 미숙
② 연쇄형
　하나의 요인으로부터 재해가 연속적으로 현상으로 단순과 복합 연쇄형으로 구분한다.
　예) 기계장비의 결함, 기계 허용한계 초과
③ 복합형
　단순자극형과 연쇄형의 복합적인 재해발생유형
　예) 기계의 용도 · 운전방법 미숙 및 장비 점검 · 정비 미숙

3 산업재해 통계

(1) 연천이율

근로자 1,000명을 1년간 기준으로 한 재해발생비율을 말하며 다음 식으로 계산한다.

$$연천이율 = \frac{연간재해자수}{연평균근로자수} \times 1,000$$

(2) 도수율(빈도율, FR ; Frequency Rate of Injury)

연간 100만 근로시간당 몇 건의 재해가 발생했는가를 나타내는 것으로 다음의 산식으로 계산한다(보통 한 사람의 평생 근로시간은 100,000을 기준한다).

$$도수율 = \frac{재해건수}{연근로총시간} \times 1,000,000$$

(3) 강도율(SR ; Severity Rate of Injury)

산업재해의 경중을 나타내며 산재로 인한 1,000시간당 근로손실일수를 말하는 것으로 다음의 산식으로 계산한다.

$$강도율 = \frac{근로손실일수}{연근로총시간} \times 1,000$$

〈장해에 따른 노동손실 일수〉

신체 장해등급	1	2	3	4	5	6	7	8	9	10	11	12	13	14
손실일수	7500	7500	7500	5500	4000	3000	2200	1500	1000	600	400	200	100	30

(4) 안전활동율

100만 시간당 안전활동건수를 말하는 것으로 다음 산식에 의해 산출한다.

$$안전활동율 = \frac{안전활동 건수}{평균근로자수 \times 근로시간수} \times 1,000,000$$

(5) 종합재해지수(FSI ; Frequency Sevenrity Indicator)

재해 빈도의 다수와 상해정도를 종합적으로 나타낸 지수로 다음과 같이 계산한다.

$$종합재해지수 = \sqrt{도수율(FR) \times 강도율(SR)}$$

제6편 공업경영 출제예상문제

01 더미활동(Dummy Activity)에 대한 설명 중 가장 적합한 것은?
① 가장 긴 작업시간이 예상되는 공정을 말한다.
② 공정의 시작에서 그 단계에 이르는 공정별 소요시간들 중 가장 큰 값이다.
③ 실제활동은 아니며, 활동의 선행조건을 네트워크에 명확히 표현하기 위한 활동이다.
④ 각 활동별 소요시간이 베타분포를 따른다고 가정할 때의 활동이다.

해설 더미활동
실제 활동은 아니며 활동의 선행조건을 네트워크에 명확히 표현하기 위한 활동이다.

02 설비의 구식화에 의한 열화는?
① 상대적 열화   ② 경제적 열화
③ 기술적 열화   ④ 절대적 열화

해설 설비의 구식화에 대한 열화는 상대적 열화이다.

03 관리한계선을 구하는 데 이항분포를 이용하여 관리선을 구하는 관리도는?
① Pn 관리도   ② u 관리도
③ $\bar{x} - R$ 관리도   ④ x 관리도

해설
① Pn 관리도(불량 개수) : 이항분포 이용
② u 관리도(단위당 결점 수)
③ $\bar{x} - R$ 관리도(메디안 범위)
④ x 관리도(개개의 측정치)

04 TQC(Total Quality Control)란?
① 시스템적 사고방법을 사용하지 않는 품질관리 기법이다.
② 애프터 서비스를 통한 품질을 보충하는 방법이다.
③ 전사적인 품질정보의 교환으로 품질향상을 기도하는 기법이다.
④ QC부의 정보분석 결과를 생산부에 피드백하는 것이다.

해설 ㉠ TQC(전사적 품질관리)
㉡ SQC(통계적 품질관리)

05 샘플링 검사의 목적으로서 틀린 것은?
① 검사비용 절감
② 생산공정상의 문제점 해결
③ 품질향상의 자극
④ 나쁜 품질인 로트의 불합격

해설 샘플링 검사란 전수검사가 좋은지 무검사가 좋은지 분명하지 않을 때 사용되는 검사방법

06 어떤 측정법으로 동일 시료를 무한 횟수로 측정하였을 때 데이터 분포의 평균치와 참값과의 차를 무엇이라 하는가?
① 신뢰성   ② 정확성
③ 정밀도   ④ 오차

해설 정확성
어떤 측정법으로 동일 시료를 무한 횟수로 측정하였을 때 데이터 분포의 평균치와 참값과의 차이

07 미리 정해진 일정 단위 중에 포함된 부적합(결점) 수에 의거 공정을 편리할 때 사용하는 관리도는?
① P 관리도   ② nP 관리도
③ c 관리도   ④ u 관리도

해설 ① P 관리도 : 불량률
② nP 관리도 : 불량 개수
③ c 관리도 : 결점 수
④ u 관리도 : 단위당 결점 수

정답 01 ③ 02 ① 03 ① 04 ③ 05 ② 06 ② 07 ③

08 단순지수평활법을 이용하여 금월의 수요를 예측하려고 한다면 이때 필요한 자료는 무엇인가?

① 일정기간의 평균값, 가중값, 지수평활계수
② 추세선, 최소자승법, 매개변수
③ 전월의 예측치와 실제치, 지수평활계수
④ 추세변동, 순환변동, 우연변동

해설 ㉠ 지수평활법 : 과거의 자료에 따라 예측할 경우 현 시점에 가까운 자료에 가장 비중을 많이 주고 과거로 거슬러 올라갈수록 그 비중을 지수적으로 감소해 감는 수요의 경향변동을 분석하는 방법
㉡ 수요예측기법 : 최소자승법, 이동평균법, 지수평활법

09 계수값 관리도는 어느 것인가?

① R 관리도
② $\overline{X}$ 관리도
③ P 관리도
④ $\overline{X}-P$ 관리도

해설 계수값(계수치) 관리도
㉠ P 관리도 : 불량률
㉡ Pn 관리도 : 불량 개수
㉢ c 관리도 : 결점 수
㉣ u 관리도 : 단위당 결점 수

10 다음 중 품질관리시스템에 있어서 4M에 해당하지 않는 것은?

① Man
② Machine
③ Material
④ Money

해설 4M
㉠ Man(사람)
㉡ Method(방법)
㉢ Material(자재)
㉣ Machine(기계)
※ Money(자본)는 7M에 해당

11 품질특성을 나타내는 데이터 중 계수치 데이터에 속하는 것은?

① 무게
② 길이
③ 인장강도
④ 부적합품의 수

해설 부적합품의 수는 계수치 데이터에 속한다.

12 문제가 되는 결과와 이에 대응하는 원인과의 관계를 알기 쉽게 도표로 나타낸 것은?

① 산포도
② 파레토도
③ 히스토그램
④ 특성요인도

해설 특성요인도
문제가 되는 특성과 이에 영향을 주는(미치는) 요인과의 관계를 알기 쉽게 도표로 나타낸 것

13 관리사이클의 순서를 가장 적절하게 표시한 것은?(단, A는 조치(Act), C는 체크(Check), D는 실시(Do), P는 계획(Plan)이다.)

① P→D→C→A
② A→D→C→P
③ P→A→C→D
④ P→C→A→D

해설 관리사이클 순서
계획 → 실시 → 체크 → 조치(P→D→C→A)

14 축의 완성지름, 철사의 인장강도, 아스피린 순도와 같은 데이터를 관리하는 가장 대표적인 관리도는?

① $\overline{x}-R$ 관리도
② nP 관리도
③ c 관리도
④ u 관리도

해설 $\overline{x}-R$ 관리도
관리항목이 축의 완성된 지름, 철사의 인장강도, 아스피린의 순도, 바이트의 소입온도, 전구의 소비전력 등과 같이 공정에서 채취한 시료의 길이, 무게, 시간, 강도, 성분, 수확률 등 계량치의 데이터에 대해서 $\overline{x}$와 R을 사용하여 공정을 관리하는 관리도

15 생산계획량을 완성하는 데 필요한 인원이나 기계의 부하를 결정하여 이를 현재인원 및 기계의 능력과 비교하여 조정하는 것은?

① 일정계획
② 절차계획
③ 공수계획
④ 진도관리

정답 08 ③ 09 ③ 10 ④ 11 ④ 12 ④ 13 ① 14 ① 15 ③

해설 ▶ 공수계획
생산계획을 완성하는 데 필요한 인원이나 기계의 부하를 결정하여 이를 현재인원 및 기계의 능력과 비교하며 조정한다.

16 다음 중 사내표준을 작성할 때 갖추어야 할 요건으로 옳지 않은 것은?

① 내용이 구체적이고 주관적일 것
② 장기적 방침 및 체계하에서 추진할 것
③ 작업표준에는 수단 및 행동을 직접 제시할 것
④ 당사자에게 의견을 말하는 기회를 부여하는 절차로 정할 것

해설 ▶ 사내표준작성 시 기록내용이 구체적이고 객관적이어야 한다.

17 ASME(American Society of Mechanical Engineers)에서 정의하고 있는 제품공정 분석표에 사용되는 기호 중 "저장(Storage)"을 표현한 것은?

① ○   ② D
③ □   ④ ▽

해설 ▶ ㉠ ○ : 작업   ㉡ □ : 검사
㉢ ⇨ : 운반   ㉣ D : 대기
㉤ ▽ : 보관

18 다음 중 신제품에 대한 수요예측방법으로 가장 적절한 것은?

① 시장조사법
② 이동평균법
③ 지수평활법
④ 최소자승법

해설 ▶ 시장조사법
신제품에 대한 수요예측방법으로 가장 적절한 조사법

19 어떤 측정법으로 동일 시료를 무한 횟수 측정하였을 때 데이터 분포의 평균치와 참값과의 차를 무엇이라 하는가?

① 편차   ② 신뢰성
③ 정밀도   ④ 정확성

해설 ▶ 정확성
데이터 분포의 평균치와 참값과의 차이다.

20 일정통제를 할 때 1일당 그 작업을 단축하는 데 소요되는 비용의 증가를 의미하는 것은?

① 비용구배(Cost Slope)
② 정상 소요시간(Normal Duration)
③ 비용견적(Cost Estimation)
④ 총비용(Total Cost)

해설 ▶ 비용구배란 일정통제를 할 때 1일당 그 작업을 단축하는 데 소요되는 비용의 증가를 의미한다.

21 도수분포표에서 도수가 최대인 곳의 대표치를 말하는 것은?

① 중위수   ② 비 대칭도
③ 모드(Mode) ④ 첨도

해설 ▶ ㉠ 도수분포표에서 도수가 최대인 곳의 대표치를 말하는 것은 Mode(모드)이다.
㉡ 도수분포(Frequency Distrbution)는 샘플의 품질특성의 측정치를 도수로 나타낸 도수분포표 또는 그림(히스토그램, 도수분포곡선)으로서 세로 측에 도수, 가로 측에 품질특성을 취하여 만든다.

22 다음 중에서 작업자에 대한 심리적 영향을 가장 많이 주는 작업측정의 기법은?

① PTS법   ② 워크 샘플링법
③ WF법   ④ 스톱워치법

해설 ▶ 스톱워치법
작업자에 대한 심리적 영향을 가장 많이 주는 작업측정의 기법

정답 16 ① 17 ④ 18 ① 19 ④ 20 ① 21 ③ 22 ④

23 작업개선을 위한 공정분석에 포함되지 않는 것은?

① 제품공정분석
② 사무공정분석
③ 직장공정분석
④ 작업자공정분석

해설 공정분석

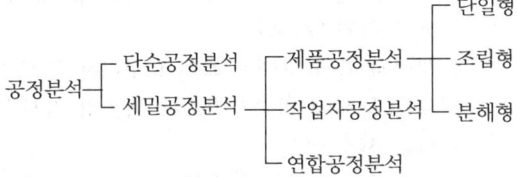

24 다음 중 브레인스토밍(Brainstorming)과 가장 관계가 깊은 것은?

① 파레토도   ② 히스토그램
③ 회귀분석   ④ 특성요인도

해설 특성요인도
결과에 요인이 어떻게 관련되어 있는가를 규명하기 위하여 작성하는 그림(브레인스토밍과 관계가 깊다.)

25 다음 중 통계량의 기호에 속하지 않는 것은?

① σ ② R
③ s ④ $\bar{x}$

해설 σ : 로트의 표준편차

26 파레토그림에 대한 설명으로 가장 거리가 먼 내용은?

① 부적합품(불량), 클레임 등의 손실금액이나 퍼센트를 그 원인별, 상황별로 취해 그림의 왼쪽에서부터 오른쪽으로 비중이 작은 항목부터 큰 항목 순서로 나열한 그림이다.
② 현재의 중요 문제점을 객관적으로 발견할 수 있으므로 관리방침을 수립할 수 있다.
③ 도수분포의 응용수법으로 중요한 문제점을 찾아내는 것으로서 현장에서 널리 사용된다.
④ 파레토그림에서 나타난 1~2개 부적합품(불량) 항목만 없애면 부적합품(불량)률은 크게 감소된다.

해설 파레토그림(Pareto Graph)의 목적
㉠ 현재의 중요문제점을 객관적으로 발견하여 관리방침 수립
㉡ 도수분포의 응용수법으로 문제점을 찾아내는 것이며 현장에서 널리 사용
㉢ 파레트 그림에서 나타난 불량품 1~2개 항목만 없애면 불량률은 크게 감소된다.

27 다음 중 계수치 관리도가 아닌 것은?

① c 관리도   ② P 관리도
③ u 관리도   ④ x 관리도

해설 ㉠ 계수치 관리도
• c 관리도
• P 관리도
• u 관리도
• nP 관리도

㉡ 계량값 관리도
• $\bar{x} - R$ 관리도
• $\tilde{x} - P$ 관리도
• $x - R$ 관리도
• $X - R_s$ 관리도
• $L - S$ 관리도

28 다음 중 반즈(Ralph M. Barnes)가 제시한 동작경제의 원칙에 해당되지 않는 것은?

① 표준작업의 원칙
② 신체의 사용에 관한 원칙
③ 작업장의 배치에 관한 원칙
④ 공구 및 설비의 디자인에 관한 원칙

해설 반즈의 동작경제 원칙
㉠ 신체의 사용에 관한 원칙
㉡ 작업장 배치에 관한 원칙
㉢ 공구 및 설비의 디자인에 관한 원칙

정답 23 ③ 24 ④ 25 ① 26 ① 27 ④ 28 ①

29 일정통제를 할 때 1일당 그 작업을 단축하는 데 소요되는 비용의 증가를 의미하는 것은?

① 비용구배(Cost Slope)
② 정상소요시간(Normal Duration Time)
③ 비용견적(Cost Estimation)
④ 총비용(Total Cost)

해설 비용구배
일정통제를 할 때 1일당 그 작업을 단축하는 데 소요되는 비용의 증가를 의미한다.

30 로트로부터 시료를 샘플링해서 조사하고, 그 결과를 로트의 판정기준과 대조하여 그 로트의 합격, 불합격을 판정하는 검사를 무엇이라 하는가?

① 샘플링검사   ② 전수검사
③ 공정검사   ④ 품질검사

해설 샘플링검사
로트로부터 시료를 샘플링해서 조사하고, 그 결과를 로트의 판정기준과 대조하여 그 로트의 합격, 불합격을 판정하는 검사이다.

31 일반적으로 품질코스트 가운데 가장 큰 비율을 차지하는 코스트는?

① 평가코스트   ② 실패코스트
③ 예방코스트   ④ 검사코스트

해설 품질코스트
㉠ 예방코스트
㉡ 평가코스트
㉢ 실패코스트(불량제품, 불량원료에 의한 손실비용으로 가장 비율이 크다.)

32 제품 공정분석표용 공정 도시기호 중 정체 공정(Delay)기호는 어느 것인가?

① ○   ② ←→
③ D   ④ □

해설 ○ : 작업(가공, 조직)   ←→ : 운반
D : 지연(정체)   □ : 양의 검사

33 계수값 규준형 1회 샘플링 검사에 대한 설명 중 가장 거리가 먼 내용은?

① 검사에 제출된 로트에 관한 사전의 정보는 샘플링 검사를 적용하는데 직접적으로 필요로 하지 않는다.
② 생산자 측과 구매자 측이 요구하는 품질보호를 동시에 만족시키도록 샘플링 검사방식을 선정한다.
③ 파괴검사의 경우와 같이 전수검사가 불가능한 때에는 사용할 수 없다.
④ 1회만의 거래 시에도 사용할 수 있다.

해설 ㉠ 규준형 샘플링 검사 : 생산자 측과 구매자 측이 요구하는 품질보호를 동시에 만족시키도록 샘플링 검사방식을 선정한다.
㉡ 계수값 규준형 샘플링 검사 시 파괴검사의 경우와 같이 전수검사가 불가능할 때는 할 수가 있다.

34 다음 중 부하와 능력의 조정을 도모하는 것은?

① 진도관리   ② 절차계획
③ 공수계획   ④ 현품관리

해설 공수계획이란 작업량을 구체적으로 결정하고 이것을 현재 작업장 인원이나 기계의 능력과 대조하여 양자의 조정을 꾀하는 기능, 즉 부하와 능력의 조정을 꾀하는 것

35 TPM 활동의 기본을 이루는 3정 5S 활동에서 3정에 해당되는 것은?

① 정시간   ② 정돈
③ 정리   ④ 정량

해설 ㉠ 생산관리 5S 원칙 : 정리, 정돈, 청소, 청경, 습관화
㉡ TPM 활동 3정 : 정량, 정품, 정위치

36 공정분석 기호 중 □는 무엇을 의미하는가?
① 검사 ② 가공
③ 정체 ④ 저장

해설
㉠ □ : 검사   ㉡ ○ : 작업
㉢ ⇒ : 운반   ㉣ ▽ : 보관
㉤ D : 대기(정체) ㉥ ◉ : 결함

37 모집단의 참값과 측정 데이터의 차를 무엇이라 하는가?
① 오차 ② 신뢰성
③ 정밀도 ④ 정확도

해설 모집단의 참값과 측정 데이터의 차를 오차라 한다.

38 관리도에서 점이 관리한계 내에 있고 중심선 한 쪽에 연속해서 나타나는 점을 무엇이라 하는가?
① 경향 ② 주기
③ 런 ④ 산포

해설
㉠ "런"이란 관리도에서 점이 관리한계 내에 있고, 중심선 한 쪽에 연속해서 나타나는 점이다.
㉡ 관리도(Control Chart)는 공정의 상태를 나타내는 특성치에 관해서 그려진 그래프로서 공정을 안전상태로 유지하기 위해 사용

39 서블리그(Therblig) 기호는 어떤 분석에 주로 이용되는가?
① 연합작업분석 ② 공정분석
③ 동작분석 ④ 작업분석

해설 Therblig 기호는 동작분석에 이용된다. 즉 동작의 기본요소이다.

40 다음 중 데이터를 그 내용이나 원인 등 분류 항목별로 나누어 크기의 순서대로 나열하여 나타낸 그림을 무엇이라 하는가?
① 히스토그램(Histogram)
② 파레토도(Pareto Diagram)
③ 특성요인도(Causes And Effects Diagram)
④ 체크시트(Check Sheet)

해설 파레토도
데이터를 그 내용이나 원인 등 분류 항목별로 나누어 크기의 순서대로 나열하여 나타낸 그림이다.

41 모든 작업을 기본동작으로 분해하고 각 기본동작에 대하여 성질과 조건에 따라 정해놓은 시간치를 적용하여 정미시간을 산정하는 방법은?
① PTS법 ② WS법
③ 스톱워치법 ④ 실적기록법

해설
㉠ PTS법 : 모든 작업을 기본동작으로 분해하고 각 기본동작에 대하여 성질과 조건에 따라 정해 놓은 시간치를 적용하여 정미시간을 산정하는 방법이다.
㉡ PTS법은 종래의 스톱워치에 의한 직접시간연구법의 결점을 보완하기 위한 새로운 수법이다.
(Predetermined Time Standard Time System)

42 다음 검사의 종류 중 검사공정에 의한 분류에 해당되지 않는 것은?
① 수입검사 ② 출하검사
③ 출장검사 ④ 공정검사

해설 검사공정
㉠ 수입검사 ㉡ 출하검사
㉢ 공정검사

43 품질관리 기능의 사이클을 표현한 것으로 옳은 것은?
① 품질개선 – 품질설계 – 품질보증 – 공정관리
② 품질설계 – 공정관리 – 품질보증 – 품질개선
③ 품질개선 – 품질보증 – 품질설계 – 공정관리
④ 품질설계 – 품질개선 – 공정관리 – 품질보증

해설 품질관리 기능 사이클
품질설계 – 공정관리 – 품질보증 – 품질개선

정답 36 ① 37 ① 38 ③ 39 ③ 40 ② 41 ① 42 ③ 43 ②

44 도수분포표를 만드는 목적이 아닌 것은?

① 데이터의 흩어진 모양을 알고 싶을 때
② 많은 데이터로부터 평균치와 표준편차를 구할 때
③ 원 데이터를 규격과 대조하고 싶을 때
④ 결과나 문제점에 대한 계통적 특성치를 구할 때

해설 도수분포표를 만드는 목적은 ①, ②, ③의 내용이다.

45 공급자에 대한 보호와 구입자에 대한 보증의 정도를 규정해 두고 공급자의 요구와 구입자의 요구 양쪽을 만족하도록 하는 샘플링 검사방식은?

① 규준형 샘플링 검사
② 조정형 샘플링 검사
③ 선별형 샘플링 검사
④ 연속생산형 샘플링 검사

해설 공급자 요구와 구입자 요구 양쪽을 만족하도록 하는 샘플링은 규준형 샘플링 검사이다.

46 다음 중 검사항목에 의한 분류가 아닌 것은?

① 자주검사   ② 수량검사
③ 중량검사   ④ 성능검사

해설 검사항목 분류
㉠ 항목에 의한 분류 : 수량, 중량, 성능
㉡ 공정에 의한 분류 : 수입, 공정, 출하(최종) 검사
㉢ 성질에 의한 분류 : 파괴, 비파괴 검사
㉣ 방법에 의한 분류 : 전수, 관리샘플링, 샘플링, 무검사
㉤ 판정대상에 의한 분류 : 전수, 관리샘플링, 샘플링, 무검사

47 이항분포(Binomial Distribution)의 특징으로 가장 옳은 것은?

① $P=0$일 때는 평균치에 대하여 좌 · 우 대칭이다.
② $P \leq 0.1$이고, $nP=0.1 \sim 10$일 때는 푸아송 분포에 근사한다.
③ 부적합품의 출현 개수에 대한 표준편차는 $D(x)=nP$이다.
④ $P \leq 0.5$이고, $nP \geq 5$일 때는 푸아송 분포에 근사한다.

해설 ㉠ P(확률) ≤ 0.1이고, nP(횟수와 확률) $=0.1 \sim 10$일 때에는 푸아송 분포에 근사한다.
㉡ 이항분포에서 nP를 일정하게 놓고 $n \to \infty$, $P \to 0$로 하면 푸아송 분포(Poisson Distribution)가 된다.

48 다음 중 검사항목에 의한 분류가 아닌 것은?

① 자주검사   ② 수량검사
③ 중량검사   ④ 성능검사

해설 검사항목
㉠ 수량검사   ㉡ 외관검사
㉢ 중량검사   ㉣ 치수검사
㉤ 성능검사

49 "무결점 운동"이라 불리는 것으로 품질개선을 위한 동기부여 프로그램은 어느 것인가?

① TQC   ② ZD
③ MIL-STD   ④ ISO

해설 ㉠ ZD : 무결점 운동
㉡ TQC : 전사적 품질관리

50 M 타입의 자동차 또는 LCD TV를 조립, 완성한 후 부적합 수(결점 수)를 점검한 데이터에는 어떤 관리도를 사용하는가?

① P 관리도   ② nP 관리도
③ c 관리도   ④ $\bar{x}-R$ 관리도

해설 ㉠ P 관리도(불량률의 관리도)
㉡ nP 관리도(불량 개수의 관리도)
㉢ c 관리도(결점 수의 관리도)
㉣ $\bar{x}-R$ 관리도(평균치와 범위의 관리도)
㉤ $\tilde{x}-R$ 관리도(메디안과 범위의 관리도)

정답 44 ④ 45 ① 46 ① 47 ② 48 ① 49 ② 50 ③

51 수요예측방법의 하나인 시계열분석에서 시계열적 변동에 해당되지 않는 것은?

① 추세변동　② 순환변동
③ 계절변동　④ 판매변동

해설 수요예측
㉠ 시계열분석(추세변동, 순환변동, 계절변동)
㉡ 희귀분석
㉢ 구조분석
㉣ 의견분석

52 원재료가 제품화 되어가는 과정, 즉 가공, 검사, 운반, 지연, 저장에 관한 정보를 수집하여 분석하고 검토를 행하는 것은?

① 사무공정 분석표　② 작업자공정 분석표
③ 제품공정 분석표　④ 연합작업 분석표

해설 제품공정 분석표
원재료가 제품화 되어가는 과정, 즉 가공, 검사, 운반, 지연, 저장에 관한 정보를 수집하여 분석하고 검토하는 것이다.

53 다음 중 절차계획에서 다루어지는 주요한 내용으로 가장 관계가 없는 것은?

① 각 작업의 소요시간
② 각 작업의 실시 순서
③ 각 작업에 필요한 기계와 공구
④ 각 작업의 부하와 능력의 조정

해설 절차계획(순서계획)은 ①, ②, ③의 내용 외에 각 공정에 필요한 인원수, 사용자재, 기타 조건 등이 있다.

54 다음 검사 중 판정의 대상에 의한 분류가 아닌 것은?

① 관리 샘플링 검사
② 로트별 샘플링 검사
③ 전수검사
④ 출하검사

해설 ㉠ 검사가 행해지는 공정에 의한 분류
• 출하검사　• 공정검사
• 최종검사　• 수입검사
• 기타 검사
㉡ 판정의 대상
• 전수검사　• 로트별 샘플링 검사
• 무검사　• 자주검사
• 관리 샘플링 검사

55 공정에서 만성적으로 존재하는 것은 아니고 산발적으로 발생하며 품질의 변동에 크게 영향을 끼치는 요주의 원인으로 우발적 원인인 것을 무엇이라 하는가?

① 우연원인
② 이상원인
③ 불가피 원인
④ 억제할 수 없는 원인

해설 이상원인
공정에서 산발적으로 발생하며 품질의 변동에 크게 영향을 끼치는 요주의 원인(우발적 원인)

56 계수규준형 1회 샘플링 검사(KS A 3102)에 관한 설명 중 가장 거리가 먼 내용은?

① 검사에 제출된 로트의 제조공정에 관한 사전정보가 없어도 샘플링 검사를 적용할 수 있다.
② 생산자 측과 구매자 측이 요구하는 품질보호를 동시에 만족시키도록 샘플링 검사방식을 선정한다.
③ 로트로부터 1회만 시료를 채취한 경우에는 이것을 표준기준과 대조해서는 불량품의 총수가 합격 판정 개수 이하라도 합격이 불가능하다.
④ 1회만의 거래 시에도 사용할 수 있다.

해설 계수규준형 1회 샘플링 검사
로트로부터 1회만 시료를 채취하고 이것을 품질기준과 대조해서 양호품과 불량품으로 구분하고 시료 중에 발견된 불량품의 총 수가 합격판정 개수 이하이면 로트 합격

정답 51 ④　52 ③　53 ④　54 ④　55 ②　56 ③

57 다음 내용은 설비보전조직에 대한 설명이다. 어떤 조직의 형태인가?

> 보전작업자는 조직상 각 제조부문의 감독자 밑에 둔다.
> - 단점 : 생산 우선에 의한 보전작업 경시, 보전기술 향상의 곤란성
> - 장점 : 운전과의 일체감 및 현장감독의 용이성

① 집중보전 ② 지역보전
③ 부문보전 ④ 절충보전

해설
㉠ 설비보전 : 보전예방, 예방보전, 개량보전, 사후보존
㉡ 보전조직 : 집중보전, 지역보전, 부문보전, 절충보전
㉢ 부문보전 : 공장의 보전요원을 각 제조부문의 감독자 아래에 배치하여 보전을 행하는 보전이다.

58 작업자가 장소를 이동하면서 작업을 수행하는 경우에 그 과정을 가공, 검사, 운반, 저장 등의 기호를 사용하여 분석하는 것을 무엇이라 하는가?

① 작업자 연합작업분석
② 작업자 동작분석
③ 작업자 미세분석
④ 작업자 공정분석

해설 공정분석
㉠ 단순공정분석
㉡ 세밀공정분석
 - 제품공정분석 : 단일형, 조립형, 분해형
 - 작업자 공정분석(가공, 검사, 운반, 저장기호 사용)
 - 연합공정분석

59 모집단을 몇 개의 층으로 나누고 각 층으로부터 각각 랜덤하게 시료를 뽑는 샘플링방법은?

① 층별 샘플링 ② 2단계 샘플링
③ 계통 샘플링 ④ 단순 샘플링

해설 층별 샘플링
모집단을 몇 개의 층으로 나누고 각 층으로부터 각각 랜덤하게 시료를 뽑는 샘플링 방법이다.

60 품질코스트(Quality Cost)를 예방코스트, 실패코스트, 평가코스트로 분류할 때 다음 중 실패코스트(Failure Cost)에 속하는 것이 아닌 것은?

① 시험 코스트 ② 불량대책 코스트
③ 재가공 코스트 ④ 설계변경 코스트

해설 실패코스트
㉠ 폐각코스트 ㉡ 재가공코스트
㉢ 외주불량코스트 ㉣ 설계변경코스트
㉤ 현지서비스코스트 ㉥ 지참서비스코스트
㉦ 대품서비스코스트 ㉧ 불량대책코스트
㉨ 재심코스트

61 다음 중 관리의 사이클을 가장 올바르게 표시한 것은?(단, A : 조처, C : 검토, D : 실행, P : 계획)

① P→C→A→D ② P→A→C→D
③ A→D→C→P ④ P→D→C→A

해설 관리의 사이클
계획 → 실행 → 검토 → 조처

62 그림과 같은 계획공정도(Network)에서 주공정은?(단, 화살표 아래의 숫자는 활동시간을 나타낸 것이다.)

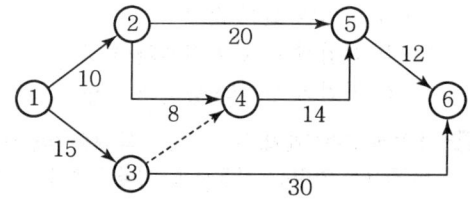

① ①-③-⑥
② ①-②-⑤-⑥
③ ①-②-④-⑤-⑥
④ ①-③-④-⑤-⑥

해설 주공정 : 가장 긴 작업시간이 예상되는 공정
① 45주(15+30)
② 42주(10+20+12)
③ 44주(10+8+14+12)
④ 41주(15+14+12)

63 다음 검사의 종류 중 검사공정에 의한 분류에 해당되지 않는 것은?

① 수입검사 ② 출하검사
③ 출장검사 ④ 공정검사

해설 검사의 분류
ⓐ 수입검사(구입검사)
ⓑ 공정검사(중간검사)
ⓒ 최종검사
ⓓ 출하검사
ⓔ 입고검사
ⓕ 출고검사
ⓖ 인수인계 검사

64 다음 중 계량값 관리도에 해당되는 것은?

① c 관리도   ② nP 관리도
③ R 관리도   ④ u 관리도

해설 ⓐ 계량값 관리도
- $\bar{x}-R$ 관리도 : 평균치와 범위의 관리도
- x 관리도 : 개개측정치의 관리도
- $\tilde{x}-R$ 관리도 : 메디안과 범위의 관리도

ⓑ 계수치 관리도
c 관리도, nP 관리도, u 관리도

65 도수분포표에서 도수가 최대인 곳의 대표치를 말하는 것은?

① 중위수   ② 비대칭도
③ 모드(Mode)   ④ 첨도

해설 도수분포 제작목적
ⓐ 데이터의 흩어진 모양을 알고 싶을 때
ⓑ 많은 데이터로부터 평균치와 표준편차를 구할 때
ⓒ 원 데이터로 규격과 대조하고 싶을 때
ⓓ 중위수 : 어떤 주어진 값들을 정렬했을 때 가장 중앙에 위치하는 값의 의미
ⓔ 비대칭도 : 왜도라 하며 분포의 치우친 정도의 의미
ⓕ 첨도 : 분포의 뾰족함
ⓖ 모드 : 도수분포표에서 도수가 최대인 곳의 대표치

66 다음 중 로트별 검사에 대한 AQL 지표형 샘플링 검사 방식은 어느 것인가?

① KS A ISO 2859-0
② KS A ISO 2859-1
③ KS A ISO 2859-2
④ KS A ISO 2859-3

해설 ⓐ 로트별 검사에 대한 AQL 지표형 샘플링 검사방식은 KS A ISO 2859-1이다.
ⓑ AQL(Average Quality Limit) : 합격품질수준

67 PERT에서 Network에 관한 설명 중 틀린 것은?

① 가장 긴 작업시간이 예상되는 공정을 주공정이라 한다.
② 명목상의 활동(Dummy)은 점선 화살표(--→)로 표시한다.
③ 활동(Activity)은 하나의 생산 작업 요소로서 원(○)으로 표시된다.
④ Network는 일반적으로 활동과 단계의 상호관계로 구성된다.

해설 PERT Network의 구성요소 중 애로 다이어그램의 구성요소에서 단계는 ○로 표시한다.(단, → : 활동 표시, --→ : 명목상의 활동 표시(가공작업))

68 관리도에서 측정한 값을 차례로 타점했을 때 점이 순차적으로 상승하거나 하강하는 것을 무엇이라 하는가?

① 런(Run)
② 주기(Cycle)
③ 경향(Trend)
④ 산포(Dispersion)

해설 경향
관리도에서 측정한 값을 차례로 타점했을 때 점이 순차적으로 상승하거나 하강하는 현상이다.

정답 63 ③ 64 ③ 65 ③ 66 ② 67 ③ 68 ③

69 다음 중 계량값 관리도만으로 짝지어진 것은?

① c 관리도, u 관리도
② $x-R_s$ 관리도, P 관리도
③ $\bar{x}-R$ 관리도, nP 관리도
④ $Me-R$ 관리도, $\bar{x}-R$ 관리도

해설 ㉠ 계량치 관리도 : $\bar{x}-R$, $x-R$, x, $x-R_s$, $\tilde{x}-R$
㉡ 계수치 관리도 : P, Pn, u, c
※ $\tilde{x}-R$: $Me-R$(메디안 계량치 관리도)

70 로트에서 랜덤하게 시료를 추출하여 검사한 후 그 결과에 따라 로트의 합격, 불합격을 판정하는 검사방법을 무엇이라 하는가?

① 자주검사   ② 간접검사
③ 전수검사   ④ 샘플링검사

해설 샘플링검사
로트에서 랜덤하게 시료를 추출하여 검사한 후 그 결과에 따라 로트의 (합격, 불합격) 판정을 하는 검사

71 "무결점 운동"으로 불리는 것으로 미국의 항공사인 마틴사에서 시작된 품질개선을 위한 동기부여 프로그램은 무엇인가?

① ZD   ② 6 시그마
③ TPM   ④ ISO 9001

해설 ZD
무결점운동(품질개선을 위한 동기부여 프로그램)

72 생산보전(PM ; Productive Maintenance)의 내용에 속하지 않는 것은?

① 사후 보전   ② 안전 보전
③ 예방 보전   ④ 개량 보전

해설 생산보전(PM)
㉠ 사후 보전(BM)
㉡ 예방 보전(PM)
㉢ 개량 보전(CM)
㉣ 보전 예방(MP)

73 다음 중 샘플링 검사보다 전부검사를 실시하는 것이 유리한 경우는?

① 검사항목이 많은 경우
② 파괴검사를 해야 하는 경우
③ 품질특성치가 치명적인 결점을 포함하는 경우
④ 다수 다량의 것으로 어느 정도 부적합품이 섞여도 괜찮을 경우

해설 품질특성치가 치명적인 결점을 포함하는 경우에는 샘플링 검사보다 전체를 전수검사 하는 것이 유리하다.

74 컨베이어 작업과 같이 단조로운 작업은 작업자에게 무력감과 구속감을 주고 생산량에 대한 책임감을 저하시키는 등 폐단이 있다. 다음 중 이러한 단조로운 작업의 결함을 제거하기 위해 채택되는 직무설계방법으로서 가장 거리가 먼 것은?

① 자율경영팀 활동을 권장한다.
② 하나의 연속작업시간을 길게 한다.
③ 작업자 스스로가 직무를 설계하도록 한다.
④ 직무확개, 직무충실화 등의 방법을 활용한다.

해설 하나의 연속작업시간을 길게 하면 작업자에게 무력감과 구속감을 주어 작업의 결함을 증가시키는 요인이 된다.

75 소비자가 요구하는 품질로서 설계와 판매정책에 반영되는 품질을 의미하는 것은?

① 시장품질
② 설계품질
③ 제조품질
④ 규격품질

해설 시장품질
소비자가 요구하는 품질로서 설계와 판매정책에 반영되는 품질이다.

76 도수분포표를 작성하는 목적으로 볼 수 없는 것은?

① 로트의 분포를 알고 싶을 때
② 로트의 평균치와 표준편차를 알고 싶을 때
③ 규격과 비교하여 부적합품률을 알고 싶을 때
④ 주요 품질항목 중 개선의 우선순위를 알고 싶을 때

해설 Frequency Distribution(도수분포)의 목적은 ①, ②, ③이다. 생산공장에서 모든 통계분포를 이해하는 기초가 도수분포이다.

77 다음 중 모집단의 중심적 경향을 나타낸 측도에 해당하는 것은?

① 범위(Range)
② 최빈값(Mode)
③ 분산(Variance)
④ 변동계수(Coefficient of variation)

해설 ㉠ 최빈값 : 모집단의 중심적 경향을 나타낸다.
㉡ 모집단 : 몇 개의 시료(샘플)를 뽑아 공정이나 로트를 실시하는 것을 모집단이라 한다.

78 Ralph M. Barnes 교수가 제시한 동작경제의 원칙 중 작업장 배치에 관한 원칙(Arrangement of the Workplace)에 해당되지 않는 것은?

① 가급적이면 낙하식 운반방법을 이용한다.
② 모든 공구나 재료는 지정된 위치에 있도록 한다.
③ 충분한 조명을 하여 작업자가 잘 볼 수 있도록 한다.
④ 가급적 용이하고 자연스런 리듬을 타고 일할 수 있도록 작업을 구성하여야 한다.

해설 ①, ②, ③은 Ralph M. Barnes 교수가 제시한 동작경제의 원칙 중 작업장 배치에 관한 원칙이다.

79 과거의 자료를 수리적으로 분석하여 일정한 경향을 도출한 후 가까운 장래의 매출액, 생산량 등을 예측하는 방법을 무엇이라 하는가?

① 델파이법
② 전문가패널법
③ 시장조사법
④ 시계열분석법

해설 시계열분석
과거의 자료를 수리적으로 분석하여 일정한 경향을 도출한 후 가까운 장래의 매출액, 생산량 등을 예측하는 방법

80 로트의 크기가 시료의 크기에 비해 10배 이상 클 때, 시료의 크기와 합격판정개수를 일정하게 하고 로트의 크기를 증가시키면 검사특성곡선의 모양 변화에 대한 설명으로 가장 적절한 것은?

① 무한대로 커진다.
② 거의 변화하지 않는다.
③ 검사특성곡선의 기울기가 완만해진다.
④ 검사특성곡선의 기울기 경사가 급해진다.

해설 lot
재료, 부품 또는 제품 등의 단위체 또는 단위량을 어떤 목적을 가지고 모은 것

81 계수 규준형 샘플링 검사의 OC 곡선에서 좋은 로트를 합격시키는 확률을 뜻하는 것은?(단, α는 제1종과오, β는 제2종과오이다.)

① α
② β
③ $1-\alpha$
④ $1-\beta$

해설 $1-\alpha$
계수 규준형 샘플링 검사의 OC곡선 좋은 로트를 합격시키는 확률을 뜻하는 것

82 작업시간 측정방법 중 직접측정법은?

① PTS법
② 경험견적법
③ 표준자료법
④ 스톱워치법

정답 76 ④ 77 ② 78 ④ 79 ④ 80 ② 81 ③ 82 ④

해설 ㉠ 스톱워치에 의한 표준시간 결정단계
측정시간 → 평준화 → 정상시간 → 여유시간 → 표준시간
㉡ 스톱워치(Stop Watch) : 직접 작업시간을 측정한다.
$1DM = \frac{1}{100분}$ 값이다.

83 로트의 크기가 시료의 크기에 비해 10배 이상 클 때, 시료의 크기와 합격판정 개수를 일정하게 하고 로트의 크기를 증가시킬 경우 검사특성곡선의 모양 변화에 대한 설명으로 가장 적절한 것은?

① 무한대로 커진다.
② 별로 영향을 미치지 않는다.
③ 샘플링 검사의 판별 능력이 매우 좋아진다.
④ 검사특성곡선의 기울기 경사가 급해진다.

해설 ㉠ 로트의 크기 : $\frac{예정생산목표량}{로트\ 수(Lot\ Number)}$(개)
㉡ 시료(샘플) : 어떤 목적을 가지고 샘플링한 것

84 축의 완성지름, 철사의 인장강도, 아스피린의 순도와 같은 데이터를 관리하는 가장 대표적인 관리도는?

① c 관리도
② nP 관리도
③ u 관리도
④ $\bar{x} - R$ 관리도

해설 ㉠ $\bar{x} - R$(평균치와 범위의) 관리도
관리 항목이 축의 완성된 지름 철사의 인장강도, 아스피린의 순도, 바이트의 소입온도, 전구의 소비전력 등과 같이 공정에서 채취한 시료의 길이, 무게, 시간, 강도, 성분, 수확률 등 계량치의 데이터 관리도
㉡ $\tilde{x} - R$(메디안과 범위의) 관리도
㉢ c(결점 수의) 관리도
㉣ u(단위당 결점 수의) 관리도

85 다음의 PERT/CPM에서 주공정(Critical Path)은?(단, 화살표 밑의 숫자는 활동시간을 나타낸다.)

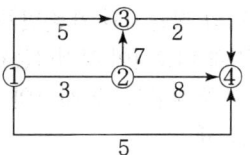

① ①-③-②-④
② ①-②-③-④
③ ①-②-④
④ ①-④

해설 ㉠ ①-② : 3, ②-③ : 7, ②-④ : 8
㉡ PERT : 최단시간의 목표달성 목적
㉢ CPM : 목표기일의 단축과 비용의 최소화 목적

86 다음 중 계량치 관리도는 어느 것인가?

① R 관리도
② nP 관리도
③ c 관리도
④ u 관리도

해설 ㉠ 계량치 관리도
• $\bar{x} - R$ 관리도(평균치와 범위)
• x 관리도(개개의 측정치)
• $\tilde{x} - R$ 관리도(메디안 범위)
㉡ 계수치 관리도 : nP, c, u 관리도

87 다음 중 인위적 조절이 필요한 상황에 사용될 수 있는 워크팩터(Work Factor)의 기호가 아닌 것은?

① D
② K
③ P
④ S

해설 ㉠ D : 일정한 정지   ㉡ S : 방향의 조절
㉢ P : 주의   ㉣ u : 방향변경

88 예방보전(Preventive Maintenance)의 효과로 보기에 가장 거리가 먼 것은?

① 기계의 수리비용이 감소한다.
② 생산시스템의 신뢰도가 향상된다.
③ 고장으로 인한 중단시간이 감소한다.
④ 예비기계를 보유해야 할 필요성이 증가한다.

정답 83 ② 84 ④ 85 ② 86 ① 87 ② 88 ④

해설 예방보전은 예비기계를 보유해야 할 필요성이 감소한다.

89 관리도에 대한 설명 내용으로 가장 관계가 먼 것은?

① 관리도는 공정의 관리만이 아니라 공정의 해석에도 이용된다.
② 관리도는 과거의 데이터의 해석에도 이용된다.
③ 관리도는 표준화가 불가능한 공정에는 사용할 수 없다.
④ 계량치인 경우에는 $\overline{X}-R$ 관리도가 일반적으로 이용된다.

해설 관리란 공정의 상태를 나타내는 특성치에 관해서 그려진 그래프로서 공정을 관거상태(안전상태)로 유지하기 위해 사용된다.
㉠ $\overline{X}-R$ 관리도 : 계량치
  Pn 관리도 : 계수치
㉡ $\overline{X}$ 관리도 : 평균치의 변화
  R 관리도 : 분포의 폭

90 다음은 워크 샘플링에 대한 설명이다. 틀린 것은?

① 관측대상의 작업을 모집단으로 하고 임의의 시점에서 작업내용을 샘플로 한다.
② 업무나 활동의 비율을 알 수 있다.
③ 기초이론은 확률이다.
④ 한 사람의 관측자가 1인 또는 1대의 기계만을 측정한다.

해설 워크 샘플링
사람이나 기계의 가동상태 및 작업의 종류 등을 순간적으로 관측하고 이러한 관측을 반복하여 각 관측 항목의 시간 구성이나 그 추이 상황을 통계적으로 추측하는 법이다.

91 그림의 OC곡선을 보고 가장 올바른 내용을 나타낸 것은?

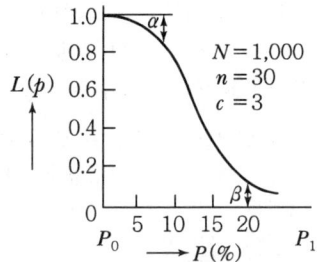

① α : 소비자 위험
② $L(p)$: 로트의 합격 확률
③ β : 생산자 위험
④ 불량률 : 0.03

해설 OC(Operating Characteristic Curves)는 불량률이 커지면 로트가 합격할 확률은 작아진다.
㉠ α : 생산자 위험
㉡ β : 소비자 위험
㉢ P_0, P_1 : 불량률

92 품질관리 활동의 초기단계에서 가장 큰 비율로 들어가는 코스트는?

① 평가코스트   ② 실패코스트
③ 예방코스트   ④ 검사코스트

해설 ㉠ 실패코스트 : 품질관리 활동의 초기단계에서 가장 큰 비율로 들어가는 코스트이다.
㉡ 평가코스트 : 품질코스트에서 품질수준을 유지하기 위하여 소요되는 비용이다.

93 PERT/CPM에서 Network 작도 시 ·······▶ 은 무엇을 나타내는가?

① 단계(Event)
② 명목상의 활동(Dummy Activity)
③ 병행활동(Paralleled Activity)
④ 최초단계(Initial Event)

해설 ㉠ PERT/CPM에서 Network 작도 시 ·······▶ 은 명목상의 활동이다.
㉡ PERT 기법이란 경영 관리자가 사업목적 달성을 위하여 수행하는 기본계획

94 로트(Lot)수를 가장 올바르게 정의한 것은?
① 1회 생산수량을 의미한다.
② 일정한 제조횟수를 표시하는 개념이다.
③ 생산목표량을 기계대수로 나눈 것이다.
④ 생산목표량을 공정수로 나눈 것이다.

해설 로트는 단위생산수량이다. 즉 로트수란 일정한 제조횟수이다. 로트의 크기란 예정생산 목표량을 로트 수로 나눈 값이다.

$$크기 = \frac{예정생산목표량}{로트수}$$

95 신제품에 가장 적절한 수요예측방법은?
① 시계열분석   ② 의견분석
③ 최소자승법   ④ 지수평활법

해설 ㉠ 의견분석 : 신제품에 가장 적합한 수요예측이다.
㉡ 수요예측방법 : 시계열분석, 회귀분석, 구조분석, 의견분석

96 공정 도시기호 중 공정계열의 일부를 생략할 경우에 사용되는 보조 도시기호는?

① 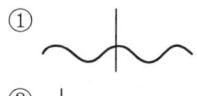   ②
③    ④

해설 ㉠ ～～ : 소관 구분
㉡ ┼ : 공정도 생략
㉢ ✕ : 폐기

97 제품공정분석표에 사용되는 기호 중 공정 간의 정체를 나타내는 것은?
① ◇   ② ▽
③ ✡   ④ △

해설 ◇ : 양과 질의 검사
▽ : 공정 간의 대기(정체)
✡ : 작업 중 일시 대기
△ : 저장(보관)

98 다음 중 검사판정의 대상에 의한 분류가 아닌 것은?
① 관리 샘플링 검사
② 로트별 샘플링 검사
③ 전수검사
④ 출하검사

해설 판정의 대상
㉠ 전수검사(100% 검사)
㉡ 로트별 샘플링 검사
㉢ 관리 샘플링 검사
㉣ 무검사
㉤ 자주검사

99 관리도에서 점이 관리한계 내에 있으나 중심선 한쪽에 연속해서 나타나는 점의 배열현상을 무엇이라 하는가?
① 런   ② 경향
③ 산포   ④ 주기

해설 RUN(런)
관리도에서 점이 관리한계 내에 있으나 중심선 한쪽에 연속해서 나타나는 점의 배열 현상

100 예방보전의 기능에 해당되지 않는 것은?
① 취급되어야 할 대상설비의 결정
② 정비작업에 점검시기의 결정
③ 대상설비 점검개소의 결정
④ 대상설비의 외주이용도 결정

해설 설비보전
㉠ 보전 예방   ㉡ 예방 보전
㉢ 계량 보전   ㉣ 사후 보존

101 u 관리도의 관리상한선과 관리하한선을 구하는 식으로 옳은 것은?

① $\bar{u} \pm 3\sqrt{u}$
② $\bar{u} \pm \sqrt{u}$
③ $\bar{u} \pm 3\sqrt{\dfrac{u}{n}}$
④ $\bar{u} \pm \sqrt{n \cdot \bar{u}}$

해설 u 관리도는 관리항목으로 직물의 얼룩, 에나멜 동선의 핀 홀 등과 같은 결점수를 취급할 때 검사하는 시료의 길이나 면적 등이 일정하지 않은 경우에 사용한다.

$\text{UCL} = \bar{u} \pm 3\sqrt{\dfrac{u}{n}}$

102 정상소요기간이 5일이고, 이때의 비용이 20,000원이며 특급소요기간이 3일이고, 이때의 비용이 30,000원이라면 비용구배는 얼마인가?

① 4,000원/일
② 5,000원/일
③ 7,000원/일
④ 10,000원/일

해설 추가비용 = 30,000원 − 20,000원 = 10,000원
단축시간 = 5일 − 3일 = 2일
∴ 비용구배 = $\dfrac{10,000원}{2일}$ = 5,000원/일

103 부적합품률이 1%인 모집단에서 5개의 시료를 랜덤하게 샘플링할 때, 부적합품 수가 1개일 확률은 약 얼마인가?(단, 이항분포를 이용하여 개선한다.)

① 0.048
② 0.058
③ 0.48
④ 0.58

해설 이항분포 $P(x) = {}_nC_x P^x (1-P)^{N-x}$
불량률 1% = 0.01, $(1-P) = 0.09$
$x = 0$
∴ $\dfrac{5}{0-(5-0)}(0.01)^0(0.09)^5 = 0.048$

104 다음 표는 A 자동차 영업소의 월별 판매실적을 나타낸 것이다. 5개월 단순이동평균법으로 6월의 수요를 예측하면 몇 대인가?

(단위 : 대)

월	1	2	3	4	5
판매량	100	110	120	130	140

① 120
② 130
③ 140
④ 150

해설 $\dfrac{100+110+120+130+140}{5} = 120$대

105 c 관리도에서 $k = 20$인 군의 총부적합(결점)수 합계는 58이었다. 이 관리도의 UCL, LCL을 구하면 약 얼마인가?

① UCL = 6.92, LCL = 0
② UCL = 4.90, LCL = 고려하지 않음
③ UCL = 6.92, LCL = 고려하지 않음
④ UCL = 8.01, LCL = 고려하지 않음

해설 c 관리도(결점 수의 관리도)
UCL & LCL = $\bar{\bar{x}} \pm E_2 \bar{R}$
중심선(CL) = $\bar{c} = \dfrac{\Sigma c}{k} = \dfrac{80}{20} = 2.9$
ULC = $\bar{c} + 3\sqrt{c} = 2.9 + 3\sqrt{2.9} = 8.01$
※ LCL = $\bar{c} - 3\sqrt{c} = 2.9 - 3\sqrt{2.9} = -2.21$
(일반적으로 고려하지 않는다.)

106 다음 표를 이용하여 비용 구배(Cost Slope)를 구하면 얼마인가?

정상		특급	
소요시간	소요비용	소요시간	소요비용
5일	40,000원	3일	50,000원

① 3,000원/일
② 4,000원/일
③ 5,000원/일
④ 6,000원/일

해설 5일 − 3일 = 2일
50,000 − 40,000 = 10,000
∴ $\dfrac{10,000}{2}$ = 5,000원/일

107 여유시간이 5분, 정미시간이 40분일 경우 내경법으로 여유율을 구하면 약 몇 %인가?

① 6.38% ② 9.05%
③ 11.11% ④ 12.50%

해설 ㉠ 외경법 = $\frac{여유시간}{정미시간} \times 100 = \frac{5}{40} \times 100 = 12.5\%$

㉡ 내경법 = $\frac{여유시간}{정미시간 + 여유시간} \times 100$
= $\frac{5}{40+5} \times 100 = 11.11\%$

108 계수치 관리도에서 u 관리도의 공식으로 가장 올바른 것은?

① $\bar{u} \pm 3\sqrt{\bar{u}}$ ② $\bar{u} \pm \sqrt{\bar{u}}$
③ $\bar{u} \pm 3\sqrt{\frac{\bar{u}}{n}}$ ④ $\bar{u} \pm \sqrt{n}$

해설 ㉠ u 관리도 공식 = $\bar{u} \pm 3\sqrt{\frac{\bar{u}}{n}}$

㉡ u 관리도 : 단위당 결점수의 관리도

109 준비작업시간이 5분, 정미작업시간이 20분, lot 수 5주 작업에 대한 여유율이 0.2라면 가공시간은?

① 150분 ② 145분
③ 125분 ④ 105분

해설 $(5+20) \times 5 = 125분$

110 표는 어느 회사의 1월~5월까지의 월별 판매실적을 나타낸 것이다. 5개월 이동평균법으로 6월의 수요를 예측하면?

월	1	2	3	4	5
판매량	100	110	120	130	140

① 150 ② 140
③ 130 ④ 120

해설 $\frac{100+110+120+130+140}{5} = 120$

111 연간 소요량 4,000개인 어떤 부품의 발주비용은 매회 200원이며 부품단가는 100원, 연간 재고유지비율이 10%일 때, F. W. Harris식에 의한 경제적 주문량은 얼마인가?

① $\frac{40개}{회}$ ② $\frac{400개}{회}$
③ $\frac{1,000개}{회}$ ④ $\frac{1,300개}{회}$

해설 $4,000 \times 0.1 = \frac{400개}{회}$

※ 연간 재고유지비율 10%(0.1)

112 nP 관리도에서 시료군마다 $n = 100$이고, 시료군의 수가 $k = 20$이며, $\sum nP = 77$이다. 이때 nP 관리도의 관리상한선 UCL을 구하면 얼마인가?

① UCL = 8.94
② UCL = 3.85
③ UCL = 5.77
④ UCL = 9.62

해설 nP 관리도(불량개수), UCL(관리 상한), n(시료군의 크기)

UCL = $n\bar{P} + 3\sqrt{n\bar{P}(1-\bar{P})}$
= $\frac{77}{20} + 3\sqrt{\frac{77}{20} \times \left(1 - \frac{77}{100}\right)} = 9.62$

113 준비작업시간 100분, 개당 정미작업시간 15분, 로트 크기 20일 때 1개당 소요작업시간은 얼마인가?

① 15분 ② 20분
③ 35분 ④ 45분

해설 15분 × 로트 크기 20 = 300분
총시간 = 300 + 100 = 400분
∴ 1개당 소요작업시간 = $\frac{400}{200} = 20분/개$

정답 107 ③ 108 ③ 109 ③ 110 ④ 111 ② 112 ④ 113 ②

114 다음과 같은 데이터에서 5개월 이동평균법에 의하여 8월의 수요를 예측한 값은 얼마인가?

월	1	2	3	4	5	6	7
판매실적	100	90	110	100	115	110	100

① 103 ② 105
③ 107 ④ 109

해설 3월~7월까지(5개월)
110＋100＋115＋110＋100＝535개
8월 예측값＝$\frac{535}{5}$＝107개

115 어떤 회사의 매출액이 80,000원, 고정비가 15,000원, 변동비가 40,000원일 때 손익분기점 매출액은 얼마인가?

① 25,000원 ② 30,000원
③ 40,000원 ④ 55,000원

해설 손익분기점 매출액＝$\frac{고정비}{한계이익률}$
＝$\frac{고정비}{1-\left(\frac{변동비}{매상고}\right)}$
＝$\frac{15,000}{1-\frac{40,000}{80,000}}$＝30,000원

116 c 관리도의 관리한계선을 구하는 식으로 옳은 것은?

① $\bar{u}\pm\sqrt{u}$ ② $\bar{u}\pm3\sqrt{u}$
③ $\bar{u}\pm3\sqrt{n\bar{u}}$ ④ $\bar{c}\pm3\sqrt{c}$

해설 ㉠ c 관리도
 • 관리한계선 : UCL, LCL
 • UCL＝$\bar{c}+3\sqrt{c}$
 • LCL＝$\bar{c}-3\sqrt{c}$
㉡ 중심선 CL＝$\bar{c}=\frac{\sum c}{K}$

117 로트의 크기 30, 부적합품률이 10%인 로트에서 시료의 크기를 5로 하여 랜덤 샘플링할 때, 시료 중 부적합품수가 1개 이상일 확률은 약 얼마인가?(단, 초기하분포를 이용하여 계산한다.)

① 0.3695 ② 0.4335
③ 0.5665 ④ 0.6305

해설 랜덤 샘플링(Random Sampling) : 초기하분포 이용
$_5C_1\times0.1^1\times(1-0.1)^{5-4}=0.4335$
$P(x\geq1)=P(1)+P(2)+P(3)+P(4)+P(5)$
$=\frac{\binom{3}{1}\binom{27}{4}}{\binom{30}{5}}+\frac{\binom{3}{2}\binom{27}{3}}{\binom{30}{5}}+\frac{\binom{3}{3}\binom{27}{2}}{\binom{30}{5}}$
$=\frac{_3C_1\times_{27}C_4}{_{30}C_5}+\frac{_3C_2\times_{27}C_3}{_{30}C_5}+\frac{_3C_3\times_{27}C_2}{_{30}C_5}$
≒0.4335

118 다음의 데이터를 보고 편차 제곱합(S)을 구하면?(단, 소수점 이하 3자리까지 구하시오.)

18.8, 19.1, 18.8, 18.2, 18.4, 18.3, 19.0, 18.6, 19.2

① 0.338 ② 1.029
③ 0.114 ④ 1.014

해설 편차의 제곱합(S)
$S=\sum_{i=1}^n(x_i-\bar{x})^2=\sum x_i^2-n(\bar{x})^2$
$=\sum x_i^2-\frac{(\sum x_i)^2}{n}$

119 여력을 나타내는 식으로 가장 올바른 것은?

① 여력＝1일 실동시간×1개월 실동시간×가동대수
② 여력＝(능력－부하)×$\frac{1}{100}$
③ 여력＝$\frac{능력－부하}{능력}\times100$
④ 여력＝$\frac{능력－부하}{부하}\times100$

정답 114 ③ 115 ② 116 ④ 117 ② 118 ② 119 ③

[해설] ㉠ 여력 = $\frac{능력-부하}{능력} \times 100$

㉡ 여력계획의 종류
- 장기여력 계획(반년~3년)
- 중기여력 계획(30일, 15일, 10일)
- 단기여력 계획(3일, 7일)

120 로트 크기 1,000, 부적합품률이 15%인 로트에서 5개의 랜덤 시료 중에서 발견된 부적합품 수가 1개일 확률을 이항분포로 계산하면 약 얼마인가?

① 0.1648 ② 0.3915
③ 0.6085 ④ 0.835

[해설] 로트 크기 = 1,000, 부적합품 수(x) = 1개 이상 나올 확률을 구하면(합격품 수 : 5-1=4)
불량품의 개수(D) = 1,000 × 15% = 150개
(1,000 - 150 = 850)

$P(x) = \frac{\binom{D}{x}\binom{N-D}{n-x}}{\binom{N}{n}}$

이항분포에서 불량률이 P인 베르누이 시행이 n회 반복되는 경우 불량품 개수(x)의 분포도
$P(x) = {}_nC_x P^x (1-P)^{n-x}$ 이므로
$P(1) = {}_5C_1 \times 0.15^1 \times (1-0.15)^{5-1} = 0.3915\%$

121 월 100대의 제품을 생산하는 데 세이퍼 1대의 제품 1대당 소요공수가 14.4H라 한다. 1일 8H, 월 25일, 가동한다고 할 때 이 제품 전부를 만드는 데 필요한 세이퍼의 필요 대수를 계산하면?(단, 작업자 가동률 80%, 세이퍼 가동률 90%이다.)

① 8대 ② 9대
③ 10대 ④ 11대

[해설] 14.4 × 100 = 1,440H
∴ $\frac{1,440H}{8H \times 25 \times 0.8 \times 0.9} = 10$

122 방법시간측정법(MTM ; Method Time Measurement)에서 사용되는 1TMU(Time Measurement Unit)는 몇 시간인가?

① $\frac{1}{100,000}$시간
② $\frac{1}{10,000}$시간
③ $\frac{6}{10,000}$시간
④ $\frac{36}{1,000}$시간

[해설] 1TMU 시간 : $\frac{1}{100,000}$시간

123 표준시간을 내경법으로 구하는 수식은?

① 표준시간 = 정미시간 + 여유시간
② 표준시간 = 정미시간 × (1 + 여유율)
③ 표준시간 = 정미시간 × $\left(\frac{1}{1-여유율}\right)$
④ 표준시간 = 정미시간 × $\left(\frac{1}{1+여유율}\right)$

[해설] ㉠ 표준시간(내경법) = 정미시간 × $\left(\frac{1}{1-여유율}\right)$
㉡ 표준시간(외경법) = 정미시간 × $\left(\frac{1}{1+여유율}\right)$

124 제품공정 분석표(Product Process Chart) 작성 시 가공시간 기입법으로 가장 올바른 것은?

① $\frac{1개당\ 가공시간 \times 1로트의\ 수량}{1로트의\ 총가공시간}$
② $\frac{1로트의\ 가공시간}{1로트의\ 총가공시간 \times 1로트의\ 수량}$
③ $\frac{1개당\ 가공시간 \times 1로트의\ 총가공시간}{1로트의\ 수량}$
④ $\frac{1개당\ 총가공시간}{1개당\ 가공시간 \times 1로트의\ 수량}$

[해설] 가공시간 기입법
$\frac{1개당\ 가동시간 \times 1로트의\ 수량}{1로트의\ 총가공시간}$

정답 120 ② 121 ③ 122 ① 123 ③ 124 ①

125 로트 수가 10이고 준비작업시간이 20분이며, 로트별 정미작업시간이 60분이라면 1로트당 작업시간은?

① 90분 ② 62분
③ 26분 ④ 13분

해설) $60 + \frac{20}{10} = 62$분

126 어떤 공장에서 작업을 하는 데 소요되는 기간과 비용이 다음 표와 같을 때 비용구배는 얼마인가?(단, 활동시간의 단위는 일(日)로 계산한다.)

정상작업		특급작업	
기간	비용	기간	비용
15일	150만 원	10일	200만 원

① 50,000원 ② 100,000원
③ 200,000원 ④ 300,000원

해설) 비용구배 $= \frac{200만원 - 150만원}{15일 - 10일}$
$= 100,000$원/일

127 다음 데이터로부터 통계량을 계산한 것 중 틀린 것은?

21.5, 23.7, 24.3, 27.2, 29.1

① 중앙값(Me) = 24.3
② 제곱합(S) = 7.59
③ 시료분산(s^2) = 8.988
④ 범위(R) = 7.6

해설) ㉠ $29.1 - 21.5 = 7.6$
㉡ 중앙값 = 24.3

128 $\bar{x}$ 관리도에서 관리상한이 22.15, 관리하한이 6.85, $\bar{R} = 7.5$일 때 시료군의 크기(n)는 얼마인가?(단, $n = 2$일 때 $A_2 = 1.88$, $n = 3$일 때 $A_2 = 1.02$, $n = 4$일 때 $A_2 = 0.73$, $n = 5$일 때 $A_2 = 0.58$이다.)

① 2 ② 3
③ 4 ④ 5

해설) $\bar{x}$: 시료군의 평균치, $\bar{R}$: 범위(시료군 범위)

APPENDIX

01

과년도 기출문제

2015년 4월 4일 시행
2015년 7월 19일 시행

2016년 4월 2일 시행
2016년 7월 10일 시행

2017년 3월 5일 시행
2017년 7월 8일 시행

2018년 3월 31일 시행

2015년 4월 4일 과년도 기출문제

01 자동제어의 종류 중 주어진 목표값과 조작된 결과의 제어량을 비교하여 그 차를 제거하기 위하여 출력 측의 신호를 입력 측으로 되돌려 제어하는 것은?

① 피드백 제어
② 시퀀스 제어
③ 인터록 제어
④ 캐스케이드 제어

해설 피드백 제어
목표값과 제어량을 비교하여 그 차를 제거하기 위하여 출력 측의 신호를 입력 측으로 되돌려 수정 동작이 가능한 제어

02 증기난방의 설명 중 틀린 것은?

① 단관중력환수식은 환수관이 별도로 없어서 방열기 상부에 공기빼기장치가 필요하다.
② 기계환수식은 응축수를 일단 급수탱크에 모아서 펌프를 사용하여 보일러로 급수한다.
③ 진공환수식은 방열기마다 공기빼기 장치가 필요하다.
④ 진공환수식은 대규모 설비에서 사용되며 방열량이 광범위하게 조절된다.

해설 진공환수식 증기난방은 진공도가 100~250mmHg라서 방열기 공기빼기는 필요 없고(방열기 공기빼기는 중력환수식에 사용) 진공펌프를 이용하여 응축수를 환수시킨다.

03 관성력 집진장치의 형식 분류에 속하지 않는 것은?

① 포켓형
② 직관형
③ 곡관형
④ 루버형

해설 관성식 집진장치
포켓형, 곡관형, 루버형, 1단형(중력식), 멀티버플형 등

04 유압분무식 버너의 특성에 대한 설명으로 틀린 것은?

① 유압펌프로 기름에 고압력($5 \sim 20$kgf/cm^2)을 주어서 버너팁에서 노 내로 분출하여 무화시킨다.
② 분무각도는 설계에 따라 $40 \sim 90°$ 정도의 넓은 각도로 할 수 있다.
③ 유량은 유압의 평방근에 반비례한다.
④ 무화매체인 공기나 증기가 필요 없다.

해설 유압분무식 버너
유량은 유압(오일압력)의 평방근에 비례하여 분사된다. (구조는 간편하나 분무가 순조롭지 못하다.)

05 보일러의 연소실이나 연료에 따라 연소가스 폭발을 대비하여 설치하는 안전장치는?

① 파괴판
② 안전밸브
③ 방폭문
④ 가용전

해설 노통보일러

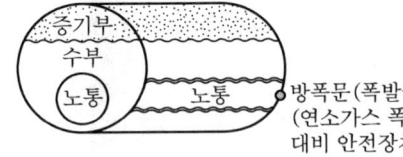

방폭문(폭발구)
(연소가스 폭발 대비 안전장치)

정답 01 ① 02 ③ 03 ② 04 ③ 05 ③

06 감압밸브의 설치 시 이점에 대한 설명으로 틀린 것은?

① 증기를 감압시키면 잠열이 증가되므로 최대한의 열을 이용할 수 있다.
② 포화증기는 일정한 온도를 가지므로 특정 온도를 유지할 수 있다.
③ 고압증기를 저압증기로 변화시키면 증기의 건도를 향상시킬 수 있다.
④ 고압증기보다 저압증기를 공급하면 배관 관경을 작게 할 수 있으며 경제적이다.

해설 저압증기
비체적(m^3/kg)이 커서 배관의 관경이 커야 한다.

07 어떤 보일러의 원심식 급수펌프가 2,500rpm으로 회전하여 $200m^3/h$의 유량을 공급한다고 한다. 이 펌프를 1,500rpm으로 회전시키면 공급되는 유량은?

① $100m^3/h$ ② $120m^3/h$
③ $140m^3/h$ ④ $160m^3/h$

해설 유량은 회전수 증가에 비례한다.
$$\therefore 200 \times \left(\frac{1,500}{2,500}\right) = 120m^3/h$$

08 보일러의 자연통풍력에 대한 설명으로 틀린 것은?

① 외기온도가 높으면 통풍력은 증가한다.
② 연돌의 높이가 높으면 통풍력은 증가한다.
③ 배기가스 온도가 높으면 통풍력은 증가한다.
④ 연돌의 단면적이 클수록 증가한다.

해설 자연통풍력은 외기온도가 낮을 때 증가한다.

09 증기보일러의 사용 전 준비사항으로 적절하지 않은 것은?

① 보일러 가동 전 압력계의 지침은 0점에 있어야 한다.
② 주 증기 밸브를 열어 놓은 후 보일러를 가동한다.
③ 원심식 펌프는 수동으로 회전시켜 이상 유무를 살펴본다.
④ 자동급수장치의 전원을 넣을 때 전류흐름의 지침이나 표시전등의 정상 유무를 확인한다.

해설 보일러 사용 전에는 항상 주 증기 밸브는 닫고 운전 시 가동한다.(증기가 설정 압력이 되면 주 증기 밸브를 개방시킨다.)

10 지역난방의 특징에 대한 설명으로 틀린 것은?

① 각 건물에 보일러를 설치하는 경우에 비해 건물의 유효면적이 증대된다.
② 각 건물에 보일러를 설치하는 경우에 비해 열효율이 좋아진다.
③ 설비의 고도화에 따라 도시매연이 감소된다.
④ 열매체로 증기보다 온수를 사용하는 것이 관 내 저항손실이 적으므로 주로 온수를 사용한다.

해설 지역난방은 전기 생산에 의해 증기열매체를 사용한 후 온수로 만들어 난방수로 공급한다.(증기가 온수보다 관 내 저항손실이 적다.)

11 교축열량계는 무엇을 측정하는 것인가?

① 증기의 압력   ② 증기의 온도
③ 증기의 건도   ④ 증기의 유량

해설 교축열량계
습포화증기의 증기건조도 측정계

12 액상식 열매체 보일러 및 온도 120℃ 이하의 온수 발생 보일러에 설치하는 방출밸브 지름은 몇 mm 이상으로 하는가?

① 5mm   ② 10mm
③ 15mm ④ 20mm

해설 액상식 열매체 보일러, 120℃ 이하 온수보일러의 방출밸브(릴리프 밸브) 안지름은 20mm 이상으로 한다.

정답 06 ④ 07 ② 08 ① 09 ② 10 ④ 11 ③ 12 ④

13 개방식과 밀폐식 팽창탱크에 공통적으로 필요한 것은?

① 통기관 ② 압력계
③ 팽창관 ④ 안전밸브

해설 개방식, 밀폐식 팽창탱크에 다같이 공통으로 팽창탱크 및 팽창관이 필요하다.
㉠ 통기관 : 개방식
㉡ 압력계 · 안전밸브 : 밀폐식

14 과열기(Super Heater)에 대한 설명으로 옳은 것은?

① 포화증기의 온도를 높이기 위한 장치이다.
② 포화증기의 압력과 온도를 높이기 위한 장치이다.
③ 급수를 가열하기 위한 장치이다.
④ 연소용 공기를 가열하기 위한 장치이다.

해설
습포화증기 →가열→ 건포화증기 →가열→ 과열증기
(온도 압력 일정)　(온도 압력 일정)　(온도상승 압력일정)

15 보일러 연료로서 중유가 석탄보다 좋은 점을 설명한 것으로 틀린 것은?

① 연소장치가 필요 없다.
② 단위중량당 발열량이 크다.
③ 운반과 저장이 편리하다.
④ 그을음이 적고 재의 처리가 간단하다.

해설 오일 중유, 석탄, 가스 모두 버너나 화실 등 연소장치가 필요하다.

16 보일러의 부속장치에서 수트블로어(Soot Blower)의 사용 시 주의사항으로 가장 거리가 먼 것은?

① 보일러의 부하가 60% 이상인 때는 사용하지 않는다.
② 소화 후에는 수트블로어 사용을 금지한다.
③ 분출 시에는 유인 통풍을 증가시킨다.
④ 분출 전에는 분출기 내부에 드레인을 제거시킨다.

해설 수트블로어(그을음 제거기)는 보일러 부하가 60% 이상일 때 사용한다.

17 다음 중 복사난방에서 방열관의 열전도율이 큰 순서대로 나열된 것은?

① 강관 > 폴리에틸렌관 > 동관
② 동관 > 폴리에틸렌관 > 강관
③ 동관 > 강관 > 폴리에틸렌관
④ 폴리에틸렌관 > 동관 > 강관

해설 열전도율이 큰 순서
동관 > 강관 > 폴리에틸렌관(PE관 : XL 파이프)

18 관류보일러(단관식)의 특징을 설명한 것으로 틀린 것은?

① 관로만으로 구성되어 기수드럼을 필요로 하지 않고 관을 자유로이 배치할 수 있다.
② 전열면적에 비해 보유수량이 많아 기동에서 소요증기 발생까지의 시간이 길다.
③ 부하변동에 의해 압력변동이 생기기 때문에 응답이 빠르고 급수량 및 연료량의 자동 제어 장치가 필요하다.
④ 작고 가느다란 관 내에서 급수의 전부 또는 거의가 증발되기 때문에 제대로 처리된 급수를 사용해야 한다.

해설 관류보일러(수관식 보일러 일종)
전열면적은 크고 보유수량이 적어서 증기소요발생시간이 매우 짧고 급수처리가 매우 까다롭다.

19 집진장치의 종류 중 집진효율이 가장 높고, 0.05~20μm 정도의 미립자까지 집진이 가능한 장치는?

① 전기 집진장치 ② 관성력 집진장치
③ 세정 집진장치 ④ 원심력 집진장치

해설 전기식 집진장치
효율이 99.5% 정도로 매우 높고 미립자(0.05~20μm)까지 집진하여 처리가 가능하다.

정답 13 ③ 14 ① 15 ① 16 ① 17 ③ 18 ② 19 ①

20 복사난방의 특징에 대한 설명으로 틀린 것은?

① 방열기의 설치가 불필요하며 바닥 면의 이용도가 높다.
② 실내 평균온도가 높아 손실열량이 크다.
③ 건물 구조체에 매입배관을 하므로 시공 및 고장수리가 어렵다.
④ 예열시간이 많이 걸려 일시적 난방에는 부적당하다.

[해설] 복사난방은 실내평균온도가 균일하고 열 손실열량이 적다.(구조체 내부에 온수배관을 매설하여 난방한다.)

21 2장의 전열판을 일정한 간격을 둔 상태에서 시계의 태엽 모양으로 감아 나간 것으로 저유량에서 심한 난기류 등이 유발되는 곳에 사용하는 열교환기의 형식은?

① 플레이트식 열교환기
② 2중관식 열교환기
③ 스파이럴형 열교환기
④ 셸 앤 튜브식 열교환기

[해설] 스파이럴형 열교환기
2장의 전열판을 일정한 간격을 둔 상태로 시계의 태엽 모양으로 감아 나간 것으로 저유량에서 심한 난기류 등이 유발되는 곳에 사용하여 전열이 매우 효과적이다.

22 실제 증발량 4ton/h인 보일러의 효율이 85%이고, 급수 온도가 40℃, 발생증기 엔탈피가 650kcal/kg이다. 이 보일러의 연료소비량은? (단, 연료의 저위발열량은 9,800kcal/kg이다.)

① 361kg/h
② 293kg/h
③ 250kg/h
④ 395kg/h

[해설] $85\% = \dfrac{4 \times 1,00004 \times (650-40)}{G_f \times 9,800}$

연료소비량$(G_f) = \dfrac{4,000(650-40)}{0.85 \times 9,800}$
$= 293 \text{kg/h}$

23 건조공기 성분 중 산소와 질소의 용적비율로 가장 적절한 것은?(단, 공기는 산소와 질소로만 이루어진 것으로 가정한다.)

① 산소 21%, 질소 79%
② 산소 30%, 질소 70%
③ 산소 11%, 질소 89%
④ 산소 35%, 질소 65%

[해설] 건조공기 용적비
㉠ 산소 21%(중량비 : 23.2%)
㉡ 질소 79%(중량비 : 76.8%)

24 보일러의 연소실 내부에서 전열면으로 열이 전달되는 형태 중 가장 크게 작용하는 열전달 방식은?

① 전도
② 대류
③ 복사
④ 비등

[해설] 열전달
전도, 대류, 복사 중 복사열전달이 60% 이상이다.

25 다음 중 물때(Scale)가 부착됨으로써 보일러에 미치는 영향으로 가장 거리가 먼 것은?

① 포밍을 일으킨다.
② 연료 손실을 일으킨다.
③ 관의 부식을 일으킨다.
④ 국부 과열로 보일러의 동판을 손상시킨다.

[해설] 물때, 스케일, 그을음은 열의 전달을 방해하여 열손실을 일으키고 관의 부식, 국부과열 초래, 보일러 동판의 강도 저하를 유발한다.(포밍 : 유지분 등에 의한 거품 현상)

26 보일러 급수 중의 용존 고형물을 처리하는 방법이 아닌 것은?

① 가성소다법
② 석회소다법
③ 응집침강법
④ 이온교환법

[해설] 모래, 자갈, 철분(고체협잡물) 처리는 응집법, 침강법, 여과법을 이용한다.

정답 20 ② 21 ③ 22 ② 23 ① 24 ③ 25 ① 26 ③

27 스테판–볼츠만의 법칙에 대한 설명으로 옳은 것은?

① 완전흑체 표면에서의 복사열 전달열은 절대온도의 4승에 비례한다.
② 완전흑체 표면에서의 복사열 전달열은 절대온도의 4승에 반비례한다.
③ 완전흑체 표면에서의 복사열 전달열은 절대온도의 2승에 비례한다.
④ 완전흑체 표면에서의 복사열 전달열은 절대온도에 반비례한다.

해설 스테판–볼츠만의 복사열전달(Q)
$$Q = \varepsilon \cdot C_b \left[\left(\frac{T_1}{100}\right)^4 - \left(\frac{T_2}{100}\right)^4 \right] \text{kcal/h}$$

28 응축수 회수기는 고온의 응축수를 온도강하 없이 보일러에 급수할 수 있는 장치로서 압력계가 상승하며 동시에 배출구에서도 가압기체가 계속 나오는 이상 발생의 원인으로 틀린 것은?

① 디스크 밸브 내에 먼지가 끼어 기밀이 잘 되지 않는다.
② 장치 내부의 배기밸브에 먼지나 이물질이 끼어 있다.
③ 디스크 밸브가 불량이다.
④ 가압기체가 공급되지 않는다.

해설 응축수 회수기에서 가압기체가 계속 배출되고, 압력이 상승하는 등의 이상 발생하는 원인은 ①, ②, ③과 같다.

29 높이가 2m 되는 뚜껑이 없는 용기 안에 비중이 0.8인 기름이 가득 차 있다면 밑면의 압력은? (단, 물의 비중량은 1,000kgf/m³이다.)

① 1,600kgf/cm² ② 16kgf/cm²
③ 1.6kgf/cm²   ④ 0.16kgf/cm²

해설 물의 비중량=1,000kg/m³
비중 0.8=800kg/m³
H₂O 10m=1kg/cm²
∴ 밑면의 압력(P) = $\frac{2}{10} \times \frac{800}{1,000} \times 1 = 0.16 \text{kg}_f/\text{cm}^2$

30 보일러의 건조보존법에서 질소가스를 사용할 때 질소의 보존 압력은?

① 0.03MPa ② 0.06MPa
③ 0.12MPa ④ 0.15MPa

해설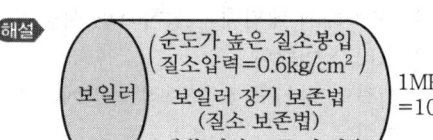

31 유체 속에 잠겨진 경사 평면벽에 작용하는 전압력에 대한 설명으로 옳은 것은?

① 경사진 각도에만 관계된다.
② 유체의 비중량과 단면적을 곱한 것과 같다.
③ 잠겨진 깊이와는 무관하다.
④ 벽면의 도심에서의 압력에 평면의 면적을 곱한 것과 같다.

해설 유체 속에 잠겨진 경사 평면벽의 전압력
벽면의 도심에서의 압력에 평면의 면적을 곱한 것과 같다.

32 고압 보일러에 사용되는 청관제 중 탈산소제로 사용되는 것은?

① 하이드라진   ② 수산화나트륨
③ 탄산나트륨   ④ 암모니아

해설 급수처리 탈산소재(용존(O_2) 산소 제거용)
아황산소다(저압 보일러용), 하이드라진(고압 보일러용)

33 배관 설비에 있어서 관경을 구할 때 사용하는 공식은?(단, V : 유속, Q : 유량, d : 관경)

① $d = \sqrt{\frac{\pi V}{4Q}}$ ② $d = \sqrt{\frac{Q}{\pi V}}$
③ $d = \sqrt{\frac{4Q}{\pi V}}$ ④ $d = \sqrt{\frac{VQ}{4\pi}}$

해설 배관의 구경(d) = $\sqrt{\frac{4 \times 유량}{3.14 \times 유속}}$

정답 27 ① 28 ④ 29 ② 30 ② 31 ④ 32 ① 33 ③

34 노통연관식 보일러에서 노통의 상부가 압궤되는 주된 요인은?

① 수처리불량 ② 저수위차단불량
③ 연소실폭발 ④ 과부하운전

해설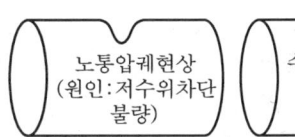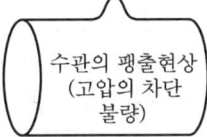

35 청관제의 작용에 해당되지 않는 것은?

① 관수의 탈산작용
② 기포 발생 촉진
③ 경도성분 연화
④ 관수의 pH 조정

해설 기포방지제(기포 발생 방지제)
㉠ 고급지방산 에스테르
㉡ 폴리아미드
㉢ 고급지방산 알코올
㉣ 프탈산 아미드

36 카르노 사이클의 열효율 η, 공급열량 Q_1, 배출열량을 Q_2라 할 때 옳은 관계식은?

① $\eta = 1 + \dfrac{Q_2}{Q_1}$

② $\eta = 1 - \dfrac{Q_2}{Q_1}$

③ $\eta = 1 - \dfrac{Q_1}{Q_2}$

④ $\eta = \dfrac{Q_1 + Q_2}{Q_2}$

해설 ㉠ 카르노 사이클 열효율(η) $= 1 - \dfrac{Q_2}{Q_1}$

㉡ 카르노 사이클 : 등온팽창 → 단열팽창 → 등온압축 → 단열압축
㉢ 열효율이 가장 높은 이상 사이클이 카르노 사이클이다.

37 기체의 정압비열과 정적비열의 관계를 설명한 것으로 옳은 것은?

① 정압비열이 정적비열보다 항상 작다.
② 정압비열이 정적비열보다 항상 크다.
③ 정압비열과 정적비열은 항상 같다.
④ 비열비는 정압비열과 정적비열의 차를 나타낸다.

해설 ㉠ 기체의 비열비(k) $=\left(\dfrac{\text{정압비열}}{\text{정적비열}}\right)=$ 항상 1보다 크다.

㉡ 정압비열 > 정적비열

38 열관류율의 단위로 옳은 것은?

① kcal/kg · h
② kcal/kg · ℃
③ kcal/m · ℃ · h
④ kcal/m² · ℃ · h

해설 ㉠ 열관류율(k) 단위 = kcal/m²h℃ = W/m² · ℃
㉡ 비열 단위 = kcal/kg · ℃
㉢ 열전도율 단위 = kcal/m · ℃ · h

39 2MPa의 고압증기를 0.12MPa로 감압하여 사용하고자 한다. 감압밸브 입구에서의 건도가 0.9라고 할 때 감압 후의 건도는?(단, 감압과정을 교축과정으로 본다. 압력에 따른 비엔탈피는 다음과 같다.)

압력(MPa)	포화수의 비엔탈피 (kJ/kg)	포화증기의 비엔탈피 (kJ/kg)
0.12	439.362	2,683.4
2	908.588	2,797.2

① 0.65 ② 0.79
③ 0.83 ④ 0.97

해설 ㉠ 0.12MPa 잠열 = 2,683.4 − 439.362 = 2,244.038
㉡ 2MPa 잠열 = 2,797.2 − 908.588 = 1,888.612
㉢ 2MPa의 증기 습포화엔탈피
= 908.588 + 1,888.612 × 0.9
= 2,608.3388kcal/kg

정답 34 ② 35 ② 36 ② 37 ② 38 ④ 39 ④

$$\text{잠열} = 2,608.3388 - 439.362$$
$$= 2,168.9768 \text{kcal/kg}$$
$$\therefore \text{감압 후의 건도} = \frac{2,168.9768}{2,244.038} = 0.97$$

40 보일러 내부 부식의 주요 원인으로 볼 수 없는 것은?

① 급수 중에 유지류, 산류, 탄산가스, 염류 등의 불순물을 함유하는 경우
② 일반 전기배선에서의 누전으로 인하여 전류가 장시간 흐르는 경우
③ 연소가스 속의 부식성 가스에 의한 경우
④ 강재의 수축 표면에 녹이 생겨서 국부적으로 전위차가 발생하여 전류가 흐르는 경우

해설 연소가스는 절탄기, 공기예열기 등을 거쳐서 배기되므로(온도가 높은 쪽인 과열기, 재열기에서는 고온부식) 배기 온도가 낮아져서 저온부식, 즉 외부부식을 초래한다.

41 강관 이음 시 사용하는 패킹에 대한 설명으로 틀린 것은?

① 나사용 패킹으로 광명단을 섞은 페인트를 사용하기도 한다.
② 플랜지 패킹으로 석면 조인트 시트는 내열성이 나쁘다.
③ 테프론 테이프는 탄성이 부족하다.
④ 액화합성수지는 화학약품에 강하며 내유성이 크다.

해설 석면조인트(플랜지 패킹)
섬유가 가늘고 강한 광물질로 된 패킹이다. 450℃까지 사용이 가능한 고온용이다. 증기·온수, 고온의 기름배관에 적합하다. 내열온도가 크며 광물성 섬유류이다.

42 응축수의 부력을 이용해 밸브를 개폐하여 간헐적으로 응축수를 배출하는 증기트랩은?

① 벨로스 트랩   ② 디스크 트랩
③ 오리피스 트랩 ④ 버킷 트랩

해설 버킷 트랩(기계식)
응축수의 부력을 이용해 밸브를 개폐하여 간헐적으로 응축수를 배출한다.(프리플로트식과 레버식이 있다.)

43 전기저항 용접의 종류가 아닌 것은?

① 스폿 용접
② 버트 심 용접
③ 심(Seam) 용접
④ 서브머지드 용접

해설 서브머지드 용접
특수용접이며 일명 잠호용접이라고 한다. 용접봉보다 먼저 용제를 용접부에 쌓고 그 속에서 아크를 발생시켜 용접하는 방법으로, 주로 일반용접, 선박, 강관, 압력탱크, 차량에 이용한다.

44 스테인리스강의 내식성과 가장 관계가 깊은 것은?

① 철(Fe)   ② 크롬(Cr)
③ 알루미늄(Al) ④ 구리(Cu)

해설 스테인리스강은 철과 크롬이 결합된 합금강으로 보일러 열교환기용 스테인리스강관(STS×TB)으로 사용하기도 한다.(크롬이 12~20% 함유)
㉠ 이음새 없는 관, 용접관이 있다.
㉡ 고도의 내식성, 내열성이 있다.
㉢ 화학공장, 실험실, 연구실 등 다방면에 사용된다.

45 부정형 내화물이 아닌 것은?

① 캐스터블 내화물
② 포스테라이트 내화물
③ 플라스틱 내화물
④ 래밍 내화물

해설 포스테라이트 내화물(염기성 내화물)
㉠ 내화도, SK 36 이상(1,790℃ 이상)
㉡ 용도 : 제강로, 비철금속 용해도
㉢ 소화성이 없다.
㉣ 열전도율이 낮다.
㉤ 내스폴링성이 있다.

정답 40 ③ 41 ② 42 ④ 43 ④ 44 ② 45 ②

46 배관설계도의 치수 기입법에 대한 설명 중 옳은 것은?

① TOP, BOP 표시와 같은 목적으로 사용되면 관의 아랫면을 기준으로 표시한다.
② BOP 표시는 지름이 다른 관의 높이를 나타내며 관 외경의 중심까지를 기준으로 표시한다.
③ GL 표시는 포장이 안 된 바닥을 기준으로 하여 배관장치의 높이를 표시한다.
④ EL 표시는 배관의 높이를 관의 중심을 기준으로 표시한다.

해설 ㉠ BOP : 지름이 다른 관의 높이를 나타낼 때 적용, 관 외경의 아랫면 기준
㉡ TOP : 관의 윗면을 기준으로 한다.
㉢ GL : 포장된 지표면을 기준으로 한다.

47 배관의 중량을 밑에서 받쳐 주는 장치로서 배관의 축 방향이 이동을 자유롭게 하기 위해 배관을 지지하는 것은?

① 리지드 행거(Rigid Hanger)
② 콘스탄트 행거(Constant Hanger)
③ 앵커(Anchor)
④ 롤러 서포트(Roller Support)

해설 롤러 서포트
배관의 중량을 아래에서 위로 받쳐 주는 배관 지지쇠이다. 관을 지지하면서 신축을 자유롭게 하는 것으로 롤러가 관을 받치고 있다.

48 사용하는 재료의 안전율에 대하여 고려해야 할 요소로 가장 거리가 먼 것은?

① 사용하는 장소
② 가공의 정확성
③ 사용자의 연령
④ 발생하는 응력의 종류

해설 사용자의 연령은 사용하는 재료의 안전성과 관련이 없다.

49 동관용 공구에 대한 설명 중 틀린 것은?

① 튜브 벤더(Tube Bender) : 관을 구부리는 공구
② 사이징 툴(Sizing Tool) : 관경을 원형으로 정형하는 공구
③ 플레어링 툴 세트(Flaring Tool Sets) : 동관의 관 끝을 오무림하는 압축접합 공구
④ 익스팬더(Expander) : 동관 끝의 확관용 공구

해설 플레어링 툴 세트
20mm 이하의 동관의 압축, 접합에 사용하는 공구

50 동관의 분류 중 사용된 소재에 따른 분류가 아닌 것은?

① 인 탈산 동관
② 타프피치 동관
③ 무산소 동관
④ 반경질 동관

해설 ㉠ 동관의 두께별 분류
K타입 > L타입 > M타입 > N타입
㉡ 동관의 질별 분류
• 연질(O)   • 반경질$\left(\frac{1}{2}H\right)$
• 반연질(OL) • 경질(H)

51 증기와 응축수의 열역학적 특성값에 의해 작동하는 트랩은?

① 플로트 트랩
② 버킷 트랩
③ 디스크 트랩
④ 바이메탈 트랩

해설 ㉠ 열역학적 특성값에 의한 증기트랩(스팀 및)
• 디스크식
• 오리피스식
㉡ ①, ②의 트랩은 기계적 트랩이고, ④의 트랩은 온도조절식 트랩이다.

정답 46 ④ 47 ④ 48 ③ 49 ③ 50 ④ 51 ③

52 에너지사용량이 기준량 이상인 에너지다소비 사업자가 시·도지사에 신고해야 하는 사항으로 틀린 것은?

① 전년도의 분기별 에너지 사용량·제품생산량
② 해당 연도의 분기별 에너지사용예정량·제품생산예정량
③ 해당 연도의 에너지이용 합리화 실적 및 전년도의 계획
④ 에너지다소비 사업자 신고사항(연간 석유환산 2000티오이 이상 사용자) 중 에너지사용기자재의 현황

해설 ③에서는 전년도의 에너지이용 합리화 실적 및 해당 연도의 계획을 신고하여야 한다.

53 에너지이용 합리화법의 에너지저장시설의 보유 또는 저장의무의 부과 시 정당한 이유 없이 이를 거부하거나 이행하지 아니한 자에 대한 벌칙은?

① 1년 이하의 징역 또는 1천만 원 이하의 벌금에 처한다.
② 2년 이하의 징역 또는 2천만 원 이하의 벌금에 처한다.
③ 3년 이하의 징역 또는 3천만 원 이하의 벌금에 처한다.
④ 500만 원 이하의 벌금에 처한다.

해설 에너지저장시설 보유, 저장의무 부과 거부 시는 에너지이용 합리화법규 제72조 제1항에 의거하여 2년 이하의 징역 또는 2천만 원 이하의 벌금에 처한다.

54 저압 증기보일러에서 보일러수가 환수관으로 역류하거나 누출하는 것을 방지하기 위하여 설치하는 배관방식은?

① 리프트 피팅법
② 하트퍼드 접속법
③ 에어 루프 배관
④ 바이패스 배관

해설 주철제 저압 증기보일러에서 보일러수가 환수관으로 역류 또는 누출하는 것을 방지하기 위하여 하트퍼드 접속법(균형관 접속법)을 취한다.

55 200개 들이 상자가 15개 있을 때 각 상자로부터 제품을 랜덤하게 10개씩 샘플링할 경우, 이러한 샘플링 방법을 무엇이라 하는가?

① 층별 샘플링
② 계통 샘플링
③ 취락 샘플링
④ 2단계 샘플링

해설 층별 샘플링
모집단을 몇 개의 층으로 나누고 각 층으로부터 각각 랜덤(무작위)하게 시료를 뽑는 샘플링 방법이다.

56 생산보전(PM ; Productive Maintenance)의 내용에 속하지 않는 것은?

① 보전예방   ② 안전보전
③ 예방보전   ④ 개량보전

해설 생산보전
㉠ 보전예방(MP)   ㉡ 예방보전(PM)
㉢ 개량보전(CM)   ㉣ 사후보전(BM)

57 모든 작업을 기본동작으로 분해하고, 각 기본동작에 대하여 성질과 조건에 따라 미리 정해놓은 시간치를 적용하여 정미시간을 산정하는 방법은?

① PTS법
② Work Sampling법
③ 스톱워치법
④ 실적자료법

해설 작업측정(PTS)법
㉠ MTM(작업을 몇 개의 기본동작으로 분석하여 기본동작 간의 관계나 그것에 필요로 하는 시간치를 밝히는 것)
㉡ WF(표준시간 설정을 위해 정밀계측시계를 이용하여 극소동작에 대한 상세데이터를 분석한 결과를 기초적인 동작시간 공식을 작성하여 분석하는 것)

정답 52 ③ 53 ② 54 ② 55 ① 56 ② 57 ①

58 품질 특성을 나타내는 데이터 중 계수치 데이터에 속하는 것은?

① 무게   ② 길이
③ 인장강도   ④ 부적합품률

해설 계수치 관리도
㉠ nP(불량 개수)
㉡ P(불량률)
㉢ c(결점 수)
㉣ u(단위당 결점 수)

59 관리도에서 측정한 값을 차례로 타점했을 때 점이 순차적으로 상승하거나 하강하는 것을 무엇이라 하는가?

① 연(Run)
② 주기(Cycle)
③ 경향(Trend)
④ 산포(Dispersion)

해설 ㉠ 경향 : 관리도에서 측정한 값을 차례로 타점하였을 때 점이 순차적으로 상승 또는 하강하는 것
㉡ 관리도
- 계량치 관리도($x \approx R$, x, $x - R$, R)
- 계수치 관리도(nP, P, c, u)

60 어떤 공장에서 작업을 하는 데 있어서 소요되는 기간과 비용이 다음 표와 같을 때 비용구배는? (단, 활동시간의 단위는 일(日)로 계산한다.)

정상작업		특급작업	
기간	비용	기간	비용
15일	150만 원	10일	200만 원

① 50,000원   ② 100,000원
③ 200,000원   ④ 500,000원

해설 비용구배 $= \dfrac{\text{특급비용} - \text{정상비용}}{\text{정상시간} - \text{특급시간}}$

$= \dfrac{200 - 150}{15 - 10} = 10$만원

∴ 100,000원/일일당

정답 58 ④   59 ③   60 ②

2015년 7월 19일 과년도 기출문제

01 연소장치에 대한 설명으로 틀린 것은?

① 윈드박스는 공기흐름을 적절히 유지하며 동압을 정압상태로 바꾸어 착화나 화염을 안정시키는 장치이다.
② 컴버스터(Combustor)는 저온의 노에서도 연소를 안정시켜 분출흐름의 모양을 안정시킨 장치이다.
③ 유류버너의 고압기류식 버너는 연료 자체의 압력에 의해 노즐에서 고속으로 분출시켜 미립화시키는 버너이다.
④ 유류버너에서 비환류형 버너는 연소량이 감소하는 경우에는 와류실의 선회력이 감소하여 분무특성이 나빠지는 결점이 있다.

해설 ③은 고압기류식(공기, 증기압력 이용)이 아닌 유압분사식 버너의 설명이다.(압력분무식 버너)

02 보일러 연료의 연소형태 중 버너연소가 아닌 것은?

① 기름연소   ② 수분식 연소
③ 가스연소   ④ 미분탄연소

해설 수분식, 기계식(스토커식) 연소장치
석탄 등 고체연료의 화격자 연소형태이다.

03 화염의 전기전도성을 이용한 검출기로 화염 중 가스는 고온이고, 도전식과 정류식이 있는 화염검출기는?

① 플레임 로드
② 스택 스위치
③ 플레임 아이
④ 센터 파이어

해설 플레임 로드(화염검출기)
화염의 전기전도성을 이용한 검출기이다.
(종류 : 도전식, 정류식)

04 지역난방 서브-스테이션(Sub-Station) 시스템의 중계 방식으로 가장 거리가 먼 것은?

① 직접방식
② 간접방식
③ 브리드 인 방식
④ 열 교환기 방식

해설 지역난방 서브-스테이션(지역난방 분류방식)은 ①, ③, ④를 선택한다.

05 보일러의 증기난방 시공에 대한 설명으로 틀린 것은?

① 온수의 온도 상승으로 인한 체적 팽창에 의한 보일러의 파손을 방지하기 위한 팽창 탱크를 설치한다.
② 진공 환수방식에서 방열기의 설치위치가 보일러보다 아래쪽에 설치된 경우 적용되는 이음방식을 리프트 피팅이라 한다.
③ 증기관과 환수관을 연결한 밸런스 관을 설치하며 안전 저수위면 위쪽으로 환수관을 설치하는 배관방식은 하트퍼드 접속법이다.
④ 증기 공급관의 관말부의 최종 분기 이후에서 트랩에 이르는 배관은 여분의 증기가 충분히 냉각되어 응축수가 될 수 있도록 보온 피복을 하지 않은 나관 상태로 1.5m 이상의 냉각래그를 설치한다.

해설 ①은 온수난방시공에 필요한 설비이다.

정답 01 ③ 02 ② 03 ① 04 ② 05 ①

06 기수분리기를 설치하는 목적으로 가장 적절한 것은?

① 폐증기를 회수, 재사용하기 위해서
② 발생된 증기 속에 남은 물방울을 제거하기 위해서
③ 보일러에 녹아 있는 불순물을 제거하기 위해서
④ 과열증기의 순환을 되도록 빨리 하기 위해서

해설 기수분리기(수관식용)
발생된 증기 속에 혼입된 물방울을 제거하여 건조증기를 공급한다.

07 중유 연소장치에서 급유펌프로 가장 적당한 것은?

① 워싱톤 펌프　② 기어 펌프
③ 플런저 펌프　④ 웨어 펌프

해설 오일중유펌프(회전식 펌프 사용)
기어식 펌프

08 분젠버너의 가스유속을 빠르게 했을 때 불꽃이 짧아지는 이유로 옳은 것은?

① 유속이 빨라서 연소하지 못하기 때문이다.
② 층류현상이 생기기 때문이다.
③ 난류현상으로 연소가 빨라지기 때문이다.
④ 가스와 공기의 혼합이 잘 안 되기 때문이다.

해설 분젠버너의 가스유속이 빨라지면 난류현상으로 불꽃이 짧아지고 연소속도가 증가한다.

09 스팀트랩 중 기계식 트랩으로서 증기와 응축수 사이의 부력 차이에 의해 작동되는 타입으로 에어벤트가 내장되어 불필요한 공기를 제거하도록 되어 있으며 응축수가 생성되는 것과 거의 동시에 배출시키는 트랩은?

① 플로트식 증기트랩
② 서모다이내믹 증기트랩
③ 온도조절식 증기트랩
④ 버킷식 증기트랩

해설 기계식 스팀트랩
㉠ 바이메탈식(상향식, 하향식)
㉡ 플로트식 부자형(프리식, 레버식)

10 실제 증발량 1,400kg/h, 급수온도 40℃, 전열면적 50m²인 연관식 보일러의 전열면 환산증발률은?(단, 발생 증기 엔탈피는 659.7kcal/kg이다.)

① 68kg/m² · h
② 56kg/m² · h
③ 47kg/m² · h
④ 32kg/m² · h

해설 전열면의 환산증발률(상당증발률)
$$환산증발률 = \frac{환산증발량}{전열면적}$$
$$= \frac{(659.7-40)1,400}{539 \times 50}$$
$$= 32 kg/m^2 h$$

11 보일러의 매연을 털어내는 매연분출장치가 아닌 것은?

① 롱레트랙터블형
② 쇼트레트랙터블형
③ 정치 회전형
④ 튜브형

해설 그을음 매연분출집진장치는 ①, ②, ③을 채택한다.

12 보일러의 자동제어에서 제어동작과 관계가 없는 것은?

① 비례동작　② 적분동작
③ 연결동작　④ 온·오프동작

해설 자동제어동작
㉠ 불연속 동작 : 온·오프동작
㉡ 연속 동작 : 비례동작, 적분동작, 미분동작, PID 동작

정답　06 ②　07 ②　08 ③　09 ①　10 ④　11 ④　12 ③

13 보일러 용량 표시방법으로 틀린 것은?

① 정격출력 ② 상당 증발량
③ 보일러 마력 ④ 과열기 면적

해설) 보일러 용량 크기 종류
㉠ 상당 증발량(kg/h)
㉡ 정격출력(kcal/h)
㉢ 상당 방열면적(EDR)
㉣ 전열면적(m^2)
㉤ 보일러 마력

14 온도조절식 증기트랩의 종류가 아닌 것은?

① 벨로스식 ② 바이메탈식
③ 다이어프램식 ④ 버킷식

해설) 기계식 증기트랩(비중차 이용)
㉠ 버킷식
㉡ 플로트식

15 일반적인 연소에 있어서 이론공기량이 A_0, 실제 공기량이 A일 때, 공기비 m을 구하는 식은?

① $m = (A_0/A) - 1$
② $m = (A_0/A) + 1$
③ $m = A_0/A$
④ $m = A/A_0$

해설) ㉠ 공기비 = $\dfrac{실제공기량(A)}{이론공기량(A_0)}$
㉡ 실제공기량 = 이론공기량 × 공기비
㉢ 과잉공기량 = 실제공기량 − 이론공기량
㉣ 이론공기량(최소의 공기량) = $\dfrac{실제공기량}{공기비}$

16 복사난방에 대한 설명으로 틀린 것은?

① 환기에 의한 손실열량이 비교적 많다.
② 실내 평균온도가 낮기 때문에 같은 방열량에 대해서 손실열량이 적다.
③ 실내공기의 대류가 적기 때문에 공기 유동에 의한 먼지가 적다.
④ 난방배관의 시공이나 수리가 어렵고 설치비가 비싸다.

해설) 복사난방(거실이나 방바닥 속 온수 패널난방)은 실내 평균온도가 양호하고 환기에 의한 손실열이 비교적 적다.

17 기수분리기의 종류가 아닌 것은?

① 백 필터식 ② 스크린식
③ 배플식 ④ 사이클론식

해설) ㉠ 백 필터식, 전기식, 중력식, 습식 등은 매연 집진장치이다.
㉡ 기수분리기, 비수방지관 : 물방울 제거, 증기의 건도 증가

18 어떤 원심 펌프가 1,800rpm에 전양정 100m, 0.2m^3/s의 유량을 방출할 때 축동력은 300PS이다. 이 펌프와 상사로서 차수가 2배이고 회전수는 1,500rpm으로 운전할 때 축동력을 구하면?

① 16,589PS
② 17,589PS
③ 18,589PS
④ 19,589PS

19 과열기를 전열방식에 의한 분류와 열 가스 흐름 방향에 의한 분류로 나눌 때 열 가스 흐름 방향에 의한 분류에 따른 종류가 아닌 것은?

① 병류형 ② 향류형
③ 복사접촉형 ④ 혼류형

해설)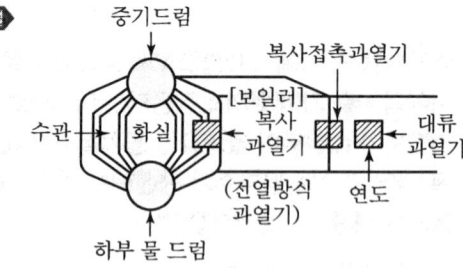

정답 13 ④ 14 ④ 15 ④ 16 ① 17 ① 18 전항 정답 19 ③

20 아래의 식을 이용하여 보일러 용량 계산 시 다음 중 옳은 것은?(단, H_1은 난방부하를 나타낸다.)

$$K = (H_1 + H_2)(1 + \partial)\beta / R$$

① ∂ : 발열량 ② H_2 : 예열부하
③ β : 여력계수 ④ R : 출력상승계수

해설 ∂ : 배관부하 H_2 : 급탕온수부하
R : 출력저하계수 K : 보일러용량(kcal/h)
β : 여력계수(보일러예열부하)

21 증기난방에 대한 설명으로 옳은 것은?

① 증기를 공급하여 증기의 전열을 이용하여 가열하므로 에너지비용이 적게 든다.
② 증기난방에서는 응축수의 열도 이용하므로 응축수를 회수하지 않아도 된다.
③ 중력환수식 증기난방에서 응축수를 회수할 때는 응축수 탱크가 방열기보다 높은 위치에 있다.
④ 응축수환수법에는 중력환수식, 기계환수식 및 진공환수식 등이 있다.

해설 ㉠ 증기 열 : 잠열을 이용한다.
㉡ 응축수 회수 : 열효율 증가
㉢ 중력환수식 : 응축수 탱크 설치위치가 방열기보다 낮게 한다.

22 보일러의 통풍장치 방식에서 흡입통풍 방식에 관한 설명으로 옳은 것은?

① 노 앞과 연돌 하부에 송풍기를 설치하여 노 내압을 대기압보다 약간 낮은 압력으로 유지시키는 방식이다.
② 연도에서 연소가스와 외부공기와의 밀도 차에 의해서 생기는 압력차를 이용한 방식이다.
③ 연도의 끝이나 연돌하부에 송풍기를 설치하여 연소가스를 빨아내는 방식이다.
④ 노 입구에 압입송풍기를 설치하여 연소용 공기를 밀어 넣는 방식이다.

해설 ① 평형통풍
② 자연통풍
④ 압입통풍

23 보일러 집진방법 중 함진가스에 선회운동을 주어 분진입자에 작용하는 원심력에 의하여 입자를 분리하는 것은?

① 중력하강법   ② 관성법
③ 사이클론법 ④ 원통여과법

해설 사이클론식 집진장치(원심력식)
함진가스에 선회운동을 주어서 분진을 제거시킨다.

24 신설 보일러에서 소다 끓이기(Soda Boiling)는 주로 어떤 성분을 제거하기 위하여 하는가?

① 스케일   ② 고형물
③ 소석회   ④ 유지

해설 소다 끓이기(소다 보링) 목적
신설 보일러 내부의 유지분 제거(수산화나트륨(NaOH) 사용)

25 50℃의 물 2kg을 대기압 하에서 100℃ 증기 2kg으로 만들려면 필요한 열량은?(단, 전열효율은 100%이다.)

① 약 100kcal
② 약 579kcal
③ 약 1,178kcal
④ 약 1,567kcal

해설 ㉠ 물의 현열 = 2kg × 1kcal/kg℃ × (100 − 50)℃
        = 100kcal
㉡ 물의 증발열(539kcal/kg)
   2 × 539 = 1,078kcal
   소요열량(Q) = 100 + 1,078 = 1,178kcal

26 관류보일러의 발생증기압력 측정위치로 적절한 곳은?

① 증기헤더 입구
② 기수분리기 최종출구
③ 기수분리기 입구
④ 증기헤더 최종출구

해설 관류보일러(수관식 보일러) 발생증기압력 측정위치 기수분리기 최종출구 지점

27 대기압이 750mmHg일 때, 탱크 내의 압력게이지가 $9.5kgf/cm^2$를 지침하였다면, 탱크 내의 절대압력은?

① $9.52kgf/cm^2$
② $13.02kgf/cm^2$
③ $10.52kgf/cm^2$
④ $11.58kgf/cm^2$

해설 절대압력(abs) = 게이지압력 + 대기압력
대기압력(atm) = $1.033 \times \frac{750}{760} = 1.019 kgf/cm^2$
∴ abs = $9.5 + 1.019 = 10.52 kgf/cm^2$

28 가역 단열변화에서 단열방정식으로 옳은 것은?(단, T = 온도, P = 압력, V = 체적, k = 비열비이다.)

① $T \cdot V^k = C$
② $P \cdot V^k = C$
③ $P \cdot V^{k-1} = C$
④ $P \cdot V = C$

해설 k(비열비) = $\frac{정압비열}{정적비열}$(항상 1보다 크다.)
가역 단열변화 $PV^k = C$
$\frac{T_2}{T_1} = \left(\frac{V_1}{V_2}\right)^{k-1} = \left(\frac{P_2}{P_1}\right)^{\frac{k-1}{k}}$
※ $PV = C$(등온변화)

29 뉴턴(Newton)의 점성법칙과 가장 밀접한 관계가 있는 것은?

① 전단응력, 점성계수
② 압력, 점성계수
③ 전단응력, 압력
④ 동점성계수, 온도

해설 뉴턴의 점성법칙
유체 내에서 발생하는 전단응력은 점성계수(μ)와 유체의 속도구배(각 변형속도)에 비례한다.
전단응력(τ) = $\mu \cdot \left(\frac{du}{dy}\right)$ = 점성계수 × 속도구배
1P = 100cP

30 보일러에서 열의 전달방법 중 대류에 의한 열전달에 관한 설명으로 틀린 것은?

① 온도가 다른 고체와 유체가 서로 접촉하고 있을 때 유체의 유동이 생기면서 열이 이동하는 현상을 말한다.
② 대류 열전달을 나타내는 기본법칙은 뉴턴의 냉각법칙이다.
③ 전자파의 형태로 한 물체에서 다른 물체로 열이 전달되는 현상을 말한다.
④ 대류 열전달계수의 단위는 $kcal/m^2 \cdot h \cdot ℃$이다.

해설 ③은 복사열의 전달이다.
복사열(Q) = $\varepsilon \cdot C_b \left[\left(\frac{T_1}{100}\right)^4 - \left(\frac{T_2}{100}\right)^4\right] F kcal/h$

31 보일러 동체 내부에 점식을 일으키는 주요 요인은?

① 급수 중에 포함된 탄산칼슘
② 급수 중에 포함된 인산칼슘
③ 급수 중에 포함된 황산칼슘
④ 급수 중에 포함된 용존산소

해설 점식
㉠ 발생원인 : 급수 중의 용존산소가 원인(Pitting 부식)이 되며 $Fe^{2+} + 2OH^- \to Fe(OH)_2$ 침전으로 점식이 진행된다.
㉡ 방지법 : 용존산소 제거, 아연판 매달기, 보호피막(그래파이트), 약한 전류 통전 등

32 상온에서 중성인 물의 pH 값은?

① pH > 7
② pH < 7
③ pH = 7
④ pH < 5

해설 ① 알칼리성, ② 약산성, ④ 강산성

33 연도에서 폭발이 발생했을 때 그 원인을 조사하기 위해서 가장 먼저 조치할 사항으로 적절한 것은?

① 급수펌프를 중지한다.
② 주 증기밸브를 차단한다.
③ 연료밸브를 차단한다.
④ 송풍기 가동을 중지한다.

해설 ㉠ 연도의 가스폭발 응급처치 : 연료밸브 차단(보일러운전중지)
㉡ 순서 : ③ → ④ → ① → ②

34 물의 임계온도는?

① 374.15℃   ② 225.56℃
③ 157.5℃   ④ 132.4℃

해설 물의 임계점
㉠ 임계온도 : 374.15℃(647.15K)
㉡ 임계압력 : 225.65kgf/cm²a

35 관로 속 물의 흐름에 관한 설명으로 틀린 것은? (단, 정상흐름으로 가정한다.)

① 관경이 작은 관에서 큰 관으로 물이 흐를 때 유량은 많아진다.
② 마찰손실을 무시할 때 물이 가지는 위치수두, 압력수두, 속도수두를 합한 값은 어느 곳에서나 일정하다.
③ 관 내 유수를 급히 정지시키거나 탱크 내에 정지하고 있던 물을 갑자기 흐르게 하면 수격작용이 발생한다.
④ 관 내 유수는 레이놀즈수에 따라 층류와 난류로 구분된다.

해설 ㉠ 관경이 작으면 압력감소, 유속증가
㉡ 유량 = 유속(m/s) × 단면적(m²) = m³/s
㉢ 관경이 크면 압력증가, 유속감소

36 보일러 가성취화 현상의 특징으로 틀린 것은?

① 극히 미세한 불규칙적인 방사상 형태를 하고 있다.
② 고압보일러에서 보일러수의 알칼리 농도가 높은 경우에도 발생한다.
③ 수면 아래의 리벳부에서도 발생한다.
④ 관 구멍 등 응력이 분산하는 곳의 틈이 적은 곳에서 발생한다.

해설 가성취화
농알칼리가 원인이다.
㉠ 반드시 수면 이하에서 발생
㉡ 리벳과 리벳 사이에서 발생
㉢ 인장응력을 받는 이음부에서 발생

37 보일러 관수의 탈산소제가 아닌 것은?

① 아황산나트륨   ② 암모니아
③ 탄닌   ④ 하이드라진

해설 탈산소제(점식방지용)는 ①, ③, ④이다.
㉠ 아황산나트륨(Na_2SO_3) : 저압보일러용
㉡ 하이드라진(N_2H_4) : 고압보일러용

38 액체 속에 잠겨 있는 곡면에 작용하는 수직분력의 크기는?

① 물체 끝에서의 압력과 면적을 곱한 것과 같다.
② 곡면 윗부분에 있는 액체의 무게와 같다.
③ 곡면의 수직 투영면에 작용하는 힘과 같다.
④ 곡면의 면적에 유체의 비중을 곱한 것과 같다.

해설 액체 속에 잠겨 있는 곡면에 작용하는 수직분력의 크기는 곡면 윗부분에 있는 액체의 무게와 같다.

정답 33 ③ 34 ① 35 ① 36 ④ 37 ② 38 ②

39 보일러 점화 전 가장 우선적으로 점검해야 할 사항은?

① 과열기 점검
② 증기압 점검
③ 매연농도 점검
④ 수위 확인 및 급수계통 점검

해설 점화 전 수위가 상용 수위 부근인지, 급수계통 점검(저수위 사고 방지를 위함)

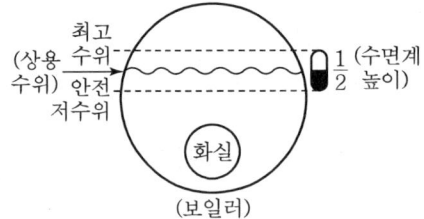

40 불완전연소의 원인과 가장 거리가 먼 것은?

① 연료유의 분무 입자가 크다.
② 연료유와 연소용 공기의 혼합이 불량하다.
③ 연소용 공기량이 부족하다.
④ 연소용 공기를 예열하였다.

해설 연소용 공기를 예열하면 노 내 온도 상승, 연소 촉진, 미연가스 발생 감소 등으로 불완전연소(CO가스 발생)가 방지된다.

41 파이프 이음 방식의 하나인 파이프 홈 조인트로 파이프와 파이프를 홈 조인트로 체결하기 위한 파이프 끝을 가공하는 기계는?

① 베벨 조인트 머신
② 로토리식 조인트 머신
③ 그루빙 조인트 머신
④ 스웨징 조인트 머신

해설 그루빙 조인트 머신 용도
파이프 이음에서 파이프 홈 조인트로 파이프와 파이프를 홈 조인트로 체결하기 위해 파이프 끝을 가공하는 기계

42 배관의 지지 장치에 대한 설명으로 옳은 것은?

① 배관의 중량을 지지하기 위하여 달아매는 것을 서포트(Support)라고 한다.
② 배관의 중량을 아래에서 위로 떠받치는 것을 가이드(Guide)라고 한다.
③ 관의 회전을 구속하기 위하여 사용하는 것을 브레이스(Brace)라고 한다.
④ 배관 지지점에서의 이동 및 회전을 방지하기 위해 지지점 위치에 완전히 고정할 때 사용하는 것을 앵커(Anchor)라고 한다.

해설
① 행거에 대한 설명이다.
② 스토퍼에 대한 설명이다.
③ 브레이스는 압축기, 펌프 등의 진동방지를 위해 사용하는 것이다.
④ 리스트레인트(스톱, 가이드, 앵커)에 대한 설명이다.

43 다음 그림과 관계가 있는 경도시험은?

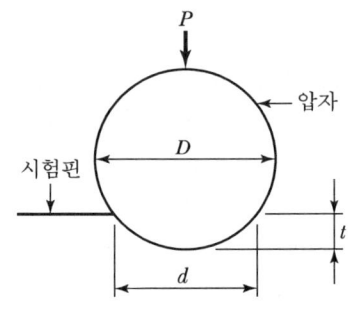

① 로크웰(H_R)   ② 쇼어(H_S)
③ 비커스(H_V)   ④ 브리넬(H_B)

해설 브리넬 경도시험
고탄소강 강구에 일정한 하중을 걸어서 시험편의 시험면을 30초 동안 눌러주어 이때에 시험면에 생긴 오목부분의 표면적(mm²)으로 하중을 나눈 값

$$H_B = \frac{W}{A} = \frac{W(하중)}{\pi Dh}$$

여기서, D : 강구의 지름
d : 오목부분의 지름
t : 오목부분의 깊이

정답 39 ④ 40 ④ 41 ③ 42 ④ 43 ④

44 탄산마그네슘 보온재에 관한 설명으로 틀린 것은?

① 400~450℃에서 열분해를 일으킨다.
② 무기질보온재에 해당한다.
③ 습기가 많은 옥외 배관에 알맞다.
④ 탄산마그네슘 85%에 석면 10~15%를 첨가한 것이다.

해설 탄산마그네슘(무기질 보온재)
석면 혼합비율에 따라 열전도율이 좌우된다. 300℃ 정도에서 탄산분, 결정수가 없어진다.

45 연강용 피복 아크 용접봉의 종류와 기호가 바르게 짝지어진 것은?

① 일미나이트계 : E4302
② 고셀룰로오스계 : E4310
③ 고산화티탄계 : E4311
④ 저수소계 : E4316

해설 용접봉
㉠ 라인티탄계(E4303)
㉡ 저수소계(E4316)
㉢ 일미나이트계(E4301)
㉣ 고셀룰로오스계(E4311)
㉤ 고산화티탄계(E4313)
㉥ 철분산화티탄계(E4324)
㉦ 철분저수소계(E4326)
㉧ 철분산화철계(E4327)

46 다음 중 1년 이하의 징역 또는 1천만 원 이하의 벌금에 처하는 경우는?

① 직무상 알게 된 비밀을 누설하거나 도용한 경우
② 효율관리기자재에 대한 에너지사용량의 측정결과를 신고하지 아니한 경우
③ 검사대상기기의 검사를 받지 않은 경우
④ 최저 소비효율 기준에 미달하는 효율관리기자재의 생산 또는 판매금지 명령을 위반한 경우

해설 산업용 보일러(압력용기 등 포함)는 검사대상기기로서 검사 미필자의 벌칙은 1년 이하의 징역 또는 1천만 원 이하의 벌금에 처한다.(제조검사, 개조검사, 장소설치변경검사, 계속사용검사, 재사용검사)

47 가스절단에서 표준 드래그(Drag) 길이는 보통 판 두께의 어느 정도인가?

① $\dfrac{1}{3}$ ② $\dfrac{1}{4}$
③ $\dfrac{1}{5}$ ④ $\dfrac{1}{6}$

해설 드래그 길이
가스절단면에서 절단 기류의 입구점과 출구점과의 수평거리이다.(판두께 $\dfrac{1}{5}$ 정도)

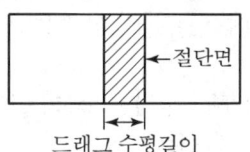

48 증기주관에는 증기주관을 통과하는 공기 중에 떠다니는 물방울 외에도 관 내벽에 수막이 존재한다. 이를 제거하기 위하여 트랩장치 외에 추가로 부착하는 장치는?

① 스팀 세퍼레이터   ② 에어벤트
③ 바이패스   ④ U형 스트레이너

해설 증기주관 관 내벽의 수막 제거 기구
스팀 세퍼레이터

49 다른 착색도료의 초벽으로 우수하며, 강관의 용접이음 시공 후 용접부에 사용되는 도료는?

① 산화철 도료
② 알루미늄 도료
③ 광명단 도료
④ 합성수지 도료

해설 광명단 도료
다른 착색도료의 초벽으로 사용하는 도료이다.

정답 44 ① 45 ④ 46 ③ 47 ③ 48 ① 49 ③

50 저탄소녹색성장기본법의 관리업체 지정기준에 대한 내용으로 틀린 것은?

① 최근 3년간 업체의 모든 사업장에서 배출한 온실가스와 소비한 에너지의 연평균 총량을 기준으로 한다.
② 부문별 관장기관은 업체를 관리업체의 대상으로 선정하여 매년 4월 30일까지 환경부장관에게 통보하여야 한다.
③ 환경부장관은 매년 9월 30일까지 관리업체를 지정하여 관보에 고시한다.
④ 관리업체는 지정에 이의가 있을 경우 고시된 날로부터 30일 이내에 이의를 신청할 수 있다.

[해설] 시행령 제29조에 의거 환경부장관은 6월 30일까지 관리업체를 지정하여 고시한다.

51 관의 분해·수리·교체가 필요할 때 사용되는 배관 이음쇠는?

① 소켓 ② 티
③ 유니언 ④ 엘보

[해설] 관의 분해·수리·교체 시 필요한 부품
─┤├─ : 유니언
─┤├─ : 플랜지

52 동력 파이프 나사 절삭기의 종류 중 관의 절단, 나사 절삭, 거스러미 제거 등의 일을 연속적으로 할 수 있는 것은?

① 다이헤드식 ② 호브식
③ 오스터식 ④ 리드식

[해설] ㉠ 다이헤드식 동력 나사 절삭기 용도
• 관의 절단
• 거스러미 제거
• 나사 절삭
㉡ 동력 나사 절삭기 : 오스터식, 호브식, 다이헤드식

53 관 지지장치의 필요조건이 아닌 것은?

① 외부로부터의 충격과 진동에 견딜 수 있어야 한다.
② 적당한 지지간격으로 설치하여야 한다.
③ 피복제를 제외한 배관의 자중과 유체의 중량에 견딜 수 있어야 한다.
④ 관의 신축에 적절하게 대응할 수 있는 구조여야 한다.

[해설] 관 지지장치(행거, 서포트, 리스트레인트)는 피복제를 포함하여 배관의 자중과 유체의 중량에 견딜 수 있어야 한다.

54 온수난방 시공 시 각 방열기에 공급되는 유량분배를 균등하게 하여 전후방 방열기의 온도차를 최소화하는 방식은?

① 역귀환 방식
② 직접귀환 방식
③ 단관식 방식
④ 중력순환식 방식

[해설] 리버스 리턴 방식(역귀환 방식)
온수난방에서 각 방열기에 공급되는 유량분배를 균등하게 하여 전후방 방열기의 온도차를 최소화하는 방식

55 로트에서 랜덤하게 시료를 추출하여 검사한 후 그 결과에 따라 로트의 합격, 불합격을 판정하는 검사방법을 무엇이라 하는가?

① 자주검사 ② 간접검사
③ 전수검사 ④ 샘플링검사

[해설] 샘플링검사
로트에서 랜덤(무작위 시료 추출)하게 시료를 추출하여 검사한 후 그 결과에 따라 로트의 합격, 불합격을 판정하는 검사방법(로트 : 1회의 준비로서 만드는 물품의 집단)

정답 50 ③ 51 ③ 52 ① 53 ③ 54 ① 55 ④

56 미리 정해진 일정단위 중에 포함된 부적합수에 의거하여 공정을 관리할 때 사용되는 관리도는?

① c 관리도
② P 관리도
③ x 관리도
④ nP 관리도

해설 관리도
㉠ 계량치 관리도
- $\bar{x}-R$(평균치 범위)
- x(개수 측정치)
- $\tilde{x}-R$(메디안 범위)

㉡ 계수치 관리도
- nP(불량개수)
- P(불량률)
- c(결점 수)
- u(단위당 결점 수)

57 TPM 활동 체제 구축을 위한 5가지 기둥과 가장 거리가 먼 것은?

① 설비초기관리체제 구축 활동
② 설비효율화의 개별개선 활동
③ 운전과 보전의 스킬 업 훈련 활동
④ 설비경제성 검토를 위한 설비투자분석 활동

해설 TPM(Total Productive Maintenance, 전사적 생산보전)
㉠ 3정 : 정위치, 정품, 정량
㉡ 5S : 정리, 정돈, 청소, 청결, 습관화
TPM 활동 체제 구축을 위한 기둥은 ①, ②, ③이다.

58 도수분포표에서 알 수 있는 정보로 가장 거리가 먼 것은?

① 로트 분포의 모양
② 100단위당 부적합 수
③ 로트의 평균 및 표준편차
④ 규격과의 비교를 통한 부적합품률의 추정

해설 도수분포표
품질 변동을 분포형상 또는 수량적으로 파악하는 통계적 기법(평균치와 표준편차를 구할 때 사용)으로 그 정보는 ①, ③, ④이다.

59 ASME(American Society of Mechanical Engineers)에서 정의하고 있는 제품공정 분석표에 사용되는 기호 중 "저장(Storage)"을 표현한 것은?

① ○
② □
③ ▽
④ ⇨

해설 ㉠ ○, ⇨, → : 운반
㉡ □ : 검사
㉢ ▽, △ : 저장
㉣ D : 정체

60 자전거를 셀 방식으로 생산하는 공장에서 자전거 1대당 소요공수가 14.5H이며, 1일 8H, 월 25일 작업을 한다면 작업자 1명당 월 생산 가능 대수는 몇 대인가?(단, 작업자의 생산종합효율은 80%이다.)

① 10대
② 11대
③ 13대
④ 14대

해설 8H × 25일 = 200H

월 생산 가능 대수 = $\dfrac{200}{14.5} \times 0.8 = 11$대

정답 56 ① 57 ④ 58 ② 59 ③ 60 ②

2016년 4월 2일 과년도 기출문제

01 증기난방의 특징에 대한 설명으로 틀린 것은?
① 이용하는 열량은 증발잠열로서 매우 크다.
② 예열시간이 길고 응답속도가 느리다.
③ 증기공급방식에는 상향·하향공급식이 있다.
④ 증기를 공급하는 힘은 발생증기압으로 별도의 동력을 필요로 하지 않는다.

해설
㉠ 증기는 비열(0.44kcal/kg℃)이 작아서 예열시간이 짧고 부하의 응답속도가 빠르다.
㉡ 온수난방은 온수의 비열(1kcal/kg℃)이 커서 예열시간이 길고 부하의 응답속도가 느리다.

02 증기보일러의 눈금판 바깥지름에 100mm 이상의 압력계를 부착해야 하는 반면, 다음 중 바깥지름에 60mm 이상의 압력계 부착이 가능한 보일러는?
① 대용량 보일러
② 최대 증발량이 5ton/h 이하인 관류 보일러
③ 최고 사용 압력이 $0.5MPa(5kgf/cm^2)$ 이하로서 전열면적이 $2m^2$ 이상인 보일러
④ 최고 사용 압력이 $0.5MPa(5kgf/cm^2)$ 이하이고, 동체의 안지름이 1,000mm 이하인 보일러

해설 60mm 이상 압력계 조건은 ② 외에 최고압력 0.5MPa 이하 동체안지름 500mm 이하 동체의 길이 1,000mm 이하 보일러, 최고압력 0.5MPa 이하로서 전열면적 $2m^2$ 이하 보일러, 소용량 보일러 등이다.

03 절탄기에 대한 설명으로 가장 적절한 것은?
① 증기를 이용하여 급수를 예열하는 장치
② 보일러의 배기가스 여열을 이용하여 급수를 예열하는 장치
③ 보일러의 여열을 이용하여 공기를 예열하는 장치
④ 연도 내에서 고온의 증기를 만드는 장치

해설 절탄기(급수가열기=폐열회수장치)는 연도에 설치하여 배기가스 여열로 보일러용 급수를 예열하여 보일러 열효율을 높인다.

04 비접촉식 온도계의 특징에 관한 설명으로 옳은 것은?
① 피측정체의 내부온도만을 측정한다.
② 방사율의 보정이 필요하다.
③ 측정 정도가 좋은 편이다.
④ 연속측정이나 자동제어에 적합하다.

해설 비접촉식 온도계(고온용 온도계)
㉠ 방사온도계(방사율의 보정이 필요하다.)
㉡ 광고온도계(연속측정이나 자동제어에 불편하다.)
㉢ 광전관식 온도계
㉣ 색온도계

05 증기난방의 진공환수식에 관한 설명으로 틀린 것은?
① 진공펌프로 환수시킨다.
② 환수관경은 커야 한다.
③ 다른 방법보다 증기회전이 빠르다.
④ 방열기 설치장소에 제한을 받지 않는다.

해설 증기난방 응축수 회수방법
㉠ 중력환수식(비중차 이용) : 환수관경이 크다.
㉡ 기계환수식(응축수 회수펌프)
㉢ 진공환수식(대규모 설비용) : 환수관경이 적다.

정답 01 ② 02 ② 03 ② 04 ② 05 ②

06 안전밸브를 부착하지 않은 곳은?

① 보일러 본체 ② 절탄기 출구
③ 과열기 출구 ④ 재열기 입구

[해설] 급수가열기 절탄기에는 입구, 출구에 온도계 설치가 필요하다.(안전밸브는 증기에 사용된다.)

07 온수방열기의 입구온도가 85℃, 출구온도가 60℃이고, 실내온도가 20℃이다. 난방부하가 28,000kcal/h일 때 필요한 방열기 쪽수는? (단, 방열기 쪽당 방열면적은 0.21m², 방열계수는 7.2kcal/m²·h·℃이다.)

① 297쪽 ② 353쪽
③ 424쪽 ④ 578쪽

[해설] ㉠ 방열기 쪽수[ea] = $\dfrac{난방부하}{450 \times 쪽당\ 방열면적}$

㉡ 소요방열량 = $450 \times \dfrac{\left(\dfrac{85+60}{2} - 20\right)}{62}$

$= 381\,kcal/m^2h$

∴ 쪽수 = $\dfrac{28,000}{381 \times 0.21} ≒ 353쪽$

08 보일러에 사용되는 직접식(실측식) 가스미터의 종류에 속하지 않는 것은?

① 습식 가스미터
② 막식 가스미터
③ 루트식 가스미터
④ 터빈식 가스미터

[해설] 간접식 가스미터기 종류
㉠ 오리피스식
㉡ 터빈식
㉢ 선근차식(익근차식)

09 단열 및 보온재는 무엇을 기준으로 하여 구분하는가?

① 최고 사용온도 ② 최저 사용온도
③ 안전 사용온도 ④ 상용 온도

[해설] 안전사용온도
㉠ 내화물: 1,560℃ 이상용~2,000℃ 이하용
㉡ 단열재: 800~1,200℃ 사용
㉢ 보온재: 100~800℃ 사용
㉣ 보냉재: 100℃ 이하용

10 보일러의 보수유지관리에서 압력계의 정비 시 주의사항으로 틀린 것은?

① 압력계 등은 양손으로 잡고 회전시켜 분리해서는 안 된다.
② 압력계와 미터코크는 나사삽입 연결의 가스켓으로 적정한 것을 사용한다.
③ 압력계는 적어도 1년에 한 번은 기준압력계와 비교검사를 한다.
④ 사이폰관에는 부착 전에 반드시 물이 없도록 한다.

[해설] 증기보일러 부르동관 압력계

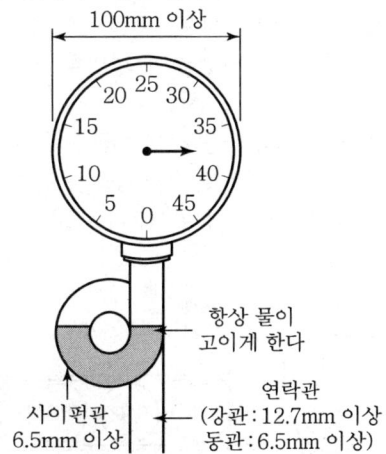

11 보일러의 자동제어장치에 해당되지 않은 것은?

① 안전밸브
② 노 내압 조절장치
③ 압력조절기
④ 저수위차단장치

[해설] 안전밸브(증기보일러용)
㉠ 스프링식
㉡ 추식
㉢ 지렛대식

12 보일러의 성능을 표시하는 방법이 아닌 것은?

① 상당증발량(kgf/h)
② 보일러 마력
③ 보일러 전열면적(m²)
④ 보일러 지름(mm)

해설 보일러 성능표시법
㉠ 상당증발량(kg/h) : 정격용량
㉡ 보일러 마력(HP)
㉢ 보일러 전열면적(m²)
㉣ 정격출력(kcal/h)
㉤ 상당방열면적(m²)

13 열효율을 높이는 부속장치에 대한 설명으로 틀린 것은?

① 과열기 사용 시에는 같은 압력의 포화증기에 비하여 엔탈피가 적어지나, 증기의 마찰저항이 증가된다.
② 과열기의 설치형식에는 공기의 흐름방향에 의해 분류하였을 때 병행류, 대향류, 혼류식으로 나눌 수 있다.
③ 절탄기의 사용 시에는 급수와 관수의 온도차가 적어서 본체의 응력을 감소시킨다.
④ 공기예열기 종류에는 전도식과 재생식이 있다.

해설

14 불필요한 증기 드럼을 없애고 초임계압력 이상의 고압 증기를 발생할 수 있는 관류보일러로 옳은 것은?

① 슐저 보일러   ② 레플러 보일러
③ 스코치 보일러   ④ 스터링 보일러

해설 ① 슐저 보일러 : 관류보일러
② 레플러 보일러 : 간접가열식 보일러
③ 스코치 보일러 : 노통연관식 보일러
④ 스터링 보일러 : 급경사 수관식 보일러

15 보일러에 댐퍼(Damper)를 설치하는 목적과 가장 거리가 먼 것은?

① 가스의 흐름을 차단한다.
② 매연을 멀리 집중시켜 대기오염을 줄인다.
③ 통풍력을 조절하여 연소효율을 상승시킨다.
④ 주연도와 부연도가 있을 경우 가스흐름을 전환한다.

해설

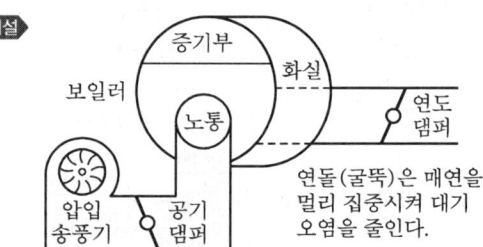

연돌(굴뚝)은 매연을 멀리 집중시켜 대기오염을 줄인다.

16 보일러 집진장치 중 세정 집진장치의 작동순서로 옳은 것은?

① 충돌-확산-증습-누설-응집
② 충돌-확산-증습-응집-누설
③ 확산-충돌-증습-누설-응집
④ 확산-충돌-증습-응집-누설

해설 ㉠ 보일러 집진장치 분류
건식, 습식(세정식), 전기식
㉡ 세정식 집진장치 작동순서 : 충돌 → 확산 → 증습 → 응집 → 누설

17 다음 중 방열기는 창문 아래에 설치하는데 방열량을 고려하여 벽면으로부터 약 몇 mm 정도의 간격을 두어야 가장 적합한가?

① 10~20mm   ② 50~70mm
③ 100~120mm   ④ 150~170mm

해설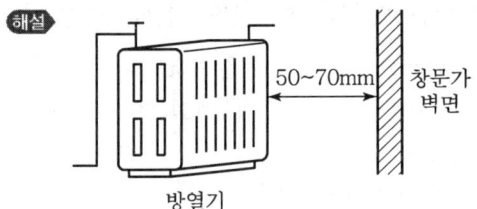

18 보일러 급수장치의 하나인 인젝터에 대한 설명으로 틀린 것은?

① 인젝터는 벤투리의 원리를 응용해서 증기를 분출하고, 그 부근의 압력 강하로 생기는 진공을 이용하여 물을 빨아올린다.
② 응축작용에 의해 보유하는 열에너지를 물에 주어 고속의 수류를 만들고 이를 압력에너지로 바꾸어 보일러에 급수한다.
③ 인젝터는 일반적으로 급수압력 1MPa 미만이면 작동불량을 초래하기 때문에 주의해야 한다.
④ 증기속의 드레인이 많을 때에는 인젝터의 성능이 저하하기 때문에 이러한 일이 없도록 한다.

해설 인젝터(급수설비) 사용 시 증기압력은 0.2MPa 이상 ~1MPa(10kgf/cm²) 이하의 압력으로 사용하여야 작동이 원활하다.

19 화염검출기와 사용연료와의 적합성 내용으로 틀린 것은?

① CdS셀 : A중유, B · C중유
② PbS셀 : 가스, 등유, A중유, B · C중유
③ 광전관 : B · C중유
④ 플레임로드 : 중유, 등유

해설 플레임로드(전기전도성) 화염검출기는 일반적으로 가스연료용에 가장 많이 사용된다.

20 상당증발량이 5ton/h인 증기보일러의 연료소비량이 6kg/min이다. 이 보일러의 효율은? (단, 연료는 중유이며, 저위발열량은 9,200kcal/kg이다.)

① 76%   ② 81%
③ 88%   ④ 92%

해설 $\eta(효율) = \dfrac{유효열}{공급열} \times 100(\%)$

물의 증발열 = 539kcal/kg

$\therefore \eta = \dfrac{5\text{ton/h} \times 10^3 \times 539\text{kcal/kg}}{6\text{kg/min} \times 60\text{min/h} \times 9,200\text{kcal/kg}} \times 100$

$= \dfrac{2,695,000}{3,312,000} \times 100 = 81(\%)$

21 보일러의 자동제어장치인 인터록 제어에 대한 설명으로 가장 적합한 것은?

① 조건이 충족되지 않을 때 다음 동작이 정지되는 것
② 제어량과 설정목표치를 비교하여 수정 동작시키는 것
③ 점화나 소화가 정해진 순서에 따라 차례로 진행하는 것
④ 증기의 압력, 연료량, 공기량을 조절하는 것

해설 보일러 자동제어 인터록
조건이 충족되지 않을 때 보일러 안전운전 차원에서 다음 동작이 정지되게 하는 조건(저연소 인터록, 불착화 인터록, 프리퍼지 인터록, 압력초과 인터록, 저수위 인터록)

22 보일러 설비의 계획에서 연소장치의 선택은 가장 중요하다. 연소장치 종류가 아닌 것은?

① 버너   ② 송풍기
③ 윈드 박스   ④ 급유펌프

해설 통풍장치 : 송풍기, 댐퍼, 연도, 굴뚝

정답 18 ③ 19 ④ 20 ② 21 ① 22 ②

23 절대압력 5kg/cm²인 상태로 운전되는 보일러의 증발량이 시간당 5,000kg이었다면, 이 보일러의 상당증발량은?(단, 이때 급수온도는 30℃이고, 발생증기의 건도는 98%이며, 증기표 값은 다음과 같다.)

증기압(절대)(kg/cm²)	5
포화수 탈피(kcal/kg)	152.1
포화증기 엔탈피(kcal/kg)	656.0

① 6,085kg/h ② 5,992kg/h
③ 5,807kg/h ④ 5,714kg/h

해설 건도에 의한 습포화증기 엔탈피$(h_2) = h_1 + r \cdot x$
물의 증발잠열$(r) = 656.0 - 152.1 = 503.9$kcal/kg
$h_2 = 152.1 + 503.9 \times 0.98 = 645.922$kal/kg

상당증발량$(We) = \dfrac{W \times (h_2 - h_1)}{539}$

$= \dfrac{5,000 \times (645.922 - 30)}{539}$

$= 5,714$kgf/h

24 보일러 내처리에 사용되는 약제의 종류 및 작용에서 탈산소제로 쓰이는 약품이 아닌 것은?

① 수산화나트륨 ② 탄닌
③ 히드라진 ④ 아황산나트륨

해설 수산화나트륨(NaOH, 가성소다) : pH 알칼리도 조정제, 경수연화제로 사용한다.

25 열역학법칙 가운데 에너지 보존법칙을 명확하게 나타낸 것은?

① 열역학 제0법칙 ② 열역학 제1법칙
③ 열역학 제2법칙 ④ 열역학 제3법칙

해설 에너지 보존의 법칙(열역학 제1법칙)
(전환) (전환)
일 → 열, 열 → 일
㉠ 일의 열당량 $= \dfrac{1}{427}$kcal/kg · m
㉡ 열의 일당량 $= 427$kg · m/kcal

26 압력의 단위로서 국제단위계에서 Pa(파스칼)은?

① N/cm² ② N/m²
③ kgf/m² ④ kgf/cm²

해설 ㉠ $1Pa = 1N/m^2$
㉡ $1bar = 10^5 N/m^2 = 10^5 Pa$

27 지름이 100mm에서 지름 200mm로 돌연 확대되는 관에 물이 0.04m³/s의 유량으로 흐르고 있다. 이때 돌연 확대에 의한 손실수두는?(단, 마찰은 무시한다.)

① 0.32m ② 0.53m
③ 0.75m ④ 1.28m

해설 베르누이 방정식

$\dfrac{V_1^2}{2g} + \dfrac{P_1}{\gamma} + Z_1 = \dfrac{V_2^2}{2g} + \dfrac{P_2}{\gamma} + Z_2 + H_L(손실수두)$

유속$(V_1) = \dfrac{0.04}{\dfrac{3.14}{4} \times (0.1)^2} = \dfrac{0.04}{0.00785} = 5.0955$m/s

유속$(V_2) = \dfrac{0.04}{\dfrac{3.14}{4} \times (0.2)^2} = 1.2738$m/s

확대손실수두$(h_2) = \dfrac{(V_1 - V_2)^2}{2g}$

$= \dfrac{(5.0955 - 1.2738)^2}{2 \times 9.8} = 0.75$m

28 유체의 층류흐름과 난류흐름의 구분에 사용되는 수는?

① 프로드수 ② 레이놀즈수
③ 아보가드로수 ④ 웨버수

해설 레이놀즈수(Re)
㉠ $Re < 2,100$: 층류
㉡ $Re > 4,000$: 난류
㉢ $2,100 < Re < 4,000$: 천이영역

정답 23 ④ 24 ① 25 ② 26 ② 27 ③ 28 ②

29 엑서지(Exergy)에 대한 설명으로 틀린 것은?

① 열에너지를 전부 기계적 에너지로 변환시킬 수 없다.
② 열에너지로부터 얼마만큼의 기계적 일을 내게 할 수 있는가를 나타낸다.
③ 열에너지는 엑서지와 에너지의 합이다.
④ 환경온도(열기관의 저열원)가 높을수록 엑서지는 크다.

해설 엑서지는 열기관의 고열원이 높을수록 커진다.

30 보일러 연료의 연소 시에 발생하는 가마울림의 방지대책으로 가장 거리가 먼 것은?

① 수분이 적은 연료를 사용한다.
② 2차공기의 가열 통풍 조절을 개선한다.
③ 연소실과 연도를 개선한다.
④ 연소속도를 천천히 한다.

해설 보일러

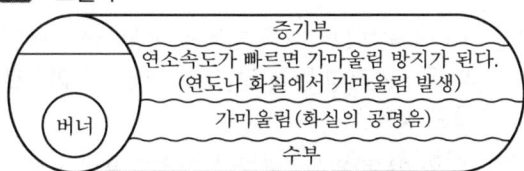

31 과열증기의 설명으로 가장 적합한 것은?

① 습포화증기의 압력을 높인 것
② 습포화증기에 열을 가한 것
③ 포화증기에 열을 가하여 포화온도보다 온도를 높인 것
④ 포화증기에 압을 가하여 증기압력을 높인 것

해설 과열증기의 발생

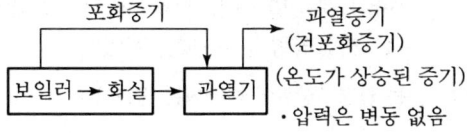

32 평판을 사이에 두고 고온유체와 저온유체가 접하고 있는 경우 열관류율에 영향을 미치지 않는 것은?

① 평판의 열전도율
② 평판의 중량
③ 평판의 두께
④ 고온 및 저온유체 열전달률

해설
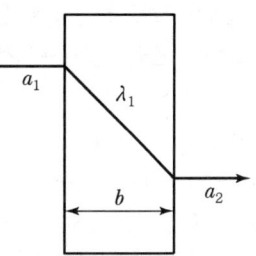

열관류율$(k) = \dfrac{1}{\dfrac{1}{a_1} + \dfrac{b_1}{\lambda_1} + \dfrac{1}{a_2}}$ (kcal/m²h℃)

여기서, b_1 : 두께(m)
λ_1 : 열전도율(kcal/mh℃)
a_1, a_2 : 내면, 외면 열전달률(kcal/m²h℃)

33 부력(浮力)은 그 물체가 배제한 유체의 중량과 같은 힘을 수직상방으로 받는 것을 말하는데 이는 어떤 원리인가?

① 아르키메데스   ② 파스칼
③ 뉴턴   ④ 오일러

해설 아르키메데스 원리
부력은 그 물체가 배제한 유체의 중량과 같은 힘을 수직 상방으로 받는 원리이다.

34 보일러 부속장치 중 고온부식이 유발될 수 있는 장치는?

① 절탄기   ② 과열기
③ 응축기   ④ 공기예열기

해설 ㉠ 고온부식인자 : 바나듐(V), 나트륨(Na) 등이 있으며 과열기, 재열기에서 발생
㉡ 저온부식인자 : 황(S), 황산(H_2SO_4) 등이 있으며 절탄기, 공기예열기에서 발생

정답 29 ④ 30 ④ 31 ③ 32 ② 33 ① 34 ②

35 보일러 부식의 원인이 아닌 것은?

① 수중의 용존산소 ② 염화마그네슘
③ 수산화나트륨 ④ 질소

해설 순도가 높은 질소(N_2)가스는 보일러 장기보존 시 사용한다.(밀폐건조보존법 : 6개월 이상 보일러 휴지 시에)

36 보일러 세관작업을 염산으로 하는 경우 염산의 농도(%), 처리온도(℃), 순환시간으로 가장 적합한 것은?

① 1~3%, 30~40℃, 4~6시간
② 5~10%, 55~65℃, 4~6시간
③ 10~15%, 30~40℃, 7~9시간
④ 15~20%, 60~70℃, 10~12시간

해설 보일러 산세관(스케일 제거 작업)
㉠ 염산액 농도 : 5~10%
㉡ 세관액 온도 : 55~65℃
㉢ 세관작업 : 4~6시간

37 보일러 매연 발생의 원인으로 가장 거리가 먼 것은?

① 불순물 혼입 ② 연소실 과열
③ 통풍력 부족 ④ 점화조작 불량

해설 연소실 과열 : 보일러 파열이나 강도저하 발생

38 수중에서 받는 압력은 그 깊이에 무엇을 곱한 값인가?

① 체적 ② 면적
③ 부피 ④ 비중량

해설 보일러수(水)의 압력=보일러수 깊이×비중량
$= kgf/cm^2$

39 1kg의 습증기 속에 수분이 $x$kg 포함되어 있을 때 건도는?

① x ② $x-1$
③ $1-x$ ④ $\dfrac{x}{1-x}$

해설 습증기 건도(x) = $1-x$(수분)
건도의 크기=건포화증기 > 습포화증기 > 포화수

40 보일러 급수 중 가스 제거방법에 대해서 설명한 것으로 틀린 것은?

① 용존가스 제거방법에는 기폭법, 탈기법 등이 있다.
② 탈기에 의한 방법은 산소, 탄산가스 등을 제거하는 경우에 쓰인다.
③ 기폭에 의한 방법은 산소, 탄산가스 등은 제거하나 철분, 망간은 제거하지 못한다.
④ 기폭에 의한 처리방법은 보통 급수를 분무 또는 탑상에서 우화(雨化)시키는 방법을 취하고 있다.

해설 가스분처리용(탈기법)
산소나 CO_2는 제거하나 철분이나 망간은 제거하지 못한다.(기폭법에서는 CO_2, Fe, Mn 처리가 가능하다.)

41 저탄소녹색성장 기본법에서 온실가스 · 에너지 목표관리의 원칙 및 역할에 대한 설명으로 틀린 것은?

① 환경부장관은 온실가스 감축 목표의 설정 · 관리 및 필요한 조치에 관하여 총괄 · 조정 기능을 수행한다.
② 건물 · 교통 분야의 관장기관은 국토교통부이다.
③ 환경부장관은 농림축산식품부와 공동으로 해당분야 관리업체의 실태조사를 할 수 있다.
④ 국토교통부장관은 부문별 관장기관의 소관 사무에 대해 점검할 수 있으며, 그 결과에 따라 부문별 관장기관에게 관리업체에 대한 개선명령을 요구할 수 있다.

해설 ④는 환경부장관에 해당되는 법률이다.

정답 35 ④ 36 ② 37 ② 38 ④ 39 ③ 40 ③ 41 ④

42 보일러에 설치되는 원통형 파이프 강도 계산 시 길이방향 응력(kg/cm²) 계산식은?(단, P는 원통 내부의 압력(kg/cm²), D는 보일러 내경 (cm), t는 동판의 두께(cm)이다.)

① $\dfrac{PD}{2t}$ ② $\dfrac{P}{4t}$

③ $\dfrac{PD}{4t}$ ④ $\dfrac{D}{4t}$

해설 ㉠ 원주 방향 응력(ρ) = $\dfrac{P \cdot D}{2 \cdot t}$

㉡ 길이 방향 응력(ρ) = $\dfrac{P \cdot D}{4 \cdot t}$

43 신축으로 인한 배관의 좌우, 상하 이동을 구속하고 제한하는 목적으로 사용되는 배관 지지구인 리스트레인트(Restraint)의 종류가 아닌 것은?

① 브레이스   ② 앵커
③ 스토퍼   ④ 가이드

해설 브레이스 : 진동방지제(압축기, 펌프 등에 사용)

44 개스킷의 재질 중 동물성 섬유류로 거칠지만 강인하며 압축성이 풍부하고 약산에 잘 견디며 내유성이 커서 기름배관에 적합한 것은?

① 가죽   ② 펠트
③ 형석   ④ 오일시트

해설 펠트(동물성 섬유류)
플랜지 패킹으로 개스킷의 역할을 하며 거칠지만 강인하고 압축성이 풍부하며 약산에 잘 견디고 내유성이 커서 기름배관 패킹제로 쓰인다.

45 담금질한 강에 강인성을 부여하기 위해 특정변태점 이하의 온도에서 가열하는 열처리 방법은?

① 표면경화법   ② 풀림
③ 불림   ④ 뜨임

해설 표면경화법
기어, 크랭크축, 캠 등의 내마멸성, 강인성을 부여하기 위해 표면을 경화하는 열처리법이다.
㉠ 뜨임 : 열처리로서 담금질강에 강인성을 부여하기 위해 변태점(A_3 = 910℃) 이하 온도(700℃)에서 가열(템퍼링)
㉡ 풀림 : 어니얼링으로 열처리 후 내부응력 제거
㉢ 불림 : 노멀라이징으로서 열처리 후 재질의 균일화, 조직의 표준화를 한다.

46 피복금속 아크용접에서 교류용접기와 비교한 직류 용접기의 장점이 아닌 것은?

① 극성의 변화가 쉽다.
② 전격 위험이 적다.
③ 역률이 양호하다.
④ 자기쏠림 방지가 가능하다.

해설 직류용접기는 자기쏠림 방지가 어렵다.

47 아래에 주어진 평면도를 등각투상도로 나타낼 때 옳은 것은?

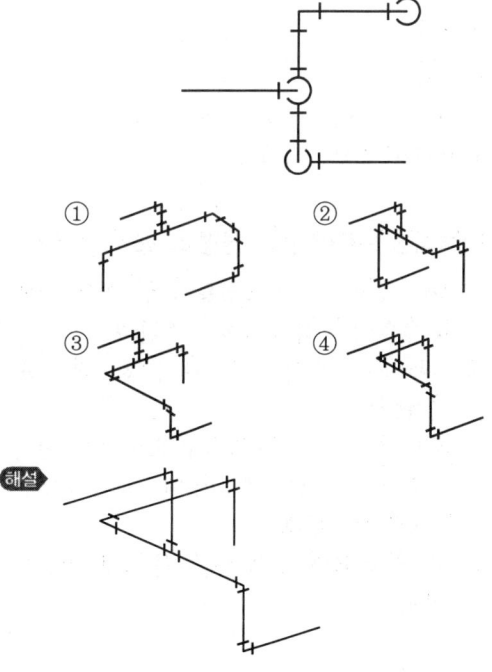

48 다음 중 동관의 납땜이음 순서로 옳은 것은?

> ㉠ 이음부의 안팎을 샌드페이퍼로 닦아 산화물을 제거한다.
> ㉡ 사이징툴(Sizing Tool)로 파이프 끝을 둥글게 가공한다.
> ㉢ 가열토치로 접합부 주위를 골고루 가열하여 땜납이 모세관 작용으로 빨려들도록 한다.
> ㉣ 이음부에 용제를 바르고 관을 끼워 맞춘다.
> ㉤ 이음부의 간격이 0.1mm 정도가 되도록 관의 지름을 넓힌다.

① ㉡-㉤-㉠-㉢-㉣
② ㉡-㉠-㉢-㉣-㉤
③ ㉡-㉤-㉠-㉣-㉢
④ ㉡-㉠-㉣-㉢-㉤

해설 동관(구리관)의 납땜이음 순서는 ③과 같다.

49 에너지법 시행규칙에 의거 일반적으로 에너지 열량 환산기준은 몇 년마다 작성하는가?

① 1년　② 3년
③ 4년　④ 5년

해설 ㉠ 에너지 열량 환산기준 : 5년마다 작성
㉡ 에너지 : 연료, 열, 전기

50 알루미늄 도료에 관한 설명 중 틀린 것은?

① 400~500℃의 내열성을 지니고 있어 난방용 방열기 등의 외면에 도장한다.
② 알루미늄 도막은 금속광택이 있고 열을 잘 반사한다.
③ 은분이라고도 하며 방청효과가 크고 습기가 통하기 어렵기 때문에 내구성이 풍부한 도막이 형성된다.
④ 알루미늄 분말에 아마인유와 혼합하여 만든다.

해설 알루미늄 도료
㉠ 알루미늄(Al) 분말+(유성바니스)를 섞어 만든다.
㉡ 400~500℃의 내열성이 있다.

51 높은 온도의 응축수가 압력이 낮아져 재증발할 때 생기는 부피의 증가를 밸브의 개폐에 이용한 증기트랩으로 응축수 양에 비해 극히 소형인 트랩은?

① 바이메탈식　② 버킷식
③ 디스크식　④ 벨로스식

해설 디스크식 증기트랩
열역학적 증기트랩이다. 재증발증기의 부피증가로 밸브의 개폐에 이용하는 스팀트랩이다.

52 다음 중 연관용 공구 중 분기관 따내기 작업 시 주관에 구멍을 뚫는 공구는?

① 봄볼　② 드레서
③ 벤드벤　④ 턴핀

해설 ㉠ 봄볼 : 연관용 공구로서 주관에서 분기관 따내기 작업 시 구멍을 뚫는 공구이다.
㉡ 드레서 : 연관 표면의 산화물을 제거한다.
㉢ 벤드벤 : 연관을 굽히거나 펼 때 사용한다.

53 에너지이용 합리화법상 검사대상기기 설치자가 검사대상기기 관리자를 선임하지 않았을 때 해당되는 벌칙은?

① 2년 이하의 징역 또는 2천만 원 이하의 벌금
② 1년 이하의 징역 또는 1천만 원 이하의 벌금
③ 2천만 원 이하의 벌금
④ 1천만 원 이하의 벌금

해설 검사대상기 설치자가 관리자(산업용 보일러, 압력용기 관리자)를 채용하지 않으면 1천만 원 이하의 벌금에 처한다.

정답　48 ③　49 ④　50 ④　51 ③　52 ①　53 ④

54 관의 길이 팽창은 일반적으로 관경에는 관계없고 길이에만 영향이 있다. 강관인 경우 온도차 1℃일 때 1m당 신축길이는?(단, 철의 선팽창계수는 1.2×10^{-5}이다.)

① 1.2mm　② 0.12mm
③ 0.012mm　④ 0.0012mm

해설 신축길이(l) $= 1m \times 1℃ \times 1.2 \times 10^{-5}$
$= 0.000012m$
$= 0.012mm$

55 계수 규준형 샘플링 검사의 OC 곡선에서 좋은 로트를 합격시키는 확률을 뜻하는 것은?(단, α는 제1종 과오, β는 제2종 과오이다.)

① α　② β
③ $1 - \alpha$　④ $1 - \beta$

해설

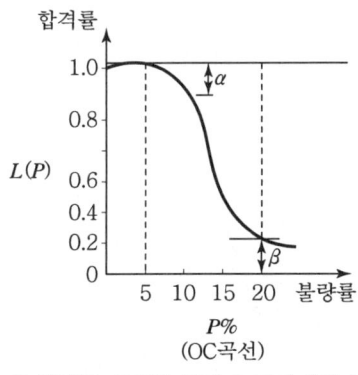
(OC곡선)

㉠ 불량률 P%인 로트가 검사에서 합격되는 확률 $L(P)$
㉡ $1 - \alpha$: OC 곡선에서 좋은 로트를 합격시키는 확률이다.
㉢ OC 곡선에서 좋은 Lot의 과오에 의한 불합격 확률과 임의의 품질을 가진 로트의 합격 또는 불합격되는 확률을 알 수 있다.
㉣ 제1종 과오(생산자 위험) : 시료가 불량하기 때문에 lot가 불합격되는 확률(실제로는 진실인데 거짓으로 판단되는 과오로서 α로 표시한다.)
㉤ 제2종 과오(소비자 위험) : 당연히 불합격되어야 할 lot가 합격되는 확률(실제로는 거짓인데 진실로 판단되는 과오로서 β로 표시한다.)

56 계량값 관리도에 해당되는 것은?

① c 관리도　② u 관리도
③ R 관리도　④ nP 관리도

해설 ㉠ 계량값 관리도 : 길이, 무게, 강도, 전압, 전류 등의 연속변량 측정
- $\tilde{x} - R$ 관리도
- x 관리도
- $x - R$ 관리도
- R 관리도

㉡ 계수치 관리도 : 직물의 얼룩, 흠 등 불량률 측정
- nP 관리도
- P 관리도
- c 관리도
- u 관리도

57 어떤 작업을 수행하는 데 작업소요시간이 빠른 경우 5시간, 보통이면 8시간, 늦으면 12시간 걸린다고 예측되었다면 3점 견적법에 의한 기대 시간치와 분산을 계산하면 약 얼마인가?

① $t_e = 8.0$, $\sigma^2 = 1.17$
② $t_e = 8.2$, $\sigma^2 = 1.36$
③ $t_e = 8.3$, $\sigma^2 = 1.17$
④ $t_e = 8.3$, $\sigma^2 = 1.36$

해설 3점 견적법
㉠ 기대 시간(t_e) $= \dfrac{T_o + 4T_m + T_p}{6}$
$= \dfrac{5 + 4 \times 8 + 12}{6} = 8.2$

㉡ 분산 $= \dfrac{8.2}{6} = 1.36$

58 정규분포에 관한 설명 중 틀린 것은?

① 일반적으로 평균치가 중앙값보다 크다.
② 평균을 중심으로 좌우대칭의 분포이다.
③ 대체로 표준편차가 클수록 산포가 나쁘다고 본다.
④ 평균치가 0이고 표준편차가 1인 정규분포를 표준정규분포라 한다.

정답 54 ③　55 ③　56 ③　57 ②　58 ①

해설 정규분포(Normal Distribution)
일명 Gauss의 오차분포라고 하며 평균치에 대한 좌우 대칭 종모양을 하고 있는 분포로서 계량치는 원칙적으로 이 분포에 따른다.

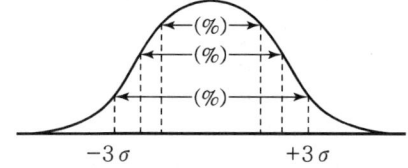

정규분포의 성질은 분포의 평균과 표준오차로 결정된다.

59 작업측정의 목적 중 틀린 것은?

① 작업 개선 ② 표준시간 설정
③ 과업관리 ④ 요소작업 분할

해설 작업측정 목적
㉠ 작업 개선
㉡ 표준시간 설정
㉢ 과업관리

60 일반적으로 품질코스트 가운데 가장 큰 비율을 차지하는 것은?

① 평가코스트 ② 실패코스트
③ 예방코스트 ④ 검사코스트

해설 실패코스트
품질코스트에서 가장 큰 비율을 차지하며 내부실패비율, 외부실패비율 초기단계에서 실패코스트가 50~75%로 그 비율이 크다.

2016년 7월 10일 과년도 기출문제

01 급탕량이 10,000kg/h인 온수보일러의 급수 온도가 5℃이고 출구 온수 온도가 59℃일 때, 연료소비량은?(단, 보일러 효율은 90%이며 사용연료는 도시가스이고, 저위발열량이 10,000kcal/kg이다.)

① 100kg/h　② 90kg/h
③ 54kg/h　④ 60kg/h

해설 급탕부하(H_2) = 10,000kg/h × 1kcal/kg℃
　　× (59 − 5)℃
　　= 540,000kcal/h

연료소비량(f) = $\frac{540,000}{10,000 \times 0.9}$ = 60kg/h

02 보일러 집진 장치 중 가압수식 집진기가 아닌 것은?

① 충전탑
② 유수식
③ 벤투리 스크러버
④ 사이클론 스크러버

해설 세정식 집진장치(습식)
㉠ 유수식
㉡ 가압수식
㉢ 회전식

03 온수난방 분류에서 각 층, 각 실 간에 온수의 순환율이 동일하고 온도차를 최소화시키는 방식으로 배관길이가 다소 길고 마찰저항이 커지는 단점이 있는 배관방법은?

① 직접귀환방식
② 역귀환방식
③ 중력순환식
④ 강제순환식

해설 역귀환방식(리버스리턴 방식)
온수의 순환율이 동일하다.

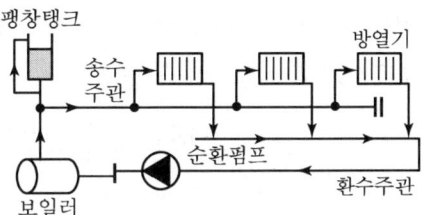

04 보일러의 운전 성능을 향상시키는 방법으로 틀린 것은?

① 공기비를 가급적 크게 한다.
② 연소용 공기를 예열한다.
③ 가급적 연속 가동을 하여 종합적인 연소 효율을 향상시킨다.
④ 배기가스 열을 회수하여 최종 배기가스 온도를 적정범위 내에서 최대한 낮춘다.

해설 공기비(실제공기량/이론공기량)는 연료마다 차이가 나지만 1.1~1.3 사이가 가장 이상적이다.

05 강철제 증기보일러의 전열면적이 10m²을 초과하는 경우 급수밸브의 크기는 호칭지름이 얼마 이상이어야 하는가?

① 15A　② 20A
③ 30A　④ 40A

해설 급수밸브, 체크밸브 크기
㉠ 전열면적 10m² 이하 : 15A 이상
㉡ 전열면적 10m² 초과 : 20A 이상

정답 01 ④　02 ②　03 ②　04 ①　05 전항 정답

06 굴뚝 높이 140m, 배기가스의 평균온도 200℃, 외기온도 27℃, 굴뚝 내 가스의 외기에 대한 비중이 1.05일 때, 연돌의 통풍력은?

① 36.3mmAq ② 49.8mmAq
③ 51.3mmAq ④ 55.0mmAq

해설 공기밀도 = 1.293kg/Nm³
배기가스밀도 = 1.293 × 1.05배 = 1.35765kg/Nm³

연돌 통풍력$(Z) = 273 \cdot H \left(\dfrac{r_a}{T_a} - \dfrac{r_g}{T_g} \right)$

$= 273 \times 140 \times \left(\dfrac{1.293}{273+27} - \dfrac{1.35765}{273+200} \right)$

$= 55.0$mmAq

07 관류보일러의 특징에 대한 설명으로 틀린 것은?

① 관로만으로 구성되어 기수드럼이 필요하지 않다.
② 급수량 및 연료량의 자동제어 장치가 필요하다.
③ 관을 자유로이 배치할 수 있다.
④ 열효율이 높고, 전열면적당 보유수량이 많다.

해설 관류보일러(입형보일러 = 수관식) 특징
㉠ ①, ②, ③의 특징 및 열효율이 높다.
㉡ 전열면적당 보유수량이 적다.
㉢ 급수처리가 매우 까다롭다.

08 다음 기체 중 가연성인 것은?

① CO_2 ② N_2
③ H ④ He

해설 가연성 기체
H_2 가스, CH_4 가스, C_3H_8 가스, C_4H_{10} 가스, CO 가스

09 버너 착화를 원활하게 하고 화염의 안정을 도모하는 장치는?

① 윈드 박스 ② 보염기
③ 버너 타일 ④ 플레임 아이

해설 ㉠ 윈드 박스(바람상자) : 연소용 공기를 적절하게 분산 공급시키는 장치
㉡ 보염기(공기조절장치 → 에어레지스터) : 버너에서 연료의 착화를 원활하게 하고 화염의 안정을 도모한다.
㉢ 버너 타일 : 윈드박스 내부에 설치하는 보염기구로서 착화를 용이하게 한다.
㉣ 플레임 아이 : 화염검출기

10 보일러의 자동제어에서 증기압력제어는 어떤 것을 조작하는가?

① 노 내 압력량과 기압량
② 급수량과 연료공급량
③ 수위량과 전열량
④ 연료공급량과 연소용 공기량

해설 ㉠ 증기압력제어 : 연료량과 공기량을 조절한다.
㉡ 노 내 압력제어 : 연소 가스량을 조절한다.

제어장치 명칭	제어량	조작량
자동연소제어(ACC)	증기압력	연료량, 공기량
	노 내 압력	연소가스량
자동급수제어(FWC)	보일러 수위	급수량
과열증기온도제어(STC)	증기온도	전열량

11 보일러 관수 중 불순물에 의한 장해를 방지하기 위한 분출의 직접적인 목적으로 가장 거리가 먼 것은?

① 관수의 pH를 조정하기 위해서
② 프라이밍, 포밍 현상 방지를 위해서
③ 발생하는 증기의 건조도를 높이기 위해서
④ 슬러지 성분을 배출하기 위해서

해설 ㉠ 기수분리기, 비수방지관 : 발생하는 증기의 건조도를 높이는 장치이다.
㉡ ①, ②, ④는 분출장치(수면연속분출, 수저간헐분출)의 설치목적이다.

정답 06 ④ 07 ④ 08 ③ 09 ② 10 ④ 11 ③

12 다음 내용의 ( ) 안에 들어갈 알맞은 용어는?

> 사이클론 집진기는 연소가스가 회전운동을 일으켜 이 원심력으로 분진을 분리하는 것으로 30~60μm 정도의 분진에 유효하다. 이 사이클론은 연소가스의 유입방법에 따라 접선유입식과 ( )식이 있다.

① 축류   ② 원심
③ 사류   ④ 와류

해설 사이클론 집진장치(원심식 집진장치)
㉠ 접선유입식
㉡ 축류식

13 진공환수식 증기난방에 관한 설명으로 틀린 것은?

① 진공 펌프에 버큠 브레이커(Vacuum Breaker)를 설치하여 진공도가 높아지면 밸브를 열어서 진공도를 낮춘다.
② 배관 및 방열기 내의 공기를 뽑아내므로 증기의 순환이 빠르다.
③ 환수파이프와 보일러 사이에 진공펌프를 설치하여 응축수를 환수시킨다.
④ 방열기 설치장소에 제한을 받고 방열기의 밸브로 방열량을 조절할 수 없다.

해설 응축수환수법 중 진공환수식(배관 내 100~250mmHg 진공유지)은 방열기 설치장소에 제한을 받지 않는다.

14 보일러의 증발계수에 대하여 옳게 설명한 것은?

① 상당 증발량을 실제 증발량으로 나눈 값이다.
② 실제 증발량을 상당 증발량으로 나눈 값이다.
③ 상당 증발량을 539로 나눈 값이다.
④ 실제 증발량을 539로 나눈 값이다.

해설 보일러 증발계수(증발력)
$= \dfrac{\text{상당 증발량}}{\text{실제 증발량}} = \dfrac{\text{증기엔탈피} - \text{급수엔탈피}}{539}$

15 다음 중 탄성식 압력계에서 속하지 않는 것은?

① 피스톤식   ② 벨로스식
③ 부르동관식   ④ 다이어프램식

해설 물체의 탄성을 이용한 압력계
㉠ 부르동관식
㉡ 벨로스식
㉢ 다이어프램식

16 배기가스 분석방법에서 수동식 가스분석계 중 화학적 가스 분석방법에 해당되지 않는 것은?

① 오르자트법   ② 헴펠법
③ 검지관법   ④ 세라믹법

해설 세라믹 산소(O_2) 측정계
지르코니아(ZrO_2)를 주원료로 한 세라믹의 온도를 높여주면 O_2 이온만 통과시키는 성질을 이용한 계측기(기전력을 측정하여 산소(O_2)농도 측정)

17 탄소(C) 1kg을 완전 연소시키는 데 필요한 이론공기량은?

① 8.89Nm³/kg   ② 3.33Nm³/kg
③ 1.87Nm³/kg   ④ 22.4Nm³/kg

해설 연소반응식
$C + O_2 \rightarrow CO_2$
(12kg + 22.4Nm³ = 22.4Nm³)
이론공기량(A_0) = 이론산소량 × $\dfrac{1}{0.21}$
∴ $A_0 = \dfrac{22.4}{12} \times \dfrac{1}{0.21} = 8.89$ Nm³/kg

18 특수보일러인 열매체 보일러의 특징 중 틀린 것은?

① 관 내부의 열매체를 물 대신 다우섬, 수은 등을 사용한 보일러이다.
② 동파의 우려가 적다.
③ 높은 압력하에서 고온을 얻는 것이 특징이다.
④ 물처리 장치나 청관제 주입장치가 불필요하다.

정답 12 ① 13 ④ 14 ① 15 ① 16 ④ 17 ① 18 ③

해설 열매체(다우섬, 수은, 카네크롤, 모빌섬, 서큐리티 등) 보일러는 약 3kg/cm² 의 낮은 압력에서 300℃의 기상, 액상 등의 열매를 얻을 수 있다.

19 다음 배관 및 부속기기에 관한 설명으로 옳은 것은?

① 배관의 신축이음은 증기 배관에만 설치하고 응축수 배관에는 필요 없다.
② 각 설비로 공급하는 증기배관을 증기주관의 하부에 연결하면 스팀트랩을 설치하지 않아도 된다.
③ 축열기의 설치 목적은 보일러의 캐리오버를 방지하기 위한 것이다.
④ 주 증기 밸브를 개방할 때에는 서서히 개방하여야 보일러의 캐리오버를 줄일 수 있다.

해설 ㉠ 증기나 온수배관에는 신축이음이 필요하다.
㉡ 증기난방에는 응축수 배출을 위한 스팀트랩을 설치한다.
㉢ 증기축열기는 남아도는 잉여증기를 저장해 두었다가, 부하 증대 시 저장했던 증기를 빼서 보일러에 공급하는 장치이다. 부하 급변화 시에 부하에 대응하기가 수월하다.

20 대류난방과 비교하여 복사난방에 대한 특징을 설명한 것으로 틀린 것은?

① 외기 온도 급변에 대한 온도 조절이 쉽다.
② 하자 발생 시 보수작업이 번거롭고 힘들다.
③ 실내온도가 비교적 균등하다.
④ 동일 방열량에 대해 열손실이 비교적 적다.

해설 복사난방(패널난방=바닥패널, 벽패널, 천장패널) 외기온도 급변화 시에 온도 조절이 불편하다.

21 방열기 내 공기가 빠지지 않아 방열기가 뜨거워지는 것을 방지하기 위해 공기 빼기를 목적으로 설치하는 밸브는?

① 체크밸브 ② 솔레노이드 밸브
③ 에어벤트 밸브 ④ 스톱 밸브

해설 에어벤트 밸브=공기 빼기 밸브

22 보일러의 안전밸브 또는 압력 릴리프밸브에 요구되는 기능에 관한 설명으로 틀린 것은?

① 적절한 정지압력으로 닫힐 것
② 방출할 때는 규정의 리프트가 얻어질 것
③ 설정된 압력 이하에서 방출할 것
④ 밸브의 개폐동작이 안정적일 것

해설 안전밸브, 방출밸브(릴리프밸브)
설정된 압력 이상에서 유체(증기, 액체 등)를 방출하는 안전장치이다.

23 체적과 시간으로부터 직접 유량을 구하는 유량계는?

① 피토관 ② 벤투리관
③ 로터미터 ④ 노즐

해설 로터미터(면적식 유량계)
플로트(부자)를 이용하여 체적과 시간으로부터 순간유량을 측정하면서 면적식 유량계로 사용된다.

24 다음 물질 중 상온에서 열전도도가 가장 낮은 것은?

① 구리(동) ② 철
③ 알루미늄 ④ 납

해설 열전도율(kcal/m · h · ℃) : 20℃에서
㉠ 철 : 42
㉡ 알루미늄 : 175
㉢ 구리 : 375(은 다음으로 열전도율이 높다.)
㉣ 납 : 30

정답 19 ④ 20 ① 21 ③ 22 ③ 23 ③ 24 ④

25 다음 설명에 해당되는 보일러 손상 종류는?

> 고온 고압의 보일러에서 발생하나 저압 보일러에서도 열부하가 클 경우 발생되며, 발생하는 장소로는 용접부의 틈이 있는 경우나 관공 등 응력이 집중하는 틈이 많은 곳이다. 외관상으로는 부식성이 없고 극히 미세한 불규칙적인 방사형을 하고 있다.

① 가성취화
② 크랙(균열)
③ 블리스터
④ 라미네이션

해설 가성취화
용접부의 틈이 있는 경우나, 관공, 리벳 등의 응력이 집중하는 틈이 많은 곳에 발생하며 외관상 부식은 없고 극히 미세한 불규칙 방사형을 이룬다(농알칼리에 의한 취화균열이며 결정입자의 경계에 따라 균열이 생긴다).

26 0℃일 때 2.5m인 강철제 레일이 온도가 40℃가 되면 늘어나는 길이는?(단, 강철의 선팽창계수는 1.1×10^{-5} mm/m·℃이다.)

① 0.011cm
② 0.11cm
③ 1.1cm
④ 1.75cm

해설 팽창길이(l)
$= 2.5\text{m} \times 1.1 \times 10^{-5}\text{mm/m℃} \times (40-0)$
$= 0.0011\text{mm}(0.011\text{cm})$

27 유체 속에 잠긴 경사 평면에 작용하는 전압력의 작용점 위치는?

① 경사 평면의 중심에 있다.
② 경사 평면의 좌측에 있다.
③ 경사 평면의 중심보다 위에 있다.
④ 경사 평면의 중심보다 아래에 있다.

해설 유체 속에 잠긴 경사 평면에 작용하는 전압력의 작용점 위치는 경사 평면의 중심보다 아래에 있다(즉, 면 중심에서의 압력과 면적의 곱과 같다).

28 보일러 연소 시 역화가 발생하는 경우와 가장 거리가 먼 것은?

① 점화 시 착화가 빠를 경우
② 프리퍼지가 부족한 상태에서 점화하는 경우
③ 연도 댐퍼가 닫혀 있는 상태에서 점화하는 경우
④ 점화 시 공기보다 연료가 노 내에 먼저 공급되었을 경우

해설 점화 시 착화는 5초 이내에 일어나야 한다. 착화가 늦으면 CO 가스가 발생하여 역화가 일어난다.

29 보일러 가동 시 매연 발생 원인으로 가장 거리가 먼 것은?

① 연소장치가 부적당할 때
② 통풍과 공기량이 부족할 때
③ 연소기기의 취급을 잘못하였을 때
④ 연료 중에 수분이나 불순물이 없을 때

해설 연료 중 수분이나 불순물이 없으면 매연의 발생이 방지된다.

30 증기의 교축(Throttle) 시에 항상 증가하는 것은?

① 압력
② 엔트로피
③ 엔탈피
④ 온도

해설 교축현상
증기가 오리피스나 밸브 등의 작은 단면을 통과할 때 외부에 대해 일을 하지 않지만 압력강하가 일어나는 현상(등엔탈피 과정, 비가역현상, 엔트로피 증가)

정답 25 ① 26 ① 27 ④ 28 ① 29 ④ 30 ②

31 보일러 가스폭발을 방지하는 방법이 아닌 것은?

① 급격한 부하변동(연소량의 증감)은 피한다.
② 점화할 때는 미리 충분한 프리퍼지를 한다.
③ 연료 속의 수분이나 슬러지 등은 충분히 배출한다.
④ 안전 저연소율보다 부하를 낮추어서 연소시킨다.

해설 가스폭발(CO가스 폭발)을 방지하려면 안전 저연소율(최대부하 30%) 이상 부하를 높여서 연소시킨다.

32 밀폐된 용기 속의 유체에 압력을 가(加)했을 때 그 압력이 작용하는 방향은?

① 압력을 가하는 방향으로 작용
② 압력을 가하는 반대 방향으로 작용
③ 용기 내 모든 방향으로 작용
④ 용기의 하부 방향으로만 작용

해설 압력은 용기 내 모든 방향으로 작용한다.

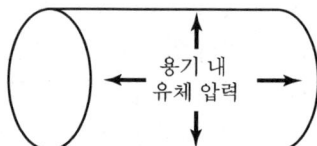

33 프라이밍에 관한 설명으로 틀린 것은?

① 이상 증발 현상의 하나임
② 보일러 부하를 급증시켰을 때 발생
③ 보일러 수위가 낮을 때 발생
④ 보일러 청정제를 다량 투입했을 때 발생

해설 ㉠ 보일러 수위가 낮으면 보일러 과열 저수위 사고로 보일러가 파열된다.
㉡ 비수(프라이밍 현상) : 증기 발생 시 수분이 증기 속에 혼입되는 현상이다.

34 압력 $3kg/cm^2$에서 물의 증발잠열이 $517.1kcal/kg$이며, 포화온도는 $132.88℃$이다. 물 5kg을 동일 압력에서 증발시킬 때 엔트로피의 변화량은?

① 1.32kcal/K
② 4.42kcal/K
③ 6.37kcal/K
④ 8.73kcal/K

해설 엔트로피 변화$(\Delta S) = \dfrac{\delta Q}{T}$

$\delta Q = 517.1 \times 5 = 2,585.5 kcal$
$T = ℃ + 273 = 132.88 + 273 = 405.88K$
$\therefore \Delta S = \dfrac{2,585.5}{405.88} = 6.37 kcal/K$

35 물 중의 불순물 농도를 표시하는 단위인 ppb의 설명으로 옳은 것은?

① 만 단위중량분의 1단위 중량
② 백만 단위중량분의 1단위 중량
③ 10억 단위중량분의 1단위 중량
④ 용액 1L 중 1mg 해당량

해설 PPb(Parts Per billion) : 용액 1톤(1,000kg) 중의 용질 1mg(mg/ton)
즉, $\dfrac{1}{1,000,000,000} = \dfrac{1}{10억} = \dfrac{1}{10^8}$

36 선택적 캐리 오버(Selective Carry Over)는 무엇이 증기에 포함되어 분출되는 현상인가?

① 액적
② 거품
③ 탄산칼슘
④ 실리카

해설 캐리오버(Carry) : 기수공발
보일러수 중의 용존물이나 고형물이 증기에 혼입되어 보일러 외부 증기사용처로 배출되는 현상으로, 포밍과 프라이밍 현상 및 규산(실리카) 캐리오버(Selective)가 있다.

정답 31 ④ 32 ③ 33 ③ 34 ③ 35 ③ 36 ④

37 다음 보기는 보일러의 산세정 공정의 일부를 나열한 것이다. 순서대로 바르게 된 것은?

> 1. 산세정
> 2. 중화 방청처리
> 3. 연화처리
> 4. 예열

① 1 → 4 → 2 → 3
② 1 → 2 → 4 → 3
③ 4 → 1 → 3 → 2
④ 4 → 3 → 1 → 2

[해설] ㉠ 산세관제 : 염산, 황산, 인산, 질산, 광산
㉡ 용해촉진제 : 불화수소산
㉢ 부식억제제 : 인히비터 0.2~0.6% 첨가
㉣ 산세정공정 : 4 → 3 → 1 → 2 공정순서

38 2개의 단열 변화와 2개의 등압 변화로 구성되며 증기와 액체의 상변화가 이루어지는 사이클은?

① 랭킨 사이클
② 재열 사이클
③ 재생 사이클
④ 재생-재열 사이클

[해설] 랭킨 사이클(Rankine Cycle)

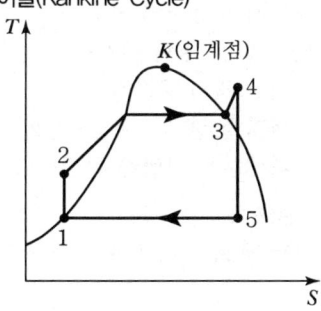

㉠ 1 → 2(단열압축) : 급수펌프
㉡ 2 → 3 → 4(정압가열) : 과열증기
㉢ 4 → 5(단열팽창) : 증기터빈
㉣ 5 → 1(정압방열) : 복수기

39 보일러 내부부식의 원인이 아닌 것은?

① 보일러수의 pH 값이 너무 높거나 낮다.
② 보일러수 중에 산(HCl, H_2SO_4)이 포함되어 있다.
③ 보일러수 중에 공기나 산소가 용존한다.
④ 보일러수 중에 적당량의 암모니아가 용해되어 있다.

[해설] ㉠ 알칼리 세관제 : 암모니아, 가성소다, 탄산소다, 인산소다
㉡ 알칼리 세관 가성취화 억제제 : 질산나트륨, 인산나트륨

40 관 마찰계수가 일정할 때 배관 속을 흐르는 유체의 손실수두에 관한 설명으로 옳은 것은?

① 유속에 반비례한다.
② 관 길이에 반비례한다.
③ 유속의 제곱에 비례한다.
④ 관 직경에 비례한다.

[해설] 관 마찰계수 일정
유체의 손실수두는 유속의 제곱에 비례한다.
유체의 전수두$(H) = \dfrac{P}{\gamma} + \dfrac{V^2}{2g} + Z = C(m)$ (일정)

41 유리섬유(Glass Wool) 보온재에 대한 특징으로 틀린 것은?

① 물 등에 의하여 화학작용을 일으키지 않으므로 단열·내열·내구성이 좋다.
② 순수한 유기질의 섬유제품으로서 불에 타지 않는다.
③ 섬유가 가늘고 섬세하게 밀집되어 다량의 공기를 포함하고 있으므로 보온효과가 좋다.
④ 외관이 아름답고 유연성이 좋아 시공이 간편하다.

[해설] 그라스울(유리섬유)은 무기질 원료로서 불에 잘 타지 않는다.

정답 37 ④ 38 ① 39 ④ 40 ③ 41 ②

42 보온재와 보랭재, 단열재는 무엇을 기준으로 하여 구분하는가?

① 압축강도
② 내화도
③ 열전도도
④ 안전 사용온도

해설 보온재, 보랭재, 단열재 구분기준 : 안전 사용온도

43 도료의 분류에서 성분(도막 주요소)에 의한 분류로 가장 거리가 먼 것은?

① 유성도료
② 수성도료
③ 프탈산 수지도료
④ 내알칼리 도료

해설 성분에 의한 도료(페인트) 분류
㉠ 유성도료
㉡ 수성도료
㉢ 프탈산 수지도료(합성수지 도료)

44 용접식 관 이음쇠인 롱 엘보(long elbow)의 곡률 반경은 강관 호칭지름의 몇 배인가?

① 1배   ② 1.5배
③ 2배   ④ 2.5배

해설 용접식 관이음쇠
㉠ 롱 엘보 : 곡률반경(강관 호칭지름의 1.5배)
㉡ 쇼트 엘보 : 곡률반경(강관 호칭지름의 1.0배)

45 강관의 전기용접 접합에서 사용되는 용접봉의 기호가 E4301로 표시되어 있을 때 43의 뜻은?

① 사용 가능한 용접자세
② 용접봉 심선의 굵기
③ 용착금속의 최소인장강도
④ 심선의 최고인장강도

해설 용접봉 일미나이트계(피복제 계통 E4301)

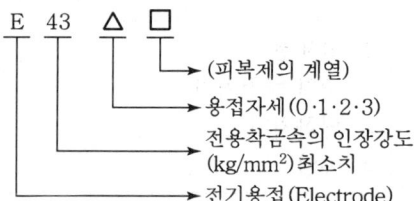

46 배관지지 장치의 종류 중 배관의 열팽창에 의한 이동을 구속 제한할 목적으로 사용되며 종류에는 앵커, 스토퍼, 가이드 등이 있는데 이와 같은 지지 장치를 무엇이라 하는가?

① 리스트레인트(Restraint)
② 브레이스(Brace)
③ 행거(Hanger)
④ 서포트(Support)

해설 리스트레인트
㉠ 앵커
㉡ 스토퍼
㉢ 가이드

47 에너지법상의 에너지공급자란?

① 에너지 사용처의 사장
② 한국에너지공단 이사장
③ 에너지 관리 공장장
④ 에너지를 생산·수입·전환·수송·저장·판매하는 사업자

해설 에너지공급자
에너지를 생산, 수입, 전환, 수송, 저장, 판매하는 사업자

48 동관의 이음 방법으로 적합하지 않은 것은?

① 용접 이음   ② 플라스턴 이음
③ 납땜 이음   ④ 플랜지 이음

해설 플라스턴 이음(Plastann Joint)
(납 60%+주석 40%)합금이며 연(Pb)관의 이음이다.

정답 42 ④ 43 ④ 44 ② 45 ③ 46 ① 47 ④ 48 ②

49 다음은 배관의 일정한 방향의 이동과 회전만 구속하고 다른 방향은 자유롭게 이동하게 하는 배관 지지구이다. 이 지지구의 명칭은 무엇인가?

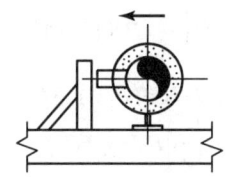

① 브레이스　　② 앵커
③ 스토퍼　　　④ 가이드

해설
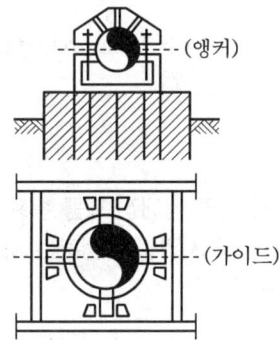

50 오리피스형 증기트랩에 관한 설명으로 틀린 것은?

① 작동 및 구조상 증기가 약간 누설되는 결점이 있다.
② 오리피스를 통과할 때 생성된 재증발 증기의 교축효과를 이용한 것이다.
③ 취급되는 응축수의 양에 비하여 대형이다.
④ 고압, 중압, 저압의 어느 곳에나 사용된다.

해설　㉠ 오리피스 증기트랩(열역학적 트랩)
　　　• 소형이며 과열증기에 사용이 가능하다.
　　　• 부품이 정밀하여 마모 시 문제가 많고 증기누설이 많다.
　　　• 배압의 허용도가 30% 미만이다.
　　㉡ 상향버킷형(대형 증기트랩)

51 에너지이용 합리화법에 따라 에너지관리의 효율적인 수행과 특정열사용기자재의 안전관리를 위하여 에너지관리자, 시공업의 기술인력 및 검사대상기기 관리자에 대하여 교육을 실시하는 자는?

① 고용노동부장관
② 국토교통부장관
③ 산업통상자원부장관
④ 한국에너지공단이사장

해설　에너지관리자, 시공업의 기술인력, 검사대상기기 관리자(보일러, 압력용기 관리자) 등의 교육실시 부서장은 산업통상자원부장관이다.

52 다음의 인장시험 곡선에서 하중을 제거하였을 경우 처음 상태로 되돌아가는 탄성변형의 구간은?

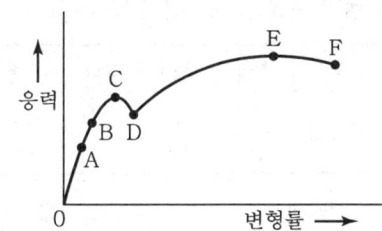

① 0~F　　② 0~A
③ 0~D　　④ 0~E

해설　응력 – 변형률 선도
A : 비례한계, B : 탄성한계, C : 상항복점,
D : 하항복점, E : 인장강도, F : 파괴점

53 에너지이용 합리화법에서 특정열사용기자재에 포함되지 않는 것은?

① 태양열집열기
② 1종 압력용기
③ 온수보일러
④ 버너

해설　버너는 연소기기이다.

정답　49 ③　50 ③　51 ③　52 ②　53 ④

54 증기 배관의 증기 트랩 설치 시공법을 설명한 것으로 틀린 것은?

① 응축 수량이 많이 발생하는 증기관에는 다량트랩이 적합하다.
② 관말부의 최종 분기부에서 트랩에 이르는 배관은 충분히 보온해 준다.
③ 증기 트랩 주변은 점검이나 고장 시 수리 및 교체가 가능하도록 공간을 두어야 한다.
④ 트랩 전방에 스트레이너를 설치하여 이물질을 제거한다.

해설 배관 끝부분(관말부)의 최종 분기부에서 트랩에 이르는 배관은 응축수의 원활한 이송을 위해 보온하지 않는다.

55 다음 표는 어느 자동차 영업소의 월별 판매실적을 나타낸 것이다. 5개월 단순이동 평균법으로 6월의 수요를 예측하면 몇 대인가?

월	1월	2월	3월	4월	5월
판매량	100대	110대	120대	130대	140대

① 120대 ② 130대
③ 140대 ④ 150대

해설 판매월별
5개월 간 총 판매수량 : 600대
6월의 수요예측 : $\frac{600}{5} = 120$대

56 이항분포(Binomial Distribution)에서 매회 A가 일어나는 확률이 일정한 값 P일 때, n회의 독립시행 중 사상 A가 x회 일어날 확률 $P(x)$를 구하는 식은?(단, N은 로트의 크기, n은 시료의 크기, P는 로트의 모부적합품률이다.)

① $P(x) = \frac{n!}{x!(n-x)!}$

② $P(x) = e^{-x} \cdot \frac{(nP)^x}{x!}$

③ $P(x) = \frac{\binom{NP}{x}\binom{N-NP}{n-x}}{\binom{N}{n}}$

④ $P(x) = \binom{n}{x} P^x (1-P)^{n-x}$

해설 ㉠ 이항분포 확률($P(x)$) 구하는 식
$P(x) = \binom{n}{x} P^x (1-P)^{n-x}$
㉡ 통계학에서 정규분포와 마찬가지로 모집단이 가지는 이상적인 분포형으로 정규분포가 연소변량인 데 대하여 이항분포는 이산변량이다. A가 일어날 확률식은 ④이다.
일명 계수치분포이다(계수치분포 : 이항분포, 푸아송 분포, 초기화분포 등).

57 표준시간 설정 시 미리 정해진 표를 활용하여 작업자의 동작에 대해 시간을 산정하는 시간연구법에 해당되는 것은?

① PTS법 ② 스톱워치법
③ 워크샘플링법 ④ 실적자료법

해설 PTS법
표준시간 설정 시 미리 정해진 표를 활용하여 작업자의 동작에 대해 시간을 산정하는 시간연구법

58 다음 내용은 설비보전조직에 대한 설명이다. 어떤 조직의 형태에 대한 설명인가?

> 보전작업자는 조직상 각 제조부문의 감독자 밑에 둔다.
> • 단점 : 생산우선에 의한 보전작업 경시, 보전기술 향상의 곤란성
> • 장점 : 운전자와 일체감 및 현장감독의 용이성

① 집중보전 ② 지역보전
③ 부문보전 ④ 절충보전

정답 54 ② 55 ① 56 ④ 57 ① 58 ③

해설 설비보전 부문보전
보전작업자는 조직상 각 제조부문의 감독자 밑에 둔다. 단점은 생산 우선에 의한 보전작업 경시, 보전기술 향상의 곤란성이며, 그 장점은 운전자와 일체감 및 현장 감독의 용이성이다.

59 샘플링에 관한 설명으로 틀린 것은?
① 취락 샘플링에서는 취락 간의 차는 작게, 취락 내의 차는 크게 한다.
② 제조공정의 품질특성에 주기적인 변동이 있는 경우 계통 샘플링을 적용하는 것이 좋다.
③ 시간적 또는 공간적으로 일정 간격을 두고 샘플링하는 방법을 계통 샘플링이라고 한다.
④ 모집단을 몇 개의 층으로 나누어 각 층마다 랜덤하게 시료를 추출하는 것을 층별 샘플링이라고 한다.

해설 지그재그 샘플링(Zigzag Sampling)
제조공정에서 주기적인 변동이 있는 경우에 시료를 샘플링한다.(계통 샘플링에서 주기성에 의한 치우침의 발생위험을 방지하기 위한 방법으로 하나씩 걸러서 일정한 간격으로 시료를 뽑는다.)

60 다음은 관리도의 사용 절차를 나타낸 것이다. 관리도의 사용 절차를 순서대로 나열한 것은?

> ㉠ 관리하여야 할 항목의 선정
> ㉡ 관리도의 선정
> ㉢ 관리하려는 제품이나 종류 선정
> ㉣ 시료를 채취하고 측정하여 관리도를 작성

① ㉠ → ㉡ → ㉢ → ㉣
② ㉠ → ㉢ → ㉣ → ㉡
③ ㉢ → ㉠ → ㉡ → ㉣
④ ㉢ → ㉣ → ㉠ → ㉡

해설 품질관리 관리도의 사용 절차
㉢ → ㉠ → ㉡ → ㉣

정답 59 ② 60 ③

2017년 3월 5일 과년도 기출문제

01 작동방법에 따른 감압밸브의 분류에 포함되지 않는 것은?

① 로터리형
② 벨로스형
③ 다이어프램형
④ 피스톤형

해설 ㉠ 작동방법에 따른 분류
- 벨로스형
- 다이어프램형
- 피스톤형

㉡ 구조상 분류
- 스프링식
- 추식

02 온수난방 방열기의 방열량이 3,600kcal/h, 입구온수 온도가 75℃, 출구온수 온도가 65℃로 했을 경우, 1분당 유입 온수유량은 몇 kg인가?

① 6
② 10
③ 12
④ 40

해설 분당 온수유량
$= \dfrac{3{,}600\text{kcal/h}/60\text{분}}{1\times(75-65)}$
$= 6\text{kg/분당(min)}$
※ 물의 비열 : 1kcal/kg℃

03 긴 수관으로만 구성된 보일러로 초임계압력 이상의 고압증기를 얻을 수 있는 관류 보일러는?

① 슈미트 보일러
② 베록스 보일러
③ 라몬트 보일러
④ 슐저 보일러

해설 관류보일러
㉠ 벤슨 보일러
㉡ 슐저 보일러
㉢ 다관식 보일러
※ 초임계압력 = 225.65kg/cm²

04 부하변동에 적응성이 좋으며 응축수를 연속적으로 배출하고 자동공기배출이 이루어지며 볼과 레버가 수격작용으로 인해 파손이 생기기 쉽고 겨울철 동파위험이 있는 증기트랩은?

① 버킷 트랩
② 플로트 트랩
③ 바이메탈식 트랩
④ 벨로스 트랩

해설 연속트랩(플로트 트랩) : 다량트랩(응축수 배출)
㉠ 부하변동에 적응성이 좋다.
㉡ 응축수 연속배출이 가능하다.
㉢ 동절기 동파의 위험이 따른다.
㉣ 볼과 레버가 부착된다.

05 수소(H_2)의 영향을 가장 많이 받으며, 휘트스톤 브리지 회로를 구성한 가스 분석계는?

① 밀도식 CO_2계
② 오르자트식 가스분석계
③ 가스크로마토그래피
④ 열전도율형 CO_2계

해설 열전도율형 CO_2 가스분석계
㉠ CO_2는 공기에 비해 열전도율이 적은 것을 이용하여 CO_2 분석
㉡ 수소는 열전도율이 높아서 열전도율형 CO_2계로 가스분석 시 오차가 발생하고(H_2가스 혼입 시 오차가 발생) CO_2계로 CO_2가스 측정이 용이하다(수소가스 혼입 시는 좋지 않다).

정답 01 ① 02 ① 03 ④ 04 ② 05 ④

06 보일러와 압력계 부착방법에 관한 설명으로 틀린 것은?

① 증기온도가 210℃가 넘을 때는 동관을 사용하여야 한다.
② 압력계에 연결되는 증기관은 동관일 경우 안지름 6.5mm 이상이어야 한다.
③ 압력계의 코크 대신에 밸브를 사용할 경우에는 한 눈에 개폐 여부를 알 수 있는 구조로 하여야 한다.
④ 압력계에 연결되는 관은 사이폰관을 부착하여 증기가 직접 압력계에 들어가지 않도록 하여야 한다.

해설 압력계 연락관은 동관이나 황동관 사용 시 210℃ 이상에서는 사용이 불가능하고 고온에서는 강관을 사용한다.

07 자동제어 방법에서 추치제어의 종류가 아닌 것은?

① 추종제어   ② 정치제어
③ 비율제어   ④ 프로그램 제어

해설 자동제어방식
㉠ 정치제어
㉡ 추치제어(추종, 비율, 프로그램)

08 원심펌프가 회전수 600rpm에서 양정이 20m이고, 송출량이 매분 0.5m³이다. 이 펌프의 회전수를 900rpm으로 바꾸면 양정은 얼마나 되는가?

① 25m   ② 30m
③ 45m   ④ 60m

해설 송출유량은 회전수 증가에 비례한다(양정은 제곱에 비례).

∴ 양정 $= 0.5 \times \left(\dfrac{900}{600}\right)^2 = 45m$

09 난방부하에 관한 설명으로 옳은 것은?

① 틈새바람의 양을 예측하는 방법으로 환기 횟수법이 있다.
② 건축물 구조체에서의 열전달은 열전달계수와 관련이 있다.
③ 표면열전달계수는 풍속과는 관련이 없고 재질에 영향을 받는다.
④ 위험율 2.5% 온도는 최대부하에 근거한 외기온도보다 2.5% 낮은 온도를 기준한다.

해설 난방부하 : 틈새바람(극간풍)의 (환기 횟수에 의해) 횟수의 양을 측정하여 부하계산이 가능하다.

10 전양식 안전밸브를 사용하는 증기보일러에서 분출압력이 15kg/cm²이고, 밸브시트 구멍의 지름이 50mm일 때 분출용량은 약 몇 kg/h인가?

① 12,985   ② 12,920
③ 12,013   ④ 11,525

해설 증기보일러 안전밸브 분출용량 계산(안전밸브는 전열면적이 50m² 이상일 경우 2개가 설치된다.)

전양식 분출용량 $(W) = \dfrac{(1.03 \times P + 1) \times 면적}{2.5}$

$= \dfrac{(1.03 \times 15 + 1) \times \dfrac{3.14}{4}(50)^2}{2.5}$

$\fallingdotseq 12,920 kg/h$

11 증기 난방방식에서 응축수 환수방식에 의한 분류 중 진공 환수방식에 대한 설명으로 틀린 것은?

① 환수주관의 말단에 진공펌프를 설치한다.
② 환수관에서의 진공도는 20~30mmHg이다.
③ 방열량을 광범위하게 조절할 수 있어서 대규모 난방에 적합하다.
④ 방열기 설치 위치에 제한을 받지 않는다.

해설 증기난방 응축수 환수방법
㉠ 중력 환수식
㉡ 기계 환수식
㉢ 진공 환수식
※ 진공 환수식 진공도 : 100~250mmHg

정답 06 ① 07 ② 08 ③ 09 ① 10 ② 11 ②

12 보일러 연돌의 통풍력에 관한 설명으로 틀린 것은?

① 연돌의 높이가 높을수록 통풍력이 크다.
② 연돌의 단면적이 클수록 통풍력이 크다.
③ 연돌 내 배기가스의 온도가 높을수록 통풍력이 크다.
④ 연돌의 온도구배가 작을수록 통풍력이 크다.

[해설] ㉠ 온도구배 : (내부온도~외부온도)에 의한다.
㉡ 통풍력은 외기온도가 낮고 배기가스 온도가 높을수록 커진다(단위 : mmH_2O).

13 보일러 급수장치는 주펌프 세트 외에 보조펌프 세트를 갖추어야 하는데 관류 보일러의 경우 전열면적이 몇 m^2 이하이면 보조펌프를 생략할 수 있는가?

① $12m^2$　　② $14m^2$
③ $50m^2$　　④ $100m^2$

[해설] 보일러 보조펌프 생략기준
㉠ 전열면적 $12m^2$ 이하의 보일러
㉡ 전열면적 $14m^2$ 이하의 가스용 온수보일러
㉢ 전열면적 $100m^2$ 이하의 관류보일러

14 고압기류식 분무버너의 특징에 관한 설명으로 옳은 것은?

① 연료유의 점도가 크면 비교적 무화가 곤란하다.
② 연소 시 소음의 발생이 적다.
③ 유량 조절범위가 1 : 3 정도로 좁다.
④ 공기 또는 증기를 분사시켜 기름을 무화하는 방식이다.

[해설] 고압기류식 분무버너(무화방식) 매체는 공기나 증기이며 사용압력은 0.2~0.7MPa 정도로 중유를 무화(안개방울화) 시켜서 공기와의 혼합 촉진에 의한 양호한 연소가 된다(유량 조절범위 : 1 : 10).

15 버너에서 착화를 확실히 하고, 화염이 꺼지지 않도록 화염의 안정을 도모하기 위해 설치되는 장치는?

① 스택스위치
② 플레임아이
③ 플레임로드
④ 보염기

[해설] 보염기(보염장치 : 에어레지스터)
버너 착화 시 화염이 꺼지지 않도록 화염의 안정을 도모하여 착화를 확실히 한다(버너타일, 콤버스터, 보염기, 윈드박스 등).

16 일정한 조건 아래에서 휘발성 물질의 증기가 다른 작은 불꽃에 의하여 불이 붙는 가장 낮은 온도를 무엇이라고 하는가?

① 인화점　　② 임계점
③ 연소점　　④ 유동점

[해설] 인화점
휘발성 물질의 증기가 다른 작은 불꽃에 의하여 불이 붙는 가장 낮은 온도를 말한다(휘발유 : -30℃).

17 송기장치 배관에 대한 설명으로 옳은 것은?

① 증기 헤더의 직경은 주증기관의 관경보다 작아도 된다.
② 벨로스형 신축이음쇠는 일명 신축곡관이라고 하며, 고압배관에 적당하다.
③ 트랩의 구비조건은 마찰저항이 크고 응축수를 단속적으로 배출할 수 있어야 한다.
④ 감압밸브는 고압 측 압력의 변동에 관계없이 저압 측 압력을 항상 일정하게 유지한다.

[해설] ㉠ 증기헤더는 주증기관 직경보다 크다.
㉡ 신축곡관 : 루프형 신축이음
㉢ 증기트랩은 마찰저항이 적고 연속배출이 가능하여야 한다.

18 급수펌프의 구비조건에 대한 설명으로 틀린 것은?

① 고온, 고압에도 충분히 견디어야 한다.
② 부하변동에 대한 대응이 좋아야 한다.
③ 고·저부하 시에는 반드시 펌프가 정지하여야 한다.
④ 작동이 확실하고 조작이 간편하여야 한다.

해설 보일러 고부하 시에는 작동이 중지되고 저부하 시에는 보일러 운전에 의해 펌프가 작동되어야 한다.

19 천장이나 벽, 바닥 등에 코일을 매설하여 온수 등 열매체를 이용하여 복사열에 의해 실내를 난방하는 것은?

① 대류난방   ② 패널난방
③ 간접난방   ④ 전도난방

해설 패널난방(복사난방)
코일난방이며 천장, 벽, 바닥에 온수코일을 설치하는 난방이다.

20 탄소 12kg을 완전연소시키기 위하여 필요한 산소량은?

① 16kg   ② 24kg
③ 32kg   ④ 36kg

해설 분자량(탄소 : 12, 산소 : 32)

$$C + O_2 \rightarrow CO_2$$
(12kg) + (32kg) → (44kg)
(1kg) + (2.67kg) → (3.67kg)

21 수관식 보일러에서 전열면의 증발률(Be_1)을 구하는 식은?

① $Be_1 = \dfrac{\text{총증기발생량}}{\text{전열면적}}$

② $Be_1 = \dfrac{\text{매시실제증기발생량}}{\text{전열면적}}$

③ $Be_1 = \dfrac{\text{전열면적}}{\text{총증기발생량}}$

④ $Be_1 = \dfrac{\text{전열면적}}{\text{매시실제증기발생량}}$

해설 보일러 전열면의 증발률(kg/m²h)
$Be_1 = \dfrac{\text{매시 실제증기발생량}}{\text{전열면적}}$

22 가압수식 집진장치가 아닌 것은?

① 벤투리 스크러버
② 사이클론 스크러버
③ 제트 스크러버
④ 타이젠 와셔식

해설 집진장치 회전식 종류
㉠ 임펄스 스크레버식(충격식)
㉡ 타이젠 와셔식

23 복사난방에 관한 설명으로 틀린 것은?

① 별도의 방열기가 없으므로 공간 활용도가 높아진다.
② 열용량이 작고 방열량 조절 시간이 짧아 간헐난방에 적합하다.
③ 화상을 입을 염려가 없고, 공기의 오염이 적다.
④ 매립 코일의 고장 시 수리가 어렵다.

해설 복사난방(패널난방)
열용량이 크고 방열량 조절시간이 길어서 연속난방에 적합하다.

24 증기 선도에서 임계점이란?

① 고체, 액체, 기체가 불평형을 유지하는 점이다.
② 증발잠열이 어느 압력에 달하면 0이 되는 점이다.
③ 증기와 액체가 평형으로 존재할 수 없는 상태의 점이다.
④ 건포화증기를 계속 가열하면 압력 변동 없이 온도만 상승하는 점이다.

정답 18 ③ 19 ② 20 ③ 21 ② 22 ④ 23 ② 24 ②

해설 증기보일러 임계점
  ㉠ 온도 : 374.15℃
  ㉡ 압력 : 225.65kg/cm²
  ㉢ 증발잠열 : 0kcal/kg(액과 증기의 구별이 없어진다.)

25 표준대기압에 해당되지 않는 것은?

① 760mmHg ② 101325N/m²
③ 10.3323mAq ④ 12.7psi

해설 표준대기압
1atm = 760mmHg
     = 101325N/m²
     = 10.3323mAq
     = 14.7psi
     = 101.325kPa
     = 101.325Pa

26 냉동 사이클의 이상적인 사이클은 어느 것인가?

① 오토 사이클
② 디젤 사이클
③ 스털링 사이클
④ 역카르노 사이클

해설 냉동 사이클의 기본 사이클
역카르노 사이클(증발기, 압축기, 응축기, 팽창밸브)

27 물속에 경사지게 평판이 잠겨 있다. 이 경사 평판에 작용하는 압력의 중심에 대한 설명으로 옳은 것은?

① 압력의 중심은 도심의 아래에 있다.
② 압력의 중심은 도심과 동일하다.
③ 압력의 중심은 도심보다 위에 있다.
④ 압력의 중심은 도심과 같은 높이의 우측에 있다.

해설 (물속)경사평판에 작용하는 힘
압력의 중심은 도심의 아래에 있다.

28 이상기체가 일정한 압력하에서의 부피가 2배가 되려면 초기 온도가 27℃인 기체는 몇 ℃가 되어야 하는가?

① 54℃ ② 108℃
③ 300℃ ④ 327℃

해설 $T = 27 + 273 = 300K$
$300 \times 2 = 600K$
$℃ = K - 273 = 600 - 273 = 327℃$

29 가성취화 현상에 관한 설명으로 옳은 것은?

① 물과 접촉하고 있는 강재의 표면에서 철이온이 용출하여 부식되는 현상이다.
② 보일러 강판과 관이 화염의 접촉으로 화학작용을 일으켜 부식되는 현상이다.
③ 청관제인 탄산나트륨을 과다하게 공급하여 보일러수가 알칼리화되어 부식되는 현상이다.
④ 보일러판의 리벳 구멍 등에 고농도 알칼리 작용에 의해 강 조직을 침범하여 균열이 생기는 현상이다.

해설 가성취화 현상
보일러 판의 리벳 구멍 등에 고농도 알칼리 작용에 의해 강 조직을 침범하여 균열이 발생하는 현상이다.

30 증기보일러에 부착된 저양정식 안전밸브의 분출압력이 0.1MPa, 밸브의 단면적이 100mm²이다. 이 밸브의 증기 분출용량(kg/h)은?(단, 계수는 1로 한다.)

① 9.23kg/h ② 20.31kg/h
③ 51.36kg/h ④ 82.47kg/h

해설 저양정식 안전밸브 분출용량(W)
$W = \dfrac{(1.03P+1) \times S(단면적)A}{22}$
$= \dfrac{(1.03 \times 1 + 1) \times 100 \times 1}{22} = 9.23 kg/h$
여기서, 안전밸브는 전열면적 50m² 이하는 1개 설치

정답 25 ④ 26 ④ 27 ① 28 ④ 29 ④ 30 ①

31 보일러수의 관 내 처리를 위하여 투입하는 청관제의 사용 목적으로 가장 거리가 먼 것은?

① pH 조정 ② 탈산소
③ 가성취화 방지 ④ 기포발생 촉진

해설) 청관제
ㄱ. pH 조정 ㄴ. 탈산소
ㄷ. 기포방지 ㄹ. 관수의 연화
ㅁ. 슬러지 조정 ㅂ. 알칼리도 조정

32 열전도율의 단위로 옳은 것은?

① kcal/m · h · ℃
② kcal/m² · h · ℃
③ kcal · ℃/m · h
④ m² · h · ℃/kcal

해설) ㄱ. 열전도율 : kcal/m · h · ℃
ㄴ. 열관류율 : kcal/m² · h · ℃
ㄷ. 열전달률 : kcal/m² · h · ℃

33 다음의 베르누이 방정식에서 $\dfrac{P}{\gamma}$ 항은 무엇을 의미하는가?(단, H : 전수두, P : 압력, γ : 비중량, V : 유속, g : 중력가속도, Z : 위치수두)

$$H = \dfrac{P}{\gamma} + \dfrac{V^2}{2g} + Z$$

① 압력수두 ② 속도수두
③ 공압수두 ④ 유속수두

해설) 베르누이 방정식
$\dfrac{P}{\gamma}$(압력수두), $\dfrac{V^2}{2g}$(속도수두), Z(위치수두)

34 보일러 내면에 발생하는 점식(pitting)의 방지법이 아닌 것은?

① 용존산소를 제거한다.
② 아연판을 매단다.
③ 내면에 도료를 칠한다.
④ 브리딩 스페이스를 작게 한다.

해설)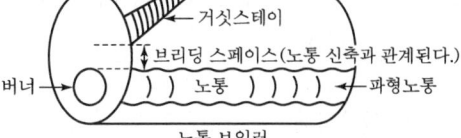
브리딩 스페이스를 크게 하여야 노통의 파손이나 균열이 방지된다.

35 신설 보일러의 소다 끓임 조작 시 사용하는 약품의 종류가 아닌 것은?

① 탄산나트륨 ② 수산화나트륨
③ 질산나트륨 ④ 제3인산나트륨

해설) 질산나트륨($NaNO_3$) : 가성취화 억제제

36 증기난방에서 수격작용 방지법이 아닌 것은?

① 주증기관을 냉각 후 송기한다.
② 주증기 밸브를 서서히 연다.
③ 증기관 경사도를 준다.
④ 과부하를 피한다.

해설) 수격작용(워터해머)을 방지하려면 주증기관을 예열하여야 응축수 생성이 느려서 관에서 수격작용이 방지된다.

37 보일러 전열면의 고온부식을 일으키는 연료의 주성분은?

① O_2(산소) ② H_2(수소)
③ S(유황) ④ V(바나듐)

해설) ㄱ. 고온부식(500℃ 이상) 인자 : 나트륨, 바나듐
ㄴ. 저온부식(150℃ 이하) 인자 : 황(유황)

38 유체에서 체적탄성계수의 단위는?

① N/m^2 ② m^2/N
③ $N \cdot m$ ④ N/m^3

해설) ㄱ. 체적탄성계수 단위 : $N/m^2(kgf/cm^2)$ (압축률의 역수)
ㄴ. 압축률 : 주어진 압력변화에 대한 체적이나 밀도의 변화율

정답 31 ④ 32 ① 33 ① 34 ④ 35 ③ 36 ① 37 ④ 38 ①

39 유체의 흐름에서 관이 확대되면 압력은?

① 높아진다.
② 낮아진다.
③ 일정하다.
④ 높아지다가 일정해진다.

해설 유체의 흐름에서 관이 확대되면
㉠ 압력감소
㉡ 유속증가

40 보일러 급수 중의 용존가스(O_2, CO_2)를 제거하는 방법으로 가장 적합한 것은?

① 석회소다법
② 탈기법
③ 이온교환법
④ 침강분리법

해설 가스탈기법(산소제거제)
㉠ O_2 제거
㉡ CO_2 제거(탈기법 : 용존산소 제거로 점식 부식방지용 급수처리, 기폭법 : CO_2 제거)

41 압력배관용 강관의 사용압력이 30kg/cm², 인장강도가 20kg/mm²일 때의 스케줄 번호는? (단 안전율은 4로 한다.)

① 30   ② 40
③ 60   ④ 80

해설 스케줄 번호(Sch) = $10 \times \dfrac{P}{S} = \dfrac{30}{20 \times \dfrac{1}{4}} = 60$

(숫자가 클수록 관의 두께가 두껍다.)
여기서, 허용응력(S) = 인장강도 × $\dfrac{1}{안전율}$

42 내화물의 균열현상을 나타내는 스폴링의 분류에 해당되지 않는 것은?

① 열적 스폴링   ② 조직적 스폴링
③ 화학적 스폴링   ④ 기계적 스폴링

해설 내화물의 스폴링 종류
㉠ 열적 스폴링(온도급변화 시 발생)
㉡ 조직적 스폴링(벽돌 내부구조 변화 시 발생)
㉢ 기계적 스폴링(불균일한 하중에 의함)

43 동관과 강관의 이음에 사용되는 것으로 분해, 조립이 비교적 자유로운 이음방식은?

① 플라스턴 이음   ② MR 이음
③ 용접 이음   ④ 플랜지 이음

해설 플랜지, 유니언 이음은 관의 분해, 조립이 가능한 이음방식이다.

44 보일러에서 발생한 증기는 주증기 헤더를 통해서 각 사용처에 공급된다. 증기헤더의 설치목적으로 가장 적당한 것은?

① 각 사용처에 양질의 증기를 안정적으로 공급하기 위하여
② 보일러실 근무자가 스팀 사용량을 통제하여 보일러를 보호하기 위하여
③ 발생 증기의 1차 저장 기능을 가지기 위하여
④ 증기의 압력을 자동으로 조정하여 일정하게 저장하기 위하여

해설 ㉠ 양질의 증기를 만드는 부속장치 : 기수분리기, 비수방지관
㉡ 양질의 증기와 증기의 안정적 공급 : 증기헤더(증기공급분배기)

45 배관 지지의 필요조건에 해당되지 않는 것은?

① 관의 합계 중량을 지지하는 데 충분한 재료이어야 한다.
② 진동과 충격에 대해서 견고해야 한다.
③ 관의 신축에 대하여 적합해야 한다.
④ 관의 시공 시 구배 조정과는 관계없다.

해설 배관 지지장치(서포트, 행거 등)는 관의 시공 시 구배 조정과 관련이 크다.

정답 39 ② 40 ② 41 ③ 42 ③ 43 ④ 44 ① 45 ④

46 루프형 신축 곡관에서 곡관의 외경(d)이 25mm이고, 길이(L)가 1m로 때 흡수할 수 있는 배관의 신장(Δl) 길이는 약 얼마인가?

① 0.3mm ② 0.75mm
③ 3mm ④ 7.5mm

해설 곡관의 필요길이(L) $= 0.073\sqrt{d \cdot (\Delta l)}$
$1 = 0.073 \times \sqrt{25 \times (\Delta l)}$
$\therefore \Delta l = 7.5mm$

47 무기질 보온재 중 암면을 가공한 것으로 빌딩의 덕트, 천장, 마루 등의 단열재로 한 쪽면은 은박지 등을 부착하였으며, 사용온도가 600℃ 정도인 것은?

① 로코트(Rocoat)
② 펠트(Felt)
③ 블랭킷(Blanket)
④ 하이 울(High Wool)

해설 블랭킷
무기질 보온재(암면가공)로서 은박지가 부착되며 600℃ 이하에서 사용한다.

48 서브머지드 아크 용접에서 이면 비드에 언더컷의 결함이 발생하였다. 그 원인으로 옳은 것은?

① 용접 전류의 과대
② 용접 전류의 과소
③ 용제 산포량 과대
④ 용제 산포량 과소

해설 서브머지드 아크용접(특수용접)에서 용접비드에 언더컷이 발생하는 이유는 용접전류가 과대하기 때문이다.

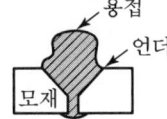
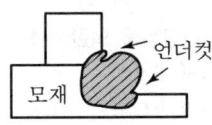

49 증기트랩의 점검방법으로 틀린 것은?

① 배출상태로 확인
② 수작업으로 감지 확인
③ 초음파 탐지기를 이용하여 점검
④ 사이트 그리스를 이용하여 점검

해설 증기트랩 고장확인은 수(손)작업으로는 어렵다.

50 배관의 동력 절단기 종류가 아닌 것은?

① 포터블 소잉 머신
② 고정식 소잉 머신
③ 커팅 휠 전단기
④ 리드형 전단기

해설 나사절삭기(수동식) 종류
㉠ 리드형 수동나사 절삭기
㉡ 오스터형 수동나사 절삭기

51 호칭지름 15A의 관을 반지름 90mm, 각도 90°로 구부리고자 할 때 필요한 곡선부의 길이는?

① 135.0mm ② 141.4mm
③ 158.6mm ④ 160.8mm

해설 곡선부(l) $= 2\pi R \times \dfrac{\theta}{360} = 2 \times 3.14 \times 90 \times \dfrac{90°}{360°}$
$= 141.4mm$

52 에너지이용 합리화법에 따라 산업통상자원부장관 또는 시·도지사가 소속 공무원 또는 한국에너지공단으로 하여금 검사하게 할 수 있는 사항이 아닌 것은?

① 에너지절약전문기업이 수행한 사업에 관한 사항
② 고효율시험기관의 지정을 위한 시험능력 확보 여부에 관한 사항
③ 에너지다소비사업자의 에너지 사용량 신고 이행 여부에 관한 사항
④ 에너지절약전문기업의 경우 영업실적(연도별 계약 실적을 포함한다.)

해설 에너지절약 전문기업의 영업실적은 검사항목에서 제외된다.

53 배관도에서 "EL-300 TOP"의 표시에 관한 설명으로 옳은 것은?

① 파이프 윗면이 기준면보다 300mm 높게 있다.
② 파이프 윗면이 기준면보다 300mm 낮게 있다.
③ 파이프 밑면이 기준면보다 300mm 높게 있다.
④ 파이프 밑면이 기준면보다 300mm 낮게 있다.

해설 ㉠ EL- : 표시사항은 기준면보다 낮다.
㉡ TOP : 파이프 윗면기준(top of pipe)
㉢ EL : 기준면
㉣ EL+ : 기준면보다 높다.

54 가스절단장치에 관한 설명으로 틀린 것은?

① 독일식 절단 토치의 팁은 이심형이다.
② 프랑스식 절단 토치의 팁은 동심형이다.
③ 중압식 절단 토치는 아세틸렌 가스 압력이 보통 0.05kgf/cm² 미만에서 사용된다.
④ 산소나 아세틸렌 용기 내의 압력이 고압이므로 그 조정을 위해 압력조정기가 필요하다.

해설 중압식 가스압력 : 0.07~0.4kg/cm²

55 워크 샘플링에 관한 설명 중 틀린 것은?

① 워크 샘플링은 일명 스냅리딩(Snap Reading)이라 불린다.
② 워크 샘플링은 스톱워치를 사용하여 관측대상을 순간적으로 관측하는 것이다.
③ 워크 샘플링은 영국의 통계학자 L.H.C. Tippet가 가동률 조사를 위해 창안한 것이다.
④ 워크 샘플링은 사람의 상태나 기계의 가동상태 및 작업의 종류 등을 순간적으로 관측하는 것이다.

해설 워크 샘플링의 특징은 ①, ③, ④ 외에도 관측대상의 작업을 모집단으로 하고 임의의 시점에서 작업내용을 샘플링 한다.

56 설비보전조직 중 지역보전(area maintenance)의 장단점에 해당하지 않는 것은?

① 현장 왕복시간이 증가한다.
② 조업요원과 지역보전요원과의 관계가 밀접해진다.
③ 보전요원이 현장에 있으므로 생산 본위가 되며 생산의욕을 가진다.
④ 같은 사람이 같은 설비를 담당하므로 설비를 잘 알며 충분한 서비스를 할 수 있다.

해설 ㉠ 지역보전 : 현장 왕복시간이 단축된다.
㉡ 설비보전조직기본 : 집중보전, 지역보전, 절충보전
㉢ 지역보전은 보전요원이 제조부의 작업자에게 접근이 가능하다.

57 3σ법의 $\bar{X}$관리도에서 공정이 관리상태에 있는데도 불구하고 관리상태가 아니라고 판정하는 제1종 과오는 약 몇 %인가?

① 0.27   ② 0.54
③ 1.0   ④ 1.2

해설 3σ법의 $\bar{X}$관리도
㉠ 제1종 과오 : 공정의 변화가 없음에도 불구하고 점이 한계선을 벗어나는 비율로 0.27%
㉡ 제2종 과오 : 공정의 변화가 있음에도 불구하고 점이 관리한계선 내에 있으므로 공정의 변화를 검출하지 못하는 비율로 10~13%

58 검사의 종류 중 검사공정에 의한 분류에 해당되지 않는 것은?

① 수입검사   ② 출하검사
③ 출장검사   ④ 공정검사

해설 검사공정에 의한 분류
㉠ 수입검사
㉡ 출하검사
㉢ 최종검사
㉣ 공정검사

59 부적합품률이 20%인 공정에서 생산되는 제품을 매시간 10개씩 샘플링 검사하여 공정을 관리하려고 한다. 이때 측정되는 시료의 부적합품 수에 대한 기댓값과 분산은 약 얼마인가?

① 기댓값 : 1.6, 분산 : 1.3
② 기댓값 : 1.6, 분산 : 1.6
③ 기댓값 : 2.0, 분산 : 1.3
④ 기댓값 : 2.0, 분산 : 1.6

해설 ㉠ 기댓값 = 10×0.2 = 2.0
㉡ 분산 = $\sum x^2 \times P(x) -$ (기댓값)^2
∴ 10−2 = 8, 8×0.2 = 1.6
- 기댓값 : 확률의 결과가 수 값으로 나타날 경우 1회의 시행결과로 기대되는 수 값의 크기
(예 : 20개 제품 중 3개의 불량 등 기대)
- 분산 : 모집단에 대한 분산을 모분산이라하고 구해진 값은 불편분산이라고 한다.

60 설비배치 및 개선의 목적을 설명한 내용으로 가장 관계가 먼 것은?

① 제공품의 증가
② 설비투자 최소화
③ 이동거리의 감소
④ 작업자 부하 평준화

해설 설비배치 및 개선의 목적은 ②, ③, ④ 외에 제공품의 감소이다.

정답 59 ④ 60 ①

2017년 7월 8일 과년도 기출문제

01 공기예열기를 설치하였을 경우 나타나는 현상이 아닌 것은?

① 예열공기의 공급으로 불완전연소가 증가한다.
② 노 내의 연소속도가 빨라진다.
③ 보일러의 열효율이 높아진다.
④ 배기가스의 열손실이 감소된다.

해설 예열공기는 완전연소를 용이하게 한다. 공기가 예열되면 1% 열효율이 증가하고 연료 소비량이 절감된다. (공기 온도가 25℃ 상승하면 열효율 1% 상승)

02 전열면적이 $12m^2$인 온수발생 보일러에 대해 방출관의 안지름 크기 기준은?

① 15mm 이상   ② 20mm 이상
③ 25mm 이상   ④ 30mm 이상

해설 방출관 크기(온수 보일러용)
㉠ 전열면적 $10m^2$ 미만 : 25mm 이상의 안지름
㉡ 전열면적 $10m^2$ 이상~$15m^2$ 미만 : 30mm 이상의 안지름

03 안전밸브의 설치 및 관리에 대한 설명으로 옳은 것은?

① 안전밸브가 느슨하여 증기가 새는 경우 스프링을 더 조여 누설을 막는다.
② 설정압력에 도달하여도 안전밸브가 동작하지 않을 때 밸브 몸체를 두드려 동작이 되는지 확인한다.
③ 안전밸브의 분해 수리를 위하여 안전밸브 입구 측에 스톱밸브를 설치한다.
④ 안전밸브의 작동은 확실하고 안정되어 있어야 한다.

해설
• 안전밸브는 작동이 확실하고 안정되어 있어야 한다.
• 안전밸브는 스프링식, 추식, 지렛대식이 있다.
• 전열면적 $50m^2$ 초과 시 안전밸브는 2개 이상이 되어야 한다.

04 소형 보일러가 옥내에 설치되어 있는 보일러실에 연료를 저장할 때에는 보일러 외측으로부터 최소 몇 m 이상 거리를 두어야 하는가?(단, 반격벽이 설치되어 있지 않은 경우이다.)

① 1m   ② 2m
③ 3m   ④ 4m

해설 소형보일러

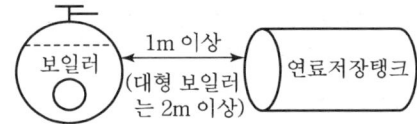

05 보일러의 부속 장치 중 감압밸브 사용 시 옳은 것은?

① 응축수 회수관이나 탱크에 재증발 증기 발생량이 증가한다.
② 감압 전후의 1차측과 2차측의 증기의 총 열량은 변하지 않는다.
③ 고압증기를 감압시켜 저압증기로 변화시키면 현열이 증가한다.
④ 고압증기는 저압증기보다 비체적이 크기 때문에 같은 양의 증기 수송 시 저압증기로 해야 보온 재료비가 적게 든다.

해설 감압밸브

보일러 →고압(1차측)→ (R) →안전밸브→ 저압(2차측) → 증기헤더
※ 압력이 저하되면 증기엔탈피가 저하된다.

정답 01 ① 02 ④ 03 ④ 04 ① 05 ②

06 증기보일러에서 안전밸브 및 압력방출장치의 크기를 20A로 할 수 있는 경우는?
① 최고사용압력 1MPa 이하의 보일러
② 최고사용압력 0.5MPa 이하의 보일러로 전열면적 2m² 이하의 보일러
③ 최고사용압력 0.7MPa 이하의 보일러로 동체의 안지름이 500mm 이하이며 동체의 길이가 1,200mm 이하인 보일러
④ 최대증발량 7t/h 이하의 관류보일러

해설 ① 0.1MPa 이하
③ 0.5MPa 이하, 동체길이 1,000mm 이하
④ 5t/h 이하 관류보일러

07 증기보일러에서 규정 상용압력 이상 시 파괴위험을 방지하기 위해 설치하는 밸브는?
① 개폐밸브   ② 역지밸브
③ 정지밸브   ④ 안전밸브

해설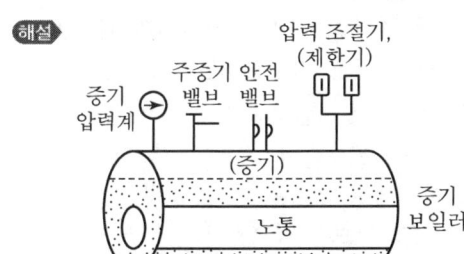

08 복사난방의 패널구조에 의한 분류 중 강판이나 알루미늄 판에 강관이나 동관 등을 용접 또는 철물을 사용하여 부착하고 배면에는 단열재를 붙여 열 손실을 방지하도록 하며, 일정한 규격의 제품을 조합하여 복사면을 구성하도록 한 방식은?
① 파이프 매설식   ② 유닛패널식
③ 덕트식   ④ 벽패널식

해설 유닛패널식(복사난방 패널구조)
㉠ 강판이나 알루미늄 판에 동관 등을 용접이나 철물을 사용하여 부착한다.
㉡ 배면에는 단열재를 붙여 열 손실 방지
㉢ 복사면을 구성한다.

09 고체 및 액체연료 1kg에 대한 이론공기량(kg/kg)을 중량으로 구하는 식은?(단, C : 탄소, H : 수소, O : 산소, S : 황)
① $11.49C + 34.5\left(H - \dfrac{O}{8}\right) + 4.31S$
② $12.49C + 34.5\left(H - \dfrac{O}{8}\right) + 8.31S$
③ $11.49C + 38.5\left(H - \dfrac{O}{8}\right) + 4.31S$
④ $12.49C + 38.5\left(H - \dfrac{O}{8}\right) + 4.31S$

해설 고체, 액체 연료 1kg의 소요공기량
㉠ $11.49C + 34.5\left(H - \dfrac{O}{8}\right) + 4.31S$(kg/kg)
㉡ $8.89C + 26.67\left(H - \dfrac{O}{8}\right) + 3.33S$(Nm³/kg)
㉢ $\left\{1.867C + 5.6\left(H - \dfrac{O}{8}\right) + 0.7S\right\} \times \dfrac{1}{0.21}$ (Nm³/kg)

10 굴뚝의 통풍력을 구하는 식으로 옳은 것은?[단, Z = 통풍력(mmAq), H = 굴뚝의 높이(m), γ_a = 외기의 비중량(kgf/m³), γ_g = 배기가스의 비중량(kgf/m³)이다.]
① $Z = (\gamma_g - \gamma_a)H$ ② $Z = (\gamma_a - \gamma_g)H$
③ $Z = (\gamma_g - \gamma_a)/H$ ④ $Z = (\gamma_a - \gamma_g)/H$

해설 굴뚝의 이론 통풍력(Z) 계산
$Z = (\gamma_a - \gamma_g)H$(mmAq)

11 사이클론(cyclone) 집진장치의 주 원리는?
① 압력 차에 의한 집진
② 물에 의한 입자의 여과
③ 망(screen)에 의한 여과
④ 입자의 원심력에 의한 집진

해설 ㉠ 사이클론(원심식) 집진장치(건식용)는 포집입경이 10~20μm 정도이다.
㉡ 소형일수록 성능이 향상된다.

정답 06 ② 07 ④ 08 ② 09 ① 10 ② 11 ④

12 연소 안전장치에서 플레임 로드에 관한 설명으로 옳은 것은?

① 열적 검출방식으로 화염의 발열을 이용한 것이다.
② 화염의 방사선을 전기신호로 바꾸어 이용한 것이다.
③ 화염의 전기 전도성을 이용한 것이다.
④ 화염의 자외선 광전관을 사용한 것이다.

해설 화염 검출기
㉠ 플레임 아이 : 광전관, 화염의 발광체 이용
㉡ 플레임 로드 : 화염의 +, - 전기 전도성 이용
㉢ 스택 스위치 : 화염의 발열체 이용(소형 보일러용)

13 방열기에 대한 설명으로 옳은 것은?

① 방열기에서 표준방열량을 구하는 평균온도 기준은 온수가 80℃이고, 증기는 102℃이다.
② 주철제 방열기는 강제대류식이며, 응축수가 가진 현열을 이용하므로 증기 사용량이 감소한다.
③ 방열기는 증기와 실내공기의 온도 차에 의한 복사열에 의해서만 난방을 한다.
④ 방열기의 표준방열량은 증기는 650W/m² 이고, 온수는 450W/m²이다.

해설 방열기 표준방열량 기준
㉠ 온수난방(450kcal/m²h, 온수 80℃, 실내 18℃)
㉡ 증기난방(650kcal/m²h, 증기 102℃, 실내 21℃)

14 증기 헤드(Steam Head)의 설치 목적으로 틀린 것은?

① 건도가 높은 증기를 공급하여 수격작용을 방지하기 위하여
② 각 사용처에 증기공급 및 정지를 편리하게 하기 위하여
③ 불필요한 증기 공급을 막아 열 손실을 방지하기 위하여
④ 필요한 압력과 양의 증기를 사용처에 공급하기 좋게 하기 위하여

해설 증기 보일러

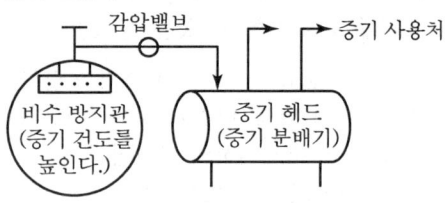

15 강제순환 수관보일러에 있어서 순환비란?

① 순환수량과 포화수의 비율
② 포화증기량과 포화수량의 비율
③ 순환수량과 발생증기량의 비율
④ 발생증기량과 포화수량의 비율

해설 증기 수관식 보일러 순환비 = $\dfrac{\text{순환수량}}{\text{발생증기량}}$

16 2장의 전열 판을 일정한 간격을 둔 상태에서 시계의 태엽 모양으로 감아나간 것으로 오염저항 및 저유량에서 심한 난기류 등이 유발되는 곳에 사용하는 열교환기의 형식은?

① 플레이트식 열교환기
② 2중관식 열교환기
③ 스파이럴형 열교환기
④ 셸 앤드 튜브식 열교환기

해설 ㉠ 스파이럴형 열교환기 : 2장의 전열 판을 일정한 간격을 둔 상태에서 시계의 태엽 모양으로 감아 만든 열교환기이다.
㉡ 오염저항 및 저유량에서 심한 난기류 등이 유발되는 곳에 사용한다.

17 실내온도가 18℃, 외기온도가 -10℃이며, 열관류율이 5kcal/m² · h · ℃인 건물의 난방부하는?(단, 바닥, 천장, 벽체 등 총면적은 180m²이고, 방위계수는 1.15이다.)

① 21,990kcal/h
② 22,100kcal/h
③ 25,200kcal/h
④ 28,980kcal/h

정답 12 ③ 13 ① 14 ① 15 ③ 16 ③ 17 ④

해설 난방부하 = 벽체면적 × 열관류율 × 온도차 × 방위에 따른 부가계수
= 180 × 5 × {18 − (−10)} × 1.15
= 28,980 kcal/h

18 보일러의 그을음 취출장치인 수트 블로어(soot blower)에 대한 설명으로 틀린 것은?

① 수트 블로어의 설치목적은 전열면에 부착된 그을음을 제거하여 전열효율을 좋게 하기 위해서다.
② 종류에는 장발형, 정치회전형, 단발형 및 건타입 수트 블로어 등이 있다.
③ 수트 블로어 분출(취출) 시에는 통풍력을 크게 한다.
④ 수트 블로어 분출 전에는 저온부식 방지를 위해 취출기 내부에 드레인 배출을 삼간다.

해설 취출기 내부에 드레인 배출을 실시한다.

19 보일러의 보염장치 설치 목적에 관한 설명으로 틀린 것은?

① 연소용 공기의 흐름을 조절하여준다.
② 확실한 착화가 되도록 한다.
③ 연료의 분무를 확실하게 방지한다.
④ 화염의 형상을 조절한다.

해설 ① 버너타일 ② 콤버스터
③ 윈드박스 ④ 보염기

보염장치(에어 레지스터)
㉠ 중유 등 오일연료를 분무(입자를 안개방울화)하여 연소상태를 양호하게 한다.
㉡ 버너타일, 콤버스터, 윈드박스, 보염기로 구성된다.

20 1일 급수량이 36,000L인 보일러에서 급수 중 고형분 농도가 100ppm, 보일러수의 허용 고형분이 2,000ppm일 때 1일 분출량은?(단, 응축수는 회수하지 않는다.)

① 1,625L/day ② 1,785L/day
③ 1,895L/day ④ 1,945L/day

해설 분출량 = $\dfrac{W(1-R)d}{r-d} = \dfrac{36,000 \times 100}{2,000 - 100} = 1,895 \text{L/day}$
여기서, R : 응축수 회수율(%)

21 보일러에서 측정한 배기가스 온도가 240℃, 배기가스량이 100kg/h이고, 외기온도가 20℃, 실내온도가 25℃인 경우 배출되는 배기가스의 손실열량은?(단, 배기가스 및 공기의 비열은 각각 0.33, 0.31kcal/kg · ℃이다.)

① 6,045kcal/h ② 6,820kcal/h
③ 7,095kcal/h ④ 7,260kcal/h

해설 배기가스 현열손실
= 배기가스량 × 비열 × (온도차)
= 100 × 0.33 × (240 − 20)
= 7,260(kcal/h)

22 자동식 가스분석계 중 화학적 가스분석계에 속하는 측정법은?

① 연소열법 ② 밀도법
③ 열전도도법 ④ 자화율법

해설 화학적 가스분석계
㉠ 헴펠식
㉡ 오르자트식
㉢ 연소열법

23 보일러 출력 계산에 사용하는 난방부하의 계산방법이 아닌 것은?

① 상당 방열면적(EDR)으로부터 계산
② 예열부하로부터 열손실 계산
③ 열손실 열량으로부터 계산
④ 간이식으로부터 열손실 계산

해설
• 난방부하 = 상당 방열면적 × 450(증기 : 650)
• 난방부하 = 단위면적당 열손실 × 난방면적
• 보일러 정격출력 = 난방부하 + 급탕부하 + 배관부하 + 예열부하

정답 18 ④ 19 ③ 20 ③ 21 ④ 22 ① 23 ②

24 보일러수 중의 용존 가스를 제거하는 장치는?

① 저면 분출장치 ② 표면 분출장치
③ 탈기기 ④ pH 조정장치

해설 용존 가스 제거
㉠ 탈기기(용존산소 제거)
㉡ 기폭기(CO_2 제거기)

25 다음 랭킨 사이클 $T-S$(온도 – 엔트로피)선도에서 단열팽창 구간은?

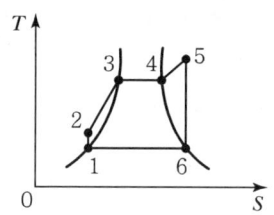

① 1 – 2 ② 2 – 3 – 4
③ 5 – 6 ④ 6 – 1

해설
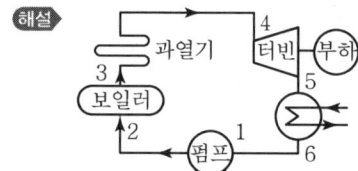

㉠ 1 → 2(단열압축)
㉡ 2 → 3 → 4(등압가열)
㉢ 4 → 5(단열팽창)
㉣ 5 → 1(등압냉각)
㉤ 5 → 6(단열팽창)

26 보일러 급수의 순환계통 외처리에서 부유 및 유기물의 제거방법이 아닌 것은?

① 폭기법 ② 침전법
③ 응집법 ④ 여과법

해설 폭기법(기폭법) : 급수처리에서 CO_2나 O_2 제거

27 두께 3cm, 면적 2m²인 강판의 열전도량을 6,000kcal/h로 하기 위한 강판 양면의 필요한 온도차는?(단, 열전도율 $\lambda = 45$kcal/m · h · ℃ 이다.)

① 2℃ ② 2.5℃
③ 3℃ ④ 3.5℃

해설 $6,000 = 45 \times \dfrac{\Delta t_m \times 2}{0.03}$

온도차(Δt_m) $= \dfrac{6,000 \times 0.03}{45 \times 2} = 2$℃

28 원관 속 층류 유동이 되고 있을 때, 압력 손실에 관한 설명으로 옳은 것은?

① 유체의 점성에 비례한다.
② 관의 길이에 반비례한다.
③ 유량에 반비례한다.
④ 관경의 3제곱에 비례한다.

해설 원관 속의 층류 유동으로 흐르는 유체는 해당 유체의 점성에 비례하여 압력손실이 나타난다.

29 실제 열사이클에 있어서는 각부에서의 손실 때문에 이상사이클과는 일치하지 않는데, 그 손실 요인으로 가장 거리가 먼 것은?

① 배관 손실 ② 과열기 손실
③ 터빈 손실 ④ 복수기 손실

해설 과열기 : 포화증기를 압력이 일정한 가운데 온도만 상승시킨 증기로 만드는 폐열회수 장치이다.
보일러 → 포화수 → 습포화증기 → 건포화증기 → 과열증기

30 일의 열당량의 값은?

① $\dfrac{1}{427}$kcal/kg ② 427dyne/kg
③ $\dfrac{1}{427}$kcal/kg · m ④ 427kg · m/kcal

해설 ㉠ 일의 열당량 : $\dfrac{1}{427}$kcal/kg · m
㉡ 열의 일당량 : 427kg · m/kcal

31 보일러가 과열이 되면 그 부분의 강도가 저하되는데 이것이 심한 경우에는 보일러의 압력에 못 견디어 안쪽으로 오므라드는 것을 압궤라 한다. 압궤를 일으킬 수 있는 부분으로 가장 거리가 먼 것은?

① 수관   ② 연소실
③ 노통   ④ 연관

해설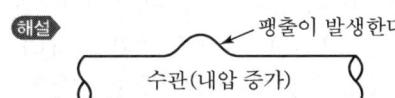

32 수관 내부에 부착되어 열전도를 저하시키는 스케일의 생성 원인으로 가장 거리가 먼 것은?

① 농축에 의하여 포화상태로 석출되는 경우
② 물에 불용성의 물질이 유입되는 경우
③ 온도 상승에 따라 용해도가 저하하여 석출되는 경우
④ 산성용액에서 용해도가 증가하여 석출되는 경우

해설 pH 7 이하인 산성용액에서는 부식이 촉진된다.

33 보일러수 중에 포함된 실리카(SiO_2)에 관한 설명으로 틀린 것은?

① 실리카 함유량이 많은 스케일은 연질이므로 제거가 쉽다.
② 알루미늄과 결합해서 여러 가지 형의 스케일을 생성한다.
③ 저압 보일러에서는 알칼리도를 높여 스케일화를 방지할 수 있다.
④ 보일러수에 실리카가 많으면 캐리오버에 의해 터빈날개 등에 부착하여 성능을 저하시킬 수 있다.

해설 ㉠ 스케일 종류
 • 연질 스케일 : 탄산염(제거가 용이하다.)
 • 경질 스케일 : 규산염, 황산염(제거가 어렵다.)
㉡ 스케일 부착은 전열량 감소, 열효율 저하

34 0.5kW의 전열기로 20℃의 물 5kg을 80℃까지 가열하는 데 소요되는 시간은 약 몇 분인가? (단, 가열효율은 90%이다.)

① 46.5분   ② 21.0분
③ 32.3분   ④ 12.7분

해설 물의 현열 = 5kg × 1kcal/kg℃ × (80−20)
 = 300kcal
전열기 열량 = 0.5 × 860kcal/h × 0.9 = 387kcal/h
∴ 소요시간 = $\frac{300}{387}$ = 0.775시간 × 60분 = 46.5분

35 유체 속에 잠긴 경사평면에 작용하는 힘의 작용점은?

① 면의 도심에 있다.
② 면의 도심보다 위에 있다.
③ 면의 중심에 있다.
④ 면의 도심보다 아래에 있다.

해설  (평면에 작용하는 힘의 작용점은 면의 도심보다 아래에 있다.)

36 보일러 연소 관리에 관한 설명으로 틀린 것은?

① 보일러 본체 및 내화벽돌에 화염을 직접 충돌시키지 않는다.
② 연소량을 증가할 때에는 연료 공급량을 우선 늘리고, 연소량을 감소할 때는 통풍량부터 줄인다.
③ 연소상태 및 화염상태 등을 수시로 감시한다.
④ 노 내를 고온으로 유지한다.

해설 연소량 증가 시 주의사항 : 공기량을 먼저 증가시킨 후에 연료량을 증가시켜야 가스폭발이 방지된다.

37 보일러수 내처리를 할 때 탈산소제로 쓰이지 않는 것은?

① 탄닌   ② 아황산소다
③ 히드라진   ④ 암모니아

해설 급수처리 탈산소제(점식 방지)
㉠ 아황산소다(Sodium Sulfite, Na_2SO_3)
㉡ 탄닌(타닌, Tannin)
㉢ 히드라진(Hydrazine, N_2H_4)

38 증기의 건도가 0인 상태는?

① 포화수 ② 포화증기
③ 습증기 ④ 건증기

해설 ㉠ 건도가 높은 순서
건포화증기(건증기) < 습포화증기 < 포화수
㉡ 포화수(끓는 물) : 건도(건조도가) 0이다.

39 버너 정비시 오일 콘의 끝단이 흠이 나 있으면 분무상태가 나빠지므로 눈금이 세밀한 줄을 사용하여 다듬질해야 하는 버너형식은?

① 고압분무식 ② 회전식
③ 유압분무식 ④ 건타입

해설 회전식 버너(수평 로터리 버너) 정비 시 오일 콘의 끝단이 흠이 나면 분무상태가 나빠지므로 수리 시 세밀한 줄을 사용하여 다듬질한다.

40 이온교환처리장치의 운전공정에서 재생탑에 원수를 통과시켜 수중의 일부 또는 전부의 이온을 이온교환 또는 제거시키는 공정을 의미하는 것은?

① 통약 ② 압출
③ 부하 ④ 수세

해설 이온교환 수지법(급수처리 외 처리)
㉠ 역세(역세유속) → 재생(재생유속) → 압출(압출유속) → 수세(수세유속) → 통수(통수유속)
㉡ 부하 : 재생탑에서 원수를 통과시켜 수중의 이온을 교환하거나 제거시키는 공정이다.

41 에너지이용 합리화법에 따라 검사 대상 기기의 계속사용검사에 대한 연기는 검사유효기간 만료일 기준으로 최대 언제까지 가능한가?(단, 만료일이 9월 1일 이후인 경우는 제외한다.)

① 2개월 이내
② 6개월 이내
③ 8개월 이내
④ 당해년도 말까지

해설 ㉠ 9월 1일 이전 : 당해 년도 말
㉡ 9월 1일 이후 : 4개월 이내 연기 가능

42 연강용 피복 아크 용접봉 중 용입이 깊고, 비드가 깨끗하며, 작업성이 우수한 용접봉으로서 아래보기 수평 필릿용접에 가장 적합한 것은?

① E4316 ② E4313
③ E4303 ④ E4327

해설 ① E4316(저수소계)
② E4313(고산화티탄계)
③ E4303(라임티탄계)
④ E4327(철분산화철계) : 아래보기 수평 필릿용접용

43 에너지이용 합리화법에 따라 에너지저장시설의 보유 또는 저장의무의 부과 시 정당한 이유 없이 이를 거부하거나 이행하지 아니한 자에 대한 벌칙 기준은?

① 2년 이하의 징역 또는 2천만 원 이하의 벌금
② 5백만 원 이하의 벌금
③ 1년 이하 징역 또는 1천만 원 이하의 벌금
④ 1천만 원 이하의 벌금

해설 에너지저장시설의 보유, 저장의무 부과 시 정당한 이유 없이 거부하면 보기 ①의 벌칙에 해당한다.

44 온도조절밸브 선정 시 고려할 사항이 아닌 것은?

① 밸브의 구경 및 배관경
② 사용 유체의 종류, 압력, 온도와 유량
③ 가열 또는 냉각되는 유체의 종류와 압력
④ 최소 유량 시 밸브의 허용압력 손실

해설 온도조절밸브 : 최대 유량 시 밸브의 허용압력 손실을 고려하여 선정한다.

정답 38 ① 39 ② 40 ③ 41 ④ 42 ④ 43 ① 44 ④

45 내열온도가 400~500℃이고, 금속광택이 있으며 방열기 등의 외면에 도장하는 도료로 적당한 것은?

① 산화철 도료　② 콜타르 도료
③ 알루미늄 도료　④ 합성수지 도료

해설 알루미늄 도료
내열온도가 400~500℃이고, 금속광택이 있으며 방열기 등의 외면을 도장하는 도료이다.

46 배관을 고정하는 받침쇠인 행거(Hanger)의 종류가 아닌 것은?

① 스프링 행거　② 롤러 행거
③ 콘스턴트 행거　④ 리지드 행거

해설 서포트(Support) 종류
㉠ 스프링형　㉡ 롤러형
㉢ 파이프 슈　㉣ 리지드형

47 관 장치의 설계, 제작, 시공, 운전, 조작, 공정 수정 등에 도움을 주기 위해 주 계통의 라인, 계기, 제어기 및 장치기기 등에서 필요한 자료를 도시한 도면을 무엇이라고 하는가?

① 계통도(Flow Diagram)
② 관 장치도
③ PID(Piping Instrument Diagram)
④ 입면도

해설 PID 도면 : 관 장치의 설계, 제작, 시공, 운전, 조작, 공정 수정 등에 도움을 주기 위한 계통의 라인, 계기, 제어기의 자료도면이다.

48 온수귀환 방식 중 역귀환 방식에 관한 설명으로 옳은 것은?

① 배관길이를 짧게 하여 온수공급거리에 따라 보일러에서 가까운 곳과 먼 곳의 방열기 온도차를 늘리는 방식이다.
② 각 방열기에 공급되는 유량 분배를 균등하게 하여 가까운 곳과 먼 곳의 방열기 온도차를 줄이는 방식이다.
③ 각 방열기에 공급되는 유량 분배에 차등을 두어 가까운 곳과 먼 곳의 방열기 온도차를 줄이는 방식이다.
④ 방열기를 통과한 귀환온수가 순차적으로 보일러에 귀환하여 가까운 곳과 먼 곳의 방열기 온도차를 늘리는 방식이다.

해설 리버스 리턴(Reverse Return) 배관방식

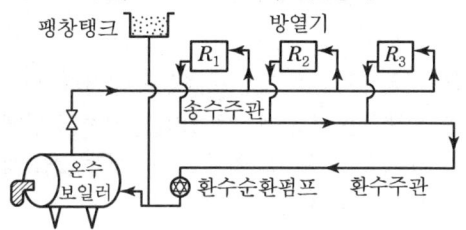

49 에너지법에서 정한 에너지위원회의 구성 및 운영에 관한 설명으로 옳은 것은?

① 위촉위원의 임기는 2년으로 하고, 연임할 수 있다.
② 위촉위원의 임기는 1년으로 하고, 연임할 수 있다.
③ 위촉위원의 임기는 2년으로 하고, 연임할 수 없다.
④ 위촉위원의 임기는 1년으로 하고, 연임할 수 없다.

해설 에너지위원회 구성
㉠ 위촉위원 임기 : 2년(연임 가능)
㉡ 인원 수 : 위원장 포함 25인 이내

50 폴리에틸렌관의 이음방법으로 틀린 것은?

① 테이퍼 조인트 이음
② 인서트 이음
③ 용착 슬리브 이음
④ 심플렉스 이음

해설 석면시멘트관(에터니트관)의 접합
㉠ 기볼트 접합
㉡ 칼라 접합
㉢ 심플렉스 접합

정답　45 ③　46 ②　47 ③　48 ②　49 ①　50 ④

51 보온재의 구비조건으로 틀린 것은?

① 열전도율이 클 것
② 비중이 작을 것
③ 어느 정도 기계적 강도가 있을 것
④ 흡습성이 작을 것

해설 보온재(유기질, 무기질, 금속질)는 열전도율(kcal/mh℃)이 작아야 한다.

52 가옥트랩 또는 메인트랩으로서 건물 내의 배수 수평주관의 끝에 설치하여 공공 하수관에서의 유독 가스가 건물 안으로 침입하는 것을 방지하는 데 사용하는 트랩은?

① S트랩
② P트랩
③ U트랩
④ X트랩

해설 U트랩(배수트랩)
가옥트랩으로서 건물 내의 배수 수평 주관의 끝에 설치하여 공공 하수관에서의 유독 가스가 건물 안으로 침입하는 것을 방지한다.

53 2개 이상의 엘보를 사용하여 신축을 흡수하는 이음은?

① 슬리브형 신축이음
② 벨로스형 신축이음
③ 스위블형 신축이음
④ 루프형 신축이음

해설 스위블형 신축이음

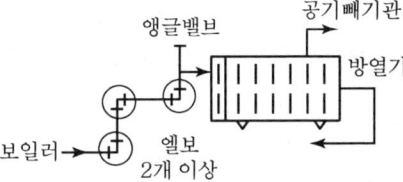

54 스프링 백(Spring Back)이 일어나는 원인은?

① 탄성 복원력 때문에
② 영구변형이 많이 일어나므로
③ 극한 강도가 너무 작으므로
④ 원인이 없음

해설 탄성 복원력에 의해 스프링 백이 발생한다.

55 다음 그림의 AOA(Activity – On – Arc) 네트워크에서 E작업을 시작하려면 어떤 작업들이 완료되어야 하는가?

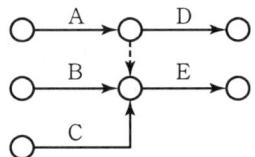

① B
② A, B
③ B, C
④ A, B, C

해설 E 작업은 A, B, C 작업이 완료된 후에 시작한다.

56 표준시간을 내경법으로 구하는 수식으로 맞는 것은?

① 표준시간＝정미시간＋여유시간
② 표준시간＝정미시간×(1＋여유율)
③ 표준시간＝정미시간×$\left(\dfrac{1}{1-여유율}\right)$
④ 표준시간＝정미시간×$\left(\dfrac{1}{1+여유율}\right)$

해설 표준시간
㉠ 내경법 : 정미시간×$\left(\dfrac{1}{1-여유율}\right)$
㉡ 외경법 : 정미시간×(1＋여유율)

57 품질특성에서 X관리도로 관리하는 것과 가장 거리가 먼 것은?

① 볼펜의 길이
② 알코올 농도
③ 1일 전력소비량
④ 나사길이의 부적합품 수

해설 X관리도(측정치의 관리도)
㉠ 계량치에 관한 관리도
㉡ 길이, 무게, 강도, 전압, 전류 등 연속변량 측정

정답 51 ① 52 ③ 53 ③ 54 ① 55 ④ 56 ③ 57 ④

58 검사특성곡선(OC Curve)에 관한 설명으로 틀린 것은?(단, N : 로트의 크기, n : 시료의 크기, c : 합격판정개수이다.)

① N, n이 일정할 때 c가 커지면 나쁜 로트의 합격률은 높아진다.
② N, c가 일정할 때 n이 커지면 좋은 로트의 합격률은 낮아진다.
③ $N/n/c$의 비율이 일정하게 증가하거나 감소하는 퍼센트 샘플링 검사 시 좋은 로트의 합격률은 영향이 없다.
④ 일반적으로 로트의 크기 N이 시료 n에 비해 10배 이상 크다면, 로트의 크기를 증가시켜도 나쁜 로트의 합격률은 크게 변화하지 않는다.

해설 OC 곡선

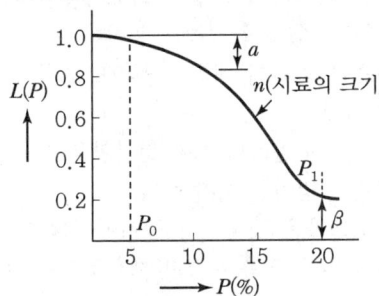

- lot(로트) : 1회의 준비로써 만들 수 있는 생산단위
- a : 생산자 위험확률
- β : 소비자 위험확률
- n : 시료의 크기
- c : 합격판정개수
- $L(P)$: 로트의 합격확률
- (N, n, c) : 샘플링검사의 특성곡선
- N : 크기 N모집단, 로트(lot)의 크기
- P_0 : 합격시키고 싶은 lot의 부적합률$(1-\alpha)$
- P_1 : 불합격시키고 싶은 lot의 합격될 확률$(1-\beta)$

59 다음 데이터로부터 통계량을 계산한 것 중 틀린 것은?

$$21.5, \quad 23.7, \quad 24.3, \quad 27.2, \quad 29.1$$

① 범위$(R) = 7.6$
② 제곱합$(S) = 7.59$
③ 중앙값$(Me) = 24.3$
④ 시료분산$(s^2) = 8.988$

해설 ㉠ 범위(Range) : 데이터가 얼마나 많은 숫자 값을 포함하고 있는지 알려준다.
㉡ 제곱합(Sum of Sequence) : 각 데이터로부터 데이터의 평균값을 뺀 값의 제곱합을 말함
- 중앙값(Median) = 24.3
- 범위 = $29.1 - 21.5 = 7.6$
- 평균값 $= \dfrac{(21.5+23.7+24.3+27.2+29.1)}{5}$
  $= 25.16$
- 제곱합 $= (21.5-25.16)^2 + (23.7-25.16)^2$
  $+ (24.3-25.16)^2 + (27.2-25.16)^2$
  $+ (29.1-25.16)^2$
  $= 35.952$
- 시료분산 $= \dfrac{35.952}{4} = 8.988$

60 브레인스토밍(Brainstorming)과 가장 관계가 깊은 것은?

① 특성요인도   ② 파레토도
③ 히스토그램   ④ 회귀분석

해설 ㉠ 브레인스토밍 : 일정한 테마에 관하여 회의 형식을 채택하고 구성원의 자유발언을 통한 아이디어의 제시를 요구하여 발상을 찾아내려는 방법(브레인스토밍을 통해 지식과 문제의 원인, 의견을 수집하려면 특성요인도가 필요함)
㉡ 특성요인도 : 특성에 대하여 어떤 요인이 어떤 관계로 영향을 미치고 있는지 명확히 하여 원인 규명을 쉽게 할 수 있도록 하는 기법이다.

2018년 3월 31일 과년도 기출문제

01 증기배관의 관 말부의 최종 분기 이후에서 트랩에 이르는 배관은 여분의 증기가 충분히 냉각되어 응축수가 될 수 있도록 보온피복을 하지 않은 나관 상태로 1.5m 설치하는 배관을 무엇이라고 하는가?

① 하트퍼드 접속법　② 리프트피팅
③ 냉각레그　　　　　④ 바이패스 배관

해설 냉각레그

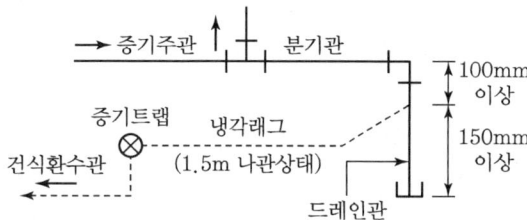

02 실제증발배수(kg증기/kg연료)가 3인 보일러의 시간당 연료소비량(kg/h)은?(단, 발생 증기량은 1.2ton/h이며, 효율은 89%이다.)

① 300　② 340
③ 356　④ 400

해설 증발배수 = $\dfrac{\text{증기 발생량(kg/h)}}{\text{연료 소비량(kg/h)}} = \dfrac{1.2 \times 10^3}{x} = 3$

∴ $x = \dfrac{1.2 \times 10^3}{3} = 400(\text{kg/h})$

03 다음 중 습식 집진장치의 종류가 아닌 것은?

① 유수식　② 가압수식
③ 백필터식　④ 회전식

해설
- 건식 집진장치 : 백필터식, 사이클론식, 관성식
- 습식 집진장치 : 유수식, 가압수식(제트형, 사이클론형, 충진탑, 벤투리형), 회전식

04 보일러의 용량(ton/h)이 최소 얼마 이상이면 유량계를 설치해야 하는가?

① 0.5　② 1
③ 1.5　④ 2

해설 보일러 용량이 1ton/h 이상이면 유량계를 설치하여야 한다.

05 보일러 설치 시 유의사항으로 틀린 것은?

① 보일러의 저부하 운전을 방지하기 위해 사용압력은 특별한 경우 최고사용압력을 초과할 수 있도록 설치해야 한다.
② 기초가 약하여 내려앉거나 갈라지지 않아야 한다.
③ 수관식 보일러의 경우 전열면을 청소할 수 있는 구멍이 있어야 한다.
④ 강구조물은 빗물이나 증기에 의하여 부식이 되지 않도록 적절한 보호조치를 하여야 한다.

해설 보일러 설치 시 사용압력은 항상 최고사용압력 이하에서 즉, 상용압력에서 운전이 가능하도록 설치한다.

06 보일러의 매연을 털어내는 매연분출장치의 종류가 아닌 것은?

① 롱리트랙터블(Long Retractable)형
② 쇼트리트랙터블(Short Retractable)형
③ 정치 회전형
④ 튜브형

정답　01 ③　02 ④　03 ③　04 ②　05 ①　06 ④

해설 수트블로어(매연분출기, 그을음 제거기) 종류
- ㉠ 롱리트랙터블형(고온 전열면에 사용, 공기예열기 클리너에 사용)
- ㉡ 쇼트 리트랙 터블형(연소노벽에서 사용)
- ㉢ 건타입형(전열면에서 사용)
- ㉣ 로우터리형(저온 전열면 블로워)
- ㉤ 트레벌링 프레임형(공기예열기 크리너형)

07 다음 중 유량조절 범위가 가장 넓은 오일 연소용 버너는?

① 고압기류식 버너 ② 저압공기식 버너
③ 유압식 버너   ④ 회전식 버너

해설 버너의 유량 조절 범위
- ㉠ 고압기류식 : 1 : 10 ㉡ 저압공기식 : 1 : 5
- ㉢ 유압식 : 1.2   ㉣ 회전식 : 1 : 5

08 효율이 80%인 보일러가 연료 150kg/h를 사용할 경우 손실열량(kcal/s)은?(단, 연료의 저위발열량은 8,800kcal/kg이다.)

① 49.3   ② 58.8
③ 68.7   ④ 73.3

해설 손실열량(kcal/s) = $\dfrac{150 \times 8,800 \times (1-0.8)}{3,600}$

= 73.3kcal/s

※ 1시간 = 3,600초

09 보일러 안전밸브의 크기는 호칭지름 25A 이상이어야 하나, 보일러 크기나 종류에 따라 20A 이상으로 할 수 있다. 호칭 지름 20A 이상으로 할 수 있는 경우의 보일러가 아닌 것은?

① 최대 증발량 5t/h 이하의 관류보일러
② 최고사용압력 0.1MPa 이하의 보일러
③ 진열면적 10m² 이하의 보일러
④ 소용량 강철제 보일러

해설 전열면적 2m² 이하 보일러로서 최고사용압력이 0.5 MPa 이하 보일러는 안전밸브나 압력방출장치 크기가 20A 이상으로 가능하다.

10 공기예열기에 대한 설명으로 옳은 것은?

① 공기예열기를 설치하여도 연도에서 흡입하는 압력이 있으므로 운전에는 영향이 없다.
② LNG가스를 이용하는 경우에 산로점의 문제 때문에 배기가스 온도를 130℃ 이상을 유지한다.
③ 연소 공기의 온도가 올라가면 배기가스 중의 NO_X의 농도가 상승할 수 있으므로 주의가 요구된다.
④ 공기예열기는 기체인 공기를 가열하므로 동일한 열량의 급수예열기에 비해 전열면적이 작다.

해설 보일러

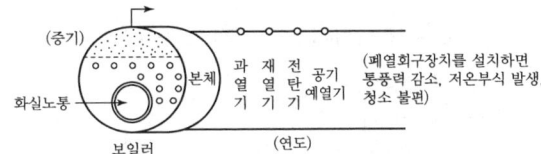

공기예열기 설치 시 연소용 공기의 온도가 상승하며 고온에서 질소산화물(NOx)이 발생하기 쉽다.

11 보일러에 사용되는 자동제어계의 동작순서로 옳은 것은?

① 검출 → 비교 → 판단 → 조작
② 조작 → 비교 → 판단 → 검출
③ 판단 → 비교 → 검출 → 조작
④ 검출 → 조작 → 판단 → 비교

해설 자동제어 동작순서
검출 → 비교 → 판단 → 조작

12 열손실 난방부하와 관계 없는 것은?

① 열관류율(kcal/m² · h · ℃)
② 예열부하계수
③ 전열면적(m²)
④ 온도차(℃)

해설 보일러 정격용량 = 난방부하 + 급탕부하 + 배관부하 + 예열부하(kcal/h)
난방부하 = 전열면적 × 열관류율 × 온도차 (kcal/h)

정답 07 ① 08 ④ 09 ③ 10 ③ 11 ① 12 ②

13 보일러에서 연돌의 자연 통풍력을 증대하는 방법으로 옳은 것은?

① 연돌의 높이를 낮게 한다.
② 연돌의 단면적을 작게 시공한다.
③ 연돌 내부, 외부 온도차를 작게 한다.
④ 연도의 길이를 짧게 한다.

해설
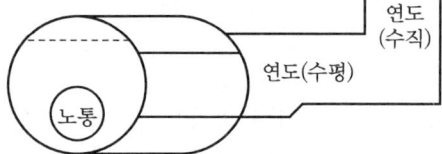
연도 길이는 짧게 연돌(굴뚝)은 다소 높게 하면 통풍력(mmH_2O)이 증가한다.

14 다음 중 보일러의 안전장치 종류가 아닌 것은?

① 방출밸브
② 가용마개
③ 드레인콕
④ 수면고저경보기

해설 드레인콕은 배수 콕에 해당한다.

15 기체연료의 특징에 대한 설명으로 틀린 것은?

① 연소효율이 높고 소량의 공기로도 완전연소가 가능하다.
② 연소가 균일하고 연소조절이 용이하다.
③ 가스폭발 위험성이 있다.
④ 유황산화물이나 질소산화물의 발생이 많다.

해설 고체나 액체연료에는 황(S) 성분이 포함되어 있으므로 $S + O_2 \rightarrow SO_2$(유황산화물)가 발생한다.

16 태양열 보일러가 $80W/m^2$의 비율로 열을 흡수한다. 열효율이 75%인 장치로 10kW의 동력을 얻으려면 전열면적(m^2)은 얼마가 되어야 하는가?

① 216.7   ② 166.7
③ 149.1   ④ 52.8

해설
$1kW = 1,000W$
$10kW = 10,000W$
∴ 태양열 전열면적 = $\dfrac{10,000}{80 \times 0.75}$ = 166.7(m^2)
= 166.7(m^2)

17 강철제 보일러의 전열면적이 $14m^2$ 이하이고, 최고사용압력이 0.35MPa 이하일 때, 설치시공 후 실시하는 수압시험압력은 얼마이어야 하는가?

① 최고사용압력의 2배
② 최고사용압력의 1.3배
③ 최고사용압력의 1.5배
④ 최고사용압력의 1.3배 + 0.3MPa

해설 수압시험(강철제 보일러)
㉠ 최고사용압력 0.43MPa 이하 보일러 제작 시 수압시험은 최고사용압력의 2배로 한다.(단, 0.2MPa 이하는 0.2MPa로 한다.)
㉡ 최고사용압력 0.43MPa 초과~1.5MPa 이하 : 최고사용압력의 1.3배 + 0.3MPa
㉢ 1.5MPa 초과 : 최고사용압력의 1.5배

18 다음 중 저위발열량(H_l)을 구하는 식은?(단, H_h는 고위발열량(kcal/kg), h = 연료 1kg 중의 수소량(kg), w = 연료 1kg 중의 수분량(kg)이다.)

① $H_l = H_h - 600(h + 9w)$
② $H_l = H_h - 600(h - 9w)$
③ $H_l = H_h - 600(9h + w)$
④ $H_l = H_h - 600(9h - w)$

해설 고체, 액체 연료의 저위발열량(H_l)
H_l = 고위발열량 $- 600(9 \times 수소 + 수분)$
$= H_h - 600(9h + w)$ (kcal/kg)
물의 증발잠열(0℃에서) = 600kcal/kg
= 480kcal/m^3

19 난방방식에 대한 설명으로 옳은 것은?

① 증기난방은 증발잠열을 이용하는 난방법으로 방열량을 조절할 수 있다.
② 중력환수식 증기난방법에서 리프트피팅(Lift Fitting)을 적용하면 환수를 위쪽으로 끌어올릴 수 있다.
③ 온수난방은 예열시간이 짧으므로 반응이 빠르지만 방열량을 조절할 수 있다.
④ 복사난방은 쾌감도는 좋으나 하자발생 여부를 확인하기 어렵고 부하변동에 따른 즉각적인 대응이 어렵다.

해설 ㉠ 증기난방은 방열량 조절이 불편하다.
㉡ 온수난방은 외기온도 변화 시 방열량 조절이 용이하다.(단, 예열시간이 길고 열용량이 크다.)
㉢ 직접난방 : 대류난방(증기난방, 온수난방, 방열기 난방)

20 증기난방 설비 중 진공환수식 응축수 회수방법에 대한 설명으로 틀린 것은?

① 환수관 내 유속이 다른 환수방식에 비해 빠르고 난방효과가 크다.
② 대규모 난방에 적합하다.
③ 공기빼기 밸브에 부착해야 한다.
④ 환수관의 관경을 작게 할 수 있다.

해설 진공환수식 증기난방은 대규모 난방에 사용되며 진공펌프를 사용하기 때문에 별도의 공기빼기 밸브는 부착되지 않는 난방법이다.

21 다음 중 고압(50~300kg/cm²)에서 레이놀즈수가 클 때, 유체의 유량 측정에 가장 적합한 유량계는?

① 플로 노즐 유량계
② 오리피스 유량계
③ 벤투리 유량계
④ 피토 유량계

해설 플로 노즐 차압식 유량계는 고압(5~30MPa)에서 레이놀즈수가 클 때 유체의 유량 측정에 가장 이상적인 유량계이다.

22 다음 중 방열기(Radiator)의 사용 재질과 가장 거리가 먼 것은?

① 주철   ② 강
③ 알루미늄   ④ 황동

해설 라디에이터(방열기) 재질
㉠ 주철
㉡ 강철
㉢ 알루미늄

23 지역난방의 특징에 대한 설명으로 틀린 것은?

① 각 건물에 보일러를 설치하는 경우에 비해 건물의 유효면적이 증대된다.
② 각 건물에 보일러를 설치하는 경우에 비해 열효율이 좋아진다.
③ 설비의 고도화에 따라 도시매연이 감소된다.
④ 열매체로 증기보다 온수를 사용하는 것이 관 내 저항손실이 적으므로 주로 온수를 사용한다.

해설 관 내 유체 중 증기보다는 온수가 순환 시 관 내 저항손실이 크다.

24 보일러 안전관리 수칙에 대한 설명으로 가장 거리가 먼 것은?

① 안전밸브 및 저수위 연료차단장치는 정기적으로 작동상태를 확인한다.
② 연소실 내 잔류가스 배출을 위해 댐퍼의 개방상태를 확인한다.
③ 보일러 연소상태를 수시 확인하고 적정 공기비를 유지한다.
④ 급수온도를 수시로 점검하여 온도를 80℃ 이상으로 유지한다.

해설 급수온도가 너무 높으면 펌프 내 서징(기화)현상 발생으로 보일러수 급수 수송에 저항이 생겨서 저수위 사고가 발생할 수 있다. 따라서 급수는 80℃ 이하로 유지해야 한다.

정답 19 ④ 20 ③ 21 ① 22 ④ 23 ④ 24 ④

25 연료의 연소 시 과잉공기량에 대한 설명으로 옳은 것은?

① 실제공기량과 같은 값이다.
② 실제공기량에서 이론공기량을 뺀 값이다.
③ 이론공기량에서 실제공기량을 뺀 값이다.
④ 이론공기량과 실제공기량을 더한 값이다.

해설 ㉠ 공기비(과잉공기계수) = 실제공기량/이론공기량
　　　공기비는 항상 1보다 크다.
㉡ 실제공기량 = 이론공기량 × 공기비
㉢ 과잉공기량 = 실제공기량 − 이론공기량

26 여러 가지 물리량에 대한 설명으로 틀린 것은?

① 밀도는 단위체적당의 중량이다.
② 비체적은 단위중량당의 체적이다.
③ 비중은 표준대기압에서 4℃ 물의 비중량에 대한 유체의 비중량의 비(比)이다.
④ 유체의 압축률은 압력 변화에 대한 체적 변화의 비(比)이다.

해설 ㉠ 밀도(ρ) : 단위체적당 질량(kg/m³)
㉡ 비중량(γ) : 단위체적당 중량(kg/m³)

27 보일러의 건조보존법에서 질소 가스를 사용할 때 질소 가스의 보존압력(MPa)은?

① 0.06　　② 0.3
③ 0.12　　④ 0.015

해설 보일러 밀폐 건조법(보존기간 6개월 이상 시 사용)

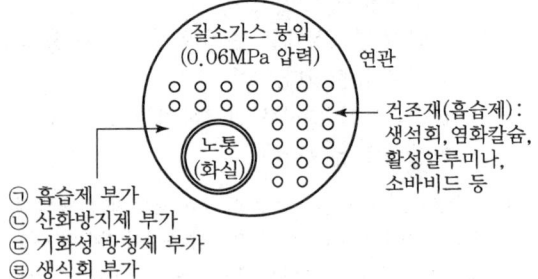

㉠ 흡습제 부가
㉡ 산화방지제 부가
㉢ 기화성 방청제 부가
㉣ 생석회 부가

28 다음 중 보일러 손상의 종류와 발생 부위에 대한 연결로 틀린 것은?

① 압궤 : 노통 또는 화실
② 팽출 : 수관, 동체
③ 균열 : 리벳 구멍, 플랜지 이음부
④ 수격작용 : 증기트랩 또는 기수분리기

해설 ㉠ 기수분리기 : 건조증기 취출
㉡ 증기트랩 : 응축수 제거(관 내 응결수가 제거되므로 수격작용, 즉 워터해머링이 방지된다.)

29 캐리오버(Carry Over)의 방지책이 아닌 것은?

① 보일러수의 염소이온 농도를 높여야 한다.
② 수면이 비정상으로 높게 유지되지 않도록 한다.
③ 압력을 규정압력으로 유지해야 한다.
④ 부하를 급격히 증가시키지 않는다.

해설 ㉠ 캐리오버(기수공발) : 보일러 취출증기 중에 수분이나 규산염, 거품 등이 혼입되어 보일러 외부로 배출되는 현상으로 관 내 수격작용, 증기저항, 관 내 부식 등이 발생된다.
㉡ 탄산염, 규산염, 황산염 등은 불순물이며 스케일의 원인이 된다.

30 급수예열기의 취급방법으로 틀린 것은?

① 바이패스 연도가 있는 경우에는 연소가스를 바이패스시켜 물이 급수예열기 내를 유동하게 한 후 연소가스를 급수예열기 연도에 보낸다.
② 댐퍼 조작은 급수예열기 연도의 입구댐퍼를 먼저 연 다음에 출구댐퍼를 열고 최후에 바이패스 댐퍼를 닫도록 한다.
③ 바이패스 연도가 없는 경우에는 순환관을 이용하여 급수예열기 내의 물을 유동시킨다.
④ 순환관이 없는 경우에는 적정량의 보일러수의 분출을 실시한다.

정답 25 ② 26 ① 27 ① 28 ④ 29 ① 30 ②

해설

(배기가스 입구댐퍼) → 급수예열기(절탄기) → 출구댐퍼 → 연돌(배기가스 출구)

폐열 회수장치

입구댐퍼보다 출구댐퍼를 먼저 개방시킨 후 사용한다.

31 인젝터의 급수불량 원인으로 가장 거리가 먼 것은?

① 노즐이 마모된 경우
② 급수온도가 50℃ 이상으로 높은 경우
③ 증기압이 4kg/cm² 정도로 낮은 경우
④ 흡입관에 공기가 유입된 경우

해설 인젝터 급수설비는 증기압력을 2kg/cm²~10kg/cm² 이내로 제한하여 사용한다.

32 보일러 내부에 부착된 페인트, 유지, 녹 등을 제거하기 위해 사용되는 약품은?

① 탄산소다(Na_2CO_3)
② 히드라진(N_2H_4)
③ 염화칼슘($CaCl_2$)
④ 탄산마그네슘($MgCO_3$)

해설 탄산소다(Na_2CO_3)
급수처리 pH(알칼리도) 조정제, 관수 연화제, 신설 보일러의 소다 보정제(페인트, 녹, 유지분 제거 등)

33 순수한 물 1lb(파운드)를 표준대기압하에서 1℉ 높이는 데 필요한 열량을 나타낼 때 쓰이는 단위는?

① CHU
② MPa
③ BTU
④ kcal

해설 BTU : 순수한 물 1파운드(0.454kg)를 표준대기압하에서 1℉(화씨) 높이는 데 필요한 열량이다.

34 보일러의 건식보존 시 사용되는 약품이 아닌 것은?

① 생석회
② 염화칼슘
③ 소석회
④ 활성알루미나

해설 보일러의 건조제(흡습제)
생석회, 염화칼슘, 활성알루미나, 소바비드 등

35 정체의 정압비열과 정적비열의 관계에 대한 설명으로 옳은 것은?

① 정압비열이 정적비열보다 항상 작다.
② 정압비열이 정적비열보다 항상 크다.
③ 정적비열과 정압비열은 항상 같다.
④ 정압비열은 정적비열보다 클 수도 있고 작을 수도 있다.

해설 기체의 비열비$(k) = \dfrac{C_p}{C_v} = \dfrac{정압비열}{정적비열}$
(항상 1보다 크다.)

36 수관이나 동저부에 고열의 연소가스가 접촉하여 파열이 진행되는 순서는?

① 과열 → 가열 → 팽출 → 변형 → 파열
② 과열 → 가열 → 변형 → 팽출 → 파열
③ 가열 → 과열 → 팽출 → 변형 → 파열
④ 가열 → 과열 → 변형 → 팽출 → 파열

해설

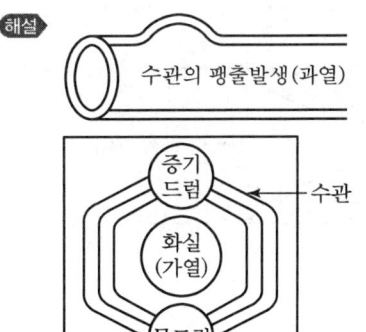

파열진행순서 : 가열 → 과열 → 변형 → 팽출 → 파열

37 액체 속에 잠겨 있는 곡면에 작용하는 합력을 구하기 위해서는 수평 및 수직분력으로 나누어 계산해야 한다. 이 중 수직분력에 관한 설명으로 옳은 것은?

① 곡면에 의해서 배제된 액체의 무게와 같다.
② 곡면의 수직 투영면에 비중량을 곱한 값이다.
③ 중심에서 비중량, 압력, 면적을 곱한 값이다.
④ 곡면 위에 있는 액체의 무게와 같다.

해설 액체 속에 잠겨있는 곡면의 합력
㉠ 수직분력 : 곡면 위에 있는 액체의 무게와 같다.
㉡ 수평분력 : 곡면의 수평 투영면적에 작용하는 전압력과 같다.

38 유체의 원추 확대관에서 생기는 손실수두는?

① 속도에 비례한다.
② 속도에 반비례한다.
③ 속도의 제곱에 비례한다.
④ 속도의 제곱에 반비례한다.

해설 손실수두
속도수두 $\left(\dfrac{V^2}{2g}\right)$와 관의 길이($L$)에 비례하며, 관의 직경에 반비례한다.
㉠ 손실수두(h) $= f\dfrac{L}{d}\cdot\dfrac{V^2}{2g}$
㉡ 돌연 확대관 손실수두(h) $=\dfrac{(V_1-V_2)^2}{2g}$

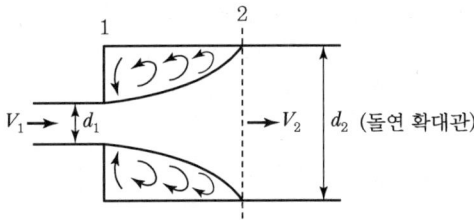 (돌연 확대관)

39 압력이 100kg/cm²인 습증기가 있다. 포화수의 엔탈피가 334kcal/kg이고, 건조포화증기 엔탈피가 652kcal/kg, 건조도가 80%일 때 이 습증기의 엔탈피(kcal/kg)는?

① 427   ② 575
③ 588   ④ 641

해설 습증기 엔탈피(h_2) = 포화수 엔탈피 + 증발잠열 × 건조도
$= 334 + (652-334) \times 0.8$
$= 588 \text{kcal/kg}$
여기서, 증발잠열(r) = (증기엔탈피 − 포화수 엔탈피) kcal/kg

40 중유 연소 시 노 내의 상태가 밝고 공기량이 과다할 때 화염의 색깔은?

① 보라색   ② 희백색
③ 오렌지색 ④ 적색

해설 중유 연소 시 노 내 화염이 희백색이면 노 내 상태가 밝고 공기량이 과대한 것이다.

41 다음 중 중성 내화벽돌에 속하는 것은?

① 탄소질   ② 규석질
③ 마그네시아질 ④ 샤모트질

해설 ㉠ 탄소질 : 중성
㉡ 규석질 : 산성
㉢ 마그네시아질 : 염기성
㉣ 샤모트질 : 산성

42 배관에 설치하는 신축 이음쇠의 종류가 아닌 것은?

① 루프형   ② 벨로스형
③ 스위블형 ④ 게이트형

해설 밸브의 종류 : 게이트 밸브, 글로브 밸브, 체크 밸브, 볼 밸브

정답 37 ④ 38 ③ 39 ③ 40 ② 41 ① 42 ④

43 주철의 일반적인 특징에 대한 설명으로 옳은 것은?

① 주철은 강에 비해 용융점이 높고 유동성이 나쁜 특성을 지니고 있다.
② 가단 주철은 마그네슘, 세륨 등을 소량 첨가하여 구상 흑연으로 바꿔서 연성을 부여한 것이다.
③ 흑연이 비교적 다량으로 석출되어 파면이 회색으로 보이고 흑연은 보통 편상으로 존재하는 것을 반주철이라 한다.
④ 흑연의 형상을 미세, 균일하게 하기 위하여 Si, Ca-Si 분말을 첨가하여 흑연의 핵 형성을 촉진시킨 것을 미하나이트 주철이라 한다.

해설 주철
㉠ 강에 비해 용융점이 낮고 유동성이 좋다.
㉡ 가단주철은 백선 주물이며 흑심가단주철, 백심가단주철이 있다.
㉢ 주철에 세륨이나, 세륨 대신 마그네슘을 첨가하여 흑연을 구상화시킨 주물은 구상 흑연주철이라고 한다.
㉣ 미하나이트 주철 : 철에 칼슘이나 규소를 접종시켜 미세한 흑연을 균일하게 분포시킨 펄라이트 주철이다.

44 강관용 플랜지와 관과의 부착방법에 따른 분류에 대한 각각의 용도를 설명한 것으로 틀린 것은?

① 웰딩넥형(welding neck type) - 저압 배관용
② 랩조인트형(lap joint type) - 고압 배관용
③ 블라인드형(blind type) - 관의 구멍 폐쇄용
④ 나사형(thread type) - 저압 배관용

해설 플랜지시트 모양
㉠ 나사 이음형
㉡ 삽입 용접형
㉢ 소켓 용접형
㉣ 랩조인트형(유합 플랜지)
㉤ 블라인드형

45 에너지이용 합리화법에 따라 검사기관의 장은 검사대상기기인 보일러의 검사를 받는 자에게 그 검사의 종류에 따라 필요한 사항에 대한 조치를 하게 할 수 있다. 그 조치에 해당되지 않는 것은?

① 기계적 시험의 준비
② 비파괴 검사의 준비
③ 조립식인 검사대상기기의 조립 해체
④ 단열재의 열전도 시험의 준비

해설 ㉠ 검사대상기기를 검사할 때 단열재나 보온재의 열전도 시험 준비는 제외된다.
㉡ 검사대상기기
• 강철제, 주철제 보일러
• 가스형 소형 온수보일러(가스 사용량 232.6kW 초과용)
• 압력용기 1, 2종
• 철금속 가열로(0.58MW 이상)

46 에너지이용 합리화법에 따른 에너지관리지도 결과, 에너지 다소비사업자가 개선명령을 받은 경우에는 개선명령일부터 며칠 이내에 개선계획을 수립·제출하여야 하는가?

① 60일   ② 45일
③ 30일   ④ 15일

해설 석유환산 연간 2,000티오이 이상 사용자(에너지 다소비 사업자)는 에너지관리지도 결과 개선명령을 받은 경우 개선명령일로부터 60일 이내 개선계획을 수립하여 산업통상자원부장관에게 제출한다.

47 천연고무와 비슷한 성질을 가진 합성고무로서 내열성을 위주로 만들어진 알칼리성이며, 내열도 -46~121℃ 사이에서 사용되는 패킹 재료는?

① 네오프렌   ② 석면
③ 암면   ④ 펠트

해설 네오프렌(Neoprene)
플랜지 패킹이며 내열범위가 -46℃~121℃인 합성고무 제품이다. 물, 기름, 공기, 냉매 배관용으로 사용된다.

정답 43 ④ 44 ① 45 ④ 46 ① 47 ①

48 규조토질 단열재의 특징에 대한 설명으로 틀린 것은?

① 압축강도는 5~30kg/cm²이며, 내마모성, 내스폴링성이 작다.
② 재가열·수축열이 크다.
③ 안전사용 온도는 1,300~1,500℃이다.
④ 기공률은 70~80% 정도이며, 350℃ 정도에서 열전도율은 0.12~0.2kcal/m·h·℃이다.

해설 ㉠ 규조토질 산성 내화벽돌은 SK31~34 정도의 내화용이다.
㉡ 규조토질 단열재 사용온도는 900~1,200℃ 정도이다.
㉢ 점토질 내화단열벽돌 사용온도는 1,300~1,500℃ 정도이다.

49 전동밸브에 대한 설명으로 옳은 것은?

① 회전운동을 링크 기구에 의한 왕복운동으로 바꾸어서 밸브를 개폐한다.
② 고압유체를 취급하는 배관이나 압력용기에 주로 설치한다.
③ 실린더의 왕복운동을 캠 장치를 이용하여 회전운동으로 바꾸어 밸브를 개폐한다.
④ 고압관과 저압관 사이에 설치하며 밸브의 리프트를 제어하여 유량을 조절한다.

해설 전동밸브(액추에이터)
전기적인 힘을 기계적인 일로 변환시켜 회전운동을 링크 기구에 의한 왕복운동으로 바꾸어서 밸브를 개폐시킨다.

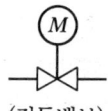
(전동밸브)

50 다음 중 아크용접, 가스용접에 있어서 용접 중에 비산하는 슬래그 및 금속 입자를 의미하는 용어는?

① 자기 쏠림(Magnetic Blow)
② 핀치 효과(Pinch Effcet)
③ 굴하 작용(Digging Action)
④ 스패터(Spatter)

해설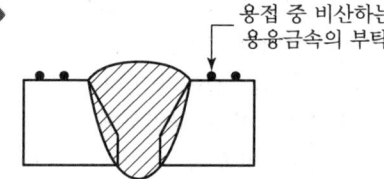
용접 중 비산하는 용융금속의 부탁

51 응축수의 부력을 이용해 밸브를 개폐하여 간헐적으로 응축수를 배출하는 증기트랩은?

① 벨로스 트랩   ② 디스크 트랩
③ 오리피스 트랩 ④ 버킷 트랩

해설 버킷 트랩(상향식, 하향식)
㉠ 기계적인 증기 트랩이다.
㉡ 응축수의 부력을 이용한다.
㉢ 간헐적으로 응축수를 배출한다.
㉣ 대형의 증기 트랩이다.(고압용, 중압용)

52 배관의 높이를 관의 중심을 기준으로 표시할 때 표시 기호로 옳은 것은?(단, 기준선은 그 지방의 해수면으로 한다.)

① EL   ② GL
③ TOP   ④ FL

해설 ㉠ EL(Elevation Line) : 관의 중심이 기준이다.
㉡ GL(Ground Level) : 지면의 높이를 기준으로 한다.
㉢ TOP(Top Of Pipe) : EL에서 관 외경의 윗면까지의 높이를 표시한다.
㉣ FL(Floor Level) : 건물의 바닥면을 기준으로 높이를 표시한다.
㉤ BOP(Bottom Of Pipe) : EL에서 관 외경의 밑면까지의 높이를 표시할 때 사용한다.

정답 48 ③ 49 ① 50 ④ 51 ④ 52 ①

53 에너지이용 합리화법에 따라 검사에 불합격한 검사대상기기를 사용한 자에 대한 벌칙기준은?

① 1년 이하의 징역 또는 1천만 원 이하의 벌금
② 2년 이하의 징역 또는 2천만 원 이하의 벌금
③ 5백만 원 이하의 벌금
④ 2천만 원 이하의 벌금

해설 검사대상기기를 검사받지 않거나 검사에 불합격한 기기를 사용한 자는 1년 이하의 징역 또는 1천만 원 이하의 벌금에 처한다.

54 펌프 등에서 발생하는 전동을 억제하는 데 필요한 배관 지지구는?

① 행거
② 리스트레인트
③ 브레이스
④ 서포트

해설
㉠ 리스트레인트 : 관의 신축으로 배관의 상하좌우 이동을 구속하고 제한한다. 종류로는 앵커, 스톱, 가이드가 있다.
㉡ 브레이스(Brace) : 각종 펌프류·압축기 등의 진동, 수격작용의 충격, 지진의 진동현상을 제한하는 지지기구이다(진동 방지 : 방진기 사용, 충격완화용 : 완충기 사용).

55 Ralph M. Barnes 교수가 제시한 동작경제의 원칙 중 작업장 배치에 관한 원칙(Arrangement of the Workplace)에 해당되지 않는 것은?

① 가급적이면 낙하식 운반방법을 이용한다.
② 모든 공구나 재료는 지정된 위치에 있도록 한다.
③ 적절한 조명을 하여 작업자가 잘 보면서 작업할 수 있도록 한다.
④ 가급적 용이하고 자연스러운 리듬을 타고 일할 수 있도록 작업을 구성하여야 한다.

해설 ④는 인체 사용에 관한 동작경제의 원칙에 해당하는 내용이다.

56 직물, 금속, 유리 등의 일정 단위 중 나타나는 흠의 수, 핀홀 수 등 부적합수에 관한 관리도를 작성하려고 할 때 가장 적합한 관리도는?

① c 관리도
② nP 관리도
③ P 관리도
④ $\bar{x} - R$ 관리도

해설
㉠ c 관리도 : 부적합 등의 결점수에 관한 관리도
㉡ nP 관리도 : 불량 개수의 관리도
㉢ P 관리도 : 불량률의 관리도
㉣ $\bar{x} - R$ 관리도 : 평균치와 범위의 관리도
㉤ $\tilde{x} - R$ 관리도 : 메디안과 범위의 관리도

57 어떤 회사의 매출액이 80000원, 고정비가 15,000원, 변동비가 40,000원 일 때 손익분기점 매출액은 얼마인가?

① 25,000원
② 30,000원
③ 40,000원
④ 55,000원

해설 손익분기점 계산(매출액)

$$\frac{\text{고정비}}{\text{한계이익률}} = \frac{\text{고정비}}{1 - \frac{\text{변동비}}{\text{매상고}}} = \frac{15,000}{1 - \frac{40,000}{80,000}} = 30,000원$$

58 다음 데이터의 제곱합(Sum of Squares)은 약 얼마인가?

| 18.8 | 19.1 | 18.8 | 18.2 | 18.4 |
| 18.3 | 19.0 | 18.6 | 19.2 | |

① 0.129
② 0.338
③ 0.359
④ 1.029

해설 제곱합
각 데이터로부터 데이터의 평균값을 뺀 것의 제곱의 합

평균값 $= \dfrac{18.8+19.1+18.8+18.2+18.4+18.3+19.0+18.6+19.2}{9} = 18.71$

$\therefore (18.8-18.71)^2+(19.1-18.71)^2+(18.8-18.71)^2$
$+(18.2-18.71)^2+(18.4-18.71)^2+(18.3-18.71)^2$
$+(19-18.71)^2+(18.6-18.71)^2+(19.2-18.71)^2$
$= 1.029$

정답 53 ① 54 ③ 55 ④ 56 ① 57 ② 58 ④

59 전수검사와 샘플링검사에 관한 설명으로 맞는 것은?

① 파괴검사의 경우에는 전수검사를 적용한다.
② 검사항목이 많을 경우 전수검사보다 샘플링검사가 유리하다.
③ 샘플링검사는 부적합품이 섞여 들어가서는 안 되는 경우에 적용한다.
④ 생산자에게 품질향상의 자극을 주고 싶을 경우 전수검사가 샘플링검사보다 더 효과적이다.

해설 전수검사, 샘플링검사
㉠ 검사항목이 너무 많으면 전수검사보다 샘플링 검사가 유리하다.
㉡ 검사가 정확한 것은 전수검사이다.
㉢ 불량품이 1개라도 혼입되면 안 될 때, 전체검사를 쉽게 행할 수 있을때 외에는 소량의 표본만 검사하는 검사인 Sampling 검사를 주로 한다.

60 국제표준화의 의의를 지적한 설명 중 직접적인 효과로 보기 어려운 것은?

① 국제 간 규격 통일로 상호 이익 도모
② KS 표시품 수출 시 상대국에서 품질 인증
③ 개발도상국에 대한 기술 개발의 촉진을 유도
④ 국가 간의 규격 상이로 인한 무역장벽의 제거

해설 KS 표시는 국제표준화가 아닌 우리나라의 품질 인증이다.

2018년 3월 31일 시험 이후 한국산업인력공단에서 시험문제를 공개하지 않으니 참고하시기 바랍니다.

정답 59 ② 60 ②

APPENDIX

02

CBT 실전모의고사

CBT 실전모의고사 제1회
CBT 실전모의고사 제2회
CBT 실전모의고사 제3회
CBT 실전모의고사 제4회
CBT 실전모의고사 제5회
CBT 실전모의고사 제6회
CBT 실전모의고사 제7회
CBT 실전모의고사 제8회
CBT 실전모의고사 제9회
CBT 실전모의고사 제10회

제1회 CBT 실전모의고사

01 단위무게(1kg)의 물 또는 증기가 보유하는 열량을 무엇이라 하는가?
① 비열 ② 엔트로피
③ 엔탈피 ④ 칼로리

02 다음 중 무기질 보온재에 속하는 것은?
① 펠트 ② 코르크
③ 규조토 ④ 기포성 수지

03 다음 사항 중 스케일(Scale)의 영향이 아닌 것은?
① 전열면의 과열
② 포밍 현상
③ 연료의 손실
④ 물 순환의 저해

04 증기 방열기를 증기 주관에 연결할 때 사용하는 신축이음은?
① 루프형 ② 벨로스
③ 스위블 ④ 슬리브

05 금형으로 압축하여 300℃ 정도로 가열하여 내부까지 흑갈색으로 탄화시킨 보온재는?
① 암면 ② 탄산마그네슘
③ 탄화코르크 ④ 스티로폼

06 보일러 청관제의 역할에 해당되지 않는 것은?
① 관수의 pH 조정
② 관수의 취출
③ 관수의 탈산소작용
④ 관수의 경도성분 연화

07 다음 중 자체검사의 종류에 들어가는 것은?
① 수입검사 ② 용접검사
③ 구조검사 ④ 개조검사

08 유닛히터 설치 시 증기관과 환수관 사이에 사용할 수 있는 증기트랩은?
① 열동식 트랩 ② 충동식 트랩
③ 다량트랩 ④ 버킷트랩

09 원심펌프의 구조 중에서 흡입된 물의 속도 에너지가 압력에너지로 변환되는 곳은?
① 흡입관 ② 풋밸브
③ 안내날개 ④ 조정밸브

10 노통에 겔로웨이관을 설치하였을 때의 이점이 아닌 것은?
① 전열면적이 증가된다.
② 노통이 보강된다.
③ 연소효율이 증대된다.
④ 동내부의 물순환이 좋아진다.

11 증기난방에서 응축수 환수방법에 따른 종류가 아닌 것은?
① 진공환수식 ② 중력환수식
③ 저압환수식 ④ 기계환수식

12 물체에 가해진 열량을 dQ, 내부에너지 dU, 외부에 대한 열 dL로 나타낼 때 다음 중 옳은 것은?(단, A는 열의 일당량)
① $dL = dQ + AdU$ ② $dQ = dL + AdU$
③ $dL = dU + AdQ$ ④ $dQ = dU + AdL$

13 강철제 보일러의 최고사용압력이 $4.3 kg/cm^2$, 초과 $15 kg/cm^2$ 이하일 때 수압시험압력은?
① 최고사용압력의 1.3배 $+ 3 kg/cm^2$
② 최고사용압력의 2.0배 $+ 2 kg/cm^2$
③ 최고사용압력의 1.5배
④ 최고사용압력의 2배

14 자동제어의 제어방법 중 추치제어에 해당되지 않는 것은?
① 프로그램제어 ② 비율제어
③ 정치제어 ④ 추종제어

15 급수온도 25℃에서 압력 $15kg/cm^2$, 온도 350℃의 증기를 1시간당 12,000kg 발생시키는 경우의 상당증발량은?(단, 발생증기엔탈피는 725kcal/kg, 급수엔탈피는 25kcal/kg)
① 9,700kg/h ② 15,590kg/h
③ 12,700kg/h ④ 13,000kg/h

16 다음 중 보냉재에 속하는 것은?
① 폴리우레탄 발포제 ② 탄산마그네슘
③ 탄화코르크 ④ 생석회

17 동체외경이 2m, 동체길이가 4.5m인 랭커셔 보일러의 전열면적은?
① $24.6 m^2$ ② $36 m^2$
③ $18 m^2$ ④ $9 m^2$

18 가스 통로에 고정식 또는 회전식의 물분무로 매연을 처리하는 방식은?
① 회전식 ② 기계식
③ 세정식 ④ 분무식

19 다음 성분 중 경질 스케일을 만드는 물질은?
① $CaSO_4$ ② $CaSO_3$
③ $MgCO_4$ ④ $Ca(OH)_7$

20 0℃와 100℃ 사이에서 조작되는 역카르노 사이클에서 성적계수(COP)는?
① 1.69 ② 2.73
③ 3.56 ④ 4.20

21 루프형 신축이음의 곡률 반경은 얼마 이상이어야 하는가?
① $R \geq 2D$ ② $R \geq 5D$
③ $R \geq 6D$ ④ $R \geq 3D$

22 압력 $12 kgf/cm^2$, 온도 200℃에서 포화수의 엔탈피가 204kcal/kg, 포화증기 엔탈피가 667kcal/kg, 같은 온도에서 건도가 0.9인 습증기의 엔탈피는?
① 250kcal/kg ② 435kcal/kg
③ 621kcal/kg ④ 713kcal/kg

23 소용량 강철제 보일러의 전열면적(m^2) 규정은?
① 3.5 이하 ② 1 이하
③ 5 이하 ④ 14 이하

24 보일러 가동 중 안전관리 사항으로서 가장 주의하여야 할 사항은?
① 규정압력 초과 ② 캐비테이션 발생
③ 연료의 과다 투입 ④ 매연 발생

25 다음 증기트랩 중 열역학적 특성차를 이용한 것은?
① 디스크 트랩 ② 부자형 트랩
③ 상향버킷트랩 ④ 하향버킷트랩

26 강철제 보일러의 수압시험 시 시험 수압은 규정압력의 몇 %를 초과해서는 안 되는가?
① 10 ② 8
③ 5 ④ 6

27 어떤 물체의 온도가 59°F로 측정되었다면 절대온도(K)는?
① 15K ② 288K
③ 475K ④ 47K

28 다음의 통풍방식 중에서 연돌(Stack)의 역할이 가장 큰 것은?
① 자연통풍 ② 압입통풍
③ 흡입통풍 ④ 평형통풍

29 기름버너 중에서 대용량 연소장치에 부적합한 것은?
① 공기분무식 ② LP식
③ 증발식 ④ 압력분무식

30 수면계의 수위가 나타나지 않는 원인으로 적당하지 않은 것은?
① 수위가 너무 낮을 때
② 절탄기 고장 시
③ 수위가 너무 높을 때
④ 과대한 프라이밍 시

31 다음 그림과 같은 이음쇠의 호칭방법이 맞는 것은?

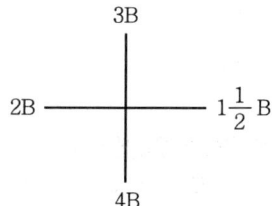

① $4B \times 3B \times 2B \times 1\frac{1}{2}B$
② $3B \times 4B \times 1\frac{1}{2}B \times 2B$
③ $1\frac{1}{2}B \times 2B \times 3 \times 4$
④ $4B \times 3B \times 1\frac{1}{2}B \times 2B$

32 1시간 동안 800kg의 석탄을 연소시킨 보일러의 연소율이 120kg/m²h인 이 보일러의 화격자 면적은?
① 3.56 ② 6.67
③ 7.67 ④ 8.57

33 독가스를 마셨을 때 응급치료에 사용할 수 있는 약품은?
① 벤젠 ② 석회수
③ 초산암모니아수 ④ 에테르

34 동물성 섬유로 만든 펠트에 아스팔트로 방습 가공한 것은 몇 ℃까지 보냉용으로 사용이 가능한가?
① -60℃ ② -80℃
③ -40℃ ④ -30℃

35 생산의 4M이 아닌 것은?
① 사람 ② 기계
③ 방법 ④ 관리

36 유량이 초당 10m³ 흐르는 관의 유속이 22m/sec일 때 이 관의 내경은 얼마인가?
① 약 76cm   ② 약 65cm
③ 100cm   ④ 50cm

37 증기난방에서 응축수 펌프의 열수량은 전 응축수량의 몇 배 크기로 정하는가?
① 2배   ② 1배
③ 4배   ④ 3배

38 공정분석기호에서 운반을 나타내는 기호는?
① ○   ② ↔
③ □   ④ ▽

39 다음 중 압력식 온도계에 속하지 않는 것은?
① 고체 팽창식 온도계
② 액체 팽창식 온도계
③ 증기압식 온도계
④ 기체압식 온도계

40 다음 중 와유량계가 아닌 것은?
① 스와르미터
② 델타
③ 칼만형
④ 게이트형

41 진공환수식에서 흡상이음의 1단 높이는 몇 m 이내로 설치하는가?
① 1m   ② 1.5m
③ 2m   ④ 2.5m

42 다음 급수처리방법 중 물속의 용해가스를 제거하기 위한 방법은?
① 증류법   ② 침전법
③ 여과법   ④ 가열법

43 온수난방의 배관 시공에서 배관구배는 관 길이 1m에 대해 어느 정도가 적당한가?
① 1mm 정도   ② 2mm 정도
③ 4mm 정도   ④ 8mm 정도

44 검사대상기기 설치자가 대상기기 관리자를 선임하지 않았을 때의 벌칙은?
① 5백만 원 이하의 벌금
② 1천만 원 이하의 벌금
③ 1년 이하의 징역 또는 1천만 원 이하의 벌금
④ 2천만 원 이하의 벌금

45 다음 중 설비의 열화 종류가 아닌 것은?
① 기계적 열화   ② 기능적 열화
③ 기술적 열화   ④ 물리적 열화

46 열사용기자재 중 단열재가 아닌 것은?
① 유리면   ② 암면
③ 컨벡터   ④ 질석

47 증기난방 배관에서 분기관은 주관에 대해서 몇 도 이상의 각도로 만드는가?
① 35도   ② 45도
③ 40도   ④ 50도

48 다음 중 교축작용 이후에도 일정한 값을 갖는 것은?
① 절대온도   ② 엔탈피
③ 절대압력   ④ 엔트로피

49 다음 중 강관의 접합방법이 아닌 것은?
① 용접접합 ② 나사접합
③ 플레어접합 ④ 플랜지접합

50 보일러의 과열원인 중 가장 중요한 것은?
① 보일러의 이상감수 ② 설계결함
③ 제작결함 ④ 부식

51 다음 중 유체의 흐름방향과 평행하게 밸브가 개폐되는 것은?
① 특수밸브 ② 회전밸브
③ 슬라이드밸브 ④ 리프트밸브

52 연료의 완전연소 시 공기비(m)의 값은?
① $m > 1$ ② $m < 1$
③ $m = 1$ ④ $m \leq 1$

53 계량의 기본단위가 아닌 것은?
① 질량 ② 길이
③ 부피 ④ 시간

54 여분의 열을 이용하여 보일러에 공급하는 급수를 가열하는 장치는?
① 과열기 ② 절탄기
③ 재열기 ④ 공기예열기

55 다음 중 열교환기의 용도와 거리가 먼 것은?
① 잠열증가 ② 냉각
③ 폐열회수 ④ 응축

56 압력용기를 옥내에 설치 시 용기와 본체의 벽과의 거리는 몇 m 이상인가?
① 0.1m ② 0.2m
③ 0.3m ④ 0.4m

57 중유에서 연소 전 예열온도(℃)로 가장 적당한 것은?
① 30~60 ② 60~90
③ 90~120 ④ 120~150

58 다음 중 가장 작은 분진까지 포집할 수 있는 집진기는?
① 관성집진장치
② 사이클론 집진기
③ 중력집진장치
④ 전기집진장치

59 화격자의 재료는 다음 중 어느 것이 가장 적당한가?
① 주철 ② 고속도강
③ 구리 ④ 크롬강

60 제어계의 난이도가 큰 경우 적합한 제어동작은?
① 헌팅동작 ② PID 동작
③ PD 동작 ④ ID 동작

▶▶▶ 정답 및 해설

01	02	03	04	05	06	07	08	09	10
③	③	②	③	③	②	①	①	③	③
11	12	13	14	15	16	17	18	19	20
③	④	①	③	②	①	②	③	①	②
21	22	23	24	25	26	27	28	29	30
③	③	③	①	②	④	②	④	①	③
31	32	33	34	35	36	37	38	39	40
①	②	②	①	④	①	④	②	①	④
41	42	43	44	45	46	47	48	49	50
②	④	②	①	③	②	②	③	①	①
51	52	53	54	55	56	57	58	59	60
④	①	③	②	①	③	②	④	①	②

01 엔탈피 : 단위 무게의 물 또는 증기 1kg이 보유하는 열량이다.

02
- 유기질 보온재 : 펠트, 코르크, 기포성 수지(합성수지)
- 무기질 보온재 : 규조토, 석면, 글라스 울, 암면, 탄산마그네슘, 규산칼슘 보온재
- 규조토(석면 사용 시 500℃, 삼여물 사용 시 250℃)

03 ㉠ 스케일의 영향
- 전열면의 과열
- 연료의 손실
- 물 순환의 저해

㉡ 포밍(물거품 발생현상)

04 증기 방열기는 입상배관이므로 증기 주관에 연결할 때의 신축이음은 스위블 이음으로 한다.

05 탄화코르크
코르크 입자는 금형으로 압축하고 300℃ 정도로 가열하여 제조한다. 방수성을 향하여(향상시킨다.) 아스팔트를 결합하는 것을 탄화코르크라 한다. 안전사용온도는 130℃이며 유기질 보온재이다.

06 관수의 취출은 보일러 분출작용으로 해결한다.

07
- 용접검사 신청서 : 용접 부위도 1부, 용접하는 재료의 원자재 검사 성적서 사본 1부, 검사대상기기의 설계도면 2부
- 구조검사 신청서 : 용접검사증 1부, 수관 또는 연관의 원자재, 검사 성적서 사본 1부
- 개조검사 신청서 : 개조한 검사대상기기의 개조부분의 설계도면 및 그 설명서 1부 및 검사대상기기 검사증 1부
- 자체검사 : 수입검사, 중간검사, 제품검사

08 증기관과 환수관 사이에는 응축수를 배출하기 위하여 열동식 트랩(벨로스트랩)을 설치한다.

09 안내날개 : 원심펌프(터빈펌프)에서 흡입된 물의 속도가 압력에너지로 변환하는 안내가이드이다.

10 노통에 젤로웨이관(횡관)을 설치하면 노 내 연소열이 횡관에 빼앗겨서 노 내 온도가 저하될 우려가 있다.

11 증기난방의 응축수 환수방법
- 진공환수식(대규모 난방)
- 기계환수식(순환펌프 즉 응축수 펌프 사용)
- 중력환수식(증기와 응축수의 밀도 차 이용)

12 엔탈피 = 내부에너지 + 외부에너지
$dQ = dU + AdL$

13 강철제 보일러 수압시험
- 최고사용압력 4.3kg/cm² 이하 : 2배
- 최고사용압력 4.3 초과 15kg/cm² 이하 : 최고사용압력의 1.3배 + 3kg/cm²
- 최고사용압력의 15kg/cm² 초과 : 1.5배

14
- 추치제어 : 추종제어, 비율제어, 프로그램제어
- 정치제어 : 목표 값이 일정한 제어이다.

15 상당증발량 = $\dfrac{12,000 \times (725 - 25)}{539}$ = 15,590kg/h

16 보냉재(100℃ 이하의 보온)
- 코르크
- 우모
- 양모
- 폼류[경질 폴리우레탄, 폴리스티렌 폼, 염화비닐 폼 등(80℃ 이하)]

17 • 랭커셔 보일러(노통이 2개) : $A = 4DL$
 • 코니시 보일러(노통이 1개) : $A = \pi DL$
 ∴ $4 \times 2 \times 4.5 = 36\text{m}^2$

18 세정식 집진장치
 배기가스 통로에 고정식(유수식) 또는 회전식, 가압수식 장치에 의해 물분무로 매연을 처리한다.

19 • 경질 스케일 : 황산칼슘($CaSO_4$)
 • 연질 스케일 : 탄산염($CaCO_3$)

20 $\text{COP} = \dfrac{T_1}{T_1 - T_2}$
 $= \dfrac{273 - 0}{(273 + 100) - (273 + 0)} = 2.73$

21 루프형(곡관형) 곡률 반경
 $R \geq 6D$

22 $h_2 = h' + xr$
 $= 204 + 0.9 \times (667 - 204)$
 $= 620.7 \text{kcal/kg}$
 여기서, h' : 포화수 엔탈피
  r : 물의 증발잠열

23 소용량 강철제 보일러의 전열면적은 5m² 이하이고 최고 사용압력은 1kg/cm²g 이하이다.

24 안전관리 주의사항
 • 압력초과 • 저수위 사고
 • 착화실패 • 가스폭발

25 • 열역학 특성차 : 디스크트랩, 오리피스트랩
 • 비중차 트랩 : 버킷(상향, 하향)트랩, 부자형
 • 온도차 트랩 : 바이메탈, 벨로스트랩

26 강철제 보일러의 수압시험 규정압력은 6%를 초과해서는 안 된다.

27 $\text{K} = \text{℃} + 273$, $\text{℃} = \dfrac{5}{9} \times (\text{℉} - 32)$
 ∴ $\dfrac{5}{9}(59 - 32) + 273 = 288\text{K}$

28 자연통풍방식은 외기와 배기가스의 비중차에 의한 연돌(굴뚝)의 역할이 가장 큰 통풍력에 의존한다.

29 • 기화연소방식 : 심지식, 포트식, 버너식, 증발식은 소용량 연소장치에 사용
 • 분무연소방식 : 공기분무식, 압력분무식, 회전분무식, 기류식, 초음파식은 대용량 버너에 사용

30 절탄기(급수가열기) : 폐열회수장치

31 $4\text{B} \times 3\text{B} \times 2\text{B} \times 1\dfrac{1}{2}\text{B}$

32 $F = \dfrac{\text{시간당 석탄소비량}}{\text{화격자 연소율}} = \dfrac{800}{120} = 6.666\text{m}^2$

33 염소(Cl_2)나 포스겐($COCl_2$)의 독성가스 흡수제는 소석회이다.

34 펠트 유기질 보온재
 • 석면, 암면, 광재면 등의 광물 섬유를 이용한 것
 • 양모, 우모, 마모, 기타 짐승의 털, 동물의 섬유와 삼베, 면, 기타의 식물성 섬유와 혼용한 것
 • 아스팔트와 아스팔트 천을 가지고 방습 가공한 것은 −60℃까지 보냉에 사용된다.

35 생산의 4M
 • 3요소 : 사람, 자재, 기계
 • 4요소 : 사람, 자재, 기계, 방법
 • 5요소 : 사람, 자재, 기계
 • 7요소 : 사람, 자재, 기계, 방법, 정보, 판매, 자본

36 $d = \sqrt{\dfrac{4Q}{\pi V}}$
 $= \sqrt{\dfrac{4 \times 10}{3.14 \times 22}} = 0.76\text{m} = 76\text{cm}$

37 증기난방에서 응축수 펌프는 전 응축수량의 3배의 크기로 선정하고 응축수 탱크의 크기는 응축수 펌프수량의 2배 크기로 한다.

38 ◯ : 작업(가공, 조직) ⟷ : 운반
 ☐ : 검사 ▽ : 저장(보관)

39 압력식 온도계
- 액체 팽창식 온도계
- 증기압식 팽창식 온도계
- 기체압식 팽창식 온도계

40 면적식 유량계 : 로터미터, 게이트식

41 증기난방에서 진공환수식은 환수관이 진공펌프의 흡입구보다 저 위치에 있을 때 응축수를 끌어올리기 위하여 리프트 피팅 시설을 하고 환수주관 지름보다 1~2 정도 작은 치수를 사용하며, 1단의 흡상높이는 1.5m 이내로 설치한다.

42 급수처리에서 물속의 용해가스를 제거하기 위하여는 가열법이나 탈기법, 기폭법을 사용한다.

43 온수난방의 구배는 $\frac{1}{250}$ 이다.
1m = 1,000mm
∴ $1,000 \times \frac{1}{250} = 4mm$

44 검사대상기기 설치자가 관리자를 선임하지 않으면 1천만 원 이하의 벌금에 처한다.

45 설비의 열화
- 물리적 열화
- 기능적 열화
- 기술적 열화
- 화폐적 열화

46 컨벡터(대류 방열기)
강판제 캐비닛 속에 핀 튜브형의 가열기가 들어 있는 캐비닛 속에서 대류작용을 일으켜 난방한다. 높이가 낮으면 베이스보드 히터라고 한다.

47 증기난방의 분기관 취출은 주관에 대해 45° 이상으로 지관을 상향 취출하고 열팽창을 고려해 스위블 이음을 해 준다.

48 교축작용 이후에도 일정한 값을 갖는 것은 엔탈피이다.

49 플레어접합은 압축접합이며 관경이 20mm 미만의 동관에서 기계의 점검, 보수 또는 관을 분해할 경우에 대비하여 접합하는 방법이다.

50 보일러 이상감수(저수위 사고)에서는 과열의 원인이 된다.

51 리프트 체크밸브는 관에서 유체의 흐름방향과 평행하게 밸브가 개폐된다.

52 연료의 완전연소 시 공기비(m)는 항상 1보다 크다.
공기비(m) = $\frac{실제공기량}{이론공기량}$

53 기본단위
길이(m), 질량(kg), 시간(s), 전류(A), 온도(K), 물질량(mol), 광도(cd)
※ 부피(유도단위)

54
- 절탄기 : 배기가스 등의 여분의 열을 이용하여 보일러에 공급하는 급수를 가열한다.
- 폐열회수장치(여열장치)의 설치 순서
과열기 > 재열기 > 절탄기 > 공기예열기

55 열교환기의 용도 : 냉각, 폐열회수, 응축

56 압력용기를 옥내에 설치 시 용기와 본체의 벽은 0.3m 이상 이격하여야 한다.

57 중유 C급의 사용 시 보일러에 사용되는 예열온도는 60~90℃가 가장 적당하다.

58
- 전기식 집진장치(코트렐) : 0.05~20μm
- 중력집진장치 : 20μm
- 관성집진장치 : 20μm 이상
- 사이클론 원심식 집진장치 : 10~20μm

59 석탄, 목재 등의 화상에서 화격자(로스터) 재료는 주철이다.

60 PID(비례, 적분, 미분동작)
- P동작 : 편차에 비례한 신호를 내는 비례동작
- I동작 : 잔류편차를 제거하기 위한 신호를 내는 적분동작
- D동작 : 응답을 신속히 하기 위한 미분동작

제2회 CBT 실전모의고사

01 다음 중 사용목적에 의한 요로의 분류는 어느 것인가?
① 도염식 요로 ② 연속요로
③ 소결요로 ④ 중유요로

02 내화물이란 각종 요로의 구조재료로 사용되는 것인데 대략 몇 ℃ 이상의 내화물을 말하는가?
① 100℃ 이상
② 1,300℃ 이상
③ 1,580℃ 이상
④ 1,250℃ 이상

03 다음 중 보온재의 보온효과가 가장 큰 것은?
① 보온재의 화학성분
② 보온재의 조직
③ 보온재의 관물조성
④ 보온재의 내화도

04 보일러의 최고사용압력이 $5kg/cm^2$(0.5MPa)일 때 필요한 수압시험압력은?
① $5kg/cm^2$ ② $9.5kg/cm^2$
③ $8.3kg/cm^2$ ④ $125kg/cm^2$

05 다음 중 드럼 없이 초임계압하에서 증기를 발생시키는 보일러는?
① 연관보일러
② 관류보일러
③ 특수열매체보일러
④ 이중증발보일러

06 유황분에 의한 연소생성물이 초래하는 직접적인 악영향은?
① 통풍저하로 인한 발열량
② 환경오염원인
③ 전열면 침식
④ 보일러 효율 저하

07 열정산에서 출열 항목에 속하는 것은?
① 공기의 보유열량 ② 화학 반응열
③ 연료의 현열 ④ 증기의 보유열량

08 안전밸브의 부착방법으로 옳지 않은 것은?
① 보일러 몸체에 직접 붙인다.
② 보일러 증기부에 붙인다.
③ 보일러 몸체에 수평으로 붙인다.
④ 보일러 몸체에 수직으로 붙인다.

09 다음은 비수의 원인을 적은 것 중 적당치 않은 것은?
① 증기의 발생이 과다할 때
② 증기의 정지밸브를 급히 열었을 때
③ 보일러수가 너무 농축되었을 때
④ 보일러 내의 수위가 너무 낮을 때

10 자동제어에서 목표값이라 함은 무엇을 의미하는가?
① 제어량에 의한 희망값
② 조절부의 조절값
③ 동작신호값
④ 기준입력값

11 온수 순환펌프는 원칙적으로 어디에 설치해야 하는가?

① 환수주관부
② 급탕관 주관부
③ 방출관 및 팽창관의 작용을 차단하는 장치
④ 공급주관부

12 보일러의 전열면적이 5m² 이상이라면 최소한 팽창관은 몇 A 이상으로 하여야 하는가?

① 15A ② 20A
③ 25A ④ 30A

13 우리나라 중부지방 건물의 단위면적당 열손실 지수가 141kcal/m²h이라 할 때 총 실제난방면적이 25.14m²라 하면 손실열량은 어느 정도 되겠는가?

① 3,554.7kcal/h
② 5,608kcal/h
③ 8,460kcal/h
④ 7,089.4kcal/h

14 강관의 호칭법에서 스케줄 번호란?

① 관의 바깥지름 ② 관의 길이
③ 관의 안지름   ④ 관의 두께

15 보일러 신설 시 노벽 건조의 조치사항으로 틀린 것은?

① 보일러수는 보통 때보다 많이 넣는다.
② 맨홀은 닫아 놓는다.
③ 댐퍼는 완전히 열어 놓는다.
④ 굴뚝의 흡입이 나쁘면 굴뚝 밑에 불을 땐다.

16 보일러를 사용하지 않고 휴식상태로 놓을 때 부식을 방지하기 위해 채워두는 가스는?

① 이산화탄소 ② 메탄가스
③ 아황산가스 ④ 질소가스

17 중유연소에서 안전점화를 할 때 제일 먼저 해야 할 사항은?

① 증기밸브를 연다. ② 불씨를 넣는다.
③ 댐퍼를 연다.   ④ 기름을 넣는다.

18 증기를 맨 먼저 보낼 때의 주의사항은?

① 캐리오버나 수격작용이 발생치 않게 한다.
② 수위, 증기압 일정유지와 연소조절
③ 증기트랩을 열어 놓는다.
④ 보일러 수위를 낮춘다.

19 연소가스 폭발을 방지하기 위한 안전사항은?

① 연도를 가열한다.
② 배관을 굵게 한다.
③ 스케일을 제거한다.
④ 방폭문을 부착한다.

20 고체연료의 연소성을 측정하는 방법이 아닌 것은?

① 온도상승에 의한 중량감소로 측정하는 방법
② 온도상승에 의한 CO_2양을 측정하는 방법
③ 비중부표법을 측정하는 방법
④ 착화의 온도를 측정하는 방법

21 보일러 외처리방법 중 물리적 처리방법이 아닌 것은?

① 여과법   ② 탈기법
③ 기폭법   ④ 석회소다법

22 청관제의 사용목적이 아닌 것은?

① 보일러수의 pH 조정
② 보일러수의 탈산소
③ 가성취화 방지
④ 보일러 수위를 일정하게 유지

23 약품을 사용해서 급수를 연화하는 방법이 있다. 다음 약품 중 틀린 것은?
① 가성소다
② 황산칼슘
③ 탄산소다
④ 인산소다

24 다음 중 보일러 판에 점식을 일으키는 것은?
① 급수 중의 탄산칼슘
② 급수 중의 인산칼슘
③ 급수 중의 공기
④ 급수 중의 황산칼슘

25 물의 경도가 $CaCO_3$로서 300mg/L일 때 Ca은 몇 mg/L인가?
① 120
② 150
③ 170
④ 190

26 ppb의 설명으로 맞는 것은?
① 백만분의 1당량 중량
② 백만분의 1량
③ 중량 10억분의 1량
④ 용액 1L 중 1gr의 해당량

27 강관을 구부릴 때 사용하는 램식 벤드의 주요 명칭을 나타낸 것 중 틀린 것은?
① 센터포머
② 램실린더
③ 심봉
④ 유압펌프

28 수도, 가스 등의 지하 매설관으로 적당한 것은?
① 강관
② AL관
③ 주철관
④ 황동관

29 강관에 대한 설명으로 바른 것은?
① 통쇠파이프뿐이다.
② 재질은 보통 고속도강이다.
③ 내식성을 위해 구리도금을 한다.
④ 두께는 얇으나 상당한 고온, 고압에도 견딘다.

30 사용압력이 40kg/cm², 인장강도가 20kg/cm²일 때의 스케줄 번호는?(단, 안전율은 4로 한다.)
① 60
② 80
③ 120
④ 160

31 고온고압에 이용하여 내식성이 있는 관은?
① 압력배관용 탄소강관
② 스테인리스관
③ 경질염화비닐관
④ 동관

32 배관이음 도중 고장이 생겼을 때 쉽게 분해하기 위해 사용되는 배관이음쇠는?
① 소켓
② 티
③ 유니온
④ 엘보

33 XL관 이음쇠용으로 만들어지지 않은 것은?
① 플랜지
② 밸브소켓
③ 유니온
④ 엘보

34 유체의 흐름방향을 90°로 바꾸어주는 밸브는?
① 압력조절밸브
② 앵글밸브
③ 체크밸브
④ 글로밸브

35 보일러, 압력용기, 저장탱크 등의 압력 조절용으로 많이 사용되는 밸브는?
① 안전밸브
② 공기빼기밸브
③ 글로밸브
④ 감압밸브

36 다음 중 열발생 설비가 아닌 것은?
① 열교환기　② 열펌프
③ 보일러　④ 증기헤더

37 열사용기자재 중 기관에 포함되지 않는 것은?
① 컨백터　② 육용강제보일러
③ 태양열집열기　④ 축열식 전기보일러

38 특정 열사용기자재가 아닌 것은?
① 기관　② 난방기기
③ 압력용기　④ 요업요로

39 다음 중 연료가 아닌 것은?
① 핵연료　② 프로판
③ 석탄　④ 원유

40 연료 및 열의 석유환산 기준에서 기준이 되는 연료는?
① 원유　② 벙커C유
③ 석탄　④ 휘발유

41 다음 중 유량 측정장치가 아닌 것은?
① 벤투리관　② 피토관
③ 위어　④ 마노미터

42 2,500kcal를 BTU로 환산하면?
① 9,920BTU　② 992BTU
③ 630BTU　④ 6,300BTU

43 보일–샤를의 법칙을 설명한 것은?
① $\dfrac{PV}{T}=C$　② $\dfrac{P}{TV}=C$
③ $\dfrac{TV}{P}=C$　④ $\dfrac{PT}{V}=C$

44 분자량이 18인 수증기를 완전가스로 보고 표준상태에서의 비체적은?
① 0.5m³/kg　② 1.24m³/kg
③ 2.04m³/kg　④ 1.75m³/kg

45 증기의 압력이 상승할 때 관계되는 것 중 틀린 것은?
① 포화수의 부피가 증가한다.
② 엔탈피가 증가한다.
③ 물의 현열이 감소한다.
④ 증기의 잠열이 감소한다.

46 복사에서 고온의 물체에서 저온의 물체로 열이 이동할 때 어떤 현상으로 이동되는가?
① 열선　② 밀도
③ 고체　④ 유체

47 에너지 보존의 법칙에 따르면 다음 설명 중 옳은 것은?
① 에너지가 변하지 않는다.
② 우주의 에너지는 일정하다.
③ 계의 에너지는 일정하다.
④ 계의 에너지는 증가한다.

48 수관식 또는 노통연관 보일러에서 열효율이 73%인 장치로 68kW의 동력을 얻으려면 전열면적은 몇 m²인가?
① 116.4　② 216.4
③ 52.8　④ 149.1

49 어떤 연료 1kg의 발열량이 6,800kcal이다. 이 열이 전부열로 변화한다고 하고 1시간당 35kg의 연료가 소비된다고 할 때의 발생마력은?
① 325.93PS　② 450.79PS
③ 399.98PS　④ 376.3PS

50 이상기체의 단열과정 설명 중 옳은 것은?
① 엔트로피 변화가 없다.
② 엔탈피 변화가 없다.
③ 일이 0이다.
④ 내부에너지 변화가 없다.

51 다음 중 가공 후 공정대기 후의 운반시간은 어느 공정시간에 속하는가?
① 바로 앞공정　② 현공정
③ 독립공정　　④ 다음공정

52 다음 중 공장뿐만 아니라 사무 부문이나 사회현상의 조사 및 그 밖의 많은 경우에도 적용되는 기법은?
① 표준자료법　② 실적기록법
③ 워크샘플링　④ WF법

53 다음 중 RMF법의 시간단위(RU)는?
① 0.001분　　② 0.0001분
③ 0.006분　　④ 0.0006분

54 내화물에 대하여 겉보기 비중을 좌우하는 공격으로 가장 적당한 것은?
① 폐구공격과 개구공격
② 연결공격
③ 폐구공격만
④ 개구공격만

55 용접검사를 하기 위해 기계적 시험을 하려고 한다. 시험은 용접부 표점 간의 연신율을 얼마 이상으로 실시하여야 하는가?
① 30%　　② 40%
③ 50%　　④ 60%

56 다음 버너 중 사용 용량이 가장 큰 것은?
① 저압공기식 버너
② 건타입 버너
③ 고압기류식 버너
④ 유압식 버너

57 입형 보일러에 있어서 수면계 부착위치는 다음 중 어느 것이 가장 적당한가?
① 노통 최고부위 100mm
② 화실 천장판 최고부위 75mm
③ 연소실의 $\frac{1}{3}$ 위치
④ 저수위면에서 $\frac{1}{2}$ 위치

58 계속 사용검사 중 운전성능 검사기준에서 보일러의 성능시험 중 운전상태 시험 시 얼마의 부하를 걸어서 시험하는가?
① 10% 이상　　② 30% 이상
③ 50% 이상　　④ 70% 이상

59 다음 중 염화비닐관의 단점인 것은?
① 내산, 내알칼리성이며 전기저항이 작다.
② 폴리에틸렌관 보다 비중이 적고 유연하다.
③ 중량이 크고 알칼리에 잘 부식된다.
④ 열팽창률이 크고 고저온 강도가 저하된다.

60 유체에서 한 점에 대한 수직응력이 모든 방향에서 같은 경우는?
① 마찰이 없는 정지유체의 경우이다.
② 압축 상 실제유체의 경우이다.
③ 점성유체가 유동하고 있을 때이다.
④ 마찰이 있는 비압축성 유체의 경우이다.

▶▶▶ 정답 및 해설

01	02	03	04	05	06	07	08	09	10
③	③	②	②	②	③	④	③	④	①
11	12	13	14	15	16	17	18	19	20
①	④	①	④	②	④	③	①	④	③
21	22	23	24	25	26	27	28	29	30
④	④	②	③	①	③	③	③	④	②
31	32	33	34	35	36	37	38	39	40
②	③	①	②	①	④	①	②	①	①
41	42	43	44	45	46	47	48	49	50
④	②	②	③	①	③	②	③	④	①
51	52	53	54	55	56	57	58	59	60
④	①	①	①	①	④	②	②	④	①

01 사용목적(용도에 따른 분류)
- 고로
- 도가니로
- 균열로
- 큐폴라
- 소결로
- 소성로
- 배소로
- 건류로
- 유리용융로
- 반사로
- 열처리로

02 내화물 SK26(1,580℃ 이상)에서 SK42(2,000℃)까지가 내화물이다.

03 보온재가 보온에 영향을 미치는 요소
- 밀도(비중)
- 열전도율
- 기공의 층
- 기공의 크기와 균일도
- 수분의 흡습성

04 4.3kg/cm²~15kg/cm² 이하의 보일러는 ($P\times1.3$배 + 3kg/cm²)의 수압시험을 한다.
∴ $5\times1.3+3=9.5$kgf/cm²
  $0.5\times1.3+0.3=0.95$MPa

05 관류보일러(단관형의 경우)는 드럼 없이 초임계압하에서 증기를 발생시킬 수 있는 보일러이다.

06 황(S)에 의한 전열면의 저온부식
$S+O_2 \rightarrow SO_2$
$2SO_2+O_2 \rightarrow 2SO_3$
$SO_3+H_2O \rightarrow H_2SO_4$(진한 황산) : 부식

07 열정산 출열
- 발생증기 보유열
- 미연탄소분에 의한 열손실
- 불완전연소에 의한 손실열
- 배기가스에 의한 손실열
※ 공기의 보유열량, 연료의 현열, 연료의 현열열량은 입열이다.

08 안전밸브의 부착방법
보일러 동체 상부에 수직으로 증기부에 직접 붙인다.

09
- 보일러 내의 수위가 너무 낮으면 과열의 원인 및 압력초과 보일러 폭발의 간접발생 원인
- 비수(프라이밍) : 보일러 수면 위에서 물방울이 증기 내에 흡수되는 현상

10 목표값 : 제어량에 의한 희망값

11 온수의 순환펌프는 특별한 경우가 없는 한 환수주관부에 설치한다.

12 팽창관, 방출관의 크기
- 전열면적 5m² 미만 : 25A 이상
- 전열면적 5m² 이상 : 30A 이상

13 $Q=141\times25.14=3,544.74$kcal/h

14 강관의 스케줄 번호(SCH) : 관의 두께
$$SCH=10\times\frac{P}{S}$$
여기서, P : 사용압력(kg/cm²)
S : 허용응력(kg/mm²)=$\frac{인장강도}{안전율}$

15 신설보일러에서 노벽 건조 시 조치사항
- 보일러수는 보통 때보다 많이 넣는다.
- 맨홀을 열어 놓는다.
- 댐퍼는 완전히 열어 놓는다.
- 굴뚝의 배기가스 흡입이 나쁘면 굴뚝 밑에 불을 땐다.

16 보일러 밀폐건조 보존법에서는 부식방지를 위하여 0.6kg/cm² 정도의 질소가스를 채워둔다.

17 중유연소에서 안전점화 시 안전조치로 연도댐퍼를 열고 프리퍼지(치환)하여 가스 폭발을 방지한다.

18 • 증기를 맨 먼저 보낼 때는 증기관 내의 응결수에 의한 수격작용(워터해머)이 발생되지 않게 주증기 밸브를 천천히 연다.
 • 캐리오버(증기와 물이 함께 배관으로 나가는 현상)

19 연소가스의 폭발을 방지하기 위하여 방폭문(폭발구)을 설치한다.

20 비중부표법은 액체연료 비중시험에 사용된다.

21 • 보일러 건조보존에서는 건조제로 생석회 사용
 • 신설보일러에서 유지분의 처리로서 소다 보링(소다 끓이기)을 보일러 동 내부에서 한다.

22 청관제의 사용목적
 • 보일러수의 pH 조절
 • 보일러수의 탈산소
 • 가성취화 방지

23 ㉠ 보일러 관수연화제 : 수산화나트륨, 탄산나트륨, 인산나트륨
 ㉡ 황산칼슘, 탄산마그네슘은 스케일의 주성분이다.

24 보일러 판에 점식을 일으키는 가스는 공기(산소, CO_2 등)이다.

25 분자량
 Ca 40, CO_3 60(C 12, O_3 48)이므로
 $CaCO_3$ 분자량은 100
 $\therefore 300 \times \dfrac{40}{40+60} = 120\text{mg/L}$

26 ① epm의 경도표시(mg/kg)
 ② ppm의 경도표시(g/ton, mg/kg)
 ③ ppb의 경도표시(mg/ton)로 ppm보다 용질의 농도가 작을 경우에 사용된다.

27 심봉 : 로터리식 파이프 벤딩 머신에 사용(램식에는 센터포머, 램실린더, 유압펌프가 사용된다.)

28 주철관은 내식성이 뛰어나서 지중매설용으로 많이 사용된다.

29 강관은 두께는 얇으나 상당한 고온, 고압에도 견딘다.

30 허용응력$(S) = \dfrac{20}{4} = 5$
 $\text{SCH} = \dfrac{40}{5} \times 10 = 80$

31 스테인리스 강관은 내식성이 우수하다.

32 유니온이나 플랜지는 배관이음 도중 고장이 생겼을 때 쉽게 분해하기 위해 사용되는 배관이음쇠이다.

33 ㉠ PE 파이프(고밀도 폴리에틸렌관 XL 파이프)
 • 시공이 용이하다.
 • 가격이 싸다.
 • 배관비용이 적게 든다.
 • 내식성이 크다.
 • 내구성이 있어 장기간 사용이 가능하다.
 ㉡ 이음쇠 : 소켓, 엘보, 유니온, 티

34 앵글밸브는 유체의 흐름방향을 90°로 바꾸어주는 밸브이다.

35 안전밸브는 보일러, 압력용기, 저장탱크의 이상 압력 상승 시 분출하여 압력을 정상화시킨다.

36 증기헤더는 증기의 분배기이다.

37 기관
 • 강철제 보일러 • 주철제 보일러
 • 온수보일러 • 구멍탄용 온수보일러
 • 축열식 전기보일러 • 태양열 집열기

38 특정 열사용기자재
 • 기관 • 압력용기
 • 요업요로 • 금속요로

39 연료
석유, 석탄, 대체에너지, 기타 열을 발생하는 열원(핵연료는 제외)

40 원유
석유환산기준은 원유 1kg당 10,000kcal로 한다.

41 ㉠ 유량 측정장치
- 벤투리관
- 피토관
- 로터미터
- 위어
- 오벌기어식

㉡ 마노미터
U자관 압력계(저압측정용)

42 1kcal=3,968BTU
∴ 2,500×3,968=9,920BTU

43
- 보일의 법칙 $P_1V_1 = P_2V_2 = PV = C$
- 샤를의 법칙 $\dfrac{V_2}{V_1} = \dfrac{T_2}{T_1}$
- 보일-샤를의 법칙 $\dfrac{P_1V_1}{T_1} = \dfrac{P_2V_2}{T_2} = C$

44 비체적 = $\dfrac{체적}{질량} = \dfrac{22.4}{18} = 1.244\,\text{m}^3/\text{kg}$

45 증기압력 상승 시
- 엔탈피가 증가한다.
- 포화수의 부피가 증가한다.
- 물의 현열이 증가한다.
- 증기의 잠열이 감소한다.

46 복사에서 고온의 물체에서 저온의 물체로 열이 이동할 때는 열선의 현상으로 열이 이동된다.

47 에너지 보존식(열역학 제1법칙)
- $dQ = du + APdV$, $dq = du + APdu$ (kcal/kg)
- 우주의 에너지는 일정하다.
- 제1종 영구기관은 열역학 제1법칙에 위배되는 장치이다.

48
- 68kW=92.5316PS
- 노통보일러 : 전열면적 $0.465\,\text{m}^2$가 보일러 1마력
- 수관식, 연관식 보일러 : 전열면적 $0.929\,\text{m}^2$가 보일러 1마력

∴ $\dfrac{92.5316 \times 0.929}{0.73} = 117\,\text{m}^2$

49 35×6,800=238,000kcal
1PS-h=632kcal
∴ $\dfrac{238,000}{632} = 376.3\,\text{PS}$

50 이상기체에서 단열과정에서는 엔트로피의 변화가 없다.
$Q = C \rightarrow dq = 0 \rightarrow ds = \dfrac{dQ}{T} = 0$
∴ $S = C$

51 다음공정 : 가공 후 공정대기 후의 운반시간

52 표준자료법 : 공장, 사무실, 사회현상의 조사 및 그 밖의 많은 경우에 적용되는 기법이다.

53 시간측정수법과 구성
공정(10분) → 단위작업(1분) → 요소작업(0.1분) → 동작(0.01분) → 동소(0.001분)

54 겉보기 비중
$= \dfrac{무게(W_1)}{외형부피(W_1 - W_2)}$
$= \dfrac{시료를\ 105 \sim 120℃로\ 건조\ 후\ 무게}{시료를\ 105 \sim 120℃로\ 건조\ 후\ 무게 - 건조시료를\ 물속에\ 넣고\ 3시간\ 이상\ 끓인\ 다음\ 식힌\ 후\ 수중무게}$

55 용접검사 시 기계적 시험에서 시험은 용접부 표점 간의 연신율은 30% 이상 굽어질 때까지 용접부의 바깥쪽에 길이 1.5mm 이상의 균열이 발생해서는 안 된다.

56 버너 연료 사용량
① 저압공기식 버너 : 2~300L/h
② 건타입 버너 : 경유버너(소용량 버너)
③ 고압기류식 버너 : 2~2,000L/h
④ 유압식 버너 : 15~3,000L/h

57 입형 보일러에서 수면계 부착위치는 안전수위와 일치시켜야 하므로 화실 천장판에서 75mm 지점이다.

58 육용강제 보일러 형식승인 시험에서는 부하 운전성능에서 보일러 장치가 워밍업 된다면 부하율은 30% 이상으로 한다. 단, 보일러 설치검사기준에서 운전성능 운전상태에서는 정격부하상태를 원칙적으로 하고 열정산에서 시험부하는 정격부하상태에서 실시한다. 그러나 계속 사용 검사 중 운전성능 검사기준에서는 사용부하에서 검사한다.

59 경질 염화비닐관
- 내식성이 크고 알칼리 등의 부식성 약품 또는 산의 성분에 대해 거의 부식되지 않는다.
- 전기절연성이 크다.
- 열의 불량도체이다.
- 열팽창률이 강관의 7~8배로 크기 때문에 온도변화 시 신축이 심하다.
- 50℃ 이상의 고온이나 저온 장소에는 신축이 부적당하다.

60 마찰이 없는 정지유체에서는 한 점에 대한 수직응력이 모든 방향에서 같다.

제3회 CBT 실전모의고사

01 관류보일러 중에서 초기에 증기를 발생하는 보일러는?
① 벤슨 보일러
② 슐저 보일러
③ 앳모스 보일러
④ 타쿠마 크레이튼형 보일러

02 슈트블로어 작업에 사용되는 매체가 아닌 것은?
① 기름
② 증기
③ 공기
④ 불연성 가스

03 동력용 나사절삭기 중 나사절삭, 파이프 절단, 거스러미 제거가 가능한 절삭기는?
① 오스터식
② 다이헤드형
③ 호브형
④ 고속 숫돌 절단기

04 동관의 이음방법이 아닌 것은?
① 납땜이음
② 압축이음
③ 플라스턴 이음
④ 플랜지 이음

05 카바이드 1kg이 물과 반응했을 때 생성되는 아세틸렌 양으로 알맞은 것은?
① 200L
② 230L
③ 268L
④ 348L

06 보일러에서 상당증발량은 1마력을 기준할 때 몇 kg이 되는가?
① 10
② 15.65
③ 50
④ 105

07 보일러의 효율이나 능력의 표시방법이 아닌 것은?
① 화격자 연소율
② 상당방열면적
③ 보일러 마력
④ 상당증발량

08 어떤 유체의 체적이 10m³, 중량이 9,000kg일 때 이 유체의 비중은 얼마인가?
① 0.5
② 0.75
③ 0.9
④ 10

09 급수처리방법에서 외부청소방법이 아닌 것은 어느 방식인가?
① 스팀쇼킹법
② 산세관법
③ 워터쇼킹법
④ 샌드블로법

10 스케일을 생성하는 성분과 무관한 것은?
① 칼슘염
② 규산염
③ 인산염
④ 산화철 및 마그네슘염

11 다음 중 내부 부식의 원인이 아닌 것은?
① 연료 중 불순물 함유
② 휴지 중 보존이 좋지 않을 때
③ 보일러수의 순환불량
④ 증기부에 고열이 접촉하여 재질의 변화가 있을 때

12 터보형 펌프운전 중 분당 급수량이 1.2m³, 양정이 3m, 펌프의 효율이 60%일 때 이 펌프의 축동력은 얼마인가?

① 0.5PS ② 0.7PS
③ 1.3PS ④ 2.5PS

13 온수보일러에 사용하는 고온수 난방에서 밀폐식 팽창탱크를 설치하였다. 다음 중 필요 없는 것은?

① 안전밸브 ② 압력계
③ 일수장치 ④ 수위계

14 기체연료의 연소방식에는 확산연소방식과 예혼합가스 연소방식이 있다. 예혼합연소에서 발생하기 쉬운 것은?

① 역화의 위험이 적다.
② 부하 조정 범위가 크다.
③ 역화의 위험이 크다.
④ 난류와 확산으로 혼합한다.

15 오스테나이트계의 주성분으로 옳은 것은?

① γ철 ② a철
③ C ④ Fe_3C

16 고온배관용 탄소강 강관의 최고사용온도는?

① 350℃ ② 350~450℃
③ 500℃ ④ 550~850℃

17 온수방열기의 입열이 70℃, 출열이 60℃, 발열량이 3,600kcal/h일 때 분당 발생열량은 얼마인가?

① 3kcal/min
② 5kcal/min
③ 60kcal/min
④ 100kcal/min

18 다음 중 이상증기발생을 일으키는 현상이 아닌 것은?

① 연소기 과소
② 연소 과대
③ 비수 발생
④ 포밍 발생

19 다음 중 안전밸브의 호칭지름을 20A 이상으로 할 수 있는 경우는?

① 최고사용압력 5kg/cm² 이하, 전열면적 10m² 이하 보일러
② 최고사용압력 1kg/cm² 이상
③ 관류 5t/h 이하
④ 대용량 강철제, 주철제 보일러

20 다음 중 압력을 수주(水柱)로 나타낸 것은?

① kg/cm^2
② psi
③ mbar
④ $mmH_2O(Aq)$

21 연료 중 LNG, 액화석유가스, 고로가스, 중유를 매연이 적은 순서로 표시된 사항은?

① 중유 → 고로가스 → LNG → 액화석유가스
② LNG → 액화석유가스 → 고로가스 → 중유
③ 고로가스 → 액화석유가스 → LNG → 중유
④ LNG → 중유 → 고로가스 → 액화석유가스

22 보염장치의 일종인 버너타일 부착 시 나타나는 효과로서 옳은 것은?

① 착화와 불꽃의 안정을 도모
② 연료와 공기의 혼합을 느리게 한다.
③ 타일 표면에서 복사열을 흡수한다.
④ 급속연소를 시킨다.

23 작업시간 측정 시 올바른 행동이 아닌 것은?
① 신중하게 측정한다.
② 절대로 말하면 안 된다.
③ 정도가 높은 측정기를 사용한다.
④ 오차에 주의한다.

24 청관제를 사용하는 목적이 아닌 것은?
① pH 알칼리도 조정
② 슬러지 조정 및 가성취화 억제
③ 경도성분 연화
④ 취출

25 내부 부식을 일으키지 않는 물질은?
① O_2(산소) ② 암모니아
③ 탄산가스 ④ $MgCl_2$

26 다음 중 경질스케일을 생성하는 물건은?
① $Ca(HCO_3)_2$ ② $MgCl_2$
③ $MgCO_3$ ④ $CaSO_4$

27 백필터 사용과 연관이 없는 내용으로 합당한 것은?
① 분진 및 매연 제거 ② 노점온도 상승
③ 유해물질 제거 ④ 대기오염 방지

28 증기난방에서 응축수 환수방법이 아닌 것을 기술한 것은?
① 저압환수식 ② 중력환수식
③ 기계환수식 ④ 진공환수식

29 황 1kg 연소 시 발생하는 연소 가스량으로 옳은 것은?
① $0.1Nm^3$ ② $0.5Nm^3$
③ $0.7Nm^3$ ④ $0.9Nm^3$

30 어떤 관의 면적이 $1m^2$에서 $2m^2$로 확관 시 압력 저하는?
① $\frac{1}{4}$ 압력 감소 ② 2배 감소
③ $\frac{1}{32}$배 감소 ④ 32배 감소

31 보일의 법칙에서 n자승의 양으로 옳은 것은?
① 1 ② 2
③ 3 ④ 4

32 가스 용접의 고정방법을 기술한 것 중 맞지 않은 것은?
① 위치결정 고정구
② 구속 고정구
③ 전진식 용접 고정구
④ 회전 고정구

33 공정 기호 중 □이 뜻하는 것은?
① 작업 ② 운반
③ 검사 ④ 저장

34 노통보일러의 일종인 코니시 보일러의 전열면적으로 적합한 것은?(단, 지름이 1,000mm, 길이가 4,000mm이다.)
① $12.56m^2$ ② $15.56m^2$
③ $25m^2$ ④ $50m^2$

35 증기 보일러에서 상당 방열면적이 $1,200m^2$, 증발잠열이 535kcal/kg, 배관 내의 응축수량이 방열기의 응축수량의 30%일 때 장치 내의 전 응축수량은 몇 kg/h인가?
① 1,595 ② 1,895
③ 2,035 ④ 3,005

36 목표원단위의 뜻으로 옳은 것은?
① 에너지를 사용하여 만드는 제품의 연료소비량
② 연료, 열, 전기를 만드는 열량의 단위
③ 에너지의 목표소비효율 또는 목표사용량의 기준
④ 에너지를 사용하여 만드는 제품의 단위당 에너지 사용 목표량

37 샘플링 검사 목적이 아닌 것은?
① 제품의 결점정도를 평가하고 측정기기의 정밀도를 측정하기 위해
② 좋은 로트와 나쁜 로트를 구별하기 위해
③ 불합격시키기 위함
④ 검사원의 정확도와 제품설계에 필요한 정보를 얻기 위해

38 설비 노후 시 갱신 열화인 것은?
① 물리적 열화 ② 화학적 열화
③ 피로 열화   ④ 강도 열화

39 에너지 보존의 법칙이 뜻하는 것은?
① 우주에너지는 일정하다.
② 계의 에너지는 일정하다.
③ 계의 에너지는 증가한다.
④ 에너지는 변하지 않는다.

40 다음 Network에서 E작업을 시작하려면 어떤 작업들이 완료되어야 하는가?

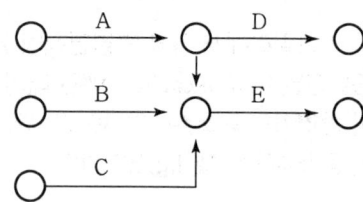

① A, B   ② B
③ A, B, C   ④ A, B, C, D

41 급수밸브의 크기나 체크밸브의 크기는 전열면적 $10m^2$ 이하의 보일러에서는 호칭 몇 A 이상이어야 하는가?
① 15A 이상   ② 20A 이상
③ 25A 이상   ④ 30A 이상

42 온수발생 보일러 및 액상식 열매체 보일러의 방출관의 크기로서 맞는 것은?
① 전열면적 $10m^2$ 미만 : 10 이상~20mm 미만
② 전열면적 $15m^2$ 이상~$20m^2$ 미만 : 40mm 이상
③ 전열면적 $25m^2$ 이상 : 30mm 이하
④ 전열면적 $40m^2$ 이상 : 100mm 이상

43 보일러 설치 시 온도계를 설치하여야 하는 곳으로 틀린 것은?
① 급수 입구의 급수온도계
② 버너 급유입구의 급유온도계(단, 예열이 필요 없는 것은 제외한다.)
③ 보일러 부속장치 온도계
④ 절탄기 또는 공기예열기의 전후 온도계

44 자동제어에서 검출된 신호를 공기압력으로 변화시켜 계기실의 지시계, 기록계 또는 조절계로 전송하는 전송기로서 올바른 것은?
① 유압식 전송기
② 전기식 전송기
③ 불연성 가스 전송기
④ 공기식 전송기

45 기계장치 등에서 동작이 일정한 한계 위치에 달하면 접점이 전환되는 스위치는 어떤 스위치인가?
① 접점 스위치   ② 리밋 스위치
③ 서보 스위치   ④ 수동 스위치

46 U자관 액주계를 사용하여 압력을 측정하고자 한다. 관의 한 쪽은 측정부에 연결하고 다른 쪽 관은 대기에 통해 있을 때 측정압력은?

① 절대압력
② 계기압력
③ 절대압력 + 계기압력
④ 절대압력 − 계기압력

47 다음 중에서 에너지의 단위가 될 수 없는 것은?

① kWh   ② kcal
③ kg−m   ④ N

48 연료에서 저위발열량의 경우는?

① 연소생성물 중 H_2가 액체상태이다.
② 연소생성물 중 H_2가 증기상태일 때이다.
③ 연소생성물 중 H_2O가 액체상태일 때이다.
④ 연소생성물 중 H_2O가 증기상태일 때이다.

49 10몰의 탄소(C)를 완전연소시키는 데 필요한 최소 산소량은 몇 몰 또는 몇 L인가?

① 15몰−336L   ② 20몰−448L
③ 10몰−224L   ④ 5몰−112L

50 숯이 타서 탄산가스(CO_2)가 될 때 필요 산소량과 생성된 표준상태에서의 체적비는?

① 1 : 2   ② 2 : 1
③ 1 : 1   ④ 일정하지 않음

51 저위발열량이 7,000kcal/kg인 석탄을 매시 30톤씩을 소비하여 매시간 5만 kW를 발생시키는 화력발전소의 열효율은 몇 %인가?

① 20.5   ② 23.5
③ 25.5   ④ 28.5

52 다음의 내용 중 산업통상자원부장관 또는 시·도지사가 업무를 에너지관리공단에 위탁한 내용이 아닌 것은?

① 에너지 절약 전문기업의 등록
② 검사대상기기의 검사
③ 검사대상기기 관리자의 선임, 해임 또는 퇴직신고의 접수
④ 에너지 사용신고의 접수

53 검사대상기기의 계속사용검사는 당해 연도 말까지 이를 연기할 수 있다. 다만 유효기간 만료일이 9월 1일 이후인 경우에는 몇 개월 기간 내에서 이를 연기할 수 있는가?

① 1개월   ② 2개월
③ 4개월   ④ 6개월

54 측온저항 온도계의 특징으로 틀린 것은?

① 측정치의 원반전송에 적합하며, 지시, 기록, 조절이 용이하다.
② 열전대에 비하여 비교적 낮은 온도의 정밀측정에 적합하다.
③ 구조가 복잡하고 취급이 불편하며 측정 시 숙련이 필요하다.
④ 구조적으로 저항소선이 단선되기는 쉬우나 검출시간 지연은 없다.

55 지르코니아(ZrO_2)를 주원료로 한 특수한 가스 분석계로서 세라믹식 가스 분석계가 있다. 850℃에서 가열 유지시키면서 어떤 가스를 측정하는가?

① CO_2 ② O_2
③ CH_4 ④ N_2

56 다음 중 연소생성 수증기량을 계산하는 데 필요 없는 계산식은?

① $11.2H + 1.244W(Nm^3/kg)$
② $1.244(9H + W)(Nm^3/kg)$
③ $1.244(11.2H + 9H)(Nm^3/kg)$
④ $9H + W(kg/kg)$

57 비례조절 버너의 유량조절 범위로서 합당한 것은?

① 1 : 8
② 1 : 5
③ 1 : 1
④ 비례조절이 필요 없다.

58 미분탄 분쇄기의 종류 중 연결이 옳지 않은 내용은?

① 튜브밀 – 중력식
② 로드밀 – 낙차식
③ 로시밀 – 스프링식
④ 해머밀 – 충격식

59 다음과 같은 특징을 가진 보일러에 해당되는 보일러는?

- 화상 면적이 커서 연료 소비량이 많아 증기 발생량이 많다.
- 구조가 간단하여 청소나 검사가 용이하다.
- 증기 발생 속도가 느리며 열효율이 낮다.
- 물의 순환이 불확실하며 파손 시 수리가 곤란하다.

① 하이네 보일러
② 다쿠마 보일러
③ 야로우 보일러
④ 스터링 보일러

60 다음 보일러 중 수관식 보일러가 아닌 것은?

① 밥콕 보일러(Babcook Boiler)
② 스터링 보일러(Stirling Boiler)
③ 라몬트 보일러(Lamont Boiler)
④ 케와니 보일러(Kewanee Boiler)

▶▶▶ 정답 및 해설

01	02	03	04	05	06	07	08	09	10
②	①	②	③	④	②	①	③	②	③
11	12	13	14	15	16	17	18	19	20
①	③	③	③	①	②	③	①	③	④
21	22	23	24	25	26	27	28	29	30
②	①	②	④	④	②	①	③	②	①
31	32	33	34	35	36	37	38	39	40
②	②	③	①	③	④	③	②	①	③
41	42	43	44	45	46	47	48	49	50
①	②	③	④	②	②	④	④	④	③
51	52	53	54	55	56	57	58	59	60
①	④	③	④	②	③	①	②	③	④

01 관류보일러에는 벤슨 보일러, 슐저 보일러 등이 있다. 벤슨 보일러는 헤더가 있으나 슐저 보일러는 헤더가 없고 1개의 긴 연속관을 전열면으로 하고 있다.(벤슨 보일러는 수관이 병렬상태)

02 슈트블로어(그을음 제거) 매체
- 기름은 제외(화기성 물질)
- 증기, 공기, 불연성 가스 등

03 동력용 나사절삭기
오스터식, 호브식, 다이헤드식

04 동관의 접합
플레어 접합, 용접접합(연납, 경납), 플랜지 접합, 분기관 접합

05
- 카바이드(CaC_2)에 물(H_2O)을 가하면 소석회[$Ca(OH)_2$]와 아세틸렌(C_2H_2) 가스가 발생한다.
- 순수한 카바이드 1kg에 대해 348L 정도의 아세틸렌 가스가 발생된다.

06 보일러 상당증발량에 의한 마력 계산
$$\frac{상당증발량}{15.65} = HP$$
시간당 상당증발량 15.65kg을 낼 수 있는 능력이 보일러 1마력(8,435kcal/h 능력)

07 보일러 능력 표시
- 보일러 마력(HP)
- 상당방열면적(EDR)
- 상당증발량(kg/h)
- 정격출력(kcal/h)
- 정격용량(kg/h)

08 물(1,000kg/m³)의 비중=1(고체, 액체의 기준)
9,000kg/10m³=0.9
∴ 비중 0.9

09 ㉠ 보일러 화학 세관
- 산세관법
- 중성세관법
- 알칼리세관법

㉡ 급수처리 외처리(수관식 보일러)
- 압축공기법(에어쇼킹법)
- 증기 분무법(스팀쇼킹법)
- 물 분무법(워터쇼킹법)
- 모래 사용법(샌드블루법)

10
- 스케일 성분 : 칼슘염, 마그네슘탄산염, 유산염, 규산염, 산화철
- 슬러지 성분 : 인산염(인산칼슘)

11 연료 중 불순물
외부 부식의 원인은 바나듐, 황에 의해 고온부식, 저온부식이 과열기, 재열기, 절탄기, 공기예열기에서 발생한다.

12 축동력 $= \dfrac{1,000 \times Q \times H}{75 \times 60 \times \eta} = \dfrac{1,000 \times 1.2 \times 3}{75 \times 60 \times 0.6} = 1.33 PS$

13
- 개방식 팽창탱크 : 안전관, 배기관, 배수관, 팽창관, 오버플로관(일수장치), 급수관
- 밀폐식 팽창탱크 : 수위계, 압력계, 안전밸브, 배수관, 압축공기관, 급수관

14 기체연료 연소방식
- 예혼합연소방식(가스연소) : 역화의 위험성이 크다.
- 확산연소방식 : 역화의 위험성이 없다.

15 오스테나이트계 주성분 : 감마(γ)철

16 고온배관용 탄소강 강관(SPHT) : 350℃ 이상∼450℃ 사이의 유체가 흐르는 배관이다.

17 시간당 60분, 3,600sec/hr
$$\frac{3,600}{60} = 60\text{kcal/min}$$
$$\frac{3,600}{3,600} = 1\text{kcal/sec}$$

18 이상증기 발생원인
- 연소 과대
- 비수 발생(프라이밍)
- 포밍 발생(거품 발생)

19 20A 이상으로 할 수 있는 조건
- 최고사용압력 1kg/cm^2 이하의 보일러
- 최고사용압력 5kg/cm^2 이하의 보일러로서 동체의 안지름이 500mm 이하이며 동체의 길이가 1,000mm 이하의 것
- 최고사용압력 5kg/cm^2 이하의 보일러로 전열면적 2m^2 이하
- 최대 증발량 5t/h 이하의 관류 보일러
- 소용량 보일러

20 수주압(mmH_2O, mmAq)

21 매연이 적은 순서
LNG(액화천연가스) → 액화석유가스(LPG) → 고로가스 → 중유

22 보염장치(에어레지스터)
- 버너타일(착화와 불꽃의 안전도모)
- 보염기
- 콤버스트(급속연소)
- 윈드박스

23 작업시간에는 의논상대가 있으면 말해도 무방하다.

24 청관제의 사용목적
- pH 알칼리도 조정
- 경수 연화
- 슬러지 조정 및 가성취화 억제

25 • 산소, 탄산가스 : 점식 등 부식
- 염화마그네슘 : 스케일 촉진, 경수 촉진
- 암모니아 : 보일러 보존액, 부식방지

26 황산칼슘($CaSO_4$)은 경질스케일

27 백필터(건식 여과집진기) 성능
- 분진 및 매연 제거
- 유해물질 제거
- 대기오염방지

28 증기난방 응축수 환수방법
- 중력환수식
- 기계환수식 : 환수펌프 사용
- 진공환수식 : 대규모 난방

29 $S + O_2 \rightarrow SO_2$
32kg : 22.4Nm^3 → 22.4Nm^3
$$\therefore \frac{22.4}{32} = 0.7\text{Nm}^3/\text{kg}$$

30 $$\frac{\frac{3.14}{4}(1)^2}{\frac{3.14}{4}(2)^2} = \frac{1}{4}(\text{감소})$$

31 보일의 법칙
기체의 온도를 일정하게 유지할 때 모든 기체의 부피는 압력에 반비례한다.
$$P_1 V_1 = P_2 V_2, \quad V_2 = V_1 \times \frac{P_1}{P_2}$$

32 용접 고정구
- 위치결정 고정구
- 구속 고정구
- 회전 고정구
- 안내용 고정구

33 • 작업 : ○ • 운반 : ⇒
• 검사 : □ • 저장 : ▽
• 지연 : D
• 작업 중 일시 대기 : ✡

34 • 코니시 보일러 전열면적 $A = \pi DL$
   • 랭커셔 보일러 전열면적 $A = 4DL$
   ∴ $3.14 \times 4 \times 1 = 12.56\text{m}^2$
   ※ 1,000mm(1m), 4,000mm(4m)

35 전 응축수량 $= \text{EDR} \times \dfrac{650}{\text{잠열}} \times (1+a)$
   $= 1,200 \times \dfrac{650}{535} \times (1+0.3)$
   $= 1,895 \text{kg/h}$

36 목표원단위
   에너지를 사용하여 만드는 제품의 단위당 에너지 사용 목표량이다.

37 ①, ②, ④는 샘플링 검사의 목적에 해당된다.

38 설비 열화의 종류
   • 물리적 열화
   • 기능적 열화
   • 기술적 열화
   • 화폐적 열화

39 에너지 보존의 법칙(열역학 제1법칙)
   우주에너지는 일정하다.

40 E의 작업을 완료하려면 사전에 A, B, C의 작업에 완료되어야 한다.

41 급수밸브나 체크밸브의 크기
   • 전열면적 10m² 이하 : 15A 이상
   • 전열면적 10m² 초과 : 20A 이상

42
전열면적(m²)	방출관의 안지름(mm)
10 미만	25 이상
10 이상~15 미만	30 이상
15 이상~20 미만	40 이상
20 이상	50 이상

43 온도계 설치장소
   • 급수입구의 급수온도계
   • 버너 급유입구의 급유온도계(예열이 필요 없는 경우는 제외)
   • 절탄기(급수가열기), 공기예열기의 경우 전후 온도계
   • 보일러 본체 배기가스 온도계(절탄기, 공기예열기의 온도계가 부착된 경우는 제외된다.)
   • 과열기, 재열기의 그 출구온도계

44 공기압력을 이용하는 전송기는 공기식 전송기이다.

45 리밋 스위치는 기계장치 등에서 동작이 일정한 한계 위치에 달하면 접점이 전환된다.

46 • U자관 압력계(계기압력 측정)
   • 절대압력 = 대기압 + 계기압력
              = 대기압 - 진공압
   • 계기압력 = 절대압력 - 대기압력

47 • 힘의 단위 : N(뉴턴)
   • 에너지의 단위 : kWh, kcal, kg-m

48 연소생성물 중 H_2O가 액체(고위발열량), 증기(저위발열량)
   600(9H + W) : 수증기 기화열

49 • $C + O_2 \rightarrow CO_2$
     1몰 + 1몰 → 1몰
   • 1몰 = 22.4L, 탄소 10몰의 연소 시 산소량은 10몰(224L)이 필요하다.

50 $C + O_2 \rightarrow CO_2$
   1몰 + 1몰 → 1몰
   ∴ 1 : 1

51 1kWh = 860kcal
   $\dfrac{50,000 \times 860}{30 \times 1,000 \times 7,000} \times 100 = 20.476\%$

52 에너지 사용신고 접수는 시장, 도지사의 권한이다.

53 • 9월 1일 이전 : 연말까지 연기
   • 9월 1일 이후 : 4개월의 연기

54 측온저항 온도계는 그 단점으로 저항소선이 단선되기 쉽고 검출시간이 지연된다.

55 지르코니아(세라믹 O_2계) : 850℃로 가열하면 산소(O_2) 이온만을 통과시킨다.

56 $Wg = 1.244(9H+W)(Nm^3/kg)$
$Wg = 11.2H + 1.244W(Nm^3/kg)$
여기서, H(수소), W(수분)
수증기 1킬로몰(18kg = 22.4Nm³)
$\frac{22.4}{18} = 1.244 Nm^3/kg$

57 비례조절 버너(연동형 버너) : 저압기류식 버너
- 연동형 버너 : 1 : 6~1 : 8
- 비연동 버너 : 1 : 5

58 로드밀 : 원심력식

59 야로우 보일러
- 화상 면적이 커서 연료 소비량이 많다.
- 증기 발생량이 많고 발생 속도가 느리다.
- 구조가 간단하여 청소나 검사가 용이하다.

60
- 기관차, 횡연관식, 케와니 보일러 : 연관식 보일러(원통형 보일러)
- 밥콕 보일러 : 자연순환식 수관식 보일러
- 스터링 보일러 : 곡관식 보일러
- 라몬트 보일러 : 강제순환식 수관 보일러

제4회 CBT 실전모의고사

01 검댕은 무엇이 응결되어 생기는가?
① 배기가스 중 수분과 탄소가 결합한 결정체
② 회분과 수분과의 결정체
③ 일산화탄소와 질소와의 결정체
④ CO_2와 CO의 결정체

02 대기압이 750mmHg이고 게이지 압력이 10 kg/cm^2일 때 절대압력은 몇 kg/cm^2abs인가?
① 10 ② 11.02
③ 10.2 ④ 9.0

03 보일러수 중에 급수처리방법을 실시하여 철분을 제거할 수 있는 것은?
① 탈기법 ② 가열법
③ 기폭법 ④ 여과법

04 1kWh는 몇 kcal인가?
① 632 ② 860
③ 641 ④ 102

05 에너지 보존에 해당하는 법칙은?
① 열역학 제1법칙
② 열역학 제2법칙
③ 열역학 제0법칙
④ 보일-샤를의 법칙

06 엔트로피의 변화가 없는 경우는 어떤 상태인가?
① 등온압축 ② 등압압축
③ 폴리트로픽 압축 ④ 단열압축

07 고압 가스용기에 압축가스인 산소가 47L 충전 내용적에 150기압으로 저장되어 있다. 시간당 1,410L씩 사용한다면 몇 시간을 사용할 수 있는가?
① 5.5시간 ② 4.3시간
③ 10시간 ④ 5시간

08 증기배관에서 가장 많이 사용하는 밸브는?
① 게이트(슬루스) 밸브
② 볼 밸브
③ 글로브 밸브
④ 앵글 밸브

09 부르동관 압력계의 설치방법으로 알맞은 내용은?
① 사이펀관에 물을 채워서 설치한다.
② 압력계에 밸브를 달고서 설치한다.
③ 사이펀관에 가연성 가스를 봉입하여 설치한다.
④ 압력계 외경을 60mm 이하로 하여 설치한다.

10 다음 중 스케줄 번호(SCH)를 구하는 식으로 맞는 것은?(단, P : 사용압력, S : 허용응력, δ : 인장강도, a : 안전율)
① $SCH = 10 \times \dfrac{P}{S}$
② $SCH = 10 \times \dfrac{P \cdot S}{\delta}$
③ $SCH = 10 \times \dfrac{a}{\delta \cdot P}$
④ $SCH = 10 \times \dfrac{S}{P}$

11 바이메탈 스위치를 이용하여 연소실 출구나 연도에 설치하는 화염검출기는?
① 스텍 스위치 ② 플레임 아이
③ 플레임 로드 ④ 바이메탈 온도계

12 증기난방 배관시공에서 증기공급 수직관 설치 시 드레인 빼기에서 열동식 트랩의 냉각레그 길이는 몇 m 이상이어야 하는가?
① 1m ② 1.5m
③ 5m ④ 7.5m

13 액화천연가스의 주성분은 무엇인가?
① 프로판 ② 부탄
③ 펜탄 ④ 메탄

14 물에 관한 용어에서 용액 중에 불순물의 단위가 mg/m^3에 해당되는 단위로서 올바른 것은?
① epm ② ppb
③ 탁도 ④ ppm

15 고온 부식이 발생하는 장소로서 가장 적당한 곳은 어느 곳인가?
① 공기예열기 ② 절탄기
③ 과열기 ④ 그린 절탄기

16 스케일이 생기는 원인이 아닌 것은?
① 보일러수의 농축 ② 저수위 사고
③ 슬러지 생성 ④ 분출장치의 고장

17 리스트레인트에서 앵커에 관한 도시기호로서 올바른 내용은?
① ⊗
② ─ G
③ ✕
④ ● SH

18 폐열회수장치에서 과열기의 온도를 일정하게 유지하는 방법이 아닌 것은?
① 배기가스량의 열가스량 조절
② 과열 저감기의 사용
③ 연소가스의 재순환방법
④ 과열기 옆에 절탄기를 부착시킨다.

19 보일러수와 급수의 pH 범위로서 가장 이상적인 것은?(단, 원통보일러이다.)
① 10.5~11.8, 6.0~7.0
② 10.5~11.8, 8.0~9.0
③ 10.5~11.8, 10.5~12
④ 7.5~8.5, 10.5~11.8

20 자동제어방법에서 같은 용도에 사용되는 제어가 아닌 것은?
① 추종제어 ② 프로세스 제어
③ 비율제어 ④ 프로그램 제어

21 보일러 효율이 85%, 증기 엔탈피가 658kcal/kg, 급수엔탈피가 30kcal/kg, 시간당 연료소비량이 250kg일 때 보일러 급수사용량은 시간당 몇 kg인가?(단, 연료의 저위발열량은 9,750kcal/kg이다.)
① 2,250 ② 2,750
③ 3,300 ④ 3,333

22 보일러 최고사용압력이 $10kg/cm^2g$ 이면 수압시험압력으로 가장 적당한 것은?
① $16kg/cm^2g$
② $17.5kg/cm^2g$
③ $20kg/cm^2g$
④ $22.5kg/cm^2g$

23 다음의 계산식 중 옳지 않은 것은?

① 화격자 연소율 = $\dfrac{\text{단위시간당 석탄소비량}}{\text{화격자면적}}$

② 전열면의 증발률 = $\dfrac{\text{전열면적}}{\text{시간당 증기발생량}}$

③ 증발계수 = $\dfrac{(\text{발생증기 엔탈피} - \text{급수 엔탈피})}{538.8}$

④ 상당증발량 = $\dfrac{\text{시간당 증기발생량}(\text{발생증기 엔탈피} - \text{급수 엔탈피})}{538.8}$

24 관의 지지 기구에서 주로 진동을 방지하거나 감소시키는 것은?

① 스톱 ② 앵커
③ 브레이스 ④ 가이드

25 파형노통의 설명으로 틀린 것은?

① 전열면적이 증가된다.
② 노통의 강도가 보강된다.
③ 노통의 신축 흡수가 용이하다.
④ 제작이 용이하고 가격이 싸고 청소하기가 수월하다.

26 수격작용의 원인에 해당되지 않는 것은?

① 비수발생 시
② 주증기 밸브의 급개
③ 보일러 부하변경의 일정
④ 증기트랩의 고장으로 응축수 배출이 원활하지 못할 때

27 점성계수 μ, 밀도 ρ, 지름 d, 관 내 평균유속 v일 때 레이놀즈 수 계산식은?

① $Re = \dfrac{\rho \cdot v \cdot d}{\mu}$ ② $Re = \dfrac{\mu}{\rho \cdot v \cdot d}$

③ $Re = \dfrac{\mu \cdot d}{\rho \cdot v}$ ④ $Re = \dfrac{\rho \cdot v}{\mu \cdot d}$

28 다음 중성 내화물에 속하는 내화물은 어떤 내화물인가?

① 규석 벽돌 ② 납석 벽돌
③ 마그네시아 벽돌 ④ 탄소질 벽돌

29 보일러 보존법에서 장기보존방법에 속하는 것은?

① 습식 보존법
② 밀폐건조보존법(질소봉입법)
③ 만수보존법
④ 페인트 도장법

30 보일러 운전 중 팽출이 일어나기 쉬운 곳으로 적당한 것은?

① 수관 ② 노통
③ 연소실 ④ 관판

31 공기예열기의 설치 시 이점으로서 옳은 내용이 아닌 것은?

① 착화열의 감소 및 연소실의 온도 상승
② 보일러 효율이 5% 이상 향상된다.
③ 수분이 많은 저질탄의 연료도 유효하게 연소시킨다.
④ 통풍저항을 감소시킨다.

32 송풍기의 운전 중 풍량을 2배로 하기 위하여 송풍기의 회전수는 몇 배로 증가시켜야 하는가?

① 4배 ② 2배
③ $\dfrac{1}{4}$배 ④ $\dfrac{1}{2}$배

33 공업규격에서 내화물은 SK 넘버와 온도로서 그 규격이 맞는 것은?

① 26번, 1,580℃ ② 25번, 1,580℃
③ 32번, 2,000℃ ④ 40번, 2,000℃

34 내부에너지가 23kcal이고 외부에서 19kcal가 주어진 후 427kg·m의 일을 하는 경우에 엔탈피는 얼마인가?

① 39kcal　　② 41kcal
③ 50.5kcal　④ 55kcal

35 펌프의 소요동력을 구하는 식으로 옳은 것은? (단, PS : 소요동력, Q : 송출량(m³/min), H : 양정(m), ρ : 비중량(kg/m³), η : 효율)

① $PS = \dfrac{\rho \cdot H \cdot Q}{4,500 \cdot \eta}$

② $PS = \dfrac{\rho \cdot H \cdot Q}{75 \cdot \eta}$

③ $PS = \dfrac{\rho \cdot H \cdot Q}{6,120 \cdot \eta}$

④ $PS = \dfrac{\rho \cdot H \cdot Q}{75 \times 60}$

36 화학세정 산세정 후 중화 방청처리가 필요하다. 중화 방청처리제로 옳지 않은 것은?

① 탄산나트륨　② 수산화나트륨
③ 히드라진　　④ 질산나트륨

37 다음 내용 중 시장, 도지사에게 산업통상자원부장관이 위임한 사항이 아닌 것은?

① 시공업등록의 말소 또는 시공업의 전부 또는 일부의 정지 요청
② 에너지절약 전문기업의 등록
③ 과태료의 부과징수
④ 에너지 사용신고의 접수

38 강철제 보일러, 주철제 보일러의 설치검사에서 보일러의 외벽온도는 주위온도보다 몇 ℃를 초과하면 안 되는가?

① 20℃　　② 25℃
③ 30℃　　④ 50℃

39 보일러에서 급수밸브 및 체크밸브의 크기는 전열면적 10m²를 초과하는 경우 보일러에서는 호칭 몇 A 이상이어야 하는가?

① 12A　　② 20A
③ 30A　　④ 50A

40 집진장치 중 가장 정도가 좋은 집진장치는?

① 중력 침강식　　② 사이클론식
③ 벤투리 스크러버　④ 코트렐식

41 복사난방의 특징으로 볼 수 없는 것은?

① 실내의 온도 분포가 균등하여 쾌감도가 높다.
② 방열기가 필요 없어 바닥면의 이용도가 높다.
③ 천장이 높거나 공회당 홀 등의 난방이 용이하다.
④ 전열체의 열용량의 매우 커서 온도 급변 시에 방열량 조절이 순조롭다.

42 검사대상기기의 계속사용 검사 신청서는 유효기간 만료 며칠 전까지 누구에게 신고하는가?

① 10일, 도지사
② 10일, 에너지 관리공단 이사장
③ 7일, 산업통상자원부장관
④ 7일, 에너지 경제 연구소장

43 에너지이용 합리화법에서 정하는 효율기준 기자재가 아닌 것은?

① 전기냉장고
② 자동차
③ 전기계량기
④ 발전설비 등 에너지 공급설비

44 전열방식에 의한 과열기가 아닌 것은?

① 접촉가열기　　② 복사과열기
③ 병류과열기　　④ 복사 접촉과열기

45 증기의 특성으로 옳지 않은 것은?
① 다량의 열을 가지고 있다.
② 증기의 온도는 일정한 상태에서 열전달이 이루어진다.
③ 증기의 온도와 압력은 항상 일정한 값을 갖는다.
④ 증기는 가볍기 때문에 별도의 펌프가 있어야 이송이 가능하다.

46 보일러 보존방법에서 질소 건조보존법은 압력을 얼마로 유지하여야 하는가?
① $0.3\sim0.5kg/cm^2$
② $0.5\sim0.75kg/cm^2$
③ $0.75\sim1.0kg/cm^2$
④ $1.5\sim2.0kg/cm^2$

47 압궤(Coppapse) 현상이 자주 일어나는 곳은?
① 수관
② 노통 및 화실관판
③ 기수분리기
④ 가용전

48 다음 중 점식을 일으키는 가스는?
① CO
② N_2
③ O_2
④ NH_3

49 부탄가스의 이론공기량으로 가장 적당한 것은?
① 20.9
② 30.9
③ 23
④ 9.52

50 이론 배기가스량이 $11.443Nm^3/kg$, 이론공기량이 $10.75Nm^3/kg$, 공기비가 1.15 배기가스비열이 $0.33kcal/Nm^3℃$, 배기가스 온도가 280℃일 때 배기가스의 열손실은 몇 kcal/kg 인가?(단, 외기 온도는 20℃)
① 1,050
② 1,100
③ 1,120
④ 1,500

51 과잉공기량의 설명으로 옳은 것은?
① 실제공기량과 이론공기량과의 차이
② 실제공기량에 이론공기량을 나눈 값
③ 이론공기량에 공기비를 곱한 값
④ 실제공기량에 이론공기량을 더한 값

52 국가에너지 기본계획 사항에 포함되지 않는 것은?
① 국내의 에너지 수급 정세의 추이와 전망
② 소요에너지의 안정적 확보 및 공급을 위한 대책
③ 에너지이용의 합리화를 위한 전망
④ 환경친화적 에너지 이용을 위한 대책

53 다음의 보일러 중 효율이 가장 높은 보일러로 가장 적당한 것은?
① 노통연관식
② 스코치 보일러
③ 밥콕 웰콕스 보일러
④ 슐저 보일러

54 주철제 보일러의 섹션 수로서 가장 이상적인 수치는?
① 5~10개
② 5~18개
③ 18~23개
④ 많을수록 좋다.

55 검사대상기기 관리자가 아닌 자격증은?
① 열관리기사
② 에너지관리산업기사
③ 에너지정비기능사
④ 인정검사 대상기기 관리자

56 설비열화의 종류에 해당되지 않는 것은?

① 물리적 열화
② 기술적 열화
③ 기능적 열화
④ 예방보전의 열화

57 검사가 행해지는 공정에 의한 분류로서 틀린 것은?

① 수입검사　② 공정검사
③ 순회검사　④ 출하검사

58 Therblig 기호로서 틀린 것은?

① 찾는다(Search) : SH : ⬭
② 조사하다(Inspect) : I : ◯
③ 생각하다(Plan) : PN : ⚲
④ 운반하다(Transport Loaded)
　: TE : ⌣

59 Q.C 기능으로 틀린 것은?

① 품질설계　② 공정관리
③ 수입자재관리　④ 품질조사

60 샘플링 검사의 종류(유형)로 적당하지 못한 것은?

① 규준형　② 선택형
③ 조정형　④ 연속생산형

▶▶▶ 정답 및 해설

01	02	03	04	05	06	07	08	09	10
①	②	③	②	①	④	④	③	①	①
11	12	13	14	15	16	17	18	19	20
①	②	④	②	③	②	①	④	②	②
21	22	23	24	25	26	27	28	29	30
③	①	②	③	④	③	①	④	②	①
31	32	33	34	35	36	37	38	39	40
④	②	①	③	①	④	②	③	②	④
41	42	43	44	45	46	47	48	49	50
④	②	③	④	②	②	②	③	②	④
51	52	53	54	55	56	57	58	59	60
①	③	④	②	③	④	③	④	③	②

01 가마검댕 : 배기가스 중 수분과 탄소가 결합한 결정체이다.

02 $1.033 \times \dfrac{750}{760} = 1.019 \text{kg/cm}^2$

$1.019 + 10 = 11.019 \text{kg/cm}^2 \text{abs}$

03 ① 탈기법 : 용존산소 등 가스류 제거
② 가열법(증류법) : 순수한 물 제조
③ 기폭법 : 철, 망간, CO_2 제거
④ 여과법 : 현탁고형물 처리

04 $1\text{kW} = 102\text{kg} \cdot \text{m/sec}$
$102\text{kg} \cdot \text{m/sec} \times 1\text{hr} \times 3,600\text{sec/hr}$
$\times \dfrac{1}{427} \text{kcal/kg} \cdot \text{m} = 860\text{kcal}$

05 열역학 제1법칙 : 에너지 보존의 법칙

06 단열압축 시 엔트로피의 변화가 없다.

07 150기압 × 47L/용기 = 7,050L
$\dfrac{7,050}{1,410} = 5$시간 사용

08 • 글로브 밸브(유량조절밸브) : 증기배관라인용
• 게이트 밸브 : 액체 배관용
• 볼 밸브 : 가스 배관용
• 앵글 밸브 : 주증기 배관, 방열기, 급수앵글 밸브용

09

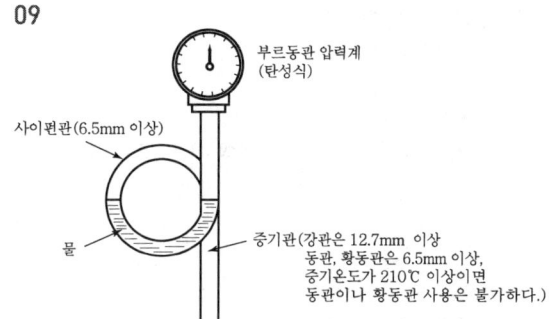

10 스케줄 번호(SCH) : 관의 두께를 나타내는 번호

$\text{SCH} = 10 \times \dfrac{P}{S}$

여기서, S(허용응력) = $\dfrac{\text{인장강도}}{\text{안전율}}$ (kg/mm²)

11 화염검출기
• 스텍 스위치 : 연소실 출구나 연도에 설치(바이메탈 스위치)
• 플레임 로드 : 전기전도성을 이용(가스버너용)
• 플레임 아이 : 화염의 발광체 이용

12 증기 주관에서 응축수를 건식 환수관에 배출하려면 주관과 동경으로 100mm 이상 내리고 하부로 150mm 이상 연장해서 드레인 포켓을 만들어준다. 냉각관은 트랩 앞에서 1.5m 이상 떨어진 곳까지 보온을 하지 않은 배관(나관)을 한다.

13 • 액화천연가스(LNG) : 메탄(건성가스)
• 액화석유가스(LPG) : 프로판, 부탄 등

14 • ppm : 100만분율(mg/kg, g/ton)
• ppb : 중량 10억분율(mg/ton)
• epm : 100만 단위 중량당량 중 1단위 중량당량(mg/kg) 당량농도이다.

15 • 고온부식 : 과열기, 수관에서 발생(V_2O_5이 원인)
   • 저온부식 : 절탄기, 공기예열기(황의 성분이 원인)
   $S+O_2 \rightarrow SO_2$
   $2SO_2+O_2 \rightarrow 2SO_3$, $SO_3+H_2O \rightarrow H_2SO_4$(진한 황산)

16 ㉠ 스케일의 원인
   • 보일러수의 농축
   • 슬러지 생성
   • 분출장치의 고장
   ㉡ 저수위사고 : 보일러의 과열, 폭발의 원인

17 ① 앵커
   ② 스프링 행거
   ③ 가이드
   ④ 용접이음

18 과열증기 온도 조절
   • 배기가스량의 조절
   • 과열저감기 사용
   • 연소가스의 재순환방법
   • 연소실의 화염위치 변경
   • 과열증기에 물 분무

19 • 보일러수(관수)의 pH : 10.5~11.8
   • 보일러 급수의 pH : 8.0~9.0

20 보일러 추치제어(목표 값이 변화하는 제어)
   • 추종제어
   • 비율제어
   • 프로그램 제어

21 $\dfrac{W \times (658-30)}{250 \times 9,750} \times 100 = 85\%$

   $W = \dfrac{(250 \times 9,750) \times 0.85}{658-30} = 3,299.16 \text{kg/h}$

22 수압시험
   • 4.3kg/cm² 이하 : 2배
   • 4.3kg/cm² 초과~15kg/cm² 이하 : $P \times 1.3$배 + 3kg/cm²
   • 15kg/cm² 초과 : 1.5배
   ∴ 10×1.3배 + 3kg/cm² = 16kg/cm²

23 전열면의 증발률 = $\dfrac{\text{단위시간당 석탄소비량}}{\text{화격자면적}}$
   ※ 단위 : 화격자 연소율(kg/m²h), 상당증발량(kg/h), 증발계수(단위가 없다.)

24 • 리스트레인트 : 열팽창 등으로 인한 신축에 의해 발생되는 좌우, 상하 이동을 구속하고 제한하는 스톱, 앵커, 가이드가 있다.
   • 브레이스 : 배관계의 진동을 방지하거나 감쇠시키는 데 사용되는 방진기와 수격작용이나 안전밸브의 흡출 반력 등에 의한 충격을 완화시키는 완충기(스프링식, 유압식)가 있다.

25 • 파형노통 : 전열면적의 증가, 노통의 강도보강, 노통의 신축흡수가 용이하다. 청소가 어렵다. 제작이 어렵고 가격이 비싸다.
   • 평형노통 : 제작이 용이하고 가격이 싸며 청소가 수월하다.

26 수격작용(워터해머)의 원인
   • 비수 발생
   • 주증기 밸브의 급개
   • 응축수 배출이 원활하지 못할 때

27 레이놀즈 수 : 유체 흐름의 층류, 난류 구별
   $Re = \dfrac{\text{밀도} \times \text{유속} \times \text{지름}}{\text{점성계수}}$

28 • 산성 내화물 : 규석질, 반규석질, 납석질, 샤모트질
   • 중성 내화물 : 고알루미나질, 탄소질, 탄화규소질, 크롬질
   • 염기성 내화물 : 마그네시아질, 돌로마이트질, 포스테라이트질, 마그네시아 크롬질

29 • 장기보존법 : 밀폐건조보존법(질소봉입법) 6개월 이상 보존 시에 사용
   • 단기보존법 : 만수보존법(2~3개월 보존) 가성소다, 히드라진, 암모니아 사용

30 • 팽출 발생장소 : 수관, 횡연관 보일러의 하부(인장응력 부위)
   • 압궤 발생장소 : 노통, 연소실, 관판(압축응력을 받는 부위에서 생긴다.)

31 공기예열기 설치 시 배가스의 온도 저하로 통풍저항이 증가한다.(저온부식 발생)

32 • 풍량은 회전수 증가의 비례
   • 풍압은 회전수 증가의 2승에 비례
   • 풍마력(동력)은 회전수 증가의 3승에 비례

33 • 내화물(SK 26번, 1,580℃부터)은 SK 26~42번 (2,000℃)까지가 있다.
   • SK 27(1,610℃)
   • SK 32(1,710℃)

34 427kg · m/kcal(열의 일당량)
   (23+19)-1=41kcal

35 펌프의 소요동력(PS) = $\dfrac{\rho \cdot H \cdot Q}{75 \times 60 \times \eta} = \dfrac{\rho \cdot H \cdot Q}{4,500 \times \eta}$

36 중화 방청처리제 : 탄산나트륨, 수산화나트륨, 인산나트륨, 아황산나트륨, 히드라진, 암모니아

37 에너지절약 전문기업(ESCO) 등록권자 : 에너지관리공단 이사장

38 보일러 외벽온도는 주위온도보다 30℃를 초과해서는 안 된다.

39 급수밸브 체크밸브의 크기
   • 전열면적 $10m^2$ 이하 : 호칭 15A 이상
   • 전열면적 $10m^2$ 초과 : 호칭 20A 이상

40 ① 중력 침강식 : $20\mu m$
   ② 사이클론식 : $10 \sim 20\mu m$
   ③ 벤투리 스크러버 : $1 \sim 5\mu m$
   ④ 코트렐식 : $0.05 \sim 20\mu m$

41 ㉠ 복사난방(방사난방)
   • 실내 온도분포가 균등하여 쾌감도가 높다.
   • 방열기가 불필요하여 이용도가 높다.
   • 천장이 높거나 공회당 홀 등의 난방이 용이하다.
   ㉡ 온수난방
   열용량이 매우 커서 온도 급변화 시에 방열량 조절이 용이하다.

42 검사대상기기의 계속사용 검사신청서는 유효기간 만료 10일 전까지 에너지관리공단이사장에게 신고한다.

43 효율관리기준 기자재
   • 전기냉장고
   • 전기냉방기
   • 전기세탁기
   • 자동차
   • 조명기기
   • 발전설비 등 에너지 공급설비

44 ㉠ 전열방식 과열기
   • 접촉과열기(대류과열기)
   • 복사과열기
   • 복사 접촉과열기
   ㉡ 열가스 흐름 방향에 의한 과열기
   병류형, 향류형, 혼류형

45 증기는 수증기이므로 분자운동과 압력에 의해 이송된다. 펌프 이송은 불필요하다.

46 ㉠ 보일러 밀폐 건조보존법(6개월 이상 장기 보존)
   질소보존 : • 압력은 약 $0.6kg/cm^2$ 정도
             • 순도 99.5% 이상
   ㉡ 만수보존법 : $0.35kg/cm^2$ 정도의 가압수

47 • 압궤 : 노통, 화실관판
   • 팽출 : 수관, 횡관, 동체

48 점식(Pitting) : 용존산소가 원인

49 부탄 $C_4H_{10} + 6.5O_2 \rightarrow 4CO_2 + 5H_2O$
   • 이론산소량 : $6.5m^3/m^3$
   • 이론공기량 : $6.5 \times \dfrac{100}{21} = 30.95m^3/m^3$

50 • 실제배기가스량(G)
   $G = G_0 + (m-1)A_0$
   $= 11.443 + (1.15-1) \times 10.75$
   $= 13.055 m^3/kg$
   • 배기가스 열손실
   $= 13.055 \times 0.33(280-20)$
   $= 1,120.1619 kcal/kg$

51 • 과잉공기량＝실제공기량－이론공기량
　　• 실제공기량＝이론공기량×공기비(과잉공기계수)
　　• 이론공기량＝연료의 연소에 필요한 최소의 공기량

52 • 국내의 에너지 수급 정세의 추이와 전망
　　• 소요에너지의 안정적 확보 및 공급을 위한 대책
　　• 환경친화적 에너지 이용을 위한 대책
　　• 에너지이용의 합리화를 위한 대책
　　• 에너지 관련기술의 개발 및 보급을 촉진하기 위한 대책
　　• 에너지 및 에너지 관련 환경정책의 국제적 조화와 협력을 위한 대책

53 ㉠ 효율이 가장 높은 보일러는 관류 보일러이다.
　　㉡ 관류 보일러의 종류
　　　• 벤슨 보일러
　　　• 슐저 보일러
　　　• 앳모스 보일러
　　　• 소형 관류 보일러

54 주철제 보일러
　　㉠ 섹션 수는 5~18개가 이상적이다.
　　㉡ 특징
　　　• 내압에 대한 강도가 약하다.
　　　• 구조가 복잡하여 청소검사 수리가 곤란하다.
　　　• 열 충격에 약하고 균열이 생기기 쉽다.
　　　• 내용량 고압에 부적당하다.

55 검사대상기기 관리자 자격증
　　• 열관리기사
　　• 열관리산업기사
　　• 에너지관리기능장
　　• 에너지관리산업기사
　　• 에너지관리기능사
　　• 인정검사 대상기기 관리자 교육 이수자(소형 보일러)

56 설비열화의 종류
　　• 물리적 열화　　• 기능적 열화
　　• 기술적 열화　　• 화폐적 열화

57 검사가 행해지는 공정에 의한 분류
　　• 수입검사　　• 공정검사
　　• 최종검사　　• 출하검사
　　• 기타 검사

58 • 찾는다(SH) : ○
　　• 조사하다(I) : ○
　　• 생각하다(PN) : ♮
　　• 운반하다(TL) : ○
　　• 빈손 이동(TE) : ⌣
　　• 쥐고 있다(H) : ∩
　　• 사용하다(U) : ∪
　　• 선택한다(G) : ∩

59 Q.C 기능
　　• 품질설계　　• 공정관리
　　• 품질보증　　• 품질조사

60 샘플링 검사의 종류
　　• 규준형　　• 선별형
　　• 조정형　　• 연속생산형
　　• 축차형

제5회 CBT 실전모의고사

01 보일러 연소실의 열부하를 나타내는 단위는?

① kcal/m³·h   ② kg/m³·h
③ kcal/m³   ④ kg/m²

02 기체연료의 특징을 설명한 것 중 틀린 것은?

① 연소효율이 좋고 조절이 용이하다.
② 완전연소가 가능하므로 전열면 오손이 적다.
③ 유황산화물이나 질소산화물의 발생이 많다.
④ 점화, 소화 시 가스폭발 위험성이 있다.

03 상당증발량 2,500kg/h, 매시 연료소비량 150kg인 보일러가 있다. 급수온도 28℃, 증기압력 10kg/cm²일 때, 이 보일러의 효율은?(단, 연료의 저위발열량은 9,800kcal/kg이다.)

① 65%   ② 77%
③ 92%   ④ 98%

04 사이클론(Cyclone) 집진장치의 주원리는?

① 망(Screen)에 의한 여과
② 물에 의한 입자의 여과
③ 입자의 원심력에 의한 집진
④ 압력차에 의한 집진

05 증기의 건도를 향상시키는 방법으로 틀린 것은?

① 증기주관 내의 드레인을 제거한다.
② 기수분리기를 사용하여 수분을 제거한다.
③ 고압증기를 저압으로 감압시킨다.
④ 과열저감기를 사용하여 향상시킨다.

06 보일러 연료로서 중유가 석탄보다 좋은 점을 설명한 것으로 틀린 것은?

① 집진장치가 필요 없다.
② 단위체적당 발열량이 크다.
③ 자동제어가 용이하다.
④ 매연의 발생이 적다.

07 기체연료의 연소 시 공기비의 일반적인 값은?

① 0.8~1.0
② 1.1~1.3
③ 1.3~1.6
④ 1.8~2.0

08 보일러 매연 발생의 원인이 아닌 것은?

① 불순물 혼입   ② 연소실 과열
③ 통풍력 부족   ④ 점화조작 불량

09 수관 보일러에서 강관을 확관하여 관판에 부착시킬 때 강관의 최적 두께 감소율은?

① 2~3%   ② 6~7%
③ 9~10%   ④ 12~13%

10 굴뚝 높이 100m, 배기가스의 평균온도 200℃, 외기온도 27℃, 굴뚝 내 가스의 외기에 대한 비중을 1.05라 할 때 통풍력은?

① 26.3mmAq   ② 29.3mmAq
③ 36.3mmAq   ④ 39.3mmAq

11 내열도의 구분에 따라 저온용 보온재에 해당되는 것은?

① 석면 ② 글라스 울
③ 우모 펠트 ④ 암면

12 자동제어의 신호전달방식 중 신호전달 거리가 가장 짧은 것은?

① 유압식 ② 공기압식
③ 전기식 ④ 전자식

13 보일러를 건식 보존할 때 보일러에 채워두는 가스로 가장 적합한 것은?

① CO_2 ② SO_2
③ N_2 ④ O_2

14 최고사용압력이 14kg/cm²인 강철제 증기보일러의 안전밸브 호칭지름은 얼마 이상으로 해야 하는가?

① 15mm ② 20mm
③ 25mm ④ 32mm

15 대기압하에서 펌프의 최대흡입양정(揚程)은 이론상 몇 m 정도인가?

① 10m ② 20m
③ 15m ④ 30m

16 베르누이의 정리에서 전수두는 어떤 수두들의 합인가?

① 위치수두, 압력수두, 속도수두
② 압력수두, 손실수두, 저항수두
③ 위치수두, 저항수두, 속도수두
④ 전수두, 위치수두, 압력수두

17 원관에서 난류가 흐르고 있을 때 손실수두는?

① 속도의 3제곱에 비례한다.
② 관경에 비례한다.
③ 관 길이에 반비례한다.
④ 관의 마찰계수에 비례한다.

18 랭킨 사이클에서 복수기의 압력이 낮아질 때의 현상으로 옳은 것은?

① 열효율이 낮아진다.
② 복수기의 포화온도는 상승한다.
③ 터빈 출구부의 증기의 건도가 높아진다.
④ 터빈 출구부의 부식문제가 생긴다.

19 "일정량의 기체의 체적은 압력에 반비례하고 절대온도에 비례한다."는 법칙은?

① 보일의 법칙
② 샤를의 법칙
③ 보일-샤를의 법칙
④ 켈빈의 법칙

20 감압밸브는 작동방법에 따라 3가지로 나눌 때 해당되지 않는 것은?

① 벨로스형
② 파일럿형
③ 피스톤형
④ 다이어프램형

21 보온재의 열전도율에 관한 사항으로 맞는 것은?

① 비중이 작으면 열전도율도 작아진다.
② 온도가 낮아질수록 열전도율은 커진다.
③ 비중과 열전도율은 무관하다.
④ 수분을 많이 포함할수록 열전도율은 작아진다.

22 지름 1.2m의 보일러 동판에 20kg/cm²의 증기 압력이 작용하면 동판의 두께는 약 몇 mm로 해야 하는가?(단, 재료의 허용응력 800kg/cm², 이음효율은 90%이다.)

① 12mm ② 17mm
③ 22mm ④ 25mm

23 보온재가 갖추어야 할 성질로 잘못 설명한 것은?

① 열전도율이 작을 것
② 가벼울 것
③ 기계적 강도가 있을 것
④ 밀도가 클 것

24 강철제 유류용 보일러의 용량이 얼마 이상이면 공급 연료량에 따라 연소용 공기를 자동조절하는 장치를 갖추어야 하는가?(단, 난방 및 급탕 겸용 보일러임)

① 2t/h ② 5t/h
③ 10t/h ④ 20t/h

25 보일러 자동제어에서 어떤 조건이 구비되지 않았을 때 다음 단계의 동작이 이루어지지 않는 형태의 제어는?

① 추치제어 ② 피드백 제어
③ 인터록 제어 ④ 디지털 제어

26 열정산에서 출열 항목에 속하는 것은?

① 증기의 보유열량 ② 공기의 보유열량
③ 연료의 현열   ④ 화학반응열

27 원심식 송풍기의 풍량을 $Q(m^3/min)$, 회전수 $N(rpm)$, 풍압을 $P(mmAq)$, 날개의 직경을 D라고 할 때, 다음 관계식 중 틀린 것은?

① $Q \propto N$ ② $Q \propto D^3$
③ $P \propto N$ ④ $P \propto D^2$

28 배관의 상부에서 관을 지지하는 것으로 관의 상하 방향 이동을 허용하면서 일정한 힘으로 관을 지지하는 것은?

① 콘스탄트 행거 ② 리지드 행거
③ 슈   ④ 앵커

29 설비배관에 있어서 유속을 V, 유량을 Q라 할 때 관경 d를 구하는 식은?

① $d = \sqrt{\dfrac{4Q}{\pi V}}$ ② $d = \sqrt{\dfrac{\pi V}{Q}}$
③ $d = \sqrt{\dfrac{\pi V}{4Q}}$ ④ $d = \sqrt{\dfrac{Q}{\pi V}}$

30 동관의 용도와 무관한 것은?

① 급유관   ② 배수관
③ 냉매관   ④ 열교환기용관

31 1일 급수량이 36,000L인 보일러에서 급수 중 염화물의 이온농도를 100ppm, 보일러수의 허용 이온농도를 2,000ppm으로 할 때 1일 분출량(L/day)은?

① 1,625.3L/day ② 1,785.1L/day
③ 1,894.7L/day ④ 1,945.4L/day

32 증기의 압력이 상승할 때 나타나는 현상이 아닌 것은?

① 포화수의 부피가 증가한다.
② 엔탈피가 증가한다.
③ 물의 현열이 감소된다.
④ 증기의 잠열이 감소한다.

33 강관의 용접이음 특징을 잘못 설명한 것은?

① 보온 피복재의 시공이 쉽다.
② 변형과 수축의 염려가 적다.
③ 가공시간이 단축되며 재료비가 절약된다.
④ 유체의 저항손실이 감소된다.

34 연돌의 유효높이를 증가시키는 방법으로 옳은 것은?

① 배기가스의 온도를 높인다.
② 배기가스의 배출속도를 늦춘다.
③ 배기가스의 유량을 감소시킨다.
④ 연돌의 굴곡부 개소를 증가한다.

35 보일러 설치 시 주의사항으로 틀린 것은?

① 수압이 낮은 수도관은 보일러에 직결한다.
② 보일러는 수평으로 설치한다.
③ 보일러는 보일러실 바닥보다 높게 설치하고, 유지관리를 위한 공간이 필요하다.
④ 보일러는 내화구조로 시공된 보일러실에서 설치한다.

36 개방식과 밀폐식 팽창탱크에 공통적으로 필요한 것은?

① 통기관　　② 압력계
③ 팽창관　　④ 안전밸브

37 캐리오버(Carry Over)의 발생원인이 아닌 것은?

① 증기부하가 과대하다.
② 수면이 고수위에 있다.
③ 주증기밸브를 천천히 열었다.
④ 보일러수에 불순물 등이 많이 용해되어 있다.

38 보일러 연소장치인 공기조절장치와 무관한 것은?

① 윈드박스
② 보염기
③ 버너타일
④ 플레임 아이

39 주어진 평면도를 등각투상도로 나타낼 때 맞는 것은?

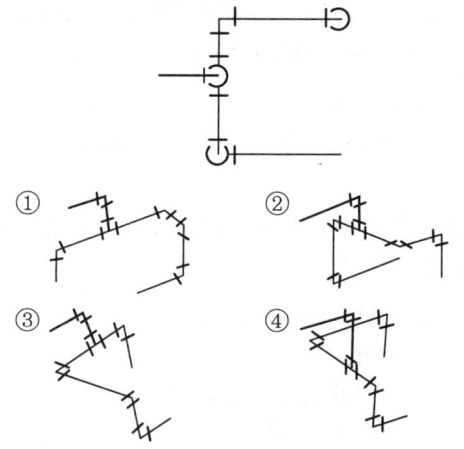

40 최고사용압력이 $5kg/cm^2$인 강철제 보일러수의 수압시험 압력과 유지시간은?

① $5.5kg/cm^2$, 30분
② $9.5kg/cm^2$, 30분
③ $8.5kg/cm^2$, 1시간
④ $10.0kg/cm^2$, 1시간

41 자연 순환 온수난방에서 보일러와 방열기와의 수직높이 차이가 6m이고, 송수온도 80℃, 환수온도 68℃일 때 자연 순환력은 몇 mmAq인가?(단, 68℃ 물의 비중량은 $978.94kg/m^3$, 80℃ 물의 비중량은 $971.84kg/m^3$이다.)

① 17.76mmAq
② 35.52mmAq
③ 42.6mmAq
④ 85.2mmAq

42 증기에 관한 기본적 성질을 설명한 것으로 옳은 것은?
  ① 순수한 물질은 한 개의 포화온도와 포화압력이 존재한다.
  ② 습증기 영역에서 건도는 항상 1보다 크다.
  ③ 증기가 갖는 열량은 4℃의 순수한 물을 기준하여 정해진다.
  ④ 대기압 상태에서 엔탈피의 변화량과 주고받은 열량의 변화량은 같다.

43 보일러 가동 중 압축응력을 받아 압궤를 일으킬 수 있는 부분이 아닌 것은?
  ① 수관　　② 연소실
  ③ 노통　　④ 관판

44 다음 pH값 중 강산성의 성질을 지닌 것은?
  ① pH 2　　② pH 6
  ③ pH 7　　④ pH 14

45 보일러 급수처리방법과 관계없는 것은?
  ① 자연적 처리법
  ② 물리적 처리법
  ③ 전기적 처리법
  ④ 화학적 처리법

46 보일러의 성능에서 증발배수는?
  ① 1시간당 발생증기량을 1시간당 연료사용량으로 나눈 값
  ② 증기와 물의 엔탈피 차를 539로 나눈 값
  ③ 1시간당 발생증기량을 539로 나눈 값
  ④ 1시간당 발생증기량을 연소율로 나눈 값

47 연소 안전장치에서 플레임 로드(Flame Rod)를 옳게 설명한 것은?
  ① 열적 검출방식으로 화염의 발열을 이용한 것이다.
  ② 화염의 전기전도성을 이용한 것이다.
  ③ 화염의 방사선을 전기신호로 바꾸어 이용한 것이다.
  ④ 화염의 자외선 광전관을 사용한 것이다.

48 보일러에서 그루빙(Grooving)은 어느 부분에 많이 발생하는가?
  ① 경판 구석의 둥근 부분
  ② 동체 내부나 수관 내면
  ③ 동체의 증기와 접촉하는 부분
  ④ 동체의 표준수면과 접촉하는 부분

49 보일러에서 저온부식을 일으키는 성분은?
  ① 바나듐　　② 탄산가스
  ③ 황　　　　④ 일산화탄소

50 신설 보일러의 청정화를 도모할 목적으로 행하는 소다 끓이기에서 사용하는 약품이 아닌 것은?
  ① 수산화나트륨　　② 인산나트륨
  ③ 탄산나트륨　　　④ 탄산칼슘

51 점성계수의 차원(Dimension)은?
  ① $ML^{-2}T^2$　　② $ML^{-1}T^{-1}$
  ③ MLT^2　　　　④ ML^2T^2

52 관 지지구 중 리스트레인트의 종류에 포함되지 않는 것은?
  ① 앵커　　② 스톱
  ③ 서포터　④ 가이드

53 나사용 패킹으로서 화학약품에 강하고 내유성이 크며, 내열범위가 -30~130℃인 것은?
① 네오프렌 ② 액상 합성수지
③ 테프론 ④ 일산화 연(鉛)

54 전기 용접봉의 피복제 중, 석회석이나 형식이 주성분으로 되어 있는 것은?
① 저수소계
② 일미나이트계
③ 고셀룰로오스계
④ 고산화티탄계

55 도수분포표에서 도수가 최대인 곳의 대표치를 말하는 것은?
① 중위수 ② 비 대칭도
③ 모드(Mode) ④ 첨도

56 일정통제를 할 때 1일당 그 작업을 단축하는 데 소요되는 비용의 증가를 의미하는 것은?
① 비용구배(Cost Slope)
② 정상 소요시간(Normal Duration)
③ 비용견적(Cost Estimation)
④ 총비용(Total Cost)

57 서블리그(Therblig) 기호는 어떤 분석에 주로 이용되는가?
① 연합작업분석 ② 공정분석
③ 동작분석 ④ 작업분석

58 관리도에서 점이 관리한계 내에 있고 중심선 한 쪽에 연속해서 나타나는 점을 무엇이라 하는가?
① 경향 ② 주기
③ 런 ④ 산포

59 모집단의 참값과 측정 데이터의 차를 무엇이라 하는가?
① 오차 ② 신뢰성
③ 정밀도 ④ 정확도

60 준비작업시간이 5분, 정미작업시간이 20분, lot 수 5주 작업에 대한 여유율이 0.2라면 가공시간은?
① 150분 ② 145분
③ 125분 ④ 105분

▶▶▶ 정답 및 해설

01	02	03	04	05	06	07	08	09	10
①	③	③	③	④	①	②	②	②	④
11	12	13	14	15	16	17	18	19	20
③	②	③	③	①	①	④	④	③	②
21	22	23	24	25	26	27	28	29	30
①	②	④	②	③	①	③	①	①	②
31	32	33	34	35	36	37	38	39	40
③	③	②	①	①	③	③	④	④	②
41	42	43	44	45	46	47	48	49	50
③	③	①	①	①	②	①	③	③	④
51	52	53	54	55	56	57	58	59	60
②	③	③	①	③	①	③	③	①	③

01 • 연소실의 열부하율 : $kcal/m^3 \cdot h$
• 전열면의 증발률 : $kgf/m^2 \cdot h$
• 전열면의 열부하율 : $kcal/m^2 \cdot h$

02 기체연료는 탈황제거로 정제한 가스라서 유황산화물이나 질소산화물의 발생이 많지 않다.

03 $\eta = \dfrac{2,500 \times 539}{150 \times 9,800} \times 100 = 91.666\%$

04 사이클론 집진장치의 주원리는 입자의 원심력에 의한 집진이다.

05 과열저감기는 과열증기의 온도를 일정하게 유지시킨다.

06 집진장치는 설치할수록 매연을 제거하고 환경친화적이다.

07 • 기체연료의 연소 시 공기비는 일반적으로 1.1~1.3 정도이다.
• 연료가 나쁜 연료일수록 공기비가 크다. 석탄은 1.5~2 정도이다.

08 연소실 과열현상은 보일러 폭발사고와 관계된다.

09 수관 보일러에서 강관을 확관하여 관판에 부착하면 강관의 최적 두께가 6~7% 감소한다.

10 $Z = 355 \times H \times \left[\dfrac{1}{273+27} - \dfrac{1.05}{273+200} \right]$
$= 355 \times 100 \times \left[\dfrac{1}{300} - \dfrac{1.05}{473} \right]$
$= 39.3 mmAq$

11 양모, 우모 펠트는 유기질 보온재라서 저온용이다. 펠트 상으로 제작하며 곡면 등의 시공이 가능하다. 안전사용온도는 100℃. 그러나 아스팔트 방습한 것은 -60℃까지 보냉용이다.

12 자동제어에서 신호전달거리는 공기압식이 가장 짧다. (약 100m 이내)
전기식 > 유압식 > 공기압식

13 보일러에서 6개월 이상 장기보존 시 보일러 동 내부에 채워두는 가스는 순도가 높은 질소(N_2) 가스이다.

14 • 최고사용압력 $1kg/cm^2$ 이하 보일러 : 20A 이상
• 최고사용압력 $1kg/cm^2$ 초과 보일러 : 25A 이상

15 대기압은 $1.033kg/cm^2$($10.33mmAq$)이므로 펌프의 최대흡입양정은 이론상 10m 정도이고 실용상은 6~7m이다.

16 전수두 = 위치수두 + 압력수두 + 속도수두

17 원관에서 관의 난류가 흐르고 있을 때 손실수두는 관의 마찰계수에 비례한다.

18 랭킨 사이클에서 복수기의 압력이 낮아질 때의 현상으로 터빈 출구부의 부식문제가 생긴다.

19 보일-샤를의 법칙은 일정량의 기체의 체적은 압력에 반비례하고 절대온도에 비례한다.

20 감압밸브의 작동방법에 의한 분류
• 벨로스형
• 피스톤형
• 다이어프램형

21 보온재는 비중이 작으면 열전도율이 작아진다. 열전도율의 단위는 kcal/m·h·℃이다.

22 $800kg/cm^2 = 8kg/mm^2$
$$t = \frac{P \cdot D}{200 \cdot S \cdot \eta}$$
$$= \frac{20 \times (1.2 \times 1,000)}{200 \times 8 \times 0.9} = 17mm$$

23 보온재는 밀도가 가벼워야 열전도율이 낮아진다.

24 난방이나 급탕보일러는 5t/h 이상이면 공급연료량에 따라 연소용 공기를 자동조절하는 장치가 갖춰줘야 한다.

25 인터록 제어는 보일러 자동제어에서 어떤 조건이 구비되지 않았을 때 다음 단계의 동작이 이루어지지 않는 형태의 제어이다.

26 증기의 보유열량은 열정산에서 출열 중 가장 큰 출열 항목이다.

27 • 유량(풍량) $Q'' = Q \propto N$, $Q'' = Q \propto D^3$
• 풍압 $P'' = P \propto D^2$

28 행거는 배관의 상부에서 관을 지지하는 것으로 관의 상하 방향 이동을 허용하면서 일정한 힘으로 관을 지지하는 것은 콘스탄트 행거이다.

29 $d = \sqrt{\dfrac{4Q}{\pi V}}$

30 동관의 용도
• 급유관
• 냉매관
• 열교환기용관 등

31 $\dfrac{W(1-R)d}{r-d} = \dfrac{36,000 \times 100}{2,000 - 100}$
$= 1,894.7 L/day$

32 증기의 압력이 상승하면 물의 현열이 증가하나 잠열은 감소한다.

33 강관의 용접이음 특징
• 보온 피복재의 시공이 용이하다.
• 가공시간이 단축되며 재료비가 절약된다.
• 유체의 저항손실이 감소된다.

34 연돌의 유효높이를 증가시키려면 배가스의 온도를 높이거나 굴뚝의 높이를 증가시킨다.

35 수도관은 될수록 저장탱크나 팽창관으로 연결하고 보일러에 직결하는 것은 피하는 것이 좋다.

36 개방식, 밀폐식에는 팽창관은 반드시 설치되어야 한다.

37 주증기밸브를 신속히 열면 캐리오버(수격작용)가 발생된다.

38 플레임 아이는 화염의 유무를 검출하는 화염검출기이다.

39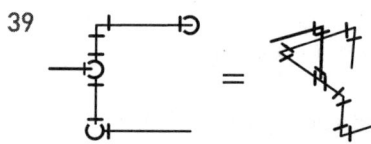

40 $5 \times 1.3배 + 3kg/cm^2 = 9.5kg/cm^2$
$0.5 \times 1.3 + 0.3 = 0.95 MPa$
수압시험 시간은 30분 이상 요한다.

41 $1,000 \times H(\gamma_1 - \gamma_2) = 6 \times (978.94 - 971.84)$
$= 42.6 mmAq$

42 • 습증기 영역에서는 건도는 항상 1보다 적다.
• 대기압 상태에서 엔탈피의 변화량과 주고받은 열량의 변화량은 같다.

43 수관은 팽출현상이 많다.(인장응력을 받는 곳에는 팽출현상 발생)

44 • pH 7 이하로 낮아질수록 강산성이다.
• pH 7(중성)
• pH 7이 넘으면 알칼리성이다.

45 보일러 급수처리
- 물리적 처리법
- 전기적 처리법
- 화학적 처리법

46 증발배수 = $\dfrac{\text{시간당 증기발생량}}{\text{시간당 연료소비량}}$ (kg/kg)

47
- 화염 검출기인 플레임 로드는 화염이 전기전도성을 이용한 것이다.
- ①은 바이메탈 스위치 화염 검출기
- ③, ④는 플레임 아이 화염 검출기

48 보일러에서 그루빙(구식)은 경판 구석의 둥근 부분에서 많이 발생된다.

49 $S + O_2 \rightarrow SO_2$(아황산가스)
$SO_2 + H_2O \rightarrow H_2SO_3$(무수황산)
$H_2SO_3 + \dfrac{1}{2}O_2 \rightarrow H_2SO_4$(진한 황산)

50 ㉠ 탄산칼슘은 슬러지나 스케일의 주성분이다.
㉡ pH 알칼리 조정제 및 알칼리 세관제
- 수산화나트륨
- 탄산나트륨
- 인산나트륨

51 점성계수의 차원 : $ML^{-1}T^{-1}$

52
- 배관 지지쇠 : 행거, 서포트, 리스트레인트, 브레이스
- 리스트레인트 : 앵커, 스톱, 가이드

53 액상 합성수지는 나사용 패킹이며 화학약품에 강하고 내유성이 크며 내열범위가 −30~130℃ 정도이다.

54 전기용접법의 피복제 중 석회석이나 형석이 주성분으로 된 것은 저수소계 용접봉이다.

55
- 도수분포표에서 도수가 최대인 곳의 대표치를 말하는 것은 Mode(모드)이다.
- 도수분포(Frequency Distrbution)는 샘플의 품질특성의 측정치를 도수로 나타낸 도수분포표 또는 그림(히스토그램, 도수분포곡선)으로서 세로 축에 도수, 가로 축에 품질특성을 취하여 만든다.

56 비용구배란 일정통제를 할 때 1일당 그 작업을 단축하는데 소요되는 비용의 증가를 의미한다.

57 Therblig 기호는 동작분석에 이용된다. 즉 동작의 기본 요소이다.

58
- "런"이란 관리도에서 점이 관리한계 내에 있고, 중심선 한 쪽에 연속해서 나타나는 점이다.
- 관리도(Control Chart)는 공정의 상태를 나타내는 특성치에 관해서 그려진 그래프로서 공정을 안전상태로 유지하기 위해 사용한다.

59 모집단의 참값과 측정 데이터의 차를 오차라 한다.

60 $(5+20) \times 5 = 125$분

제6회 CBT 실전모의고사

01 항상 일정한 수압으로 급수할 수 있는 방식은?
① 옥상 탱크식 ② 직결 배관식
③ 압력 탱크식 ④ 상향 배관식

02 전열방식에 따른 과열기의 종류가 아닌 것은?
① 방사형 ② 대류형
③ 방사 대류형 ④ 평행 방사형

03 다음 기체 중 가연성인 것은?
① CO_2 ② N_2
③ CO ④ He

04 실제 증발량 1,300kg/h, 급수온도 35℃, 전열면적 50m²인 연관식 보일러의 전열면 환산 증발률은?(단, 발생증기 엔탈피는 659.7kcal/kg이다.)
① 68kg/m² ② 56kg/m²
③ 47kg/m² ④ 30kg/m²

05 고압기류 분무식 버너의 공기 또는 증기의 압력은 몇 kg/cm² 정도인가?
① 2~7kg/cm² ② 8~12kg/cm²
③ 15~18kg/cm² ④ 20~25kg/cm²

06 에너지이용 합리화법상 소형 온수보일러란 전열면적과 최고사용압력이 얼마 이하인 보일러인가?
① 10m², 3.5kg/cm²
② 14m², 5.5kg/cm²
③ 15m², 4.5kg/cm²
④ 14m², 3.5kg/cm²

07 보일러 1마력에 상당하는 증발량은?
① 15.65kg/h ② 16.50kg/h
③ 18.65kg/h ④ 17.50kg/h

08 어떤 복수기의 진공도가 600mmHg이다. 절대압력은 얼마인가?(단, 표준대기압은 765mmHg이다.)
① 65mmHg ② 165mmHg
③ 265mmHg ④ 320mmHg

09 차압식 유량계가 아닌 것은?
① 오벌기어 유량계
② 벤투리관 유량계
③ 플로노즐 유량계
④ 오리피스 유량계

10 보일러 급수내관(內管)을 설치하는 목적과 무관한 것은?
① 급수를 얼마 정도라도 예열하기 위하여
② 냉수를 직접 보일러에 접촉시키지 않게 하기 위하여
③ 보일러수의 농축을 막기 위하여
④ 보일러수의 순환을 좋게 하기 위하여

11 주원료에 따른 내화벽돌의 종류가 아닌 것은?
① 납석질 ② 마그네시아질
③ 반규석질 ④ 벤토나이트질

12 보일러 제작 후 알칼리 세관을 행할 때 사용하는 약품이 아닌 것은?

① 계면활성제
② 인산(H_3PO_4)
③ 가성소다(NaOH)
④ 인산소다(Na_3PO_4)

13 보일러 급수장치는 주 펌프 세트 외에 보조펌프 세트를 갖추어야 하는데 관류보일러의 경우 전열면적이 몇 m^2 이하이면 보조펌프를 생략할 수 있는가?

① $12m^2$
② $14m^2$
③ $50m^2$
④ $100m^2$

14 유류 버너 중 유량의 조절범위가 가장 큰 것은?

① 고압기류식 버너
② 저압공기식 버너
③ 유압식 버너
④ 회전식 버너

15 액상식 열매체 보일러 온도 120℃ 이하의 온수 발생 보일러에 설치하는 방출밸브 지름은?

① 15mm 이상
② 20mm 이상
③ 25mm 이상
④ 30mm 이상

16 보일러를 장기간(6개월 이상) 사용치 않고 보존하는 경우 가장 좋은 보존방법은?

① 보통 밀폐 보존법
② 보통 만수 보존법
③ 소다 만수 보존법
④ 석회 건조 보존법

17 보일러 점화 시 발생하는 역화현상(逆火現像)을 방지하는 방법으로 가장 적합한 것은?

① 유압을 높인다.
② 연도 댐퍼를 닫는다.
③ 슈트 블로를 한다.
④ 포스트퍼지를 한다.

18 보일러에서 간헐 분출할 경우의 주의사항으로 틀린 것은?

① 분출은 가급적 시동 후 부하가 가장 클 때 한다.
② 분출작업은 2대의 보일러를 동시에 해서는 안 된다.
③ 분출은 2명이 한 조가 되어 작업을 한다.
④ 분출할 때는 절대로 다른 작업을 해서는 안 된다.

19 보일러 운전 시 프라이밍이나 포밍이 발생하는 경우가 아닌 것은?

① 수면과 증기 송출구의 거리가 가까울 때
② 동체 내의 수면이 지나치게 넓을 때
③ 보일러수가 농축하여 불순물이 많을 때
④ 주증기 밸브를 급격히 열었을 때

20 일의 열당량(熱當量) 값 및 단위로 옳은 것은?

① $\frac{1}{427}$ kcal/kg·m
② $\frac{1}{427}$ kg·m/kcal
③ 427dyne/kg
④ 427kcal/kg

21 몰리에르(Mollier) 선도는 x축과 y축을 각각 어떤 양으로 하는가?

① x축 : 비체적, y축 : 온도
② x축 : 엔탈피, y축 : 엔트로피
③ x축 : 온도, y축 : 엔탈피
④ x축 : 엔트로피, y축 : 온도

22 물의 임계압력은 절대압력으로 몇 kg/cm^2인가?

① $374.15kg/cm^2$
② $225.56kg/cm^2$
③ $647.3kg/cm^2$
④ $538kg/cm^2$

23 직경이 각각 10cm와 20cm로 된 관이 서로 연결되어 있다. 20cm 관에서의 속도가 2m/s일 때 10cm관에서의 속도는?

① 1m/s ② 2m/s
③ 6m/s ④ 8m/s

24 1kg의 습포화증기 속에 증기상(蒸氣相)이 x kg, 액상(液相)이 $(1-x)$kg 포함되어 있을 때 습기는?

① $x-1$ ② $1-x$
③ $\dfrac{x}{1-x}$ ④ x

25 랭킨 사이클의 열효율을 크게 하는 방법으로 옳은 것은?

① 보일러 발생증기의 초압을 높게 하고 초온을 낮게 한다.
② 발생증기의 초압, 초온을 모두 높게 한다.
③ 발생증기의 초압, 초온을 모두 낮게 한다.
④ 발생증기의 초압은 낮게 하고, 초온은 높게 한다.

26 어떤 보일러 송풍기의 풍량이 3,600m³/min, 송풍압력이 35mmH$_2$O, 효율이 0.62이면 이 송풍기의 소요동력은?

① 33.2kW ② 53.5kW
③ 63.4kW ④ 87.6kW

27 보일러에서 증발과정의 변화는?

① 정적변화
② 등온, 정압변화
③ 정압변화
④ 단열변화

28 물에 대하여 압력이 증가할 때 포화온도 및 증발열의 설명이 옳은 것은?

① 포화온도는 내려가고 증발열은 증가한다.
② 포화온도는 올라가고 증발열도 증가한다.
③ 포화온도는 올라가고 증발열은 감소한다.
④ 포화온도가 내려가고 증발열도 감소한다.

29 동관의 이음방법이 아닌 것은?

① 플라스턴 이음
② 플랜지 이음
③ 용접이음
④ 납땜이음

30 부력을 이용하여 밸브를 개폐하는 트랩은?

① 벨로스 트랩
② 디스크 트랩
③ 오리피스 트랩
④ 버킷 트랩

31 증기배관의 신축 이음장치에서 가장 고장이 적고 고압에 잘 견디는 것은?

① 벨로스형 ② 단식 슬리브형
③ 복식 슬리브형 ④ 루프형

32 KS 배관재료 기호 중 STHA는?

① 보일러 열교환기용 합금강관
② 보일러 열교환기용 스테인리스 강관
③ 일반구조용 강관
④ 보일러용 압력강관

33 탄소강의 청열취성 온도 범위는?

① 100~200℃ ② 200~300℃
③ 400~500℃ ④ 800~1,000℃

34 특정열사용기자재 중 검사대상기기의 계속사용검사 신청은 유효기간 만료 며칠 전에 해야 하는가?

① 20일   ② 30일
③ 7일   ④ 10일

35 보일러 분출장치의 설치 목적으로 틀린 것은?

① 슬러지분을 배출, 스케일 부착을 방지한다.
② 관수의 신진대사를 원활하게 한다.
③ 증기압력을 일정하게 유지한다.
④ 관수의 불순물 농도를 한계치 이하로 유지한다.

36 탄산마그네슘($MgCO_2$) 보온재의 설명으로 잘못된 것은?

① 염기성 탄산마그네슘에 석면을 8~15 정도 혼합한 것이다.
② 안전사용온도는 무기질 보온재 중 가장 높다.
③ 석면의 혼합비율에 따라 열전도율은 달라진다.
④ 물 반죽 또는 보온판, 보온통 형태로 사용된다.

37 보일러 급수 중의 용존가스(O_2, CO_2)를 제거하는 방법으로 가장 적합한 것은?

① 석회소다법   ② 탈기법
③ 이온교환법   ④ 침강분리법

38 용해 고형물을 제거하는 방법 중의 하나인 이온교환법에서 사용하는 재생재는?

① 탄산칼슘   ② 수산화나트륨
③ 산화칼슘   ④ 탄산나트륨

39 보일러 동 내부에 점식을 일으키는 것은?

① 급수 중의 탄산칼슘
② 급수 중의 인산칼슘
③ 급수 중에 포함된 공기
④ 급수 중의 황산칼슘

40 보일러 급수의 외처리방법 중 물리적 처리방법이 아닌 것은?

① 여과법   ② 침강법
③ 기폭법   ④ 석회소다법

41 피복 아크 용접에서 자기쏠림현상을 방지하는 방법으로 옳은 것은?

① 용접봉을 굵은 것으로 사용한다.
② 접지점을 용접부에서 멀리한다.
③ 용접 전압을 높여준다.
④ 용접 전류를 높여준다.

42 압력배관용 강관의 사용압력이 $40kg/cm^2$, 인장강도가 $20kg/mm^2$일 때의 스케줄 번호는? (단, 안전율은 4로 한다.)

① 60   ② 80
③ 120   ④ 160

43 아래 용접기호에 대한 설명으로 틀린 것은?

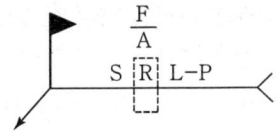

① ▟ : 현장용접
② S : 치수 또는 강도
③ F : 표면 모양의 기호
④ R : 루트 간격

44 15℃, 15kg/cm²에서 아세톤 1L에 대하여 아세틸렌가스는 몇 L가 용해되는가?(단, 15℃, 1kg/cm²에서 아세톤 1L에 아세틸렌 25L가 용해된다.)

① 250L ② 375L
③ 425L ④ 480L

45 보일러 내에 아연판을 설치하는 목적은?

① 비수작용 방지
② 스케일 생성 방지
③ 보일러 내부 부식 방지
④ 포밍 방지

46 보일러의 공기조절장치에 대한 설명으로 틀린 것은?

① 윈드박스(Wind Box) : 풍도로부터 공기를 받아들여 정압을 동압으로 바꾸어준다.
② 보염기(Stabilizer) : 착화를 확실하게 하며 화염의 안정을 도모한다.
③ 안내날개(Guide Vane) : 공기의 흐름을 균일한 선회류가 되도록 한다.
④ 버너타일(Burner Tile) : 연료와 공기를 노 내에 분사하기 위하여 노벽에 설치된 목(Burner Throat)을 구성하는 내화재로 착화와 화염이 안정되도록 한다.

47 보일러수의 가성취화현상을 방지하기 위하여 사용되는 청관제가 아닌 것은?

① 리그닌   ② 질산나트륨
③ 인산나트륨 ④ 탄산나트륨

48 부정형 내화물에 해당되는 것은?

① 캐스터블 내화물
② 마그네시아 내화물
③ 규석질 내화물
④ 탄소 규소질 내화물

49 에너지 사용량이 대통령이 정하는 기준량 이상이 되는 경우에는 신고하여야 한다. 이때 신고사항이 아닌 것은?

① 전년도의 에너지 사용량 및 제품 생산량
② 당해 연도의 에너지 사용 예정량 및 제품생산 예정량
③ 에너지 사용기자재의 현황
④ 내년도의 에너지 사용량 및 제품생산량

50 코니시 보일러(Cornish Boiler)에서 노통을 편심으로 설치하는 이유는?

① 보일러의 강도를 향상시키기 위함이다.
② 연소장치의 설치를 쉽게 하기 위함이다.
③ 온도 변화에 따른 신축작용을 흡수하기 위함이다.
④ 보일러수의 순환을 좋게 하기 위함이다.

51 온수보일러 설치·시공 기준상 온수보일러의 용량이 50,000kcal/h일 때 급탕관의 크기는?

① 25mm 이상
② 20mm 이상
③ 15mm 이상
④ 10mm 이상

52 보일러에서 그을음 불어내기(Shoot Blow)를 할 때 주의사항으로 틀린 것은?

① 그을음 불어내기를 하기 전에 드레인(Drain)을 충분히 한다.
② 그을음 불어내기 관을 동일 장소에서 오랫동안 작용시키지 않는다.
③ 댐퍼의 개도를 늘리고 통풍력을 적게 한다.
④ 흡입 통풍기가 있을 경우 흡입통풍을 늘려서 한다.

53 다음 중 보일러 관수의 탈산소제가 아닌 것은?
① 아황산소다
② 암모니아
③ 탄닌
④ 히드라진

54 관의 지지장치에서 이어(Ear), 슈(Shoe) 등은 어떤 종류의 지지장치에 해당되는가?
① 서포트(Support)
② 행거(Hanger)
③ 리스트레인트(Restraint)
④ 브레이스(Brace)

55 공급자에 대한 보호와 구입자에 대한 보증의 정도를 규정해 두고 공급자의 요구와 구입자의 요구 양쪽을 만족하도록 하는 샘플링 검사방식은?
① 규준형 샘플링 검사
② 조정형 샘플링 검사
③ 선별형 샘플링 검사
④ 연속생산형 샘플링 검사

56 표는 어느 회사의 월별 판매실적을 나타낸 것이다. 5개월 이동평균법으로 6월의 수요를 예측하면?

월	1	2	3	4	5
판매량	100	110	120	130	140

① 150
② 140
③ 130
④ 120

57 u 관리도의 공식으로 가장 올바른 것은?
① $\bar{u} \pm 3\sqrt{u}$
② $\bar{u} \pm \sqrt{u}$
③ $\bar{u} \pm 3\sqrt{\dfrac{u}{n}}$
④ $\bar{u} \pm \sqrt{n}$

58 도수분포표를 만드는 목적이 아닌 것은?
① 데이터의 흩어진 모양을 알고 싶을 때
② 많은 데이터로부터 평균치와 표준편차를 구할 때
③ 원 데이터를 규격과 대조하고 싶을 때
④ 결과나 문제점에 대한 계통적 특성치를 구할 때

59 설비의 구식화에 의한 열화는?
① 상대적 열화
② 경제적 열화
③ 기술적 열화
④ 절대적 열화

60 모든 작업을 기본동작으로 분해하고 각 기본동작에 대하여 성질과 조건에 따라 정해놓은 시간치를 적용하여 정미시간을 산정하는 방법은?
① PTS법
② WS법
③ 스톱워치법
④ 실적기록법

▶▶▶ 정답 및 해설

01	02	03	04	05	06	07	08	09	10
①	④	③	④	①	④	①	②	①	③
11	12	13	14	15	16	17	18	19	20
④	②	④	①	②	④	④	①	②	①
21	22	23	24	25	26	27	28	29	30
②	②	④	②	②	①	②	③	①	④
31	32	33	34	35	36	37	38	39	40
④	①	②	④	②	③	②	②	③	④
41	42	43	44	45	46	47	48	49	50
②	②	③	②	③	①	④	①	④	④
51	52	53	54	55	56	57	58	59	60
③	③	②	③	①	④	③	④	①	①

01 고가 탱크방식(옥상 탱크식)
- 항상 일정한 수압으로 급수할 수 있다.
- 수압의 과대 등에 따른 밸브류 등 배관 부속품의 손실이 적다.
- 저수량을 언제나 확보할 수 있어 단수가 되지 않는다.
- 대규모 급수설비에 적합하다.

02 ㉠ 전열방식에 따른 과열기
- 방사형(복사형)
- 대류형(접촉형)
- 방사대류형

㉡ 열가스 흐름방식에 따른 과열기
- 병류형
- 향류형
- 혼류형

03 · CO_2, N_2, He : 불연성 가스
· CO, CH_4, C_3H_8, C_4H_{10}, H_2, C_2H_2 : 가연성 가스

04 $We = \dfrac{1,300 \times (659.7 - 35)}{539 \times 50} = 30.13$

05 고압기류 분무버너 : $2\sim7kg/cm^2$ 압력으로 증기 또는 공기를 이용하여 분무시킨다.

06 소형 온수보일러
- 전열면적 : $14m^2$ 이하
- 최고사용압력 : $3.5kg/cm^2$ 이하

07 보일러 1마력이란 상당증발량 $15.65kg/h(8,435kcal)$의 발생능력이다.

08 절대압력 = 게이지 압력 + 대기압
= 대기압 − 진공압
= 765 − 600 = 165mmHg

09 루트식, 오벌기어식은 용적식 유량계이다.

10 보일러수의 농축을 방지하기 위해서는 연수기, 분출이나 청관제를 사용하여야 한다.

11 주원료에 따른 내화벽돌
- 납석질
- 마그네시아질
- 반규석질
- 알루미나 등

12 알칼리 세관 시 해당 약품
- 계면활성제
- 인산소다
- 가성소다 등

13 관류보일러의 전열면적이 $100m^2$ 이하이면 보조펌프를 생략할 수 있다.

14 유량조절범위
① 고압기류식 버너 1 : 10
② 저압공기식 버너 1 : 5
③ 유압식 버너 1 : 2
④ 회전식 버너 1 : 5

15 액상식 열매체 보일러 및 온도 120℃ 이하의 온수발생 보일러의 방출밸브 지름은 20mm 이상이어야 한다. 120℃ 초과 시에는 안전밸브를 장착하여야 한다.

16 보일러 보존법
- 단기보존 : 소다 만수 보존법
- 장기보존 : 석회 건조 보존법

17 보일러 퍼지
   - 점화 시 : 프리퍼지
   - 가동중지 시나 점화실패 시 : 포스트퍼지

18 간헐분출(수저분출)은 가급적 보일러 시동 전에 하며 가동 중이라면 부하가 가장 적을 때 실시한다.

19 보일러 동체 내의 수면이 지나치게 넓을 때는 부하변동에 응하기가 수월하다.

20 - 일의 열당량 : $\frac{1}{427}$ kcal/kg·m
   - 열의 일당량 : 427kg·m/kcal

21 몰리에르 선도
   - x축 : 엔탈피
   - y축 : 엔트로피

22 - 물의 임계압력 : 225.56kg/cm^2
   - 물의 임계온도 : 374.15℃

23 - 10cm의 단면적 = $\frac{3.14 \times 0.1^2}{4}$ = 0.00785mm^2
   - 20cm의 단면적 = $\frac{3.14 \times 0.2^2}{4}$ = 0.0314mm^2
   ∴ $V = 2 \times \frac{0.0314}{0.00785}$ = 8m/s

24 - 습기도(습도) $y = 1 - x$
   - 건조도(x)가 1이면 건포화증기
   - 건조도(x)가 $0 < x < 1$이면 습포화증기
   - 건조도(x)가 0이면 포화수

25 랭킨 사이클(증기원동소사이클)의 열효율을 크게 하려면 발생증기의 초압, 초온을 모두 높게 한다.

26 소요동력 = $\frac{풍압 \times 분당 풍량}{102 \times 효율 \times 60}$
           = $\frac{35 \times 3,600}{102 \times 0.62 \times 60}$ = 33.20kW

27 보일러 증발과정
   - 온도 일정
   - 압력 일정

28 - 물의 압력이 증가하면 포화온도 상승, 증발잠열 감소
   - 1atm, 100℃에서 물의 증발잠열은 539kcal/kg
   - 임계점(225.56kgf/cm^2, 374℃)에서는 증발잠열이 0kcal/kg이다.

29 플라스틴 이음은 연관의 이음방법이다.

30 - 부력을 이용하여 밸브를 개폐하는 기계식 트랩 : 버킷 트랩, 플로트 트랩
   - 온도차에 의한 트랩 : 벨로스 트랩, 바이메탈 트랩
   - 열역학을 이용한 트랩 : 디스크 트랩, 오리피스 트랩

31 증기배관 신축 이음장치에서 가장 고장이 적고 고압에 잘 견디고 신축량이 큰 이음은 루프형(곡관형)이다. 그러나 응력이 생기는 결점이 있고 대형이라 옥외 배관에 사용이 용이하다.

32 STHA : 보일러 열교환기용 합금강관

33 - 탄소강의 청열취성 온도 범위 : 200~300℃
   - 탄소강의 적열취성 온도 범위 : 800~900℃

34 특정열사용기자재 중 검사대상기기의 계속사용검사 신청은 유효기간 만료 10일 전에 에너지관리공단 이사장에게 제출한다.

35 증기의 압력을 일정하게 유지하는 것은 감압밸브이다.

36 - 안전사용온도가 높은 무기질 보온재는 규산칼슘 보온재나 세라믹 파이버 등이다.
   - 탄산마그네슘 보온재 안전사용온도는 250℃ 이하
   - 규산칼슘(650℃), 세라믹 파이버(1,300℃)

37 보일러 급수 중 O_2, CO_2 등의 용존가스를 제거하는 방법은 탈기법이나 기폭법을 이용한다.

38 용해 고형물을 제거하는 방법 중의 하나인 이온교환법 재생재는 소금물이나 수산화나트륨이 사용된다.

39 보일러 동 내부에 점식이나 부식을 일으키는 것은 O_2나 공기 등이다.

40 석회소다법은 화학적인 처리방법이다.

41 피복 아크 용접에서 자기쏠림현상을 방지하려면 접지점을 용접부에서 멀리한다.

42 $Sch = 10 \times \dfrac{P}{S}$

$S = \dfrac{20}{4} = 5$

$\therefore 10 \times \dfrac{40}{5} = 80$

43 • F : 다듬질 방법의 기호
• — : 표면형상의 기호

44 $25L : 1kg/cm^2 = x : 15kg/cm^2$

$x = 25 \times \dfrac{15}{1} = 375L$

45 보일러 내에 아연판을 설치하는 목적은 보일러 내부의 부식인 점식을 방지하려는 것이다.

46 윈드박스(바람상자)는 풍도를 이용하여 공기를 받아들여 동압을 정압으로 바꾸어 연료와의 혼합으로 완전연소에 일조한다.

47 가성취화 방지제
• 리그닌
• 질산나트륨
• 인산나트륨
• 탄닌

48 캐스터블, 플라스틱 내화물은 부정형 내화물이다.

49 에너지 사용량이 대통령이 정하는 기준량인 석유환산 2,000TOE 이상이면 당해 연도 1월 31일까지 ①, ②, ③의 내용을 신고한다.

50 코니시 보일러에서 노통을 편심시키는 이유는 보일러수의 순환을 좋게 하기 위함이다.

51 온수보일러 급탕관의 크기
• 50,000kcal/h 이하 : 15mm 이상
• 50,000kcal/h 초과 : 20mm 이상

52 보일러에서 그을음 불어내기를 할 때는 댐퍼의 개도를 늘리고 통풍력을 다소 크게 한다.

53 보일러 관수의 탈산소제
• 아황산소다
• 탄닌
• 히드라진

54 관 지지장치
• 행거 : 리지드 행거, 콘스탄틴 행거, 스프링 행거
• 서포트 : 스프링 서포트, 롤러 서포트, 리지드 서포트
• 리스트레인트 : 앵커, 스톱, 가이드
• 브레이스 : 방진구, 완충기
• 기타 : 이어, 슈, 러그, 스커트

55 공급자 요구와 구입자 요구 양쪽을 만족하도록 하는 샘플링은 규준형 샘플링 검사이다.

56 $\dfrac{100+110+120+130+140}{5} = 120$

57 • u 관리도 : 단위당 결점수의 관리도
• u 관리도 공식 $= \bar{u} \pm 3\sqrt{\dfrac{u}{n}}$

58 도수분포표를 만드는 목적은 ①, ②, ③의 내용이다.

59 설비의 구식화에 대한 열화는 상대적 열화이다.

60 • PTS(Predetermined Time Standards)법은 모든 작업을 기본동작으로 분해하고 각 기본동작에 대하여 성질과 조건에 따라 정해 놓은 시간치를 적용하여 정비시간을 산정하는 방법이다.
• PTS법은 종래의 스톱워치에 의한 직접시간연구법의 결점을 보완하기 위한 새로운 수법이다.

제7회 CBT 실전모의고사

01 고압기류식 분무버너 특성 설명으로 옳은 것은?

① 연료유의 점도가 크면 무화가 곤란하다.
② 연소 시 소음의 발생이 적다.
③ 유량조절범위가 1 : 3 정도로 좁다.
④ 2~7kg/cm² 정도의 공기 또는 증기 고속류를 사용한다.

02 두께 3cm, 면적 2m²인 강판의 열전도량을 6,000kcal/h로 하려면 강판 양면의 필요한 온도차는?(단, 열전도율 λ = 45kcal/m · h · ℃ 이다.)

① 2℃ ② 2.5℃
③ 3℃ ④ 3.5℃

03 다음 중 중유의 저위발열량(H_l)을 나타내는 식은?(단, H_h : 고위발열량, h : 중유 1kg 속에 함유된 수소의 중량(kg), W : 중유 1kg 속에 함유된 수분의 중량(kg))

① $H_l = H_h + (9h - W)$
② $H_l = H_h + 600(9h - W)$
③ $H_l = H_h - 600(9h - W)$
④ $H_l = H_h - 600(9h + W)$

04 과잉공기와 연소 노 내 온도 및 연소가스 중의 (CO_2)% 관계를 옳게 설명한 것은?

① 과잉공기가 증가하면 연소온도는 내려가고, 연소가스 중의 (CO_2)%는 증가한다.
② 과잉공기가 증가하면 연소온도는 높아지고, 연소가스 중의 (CO_2)%는 증가한다.
③ 과잉공기가 증가하면 연소온도는 내려가고, 연소가스 중의 (CO_2)%는 감소한다.
④ 과잉공기가 증가하면 연소온도는 높아지고, 연소가스 중의 (CO_2)%는 감소한다.

05 노통보일러와 비교한 노통연관보일러의 특징을 설명한 것으로 잘못된 것은?

① 전열면적이 커서 증발량이 많고 효율이 좋다.
② 비교적 빨리 증기를 얻을 수 있다.
③ 질이 좋은 보일러수(水)가 필요하다.
④ 구조가 간단하여 설비비가 적게 된다.

06 보일러 절탄기 설치 시의 장점을 잘못 설명한 것은?

① 보일러의 수처리를 할 필요가 없다.
② 급수 중 일부의 불순물이 제거된다.
③ 급수와 관수의 온도차로 인한 열응력이 발생되지 않는다.
④ 보일러 열효율이 향상되어 연료가 절약된다.

07 보일러수의 예열, 증발, 과열이 1개의 긴 관에서 이루어지며 드럼(Drum)이 없는 보일러는?

① 하이네 보일러
② 슐저 보일러
③ 베록스 보일러
④ 라몬트 보일러

08 수관 보일러 중 수평수관식 보일러인 것은?

① 가르베 보일러
② 밥콕 보일러
③ 다쿠마 보일러
④ 야로우 보일러

09 탄소 1kg을 완전연소시키는 데 필요한 공기량은?

① 8.89Nm³   ② 3.33Nm³
③ 1.87Nm³   ④ 22.4Nm³

10 내화물이란 제겔콘 번호(SK)에서 얼마 이상인가?

① SK 26   ② SK 28
③ SK 32   ④ SK 34

11 보일러에 사용되는 청관제와 그 약품을 연결한 것으로 잘못된 것은?

① 연화제 – 가성소다, 탄산소다
② 가성취화 억제제 – 질산나트륨, 인산나트륨
③ 탈산소제 – 암모니아, 리그닌
④ 슬러지 분산제 – 탄닌, 전분

12 옥내에 설치된 보일러와 함께 보일러 연료를 저장하는 경우 보일러 외측으로부터 얼마 이상의 이격거리를 두는 것이 원칙인가?

① 1m   ② 2m
③ 3m   ④ 4m

13 보일러 급수 중의 가스제거방법에 대해서 설명한 것 중 틀린 것은?

① 용존가스 제거방법은 기폭법, 탈기법 등이 있다.
② 탈기에 의한 방법은 산소, 탄산가스 등을 제거하는 경우에 쓰인다.
③ 기폭에 의한 방법은 산소, 탄산가스 등은 제거하나 철분, 망간을 제거하지는 못한다.
④ 기폭에 의한 처리방법은 보통 급수를 분무 또는 탑상에서 우화(雨化)시키는 방법을 취하고 있다.

14 보일러의 수위가 낮아 과열된 경우 가장 먼저 취해야 할 조치는?

① 안전밸브를 열어 증기를 배출시킨다.
② 송풍기로 노 내를 냉각시킨다.
③ 연료공급을 중지한다.
④ 급수펌프로 급수한다.

15 수격작용의 방지조치로서 적합지 않은 것은?

① 급수관 도중에 에어포켓이 형성되게 한다.
② 주증기 밸브를 급개하지 않는다.
③ 프라이밍이나 포밍이 발생하지 않게 한다.
④ 용량이 큰 주증기 밸브는 응축수 빼기를 설치한다.

16 보일러 보존법에 대한 설명으로 틀린 것은?

① 만수보존법은 단기간의 휴지 시에 주로 채택하는 보존법이다.
② 질소가스 봉입법은 주로 고압 대용량 보일러의 단기간 휴지 시에 채택된다.
③ 보일러의 휴지기간이 장기간인 경우에는 건조보존법이 적합하다.
④ 건조보존법을 채택할 경우 흡습제로 생석회 또는 실리카겔 등을 사용한다.

17 보일러 내부 부식이 발생하기 쉬운 곳과 거리가 먼 것은?

① 침전물이 퇴적하기 쉬운 곳
② 과열이 발생하기 쉬운 곳
③ 물과 접촉하는 수면 부근
④ 산화피막이 형성된 곳

18 1kW로 1시간 일한 것은 몇 kcal의 열량에 해당되는가?

① 860kcal   ② 622kcal
③ 552kcal   ④ 486kcal

19 다음 중 엔트로피의 단위는?

① kcal/kg · K ② kg · m/kg
③ kcal/K ④ kcal/kg

20 베르누이 방정식에서 압력수두의 단위는?

① kg · m/sec ② kg/cm^2
③ m ④ kg/sec

21 유체 속에 잠겨진 물체에 작용하는 부력은?

① 그 물체에 의해서 배제된 액체의 무게와 같다.
② 물체의 중력보다 크다.
③ 유체의 밀도와는 관계가 없다.
④ 물체의 중력과 같다.

22 폐열회수(廢熱回收) 사이클은 어떤 사이클에 속하는가?

① 재생, 재열(再生, 再熱)
② 복합(複合)
③ 재열(再熱)
④ 재생(再生)

23 유체의 흐름에서 관(管)이 확대되면 압력은?

① 높아진다. ② 낮아진다.
③ 일정하다. ④ 갑자기 올라간다.

24 고압배관용 탄소강관의 KS 표시 기호는?

① SPPH ② SPPS
③ SPHT ④ SPLT

25 압력배관용 탄소강관의 최대사용압력은 몇 kg/cm^2 정도인가?

① $18kg/cm^2$ ② $30kg/cm^2$
③ $50kg/cm^2$ ④ $100kg/cm^2$

26 증기와 응축수와 비중차를 이용한 기계식 트랩으로 다량의 응축수를 처리하는 경우 주로 사용되는 트랩은?

① 오리피스 트랩 ② 디스크 트랩
③ 피스톤형 트랩 ④ 플로트 트랩

27 배관의 신축이음 종류가 아닌 것은?

① 슬리브형 ② 루프형
③ 플로트형 ④ 벨로스형

28 온수난방 방열기에 부착되는 부속은?

① 유니언 캡 ② 냉각 레그
③ 리프트 피팅 ④ 에어 벤트 밸브

29 다음 보온재 중 안전사용온도가 가장 높은 것은?

① 탄산마그네슘 ② 글라스 울
③ 양모 펠트 ④ 규산칼슘

30 다음 중 산성 내화물에 속하는 것은?

① 고알루미나질 내화물
② 탄화규소질 내화물
③ 규석질 내화물
④ 크롬질 내화물

31 보일러의 절탄기 또는 공기예열기에 온도계가 설치된 경우 생략하여도 되는 온도계는?

① 보일러 본체 배기가스 온도계
② 급수 입구의 급수온도계
③ 버너의 급유 입구의 온도계
④ 과열기 출구 온도계

32 집진장치 중 가압한 물을 분사시켜 충돌 또는 확산에 의한 포집을 하는 가압수식에 속하지 않는 것은?

① 벤투리 스크러버
② 사이클론 스크러버
③ 세정탑
④ 백 필터

33 다음 중 전기저항 용접의 종류가 아닌 것은?

① 스폿 용접
② 프로젝션 용접
③ 심(Seam)용접
④ 서브머지드 용접

34 보일러 이상 저수위 원인에 해당되지 않는 것은?

① 수면계의 기밀 불량
② 증기의 대량 소비
③ 수위의 감시 불량
④ 안전밸브 작동 불량

35 인젝터가 작동되지 않는 경우가 아닌 것은?

① 증기에 수분이 너무 많다.
② 증기 압력이 너무 낮다.
③ 흡입 관로에서 공기가 누입된다.
④ 급수 온도가 너무 낮다.

36 PB관 이음쇠로 만들어지지 않은 것은?

① 플랜지(Flange)
② 티(Tee)
③ 커넥터(Connector)
④ 엘보(Elbow)

37 체적이 $10m^3$, 무게가 9,000kgf인 액체의 비중은?

① 0.11   ② 1.1
③ 0.9   ④ 9

38 엔탈피의 크기와 관계가 있는 것은?

① 내부에너지와 엔트로피
② 압력과 포화온도
③ 외부에너지와 엔트로피
④ 내부에너지와 일량

39 고온, 고압 배관용으로 사용할 수 있으며 내식성이 우수한 관은?

① 압력배관용 탄소강관
② 스테인리스 강관
③ 경질 염화비닐관
④ 동관

40 특정열사용기자재 중 기관에 포함되지 않는 것은?

① 압력용기
② 강철제 보일러
③ 태양열 집열기
④ 축열식 전기보일러

41 급수온도 25℃이고, 압력 14kg/cm²인 증기를 5,000kg/h 발생시키는 보일러가 있다. 이 보일러가 450kg/h의 연료를 소비할 때 보일러의 열효율은?(단, 연료 발열량 10,000kcal/kg, 증기 엔탈피 726kcal/kg이다.)

① 77.9%   ② 79.1%
③ 63.1%   ④ 64.8%

42 어떤 보일러에서 급수의 온도가 60℃, 증발량이 1시간당 3,000kg, 발생증기의 엔탈피는 660kcal/kg이다. 이 보일러의 상당증발량은?

① 2,783kg/h ② 3,340kg/h
③ 3,625kg/h ④ 4,020kg/h

43 수소(H_2)의 영향을 가장 많이 받는 가스 분석계는?

① 밀도식 CO_2계
② 오르사트식 가스 분석계
③ 가스크로마토그래피
④ 열전도율형 CO_2계

44 압력 10kg/cm², 건도가 0.95인 수증기 1kg의 엔탈피는?(단, 10kg/cm²에서 포화수의 엔탈피는 181.2kcal/kg, 포화증기의 엔탈피는 662.9kcal/kg이다.)

① 457.6kcal/kg ② 638.8kcal/kg
③ 810.9kcal/kg ④ 1,120.5kcal/kg

45 개방식과 밀폐식 팽창탱크에 필요한 것은?

① 통기관   ② 압력계
③ 팽창관   ④ 안전밸브

46 피복 아크 용접봉의 종류와 기호가 맞게 짝지어진 것은?

① 일미나이트계 : E4302
② 고셀룰로오스계 : E4310
③ 고산화티탄계 : E4311
④ 저수소계 : E4316

47 자연대류에 의하여 난방하는 경우, 방열기 설치에 관한 설명으로 잘못된 것은?

① 외벽에 접하고 있는 창 아래에 설치한다.
② 벽으로부터 50~65mm 떨어진 상태로 설치한다.
③ 바닥에서 최소한 90mm 정도 이격시켜 공기가 원활하게 유입되도록 한다.
④ 방열기는 높이가 높고 길이가 짧은 것이 난방에 효과적이다.

48 보일러 스케일 부착 방지 대책으로 부적합한 것은?

① 전처리된 용수를 사용한다.
② 응축수(복수)는 재사용하지 않는다.
③ 청관제를 적절히 사용한다.
④ 관수 분출작업을 적절히 한다.

49 가스 설비에서 가스 홀더의 종류가 아닌 것은?

① 유수식 가스 홀더
② 무수식 가스 홀더
③ 고압가스 홀더
④ 저압가스 홀더

50 보일러의 자동제어 장치에서 인터록(Interlock)이란?

① 증기의 압력, 연료량, 공기량을 조절하는 것
② 제어량과 목표치를 비교하여 동작시키는 것
③ 정해진 순서에 따라 차례로 진행하는 것
④ 구비조건에 맞지 않을 때 다음 동작이 정지되는 것

51 가열 전 물의 온도가 10℃인 온수보일러에서 가열 후 온도가 80℃라면 이 보일러의 온수 팽창량은?(단, 이 온수보일러의 전체 보유수량은 400L, 물의 팽창계수는 0.5×10^{-3}/℃이다.)

① 10L   ② 12L
③ 14L   ④ 16L

52 연소실에서 가마울림 현상이 발생하는 경우 그 방지대책으로 틀린 것은?

① 2차 공기의 가열 송풍에 대한 조절방식 등을 개선한다.
② 연소실 내에서 천천히 연소시킨다.
③ 연소실과 연도의 구조를 개선한다.
④ 수분이 적은 연료를 사용한다.

53 원심펌프 등에 사용되는 것으로 축 구멍에 부착된 금속제의 시트(Seat)에 대해서 축과 같이 돌아가는 링이 스프링 힘에 의해서 패킹제를 접촉점에 밀어붙여 액체 누설을 방지하는 것은?

① 글랜드 패킹
② 메탈 패킹
③ 메커니컬 실
④ 패킹 박스

54 다음 중 증기난방에 사용되는 기기가 아닌 것은?

① 기수분리기   ② 응축수탱크
③ 팽창탱크   ④ 트랩

55 그림의 OC 곡선을 보고 가장 올바른 내용을 나타낸 것은?

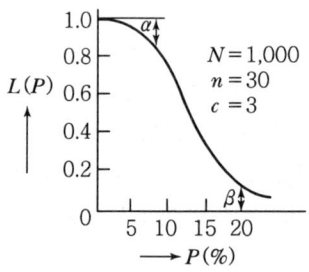

① α : 소비자 위험
② $L(P)$: 로트의 합격 확률
③ β : 생산자 위험
④ 불량률 : 0.03

56 품질관리 활동의 초기단계에서 가장 큰 비율로 들어가는 코스트는?

① 평가코스트   ② 실패코스트
③ 예방코스트   ④ 검사코스트

57 PERT/CPM에서 Network 작도 시 ⇢ 은 무엇을 나타내는가?

① 단계(Event)
② 명목상의 활동(Dummy Activity)
③ 병행활동 (Paralleled Activity)
④ 최초단계(Initial Event)

58 신제품에 가장 적절한 수요예측방법은?

① 시계열분석   ② 의견분석
③ 최소자승법   ④ 지수평활법

59 관리도에 대한 설명 내용으로 가장 관계가 먼 것은?

① 관리도는 공정의 관리만이 아니라 공정의 해석에도 이용된다.
② 관리도는 과거의 데이터의 해석에도 이용된다.
③ 관리도는 표준화가 불가능한 공정에는 사용할 수 없다.
④ 계량치인 경우에는 $\overline{X}-R$ 관리도가 일반적으로 이용된다.

60 다음은 워크 샘플링에 대한 설명이다. 틀린 것은?

① 관측대상의 작업을 모집단으로 하고 임의의 시점에서 작업내용을 샘플로 한다.
② 업무나 활동의 비율을 알 수 있다.
③ 기초이론은 확률이다.
④ 한 사람의 관측자가 1인 또는 1대의 기계만을 측정한다.

▶▶▶ 정답 및 해설

01	02	03	04	05	06	07	08	09	10
④	①	④	③	④	①	②	②	①	①
11	12	13	14	15	16	17	18	19	20
③	②	③	③	①	②	④	①	①	③
21	22	23	24	25	26	27	28	29	30
①	②	②	①	④	④	③	④	④	③
31	32	33	34	35	36	37	38	39	40
①	④	④	④	①	③	④	②	④	①
41	42	43	44	45	46	47	48	49	50
①	②	④	②	③	④	④	②	④	④
51	52	53	54	55	56	57	58	59	60
③	②	③	③	②	②	②	②	③	④

01 고압기류식 버너
- 고점도 연료의 무화도 가능하다.
- 연소 시 소음발생이 있다.
- 유량조절범위가 1 : 10이다.
- $2 \sim 7 kg/cm^2$ 정도의 공기나 증기를 사용한다.

02 $6,000 = 45 \times \dfrac{2 \times 45 \times \Delta t}{0.03}$

∴ $\Delta t = \dfrac{6,000 \times 0.03}{45 \times 2} = 2℃$

03 저위발열량$(H_l) = H_h - 600(9h + W)$

04 과잉공기가 증가하면 연소온도는 내려가고, 연소가스 중의 O_2가 증가하고 연소가스 중의 CO_2는 감소한다.

05 노통연관식 보일러는 노통보일러에 비하여 구조가 복잡하고 제작 설비비가 많이 든다.

06 절탄기(급수가열기)의 설치 시에도 보일러 수처리가 반드시 필요하다.

07 슐저 보일러(관류보일러)는 예열, 증발, 과열이 1개의 긴 관에서 이루어지는 드럼이 없는 보일러이다.

08 밥콕 보일러는 수관식 보일러이며 수평관식 보일러이며 CTM형, WIF형이 있다.

09 $C + O_2 \rightarrow CO_2$
$12kg + 22.4m^3 \rightarrow 22.4m^3$

∴ $\dfrac{22.4}{12} \times \dfrac{100}{21} = 8.89 Nm^3/kg$

10 내화물은 SK 26(1,580℃)에서부터 SK 42(2,000℃)까지 17종이 있다.

11 탈산소제
히드라진, 아황산소다, 탄닌(급수 중 산소가스분 처리제)

12 중유 등 서비스 탱크는 보일러와 2m 이상 이격거리가 필요하다.

13 기폭법
급수 중 탄산가스, 산소, 철분, 망간의 제거

14
- 저수위 사고 시 과열 또는 폭발을 방지하기 위하여 연료 공급 즉시 차단
- 저수위 경보장치 : 맥도널식, 전극식, 자석식, 코프식 등

15 수격작용 방지법
- 주증기 밸브를 급개하지 않는다.
- 프라이밍이나 포밍이 발생하지 않게 한다.
- 용량이 큰 주증기 밸브는 응축수 빼기를 한다.

16 질소가스 봉입법(건조보존법)은 주로 고압 대용량 보일러의 장기간 휴지 시(6개월 이상) 채택하는 보존법이다.

17 전열면에 산화피막이 형성되면 보일러 내부 부식이 중지 또는 감소된다.

18 $1kW = 102 kg \cdot m/sec$

$A = \dfrac{1}{427} kcal/kg \cdot m$

∴ $102 \times 60분 \times 60초 \times \dfrac{1}{427} = 860 kcal$

19 엔트로피$(ds) = \dfrac{dQ}{T}(kcal/kg \cdot K)$

엔트로피는 출입하는 열량의 이용가치를 나타내는 양으로 에너지도 아니고 온도와 같이 감각으로도 알 수 없는 측정할 수도 없는 물리학상의 상태량이다.

20 베르누이 방정식에서 압력수두의 단위는 m이다.
$$\frac{P_1}{\gamma}+\frac{V_1^2}{2g}+Z_1=\frac{P_2}{\gamma}+\frac{V_2^2}{2g}+Z_2=H$$
여기서, $\frac{P}{\gamma}$: 압력수두, $\frac{V^2}{2g}$: 속도수두
Z : 위치수두, H : 전수두

21 유체 속에 잠겨진 물체에 작용하는 부력은 그 물체에 의해서 배제된 중량과 같다.

22 폐열회수 사이클 : 복합 사이클

23 유체의 흐름에서 관이 갑자기 확대되면 유속이 감소되고 압력이 낮아진다.

24 ① SPPH : 고압배관용 탄소강관
② SPPS : 압력배관용 탄소강관
③ SPHT : 고온배관용 탄소강관
④ SPLT : 저온배관용 탄소강관

25 압력배관용 탄소강관(SPPS)은 $100kg/cm^2$ 정도가 최대사용압력이고 그 이상은 SPPH로 사용하여야 한다.

26 플로트 트랩
다량 트랩(기계적 트랩, 비중량차에 의한 트랩)

27 배관의 신축이음
 • 슬리브형   • 루프형
 • 벨로스형   • 스위블형

28 에어 벤트 밸브 : 온수난방 방열기용(에어제거용)

29 ① 탄산마그네슘 : 250℃ 이하
② 글라스 울 : 300℃ 이하
③ 양모 펠트 : 100℃ 이하
④ 규산칼슘 : 650℃ 이하

30 ① 고알루미나질 내화물 : 염기성
② 탄화규소질 내화물 : 중성
③ 규석질 내화물 : 산성
④ 크롬질 내화물 : 중성

31 절탄기나 공기예열기에 온도계가 부착된 경우 보일러 본체 배기가스 온도계가 생략된다.

32 • 백 필터는 여과식이며 건식 집진장치이다.
 • 습식 : 가압수식, 유수식, 회전식 집진장치

33 서브머지드 용접
아크 용접이다. 후판 용접에 제한이 없고 높은 전류를 사용할 수 있으므로 전류밀도가 커져 용접속도를 증가시키고 용입이 깊다.

34 이상 저수위의 원인
 • 수면계 기밀 불량
 • 증기의 대량 소비
 • 수위의 감시 불량
 • 분출을 실시 후 분출밸브를 완전히 잠그지 않았을 때의 누수발생 때문

35 • 급수 온도가 50℃ 이하이면 인젝터는 정상적으로 작동한다.
 • 인젝터 : 그레샴형, 메트로폴리탄형
 • 인젝터 구조 : 핸들, 출구정지밸브, 흡수밸브, 증기밸브, 노즐

36 플랜지는 강도상 유리하므로 금속제 이음쇠로 이상적이다.

37 물 $1m^3=1{,}000 kgf$(비중 1)
$\therefore \frac{9{,}000}{10}=900kgf$(비중 0.9)

38 엔탈피=내부에너지+외부에너지
$h=u+APV$(kcal/kg)

39 스테인리스 강관
고온 고압 배관용으로서 내식성이 우수하다.

40 • 압력용기 : 제1종, 제2종이 있다.(기관에서 제외)
 • 기관(보일러 종류)
 • 요업요로(요, 로) : 기관에서 제외함

41 $\frac{유효열}{공급열}\times 100(\%)=\frac{5{,}000\times(726-25)}{450\times 10{,}000}\times 100=77.9\%$

42 $We = \dfrac{G_w(h_2 - h_1)}{539}$

$= \dfrac{3{,}000 \times (660 - 60)}{539} = 3{,}340 \text{kg/h}$

43 열전도율형 CO_2계
CO_2는 공기보다 열전도율이 나쁜 점을 이용하는 가스 분석계이다. CO_2, SO_2 가스의 분석 시 H_2(수소)가 혼입하면 오차가 발생한다.

44 증발잠열(r) = 662.9 − 181.2 = 481.7kcal/kg
h_2(습증기 엔탈피) = $h_1 + r \cdot x$(kcal/kg)
$h_2 = 181.2 + 481.7 \times 0.95 = 638.8$ kcal/kg

45 온수팽창탱크
- 통기관 : 개방식용
- 압력계 · 안전밸브 : 밀폐식용
- 팽창관 : 개방식, 밀폐식 겸용

46 ① 일미나이트계 : E4301
② 고셀룰로오스계 : E4311
③ 고산화티탄계 : E4313
④ 저수소계 : E4316

47 방열기는 길이가 어느 정도 긴 것이 난방에 효과적이다.

48 응축수(급수처리된 물에서 생긴 급수)를 재사용하면 보일러 효율이 높아지고 경제적이다.

49 가스 홀더의 종류
- 유수식 홀더
- 무수식 홀더
- 고압가스 홀더

50 인터록 : 구비조건에 맞지 않을 때 다음 동작이 정지되는 것
- 저수위 인터록
- 프리퍼지 인터록
- 저연소 인터록
- 불착화 인터록
- 압력초과 인터록

51 $400 \times (0.5 \times 10^{-3}) \times (80 - 10) = 14$L

52 연소실에서 가마울림(공명음) 현상이 발생하는 것을 방지하기 위하여 연료를 신속히 연소시킨다.

53 축봉장치
㉠ 글랜드 패킹
㉡ 메커니컬 실
- 세트 형식
- 실 형식
- 면압 밸런스 형식

54 팽창탱크(개방식, 밀폐식) : 온수보일러용

55 OC(Operating Characteristic Curves)는 불량률이 커지면 로트가 합격할 확률은 작아진다.

56
- 실패코스트 : 품질관리 활동의 초기단계에서 가장 큰 비율로 들어가는 코스트이다.
- 평가코스트 : 품질코스트에서 품질수준을 유지하기 위하여 소요되는 비용이다.

57
- PERT/CPM에서 Network 작도 시 →은 명목상의 활동이다.
- PERT 기법이란 경영 관리자가 사업목적달성을 위하여 수행하는 기본계획

58
- 의견분석 : 신제품에 가장 적합한 수요예측이다.
- 수요예측방법 : 시계열분석, 희귀분석, 구조분석, 의견분석

59 관리도란 공정의 상태를 나타내는 특성치에 관해서 그려진 그래프로서 공정을 관거상태(안전상태)로 유지하기 위해 사용된다.
- $\overline{X} - R$ 관리도 : 계량치
  Pn 관리도 : 계수치
- $\overline{X}$ 관리도 : 평균치의 변화
  R 관리도 : 분포의 폭

60 워크 샘플링
사람이나 기계의 가동상태 및 작업의 종류 등을 순간적으로 관측하고 이러한 관측을 반복하여 각 관측 항목의 시간 구성이나 그 추이 상황을 통계적으로 추측하는 방법이다.

제8회 CBT 실전모의고사

01 강제순환식 수관보일러에 해당되는 것은?
① 라몬트 보일러
② 밥콕 보일러
③ 다쿠마 보일러
④ 랭커셔 보일러

02 급수온도 20℃, 압력 7kg/cm²의 증기를 매시 2,000kg 발생시키는 보일러의 상당증발량은? (단, 발생증기의 엔탈피는 650kcal/kg이다.)
① 2,138kg/h
② 2,238kg/h
③ 2,338kg/h
④ 2,438kg/h

03 기체연료의 특징 설명으로 옳은 것은?
① 연소조절 및 점화, 소화가 용이하다.
② 자동제어가 곤란하다.
③ 과잉공기가 많아야 완전연소된다.
④ 누출 및 위험성이 적다.

04 보일러 본체는 수부와 무엇으로 구성되는가?
① 화로
② 증기부
③ 연소실
④ 관부

05 열효율 73.6%인 보일러를 열효율 86.7%로 개선하였다면 약 몇 %의 연료가 절감되는가?
① 11.0%
② 12.1%
③ 14.0%
④ 15.1%

06 5kg의 철을 80℃에서 120℃까지 높이는 데 필요한 열량은 몇 kcal인가?(단, 철의 비열은 0.12kcal/kg · ℃이다.)
① 12kcal
② 24kcal
③ 36kcal
④ 48kcal

07 평형노통과 비교한 파형노통의 단점으로 옳은 것은?
① 외압에 대하여 강도가 작다.
② 평형노통보다 전열면적이 작다.
③ 열에 의한 신축 탄력성이 작다.
④ 스케일이 부착하기 쉽다.

08 압입통풍방식의 설명으로 옳은 것은?
① 배기가스와 외기의 비중량 차를 이용한 통풍방식이다.
② 연도나 연돌 쪽에만 송풍기가 있는 방식이다.
③ 버너 쪽과 연돌 쪽에 각각 송풍기가 설치된 방식이다.
④ 버너 쪽에만 송풍기가 있는 방식이다.

09 보일러에서 사용되는 부르동관 압력계의 설치에 대한 설명으로 잘못된 것은?
① 압력계 콕은 그 핸들이 수직의 증기관과 동일 방향에 놓일 때 닫히는 상태이어야 한다.
② 사이펀관을 설치하여 증기가 직접 압력계 내부로 들어가는 것을 방지한다.
③ 압력계에 연결되는 증기관은 보일러 최고 사용압력에 견디는 것이어야 한다.
④ 증기온도가 483K(210℃)를 넘을 때는 압력계의 증기관으로 황동관이나 동관을 사용할 수 없다.

10 보일러 연소 시 역화가 발생하는 경우와 가장 거리가 먼 것은?

① 연도 댐퍼가 닫혀 있는 상태에서 점화하는 경우
② 프리퍼지가 부족한 상태에서 점화하는 경우
③ 점화 시 착화가 빠를 경우
④ 유압이 너무 과대한 경우

11 노 내 가스폭발과 가장 관계가 없는 것은?

① 심한 불완전연소를 하는 경우
② 연소정지 중에 연료가 노 내에 유입된 경우
③ 연도의 굴곡이 심한 경우
④ 연도가 짧은 경우

12 보일러 내면에 발생하는 점식(Pitting)의 방지법이 아닌 것은?

① 용존산소를 제거한다.
② 아연판을 매단다.
③ 약한 전류를 통전시킨다.
④ 브리딩 스페이스를 크게 한다.

13 보일러의 수격작용 발생 방지조치로 옳은 것은?

① 송기 시 주증기밸브를 천천히 연다.
② 가능한 한 찬물로 급수를 한다.
③ 급수관 내에 보일러 수면 위로 노출되게 하여 급수한다.
④ 연소실에 기름의 공급량을 줄인다.

14 보일러에서 슬러지 조정 목적의 청관제로 사용되는 약품이 아닌 것은?

① 탄닌　　　　② 리그닌
③ 히드라진　　④ 전분

15 보일러 저온부식의 원인이 되는 것은?

① 과잉공기 중의 질소성분
② 연료 중의 바나듐성분
③ 연료 중의 유황성분
④ 연료의 불완전연소

16 캐리오버가 발생하는 경우가 아닌 것은?

① 증기배관 내에 드레인이 다량 있는 경우
② 증기실이 적고 증발수면이 좁은 경우
③ 보일러 수면이 너무 높은 경우
④ 프라이밍이나 포밍이 발생한 경우

17 물의 잠열에 대하여 옳게 설명한 것은?

① 압력의 상승으로 증가하는 일의 열당량을 의미한다.
② 물의 온도상승에 소요되는 열량이다.
③ 온도변화 없이 상(相)변화만을 일으키는 열량이다.
④ 건조포화증기의 엔탈피와 같다.

18 벤투리(Venturi)계로서는 유체의 무엇을 측정하는가?

① 속도　　　　② 압력
③ 온도　　　　④ 마찰

19 액체와 기체의 구별이 없는 온도는?

① 포화온도　　② 임계온도
③ 노점　　　　④ 이슬점

20 1칼로리(cal)를 줄(Joule) 단위로 환산하면 약 얼마인가?

① 0.24J　　　② 860J
③ 4.2J　　　　④ 9.8J

21. 0.5kW의 전열기로 20℃의 물 5kg을 80℃까지 가열하는 데 소요되는 시간은?(단, 가열효율은 90%이다.)
   ① 46.5분
   ② 21.0분
   ③ 32.3분
   ④ 12.7분

22. 밀폐된 용기 속의 유체에 압력을 가(加)했을 때 그 압력이 작용하는 방향은?
   ① 압력을 가하는 방향으로 작용
   ② 압력을 가하는 반대방향으로 작용
   ③ 용기 내 모든 방향으로 작용
   ④ 용기의 하부 방향으로만 작용

23. 760mmHg의 대기압을 수주(水柱)로 나타내면?
   ① 1m
   ② 1.33m
   ③ 30.33m
   ④ 10.33m

24. 압력배관용 탄소강관의 KS 기호는?
   ① SPPS
   ② STPW
   ③ SPW
   ④ SPP

25. 배관의 하중을 위에서 걸어 당겨 지지하는 부품인 행거(Hanger)의 종류가 아닌 것은?
   ① 스프링 행거
   ② 롤러 행거
   ③ 콘스탄트 행거
   ④ 리지드 행거

26. 열전도율이 작고 가벼우며 물에 개어서 사용할 수도 있는 무기질 보온재는?
   ① 탄산마그네슘
   ② 탄화 코르크
   ③ 규조토
   ④ 석면

27. 관로(管路)의 유체 마찰저항은 유체속도의 몇 제곱에 비례하는가?
   ① 4제곱
   ② 3제곱
   ③ 2제곱
   ④ 1제곱

28. 고온에서 수소취화 현상이 없고, 전기 전도도가 우수한 동(銅)은?
   ① 인탈산동
   ② 무산소동
   ③ 터프 피치 동
   ④ 황산동

29. 다음 중 발포(發泡) 보온재에 해당되지 않는 것은?
   ① 우레탄
   ② 폴리스티렌
   ③ 양모 펠트
   ④ 염화비닐

30. 수소 1kg을 완전연소시키는 데 필요한 공기량은?(단, 공기 중의 산소 중량 백분율은 23.2%임)
   ① 8kg
   ② 16kg
   ③ 26.7kg
   ④ 34.5kg

31. 호칭지름 15A의 관을 반지름 90mm, 각도 90°로 구부리고자 할 때 필요한 곡선부의 길이는?
   ① 135.0mm
   ② 141.4mm
   ③ 158.6mm
   ④ 160.8mm

32. 보일러의 수면계를 점검해야 하는 시기와 무관한 것은?
   ① 두 개의 수면계 수위가 서로 상이할 때
   ② 수면계의 수위가 의심스러울 때
   ③ 프라이밍, 포밍 등이 발생할 때
   ④ 압력계의 압력이 내려갈 때

33. 물의 알칼리도에서 M알칼리도는 어느 지시약으로 측정하는가?
   ① 페놀프탈레인
   ② 메틸알코올
   ③ 메틸오렌지
   ④ 암모니아

34 압력이 100kg/cm²인 습증기가 있다. 포화수의 엔탈피가 334kcal/kg이고, 건조포화증기 엔탈피는 652kcal/kg, 건조도가 80%일 때, 이 습증기의 엔탈피는?
① 427.5kcal/kg ② 575.4kcal/kg
③ 588.4kcal/kg ④ 641.5kcal/kg

35 다이헤드식 나사절삭기로 할 수 없는 작업은?
① 관의 절단 ② 관의 접합
③ 나사절삭 ④ 거스러미 제거

36 연료 및 열의 석유환산기준에서 기준이 되는 연료는?
① 원유 ② 벙커-C유
③ 석탄 ④ 휘발유

37 에너지이용 합리화법상의 특정열사용기자재가 아닌 것은?
① 강철제 보일러 ② 난방기기
③ 2종 압력용기 ④ 온수보일러

38 난방부하가 4,500kcal/h인 방의 온수방열기의 방열면적은 약 몇 m²로 하면 되는가?(단, 방열기 방열량은 표준방열량으로 한다.)
① 6m² ② 7m²
③ 9m² ④ 10m²

39 바닥 패널히팅(Panel Heating)에 관한 설명으로 틀린 것은?
① 별도의 방열기가 없으므로 공간 활용도가 높아진다.
② 실내의 온도 상승시간이 비교적 길어진다.
③ 화상을 입을 염려가 없고, 공기의 오염이 적다.
④ 온도 분포로 볼 때 천장 근처의 온도가 가장 높다.

40 동관과 강관의 이음에 사용되는 것으로 분해, 조립이 자유로운 이음방식은?
① 나사이음 ② 플레어 이음
③ 용접이음 ④ 플랜지 이음

41 편차의 정(+), 부(−)에 의하여 조작 신호가 최대, 최소가 되는 제어 동작은?
① 다위치 동작 ② 미분 동작
③ 적분 동작 ④ 온·오프 동작

42 내화물의 스폴링(Spalling) 현상이 발생되는 원인이 아닌 것은?
① 온도 급변에 의한 영향
② 구조적인 응력 불균형
③ 조작변화에 의한 영향
④ 수증기 흡수에 의한 체적 팽창

43 저압 증기보일러에서 보일러수가 환수관으로 역류하거나 누출하는 것을 방지하기 위하여 설치하는 배관방식은?
① 리프트피팅 배관
② 하트퍼드 접속법
③ 에어루프 배관
④ 바이패스 배관

44 난방부하를 계산할 때 고려하지 않아도 좋은 것은?
① 벽체를 통과하는 열량
② 유리창을 통과하는 열량
③ 창문 틈새 등의 환기로 인한 열량
④ 전등과 같은 기기에 의한 열량

45 "일정량의 기체의 부피는 압력에 반비례하고, 절대온도에 비례한다."는 법칙은?

① 아보가드로의 법칙
② 보일-샤를의 법칙
③ 돌턴의 법칙
④ 보일의 법칙

46 원통형 보일러와 비교할 때 수관식 보일러의 장점이 아닌 것은?

① 수관의 배열이 용이하며 패키지형으로 제작이 가능하다
② 보일러 효율이 좋고 용량에 비해 가벼워서 운반과 설치가 쉽다.
③ 증발량에 대한 수부가 커서 부하변동에 응하기 쉽다.
④ 전열면적이 커서 증기발생이 빠르고 증발량이 많다.

47 입형 보일러의 특징 설명으로 잘못된 것은?

① 설비비가 많이 들지만 보일러 효율이 높다.
② 좁은 장소에 설치가 용이하다.
③ 전열면적이 작아 부하능력이 적다.
④ 수부가 좁아 습증기가 발생할 수 있다.

48 보일러의 증발계수에 대하여 옳게 설명한 것은?

① 실제증발량을 상당증발량으로 나눈 값이다.
② 상당증발량을 539로 나눈 값이다.
③ 상당증발량을 실제증발량으로 나눈 값이다.
④ 실제증발량을 539로 나눈 값이다.

49 전열면적이 15m²인 증기보일러의 급수밸브 크기는?

① 32A 이상
② 25A 이상
③ 20A 이상
④ 15A 이상

50 보일러 급수의 외처리에서 고체협잡물의 처리방법이 아닌 것은?

① 기폭법
② 침강법
③ 응집법
④ 여과법

51 다음 중 합성고무로 만든 패킹제는?

① 테프론
② 네오프렌
③ 펠트
④ 아스베스토스

52 플라스틱 내화물의 결합제가 아닌 것은?

① 유기질 결합제
② 물유리
③ 가소성 점토
④ 알루미나 시멘트

53 보일러수의 관 내 처리를 위하여 투입하는 청관제의 사용목적과 무관한 것은?

① pH 조정
② 탈산소
③ 가성취화 방지
④ 기포발생 촉진

54 일반적인 보일러의 정지 순서를 옳게 나열한 것은?

┌─────────────────────────────┐
│ ㉠ 통풍기의 운전을 정지하고 댐퍼를 닫는다. │
│ ㉡ 연료의 공급을 차단한다. │
│ ㉢ 사용수위보다 약간 높게 급수한 후 급수밸브를 잠근다. │
│ ㉣ 주증기 스톱밸브를 닫는다. │
└─────────────────────────────┘

① ㉡ → ㉠ → ㉢ → ㉣
② ㉠ → ㉡ → ㉢ → ㉣
③ ㉢ → ㉣ → ㉠ → ㉡
④ ㉣ → ㉠ → ㉡ → ㉢

55 어떤 측정법으로 동일 시료를 무한 횟수 측정하였을 때 데이터의 분포와 평균치와 참값과의 차를 무엇이라 하는가?

① 신뢰성　　② 정확성
③ 정밀도　　④ 오차

56 예방보전의 기능에 해당되지 않는 것은?

① 취급되어야 할 대상설비의 결정
② 정비작업에 점검시기의 결정
③ 대상설비 점검개소의 결정
④ 대상설비의 외주이용도 결정

57 관리한계선을 구하는 데 이항분포를 이용하여 관리선을 구하는 관리도는?

① Pn 관리도　　② u 관리도
③ $\bar{x} - R$ 관리도　　④ x 관리도

58 로트(Lot)수를 가장 올바르게 정의한 것은?

① 1회 생산수량을 의미한다.
② 일정한 제조횟수를 표시하는 개념이다.
③ 생산목표량을 기계대수로 나눈 것이다.
④ 생산목표량을 공정수로 나눈 것이다.

59 다음의 데이터를 보고 편차 제곱합(S)을 구하면?(단, 소수점 이하 3자리까지 구한다.)

| 18.8, 19.1, 18.8, 18.2, 18.4, |
| 18.3, 19.0, 18.6, 19.2 |

① 0.338　　② 1.029
③ 0.114　　④ 1.014

60 공정 도시기호 중 공정계열의 일부를 생략할 경우에 사용되는 보조 도시기호는?

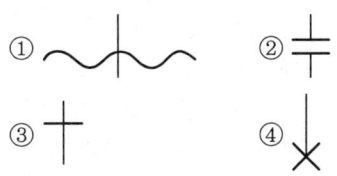

▶▶▶ 정답 및 해설

01	02	03	04	05	06	07	08	09	10
①	③	①	②	④	②	④	④	①	③
11	12	13	14	15	16	17	18	19	20
④	④	①	③	③	①	③	②	②	③
21	22	23	24	25	26	27	28	29	30
①	③	④	①	②	①	③	②	③	④
31	32	33	34	35	36	37	38	39	40
②	④	③	②	①	②	④	④	④	②
41	42	43	44	45	46	47	48	49	50
④	④	②	②	③	①	③	③	③	①
51	52	53	54	55	56	57	58	59	60
②	④	④	①	②	④	①	②	②	②

01 ㉠ 강제순환식 수관보일러
- 라몬트 보일러
- 베록스 보일러

㉡ 밥콕 보일러 : 자연순환식 수관보일러
㉢ 다쿠마 보일러 : 자연순환식 수관보일러
㉣ 랭커셔 보일러 : 노통보일러

02 상당증발량

$$= \frac{\text{매시 증발량} \times (\text{발생증기 엔탈피} - \text{급수 엔탈피})}{539}$$

$$= \frac{2,000 \times (650 - 20)}{539} = 2,337.66 \text{kg/h}$$

03 기체연료의 특징
- 연소 조절 및 점화, 소화가 용이하다.
- 자동제어가 용이하다.
- 과잉공기가 적어도 된다.
- 누출 시 폭발의 위험성이 크다.

04 보일러 본체 내부는 수부와 증기부로 분별된다.

05 연료절감률 $= \frac{86.7 - 73.6}{86.7} \times 100 = 15.1\%$

06 $Q = G \times C_p \times \Delta t$
   $= 5 \times 0.12 \times (120 - 80) = 24 \text{kcal}$

07 파형노통
- 외압에 대한 강도가 크다.
- 평형노통보다 전열면적이 크다.
- 열에 의한 신축이나 탄력성이 크다.
- 스케일이 부착되기 쉽다.

08 ①은 자연통풍, ②는 흡입통풍, ③은 평형통풍에 대한 설명이다.

압입통풍(인공통풍)
- 터보형 송풍기 부착
- 버너 쪽에만 송풍기가 있다.

09 압력계의 콕은 그 핸들이 수직의 증기관과 동일방향에 놓일 때는 열린 상태가 된다.

10 점화 시 착화가 5초 이내일수록, 즉 빠를수록 역화가 방지된다.

11 연도가 짧으면 통풍력이 증가하여 노 내 가스폭발이 다소 방지될 수도 있다.

12 브리딩 스페이스(노통의 신축호흡거리)가 크면 구식(그루빙)이 방지된다.

13 증기발생 시 최초로 송기할 때 주증기 밸브를 천천히 열면 수격작용(워터해머)이 방지된다.

14 히드라진은 탈산소제(물속에 용존산소 제거로 점식이나 부식 방지)에 사용된다.

15 S(유황) + O_2 → SO_2(아황산가스)
$SO_2 + H_2O$ → H_2SO_3(무수황산)
$H_2SO_3 + \frac{1}{2}O_2$ → H_2SO_4(황산에 의해 저온부식 발생)

16
- 증기배관 내에 드레인이 다량 있는 경우에는 수격작용(워터해머)이 발생된다.
- 캐리오버(기수공발)

17 물의 증발잠열(539kcal/kg)은 온도변화 없이 상변화만 일으킬 때 필요한 열량이다.

18 벤투리계로는 압력차를 이용하여 유량을 구한다. (차압식 유량계)

19 임계온도에서는 액체와 기체의 구별이 없어진다. (증발잠열은 0kcal/kg)

20 1cal = 4.2J
   1J = 0.24cal

21 0.5kWh = 430kcal
   1kWh = 860kcal
   $\dfrac{5 \times 1 \times (80-20)}{430 \times 0.9} \times 60 = 46.5$분

22 밀폐용기 속 유체에 압력을 가하면 그 압력이 용기 내의 모든 방향으로 작용한다.

23 760mmHg = 1atm = 1,0332kg/cm²a = 14.7psi
   = 10.33mH₂O = 101,325N/m²
   = 101,325Pa = 1.01325bar

24 • SPPS : 압력배관용 탄소강관(10~100kg/cm²까지 사용)
   • SPW : 배관용 아크용접 탄소강 강관
   • SPP : 일반배관용 탄소강 강관
   • STPW : 수도용 도복장 강관

25 행거
   • 스프링 행거
   • 콘스탄트 행거
   • 리지드 행거

26 • 탄산마그네슘 무기질 보온재는(탄산마그네슘 + 석면 8~15% 정도 함유) 물 반죽 또는 보온판 보온통으로 사용
   • 안전사용온도 : 250℃ 이하

27 속도수두 $= \dfrac{V^2}{2g} = \dfrac{(유속)^2}{2 \times 9.8}$ (m)

28 무산소동
   • 고온에서 수소취화현상이 없다.
   • 순도가 99.96%이다.
   • 전기전도도가 높다.

29 • 펠트류(유기질 보온재)는 양모, 우모를 이용하여 펠트상으로 제작한 것으로 곡면 등에도 시공이 가능하다.
   • 폼류 : 경질폴리우레탄, 폴리스티렌 폼, 염화비닐 폼

30 $H_2 + \dfrac{1}{2}O_2 \rightarrow H_2O$
   2kg : 16kg → 18kg
   1kg : 8kg → 9kg
   ∴ $\dfrac{8}{0.232} = 34.5$kg

31 $l = 2\pi R \times \dfrac{\theta}{360}$
   $= 2 \times 3.14 \times 90 \times \dfrac{90}{360}$
   $= 141.3$mm

32 압력계의 압력이 내려가면 안전한 상태이므로 수면계의 점검이 불필요하다.

33 • M알칼리도(전 알칼리도)
     메틸오렌지를 지시약으로 측정
   • P알칼리도
     페놀프탈레인을 지시약으로 측정

34 $h_2 = h_1 + rx$
   $= 334 + (652 - 334) \times 0.8$
   $= 588.4$kcal

35 다이헤드식 나사절삭기로 할 수 있는 작업
   • 관의 나사절삭
   • 관의 절단
   • 거스러미 제거

36 연료 및 열의 석유환산기준에서 원유는 기준 연료(10,000kcal/kg)가 된다.

37 난방기기는 열사용기자재에서 제외된다.

38 $EDR = \dfrac{H_r}{450}$(m²)
   $= \dfrac{4,500}{450} = 10$m²

39 ㉠ 바닥 패널히팅은 일종의 복사난방으로 실내의 온도 분포가 고르게 나타난다.
㉡ 복사난방 패널
- 바닥 패널
- 천장 패널
- 벽 패널

40 플레어 이음(압축이음)은 20mm 이하의 동관이음에서 관의 분해, 조립이 용이하다.

41 불연속 동작인 온·오프 동작은 자동제어 편차의 정(+), 부(-)에 의하여 조작신호가 최대, 최소가 된다.

42 스폴링 현상(박락 현상)
- 열충격에 의한 열적 스폴링(온도급변)
- 기계적 스폴링(구조의 불균형)
- 조직적 스폴링(조직변화에 의한)

43 하트퍼드 접속법은 저압 증기보일러에서 보일러수가 환수관으로 역류하거나 누출하는 것을 방지하기 위하여 설치하는 배관이다.

44 난방부하
- 벽체를 통과하는 열량
- 유리창을 통과하는 열량
- 창문 틈새 등의 환기(극간풍 등)로 인한 열량

45 보일-샤를의 법칙은 일정량의 기체의 부피는 압력에 반비례하고 절대온도에 비례한다는 법칙이다.

46 • 원통형 보일러는 수부가 크므로 열용량이 커서 부하변동에 응하기가 쉽다.
• 수관식 보일러는 전열면적은 크나 수부가 적어서 증기의 급수용에 응하기 수월하다.

47 입형 보일러는 설비비가 적게 들고 보일러 효율이 매우 낮다. 또한 보일러 용량이 작고, 안전성이 떨어지는 소규모 보일러이다.

48 • 증발계수(증발력)
$$= \frac{발생증기\ 엔탈피 - 급수\ 엔탈피}{539}$$
• 증발계수 $= \dfrac{상당증발량}{실제증발량}$

49 • 전열면적 $10m^2$ 이하 : 호칭 15A 이상
• 전열면적 $10m^2$ 초과 : 호칭 20A 이상

50 • 기폭법 : 철, 망간, CO_2의 제거
• 침강법, 응집법, 여과법은 현탁물(고체혐잡물 처리방법)
• 용해고형물 처리 : 증류법, 약품처리법, 이온교환법
• 탈기법 : 급수 중 용존 산수처리법(점식 방지)

51 네오프렌
내열범위가 $-46 \sim 121℃$인 합성고무제로 물, 공기, 기름, 냉매배관용에 사용된다.

52 ㉠ 플라스틱 내화물 결합제
- 내화골재
- 가소성 점토
- 물유리(규산소다)
- 유기질 결합제
㉡ 캐스터블 내화물 결합제
- 내화성 골재
- 수경성 알루미나 분말 시멘트

53 기포발생 방지제(청관제, 급수처리 내처리)
- 고급지방산, 에스테르
- 폴리아미드
- 고급지방산, 알코올
- 프탈산아미드

54 일반 보일러의 정지순서
㉡ → ㉠ → ㉢ → ㉣

55 정확성 : 어떤 측정법으로 동일 시료를 무한 횟수 측정하였을 때 데이터 분포의 평균치와 참값과의 차이다.

56 설비보전
㉠ 보전 예방 ㉡ 예방 보전
㉢ 계량 보전 ㉣ 사후 보존

57 ① Pn 관리도(불량 개수)
② u 관리도(단위당 결점 수)
③ $\bar{x} - R$ 관리도(메디안 범위)
④ x 관리도(개개의 측정치)

58 로트는 단위생산수량이다. 즉, 로트 수란 일정한 제조횟수이다. 로트의 크기란 예정 생산 목표량을 로트 수로 나눈 값이다.

$$크기 = \frac{예정\ 생산\ 목표량}{로트\ 수}$$

59 제곱합

각 데이터로부터 데이터의 평균값을 뺀 것의 제곱의 합

$$평균값 = \frac{18.8+19.1+18.8+18.2+18.4+18.3+19.0+18.6+19.2}{9} = 18.71$$

$$제곱합 = (18.8-18.71)^2 + (19.1-18.71)^2$$
$$+(18.8-18.71)^2 + (18.2-18.71)^2$$
$$+(18.4-18.71)^2 + (18.3-18.71)^2$$
$$+(19-18.71)^2 + (18.6-18.71)^2$$
$$+(19.2-18.71)^2$$
$$=1.029$$

60 ① ∿ : 소관 구분

② ⊥ : 공정도 생략

③ ⤓ : 폐기

제9회 CBT 실전모의고사

01 신설 보일러의 소다 끓임(Soda Boiling)에 사용되는 약품이 아닌 것은?

① 탄산소다(Na_2CO_3)
② 아황산소다(Na_2SO_3)
③ 가성소다(NaOH)
④ 염화소다(NaCl)

02 관지지 금속 중 배관의 열팽창에 의한 좌우, 상하 이동을 구속하고 제한하는 장치는?

① 행거 ② 서포트
③ 리스트레인트 ④ 브레이스

03 버킷 트랩 사용 시 트랩 수봉이 파괴되어 증기가 분출되는 현상이 계속될 경우의 대책은?

① 오리피스를 작은 것으로 교체한다.
② 밸브시트에 부착된 오물을 긁어낸다.
③ 배압이 높으므로 낮추어준다.
④ 밸브시트를 교체한다.

04 다음 방열기 표시 기호의 설명으로 잘못된 것은?

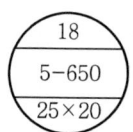

① 이 방열기의 쪽수는 18개이다.
② 5는 5세주형 방열기의 표시기호이다.
③ 방열기의 높이(치수)가 650mm이다.
④ 유출 관경은 25A, 유입 관경은 20A이다.

05 절대압력 5kg/cm²인 상태로 운전되는 보일러의 증발량이 시간당 5,000kg이었다면 이 보일러의 상당증발량은?(단, 이때 급수온도는 30℃이었고, 발생증기의 건도는 98%이었으며, 증기표 값은 다음과 같다.)

증기압(절대) (kg/cm²)	포화수엔탈피 (kcal/kg)	포화증기엔탈피 (kcal/kg)
5	152.1	656.0

① 5,714kg/h ② 5,807kg/h
③ 5,992kg/h ④ 6,085kg/h

06 루프형 신축곡관에서 곡관의 외경(d)이 25mm이고, 길이(l)가 1m일 때 흡수할 수 있는 배관의 신장(Δl)은?(단, $l(m) = 0.073\sqrt{d(mm) \cdot \Delta l(mm)}$이다.)

① 0.3mm ② 0.75mm
③ 3mm ④ 7.5mm

07 증기난방에서 응축수 환수의 리프트 배관(Lift Fitting)에 대한 설명으로 잘못된 것은?

① 진공환수식에서 환수관 도중에 입상관이 있는 경우 물을 흡상하기 위해 설치한다.
② 동파의 위험이 있는 곳에는 리프트 배관의 설치가 불가능하다.
③ 1단당 1.5m 정도 흡상이 가능하므로 그 이상 흡상이 필요한 경우에는 단수를 늘려야 한다.
④ 고압증기관에서도 증기트랩의 종류에 영향을 받지 않는 장점이 있다.

08 수관보일러 중 자연순환 보일러에 속하는 것은?

① 라몬트 보일러   ② 베록스 보일러
③ 벤슨 보일러   ④ 밥콕 보일러

09 랭킨 사이클(Rankine Cycle)의 작동과정을 옳게 나열한 것은?

① 단열압축-정압가열-단열팽창-정적냉각
② 단열압축-정압가열-단열팽창-정압냉각
③ 단열압축-등적가열-동압팽창-정적냉각
④ 단열압축-등온가열-단열팽창-정압냉각

10 보일러 청관제 약품 종류 중 고압 보일러의 탈산소제로 사용되는 것은?

① 히드라진   ② 아황산소다
③ 탄산소다   ④ 리그닌

11 자동제어의 종류 중 주어진 목표값과 조작된 결과의 제어량을 비교하여 그 차를 제거하기 위하여, 출력 측의 신호를 입력 측으로 되돌려 제어하는 것은?

① 피드백 제어
② 시퀀스 제어
③ 인터록 제어
④ 캐스케이드 제어

12 국내외 사정으로 인하여 에너지 수급에 중대한 차질이 발생하거나 발생할 우려가 있을 경우 이에 효과적으로 대처하기 위하여 비상 시 에너지 수급계획을 수립하는데 누가 하는가?

① 안전행정부 장관
② 산업통상자원부 장관
③ 국토교통부 장관
④ 에너지관리공단 이사장

13 어떤 온수방열기의 입구온도가 85℃, 출구온도가 60℃이고 실내온도가 20℃이다. 난방부하가 28,000kcal/h일 때 필요한 방열기 쪽수는?(단, 방열기 쪽당 방열면적은 $0.21m^2$, 방열계수는 $7.2kcal/m^2 \cdot h \cdot ℃$이다.)

① 297쪽   ② 353쪽
③ 424쪽   ④ 578쪽

14 중유 연소 보일러에서 단속 연소의 원인이 아닌 것은?

① 중유 속에 수분이 섞여 있는 경우
② 분무용 증기나 공기가 드레인을 함유하고 있는 경우
③ 중유 속에 슬러지 등의 불순물이 섞여 있는 경우
④ 공기예열기가 정상 작동하지 않는 경우

15 보일러수(水)의 이상 증발 예방대책으로 잘못된 것은?

① 보일러수의 블로다운을 적절히 한다.
② 보일러수의 급수처리를 엄격히 한다.
③ 보일러의 수위를 약간 높여서 운전한다.
④ 증기밸브를 급개하지 않는다.

16 보일러 급수 중의 용존(해)고형분을 처리하는 방법이 아닌 것은?

① 가성소다법   ② 석회소다법
③ 응집 또는 침강법 ④ 이온교환법

17 에너지이용 합리화법상 열사용기자재인 것은?

① 한국전력공사에서 사용하는 발전용 보일러
② 서울시 지하철에 사용되는 전기기관차
③ 외국인투자 관광호텔에 설치하기 위하여 외국에서 수입하는 난방용 보일러
④ 선박안전법에 의하여 검사를 받는 선박용 유류 보일러

18 보일러 연소 시 화염의 유무를 검출하는 연소장치인 플레임 아이에 사용되는 검출 소자가 아닌 것은?

① CuS 셀　　② 광전관
③ CdS 셀　　④ PdS 셀

19 증기보일러에서 증기의 송기 시 발생하는 수격작용을 방지하는 조치로 잘못된 것은?

① 공기가 고이는 곳에 공기 배출기를 설치한다.
② 응축수가 고이는 곳에 증기 트랩을 설치한다.
③ 증기밸브를 열 때는 서서히 연다.
④ 소량의 증기로 난관 조작 후 송기한다.

20 다음 집진장치 중 집진효율이 가장 좋은 것은?

① 중력 집진장치　　② 관성력 집진장치
③ 세정식 집진장치　　④ 전기 집진장치

21 제품공정분석표에 사용되는 기호 중 공정 간의 정체를 나타내는 것은?

① ◇　　② ▽
③ ✡　　④ △

22 두께 30mm인 보온판의 열전도율이 0.06kcal/m·h·℃이다. 이 판에서 단위면적당 전도되는 열량이 60kcal/h일 때 이 보온판의 내외부 표면온도차는?

① 20℃　　② 30℃
③ 40℃　　④ 60℃

23 다음 물질 중 열의 전도도가 가장 낮은 것은?

① 동(Cu)　　② 철
③ 강　　④ 스케일

24 수관식 보일러에서 전열면의 증발률(Be_1)을 구하는 식은?

① $Be_1 = \dfrac{총증발량}{전열면적}$

② $Be_1 = \dfrac{매시증발량}{전열면적}$

③ $Be_1 = \dfrac{전열면적}{총증발량}$

④ $Be_1 = \dfrac{전열면적}{매시증발량}$

25 월 100대의 제품을 생산하는 데 세이퍼 1대의 제품 1대당 소요공수가 14.4H라 한다. 1일 8H, 월 25일, 가동한다고 할 때 이 제품 전부를 만드는 데 필요한 세이퍼의 필요대수를 계산하면?(단, 작업자 가동률 80%, 세이퍼 가동률 90%이다.)

① 8대　　② 9대
③ 10대　　④ 11대

26 보일러 운전 중의 사고와 방지대책에 관한 설명으로 잘못된 것은?

① 과열사고는 주로 스케일 부착에 의한 것과 저수위사고로 분류한다.
② 점식은 외부부식 중 한가지로서 산화부식이라고도 한다.
③ 저수위가 되어 보일러가 과열되면 즉시 연료 공급을 중단한다.
④ 압력초과, 과열, 부식 등의 현상은 보일러 취급상의 결함으로 과도하면 파열 사고를 초래한다.

27 계수값 관리도는 어느 것인가?

① R 관리도　　② $\bar{X}$ 관리도
③ P 관리도　　④ $\bar{X} - P$ 관리도

28 방수처리되지 않은 글라스 울(Glass Wool, 유리면) 보온재의 안전사용온도는?
① 300℃ 이하 ② 450℃ 이하
③ 600℃ 이하 ④ 800℃ 이하

29 보일러 산세정 후 중화방청 처리하는 경우 사용하는 약품이 아닌 것은?
① 히드라진 ② 인산소다
③ 탄산소다 ④ 인산칼슘

30 증기의 교축(Throttle) 시 항상 증가하는 것은?
① 압력 ② 엔트로피
③ 엔탈피 ④ 열전달량

31 유체에서 체적탄성계수의 단위는?
① N/m^2 ② m^2/N
③ $N \cdot m$ ④ N/m^3

32 연강용 피복 아크 용접봉 심선의 5가지 주요 화학성분 원소는?
① C, Si, Mn, P, S ② C, Si, Fe, N, H
③ C, Si, Ca, N, H ④ C, Si, Pb, N, H

33 보일러수에 용해염류가 다량 있을 때 가장 적절한 수처리방법은?
① 침전법 ② 탈기법
③ 가열법 ④ 석회소다법

34 보온관의 열관류율이 5.0kcal/m²·h·℃, 관 1m당 표면적이 0.1m², 관의 길이가 50m, 내부 유체온도 120℃, 공기온도 20℃, 보온효율 80%일 때 보온관의 열손실은?
① 350kcal/h ② 480kcal/h
③ 500kcal/h ④ 530kcal/h

35 다음 오일(Oil) 연소용 버너 중 유량조절 범위가 가장 넓은 것은?
① 유압식 버너 ② 저압공기식 버너
③ 회전식 버너 ④ 고압기류식 버너

36 일반적으로 기체의 체적을 일정하게 하고 온도를 높이면 압력은 어떻게 변화하는가?
① 증가한다.
② 감소한다.
③ 변하지 않는다.
④ 감소하다가 증가한다.

37 25℃의 물 5kg을 1기압, 100℃의 건조포화증기로 만들 때 필요한 열량은?(단, 1기압에서의 물의 증발잠열은 539kcal/kg이다.)
① 2,695kcal ② 3,070kcal
③ 4,120kcal ④ 5,390kcal

38 보일러 증기온도 조절방법으로 부적합한 것은?
① 과열저감기를 사용한다.
② 배기가스를 재순환시킨다.
③ 버너의 분무각도를 변경한다.
④ 과열기 표면에 급수를 분사한다.

39 순수한 카바이드 1kg에서 이론적으로 몇 L의 아세틸렌이 발생하는가?
① 676L ② 384L
③ 483L ④ 348L

40 원형 직관 속을 흐르는 유체의 손실수두에 대한 설명으로 잘못된 것은?
① 관의 길이에 비례한다.
② 속도수두에 반비례한다.
③ 관의 내경에 반비례한다.
④ 관마찰계수에 비례한다.

41 강철제 증기보일러의 안전밸브 및 압력 방출장치의 크기는 호칭지름 25A 이상이어야 하지만, 20A 이상으로 할 수 있는 경우는?

① 최고사용압력이 0.2MPa(2kg/cm²)인 보일러
② 최고사용압력 1MPa(10kg/cm²)이고, 동체 안지름이 600mm, 길이가 1,000mm인 보일러
③ 최대증발량이 4t/h인 관류보일러
④ 최고사용압력이 1MPa(10kg/cm²)이고, 전열면적이 3m²인 보일러

42 중유연소 시 검댕의 발생을 방지하는 방법으로 부적합한 것은?

① 연소용 공기를 예열공급한다.
② 과잉 공기량을 적절히 조절한다.
③ 불꽃이 수냉벽에 닿지 않게 한다.
④ 황 함유량이 낮은 중유를 사용한다.

43 다음의 PERT/CPM에서 주공정(Critical Path)은?(단, 화살표 밑의 숫자는 활동시간을 나타낸다.)

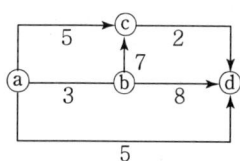

① ⓐ-ⓒ-ⓑ-ⓓ
② ⓐ-ⓑ-ⓒ-ⓓ
③ ⓐ-ⓑ-ⓓ
④ ⓐ-ⓓ

44 증기배관 도중에 밸브를 설치하는 경우 일반적으로 어떤 밸브를 설치하는가?

① 체크 밸브   ② 글로브 밸브
③ 안전 밸브   ④ 앵글 밸브

45 다음 중 단위 중량당 엔탈피(Enthalpy)가 가장 큰 것은?

① 과냉각액   ② 과열증기
③ 포화증기   ④ 습포화증기

46 증기 또는 온수가 흐르는 수평배관에 사용되는 리듀서의 형태는?

① 동심형(同心形)   ② 편심형(偏心形)
③ 만곡형   ④ 절곡형

47 고압배관용 탄소강 강관의 KS 기호는?

① SPPH   ② SPHT
③ SPPS   ④ SPPW

48 내화물의 스폴링(박락)종류가 아닌 것은?

① 열적 스폴링   ② 구조적 스폴링
③ 화학적 스폴링 ④ 기계적 스폴링

49 수관보일러의 상부드럼은 고정하는 데 반하여 하부드럼은 고정하지 않고 어느 정도 간격을 두는 이유는?

① 열팽창을 고려하여
② 보일러수의 순환을 원활히 하기 위하여
③ 수격작용을 방지하기 위하여
④ 진동을 감쇄시키기 위하여

50 연료가 유류인 온수보일러의 형식별 사용버너를 짝지은 것 중 잘못된 것은?

① 압력분무식 : 건타입(Gun Type)
② 증발식 : 포트식(Pot Type)
③ 회전무화식 : 노즐식(Nozzle Type)
④ 낙차식 : 심지고정 낙차식

51 TQC(Total Quality Control)란?

① 시스템적 사고방법을 사용하지 않는 품질관리 기법이다.
② 애프터 서비스를 통한 품질을 보충하는 방법이다.
③ 전사적인 품질정보의 교환으로 품질향상을 기도하는 기법이다.
④ QC부의 정보분석 결과를 생산부에 피드백 하는 것이다.

52 증기배관의 신축이음장치에서 고장이 가장 적고 고압에 잘 견디는 것은?

① 벨로스형
② 단식 슬리브형
③ 복식 슬리브형
④ 루프형

53 노통보일러에서 노통을 편심으로 하는 이유는?

① 노통의 설치가 간단하므로
② 노통의 설치에 제한을 받으므로
③ 물순환을 좋게 하기 위하여
④ 공작이 쉬우므로

54 금속 열처리 중 재료를 가열하였다가 급랭시켜 경도를 높이는 것은?

① 뜨임(Tempering)
② 담금질(Quenching)
③ 풀림(Annealing)
④ 불림(Normalizing)

55 증기배관에 감압밸브 설치 시 고압 측과 저압 측의 적절한 압력차는?(단, 이때 고압 측의 압력은 7kg/cm² 이상이다.)

① 3 : 1 이내
② 4 : 1 이내
③ 5 : 1 이내
④ 2 : 1 이내

56 보일러를 장기간 휴지하는 경우 어떤 보존방법이 좋은가?

① 만수 보존법
② 청관 보존법
③ 소다 만수 보존법
④ 건조 보존법

57 열량(熱量) 1kcal를 일로 환산하면 약 몇 N·m인가?

① 427N·m
② 4,185N·m
③ 419N·m
④ 41N·m

58 오일 버너가 구비하여야 할 사항으로 틀린 것은?

① 넓은 부하 범위에 걸쳐 연속적으로 양호한 안정 무화를 얻을 수 있을 것
② 무화 시 버너의 기름 분무각도가 될 수 있는 한 변화하는 구조일 것
③ 양질인 경질유에서 고점도의 조악 중유까지 사용할 수 있도록 연료유 사용범위가 넓을 것
④ 분무구의 교환이나 청소가 쉬운 구조이고, 소음발생이 적을 것

59 샘플링 검사의 목적으로서 틀린 것은?

① 검사비용 절감
② 생산공정상의 문제점 해결
③ 품질향상의 자극
④ 나쁜 품질인 로트의 불합격

60 대기압하에서 펌프의 최대흡입 양정(揚程)은 이론상 몇 m 정도인가?

① 10m
② 20m
③ 15m
④ 30m

▶▶▶ 정답 및 해설

01	02	03	04	05	06	07	08	09	10
④	③	①	④	①	④	④	④	②	①
11	12	13	14	15	16	17	18	19	20
①	②	②	④	③	③	③	①	①	④
21	22	23	24	25	26	27	28	29	30
②	②	④	②	③	②	③	①	④	②
31	32	33	34	35	36	37	38	39	40
①	①	④	③	④	①	②	④	④	②
41	42	43	44	45	46	47	48	49	50
③	④	②	②	②	②	①	③	①	③
51	52	53	54	55	56	57	58	59	60
③	④	③	②	④	④	②	②	②	①

01 소다 끓인 약품 : 탄산소다, 아황산소다, 제3인산소다, 가성소다, 히드라진, 암모니아 등

02 리스트레인트
관지지 금속 중 배관의 열팽창에 의한 좌우, 상하 이동을 구속 제한하는 장치

03 버킷 트랩 사용 시 트랩 수봉이 파괴되어 증기가 분출되는 현상이 계속될 경우의 대책은 오리피스를 작은 것으로 교체한다.

04 • 유입관경 : 25A
• 유출관경 : 20A

05 발생증기 엔탈피 = $152.1 + 0.98(656.0 - 152.1)$
$= 645.922$ kcal/kg
$\dfrac{5,000(645.922 - 30)}{539} = 5,714$ kg/h

06 $l = 0.073\sqrt{25 \times (\Delta l)} = 1\text{m}(1,000\text{mm})$
$\Delta l = \dfrac{L^2}{0.073^2 \times d} = \dfrac{1^2}{0.073^2 \times 25} = 7.5\text{mm}$

07 리프트 피팅은 진공환수식에서 환수주관보다 높은 위치에 전용펌프가 있거나 방열기보다 높은 곳에 환수주관을 배관하는 경우 적용되는 이음방법이다.

08 • 강제순환 보일러 : 라몬트 보일러, 베록스 보일러, 벤슨 보일러(관류형)
• 밥콕 보일러 : 자연순환식 수관 보일러

09 • 단열압축(정적압축) : 급수 펌프
• 정압가열 : 건포화증기 발생
• 단열팽창 : 터빈 발전기 가동
• 정압냉각 : 포화증기 응축

10 탈산소제
• 아황산소다(저압보일러)
• 히드라진(고압보일러)
• 탄닌

11 피드백 제어(폐회로) : 입력과 출력의 편차를 수정동작으로 개선시킨다.

12 에너지수급계획 수립전자 : 산업통상자원부 장관

13 소요방열량 = $7.2 \times \left(\dfrac{85+60}{2} - 20\right)$
$= 378\text{kcal/m}^2\text{h}$
$\therefore$ 쪽수 $= \dfrac{28,000}{378 \times 0.21} = 353$쪽

14 공기예열기의 작동과 보일러 단속 연소와는 직접적인 관련이 없다. 공기예열기가 정상 작동하지 않으면 연소를 중지시켜야 한다.

15 • 보일러는 항상 상용수위를 유지한다.(수면계의 $\dfrac{1}{2}$로 기준을 잡는다.)
• 수위를 높이면 비수(프라이밍) 발생으로 캐리오버(기수공발) 등의 이상 증발 현상이 초래된다.

16 • 응집법, 침강법, 여과법은 고형 협잡물(현탁물질)의 처리방법이다.
• 용해고형물 처리법 : 증류법, 약품처리법, 이온교환법

17 외국에서 수입한 난방용 보일러도 에너지법상 열사용기자재이다.

18 플레임 아이
   • 황화카드뮴 광도전 셀
   • 황화납 광도전 셀
   • 적외선 광전관
   • 자외선 광전관

19 공기배출기와 수격작용(워터해머)과는 관련이 없다.

20 • 중력식 : 20μm까지 집진
   • 관성력식 : 20μm 이상까지 집진
   • 원심력식 : 10~20μm 집진
   • 전기식 : 0.05~20μm 정도 집진(집진효율이 90~99.5%)

21 ◇ : 양과 질의 검사
   ▽ : 공정 간의 대기(정체)
   ✡ : 작업 중 일시 대기
   △ : 저장(보관)

22 $60 = \dfrac{0.06 \times \Delta t}{0.03}$

   ∴ $\Delta t = \dfrac{60 \times 0.03}{0.06} = 30℃$

23 • 스케일은 열전도율이 매우 낮다.
   (철강재의 $\dfrac{1}{50} \sim \dfrac{1}{100}$ 정도)
   • 스케일은 열손실을 초래한다.

24 전열면의 증발률 = $\dfrac{매시증발량}{전열면적}$ [kg/m²h]

25 $14.4 \times 100 = 1,440H$

   ∴ $\dfrac{1,440H}{8H \times 25 \times 0.8 \times 0.9} = 10$

26 점식은 보일러수 내의 용존산소에 의해 부식되며 내부부식이다.

27 계수값 관리도
   • P 관리도 : 불량률
   • Pn 관리도 : 불량 개수
   • c 관리도 : 결점 수
   • u 관리도 : 단위당 결점 수

28 글라스 울(유리 솜)
   • 열전도율 : 0.036~0.054kcal/mh℃
   • 300℃ 이하 사용(방수처리된 것은 600℃까지 사용)

29 중화방청 처리제
   • 가성소다   • 인산소다
   • 히드라진   • 탄산소다
   • 암모니아

30 증기의 교축 시에는 유체의 마찰이나 와류 등의 난류현상이 일어나 압력의 감소와 더불어 속도가 감소하는데, 이때 속도에너지의 감소는 열에너지로 바꾸어 유체에 회수되므로 엔탈피는 일정하다.(비가역 변화이므로 엔트로피는 항상 증가)

31 유체의 압축률의 역을 탄성계수(체적탄성계수)
   $k = -V \cdot \dfrac{dP}{dV}$ [N/m²]

32 강의 5대 원소 : 탄소, 규소, 망간, 인, 황

33 보일러수에 용해염류가 다량 존재하면 연화법으로 석회소다법이나 제올라이트법, 이온교환법으로 처리한다.

34 $50 \times 0.1 \times 5.0 \times (120-20) = 2,500$ kcal/h
   ∴ $2,500 \times (1-0.8) = 500$ kcal/h

35 유량조절 범위
   ① 유압식 버너 1 : 2
   ② 저압공기식 버너 1 : 5
   ③ 회전식 버너 1 : 5
   ④ 고압기류식 버너 1 : 10

36 기체의 체적을 일정하게 하고 온도가 상승하면 기체의 압력이 증가한다.

37 $5 \times 1 \times (100-25) = 375$kcal
    $5 \times 539 = 2,695$kcal
    ∴ $375 + 2,695 = 3,070$kcal

38 급수는 과열기 표면에 급수하지 않고 과열증기 중에 살포시켜야 한다.

39 순수한 카바이드(CaC_2) 1kg의 질량에서 아세틸렌(C_2H_2) 가스가 348L의 이론적 양이 발생된다.

40 손실수두(압력강하)는 속도수두$\left(\dfrac{V^2}{2 \times 9.8}\right)$에 비례하고 길이($l$)에 비례하며 관의 직경에 반비례한다.

41 최대증발량이 5t/h 이하의 관류보일러는 호칭지름 20A 이상으로 할 수 있다.

42 황 함유량이 낮은 중유는 저온부식이 방지될 수 있다.

43 • ⓐ-ⓑ : 3, ⓑ-ⓒ : 7, ⓑ-ⓓ : 8
    • PERT : 최단시간의 목표달성 목적
    • CPM : 목표기일의 단축과 비용의 최소화 목적

    ① 방향이 틀림
    ② 3+7+2=12시간
    ③ 8+3=11시간
    ④ 8-3=5시간

44 증기배관 도중에는 글로브 밸브나 슬루스 밸브를 골고루 사용한다.

45 과열증기는 엔탈피가 가장 크다.
    급수 < 포화수 < 포화습증기 < 건조증기 < 과열증기

46 편심리듀서

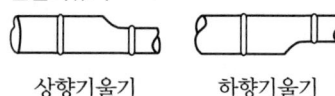

    상향기울기   하향기울기

47 ① SPPH : 고압배관용
    ② SPHT : 고온배관용
    ③ SPPS : 압력배관용
    ④ SPPW : 수도용 아연도금

48 스폴링 현상
    • 열적 스폴링
    • 구조적 스폴링
    • 기계적 스폴링

49 하부드럼의 수관식 보일러는 열팽창을 고려하여 고정하지 않고 어느 정도 간격을 둔다.

50 회전무화식 : 분무컵식(산업용 분무중유 버너) 중소형 보일러 자동제어에 이상적인 버너이다.

51 • TQC(전사적 품질관리)
    • SQC(통계적 품질관리)

52 • 루프형 신축이음 : 고장이 적고 고압에 잘 견디며 신축이 가장 크다.
    • 신축 흡수의 크기 : 루프형 > 슬리브형 > 벨로스형 > 스위블형

53 보일러에서 노통을 편심으로 하는 이유는 물순환을 좋게 하기 위하여

54 담금질은 금속 열처리 중 재료를 가열하였다가 급랭시켜 경도를 높인다.

55 감압밸브는 고압 측과 저압 측의 적합한 압력차는 2 : 1 이내이다.

56 건조 보존법은 보일러를 6개월 이상 장기간 휴지하는 경우의 보존방법이다.

57 1kcal = 1,000cal
    1cal = 4.185J
    $1 \times 1,000 \times 4.185 = 4,185$N·m

58 오일버너는 무화 시 버너의 기름 분무각도가 될 수 있는 한 변화가 없는 구조이어야 한다.

59 샘플링 검사란 전수검사가 좋은지 무검사가 좋은지 분명하지 않을 때 사용되는 검사방법

60 대기압하에서 펌프의 최대흡입 양정은 이론상 10m 정도이다.(실양정은 6~7m 정도)

제10회 CBT 실전모의고사

01 탄소(C) 6kg을 완전연소시키는 데 필요한 산소량은?

① 2kg ② 6kg
③ 16kg ④ 32kg

02 관류 보일러의 특징을 설명한 것으로 잘못된 것은?

① 관수의 순환력이 크므로 순환펌프가 필요없다.
② 완벽한 급수처리를 요한다.
③ 드럼이 없이 긴 관으로만 전열부가 형성된다.
④ 효율이 좋으며 가동시간이 짧다.

03 증기보일러의 용량을 표시하는 것 중 일반적으로 가장 많이 사용되는 것은?

① 보일러 마력
② 보일러 압력
③ 보일러 열출력
④ 매시간당의 증발량

04 슈미트 보일러는 어떤 보일러 종류에 해당되는가?

① 자연순환 수관 보일러
② 관류 보일러
③ 간접가열 보일러
④ 곡관식 수관 보일러

05 보일러 청관제의 역할에 해당되지 않는 것은?

① 관수의 pH 조정
② 관수의 취출
③ 관수의 탈산소작용
④ 관수의 경도성분 연화

06 관 내부의 물이 외부의 연소가스에 의해 가열되는 것은?

① 수관 ② 연관
③ 노통 ④ 노관

07 보일러 연소실에서 발생한 연소가스가 굴뚝까지 이르는 통로는?

① 연돌 ② 연도
③ 화관(火管) ④ 개자리

08 자연순환식 수관보일러의 강수관과 상승관에 관한 설명으로 옳은 것은?

① 강수관은 직접 연소가스에 접촉하기 때문에 관 내 물의 비중이 크게 되어 보일러물을 순환시킨다.
② 강수관은 상승관 외부에 배치하여 연소가스와의 접촉을 양호하게 한다.
③ 강수관은 급수 중의 불순물이 상부 드럼에서 하부 드럼으로 내려오지 못하게 하는 기능도 있어야 한다.
④ 상승관은 직접 연소가스에 접촉하기 때문에 관 내 물의 비중이 작게 되어 보일러수를 순환시킨다.

09 노통에 겔로웨이관을 설치하였을 때의 이점이 아닌 것은?

① 전열면적이 증가된다.
② 노통이 보강된다.
③ 연소효율이 증대된다.
④ 동내부의 물순환이 좋아진다.

10 다음 압력계 중 탄성식 압력계가 아닌 것은?
① 링 밸런스식 압력계
② 벨로스식 압력계
③ 다이어프램식 압력계
④ 부르동관식 압력계

11 보일러 전체 무게가 20,000N이고, 보일러가 설치될 기초의 무게가 5,000N이며, 보일러를 설치할 기초의 저면적(低面積)이 5m²일 때 기초 저면에 걸리는 단위면적당의 평균력은?
① 4,000N/m²　② 5,000N/m²
③ 400N/m²　④ 500N/m²

12 선택적 캐리오버(Selective Carry Over)는 무엇이 증기와 함께 송기되는 것인가?
① 액정　② 거품
③ 탄산칼슘　④ 무수규산

13 원통보일러의 보일러수 pH 값으로 가장 적합한 것은?
① 6.2~6.9　② 7.3~7.8
③ 9.4~9.7　④ 11.0~11.5

14 보일러에서 프라이밍이나 포밍이 발생하는 경우와 가장 거리가 먼 것은?
① 보일러 관수가 농축되었을 때
② 증기부하가 과대할 때
③ 보일러수에 유지분 함유율이 높을 때
④ 보일러수의 표면장력이 작을 때

15 외부와의 열의 흡입이 없는 열역학적 변화는?
① 정압변화　② 정적변화
③ 단열변화　④ 등온변화

16 0℃일 때 2.5m인 강철제 레일이 온도가 40℃가 되면 늘어나는 길이는?(단, 강철의 선팽창계수는 1.1×10^{-5}/℃이다.)
① 0.011cm　② 0.11cm
③ 1.1cm　④ 1.75cm

17 다음과 같이 에너지가 변환될 때 직접 변환이 가장 곤란한 것은?
① 위치에너지 → 운동에너지
② 역학적 에너지 → 기계적 에너지
③ 열에너지 → 기계적 에너지
④ 전기에너지 → 열에너지

18 열용량의 설명으로 옳은 것은?
① 단위 물체를 단위온도 만큼 높이는 열량
② 물체의 비열에 온도를 곱해 얻은 열량
③ 물체의 온도를 1℃ 높이는 데 소요되는 열량
④ 물체의 중량에 대한 비열의 비로 표시한 열량

19 강관용 플랜지의 선택 조건에 해당되지 않는 것은?
① 플랜지의 온도
② 플랜지의 압력
③ 유체의 성질
④ 유체의 속도

20 어떤 보일러가 저위발열량 9,500kcal/kg인 연료를 매시 200kg씩 연소시킬 때 상당증발량은?(단, 이 보일러의 효율은 84%이다.)
① 2,961kg/h　② 2,200kg/h
③ 3,660kg/h　④ 4,280g/h

21 직경 20cm인 원관 속을 속도 7.3m/s로 유체가 흐를 때 유량은?
① 0.23m³/s　② 13.76m³/s
③ 229m³/s　④ 760m³/s

22 동파 우려가 있는 부분에 설치하는 트랩으로 가장 적합한 것은?

① 플로트 트랩
② 디스크 트랩
③ 버킷 트랩
④ 방열기 트랩

23 산소를 최대한 제거시켜, 잔류 탈산제도 없는 동(銅)으로 순도가 가장 높은 것은?

① 인탈산동
② 무산소동
③ 터프피치동
④ 합금동

24 안전율의 고려요소와 가장 거리가 먼 것은?

① 발생하는 응력의 종류
② 사용하는 장소
③ 사용자의 연령
④ 가공의 정확성

25 보일러에서 연소 배기가스의 CO_2 성분을 측정하는 주된 이유는?

① 연소부하를 계산하기 위하여
② 연료 소비량을 알기 위하여
③ 연료의 구성 성분을 알기 위하여
④ 공기비를 조절하여 연소효율을 높이기 위하여

26 강관의 호칭법에서 스케줄 번호와 관계되는 것은?

① 관의 바깥지름
② 관의 길이
③ 관의 안지름
④ 관의 두께

27 보일러에서 증기를 처음 송기할 때의 주의사항으로 잘못된 것은?

① 캐리오버, 수격작용이 발생되지 않게 한다.
② 수위, 증기압을 일정하게 유지한다.
③ 배관 내의 드레인을 배출한다.
④ 보일러 수위를 낮춘다.

28 중력단위 1kgf를 SI 단위로 환산하면?

① 0.102N   ② 1.02N
③ 9.8N   ④ 98N

29 강관을 구부릴 때 사용하는 동력 램식 벤더(Ram Type Bender)의 구성 요소가 아닌 것은?

① 센터 포머   ② 램 실린더
③ 심봉   ④ 유압펌프

30 60℃의 물 2kg을 대기압하에서 100℃ 증기로 만들려면 필요한 열량은?

① 80kcal   ② 579kcal
③ 1,158kcal   ④ 1,567kcal

31 보일러 연소 관리에 관한 설명 중 잘못된 것은?

① 보일러 본체 및 내화벽돌에 강열한 화염을 충돌시킨다.
② 연소량을 증가할 때에는 연료 공급량을 우선 늘리고, 연소량을 감소할 때는 통풍량부터 줄인다.
③ 되도록 노 내를 고온으로 유지한다.
④ 연소상태 및 화염상태 등을 수시로 감시한다.

32 10m의 높이에 배관되어 있는 파이프에 압력 5kgf/cm²인 물이 속도 3m/s로 흐르고 있다면, 이 물이 가지고 있는 전수두는?

① 30.13mAq   ② 40.24mAq
③ 50.35mAq   ④ 60.46mAq

33 신설 보일러에서 소다 끓이기(Soda Boiling)는 주로 어떤 성분을 제거하기 위하여 하는가?
① 스케일 ② 고형물
③ 소석회 ④ 유지

34 피드백 제어에서 동작신호를 받아서 제어계가 정해진 동작을 하는 데 필요한 신호를 만들어 내보내는 부분은?
① 조작부 ② 조절부
③ 검출부 ④ 제어부

35 검사대상기기 설치자가 대상기기 관리자를 선임하지 않았을 때의 벌칙은?
① 5백만 원 이하의 벌금
② 1천만 원 이하의 벌금
③ 1년 이하의 징역 또는 1천만 원 이하의 벌금
④ 2천만 원 이하의 벌금

36 에너지이용 합리화법상 국가에너지 기본계획에 포함되어 있지 않은 사항은?
① 환경친화적 에너지의 이용을 위한 대책
② 에너지 이용의 합리화와 이를 통한 이산화탄소의 배출장소를 위한 대책
③ 국내외 에너지 수급 정세의 추이와 전망
④ 핵연료의 개발

37 터보 송풍기 회전속도의 가감과 풍량, 풍압, 동력의 변화 관계를 옳게 설명한 것은?
① 풍량은 회전속도와 2제곱에 비례하여 변화한다.
② 풍압은 회전속도와 비례하여 변화한다.
③ 풍량은 회전속도와 3제곱에 비례하여 변화한다.
④ 동력은 회전속도의 3제곱에 비례하여 변화한다.

38 다음 밸브 중 유체의 흐름방향이 정해져 있지 않은 것은?
① 감압밸브
② 체크밸브
③ 글로브 밸브
④ 슬루스 밸브

39 온수난방 시공 시 각 방열기에 공급되는 유량분배를 균등하게 하여 전후방 방열기의 온도차를 최소화하는 방식은?
① 역귀환방식
② 직접귀환방식
③ 단관식
④ 중력순환식

40 보일러수 중에 포함된 실리카(SiO_2)에 대한 설명으로 잘못된 것은?
① 칼슘 및 알루미늄 등과 결합하여 스케일을 형성한다.
② 저압 보일러에서는 알칼리도를 높혀 스케일화를 방지할 수 있다.
③ 실리카 함유량이 많은 스케일은 연질이므로 제거가 쉽다.
④ 보일러수에 실리카가 많으면 캐리오버 등으로 터빈 날개 등을 부식한다.

41 난방부하가 50,000kcal/h인 건물에 주철제 증기방열기로 난방하려고 한다. 방열기 입구의 증기온도가 112℃, 출구온도가 106℃, 실내온도가 21℃일 때 필요한 방열기 쪽수는?(단, 방열기의 쪽당 방열면적은 $0.26m^2$이다.)
① 86쪽 ② 162쪽
③ 270쪽 ④ 304쪽

42 도면에 표시된 다음과 같은 컨벡터(Convector)에 대한 설명으로 틀린 것은?

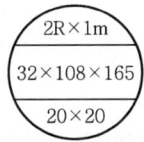

① 2단으로 유효 엘리먼트의 길이는 1m이다.
② 엘리먼트의 관경은 32A이다.
③ 핀(Fin)의 치수는 108mm×165mm이다.
④ 컨벡터로의 유입, 유출 관경은 모두 20A이다.

43 보일러 산 세관 시 첨가하는 부식억제제의 구비 조건이 아닌 것은?

① 점식이 발생되지 않을 것
② 세관액의 온도, 농도에 대한 영향이 적을 것
③ 물에 대해 용해도가 적을 것
④ 시간적으로 안정할 것

44 강관의 종류에 따른 KS규격 기호가 잘못된 것은?

① 압력배관용 탄소강관 : SPPS
② 고온배관용 탄소강관 : SPHT
③ 보일러 및 열교환기용 탄소강관 : STBH
④ 고압배관용 탄소강관 : SPP

45 평판을 사이고 두고 고온 유체와 저온 유체가 접하고 있는 경우 열관류율(열통과율)에 영향을 미치지 않는 것은?

① 평판의 열전도도
② 평판의 면적
③ 평판의 두께
④ 유체와 평판 간의 열전달률

46 보일러의 장기보존법 중 건조보존법으로 적합한 것은?

① 진공건조보관법
② 산소가스봉입보존법
③ 질소가스봉입보존법
④ 공기봉입보존법

47 보온재로 사용되는 탄산마그네슘에 대한 설명 중 잘못된 것은?

① 염기성의 탄산마그네슘 85%에 15% 정도의 석면을 혼합한 것이다.
② 무기질 보온재의 한 종류이다.
③ 실제 보온 시공할 때는 물반죽을 하면서 사용한다.
④ 안전사용온도는 500℃ 정도로 석면보다 높다.

48 버너의 착화를 원활하게 하고 화염의 안정을 도모하는 것으로 선회기를 설치하여 연소공기에 선회운동을 주는 장치는?

① 윈드박스
② 보염기
③ 버너타일
④ 플레임 아이

49 수질의 단위로서 용액 1ton 중에 물질 1mg이 포함된 양을 표시하는 것은?

① ppb
② ppm
③ epm
④ cpm

50 증기의 건도가 0인 상태는?

① 포화수
② 포화증기
③ 습증기
④ 건증기

51 증기난방 배관 시공법에 대한 설명 중 틀린 것은?

① 증기지관을 분기할 때는 수직 또는 45° 이상으로 분기한다.
② 장애물 넘기 배관은 루프 배관을 하며 위로는 공기, 아래는 응축수가 흐르게 한다.
③ 이경관접합 시에는 편심리듀서를 사용하여 응축수가 고이는 것을 방지한다.
④ 감압장치 배관에서 저압축관경은 고압축관경보다 작게 배관한다.

52 열팽창에 의한 배관의 이동을 구속 제한하는 장치로 배관의 측 방향 이동을 허용하나, 축과 직각방향의 이동을 구속하는 리스트레인트는?

① 슈(Shoe)
② 스톱(Stop)
③ 가이드(Guide)
④ 앵커(Anchor)

53 자동식 가스분석계 중 화학적 가스분석계에 속하는 것은?

① 연소열법
② 밀도법
③ 열전도도법
④ 적외선 가스분석

54 보일러 연소 시 화염 유무를 검출하는 플레임 아이에 사용되는 화염검출 소자가 아닌 것은?

① 광전관
② CuS 셀
③ CdS 셀
④ PbS 셀

55 미리 정해진 일정 단위 중에 포함된 부적합(결점) 수에 의거 공정을 편리할 때 사용하는 관리도는?

① P 관리도
② nP 관리도
③ c 관리도
④ u 관리도

56 도수분포표에서 도수가 최대인 곳의 대표치를 말하는 것은?

① 중위수
② 비대칭도
③ 모드(Mode)
④ 첨도

57 로트 수가 10이고 준비작업시간이 20분이며, 로트별 정미작업시간이 60분이라면 1로트당 작업시간은?

① 90분
② 62분
③ 26분
④ 13분

58 더미활동(Dummy Activity)에 대한 설명 중 가장 적합한 것은?

① 가장 긴 작업시간이 예상되는 공정을 말한다.
② 공정의 시작에서 그 단계에 이르는 공정별 소요시간들 중 가장 큰 값이다.
③ 실제활동은 아니며, 활동의 선행조건을 네트워크에 명확히 표현하기 위한 활동이다.
④ 각 활동별 소요시간이 베타분포를 따른다고 가정할 때의 활동이다.

59 단순지수평활법을 이용하여 금월의 수요를 예측하려고 한다면 이때 필요한 자료는 무엇인가?

① 일정기간의 평균값, 가중값, 지수평활계수
② 추세선, 최소자승법, 매개변수
③ 전월의 예측치와 실제치, 지수평활계수
④ 추세변동, 순환변동, 우연변동

60 다음 중 검사항목에 의한 분류가 아닌 것은?

① 자주검사
② 수량검사
③ 중량검사
④ 성능검사

▶▶▶ 정답 및 해설

01	02	03	04	05	06	07	08	09	10
③	①	④	③	②	①	②	④	③	①
11	12	13	14	15	16	17	18	19	20
②	④	④	④	③	②	③	③	④	①
21	22	23	24	25	26	27	28	29	30
①	②	②	③	④	④	④	③	③	③
31	32	33	34	35	36	37	38	39	40
②	④	④	②	②	④	④	④	①	③
41	42	43	44	45	46	47	48	49	50
③	③	③	④	②	③	④	②	①	①
51	52	53	54	55	56	57	58	59	60
④	③	①	②	③	③	②	③	③	①

01 $C + O_2 \rightarrow CO_2$
12kg + 32kg → 44kg
∴ $\frac{32}{12} \times 6 = 15.999$kg

02 관류 보일러는 순환펌프(급수펌프)가 필요하다.
- 벤슨 보일러(Benson Boiler)
- 슐저 보일러(Sulzer Boiler)
- 엣모스 보일러

03
- 증기보일러 용량 : 매시간당 증발량(kg/h)
- 온수보일러 용량 : 정격 출력(kcal/h)

04 슈미트 하트만 보일러, 레플러 보일러는 간접가열 보일러이다.

05 ㉠ 관수의 취출 : 보일러 분출작용으로 해결한다.
㉡ 분출의 종류
- 수면분출(연속분출)
- 수저분출(간헐분출)

06 관 내부의 물이 외부의 연소가스에 의해 가열되는 관은 수관이다.

07 연도 : 보일러 연소실에서 발생한 연소가스가 굴뚝(연돌)까지 이르는 통로이다.

08
- 강수관은 하강관이며 이중관으로 물의 순환력을 크게 해 주기 위해 연소가스로 가열되지 않게 한다.
- 상승관(송수관)은 비중을 작게 하기 위해 연소가스로 가열되게 한다.

09 노통에 겔로웨이관(횡관)을 설치하면 노 내 연소열이 횡관에 빼앗겨서 노 내 온도가 저하될 우려가 있다.

10 링 밸런스식 압력계(환산천평식 압력계)는 액주식 압력계이다.

11 $\frac{20,000 + 5,000}{5} = 5,000 \text{N/m}^2$

12 캐리오버(기수공발)
- 물방울의 작은 입자가 증기와 함께 이탈하는 현상
- 선택성 캐리오버(규산 캐리오버)가 함께 일어난다. 무수규산은 압력이 높으면 쉽게 증기 속에 포함된다.

13
- 원통형 보일러의 보일러수 : pH 11~11.5
- 급수 : pH 8~9

14
- 보일러수의 표면장력과 프라이밍, 포밍은 무관하다.
- 프라이밍(비수 발생)
- 포밍(물거품)

15 단열변화 : 외부와의 열의 출입이 없는 열역학적 변화이다.

16 $250 \text{cm} \times 1.1 \times 10^{-5}/℃ \times 40℃ = 0.11 \text{cm}$

17 열에너지는 운동에너지로 변화 후 기계적 에너지가 될 수 있다.

18
- 열용량 : 어떤 물체의 온도를 1℃ 높이는 데 소요되는 열량이다. (질량×비열=열용량)
- 비열 : 어떤 물질 1kg을 1℃ 높이는 데 필요한 열량 (kcal/kg℃)

19 유체의 속도나 강관용 플랜지 선택조건과는 무관하다.

20 상당증발량 = $\frac{200 \times 9,500 \times 0.84}{539} = 2,961$kg/h

21 $\dfrac{3.14}{4} \times (0.2)^2 \times 7.3 = 0.229 \mathrm{m^3/s}$
    유량＝단면적×유속($\mathrm{m^3/s}$)

22 • 바이메탈형 트랩은 동파의 위험이 없다.
    • 버킷 트랩은 동결의 우려가 있다.
    • 디스크 트랩은 열역학적 및 유체역학 이용

23 • 무산소동 : 순도 99.6% 이상
    • 인탈산동 : 일반 배관 재료
    • 터프피치동 : 순도 99.9% 이상 전기 재료
    • 합금동 : 용도 다양

24 안전율의 고려 요소
    • 발생하는 응력의 종류
    • 사용하는 장소
    • 가공의 정확성

25 연소 배기가스의 CO_2 성분을 측정하면 공기비를 조절할 수 있고 연소효율을 증가시킬 수 있다.

26 스케줄 번호 : 관의 두께 표시

27 송기(증기 이송) 시에는 보일러 수위를 일정하게 유지한다.

28 $1\mathrm{kgf} = 9.8\mathrm{N}$

29 심봉이 필요한 벤더기는 로터리식이다.

30 • 물의 현열＝$2 \times 1 \times (100-60) = 80\mathrm{kcal}$
    • 물의 증발열＝$2 \times 539 = 1{,}078\mathrm{kcal}$
    ∴ $80 + 1{,}078 = 1{,}158\mathrm{kcal}$

31 연소량을 증가시킬 때는 우선적으로 공기량을 먼저 증가시킨다.

32 $H = \dfrac{V^2}{2g} = \dfrac{(3)^2}{2 \times 9.8} = 0.459 \mathrm{mAq}$
    ∴ $\dfrac{5 \times 10^4}{1{,}000} + 10 + 0.459 = 60.46 \mathrm{mAq}$

33 • 신설 보일러에서 소다 끓이기는 주로 유지분을 제거하기 위함이다.
    • 소다 끓임 약제 : 가성소다, 인산소다, 탄산소다

34 조절부
    피드백 제어에서 동작신호를 받아서 제어계가 정해진 동작을 하는 데 필요한 신호를 만들어 보낸다.

35 검사대상기기 설치자가 관리자를 선임하지 않으면 1천만 원 이하의 벌금에 처한다.

36 핵연료는 에너지이용 합리화법에서 제외된다.

37 • 풍량은 회전수 증가에 비례
    • 풍압은 회전수 증가의 2승에 비례
    • 동력은 회전수 증가의 3승에 비례

38 • 슬루스 밸브는 유체의 흐름방향이 정해져 있지 않다.
    • 슬루스 밸브는 유량조절이 부적당하다.
    • 개폐용이라 앞, 뒤편이 없다.

39 역귀환방식
    방열기에 공급되는 유량 분배를 균등하게 하여 전후방 방열기의 온도차를 최소화시키는 방식

40 SiO_2(실리카) 함유량이 많은 스케일은 경질염이므로 스케일 제거가 어렵다.

41 $\dfrac{50{,}000}{650 \times \left[\dfrac{112+106}{2}\right]^{1.4} \times 0.26} = 270$쪽
    $\Bigg[\dfrac{}{102}\Bigg]$

42 108 : 크기, 165 : 핀의 피치

43 • 부식억제제는 물에 대한 용해도가 커야 한다.
    • 부식억제제의 종류 : 수지계 물질, 알코올류, 알데히드류, 케톤류, 아민유도체, 함질소 유기화합물

44 SPP
    일반배관용 탄소강관이며 사용압력이 $10\mathrm{kg/cm^2}$ 이하이며 흑관, 백관이 있다. 물, 증기, 가스, 기름, 공기 등의 배관에 사용된다.

45 열관류율(kcal/m²h℃)에 영향을 미치는 요인
- 평판의 열전도도
- 평판의 두께
- 유체와 평판 간의 열전달률

46 보일러 건조보존법
- 질소가스봉입보존법 : 6개월 이상
- 보통밀폐건조법 : 2~3개월
- 석회보존법 : 6개월 이상

47 탄산마그네슘 무기질 보온재
- 열전도율 : 0.05~0.07kcal/mh℃
- 안전사용온도 : 250℃ 이하
- 석면 혼합비율에 따라 열전도율이 좌우된다.

48 보염기
버너의 착화를 원활하게 하고 화염의 안정을 도모하는 것으로 선회기를 설치하여 연소공기에 선회운동을 주는 에어레지스터(보염장치)이다.

49
- 1ppm : 1mg/kg, g/ton$\left(\dfrac{1}{100만}\right)$
- ppb : 1mg/ton$\left(\dfrac{1}{10억}\right)$
- epm : 1mg당량/kg$\left(\dfrac{1}{100만} 단위중량당\right)$

50
- 포화수 : 건도(x)가 0
- 건포화증기 : 건도(x)가 1
- 습포화증기 : 건도(x)가 1 미만
- 과열증기 : 건도(x)가 1이며 포화온도보다 높은 온도의 증기

51 저압 측 증기관은 고압 측 관경에 비해 크게 배관한다.(비체적이 크기 때문)

52 리스트레인트
- 앵커 : 완전히 배관관계 일부를 고정하는 장치
- 스톱 : 관의 회전을 허용하나 직선운동은 방지
- 가이드 : 관이 회전하는 것을 방지

53 화학적 가스분석계
- 연소열법(연소식 O_2계, 미연소가스계)
- 자동 CO_2계
- 오르사트 가스분석계
- 자동화학식 가스분석계

54 화염검출기
- 광전관(적외선, 자외선 이용)
- 황화카드뮴(CdS) 광도전 셀
- 황화납(PbS) 광도전 셀

55
- c 관리도 : 결점 수
- nP 관리도 : 불량 개수
- P 관리도 : 불량률
- u 관리도 : 단위당 결점 수

56 도수분포 제작목적
- 데이터의 흩어진 모양을 알고 싶을 때
- 많은 데이터로부터 평균치와 표준편차를 구할 때
- 원 데이터로 규격과 대조하고 싶을 때

57 $60 + \dfrac{20}{10} = 62분$

58 더미활동
실제 활동은 아니며 활동의 선행조건을 네트워크에 명확히 표현하기 위한 활동이다.

59
- 지수평활법 : 과거의 자료에 따라 예측할 경우 현시점에 가까운 자료에 가장 비중을 많이 주고 과거로 거슬러 올라갈수록 그 비중을 지수적으로 감소해 감는 수요의 경향변동을 분석하는 방법
- 수요예측기법 : 최소자승법, 이동평균법, 지수평활법

60 검사항목
- 수량검사
- 중량검사
- 성능검사
- 외관검사
- 치수검사

저자약력

■ 권오수
- 한국에너지관리자격증연합회 회장
- 한국가스기술인협회 회장
- 한국보일러사랑재단 이사장
- 한국기계설비관리협회 명예회장
- 한국에너지기술인협회 자문위원
- 한국에너지관리기능장협회 자문위원

■ 문덕인
- 한국에너지관리기능장협회 전임회장
- 한국기계설비관리협회 회장
- 한국에너지기술인협회 이사
- 에너지관리 성능, 진단 전문위원
- 대한민국 산업현장 교수
- 충청북도 보일러 명장

에너지관리기능장 필기

발행일 | 2015. 1. 30 초판 발행
2017. 3. 30 개정 1판1쇄
2019. 4. 20 개정 2판1쇄
2021. 3. 20 개정 3판1쇄
2022. 4. 20 개정 4판1쇄
2025. 2. 10 개정 5판1쇄

저 자 | 권오수 · 문덕인 · 유기섭
발행인 | 정용수
발행처 | 예문사

주 소 | 경기도 파주시 직지길 460(출판도시) 도서출판 예문사
TEL | 031) 955-0550
FAX | 031) 955-0660
등록번호 | 11-76호

- 이 책의 어느 부분도 저작권자나 발행인의 승인 없이 무단 복제하여 이용할 수 없습니다.
- 파본 및 낙장은 구입하신 서점에서 교환하여 드립니다.
- 예문사 홈페이지 http://www.yeamoonsa.com

정가 : 40,000원

ISBN 978-89-274-5725-1 13530